# Merck's Reagenzien-Verzeichnis

enthaltend die gebräuchlichen Reagenzien und Reaktionen, geordnet nach Autorennamen.

---

Zum Gebrauch für chemische, pharmazeutische, physiologische und bakteriologische Laboratorien sowie für klinisch-diagnostische Zwecke.

---

**Vierte Auflage.**

Abgeschlossen im Juli 1916.

1916
Springer-Verlag Berlin Heidelberg GmbH

ISBN 978-3-662-42121-5 ISBN 978-3-662-42388-2 (eBook)
DOI 10.1007/978-3-662-42388-2

Softcover reprint of the hardcover 4th edition 1916

# Vorwort zur zweiten Auflage.

Die überaus freundliche Aufnahme, die meinem Reagenzien-Verzeichnis in Fachkreisen zuteil geworden ist, ist ein Beweis, daß die Voraussetzungen, die ich gelegentlich seines erstmaligen Erscheinens in bezug auf das Bedürfnis nach einem solchen Werke aufstellte, nach jeder Richtung hin zutreffen. Es wäre deshalb vielleicht erwünscht gewesen, jährliche Nachträge zu dem Verzeichnis zu liefern, allein davon hielten mich zweierlei Bedenken ab. Vor allem mußte das Buch erst eine gründliche Revision und Ergänzung, besonders in bezug auf seine Literaturangaben, erfahren, um Anspruch auf denkbare Vollkommenheit machen zu können, ein Anspruch, den die erste Auflage nicht stellen wollte und konnte. Es bedarf ja wohl keiner besonderer Überlegungen, um zu der Erkenntnis zu kommen, daß ein solches Werk, wenn man zu seiner Anlage auch viel Zeit und Fleiß verwendet, doch nur durch seinen ständigen Gebrauch zur Vollständigkeit gelangen kann, da sich bei letzterem seine Mängel erst offenbaren. Es war deshalb mein Hauptaugenmerk der Vervollständigung des Buches in den Grenzen, die ich ihm im Vorwort zur ersten Auflage gesteckt habe, zugewendet, mit der dann selbstverständlich eine Ergänzung aller wichtigen Neuerungen einherging. Der zweite Grund, weshalb ich von jährlichen Nachträgen absah, war der, daß mit solchen Ergänzungen erfahrungsgemäß Handlichkeit und Übersichtlichkeit verloren gehen. Je mehr Nachträge erscheinen, desto zeitraubender wird das Suchen und Nachschlagen in Text und Register der verschiedenen Nachträge. Demgegenüber dürfte eine Neuauflage, wie sie jetzt in diesem Werke vorliegt, unbestreitbare Vorzüge besitzen.

Eine nützliche Erweiterung hat das Reagenzien-Verzeichnis mit einem neuen Zusatzregister (Präparaten-Register) erfahren. Es ist dies ein umgekehrtes Register, aus dem man ersehen kann, wozu die verschiedenen chemischen Stoffe in der analytischen Technik verwendet werden. (Der Zweck und die Vorteile eines solchen Registers ergeben sich bei der Durchsicht desselben von selbst.) In dieser Hinsicht wurde auch das Register der Reagenzien für Mikroskopie erweitert.

Im übrigen bewegt sich die Neuauflage des Reagenzien-Verzeichnisses in dem Rahmen, der ihr im Vorwort zur ersten Auflage vorgezeichnet wurde.

An dieser Stelle mag für diejenigen Leser des Buches, die mit den nicht gerade selten vorkommenden Druckfehlern der Literatur noch nicht genügend vertraut sind, ein diesbezüglicher Hinweis gemacht werden, der bei Gebrauch des Buches von Nutzen sein kann. Bei der Anlage des Reagenzien-Verzeichnisses, das nach Autorennamen geordnet ist, spielt die Richtigschreibung der Autorennamen eine sehr wichtige Rolle. Besonders der Anfangsbuchstabe des Namens ist bei der alphabetischen Anordnung von Bedeutung, aber auch sonst kann ein unrichtig gedruckter Name zu Irrtümern Veranlassung geben. An einigen Beispielen sei dies klarer gestellt:

Statt Cotton (Répert. de Pharm. 1897. 390) liest man zuweilen Gotton (Pharm. Zentrh. 1897. 745 u. 1907. 43);

„ Edlefsen (Münch. med. Woch. 1904. 684) Solefsen (Pharm. Zentrh. 1904. 745);

„ Fendler (Ztschr. f. analyt. Chem. 1909. 310) Tendler.

„ Frommer (Berl. klin. Woch. 1905. 1008) Pommer (Münch. med. Woch. 1905. 628) oder Trommer (Apoth. Ztg. 1905. 310);

„ Crismer (Arch. Pharm. 1888. 1134) Leismer (Altschul's Reag.-Verz. 1897. 17)

„ Trétrôp (Clinique 15. 403) Pretrop (Ztschr. f. analyt. Chem. 41. 393) und Introna (Klin. therap. Woch. 1904. 163. Med. Lit.).

Abgesehen von der letztgenannten Verstümmelung lassen sich diese Druckfehler leicht erklären, sie zeigen aber, daß es bei Aufstellung eines nach Namen geordneten Verzeichnisses mitunter nicht wenig Schwierigkeiten macht, solche Druckfehler zu erkennen und zu vermeiden. Ein so verstümmelter Name ist sonst an einer Stelle zu finden, wo man ihn nicht sucht, was mit seinem gänzlichen Fehlen so gut wie gleichbedeutend ist. Weniger ins Gewicht fallen die Verstümmelungen von Namen, die nicht auf der Änderung des Anfangsbuchstabens, sondern auf Verstellung oder Verwechslung anderer Buchstaben beruhen, wie z. B.:

Brand statt Brandes;
Christen statt Christensen;

# Vorwort zur ersten Auflage.

Auf Wunsch vieler Geschäftsfreunde unternahm ich die vorliegende Zusammenstellung von Reagenzien und Reaktionen, die um so mehr zum Bedürfnis geworden, als die bisher erschienenen Sammlungen nicht genügend kritisch abgefaßt waren und in bezug auf ihre Vollständigkeit und Brauchbarkeit viel zu wünschen übrig ließen. Wenn auch zugegeben werden muß, daß sich eine absolute Vollständigkeit einer solchen Sammlung nur sehr schwer erreichen läßt, weil hierzu ein jahrelanges eingehendes Studium der gesamten Fachliteratur nötig wäre, eine Arbeit, die in keinem Verhältnis stehen dürfte zu der geringen Zahl von wirklich charakteristischen Reagenzien, welche eventuell noch für das vorliegende Werkchen von Interesse gewesen wären, so sollte doch das Möglichste getan werden, um bei seinem Gebrauch keine allzufühlbaren Mängel aufkommen zu lassen. Es war deshalb mein Bestreben, der mir zur Verfügung stehenden Literatur alle auch nur einigermaßen wertvollen und wichtigen Daten zu entnehmen, sie in möglichst genauer und knapper Form wiederzugeben und mit vielen Literaturangaben zu versehen, um hierdurch ein etwa nötiges Nachschlagen zu erleichtern. Bei einigen Reaktionen, deren Beschreibung zu weitläufig ist und deren Wert mir zugleich von untergeordneterer Bedeutung erschien, habe ich nur die betreffende Literaturstelle angegeben. Chemische und mikroskopische Reagenzien sind alphabetisch nach den Namen ihrer Autoren aufgeführt, während das Inhaltsverzeichnis zur leichteren Orientierung die chemischen und mikroskopischen Reagenzien gesondert enthält. Auch sind im Inhaltsverzeichnis die Namen derjenigen Reaktionen enthalten, welche unter einer besonderen Bezeichnung bekannt sind. Zur Orientierung und Vermeidung von Verwechslungen sind ferner die wichtigsten synthetischen Reaktionen unter dem Namen ihrer Autoren mit aufgeführt worden. Bei den *chemischen* Reagenzien ist die Anwendungsweise immer angegeben, wenn sie nicht als allgemein bekannt vorausgesetzt werden durfte oder zu ihrer Beschreibung eine zu ausführliche Abhandlung nötig gewesen wäre, dagegen muß bezüglich der Verwendung der mikroskopischen Reagenzien auf die gebräuchlichen Handbücher der Mikroskopie oder auf die jeweils angegebene Literatur verwiesen werden, da solch weitläufige Ausführungen in den Rahmen des vorliegenden Werkchens, als eines kurzgefaßten Nachschlagebüchleins, nicht aufgenommen werden konnten. Der Hauptzweck dieser Sammlung soll ja in erster Linie der sein, daß man beim Lesen der Fachliteratur, in der oft statt der Beschreibung der Reaktion nur deren Autor angegeben ist, ein Hilfsmittel zur Hand hat, das ohne umständliches Suchen in Büchern und Literatur schnell den nötigen Aufschluß zu geben imstande ist. Aber auch in Fällen, wo es sich um den Nachweis irgendwelchen Stoffes handelt, mag man mit Hilfe des Inhaltsverzeichnisses sich Rats erholen. Dabei muß jedoch darauf hingewiesen werden, daß für die Richtigkeit der angeführten Reaktionen nur der betreffende Autor und nicht der Verfasser dieser Zusammenstellung verantwortlich sein kann, denn es ist doch wohl selbstverständlich, daß eine kritische Nachprüfung aller Reaktionen eine der Arbeitslast nicht entsprechende Entschädigung bieten könnte. Auch ist zu bedenken, daß besonders bei den vielen Farbenreaktionen die Beurteilung und Beschreibung der Farbenerscheinungen sehr oft eine schwierige, von individueller Anschauung abhängige Sache ist. Dafür sind solche Reaktionen, die sich schon von selbst als wertlos charakterisieren, nicht aufgenommen worden. Daß manche der aufgeführten Reaktionen gewissermaßen nur noch einen historischen Wert besitzen, kann den praktischen Wert der Sammlung wohl kaum nachteilig beeinflussen. Den Angaben über die Empfindlichkeitsgrenze der einzelnen Reagenzien und Reaktionen wurde die größte Sorgfalt gewidmet.

Darmstadt, im Juli 1903.

E. Merck.

Corlett statt Carletti (Pharm. Ztg. 1907. 1013);
Pinerna statt Piñerúa (Chem. Zentralbl. 1897 I. 488);
Helet oder Halet statt Helch (Journ. Soc. Chem. Ind. 1902. 1416 und Annal. de Pharm. 1906. 353);
Dusan statt Dufau (Grimbert-Dufau) (Südd. Apoth. Ztg. 1906. 714);
Tschuggern statt Tschugajeff (Ztschr. f. analyt. Chem. 1904. 724);
Verisenat statt Voisenet (Pharm. Ztg. 1906. 118);
Wechnirer und Wechnigen statt Weehuizen (Pharm. Post 1906. 40 und Pharm. Zentrh. 1907. 360);
Hein und Heine statt Haines (Deutsche med. Woch. 1906. 865 und Pharm. Ztg. 1912. 958);
Ballandier statt Battandier (Journ. Pharm. Chim. 1904. 151);
Steensmur statt Steensma (Pharm. Zentrh. 1907. 431);
Grimbat statt Grimbert (Südd. Apoth. Ztg. 1907. 343);
Bourget und Bouzoet statt Bourcet (Pharm. Nachricht. 1906. 45)

und andere mehr. Aber auch sie nach Möglichkeit zu vermeiden, war ich durchweg bedacht. Sollte sich aber doch hin und wieder ein Fehler in der Richtigschreibung eines Namens eingeschlichen haben, so muß ich die Quellen, aus denen ich geschöpft habe, dafür verantwortlich machen. Es ist unmöglich, alle Autoren und die Schreibweise ihres Namens zu kennen, ja, sie zu ergründen, da auch über den Originalarbeiten falsch geschriebene Autorennamen vorkommen, nicht immer also Referent oder Setzer an einer Verstümmelung des Namens schuld sind. Um aber alles zu vermeiden, was einer Veränderung des Namens gleichsehen könnte, habe ich auch bei der Genitivform der Namen mich nicht der jetzt üblichen Schreibweise bedient, d. h. ich habe die Schreibweise „Koch's Reag." der „Kochs Reag." vorgezogen. Nur in dem Falle, in dem der Autor z. B. Kochs heißt, schreibe ich „Kochs' Reag."

Die während der Drucklegung dieses Buches nötig gewordenen Ergänzungen sind am Schlusse des Textes (pag. 287) als Nachtrag eingefügt worden.

Darmstadt, im Oktober 1907.

E. Merck.

# Vorwort zur dritten Auflage.

Die dritte Auflage meines Reagenzien-Verzeichnisses stellt eine revidierte und ergänzte Bearbeitung der zweiten Auflage dar. Die Anordnung des Stoffes ist dieselbe geblieben, nur der Umfang des Werkes hat wesentlich zugenommen. In bezug auf den Zweck und die Art der Bearbeitung des Reagenzien-Verzeichnisses sei auf das Vorwort zur ersten und zweiten Auflage verwiesen.

Haben die vorhergehenden Auflagen in Fachkreisen eine wohlwollende Aufnahme gefunden, so darf ich mich wohl der angenehmen Hoffnung hingeben, daß das Buch in seiner jetzigen Gestalt ebenfalls eine freundliche und nachsichtige Beurteilung finden wird. Ich gebe ihm den Wunsch mit auf den Weg, daß es dem Chemiker und Kliniker ein recht nützlicher und zuverlässiger Ratgeber bei seinen analytischen und mikroskopischen Arbeiten werden möchte.

Darmstadt, im März 1913.

E. Merck.

# Vorwort zur vierten Auflage.

Wenngleich die dritte Auflage meines Reagenzien-Verzeichnisses trotz ihrer nicht unbedeutenden Höhe schon im Erscheinungsjahre vergriffen war, konnte ich mich der obwaltenden Verhältnisse wegen doch im Jahre 1914 noch nicht zur Herausgabe der vierten Auflage entschließen. Die enorme Nachfrage veranlaßte mich aber, sie nunmehr, bis auf den Erscheinungstag ergänzt und vermehrt, zu veröffentlichen. Möge sich das Buch zu seinen alten Freunden neue erwerben.

Darmstadt, im August 1916.

E. Merck.

# Übersicht.

**Abbe's** Reagens für mikroskop. Zwecke
ist α-Monobromnaphthalin mit einem Brechungsindex von 1,658. Gebraucht als Beobachtungs- und Einschlußmittel.
Merck's Index 1910. 183.
Flesch, Zoolog. Anzg. 1882. 135.
Küster, Ber. d. deutsch. bot. Ges. 1897. 136 u. Botan. Zentralbl. 1897. 46.
Behrens' Tabellen 1892. 65.
Czapski, Ztschr. f. wiss. Mikroskop. 1889. 517.

**Abderhalden-Bergell's** Reagens auf Amidosäuren im Harn ist β-Naphthalinsulfochlorid.
Näheres siehe: Ztschr. f. physiol. Chem. 39. 9 u. 464. — Fischer-Bergell, Berl. Ber. 1902. 3779; 1903. 2597. — Emden-Reese, Hofmeister's Beiträge 1905. 411. — Ignatowsky, Ztschr. f. physiol. Chem. 42. 471. — Erben, ebenda 46. 323. — Forssner, ebenda 47. 15. — Baur-Barschall, Arbeiten aus dem kais. Ges.-Amte 1906. No. 3. — Howell, Americ. Journ. of Physiol. 17. 273. — Abderhalden-Guggenheim, Ztschr. f. physiol. Chem. 59. 29. — Hirschstein, Arch. exp. Path. 59. 401.

**Abderhalden's** Reaktion auf Cystin
beruht auf der Bildung von Naphthalinsulfocystin bei der Behandlung von Cystin mit β-Naphthalinsulfochlorid und Natronlauge. Näheres siehe: Ztschr. f. physiol. Chem. 38. 558.

**Abderhalden's** Reagens auf peptolytische Fermente
(Seidenpeptonlösung) siehe: Apoth. Ztg. 1913. 279. — Abderhalden, Biologische Arbeitsmethoden Bd. 5, I. 575. — Bergell-Schütze, Ztschr. f. Hygiene u. Infekt. 1905. 50. 305.

**Abderhalden's** Reaktion auf Gallenfarbstoffe.
Die zu prüfende Substanz oder Flüssigkeit schüttelt man mit Chloroform und schichtet dieses dann auf salpetrige Säure enthaltende Salpetersäure. Bei Gegenwart von Gallenfarbstoffen erhält man eine intensiv blaurote Färbung.
Zentralbl. f. d. ges. Physiol. u. Path. d. Stoffw. 1909. Nr. 23.
Chem. Zentralbl. 1910. I. 693.
Pharm. Ztg. 1910. 291.

**Abderhalden's** Reaktion auf Karzinom, Tuberkulose und Schwangerschaft
siehe: Abderhalden-Schmidt's Reagens auf Eiweißstoffe.

**Abderhalden-Kempe's** Reaktion auf Polypeptide
siehe: Berl. Ber. 1907. 40. 2737. — Chem. Zentralbl. 1907. II. 462.

**Abderhalden-Schmidt's** Reagens auf Eiweißstoffe und deren Abbauprodukte
ist Triketohydrindenhydrat (Ninhydrin), das mit Eiweißstoffen, Peptonen, Polypeptiden und α-Aminosäuren reagiert. Man benützt eine Lösung von 0,1 g Reagens in 300 ccm Wasser. Davon gibt man 1—2 Tropfen zu der zu prüfenden Flüssigkeit und erhitzt zum Sieden. Die positive Reaktion kennzeichnet sich durch Blaufärbung. Aminoessigsäure und Alanin reagieren noch in einer Lösung 1 : 10 000, Tyrosin in einer Lösung 1 : 5000.
Zur Schwangerschaftsdiagnose wird etwas Plazentagewebe nach der Mischung mit Blutserum dialysiert und 10 ccm des Dialysates mit 0,2 ccm einer 1 %igen wässerigen Ninhydrinlösung 1 Minute lang zum Sieden erhitzt. Wenn das Serum von einer Schwangeren stammt, so tritt Blaufärbung auf. In derselben Weise wird die Reaktion auf proteolytische und peptolytische Fermente vorgenommen. Bei der Prüfung auf Karzinom verwendet man an Stelle von Plazenta Karzinomgewebe und bei der Prüfung auf Tuberkulose Eiweiß von Tuberkelbazillen.
Ztschr. f. physiol. Chem. 72. 37, 85. 143.
Berliner klin. Woch. 1911. 1425.
Merck's Bericht 1911. 466, 1912. 347.
Münchener med. Woch. 1912. 1305, 1940. 1913. 1402.
Berl. tierärztl. Woch. 1912. 666.
Pharm. Ztg. 1912. 827.
Pharm. Zentrh. 1912. 1222.
Südd. Apoth. Ztg. 1912. 680.
Über die Abderhalden'sche Reaktion hat sich eine geradezu enorme Literatur entwickelt, die hier auch nur mit Quellenangaben wiederzugeben unmöglich ist.

**Abel's** Reaktion auf Aethylsulfid
beruht auf der Bildung einer bei 119° schmelzenden, krystallisierten Verbindung $(C_2H_5)_2S \cdot HgCl_2$, wenn Äthylsulfid in wässeriger oder alkoholischer Lösung mit Quecksilberchlorid zusammengebracht wird.
Ztschr. f. physiol. Chem. 20. 253.
Eine andere Reaktion gründet Abel auf die Bildung von $(C_2H_5)_2SJ_2$. Dieser Körper entsteht, wenn man zu einer Lösung von Äthylsulfid in Schwefelsäure 1 Tropfen Normal-Jodlösung gibt. Er bildet zunächst einen fein verteilten Niederschlag, der sich allmählich in braunen öligen Tröpfchen absetzt.

**Abel-Drechsel's** Reaktion auf Carbaminsäure im Harn
beruht auf der Überführung derselben in das Kalksalz, dessen klare, wässerige Lösung sich beim Stehen unter Abscheidung von Calciumkarbonat trübt und beim Aufkochen Ammoniak entwickelt. Näheres siehe: Archiv f. Physiol. 1891. 236. — Ztschr. f. analyt. Chem. 32. 513. — Abel-Muirhead, Archiv f. exper. Path. u. Pharm. 31. 15.

**Abeles'** Reagens zum Enteiweißen des Blutes
ist eine alkoholische Lösung von Zinkacetat. Man setzt zu einem Volumen Blut ein gleiches Volumen absoluten Alkohols, worin 5% von dem Gewichte des Blutes an Zinkacetat enthalten ist. Näheres siehe: Ztschr. f. physiol. Chem. 15. 495.

**Abelin's** Reaktion auf Formaldehyd im Harn
vergleiche des Autors Reaktion auf Neosalvarsan.

**Abelin**'s Reaktion auf Neosalvarsan im Harn beruht auf dem Nachweis des im Organismus aus dem Neosalvarsan abgespaltenen Formaldehyds. 10—15 ccm des spätestens 3 bis 4 Stunden, am besten 1/2—1 Stunde nach intravenöser Neosalvarsaninjektion gelassenen Harns werden mit 2 ccm einer 1%igen, frisch bereiteten und filtrierten Lösung von salzsaurem Phenylhydrazin erwärmt, die Mischung abgekühlt und mit 1 ccm einer 5%igen frischen Lösung von Ferricyankalium versetzt. Gibt man zu dem gewöhnlich etwas trüben Gemisch etwa 5 ccm konzentr. Salzsäure, so tritt bei Anwesenheit von Formaldehyd eine sehr schöne fuchsinrote Färbung auf. Empfindlicher wird die Reaktion, wenn man das Reaktionsgemisch mit gleichen Teilen Wasser verdünnt und mit Äther schüttelt, wobei die Farbe in den Äther übergeht (mit gelber Färbung). Salzsäure bewirkt dann Rotfärbung.

Archiv f. exp. Pathol. u. Pharm. 1914. **75.** 320.

**Abelin**'s Reaktion auf Salvarsan beruht auf der Diazotierung des Salvarsans. Man löst eine kleine Menge Salvarsan in 3 ccm Wasser und 4 Tropfen verd. Salzsäure, kühlt ab und gibt 0,5 %ige Natriumnitritlösung zu. Man erhält eine stark grünlichgelb fluoreszierende Flüssigkeit, die beim Eingießen in alkalische 10 %ige Resorcinlösung eine schöne rote Färbung liefert.

Münchener med. Woch. 1910. 1002.
Merck's Ber. 1911. 419.
Répert. de Pharm. 1911. 417.
B e i s e l e, ebenda 1911. 1313.

**Abensour**'s Reaktion auf Chinin ist eine modifizierte Thalleiochin-Reaktion unter Verwendung von Bromwasser und alkoholischer Ammoniakflüssigkeit. Näheres siehe: Journ. de Pharm. et de Chim. 1907. II. 25. — Apoth. Ztg. 1907. 580. — Pharm. Ztg. 1907. 680. — Bullet. de Pharm. de Sud-Est 1907. 388. — Répert. de Pharm. 1907. 455.

**Abram**'s Reaktion auf Blei im Harn.

Auf 150 ccm Harn gibt man 1 g oxalsaures Ammon und nach dessen Lösung ein Stück Magnesiumblech. Nach 24 Stunden prüft man den Beschlag mit einem Jodsplitterchen (Jodblei). Empfindlichkeitsgrenze = 1: 50 000.

Fortschr. d. Med. 1897. 950.
D a i b e r, Pharm. Zentrh. 1896. 759.
W e i n h a r t, Pharm. Zentrh. 1896. 759.

**Ackermann**'s Reagens auf Guanidin.

Erwärmt man 3 Teile Guanidin mit 30 Teilen Wasser, 6 ccm Natronlauge (33 %) und 4 ccm Benzolsulfochlorid, so scheiden sich beim Abkühlen weiße Nadeln ab. Schmp. 212° (Benzolsulfoguanidin).

Ztschr. f. physiol. Chem. 1906. 366.
Ztschr. f. angew. Mikroskop. 1906. 43.

**Ackermann**'s Reaktion auf Thioparatolyl-$\beta$-Naphthylamin.

Das Präparat löst sich in konz. Schwefelsäure mit violettblauer Farbe, die auf Zusatz von wenig Salpetersäure in Rotviolett übergeht.

Chem. Zentralbl. 1910. II. 608.

**Acquisto**'s Reagens zur Konservierung von Blutkörperchen.

Man mischt 10 g Chromsäurelösung (0,5:100), 10 g Pikrinschwefelsäurelösung, 10 g Sublimatlösung und 10 g einer Mischung von 33 g Eisessig und 67 g Alkohol. Nach dem Filtrieren gibt man 40 ccm Wasser zu.

Monitore zool. ital. 1894. 75.

**Acree**'s Reaktion auf Proteide.

0,01 g eines Proteides mischt man mit 0,1 ccm Formaldehyd (1: 5000) und schichtet über konzentr. Schwefelsäure. Es tritt ein violetter Ring auf.

Journ. of Biolog. Chem. **2.** 145.
Americ. Chem. Journ. **37.** 604.
Chem. Zentralbl. 1906. II. 1361; 1907. II. 429.
Vergl. auch Richmond-Boseley's Reaktion.

**Adam**'s Lösung.

Man mischt 834 Teile Alkohol (90 %) mit 30 Teilen Ammoniakflüssigkeit (D. = 0,92) und gibt destilliertes Wasser zu bis zu 1000 ccm. Zu dieser Mischung gibt man 1100 ccm Äther.

D e n i g è s, Précis de chimie analytique, p. 779.
Deutsche med. Woch. 1907. 91.

**Adamkiewicz**'s Reaktion auf Eiweiß (Tryptophanreaktion).

Eiweißstoffe, in Eisessig gelöst, geben mit konzentr. Schwefelsäure eine schöne violette Färbung und schwach grüne Fluoreszenz. Bei geeigneter Konzentration zeigt diese Mischung im Spektralapparate einen Absorptionsstreifen zwischen den Linien b und F.

Berl. Ber. **8.** 161.
Chem. Zentralbl. 1875. 201.
Ztschr. f. analyt. Chem. **14.** 196; **15.** 467.
Zentralbl. f. d. mediz. Wissensch. 1875. 856.
P a l m, Ztschr. f. analyt. Chem. **26.** 35.
U d r a n s z k y, ebenda **28.** 130 oder Ztschr. f. physiol. Chem. **12.** 355 u. 377.
K r u k e n b e r g, Chem. Unters. 1886. 100.
P o s n e r, Virchow's Archiv **104.** 503.
Vergleiche Wurster's Reag.
H o p k i n s - C o l e, Proc. Royal Soc. London **68.** 21.
O s b o r n e - H a r r i s, Journ. Americ. Chem. Soc. **25.** 853.
Chem. Zentralbl. 1901. I. 797; 1903. II. 910.
R o s e n h e i m, Biochem. Ztschr. **1.** 233.
D a k i n, Journ. biol. Chem. **2.** 289. — Chem. Zentralbl. 1907. I. 910.
B e n e d i c t, ebenda 1909. I. 1645.

**Adler**'s Reagens auf Blut.

Blutflecke weist man nach, indem man den betreffenden Fleck mit Leukomalachitgrün durchtränkt und hierauf 3%iges Wasserstoffsuperoxyd zugibt. Bei Anwesenheit von Blut wird der Fleck intensiv grün. Blut in Wasser weist man nach, indem man die betreffende Lösung nach dem Ansäuern mit Essigsäure mit Benzidinlösung versetzt. Wasserstoffsuperoxyd ruft bei Anwesenheit von Blut Grünfärbung hervor. (Auch Leukomalachitgrün oder Krystallviolettleukobase lassen sich verwenden.)

Ztschr. f. physiol. Chem. (1904). 41. 59.
Merck's Bericht 1906. 61.
Chem. Ztg. 1904. Rep. 109.
Münchener med. Woch. 1906. 334.
Pharm. Zentrh. 1904. 890.
Schlesinger-Holst, Deutsche med. Woch. 1906. 1444 u. Münchener med. Woch. 1907. 460.
Schumm u. Westphal, Ztschr. f. physiol. Chem. (1905). 46. 510. 50. 374.
Schumm, Münchener med. Woch. 1907. 258 u. Pharm. Ztg. 52. 604.
Gregor, Ztschr. österr. Apoth. Ver. 45. 477.
Utz, Chem. Ztg. 1907. 31. 737.
Vergl. Einhorn's Reagens.
Merkel, Münchener med. Woch. 1909. 2358.

**Adler's** Reaktionen auf Glyoxylsäure

siehe: Arch. f. experim. Path. u. Pharm. 1907. 210.

**Adler's** Reaktionen auf Kohlehydrate

siehe: Pflügers Archiv 1905. 323. — Ztschr. f. physiol. Chem. 55. 242. — Chem. Zentralbl. 1905. I. 672.

**Adler's** Reaktion auf Melanin im Harn.

Zu 100 ccm Harn gibt man nach dem Ansäuern mit Essigsäure Bleiacetatlösung, sammelt den Niederschlag auf einem Filter, wäscht ihn mit verdünnter Bleiacetatlösung aus, befreit ihn in wässeriger Aufschwemmung mittels Schwefelwasserstoff von Blei und die erhaltene Lösung nach dem Filtrieren durch Einblasen von Luft vom überschüssigen Schwefelwasserstoff. Zu 2 ccm der Lösung gibt man 1 Tropfen Eisenchlorid, 3 ccm Eisessig und 2 ccm Schwefelsäure. Melanin bewirkt Violettfärbung und ein Absorptionsspektrum an der Linie D.

Münchener med. Woch. 1910. 724.
Deutsche med. Woch. 1910. 1590.

**Adler's** Reagens auf freie Mineralsäuren

(Indikator) ist Carminogen, das wie Günzburgs Reagens verwendet wird, sich aber auch in Form von Reagenzpapier gebrauchen läßt.

Journ. Americ. Med. Assoc. 1907. No. 5.
Deutsche med. Woch. 1907. 1467.

**Adler's** Reaktion auf Pentosen.

Erhitzt man eine Mischung gleicher Teile Eisessig und Anilin oder Toluidin mit Pentosen, so entsteht eine intensive rote Färbung (unter Bildung von Furfurolanilin bzw. Furfurol-Toluidin).

Pflüger's Arch. 106. 323.
Chem. Zentralbl. 1905. I. 672.

**Adler's** Reaktion auf salpetrige Säure.

Versetzt man nitrithaltigen Harn mit Resorcin und Salzsäure und erhitzt zum Sieden, so entsteht eine rote Färbung, ähnlich der Seliwanoff'schen Reaktion auf Fruktose (siehe diese). Die Färbung geht beim Schütteln in Äther über und wird durch Zusatz von Ammoniak rotviolett. Durch viel Ammoniak wird die Färbung zerstört.

Ztschr. f. physiol. Chem. 1904. 41. 206.

**Adrian's** Reaktion auf Aldehyd im Äther.

Leitet man Ammoniakgas in aldehydhaltigen Äther ein, so scheidet sich Aldehydammoniak ab. Der zu prüfende Äther soll nicht sauer reagieren oder doch erst mit Soda neutralisiert werden.

Pharm. Zentrh. 1894. 673.
Monit. scient. 1894. 835.
Wobbe, Apoth. Ztg. 1903. 488.

**Adrian's** Reagens auf salpetrige Säure

ist Guajakol, das mit salpetriger Säure eine orangegelbe Färbung hervorbringt.

Journ. de Pharm. et de Chim. (6) 5. 174.
Vergl. Spiegel's Reagens.

**Adrian's** Reaktion auf Wasser in Äther

ist die längst bekannte Reaktion mittels entwässertem Kupfersulfat, das an und für sich weiß ist, mit wasserhaltigem Äther aber unter Aufnahme von Wasser in das blaue Hydrat übergeführt wird. Vergl. Krauch, Prüfung der chem. Reag. auf Reinheit 1888. 20. oder Essais de Pureté des Réactifs chimiques (J. Delaite) 1892. 138. — Lunge, Chem. Techn. Unters. Meth. 1900, 4. Aufl. 656 oder 1911. III. 934. — Merck, Prüf. d. Chem. Reag. 1905. 52. — Moniteur scientifique 44. 835.

**Adrian's** Reaktion auf Weinöl im Äther.

Schüttelt man weinölhaltigen Äther mit Wasser, so wird letzteres getrübt.

Monit. scient. 1894. 835.
Wobbe, Apoth. Ztg. 1903. 490.

**Agostini's** Reaktion auf Glukose.

5 Tropfen der zu prüfenden Flüssigkeit, 5 Tropfen Goldchloridlösung (1 : 1000) und 2 Tropfen Kaliumhydratlösung (1 : 20) erhitzt man zum Sieden. Bei Anwesenheit von Glukose ist die Mischung nach dem Erkalten violett gefärbt. Empfindlichkeitsgrenze = 1 : 10 000.

Journ. de Pharm. et de Chim. (5) 14. 464.
Chem. Zentralbl. 1887. 99.
Ztschr. f. analyt. Chem. 26. 746.
Rosenfeld, Deutsche med. Woch. 1888, 451 u. 479.

**Agulhon's** Reagens

(Dichromatsalpetersäure) ist eine Lösung von 0,5 g Kaliumdichromat in 100 ccm Salpetersäure (36° Bé). Es erzeugt mit leicht oxydierbaren, organischen Stoffen, wie Alkoholen, Aldehyden, Glycerin, Zuckern, Oxysäuren der Fettreihe, Aether, Essigäther etc., in der Kälte eine blauviolette Färbung, in der Hitze eine grüne Färbung, die beim Erkalten wieder in Blau übergeht. Näheres siehe: Bull. Soc. Chim. Franç. 1911. 9. 881. — Ztschr. f. analyt. Chem. 51. 775.

**Agulhon-Thomas'** Reagenzien auf Aminokörper.

1. Mischung von 5 Tropfen 2 %iger Kaliumdichromatlösung mit 3 ccm Schwefelsäure (Dichromatschwefelsäure).
2. Lösung von 0,5 Kaliumdichromat in 100 ccm Salpetersäure (50 %) (Dichromatsalpetersäure).

Eine große Anzahl von Amiden gibt mit diesen Reagenzien Farbenerscheinungen, die aber nicht als eindeutig betrachtet werden können. Näheres siehe: Bull. Soc. Chim. France 1912. I. 69. — Chem. Zentralbl. 1912. I. 857.

**Albarran und Heitz-Boyer's** Reagens auf Blut im Harn.

Man entfärbt eine Lösung von 2 g Phenolphthalein und 20 g Natriumhydroxyd in 100 ccm Wasser in der Siedehitze mit 10 g Zinkstaub. 1 ccm Reagens und 2 ccm Harn versetzt man mit 4 Tropfen Wasserstoffsuperoxyd (3 %). Ist Blut vorhanden, so tritt in kurzer Zeit eine fuchsinrote Färbung auf. Empfindlichkeitsgrenze = 1 : 100 000.

Gazette méd. de Paris 1909. 19.
Pharm. Zentrh. 1910. 569.
Apoth. Ztg. 1909. 611.

**Alcock's** Reaktion auf Borsäure (in Milch).

Man verdampft 25 ccm Milch mit 0,5 g Calciumkarbonat zur Trockene, glüht, gibt 1 ccm Salzsäure zu, dampft zur Trockene, gibt 10 ccm Methylalkohol und 2 ccm Schwefelsäure zu und erwärmt die Mischung in einem verschlossenen Reagenzrohr mit seitlichem Abflußrohr. An letzterem entzündet man die entweichenden Dämpfe, die bei Gegenwart von Borsäure eine grüne Flamme liefern.

Chem. and Drugg. 1907. 136.
Pharm. Ztg. 1907. 201.

**Alcock's** Reaktion auf Chromsalze.

Versetzt man Chromhydroxyd in alkalischer, wässeriger Lösung in der Kälte mit Natriumsuperoxyd, so bildet sich Chromat. Gibt man vor Beendigung der Oxydation einige Tropfen Essigsäure zu, so erhält man eine tiefviolette, blaue oder purpurrote Färbung.

Pharm. Journ. (4) 25. 211.
Chem. Zentralbl. 1907. II. 845.

**Alcock's** Reaktion auf Formaldehyd in Milch.

Man mischt 2 ccm Milch mit 2 ccm Kalilauge (20 %) und fügt überschüssige Salzsäure zu. Erwärmt man gelinde, so färbt sich bei Anwesenheit von Formaldehyd zunächst das entstandene Koagulum und dann auch die Flüssigkeit violett.

Pharm. Journ. 1906. 1881.
Pharm. Ztg. 1906. 702.
Chem. Zentralbl. 1906. II. 825.
Annal. de Pharm. 1906. 351.

**Alcock-Wilkins'** Reaktion auf Phenacetin.

Erhitzt man 0,01 g Phenacetin mit 5 ccm konzentr. Schwefelsäure bis zur beginnenden Bräunung, verdünnt mit Wasser und gibt Ammoniak zu, so entsteht eine intensiv rote Färbung.

Pharm. Journ. 1902. 258.
Südd. Apoth. Ztg. 1902. 757.
Chem. Ztg. 1902. Rep. 254.
Pharm. Zentrh. 1902. 520.

**v. Aldor's** Reaktion auf Albumosen im Harn.

10 ccm angesäuerten Harn versetzt man so lange mit 5%iger Phosphorwolframsäure, bis kein Niederschlag mehr entsteht. Den mit absolutem Alkohol ausgewaschenen Niederschlag löst man in Natronlauge und gibt etwas Kupfersulfatlösung zu. Bei Gegenwart von Albumosen nimmt die Mischung eine charakteristische rosarote Färbung an (Biuretreaktion).

Berl. klin. Woch. 1899. 764.
Chem. Zentralbl. 1899. II. 728.

**Alexander's** Reaktion auf Eiweiß, Mucin und Harzsäuren im Harn.

1. Man versetzt 10 ccm Harn mit 2—3 Tropfen Salzsäure; eine Trübung zeigt Harzsäuren an. Beim Erhitzen und weiterem Zusatz von Salzsäure färbt sich die Mischung mehr oder weniger rot.
2. Man versetzt den Harn mit Essigsäure im Überschuß; eine Trübung zeigt Harnmucin an.
3. Man erhitzt 15 ccm Harn zum Sieden und gibt 5 ccm Salpetersäure zu; eine Trübung zeigt Eiweiß an.

Deutsche med. Woch. 1893. 323.
Ztschr. f. analyt. Chem. 33. 121.

**Alférow's** Reagens zum Färben mikroskop. Präparate

ist eine Lösung von Silberpikrat in Wasser (1 : 800) mit einem Zusatz von etwas freier Pikrinsäure. Auch Lösungen von Silberacetat, Silberlaktat und Silbercitrat (1 : 800), mit der betreffenden Säure schwach angesäuert, sind vom Autor vorgeschlagen worden.

Arch. de Physiol. 1874. 137.

**Alfraise's** Reagens auf Jod.

Zu 100 ccm 1%iger, wässeriger Stärkelösung gibt man 1 g Kaliumnitrat und 10 Tropfen Salzsäure und erhitzt zum Sieden. — Jodhaltige Flüssigkeiten geben mit diesem Reagens eine blaue Färbung.

Merck's Report. 1900. 112.

**Alfthan's** Reaktion auf Pentosen

ist eine Modifikation der Orcin- bzw. Phloroglucinreaktion (Tollens, Salkowski), die auf der Benzoylierung der Pentosen beruht, während die gepaarten Glykuronsäuren in weit geringerem Maße benzoyliert werden. Näheres siehe: Berl. klin. Woch. 1902. 162. — Archiv exper. Pathol. 47. 417.

**Aliamet's** Reagens auf Kupfer.

Eine konzentr. Lösung von Natriumsulfit versetzt man mit etwas Pyrogallol. — Kupfersalzlösungen färben das Reagens rotgelb bis rot. Empfindlichkeitsgrenze = 1 : 3 Million.

Ztschr. f. analyt. Chem. 27. 391.
Bull. Soc. Chim. 1887. 754.

Arch. de Pharm. 1887. 493.
Chem. Ztg. 1887. Rep. 144.
Buisine, Chem. Ztg. 1888. Rep. 321.

**Allen's** Reaktion auf Cholin im Blut.
Siehe: Ztschr. f. angew. Mikroskop. 1905. 318.
Südd. Apoth. Ztg. 1905. 324.

**Allen's** Reaktion auf Glukose im Harn.
8 ccm Harn erhitzt man zum Sieden, gibt 5 ccm Kupfersulfatlösung (69,28 g im Liter) und nach dem Abkühlen 2 ccm schwach saure, konzentr. Natriumacetatlösung zu. Die erhaltene Mischung wird filtriert und auf Zusatz von 5 ccm konzentr. Seignettesalzlösung zum Sieden erhitzt. Bei Anwesenheit von Glukose entsteht eine Abscheidung von Kupferoxydul. Empfindlichkeitsgrenze = 0,2 %.
The Analyst 19. 178.
Ztschr. f. analyt. Chem. 33. 770.

**Allen's** Reaktion auf Mono- und Dinitrophenol in Pikrinsäure.
Man stellt sich eine zirka 1%ige, wässerige Lösung von Brom her, deren Titer mit Jodkalium und $^1/_{10}$ Natriumthiosulfat genau bestimmt wird. Von dieser Lösung gibt man 10 ccm zu 10 ccm einer 1%igen, wässerigen Pikrinsäurelösung, läßt die Mischung 5 Minuten stehen, gibt 1 g Jodkalium zu und titriert das ausgeschiedene Jod mit $^1/_{10}$ Thiosulfatlösung. Auf diese Art erfährt man die von dem Untersuchungsobjekt aufgenommene Menge Brom, die einen Anhaltspunkt über die vorhandene Menge von Mono- und Dinitrophenol gibt. Näheres siehe: Journ. of the Soc. of Chem. Industry 7. 592. — Journ. of the Soc. of Dyers and Colorists 4. 84. — Ztschr. f. analyt. Chem. 30. 645.

**Allen's** Reaktion auf Pflanzenfette
ist eine Elaïdinprobe mit Salpetersäure (D. = 1,4). Man schüttelt gleiche Teile Öl und Salpetersäure $^1/_2$ Minute lang und läßt dann $^1/_4$ Stunde stehen. Pflanzenfette (Cottonöl) geben eine braune Färbung.
Merck's Report. 1900. 112.
Vergl. Hager, Pharm. Prax. 1880. II. 576.

**Allen's** Reaktion auf Phenol.
Einige Tropfen der zu prüfenden Flüssigkeit mischt man mit Salzsäure und gibt einen Tropfen Salpetersäure zu. Bei Anwesenheit von Phenol entsteht eine karmoisinrote Färbung.
Pharm. Journ. Transact. 1878. 74.
Hager, Pharm. Prax. Erg.-Bd. 1883. 10.
Chem. Zentralbl. 1879. 559.
Enzyklop. d. gesamt. Pharm. 1886. I. 249.
Arch. der Pharm. 1879. (214.) 62.

**Allen's** Reaktion auf Phenol in Kreosot.
Reines Kreosot ist in der 3 fachen Menge Glycerin (D = 1,258) unlöslich, während sich Phenol löst. — Reines Kreosot mischt sich mit dem halben Volumen Collodium klar, nicht aber Phenol.
Pharm. Journ. Transact. 1878. 236.
Arch. der Pharm. 1879. 62.

**Allen's** Reaktion auf Strychnin.
Strychnin gibt mit konzentr. Schwefelsäure und Mangansuperoxyd eine intensiv violette Färbung.
Merck's Report 1900. 112.

**Allen-Gaud's** Reagens siehe Gaud's Reagens.

**Allen** u. **Scott-Smith's** Reaktion auf Emetin und Cephaëlin.
Emetin und Cephaëlin färben sich mit Eisenchloridlösung blau, dann grün. Emetin färbt sich mit Fröhde's Reagens schmutziggrün, Cephaëlin purpurrot.
Pharm. Ztg. 1902. 988.
Chem. and Drugg. 1902. Nr. 1190.

**Allen** u. **Scott-Smith's** Reaktion auf Morphin
beruht auf der Abscheidung desselben in seinen charakteristischen spießigen Krystallen. Näheres siehe: Pharm. Zentrh. 1903. 437. — Pharm. Journ. 1902. 524. — Vergl. auch Pharm. Ztg. 1902. 988. — Chem. Zentralbl. 1903. I. 205.

**Allen-Tollens'** Reaktion auf Pentosen.
Erwärmt man Pentosen mit einer Lösung von Orcin und Salzsäure (1 : 200), so entsteht eine rote bis rötlichblaue Färbung und ein flockiger Niederschlag, der sich in Alkohol mit grün-blauer Farbe löst. Die Lösung zeigt ein charakteristisches Absorptionsspektrum.
Landw. Versuchsstat. 39. 450.
Liebig's Annal. 260. 304.
Ztschr. f. analyt. Chem. 40. 544.

**Allerhand's** Reagens zum Färben mikroskop. Präparate.
a) Eine 15%ige, wässerige Lösung von Eisenchlorid;
b) eine 20%ige, wässerige Lösung von Tannin, die durch längeres Stehen und unter Schimmelbildung braun geworden ist.
Neurolog. Zentralbl. 1897. 135.
Enzyklop. d. mikroskop. Techn. 1903. 944.

**Allihn's** Reagens zur Glukosebestimmung
siehe Pflüger-Allihn's Reagens.

**Almén's** Reaktion auf Blausäure.
Versetzt man eine blausäurehaltige Lösung mit gelbem Schwefelammon, verdampft zur Trockene und gibt Salzsäure zu, so bewirkt Eisenchlorid eine orangerote bis blutrote Färbung. Empfindlichkeitsgrenze = 1:4 000 000.
Upsala Läkareför. Förhandl. 6. 385.
Neues Jahrb. d. Pharm. 36. 226; 37. 220.
Vergl. Lockemann's Reaktion.

**Almén's** Reagens auf Blut im Harn.
Gleiche Teile Guajaktinktur und Terpentinöl schüttelt man in einem Reagenzglase bis zur Emulsionsbildung und läßt den Harn vorsichtig zufließen. Bei Anwesenheit von Blut färbt sich das aus der Guajaktinktur sich abscheidende Harz intensiv blau.
Neues Jahrb. f. Pharm. 40. 232.
Ztschr. f. analyt. Chem. 13. 104.
Böttger, Pharm. Zentrh. 1875. 266. od. Ztschr. f. analyt. Chem. 15. 116.

Koziczkowsky, Deutsche med. Woch. 1904. 1198.
Meyer, Münchener med. Woch. 1904. 1578.
Utz, ebenda 1905. 1579.
Liebermann, Pflüger's Arch. **104.** 207.
Carlson, Ztschr. f. physiol. Chem. **48.** 69.
Schumm, Ztschr. f. physiol. Chem. **50.** 374.
Pharm. Ztg. **51.** 1042.
Bolland, Chem. Zentralbl. 1907. II. 746. u. 2085.
Lesser. Biol. Ztschr. **49.** 571.
Carlson, Ztschr. f. physiol. Chem. **55.** 260.
Schroeder, Berl. klin. Woch. 1907. 1379. — Rothschild, ebenda 1908. 883. — Alsberg, Arch. exp. Path. 1908. 39 (Festschrift f. Schmiedeberg). — Schumm, Arch. der Pharm. **247.** 1.
Weitbrecht, Schweiz. Woch. Chem. Pharm. 1910. 1169.
Bardach, Ztschr. f. physiol. Chem. 1910. **65.** 511.
Csépai, Deutsche med. Woch. 1910. 311.

**Almén**'s Reagens auf Eiweiß.

Eine 2%ige Lösung von Tannin in schwachem Spiritus gibt mit der 6 fachen Menge eiweißhaltigen Urins eine Trübung oder Fällung.
Neues Jahrb. f. Pharm. **24.** 215.
Ztschr. f. analyt. Chem. **10.** 253.
Chem. Zentralbl. 1871. 487.

4 g Tannin löst man in 8 ccm Essigsäure (25 %) und 190 ccm Weingeist (ca. 40—50 %). Empfindlichkeitsgrenze = 1:100 000.
Ztschr. f. analyt. Chem. **30.** 108. (van Nuys u. Lyons).
Neumeister, Ztschr. f. analyt. Chem. **30.** 111.
Ott, Prager Ztschr. f. Heilkunde 1895. 177.
Vergl. Tognetti's Reagenzien.

**Almén**'s Reagens auf Glukose.

Man löst 10 g Wismutsubnitrat und 20 g Seignettesalz in 500 g Kalilauge (D = 1,34 od. 35 % KOH). Gebraucht wie Nylander's Reagens.
Virchow-Hirsch, Jahresbericht 1869. 109.
Ztschr. f. analyt. Chem. **9.** 494.
Neues Jahrb. f. Pharm. **34.** 103.
Hammarsten, Physiol. Chem. 1899. 510 u. Ztschr. f. physiol. Chem. 1906. **(50).** 36.
Rona, Biochem. Ztschr. **16.** 489.
Bohmansson, ebenda **19.** 281.

**Almén**'s Reagens auf Morphin ist Fröhde's Reagens.
Neues Jahrb. f. Pharm. **30.** 87.
Ztschr. f. analyt. Chem. **8.** 77.

**Almén**'s Reagens auf Phenol und Salicylsäure.

Man löst 1 g Quecksilber in 1 g rauchender Salpetersäure und verdünnt mit 2 g Wasser. — 20 ccm der zu prüfenden Flüssigkeit erhitzt man mit 5—10 Tropfen Reagens zum Sieden. Bei Anwesenheit von Phenol entsteht ein gelber Niederschlag, der sich in Salpetersäure mit roter Farbe löst.
Upsala Läkareför. Förhandl. **11.** 173.
Arch. der Pharm. (3). **10.** 44.
Cattini, Boll. Chim. Farm. 1910. **49.** 641.

**Almén**'s Reaktion auf Quecksilber im Harn.

Mit 8—10 % Salzsäure versetzter Harn wird mit einem Kupfer- oder Messingdraht $1^1/_2$ Stunden lang auf geringem Feuer erhitzt. Vorhandenes Quecksilber bildet an genanntem Draht einen weißen bis grauen, metallischen Beschlag.
Näheres siehe: Ztschr. f. analyt. Chem. **26.** 670. — Stich, Pharm. Ztg. 1909. 833. — Zentralbl. f. innere Med. 1910. 480.

**Almén-Nylander's** Reaktion auf Glukose siehe Almén's und Nylander's Reagens.

**Aloy**'s Reagens auf Alkaloide

ist eine 5%ige, wässerige Lösung von Urannitrat, die mit neutralen Alkaloidlösungen einen gelben Niederschlag erzeugt.
Bull. Soc. Chim. Paris (3). **29.** 610.
Chem. Zentralbl. 1903. II. 397.

**Aloy**'s Reaktion auf Morphin.

Morphinsalze geben mit genau (mit Ammoniak) neutralisiertem Urannitrat eine rote Färbung, die von keinem anderen Alkaloid hervorgerufen werden soll.
Bull. Soc. Chim. Paris (3). **29.** 610.
Chem. Ztg. 1903. 436.
Pharm. Ztg. 1903. 371.
Chem. Zentralbl. 1903. II. 396.

**Aloy**'s Reaktion auf Uran oder Wasserstoffsuperoxyd.

Uranverbindungen geben mit Wasserstoffsuperoxyd und festem Kaliumkarbonat eine schön rotgefärbte Lösung, welche mit Alkohol einen roten Niederschlag gibt.

Zu einer Lösung von Urannitrat in 95%igem Alkohol gibt man einige Tropfen der zu prüfenden Flüssigkeit und etwas festes Kaliumkarbonat. Bei Anwesenheit von Wasserstoffsuperoxyd entsteht eine rote Lösung oder ein roter Niederschlag.
Bull. Soc. Chim. Paris (3) **27.** 734.
Apoth. Ztg. 1903. 118.

**Aloy-Laprade**'s Reagens auf Phenole.

10 g Uranylnitrat (oder — acetat) löst man in 60 ccm Wasser und gibt verdünnte Ammoniakfl. bis zur schwachen Trübung zu. Nach dem Filtrieren bringt man die Lösung mit Wasser auf 100 ccm. — Die zu prüfende Flüssigkeit wird neutralisiert und tropfenweise mit dem Reagens versetzt. Phenole geben eine rote Färbung. Empfindlichkeitsgrenze je nach dem betreffenden Phenol = 1:1000 bis 1:10000.
Bull. Soc. Chim. Paris (3) **33.** 860.
Chem. Zentralbl. 1905. II. 710.
Ztschr. f. analyt. Chem. 1906. 784.

**Aloy-Rabaud**'s Reaktion auf Morphin und Phenole

beruht auf einer roten Farbenerscheinung bei der Einwirkung von Urannitrat bezw. Uranacetat auf Morphin oder Phenole. Vergl. auch Aloy's Reaktion.
Bull. Soc. Chim. France 1914. 15. 680.
Apoth. Ztg. 1914. 767.

**Alpers' Reaktion auf Eiweiß im Harn.**
Man säuert den zu prüfenden Harn mit Salzsäure an und gibt ein gleiches Volumen 1 %ige Quecksilbersuccinimidlösung zu. Bei Anwesenheit von Eiweiß entsteht eine Trübung oder ein Niederschlag. Empfindlichkeitsgrenze = 1:150 000.
Ztschr. f. analyt. Chem. 38. 206.
Pharm. Zentrh. 1898. 619.
Chem. Zentralbl. 1898. II. 685.

**Alt's Reagens zum Färben mikroskop. Präparate**
ist eine konzentr. alkoholische Lösung von Congorot. Gebraucht zum Färben von Achsenzylindern etc.
Münchener med. Woch. 1892. Nr. 4.
Enzyklop. d. mikroskop. Techn. 1903. 158.

**Altmann's Reagens zum Fixieren mikroskop. Präparate**
ist eine Lösung von 1 g Osmiumsäure u. 2,5 g Kaliumdichromat in 100 ccm Wasser. Vergleiche Flesch's Reagens. Auch eine Lösung von 0,25 g Chromsäure und 2,5 g Ammonmolybdat in 100 ccm Wasser wurde vom Autor empfohlen.
Ztschr. f. wiss. Mikroskop. 1890. 199 u. 1892. 331.
Prjesmizky, ebenda 1895. 33.
Eberth-Friedländer, Mikroskop. Techn. 1894. 52.
Enzyklop. d. mikroskop. Techn. 1903. 1049.
Ferner wurde eine mit Ameisensäure versetzte Lösung von Merkurinitrat oder eine Lösung von Quecksilberoxyd in Pikrinsäure von Altmann in Vorschlag gebracht. Näheres siehe: Enzyklop. d. mikroskop. Techn. 1903. 26.

**Altmann's Reagens zum Färben mikroskop. Präparate.**
a) Eine Lösung von 20 g Fuchsin S in 100 ccm Anilinwasser; b) eine Mischung von 50 ccm konzentr. alkoholischer Pikrinsäurelösung mit 100 ccm Wasser.
Altmann, Elementarorganismen, Leipzig 1890.
Metzner, Ztschr. f. wiss. Mikroskop. 1894. 372.
Zimmermann, ebenda 1890. 1.
Behrens' Tabellen 1892. 118.
Eberth-Friedländer, Mikroskop. Techn. 1894. 159.
Vergl. auch Enzyklop. d. mikroskop. Techn. 1903. 28.

**Alvarez siehe Piñerúa y Alvarez.**

**Amann's Reagens auf Eiweiß.**
Man löst 10 g Quecksilberchlorid, 20 g Bernsteinsäure und 10 g Chlornatrium in 50 ccm Eisessig, 200 ccm Wasser und 250 ccm 90 %igem Alkohol. Die Lösung wird mit Wasser auf 500 ccm ergänzt.
Pharm. Zentrh. 1900. 557.
Ztschr. für angew. Mikroskop. 1903. 162.
Vergl. Jolle's Reagens.

**Amann's Reaktion auf Indikan im Harn**
ist eine Modifikation von Jaffé's, Hammarsten's etc. Reaktion, nach welcher statt Hypochlorit eine 10 %ige Lösung von Natriumpersulfat verwendet wird, und zwar 5 ccm auf 20 ccm Harn, der vorher mit Schwefelsäure angesäuert wurde.
Rép. de Pharm. 1897. 437.
Chem. Zentralbl. 1898. I. 152.
Vergleiche die Reaktionen von Hammarsten, Jaffé, Loubiou, Mac Munn, Obermayer u. Weber.

**Amann's Reaktion auf Phenol im Harn**
beruht auf einer orangegelben bis roten Färbung des Harndestillates mit p-Diazobenzolsulfosäure.
Revue méd. Suisse romande 16. 657.
Journ. de Pharm. et de Chim. 1897. II. 361.
Pharm. Zentrh. 1897. 781.

**Amann's Reagenzien für mikroskopische Zwecke.**
Chloralphenol: Man schmilzt 2 Teile krystallisiertes Chloralhydrat und 1 Teil krystallisiertes (wasserfreies) Phenol zusammen. Man erhält so eine Flüssigkeit von bestimmtem Brechungsverhältnis, die bei + 10° C. anfängt zu krystallisieren. Sie dient als Aufhellungs- und Einbettungsmittel. Näheres siehe: Ztschr. f. wiss. Mikroskopie 1896. 18 u. 1899. 38 od. Pharm. Zentrh. 1900. 275.

Chlorallactophenol: Man schmilzt 2 T. Chloralhydrat, 1 T. Phenol und 1 T. Milchsäure (D = 1,21) bei gelinder Wärme.

Lactochloral: Man löst 1 T. Chloral in 1 T. Milchsäure.

Chloralchlorphenol: Man löst 1 T. Chloral in 1 T. p-Monochlorphenol.

Chlorphenol: p-Monochlorphenol von bestimmtem Brechungsverhältnis, geeignet zur Isolierung des Polarisationsbildes organischer Präparate.

Lactochlorphenol: Man schmilzt 2 T. p-Monochlorphenol mit 1 T. Milchsäure.

Chlorallactochlorphenol: Man schmilzt gleiche Teile p-Monochlorphenol, Chloralhydrat und Milchsäure.

Lactophenol: Man mischt 20 g Phenol, 40 g Glycerin, 20 g Milchsäure (D. = 1,21) und 40 g Wasser.

Lactophenol-Kupferlösung: 2 g Kupferchlorid, 2 g Kupferacetat in 96 g Lactophenol. (Wird verdünnt angewendet.)

Jodkaliumquecksilberglycerin ist eine gesättigte Lösung von Merkurikaliumjodid in wasserfreiem Glycerin.
Ztschr. f. wiss. Mikroskop. 1896. 18.
Auch Chinolin wurde von Amann als Beobachtungsmittel empfohlen.
Ztschr. f. wiss. Mikroskop. 1899. 43.

**Amann**'s Reagens zur Bakterienfärbung
ist eine Lösung von 1 g Fuchsin und 5 g Phenol in 100 ccm Wasser.
Pharm. Zentrh. 1895. 431.

**Amato**'s Reagens zum Färben mikroskop. Präparate
siehe: Ztschr. f. wiss. Mikroskopie. 26. 486.

**Ambronn**'s Reagens zum Färben mikrosk. Präparate
ist eine Lösung von 10 g Zinkchlorid in 20 ccm Wasser, der 15 Tropfen konzentr. wässeriger Jodjodkaliumlösung zugegeben sind. Gebraucht zum Färben von Chitin.
Mitteilgn. d. zoolog. Stat. Neapel 1890.
Zander, Pflüger's Archiv 1897. 545.
Enzyklop. d. mikroskop. Techn. 1903. 124.

**Ambühl**'s Reagens auf Sesamöl
ist eine Lösung von 1—2 g weißen Zuckers in 200 ccm Salzsäure (D. = 1,18). 10 ccm Sesamöl mit 20 ccm Reagens geschüttelt, färben letzteres sofort intensiv rot. Olivenöl mit 10 % Sesamöl gibt noch eine dunkelrosa Färbung. (Modifikation von Baudouin's Reaktion.)
Pharm. Zentrh. 1892. 596.
Ztschr. f. analyt. Chem. 32. 255.

**Andeer**'s Reagens zum Entkalken mikroskop. Präparate
ist eine gesättigte, wässerige Lösung von Phloroglucin, der je nach Art des Präparates 5—40 % Salzsäure zugesetzt werden.
Zentralbl. f. d. mediz. Wissensch. 1885. Nr. 12.
Behrens' Tabellen 1892. 87.
Ztschr. f. wiss. Mikroskop. 1885. 375, 539.
Enzyklop. d. mikroskop. Techn. 1903. 653.
Vergl. Haug's Reagenzien. 5.
Ebert-Friedländer, Mikroskop. Techn. 1894. 60.

**Anderson**'s Reaktion auf Codeïn.
Dampft man Codeïn mit konzentr. Salpetersäure auf dem Wasserbade zur Trockene und erwärmt mit Natronlauge, so entwickelt sich Methylamin.
Liebig's Annal. 75. 80.
Chem. Zentralbl. 1850. 716.
Vergleiche Kippenberger, Nachw. v. Gift. 1896. 134.

**Anderson**'s Reaktion auf Papaverin.
Versetzt man eine Lösung von Papaverin in verdünnter Salpetersäure mit konzentr. Salpetersäure, so entsteht eine dunkelrote Färbung und eine Abscheidung von gelben Krystallen.
Chemical Gaz. 1855. 21.
Liebig's Annal. 1855. 235.

**Anderson**'s Reaktion auf Pyridinbasen
beruht auf der Umwandlung des Pyridinchloroplatinats beim Kochen mit Wasser in ein unlösliches gelbes Pulver unter Abspaltung von Salzsäure. Das Reaktionsprodukt bildet dann mit unzersetztem Pyridinchloroplatinat ein charakteristisches Zwischenprodukt, das in goldgelben Blättchen krystallisiert.
Liebig's Annal. 96. 199.
Enzyklop. d. gesamt. Pharm. 1886. I. 369.
Oechsner de Coninck, Bull. Soc. Chim. Paris. 40. 276.

**Anderson**'s Reagens zur Sauerstoffbestimmung.
Man löst 15 g Pyrogallol in 100 ccm Kalilauge (D. = 1,55). Das Reagens soll in 100 ccm 13,6 g Pyrogallol und 71,5 g KOH enthalten.
Journ. Ind. Eng. Chem. 1915. 7. 587.

**Andersson**'s Reagens zum Härten mikroskop. Präparate.
1. Eine Mischung von 100 ccm Müller's Reagens und 4 ccm Formaldehyd (40 %).
2. Eine Mischung von 10 ccm Formaldehyd, 40 ccm Alkohol und 50 ccm Kaliumchromatlösung (5 %).
Enzyklop. d. mikroskop. Techn. 1903. 144. 148.

**André**'s Reagens auf Alkaloide
ist Kaliumdichromatlösung, die mit vielen Alkaloiden krystallinische Niederschläge gibt. (Brucin, Chinin, Cocaïn, Codeïn etc.)
Répert. de Chim. appl. 1862. 199.
Journ. de Pharm. et de Chim. 1862. 341.
Chem. Zentralbl. 1863. 205.

**André**'s Reaktion auf Chinin.
Eine Lösung von Chinin wird durch Chlor und Ammoniak grün gefärbt. Neutralisiert man diese Lösung mit Säure, so geht die Farbe in Blau über; ein weiterer Säurezusatz bewirkt Rotfärbung. Ammoniak regeneriert die grüne Farbe.
Annal. Chim. Pharm. 1839. 195.
Chem. Zentralbl. 1839. 850.
Annal. Chim. Phys. (2) 71. 195.
Schweitzer, London Med. Gaz. 1837. 173.
Chem. Zentralbl. 1838. 18.
Léger, Chem. Zentralbl. 1904. I. 1180.
Journ. de Pharm. et de Chim. (6) 19. 281.
Guigner, ebenda (6) 20. 55.
Chem. Ztg. 1904. Rep. 233.

**Andreasch**'s Reaktion auf Cysteïn (α-Amidosulfomilchsäure).
Eine Lösung von Cysteïnchlorhydrat wird auf Zusatz von Eisenchlorid und Ammoniak rotviolett gefärbt.
Jahresber. f. Tierchem. 1884. 76.
Wiener Anz. 1879. 133.
Chem. Zentralbl. 1879. 484.
Berl. Ber. 12. 1390.

**Andrews**' Reaktion auf Emetin siehe Snelling's Reaktion.
(Wie sich der Vorname des Autors in die Literatur eingeschmuggelt hat, ist schwer zu erklären.)

**Andrews**' Reaktion auf Jodsäure in Jodkalium
siehe: Journ. Americ. Chem. Soc. 1909. 31. 1035. — Chem. Zentralbl. 1909. II. 1838.

**Andriezen**'s Reagens zum Aufhellen mikroskop. Präparate
ist eine Mischung gleicher Teile Pyridin und Xylol. Gebraucht zum Aufhellen von Golgipräparaten.
Internat. Monatsschr. f. Anat. und Physiol. 1893. 532.

**Andriezen**'s Reagens zum Fixieren mikroskop. Präparate.
a) Eine Lösung von 0,05 g Osmiumsäure und 1,9 g Kaliumdichromat in 100 ccm Wasser; b) eine Lösung von 0,1 g Osmiumsäure und 2,25 g Kaliumdichromat in 100 ccm Wasser; c) eine Lösung von 0,2 g Osmiumsäure und 2,4 g Kaliumdichromat in 100 ccm Wasser.
Enzyklop. d. mikroskop. Techn. 1903, 486.
Ztschr. f. wiss. Mikroskop. 1894. 78.

**Angeli**'s Reaktion auf Hydroxylamin.
Erwärmt man eine neutrale Hydroxylaminlösung mit Nitroprussidnatrium und Natronlauge, so entsteht eine fuchsinrote Färbung. Diese Reaktion ist sehr empfindlich, wird aber durch Anwesenheit von viel Ammonsalzen geschwächt. Phenylhydrazin gibt in der Kälte eine Rotfärbung, die beim Erwärmen verschwindet.
Ztschr. d. öst. Apoth. Ver. 48. 226.
Ztschr. f. analyt. Chemie 34. 228.

**Angeli**'s Reaktion auf Indol.
Schmilzt man eine Spur von Indol oder dessen aliphatischen Homologen in einem Glasröhrchen mit entwässerter Oxalsäure, so entsteht ein rot gefärbtes Schmelzprodukt, das sich in Essigsäure löst. α-Phenylindol liefert bei dieser Behandlung eine violette Färbung.
Gazz. Chim. Ital. 23. 102.
Ztschr. f. analyt. Chem. 35. 212.
G r a n s t r ö m , Hofmeisters Beitr. 11, 132.

**Angelico**'s Reaktion auf Atractylsäure.
Erhitzt man Atractylsäure mit konz. Schwefelsäure, so entsteht ein Geruch nach Baldriansäure und die Mischung nimmt eine rotbraune bis violette Färbung an.
Gazz. Chim. Ital. 36. II. 636 u. 37. I. 446.
Chem. Zentralbl. 1907. I. 283 u. II. 562.

**Angelico**'s Reagens auf Atractylis-Glykosid (Masticognagift, das giftige Glykosid der Atractylis gummifera L. (Carlina gummifera Less., Acarna gummif. W., Carthamus gummif. Lam.)
ist Formaldehyd-Schwefelsäure, die mit dem Glykosid sofort den Geruch nach Baldriansäure erzeugt und auf Zusatz von Wasser eine azurblaue Färbung hervorruft.
Gazz. Chim. Ital. 1910. I. 406.
Vergl. Wiggers-Husemann, Jahresbericht der Pharm. 1869. 163.

**Angelico**'s Reaktion auf Formaldehyd
ist die Umkehrung seiner Reaktion auf Atractylis-Glykosid. Versetzt man dieses mit einigen Tropfen konz. Schwefelsäure und dann mit einer Lösung, die Spuren Formaldehyd enthält, so entwickelt sich eine violettblaue Färbung. Empfindlichkeitsgrenze = 3 Tropfen 40 %ig. Formaldehyd in 1000 ccm Wasser.
Gazz. Chim. Ital. 1910. I. 403.

**Angelico**'s Reaktion auf aromatische Oxy-Aldehyde (Paraoxybenzaldehyd, Zimtaldehyd, Salicylaldehyd, Piperonal, Vanillin, Opiansäure.)
Genannte Oxyaldehyde geben in wässeriger Lösung mit konz. Schwefelsäure und Atractylis-Glykosid eine fuchsinrote Färbung.
Gazz. Chim. Ital. 1910. I. 408.

**Anglade**'s Reagens zum Härten mikroskop. Präparate
ist eine Lösung von 0,1 g Osmiumsäure, 0,12 g Chromsäure und 25 g Essigsäure in 450 g Wasser.
Enzyklop. d. mikroskop. Techn. 1903. 1019.
Neurol. Zentralbl. 1901. 591.

**Anselmier**'s Reaktion auf Curcuma in Rhabarber.
0,1 g des zu prüfenden Pulvers schüttelt man 1 Minute lang mit 20 Tropfen Olivenöl und gibt dann einen Tropfen der Mischung auf weißes Filtrierpapier. Es entsteht ein charakteristischer gelber Ring, falls Curcuma zugegen ist.
Deutsch-Amerik. Apoth. Ztg. 26. 4.
Chem. Ztg. 1904. Rep. 80.
Schweizer Wochenschr. f. Chem. u. Pharm. 1904. 119.
Ztschr. f. analyt. Chem. 1906. 727.

**Anstie**'s Reaktion auf Alkohol im Urin.
Versetzt man den zu prüfenden Urin tropfenweise mit einer Lösung von 1 g Kaliumdichromat in 300 g konzentr. Schwefelsäure, so entsteht bei Anwesenheit von Alkohol eine grüne Färbung.
Merck's Report 1900. 112.

**Antonoff**'s Reaktion auf Indol.
Indollösung wird auf Zusatz von Nitroprussidnatrium und Natronlauge rubinrot und auf weiteren Zusatz von Essigsäure grün.
Zipfel, Zentralbl. f. Bakteriol. Orig. 1912. 64. 65.
Zentralbl. f. ges. innere Med. 1912. III. 55.

**Apáthy**'s Celloidinlösung.
Man übergießt das zerkleinerte Celloidin mit einer zur Lösung nicht genügenden Menge von Äther und Alkohol (gleiche Teile) und gießt nach einigen Tagen die konzentr. Lösung ab, die dann mit der gleichen Menge Äther-Alkohol verdünnt wird.
Ztschr. f. wiss. Mikroskop. 1889. 164. 301.
S a m a s s a , Arch. f. mikroskop. Anat. 1892. 157.

**Apáthy**'s Reagens (Einschlußmittel) für mikroskop. Präparate
ist eine Lösung von 10 g farblosem Gummi arabic. und 10 g Rohrzucker in 10 g Wasser, der zur Konservierung 0,1 g Thymol zugesetzt ist.
Ztschr. f. wiss. Mikroskop. 1892. 36.
E b e r t h - F r i e d l ä n d e r , Mikroskop. Techn. 1894. 132.

**Apáthy's** Reagenzien zum Färben mikroskop. Präparate.

1. a) Eine 0,5 %ige, alkoholische Lösung von Hämatoxylin.
   b) Eine filtrierte Mischung von 100 ccm 5 %iger, wässeriger Kaliumdichromatlösung mit 200—400 ccm Alkohol (80 %).
2. (Hämateïntinktur.) Eine 1 %ige Lösung von Hämatoxylin in 70 %igem Alkohol, die durch 8 wöchiges Reifenlassen gebrauchsfähig gemacht wird.
3. (Hämateïnlösung I A.) Man mischt 100 ccm Hämateïntinktur mit einer Lösung von 9 g Alaun, 3 g Eisessig und 0,1 g Salicylsäure in 95 ccm Wasser und gibt 100 g Glycerin zu.

Mitteilgn. d. zoolog. Stat. Neapel 1897. 715.
Enzyklop. d. mikroskop. Techn. 1903. 513.

**Apéry's** Reaktion auf Aloë.

Das Untersuchungsobjekt wird mit Alkohol extrahiert, der filtrierte Auszug zur Trockene verdampft, in Wasser aufgelöst und mit Bleiacetat gefällt. Das Filtrat hiervon wird eingedampft, mit kohlensaurem Natrium entbleit und die so erhaltene Flüssigkeit nach dem Neutralisieren mit Salpetersäure mit verdünnter Eisenchloridlösung versetzt. Aloë erkennt man an der entstehenden rotbraunen Färbung. Empfindlichkeitsgrenze = 1 : 3000 Wasser.

Ztschr. d. öst. Apoth. Ver. 50. 766.
Ztschr. f. analyt. Chem. 37. 276.

**Appelius-Schmidt's** Reaktion auf Sulfitcellulose in Gerbstoffauszügen und Leder

beruht auf einem charakteristischen Niederschlag, den Cinchoninsulfat in gerbstoffhaltigen Sulfitcelluloseextrakten hervorruft. Der Niederschlag ballt sich in der Hitze zu einer eigenartigen, braunschwarzen Masse zusammen. Näheres siehe: Collegium 1914. 597 und 606. — Chem. Zentralbl. 1914. II. 957 und 1915. I. 222. Als Reagens verwendet man eine Lösung von 5 g Cinchonin in Wasser und der nötigen Menge Schwefelsäure, die mit Wasser zu 1 Liter ergänzt wird.

**Appelius-Schmidt's** Reagens zur Unterscheidung von Neradol D und Sulfitcellulose

ist p-Diazonitranilinlösung (vergl. Tschirch-Edner's Reagens). Man versetzt 50 ccm des zu prüfenden Auszuges mit 15 ccm Reagens (filtriert wenn nötig) und übersättigt mit Natronlauge. Bei Gegenwart von Neradol entsteht eine blutrote Färbung.

Collegium 1914. 597.
Chem. Zentralbl. 1914. II. 957.

**Arata's** Reaktion auf künstliche Weinfarbstoffe.

100 ccm Wein mischt man mit 100 ccm Kaliumbisulfatlösung (10 %) und kocht 10 Minuten lang mit Wolle. Bei natürlichem Rotwein färbt sich die Wolle rosa und mit Ammoniak grün, bei Anwesenheit von Diazofarbstoffen und vielen anderen Teerfarbstoffen wird die Wolle stark gefärbt und durch Ammoniak nicht verändert oder nur gelb gefärbt. Näheres siehe: Chem. Ztg. 1887. Rep. 149. — Pharm. Zentrh. 1889. 746. — Gazz. chimic. ital. 17. 44. — S o s t e g n i, Chem. Ztg. 1894. Rep. 131.

**Arcangeli's** Reagentien zum Färben mikroskop. Präparate.

1. Borsäurecarmin: Man löst 1 g Carmin und 8 g Borsäure in 200 ccm siedendem Wasser und filtriert heiß.
2. Borsäurealauncarmin: Man löst 1 g Carmin und 8 g Borsäure in einer heißen Lösung von 60 g Kalialaun und 400 ccm Wasser und filtriert. Gebraucht zum Färben von Zellkernen.

Proc. verb. soc. Toscana sc. nat. 1885. 283.
B e h r e n s' Tabellen 1892. 99.
Enzyklop. d. mikroskop. Techn. 1903. 97.
Ztschr. f. wiss. Mikroskop. 1885. 376.

**Archetti's** Reaktion auf Coffeïn.

Eine Lösung von Ferricyankalium in Salpetersäure versetzt man mit der zu prüfenden Substanz oder Flüssigkeit und erhitzt die Mischung zum Sieden. Bei Anwesenheit von Coffeïn (und Harnsäure) entsteht Berlinerblau.

Chem. Zentralbl. 1899. II. 453.
Pharm. Zentrh. 1901. 458.
Ztschr. f. analyt. Chem. 40. 415.

**Armani-Barboni's** Reaktion auf Coffeïn.

Bei so kleinen Mengen, welche das Gelingen der Murexidprobe in Frage stellen, führt man das Coffeïn durch Erwärmen mit Kalilauge in Coffeïdin über. Die so erhaltene Lösung versetzt man nach dem Erkalten mit Phosphormolybdänsäure oder Phosphorwolframsäure, bis sich ein weißer Niederschlag bildet, worauf man tropfenweise 50 %ige Kalilauge zufügt, bis der Niederschlag wieder in Lösung gegangen ist. War Coffeïn vorhanden, so färbt sich die Mischung intensiv blau.

Chem. Ztg. 1910. 448.
Pharm. Zentrh. 1912. 62.
Répert. de Pharm. 1910. 514.
V e r d a, ebenda 1911. 69.

**Armani-Barboni's** Reaktion auf Gold und Silber

beruht auf der Abscheidung kolloidalen Metalles mittels alkalischer Formaldehydlösung (2 Vol.-Teile Formaldehyd und 1 Vol.-Teil 20 %iger Kalilauge), wobei abgeschiedenes Silber oder Gold eine intensive Färbung hervorruft.

Ztschr. chem. Industr. der Kolloid. 1910. 290.
Chem. Ztg. 1910. Rep. 378.

**Armitage** siehe Lister-Armitage.

**Arnaud-Padé's** Reaktion auf Salpetersäure.

Die Reaktion gründet sich auf die Unlöslichkeit des salpetersauren Cinchonamins.

Siehe Compt. rend. 98. 1488 u. 99. 190.
Ztschr. f. analyt. Chem. 25. 223.
Pharm. Zentrh. 1885. 19 u. 309.

**Arndt's quantit. Zuckerbestimmung**
beruht auf der durch Gärung erzeugten Kohlensäuremenge.

Vergleiche Einhorn's Reaktion.

**Arnold's Reagens auf Acetessigsäure im Harn.**
a) Eine Lösung von 1 g p-Amidoacetophenon in 2 g konzentr. Salzsäure und 100 ccm Wasser; b) eine Lösung von 1 g Natriumnitrit in 100 ccm Wasser. Zum Gebrauch mischt man 2 T. a mit 1 T. b. Mischt man dieses Reagens mit gleichen Teilen Harn, der Acetessigsäure enthält, so gibt Ammoniak zunächst eine braunrote Färbung oder Fällung, die auf Zugabe von überschüssiger, konzentr. Salzsäure in eine purpurviolette Färbung übergeht.

Wiener klin. Woch. **12.** 541.
Chem. Zentralbl. 1899. II. 146.
Ztschr. f. analyt. Chem. 1900. 601.
Zentralbl. für innere Medizin 1900. 417 od.
Ztschr. f. angew. Chem. 1900. 598.
Merck's Index 1902. 261.
Lipliawsky, Ztschr. f. analyt. Chem. **40.** 565.
Riegler, Münchener med. Woch. 1906. 448.
Bondi-Schwarz, Wiener med. Woch. 1906. 38.
Kobert, Chem. Zentralbl. 1900. II. 919.
Waldvogel, Die Acetonkörper. Stuttgart, 1903.

**Arnold's Reaktionen auf Alkaloide.**
Erhitzt man etwas Alkaloid mit Phosphorsäure (Sirupkonsistenz) etwa 10 Minuten lang auf dem Wasserbade oder verdampft man diese Mischung über einer kleinen Flamme zur Trockene, so gibt Coniin eine grüne bis blaugrüne, Nicotin eine gelbe bis orangerote und Aconitin eine violette Färbung.

Ebenso erhält man Farbenerscheinungen, wenn man Alkaloide mit konzentr. Schwefelsäure erwärmt und unter Umrühren tropfenweise konzentr. (30—40 %ige) alkoholische oder wässerige Kalilauge zugibt, bis letztere im Überschusse vorhanden ist. Näheres mit tabellarischer Zusammenstellung siehe: Ztschr. f. analyt. Chem. **23.** 229 od Arch. der Pharm. (3) **20.** 561. — Chem. Zentralbl. 1882. 647.

**Arnold's Reaktion auf Cystein**
vergl. des Autors Reaktion auf Gewebseiweißstoffe.

**Arnold's Reaktion auf Eiweißstoffe.**
1—2 ccm Eiweißlösung versetzt man mit 2—4 Tropfen einer 5 %igen Lösung von Nitroprussidnatrium und dann mit einigen Tropfen Ammoniakflüssigkeit. Die Mischung nimmt sofort eine purpurrote Färbung an.

Ztschr. f. physiol. Chem. **70.** 300.
Chem. Ztg. 1912. 332.
Pharm. Zentrh. 1912. 1100.

**Arnold's Reaktion zum Nachweis von vorhergegangenem Fleischgenuß.**
10—20 ccm Harn versetzt man bei möglichst kühler Temperatur mit 1 Tropfen einer 4 %igen Nitroprussidnatriumlösung und dann mit 5 bis 10 ccm 5 %iger Natronlauge. Es tritt eine vorübergehende Violettfärbung auf, die bald in Rot, Braunrot und Gelb übergeht. Die violette Lösung zeigt ein charakteristisches Absorptionsspektrum. Sie wird auf Zusatz von Essigsäure blau gefärbt (schnell wieder verschwindend).

Ztschr. f. physiol. Chem. **49.** 397; **70.** 300; **83.** 304.
Apoth.-Ztg. 1906. 1065.
Chem. Zentralbl. 1907. I. 137. 1913. I. 1633.
Holobut, Ztschr. f. physiol. Chem. **56.** 117.
Herzfeld-Buss, Med. Klinik 1910. 785.

**Arnold's Reaktion auf Formaldehyd**
siehe Arnold-Mentzel's Reaktion.

**Arnold's Reaktion auf Gewebeeiweißstoffe (Organpeptide) (Cystein-Reaktion).**
Versetzt man 2 ccm Eiweißlösung mit 4 Tropfen Nitroprussidnatriumlösung (4 %) und dann mit einigen Tropfen Ammoniakfl., so entsteht eine purpurrote Färbung.

Anzeig. d. Akad. d. Wissensch. Krakau A. 1910. 56.
Chem. Zentralbl. 1910. I. 1888.
Chem. Ztg. 1910. 333.

Die Reaktion wird nach Arnold durch das in den Organen enthaltene Cystein ausgelöst. Mit wenig stark verdünnter Kupfersulfatlösung gibt Cystein nach Suter eine vorübergehende Violettfärbung und dann einen grauen Niederschlag von Cysteinkupfer. Die angesäuerte Lösung dieses Cysteinkupfers wird auf Zusatz von 5%iger Nitroprussidnatriumlösung rostbraun gefällt. Nach Arnold gibt keine andere Aminosäure diese Reaktion. — Näheres siehe: Ztschr. f. physiol. Chem. 1910/11. **70.** 314.

**Arnold's Reaktion auf Narceïn und Veratrin.**
Erwärmt man eine Spur Narceïn mit einigen Tropfen konzentr. Schwefelsäure und Phenol, so entsteht eine kirschrote Färbung, die beim Verdünnen mit Wasser schmutzig gelblich wird. Veratrin verhält sich ähnlich, Codeïn wird schmutzig rotviolett bis braun.

Repert. d. analyt. Chem. **2.** 229.
Ztschr. f. analyt. Chem. **23.** 234.
Chem. Zentralbl. 1882. 647.
Vergl. Wangerin's Reagens.

**Arnold's Reaktion auf Nephrorosein im Harn.**
Man versetzt den zu prüfenden Harn mit einem Drittel seines Volumens konz. Salpetersäure oder Salzsäure (D. = 1,19) und 1 Tropfen Natriumnitritlösung (1 %). Man schüttelt mit Amylalkohol aus und zerstört die etwa aufgetretene Emulsion mit Alkohol, je nach der Menge des vorhandenen Nephroroseins ist der Amylalkohol mattrot bis ziegelrot gefärbt. Die Lösung zeigt ein charakteristisches Absorptionsspektrum, das sich von b bis ein

wenig über die Mitte zwischen b und F erstreckt.
Ztschr. f. physiol. Chem. 61. 240.
Zentralbl. f. innere Med. 1910. 476.

**Arnold's Reagens zum Färben mikroskop. Präparate**
ist eine Lösung von 0,05 g Goldchloridchlorkalium und 1 g Eisessig in 100 ccm Wasser. Gebraucht zur Darstellung der Spinalfasern der Ganglienzellen.
Virchow's Archiv 1867. 135.
Bastian, Ztschr. f. wiss. Mikroskop. 1884. 62.
Enzyklop. der mikroskop. Techn. 1903. 450.

**Arnold-Mentzel's Reaktion I auf Formaldehyd.**
5 ccm der zu prüfenden Flüssigkeit versetzt man mit 0,03 g salzsaurem Phenylhydrazin, 4 Tropfen Eisenchlorid, 10 Tropfen konzentr. Schwefelsäure und soviel Alkohol oder Schwefelsäure, bis sich die trübe Flüssigkeit klärt. Bei Anwesenheit von Formaldehyd entsteht Rotfärbung. Empfindlichkeitsgrenze = 1 : 4000.
Ztschr. f. Unters. Nahr.-Genussm. 1902. 353.
Pharm. Zentrh. 1902. 284.
Schaffer, Chem. Zentralbl. 1909. I. 223.

**Arnold-Mentzel's Reaktion II auf Formaldehyd.**
In 5 ccm der zu prüfenden Flüssigkeit löst man ein erbsengroßes Stückchen Phenylhydrazinchlorhydrat, gibt 2—4 Tropfen einer 5—10 %igen Nitroprussidnatriumlösung und dann etwa 15 Tropfen Natronlauge (10—15 %) zu. Bei Anwesenheit von Formaldehyd entsteht sofort eine blaue bis blaugraue Färbung. Empfindlicher ist diese Reaktion, wenn man an Stelle von Nitroprussidnatrium Ferricyankalium verwendet. Es entsteht dann eine scharlachrote Färbung.
Chem. Ztg. 1902. 246.
Pharm. Zentrh. 1902. 284.
Vergleiche Rimini's Reaktion auf Aldehyde.
Ztschr. f. Unters. Nahr.-Genussm. 1902. 355.
Schuch, Chem. Zentralbl. 1906, I. 501.
Pharm. Ztg. 1906. 225.

**Arnold-Mentzel's Reaktion auf Kresol und Phenol.**
Eine 2 %ige, wässerige Lösung von Phenol (ca. 10 ccm) versetzt man zuerst mit einem Tropfen Anilin, dann mit 4 ccm Natronlauge und nach dem Umschütteln mit 5—6 Tropfen Wasserstoffsuperoxyd und 15 Tropfen Labarraque's Reagens. Die Mischung färbt sich beständig rot, während die Kresole und Trikesol unter gleichen Bedingungen eine blaue Färbung verursachen.
Apoth. Ztg. 1903. 134.
Ztschr. f. angew. Mikroskop. 1903. 109.
Südd. Apoth. Ztg. 1903. 391.

**Arnold-Mentzel's Reaktion auf gekochte und ungekochte Milch**
ist eine Modifikation von Arnold-Weber's Reaktion. Man schichtet über die zu prüfende Milch eine 10 %ige Lösung von Guajakharz in Aceton. Bei Anwesenheit von ungekochter Milch entsteht ein blauer Ring.
Vergl. Arnold-Weber's Reagens.

**Arnold-Mentzel's Reagens auf gekochte und ungekochte Milch oder auf Wasserstoffsuperoxyd in Milch**
ist eine frisch bereitete 2—3 %ige, alkoholische Lösung von p-Diaethyl-p-phenylendiamin (I) oder von p-Diamidodiphenylaminchlorhydrat (II). — Versetzt man 10 ccm ungekochte Milch mit 1 Tropfen Wasserstoffsuperoxyd (4—5 %) und 6—8 Tropfen Reagens I, so tritt Rotfärbung, bei Verwendung von Reagens II dagegen eine blaugrüne Färbung ein. Treten diese Färbungen ohne Zusatz von Wasserstoffsuperoxyd in ungekochter Milch ein, so zeigen sie das Vorhandensein von Wasserstoffsuperoxyd an. Es läßt sich noch 3 % ungekochte in gekochter Milch nachweisen.
Ztschr. f. Unters. Nahr.-Genußm. 6. 548.
Chem. Zentralbl. 1903. II. 314.
Chem. Ztg. 1903. Rep. 191.

**Arnold-Mentzel's Reagens I auf Ozon im Wasser**
ist eine gesättigte Lösung von Tetramethyldi-p-diamido-diphenylmethan (Tetrabase) in Methylalkohol. — Zu 1—2 ccm einer 2 %igen Silbernitrat- oder 10 %igen Manganosulfatlösung gibt man 1—2 Tropfen Reagens und erst dann 25 bis 35 ccm des zu prüfenden Wassers. Ozon bewirkt eine deutliche blaue Färbung, die nach einiger Zeit verblaßt. Empfehlenswert ist ein Zusatz von Ferrosulfat zur Silber- oder Manganlösung, um eine störende Wirkung von Chlor, Brom, Permanganaten und Cerisulfat zu vermeiden. Auch mit dem Reagens getränktes Papier kann Verwendung finden. Näheres siehe: Berl. Ber. 1902. 2902 bis 2905 oder Ztschr. f. angew. Chem. 1902. 1093. — Ztschr. für analyt. Chem. 1904. 50. — Fischer-Marx, Berl. Ber. 1906. 2555. — Vergl. Chlopin's Reagens.

**Arnold-Mentzel's Reagens II auf Ozon**
ist Benzidinpapier, das durch Tränken von Filtrierpapier mit einer gesättigten, alkoholischen Benzidinlösung hergestellt wird. Dieses Papier färbt sich nur mit Ozon braun. Salpetrige Säure und Brom färben es blau; Chlor blau, dann rotbraun.
Chem. Ztg. 1902. Rep. 130.
Pharm. Zentrh. 1903. 494.

**Arnold-Mentzel's Reaktion auf Thiosulfat neben Sulfit.**
Thiosulfate werden durch 0,5 % Natrium enthaltendes Amalgam in Sulfide verwandelt, nicht aber Sulfite. Sulfide lassen sich dann durch die Nitroprussid-Reaktion (vergl. Béchamp's Reagens) identifizieren.
Ztschr. f. Unters. Nahr.-Genußm. 1903. 550.
Chem. Ztg. 1903. Rep. 191.

**Arnold-Mentzel's Reagens auf Wasserstoffsuperoxyd**
ist eine Lösung von 1 g Vanadinsäure in 100 g verd. Schwefelsäure. Wasserstoffsuperoxyd

enthaltende Flüssigkeiten werden durch eine genügende Menge Reagens dauernd rot gefärbt. Empfindlichkeitsgrenze = 0,0006 %.

Ztschr. f. Unters. Nahr.-Genußm. 6. 305.
Chem. Zentralbl. 1903. I. 1043.

**Arnold-Vitali's** Reagens auf Alkaloide.

Das Alkaloid wird mit einem Tropfen Schwefelsäure versetzt und dann einige Kryställchen Natriumnitrit eingerührt. Es treten Farbenerscheinungen auf, welche durch wässerige oder alkoholische Kalilauge entsprechend verändert werden.

Tabellarische Zusammenstellung der Farbenreaktionen siehe:
Ztschr. f. analyt. Chem. 23. 232.

**Arnold-Weber's** Reagens zur Unterscheidung von gekochter und ungekochter Milch

ist eine Guajakholztinktur, die in einem 100 ccm fassenden Fläschchen noch durchsichtig sein muß. Sie muß mindestens 3 Monate alt sein und auf ihre Brauchbarkeit mit ungekochter Milch geprüft sein. — In 2 ccm Milch läßt man 3 Tropfen Reagens fallen. Ist die Milch ungekocht (oder doch nicht über 75° C. erhitzt worden), so tritt innerhalb 2 Minuten ein blauer bis blaugrüner Ring auf. Gekochte Milch gibt diese Reaktion nicht.

Arnold, Chem. Zentralbl. 1881. 709.
Chem. Zentralbl. 1902. II. 1344.
Milch-Ztg. 1902. 657.
Ztschr. f. angew. Mikroskop. 1904. 20.
Kühnau, Chem. Ztg. 1901. Rep. 184.
Arnold-Mentzel, Ztschr. f. Fleisch- u. Milchhygiene 12. Nr. 7.
Ostertag, ebenda 7. Nr. 1.
Glage, ebenda 11. Nr. 6.
Popp, Ztschr. f. angew. Mikroskop. 1903. 97.
Siegfeld, Milch-Ztg. 1901. Nr. 46.
Waentig, Chem. Zentralbl. 1907. II. 1118.
Seligmann, Ztschr. f. angew. Chem. 1906. 1540.
Herholz, Chem. Zentralbl. 1908. II. 1540.
Galvagno, ebenda 1908. II. 1698.

**Arnold-Werner's** Reaktion auf Phenol und Kresole.

1. Eisenchlorid färbt o-Kresol blau, rasch in Grün übergehend; Phenol, m-Kresol und Trikresol violett, p-Kresol blau.
2. Die wässerige, schwach ammoniakalische, zum Sieden erhitzte Lösung von Phenol und o-Kresol färbt Bromwasser blau, die Lösung von m-Kresol und Trikresol grünlichblau, die Lösung von p-Kresol wird nicht gefärbt.
3. Man löst 2 Tropfen des zu prüfenden, eventuell geschmolzenen Präparates in 3 ccm konzentr. Schwefelsäure und gibt eine Spur Kaliumnitrit zu: Phenol = grün, später blau; o-, m- und Trikresol = grün; p-Kresol = rot. Nach dem Verdünnen mit Wasser und Zusatz von Ammoniak wird p-Kresol gelb, alle anderen grün. Weitere Reaktionen siehe: Apoth. Ztg. 1905. 925. — Pharm. Zentrh. 1906. 360. — Ztschr. f. angew. Chem. 1906. 578.

Vergl.: Ztschr. f. analyt. Chem. 1912. 388.
Raschig, Ztschr. f. angew. Chem. 1908. 2065.

**Arnold-Werner's** Reaktionen der drei Phosphorsäuren siehe:

Chem. Ztg. 1905. 1326.
Chem. Zentralbl. 1906. I. 398.

**Arnstein's** Reagenzien zum Färben mikroskop. Präparate.

1. Man löst 3 g Methylenblau in 100 ccm Wasser oder 0,6 %iger Kochsalzlösung. Gebraucht zum Färben von Achsenzylindern, Nervenfasern und von niederen Tieren.
2. a) eine Lösung von 3 g Methylenblau in 100 ccm Wasser; b) eine Mischung gleicher Raumteile Glycerin und konzentr. wässeriger Ammonpikratlösung. Gebraucht für Nervenfärbungen.

Behrens' Tabellen 1892. 111. 116.
Arch. f. mikroskop. Anat. 1893. 137.
Anat. Anzeiger 1887. 111.
Ztschr. f. wiss. Mikroskop. 1887. 84, 372; 1896. 239; 1910. 13.

Als Fixierungsflüssigkeit bei der Methylenblaufärbung gab Arnstein noch folgendes Reagens an: 3 g Quecksilberjodid, 2 g Kaliumjodid und 30 g Wasser.

**Aronson's** Reagenzien zur Choleradiagnose.

a) 10 %ige Lösung von Natrium carbonicum siccum.
b) 20 %ige Lösung von Rohrzucker.
c) 20 %ige Lösung von Dextrin.
d) Gesättigte alkoholische Lösung von Fuchsin.
e) 10 %ige Lösung von Natriumsulfit.

Die sogenannten „Aronson-Tabletten" enthalten diese Reagenzien in dem richtigen Verhältnis. Mit ihrer Hilfe kann man rasch einen sehr brauchbaren Cholera-Elektiv-Nährboden herstellen, auf dem Colibakterien nicht gedeihen, Cholerabakterien aber sich gut entwickeln und dabei eine schöne rote Färbung annehmen. Näheres siehe: Deutsche med. Woch. 1915. 1027 und 1088. — Merck's Bericht 1915.

**Aronson's** Reagens zum Färben mikroskop. Präparate.

1. a) eine Mischung von je 100 g gesättigter, wässeriger Lösung von Fuchsin S und Orange G mit 200 ccm Wasser; b) eine Mischung von 130 g gesättigter, wässeriger Lösung von Methylgrün, 100 ccm Wasser und 24 g Alkohol. Man mischt a und b und läßt es 14 Tage stehen. Zum Gebrauch verdünnt man 5 Tropfen Reagens mit 100 ccm Wasser. Gebraucht zum Färben von Schnittpräparaten.
   Enzyklop. d. mikroskop. Techn. 1903. 1030.
2. 3—4 ccm Gallein (liquidum) mischt man mit 100 ccm Wasser, 20 ccm Alkohol und 3 Tropfen Sodalösung.

Zentralbl. f. d. med. Wissensch. 1890. Nr. 31 u. 32.
Zentralbl. f. allgem. Path. u. path. Anat. 1902. 518.
Ztschr. f. wiss. Mikroskop. 1902. 513.
Schrötter, Neurol. Zentralbl. 1902. 338.

**Arragon's** Reaktion auf Petroleum.

Schüttelt man gleiche Teile Petroleum und Salpetersäure (1,4) längere Zeit miteinander, so färbt sich amerikanisches Petroleum violett und die Säure gelb, während sich österreichisches und russisches Petroleum gelb und die Säure braun färben.

Chem. Ztg. 1908. 20.
Südd. Apoth. Ztg. 1909. 275.
Chem. Zentralbl. 1909. I. 593.

**Arragon's** Reagenzien zur Bestimmung der Phosphorsäure (Gelatinelösung und Molybdänsäurelösung) siehe:

Schweizer Woch. f. Chem. u. Pharm. 1903. Nr. 24.
Répert. de Pharm. 1909. 226.
Pharm. Ztg. 1903. 541.
Chem. Zentralbl. 1903. I. 542.
Revue gén. Chim. pure et appl. 6. 9.—10. Jan.
Grete, Berl. Ber. 1888. II. 2762.

**d'Arrigo-Stampacchia's** Reagens zum Fixieren von Tuberkelbazillen

ist eine frisch bereitete Lösung von 2 g Pyrogallol in 100 ccm Alkohol (95 %).

Zentralbl. f. Bakteriol. 1898. 64, 123.
Ztschr. f. wiss. Mikroskop. 1898. 118.
Enzyklop. d. mikroskop. Techn. 1903. 1307.

**Arthaud-Butte's** Reagens auf Harnsäure.

Man löst 1,484 g Kupfersulfat, 20 g Natriumthiosulfat und 40 g Natriumkaliumtartrat zu 1 Liter Wasser. 1 ccm des Reagens fällt 0,001 g Harnsäure.

Vergl. Babo's Reaktion.
Compt. rend. Soc. Biolog. 1889. 625.
Ztschr. f. analyt. Chem. 29. 378.

**Artus'** Reagens auf Alkalien.

Euphorbium rivulare, parviflorum und hirsutum enthalten einen Farbstoff, mit dem man Papier tränkt. Letzteres ist blaßrosa und wird durch Alkalien grün gefärbt.

Journ. f. prakt. Chem. 15. 125.
Chem. Zentralbl. 1838. 926.

**Artus'** Reagens auf Alkaloide, besonders auf Strychnin

ist Rhodankaliumlösung (wie Gmelin's Reagens).

Journ. f. prakt. Chem. 3. 317; 8. 853.
Chem. Zentralbl. 1835. 223; 1836. 683.
Winckler, ebenda 1836. 31.

**Artus'** Reaktion auf Runkelrübenspiritus

beruht auf Entwickelung eines widerlichen Geruches beim Behandeln des Spiritus mit siedender, konzentr. Kalilauge.

Polytechn. Zentralbl. 1865. 895.

**Arzberger's** Reaktion auf Curcuma in Rhabarberpulver.

1. Das zu prüfende Pulver erwärmt man mit etwas Chloroform, befeuchtet mit dem abfiltrierten Chloroform einen Filtrierpapierstreifen, läßt letzteren trocknen und befeuchtet dann mit einer Lösung von Borsäure in Salzsäure. Curcuma bewirkt Rosafärbung.
2. Etwa 1 g des zu prüfenden Pulvers befeuchtet man auf Filtrierpapier mit Äther, läßt letzteren verdunsten und gibt auf die Rückseite des Papiers Borsalzsäure. Curcuma bewirkt Rosafärbung, die mit Ammoniak in Blau übergeht.

Ztschr. d. österr. Apoth. Ver. 1905. 271.
Apoth. Ztg. 1905. 238.
Ztschr. f. analyt. Chem. 1906. 727.
Pharm. Post. 28. 159.

**Arzberger's** Reaktion auf $\alpha$-Naphthol in $\beta$-Naphthol.

0,3 g $\beta$-Naphthol löst man in 3 ccm Alkohol, gibt 15 ccm Wasser zu und filtriert nach 10 Minuten langem Stehenlassen. Alsdann gibt man 10 Tropfen Kalilauge (10 %) und 1—4 Tropfen Jodjodkaliumlösung (1 g Jod und 2 g Jodkalium in 60 ccm Wasser) zu. Bei Anwesenheit von $\alpha$-Naphthol entsteht eine violette Färbung. Empfindlichkeitsgrenze = 0,2 % $\alpha$-Naphthol.

Pharm. Ztg. 1903. 20.
Vergleiche Jorissen's Reaktion.
Ztschr. f. analyt. Chem. 1907. 186.
Pharm. Post. 35. 753.
Journ. Soc. Chem. Ind. 22. 653.

**Arzberger's** Reaktion auf Pfefferminzöl.

Erwärmt man 1 Tropfen Pfefferminzöl mit 5 ccm Formaldehyd, so entsteht eine rosarote Färbung. Auf Zusatz von Eisessig entsteht eine schöne rote Färbung, welche schnell in Violettrot und dann in Schmutzigbraun übergeht.

Merck's Report 1900. 214.
Pharm. Post 1898. Nr. 50.

**Ascarelli's** Reagens auf Blut

ist eine Mischung von 2 ccm gesättigter, alkoholischer Benzidinlösung mit 2 ccm 3 %igem Wasserstoffsuperoxyd und 1—2 Tropfen Eisessig. Auch mit alkoholischer Benzidinlösung getränktes Filtrierpapier hat der Autor in Vorschlag gebracht. Die positive Reaktion (Blaufärbung) tritt mit diesem noch in einer Blutverdünnung 1 : 80 000 in zuverlässiger Weise ein.

Deutsche med. Woch. 1908. 2307.
Merck's Bericht 1908. 154.

**Ascoli's** Meiostagminreaktion

ist eine für die klinische Diagnostizierung verschiedener Erkrankungen wichtige Neuerung. Das Prinzip derselben ist folgendes: Gibt man zum Blutserum eines Typhuskranken oder eines mit bösartigen Neubildungen behafteten Patienten das entsprechende Antigen, so stellt sich nach 2stündigem Erwärmen im Brutschrank bei 37° eine Erniedrigung der Oberflächenspannung ein. Ebenso einfach gestaltet sich die Technik der Bestimmung der Oberflächenspannung. Sie erfolgt mit Traube'schen Stalagmometern zu ungefähr 56 Tropfen, welche bei einiger Übung Resultate von überraschender Genauigkeit ergeben sollen.

Münchener med. Woch. 1910. No. 2, 4, 7 und 8.
Izar, Münchener med. Woch. 1910. 842 u. 1912. 461. — Wiener klin. Woch. 1913 698.
d'Este, Berl. klin. Woch. 1910. 879. 401. 401.
Berl. tierärztl. Woch. 1911. 389; 1912. 401.
Koehler, Wiener klin. Woch. 1912. 1114.
Königsfeld, Med. Klinik 1912. 1877.
Zarzycki, Wiener klin. Woch. 1913. 291.
Koehler-Luger, ebenda 1913. 292.
Roncaglio, Berl. tierärztl. Woch. 1913. 103.
Ruppert, ebenda 1913. 104.
Ferrari-Urizio, Wiener klin. Woch. 1913. 624.
Rosenberg, Deutsche med. Woch. 1913. 926.
Kelling, Wiener klin. Woch. 1913. 1118.
Guido, Biochem. Ztschr. 1914. 59. 226—236 (synthet. Antigene, wie Mannit- u. Cholesterinester).
Silva, Ztschr. f. Infekt. Krankh. 1912. 12. 98.
Fischoeder, ebenda 1912. 12. 84.
Arzt, Wiener klin. Woch. 1914. 227.
Wissing, Berl. klin. Woch. 1915. 998.
Balcarek, Med. Klinik 1915. 1159.

**Ascoli-Valenti**'s Thermopräzipitinreaktion

siehe: Deutsche med. Woch. 1911. 353 und Schürmann, Med. Klinik 1915. 755.

**Ashby**'s Reagens auf freie Mineral- und Pflanzensäuren

ist ein wässeriger Auszug von Campecheholz, mit dem Papier getränkt oder Porzellan überzogen wird. Näheres siehe: The Analyst. 84. 96.

**Assanelli**'s Reaktion auf Blut in Faeces

ist eine Modifikation von Adler's Blutprobe. Ein erbsengroßes Stück Faeces wird am Rande eines Filtrierpapierstreifens verteilt und über einem Bunsenbrenner getrocknet. Man läßt dann am Papier einen Tropfen Wasserstoffsuperoxyd und einen Tropfen Benzidinlösung herunterfließen. An den Stellen, wo bluthaltige Faeces hingekommen sind, entsteht eine blaue Färbung.

Il Policlinico 1907, No. 24.
Wiener med. Ztg. 1907. 477.

**Atack**'s Reagens auf Aluminium

ist eine 0,1%ige filtrierte Lösung von Alizarin S. Man versetzt 5 ccm der zu prüfenden sauren oder neutralen Lösung mit 1 ccm Reagens und Ammoniak bis Purpurfärbung auftritt. Man kocht auf, kühlt ab und säuert mit Essigsäure an. Bleibt eine Rotfärbung oder ein Niederschlag, so ist Aluminium anwesend.

Journ. Soc. Chem. Ind. 1915. 34. 936.
Chem. Zentralbl. 1915. 176.

**Atack**'s Reagens auf Cobalt.

Man kocht 0,1 g α-Nitroso-β-naphthol mit 20 ccm Wasser und 1 ccm verdünnter Natronlauge, filtriert und ergänzt mit Wasser auf 200 ccm. Die zu prüfende (neutrale oder schwach alkalische) Lösung wird mit 1 ccm Ammoniumchloridlösung und 1 ccm Reagens versetzt. Orange oder weinrote Färbung oder roter Niederschlag zeigt Cobalt an. Empfindlichkeitsgrenze = 0,1 % Cobalt. Vergl. Knorre's Reagens.

Journ. Soc. Chem. Ind. 1915. 34. 641.

**Atack**'s Reagens auf Nickel

ist α-Benzildioxim (α-Diphenylglyoxim). Die alkoholische Lösung gibt mit Nickelsalzlösungen einen voluminösen roten Niederschlag, noch bei Anwesenheit von 1 Teil Nickel in 5 Millionen Teilen Wasser. Das Reagens dient auch zur quantitativen Bestimmung von Nickel. Näheres siehe: Chem. Ztg. 1913. 773. — Merck's Bericht 1913. 223. — Ztschr. f. analyt. Chem. 1914. 620.

**Aufrecht**'s Reagens auf Eiweiß im Harn

ist eine Lösung von 1,5 g Pikrinsäure und 3 g Zitronensäure auf 100 ccm Wasser. Gebraucht wie Esbach's Reagens. Näheres siehe: Deutsche med. Woch. 1909. 2018. — Semenow, Russkij Wratsch 1913. Nr. 17. — Deutsche med. Woch. 1913. 1748.

**Aufrecht**'s Reaktion auf Harnsäure in Harn, Blut etc.

beruht auf der Abscheidung der Harnsäure durch Ammoniumchlorid und Titration mit 1/100 Normal-Kaliumpermanganat. (1 ccm = 0,74 mg Harnsäure.)

Berl. klin. Woch. 1911. 627.
Pharm. Ztg. 1912. 260.

**Aufrecht**'s Reaktion auf Methylalkohol

beruht auf der Ueberführung des Methylalkohols in Formaldehyd durch Oxydation mit Chromsäure und der Behandlung des Destillats mit Dimethylanilin und Schwefelsäure, wobei Tetrabase entsteht. Diese wird durch Bleisuperoxyd blau gefärbt.

Der Apoth. im Drogenfach 1912, Nr. 2.
Pharm. Ztg. 1912. 33.
Merck's Bericht 1912. 111.
Vergl. Trillat's Reaktion auf Blei und Mangan.

**Auld**'s Reaktion auf Acetaldehyd.

Einige Tropfen 1/10 Norm-Sublimatlösg. versetzt man mit Kalilauge und gibt 2—3 ccm der zu prüfenden Flüssigkeit zu. Bei Gegenwart von Aldehyd wird das gebildete Quecksilberoxyd weiß.

Berl. Ber. 1905. 2677.
Chem. Zentralbl. 1905. II. 1084.

**Auld**'s Reaktion auf Aceton

beruht auf der Ueberführung des Acetons in Bromoform mittels Brom in alkalischer Lösung. Das Destillat wird mit Alkohol und Kaliumhydroxyd erhitzt und das gebildete

KBr. mit Silbernitratlösung titriert. Näheres siehe: Journ. Soc. Chem. Ind. 1906. **25.** 100. — Chem. Zentralbl. 1906. I. 1054.

**Aurelj's** Reaktion auf Cocain

**ist eine Modifikation von Biel's und Schärges Reaktion. Man destilliert 250 ccm einer 1%igen Lösung von Cocainhydrochlorid nach Zusatz von etwas Schwefelsäure. In den zuerst übergehenden Teilen des Destillates läßt sich Methylalkohol mittels Kaliumchromat und konzentr. Schwefelsäure nachweisen. Bei weiterer Destillation setzen sich im Kühler Krystalle von Benzoesäure an, die sich in bekannter Weise identifizieren lassen.**

Giornale chimic. farmac. **53.** 385.
Chem. Zentralbl. 1904. II. 1257.

**Austen-Chamberlain's** Reagens auf Salpetersäure

ist eine Lösung von 20 g Ferroammonsulfat und 2 g Schwefelsäure in 100 ccm Wasser. Flüssigkeiten, die Salpetersäure enthalten, werden durch das Reagens rosarot gefärbt.

Merck's Report 1900. 112.

**Autenrieth's** Indikator

ist Luteol (= Oxychlordiphenylchinoxalin). Man verwendet zur Alkalimetrie eine alkoholische Lösung 1:300. Der Indikator ist in saurer Lösung farblos, in alkalischer Lösung gelb.

Arch. der Pharm. **233.** 43; **238.** 102.
Chem. Ztg. **24.** 453.
Chem. Zentralbl. 1895. I. 854; 1900. II. 63.

**Autenrieth's** Reaktion auf Colchicin.

(Modifikation von Zeisel's Reaktion.) Die zu prüfende Substanz (Rückstand der Extraktion etc.) löst man in 3 ccm konzentr. Salzsäure, gibt 2 Tropfen Eisenchlorid zu und kocht die Mischung 2—3 Minuten lang. Sie färbt sich dunkel und beim Verdünnen mit gleichen Teilen Wasser grün. Schüttelt man mit einigen Tropfen Chloroform aus, so färbt sich dieses gelbbraun bis granatrot, während die wässerige Lösung ihre grüne Farbe beibehält.

Autenrieth, Die Auffindung der Gifte 1909. 60 (Tübingen).
Gadamer, Lehrbuch der chem. Toxikologie 1909. 517 (Göttingen).
Fühner, Arch. f. exp. Path. u. Pharm. **63.** 362.

**Autenrieth's** Reaktion auf Eiweiß im Harn

ist eine Biuretreaktion, die mit dem durch Kochen aus dem Harn abgeschiedenen Eiweiß (nach dem Lösen in 3%iger Natronlauge) ausgeführt wird. Sie dient zur kolorimetrischen Bestimmung des Eiweißes im Autenrieth-Königsbergerschen Kolorimeter. Näheres siehe: Münchener med. Woch. 1915. 1417.

**Autenrieth-Hinsberg's** Reaktion auf Phenacetin.

Beim Kochen mit 10—12%iger Salpetersäure wird Phenacetin in Mononitrophenacetin verwandelt, einen gelben Körper, der durch Umkrystallisieren aus Wasser in Nadeln vom Schmelzp. 103° C. erhalten werden kann.

Archiv der Pharm. **229.** 456.

**Auzinger's** Alkoholprobe zur Milchuntersuchung

siehe: Milchwirtsch. Zentralbl. 1909. **5.** 293. — Chem. Zentralbl. 1909. II. 1700. — Fendler, Ztschr. Unters. Nahr. Gen. **21.** 477. — Chem. Zentralbl. 1911. I. 1657. — Morres, ebenda 1911. II. 1968.

**Aweng's** Reaktion auf Methylalkohol

beruht auf der Oxydation des Methylalkohols zu Formaldehyd und der Ueberführung desselben in Hexamethylentetramin durch Eindampfen mit Ammoniak. Letzteres wird in wässeriger Lösung durch Quecksilberchlorid oder Quecksilberjodidjodkalium durch die charakteristischen Krystalle unter dem Mikroskop nachgewiesen. Näheres siehe: Apoth. Ztg. 1912. 159. — Zentralbl. d. ges. Arzneimittelkunde 1912. 126.

**Axenfeld's Reagens auf Eiweiß.**

**Gibt man zu einer mit Ameisensäure angesäuerten Eiweißlösung unter Erwärmen tropfenweise 0,1%ige Goldchloridlösung, so färbt sich die Lösung rosenrot bis purpurrot, auf weiteren Zusatz von Goldlösung blau. Charakteristisch ist nur die Purpurfärbung, da die Blaufärbung durch eine große Zahl anderer Stoffe ebenfalls hervorgerufen wird. (Vergleiche Pickering's Reaktion.)**

Zentralbl. f. d. mediz. Wissensch. 1885. 209.
Ztschr. f. analyt. Chem. **24.** 479.
Pickering, Journ. of Physiolog. **14.** 376.

**Axenfeld's** Reagens auf Propepton

ist Pyrogallussäure, welche mit Propepton einen in der Wärme löslichen Niederschlag gibt. Die Reaktion ist 10mal empfindlicher als mit Salpetersäure.

Annali di chim. e di farmacol. (4) **5.** 193.

**Aymonier's** Reaktion auf α-Naphthol.

Man löst 1 g Kaliumdichromat und 1 g Salpetersäure in 100 ccm Wasser. Dieses Reagens gibt mit Lösungen von α-Naphthol einen schwarzen Niederschlag. β-Naphthol, Salol, Benzonaphthol, Naphthalin und Thymol verhindern das Eintreten dieser Reaktion.

Ztschr. d. öst. Apoth. Ver. **47.** 789.
Ztschr. f. analyt. Chem. **34.** 228.
Pharm. Zentrh. 1894. 30.

**Azzarello's** Reaktion auf Alkohol in Äther, Chloroform und ätherischen Ölen.

10 ccm Äther schüttelt man mit 2 Tropfen einer Lösung von 0,2 g Cobaltnitrat und 0,4 g Ammoniumrhodanid in 30 ccm Wasser. — 15 ccm Chloroform schüttelt man mit 1 Tropfen einer Lösung von 6 g Cobaltnitrat und 12 g Ammoniumrhodanid in 100 ccm Wasser. — 5 ccm des ätherischen Öles schüttelt man mit 1 Tropfen der gen. Cobalt-Rhodanlösung. — Alkohol wird an einer mehr oder weniger intensiven Blaufärbung erkannt.

Südd. Apoth. Ztg. 1909. 115.
Lett. sanitar. 1908. 50.
Répert. de Pharm. 1908. 542.

**Babes'** Reagens zur Bakterienfärbung
ist eine gesättigte Lösung von Safranin in 50 %igem Alkohol.
Pharm. Zentrh. 1890. 718.
Behrens' Tabellen 1892. 113.

**Babes'** Reagens zur Kernfärbung
ist eine gesättigte Lösung von Safranin in Wasser, welches 2 % Anilin enthält.
Virchow's Archiv 1888.
Eberth-Friedländer, Mikroskop. Techn. 1894. 114.
Ztschr. f. wiss. Mikroskop. 1887. 470.

**Babo's** Reaktion auf Harnsäure.
Kocht man ein Alkali-Urat mit verd. Fehling's Reagens, so entsteht ein roter Niederschlag von Kupferoxydul. Ist freie Harnsäure vorhanden, so entsteht ein weißer Niederschlag von Cuprourat, der beim Kochen mit Alkali in Kupferoxydul übergeht.
Merck's Report 1900. 164.

**Bach's** Butterprobe.
1 g Butterfett löst man in 20 g einer Mischung von 1 Vol. 95%igem Alkohol und 3 Vol. Äther. Reines Butterfett bleibt völlig gelöst. Schweinefett oder Talg läßt sich als Beimischung daran erkennen, daß sich das Fett nicht vollständig löst oder unter 20° C. teilweise abscheidet.
Koller's Neueste Erfindungen 1877. 135.
Polytechn. Notizbl. 32. 134.
Hager, Pharm. Prax. Erg.-Bd. 1883. 165.
Pharm. Zentrh. 1877. 433.

**Bach's** Reagens auf Kupfer und Nickel.
(Formaldoximchlorhydrat.) Man mischt gleichmolekulare Mengen einer 20 %igen Formaldehydlösung und von Hydroxylaminchlorhydrat. — 15 ccm der zu prüfenden Lösung versetzt man mit 0,5 ccm Reagens und 0,5 ccm Kalilauge (15 %). Kupfersalze geben eine Violettfärbung (noch bei 1 g Kupfersulfat in 1000 Liter Wasser), Nickelsalze eine orangegelbe Färbung. (Eisensalze stören die Reaktion.)
Chem. Ztg. 1899. 279.
Pharm. Zentrh. 1899. 331.
Chem. Zentralbl. 1899. I. 639.
Compt. rend. 1899. 363.
Merck's Bericht 1899. 88.
Griggi, Bollet. chim. farm. 43. 565. Vergl. Griggi's Indik.-Reagens.

**Bach's** Reagens auf Solanin.
Gibt man Solanin in eine Mischung aus gleichen Teilen Schwefelsäure und Alkohol, so entsteht eine rote Färbung, die 5—6 Stunden anhält.
Journ. f. prakt. Chem. (N. F.) 7. 248.
Chem. Zentralbl. 1873. 616.

**Bach's** Reagens auf Wasserstoffsuperoxyd.
Man löst 0,03 g Kaliumdichromat und 5 Tropfen Anilin in 1 Liter Wasser. 5 ccm dieser Lösung versetzt man mit 1—2 Tropfen einer 5 %igen, wässerigen Oxalsäurelösung und gibt 5 ccm der zu prüfenden Flüssigkeit zu. Bei Anwesenheit von Wasserstoffsuperoxyd entsteht nach 10—30 Minuten eine rotviolette Färbung. Empfindlichkeitsgrenze = 1:1400000.
Compt. rend. 119. 1218.
Ztschr. f. analyt. Chem. 34. 751.
Pharm. Zentrh. 1895. 342.
Wobbe, Apoth. Ztg. 1903. 490.

**Bachmeyer's** Reaktion auf kaustische Alkalien.
Ätzalkalien und Ammoniak geben mit Tanninlösung eine rote bis rotbraune Färbung, die nach längerer Zeit in ein schmutziges Grün übergeht. Empfindlichkeitsgrenze = 1:1000000.
Ztschr. f. analyt. Chem. 20. 234.

**Bachmeyer's** Reagens auf freie Schwefelsäure neben organischen Säuren.
Man taucht Filtrierpapierstreifen in eine mäßig starke Sappanholzextraktlösung und trocknet dieselben. Hält man solche Streifen in eine Flüssigkeit, die nur 0,2 Vol. % freie Schwefelsäure enthält und trocknet sie dann vollständig, so färben sie sich ganz oder am Rande schön pfirsichblütenrot.
Ztschr. f. analyt. Chem. 22. 228.

**Bacovesco's** Reaktion auf Cobalt.
In die zu prüfende Lösung gibt man vorsichtig konzentr. Salzsäure. Bei Anwesenheit von Cobalt entsteht ein blauer Ring. Empfindlichkeitsgrenze = 1:4000.
Südd. Apoth. Ztg. 1905. 598.
Bullet. Pharm. Chim. de Roumanie 1905. 14.
Répert. de Pharm. 1905. 212.

**Bacovesco's** Reaktion auf Hydroxyl-Verbindungen.
Man löst 15 g Molybdänsäure in 85 g konzentr., auf zirka 85° erwärmter Schwefelsäure. 1 ccm des Reagenzes überschichtet man mit 1 ccm des betreffenden Alkohols oder Phenols. An der Berührungsstelle entsteht sofort ein blauvioletter Ring. Mit Wasser verdünnte Alkohole und Phenole geben diese Reaktion besser als unverdünnte.
Pharm. Zentrh. 1904. 574.
Ztschr. f. analyt. Chem. 1905. 437.

**Bacovesco's** Reagens auf Metallsalze
ist auf nassem Wege bereitetes Zinkoxyd. Näheres siehe: Ztschr. d. öst. Apoth. Ver. 1905. 925. — Répert. de Pharm. 1905. 212. — Bullet. Pharm. Chim. de Roumanie 1905. 11.

**Baecchi's** Reagens auf Blut
ist Alizarinblau S, das mit Wasserstoffsuperoxyd verwendet wird.
Vergl. Ganassini, Deutsche med. Woch. 1914. 1501.

**Baecchi's** Reagenzien zum Färben von Spermatozoen (auf Zeugflecken)
siehe: Deutsche med. Woch. 1909. 1105. — Ztschr. f. analyt. Chem. 1910. 724.
Répert. de Pharm. 1910. 175. — Südd. Apoth. Ztg. 1910. 93.

**Baecchi**'s Reaktion auf Sperma.
Jodjodkaliumlösung bildet mit Sperma mikroskopisch kleine bräunliche, hexagonale Krystalle, welche sich beim Trocknen unter Abgabe von Jod zersetzen.
Arch. Farmacol. sperim. 1912. **14.** 491.

**Baemes'** Reagens auf Tannin
ist eine Lösung, welche in 100 ccm 10 g Natriumwolframat und 20 g Natriumacetat enthält. In saurer oder alkalischer Lösung gibt Tannin mit diesem Reagens einen in Wasser unlöslichen, strohgelben Niederschlag.
Ztschr. d. öst. Apoth. Ver. **51.** 3.
Ztschr. f. analyt. Chem. **36.** 518.

**Baeslack**'s Seroenzymreaktion auf Syphilis
beruht auf einem dem Abderhalden'schen Dialysierverfahren entsprechenden Verfahren, das spezifischer sein soll, als die Wassermann'sche Reaktion.
Vergl. Journ. of the Americ. Med. Assoc. 1914, März und August.
Deutsche med. Woch. 1914. 2080.

**Baeyer**'s Reagens
ist alkalische Kaliumpermanganatlösung.
Vergl. Baeyer's Reaktion auf Glukose und Phenol.

**Baeyer**'s Reaktion auf Eosin.
Behandelt man eine wässerige Lösung von Eosin mit Natriumamalgam, so tritt Entfärbung ein. Gibt man nun 1 Tropfen Kaliumpermanganatlösung zu, so entsteht eine grüne Fluoreszenz. Diese Reaktion kann zum Nachweise des Eosins auf Geweben benützt werden.
Berl. Ber. **8.** 146.
Ztschr. f. analyt. Chem. **15.** 494.
Vergleiche Wagner's Reaktion auf Eosin.

**Baeyer**'s Reaktion auf Glukose
beruht auf der Reduktion von alkalischer Kaliumpermanganatlösung durch Glukose. Näheres siehe: Liebig's Annal. **245.** 149. — Dieselbe Erscheinung zeigen aber auch Phenol und andere reduzierende Stoffe.

**Baeyer**'s Reagens auf Glukose.
Erhitzt man eine Lösung von o-Nitrophenylpropiolsäure in wässeriger Natriumkarbonatlösung mit Glukose zum Sieden, so scheidet sich Indigo ab.
Berl. Ber. **13.** 2260.
Vergleiche Hoppe-Seyler's Reagens.
Heckenhayn, Dissertation Erlangen 1887.
Pharm. Zentrh. 1900. 77.
Wolfson, Chem. Ztg. 1900. Rep. 291.
Amrein, Schweiz. Woch. f. Pharm. 1905. 65.
Chem. Zentralbl. 1905. I. 773.
Stange, Pharm. Woch. 1904. 294.
Loeb, Deutsche Med. Ztg. 1905. 581.
Weitbrecht, Chem. Zentralbl. 1909. I. 225.
Bottu, ebenda 1909. II. 1280.

**Baeyer**'s Reaktion auf Indol.
Eine mit Salzsäure versetzte Lösung von Indol in Alkohol färbt einen damit befeuchteten Fichtenspan kirschrot.
Neubauer-Vogel, Analyse des Harns. 10. Aufl. 170.
Versetzt man eine Indollösung mit Salpetersäure und Kaliumnitritlösung, so färbt sich die Mischung rot und es entsteht ein roter krystallinischer Niederschlag (Nitrosoindol).
Liebig's Annal. 7. 56.
Berl. Ber. **22.** 1976.
Mac Farland, Zentralbl. f. Bakt. **41.** Ref. 316.
Vergleiche Nencki's Reaktion.

**Baeyer**'s Reaktion auf Indoxyl.
1. Versetzt man eine wässerige Lösung von Indoxyl mit Natriumnitrit und Salzsäure, so bilden sich gelbliche Nadeln (Nitrosamin des Indoxyls), die beim Erwärmen mit Salzsäure in Indigo übergehen.
2. Versetzt man wässerige Indoxyllösung mit Diazobenzolchlorid, so entsteht je nach der Konzentration der Indoxyllösung eine gelbrote Färbung bis roter, krystallinischer Niederschlag.
Berl. Ber. **16.** 2190.
3. Versetzt man eine alkoholische Lösung von Indoxyl mit Isatin und Natriumkarbonat, so scheidet sich Indirubin in rotbraunen, metallglänzenden Nadeln aus. Vergl. Bouma's Reagens auf Indikan.
Berl. Ber. 1881. 1745.
Beijerink, Proc. k. Akad. Wentensch. 1899. **120.**
Orchardson, Journ. Soc. Chem. Ind. 1907. **26.** 4.
Stanford, Ztschr. f. physiol. Chem. 88. 54.

**Baeyer**'s Reaktion auf Phenol
beruht auf der sofortigen Reduktion von Kaliumpermanganatlösung. Näheres siehe: Liebig's Annalen **246.** 149.

**Baeyer-Villiger**'s Reagens auf Aceton.
3 ccm Wasserstoffsuperoxyd (3 %) versetzt man unter Eiskühlung mit 10 ccm konzentr. Schwefelsäure. — 1 ccm dieses Reagenzes mit Eis gekühlt gibt mit 1 Tropfen Aceton sofort einen krystallinischen Niederschlag von Acetonsuperoxyd.
Berl. Ber. 1900. 125.

**Bailey**'s Reaktion auf künstlichen Kampfer.
Man löst ein kleines Stückchen Kampfer in Alkohol und läßt einen Tropfen dieser Lösung auf einem Objektglase verdunsten. Bei der Betrachtung mit polarisiertem Lichte zeigen die Krystalle von natürlichem Kampfer schöne Farben, die des künstlichen Kampfers nicht.
Deutsche Industrie-Ztg. 1866. 428.

**Bailey**'s Reaktion auf Salpetersäure.
Krystallisiertes Quecksilbercyanid-Jodkalium färbt sich mit Salpetersäuredämpfen (auch mit Brom und Chlor) schwarz, mit anderen Säuren rot ($HgJ_2$).
Americ. Journ. of Pharm. **32.** 85.
Chem. Zentralbl. 1838. 189.

**Bailey's Reaktion auf Schwefel**
ist eine Modifikation von Béchamp's Reaktion. Schmilzt man Schwefel mit Natriumkarbonat, löst in Wasser und gibt Nitroprussidnatriumlösung zu, so entsteht eine blutrote Färbung.
Merck's Report 1900. 113.

**Balbiano's Reagens zum Nachweis und zur Bestimmung von Paraffinen, aromatischen Kohlenwasserstoffen, Zykloparaffinen, Olefinen und Terpenen in Kohlenwasserstoffgemischen**
ist eine gesättigte, wässerige Lösung von Merkuriacetat. Näheres siehe: Berl. Ber. 35. 2994; 36. 3575; 48. 394. — Atti real. acad. Lincei Roma 12. II. 285; 24. I. 165.

**Balint's Einschlußmittel für mikroskop. Zwecke.**
40 g Gummi arab., 60 g Hutzucker, Wasser ad libitum; 10 ccm Glycerin, 10 g Kaliumacetat, 10 ccm Laktophenol und 10 ccm Eisessig.
Ztschr. f. wiss. Mikroskop. 27. 245.

**Ball's Reagens auf Cäsium.**
Man löst 50 g Natriumnitrit in 100 ccm Wasser, neutralisiert wenn nötig mit Salpetersäure und gibt 10—20 g gepulvertes Wismutnitrat zu. Das orangefarbige Reagens wird vor dem Gebrauch mit Salpetersäure angesäuert. Caesiumsalze geben mit dem Reagens einen gelben, krystallinischen Niederschlag (Wismut-Cäsium-Natriumnitrit). Näheres siehe: Journ. Chem. Soc. 1909. 95. 2128.

**Ball's Reaktion auf Hydroxylamin.**
Kocht man eine Hydroxylaminlösung mit 1—2 Tropfen gelbem Schwefelammon bis zur Schwefelabscheidung, gibt dann 3 ccm Ammoniakfl. (D. = 0,88) und zuletzt ein gleiches Volumen Alkohol zu, so entsteht eine purpurrote Lösung, welche ein charakteristisches Absorptionsspektrum aufweist. Empfindlichkeitsgrenze = 1 : 500 000. Näheres siehe: Chem. Ztg. 1902. 116. — Pharm. Zentrh. 1902. 123. — Ztschr. f. angew. Mikroskop. 1904. 20.

**Ball's Reagens auf Natrium.**
Man löst 50 g Kaliumnitrit (natriumfrei) in 100 ccm Wasser, neutralisiert, wenn nötig mit Salpetersäure und gibt 10 g gepulvertes Wismutnitrat zu. Nach dem Filtrieren fügt man 10 %ige Cäsiumnitratlösung zu (zirka 25 ccm) und läßt einige Stunden stehen. Das Reagens wird filtriert und vor dem Gebrauch mit etwas Salpetersäure versetzt. Natriumlösungen geben mit dem Reagens einen gelben, krystallinischen Niederschlag (Wismut-Cäsium-Natriumnitrit). Näheres siehe: Journ. Chem. Soc. 1909. 95. 2128; 1910. 97. 1408.

**Ball's Reagens auf Rubidium**
ist des Autors Reagens auf Cäsium. Es gibt mit Rubidiumsalzen einen gelben, krystallinischen Niederschlag (Wismut-Rubidium-Natriumnitrit). Näheres siehe: Journ. Chem. Soc. 1909. 95. 2127.

**Ballard's** Butterprobe
beruht auf der Beobachtung der Tropfenform oder -größe geschmolzener Butter auf heißem Wasser, der glatten oder körnigen Beschaffenheit erstarrter Butter, dem Geschmack auf Filtrierpapier getrockneter Butter und der Löslichkeit der Butter in Äther.
Ausführliche Beschreibung siehe Ztschr. f. analyt. Chem. 2. 99.

**Bamberger**'s Reaktion der Orthodiketone (Phenanthrenchinon, Retenchinon, Dibromretenchinon, Chrysochinon, Benzil etc.) — Benzilreaktion —.
Eine Spur eines (ortho-) Diketons löst man in Alkohol, erhitzt und gibt bei möglichster Vermeidung von Luftzutritt einen Tropfen Kalilauge zu. Es entsteht eine dunkelrote bis schwarze Färbung, welche beim Schütteln mit Luft wieder verschwindet.
Berl. Ber. 18. 865.
Ztschr. f. analyt. Chem. 26. 640.
L a u r e n t, Liebig's Annal. 1836. 91.
S c h o l l, Berl. Ber. 1899. 1809.
H a n t z s c h, ebenda 1907. 1519.

**Bamberger-Hyde**'s Reagens auf Aldehyde und Ketone
ist p-Nitrophenylhydrazinchlorhydrat in wässeriger Lösung. Das Reagens gibt mit Aldehyden und Ketonen Niederschläge von charakteristischer Krystallform.
Berl. Ber. 1899. 1806, 1810.
Vergl. Behrens' Reagens.
Aceton-p-Nitrophenylhydrazon gibt nach Bamberger-Sternitzki mit Alkali eine rotviolette Färbung.
Berl. Ber. 1893. 1306.

**Banfi's Reaktion auf Santonin.**
Gibt man Santonin in schmelzendes Ätzkali, so färbt sich die Masse intensiv rot. Bei weiterem Erhitzen der Schmelze färbt sich diese dunkler und es entwickelt sich ein brennbares Gas.
Liebig's Annal. 91. 112.

**Bang**'s Reaktionen auf Albumosen im Harn.
Die durch Kochen mit Ammonsulfat aus dem Harn abgeschiedenen Albumosen werden durch die Biuretreaktion identifiziert. Näheres siehe: Ztschr. f. analyt. Chem. 37. 410 und Pharm. Zentrh. 1898. 93. — Vergl. H a m m a r s t e n, Physiol. Chem. 1899. 499.

**Bang**'s Reaktion auf Hyperglykämie (Blutzuckerreaktion).
Aus gutem Filtrierpapier schneidet man Stückchen von der Größe 16×28 mm und saugt damit 2—3 Tropfen Blut auf, die etwa 100—120 mg Blut entsprechen. Man gibt das Papier dann in ein Reagenzglas und übergießt es mit 5 ccm gesättigter Kaliumchloridlösung, die man in einem Reagenzglas zum Sieden erhitzt hat. Bei dieser Behandlung gerinnt das Eiweiß im Papier und der Blutzucker geht in Lösung. Nach vollständigem Erkalten gibt man die erhaltene Lösung in ein anderes Rea-

genzglas, setzt Fehling's Reagens (5 Tropfen alkalische Seignettesalzlösung und 2 Tropfen Kupfersulfatlösung) zu und kocht ½ Minute lang. Scheidet sich Kupferoxydul aus, so ist mehr als 0,15 % Blutzucker vorhanden, fällt die Reaktion negativ aus, weniger als 0,15 %.

Münchener med. Woch. 1913. 2277.
Roth, Deutsche med. Woch. 1914. 493.

**Bang**'s Reagens auf Glukose im Harn.

a) Man löst 500 g Kaliumkarbonat, 400 g Kaliumsulfocyanid u. 100 g Kaliumbikarbonat in 1200 ccm Wasser, gibt eine Lösung von (genau) 25 g Kupfersulfat ($CuSO_4 + 5H_2O$) in 150 ccm Wasser zu und füllt auf 2 Liter auf.

b) Eine wässerige Lösung von 6,55 g Hydroxylaminsulfat und 200 g Kaliumsulfocyanid zu 2 Liter.

Diese beiden Lösungen sind so beschaffen, daß 1 ccm der Lösung b einen ccm der Lösung a entfärbt. Gebraucht zur quantitativen Glukosebestimmung.

Berliner klin. Woch. 1907. 216.
Biochem. Ztschr. 1907. **2.** 271, 1908. **11.** 538.
Ztschr. f. physiol. Chem. **63.** 443.
Merck's Bericht 1907. 145.
Dilg, Münchener med. Woch. 1908. 1279.
Funk, Ztschr. f. physiol. Chem. **56.** 507.
Jessen-Hansen, Biochem. Ztschr. 1908. **10.** 247.
Andersen, Biochem. Ztschr. **15.** 76.
Autenrieth-Tesdorpf, Münchener med. Woch. 1910. 1780.
Bohmannson, Ztschr. f. physiol. Chem. **63.** 442.
Lavesson, Biochem. Ztschr. **4.** 40.

**Baraldi**'s Reaktion auf Blut

ist eine Modifikation von Teichmann's Reaktion unter Verwendung von Bromkalium und Salzsäure (oder Jodkalium und Bromkalium etc.) an Stelle der üblichen Chlornatriumlösung und Essigsäure. Sie gestattet an der Größe der Teichmannschen Krystalle eine Unterscheidung von Menschen- und Tierblut, was für die forensische Analyse von besonderer Bedeutung sein dürfte. Näheres siehe: Corriere dei Farmacisti 1914. Nr. 4, p. 28.

Ein anderer Blutnachweis gründet sich auf die Bildung von Ammon bei der trockenen Destillation von Blut und der Identifizierung des Ammons in Form seines Chlorides durch folgende Reaktion: Bringt man zu einer Ammoniumsalzlösung Kaliumjodidlösung und Natriumhypochloritlösung, so bildet sich eine braune bis schwarze Mischung, die auf Zusatz von Aceton gelb wird (unter eventueller Abscheidung von Jodoform).

Journ. de Pharm. et de Chim. 1914. I. 286.

**Barberio**'s Reagens auf Indikan im Harn

ist eine wässerige Natriumnitritlösung 1 : 2000. Versetzt man 5 ccm indikanhaltigen Harn mit 3 Tropfen Reagens und 5 ccm konz. Salzsäure, so färbt sich die Mischung blau. Die Farbe geht in Chloroform über, wenn es damit leicht geschüttelt wird.

Il Policlinico 1911. 23. April.
Merck's Bericht 1911. 419.
Münchener med. Woch. 1911. 1838.

**Barberio's Reaktion auf Sperma**

ist eine mikrochemische Reaktion mittels gesättigter, wässeriger oder alkoholischer Pikrinsäurelösung. Letztere erzeugt mit menschlichem Sperma nadelförmige Krystalle mit rhombischen Umrissen, die mehr lang als breit sind. Nach Cevidalli verwendet man am besten eine Lösung von Pikrinsäure in Glycerin-Alkoholmischung.

Rendic, R. Acad. delle scienze fis. e mat. Napoli 1905, No. 4.
Vierteljahresschr. f. gerichtl. Med. 1906, No. 1.
Berl. klin. Woch. 1906. Literat.-Ausz. 17.
Chem. Zentralbl. 1906. I. 1509.
Journ. de Pharm. et de Chim. 1907. 37.
Levinson, Berl. klin. Woch. 1906. 1337.
Semaine méd. 1906. 476.
Merck's Bericht 1906. 17.
Posner, Deutsche med. Woch. 1907. 240.
Lecha-Marzo, Münchener med. Woch. 1907. 850.
Bokarius, Vierteljahresschr. f. gerichtl. Med. 1907. 217.
Stokvis, Münchener med. Woch. 1908. 1605.
Baecchi, Arch. Farmacol. sperim. 1912. **14.** 527. — Chem. Zentralbl. 1913. I. 1238.
Güntsch, Münchener med. Woch. 1913. 606.

**Barbet**'s Reaktionen auf Aldehyde und Phenole

beruhen auf Farbenerscheinungen, die bei der Kondensation genannter Stoffe bei Gegenwart von konzentr. Schwefelsäure entstehen. Näheres siehe: Annal. de chim. analyt. appl. **17.** 325. —The Analyst **21.** 295. — Ztschr. f. analyt. Chem. **37.** 47. — Iostrati, Pharm. Zentrh. 1900. 289.

**Barbet**'s Reaktion auf Citronensäure und Weinsäure.

Auf einer Glasplatte, die mit einer dünnen Schicht einer schwachen Ätzkalilösung überzogen ist, streut man die fraglichen Krystalle aus. Weinsäurekrystalle werden sofort weiß und undurchsichtig und verwandeln sich in Weinsteinkrystalle; Citronensäure bleibt durchsichtig.

Arch. der Pharm. **148.** 216.
Chem. Zentralbl. 1859. 366.

**Barbet**'s Permanganatprobe.

(Reaktion auf leicht oxydierbare Stoffe, auf Aldehyd, Furfurol etc. im Handelssprit.) 50 ccm des auf 95 Vol. % gestellten Alkohols versetzt man mit 1 ccm Kaliumpermanganatlösung (0,2 : 1000) und bestimmt die Zeit, welche bis zur Entfärbung des Gemisches vergeht. Die Methode beruht darauf, daß Alkohol nur sehr langsam auf Permanganat einwirkt, während verschiedene Verunreinigungen dasselbe rasch reduzieren. Mit Hilfe dieser Probe lassen sich die Handelssprite charakterisieren. Näheres siehe: Ztschr. f. analyt. Chem. 31. 99. — Lunge, Chem. Techn. Unters.-Meth. III. 581. — Merck's Prüf. d. chem. Reag. 1911. 58. — Vergl. Cazeneuve-Cotton's Reaktion auf Holzgeist im Alkohol.

**Barbet-Jandrier's Reaktionen auf Aldehyde.**

Gibt man Aldehyde zu einer Lösung von 0,05 g Phenol, Hydrochinon, Phloroglucin oder $\beta$-Naphthol in 2 ccm Alkohol und 1 ccm Schwefelsäure, so entstehen violette bis rotviolette Färbungen, so wird Phenol mit Benzaldehyd rot, mit fast allen anderen Aldehyden gelb mit grünlicher Fluoreszenz, Hydrochinon gibt mit Aldehyden orange Färbungen. Phloroglucin kann als Gruppenreagens verwendet werden. Es gibt mit Acrolein rotviolette Färbung, während Phenol mit Acrolein eine Heliotropfärbung erzeugt. Näheres siehe: Annal. Chim. analyt. appl. 1896. I. 325.

Ostrogovich, Pharm. Zentrh. 1912. 1225.

**Barbier's Reaktion auf Alkohol in ätherischen Ölen.**

Von dem zu prüfenden Öle destilliert man $^1/_{10}$ ab und gibt zu dem Destillate Kaliumacetat, welches mit dem vorhandenen Alkohol eine schwere Flüssigkeit bildet und deshalb leicht von dem überstehenden Öle getrennt werden kann. Durch Destillation kann der Alkohol daraus gewonnen werden.

New Remedies 9. 174.
Ztschr. f. analyt. Chem. 20. 583.

**Barbot's Reaktion auf fette Öle**

ist eine Elaïdinprobe mit rauchender Salpetersäure.

Enzyklop. der gesamt. Pharm. 1887. II. 145.

**Barbsche's Reaktion auf Glycerin**

beruht auf der Entfärbung von Phenollösung (1 : 4000) und Eisenchlorid durch Glycerin. Näheres siehe Berl. Ber. 14. 1125. — Deutsch-Amerik. Apoth. Ztg. 1881. 6. — Polytechn. Notizbl. 36. 77. — Chem. Zentralbl. 1881. 208.

**Bardach's Reaktion auf Aceton.**

5 ccm der zu prüfenden neutralisierten Flüssigkeit versetzt man mit 1 ccm einer 3 %igen Peptonlösung, dann mit Jodlösung (4 g Jod + 6 g Kaliumjodid + 100 g Wasser) bis zur intensiv rotbraunen Färbung und schließlich mit 3 ccm Ammoniakflüssigkeit. Es muß hierbei zuerst eine etwa 10 Minuten anhaltende schwarzbraune Färbung eintreten, da sonst zu wenig Jod vorhanden wäre. Nach etwa 1 Stunde wird abgegossen und der Niederschlag mit Salzsäure versetzt. Wird die Mischung ganz klar, so war kein Aceton vorhanden. Der bei Gegenwart von Aceton stets gebildete Niederschlag wird mikroskopisch betrachtet. Er zeigt charakteristische Krystallformen.

Chem. Ztg. 1909. 570.
Merck's Bericht 1909. 254.
Répert. de Pharm. 1909. 537.

**Bardach's Reaktion auf aromatische Anhydride**

beruht darauf, daß beim Zusammentreffen von Jod und Aceton bei Gegenwart von aromatischen Anhydriden nicht die gewöhnlichen, hexagonalen Jodoformkrystalle, sondern nadelförmige Krystalle auftreten. Näheres siehe: Ztschr. f. analyt. Chem. 1911. 545. — Pharm. Zentrh. 1913. 432.

**Bardach's Reaktion auf Blut.**

5 ccm Harn läßt man nach Zusatz von 3 Tropfen Essigsäure (30 %) 2 Minuten lang stehen, versetzt mit 2 Tropfen gesättigter alkoholischer Guajakharzlösung, schüttelt um und fügt 0,5 g Natriumperborat zu. Jetzt werden in rascher Folge 3 ccm Essigsäure (80 %) zugesetzt, geschüttelt und mit 2—3 ccm Alkohol überschichtet und 1—2 Tropfen Pyridin hinzugesetzt. Bei positiver Reaktion tritt zunächst in der Umgebung des Pyridins eine Blaufärbung auf.

Chem. Ztg. 1913. 1190.
Merck's Bericht 1913. 434.

**Bardach's Reaktion auf Eiweiß.**

5 ccm der nicht zu konzentrierten Lösung versetzt man mit 3 Tropfen einer 0,5 %igen Acetonlösung und 0,1—2 ccm Lugol's Jodlösung sowie mit 3 ccm Ammoniakflüssigkeit. Die Bildung von Jodoform bleibt bei Anwesenheit von Eiweißstoffen, wie Acidalbumin, Pepton und Casein aus. Nach einiger Zeit bilden sich gelbe Nädelchen.

Ztschr. f. physiol. Chem. 54. 355.
Ztschr. f. angew. Mikroskop. 14. 38.
Südd. Apoth. Ztg. 1908. 440.
Pharm. Ztg. 1908. 380.
Ztschr. f. analyt. Chem. 48. 438.
Chem. Zentralbl. 1908. I. 892; 1909. II. 657.
Wolpe, Pharm. Ztg. 1909. 357.

**Bardach's Reaktion auf Quecksilber im Harn.**

In 250—1000 ccm Harn löst man 0,8 g fein gepulvertes Eieralbumin, gibt auf 500 ccm 5—7 ccm 30 %iger Essigsäure zu, erhitzt $^1/_4$ Stunde im siedenden Wasserbade und filtriert. Den erhaltenen Niederschlag schüttelt man mit 10 ccm Salzsäure (D. = 1,19), fügt eine blanke ca. 2 cm lange Kupferspirale aus 40 cm langem, dünnen Drahte zu und läßt in einem Erlenmeyerschen Kölbchen $^3/_4$ Stunden lang im siedenden Wasserbade stehen. Hierauf wäscht man die Spirale mit Wasser, Alkohol und Äther und erhitzt dieselbe nach Zusatz von etwas Jod in einem Glasrohre. Bei Anwesenheit von Quecksilber (0,025—0,25 mg) tritt ein roter Ring von Quecksilberjodid auf.

Münchener med. Woch. 1901. 718.
Chem. Ztg. 1909. 431.
Pharm. Zentrh. 1901. 336.
Ztschr. f. analyt. Chem. 40. 534.
Boening, Chem. Ztg. 1909. 376.

**Bardach-Silberstein's Reaktion auf Blut.**

5 ccm der zu prüfenden Flüssigkeit versetzt man mit einigen Tropfen Guajaktinktur, fügt eine Messerspitze Natriumperoxyd zu, säuert mit 2 ccm Essigsäure (30 %) an und schichtet

1—2 ccm Alkohol über die Mischung. Noch bei 7 mg Blut im Liter tritt Blaufärbung auf. An Stelle von Natriumperoxyd verwendet man besser Natriumperborat, wenn die Empfindlichkeit der Reaktion dadurch auch etwas beeinträchtigt wird.
Ztschr. f. physiol. Chem. **65.** 511.
Chem. Ztg. **34.** 814.
Merck's Bericht 1910. 278.

**Barff's** Reagens für mikroskop. Zwecke
ist eine heiß gesättigte Lösung von Borsäure in Glycerin, die beim Erkalten fest wird. Gebraucht als Konservierungs- u. Beobachtungsmittel wie Canadabalsam.
Merck's Index 1902. 269.
Behrens' Tabellen 1892. 62.

**Barfoed's** Reagens auf Glukose.
13,3 g krystallisiertes neutrales Kupferacetat löst man in 200 ccm 1 %iger Essigsäure. Die Versuchslösung läßt man mit einigen Tropfen dieses Reagenzes einen Augenblick aufkochen. Glukose bewirkt eine Abscheidung von Kupferoxydul.
Der Autor verwendete dieses Reagens zum Nachweis von Glukose in Dextrin. Er konnte noch $^1/_{10}$ % Glukose in Dextrin nachweisen.
Ztschr. f. analyt. Chem. **12.** 27.
Journ. f. prakt. Chem. (2) **6.** 334.
Müller, Pflüger's Archiv **16.** 551 od. Ztschr. f. analyt. Chem. **18.** 601.
Hinkel-Sherman, Chem. Ztg. 1908, Rep. 143.
Welker, Journ. Amer. Chem. Soc. 1915. **37.** 2227.

**Barfoed's** Reaktion auf Kieselsäure.
Die zu prüfende Substanz mischt man mit reinem, gepulvertem Kryolith und konzentr. Schwefelsäure und erwärmt. Hält man einen Tropfen Wasser mittels eines Glasstabes in die entweichenden Dämpfe, so überzieht sich derselbe mit einer undurchsichtigen Hülle.
Ztschr. f. analyt. Chem. **3.** 289.
Chem. Zentralbl. 1865. 368.

**Barfurth's** Reagens zum Färben mikroskop. Präparate
(Jodlösung zum Glycogennachweis) besteht aus gleichen Teilen Glycerin und Lugol's Reagens.
Arch. f. mikroskop. Anat. 1885.
Enzyklop. d. mikroskop. Techn. 1903. 442.
Eberth-Friedländer, Mikroskop. Techn. 1894. 170.
Bleibtreu, Arch. f. ges. Physiol. **127.** 118.
Kato, ebenda **127.** 125.

**Barillot's** Reaktion auf Colchicin.
Etwas Colchicin verreibt man mit 0,25 g Oxalsäure, gibt 1 ccm Schwefelsäure zu und erwärmt in einem geschlossenen Röhrchen im Ölbade 1 Stunde lang auf 120 ° C. Gibt man dann etwas Wasser zu, so entsteht eine gelbe, klare Lösung, die durch Alkali rot, durch Säuren wieder gelb wird. Chloroform entzieht der Flüssigkeit einen gelben Farbstoff, der nach dem Verdampfen des Chloroforms als harziger Rückstand hinterbleibt. Dieser Rückstand färbt sich mit Salpetersäure (D. = 1,4) rotviolett, mit konzentr. Schwefelsäure vorübergehend himbeerrot.
Bull. Soc. Chim. Paris (3) **11.** 514.
Chem. Ztg. **18.** Rep. **197.**
Ztschr. f. analyt. Chem. **37.** 61.
Berl. Ber. 1894. IV. 763.

**Barillot-Chastaing's** Reaktion auf Morphin.
Trockenes Morphin mischt man mit entwässerter Oxalsäure und erhitzt dann die Mischung 1 Stunde lang in einem verschlossenen Glasröhrchen auf 120 ° C. Das Reaktionsprodukt gibt mit viel Wasser einen gelblich-weißen Niederschlag. Letzteren sammelt man, versetzt mit etwas Alkohol und Ätzkali und überläßt die Mischung 5 Stunden der Einwirkung der Luft. Verdünnt man alsdann mit Wasser und säuert mit Salzsäure an, so färbt sich die Flüssigkeit blau. Diese Lösung zeigt ein charakteristisches Absorptionsspektrum. Die blaue Farbe geht beim Schütteln mit Äther in diesen über und kann beim Verdunsten desselben krystallinisch erhalten werden (Morphinblau).
Compt. rend. **105.** 941.
Chem. Zentralbl. 1888. 44.
Arch. de Pharm. 1887. 530.
Pharm. Zentrh. 1888. 223.

**Barnebey's** Reaktion auf Blausäure.
Um Cyanide neben Ferocyaniden und Rhodanaten nachzuweisen, benützt man eine ammoniakalische Kupferlösung, der man wenig Schwefelwasserstoff zugesetzt hat. Gibt man hierzu eine cyanidhaltige Lösung, so wird das Kupfersulfid gelöst und die Mischung infolgedessen entfärbt.
Journ. Americ. Chem. Soc. 1914. **36.** 1092.
Chem. Zentralbl. 1914. II. 435.

**Barnebey-Wilson's** Indikator für die Eisentitration
ist Diphenylcarbazid. Näheres siehe: Journ. Americ. Chem. Soc. 1913. **35.** 156. — Chem. Zentralbl. 1913. I. 1304. — Vergl. Cazeneuve's Reagens auf Metallsalze.

**Baroni-Borlinetto's** Reaktion auf Calomel
beruht auf der Bräunung von Calomel beim Mischen mit Chinin-, Hydrastinin-, Heroin-, Pilocarpin- und Cocainsalzen unter Mitverwendung von Wasser bzw. Alkohol.
Giorn. Farm. Chim. 1911. **60.** 241.

**Barral's** Reaktion auf Abrastol.
Abrastol gibt mit Aymonier's Reagens einen bräunlichen Niederschlag und eine orangegelbe Flüssigkeit, mit Berg's Reagens eine blaue Färbung, die beim Erwärmen in Gelb übergeht, mit Fröhde's Reagens eine schwärzlich braungelbe Färbung. Formaldehydschwefelsäure bewirkt grüne Fluoreszenz, Natriumpersulfat in der Wärme eine grüngelbe Färbung und Molybdänschwefelsäure eine grünlichgelbe, später dunkelblaue Färbung.

Pharm. Ztg. 1903. 834.
Journ. de Pharm. et de Chim. (6) 18. 206.
Chem. Zentralbl. 1903. II. 910.

**Barral's Reaktionen auf Acetanilid,** siehe:
Chem. Zentralbl. 1904. I. 1107.
Apoth. Ztg. 1904. 178.
Journ. de Pharm. et de Chim. 1904. 237.

**Barral's Reagens auf Dischwefelsäure in Schwefelsäure**

ist das p-Dichlor-Hexachlorbenzol, welches sich in Schwefelsäure bei Anwesenheit von Dischwefelsäure mit rotvioletter Farbe löst.
Journ. de Pharm. et de Chim. 1897. 104.
Pharm. Zentrh. 1897. 642.

**Barral's Reagens auf Eiweiß u. Gallenfarbstoffe**

ist eine 20%ige Lösung von Aseptol (o-Phenolsulfosäure). Schichtet man über dieses Reagens filtrierten Harn, so entsteht bei Anwesenheit von Gallenfarbstoff ein grüner Ring, bei Anwesenheit von Eiweiß ein weißer Ring (noch bei 5 mg im Liter).
Presse médicale 1897. 121.
Pharm. Ztschr. f. Rußland 1897. 961.
Pharm. Zentrh. 1898. 28.
Merck's Bericht 1897. 32.

**Barral's Reaktion auf Hermophenyl.**

Hermophenyl färbt konzentr. Schwefelsäure in der Wärme orangegelb; Berg's Reagens in der Kälte amethystrot, in der Wärme orange (mit braunem Niederschlag); Fröhde's Reagens beim Erhitzen gelb, orangegelb, braungelb, braun und zuletzt amethystrot, Mandelin's Reagens grünlichblau, beim Erhitzen grün und Formaldehydschwefelsäure in der Wärme intensiv braunrot.
Journ. de Pharm. et de Chim. 1903. 207.
Chem. Ztg. 1903. Rep. 241.
Apoth. Ztg. 1903. 711.
Pharm. Ztg. 1903. 834.
Chem. Zentralbl. 1903. II. 909.

**Barral's Reaktion auf Kryogenin (m-Benzamidosemicarbazid).**

1. Marquis' Reagens (Formaldehyd-Schwefelsäure) bewirkt eine rotviolette Färbung mit grüner Fluoreszenz. — 2. Eine Lösung von Kryogenin in rauchender Salpetersäure wird auf Zusatz von Wasser rot gefärbt. (Das Kryogenin ist in die Salpetersäure zu geben, nicht umgekehrt!) — 3. Eine Lösung von Kryogenin wird auf Zusatz einiger Tropfen Wasserstoffsuperoxyd durch konzentr. Schwefelsäure braunorange gefärbt. — 4. Natriumperoxyd bewirkt eine gelbe Färbung, die auf Zusatz von Salzsäure in Blutrot übergeht. — 5. Natriumpersulfat gibt eine rotorange bis blutrote Färbung. — 6. Mandelin's Reagens bewirkt eine rotorange bis carminrote Färbung. — 7. Bromwasser erzeugt in einer wässerigen Lösung von Kryogenin einen gelben bis orangegelben Niederschlag. — 8. Fröhde's Reagens färbt sich mit Kryogenin allmählich rosa, dann rot. — 9. Ehrlich's Diazoreagens gibt mit einer Lösung von Kryogenin eine schöne rotorange Färbung. — 10. Phosphormolybdänsäurelösung färbt eine Lösung von Kryogenin blau; nach einiger Zeit entsteht ein brauner Niederschlag, während die Lösung blau bleibt.
Journ. de Pharm. et de Chim. 1903. (6) 18. 302.

**Barral's Reaktionen auf Phenacetin,**
siehe: Chem. Zentralbl. 1904. I. 1107.
Apoth. Ztg. 1904. 178.
Journ. de Pharm. et de Chim. 1904. 237.

**Barral's Reagenzien auf Pilocarpin,**
siehe: Journ. de Pharm. et de Chim. 1904. 188.
Apoth. Ztg. 1904. 133.
Chem. Ztg. 1904. Rep. 68.
Pharm. Zentrh. 1905. 410.
Ztschr. f. analyt. Chem. 47. 710.
Südd. Apoth. Ztg. 1908. 746.

**Barral's Reaktion auf Pyramidon.**

1. Versetzt man eine kleine Menge wässeriger Pyramidonlösung mit Natriumpersulfat, so färbt sich die Mischung blauviolett, dann violett, amethystrot, rosa und zuletzt gelb. — 2. Dieselben Farbenerscheinungen erzeugen Natriumperoxyd und Schwefelsäure. — 3. Ein Tropfen Bromwasser bewirkt eine violette Färbung, die schnell in Rosa und Gelb übergeht. — 4. Mandelin's Reagens bewirkt eine braune Färbung, die in Olivgrün und Grün übergeht. — 5. Eine Lösung von 2 g Kaliumdichromat in 10 ccm Wasser und 10 ccm Schwefelsäure bewirkt mit Pyramidon braune, in Olivgrün übergehende Färbung.
Journ. de Pharm. et de Chim. (6) 18. 301.
Répert. de Pharm. 1903. 314.
Pharm. Zentrh. 1903. 616.

**Barral's Reaktionen auf Salicylsäure.**

Versetzt man 2 Tropfen einer 5%igen Natriumsalicylatlösung mit 2 ccm Schwefelsäure und nach dem Abkühlen mit Natriumnitritlösung, so färbt sich die Mischung nacheinander orangegelb, orangerot und himbeerrot. Die rote Lösung zeigt ein charakteristisches Absorptionsspektrum. Dieselbe Reaktion gibt Salicylsäuremethylester, während Salol eine blaue, dann rote und schließlich violettschwarze Färbung verursacht.

Erhitzt man 3 ccm 0,1%ige Salicyllösung mit einem erbsengroßen Stück Ammoniumpersulfat zum Sieden, so wird die Mischung nach und nach gelb, braun und schwarzbraun. Bei weiterem Erhitzen und weiterem Zusatz von Ammoniumpersulfat tritt Entfärbung ein. Läßt man auf einem Uhrglase einen Tropfen Salicylsäurelösung und einen Tropfen Mandelin's Reagens zusammenfließen, so bilden sich blaue, bald in Grün übergehende Streifen.

Erhitzt man 3 Tropfen Salicylsäurelösung mit 2 ccm Schwefelsäure, läßt erkalten und fügt 3 Tropfen Mandelin's Reagens zu, so entsteht eine indigoblaue Färbung.

Mit Schlagdenhauffen's Reagens wird Salicyllösung in der Kälte gelb, beim Erhitzen orangegelb und unter Abscheidung von Selen zuletzt schwarz gefärbt.

Bullet. Soc. chim. de France (4) 11. 41.
Apoth. Ztg. 1912. 386.

**Barral's** Reaktionen auf Salicylsulfosäure.

Reines salicylsulfosaures Natrium gibt folgende Reaktionen: Ferrichlorid bewirkt bordeauxweinrote Färbung, die auf Zusatz von Salicylsäure in Violett übergeht. — Bromwasser bewirkt zum Unterschied von Salicylsäure keinen Niederschlag. — Mandelin's Reagens bewirkt indigoblaue Färbung (Salicylsäure wird durch das Reagenz olivgrün gefärbt). — Chlorkalklösung färbt allmählich braun (Salicylsäure bleibt ungefärbt). — Ammoniumpersulfat bewirkt beim Kochen ebenfalls Braunfärbung. — Millon's Reagens wird beim Erwärmen durch Sulfosalicylsäure rosa bis fuchsinrot, Salicylsäure rötlichorange gefärbt. — Neutrales Bleiacetat gibt mit Sulfosalicylsäure keine Fällung, wohl aber nach Zusatz von Ammoniak. Das Filtrat wird durch Bleisubacetat gefällt.

Bull. Soc. Chim. France (4) 11. 447.

**Barreswil's** Reaktion auf Chromsäure.

Gibt man zu angesäuertem Wasserstoffsuperoxyd (3 %) etwas Äther und eine chromsäurehaltige Flüssigkeit, so färbt sich die wässerige Lösung intensiv blau. Beim Schütteln geht die blaue Farbe in den Äther über.

Denigès, Répert. de Pharm. 1907. 158.

**Barreswil's** Reagens auf Glukose

ist Fehling's Lösung, die an Stelle von Natronlauge Kalilauge und an Stelle von Seignettesalz Kaliumtartrat enthält.

Journ. de Pharm. et de Chim. 1844. 301.
Enzyklop. der gesamt. Pharm. 1889. VI. 179.
Michea-Reynoso, Compt. rend. 36. 230.

**Barret's** Reagens zum Fixieren mikrokop. Präparate.

1. Eine Lösung von 0,2 g Osmiumsäure und 0,17 g Chromsäure in 100 ccm Wasser. 2. Eine Lösung von 0,1 g Osmiumsäure und 0,25 g Chromsäure in 100 ccm Wasser.

Quart. Journ. Microscop. Sc. 1886. 135.

**Barsiekow's** Nährlösungen zur Typhusdiagnose

(Mannit- und Milchzucker-Peptonlösung usw.) vergl. Wiener klin. Rundschau 1901. No. 44. — Chem. Zentralbl. 1902, I. 489. — Münchener med. Woch. 1916. 5.

**Bartel's** Reagens zum Färben mikroskop. Präparate

ist eine Lösung von 0,2 g Anilinblau, 0,2 g Orange G. und 2 g Oxalsäure in 100 g Wasser.

Bartel-Stein, Archiv f. Anat. u. Physiol. 1905. 141.
Ztschr. f. wiss. Mikroskop. 1906. 568.

**Barth's** Reagens auf Salpetersäure in Milch.

a) Eine Mischung von 10 Tropfen 40 %igem Formaldehyd mit 250 ccm Wasser; b) eine Mischung von 350 ccm Schwefelsäure 1,84 mit 150 ccm Wasser, d. i. eine Schwefelsäure 1,71.

Man mischt 10 ccm Milch mit 5 Tropfen a und schichtet die Mischung über 5 ccm b. Bei Gegenwart von Salpetersäure bzw. Nitraten bildet sich ein violetter Ring. Empfindlichkeitsgrenze = 0,5 mg $HNO_3$ in 1 Liter.

Ztschr. f. Unters. Nahr.-Genußm. 1913. 26. 339.
Apoth. Ztg. 1913. 856.

**Barthe's** Indikator.

Nach Angabe Barthe's wird die violette Uruguay-Kartoffel mit Wasser behandelt, wobei sie einen weinroten Farbstoff abgibt. Wird sie dann mit Alkohol extrahiert, so erhält man eine blaue Lösung, welche durch Alkalien grün und durch Säuren blau gefärbt wird.

Rép. pharm. 1914. 5.
Pharm. Zentrh. 1914. 725.

**Barthel's** Milchprobe.

Zur Beurteilung der einwandfreien hygienischen Beschaffenheit der Milch versetzt man diese (10 ccm) mit Methylenblaulösung (0,5 ccm). Man stellt sich dieses Reagens her, indem man 5 ccm gesättigte, alkoholische Methylenblaulösung mit 195 ccm Wasser mischt. Die Mischung von Milch und Methylenblaureagens überschichtet man zum Luftabschluß mit flüssigem Paraffin und stellt dann das Ganze in ein Wasserbad von 40—45°. Als gute Milch kann nur solche angesehen werden, die zur Entfärbung des Reagenzes mehr als 3 Stunden braucht.

Ztschr. f. Unters. Nahr.-Genußm. 15. 385.
Chem. Zentralbl. 1908. II. 1741.

**Bartley's** Reaktion auf Galle im Harn.

Klar filtrierter Harn färbt sich nach dem Ansäuern mit Salzsäure auf Zusatz von Eisenchlorid grün, wenn Gallenbestandteile vorhanden sind. Eine eventuell durch Indikan erzeugte Blaufärbung kann durch Ausschütteln mit Chloroform entfernt werden, worauf die Grünfärbung deutlich hervortritt.

Pharm. Rundschau 1901. 239.
Pharm. Zentrh. 1901. 339.

**Baselli's** Reaktion auf künstlichen Kampfer

beruht auf dem Nachweis von Salzsäure mittels Silbernitrat nach dem Glühen eines Gemisches von Kampfer und Calciumhydroxyd.

Ztschr. d. österr. Apoth. Ver. 1907. 225.
Pharm. Zentrh. 1908. 48.
Vergl. Lunge's Chem. techn. Unters. Meth. 5. Aufl. 3. Bd. 829.

**Basham's** Reaktion auf Gallenfarbstoffe.

Die zu prüfende Flüssigkeit schüttelt man mit wenig Chloroform aus, verdampft letzteres und versetzt den Rückstand mit einem Tropfen Salpetersäure. Bei Anwesenheit von Gallenfarbstoffen nimmt der Rückstand verschiedene Farben an, um zuletzt rot zu werden.

Merck's Report 1900. 113.

**Basoletto's** Reagens auf Sesamöl bezw. auf Glukose ist identisch mit Baudouin's Reaktion.

Das Reagens auf Glukose besteht aus gleichen Teilen Sesamöl und Salzsäure (D. = 1,124). Es wird durch Zucker rot gefärbt. Ebenso wird eine 2% Zucker enthaltende Salzsäure durch Sesamöl rot gefärbt.

Enzyklop. der gesamt. Pharm. 1887. II. 165.
Pharm. Zentrh. 1907. 42.

**Bastian's** Reagens zum Imprägnieren mikroskop. Präparate.

a) Eine Mischung gleicher Teile Alkohol und Ameisensäure.

b) Eine Lösung von 0,05 g Goldchlorid in 100 ccm Wasser, mit 1 Tropfen Salzsäure versetzt.

Gierke, Ztschr. f. wiss. Mikroskop. 1884. 62, 372.
Behrens' Tabellen 1892. 93.
Enzyklop. d. mikroskop. Techn. 1903. 450.

**Bass-Watkin's** Reaktion auf Typhus ist eine Agglutinationsprobe. Näheres siehe: Arch. of intern. Med. 1910. 717. — Menville, Zentralbl. f. d. ges. innere Med. 1912. 3. 443.

**Batka's** Reagens auf Cellulose ist eine der vier üblichen Chinabasen (Chinin, Cinchonin, Chinidin oder Cinchonidin), die mit Cellulose (oder verwandten Stoffen, wie Stärke, Dextrin, Gummi etc.) beim trockenen Erhitzen die Grahe'sche Reaktion geben.

Chem. Zentralbl. 1859. 866.
Dillinger, Chem. Ztg. 1912. Rep. 339.

**Battandier's** Reaktion auf Chelidonin und Narcein.

Gibt man etwas Chelidonin oder Narcein in eine Mischung von 1 Tropfen Guajakol und 0,5 ccm konzentr. Schwefelsäure, so bilden sich vom Chelidonin aus dunkel carminrote Streifen.

Compt. rend. 1895. I. 270.
Pharm. Zentrh. 1895. 258.

Tannin und Schwefelsäure geben mit den beiden Alkaloiden eine grüne Färbung.

Journ. de Pharm. et de Chim. 1904. 152.

**Battandier's** Reaktion auf Chinin und Chinidin.

Läßt man in eine schwach saure Lösung von Chinin oder Chinidin Bromdämpfe einfließen und fügt dann Kupfersulfatlösung und tropfenweise Ammoniakfl. zu, so färbt sich die Mischung zunächst pfirsichblütenrot, dann violett und grün. Säurezusatz bewirkt dann Blau- oder Violettfärbung.

Journ. de Pharm. et de Chim. 1904. 151.
Chem. Ztg. 1904. Rep. 254.

**Battandier's** Reaktion auf Glaucin.

Ein Porzellanschälchen benetzt man mit einer Mischung von 10 ccm Schwefelsäure und 4 Tropfen Quecksilbernitratlösung und gibt einen Krystall Glaucin hinein. Beim Neigen der Schale bilden sich grüne Streifen, welche allmählich in Rot übergehen.

Journ. de pharm. et de chim. 1892. I. 350.

**Battelli-Stern's** Reagens auf Oxydasen.

1 Liter Stärkelösung (mit 0,3 % Amylum) mischt man mit 500 ccm 1 %iger Kaliumjodidlösung und dann mit 2 ccm 10 %iger Essigsäure. Das Reagens muß stets frisch hergestellt werden. Zur Ausführung der Reaktion mischt man 1 ccm Reagens mit 1 Tropfen des zu prüfenden Gewebsextraktes und 2 Tropfen einer 0,1 %igen Äthylhydroperoxydlösung und ergänzt mit Wasser auf 2 ccm. Außerdem wird ein blinder Versuch (ohne Gewebsextrakt) angestellt. In den Gewebsextrakten enthaltene Oxydase beschleunigt die Blaufärbung der Stärkelösung. Näheres siehe: Biochem. Ztschr. 1908. 13. 48.

**Baubigny's** Reagens auf Brom.

Konzeptpapier taucht man in eine Lösung von Fluorescein in 40—50% iger Essigsäure und trocknet es. Das befeuchtete, gelbe Papier wird durch Spuren von Brom rosa gefärbt. Es läßt sich noch 1 mg Alkalibromid in 5—10 g Kochsalz nachweisen.

Compt. rend. 1897. 654.
Chem. Ztg. 1897. 963.
Ztschr. f. analyt. Chem. 37. 440.
Pribram, Ztschr. f. physiol. Chem. 49. 457.
Labat, Bull. Soc. Chim. France 1911. 9. 503.
Baubigny, ebenda 1912. 11. 12.

**Baudisch's** Reagens zur quantitativen Bestimmung von Kupfer und Eisen. (Cupferron).

Die wässerige Lösung des Nitrosophenylhydroxylammoniums, des sog. Cupferrons, wird zur Fällung und zur Trennung von Kupfer- und Eisensalzen benützt. Näheres siehe: Merck's Bericht 1909. 186 u. 1910. 162. — Chem. Ztg. 1909. 1298. — Biltz, Ztschr. f. anorg. Chem. 66. 426. — Hanus-Soukup, ebenda 68. 52. — Fresenius, Ztschr. f. analyt. Chem. 50. 35. — Weber, ebenda 50. 50. — Bellucci-Grassi, Gazz. chim. ital. 1913. 32. 581. Chem. Zentralbl. 1913. II. 716.

**Baudisch's** Reaktion auf Indol bezw. Cholera.

Man beschickt erstarrte Agarplatten durch Oberflächenaussaat mit dem Untersuchungsmaterial, um isolierte Kolonien zu erhalten. Nach 8—16stündigem Wachstum im Brutschrank hebt man eine Kolonie in geeigneter Weise ab und bringt sie in ein Reagenzglas. Man gibt etwas nitromethanhaltige verdünnte Kalilauge zu, kocht auf, kühlt ab, fügt 1 ccm Amylalkohol zu, schüttelt durch, versetzt mit Salzsäure im Überschuß und schüttelt nochmals. Der Amylalkohol ist nach dem Absetzen rosarot bis rot gefärbt, wenn die Kolonien nur geringe Mengen von Indol produziert haben.

Ztschr. f. physiol. Chem. 94. 132.

**Baudouin's** Reaktion auf Gallenfarbstoffe im Harn beruht auf der Bildung eines orangefarbigen Rosanilinbilirubinats beim Vermischen von ikterischem Harn mit einigen Tropfen Fuchsinlösung (1 : 200 Wasser).

Semaine médicale 1902. 398.
Chem. Ztg. 1902. Rep. 347.

**Baudouin**'s Reagens auf Sesamöl.

1 g Zucker löst man in 100 ccm Salzsäure (D. = 1,18). Man schüttelt 10 ccm des zu prüfenden Öles mit 5 ccm Reagens. Bei Anwesenheit von Sesamöl tritt eine intensiv rote Färbung auf.

Benedict, Analyse der Fette, 2. Aufl. 345.
Milliau, Monit. scientif. de Quesneville 1888. 367.
Dieterich, Pharm. Zentrh. 1896. 393.
da Silva, Pharm. Zentrh. 1900. 195.
Utz, Chem. Ztg. 1902. 309.
Bömer, Pharm. Zentrh. 1899. 360.
Breinl, Chem. Ztg. 1899. 647.
Domergue, Journ. de Pharm. et de Chim. 1891. 54.
Lauffs-Huisman, Chem. Ztg. 31. 1023.
Eck, Pharm. Weekbl. 44. 1282.
Hoton, Chem. Zentralbl. 1909. II. 756.
Marcille, ebenda 1909. II. 1084.
Güth, Pharm. Zentrh. 49. 999.
Fleig, Bull. Soc. Chim. France 1908. I. 992.
Behre, Pharm. Zentrh. 1907. 489.
Merl, Chem. Zentralbl. 1908. I. 2210.
Utz, ebenda 1908. I. 1908.
Sprinkmeyer, Ztschr. Unters. Nahr. Gen. Mittel 15. 20.
Soltsien, Seifensied. Ztg. 34. 1230.
Derlin, Apoth. Ztg. 1910. 210.
Zega, Chem. Ztg. 1909. 103.
Zampoli, Boll. Chim. Farm. 49. 9.
Vergl. Carlinfanti's Reaktion und Villavecchia-Fabris' Reagens.

**Baudrimont**'s Reaktion auf Chloroform

ist identisch mit Reichardt's Reaktion.
Ztschr. f. analyt. Chem. 9. 269.

**Bauer**'s Reaktion auf Berberin.

Gibt man auf einem Uhrglas Berberinsulfat mit Natronlauge (10 %) und nach dem Erwärmen mit Aceton zusammen, so bilden sich charakteristische Krystalle von Aceton-Berberin, die schon bei geringer Vergrößerung unter dem Mikroskop deutlich sichtbar sind.

Ztschr. d. allgem. österr. Apoth. Ver. 1908. 355.
Südd. Apoth. Ztg. 1908. 471.
Répert. de Pharm. 1909. 270.

**Bauer**'s Reaktion auf Kuhmilch und Frauenmilch.

Als Reagens benützt man eine 0,25 %ige wässerige Lösung von Nilblausulfat. 3 ccm Milch versetzt man mit 1 Tropfen Reagens. Kuhmilch färbt sich grünblau, Frauenmilch violett. Schüttelt man jetzt mit 15 ccm Äther, so entfärbt sich die Frauenmilch und die Kuhmilch wird blau. Auch Neutralrot läßt sich zu dieser Reaktion verwenden. Vergl. Moro's Reagens.

Monatsschr. f. Kinderheilkunde 1913. 474.
Berl. klin. Woch. 1913. 502.

**Bauer**'s Reaktion auf Laktose und Galaktose im Harn

beruht auf der Oxydation der beiden Zucker mittels Salpetersäure, wobei sich die gebildete Schleimsäure abscheidet. Näheres siehe: Ztschr. f. physiol. Chem. 51. 158.

**Bauer**'s Reagens auf Solanin

ist eine Lösung von Tellursäure in mäßig verdünnter Schwefelsäure. — Das Reagens färbt sich mit Solanin bei gelindem Erwärmen himbeerrot. Empfindlichkeitsgrenze = 0,02 g in 1 Kilo Kartoffeln.

Ztschr. f. angew. Chem. 1899. 99.
Pharm. Zentrh. 1899. 156.
Merck's Bericht 1899. 28.

**Bauer**'s Reaktion auf Tabes und Paralyse

beruht auf dem Nachweis der erhöhten Trimethylaminmengen im Harn mittels Platinchlorid. Näheres siehe: Hofmeister's Beiträge 1908. 11. 502.

**Baumann**' Reagens auf mehrwertige Alkohole

ist Benzoylchlorid. In verdünnter wässeriger Lösung werden die mehrwertigen Alkohole beim Schütteln mit Benzoylchlorid und Natronlauge als Benzoesäureester (unter Umständen quantitativ) abgeschieden.

Diez, Ztschr. f. physiol. Chem. 11. 472.
Baumann, Berl. Ber. 1886. 3218.
Udranszky, Berl. Ber. 1888. 2744.

**Baumann**'s Reagens auf Cystin, Kohlehydrate und Diamine ist Benzoylchlorid. — Näheres siehe: Ztschr. f. physiol. Chem. 12. 254; Ztschr. f. analyt. Chem. 28. 380; 32. 269; Berl. Ber. 1886. 3220. — v. Fodor, Jahresber. f. Tierchemie 1891. 292. — Lehmann, Ztschr. f. physiol. Chemie 17. 405. — Brenzinger, Ztschr. f. physiol. Chem. 16. 572. — Hammarsten, Physiol. Chem. 1899. 525.

**Baumann**'s Reaktion auf Kynurensäure.

Gibt man zu Kynurensäurelösungen Bromwasser, so entsteht ein zitronengelber, amorpher Niederschlag, der nach einiger Zeit in den krystallinischen Zustand übergeht.

Ztschr. f. physiol. Chem. 1. 62.
Brieger, ebenda 4. 89.

**Baumann**'s Reaktion auf Maisstärke im Weizenmehl.

0,1 g Mehl schüttelt man mit 10 ccm 1,8 %iger Kalilauge während 2 Minuten öfter durch. Dann gibt man 4—5 Tropfen 25 %iger Salzsäure zu und betrachtet die Mischung unter dem Mikroskop. Weizenstärke ist vollständig verquollen, Maisstärke ist unversehrt.

Ztschr. f. Unters. Nahr-Genußm. 2. 27.

**Baumann**'s Reaktion auf freie Säuren im Magensaft.

Beim Destillieren von Magensaft mit phenylschwefelsaurem Kalium geht bei Anwesenheit von Salzsäure (auch von Milchsäure, wenn über 0,1 %) schon mit den ersten Tropfen Phenol über, das mit Bromwasser nachweisbar ist.

Ztschr. f. physiol. Chem. 1. 152.

**Baumgarten**'s Reagens I zum Färben mikroskop. Präparate.

a) Eine Lösung von 1 g Fuchsin in 100 ccm Alkohol; b) eine Lösung von 1 g Methylenblau in 100 ccm Wasser. Gebraucht zur Doppelfärbung.

Ztschr. f. wiss. Mikroskop. 1884. 415.
Eberth-Friedländer, Mikroskop. Techn. 1894. 159.

**Baumgarten**'s Reagens II zum Färben mikroskop. Präparate.

ist eine 0,2 %ige, alkoholische Lösung von Bleu de Lyon (Anilinblau, wasserlöslich).

Arch. f. mikroskop. Anat. 1892. 512.
Ztschr. f. wiss. Mikroskop. 1893. 105.
Behrens' Tabellen 1892. 116.
Enzyklop. d. mikroskop. Techn. 1903. 49. 81.

An anderer Stelle empfiehlt der Autor eine alkoholische Lösung von Mauveïn (Anilinviolett).

**Bayer**'s Reaktion auf Adrenalin.

(Modifikation von Fränkel-Allers Reaktion.)
2 ccm Adrenalinlösung werden mit 1 ccm Sulfanilsäurelösung, 2 ccm Natriumbijodatlösung und 1 ccm Phosphorsäure (10 %) gemischt. War die Adrenalinlösung 1: 50 000, so entsteht eine rötlich gelbe Färbung, war sie 1: 625 000, so entsteht eine gelbe, war sie 1: 830 000, eine gelbliche Färbung. Letztere ist noch bei 1: 5 000 000 zu erkennen.

Biochem. Zeitschr. 20. 183.

**Bayer**'s Reaktion auf Resorcin, Hydrochinon, Brenzkatechin, Proto-Katechualdehyd, Guajakol

siehe: Biochem. Ztschr. 20. 181.

**Bayerl**'s Reagens zum Entkalken mikroskop. Präparate

ist eine Lösung von 1,5 g Chromsäure und 0,5 g Salzsäure in 100 ccm Wasser.

Archiv f. mikroskop. Anat. 1884. 173.
Behrens' Tabellen 1892. 85.
Enzyklop. d. mikroskop. Techn. 1903. 650.

**Bayerl**'s Reagens zum Färben mikroskop. Präparate:

a) Eine Lösung von 1 g Carmin und 4 g Borax in 65 g Wasser; b) eine Lösung von 4 g Indigocarmin und 4 g Borax in 65 g Wasser. Zum Gebrauch mischt man gleiche Teile von a und b und filtriert. Gebraucht zum Färben von Ossifikationspräparaten etc.

Archiv f. mikroskop. Anat. 1885. 36.
Behrens' Tabellen 1892. 114.

**Bayerlein**'s Reagens auf Metazinnsäure in Beizen

ist eine Lösung von 1 g Arsenik in 15 Tropfen Salzsäure und 200 g Wasser. — Die zu prüfende Flüssigkeit wird mit dem Reagens unterschichtet. Bei Gegenwart von Metazinnsäure bildet sich an der Berührungsstelle eine trübe Zone.

Färber-Ztg. 18. 241.
Chem. Zentralbl. 1907. II. 1660.
Heermann, ebenda 1908. II. 1469.

**Beale**'s Reagens zum Färben mikroskop. Präparate

ist eine Lösung von Ammoniumcarminat in einer Mischung von Wasser, Glycerin und Alkohol. Zur Darstellung löst man 1 g Carmin in 5 ccm Ammoniak (D. = 0,91) und mischt mit 110 ccm Wasser 80 ccm Glycerin und 30 ccm absolut. Alkohol. Ein anderes Mischungsverhältnis ist 1 g Carmin, 1,5 ccm Ammoniak, 80 ccm Glycerin, 25 ccm Wasser und 120 ccm Alkohol.

Frey, Das Mikroskop 1877. 95.
Straßburger, Botan. Prakt. 1893. 219.
Behrens' Tabellen 1892. 97.
Eberth-Friedländer, Mikroskop. Techn. 1894. 110.

**Beale**'s Reagenzien zum Injizieren mikroskop. Präparate.

I. Blaue Injektionen:

1. Eine Lösung von 3,6 g Liquor ferri sesquichlorati in 30 g Wasser und 15 g Glycerin gibt man tropfenweise zu einer Lösung von 0,73 g Ferrocyankalium in 30 g Wasser und 15 g Glycerin, gibt 57 g Wasser und schließlich 30 g Alkohol zu.
2. Eine Lösung von 2 g Liquor ferri sesquichlorati in 30 g Wasser gibt man allmählich in eine Lösung von 0,95 g Ferrocyankalium in 30 g Wasser. Hierzu gibt man unter Umschwenken ein Gemisch, bestehend aus 30 g Glycerin, 60 g Wasser, 30 g Alkohol und 5 g Methylalkohol.
3. Eine Mischung von 10 Tropfen Eisenliquor in 15 g Wasser und 30 g Glycerin gibt man in eine Lösung von 0,18 g Ferrocyankalium in 15 g Wasser und 30 g Glycerin und gibt 3 Tropfen Salzsäure zu.

II. Rote Injektion: 0,12 g Carmin löst man in 5 Tropfen Wasser und ebensoviel Ammoniak, gibt 45 g Glycerin und 10 Tropfen Salzsäure und schließlich 22 g Wasser und 7 g Alkohol zu.

How to work with the Microscope, London 1880.
Robin, Traité du microscope 1871.

**Beale-Frey**'s Reagens zum Injizieren mikroskop. Präparate

ist eine Modifikation von Beale's Reagens 3, bestehend aus 10 Tropfen Eisenchlorid, 0,18 g Ferrocyankalium, 30 g Glycerin und 15 g Wasser mit 3 Tropfen Salzsäure.

Frey, Das Mikroskop, Leipzig 1863.

**Béchamp**'s Reaktion auf Nitrobenzol in Bittermandelöl.

Destilliert man Bittermandelöl mit Eisenacetat und versetzt das Destillat mit Chlorkalklösung, so entsteht bei Anwesenheit von Nitrobenzol eine blaue Färbung.

Merck's Report 1900. 113.

**Béchamp**'s Reagens auf Schwefelalkalien

ist eine 0,4 %ige, wässerige Lösung von Nitroprussidnatrium. Dieses Reagens gibt mit verdünnten Lösungen von Schwefelalkalien eine purpurrote Färbung. Die Reaktion konnte in einer Lösung von 0,061 g Schwefelkalium in 1 Liter Wasser nicht mehr wahrgenommen werden.

Bei weitem empfindlicher ist das Reagens, wenn die zu prüfende Lösung vorher mit Ätzkali versetzt wird.

Compt. rend. 1866. 1087.
Annal. de chim. et de phys. (IV.) **16.** 202.
Ztschr. f. analyt. Chem. **9.** 77.
Scheele, ebenda **42.** 181.
Reichard, Ztschr. f. analyt. Chem. **43.** 222.

**Bechi's** Reaktion auf Cottonöl im Olivenöl.

Man löst 1 g Silbernitrat in 100 ccm 98 %-igen Alkohols. — 5 ccm des zu prüfenden Öles versetzt man mit 5 ccm Reagens und 25 ccm 98 %igem Alkohol und erwärmt auf 84° C. Dunkelfärbung zeigt Cottonöl an.

Pharm. Ztg. **28.** 547.
Ztschr. f. analyt. Chem. **23.** 97.
Toltmann, Chem. Ztg. 1902. Rep. 131.
Milliau, Revue internat. des falsific. 1904, 145.

**Bechi-Hehner's** Reaktion auf Cottonöl.

Man löst 1 g Silbernitrat in 200 g Alkohol und gibt 40 g Äther und etwa 0,1 g Salpetersäure zu. 10 ccm des zu prüfenden Fettes oder Öles werden mit 5 ccm obiger Silberlösung unter öfterem Schütteln 1/4 Stunde lang im Dampfbade erhitzt. Je nach dem Gehalte von Baumwollsamenöl nimmt die Masse eine rotbraune bis schwarze Farbe an. Reines Schweinefett, Mohnöl, Olivenöl und Sesamöl bleiben bei dieser Probe unverändert.

Pharm. Ztg. 1886. 470.
Ztschr. f. analyt. Chem. **29.** 722.
Raoul Brullé. Compt. rend. **91.** 977; **92.** 105 od. Ztschr. f. analyt. Chem. **32.** 253.
Gantter, Ztschr. f. analyt. Chem. **32.** 303.
de Negri u. Fabris, ebenda **33.** 547.
Wesson, Chem. Ztg. 1890. Rep. 6.
Soltsien, Seifensieder-Ztg. etc. 1903. Nr. 1—4.
Emett-Grindley, Journ. Americ. Chem. Soc. **27.** 263.

**Becker's** Reaktion auf Apomorphin.

Man löst eine Spur Apomorphin in 5 bis 10 ccm Wasser, gibt einige Tropfen einer sehr verdünnten Natriumnitritlösung zu und säuert mit 1 Tropfen Salzsäure an. Die Mischung wird sofort blutrot. Durch Morphin wird diese Reaktion nicht beeinträchtigt.

Südd. Apoth. Ztg. 1915. 198.

**Becker's** Reaktion auf Pikrotoxin

beruht auf der Reduktion von Fehling's Reagens in der Wärme.

Schmidt, Pharm. Chem. 1896. II. 1504.
Hager, Pharm. Prax. 1880. I. 911.
Otto, Ausmittelung der Gifte 5. Aufl. 60.

**Beckmann's** Reaktion

ist eine für die Synthese wichtige Reaktion. — Näheres siehe: Beckmann, Berl. Ber. **22.** 431; **27.** 300. — Hantzsch u. Werner, Berl. Ber. **23.** 1. — Ferner: Berl. Ber. **20.** 2581; **24.** 13. 3479. 4018; **25.** 1908. 2164.

**Beckmann's** Reaktion auf Veratrin.

Dampft man etwas Veratrin mit rauchender Salpetersäure auf dem Dampfbade zur Trockene, so erhält man einen gelben Rückstand, der sich mit alkoholischer Kalilauge orangerot färbt.

Vergl. Vitali's Reaktion auf Atropin und Daturin.

**Beckurt's** Reagens auf Alkaloide

ist 1/10 Normal-Kaliumpermanganat. Tropft man das Reagens zu der betreffenden salzsauren Alkaloidlösung, so bewirken Aconitin, Brucin, Chinin, Cinchonidin, Cinchonin, Cinchonamin, Codeïn, Colchicin, Coniin, Nicotin, Physostigmin, Thebaïn und Veratrin eine sofortige Reduktion unter Braunsteinabscheidung; Rotfärbung und langsame Reduktion geben Atropin, Berberin, Hyoscyamin, Pilocarpin, Piperin und Strychnin. Aus Morphinlösung scheidet das Reagens weißes Oxydimorphin aus; Apomorphinlösung wird grün gefärbt, Cocaïn, Narceïn, Narcotin und Papaverin geben krystallinische Niederschläge.

Jahresber. über Fortschr. der Pharm. etc. 1887. 244.

**Becquerel's** Reaktion auf Glukose

ist dieselbe wie Trommer's Reaktion. Siehe auch Annal. de Phys. et de Chim. (2) **47.** 15.

**Bedson's** Reaktion auf Apomorphin in Morphin.

Eine Apomorphin enthaltende Lösung von Morphin wird beim Kochen mit Kalilauge braun gefärbt.

Merck's Report. 1900. 164.

**Beer's** Reagens zum Färben mikroskop. Präparate.

a) Eine Lösung von Eisenchlorid in Wasser oder verdünntem Spiritus (1:4), b) eine gesättigte Lösung von Dinitrosoresorcin in 75 %-igem Spiritus.

Jahrb. d. Psychiatr. 1893. Nr. 1.
Eberth-Friedländer, Mikroskop. Techn. 1894. 246.
Pfeiffer-Wellheim, Pringsheim's Jahrb. 1894.
Vergl. Platner's Reagens.

**Béhal's** Reagens auf Kohlenwasserstoffe der Acetylenreihe

ist eine gesättigte Lösung von Silbernitrat in 95 %igem Alkohol. Näheres siehe: Bull. Soc. Chim. Paris **49.** 335. od. Ztschr. f. analyt. Chem. **31.** 213.

**Béhal-François'** Reaktion auf Wasser und Alkohol im Chloroform.

**Wasser weist man nach, indem man das Chloroform stark abkühlt, von den entstandenen Krystallen abgießt und an die Stellen, wo sich weiße Flecken gebildet haben, etwas gelbes Mercuriammoniumjodid gibt. Bei Anwesenheit von Wasser färbt sich letzteres rot.**

Alkohol wird dem Chloroform durch konzentrierte Schwefelsäure entzogen und nach der Destillation mit Kaliumdichromatlösung (16,97 g im Liter) filtriert. Näheres siehe: Journ. de Pharm. et de Chim. (6) 5. 417. — Ztschr. d. öst. Apoth. Ver. 51. 397 od. Ztschr. f. analyt. Chem. 40. 116. — Chem. Zentralbl. 1897. I. 1258.

**Behrend's** Reaktion auf Holzstoff im Papier beruht auf einer Braunfärbung der Holzfasern beim Befeuchten des Papiers mit Salpetersäure (D. = 1,3).
Ztschr. f. analyt. Chem. 5. 240.
Deutsche Industrie-Ztg. 1866. 278.

**Behrendt's** Reagens auf Glukose im Harn.
Man löst 32,747 g Wismutsubnitrat in 500 ccm Doppelnormal-Natronlauge unter Zugabe von 50 g Seignettesalz und füllt mit Wasser zum Liter auf. — 10 ccm Harn überschichtet man mit 10 ccm Reagens und erhitzt 1/2 Stunde lang im Wasserbade. Aus dem Volumen des abgeschiedenen Wismutoxyduls soll sich der Zuckergehalt des Harns berechnen lassen, indem 0,7 ccm = 1 % Glukose entsprechen.
Deutsche med. Woch. 1903. 625.
Apoth. Ztg. 1903. 626.
Ztschr. d. öster. Apoth. Ver. 1903. 1003.
Chem. Ztg. 1903. Rep. 240.
Pharm. Rundschau 1903. 597.
Chem. Zentralbl. 1903. II. 1259.

**Behrens'** Reagens auf Cellulose ist eine Lösung von 25 g Chlorzink, 8 g Jodkalium und überschüssigem Jod in 8,5 g Wasser. Gebraucht zur mikroskop. Erkennung von Cellulose.
B e h r e n s' Tabellen 1887. 54.
Enzyklop. d. mikroskop. Techn. 1903. 625.

**Behrens'** Reagens auf fette Öle ist eine Mischung von gleichen Teilen konzentrierter Schwefelsäure und Salpetersäure. Man schüttelt gleiche Teile des zu prüfenden Öles und des Reagenzes. Bei Anwesenheit von Sesamöl entsteht eine grüne Färbung, die rasch in Braun übergeht.
Vergl. Bellier's Reagens. Répert. de Pharm. 1899. 435. oder
Chem. Zentralbl. 1899. II. 453.

**Behrens'** Reagens für mikroskop. Zwecke ist eine flüssige Mischung von gleichen Teilen Kampfer und Chloralhydrat. Gebraucht als Beobachtungsmittel. Auch eine Lösung von 25 g Hausenblase in 100 ccm Wasser und 100 ccm Glycerin ist vom Autor empfohlen worden. Dieselbe erstarrt beim Erkalten zu einer klaren Masse.
Merck's Index 1910. 291.
B e h r e n s' Tabellen 1892. 62. 64.

**Behrens'** Quecksilberjodid-Reagens für mikroskopische Zwecke ist eine Lösung von 65 g Quecksilberjodid und 50 g Kaliumjodid in 25 g Wasser. (Einschluß- und Quellungsmittel.)
Vergl. Amann's Reagens.

**Behrens'** mikrochemische Reaktionen und Reagenzien siehe
Annal. de l'Ecole polyt. de Delft. 1891.
Ztschr. f. analyt. Chem. 30. 125. 41. 269.

**Behrens'** Reagens für mikrochemische Zwecke ist eine wässerige Lösung von p-Nitrophenylhydrazinchlorhydrat, die eventuell durch Zusatz einiger Tropfen Essigsäure geklärt wird. Das Reagens dient zum mikrochemischen Nachweis von Ketonen und Aldehyden, besonders von Acrolein. Näheres siehe: Chem. Ztg. 1903. 1105. — Chem. Zentralbl. 1903. II. 1471.
Vergl. Bamberger-Hyde's Reagens.

**Behring's** Reagens (Verdauungsflüssigkeit) zum Lösen des Fibrins bei der Prüfung auf Tuberkelbazillen.
Man löst 1—2 g Pepsin und 3 g Fluornatrium in 1 Liter Wasser und gibt 10 ccm Glycerin und 10 ccm Salzsäure (40 %) zu.
Deutsche med. Woch. 1903. 691.

**Beilstein's** Reaktion auf Halogene in organischen Körpern.
Erhitzt man eine chlor-, brom- oder jodhaltige organische Substanz mit etwas halogenfreiem Kupferoxyd in der Bunsenflamme, so bildet sich das betreffende Halogenkupfer, welches die Flamme grün färbt.
Berl. Ber. 1872. 620.
Chem. Zentralbl. 1915. II. 49.

**Beissenhirtz'** Reaktion auf Anilin.
Versetzt man eine Lösung von Anilin in konzentr. Schwefelsäure mit 1—2 Tropfen Kaliumdichromatlösung (1 : 20), so färbt sich die Mischung vorübergehend blau.
Liebig's Annal. 2. 87.
Enzyklop. d. gesamt. Pharm. 1887. II. 186.

**Béla von Bittó's** Reagens auf einwertige Alkohole ist eine Lösung von 0,5 g Methylviolett in 1 Liter Wasser. Zu der zu prüfenden Flüssigkeit gibt man 1—2 ccm Reagens und 1 ccm einer Alkalipolysulfidlösung und schüttelt um. Bei Anwesenheit einwertiger Alkohole färbt sich die Mischung kirschrot bis violettrot und bleibt vollkommen klar. Näheres siehe: Chem. Ztg. 17, 611 oder Ztschr. f. analyt. Chem. 34. 225.

**Béla von Bittó's** Reaktion I auf Aldehyde und Ketone.
Fügt man zu einer Aldehyd- oder Ketonlösung 1 ccm einer frisch bereiteten 0,3 bis 0,5%igen, wässerigen Lösung von Nitroprussidnatrium und macht dann mit Kalilauge alkalisch, so entsteht eine Färbung, die für den betreffenden Aldehyd charakteristisch ist (rotgelb bis violettrot). Näheres siehe: Liebig's Annalen 267. 376 oder Ztschr. f. analyt. Chem. 32. 347. Vergl. auch Légal's und le Noble's Reagens. — D e n i g è s, Bull. Soc. Chim. Paris (3) 15. 1058. — Rothera, Apoth. Ztg. 1909. 110.

**Béla von Bittó's** Reaktion II auf Aldehyde und Ketone.

Löst man einige Krystalle von Meta-Dinitrobenzol in dem betreffenden flüssigen Aldehyd oder Keton oder in einer alkoholischen Lösung des letzteren, so entsteht nach Zugabe einiger Tropfen Kalilauge eine blaue Färbung, die durch Essigsäure in violettrot übergeht. Auch andere Dinitroverbindungen geben Farbenreaktionen. Näheres siehe: Liebig's Annalen **269.** 377. — Chavassieu-Morel, Compt. rend. 1906. II. 966. — Reitzenstein, Journ. prakt. Chem. 1910. **81.** 167.

**Béla von Bittó's** Reagens III auf Aldehyde und Ketone.

Eine Lösung von 0,5—1 g Metaphenylendiaminchlorhydrat in 100 ccm Wasser oder Alkohol (aldehyd- und ketonfrei).

Die zu prüfende Flüssigkeit versetzt man mit einigen ccm des Reagenzes. Nach einigen Minuten tritt intensive grünliche Fluoreszenz ein mit einer Farbenreaktion, die in längstens zwei Stunden ihren Höhepunkt erreicht. Betreffs Farbenreaktion der verschiedenen Aldehyde vergleiche:

Ztschr. f. analyt. Chem. **36.** 371.
Pharm. Zentrh. **38.** 569.

**Béla von Bittó's** Reaktion auf Kreatinin.

Kreatinin gibt bei gleichzeitiger Anwesenheit von Aceton mit m-Dinitrobenzol und Kalilauge eine violettrote Färbung, die auf Zusatz von Metaphosphorsäure in Kirschrot übergeht.

Liebig's Annalen 269. **377.**
Vergl. Béla von Bittó's Reaktion II auf Aldehyde und Ketone.

**Bela-Haller's** Reagens zum Mazerieren mikroskop. Präparate

ist eine Mischung von 10 ccm Eisessig, 10 ccm Glycerin und 20 ccm Wasser.

Merck's Report 1900. 164.
Morphol. Jahrb. 1884. 321.
Enzyklop. d. mikroskop. Techn. 1903. 772.

**Belar's** Reaktion auf Teerfarbstoffe im Rotwein

beruht auf der Löslichkeit vieler Farbstoffe in Nitrobenzol. Näheres siehe: Ztschr. f. analyt. Chem. **35.** 322. Chem. Zentralbl. 1896. II. 364.

**Belfield's** Reaktion auf Rindsstearin im Schweinefett siehe

Hehner, Chem. Zentralbl. 1902. II. 827.

**Bélières'** Reaktion auf Indoxyl in ikterischem Harn.

10 ccm Harn versetzt man mit 1 ccm Bleiessig, sammelt den entstandenen gelben Niederschlag auf einem Filter, wäscht mit wenig Wasser aus, spült ihn mit 20 ccm Alkohol in ein Reagenzglas und mischt mit Salzsäure, bis der Niederschlag weiß geworden ist. Enthält der Urin Gallenfarbstoffe, so färbt sich die so erhaltene alkoholische Lösung (eventuell auf Zusatz von $H_2O_2$) grün. Der entfärbte Harn wird nach dieser Eruierung von Gallenpigment mit Ammoniak versetzt und der abgeschiedene Niederschlag (von Indoxyl) mit Alkohol und Salzsäure behandelt. Hierbei färbt sich die so erhaltene alkoholische Lösung des Indoxyls rosa bis violett. Nach dem Verdünnen mit Wasser schüttelt man mit Chloroform, wobei die Färbung (blau, rot, violett) in dieses übergeht.

Journ. de Pharm. et de Chim. 1913. II. 429.

**Bell's** Reagens auf Alaun in Brot oder Mehl

ist eine frisch bereitete Campeschenholztinktur, bereitet aus 5 g Blauholz und 100 ccm Alkohol. Zur Ausführung der Reaktion mischt man 5 g Mehl mit 5 ccm Wasser und setzt 1 ccm Reagens und 1 ccm Ammoniumkarbonatlösung zu. Je mehr Alaun vorhanden ist, desto mehr neigt die erhaltene Färbung einer lavendelartigen oder blauen Nuance zu. Bei Abwesenheit von Alaun erscheint eine blaßrote, rasch in Schmutzigbraun übergehende Färbung.

Analyse u. Verfälschung d. Nahrungsmittel. Berlin 1885.
Spaeth, Pharm. Zentrh. 1913. 267.
Young, Archiv der Pharm. 1886. 254.
Borghesio, Giorn. Farm. Chim. 1910. 49.

**Bell's** Reaktion auf Arsen

beruht auf dem biologischen Nachweis desselben mittels gewisser Pilze, besonders des Penicillium brevicaule. Der Versuch wird folgendermaßen ausgeführt: Die zu prüfende Substanz wird auf eine Kartoffelscheibe gestreut und dann 30 Minuten lang bei 110° C. sterilisiert. Nach dem Erkalten gibt man auf die Scheibe eine Aufschwemmung von Sporen des gen. Pilzes und läßt das Ganze 24 Stunden bei 37° in einer verschlossenen Schale stehen.

Beim Öffnen der letzteren macht sich, falls Arsen vorhanden, ein starker Geruch nach Knoblauch bemerkbar.

Pharm. Journ. 1903. 484.
Deutsche Med.-Ztg. 1903. 1150.

**Bell's** Reagens auf Curcuma in Drogenpulvern

ist eine Lösung von 1 g Diphenylamin in 20 ccm Alkohol und 25 ccm konzentr. Schwefelsäure. Näheres siehe: Chem. Ztg. 1902. Rep. 348. — Pharm. Journ. (4) 15. 551. — Pharm. Ztg. 1902. 1031.

**Bellier's** Reaktion auf Abrastol im Wein.

Mit Ammoniak alkalisch gemachten Wein schüttelt man mit Amylalkohol aus (auf 50 ccm Wein etwa 10 ccm Amylalkohol), verdampft letzteren, erwärmt mit verdünnter Salpetersäure, gibt Wasser und 0,2 g Eisenvitriol und hierauf soviel Ammoniak zu, bis ein bleibender Niederschlag entsteht und fügt dann etwas Alkohol und einige Tropfen Schwefelsäure zu. Bei Anwesenheit von Abrastol ist das Filtrat mehr oder weniger rot gefärbt. Empfindlichkeitsgrenze = 1 : 1 000 000.

Monit. scientifique 1895. 191.
Ztschr. f. analyt. Chem. 35. 399.
Journ. de Pharm. et de Chim. (1) 6. 298.

**Bellier's** Reagens zur Butterprüfung
ist eine Lösung von 21,85 g kryst. Kupfersulfat und 50 g Natriumsulfat in 1 Liter Wasser. Nach dem Verseifen der Butter mit alkoholischer Norm. Kalilauge und der Neutralisation des Verseifungsproduktes wird eine bestimmte Menge des Reagenzes zugesetzt und bis 80° erwärmt. Das Filtrat wird auf Zusatz von weiterem Reagens flockig getrübt, falls in der Butter Cocosfett vorhanden ist. Näheres siehe: Annal. Chim. analyt. appl. 11. 412. — Chem. Zentralbl. 1907. I. 135.

**Bellier's** Reaktion auf Erdnußöl im Olivenöl.
Man verseift 1 ccm des Öles mit 5 ccm einer genau 8,5 %igen, alkoholischen Kalilauge, erhitzt 1—2 Minuten zum Sieden und gibt 1,5 ccm Essigsäure zu, welche so eingestellt ist, daß damit 5 ccm der alkoholischen Kalilauge neutralisiert werden. Nach dem Abkühlen und Abscheiden der Fettsäuren gibt man 50 ccm Alkohol von 70 Vol. % zu und 1 ccm konzentr. Salzsäure. Die Mischung stellt man in ein Wasserbad von 17—19° C. Ist kein Erdnußöl vorhanden, so bleibt die Flüssigkeit klar, bei Anwesenheit von Erdnußöl beginnt nach einiger Zeit eine Ausscheidung von Arachinsäure (bei 10 % nach zirka 5 Minuten).
Bull. Soc. Chim. Paris (3) 23. 358.
Pharm. Zentrh. 1901. 475.
Ztschr. f. analyt. Chem. 42. 540.

**Bellier's** Reaktion auf Magnesium siehe Schlagdenhauffen's Reaktion.

**Bellier's** Reaktion auf Verfälschungen im Nußöl siehe:
Annal. Chim. analyt. appl. 1905. 52.
Oil, Paint and Drug. Rep. 17. Nr. 6.
Chem. Review 1905. 191.
Apoth. Ztg. 1905. 608.
Chem. Zentralbl. 1905. I. 965.
Balavoine, Chem. Zentralbl. 1906. I. 1677.

**Bellier's** Reaktion auf Sesamöl (Vanadinreaktion).
Man löst 2 g Ammoniumvanadat in 50 ccm Wasser und 100 ccm Schwefelsäure. Schüttelt man Sesamöl mit diesem Reagens, so entsteht sofort eine grüne Färbung, die allmählich in Grünschwarz übergeht. Andere Öle geben erst später eine schwärzliche Färbung.
Répert. de Pharm. 1899. 437.
Annal. Chim. analyt. appl. 1899. 217.

**Bellier's** Reagenzien auf Sesamöl.
1. Man mischt 100 ccm Schwefelsäure mit 50 ccm Wasser und 10 ccm Formaldehyd (40 %). — Schüttelt man gleiche Teile des zu prüfenden Öles und Reagenzes, so entsteht bei Anwesenheit von Sesamöl eine graue bis blauschwarze Emulsion (bei 2 % Sesamöl noch eine tiefgraue Färbung).
2. Schüttelt man 2 ccm Öl mit 2 ccm resorcingesättigtem Benzol und 2 ccm Salpetersäure (D. = 1,38), so entsteht bei Anwesenheit von Sesamöl eine violettblaue Mischung. Die sich abscheidende Säure ist blaugrün gefärbt. Letztere Färbung ist charakteristisch für Sesamöl.
3. (Modifikation von Behrens' Reagens) ist eine Mischung von 100 ccm konzentr. Schwefelsäure, 50 ccm Wasser und 10 ccm Salpetersäure. Gleiche Teile Öl und Reagens geben beim Schütteln eine Grünfärbung.
Répert. de Pharm. 1899. 436.
Chem. Ztg. 1899. Rep. 263.
Annal. chim. analyt. appl. 1899. 217.
Chem. Zentralbl. 1899. II. 453.
Kreis, Chem. Ztg. 1902. 897.
Utz, Südd. Apoth. Ztg. 1903. 438.
Soltsien, Chem. Zentralbl. 1908. I. 770.
Olig-Brust, Ztschr. Unters. Nahr.- u. Genuß-M. 1909. 561.

**Bellier's** Reagenzien zur Prüfung des Weizenmehles.
1. Man löst 5 g Kaliumhydroxyd (61 % KOH) in 15 ccm Glycerin und 85 ccm Wasser. — 2. Mischung von 100 ccm der vorherigen Lösung mit 5 ccm Glycerin. — 3. Mischung von Reagens 1 mit Wasser im Verhältnis 1 + 3.
Die verschiedenen Stärkearten verhalten sich gegenüber diesen Reagenzien verschieden in bezug auf ihre Quellungsfähigkeit, womit eine Unterscheidungsmöglichkeit gegeben ist.
Annal. Chim. analyt. appl. 12. 224.
Chem. Zentralbl. 1907. II. 430.

**Belloir-Dubos'** Amylnitritprobe
zur Diagnose der Bradykardie siehe Klinisch-therap. Woch. 1913. 1366.

**Bellost's** Reagens
ist eine mit Salpetersäure angesäuerte Lösung von Mercuronitrat. Nach Hagers' Handb. d. pharm. Praxis 1902. II. 52 besteht der sog. Liquor Bellosti aus 1 g kryst. Mercuronitrat, 2 Tropfen Salpetersäure (25%) und 8,8 g Wasser. Das Reagens ist zum Gebrauch stets frisch zu bereiten. (Es hat früher nur medizinische Anwendung gefunden.) Merck's Ber. 1910. 229.

**Beltzer's** Reagens zur Unterscheidung von natürlichen und künstlichen Faserstoffen
ist Rutheniumoxychlorid-Ammoniak (vergl. Merck's Index 1910, 229) in wässeriger Lösung, welche sich in ihrer färbenden Eigenschaft gegenüber den Faserstoffen verschieden verhält. Näheres siehe: Monit. scientif. 1911. 1. II. 633. — Chem. Zentralbl. 1911. II. 1492.

**Benario's** Formolalkohol für mikroskop. Zwecke
ist eine Mischung von 1 Teil Formaldehyd mit 9 Teilen Wasser und 90 Teilen Alkohol.
Deutsche med. Woch. 1894. 572.
Enzyklop. d. mikroskop. Techn. 1903. 25. 401.

**Benczur's** Reagens zum Färben mikroskop. Präparate
ist eine alkoholische Lösung von Alizarin. Gebraucht zum Färben des Zentralnervensystems.
Enzyklop. d. mikroskop. Techn. 1903. 12.

**Benda's** Reagenzien zum Färben mikroskop. Präparate.

1. a) 1%ige, wässerige Hämatoxylinlösung,
   b) konzentr., wässerige, neutrale Kupferacetatlösung;
   c) Salzsäure 1 : 500.

Vergleiche auch Benda's Eisenhämatoxylin-Säurefuchsin, Ztschr. f. wiss. Mikroskop. 1886. 410 und 1894. 70.

2. a) Eine Lösung von 1 g Safranin in 10 g Alkohol und 90 g Anilinwasser,
   b) eine Lösung von 0,5 g Lichtgrün (oder Säureviolett) in 200 g Alkohol.

Ztschr. f. wiss. Mikroskop. 1891. 516.
Cook, Journ. Anat. Physiol. London 1879. 140.
Lee, Vade Mecum 1. Ed. 1885. 77.
Weigert, Deutsche med. Woch. 1891. 1184.
Flesch, Ztschr. f. wiss. Mikroskop. 1886. 50.
Vassale, ebenda 1891, 518.
Rossi, ebenda 1889. 182.

3. a) Eine Lösung von 4 g Ferriammonsulfat (Eisenalaun) in 100 ccm Wasser,
   b) eine wässerige Lösung von Natrium alizarinsulfonicum. Gebraucht zur Neurogliafärbung.

Vergleiche auch Enzyklop. der mikroskop. Techn. 1903. 1027.

**Benda's** Reagens zum Fixieren mikroskop. Präparate

ist eine kalt gesättigte, wässerige Lösung von Kaliumdichromat, die beim Gebrauch mit 1—3 Volum. Wasser verdünnt wird. Die Organe müssen vorher in verdünnter Salpetersäure 24—48 Stunden mazeriert werden.

Anat. Anzg. 1888. 137.
Eberth-Friedländer, Mikroskop. Technik 1894. 52.

**Benecke's** Anilinölxylol

ist eine Mischung von 2 Teilen Anilin und 3 Teilen Xylol. Gebraucht als Differenzierungsflüssigkeit in der mikroskop. Färbungstechnik.

Verhandlungen der anatom. Gesellsch. Göttingen 1893. 165.
Enzyklop. d. mikroskop. Techn. 1903. 192.

**van Beneden's** Fixierungsflüssigkeit

ist eine Mischung gleicher Teile Alkohol und Eisessig.

Siehe Carnoy's Reagens zum Fixieren.
Behrens' Tabellen 1892. 54.

**van Beneden-Neyt's** Reagens zum Färben mikroskop. Präparate

ist eine 0,25 %ige, wässerige (mit Glycerin versetzte) Lösung von Malachitgrün.

Ztschr. f. wiss. Mikroskop. 1888. 367.

**Benedict's** Reaktion auf Acetate.

Als Reagens benützt man eine mit Schwefelwasserstoff gesättigte Lösung von 20 ccm Norm. Cobaltnitratlösung, die mit Essigsäure angesäuert wurde (20—30 Tropfen). Die zu prüfende, von Schwermetallen befreite Lösung wird mit Natriumkarbonat neutralisiert bezw. schwach alkalisch gemacht, mit überschüssiger Silbernitratlösung versetzt und filtriert. Das neutrale Filtrat wird zur Entfernung des überschüssigen Silbers mit Natriumchlorid versetzt, filtriert und mit Schwefelwasserstoff gesättigt. Gibt man jetzt von obigem Reagens zu, so entsteht ein schwarzer Niederschlag, wenn die zu prüfende Flüssigkeit Essigsäure bezw. Acetate enthält.

Americ. Chem. Journ. 1904. 32. 480.

**Benedict's** Reagens auf Baryum, Strontium und Calcium

ist eine gesättigte, wässerige Lösung von Kaliumjodat. Näheres siehe: Journ. Americ. Chem. Soc. 28. 1596. — Chem. Zentralbl. 1907. I. 67.

**Benedict's** Reagens auf Cyanide

ist eine mit Natronlauge alkalisch gemachte Lösung von Mercuro- oder Mercurinitrat. Es enthält Quecksilberoxydul bezw. Quecksilberoxyd, das von Cyaniden gelöst wird. Cyanide enthaltende Lösungen werden bei der Behandlung mit dem Reagens Quecksilber aufnehmen, was im Filtrat nach dem Ansäuern mittels Schwefelwasserstoff nachgewiesen werden kann. Näheres siehe: Americ. Chem. Journ. 32. 480.

**Benedict's** Reaktion auf Essigsäure siehe:

Americ. Chem. Journ. 32. 480.
Chem. Ztg. 1904. Rep. 386.
Pharm. Zentrh. 1905. 90.
Chem. Zentralbl. 1905. I. 122.

**Benedict's** Reagens auf Glukose.

Man löst 17,3 g kryst. Kupfersulfat, 173 g Natriumcitrat und 100 g wasserfreies Natriumkarbonat mit Wasser zu 1 Liter. Gebr. wie Fehling's Reagens.

Journ. biolog. Chem. 5. 485.
Deutsche med. Woch. 1909. 853.
Chem. Zentralbl. 1909. I. 1439.
Pharm. Ztg. 1912. 46.
Ztschr. f. analyt. Chem. 1910. 54, 1912 267.
Schmidt, Pharm. Zentrh. 1909. 700.

Zur quantitativen Glukosebestimmung gibt Benedict folgendes Reagens an: Man löst 200 g Natriumkarbonat (kryst.), 200 g Natriumcitrat und 125 g Rhodankalium in der ausreichenden Menge Wasser, füllt mit Wasser auf 800 ccm auf, gibt eine Lösung von 18 g Kupfersulfat und schliesslich 5 ccm einer Ferrocyankaliumlösung (5:100) zu. Mit Wasser wird die Mischung auf 1000 ccm gebracht. 25 ccm entsprechen 0,05 g Zucker. Näheres siehe: Journ. Americ. Med. Assoc. 1911. 57. 1193. — Pharm. Zentrh. 1913. 433.

**Benedict's** Reaktion auf Lithium.

10 ccm der zu prüfenden Lösung versetzt man mit etwas Ammoniakflüssigkeit und 1 ccm $^1/_5$ Norm. Natriumphosphat. Die Mischung

versetzt man mit so viel Alkohol, daß ein dicker, bleibender Niederschlag entsteht, und erwärmt dann bis zum Sieden. Bei Anwesenheit von Lithium wird die Mischung klar, da sich das Natriumphosphat in der Hitze im Alkohol löst. War Lithium vorhanden, so bleibt dasselbe als Lithiumphosphat ungelöst.

Americ. Chem. Journ. 1904. 32. 480.
Chem. Zentralbl. 1905. I. 122.

**Benedict's** Reagens auf Mangan, Zink und Cobalt

ist $^{1}/_{10}$ Normal-Kaliumjodatlösung.

Journ. Americ. Chem. Soc. 28. 182.

**Bensley's** Reagens zum Härten mikroskop. Präparate

ist eine Mischung gleicher Teile alkoholischer Sublimatlösung und wässeriger Kaliumdichromatlösung (2 %).

Ztschr. f. wiss. Mikroskop. 1897. 66.
Enzyklop. d. mikroskop. Techn. 1903. 1276.

**Berestneff's** Reagens zum Färben der Hämosporidien.

a) 0,5 %ige Lösung von Methylenblau (med.) in Wasser;

b) 1 %ige, wässerige Lösung von Methylenblau erhitzt man nach Zusatz von 0,3 % Natriumkarbonat 3 Stunden im siedenden Wasserbade und filtriert;

c) 0,5 %ige Lösung von Eosin in Wasser.

Zum Gebrauche mischt man 4 Teile a mit 1 Teil b und gibt zu 5 ccm dieser Mischung 2,25 ccm von Lösung c.

Zentralbl. f. Bakteriologie etc. 34. 296.

**Berg's** Reaktion auf Aldehydzucker

beruht auf der Überführung der Aldehydzucker in Alkoholsäuren durch Bromwasser und deren Nachweis durch Eisenchloridlösung, die mit Alkoholsäuren eine intensive Gelbfärbung hervorruft. Näheres siehe: Bull. Soc. Chim. Paris 1904. 1216. — Ztschr. f. angew. Chem. 1905. 738. — Ztschr. f. analyt. Chem. 1905. 458 und 1907. 200. — Schoorl-Kalmthout, Berl. Ber. 1906. 280.

**Berg's** Reagens

ist eine Lösung von 2 Tropfen Eisenchlorid und 2 Tropfen Salzsäure in 100 ccm Wasser.

Vergl. die vorhergehende Reaktion.

**Bergé's** Reagens auf Lignin (Holzstoff)

ist eine Lösung von 0,2 g p-Nitranilin in 20 g konzentr. Schwefelsäure und 80 g Wasser. Das Reagens färbt holzhaltiges Papier orange bis ziegelrot.

Bull. Soc. Chim. Belgique 1906. 158.
Chem. Zentralbl. 1906. II. 1088.
Merck's Bericht 1906. 198.
Grandmougin, Ztschr. f. Farben- und Textilchemie 1906. 321.
Wheeler, Berl. Ber. 40. 1888.
Ztschr. f. analyt. Chem. 1908. 174.

**Bergell's** Reagens zur Untersuchung des hydrolytischen Zustandes des Fleischeiweißes in Fleischextrakten ist eine ätherische Lösung von $\beta$-Naphthalinsulfochlorid, das beim Schütteln mit Fleischextraktlösungen und Natronlauge unlösliche Niederschläge verursacht. Näheres siehe: Ztschr. f. physiol. Chem. 89. 465.

**Bergh's** Reagens zum Färben mikroskop. Präparate

ist eine Lösung von 1 g Silbernitrat in 200 ccm 0,5 %iger Salpetersäure. Gebraucht zur Untersuchung des Systems der Blutgefäße.

Anat. Hefte 1899. 381.
Enzyklop. d. mikroskop. Techn. 1903. 1260, 1351.
Ztschr. f. wiss. Mikroskop. 1900. 466.

**Bergonzini's** Reagens zum Färben mikroskop. Präparate.

a) Eine Lösung von 0,2 g Säurefuchsin in 100 ccm Wasser,

b) eine Lösung von 0,4 g Methylgrün in 200 ccm Wasser,

c) eine Lösung von 0,4 g Goldorange in 200 ccm Wasser.

Die 3 Lösungen werden gemischt und durch Baumwolle filtriert. Das Reagens färbt das fibröse Bindegewebe und die elastischen Fasern rosa- bis purpurrot, die roten Blutkörperchen orangerot, die weißen Blutkörperchen rotbraun, die Muskelfasern und Nervenfasern dunkelgelb, die Kerne grün etc.

Anat. Anzg. 1891. 595.
Ztschr. f. wiss. Mikroskop. 1892. 95.
Eberth-Friedländer, Mikroskop. Techn. 1894. 163.
Enzyklop. d. mikroskop. Techn. 1903. 464.

**Beringer's** Reaktion auf Acetanilid in Phenacetin.

0,1 g Phenacetin kocht man 1 Minute lang mit 3 ccm Natronlauge (50 %) und schüttelt die Reaktionsflüssigkeit nach dem Erkalten mit 5 ccm chlorhaltiger Sodalösung. Ist das Präparat rein, so erhält man eine klare, gelbe Flüssigkeit. Rote bis braunrote Färbung oder Fällung zeigt Acetanilid an.

Pharm. Zentralh. 1903. 896.
Chem. Ztg. 1903. 896.
Pharm. Praxis 1904. 61.

**Beringer's** Reaktion auf Antipyrin.

Kocht man etwas Antipyrin mit Eau de Javelle, so verschwindet der Chlorgeruch und es tritt ein Geruch nach Bittermandelöl auf. Schüttelt man Chlorwasser und Antipyrin, so verschwindet der Chlorgeruch und es entsteht ein weißer Niederschlag.

Americ. Journ. Pharm. 1903. 435.

**Beringer's** Reaktion auf Salophen.

Kocht man 0,1 g Salophen eine Minute lang mit 2 ccm Natronlauge (1:2), läßt erkalten und gibt 5 ccm Eau de Javelle zu, so entsteht sofort eine leuchtend tiefgrüne Färbung, die nach einiger Zeit in Mahagonibraun übergeht. Gibt man zu der grünen oder braunen Mischung einen Überschuß von konzentr. Salzsäure, so schlägt die Farbe in Scharlachrot um, allmählich bis orangerot erblassend.

Americ. Journ. Pharm. 1903. 435.
Ztschr. d. öster. Apoth. Ver. 1903. 1071.
Ztschr. f. analyt. Chem. 1907. 808.

**Berkley's** Reagens zum Färben mikroskop. Präparate.

1. a) Eine gesättigte, wässerige Lösung von Pikrinsäure, mit einem gleichen Volumen Wasser verdünnt;

b) eine im Sonnenlicht gesättigte, wässerige Lösung von Kaliumdichromat, der man auf 100 ccm noch 16 ccm 2 %ige Osmiumsäurelösung zugibt;

c) 0,25 und 0,75 %ige, wässerige Silbernitratlösung.

Anat. Anzg. 1893. 769.

2. a) Gesättigte, wässerige Lösung von Kupferacetat;

b) Zu einer Mischung von 2 ccm gesättigter, wässeriger Lithiumkarbonatlösung mit 50 ccm Wasser gibt man 1,5—2 ccm 10 %ige, alkoholische Hämatoxylinlösung;

c) Weigert's Boraxblutlaugensalzlösung.

John Hopkins Hospital Bulletin 1891, No. 13.
Neurolog. Zentralbl. 11. 270.

3. a) 100 ccm 3 %ige Kaliumdichromatlösung und 30 ccm 1 %ige Osmiumsäurelösung;

b) 2 Tropfen 10 %ige Phosphormolybdänsäure und 60 ccm 1 %ige Silbernitratlösung.

John Hopkins Hospital Bulletin 1897. 1.
Journ. Microscop. Soc. 1898. II. 242.
Ztschr. f. wiss. Mikroskop. 1899. 94.

**Berl-Delpy's** Reaktion auf Blausäure ist eine modifizierte Berlinerblau-Reaktion, die zur kolorimetrischen Bestimmung kleiner Blausäuremengen dient. Näheres siehe: Berl. Ber. 1910. 43. 1430. — Ztschr. f. analyt. Chem. 1911. 525. — Walden, The Analyst 36. 266.

**Bernard's** Reagens zum Mazerieren mikroskop. Präparate.

1. Man löst 0,01 g Chromsäure und 5 g Eisessig in 210 ccm Wasser und gibt 10 g Alkohol (90 %) und 5 g Glycerin zu.
2. Dieselbe Mischung ohne Chromsäure.
3. Eine Lösung von Rutheniumsesquichlorid in Konzentrationen von orangegelber bis hellroter Färbung.

Annal. scienc. nat. zoolog. 1890. 173.
Enzyklop. d. mikroskop. Techn. 1903. 759. 768.

**Bernbeck's** Reaktion auf teerige Stoffe in Ammoniak (Salmiakgeist).

Schichtet man Ammoniak über rohe Salpetersäure, so entsteht bei Anwesenheit von Teerstoffen ein roter Ring.

Ztschr. f. analyt. Chem. 30. 104; 42. 465.
Pharm. Ztg. 35. 446.

**Bernède's** Reaktion auf Teerfarbstoffe im Wein.

Zum Nachweis von Fuchsin und Gentianaviolett dient eine Mischung von 12 g (durch $^1/_{10}$ Vol. Alkohol) verflüssigtem Phenol und 60 g Äther. Schüttelt man 10 ccm Wein mit 5 ccm Reagens, so färbt sich die ätherische Schicht bei Anwesenheit von Fuchsin rot, von Violett rotviolett. Empfindlichkeitsgrenze bei Fuchsin = 1:10 000 Liter, bei Violett = 1:1000 Liter Wein.

Journ. de Pharm. et de Chim. (5) 15. 29.

**Bernhardt's** Indikator zur Bestimmung des titrierbaren Alkalis im Blut

ist ein Gemisch von 2 Teilen einer 1 %igen, wässerigen Alizarinsulfazidlösung und 1 Teil einer 1 %igen, wässerigen Indigokarminlösung. Bei saurer und neutraler Reaktion dunkelgrün, bei alkalischer Reaktion rotviolett.

Wiener klin. Woch. 1911. No. 17.
Münchener med. Woch. 1911. 1028.
Deutsche med. Woch. 1911. 898.

**Bernheim's** Reagens zum Färben mikroskop. Präparate.

a) 1—2 %ige Essigsäure, die auf 10 ccm einen Zusatz von 4 Tropfen Ameisensäure (25 %) erhält;

b) 1—1,5 %ige, wässerige Goldchloridlösung;

c) eine Mischung von 2,5 g Ameisensäure und 7,5 g Wasser, in der man ein Kryställchen Natriumbisulfit löst.

Archiv f. Anat. u. Physiol. 1892. Suppl. 29.

**Bernouilly's** Reaktion auf Alkohol in äther. Ölen.

Schüttelt man ein ätherisches Öl mit trokkenem Kaliumacetat, so wird letzteres bei Anwesenheit von Alkohol feucht oder flüssig.

Merck's Report 1900. 164.
Vergl. Barbier's Reaktion.

**Bernstein's** Reaktion auf gekochte und ungekochte Milch.

Man mischt 50 ccm Milch mit 4,5 ccm Normal-Essigsäure und filtriert. Erhitzt man das klare Filtrat, so entsteht eine reichliche Abscheidung von Laktalbumin, wenn die Milch gar nicht oder nur kurze Zeit auf Temperaturen unter 70° C. erhitzt war.

Ztschr. f. Fleisch- u. Milchhygiene 1900. 135.
Ztschr. f. diätet. u. physiol. Therapie 4. 603.
Ztschr. f. analyt. Chem. 41. 579.
Vergl. Rubner's u. Soxhlet's Reaktion.

**Berthelot's** Reaktion auf Äthylalkohol.

Gibt man zu einer Alkohol enthaltenden Flüssigkeit einige Tropfen Benzoylchlorid, schüttelt gut durch und setzt dann Natronlauge zu, bis der Geruch des Benzoylchlorids verschwunden ist, so tritt der charakteristische Geruch des Benzoesäureäthylesters hervor. Alkohol läßt sich so noch 1:1000 nachweisen.

Compt. rend. 73. 496.
Ztschr. f. analyt. Chem. 11. 93.
Chem. Zentralbl. 1871. 584.

**Berthelot**'s Reaktion auf Äthylalkohol in Methylalkohol
beruht auf der Bildung von Methyläther beim Behandeln des Untersuchungsobjektes mit dem doppelten Volumen konzentr. Schwefelsäure, während aus Äthylalkohol Äthylen entsteht, das durch Brom gebunden und bestimmt werden kann. Näheres siehe: Journ. de Pharm. et de Chim. **21.** 468. — Ztschr. f. analyt. Chem. **15.** 342. — Chem. Zentralbl. 1875. 409; 1877. 72.

**Berthelot**'s Reagens auf Äthylperoxyd oder Wasserstoffsuperoxyd in Äther
ist Bleiammoniumjodid (Mosnier's Reagens), das den Äther bei Anwesenheit von genannten Stoffen unter Jodabscheidung gelb färbt.
Compt. rend. **92.** 895.
Ztschr. f. analyt. Chem. **38.** 252.

**Berthelot**'s Reagens auf Kohlenoxyd in der Luft.
Eine verdünnte, wässerige Lösung von Silbernitrat versetzt man so lange tropfenweise mit Ammoniak, bis der anfangs entstandene Niederschlag sich wieder gelöst hat. Leitet man in dieses Reagens Kohlenoxyd ein, so entsteht in der Kälte eine Braunfärbung, beim Erhitzen ein schwarzer Niederschlag. Auf diese Art lassen sich Spuren von Kohlenoxyd in Luft nachweisen.
Compt. rend. **112.** 597.
Ztschr. f. analyt. Chem. **34.** 95.

**Berthelot**'s Reagens auf Phenol
ist eine Lösung von Chlorkalk in Wasser (1:20). Übersättigt man eine Phenollösung mit Ammoniak und gibt etwas Reagens zu, so färbt sich die Mischung blau.
Chem. Zentralbl. 1859. 463.
Vergleiche Cotton's u. Jacquemin's Reaktion.
Raschig, Ztschr. f. angew. Chem. 1907. 2069.

**Bertrand**'s Reagens auf Alkaloide
ist Siliciumwolframsäure, welche mit Alkaloiden unlösliche Niederschläge gibt. Die Empfindlichkeitsgrenze liegt bei verschiedenen Alkaloiden bei 1:8000 bis 1:500000.
Compt. rend. **128.** 742.
Bull. Soc. Chim. Paris (3) **21.** 434.
Chem. Ztg. 1899. 287.
Pharm. Zentrh. 1899. 252.
Ztschr. f. analyt. Chem. **42.** 527.
Merck's Bericht 1899. 27.

**Bertrand**'s Reagenzien zur Glukosebestimmung.
a) Liqueur cuivrique: Wässerige Lösung von Kupfersulfat, 40 g im Liter enthaltend.
b) Liqueur alcaline: 200 g Seignettesalz und 150 g Natriumhydroxyd im Liter.
c) Liqueur ferrique: 50 g Ferrisulfat und 200 g Schwefelsäure im Liter.
d) Liqueur permanganique: 5 g Kaliumpermanganat im Liter.

Die Methode beruht darauf, daß das beim Kochen mit der alkalischen Kupferlösung (a + b) durch Glukose gebildete Kupferoxydul mit Ferrisulfat behandelt und das hierbei entstandene Ferrosulfat mittels Kaliumpermanganat titriert wird. Näheres siehe: Bull. Soc. Chim. Franc. 1906. **35.** 1285. — Rosenblatt, Biochem. Ztschr. 1912. **43.** 478. — Kowarsky, Deutsche med. Woch. 1913. 1635. Merck's Bericht 1913. — Sonntag, Biochem. Ztschr. 1913. **53.** 501. — Funk, Ztschr. f. physiol. Chem. **56.** 507.

**Bertrand-Javillier**'s Reaktion auf Zink.
Zu der Zinklösung gibt man Ammoniakfl. im Überschuß und eine genügende Menge Calciumhydrat. Die filtrierte Mischung wird zum Sieden erhitzt. Ist Zink vorhanden, so bildet sich ein krystallinischer Niederschlag von Calciumzinkat. Empfindlichkeitsgrenze = 1:5 Millionen.
Pharm. Journ. 1907. 557.
Compt. rend. 1906. II. 900.
Chem. Zentralbl. 1907. I. 424.

**Bertsch**'s Reaktion auf Vinylalkohol in Äther.
Schüttelt man Äther mit Quecksilberoxychlorid, so entsteht bei Anwesenheit von Vinylalkohol ein weißer Niederschlag, der durch Kalilauge in ein schwarzes (explosives) Pulver übergeführt werden kann.
Apoth. u. Drogist 1893. Nr. 12.

**Berzelius**' Reaktion auf Arsen.
Leitet man Wasserstoff durch eine rotglühende Röhre, in der sich Schwefelarsen (Sulfoarsenit) befindet, so erhält man einen Arsenspiegel wie bei dem Marsh'schen Verfahren. Näheres siehe: Poggend. Annal. **42.** 159. — Liebig's Annal. 25. 239. — Dragendorff, Ermittel. v. Giften 1888. 384.

**Berzelius**' Reagens auf Eiweiß
ist Metaphosphorsäure.
Vergleiche Hindenlang's Reagens.

**Besta**'s Reagens zum Färben mikroskop. Präparate.
a) Eine Lösung von 4 g Stanni-Ammoniumchlorid in 100 ccm Wasser und 25 ccm Formaldehyd (40 %).
b) Eine Mischung von 25 ccm Hämatoxylinlösung (1 %) mit 25 ccm Ammonmolybdatlösung (4 %) und 3 Tropfen Eisessig.
Neurol. Zentralbl. 1906. 174.

**Besta**'s Reagens zum Härten mikroskopischer Präparate
ist eine Mischung von 20 g Formaldehyd (40 %), 2 g Acetaldehyd (puriss. Merck) und 80 g Wasser.
Anatomischer Anzeiger 1910. **36.** 476.
Ztschr. f. wiss. Mikroskop. 1911. **28.** 106.

**Best**'s Reagens zum Färben mikroskop. Präparate
ist eine Lösung von 1 g Carmin, 2 g Ammoniumchlorid und 0,5 g Lithiumkarbonat in 50 g Wasser. Gebraucht zur Glykogenfärbung. Näheres siehe: Beiträge zur pathol. Anat. 1903. 585. — Ztschr. f. wiss. Mikroskop. 1903. 359. — Enzyklop. d. mikroskop. Techn. 1903. 445. Fränkel, Virchow's Arch. 1911. **204.** 197.

**Bethe**'s Reagens zum Färben mikroskop. Präparate.

a) Eine Lösung von 10 g Anilinchlorhydrat in 100 ccm Wasser und 10 Tropfen Salzsäure;

b) eine 10 %ige, wässerige Lösung von Kaliumdichromat. Gebraucht zum Färben von Chitin etc. Die färbende Kraft des Reagenzes beruht auf der Umwandlung des Anilins in Anilinschwarz durch Chromsäure.

Zoolog. Anzg. **1895. 544.**
Ztschr. f. wiss. Mikroskop. 1895. 498; 1910. 16.

**Bethe**'s Reagens zum Fixieren für Methylenblaufärbung.

1. Man löst 1 g Ammonmolybdat in 10 ccm Wasser, gibt 1 g Wasserstoffsuperoxyd und dann 1 Tropfen Salzsäure zu.
2. Man löst 1 g Ammonmolybdat in 10 ccm Wasser und gibt 0,5 g Wasserstoffsuperoxyd zu.

1 wird für Wirbeltiere, 2 für wirbellose Tiere empfohlen.

Arch. f. mikroskop. Anat. 1895. 579.
Ztschr. f. wiss. Mikroskop. 1895. 230.
Enzyklop. d. mikroskop. Techn. 1903. 823.

**Bettel**'s Reaktion auf Molybdän.

Eine schwach ammoniakalisch gemachte Lösung von Molybdänsäure wird durch Wasserstoffsuperoxyd rotbraun gefärbt.

Chem. News **97.** 40.
Chem. Zentralbl. 1908. I. 766.

**Bettendorf**'s Reagens auf Arsen

ist eine konzentr. Lösung von Zinnchlorür in rauchender Salzsäure. Mit diesem Reagens lassen sich noch Spuren Arsen nachweisen. Arsenhaltige, farblose Lösungen geben je nach der vorhandenen Arsenmenge in der Kälte oder beim Erwärmen eine bräunliche Färbung bis zu einem braunen Niederschlag (von metall. As.).

Ztschr. f. Chem. **5.** 492.
Ztschr. f. analyt. Chem. **9.** 105.

Über Empfindlichkeit des Reagenzes siehe:

Curtmann, Pharm. Rundschau **12.** 155.
Chem. Ztg. **18.** Rep. 195.
Ztschr. f. analyt. Chem. **36.** 245.
Flückiger, Apoth. Ztg. 1889. 726.
Moberger, Pharm. Zentrh. 1896. 199.
Geisler, Pharm. Zentrh. 1895. 591.
Dietze, Pharm. Zentrh. 1897. 209.
Enell, Ztschr. f. analyt. Chem. **39.** 45.
Frerichs, ebenda.
Ferraro-Carobbio, Chem. Zentralbl. 1906. I. 398.
Lobello, ebenda 1905. II. 571.
Goldschmidt, Ztschr. d. österr. Apoth. Ver. **45.** 375.
Gadamer, Apoth. Ztg. 1907. 566.
Ferraro-Carobbio, Boll. Chim. Farm. **48. 96.**
Covelli, ebenda **47.** 635. — Carlson, Chem. Zentralbl. 1907. I. 191.
Vanino, Arch. d. Pharm. **252.** 381.
Pagniello, Boll. Chim. Farm. **53.** 689. — Chem. Zentralbl. 1915. I. 505.

**Betti**'s Reagens zur Unterscheidung von Aldosen und Ketosen

ist α-Amidobenzyl-β-Naphthol, das mit Aldosen krystallinische Verbindungen eingeht, nicht aber mit Ketosen. Näheres siehe: Gazzetta chim. ital. **42.** I. 288. — Journ. Chem. Soc. **102.** II. 498. — Ztschr. f. analyt. Chem. 1913. **52.** 778.

**Bettink**'s Reaktion auf Mannit

beruht auf der Reduktion von Fehling's Reagens durch das Reaktionsprodukt von Mannit und Chromsäure (d-Mannose). Näheres siehe: Neederl. Tijdschr. Pharm. 1901. 321. — Chem. Zentralbl. 1901. II. 1320. — Ztschr. f. analyt. Chem. **42.** 58. — Journ. of the Chem. Soc. **82.** II. 235.

**Bettink** siehe auch **Wefers Bettink.**

**Betts**' Reaktion auf Mangan

beruht auf der Grünfärbung einer erhitzten Natriumkarbonatpaste beim Aufstreuen von Kaliumchloratpulver, wenn Mangan vorhanden. Näheres siehe: Curtman-John, Journ. Americ. Chem. Soc. 1912. **34.** 1675. — Chem. Ztg. 1913. Rep. 185.

**Betz**' Ammoniak-Carmin.

Man bereitet eine konzentr. Lösung von Carmin in Wasser und Ammoniak, filtriert dieselbe und stellt sie in einer offenen, grünen Flasche ins Sonnenlicht. Der hierbei entstandene Niederschlag wird abfiltriert und das Filtrat abermals der Luft und dem Lichte ausgesetzt, bis kein Niederschlag mehr entsteht.

Merck's Report. 1900. 164.
Arch. f. mikroskop. Anat. 1873. 112.

**Beyerinck**'s Reagens auf Indikan in Pflanzenzellen

ist Isatinsalzsäure. (Siehe Bouma's Reagens.)
Verslag Kon. Akad. v. Wetensch. Amsterdam 1900. 579.

**Beyerinck**'s Reagens zur Trennung von Mineralgemischen

ist eine gesättigte Lösung von Jodoform in Bromoform mit dem spez. Gew. 2,97.

Chem. Ztg. **21.** 853.
Ztschr. f. analyt. Chem. **39.** 167.

**Beythien-Friedrich**'s Reaktion auf Saccharose in Milchzucker.

Versetzt man 10 ccm einer 5—6 %igen Milchzuckerlösung mit 10 ccm verdünnter Salzsäure (1 : 10) und 0,5 g gepulvertem Ammonmolybdat und erhitzt auf dem Wasserbade allmählich auf 60—70° C., so entsteht bei Gegenwart von Saccharose eine deutliche blaue Färbung. Empfindlichkeitsgrenze = 2 %.

Pharm. Zentrh. 1907. 43.

**Bial**'s Reagens auf Pentosen im Harn.

(Pentosereagens.) Man löst 1—1,5 g Orcin in 500 g Salzsäure (30 %) und gibt 25—30 Tropfen Eisenchloridlösung (10 %) zu. — 5 ccm Reagens erwärmt man auf freier Flamme zum

Sieden, nimmt das Reagenzglas vom Feuer weg und gibt einige Tropfen (höchstens 1 ccm) Harn zu. Bei Anwesenheit von Pentose entsteht ein grüner Farbstoff, der sich durch Amylalkohol ausschütteln läßt.

Vergl. Tollens' Reaktion u. Salkowski's Reaktion.
Deutsche med. Woch. 1902. 253.
Pharm. Zentrh. 1902. 292.
Pharm. Ztg. 1902. 826.
Biochem. Ztschr. 3. 323.
Kraft, Chem. Ztg. 1902. Rep. 297.
Brat, Zentralbl. f. Bakteriol. 33. 404.
Pharm. Zentrh. 1903. 479.
Jolles, Südd. Apoth. Ztg. 1907. 586.
Apoth. Ztg. 1903. 467.
Pharm. Praxis 1903. 294.
Chem. Zentralbl. 1903. II. 1021.
Merck's Bericht 1903. 142.
Münchener med. Woch. 1903. 2110.
Deutsche med. Woch. 1903. 477.
Schweissinger, Münchener med. Woch. 1904. 1172.
Jolles, Chem. Ztg. 1905. 1028, Pharm. Zentrh. 1909. 837.
Leersum, Chem. Zentralbl. 1904. II. 672.
Kraft, Apoth. Ztg. 1906. 611.
Sachs, Biochem. Ztschr. 1906. 383.
Levene-Mandel, Ztschr. f. physiol. Chem. 47. 140.
Lefèvre-Tollens, Berl. Ber. 40. 4513.
Linnert, Biochem. Ztschr. 26. 41.
Pieraerts, Chem. Zentralbl. 1908. II. 1209.

**Bianchi-Nola's** Reaktion auf Nickel.

Man befeuchtet die zu prüfende Substanz mit Salzsäure oder Salpetersäure und bringt sie dann auf Filtrierpapier, auf dem sich die gebildete Lösung verteilt. Bringt man hierauf einen Tropfen alkoholische Dimethylglyoximlösung, so entsteht bei Anwesenheit von Nickel sofort eine rote Färbung.

Bollett. Chim. Farm. 1910. 517.
Chem. Zentralbl. 1910. II. 913.

**Lo Bianco's** Reagenzien zum Konservieren mikroskop. Präparate.

1. Lösung von 1 g Chromsäure in 100 ccm Wasser und 100 ccm Alkohol (70 %).
2. Lösung von 10 ccm Salpetersäure in 200 ccm 50 %igem Alkohol.
3. Mischung von 2,5 ccm Jodtinktur mit 35 ccm Alkohol und 65 ccm Wasser.
4. Lösung von 0,1 g Chromsäure in 10 ccm Wasser und 100 ccm Essigsäure.
5. Lösung von 1 g Chromsäure in 5 ccm Essigsäure und 100 ccm Wasser.
6. Lösung von 0,02 g Osmiumsäure und 1 g Chromsäure in 100 ccm Wasser.
7. Lösung von 7 g Quecksilberchlorid in 100 ccm Wasser und 50 ccm Essigsäure.
8. Lösung von 7 g Quecksilberchlorid und 0,5 g Chromsäure in 150 ccm Wasser.
9. Lösung von 0,7 g Quecksilberchlorid und 10 g Kupfersulfat in 100 ccm Wasser.

Mitteilgn. d. zoolog. Stat. Neapel 1890. 435.
Ztschr. f. wiss. Mikroskop. 1891. 54.
Behrens' Tabellen 1892. 62. 63.
Enzyklop. d. mikroskop. Techn. 1903. 137. 138. 1276.

**Bie's** Reagens zum Färben von Harnsedimenten ist eine Lösung von 0,04 g Krystallviolett in 95 ccm Wasser und 5 ccm Eisessig.

Ugeskrift f. Laeger 1912. No. 26.
Zentralbl. f. innere Med. 1912. 985.
Münchener med. Woch. 1912. 2584.

**Bieber's** Reagens zur Prüfung des Mandelöls.

Man mischt gleiche Teile Wasser, konzentr. Schwefelsäure und rauchende rote Salpetersäure und läßt erkalten. 5 Teile Mandelöl schüttelt man mit 1 Teil Reagens. Reines Mandelöl gibt ein schwach gelblichweißes Liniment, andere Öle erkennt man an Färbungen, so das Pfirsichkernöl an einer pfirsichblütroten — orangegelben, das Sesamöl an einer gelbroten Färbung etc. Näheres siehe: Ztschr. f. analyt. Chem. 17. 265. — Pharm. Zentrh. 1877. 315. — Chem. Zentralbl. 1878. 14. — Fendler, Ztschr. Unters. Nahr. Gen. Mittel 19. 369. — Idmann, Apoth. Ztg. 1910. 114.

**Biehringer-Busch'** Reaktion auf o- und p-Toluidin

beruht auf einer Farbenerscheinung beim Kochen der salzsauren Lösung genannter Stoffe mit Eisenchlorid: para-T. = bordeauxrote Färbung, ortho-T. = blaue Flocken. Näheres siehe: Chem. Ztg. 1902. 1128. — Chem. Zentralbl. 1903. I. 96.

**Biel's** Reaktion auf Cocaïn.

Man löst 0,03 g Cocaïn in 1 ccm konzentr. Schwefelsäure und erhitzt die Lösung 1—2 Minuten in siedendem Wasser. Verdünnt man das Reaktionsgemisch nach dem Erkalten mit 3 ccm Wasser, so scheiden sich innerhalb $^1/_2$ Stunde Krystalle von Benzoesäure ab und es tritt der Geruch nach Benzoesäuremethylester auf.

Pharm. Ztg. 31. 132.
Chem. Ztg. 1886. Rep. 72.
Ztschr. f. analyt. Chem. 25. 452.
Vergleiche Deutsch. Arzneibuch V. 121.

**Biel's** Reaktion auf Pikrinsäure in Jodoform.

Schüttelt man Jodoform mit Wasser, so färbt sich letzteres bei Anwesenheit von Pikrinsäure gelb, das Filtrat auf Zusatz von Cyankalium nach einiger Zeit braunrot. Näheres siehe: Pharm. Zentrh. 1884. 568.

**Biffi's** Reaktion auf Gallenfarbstoffe ist Tuz' Reaktion.

Gazz. degli ospedali 1901. No. 18.
Wiener klin. Woch. 1908. 895.

**Bignami's** Reagens zum Fixieren mikroskop. Präparate

ist eine Lösung von 1 g Quecksilberchlorid 0,75 g Chlornatrium und 1 g Eisessig in 100 ccm Wasser.

Zentralbl. f. Pathol. 1891. 137.
Eberth - Friedländer, Mikroskop. Techn. 1894. 228.

**Billmann**'s Reagens auf Kalium
ist eine Lösung von 0,5 g Natriumcobaltnitrit in 2—3 ccm Wasser.
Ztschr. f. analyt. Chem. 39. 284.
Vergleiche Koninck's u. Fischer's Reagens.

**Bilinski**'s Reagens zur Glukosebestimmung
ist Fehling's Reagens, das unter Mitbenützung von Urannitratlösung verwendet wird. Näheres siehe: Monatsh. f. Chem. 1905. 133. — Merck's Bericht 1905. 223.

**Bill**'s Reaktion auf Cinchonin.
Lösungen von neutralen Cinchoninsalzen geben mit Ferrocyankaliumlösung einen gelben, krystallinischen Niederschlag.
Journ. f. prakt. Chem. 75. 484.
Ztschr. f. analyt. Chem. 1. 89.
Chem. Zentralbl. 1859. 464.

**Bill-Seligsohn** siehe **Bill**'s Reaktion auf Cinchonin.

**Billet**'s Reagens zum Färben mikroskop. Präparate
ist eine Lösung von sog. Bleu-carbonaté, die dem Reagens von Romanowsky bezw. Giemsa zugesetzt wird. Diese Lösung wird durch 3-stündiges Erhitzen einer 1 %igen Methylenblaulösung mit 0,3 %iger Natriumkarbonatlösung hergestellt.
Compt. rend. biol. 1906. 753.
Ztschr. f. wiss. Mikroskop. 24. 432.

**Billon**'s Reaktion auf Ceylon-Zimtöl.
Schüttelt man 1 Tropfen Ceylon-Zimtöl mit 10 ccm Wasser, filtriert durch ein angefeuchtetes Filter und gibt zum Filtrat einige Tropfen Kaliumarsenitlösung (Fowler'sche Lösung), so entsteht eine grüngelbe Färbung. Chinesisches Zimtöl gibt diese Reaktion nicht.
Bull. Scienc. Pharmacol. 1903. Nr. 1.
Pharm. Ztg. 1903. 185.
Südd. Apoth. Ztg. 1903. 548.
Nach S c h i m m e l ist gerade das Gegenteil der Fall.
Vergleiche Pharm. Zentrh. 1904. 356.

**Biltz**' Reaktion auf Glukose.
Eine gesättigte Kochsalzlösung färbt man mit etwas Fehling's Lösung bläulich, erhitzt zum Kochen und schichtet die zu prüfende Flüssigkeit darüber. An der Berührungsstelle läßt sich die rote Farbenreaktion scharf erkennen.
Pharm. Zentrh. 17. 395.
Ztschr. f. analyt. Chem. 16. 247.

**Biltz**' Reagens auf Natriumkarbonat in Bikarbonat
ist wässerige Quecksilberchloridlösung (1:20). 2 g Natriumbikarbonat löst man unter leichtem Umschwenken (ohne zu schütteln) in 30 ccm Wasser. Diese Lösung gibt man in 5 g Reagens. Erscheint innerhalb 3 Minuten nur eine weißliche Opaleszenz, so enthält das Bikarbonat höchstens 4 % Monokarbonat, tritt aber eine rötliche bis bräunliche Trübung (oder Niederschlag) ein, so ist der Gehalt an Monokarbonat höher.
Archiv der Pharm. 140. 193.
Ztschr. f. analyt. Chem. 9. 527.

**Biltz**' Reaktionen auf Ureabromin
sind die Reaktionen des Calciumbromids und des Harnstoffs. Näheres siehe: Pharm. Zentrh. 1912. 246.

**Biltz**' Reagens auf Wasser
ist Filtrierpapier, das mit einer Lösung von Kaliumbleijodid in Aceton getränkt und getrocknet wurde. Wasser (Feuchtigkeit) färbt dasselbe tiefgelb. (Abscheidung von Jodblei.)
Berl. Ber. 1907. 2182.
Chem. Ztg. 1907. Rep. 329.
Journ. de Pharm. et de Chim. (6). 26. 119.
Vergl. Huxley-Brook's Reagens.

**Biltz-Mecklenburg**'s Reaktion auf Zirkon.
Säuert man eine zirkoniumhaltige Lösung mit Salpetersäure oder Salzsäure stark an, fügt einige Tropfen Natriumphosphatlösung hinzu und erwärmt, so fällt ein weißes Hydrogel, das Zirkon und Phosphorsäure enthält. Anwesenheit von Schwefelsäure verlangsamt den Eintritt der Reaktion.
Ztschr. f. angew. Chem. 1912. 25. 2110.

**Binda**'s Reaktion auf Phosphor
beruht auf Phosphoreszenzerscheinungen, wenn phosphorhaltiges Material auf erwärmte Glasplatten ausgestrichen wird. Vergl. Filippi-Oberto, Arch. Farmacol. Speriment. 1909. 8. 211. — Chem. Zentralbl. 1909. II. 1078.

**Binder**'s Reaktion auf Salpetersäure im Wasser.
(Modifikation von Trommsdorf's Reaktion auf salpetrige Säure.) 30 ccm Wasser schüttelt man mit sehr wenig Zinkstaub (eine Stahlfederspitze voll), gibt einige Tropfen verdünnte Schwefelsäure zu und schüttelt abermals. Fügt man dann etwas Jodkaliumstärkekleister zu, so entsteht bei Anwesenheit von Salpetersäure (bezw. salpetriger Säure) sofort oder nach einiger Zeit eine Blaufärbung.
2 mg $N_2O_5$ in 1 Liter Wasser geben nach einigen Minuten noch starke Blaufärbung.
Ztschr. f. analyt. Chem. 26. 605.
Pharm. Ztg. 51. 765.

**Binder-Weinland**'s Reagens auf Sauerstoff.
Eine Lösung von oxydfreiem Ferro-Ammoniumsulfat und Brenzkatechin, die mit Natronlauge alkalisch gemacht wird. Freier Sauerstoff färbt diese Lösung rot. Näheres siehe: Berl. Ber. 1913. 46. 255. — Merck's Bericht 1913. 160.

**Bindo de Vecchi**'s Reagens zum Einbetten mikroskop. Präparate
ist eine Lösung von Collodiumwolle in Methylalkohol.
Ztschr. f. wiss. Mikroskop. 1906. 312.
Chem. Zentralbl. 1907. I. 190.

**Binz'** Reaktion auf **Digitalin**
ist eine Modifikation von Dragendorff's Reaktion. Eine Lösung von Digitalin in 3 ccm konzentr. Schwefelsäure wird auf Zusatz von 3 Tropfen kalt gesättigtem Bromwasser rosarot bis violettrot gefärbt.
Pharm. Zentrh. 45. 154.
Ztschr. f. analyt. Chem. 45. 143 u. 785.

**Binz'** Reaktionen auf Nitroglycerin siehe:
Apoth. Ztg. 1906. 204.
Südd. Apoth. Ztg. 1906. 170.

**Biondi's** Diazoreaktion des Harns.
(Modifikation von Ehrlich's Reaktion.) Auf Filtrierpapier gibt man 1 Tropfen Harn und einen Tropfen Ammoniak und läßt an einem Glasstabe je einen Tropfen Sulfanilsäurelösung und Natriumnitrit (0,05: 100,0) zusammenfließen, welche Mischung (von Diazobenzolsulfosäure) man dann auf die befeuchtete Papierstelle gibt. Zeigt der Harn die Diazoreaktion, so entsteht ein roter Fleck, wenn nicht, nur eine gelbe Färbung.
Zentralbl. f. innere Medizin 1904. 671.

**Biondi** siehe **Strasburger's Reagens.**

**Biondi-Ehrlich's** Reagens zum Färben mikroskop. Präparate
siehe dessen Modifikation:
Biondi-Heidenhain's Reagens u. Ehrlich-Biondi's Reagens.

**Biondi-Heidenhain's** Triacidgemisch
ist eine Mischung gesättigter, wässeriger Lösungen von Fuchsin S, Orange G und Methylgrün (2: 10: 5). Gebraucht zur Schnittfärbung. Vergleiche Aronsohn' und Ehrlich-Biondi's Reagens.
Das Reagens ist auch in Pulverform gebräuchlich, von dem man nach Rosin 0,4 g in 100 ccm Wasser löst, für Paraffinschnitte und Celloidinschnitte noch 7 bezw. 30 ccm 0,5 %iger Säurefuchsinlösung zugibt (Rosin's Triacidgemisch).
Pflüger's Archiv 1888. 111.
Behrens' Tabellen 1892. 117.
Eberth-Friedländer, Mikroskop. Techn. 1894. 119.
Enzyklop. d. mikroskop. Techn. 1903. 1030.

**Birch-Hirschfeld's** Reagens zum Färben mikroskop. Präparate.
a) Eine Lösung von 2 g Bismarckbraun in 100 ccm Alkohol;
b) eine 0,5 %ige Lösung von Gentianaviolett in Wasser.
Festschr. f. E. L. Wagner, Leipzig. 1887.
Ztschr. f. wiss. Mikroskop. 1888. 255.
Enzyklop. d. mikroskop. Techn. 1903. 39.
Eberth-Friedländer, Mikroskop. Techn. 1894. 169.

**Bischoff's** Butterprobe.
Reine Butter trennt sich beim Schmelzen im Luftbade in eine ölige, klare Schicht und einen mehr oder weniger großen Bodensatz von Nichtfettstoffen. Margarine, Milchzusatz etc. erkennt man an trüber Fettschicht. Näheres siehe: Pharm. Zentrh. 1896. 43.

**Bischoff's** Reaktion auf Gallensäuren
ist eine Modifikation von Pettenkofer's Reaktion: Erwärmt man 1 Tropfen Gallensäurelösung mit einer Spur Rohrzuckerlösung und 1 Tropfen verdünnter Schwefelsäure, so färbt sich die Mischung purpurrot.
Ztschr. f. rat. Mediz. 21. 125.

**Bishop's** Reaktion auf Sesamöl.
Schüttelt man 8 ccm Sesamöl mit 12 ccm Salzsäure (21—22° Bé.), so tritt keine Veränderung ein. Nach einigen Tagen tritt unter Einwirkung von Luft und Licht eine Grünfärbung auf, die nach längerem Stehen intensiver wird. Schließlich scheiden sich blauviolette Flocken ab. Näheres siehe: Journ. de Pharm. et de Chim. 20. 244. — Ztschr. f. analyt. Chem. 29. 724. — Chem. Ztg. 1899. 802. — Répert. de Pharm. 1899. 436. — Kreis, Chem. Ztg. 1902. 1014; 1903. 1030; 1908. 87.

**Bishop-Kreis'** Reaktion auf belichtete Fette und Öle.
Schüttelt man gleiche Volumina belichteter Fette und Öle mit unbelichtetem Sesamöl und Salzsäure (D. = 1,19), so tritt Grünfärbung ein.
Chem. Ztg. 1902. 1014; 1903. 316.
Verhandlungen der naturforsch. Gesellsch. Basel, Bd. XV, Heft 2.

**Bitter's** Reaktion auf freie Kohlensäure im Wasser.
Wasser, das freie Kohlensäure enthält, wird durch Phenolphthalein nicht gefärbt. Schüttelt man oder kocht man es aber nach Zusatz des Indikators, so färbt es sich rot.
Hygien. Rundschau 19. 633.
Apoth. Ztg. 1909. 454.

**Bitter's** Chinablau-Malachitgrün-Agar.
30 g Stangenagar erhitzt man ¾ Stunden lang mit einer Mischung von 1 Liter Fleischwasser und 7 ccm Norm.-Salzsäure, gibt dann 1 % Pepton, 0,5 % Kochsalz und 2 % Milchzucker zu und neutralisiert das Gemisch nach einige Minuten anhaltendem Kochen unter Zuhilfenahme von Lackmus mit Norm.-Natronlauge. Auf 100 ccm dieses Nähragars gibt man 8 Tropfen gesättigte, wässerige Chinablaulösung und 2,5 ccm 0,1 %ige Malachitgrünlösung und sterilisiert. Kolibakterien bilden auf diesem Nährboden lebhaft blaue, Typhus und Paratyphusbakterien farblose, durchscheinende Kolonien.
Münchener med. Woch. 1911. 709.
Merck's Bericht 1911. 358.
Bongartz, Zentralbl. f. Bakt. I. Orig. Bd. 7 228.

**Bitter's** Reagens zur Sporenfärbung.
a) Eine frisch bereitete Mischung von 2 Teilen gesättigter alkoholischer Methylen

blaulösung mit 8 Teilen Wasser und 0,3 ccm 0,5 %iger Kalilauge.

b) Eine Mischung von 1 Teil gesättigter, alkoholischer Safraninlösung mit 4 Teilen Wasser.

Berliner klin. Woch. 1912. 2049.

**Bittó** siehe Béla von Bittó.

**Bizzari's** Reaktion auf Glukose im Harn.

Man tränkt Streifen von weißem Schafwollgewebe mit einer 10 %igen Zinnchloridlösung und trocknet dieselben bei mäßiger Wärme. Läßt man Harn auf solche Streifen tropfen und trocknet bei gelinder Wärme, so werden die betreffenden Stellen dunkel gefärbt, wenn Glukose vorhanden ist.

Gazz. del Farmacista 1884. Nr. 1.
Pharm. Post. 1894. 35.
Vergleiche Maumené's Reaktion.

**Bizzozero's** Reagenzien zum Färben mikroskop. Präparate.

1. Eine schwache, wässerige Lösung von Methylviolett 5 B oder eine Lösung von Methylviolett 5 B in physiologischer Kochsalzlösung. Gebraucht zur Blutuntersuchung.
2. Eine Lösung von 1 g Gentianaviolett in 15 ccm Alkohol und 100 ccm Anilinwasser.

Arch. Ital. Biolog. 1883. 137.
Ztschr. für wiss. Mikroskop. 1884. 589.
Virchow's Archiv **85. 102.**
Behrens' Tabellen 1892. 110. 112.

**Bizzozero's** Pikrocarmin zur Kernfärbung.

Zu einer Lösung von 1 g Carmin in 6 ccm Ammoniak und 100 ccm Wasser gibt man unter Umschwenken eine Lösung von 1 g Pikrinsäure in 100 ccm Wasser und dampft auf dem Wasserbade auf 100 ccm ein. Nach dem Erkalten gibt man 20 ccm Alkohol zu.

Ztschr. f. wiss. Mikroskop. 1885. 539.
Eberth - Friedländer, Mikroskop. Techn. 1894. 116.

**Björklund's** Reaktion

(Ätherprobe) auf Verfälschungen der Kakaobutter mit Rindstalg und Wachs ist eine Modifikation von Horsley's Butterprobe. Sie beruht auf der klaren Löslichkeit von Kakaoöl in Äther (1 : 8) bei 18 ° C. Näheres siehe: Ztschr. f. analyt. Chem. 3. 233 oder Pharm. Ztschr. f. Rußland 1864. 401.

**Blacher's** Reagens zur Härtebestimmung des Wassers

ist 1/10 Norm. glycerin-alkoholische Kaliumpalmitatlösung. Vergl. Chem. Ztg. 1913. 56. — Nockmann, Pharm. Zentrh. 1914. 435.

**Blachez'** Reaktion auf Alkohol in Chloroform.

Zu einigen ccm Chloroform gibt man ein Stückchen geschmolzenes, trockenes Ätzkali und schwenkt einige Minuten um. Nach dem Abgießen setzt man dem Chloroform ein gleiches Volum Wasser zu, schüttelt gut um und versetzt die abgeschiedene, wässerige Lösung mit einigen Tropfen Kupfersulfatlösung. War das Chloroform alkoholhaltig, so entsteht eine Trübung von Kupferhydroxyd.

Journ. de Pharm. et de Chim. 1869. 289.
Ztschr. f. analyt. Chem. 8. 472.
Vergleiche auch Vogel's Reaktion.

**Black's** Reaktion auf β-Oxybuttersäure im Harn.

10 ccm Harn werden in einer Porzellanschale vorsichtig auf ein Drittel eingedampft, mit einigen Tropfen Salzsäure versetzt und mit Gips zu einem dünnen Brei verrührt. Nach dem Erhärten und Trocknen der Masse wird zerrieben und mit Äther 2 mal extrahiert. Nach dem Verdunsten des Äthers wird der Rückstand in etwas Wasser gelöst, mit Baryumkarbonat neutralisiert, einige Tropfen Wasserstoffsuperoxyd und einige Tropfen Eisenchloridlösung (5 %) zugegeben. Bei Anwesenheit von β-Oxybuttersäure, die bei der Oxydation in Acetessigsäure übergeht, wird durch das Eisenchlorid eine dunkelrote Färbung hervorgerufen.

Journ. biolog. Chem. 1907. 207.
Chem. Zentralbl. 1908. II. 1896.
Hart, Americ. Journ. Med. Scienc. 1909. 137. 839.

**Blaise's** Reaktion auf Chinin

ist eine Kombination von Flückiger's und Vogel's Reaktion.

Répert. de Pharm. 1897. 173.
Pharm. Zentrh. 1897. 343.
Chem. Zentralbl. 1897. II. 225.

**Blanc's** Reagens zum Färben mikroskop. Präparate

ist eine Mischung von 20 ccm gesättigter, alkoholischer Safraninlösung mit 60 ccm Alkohol oder eine Lösung 5 : 150 in absol. Alkohol. Gebraucht zum Färben von Protozoën.

Zoolog. Anzg. 1883. 135.
Ztschr. f. wiss. Mikroskop. 1884. 282.
Behrens' Tabellen 1892. 113.
Enzyklop. d. mikroskop. Techn. 1903. 1173.

**Blanc-Rameau's** Reaktionen auf albumoide Stoffe (Mucin, Nukleoalbumin, Albumin, Serin, Globulin, Pseudoalbumin, Pepton, Propepton, Pseudomucin)

siehe: Annal. Chim. analyt. appl. 1909. 14. 294. — Chem. Zentralbl. 1909. II. 1704.

**Blarez'** Reaktion auf Erdnußöl in Olivenöl.

Man verseift unter den nötigen Vorsichtsmaßregeln 1 ccm des zu prüfenden Öles mit 15 ccm alkoholischer Kalilauge (4—5 %) durch 20 Minuten langes Kochen (Rückflußkühler). Nach dem Abkühlen ist Olivenöl flüssig, bei Anwesenheit von Erdnußöl entsteht eine feste Ausscheidung. Empfindlichkeitsgrenze = 5 %.

Répert. de Pharm. 1897. 446.
Pharm. Zentrh. 1898. 32.
Chem. Ztg. 1897. Rep. 254.
Chem. Zentralbl. 1898. I. 477 u. 1907. I. 767.
Vasterling, Pharm. Ztg. 1909. 490.

**Blarez' Reagens auf Harnstoff**
ist eine Lösung von Natriumhypobromit, die durch Mischen von 20 ccm Wasser, 10 ccm Natronlauge und 1 ccm Brom hergestellt wird. Näheres siehe: Schweizer Woch. f. Chem. u. Pharm. 1907. Nr. 22. — Pharm. Ztg. 1907. 581. — Vergl. Moreigne's Reagens.

**Blarez' Reaktion auf Teerfarbstoffe im Wein.**
10 ccm Wein und 10 Tropfen Essigsäure erhitzt man auf 100° C. und schüttelt mit 0,2 g gepulvertem Mercuriacetat. Nach dem Erkalten und Filtrieren ist die Flüssigkeit bei Anwesenheit von Teerfarben gefärbt. Die natürlichen Weinfarbstoffe schlagen sich auf dem Quecksilbersalz nieder.

Journ. of the Chem. Soc. 49. 1084.
Bull. Soc. Chim. Paris 46. 148.

**Blarez-Tourbou's Reaktion auf Sucramin siehe:**
Bull. Soc. Pharm. Bordeaux 40. 361.
Ztschr. f. analyt. Chem. 42. 457.

**Blaser's Reagens auf Aldehyd im Äther**
ist eine an der Sonne gebleichte, wässerige Lösung von Fuchsin (1: 100 000). Näheres siehe: Pharm. Zentrh. 1899. 607. — Chem. Zentralbl. 1899. II. 848.

**Blau's Reaktion auf Para-Phenylendiamin.**
Lösungen von p-Phenylendiamin erzeugen auf Holz eine ziegelrote Färbung, welche durch Säuren verstärkt, durch Alkalien aber zerstört wird. Empfindlichkeitsgrenze = 1:500000.

Ztschr. d. allg. österr. Apoth. Ver. 1906. 7.
Pharm. Praxis 1906. 14.
Kochs, Apoth. Ztg. 1906. 284.

**Blendermann's Reaktion auf Oxysäuren im Harn**
beruht auf der Erfahrung des Autors, daß die Oxysäuren des Harns schon bei gewöhnlicher Temperatur die Millon'sche Reaktion geben. Näheres siehe: Ztschr. f. physiol. Chem. 6. 245. — Baumann, ebenda 6. 191.

**Blochmann's Reagenzien**
sind die üblichen Lösungen derjenigen chemischen Stoffe, wie sie in der qualitativen Analyse Verwendung finden, aber nicht in willkürlichen Lösungsverhältnissen, sondern als Normal-, Halbnormal- oder Doppeltnormal-Lösungen.

Blochmann, Erste Anleitung zur qualitat. chem. Analyse, Königsberg 1890.
König, Landwirtsch. Stoffe 1906. 972.

**Bloxam's Reagens I auf Alkaloide**
ist Bromwasser, das mit verschiedenen Alkaloiden charakteristische Färbungen und Niederschläge gibt. Näheres siehe: Chem. News 47. 215 oder Ztschr. f. analyt. Chem. 25. 247. — Eiloart, Chem. News 50. 102 oder Ztschr. f. analyt. Chem. 25. 248.

**Bloxam's Reagens II auf Alkaloide**
(Euchlorin). Eine schwache, wässerige Kaliumchloratlösung wird mit konzentr. Salzsäure bis zur starken Gelbfärbung versetzt und dann mit Wasser bis zu einer hellgelben Färbung verdünnt. In die zu prüfende salzsaure, zum Kochen erhitzte Alkaloidlösung gibt man nach und nach von diesem Reagens. Dabei geben verschiedene Alkaloide charakteristische Farbenreaktionen. Näheres siehe: Chem. News 55. 155. — Ztschr. f. analyt. Chem. 30. 263. — Pharm. Zentralh. 1888. 223. — Deutsche Med. Ztg. 1888. 352.

**Bloxam's Reaktion auf Arsen**
beruht auf der elektrolytischen Abscheidung von Arsenwasserstoff und dem Nachweis des letzteren als Arsenspiegel nach der Marsh-schen Methode. Näheres siehe: Dragendorff, Ermittel. von Giften 1888. 390. — Chem. Zentralbl. 1862. 638. — de Claubry, Journ. de Pharm. et de Chim. (3) 17. 125. — Wolff, Pharm. Zentrh. 1886. 609.

**Bloxam's Reaktion auf Harnstoff.**
Man prüft, ob die wässerige Lösung, die auf Harnstoff untersucht werden soll, Salpetersäure enthält und gibt in diesem Falle einige Tropfen Salmiaklösung zu, wenn nicht, so säuert man mit Salzsäure an. Hierauf verdampft man die Lösung auf einem Porzellantiegeldeckel und erhitzt den Rückstand so lange, als er dicke, weiße Dämpfe entwickelt. Nach dem Erkalten löst man den Rückstand in 1—2 Tropfen Ammoniakfl., fügt 1 Tropfen Chlorbaryumlösung zu und rührt mit einem Glasstabe um. Bei Anwesenheit von Harnstoff entsteht ein krystallinischer Niederschlag (cyanursaures Baryum). Verwendet man statt Chlorbaryum einen Tropfen schwacher Kupfersulfatlösung, so entsteht ein violetter, krystallinischer Niederschlag (wahrscheinlich cyanursaures Kupferoxydammoniak).

Chem. News 47. 285.
Ztschr. f. analyt. Chem. 23. 73.

**Bloxam's Reaktion auf Strychnin.**
Löst man etwas Strychnin in einigen Tropfen verdünnter Salpetersäure und gibt nach gelindem Erwärmen eine Spur Kaliumchlorat zu, so entsteht eine intensive Scharlachfärbung, welche mit Ammoniak braun wird und dann nach dem Eindampfen eine grüne Färbung annimmt.

Chem. News 55. 155.
Ztschr. f. analyt. Chem. 30. 263.
Chem. and. Drugg. 1887. 636.
Vergleiche auch Kippenberger, Nachw. v. Gift 1897. 107.

**Blum's Reagens für mikroskopische Zwecke**
ist Formaldehyd. Gebraucht als Konservierungs- und Härtungsmittel für pflanzliche und tierische Präparate, besonders in 4%iger Lösung.

Zoolog. Anzg. 1893. 450.
Münchener med. Woch. 1893. Nr. 32.
Chem. Ztg. 17. Rep. 310.
Anat. Anzg. 1894. 1896.
Berliner klin. Woch. 1901. 178.
Ztschr. f. wiss. Mikroskop. 1894. 32.

Bergonzoli, Ztschr. f. wiss. Mikroskop. 1894. 349.
Wortmann, Botan. Ztg. 52. 65.
Holfert, Chem. Ztg. 18. Rep. 135.
Bruns, Ber. d. deutsch. botan. Ges. 1894. 178.
Hoyer, Anat. Anzg. 1894. 236. Ergänz.-Bd.
Hermann, ebenda 1893. 112.
Wasielewski, Ztschr. f. wiss. Mikroskop. 1899. 312.
Enzyklop. d. mikroskop. Techn. 1903. 393.

**Blum's** Reagens auf Eiweiß.

Man löst 10 g Metaphosphorsäure in 95 ccm Wasser, gibt 2—3 g Bleisuperoxyd und eine Lösung von 0,05 g Manganchlorür in verdünnter Salzsäure zu und filtriert. Das Reagens wird wie Hindenlang's Metaphosphorsäurelösung verwendet, ist aber haltbarer.

Chem. Zentralbl. 1887. 345.
Chem. Ztg. 1887. Rep. 24.

**Blum's** Reaktion auf Ferrosalze in Ferrisalzen siehe: Ztschr. f. analyt. Chem. 1905. 10. Chem. Zentralbl. 1905. I. 630.

**Blumenau's** Reaktion auf Tuberkulose (Tropfenpflasterreaktion) ist identisch mit Moro's Tropfenpflasterreaktion. Vergl. Moro's Reaktion auf Tuberkulose.

**Blumenthal's** Reaktion auf Atoxyl im Harn.

Zu 10 ccm Harn gibt man einige Tropfen Salzsäure und 2 Tropfen 1 %ige Natriumnitritlösung. Dann fügt man eine Lösung von α-Naphthol in Natronlauge bis zur alkalischen Reaktion zu. Bei Anwesenheit von Atoxyl tritt eine himbeerrote Färbung auf.

Therap. d. Gegenwart 1911. 389.
Biochem. Ztschr. 10. 240.
Deutsche med. Woch. 1908. 2266.
Lockemann, ebenda 1908. 1460; 1909. 209.

**Blumenthal's** Reaktion auf Indol und Skatol siehe: Biochem. Ztschr. 1909. 19. 526. — Chem. Zentralbl. 1909. II. 865. — Herzfeld, Zentralbl. f. innere Med. 1913. 268.

**Blumenthal's** Reaktion auf Pentosen im Harn (Modifikation von Bial's Reaktion). 3 ccm Harn werden mit zirka 5—6 ccm Salzsäure (1,19) und 1 Messerspitze voll Orcin versetzt und zum Sieden erhitzt. Schon nach kurzem Sieden tritt bei Gegenwart von Pentosen blaugrüne oder blauviolette Färbung ein. Bleibt sie aus, so enthält der Harn keine Pentosen. Hält man die Flüssigkeit noch einige Augenblicke im Sieden, so wird der Niederschlag dunkler und stärker. Nun hört man zu kochen auf. Scheiden sich grünblaue Flocken aus, so ist der Harn auf Pentosen dringend verdächtig.

Med. Klinik 1910. 551.
Zentralbl. f. innere Med. 1910. 1053.
Merck's Bericht 1910. 288.

**Blumenthal's** Reaktion auf Quecksilber im Harn siehe: Biochem. Ztschr. 32. 59.

**Blumenthal-Neuberg's** Reaktion auf Aceton.

10 ccm Harn versetzt man mit je einem Tropfen von Pyridin, 10 %iger Hydroxylaminlösung und 5 %iger Natronlauge. Hierauf gibt man 1 ccm Äther und Bromwasser bis zur Gelbfärbung des Äthers zu. Diese Gelbfärbung geht bei Anwesenheit von Aceton auf Zusatz von Wasserstoffsuperoxyd in Blau über.

Zum Nachweis von Aceton kann auch p-Nitrophenylhydrazon und die für alle Nitrophenylhydrazone charakteristische Rot- bis Violettfärbung mit alkoholischer Kalilauge verwendet werden.

Deutsche med. Woch. 1901. 6 u. 79.
Ztschr. f. analyt. Chem. 40. 188.
Stock, Dissertation Berlin 1899.
Taylor, Journ. Americ. Med. Assoc. 1906. Nr. 11.

**Blunck's** Reagens auf Kartoffelstärke.

Man löst Metachromat G (Agfa) in 30%igem Alkohol in der Hitze bis zur Sättigung, filtriert nach dem Erkalten und verdünnt mit 25% Wasser. Das Reagens färbt nur Kartoffelstärke intensiv gelb. Näheres siehe: Ztschr. f. Unters. Nahr.-Genußm. 1915. 29. 246. — Apoth. Ztg. 1915. 197. — Ztschr. f. wiss. Mikroskop. 31. 476.

**Blunt's** Reaktion auf salpetrige Säure.

Die Reaktion beruht auf der Oxydation von Ferrocyankalium zu Ferricyankalium durch die salpetrige Säure, wobei eine gelbe Färbung eintritt. Ferricyankalium ist ja bekanntlich weit intensiver gefärbt als Ferrocyankalium.

The Analyst 1903. 28. 313.
Chem. Ztg. 1903. Rep. 299.
Chem. Zentralbl. 1904. I. 51.
Ztschr. f. analyt. Chem. 49. 384.
Schäffer, Annal. der Pharm. 80. 357.
Deventer, Berl. Ber. 26. 589, 932, 958.

**Blunt's** Reaktion auf Silber im Blei.

Man löst das Blei in Salpetersäure und gibt etwas gesättigte, wässerige Bleichloridlösung zu. Bei Anwesenheit von Silber entsteht eine Trübung.

Chem. News 61. 11.

**Blyth's** Reagens auf Blei im Trinkwasser ist eine 1 %ige Cochenilletinktur. Bleihaltiges Wasser gibt mit dem Reagens einen gefärbten Niederschlag.

Merck's Report 1900. 165.

**Boas'** Reaktion auf Adrenalin.

Versetzt man Adrenalin mit einer größeren Menge konzentr. Salzsäure, so tritt Violettfärbung auf.

Zentralbl. f. Physiol. 22. 825.
Chem. Zentralbl. 1909. I. 1609.

**Boas'** Reagens I auf Blut.

Zum Nachweis okkulter Blutanwesenheit im Mageninhalt und in den Faeces benützt der Autor das Storch'sche Reagens (p-Phenylendiamin und $H_2O_2$).

Zentralbl. für innere Med. 1906. Nr. 24.
Deutsche med. Woch. 1906. 1050.

**Boas' Reagens II auf Blut**
ist eine Modifikation von Meyer's Reagens auf Oxydasen. Man stellt es her, indem man 1 g Phenolphthalein und 25 g Kaliumhydroxyd in 100 g Wasser löst und unter Erwärmen mit 10 g Zinkstaub reduziert.
Deutsche med. Woch. 1911. 62.
Merck's Bericht 1911. 420.
Vas, Deutsche med. Woch. 1912. 1412.

**Boas' Reaktion III auf Blut.**
Die zu prüfenden Faeces werden mit sog. essigsaurem Alkohol, d. i. eine Mischung von 25 Teilen Eisessig mit 75 Teilen absol. Alkohol, extrahiert, da man damit eine besonders gute Ausbeute an Hämatin erhält. Das Extrakt wird nach dem Filtrieren mit 10—15 Tropfen einer frisch aus Guajakharz bereiteten, schwach gelben, alkoholischen Tinktur ohne Umschütteln versetzt und 15—20 Tropfen Wasserstoffsuperoxyd (3 %) hinzugegeben. Eine tiefblaue Färbung zeigt die positive Reaktion an. Die Reaktion kann auch auf Papier vorgenommen werden.
Berl. klin. Woch. 1913. 154.
Med. Klinik 1913. 383.
Merck's Bericht 1913. 434.

**Boas' Reaktion auf Blut in Faeces (Phenolphthalinringprobe).**
15 Tropfen Phenolphthalinlösung mischt man mit 5—6 Tropfen Wasserstoffsuperoxyd (3%) und 2 ccm absolut. Alkohol. Zu dieser Mischung läßt man die Hälfte eines filtrierten Faeces-Eisessig-Alkoholextraktes zufließen, das man aus Faeces mittels einer Mischung von 5 Tropfen Eisessig und 15—20 ccm Alkohol bereitet hat. Bei Anwesenheit von Blut bildet sich an der Berührungsstelle der beiden Flüssigkeiten ein roter Ring.
Deutsche med. Woch. 1915. 549.

**Boas' Reaktion auf Milchsäure im Magensaft.**
Eine Mischung von 3 Tropfen offizin. Eisenchloridlösung mit 50 ccm Wasser wird bei Anwesenheit von freier Milchsäure oder von Laktaten gelb gefärbt. Salzsäure und Essigsäure bewirken keine Veränderung.
Pharm. Zentrh. 1888. 323.
Eine weitere Reaktion des Autors beruht auf der Bildung von Aldehyd, wenn milchsäurehaltige Lösungen mit Schwefelsäure und Braunstein erhitzt werden. Destilliert man den Aldehyd ab und leitet ihn in Neßler's Reagens oder in alkalische Jodlösung, so bildet sich ein brauner Niederschlag bezw. ein gelber Niederschlag von Jodoform.
Deutsche med. Woch. 1893. 904.

**Boas' Reagens I auf freie Salzsäure im Magensaft**
ist eine alkoholische Tropaeolinlösung (Trop. 00 = 1 : 1000). In dünner Schicht auf ein Porzellanschälchen verteilt und mit salzsäurehaltigem Magensafte auf freier Flamme vorsichtig erwärmt, wird das Reagens violett gefärbt. Näheres siehe: Pharm. Ztg. 1891. 392 oder Deutsche med. Woch. 1887. Nr. 39.
Auch mit Tropaeolinlösung getränktes Papier kann zum Salzsäurenachweis verwendet werden, eine Reaktion, die nach Brunner nicht so scharf ist als die obige.

**Boas' Reagens II auf freie Salzsäure im Magensaft**
ist eine Lösung von 10 g Resorcin, 3 g Rohrzucker und 3 ccm Alkohol in 100 ccm Wasser. 5—6 Tropfen Magensaft bringt man in einem Porzellanschälchen auf freier Flamme mit 2—3 Tropfen Reagens vorsichtig zur Trockene. Bei Anwesenheit von Salzsäure erhält man einen rosa- bis zinnoberroten Spiegel, der sich beim Erkalten verfärbt. Empfindlichkeitsgrenze = 0,05 % Salzsäure.
Zentralbl. f. klin. Mediz. 1888. 817.
Ztschr. f. analyt. Chem. 28. 648.
Pharm. Ztg. 1891. 392.
Ville-Derrien, Bull. Soc. Chim. France. (4) 1. 965, 5. 895.

**Boas' Reagens zur Prüfung der Magenmotilität**
ist wässerige Chlorophyll-Lösung (Chlorophyll Solutia aquosa, carotinfrei Merck). Näheres siehe: Med. Klinik 1914. 7 oder Merck's Bericht 1914.

**Boas' Reagens zum mikroskopischen Nachweis von Fett**
ist eine 5%ige, alkoholische Lösung von fettfreiem Chlorophyll.
Berl. klin. Woch. 1911. 1282.
Merck's Bericht 1911. 230.
Benda, Berl. klin. Woch. 1911. 1246.

**Bobierre's Reaktion auf Blei in Zinn.**
Gibt man auf Zinn einen Tropfen Eisessig, erhitzt und gibt einen Tropfen Jodkaliumlösung zu, so entsteht bei Anwesenheit von Blei eine gelbe Färbung.
Merck's Report 1900. 165.
Compt. rend. 80. 961.
Fordos, ebenda 80. 794 oder
Ztschr. f. analyt. Chem. 14. 389.

**Bocchi's Reaktion auf Filixsäure.**
Erhitzt man eine ammoniakalische Lösung von Filixsäure nach Zusatz von Salzsäure und gibt Ferriferricyanidlösung zu, so entsteht eine blaue Färbung.
Bollett. chimico farmac. 1896. 609.
Apoth. Ztg. 1896. 837.
Chem. Zentralbl. 1896. II. 1137.

**Bochichio's Reaktion auf Salicylsäure in Milch.**
Eine Mischung von 5 ccm Milch und 5 ccm Wasser versetzt man mit 5 Tropfen Natriumnitritlösung (10 %) und 5 Tropfen Kupfersulfatlösung (10 %) und erwärmt die Mischung im Wasserbade. Bei Gegenwart von Salicylsäure ist das Serum nach Abscheidung des Kaseïns rot gefärbt. Empfindlichkeitsgrenze = 1 : 20 Liter.
Giornal. d. R. Soc. Ital. d'Igiene 1902. 291.
Ztschr. f. analyt. Chem. 42. 676.

**Bodde**'s Reaktion zur Unterscheidung des Resorcins von Phenol und Salicylsäure.

Eine Lösung von Natriumhypochlorit erzeugt in Resorcinlösungen eine violette, rasch in Gelb übergehende Färbung. Durch einen Überschuß des Hypochlorites oder durch Erwärmen erhält man eine braune Färbung. Empfindlichkeitsgrenze = 1 : 10 000. Phenol, Salicyl- und Benzoesäure geben diese Reaktion nicht.

The Analyst **14**. 115.
Ztschr. f. analyt. Chem. **28**. 712.
Chem. Ztg. 1889. Rep. 199.

**Bödecker**'s Reagens auf Eiweiß.

Eiweißhaltiger Harn wird nach dem Ansäuern mit Essigsäure durch Ferrocyankaliumlösung getrübt oder gefällt.

Arch. der Pharm. (3) **16**. 370.
Chem. Zentralbl. 1880. 426.
Hilger, Arch. der Pharm. **206**. 388.
Hager, Pharm. Prax. 1880. II. 1181.
Winternitz, Ztschr. f. physiol. Chem. **16**. 439.
Bardach, Ztschr. f. analyt. Chem. 1904. 554.
Schweissinger, München. med. Woch. 1904. 1172.
Engels, Pharm. Ztg. 1909. 968.
Schmiedel, Wiener klin. Woch. **20**. 229.

**Bödecker**'s Reaktion auf schweflige Säure.

Die zu prüfende Flüssigkeit neutralisiert man mit Essigsäure oder Natriumbikarbonat und gibt sie in eine Mischung von viel Zinksulfatlösung mit wenig Nitroprussidnatrium. Es entsteht bei Anwesenheit von $SO_2$ eine rosenrote bis dunkelrote Färbung. Empfindlicher wird diese Reaktion durch Zugabe von Ferrocyankalium.

Liebig's Annal. **117**. 193.
Chem. Zentralbl. 1861. 413.

**Boehringer**'s Reaktion auf $\beta$-Chloromorphid in Apomorphin.

0,1 g Apomorphinhydrochlorid wird in 10 ccm Wasser gelöst, mit 20 ccm Äther überschichtet, mit 5 ccm einer kalt gesättigten Lösung von Natriumbikarbonat versetzt und bis zur Lösung des entstandenen Niederschlages geschüttelt. Die wässerige Lösung wird abgelassen, der Äther noch dreimal mit 20 ccm Wasser gewaschen und dann im Reagenzglas vollständig verdampft. Der abgekühlte Rückstand wird mit 5 ccm konzentr. Salpetersäure, die 0,5 % Silbernitrat enthält, übergossen und das Reagenzglas nach 10 Minuten 1 Stunde lang ins siedende Wasserbad gestellt. Nach dieser Zeit dürfen am Boden der klaren, unverdünnten, braunen Flüssigkeit keine oder höchstens nur eben wahrnehmbare Klümpchen von Chlorsilber vorhanden sein.

Chem.-Ztg. 1910, Rep. 410.
Merck's Bericht. 1910. 103.

**Böeseken**'s Reagens auf Aldehyde und Ketone ist eine 10 %ige, wässerige, mit schwefliger Säure gesättigte Lösung von Phenylhydrazin.

Chem. Weekblad **7**. 934.
Chem. Zentralbl. 1910. II. 1836.

**Bogomoloff**'s Reaktion auf Gallensäuren.

Die weingeistige Lösung der Gallensäure aus Galle (nach Plattner) oder aus Harn (nach Hoppe) dampft man in einer Porzellanschale auf dem Dampfbade ein, so daß der Rückstand die Schalenwand möglichst gleichmäßig überzieht. Bringt man auf diese Schicht **vorsichtig** einen Tropfen Schwefelsäure und dann einige Tropfen Alkohol, so entsteht ein Farbenbogen. Das Zentrum der Säure ist gelb, dann folgt Orange, Rot, Rosenrot, Violett, Indigoviolett, Indigoblau und nach einigen Stunden wird die ganze Schicht gleichmäßig indigoblau. Nach 2 Tagen geht die Farbe in ein schmutziges Grün über.

Zentralbl. f. die mediz. Wissensch. 1869. 489.
Ztschr. f. analyt. Chem. **9**. 148; **7**. 514.

**Bogomoloff**'s Reaktion auf Urobilin.

Versetzt man eine alkalische Lösung von Urobilin mit Kupfersulfatlösung, so erhält man eine der Biuretreaktion ähnliche rote oder violette Färbung, die beim Schütteln mit Chloroform in dieses übergeht.

Zentralbl. f. d. med. Wissensch. 1875. 210.
Neubauer-Vogel, Analyse des Harns 1898. 521.
Hausmann, Deutsche med. Woch. 1913. 360.
Merck's Bericht 1913. 438.

**Bogomoloff-Wasilieff**'s Reagens auf Eiweiß ist eine Lösung von 1 g Carminsäure in 2 g Wasser. Eiweiß wird durch das Reagens noch im Verhältnis 1 : 90 000 nachgewiesen. Die Deuteroalbumosen bewirken eine schwarze, die Protalbumosen eine dunkelorangerote Fällung. Näheres siehe: Merck's Bericht 1898. 25.

Petersburger med. Woch. 1897. 294.

**Bogomoloff-Wasilieff**'s Reaktion auf Pepton im Harn.

Um Pepton neben Eiweiß nachzuweisen, fällt man das letztere durch Trichloressigsäure oder durch Aussalzen mit Ammonsulfat. Im ersteren Falle stellt man im Filtrate die Biuretreaktion an, im letzteren Falle weist man Pepton mit krystallisierter Salicylsulfosäure nach, welche in salzgesättigter Lösung mit Pepton einen Niederschlag gibt. Reines Pepton, auf dem Wasserbade mit Trichloressigsäure eingedampft, färbt sich nach einiger Zeit rosa bis violett.

Zentralbl. für die mediz. Wissensch. 1897. 49.
Ztschr. f. analyt. Chem. **36**. 738.

**Bohlig**'s Reagens auf freies Ammoniak und Ammonsalze.

1. Eine wässerige Lösung von Quecksilberchlorid 1 : 30.
2. Eine wässerige Lösung von Kaliumkarbonat 1 : 50.

Freies Ammon wird mit Lösung 1 durch Bildung eines weißen Niederschlages angezeigt. Ammonsalze geben diese Reaktion erst auf Zusatz von Lösung 2.

Hager, Pharm. Prax. 1880. I. 292.
Liebig's Annal. 125. 23.
Koninck, Ztschr. f. analyt. Chem. 32, 188.
Rehsteiner, Ztschr. f. analyt. Chem. 7. 353.
Schöyen, Ztschr. f. analyt. Chem. 2. 330.

**Böhm**'s Reagens auf Alkaloide.

33,1 g Kaliumjodid löst man in 33 g Wasser und gibt 45,25 g Mercurijodid zu. Spez. Gew. des Reagenzes = 2,1694. Das Reagens ist eine Modifikation von Mayer's Reagens und soll verschiedene Vorzüge vor diesem haben.

Archiv f. exper. Pathol. u. Pharmakol. 19. 70.

**Böhm**'s Reaktion auf Bombay-Macis in Muskatblütenpulver.

Man kocht eine Probe mit Alkohol aus und filtriert den Auszug durch weißes Filtrierpapier. Ist die Macisprobe rein, so wird das Papier nur schwach gelb gefärbt, enthält sie Bombay-Macis, so wird das Filter besonders am Rande rosa gefärbt.

Ztschr. f. analyt. Chem. 30. 378.
Waage, Pharm. Zentrh. 1892. 372.
Thoms, Ber. d. pharm. Gesellsch. 2. 229.

**Böhme**'s Indolreaktion

ist eine Modifikation von Ehrlich's Indolreaktion. Lösung 1 = 4 g Paradimethylamidobenzaldehyd, 380 g Alkohol (96 %) und 80 g Salzsäure; Lösung 2 = gesättigte, wässerige Lösung von Kaliumpersulfat.

10 ccm der zu prüfenden Lösung versetzt man mit 5 ccm der Lösung 1 und 5 ccm der Lösung 2. Bei Anwesenheit von Indol tritt Rotfärbung ein.

Zentralbl. f. Bakt. 1905. (Orig.) 131.
Chem. Zentralbl. 1906. I. 403.

**Böhmer**'s Hämatoxylintinktur für mikroskop. Zwecke

ist eine alkoholische Lösung von Hämatoxylin (1 : 10), die als Grundlage für andere Färbeflüssigkeiten dient.

Merck's Index 1902. 270.
Merck's Ber. 1905. 100, 1908. 233.

**Böhmer**'s Reagens zum Färben mikroskop. Präparate

(Alaunhämatoxylin). Man mischt 10 ccm Böhmer's Hämatoxylintinktur mit einer filtrierten Lösung von 10 g Kalialaun in 200 ccm Wasser. Nach za. 8 tägigem Stehen an der Luft wird die Mischung filtriert.

Merck's Index 1902. 270.
Arch. f. mikroskop. Anat. 1868. 345.
Hansemann, Virchow's Archiv 123. 356.
Strassburger, Botan. Prakt. 1893. 221.
Behrens' Tabellen 1892. 102.
Eberth - Friedländer, Mikroskop. Techn. 1894. 104.
Enzyklop. d. mikroskop. Techn. 1903. 506.

**Bohrisch**'s Reaktion auf Aceton im Harn.

Versetzt man 5 ccm Harn mit 5 Tropfen 10 %iger Nitroprussidnatriumlösung und gibt 1 ccm Natronlauge zu, so entsteht eine rotgelbe bis rote Färbung, die bei der Neutralisation mit Essigsäure (bei Gegenwart von Aceton) eine rosaviolette bis rotviolette Färbung annimmt.

Pharm. Zentrh. 48. 181.

**Bohrisch**'s Reagens auf Kampfer.

Erwärmt man 0,05 g Kampfer vorsichtig mit 1 ccm Vanillinsalzsäure, so erscheint zuerst eine rosarote, bei 75—100° eine blaugrüne Färbung. — 0,1 g Kampfer behandelt man in der Kälte mit 10 Tropfen eines erkalteten Gemisches von Schwefelsäure und Vanillinsalzsäure (1 g Vanillin in 100 g 25 %iger Salzsäure). Nach 1/2 bis 1 Stunde zeigt natürlicher Kampfer eine schmutziggrüne Färbung, die nach einer weiteren Stunde in rein Dunkelgrün und nach 7—8 Stunden in Indigoblau übergeht. Synthetischer Kampfer zeigt diese Farbenerscheinungen nicht.

Pharm. Zentrh. 1907. 527. 777; 1914. 1003.
Apoth. Ztg. 1907. 568.
Pharm. Ztg. 1907. 565.
Répert. de Pharm. 1907. 362.
Chem. Techn. Unters. Meth. (Lunge-Berl.) 6. Aufl. III. 964.
Tunmann, Schweiz. Woch. Chem. Pharm. 1909. No. 34.
Pharm. Ztg. 1909. 692.
Répert. de Pharm. 1910. 24.

**Bokarius**' Reagens auf Sperma.

1. Man löst 3 g Cadmiumjodid und 2 g arabischen Gummi in 25 g konzentr. wässeriger Pikrinsäurelösung.
2. Man sättigt 50 %ige Essigsäure mit Pikrinsäure.
3. Eine konzentr. eventuell mit Essigsäure versetzte wässerige Lösung von Phosphorwolframsäure.

Näheres siehe: Vierteljahresschr. f. gerichtl. Med. 1907. 217. — Apoth. Ztg. 1907. 302.

Olbrycht, Deutsche Med. Ztg. 1913. 493.

**Bolland**'s mikrochemische Reaktionen auf Alkaloide

siehe: Monatshefte f. Chem. 1910. 32. 117.

**Bollenbach**'s Reagens für analytische Zwecke

ist eine Lösung von Natriumhydrosulfit in Wasser, vor dem Gebrauch auf eine Ferrisalzlösung von bekanntem Gehalt eingestellt. Als Indikatoren dienen Rhodankalium und Indigo. Näheres siehe: Chem. Ztg. 1908. 146. — Merck's Bericht 1908. 278.

**Bollenbach**'s Reagens auf Blei und Wismut.

Zur Trennung der Metalle der Schwefelwasserstoffgruppe verwendet man ammoniakalische Ammonpersulfatlösung, welche die beiden genannten Metalle als Superoxyde ausfällt. Näheres siehe: Ztschr. f. analyt. Chem. 1908. 47. 690.

**Bolley**'s Reagens auf Zinnober

ist ammoniakalische Silberlösung, die Zinnober schwarz färbt und so dessen Nachweis in Ge-

mischen, wie Anstrichfarben, Siegellack etc. ermöglicht.
Schweizer Gewerbeblatt 9. 11.
Chem. Zentralbl. 1851. 29.

**Bömer**'s Reagens zur Bestimmung der Albumosen
ist eine gesättigte, wässerige Lösung von Zinksulfat, womit die Albumosen ebenso vollständig ausgefällt werden wie durch Ammonsulfat.
Ztschr. f. analyt. Chem. 34. 562.

**Bömer**'s Phytosterinacetatprobe zum Nachweis von Pflanzenfetten
in Tierfetten (Butter) siehe: Ztschr. Unters. Nahr. Gen. Mittel 4. 865. 1070. — Chem. Zentralbl. 1901 II. 1043, 1902. I. 225. — Harris, The Analyst 1906. 31. 353. — Chem. Zentralbl. 1907. I. 137.

**Bömer**'s Phytosterinprobe
siehe: Ztschr. f. Unters. Nahr.-Genußm. 1. 21. — Ztschr. f. analyt. Chem. 41. 637.

**Bonanno**'s Reagens auf Gallenfarbstoffe
ist eine Mischung von Salpetersäure und Salzsäure.
Ricci, Presse méd. italienne 1911. 67.
Pharm. Zentrh. 1911. 551.

**Bonastre**'s Reaktion auf echte Myrrhe.
Eine alkoholische Lösung von Myrrhe wird beim gelinden Erwärmen mit Salpetersäure violett gefärbt. Man kann die Reaktion auf Papier vornehmen, das mit der alkoholischen Myrrhelösung getränkt wurde. Eine ätherische Lösung von Myrrhe wird durch Bromdämpfe rotviolett gefärbt.
Hager, Pharm. Prax. 1880. II. 489.
Deutsch. Arzneibuch V. 341.
Enzyklop. d. gesamt. Pharm. 1887. II. 353.

**Bondi-Schwarz**' Reaktion auf Acetessigsäure im Harn
ist eine Modifikation von Riegler's Reaktion. Sie beruht auf der Entfärbung von Jodlösung (Lugol's Reagens) durch Acetessigsäure und dem charakteristisch scharfen Geruch des Reaktionsproduktes.
Wiener klin. Woch. 1906. 37.
Med. Klinik 1906. 282.

**Bondil**'s Reaktion auf Öltrester in Pfeffer.
Man entzieht dem Pfefferpulver das Fett durch Äther und Alkohol und behandelt es dann mit einer frisch bereiteten Lösung von p-Phenylendiamin und einigen Tropfen Essigsäure. Die Sklerenchymzellen der Öltrester färben sich hierbei sofort rot.
Ann. des Falsific. 4. 36.
Chem. Zentralbl. 1911. I. 843.

**Bonnans**' Reagens auf Glukose im Blut
besteht aus 3 Lösungen:

1. 35 g Kupfersulfat und 1 ccm Schwefelsäure werden mit Wasser zu 1 Liter gelöst.
2. 250 g Seignettesalz und 300 g Natronlauge werden mit Wasser zu 1 Liter gelöst.
3. Man löst 1 g Ferrocyankalium in 20 ccm Wasser. Eine Mischung von 10 ccm der Lösung 1, 10 ccm der Lösung 2 und 5 ccm der Lösung 3 wird zum Sieden erhitzt und tropfenweise die zu prüfende, von Eiweiß befreite Blutlösung zugegeben, bis die Mischung eine rotbraune Farbe angenommen hat.

Pharm. Zentrh. 1900. 312.
Denigès-Chassaigne, Répert. de Pharm. 1900. 74.
Salm, Pharm. Ztg. 1903. 982.
Chem. Zentralbl. 1903. II. 1150.
Maillard, Répert. de Pharm. 1909. 289, 337.

**Bonnema**'s Reagens auf Vanilin
ist Santelöl. Gibt man wenig Vanillin in einige ccm einer Mischung von 10 ccm Salzsäure (D. = 1,19) und 90 ccm Eisessig und setzt 2 Tropfen Santelöl zu, so entsteht sofort eine intensiv kirschrote Färbung, die beim Erhitzen blauviolett wird. In 24 Stunden färbt sich die Mischung grün.
Pharm. Weekblad 1897. Nr. 24.
Ztschr. f. analyt. Chem. 39. 60.
Pharm. Zentrh. 1898. 357.

**Bonnes**' Reaktion auf Ameisensäure und Essigsäure
siehe: Bullet. Scienc. Pharmacol. 1913. 20. 99. — Chem. Zentralbl. 1913. I. 1364.

**Bonnet**'s Reaktion auf Formaldehyd.

1. Auf der zu prüfenden Flüssigkeit läßt man ein Uhrglas schwimmen, auf dem sich eine Lösung von Morphinsulfat in konzentr. Schwefelsäure (0,35 : 100) befindet. Das Ganze bedeckt man mit einer Glasglocke. Nach einiger Zeit färbt sich die Morphinlösung rosa bis dunkelblau. Empfindlichkeitsgrenze 1 : 250 000.
2. Die zu prüfende Flüssigkeit mischt man mit 1 ccm frisch bereiteter Morphinsulfatlösung (0,35 g in 100 ccm kalter, reiner, konzentr. Schwefelsäure). Formaldehyd bewirkt eine Färbung, die vom Rosa in Blau übergeht.

Journal Americ. Chem. Society 1905. 601.
Vergl. Kobert's und Kenntmann's Reagens auf Morphin.
Pharm. Zentrh. 1905. 912.

**Bonnewyn**'s Reaktionen auf Pikrotoxin siehe:
Jahresber. f. Pharm. 1874. 507.

**Bonnewyn**'s Reaktion auf Sublimat im Kalomel.
Bringt man Kalomel auf eine blanke Messerklinge und gibt etwas Alkohol zu, so entsteht bei Anwesenheit von Sublimat ein schwarzer Fleck.
Arch. der Pharm. 121. 52.
Chem. Zentralbl. 1865. 798.

**Bonney**'s Reagens zum Färben mikrosk. Präparate.
a) Eine in der Wärme bereitete und filtrierte Lösung von 25 g Methylviolett und 1 g Pyronin in 74 g Wasser;

b) zu 100 g Aceton gibt man tropfenweise 2 %ige, wässerige Lösung von Orange G, bis ein Niederschlag entstanden und dieser wieder verschwunden ist.
Virchow's Archiv **193**. No. 3.
Ztschr. f. wiss. Mikroskop. 1909. 126.
Merck's Bericht 1909. 279.

**Bonnsdorff**'s Reagens auf Alkaloide
ist identisch mit Mayer's Reagens. Vergl. Guareschi, Alkaloide 1896. 34.

**Borchardt**'s Reaktion auf Lävulose im Harn.
Einige Kubikzentimeter Harn werden im Reagenzglas mit der gleichen Menge 25prozentiger Salzsäure und einigen Körnchen Resorcin einmal kurz aufgekocht. Tritt Rotfärbung ein, so kühlt man unter der Wasserleitung, gießt die Flüssigkeit in eine Schale oder ein Becherglas, macht mit Natriumkarbonat in Substanz alkalisch, gießt in das Reagenzglas zurück und schüttelt mit Essigäther aus. Bei Anwesenheit von Lävulose färbt sich der Essigäther gelb.
Ztschr. f. physiol. Chem. **55**. 248.
Zentralbl. f. innere Med. 1910. 177.
V o i t, Chem. Zentralbl. 1909. I. 224.
J o l l e s, Ber. d. dtsch. pharm. Ges. **19**. 484.

**Bordas**' Reaktion auf Blut.
Der zu prüfende Fleck wird mit Wasser durchtränkt und mit eisenfreiem Filtrierpapier abgetupft. Die feuchten Stellen des Papiers werden dann mit Benzidinlösung und Wasserstoffsuperoxyd behandelt. War der Fleck bluthaltig, so färbt sich das Papier blau.
Compt. rend. acad. scienc. 1910, I. 562.
Pharm. Ztg. 1910. 387.
Merck's Bericht 1910. 127.
Répert. de Pharm. 1910. 158.

**Borde**'s Reagens zur Jodzahlbestimmung.
a) Lösung von 18,8 g Antipyrin im Liter Alkohol (50—95 %);
b) Lösung von 5 g Jod in 100 ccm Alkohol (95 %) auf die Antipyrinlösung eingestellt;
c) Lösung von 6 g Quecksilberchlorid in 100 ccm Alkohol (80—95 %). 1 ccm Antipyrinlösung = 0,0254 g Jod.
B o r d e, Bull. Soc. Pharm. 1909. **16**. 654.
Südd. Apoth. Ztg. 1910. 198.
B o u g a u l t, Journal de pharm. et de chim. (6), VII. 161, XI. 97, 100, 165.
Merck's Bericht 1910. 99.

**Bordet-Gengou**'s Reaktion
ist eine Komplementablenkungsreaktion. Vergl. Deutsche med. Woch. 1906. 1180, 1908. 211, 1907. 1650, 1909. 1362 u. 1638.

**Borghesio**'s Reaktion auf Alaun im Mehl.
Man versetzt den kalt bereiteten, wässerigen Auszug des Mehls (10 : 100) nach dem Fällen der Eiweißstoffe mittels Tannin, nach der Filtration mit 2 Tropfen Cochenilletinktur. Alaun bewirkt karmoisinrote Färbung. Verwendet man 1 %ige, alkoholische Alizarinlösung, so erhält man bei Anwesenheit von Alaun eine orangerote Färbung.
Giorn. Farm. Chim. 1910. **59**. 49.

**Borghesio**'s Reaktion auf Anilinfarbstoffe im Reis
siehe: Giorn. Farm. Chim. **58**. 533. — Chem. Zentralbl. 1910. I. 868. — S p a e t h, Pharm. Zentrh. 1913. 292.

**Born**'s Einbettungsmittel
ist eine Schmelze von Wallrat und Rizinusöl.
Morphol. Jahrb. 1877. 135.

**Börnstein**'s Reaktion auf Saccharin.
Erhitzt man sehr wenig Saccharin mit überschüssigem Resorcin und einigen Tropfen konzentr. Schwefelsäure, so färbt es sich gelb, rot und dann dunkelgrün. Verdünnt man das Reaktionsprodukt mit Wasser und übersättigt mit Alkali, so erhält man eine Lösung, die im durchfallenden Lichte rötlich ist und im auffallenden Lichte eine starke grüne Fluoreszenz zeigt. 0,001 g Saccharin läßt diese Fluoreszenz noch in 5—6 Liter Wasser erkennen.
Ztschr. f. analyt. Chem. **27**. 165 u. **28**. 352.
H o o k e r, Berl. Ber. **21**. 3395.
H a a s, Chem. Ztg. **13**. 96 oder
Ztschr. f. analyt. Chem. **28**. 713.
R e m s e n, Americ. Chem. Journ. 1887. 372.
G a n t t e r, Ztschr. f. analyt. Chem. **32**. 309.
H a s t e r l i k, Chem. Ztg. 1899. 267.
C o m a n d u c c i, Chem. Zentralbl. 1910. II. 1951.

**Bornträger**'s Reaktion auf Acetal im Alkohol.
Den zu prüfenden Alkohol verdünnt man mit viel Wasser. Scheiden sich ölige Tropfen aus, so mischt man den Alkohol (unverdünnt) mit dem gleichen Volum. konzentr. Schwefelsäure und gibt dann konzentr. Kalilauge zu. Acetal gibt sich durch starken Geruch nach Acroleïn zu erkennen.
Chem. Ztg. 1899. Rep. 27.
Ztschr. f. analyt. Chem. **28**. 61.

**Bornträger**'s Reaktion auf Aloë.
1 g Aloë kocht man mit 10 ccm Wasser und filtriert nach dem Erkalten. Das Filtrat schüttelt man mit 10 ccm Äther oder Benzin und schüttelt letzteres mit 10 ccm 5 %igen Ammoniaks. Das Ammoniak färbt sich rot. Diese Reaktion geben deutlich Leberaloë, Curaçao- und Barbadosaloë, weniger deutlich Cap-, Zanzibar-, Uganda- und Socotraaloë, gar nicht Natalaloë.
Ztschr. f. analyt. Chem. **19**. 166.
Chem. Zentralbl. 1880. 316.
H e u b e r g e r, Schweizer Woch. f. Chem. Pharm. 1899, 506 oder
Pharm. Zentrh. 1900. 33.

**Bornträger**'s Reaktion auf Amylalkohol in Alkohol.
Den zu prüfenden Alkohol verdünnt man mit viel Wasser. Scheiden sich ölige Tropfen aus, so gibt man zu dem unverdünnten Alkohol 3 Tropfen konzentr. Salzsäure und 10 Tropfen Anilin (farblos). Bei Anwesenheit von Amylalkohol entsteht eine himbeerrote Färbung. Empfindlichkeitsgrenze = 0,05 %.
Chem. Ztg. 1889. Rep. 27.
Ztschr. f. analyt. Chem. **28**. 61.

**Bornträger**'s Reagens auf Eisenoxydul
ist Chinosol (Oxychinolinschwefelsaures Kalium), das mit eisenoxydulsalzhaltigen Flüssigkeiten (Brunnenwasser) in alkalischer Lösung eine schwarzgrüne Färbung gibt, die mit Säuren zum Verschwinden kommt.
Allg. Chem. Ztg. 1904. Nr. 37.
Pharm. Ztg. 1904. 864.

**Bornträger**'s Reaktion auf Resorcin und Thymol.
Gleiche Teile Natriumnitrit, Gips und Natriumbisulfat befeuchtet man mit Wasser, erwärmt und gibt die zu prüfende Lösung zu. Thymol bewirkt chromrote, Resorcin chromgrüne Färbung.
Ztschr. f. analyt. Chem. **29.** 572.
Chem. Ztg. 1890. Rep. 340.

**Borrel**'s Reagens zum Fixieren.
Lösung von 2 g Platinchlorid, 2 g Osmiumsäure, 3 g Chromsäure und 20 g Essigsäure in 350 g Wasser.
Ztschr. f. wiss. Mikroskop. **23.** 463.

**Borsarelli**'s Reaktion auf Alkohol in ätherischen Ölen.
Erwärmt man ein ätherisches Öl mit trockenem Chlorcalcium, so bildet sich bei Anwesenheit von Alkohol eine dicke Lösung.
Merck's Report 1900. 214.

**Bosch**'s Reaktion auf Sesamöl
ist eine Modifikation von Kreis' Reaktion: Man löst 1 Tropfen Sesamöl in 1 ccm Petroläther und fügt 1 ccm einer Mischung von 1 Teil Schwefelsäure und 0,5 Teilen Wasserstoffsuperoxyd hinzu. Beim Schütteln tritt Grünfärbung auf. Die grüne Mischung zeigt ein charakteristisches Absorptionsspektrum. Im Olivenöl kann man mittels der Reaktion noch 0,5 % Sesamöl nachweisen. Man versetzt zu diesem Zweck 1 ccm Olivenöl mit 1 ccm Petroläther und 2 ccm der genannten Mischung ($H_2SO_4 + H_2O_2$). Bei der Trennung der Schichten erkennt man bei Anwesenheit von Sesamöl einen grünen Ring.
Pharm. Weekblad 1913. 526.
Pharm. Zentrh. 1914. 60.

**Boswell**'s Reaktionen auf α- und β-Naphthochinon, Phthalonsäure und Phthalsäure
siehe: Journ. Americ. Chem. Soc. 1907. **29.** 230. — Chem. Zentralbl. 1907. I. 1154.

**Böttcher**'s Reaktion auf Zimtsäure in Benzoesäure
beruht auf der Bildung von Benzaldehyd bei Einwirkung oxydierender Stoffe, wie z B. Kaliumpermanganat, Chromsäure, Bleisuperoxyd etc. auf Zimtsäure.
Ztschr. f. analyt. Chem. **5.** 253.
Pharm. Ztschr. f. Rußland **4.** 357.
Deutsches Arzneibuch V. 11.

**Böttger's** Reagenzien auf Alkalien.
1. Ein alkoholischer Auszug der Blätter von Coleus Verschaffelti, womit Filtrierpapier getränkt wird. Das rot gefärbte Papier wird durch Alkalien grün gefärbt.
2. Ein alkoholischer Auszug von Alkannawurzel, womit Filtrierpapier getränkt wird. Alkalien bewirken Blaufärbung des roten Papiers.
Jahresbericht d. phys. Ver. z. Frankfurt 1865—66. 51 u. 1867—68. 67.
Ztschr. f. analyt. Chem. **7.** 98 u. **8.** 449.
Journ. f. prakt. Chem. 1867. 290.
Chem. Zentralbl. 1868. 335.

**Böttger**'s Reaktion auf Alkohol in ätherischen Ölen.
In einem engen, graduierten Glaszylinder schüttelt man 5 ccm Glycerin (D. = 1,25) mit dem ätherischen Öle. Anwesenheit von Alkohol erkennt man an der Zunahme des Glycerin-Volumens.
Chem. Zentralbl 1872. 742.
Ztschr. f. analyt. Chem. **12.** 96.

**Böttger**'s Reagens auf Chlorsäure.
Flüssigkeiten, die Chlorsäure oder Chlorate enthalten, werden auf Zusatz von Anilinsulfat und konzentr. Schwefelsäure blau gefärbt. (Vergl. Braun's Reaktion auf Salpetersäure.)
Jahresbericht des phys. Ver. zu Frankfurt 1866—67. 18.
Ztschr. f. analyt. Chem. **8.** 455.

**Böttger**'s Reagens auf Glukose.
Der zu prüfende Harn wird mit Natriumkarbonat und Wismutsubnitrat gekocht. Bei Anwesenheit von Glukose tritt eine Schwärzung des Wismutsalzes ein. Empfindlichkeitsgrenze = 1 : 10 000. An Stelle der genannten Reagenzien kann man auch eine Lösung von Wismutsubnitrat und Weinsäure in überschüssiger Kalilauge (oder Natronlauge) verwenden, der man eventuell noch Glycerin zusetzt. Nach Brücke muß bei diesem Verfahren des Glukosenachweises mit alkalischer Bleilösung ein Kontrollversuch auf Schwefelverbindungen gemacht werden.
Berichte der Wiener Akademie 1875. 1.
Vergl. Nylander's u. Brücke's Reagenzien.
Journ. f. prakt. Chem. **70.** 432.
Chem. Zentralbl. 1857. 704.
Brücke, Sitzungsber. d. Akad. d. Wiss. 1875. **72.** 20.
Rosenfeld, Deutsche med. Woch. 1888. 451 u. 479.

**Böttger**'s Reagens auf Kohlenoxydgas
ist Palladiumchlorürpapier, welches durch Kohlenoxyd geschwärzt wird.
Chem Zentralbl. 1859. 321.
Dingler's Polytechn. Journ. **152.** 76.

**Böttger**'s Reaktion auf Mutterkorn im Roggenmehl.
Eine Mehlprobe erwärmt man nach Zugabe von etwas Oxalsäure in einem Reagenzglase mit Äther einige Minuten lang. Bei Anwesenheit von Mutterkorn färbt sich die über dem Mehle stehende Flüssigkeitsschicht beim Erkalten mehr oder weniger rötlich.
Fortschritt. **22.** 127.
Chem. Zentralbl. 1871. 624.

Ztschr. f. analyt. Chem. **13.** 80. 3. 508 u. 7. 387.
Wolff, Pharm. Ztg. **23.** 532 oder
Ztschr. f. analyt. Chem. **18.** 119.

**Böttger's** Reagens auf Ozon.
Mit säurefreiem Goldchlorid getränktes Filtrierpapier wird durch Ozon violett gefärbt.
Ztschr. f. analyt. Chem. **21.** 105.

**Böttger's** Reagens auf salpetrige Säure.
Man löst 1 g Stärke in 200 ccm Wasser und 1 g Salzsäure, gibt 10 g Calciumkarbonat, dann 10 g Chlornatrium und 0,5 g Cadmiumjodid zu und ergänzt mit Wasser auf 250 ccm.
Merck's Report 1900. 165.
Polytechn. Notizbl. 1872. 336.

**Böttger's** Reagens auf Wasserstoffsuperoxyd.
Eine Lösung von Silbernitrat-Ammoniak, die kein freies Ammoniak enthält, gibt mit wasserstoffsuperoxydhaltigen, wässerigen Flüssigkeiten beim Erwärmen eine Ausscheidung von fein verteiltem, metallischem Silber.
Jahresber. d. phys. Ver. z. Frankfurt 1871—72. 23.
Chem. Zentralbl. 1873. 586.

**Böttger's** Reagens auf roten Weinfarbstoff.
30 ccm einer Mischung von 10 ccm Rotwein und 90 ccm Wasser versetzt man mit 10 ccm konzentr., wässeriger Kupfersulfatlösung. Echter Wein entfärbt sich, mit Malven gefärbter Wein färbt sich sehr schön violett.
Pharm. Ztschr. f. Rußland 1875. 309.
Ztschr. f. analyt. Chem. **15.** 107.
Calmberg, Archiv der Pharm. **211**, 47 oder
Ztschr. f. analyt. Chem. **17.** 110.
Stein, Dingler's Journ. **224.** 533 oder
Ztschr. f. analyt. Chem. **17.** 110.
Böttger, Ztschr. f. analyt. Chem. **3.** 229. 230.
Blume, Dingler's Journ. **170.** 155.

**Böttger's** Reaktion zur Unterscheidung von Baumwolle und Leinen.
Den zu prüfenden Stoff legt man in eine 10 %ige, alkoholische Lösung von Fuchsin und behandelt ihn dann zwei Minuten lang mit Salmiakgeist. Leinen färbt sich rosarot, Baumwolle bleibt ungefärbt.
Polytechn. Notizbl. **20.** 1.
Chem. Zentralbl. 1865. 320.
Siehe auch: Hager, Pharm. Prax. 1880. II. 39.
Ztschr. f. analyt. Chem. **13.** 246.

**Böttger's** Reagens auf Zucker in Glycerin.
5 Tropfen Glycerin, 100 Tropfen Wasser, 1 Tropfen Salpetersäure (D. = 1,3) und 3—4 Centigramm Ammonmolybdat erhitzt man zum Kochen. Bei Anwesenheit von Zucker färbt sich die Mischung intensiv blau.
Ztschr. f. analyt. Chem. **16.** 508.

**Böttger-Almén's** Reagens auf Glukose
siehe: Almén's oder Nylander's Reagens.

**Böttinger's** Reaktion auf Brenzkatechin.
Versetzt man eine wässerige Lösung von Brenzkatechin mit ammoniakalischer Chlorcalciumlösung, so entsteht ein Niederschlag von der Zusammensetzung $(OH . C_6H_4 . O)_2Ca$. (Unterschied von Resorcin und Hydrochinon.)
Chem. Ztg. 1895. 23.
Chem. Zentralbl. 1895. I. 332.

**Böttinger's** Reaktion auf Glyoxylsäure
beruht auf der Kondensation von Harnstoff und Glyoxylsäure zu Allantoin, wenn genannte Stoffe mit Salzsäure erwärmt werden. Näheres siehe: Berl. Ber. **11.** 1783. — Hofmeister's Beitr. z. chem. Phys. u. Path. 1905. 494.

**Böttinger's** Reaktion auf Tannin und Gallussäure.
Eine kleine Menge der zu prüfenden Substanz erhitzt man mit der doppelten Menge Phenylhydrazin einige Minuten auf 100° C, gibt etwas Wasser zu und erhitzt zum Sieden. Von dieser Flüssigkeit gibt man 1—2 Tropfen in ein großes Becherglas voll Wasser, das mit Natronlauge alkalisch gemacht wurde. Bei Anwesenheit von Tannin entsteht eine blaue Färbung, die allmählich in Gelb übergeht; Gallussäure bewirkt eine gelbe bis orangegelbe Färbung.
Liebig's Annal. 256. 341.
Chem. Ztg. 1890. Rep. 152 u. 191.
Chem. Zentralbl. 1890. 979.

**Bottu's** Reagens auf Glukose.
Man löst 3,5 g o-Nitrophenylpropiolsäure in 50 ccm frisch bereiteter Natronlauge (10 %) und ergänzt mit Wasser auf 1 Liter. — 25 Tropfen Harn mischt man mit 8 ccm Reagens, erhitzt nur den oberen Teil der Lösung zum Sieden und gibt nochmals etwa 1 ccm Harn tropfenweise zu. Bei Gegenwart von Glukose entsteht von oben nach unten eine indigoblaue Färbung. Empfindlichkeitsgrenze = 1 : 1000.
Bullet. sciences pharmacol. **16.** 399.
Ztschr. f. angew. Mikroskop. 1909. **15.** 93.
Répert. de Pharm. 1909. 394.

**Bouchard-Cadier's** Reagens auf Alkaloide
ist eine mit Essigsäure stark angesäuerte, wässerige Lösung von Kaliumquecksilberjodid.
Med. Zentralbl. **15.** 142.
Chem. Zentralbl. 1877. 263.

**Bouchardat's** Reagens auf Alkaloide
ist eine wässerige Lösung von 1 Teil Jod und 2 Teilen Jodkalium in 50 Teilen Wasser. (Nach Guareschi 5 + 10 : 100.) — Es fällt Alkaloide braun.
Merck's Index 1902. 261.
Gaz. méd. Paris 1876. 46.
Compt. rend. **9.** 475.
Guareschi, Alkaloide 1896. 33.

**Bouchardat's** Reagens auf Eiweiß.
Man löst 3,32 g Jodkalium und 1,35 g Quecksilberchlorid in 20 ccm Essigsäure und ergänzt mit Wasser auf 60 ccm. Eiweiß enthaltende Flüssigkeiten werden durch das Reagens flockig gefällt.
Merck's Report **1900.** 214.

**Bouchardat**'s Reaktion auf Glukose im Harn.

Kocht man Urin mit Kalkmilch oder gepulvertem, frisch gelöschtem Kalk, so tritt bei Anwesenheit von Glukose eine gelbe bis braune Färbung ein.

Bouchardat, Diabète sucré, 1883. 11.

**Boucher-Girard**'s Reaktion auf Resorcin.

Vergl. Volcy-Boucher und Girards Reaktionen.

**Boudard**'s Reagens auf fette Öle

ist Salpetersäure (D. = 1,5). Elaidinprobe.

Journ. de Chim. méd. (3) **2**. 695.

**Boudet**'s Reagens zur Härtebestimmung des Wassers (Seifenlösung)

ist eine Lösung von 100 g reiner Kaliseife in 1600 g 90 %igem Alkohol und 1000 ccm Wasser. Näheres siehe: Ztschr. f. analyt. Chem. **8**, 332 u. **9**. 157. — Compt. rend. **40**. 682. — Chem. Zentralbl. 1855. 343.

**Boudet**'s Reaktion auf fette Öle

ist eine Elaidinprobe mit rauchender Salpetersäure.

Journ. de Pharm. 1832. 469. 1838. 385.
Vergleiche auch Poutet's Reaktion.

**Bougault**'s Reagens auf Arsen in Glycerin

ist Engel-Bernard's Reagens (Lösung von unterphosphoriger Säure) eventuell mit einem Zusatz von $^1/_{10}$ Norm. Jodlösung.

Vergleiche Chem. Ztg. 1902. Rep. 175 oder Journ. de Pharm. et de Chim (6) **15**. 527 u. **26**. 13.
Répert. de Pharm. 1902. 352, 1909. 138.

**Bougault**'s Reagens auf Kakodylsäure (Kakodylate) und Methylarsinsäure (Methylarsinate) ist Engel-Bernard's Reagens.

Versetzt man etwas Natriumkakodylat mit 10 ccm Reagens, so entwickelt sich je nach der angewendeten Menge des Kakodylates nach kürzerer oder längerer Zeit ein deutlicher Kakodylgeruch. Ein Niederschlag von Arsen bildet sich nicht. Methylarsinate geben bei gleicher Behandlung keinen Kakodylgeruch, sondern einen Niederschlag von Arsen. Näheres siehe: Journ. de Pharm. et de Chim. (7) **17**. 97. — Chem. Zentralbl. 1903. I. 539. — Pharm. Ztg. 1903. 184.

**Bougault**'s Reagens auf Natrium.

Man löst 1 g Antimonchlorür unter Erwärmen in einer Mischung von 10 ccm Kaliumkarbonatlösung (33 %) und 45 ccm 3 %igem Wasserstoffsuperoxyd, läßt erkalten und filtriert von dem geringen amorphen Rückstand ab.

Anwendung dieser Kaliumpyroantimoniatlösung siehe:

Répert. de Pharm. 1905. 252.
Chem. Zentralbl. 1905. I. 1737.
Chem. Ztg. 1905. Rep. 164.
Journ. de Pharm. et de Chim. 1905. 437.
Vergl. Fremy's Reagens.

**Bougault**'s Reaktion auf Wasser in Äther.

Pikrinsäure löst sich in wasserfreiem Äther farblos, in wasserhaltigem Äther mit gelber Farbe.

Journ. de Pharm. et de Chim. 1903. II. 116.

**Bouge**'s Reaktion auf Chlor in Jod.

2 g Jod läßt man unter öfterem Umschütteln 15 Minuten lang mit 25 g Benzol stehen, gießt die Flüssigkeit ab und schüttelt mit 5 ccm Wasser. Die wässerige Schicht wird abgelassen, 3 mal mit 5 ccm Benzol ausgeschüttelt (zur Entfernung vorhandenen Jods) und ein Teil mit Salpetersäure und Silbernitrat versetzt. Tritt nur eine Trübung ein, so kann man auf Abwesenheit von Chlor schließen, andernfalls destilliert man 2 ccm der wässerigen Flüssigkeit nach Zusatz von 0,1 g Kaliumpermanganat und 1—2 ccm Schwefelsäure aus einem Reagenzglas und fängt das Destillat in Natronlauge auf. Das erhaltene Gemisch färbt Denigès Reagens (auf oxydierende Stoffe) beim Erhitzen blau.

Bull. Scienc. Pharmacol **19**. **72**.
Chem. Zentralbl. 1912. II. 60.

**Bouillard**'s Reagens für mikroskop. Zwecke.

Man mischt 100 ccm Hayem's Reagens mit 200 ccm Malassez' Reagens (Serum). Gebraucht zur mikroskop. Prüfung der Blutbestandteile.

Eberth - Friedländer, Mikroskop. Techn. 1894. 284.

**Bouin**'s Reagens zum Fixieren mikroskop. Präparate (Pikroformol)

ist eine mit Pikrinsäure gesättigte Mischung von 30 Teilen Formaldehyd (40 %), 20 Teilen Wasser und 5 Teilen Essigsäure.

Anat. Anzg. 1901. 97.
Maire, Zentralbl. f. wiss. Mikroskop. 1904. 371.

Eine Lösung von 0,2 g Platinchlorid, 5 g Ameisensäure und 10 g Formaldehyd (40 %) in 20 g Wasser und 20 g gesättigter Pikrinsäurelösung.

Bibliogr. Anatom. 1898. 53.
Ztschr. f. wiss. Mikroskop. 1899. 357.

**Boule**'s Reagenzien zur Neurofibrillenfärbung.

1. Reagenzien zum Fixieren:
   a) 5 ccm Eisessig, 25 ccm Formol und 100 ccm Wasser.
   b) 0,5 ccm Ammoniakfl., 5 ccm Eisessig, 25 ccm Formol und 100 ccm Wasser.
   c) 0,5 ccm Ammoniakfl., 5 ccm Eisessig, 25 ccm Formol und 100 ccm Alkohol.
2. Färbungs-Reagens:
   a) Lösung von 3 g Silbernitrat in 100 ccm Wasser und 15 ccm Alkohol.
   b) Lösung von 1 g Hydrochinon in 100 ccm Wasser, 15 ccm Alkohol und 10 ccm Formol.

Ztschr. f. wiss. Mikroskop. 1909. **26**. 268.

**Boullay**'s Reagens auf Alkaloide

ist identisch mit Mayer's Reagens. Vergl. Guareschi, Alkaloide 1896. 34.

**Bouma**'s Reaktion auf Gallenfarbstoffe im Harn ist eine Modifikation der Methode von Hammarsten unter Verwendung von Obermayer's Eisen-Salzsäure-Reagens.
Deutsche med. Woch. 1902. 866.
Schippers, Biochem. Ztschr. 9. 241.
Vergl. Obermayer-Popper's Reagens.

**Bouma**'s Reagens auf Indikan im Harn (Isatinsalzsäure)
ist eine Lösung von 0,02 g Isatin (Merck) in 1 Liter eisenfreier Salzsäure. Gebraucht zur quantitativen Bestimmung des Indikans. Näheres siehe: Ztschr. f. physiol. Chem. 32. 82. — Ztschr. f. analyt. Chem. 41. 714.

**Bourceau**'s Reagens auf Eiweiß
ist eine Lösung von 3 Teilen Phenolsulfosäure und 1 Teil Salicylsulfosäure in 20 Teilen Wasser. Zu 1 ccm Harn gibt man 1 Tropfen Reagens. Bei Anwesenheit von Eiweiß entsteht ein weißer Niederschlag.
Bull. Soc. Chim. Paris. 17. 671.
Pharm. Zentrh. 1897. 437.
Compt. rend. biol. 49. 317.

**Bourcet**'s Reaktion auf Antipyrin in Pyramidon.
0,02 g Pyramidon löst man in 4 ccm Wasser und gibt 2 Tropfen Schwefelsäure und etwas Natriumnitrit zu. Bei Gegenwart von Antipyrin entsteht eine blaugrünliche Färbung (noch bei 2 %), bei Abwesenheit von Antipyrin blauviolette Färbung, die sehr bald verschwindet.
Bull. Soc. Chim. Paris (3) 33. 572.
Ztschr. f. angew. Chem. 1906. 390.
Ztschr. d. allg. österr. Apoth. Ver. 1906. 718.
Bullet. Scienc. Pharmacol. 1905. 218.
Pharm. Nachricht. 1906. 45.
Chem. Zentralbl. 1905. II. 76.
Apoth. Ztg. 1905. 410.
Répert. de Pharm. 1905. 194.
Chem. Ztg. 1905. Rep. 187.

**Bourcet**'s Reaktion auf Milchsäure im Magensaft.
10 ccm Wasser versetzt man mit 2 Tropfen verdünnter Eisenchloridlösung (1:5), teilt diese Mischung in zwei Teile und gibt zu dem einen Teil 1—2 ccm Magensaft. Bei Anwesenheit von Milchsäure entsteht eine kanariengelbe Färbung.
Südd. Apoth. Ztg. 1906. 804.

**Bourdier**'s Reaktionen auf Verbenalin.
Gesättigte, wässerige Lösung von Verbenalin bildet mit einer Lösung von essigsaurem Phenylhydrazin mikroskopisch kleine, rote Sphärokrystalle und mit Hydroxylamin einen Niederschlag von Krystallen vom Schmp. 155°. Emulsin bewirkt Spaltung, wobei die Linksdrehung der Lösung in Rechtsdrehung übergeht. Näheres siehe: Arch. der Pharm. 1908. 246. 272.

**Bourgoin**'s Reaktion auf Nitrobenzol im Bittermandelöl.
2 Teile des zu untersuchenden Öles mischt man mit 1 Teil Kalilauge. Bei Gegenwart von Nitrobenzol färbt sich die Mischung grün. Wasserzusatz teilt die Mischung in zwei Schichten, wovon die untere gelb, die obere grün ist. Nach längerem Stehen geht die grüne Farbe in Rot über.
Berl. Ber. 5. 293.
Ztschr. f. analyt. Chem. 11. 316.

**Bourne**'s Borax-Carmin.
Man mischt gleiche Teile 70 %igen Alkohols mit gesättigter Carminlösung in 4 %iger, wässeriger Boraxlösung. Nach 8 tägigem Stehenlassen filtriert man.
Merck's Report 1900. 214.

**Bourquelot**'s Reagens auf Phenole.
Als Reagens dient der wässerige Auszug von Russula delica, welche ein Ferment (Tyrosinase) enthält. Letzteres bewirkt unter dem Einflusse der Luft mit wässerigen Phenollösungen charakteristische Färbungen, so mit Guajakol eine orangerote Färbung und granatrote Fällung, mit Kreosol eine grüne Färbung und rötlich-braunen Niederschlag, mit α-Naphthol eine blaue, mit β-Naphthol eine weiße Fällung, mit Morphin eine gelbe Färbung und einen weißen Niederschlag.
Répert. de Pharm. 1906. 441.
Pharm. Zentrh. 1897. 136.
Ztschr. f. analyt. Chem. 38. 252.
Journ. de Pharm. et de Chim. 1906 II. 165.

**Bourquelot** und **Bougault**'s Reaktion auf Blausäure.
Eine Kupfersulfatlösung wird bei Anwesenheit von Cyanwasserstoff noch in sehr großer Verdünnung mit Guajakol rot, mit α-Naphthol blau, mit Veratrylamin violett gefärbt. Konzentrierte Kupfersulfatlösung gibt auch ohne Blausäure diese Reaktionen, aber nur bis zu einem bestimmten Grade der Verdünnung. Näheres siehe: Journ. de Pharm. et de Chim. 1897. 120. — Pharm. Zentrh. 1897. 893 oder Ztschr. f. analyt. Chem. 40. 489.

**Boussingault**'s Reaktion auf Salpetersäure
beruht auf der Entfärbung von Indigo in schwefelsaurer Lösung.
Compt. rend. 95. 1121.
Marx, Ztschr. f. analyt. Chem. 7. 412.
Trommsdorff, Ztschr. f. analyt. Chem. 9. 168.
Medicus, Massanalyse, Wasseruntersuchung.

**Boutron-Boudet** siehe **Boudet.**

**Bouvier**'s Reaktion auf Fuselöl im Alkohol.
In einem langen Reagenzglase gibt man zu dem Alkohol etwas krystallisiertes Jodkalium und schüttelt leicht um. Bei Anwesenheit von Fuselöl färbt sich die Flüssigkeit gelb. Es läßt sich noch 1/8 % Fuselöl nachweisen.
Bericht über d. 26. Generalversammlung des naturhist. Ver. der Rheinlande.
Polytechn. Notizbl. 20. 110.
Chem. Zentralbl. 1871. 352.
Böttger, Ztschr. f. analyt. Chem. 11. 843.

**Boveri**'s Reagenzien zum Fixieren mikroskop. Präparate.

1. (Pikrinessigsäure) ist eine Lösung von 0,6 g Pikrinsäure und 1 g Essigsäure in 100 ccm Wasser.
2. (Formolsublimat) ist eine Mischung von 75 ccm gesättigter, wässeriger Quecksilberchloridlösung und 25 ccm Formaldehyd.

Jena. Zeit. f. Naturw. 1887. 423.
Behrens' Tabellen 1892. 59.
Enzyklop. d. mikroskop. Techn. 1903. 217. 1107.

**Boveri**'s Reagens zur mikroskop. Untersuchung von Geweben

ist eine Lösung von 1 g Osmiumsäure und 1 g Silbernitrat in 200 ccm Wasser.

Vergl. Kolossow's Reagens.
Enzyklop. d. mikroskop. Techn. 1903. 1045.
Behrens' Tabellen 1892. 95.

**Boveri**'s Reaktion der Zerebrospinalflüssigkeit.

In einem kleinen Reagenzglase überschichtet man 1 ccm Zerebrospinalflüssigkeit mit 1 ccm 0,01%iger Kaliumpermanganatlösung. Ist die Zerebrospinalflüssigkeit pathologisch, so tritt an der Berührungsfläche der beiden Flüssigkeiten ein gelber Ring auf, außerdem bleibt die rote Färbung bestehen. Deutlicher zeigt sich die Farbenänderung nach dem Mischen. Positiv ist die Reaktion nur dann, wenn die Farbenänderung innerhalb längstens 6 Minuten erfolgt ist.

Münchener med. Woch. 1914. 1215.

**Bowhill**'s Reagens zum Färben von Bakterien:

a) Eine gesättigte, alkoholische Lösung von Orceïn;
b) eine heiß bereitete, 20%ige, wässerige Lösung von Tannin.

Zum Gebrauch mischt man 15 ccm der Lösung a mit 10 ccm der Lösung b und 30 ccm Wasser (filtrieren!).

Hygien. Rundsch. 1898. 105.
Pharm. Zentrh. 1898. 138.
Merck's Bericht 1898. 100.
Ztschr. f. wiss. Mikroskop. 1898. 116.

**Bowser**'s Reagens zur Kaliumbestimmung.

Man löst 220 g Natriumnitrit in 400 ccm Wasser und 113 g Cobaltacetat in 300 ccm Wasser, mischt und gibt 100 ccm Eisessig zu. Die Mischung wird erwärmt, durch Evakuierung vom entwickelten Stickstoffdioxyd befreit, filtriert und mit Wasser auf 1 Liter gebracht. (Vergl. de Koninck's, Erdmann's und Burgess-Kamm's Reagens.)

Journ. Ind. Engin. Chem. 1. 791.
Chem. Ztg. 1910. Rep. 50.
Pharm. Zentrh. 1911. 381.
Chem. Zentralbl. 1910. I. 1990.
Répert. de Pharm. 1911. 545.
Salkowski, Journ. Americ. Chem. Soc. 1912. 34. 822. — Chem. Ztg. 1912. 554. — Merck's Bericht 1912. 174.

**Bradford**'s Reagens auf Cottonöl im Olivenöl

ist Bleisubacetatlösung. Schüttelt man Olivenöl mit diesem Reagens, so entsteht bei Anwesenheit von Cottonöl eine rötliche Färbung.

Merck's Report 1900. 214.

**Bradley**'s Reaktion auf Kupfer.

Kupfersalzlösungen geben mit Haematoxylin noch bei einem Gehalte von 0,000 0001 % Kupfer eine blaue Färbung.

Merck's Report 1907. 78.
Chemical Abstracts 1. 150.
Moffatt-Spiro, Chem. Ztg. 31. 639.

**Bradley**'s Reaktion auf Zink.

Versetzt man eine mäßig konzentr. Zinklösung mit Nitroprussidnatriumlösung, so entsteht lachsfarbiges Zinknitroprussiat, das sich in charakteristischen rechtwinkeligen Platten oder Prismen abscheidet, während andere Metalle nur amorphe Niederschläge bilden.

Merck's Report 1907. 78.
Chemical Abstracts 1. 150.
Americ. Journ. of Scienc. (4) 22. 326.
Chem. Zentralbl. 1906. II. 1873.

**Bradshaw**'s Reaktion auf myelopathische Albumose im Harn.

Versetzt man den kalten Urin mit konz. Salpetersäure, so entsteht, wie bei Vorhandensein von Eiweiß, ein Niederschlag, wenn genannte Albumose (Proteid nach Bence Jones) anwesend ist. Zum Unterschiede von gewöhnlichem Eiweiß löst sich aber das Bence Jones'sche Proteid beim Erhitzen der Mischung auf und fällt beim Erkalten wieder aus. Die Reaktion stellt man am besten mit verdünntem Harn an.

Brit. Med. Journ. 1906. II. 1442.
Münchener med. Woch. 1907. 336.
Utz, Pharm. Praxis 1908. 16.

v. **Branca**'s Reagens zum Färben mikroskop. Präparate (Rotholzlösung)

siehe Flechsig's Reagens.

**Brand**'s Glycerin-Gelatine f. mikroskop. Zwecke

siehe Kaiser's Reagens.
Behrens' Tabellen 1892. 64.

**Brandberg**'s Reaktion auf Benzol und Benzin

beruht auf der Löslichkeit von Pech in Benzol und seiner Unlöslichkeit in Benzin.

Deutsche Industrie-Ztg. 1871. 28.
Chem. Zentralbl. 1871. 128.

**Brandeis**' Reagens zur Kernfärbung.

a) Azorubin 1 g, Kalialaun 1 g, Wasser zu 50 ccm;
b) eine heißgesättigte, wässerige Lösung von Pikrinsäure;
c) 0,2%ige Lösung von Anilinblau (wasserlöslich).

Compt. rend. biolog. Paris 1906. 710.
Ztschr. f. wiss. Mikroskop. 1906. 454.

**Brandenburg-Meyer's** Reaktion auf myeloide (und lymphatische) Leukämie

beruht auf der Blaufärbung, welche durch Einwirkung der in den Leukozyten, nicht aber in den Lymphozyten vorhandenen Oxydase auf Guajaktinktur hervorgebracht wird. Näheres siehe: Brandenburg, Münchener med. Woch. 1900. 183. und Meyer, ebenda 1904. 1578.

**Branderhorst's** Reaktion auf Paraffin in Cetaceum.

0,25 g des zu prüfenden Walrats verseift man durch 5 Minuten langes Kochen mit 5 ccm alkoholischer Kalilauge. Versetzt man das Gemisch jetzt mit 2—3 ccm Wasser, so tritt bei Anwesenheit von Paraffin Trübung auf.

Pharm. Weekblad 46. 1043.
Chem. Zentralbl. 1909. II. 1278.

**Brandes'** Reaktion auf Chinin (Chinidin).

(Thalleiochinreaktion). Chinin- und Chinidinlösungen geben nach Zusatz von Chlorwasser mit Ammoniak eine intensiv grüne Färbung. Modifikation des deutschen Arzneibuches: 5 ccm der wässerigen Lösung von Chininhydrochlorid 1 : 200 werden durch Zusatz von 1 ccm Chlorwasser und von Ammoniakflüssigkeit im Überschusse grün gefärbt.

(Vergl. Flückiger's Reaktion.)
Liebig's Annal. 32. 270.
Archiv der Pharm. 13. 65; 16 259.
Chem. Zentralbl. 1838. 193 u. 875.
Brandes u. Liebig, Arch. der Pharm. 15. 259.
Belohoubek u. Sedlecky, Apoth. Ztg. 10. 676 oder
Ztschr. f. analyt. Chem. 35. 236.
Ducommun, Ztschr. d. österr. Apoth. Ver. 49. 601 oder
Chem. Ztg. 1895. Rep. 214.
André, Annal. de Chim. et de Phys. (2) 71. 195.
Archiv der Pharm. 244. 602.
Fühner, Berl. Ber. 38. 2713.
Chem. Zentralbl. 1905. II. 1135 u. 1907. I. 673.
Dulière, Apoth. Ztg. 1907. 293.
Vondrasek, Chem. Zentralbl. 1908. II. 833.
la Wall, Südd. Apoth. Ztg. 1913. 601.

**Brandl-Mayr's** Reaktion auf Sapogenin und Sapotoxin von Agrostemma Githago siehe:

Arch. f. experim. Path. u. Pharm. 54. (1906.) 245.
Chem. Zentralbl. 1906. I. 1350.

**Brandt's** Indikator.

Man löst 0,1 g Diphenylkarbazid in 35 ccm konzentr. Essigsäure und verdünnt die erhaltene Lösung mit Wasser auf 100 ccm. Dient zur Titration von Ferrosalzen mit Kaliumdichromatlösung. Näheres siehe: Ztschr. f. analyt. Chem. 1914. 53. I.

**Brandt's** Reagens zum Färben mikroskop. Präparate

ist eine Lösung von 1 g Bismarckbraun in 3 Liter Wasser. Gebraucht zum Färben lebender Organismen.

Arch. Anat. Phys. 1878. 563.
Biolog. Zentralbl. 1881. Nr. 7.
Behrens' Tabellen 1892. 108.

**Braß'** Reagens zum Färben mikroskop. Präparate.

Man erwärmt Carmin mit einer Mischung von 15 Tropfen Salzsäure und 100 ccm 70 %igem Alkohol und filtriert.

Ztschr. f. wiss. Mikroskop. 1885. 303.

**v. Braun's** Reagens zur Charakterisierung von Aldehyden

ist Diphenylmethandimethyldihydrazin. Näheres siehe: Berl. Ber. 1908. 2169. — Chem. Zentralbl. 1908. II. 708. Da das genannte Hydrazin nicht haltbar ist, kommt an dessen Stelle das Dinitrosodimethyldiamidodiphenylmethan in den Handel, das vor Anstellung der Reaktion durch Reduktion in das Hydrazin übergeführt wird. Vergl. Berl. Ber. 1908. 2172.

**v. Braun's** Reagens zur Charakterisierung von Basen (primären, sekundären, tertiären)

ist 1,5-Dibrom-pentan. Näheres siehe: Berl. Ber. 1908. 2156 — Chem. Zentralbl. 1908. II. 708.

**Braun's** Reagens auf Blausäure

ist eine Lösung von Pikrinsäure in Wasser 1: 250, welche beim Kochen mit Alkalicyaniden eine intensiv rote Färbung erzeugt.

Ztschr. f. analyt. Chem. 3. 465.
Hlasiwetz, Liebig's Annal. 110. 289.
Nach Vogel ist die Empfindlichkeit dieser Reaktion = 1: 3000.
Ztschr. f. analyt. Chem. 5. 212.
Neues Repert. f. Pharm. 14. 545.

**Braun's** Reaktion auf Cobalt

beruht auf einer roten bis orangeroten Färbung einer mit überschüssigem Cyankalium versetzten Cobaltlösung durch Kaliumnitrit und Essigsäure. Empfindlichkeitsgrenze = 1: 10 000.

Journ. f. prakt. Chem. 91. 107.
Ztschr. f. analyt. Chem. 3. 452.
Andere Reaktionen siehe ebenda 7. 348. (Natriumpyrophosphat und Natriumhypochlorit).

**Braun's** Reagens auf Glukose.

Erhitzt man eine alkalische Lösung von Pikrinsäure (1: 250) mit zuckerhaltigem Harn, so entsteht eine rote Färbung.

Ztschr. f. analyt. Chem. 4. 185.
Chem. Zentralbl. 1866. 219. 1874. 825.
Böttger, Polytechn. Notizbl. 29. 365.
Pharm. Zentrh. 1901. 217.
Journ. f. prakt. Chem. 96. 412.
Enzyklop. d. gesamt. Pharm. 1887. II. 369.
Vergl. Johnson's und Thiery's Reaktion.

**Braun's** Reaktion auf Gold siehe:
Ztschr. f. analyt. Chem. 7. 339.

**Braun's** Reaktion auf Molybdänsäure mittels Kaliumrhodanid siehe:
Ztschr. f. anorgan. Chem. 1863. 2. 37.
Journ. f. prakt. Chem. 1863. 125.
Chem. Zentralbl. 1863. 784.
Kedesdy, Chem. Zentralbl. 1913. II. 996.

**Braun's** Reagens auf Nickel
ist eine wässerige Lösung von Kaliumsulfokarbonat, welche noch mit Spuren von Nickelsalzlösungen eine rosenrote Färbung gibt. Darstellung etc. siehe:
Ztschr. f. analyt. Chem. 7. 346.

**Braun's** Reaktion auf Pikrinsäure
beruht auf einer Rotfärbung alkalischer Pikrinsäurelösung beim Erwärmen mit Glukose, ist also die umgekehrte Reaktion des Autors auf Glukose (siehe diese). Empfindlichkeitsgrenze = 1: 70 000.
Rymsza, Ztschr. f. analyt. Chem. 36. 813.
Pharm. Zentrh. 1890. 306.

**Braun's** Reaktion auf Salpetersäure.
Versetzt man eine Lösung, die Salpetersäure oder Nitrate enthält, mit wenig Anilinsulfat und Schwefelsäure, so färbt sich die Mischung blau bis blauviolett.
Ztschr. f. analyt. Chem. 6. 71; 23. 209.
Böttger, ebenda 8. 455.
Laar, ebenda 23. 211 oder
Berl. Ber. 15. 2086.

**Braun's** Reaktion auf salpetrige Säure.
Auf eine frisch bereitete, mit Essigsäure versetzte Lösung von Kaliumcobaltcyanür schichtet man die zu prüfende Flüssigkeit. Bei Anwesenheit von Nitriten entsteht ein orangeroter Ring.
Ztschr. f. analyt. Chem. 3. 468.

**Braun's** Reagens auf Weinsäure.
Man löst 1 g Cobaltihexaminchlorid in 12 ccm Wasser. Erhitzt man eine Lösung von Weinsäure mit etwas Reagens zum Sieden und gibt Natronlauge zu, so verwandelt sich die gelbe Färbung der Lösung in eine grüne und zuletzt blauviolette. Apfelsäure, Ameisen-, Benzoe-, Bernstein-, Citronen-, Essig- und Oxal-Säure geben diese Reaktion nicht.
Ztschr. f. analyt. Chem. 7. 349.

**Braun's** Reagens für petrographische und optische Untersuchungen
ist Methylenjodid (D. = 3,33).
Vergl. Retger's Reagens.
Neues Jahrb. f. Mineralogie 1886. II. 72.

**Braungard's** Reagens auf Eiweiß
ist eine Lösung von 2 g Pikrinsäure und 2 g Citronensäure in 100 ccm Wasser. Gebraucht wie Esbach's Reagens unter Zuhilfenahme eines besonderen Apparates. Näheres siehe: Chem. Ztg. 1909. 942. — Apoth. Ztg. 1909. 691.

**Braus'** Reagens für mikroskop. Zwecke.
Man löst 0,1 g Chromsäure in 30 ccm Wasser und gibt 10 g Formaldehyd zu. Gebraucht zur Darstellung der Gallenkapillaren (Golgi).
Jena. Zeit. f. Naturw. 1895. 435.
Enzyklop. d. mikroskop. Techn. 1903. 137.

**Bräutigam-Edelmann's** Reaktion auf Pferdefleisch
gründet sich auf den Nachweis des Glykogens. 50 g Fleisch werden gehackt und mit 200 g Wasser ausgekocht. Nach dem Erkalten wird durch Zusatz von Salpetersäure (1: 1) das Eiweiß abgeschieden, filtriert und diese Mischung mit heiß bereiteter, möglichst gesättigter, wässeriger Jodlösung überschichtet. Ein burgunderroter bis violetter Ring zeigt (Glykogen) Pferdefleisch an.
Pharm. Zentrh. 1893. 557 u. 1894. 60.
Ztschr. f. analyt. Chem. 33. 98 u. 36. 270.
Bell, Chem. News. 55. 15.
Humbert, Répert. de Pharm. 1895. 60.
Niebel, Pharm. Zentrh. 1895. 400.
Uhlenhuth, Deutsche med. Woch. 1901. 261.
Ruppin, Zeitschr. Untersuchg. d. Nahr.- und Genußmittel 1902. 306.
Hasterlik, ebenda 1902. 157.
Bastien, Pharm. Zentrh. 1899. 43.
Jean, Chem. Ztg. 1899. Rep. 148.
Drechsler, Zeitschrift für Fleisch- und Milchhygiene 5. 110.
Telle, Chem. Zentralbl. 1908. I. 1906.

**Braut's** Reaktion auf Solanin.
Bringt man etwas Solanin (oder Solanidin) in Selenschwefelsäure, so tritt eine rote Färbung auf.
Dissert. Rostock 1876.

**Breccia's** Reaktion auf Exsudate und Transsudate.
Gibt man zu einer Lösung von Collargol 1 : 15 000 einige Tropfen eines Exsudats und läßt einige Stunden im Brutofen bei 35—40° stehen, so tritt keine Präzipitierung ein, während eine solche durch Transsudate fast immer verursacht wird.
Gazz. d. ospedali 1909. No. 135.
Zentralbl. f. ges. Therap. 1912. 471.

**Breckler's** Indikator für die Fehlingsche Zuckerbestimmung
ist eine 4 %ige wässerige Lösung von Natriumsulfid. Man benützt ihn bei der Zuckerbestimmung mit Fehling's Reagens, um den Endpunkt der Titration festzustellen. Solange noch Kupfer in Lösung ist, wird ein Tropfen der Kupferlösung, mit 2 Tropfen Reagens gemischt, eine braune bis gelbbraune Färbung erzeugen.
Journ. Ind. Engin. Chem. 1915. 7. 37.

**Breglia's** Reagens zum Färben mikroskop. Präparate
ist Campecheholztinktur, die aus 7—10 g zerkleinertem Holz und 100 ccm Alkohol (90 bis 95 %) dargestellt wird.

Giornale Assoc. Natural. Med. (Neapel) 1889. 169.

**Breinl's** Reagens auf Sesamöl

ist eine Modifikation von Villavecchia-Fabri's resp. Baudouin's Reagens. An Stelle einer alkoholischen Furfurollösung verwendet man eine Lösung von p-Oxybenzaldehyd, Vanillin oder Piperonal, welche eine größere Farbenintensität hervorrufen sollen als Furfurol.

Chem. Ztg. 1899. 647.
Pharm. Zentrh. 1899. 550.
Utz, Chem. Zentrbl. 1902. II. 293. 1905. I. 837.
Winkel, ebenda 696.
Seifensieder-Ztg. 1905. 114. 178. 214.

**Bremer's** Reagens auf Glukose im Blute.

Man mischt gleiche Volumina gesättigter, wässeriger Lösungen von Eosin und Methylenblau, wäscht den hierbei entstandenen Niederschlag auf einem Filter aus und trocknet ihn. Alsdann mischt man den 24. Teil Eosin und den 6. Teil Methylenblau zu und verreibt zu einem feinen Pulver. Zur Ausführung der Probe verwendet man eine 0,5 % Lösung dieser Mischung in 33 %igem Alkohol. Näheres siehe: Pharm. Zentrh. 1896. 871 oder Journ. d. Pharm. f. Els.-Lothr. 1896. 221.

Gibt man eine Federmesserspitze voll Gentianaviolett B Merck auf die Oberfläche des Urins in einem Reagenzglase, so färbt sich normaler Urin nicht oder nur schwach rötlich violett, diabetischer Urin färbt sich hingegen blau bis blauviolett. Vergl. Zentralbl. f. innere Med. 1897. 307.

**Bremer's** Reagens auf Sesamöl in Margarine

ist eine Modifikation von Baudouin's bezw. Villavecchia-Fabri's Reagens. — Zu einer abgekühlten Mischung von 50 ccm konzentrierter Schwefelsäure und 50 ccm Alkohol gibt man 10 Tropfen Furfurol. — Mischt man Margarine mit einigen Tropfen des Reagenzes, so bewirkt vorhandenes Sesamöl eine kirschrote Färbung.

Lehnkering, Ztschr. f. öff. Chem. 1903. 436.

**Brendel's** (Brendel-Müller's) Reaktion auf Syphilis

ist eine Modifikation von Wassermann's Reaktion. Vergl. Münchener med. Woch. 1912. 1610, 1754.

Plaut, ebenda 1913. 238.
Pöhlmann, ebenda 1913. 591.
Zschucke, Berl. klin. Woch. 1913. 1717.

**Brenstein's** Reagens auf Blei

ist Natriumphosphatlösung (1: 20), die in ammoniakalischen Lösungen eine weiße Trübung mit Bleisalzen hervorrufen soll. Das Reagens soll empfindlicher sein als Schwefelsäure. Näheres siehe: Pharm. Ztg. 1890. 282.

**Bréon's** Reagens zur Trennung von Mineralien, deren spec. Gew. größer ist als das des Quarzes

ist eine geschmolzene Mischung von Bleichlorid und Zinkchlorid.

Compt. rend. 90. 626.
Bullet. Soc. mineral. de France 3. 1880. 46.

**Bresgen's** Einbettungsmittel.

24 ccm frisches Hühnereiweiß mischt man mit 2,5 ccm wässeriger, 10 %iger Natriumkarbonatlösung und schüttelt die Mischung mit 9 ccm geschmolzenem Talg.

Virchow's Archiv 1875. 137.
Fleischer, ebenda 1876. 135.
Behrens' Tabellen 1892. 75.
Enzyklop. d. mikroskop. Techn. 1903. 1080.

**Breteau-Woog's** Indikator für Chloroformprüfung

ist eine mit Congorot gefärbte Hollundermarkscheibe, die, auf Chloroform schwimmend, dessen beginnende Zersetzung durch Änderung der Farbe von Rot in Blau zu erkennen gibt.

Compt. rend. 1906. II. 1193.
Répert. de Pharm. 1907. 60.
Pharm. Zentrh. 1907. 399.

**Bretet's** Reagens auf Harnsäure

ist eine Lösung, die im Liter 170 g Ammoniumchlorid, 120 g Magnesiumchlorid und 200 ccm Ammoniakfl. (20 %) enthält. Anwendung siehe

Ztschr. f. angew. Mikroskop. 1904. (9) 104.

**Breukeleveen's** Reaktion auf Perchlorsäure in Chilisalpeter und Kaliumchlorat.

Die Lösung des zu prüfenden Salzes läßt man nach Zusatz von Rubidiumchlorid und einer Spur Kaliumpermanganat auf dem Objektträger verdunsten und betrachtet die Krystallisation unter dem Mikroskop. Bei Gegenwart von Perchlorsäure bilden sich Krystalle von Rubidiumperchlorat, die sich mit Kaliumpermanganat rot färben, während Nitrate und Chlorate ungefärbt bleiben. Näheres siehe: Rec. trav. chim. des Pays-Bas 1898. 94. — Chem. Zentralbl. 1898. I. 960. — Fresenius-Bayerlein, Ztschr. f. analyt. Chem. 1898. 501. — Scheringa, Pharm. Weekblad 1911. 15. — Pharm. Zentrh. 1911. 599. (Vergl. Breukeleveen's Reakt.).

**Briand's** Reaktion auf Abrastol im Wein.

Wenn man 50 ccm Wein nach dem Ansäuern mit 1 ccm Schwefelsäure und Zusatz von 25 g Bleisuperoxyd schüttelt und filtriert und das Filtrat mit 1 ccm Chloroform ausschüttelt, so färbt sich letzteres bei Anwesenheit von Abrastol gelb. Der nach dem Verdunsten des Chloroforms verbleibende Rückstand färbt sich dann mit Schwefelsäure grün. Empfindlichkeitsgrenze = 1: 50 000.

Berl. Ber. 1894. Ref. 369.
Compt. rend. 118. 925.
Journ. de Pharm. et de Chim. 1894. 514.
Chem. Zentralbl. 1894. I. 1098.

**Brieger's** Antitrypsinreaktion für die Krebsdiagnose

siehe: Berl. klin. Woch. 1908. 1041, 1349, 2260. — Pinkuß, ebenda 1910. 2342.

**Brieger's** Reaktion zur Unterscheidung von Cholin und Neurin.

Cholin gibt mit Phosphorwolframsäure, aber nicht mit Gerbsäure einen Niederschlag. Neurin gibt mit Gerbsäure, aber nicht mit Phosphorwolframsäure einen Niederschlag.

Brieger, Über Ptomaine. 1885, Berlin.

**Brieger's** Reaktion auf Pyrokatechin im Harn.

Gibt man einen Tropfen Urin zu einem Tropfen stark verdünnter Eisenchloridlösung, so entsteht bei Anwesenheit von Pyrokatechin eine grüne Färbung. Gibt man verdünnte Ammonkarbonatlösung zu, so nimmt die Mischung eine violette Farbe an und geht dann mit Essigsäure in Grün zurück.

Merck's Report 1900. 215.
Du Bois-Reymond's Arch. 1879. Suppl.
Med. Zentralbl. 35. 303.

**Brieger-Renz'** Reaktion auf Syphilis

siehe: Deutsche med. Woch. 1909. No. 50. und 1910 No. 2.

**Brindejonc's** Reaktionen auf Ionidin (Alkaloid der Eschscholtzia californica)

siehe: Bull. Soc. Chim. France 1911. 9. 97. — Chem. Zentralbl. 1911. I. 822.

**Bringhetti's** Reaktion auf Salpetersäure.

Die zu prüfende Flüssigkeit verdunstet man und gibt zum Rückstand etwas Salicin und konzentr. Schwefelsäure. Bei Anwesenheit von Salpetersäure entsteht eine blutrote Färbung, die beim Verdünnen mit Wasser violett wird.

Österreich. Chem. Ztg. 1. 330.
Ztschr. f. analyt. Chem. 38. 540.

**Brissemoret's** Reagenzien auf Alkaloide

sind 1. etwas Eisen enthaltende Schwefelsäure, 2. Salpetersäuredämpfe enthaltende Schwefelsäure und 3. reine Schwefelsäure. Diese Reagenzien geben mit den Opiumalkaloiden verschiedene Farbenerscheinungen.

Tabellarische Zusammenstellung siehe Bull. Sciences. Pharmacol. 1900. 121.
Pharm. Zentrh. 1900. 725.
Garnier, Journ. de pharm. et de chim. 1908. I. 369.

**Brissemoret's** Reaktionen der Tannoide

siehe: Bullet. soc. chim. Paris 1907. 352. — Bull. scienc. pharmacol. 14. 504. — Chem. Zentralbl. 1907. II. 352, 1709.
Apoth. Ztg. 1907. 865.

**Brissemoret-Combes'** Reaktion auf Oxychinone

siehe Répert. de pharm. 1907. 42.
Journ. de Pharm. et de Chim. 1907. 53.
Chem. Zentralbl. 1907. I. 994.

**Brissemoret-Derrien's** Reagens auf Digitalisglykoside

ist eine Lösung von Glyoxylsäure in Schwefelsäure. Man benützt nach Garnier konz. Schwefelsäure und eine Lösung von Glyoxylsäure, die man sich durch Reduktion einer 4%igen Oxalsäurelösung mittels Natriumamalgam hergestellt hat und mit Eisessig im Verhältnis 2+3 gemischt hat. In diesem Glyoxylsäurereagens löst man das zu prüfende Glykosid und schichtet es über konz. Schwefelsäure. Digitoxin verursacht einen graugrünen bis schwarzgrünen Ring, amorphes Digitalin einen kirschroten Ring.

Garnier, Journ. de pharm. et de chim. 1908. I. 369.
Bullet. général de thérap. 1907. 382.
Südd. Apoth. Ztg. 1907. 394.
Chem. Ztg. 1907. Rep. 198.

**Broeksmit's** Reaktion auf Citronensäure

ist eine Modifikation von Stahre's Reaktion. Erwärmt man Citronensäurelösung mit Kaliumpermanganat, gibt Ammoniak und dann Jodlösung zu, so entsteht Jodoform.

Pharm. Weekblad. 1904. 401. 611; 1915. 1637.
Apoth. Ztg. 1904. 346.
Chem. Zentralbl. 1904. I. 1671 u. II. 672.
Ztschr. f. analyt. Chem. 1906. 651.

**Bronciner's** Reagens I auf Alkaloide (Kaliumsulforuthenat)

ist eine Lösung von 1 g Kaliumruthenat oder Kaliumperruthenat in 20 ccm konzentrierter Schwefelsäure. Solanin gibt mit diesem Reagens eine sich allmählich durch die ganze Flüssigkeit fortsetzende Rotfärbung, die beim Erwärmen verschwindet; Ononin gibt sofort braunrote Färbung; Chelidonin Grünfärbung; Imperatorin blaue in Grün übergehende Färbung.

Pharm. Ztschr. f. Rußland 28. 778.

**Bronciner's** Reagens II auf Alkaloide (Ammoniumsulfouranat)

ist eine Lösung von 1 g Ammoniumuranat in 20 ccm konzentr. Schwefelsäure. Mit diesem Reagens gibt Codeïn bei gelindem Erwärmen Blaufärbung; Imperatorin Blaufärbung, die beim Erwärmen verschwindet; Morphin schmutziggrüne Färbung beim Erwärmen; Chelidonin langsam auftretende Grünfärbung.

Pharm. Ztschr. f. Rußland 28. 778.
Ztschr. f. analyt. Chem. 37. 62.

**Bronciner's** Reagens III auf Alkaloide

ist mit Chlor gesättigte, konzentr. Schwefelsäure. Narcotin gibt eine violette, in Weinrot und Gelb übergehende Färbung, Narceïn eine olivgrüne und Brucin eine rote Färbung.

Auch Niobschwefelsäure ist vom Autor als Reagens auf Alkaloide vorgeschlagen worden. Näheres siehe: Chem. Ztg. 1888. Rep. 251 oder Journ. de Pharm. et de Chim. (5) 18. 204.

**Bronciner's** Reagens IV auf Alkaloide

ist eine Lösung von 1 g Ammontellurat in 20 ccm konzentr. Schwefelsäure — Digitalin = rotblau, Narceïn = gelb, dann schmutzig grün und zuletzt violett, Narcotin = vorübergehend rosa, Apomorphin = nach kurzer Zeit violett, Chelidonin = nach 3—4 Minuten grün.

Chem. Ztg. 1890. Rep. 137.
Journ. de Pharm. et de Chim. (5) 21. 468.

**Brönsted's Reagens auf Weinsäure**
ist eine Lösung von l-Weinsäure. Eine 0,1%ige Lösung von Weinsäure (in Wasser) gibt auf Zusatz von Calciumacetatlösung erst nach 2—3 Stunden einen Niederschlag (Calciumtartrat), gibt man aber einen Tropfen l-Weinsäurelösung zu, so entsteht sofort ein Niederschlag (traubensaures Calcium). Näheres siehe Ztschr. f. analyt. Chem. **42.** 15 oder Chem. Ztg. 1903. Rep. 36. — Apoth. Ztg. 1903. 659. — Chem. Zentralbl. 1903. I. 363.

**Brouardel-Boutmy's** Reaktion zur Differenzierung von Ptomaïnen und Alkaloiden
beruht auf der reduzierenden Wirkung der Ptomaïne auf eine Lösung von Eisenchlorid und Ferricyankalium. Diese Reaktion gibt aber auch Morphin. Ebenso sollen Alkaloide auf Bromsilbergelatinepapier reduzierend einwirken.
Compt. rend. **92.** 1056.
Pharm. Zentrh. 1896. 432.
Vergl. Enzyklop. d. gesamt. Pharm. 1887. II. 403 u. 450.
Tanret, Compt. rend. **92.** 1163.
Beckurts, Arch. der Pharm. (3) **20.** 104.

**Brooks'** Reagens auf Wasser in Äther oder Chloroform
siehe: Huxley-Brooks' Reagens.

**Brown's** Reagens auf reduzierende Gase
ist ein mit Ferrichlorid und Ferricyankalium getränktes Papier, das durch genannte Gase blau gefärbt wird.
Chem. Zentralbl. 1888. 1396.

**Browne's** Reaktion auf Kunsthonig.
5 ccm einer Mischung von 80 g Honig und 160 ccm Wasser überschichtet man mit 2 ccm einer Mischung von 5 ccm Anilin, 5 ccm Wasser und 2 ccm Eisessig. Kunsthonig bewirkt an der Berührungsfläche eine rote Zone.
Ztschr. d. Ver. dtsch. Zucker-Ind. 1908. **45.** 751.
Ztschr. Unters. Nahr. Gen. Mittel **17.** 469.
Chem. Zentralbl. 1908. II. 1130.

**Browning-Cruickshank-M'Kenzie's** Reagens für die Wassermann'sche Reaktion
ist eine mit Cholesterin gesättigte alkoholische Lösung von Lecithin. Es dient als Ersatz des rohen Organextraktes bei der W. R. Näheres siehe: Biochem. Ztschr. **25.** 85.

**Browning-Palmer's** Reaktionen auf Ferrocyanide, Ferricyanide und Rhodanide.
Die zu prüfende Lösung säuert man schwach an und versetzt mit Thoriumnitrat. (Durch das Thorsalz wird die Ferrocyanwasserstoffsäure vollständig ausgefällt.) Im Filtrat des Thorniederschlages wird die Ferricyanwasserstoffsäure mit Cadmiumnitrat gefällt und im Filtrat vom Cadmiumniederschlag Rhodanwasserstoff mit Eisenchlorid nachgewiesen. Thorferrocyanid und Cadmiumferricyanid können mit Säure behandelt und die Ferro- bezw. Ferricyanwasserstoffsäure mit Ferri- bezw. Ferrosalzen identifiziert werden.
Ztschr. f. anorgan. Chem. 1907. **54.** 315.
Chem. News 1907. **96.** 7.
Chem. Zentralbl. 1907. II. 849.
Americ. Journ. Sciences (4) **23.** 448.

**Bruce Warren's** Reagens auf fette Öle
ist eine Mischung von gleichen Teilen Chlorschwefel und Schwefelkohlenstoff. Trocknende Öle geben mit dem Reagens unlösliche Massen, nicht trocknende Öle bleiben gelöst.
Chem. News 1887. 134; 1888, 113.
Chem. Zentralbl. 1888. 1107.
Henriques, Chem. Ztg. 1893. 636.

**Brücke's** Reaktion auf Blut und Eiter im Harn mittels Terpentinöl und Guajaktinktur
siehe Ztschr. f. analyt. Chem. **28.** 757, Wiener Monatshefte 1889. 10. 129. oder Sitzungsbericht d. k. Akadem. d. Wissensch. in Wien; math.-naturw. Klasse, **98,** III. März 1889.
Sie ist eine Modifikation von Vitali's und van Deen's Reaktion.

**Brücke's** Reaktion auf Eiweiß.
(Biuretreaktion.) Koaguliertes Eiweiß übergießt man mit einer sehr verdünnten Kupfersulfatlösung, entfernt letztere, sobald das Koagulum damit durchtränkt ist und bringt das Gerinnsel in mäßig verdünnte Natronlauge. Es nimmt dabei eine veilchenblaue Färbung an.
Wiener Sitzungsber. **61.** 250.
Vergl. Rose's Reaktion.
Neumeister, Ztschr. f. analyt. Chem. **30.** 110.
Schaer, Ztschr. f. analyt. Chem. **42.** 1.
Lidof, ebenda 1904. 713.
Cowie-Dickson, Chem. Zentralbl. 1906. I. 1118, 1907. I. 1226.
Tschugajeff, Berl. Ber. **40.** 1973.
Schiff, Liebig's Annal. **299.** 236, **352,** 73.

**Brücke's** Reaktion auf Gallenfarbstoffe
ist eine Modifikation von Gmelin's Reaktion, die darin besteht, daß statt untersalpetersäurehaltiger Salpetersäure ausgekochte Salpetersäure verwendet wird, und daß man nach dem Mischen der Flüssigkeiten vorsichtig konzentr. Schwefelsäure unterschichtet. Auf diese Art kann man von der Berührungsstelle aus die sich übereinander bildenden Farbenerscheinungen schön beobachten.
Ztschr. f. analyt. Chem. **15.** 502.

**Brücke's** Reagens auf Glukose.
Frisch gefälltes Wismutsubnitrat löst man unter Zugabe von Salzsäure in heißer Jodkaliumlösung. Den zu prüfenden Harn oder sonstige Flüssigkeit säuert man mit so viel Salzsäure an, daß zugegebenes Reagens nicht durch Ausscheidung basischer Wismutsalze getrübt wird. (Siehe Originalabhandlung.) Enthält der Harn Eiweiß, so muß dasselbe erst mit dem Reagens ausgefällt und filtriert werden. Alsdann macht man die Lösung mit Kali alkalisch und kocht. Bei Anwesenheit von Glukose tritt Schwärzung des ausgeschiedenen Wismuthydroxyds ein.

Berichte der Wiener Akademie 1875, 1.
Chem. Zentralbl. 1858. 705.
Ztschr. f. analyt. Chem. 15. 101.
Fron, Chem. Zentralbl. 1875. 263.
Maschke, Ztschr. f. analyt. Chem. 16. 425.
B e n c e J o n e s, Ztschr. f. analyt. Chem. 1. 127.

**Brücke's** Reaktion auf Harnstoff.

Harnstoff wird in alkoholischer Lösung durch eine ätherische Lösung von Oxalsäure krystallinisch gefällt (Harnstoffoxalat). Empfindlicher ist die Reaktion mit amylalkoholischer Lösung von Harnstoff und Oxalsäure.
Monatshefte f. Chem. 3. 195.
Ztschr. f. analyt. Chem. 22. 139.

**Brücke's** Reagens auf Proteïnstoffe.

Man sättigt eine siedende 10 %ige Jodkaliumlösung mit frisch gefälltem Quecksilberjodid und filtriert die Lösung nach dem Erkalten. Proteïnstoffe geben in angesäuerter Lösung mit diesem Reagens einen Niederschlag.
Merck's Report 1900. 215.
Wiener Sitzungsbericht 61. 250.

**Brücke's** Xanthinreaktion

ist identisch mit Strecker's Reaktion.
Monatsh. f. Chem. 7. 617.

**Brückner's** Reagens auf Glykogen.

Eine heiße, 10 %ige Kaliumjodidlösung sättigt man mit Quecksilberjodid, gießt nach dem Erkalten von den ausgeschiedenen Krystallen ab und gibt noch etwas Kaliumjodid zu. (Vor Licht geschützt aufzubewahren!)
Vergl. Goldstein's Reaktion.
Pharm. Ztg. 1904, 71.
Apoth. Ztg. 1904. 142.
Ztschr. d. öst. Apoth. Ver. 1904. 301.

**Bruckner's** Reagens zum Färben mikroskop. Präparate

ist eine Modifikation von Romanowsky's Reagens.
Compt. rend. biol. 1908. 968.
Ztschr. f. wiss. Mikroskop. 25. 472.

**Bruekeleveen's** Reaktion auf Perchlorat in Kaliumchlorat.

Trocknet man einen Tropfen Kaliumchloratlösung mit einer Spur Kaliumpermanganatlösung ein, so färben sich die Chloratkrystalle bei Anwesenheit von Perchlorat rosarot.
S c h e r i n g a, Pharm. Weekblad 1911. 15.
Pharm. Zentrh. 1911. 599.

**Bruère's** Reagens auf gekochte Milch.

a) Tabletten, die aus 0,05 g Guajakol und 0,2 g Milchzucker bestehen;
b) Tabletten à 0,25 g Natriumperborat.

Zu 10 ccm Milch gibt man eine in 5 ccm Wasser zerdrückte Tablette a und nach dem Umschütteln eine zerdrückte Tablette b. Ungekochte Milch wird lachsfarbig bis rot, gekochte Milch färbt sich nicht.
Journ. de Pharm. et de Chim. 1906. 488.
Pharm. Zentrh. 1907. 604.
Südd. Apoth. Ztg. 1907. 548.

**Brugnatelli's** Reagens auf Alkohol in Äther

ist eine Lösung von Phosphor in Äther. Gibt man hiervon etwas in Alkohol oder stark alkoholhaltigen Äther, so entsteht eine milchige Trübung von feinverteiltem Phosphor. (Da sich Phosphor auch in Alkohol in geringen Mengen löst, muß die verwendete ätherische Lösung möglichst gesättigt sein; aber auch dann dürfte die Reaktion praktisch so gut wie bedeutungslos sein.)
Annali di Chimica e Historia naturale 1797. 13. 275; ins Französische übersetzt von v a n M o n s, Annales de Chimie ou Recueil de Mémoires concernant la Chimie 1797. 24. 57.

**Brugnatelli's** Reaktion auf Quecksilber.

Die zu prüfende Flüssigkeit (50—100 ccm) säuert man mit Salzsäure an, erwärmt auf dem Dampfbade mit im Wasserstoffstrom ausgeglühtem Kupferdraht oder Kupferpulver auf 50 bis 60 ° C. und schüttelt dann 5 Minuten lang damit. Alsdann wäscht man das Kupfer mit Wasser und bringt es nebst einem mit 1 %iger Goldchloridlösung benetzten Porzellanscherben in ein Glasschälchen, das man mit einem Uhrglase bedeckt und auf dem Dampfbade erwärmt. Bei Anwesenheit von Quecksilber entstehen auf dem Porzellan rote, violette oder goldglänzende Flecke. Empfindlichkeitsgrenze = 0,1 mg in 1 Liter.
La Riforma medica 1889. 824.
Ztschr. f. analyt. Chem. 28. 752.
B a r f o e d, Journ. f. prakt. Chem. (2) 21. 441.

**Brugsch's** Reaktion auf Bilirubin in Blut.

Man versetzt das Blut oder das Blutserum mit Alkohol im Verhältnis 2 : 3 und filtriert. Das Filtrat säuert man mit Salzsäure an und gibt Natriumnitritlösung zu. Grünfärbung zeigt Bilirubin an.
Klin. Unters. Methoden 390.
Med. Klinik 1910. 1417.
Pharm. Zentrh. 1911. 1029.

**Brugsch's** Reaktion auf Harnsäure im Blut.

Man verdünnt 0,1 ccm Blutserum mit 10 ccm Wasser und setzt Phosphorwolframsäurelösung und Natriumkarbonatlösung zu. Blaufärbung zeigt Harnsäure an. Das Verfahren dient zum quantitativen kolorimetrischen Nachweis der Harnsäure.
Klin. therap. Woch. 1914. 427.

**Brugsch-Kristeller's** Reaktion auf Harnsäure im Blutserum

beruht auf einer Blaufärbung, die beim Versetzen eines 10 fach mit Wasser verdünnten Serums auf Zusatz von Phosphorwolframsäure eintritt. Vergl. Schöndorff's Reagens.
Med. Klinik 1914. 482.

**Brugsch-Retzlaff's** Reagens (Vergleichsflüssigkeit) zur kolorimetrischen Bestimmung von Urobilinogen im Harn

ist eine Lösung von Bordeauxrot. Näheres siehe: Ztschr. f. experim. Path. u. Therap. 1912. 11. — F l a t o w - B r ü n e l l, Münchener med. Woch. 1913. 234.

**Bruhn's Reagens auf Adenin.**

Man löst Wismutnitrat in möglichst verdünnter Salpetersäure und gibt Kaliumjodid zu, bis eine klare Lösung erfolgt ist. Versetzt man wässerige Adeninlösung mit dem Reagens, so entsteht eine dem Kohlenoxydhämoglobin ähnlich gefärbte, mikrokrystallinische Fällung (rote Nadeln).

Ztschr. f. physiol. Chem. 14. 574.

**Brullé's Reagens auf Verfälschungen des Olivenöles**

ist eine alkoholische Lösung von Silbernitrat (25 %ig). — Man erwärmt 10 ccm Olivenöl mit 5 ccm Reagens ½ Stunde lang im Wasserbade. Reines Olivenöl bleibt durchsichtig und färbt sich grün, Erdnußöl färbt sich braunrötlich, Sesamöl gelbbraun, Leinöl dunkelrötlich, Mohnöl schwarzgrünlich, Colzaöl, Cottonöl und Leindotteröl schwarz.

Compt. rend. 111. 977.

**Brullé's Reaktion auf fremde Öle im Olivenöl.**

Kocht man 10 ccm reines Olivenöl mit 0,1 g Albumin und 20 ccm Salpetersäure, so ist das Öl nach dem Lösen des Albumins fast farblos, nach dem Erkalten trübe strohgelb und wird nach 24 Stunden fest. Bei Anwesenheit von Cottonöl tritt eine orange- bis braunrote Färbung auf.

Compt. rend. 106. 1017.
Chem. Ztg. 12. Rep. 107.
Chem. Zentralbl. 1888. 692.
de Negri und Fabris, Ztschr. f. analyt. Chem. 33. 547.

**Brunck's Reagens zur Bestimmung von Kohlenoxyd**

ist eine neutrale Lösung von Palladiumnatriumchlorür (4,762 g Palladium im Liter enthaltend) mit einem Zusatz von 5 %iger Natriumacetatlösung. Das durch Kohlenoxyd abgeschiedene Palladium wird auf einem Filter gesammelt, verascht und im Wasserstoffstrom geglüht. 1 g Pd entspricht 0.2624 g CO.

Ztschr. f. angew. Chem. 1912. 2479.
Chem. Ztg. 1913. 58.
Chem. Zentralbl. 1913. I. 128.

**Brunner's Diazoreaktion des Harns.**

a) 0,5 g p-Amidoacetophenon löst man in 50 g Salzsäure und 1000 g Wasser.
b) 0.5 g Natriumnitrit löst man in 100 g Wasser.

Zum Gebrauche mischt man 100 g der Lösung a mit 2 g der Lösung b. — 10 g Harn mischt man mit 10 g Reagens und 2,5 ccm Ammoniak und schüttelt um. Der Harn von Fieberkranken bei Unterleibstyphus und Flecktyphus bewirkt eine rubinrote Färbung.

Chem. Ztg. 1899. Rep. 304.
Pharm. Zentrh. 1900. 19.

**Brunner's Reaktion auf Atropin.**

Der für das Atropin charakteristische Blumenduft tritt sicher ein, wenn man in folgender Weise verfährt: Auf einige Krystalle Chromsäure in einer kleinen Porzellanschale gibt man eine Spur Atropin und erwärmt gelinde, bis die Chromsäure anfängt, sich grün zu färben.

Berl. Ber. 6. 96.
Ztschr. f. analyt. Chem. 12. 346.
Chem. Zentralbl. 1873. 186.

**Brunner's Reagens auf Ätzalkalien und alkalische Erden.**

Eine Lösung von Nitroprussidnatrium erzeugt mit genannten Stoffen eine intensiv gelbe Färbung, reagiert aber auf lösliche Karbonate und Bikarbonate nicht.

Schweizer Woch. f. Pharm. 1889. 237.
Ztschr. f. analyt. Chem. 34. 451.

**Brunner's Reagens auf Glykoside.**

(Umgekehrte Pettenkofer'sche Reaktion.) Versetzt man eine Lösung, die eine Spur Digitalin enthält, mit einer wässerigen Lösung von Galle, so verursacht konzentr. Schwefelsäure bis zu einer Temperatur von 70 ° C eine schöne rote Färbung. Schichtet man die wässerige Mischung auf die Schwefelsäure, so erhält man einen roten Ring. Dieselbe Reaktion geben Amygdalin, Äsculin, Glycyrrhizin, Phlorhizin, Quercitrin, Salicin etc.

Berl. Ber. 6. 96.
Ztschr. f. analyt. Chem. 12. 345.
Almqvist, Chem. Zentralbl. 1875. 55.

**Brunner's Reaktion auf Schwefel bezw. Nitrobenzol.**

Die auf Schwefel zu prüfende Substanz mischt man mit starker Kalilauge, einigen Tropfen Nitrobenzol und Alkohol. Nach einiger Zeit kommt bei Anwesenheit von Schwefel eine rötliche Färbung zum Vorschein. Auf diese Art läßt sich freier Schwefel wie auch der Schwefelgehalt des Eiweißes, Brotes, der Wolle etc. nachweisen. In ihrer Umkehrung kann diese Reaktion zum Nachweis des Nitrobenzols dienen.

Ztschr. f. analyt. Chem. 20. 390.
Chem. Zentralbl. 1881. 709.

**Brunner-Strzyzowski's Reaktionen auf Alkaloide**

beruhen auf Farbenerscheinungen der Alkaloide bei der Einwirkung von Schwefelsäure mit Chloral, Bromal, Paraldehyd, Furfurol oder o-Nitrophenylpropiolsäure.

Tabellar. Zusammenstellung siehe Pharm. Zentrh. 1898. 430 od. Ztschr. f. analyt. Chem. 38. 459.

**Bruylants' Reagens zur Differenzierung von Aldehyden und Ketonen**

ist eine 4 %ige, wässerige Lösung von defibriniertem Blut, die das charakteristische Sauerstoffhämoglobin - Absorptionsspektrum aufweist. Ein Zusatz von Aceton und Schwefelammon gibt das reduzierte Hämoglobinspektrum. Aldehyde und Schwefelammon geben hingegen ein ganz besonderes spektroskopisches Bild. Näheres siehe: Annal. de pharm. de Louvain 1907, Nr. 8. — Répert. de pharm. 1907. 462.

**Bruylants'** Reagens auf Eiweiß
ist eine frisch bereitete Lösung von Metaphosphorsäure in Wasser. (Identisch mit Hindenlang's Reagens.)
Ztschr. d. öst. Apoth. Ver. 1902. 473.
Pharm. Zentrh. 1902. 369.
Merck's Bericht 1901. 39.
Beckurts' Jahresber. 1882. 546.

**Bruylants'** Reaktionen auf Morphin
sind Modifikationen von bekannten Reaktionen.
Siehe Ztschr. f. analyt. Chem. **37.** 62 oder Pharm. Zentrh. 1895. 284.
Annal. de Pharm. **1.** 65.

**Buard's** Reaktion auf Indol in Bakterienkulturen.
10 ccm der Kulturflüssigkeit versetzt man mit 6 ccm absolutem Alkohol, 1 ccm 0,02 %iger, alkoholischer Vanillinlösung und 3 ccm konz. Salzsäure. Bei Anwesenheit von Indol entsteht eine rosarote Färbung.
Compt. rend. biol. 1908. **65.** 158.

**Buchner's** Reaktion auf Glukose im Harn.
Man kocht 20 ccm Harn mit etwas Kupfersulfat, filtriert nach dem Erkalten von dem entstandenen Niederschlag ab und kocht das Filtrat nach Zusatz von Seignettesalz und Kalilauge. Bei Anwesenheit von Glukose entsteht eine Ausscheidung von Kupferoxydul.
Berl. Ber. **17.** Ref. 188.
Chem. Ztg. 1884. 945.
Focke, Apoth. Ztg. **9.** 559.
Allen, The Analyst **19.** 178.

**Buchner's** Reaktion auf Paraffin oder Ceresin im Bienenwachs.
Kocht man Wachs mit alkoholischer Kalilauge (1 g KOH in 3 g Alkohol 90 %) und läßt dann im Wasserbade stehen, so bleibt die erhaltene Lösung bei reinem Wachs klar, bei Anwesenheit von Paraffin scheidet sich über der Seifenlösung eine ölige Schicht ab.
Dingler's Journ. **231.** 272 od. Ztschr. f. analyt. Chem. **19.** 241.

**Büchner's** Reagens auf Alkalien.
Reines Ferrigallat trägt man solange in heiße verdünnte Salzsäure ein, bis sich nichts mehr davon löst. Alsdann verdünnt man mit Wasser und filtriert. Alkalien färben das gelbe Reagens sofort violett oder blau.
Chem. Zentralbl. 1833. 685.

**Büchner's** Reaktion auf Gallussäure und Tannin.
Wässerige Lösungen von Tannin geben mit Bleiacetat und Kalilauge eine rot gefärbte Lösung; Gallussäure gibt mit Bleiacetat einen carminroten Niederschlag, der sich in Kalilauge mit himbeerroter Farbe löst.
Liebig's Annalen **53.** 357.
Harnack, Archiv der Pharm. **234.** 537 oder Ztschr. f. analyt. Chem. **39.** 239.

**Buchwald-Treml's** Reagens auf Bleichung von Mehl
ist Griess-Ilosvay's Reagens auf salpetrige Säure. Tropft man das Reagens auf Mehl, das mittels Stickstoffperoxyden gebleicht wurde, so tritt Rotfärbung auf. Näheres siehe: Ztschr. f. d. ges. Getreidewesen 1909. **1.** 96. — Spaeth, Pharm. Zentrh. 1913. 247.

**Buckingham's** Reagens auf Alkaloide
ist eine Lösung von 1 Teil Ammoniummolybdat in 16 Teilen konzentrierter Schwefelsäure. Gibt mit einer großen Anzahl von Alkaloiden und anderen organischen Stoffen charakteristische Färbungen. Keine Färbung, sondern erst spätere Veränderung in Hellblau geben mit dem Reagens Asparagin, Atropin, Chinin, Chinidin, Cinchonin, Coffeïn, Strychnin. Charakteristische Färbungen, die mit Ausnahme von Meconin in Dunkelblau übergehen, liefern: Veratrin gelbgrün, dunkelbraun, dunkelblau; Meconin hellgrün, hellblau; Codein grün; Salicin rot; Digitalin carmoisinrot; Brucin ziegelrot; Aconitin hellgelbbraun, rot, dunkelblau etc.
Americ. Journ. Pharm. 1873. 149.
Neues Jahrb. d. Pharm. **39.** 334.
Polytechn. Notizbl. 1874. 77.
Ztschr. f. analyt. Chem. **13.** 234.
Hager's Pharm. Prax. 1880, I. 204.

**Budde's** Reaktion auf Chlor, Phosgen und Salzsäure in Chloroform.
Zu 10 ccm Chloroform gibt man 0,05 g Benzidin, schüttelt gut durch und läßt einige Zeit im Dunkeln stehen. Bei Gegenwart einer der genannten Verunreinigungen entsteht schon nach einigen Minuten eine Trübung oder Färbung, während bei reinem Chloroform nach 24 Stunden noch keine Reaktion zu beobachten ist.
Veröffentl. auf d. Gebiete des Militärsanitätswesens 1913, Nr. 55.
Apoth. Ztg. 1913. 709.
Enz, Apoth. Ztg. 1913. 674, 776.

**Budge's** Reagens zum Injizieren für mikroskop. Präparate
ist eine Lösung von Asphalt in Chloroform, Terpentin oder Benzol.
Arbeit. d. phys. Anst. Leipzig 1875. 137.
Arch. f. mikroskop. Anat. 1877. 111.
Behrens' Tabellen 1892. 89.

**Bufalini's** Reaktion auf Blut (Blutflecke)
beruht auf der Gewinnung von Häminkrystallen und ist eine Modifikation von Teichmann's Reaktion.
Ztschr. f. analyt. Chem. **25.** 146.
Annali di chim. med. farm. 1885. 291.

**Bufalini's** Reaktion auf Krötengift
ist Ehrlich's Diazoreaktion. Besonders charakteristisch soll ferner eine indigoblaue Färbung sein, die man erhält, wenn man etwas Gift mit einigen ccm einer Lösung von 2 g p-Dimethylamidobenzaldehyd in 50 g Salpetersäure und 50 g Wasser versetzt. Die blaue Farbe geht nicht in Chloroform, Äther, Benzol, Benzin, Schwefelkohlenstoff über.
Arch. di farmacol. sperim. e scienze affini 1910. 9. 559 und 1913, 8, 15. August.

**Bühler's** Reagens zum Färben mikroskop. Präparate.

a) Eine Mischung von 10 ccm 1 %iger, wässeriger Anilinblaulösung mit 10 ccm 1 %iger, wässeriger Vesuvinlösung;

b) eine Mischung von 10 ccm Rubin S und 10 ccm Safranin in 1 %iger, wässeriger Lösung.

Zum Gebrauch mischt man a und b. (Zum Färben von Nervenzellen.)

Verhandlgn. d. phys. med. Ges. Würzburg 1898. 285.
Enzyklop. d. mikroskop. Techn. 1903. 42.
Ztschr. f. wiss. Mikroskop. 15. 351.

**Buignet's** Reagens zur Bestimmung der Blausäure

ist eine Lösung von 12,468 g Kupfersulfat in 1 Liter Wasser. 1 ccm entspricht 0,0054 g Blausäure (HCN). Näheres siehe: Hager, Pharm. Prax. 1880. I. 67.

**Bujwid's** Cholerareaktion.

Eine mit Cholerabazillen geimpfte Gelatine wird bei Anwesenheit von Jodoformdämpfen nicht flüssig, während sich bei Abwesenheit derselben die Gelatine in einigen Tagen verflüssigt. Näheres sieh: Zentralbl. f. Bakteriol. u. Parasit.-K. 1892. 595.

**Bujwid's** Reaktion auf Cholerabakterien

gründet sich auf eine rosaviolette Färbung, welche die Kulturen auf Zusatz von 5—10 % Salzsäure annehmen. Näheres siehe: Ztschr. f. Hygiene 2. 52. — Ztschr. f. analyt. Chem. 26. 651 u. 27. 106. — Dunham, Ztschr. f. analyt. Chem. 26. 651 oder Ztschr. f. Hygiene 2. 337. — Jadassohn, Breslauer ärztl. Ztschr. 9. 181. — Chem. Zentralbl. 58. 1300. — Cahen, Ztschr. f. Hygiene 2. 386. — Tobey, Journ. Med. Res. 15. 305. — Wölfel, Münch. med. Woch. 1912. 659.

**Bujwid's** Reagens auf salpetrige Säure

ist eine Umkehrung von Baeyer's und Kitasato-Salkowski's Reaktion auf Indol. Man verdünnt eine alkoholische Lösung von Indol (1—2 : 10 000) mit Wasser. — 10 ccm der zu prüfenden Flüssigkeit versetzt man mit einigen Tropfen Salzsäure und Reagens und erwärmt auf 70—80° C. Bei Anwesenheit von salpetriger Säure entsteht eine rote Färbung.

Merck's Report 1900. 215.
Chem. Ztg. 1894. 364.
Chem. Zentralbl. 1894. I. 843.

**Bukowski's** Reaktion auf Methylalkohol

beruht auf der Oxydation des Methylalkohols durch Kaliumpermanganat und dem Nachweis des hierbei entstandenen Formaldehyds mit Kenntmann's Reagens.

Pharm. Post 1910. 43. 129.
Ztschr. f. analyt. Chem. 1912. 51. 386.

**Bulir's** Reaktion auf Colibakterien

siehe: Arch. f. Hygiene 62. Nr. 1.
Deutsche med. Woch. 1907. 1346.

**Bulling's** Reaktion auf Natriumphenylpropiolat. bezw. Phenylpropiolsäure.

1. Eine ammoniakalische Lösung von Phenylpropiolsäure gibt mit ammoniakalischer Silberlösung einen weißen Niederschlag, der sich auf Zusatz von verdünnter Schwefelsäure löst. Die saure Flüssigkeit riecht nach Phenylacetylen.
2. Eine Lösung von Phenylpropiolsäure in einigen Tropfen Salpetersäure verdünnt man mit 1—2 ccm Wasser und gibt Natronlauge bis zur alkalischen Reaktion zu. Die Flüssigkeit wird gelbrot und riecht schwach nach Benzaldehyd.
3. Erwärmt man Phenylpropiolsäure mit verdünnter Schwefelsäure, so tritt ein Geruch nach Acetophenon (Hypnon) auf.

Münchener med. Woch. 1904. 1613.

**Bülow's** Reaktion auf Phenylhydrazide.

Phenylhydrazide geben in konzentrierter Schwefelsäure gelöst auf Zusatz von Eisenchlorid, salpetriger Säure oder Kaliumdichromat eine intensive rote bis blauviolette Färbung.

Liebig's Annal. 236. 195.
Ztschr. f. analyt. Chem. 33. 81.
Berl. Ber. 43. 2647.
Tafel, Berl. Ber. 25. 412.

Nach Neufville und Pechmann geben auch die Phenylhydrazone und Phenylosazone diese Reaktion.

Berl. Ber. 23. 3384.

**Bunger's** Reagens zum Härten mikroskop. Präparate

ist eine Lösung von 0,5 g Chromsäure, 0,2 g Osmiumsäure und 0,4 g Essigsäure in 200 ccm Wasser.

Ztschr. f. wiss. Mikroskop. 1893. 392.

**Buoma's** Reagens zum Färben mikroskop. Präparate

ist eine Lösung von 0,05 g Safranin in 100 ccm Wasser. Gebraucht zur Knochenuntersuchung.

Behrens' Tabellen 1892. 113.

**Burchard's** Reaktion auf Cholesterin.

Versetzt man eine Lösung von Cholesterin in Chloroform (Chlorbenzol, Chlortoluol oder Aethylenchlorid) mit Essigsäureanhydrid und gibt einige Tropfen Schwefelsäure zu, so entsteht eine rote bis violette Färbung und die Säure nimmt eine grüne Fluoreszenz an.

Merck's Report 1900. 215.
Dissert. Rostock 1889.
Chem. Zentralbl. 1890. I. 25.
Autenrieth, Münchener med. Woch. 1913. 1776.

**Burchardt's** Chinolinwasser für mikroskop. Zwecke.

Man schüttelt 10 Tropfen reines Chinolin mit 100 ccm Wasser und filtriert durch ein angefeuchtetes Filter. Es zeichnet sich vor dem Anilinwasser durch seine größere farbenfixierende Kraft aus.

Ztschr. f. wiss. Mikroskop. 1895. 218.
Zentralbl. f. allgem. Pathol. 1894. 706.

**Burchardt**'s Holzessigfarben zu mikroskop. Zwecken.

1. Holzessig-Hämatoxylin ist eine Lösung von 0,5 g Hämatoxylin und 2 g Kalialaun in 130 g gereinigtem Holzessig.
2. Holzessig-Carmin Xr. ist eine Lösung von 2 g Carmin in 100 g Holzessig, die auf kleiner Flamme auf die Hälfte ihres Volumens eingedampft wird.
3. Holzessig-Carmin Pr. ist eine Lösung von 3 g Carmin und 0,5 g Kalialaun in 100 g Holzessig, die auf die Hälfte eingedampft wird.
4. Doppel-Carmin ist eine Mischung von Carmin Xr. und Pr. zu gleichen Teilen.
5. Holzessig-Cochenille: 4 g Cochenille und 0,5 g Kalialaun werden mit 100 g Holzessig auf die Hälfte eingedampft (und filtriert).

Arch. f. mikroskop. Anat. 1898. 232.
Ztschr. f. wiss. Mikroskop. 1898. 453.
Enzyklop. d. mikroskop. Techn. 1903. 540.

**Burchardt**'s Reagens zum Färben mikroskop. Präparate

(Thallinbraun) ist eine 5—10 %ige Lösung von Thallinsulfat oder Thallintartrat in Wasser. Gebraucht zur Kernfärbung.

Zentralbl. f. allg. Pathol. u. Anat. 1894. 706.
Ztschr. f. wiss. Mikroskop. 1895. 216.

**Burkhard**'s Murexidreaktion.

In einem Porzellanschälchen mischt man das zu prüfende Präparat (Coffein, Theobromin etc.) mit der Hälfte Kaliumchlorat und gibt einige Tropfen Salzsäure zu. Man erwärmt bis zur schwachen Gelbfärbung, gibt einige Tropfen Ammoniakflüssigkeit zu und erwärmt abermals. Es tritt intensive Purpurfärbung auf.

Schweizer Woch. Chem. Pharm. 1913. 492.

**Burckhardt**'s Reagens zum Färben mikroskop. Präparate.

a) Grenacher's Boraxcarmin.
b) Eine Lösung von 1 g Bleu de Lyon in 1 Liter stark verdünntem Alkohol.

Ztschr. f. wiss. Mikroskop. 1892. 347.

**Burckhardt**'s Reagens zum Härten mikroskop. Präparate

ist eine Lösung von 3 g Chromsäure in 300 ccm Wasser, der 10 g 2 %ige Osmiumsäure und 10 g konzentr. Salpetersäure zugesetzt werden.

Ztschr. f. wiss. Mikroskop. 1892. 347.

**Burgess-Kamm**'s Reaktion auf Kalium.

Versetzt man 100 ccm einer Kalisalzlösung mit 1 Tropfen einer frisch hergestellten Natriumkobaltnitritlösung (25 %) und etwas $^{1}/_{100}$ Norm. Silbernitratlösung, so erhält man eine sehr fein verteilte Fällung (amorph, gelb bis orangegelb). Der Zusatz von Silberlösung erhöht die Empfindlichkeit der Reaktion auf 1: 1 Million.

Journ. Americ. Chem. Soc. 1912. 34. 652.
Chem. Ztg. 1912. 553.

**Burian**'s Reaktion auf Guanin

ist eine Diazoreaktion. Vergl. die folgende Reaktion.

**Burian**'s Reaktion auf Xanthinbasen.

(Diazoreaktion) Adenin, Guanin, Hypoxanthin und Xanthin geben in alkalischer Lösung mit Diazobenzolsulfosäure eine rote Färbung. Auch die Methylxanthine geben diese Reaktion mit Ausname des Coffeins, Theobromins, Paraxanthins und Heteroxanthins.

Berl. Ber. 1904. 696.
Ztschr. f. physiol. Chem. 43. 501 u. 51. 425.
Ztschr. f. wiss. Mikroskop. 1910. 27. 257.
Steudel, Ztschr. f. physiol. Chem. 48. 428.

**Bürker**'s Reaktion auf Blut.

Zur Gewinnung der Hämochromogenkrystalle wird die Blutlösung auf dem Objektträger mit Pyridin und Schwefelammonium zusammengebracht. Man beobachtet dann bei aufgelegtem Deckglas die charakteristischen Krystallformen des Hämochromogens.

Münchener med. Woch. 1909. 127.
Methling, ebenda 1910. 2285.

**Burnam**'s Reaktion auf Formaldehyd.

10 ccm des zu prüfenden Harns versetzt man mit 3 Tropfen einer 0,5%igen Lösung von Phenylhydrazinchlorhydrat und 3 Tropfen einer 5%igen Lösung von Nitroprussidnatrium und läßt dann an der Glaswand des Reagenzglases einige Tropfen gesättigter Natronlauge zufließen. Bei Gegenwart von Formaldehyd entsteht eine dunkelrote Färbung, die über Dunkelgrün in Hellgelb übergeht.

Arch. intern. Med. 1912. Oktober.
Journ. exper. Med. 1912. 324.
L'Esperance, Boston Med. and Surg. Journal 1912, No. 17. 577.
Berl. klin. Woch. 1912. 2372.
Jenness, Deutsche Med. Ztg. 1913. 540; Journ. Americ. Med. Assoc. 1913. I. 662.
Cabot, Therap. Monatsh. 1913. 225.
Hinman, Journ. Americ. Med. Assoc. 1913. II. 1601.
Vergl. Hehner's u. Rimini's Reaktion.
Merck's Bericht 1913. 273.

**Burri**'s flüssige Tusche zum Spirochaeten-Nachweis

ist eine sterile mit Wasser verdünnte käufliche Tusche, womit das zu prüfende Material auf einem Objektträger verstrichen wird. Bei sehr dünner Schicht sind die vorhandenen Bakterien etc. als durchsichtige Körper bemerkbar. Näheres siehe: Zentralbl. f. Bakteriolog. 1907. Abt. 2. 95. — Ztschr. f. wiss. Mikroskop. 24. 454. — Merck's Bericht 1910. 388. — Scholtz, Deutsche med. Woch. 1910. 215. — Berg, ebenda 1910. 933. — Petersen, Russkij Wratsch 1910, No. 32.

**Buscalioni**'s Reagens zum Färben mikroskop. Präparate

ist eine Lösung von Sudan III in Alkohol und Glycerin. Gebraucht zum Färben von Korkgewebe.

Botan. Zentralbl. 1898. 398.
Straßburger, Botan. Prakt. 1902. 275.
Sonntag, Ztschr. f. wiss. Mikroskop. 1907. (24.) 21.

**Busch's Reagens auf Salpetersäure**

(Nitron) ist eine 10 %ige Lösung von Nitron (Diphenyl-endanilo-dihydrotriazol) in 5 %iger Essigsäure. 5—6 ccm der zu prüfenden Flüssigkeit werden mit 1 Tropfen verdünnter Schwefelsäure angesäuert und 5—6 Tropfen Nitronreagens zugegeben. Bei Gegenwart von Salpetersäure entsteht sofort ein voluminöser weißer Niederschlag oder bei sehr geringen Mengen nach mehrstündigem Stehen flimmernde Nädelchen. Empfindlichkeitsgrenze bei $0^{0}$ = 1: 80 000, bei gewöhnlicher Temperatur 1 ; 60 000. Das Reagens wird auch zur quantitativen Bestimmung von Nitraten verwendet.

Berl. Ber. 1905. 862.
Ztschr. f. angew. Chem. 1908. 355.
Merck's Bericht 1905. 158; 1906. 201; 1908. 288.
Gutbier, Ztschr. f. angew. Chem. 1905. 494.
Litzendorff, Ztschr. f. angew. Chem. 1907. 2209.
Collins, The Analyst 32. 349.
Busch, Ztschr. f. angew. Chem. 1906. 1329.
Ztschr. ges. Schieß-Sprengst. Wes. 1906. 232.
Adam, Bull. Soc. Chim. Belg. 21. 229.
Leffmann, Journ. Franklin Instit. 162. 371.
Visser, Chem. Weekbl. 3. 743.
Paal-Mertens, Chem. Zentralbl. 1906. II. 1530.
Hes, Ztschr. f. analyt. Chem. 48. 81.
Fransen-Löhrmann, Journ. prakt. Chem. 79, 330.
Paal-Ganghofer, Ztschr. f. analyt. Chem. 48. 545.
Chem. Zentralbl. 1910. I. 1550.
Pooth, Ztschr. f. analyt. Chem. 48. 375.
Radlberger, Chem. Zentralbl. 1910. II. 685.
Gutbier-Weise, Ztschr. f. analyt. Chem. 53. 426.

**Busch's** Reagens zum Entkalken mikroskop. Präparate

ist eine Mischung von 1—10 Vol. Salpetersäure (D. = 1,25) mit 100 Vol. Wasser, eventuell mit einem Zusatz von Chromsäure oder Kaliumdichromat.

Arch. f. mikroskop. Anat. 1877. 481.
Behrens' Tabellen 1892. 87.
Enzyklop. d. mikrosk. Techn. 1903. 650. 652.

**Busch's** Reagens zum Färben mikroskop. Präparate.

Man löst 1 g Osmiumsäure und 3 g Natriumjodat ($NaJO_3$) in 300 g Wasser.

Neurolog. Zentralbl. 1898. 476.
Ztschr. f. wiss. Mikroskop. 1898. 373.

**Busch-Blume's** Reagens auf Pikrinsäure

ist eine Lösung von 10 g Nitron in 90 g 5%iger Essigsäure. Die zu prüfende Lösung wird mit dem Reagens versetzt, wobei noch bei einer Verdünnung von 1 : 250 000 Pikrinsäure ein Niederschlag entsteht (Nitronpikrat).

Die Reaktion wird zur quantitativen Bestimmung von Pikrinsäure verwendet.

Ztschr. f. angew. Chem. 21. 354.
Ztschr. f. analyt. Chem. 51. 517.
Merck's Bericht 1908. 288.
Répert. de Pharm. 1909. 538.

**Buschi's** Reaktion auf Quecksilbercyanid.

Erhitzt man eine Lösung von Quecksilbercyanid mit einigen Tropfen Kaliumnitritlösung und gibt dann Salzsäure zu, so entsteht eine schöne rote Färbung. (Charakteristisch für das Quecksilbercyanid.)

Pharm. Zentrh. 1897. 135.
Ztschr. f. analyt. Chem. 37. 344.

**Busse's** Reaktion auf Bombay-Macis.

Mit alkoholischem Macisauszug getränkte und getrocknete Filtrierpapierstreifen taucht man rasch in siedendes, gesättigtes Barytwasser und trocknet sie auf Filtrierpapier. Bei Anwesenheit von Bombay-Macis sind die Streifen ziegelrot gefärbt (außerdem bräunlichgelb). Näheres siehe: Arbeiten d. k. Gesundh.-Amtes, Berlin 1896. — Pharm. Zentrh. 1896. 874 u. 1904. 596. — Ztschr. f. Unters. Nahr.-Genußm. 1904. 590.

**Bütschli's** Alaunhämatoxylin zur Kernfärbung (auch saures Hämatoxylin genannt)

ist ein mit Wasser verdünntes Delafield's Reagens, dem so viel Essigsäure zugesetzt ist, daß es rot geworden ist.

Ztschr. f. wiss. Mikroskop. 1892. 197.

**Butenko's** Reaktion auf progressive Paralyse.

Zu 5—10 ccm des zu prüfenden Harns gibt man 5—10 ccm Bellost's Reagens und erhitzt zum Sieden. Normaler Harn wird weiß gefällt, Paralytikerharn gibt einen blau bis schwarz gefärbten Niederschlag.

Rivista critica di clinica medica 11. 31.
L'Italia Sanitaria 1910. 303.
Russkij Wratsch 1910. No. 2.
Merck's Bericht 1910. 228.
Beisele, Münch. med. Woch. 1911. 26.
Stern, Münch. med. Woch. 1911. 467.
Boveri, Schweiz. Woch. Chem. Pharm. 1912. 395.
Titus, Med. Klinik 1912. 1329.

**Bychowsk's** Reaktion auf Eiweiß im Harn.

In einem Reagenzglase erhitzt man 10 ccm Wasser zum Sieden und läßt den Harn tropfenweise zufallen. Bei Anwesenheit von Eiweiß umgibt sich jeder einfallende Tropfen mit einer wolkigen Trübung.

Deutsche med. Woch. 1902. 33.

**Cabasse's** Reaktion auf Runkelrübenspiritus

beruht auf einer Rosafärbung desselben durch konzentr. Schwefelsäure.

Journ. de Pharm. et de Chim. 42. 403.
Ztschr. f. analyt. Chem. 2. 99. 4. 240.

**Cadet's** Reaktion auf Arsen.

Erhitzt man Arsenik mit Natriumacetat, so entwickelt sich der Geruch des Kakodyls.
Merck's Report. 1900. 254.
Chem. Zentralbl. 1837. 293.

**Cahen's** Reaktion auf Cholerabazillen.

Von einer Plattenkultur bringt man die verdächtigen Kolonien in alkalische Nährbouillon, gibt Lackmuslösung zu und läßt die Mischung 12—24 Stunden bei 37° C. stehen. Bei Anwesenheit von Choleraspirillen wird die Lösung in dieser Zeit entfärbt.
Ztschr. f. Hygiene. **2.** 386.
Ztschr. f. analyt. Chem. **27.** 106.

**Cahours'** Reaktion auf Pikrinsäure

ist identisch mit Gerhardt's Reaktion.
Traité de Chim. génér. élément. 1871.

**Cailletet's** Reaktion auf Kupfer in Ölen.

10 ccm des zu prüfenden Öles schüttelt man mit einer Lösung von 0,1 g Pyrogallol in 5 ccm Äther. Bei Anwesenheit von Kupfer färbt sich die Mischung braun und scheidet Pyrogallolkupfer aus.
Ztschr. d. öst. Apoth. Ver. **15.** 474.
Ztschr. f. analyt. Chem. **18.** 628.

**Cailletet's** Reagens für fette Öle.

Zur Anstellung einer Elaïdinprobe ist eine mit salpetriger Säure gesättigte konzentr. Salpetersäure oder eine Mischung von 20 ccm konzentr. Schwefelsäure, 35 ccm 60%iger Phosphorsäure und 30 ccm Salpetersäure von D. = 1,4 zu verwenden.
Enzyklop. d. gesamt. Pharm. 1887. II. 458.

**Cailletet's** Reaktion auf Weinsäure in Citronensäure.

Zu 10 ccm gesättigter Kaliumdichromatlösung gibt man 1 g der zu prüfenden Citronensäure. Ist keine Weinsäure vorhanden, so tritt innerhalb 10 Minuten keine Farbenänderung ein. Bei 1% Weinsäure ist die Lösung kaffeebraun, bei 5% schwarzbraun geworden.
Journ. de Pharm. d'Anvers. **33.** 449.
Arch. der Pharm. 1878. 468.
Polytechn. Notizbl. **23.** 95.
Ztschr. f. analyt. Chem. **17.** 499.
Chem. Zentralbl. 1879. 14.

**Cajal** siehe **Ramón y Cajal.**

**Calberla's** Einbettungsmittel (Natronalbuminatlösung)

ist eine Lösung von 1 g Natriumkarbonat in 15 ccm Eiweiß (mit Dotter).
Morphol. Jahrb. 1876. 135.
Vergl. Bresgen's Einbettungsmittel.
Enzyklop. d. mikroskop. Techn. 1903. 186. 1080.
Behrens' Tabellen 1892. 75.

**Calberla's** Reagenzien zum Färben mikroskop. Präparate.

1. Man löst 5 g Methylgrün in 200 ccm 1%iger Essigsäure.
Vergl. Erlicki's Reagens.
2. Eine Lösung von 3 g Methylgrün und 0,05 g Eosin in 70 ccm Wasser und 30 ccm Alkohol. Gebraucht zur Doppelfärbung.
3. Eine Lösung von Indulin in Wasser (1 Vol. gesättigte, wässerige Lösung und 6 Vol. Wasser).

Morphol. Jahrb. 1877. 625. 627.
Enzyklop. d. mikroskop. Techn. 1903. 546.

**Calberla's** Reagens zum Konservieren mikroskop. Präparate

ist eine Mischung von Glycerin und Alkohol.
Behrens' Tabellen 1892. 63.

**Calberla's** Macerationsflüssigkeit

(Künstlicher Speichel) ist eine Lösung von 0,4 g Kaliumchlorid, 0,4 g Natriumphosphat, 0,3 g Natriumchlorid und 0,3 g Calciumchlorid in 100 ccm Wasser. Diese Lösung wird mit Kohlensäure gesättigt, mit 100 ccm Wasser verdünnt und mit 50 ccm 2,5%iger Ammoniumchromatlösung oder ebensoviel Müller's Reagens versetzt.
Arch. f. mikroskop. Anat. 1875. 173.
Behrens' Tabellen 1892. 84.
Enzyklop. d. mikroskop. Techn. 1903. 767.

**Calmberg's** Reaktion auf Codein.

Erhitzt man eine Lösung von Codein in Schwefelsäure und gibt 1 Tropfen Eisenchloridlösung zu, so entsteht nach heftigem, kurzem Aufschäumen sofort eine intensiv blaue Färbung.
Arch. d. Pharm. **206.** 25.

**Calmel's** Reaktion auf Cocaïn

ist identisch mit Biel's Reaktion.
Compt. rend. **100.** 1143.

**Calmette's** Cobragift-Reaktion auf Tuberkulose

siehe: Compt. rend. 1902. **134.** 1446, 1908. **146.** 676, 1909. **149.** 191. — Ztschr. f. experim. Pathol. 1911. **9.** 238. — Deutsche med. Woch. 1911. 1362. — E. Kraus, Dissertation Würzburg 1911.

**Calmette's** Ophthalmoreaktion auf Tuberkulose

ist Wolff-Eisner's Reaktion.

**Calmette-Massol-Breton's** Nährlösung für Tuberkelbazillen

ist eine Lösung von 1 g Natriumkarbonat, 0,04 g Ferrosulfat, 0,05 g Magnesiumsulfat, 1 g Dikaliumphosphat und 8,5 g Natriumchlorid in 1 Liter Wasser, der noch 2,5 g Asparagin als Stickstoffquelle zugesetzt wird. Auch Zusätze von Traubenzucker, Glycerin oder Rohrzucker können gemacht werden.
Compt. rend. biol. 1909. **67.** 580.

**Calvert's** Reaktion zur Unterscheidung fetter Öle

siehe: Heydenreich's Reaktion.

**Calvert's** Reaktionen auf Chinin und Cinchonin.

Cinchoninlösungen werden durch Chlorkalklösung sowie durch Kalilauge oder Kalkwasser gefällt. Die Niederschläge lösen sich im Überschuß der Reagenzien nicht auf. Die in Chininlösungen entstandenen Niederschläge lösen sich dagegen im Überschuß der Reagenzien.

Journ. de Pharm. et de Chim. 1842. II. 388.
Chem. Zentralbl. **1843.** 107.

**Camerer-Arnstein's** Reaktion auf Purinbasen

beruht auf der Fällung der Xanthinbasen in ammoniakalischer Lösung durch Silbernitrat in Form von amorphen Niederschlägen der allgemeinen Zusammensetzung x. $Ag_2O$. Näheres siehe: Ztschr. f. Biolog. **26.** 104 u. **28.** 72. — Arnstein, Ztschr. f. physiol. Chem. **23.** 426. — Zentralbl. med. Wissensch. 1898. 257. — Salkowski, Arch. ges. Physiol. **69.** 273. — Kossel-Krüger, Ztschr. f. physiol. Chem. **18.** 356.

**Camilla's** Reaktion auf Phenole.

Phenole bilden beim Zusammentreffen mit einer alkalischen Lösung von Azonitrobenzol (Nitrazol) einen roten Farbstoff.

Vergl. Malacarne, Giorn. Farm. Chim. **56.** 49. — Chem. Zentralbl. 1907. I. 994.

**Camilla-Pertusi's** Reaktionen auf Saccharin und Dulcin

siehe: Giorn. Farm. Chim. 1911. **60.** 385. — Chem. Zentralbl. 1911. II. 1269.

**Camilla-Pertusi's** Reaktion auf Xanthinbasen.

Die isolierte basische Substanz wird mit einigen Tropfen höchst konzentrierter Kalilauge und dann mit gesättigter Kaliumpermanganatlösung versetzt. Bei Gegenwart von Xanthinbasen tritt Reduktion des Permanganats, Gasentwicklung und Geruch nach Carbylamin auf.

Giorn. Farm. Chim. 1912. **61.** 337.
Chem. Zentralbl. 1912. II. 1581.

**Cammidge's** Pankreas-Reaktion zum klinischen Nachweis vorhandener Pankreaserkrankung.

Die Reaktion beruht nach Cammidge auf dem Pentosangehalt des Harnes und dessen Eigenschaft, mit Phenylhydrazin zunächst nicht zu reagieren. Erst nach dem Erhitzen des Harns mit Salzsäure tritt die Osazonbildung auf. Gerade das Wesentliche der Reaktion ist nach anderen Autoren aber nicht beweisend für das Vorhandensein einer Pankreaserkrankung. So führt Smolenski die Erscheinungen der Reaktion auf das Vorhandensein von Saccharose zurück. Näheres siehe:

Lancet 1904. I. 329.
Brit. Med. Journ. 1906. 1150.
Münchener med. Woch. 1907. 1193.
Berl. klin. Woch. 1907. 770.
Edinburgh Med. Journ. **21.** 129.
Pharm. Zentrh. 1907. 644.
Chem. Zentralbl. 1909. II. 2030.
Elösser, Mitteil. aus d. Grenzgebiet d. Med. u. Chir. **18.** No. 2.
Deutsche med. Woch. 1907. 2012.
Eichler, Berl. klin. Woch. 1907. 769.
Merck's Berichte 1907. 214.
Watson, Deutsche med. Woch. 1908. 754.
Klauber, Med. Klinik 1909. 395.
Róth, Ztschr. f. klin. Med. **67.** No. 1—3.
Kinnikutt, Medical Record 1909, 10. April.
Schmidt, Zentralbl. f. innere Med. 1910. 424.
Bernier-Grimbert, Répert. de Pharm. 1910. 55.
Haldane, Münchener med. Woch. 1907. 337.
Smolenski, Ztschr. f. physiol. Chem. 1909. **60.** 119.
Ellenbeck, Biochem. Ztschr. **24.** 22.
Schumm, Münchener med. Woch. 1909. 1878.
Langer, Wiener, klin. Woch. 1913. 331.
Karas, Ztschr. f. klin. Med. **77,** No. 1 u. 2.
Orth, Allg. med. Zentral-Ztg. 1914. 57.

**Camoin's** Reagens auf Sesamöl

ist eine Lösung von 2 g Zucker in 100 g konzentr. Salzsäure. Sesamöl gibt mit dem Reagens eine johannisbeerrote Färbung.

Vergl. Baudouin's Reaktion.

**Campana's** Reaktion auf Syphilis.

In zwei Reagenzgläser gibt man je 10 ccm des zu prüfenden Harns und eines Kontrollharns, der nicht von einem Syphilitiker stammt; in jedes Glas gibt man 20 Tropfen einer 1 %igen Lezithinlösung und 3 ccm einer Äther-Alkoholmischung (gleiche Teile). Nach dem Mischen mit dem Glasstab läßt man stehen. Nach 15—30 Minuten steigt der Äther an die Oberfläche. Der Syphilitikerharn soll jetzt klar oder wenig opalisierend sein, während der Kontrollharn trübe bleibt. Nach Hügel und Ruete hat diese Reaktion keinen Wert.

Münchener med. Woch. 1910. 80.

**Campanella's** Indikator

ist der Saft der Maulbeeren. Er ist rot und wird nach Angabe des Autors durch Säuren mehr oder weniger tief magentarot, durch Alkalien violett gefärbt.

Gazzetta degli ospedali 1907, No. 141.
Nouv. remèdes 1908. 397.

**Campani's** Reagens auf Glukose

ist eine Mischung von konzentr. Bleiessig mit einer verdünnten Lösung von krystallisiertem Kupferacetat. Zu etwa 5 ccm dieses Reagenzes gibt man die zu prüfende Lösung und erhitzt zum Sieden. Anwesenheit von Glukose erkennt man an einer Gelbfärbung der Lösung und einem gelben Niederschlag. Gegen Rohrzucker ist das Reagens indifferent.

Arch. der Pharm. **198.** 51.
Ztschr. f. analyt. Chem. **11.** 321.

**Campani's** Reagens auf Kalium.

Das Reagens ist eine Mischung von

a) Wismutsubnitrat in möglichst wenig Salzsäure und
b) von Natriumthiosulfat in möglichst wenig Wasser. Es gibt mit Kaliumsalzen eine citronengelbe, in Alkohol unlösliche Verbindung.

Siehe Pauly's Reagens.
Ztschr. f. analyt. Chem. **23.** 60.
Archiv der Pharm. 1883. 67.

**Campani**'s Reaktion auf Tuberkulose.
(Crotonöl-Reaktion.) Die Einreibung von 10%igem Crotonöl erzeugt eine mehr oder minder starke Hauteruption, die prognostisch verwertet werden kann. Sie ist positiv, wenn zahlreiche kräftige Pusteln bei jeder erneuten Applikation entstehen, sie ist schwach positiv, wenn ein lebhaftes Erythem und einige zerstreute Pusteln zum Vorschein kommen, sie ist negativ, wenn nur momentane Rötung und Hautjucken zu bemerken ist. Bei starker Reaktion ist die Prognose für den Verlauf der Krankheit günstig, weniger bei mittelstarker Reaktion. Negative Reaktion weist auf einen rapiden Verlauf hin.
Rivista crit. clin. med. 1914. No. 46.
Zentralbl. f. innere Med. 1915. 718.
Merck's Bericht 1915.

**Campbell**'s Reagens zur kolorimetr. Eisenbestimmung
ist Stannoborat, das durch Fällen von Zinnchlorür mit Boraxlösung dargestellt wird. Näheres siehe: Chem. Ztg. 1888. Rep. 250, Chem. Zentralbl. 1888. 1396 oder The Journ. Anal. Chem. **2.** 289.

**Campbell-Stark**'s Reaktion auf Wasserstoffsuperoxyd.
Die zu prüfende Flüssigkeit überschichtet man mit einem gleichen Volumen Äther und gibt einige Tropfen 10 %ige Chromsäurelösung zu. Schüttelt man um, so färbt sich der Äther bei Gegenwart von $H_2 O_2$ blau.
Pharm. Journ. (3) **23.** 757.

**Campo-Cerdan**'s Reaktion auf Zink.
Versetzt man eine schwach ammoniakalische Zinklösung mit 1 ccm einer alkoholischen Resorcinlösung, so färbt sich die Mischung blau und zeigt ein charakteristisches Spektrum. Empfindlichkeitsgrenze = 0,01 g Zink im Liter. Andere Metalle stören die Reaktion. Mit einer ätherischen Resorcinlösung läßt sich eine Schichtreaktion ausführen. Durch Erhitzen kann der Eintritt der Reaktion beschleunigt werden.
Rev. real. academ. cienc. 1908. **7.** 224.
Annal. chim. analyt. appl. **14.** 205.
Anal. soc. espan. fisica y quimica 1910. **8.** 279.
Répert. de Pharm. 1910. 4.
Chem. Ztg. 1909. Rep. 133 u. 1910. Rep. 437.

**Candussio**'s Reaktion auf Chinin und Morphin mittelst Lysidinlösung
beruht auf der Gelbfärbung, die in einer gesättigten, wässerigen Lösung von Chinin- (und Chinidin-) sulfat durch Chlorwasser und 2 %ige Lysidinlösung hervorgebracht wird. Andere Alkaloide geben diese Reaktion nicht. Eine durch Chlorwasser gelb gefärbte Morphinlösung wird durch Lysidin braun, durch Ammoniak rot gefärbt. Näheres siehe: Chem. Ztg. 1898. 738. — Jahresber. d. Pharm. 1898. 429.

**Candussio**'s Reaktion auf α- und β-Eucain.
Jodjodkaliumlösung erzeugt in β-Eucainlösung eine braune Färbung und nach 1—2 Stunden einen geringen Niederschlag, während die Lösung selbst klar wird. In einer α-Eucainlösung entsteht ein rotbrauner Niederschlag, der nach dem Absetzen zitronengelb erscheint.
Boll. Chim. Farm. **48.** 630.
Pharm. Post 1908. 825.
Pharm. Zentrh. 1909. 219.
Apoth. Ztg. 1908. 778.
Ztschr. f. analyt. Chem. 1912. 332.
Vergl. Saporetti's Reaktion.

**Candussio**'s Reagens auf Phenole
ist eine 1 %ige, wässerige Lösung von Ferricyankalium, die 10—20 % reines Ammoniak enthält. Näheres siehe: Chem. Ztg. **24.** 299, Ztschr. f. analyt. Chem. **41.** 51, Pharm. Zentrh. 1900. 355.

**Cannizzaro**'s Reaktion.
Unter der Einwirkung von Natriumaethylat oder Alkali auf Benzaldehyd entsteht in alkoholischer Lösung Benzoesäure und Benzylalkohol.
Vergl. Claisen, Berl. Ber. 1887. **20.** 646. — Tischtschenko, Journ. f. prakt. Chem. 1912. **86.** 322.

**Canter White**'s Reagens
ist eine Lösung von 1 Teil Cobaltnitrat in 30 Teilen Wasser. Näheres siehe: Ztschr. f. analyt. Chem. 1905. 709. — Ztschr. d. allgem. öst. Apoth. Ver. **42.** 1328.

**Capezzuoli**'s Reaktion auf Zucker.
Die zu prüfende Lösung versetzt man bei gewöhnlicher Temperatur mit etwas Kupferchlorid und überschüssiger Natronlauge und läßt den entstandenen Niederschlag absetzen. Nach längerem Stehen bildet sich bei Anwesenheit von Zucker über dem Niederschlage ein rotgelber Ring.
Gazette toscane et Revue médicale 1843 et 1844.
Journ. de Pharm. et de Chim. 1844. II. 65.
Pharm. Zentralbl. 1844. II. 703.

**Capranica**'s Reagens auf Gallenfarbstoffe
5 %ige, alkoholische Bromlösung, Chlorsäure oder Jodsäure bringen in der Chloroformausschüttelung eines ikterischen Harns dieselben Farbenerscheinungen wie bei Gmelin's Reaktion hervor: Grün, indigoblau, violett und gelbrot. Besonders empfindlich ist die Reaktion, wenn man Bromlösung bis zur Grünfärbung zusetzt und dann Salzsäure zugibt. Der grüne Farbstoff geht beim Schütteln in die Salzsäure über und ist darin noch wahrnehmbar, wenn der ursprüngliche Gallenfarbstoffgehalt 1: 200 000 betrug.
Ztschr. f. analyt. Chem. **22.** 626.
Jahresber. f. Tierchem. 1882. 302.
Gaz. chim. ital. **11.** 430.

**Capranica**'s Reaktion auf Guanin.
Warme (konzentr.) Lösungen von Guanin geben mit gesättigter Pikrinsäurelösung einen orangegelben, krystallinischen Niederschlag,

mit Kaliumchromat beim Erkalten orangerote Prismen und mit Ferricyankalium mikroskopisch kleine, braune Prismen. Näheres siehe: Ztschr. f. physiol. Chem. 4. 233. – Ztschr. f. analyt. Chem. 20. 160.

**Caraves Gil's Reaktion auf freien Schwefel** beruht auf einer Blaufärbung, die beim Kochen von 95 %igem Alkohol mit Mehrfach-Schwefelalkalien eintritt. Näheres siehe: Ztschr. f. analyt. Chem. 33. 54. — Pharm. Zentrh. 1894. 115.

**Carazzi's Reagens zum Färben mikroskop. Präparate** ist eine Lösung von 0,5 g Hämatoxylin, 0,01 g Kaliumjodat und 25 g Alaun in 400 g Wasser und 100 g Glycerin. Zur Schnittfärbung. Näheres siehe: Ztschr. f. wiss. Mikroskop. 28. 273.

**Carcano's Reaktion auf gekochte und ungekochte Milch.**

Zu einigen ccm Milch gibt man einige Tropfen reines Terpentinöl, erwärmt in einem Porzellanschälchen und gibt etwas Guajaktinktur zu. Gekochte Milch färbt sich nicht, ungekochte färbt sich blau.

Merck's Report. 1900. 254.
Bollett. chim. farm. 1896. 486.

**Carl's Reaktion auf Naturhonig** beruht auf einer Komplementablenkungsmethode, da sich mit natürlichem Honig ein Antiserum herstellen lassen soll. Näheres siehe: Ztschr. f. Immunit. Forsch. 1. IV. 700. — Chem. Zentralbl. 1910. I. 1057. — Langer, Arch. f. Hygiene 71. 308. — Chem. Zentralbl. 1910. I. 687. — Flury, Pharm. Praxis 1910. 386.

**Carles' Reaktion auf Alkohol in ätherischen Ölen.**

1. Schüttelt man gleiche Teile des ätherischen Öles und Olivenöl, so tritt bei Anwesenheit von Alkohol eine Trübung ein.
2. Beim Schütteln mit Wasser darf das Volumen des ätherischen Öles nicht abnehmen.
3. Beim Schütteln mit trockenem Chlorcalcium wird letzteres bei Anwesenheit von Alkohol weich oder flüssig.

Arch. der Pharm. 1886. 224.
Journ. de Pharm. et de Chim. (5) 12. 529.

**Carletti's Reaktion auf Abrastol.**

Erwärmt man eine Lösung von Abrastol in konzentr. Schwefelsäure nach Zusatz von einigen Tropfen alkoholischer oder wässeriger Weinsäurelösung vorsichtig, so färbt sich die Mischung grün. Empfindlichkeitsgrenze = 0,00005 g.

Boll. Chim. Farm. 1909. 48. 72.
Chem. Zentralbl. 1909. II. 72.

**Carletti's Reagens auf Cuprisalze neben Cuprosalzen** zur Bestimmung des Endpunktes der Zuckertitration mit Fehling's Reagens ist eine Lösung von Phenolphthalin. Man bereitet es, indem man 1 g Phenolphthalein mit 10 g Kaliumhydroxyd, 5 g Zinkstaub und Wasser ad 100 ccm bis zur Entfärbung kocht. Bringt man 1 Tropfen der Titermischung, 1 Tropfen Reagens und 2—3 Tropfen 10%ige Kaliumcyanidlösung in einem Porzellanschälchen zusammen, so färbt sich die Mischung rot, wenn noch Cuprisalz vorhanden ist.

Boll. Chim. Farm. 1913. 52. 747.
Merck's Bericht 1914. 371.
Pharm. Zentrh. 1914. 400.

**Carletti's Reaktion auf fremde Kohlehydrate im Mannit.**

3 ccm konzentr. Schwefelsäure mischt man mit 5 Tropfen einer 1 %igen, alkoholischen Lösung von α-Naphthol, wobei die Mischung eine gelblichgrüne Färbung annimmt. Über diese schichtet man eine Lösung von 0,1 g Mannit in 5 ccm Wasser. Spuren von Kohlehydraten lassen sich an einem blauvioletten Ring erkennen. An Stelle von α-Naphthol kann auch Thymol oder Menthol verwendet werden, die einen rosaroten Ring erzeugen.

Bollett. chim. farm. 1907. 5.
Apoth. Ztg. 1907. 119.

**Carletti's Reagens auf Mineralsäuren neben organ. Säuren.**

a) Eine Lösung von 5 g Anilin in 20 g konzentr. Essigsäure und 75 ccm Wasser;
b) eine Lösung von 1 g Furfurol in 100 ccm Alkohol (95 %).

50 ccm Wein oder Essig mischt man mit 25 ccm Alkohol, entfärbt mit Tierkohle und gibt zu 10 ccm dieser Mischung 5 Tropfen der Lösung a und nach dem Umschütteln 5 Tropfen der Lösung b. Sind freie Mineralsäuren vorhanden, so tritt keine Farbenänderung ein, fehlen aber solche, so erhält man eine deutliche Rosafärbung.

Bollett. chim. farm. 1906. 449.
Chem. Zentralbl. 1906. II. 825.
Ztschr. f. analyt. Chem. 1909. 310.

**Carletti's Reaktion auf Phenol in Salicylsäure.**

Zu einer Anreibung von 0,25 g Salicylsäure mit 5 ccm Wasser gibt man 2 Tropfen einer 2 %igen, alkoholischen Furfurollösung und läßt vorsichtig 2—3 ccm konzentr. Schwefelsäure zufließen. Spuren von Phenol bewirken einen gelben Ring, größere Mengen eine dunkelblaue Färbung.

Bollett. Chim. Farm. 1907. 46. 421.
Pharm. Ztg. 1907. 565, 1013.
Apoth. Ztg. 1907. 544.
Südd. Apoth. Ztg. 1908. 213.

**Carletti's Reaktion auf Pyrogallol.**

Pyrogallol gibt mit Schwefelsäure und alkoholischer Weinsäurelösung eine violette Färbung, die auf Zusatz von Wasser verschwindet. Milchsäure (an Stelle von Weinsäure) liefert unter gleichen Bedingungen eine orangerote Färbung, die auf Zusatz von Wasser nicht verschwindet.

Bollett. chim. farm. 48. 441.
Journ. Chem. Soc. 96. II. 769.
Ztschr. f. analyt. Chem. 1911. 305.

**Carlinfanti's Reaktion auf Sesamöl.**

Schüttelt man Sesamöl mit Baudouin's Reagens (vergleiche dieses), so färbt sich dasselbe intensiv rot. Diese Färbung bleibt auch bestehen, wenn man mit der dreifachen Menge Wasser verdünnt. Dagegen verschwinden hierbei solche Rotfärbungen, die Baudouin's Reagens mit Olivenölen zuweilen hervorbringt.

L'Orosi 1895. 87.
Chem. Ztg. 1895. Rep. 215.

**Carlson's Reaktion auf Arsen im Harn**

beruht auf der elektrolytischen Abscheidung des Arsens. Näheres siehe: Ztschr. f. physiol. Chem. 1906. **49.** 410.

**Carney's Reagens auf Gold und Ammoniak**

ist eine Lösung von 2,5 g Tetramethyldiamidodiphenylmethan und 5 g Citronensäure in 5 ccm Wasser, die mit Wasser auf 500 ccm aufgefüllt wird. — Goldlösungen geben je nach der vorhandenen Goldmenge eine purpurne bis blaue Färbung. — Ammoniak verursacht mit dem Reagens Purpurfärbung.

Journ. Americ. Chem. Soc. **34.** 32.
Chem. Zentralbl. 1912. I. 854.

**Carnot's Reagens auf Gold**

ist eine wässerige Lösung von Phosphorwasserstoff, die in Goldlösungen eine rosarote Färbung hervorruft. Die Reaktion wird auch zur quantitativen, kolorimetrischen Goldbestimmung benützt.

Muspratt, Handb. d. techn. Chem. III. 1727.

**Carnot's Reagens auf Kalium**

ist identisch mit Pauly's Reagens.

Berl. Ber. **9.** 1434.
Compt. rend. **83.** 338.
Chem. Zentralbl. 1876. 658.

**Carnoy's Reagens zum Fixieren mikroskop. Präparate**

ist eine Mischung von 10 ccm Eisessig und 30 ccm absolut. Alkohol oder eine Mischung von 10 ccm Eisessig, 60 ccm Alkohol und 30 ccm Chloroform oder eine Mischung von Schwefelsäure und Alkohol.

Ztschr. f. wiss. Mikroskop. 1890. **47**; 1899. 340.
van Beneden, Bull. Acad. Sc. Bruxelles 1887. 137.
Kolster, Anat. Anzg. 1900. 172.
Müller, Arch. f. mikroskop. Anat. 1899. 11.
Behrens' Tabellen 1892. 54.

Auch eine Lösung von Schwefeldioxyd in Alkohol ist vom Autor als Kernfixationsmittel empfohlen worden. (Cellule 1885.)

Overton, Ztschr. f. wiss. Mikroskop. 1890. 9.
Vergl. Maire, ebenda 1904. 371.

**Carnoy's Reagens zum Härten mikroskop. Präparate**

ist eine Lösung von 1 g Chromsäure, 0,3 g Osmiumsäure und 3 g Essigsäure in 65 ccm Wasser.

La Cellule 1885. 211.

**Caro's Persulfatreaktion.**

Versetzt man eine Persulfatlösung mit einer neutralen Lösung von Anilin (2 %), so tritt nach einigem Stehen oder beim Erhitzen sofort ein orangebrauner Niederschlag oder, wenn die Lösung sehr verdünnt ist, eine braune Färbung auf. Aus dem Niederschlag läßt sich durch Auskochen mit Benzol ein Körper extrahieren, der sich in Salzsäure mit gelber Farbe löst. Diese Lösung wird beim Erwärmen dauernd violett.

Ztschr. f. angew. Chem. 1898. 845.
Pharm. Zentrh. 1900. 433.
Chem. Zentralbl. 1899. II. 190.

**Caro's Reagens (Sulfomonopersäure)**

ist eine gesättigte Lösung von Kaliumpersulfat in konzentr. Schwefelsäure. Mit diesem Reagens kann Anilin direkt in Nitrosobenzol verwandelt werden (Umkehrung von Zinin's Reaktion, also der Umwandlung der Nitro- in die Amidogruppe).

Ztschr. f. angew. Chem. 1898. 845.
Pharm. Zentrh. 1900. 433; 1901. 555.
Baeyer u. Villiger, Berl. Ber. 1899. III. 3625; 1900. 124 u. 1901. 853.

**Caro's Reagens auf Schwefelwasserstoff.**

Die zu prüfende Lösung versetzt man mit $^1/_{50}$ Volumen rauchender Salzsäure, löst darin einige Körnchen p-Amidodimethylanilinsulfat und gibt dann 1—2 Tropfen verdünnter Eisenchloridlösung zu. Bei Anwesenheit von Schwefelwasserstoff färbt sich die Lösung nach einiger Zeit rein blau (Methylenblau).

Fischer, Berl. Ber. **16.** 2234.
Ztschr. f. analyt. Chem. **23.** 225.
Weldert, Chem. Zentralbl. 1908. II. 1956.
Fendler, ebenda 1909. II. 748.
Vergl. Lauth's Reaktion.

**Carobbio's Reaktionen auf Fuchsin im Wein.**

1 ccm Wein versetzt man mit 4—5 Tropfen konzentr. Kaliumjodidlösung (1 + 1) und schüttelt dann mit 2 ccm Paraldehyd. Dieser färbt sich bei Anwesenheit von Fuchsin rot. Empfindlichkeitsgrenze = 1 : 1 000 000.

Bollett. chim. farm. 1907. **46.** 535.
Apoth. Ztg. 1907. 795.
Chem. Zentralbl. 1907. II. 946.
Südd. Apoth. Ztg. 1907. 752.

**Carobbio's Reagens auf Resorcin**

ist eine gesättigte Lösung von Zinkchlorid in Ammoniakfl. Auf dieses Reagens schichtet man die ätherische Lösung des zu prüfenden Stoffes. Bei Gegenwart von Resorcin bildet sich ein gelber Ring, der schnell in Grün und dann in Blau übergeht.

Bollett. chim. farm. 1906. 365.
Apoth. Ztg. 1906. 612.
Chem. Zentralbl. 1906. II. 632.
Annal. chim. analyt. appl. 1906. 468.

**Carobbio's Reaktion auf Zink**

ist die umgekehrte Reaktion des Autors auf Resorcin.

(Siehe diese.)
Vergl. Campo-Cerdan's Reaktion.

**Caron's** Reagens auf Salpetersäure.

Man löst einige Milligramme Diphenylamin in 100 ccm konz. Schwefelsäure und gibt 40 ccm Wasser und 2—3 ccm 1/10 Norm. Salzsäure zu. 5 ccm dieser Mischung versetzt man mit 0,5 ccm der zu prüfenden Flüssigkeit. Die bekannte Blaufärbung zeigt Salpetersäure an. Das Reagens soll besonders bei Anwesenheit von Salzsäure in der Versuchsflüssigkeit gute Dienste leisten. Auch bei Gegenwart von Alkohol, Äther, Glycerin, Phenol, Salicylsäure und Kohlehydraten ist das Reagens dem Hofmann'schen Reagens vorzuziehen.

Annales de Chim. analyt. 1911. 16. 211.
Merck's Bericht 1911. 255.

**Caron-Raquet's** Sulfosalicylsäure-Reagens auf Salpetersäure.

10 ccm des auf Nitrate zu prüfenden Wassers verdampft man mit 1 ccm einer 1 %igen wässerigen Natriumsalicylatlösung zur Trockene, mischt 1 ccm Schwefelsäure zu und versetzt dann nach einigen Minuten mit 10 ccm Wasser und dann mit 10 ccm Ammoniakflüssigkeit. Bei Gegenwart von Nitraten entsteht eine gelbe Färbung.

Bullet. Soc. Chim. de France (4), 7. 1025.
Répert. de Pharm. 1911. 245.
Apoth. Ztg. 1911. 66.
Pharm. Ztg. 1911. 556.
Merck's Bericht 1911. 418.

**Carpené's** Reaktion auf Abrastol

beruht auf einer grünblauen Farbenerscheinung bei der Einwirkung von Eisenchlorid auf Abrastollösung.

L'Enotecnico 1893. 214.

**Carpené's** Reagens auf Alkaloide

ist identisch mit Mayer's Reagens.

**Carpené's** Reagens auf Gerbstoffe im Wein

ist eine ammoniakalische Zinkacetatlösung. Dieses Reagens gibt mit Gerbsäuren einen in Wasser, Ammoniak und Zinkacetat unlöslichen Niederschlag von Zinktannat. Es reagiert mit Gallussäure nicht.

Dingler's Journ. 216. 452.
Ztschr. f. analyt. Chem. 15. 112.
Berl. Ber. 8. 822.
Chem. Zentralbl. 1876. 200.

Nach H a g e r, Pharm. Prax. 1880. II. 1250, sättigt man eine 5 %ige Ätzammonlösung mit Zinkacetat.

**Carpené's** Reaktion auf Glukose

beruht auf der Bildung eines baryumhaltigen Niederschlages beim Zusammentreffen einer alkoholischen Lösung von Glukose mit einer Lösung von Baryumhydroxyd. Näheres siehe: Répert. de Pharm. 1897. 319 oder Pharm. Zentrh. 1897. 514 u. 757. — Chem. Zentralbl. 1897. II. 645.

**Carrasco's** Reagens auf Zucker in Abwässern

ist eine Lösung von 4 g α-Naphthol in 1200 g Schwefelsäure, mit der Farbenreaktionen angestellt werden. Näheres siehe: Chem. Ztg. 1907. 846. — Chem. Zentralbl. 1907. II. 1014.

**Carrez'** Reagens auf Eiweiß

ist eine Lösung von Resorcin (33 %). Beim Überschichten dieses Reagenzes mit eiweißhaltigem Harn entsteht ein weißer Ring.

Répert. de Pharm. 1895. 214.

**Carrez'** Reagens auf Glukose.

(Réactif cupro-lactique.) Eine Mischung von 180 g Milchsäure (D = 1,21), 200 ccm Wasser und 200 ccm Kalilauge (D = 1,332) kocht man einige Minuten lang und neutralisiert dann mit Kalilauge bezw. Milchsäure. Zu der erkalteten Mischung gibt man eine Lösung von 34,65 g kryst. Kupfersulfat in 250 ccm Wasser und ergänzt die Mischung mit Wasser zu 1 Liter.

Répert. de Pharm. 1909. 193.
Annal. chim. analyt. appl. 1909. 14. 332.
Ztschr. f. analyt. Chem. 1912. 394.

**Carrez** Reagenzien zur Klärung des Harns.

a) eine Lösung von 150 g Kaliumferrocyanid im Liter Wasser,
b) eine Lösung von 300 g Zinkacetat im Liter Wasser. — Zu 50 ccm Harn werden von jeder Lösung je 5 ccm zugesetzt und filtriert. Der bei der Polarisation gefundene Zuckerwert wird dementsprechend mit 1,2 multipliziert.

Annal. chim. analyt. appl. 1908. 97.
Répert. de Pharm. 1908. 49.

**Carter's** Reaktion auf Indikan im Harn

beruht auf der Bildung eines blauen bis purpurroten Niederschlages, wenn man indikanhaltigen Harn mit Salpetersäure und dann mit Schwefelsäure versetzt.

Merck's Report. 1900. 254.

**Casali's** Reaktionen der Gallensäuren.

Gallensäuren zeigen mit Schwefelsäure und einer oxydierenden Substanz wie Bleisuperoxyd, Zinnchlorid etc. schöne Farbenerscheinungen. Näheres siehe: Zentralbl. f. d. mediz. Wissensch. 1878. 583. — Ztschr. f. analyt. Chem. 18. 128.

**Casanova's** Reaktion auf Lecithin.

Schüttelt man ätherische Lecithinlösung mit 10 %iger, wässeriger Ammoniummolybdatlösung und schichtet die Mischung über Schwefelsäure, so entsteht ein rötlicher, dann grüner und schließlich intensiv blauer Ring.

Bollett. chim. farm. 1911. 309.
Merck's Bericht 1911. 334.
Pharm. Zentrh. 1911. 880.
Südd. Apoth. Ztg. 1911. 630.
S i e d l e r, Apoth. Ztg. 1911. 912.

**Casolari's** Reagens auf Thiosulfate

ist eine 5 %ige Lösung von Nitroprussidnatrium, die so lange dem Licht und der Luft ausgesetzt wird, bis sie eine braune Farbe angenommen hat. Man kann auch eine frisch bereitete Lösung von Nitroprussidnatrium verwenden, der man 1—2 Tropfen Ferricyankalium und 1 Tropfen Natronlauge zugesetzt hat. Einige Tropfen des filtrierten Reagenzes

geben mit $^1/_{10}$ Thiosulfatlösung Blaufärbung. $^1/_{100}$-Thiosulfatlösung gibt nach etwa $^1/_2$ Stunde eine grüne Färbung. Sulfite und Tetrathionate geben die Reaktion nicht.
Gazz. Chim. Ital. 1911. **40.** 389.
Chem. Zentralbl. 1911. I. 728.

**Cassal-Gorraus'** Reaktion auf Borsäure.
Beim Eindampfen von Borsäurelösung mit Kurkumin und Oxalsäure erhält man eine Magentarotfärbung. Der Farbstoff ist in Alkohol und Äther löslich. Durch Wasser wird er zerstört, wenig Alkali führt ihn in Blau über.
Ztschr. f. Unters. Nahr.-Genußm. 1904. 315.
Pharm. Zentrh. 1904. 574.

**Casselmann**'s Reaktion auf Weinsäure
beruht auf der Reduktion von ammoniakalischer Silberlösung.
Chem. Zentralbl. 1855. 613.
Arch. der Pharm. 83. 148.

**Castaigne-Rathery**'s Reagens zum Färben mikroskop. Präparate.
a) 100 ccm wässerige, 0,5 %ige Hämatoxylinlösung versetzt man mit 1 ccm einer frisch bereiteten, 1 %igen Kaliumpermanganatlösung.
b) Eine Mischung von 2—3 Tropfen Säurefuchsinlösung mit 15 ccm Alkohol (absolut).
Arch. d. méd. expérim. et d'anatom. pathol. 1902. 599.

**Castaigne - Rathery**'s Reagens zum Fixieren mikroskop. Präparate
ist eine Mischung von 1 Teil Essigsäure, 3 Teilen Chloroform und 6 Teilen Alkohol (absolut).
Arch. de med. etc. 1902. 599.

**Castellana**'s Reaktion auf Borsäure.
Die zu prüfende Substanz erhitzt man in einem Röhrchen mit einem Überschuß von Kaliumäthylsulfat, bis die ersten Dämpfe auftreten. Letztere brennen bei Anwesenheit von Borsäure mit grüngesäumter Flamme.
Atti R. Accadem. dei lincei Roma. (5) **14.** I. 465.
Chem. Zentralbl. 1905. I. 1619; 1906. I. 1187 u. II. 165.
Ztschr. f. angew. Chem. 1906. 764.
Gaz. chim. ital. 1905. 108; 1906. 232.
Velardi, ebenda 1906. 230.
B r a n d , Ztschr. f. d. ges. Brauwesen. **15.** 426.
Auch zum Nachweis verschiedener organischer Säuren, wie Ameisensäure, Essigsäure, Buttersäure, Baldriansäure, Oxalsäure, Benzoesäure, Zimtsäure etc. soll sich obige Reaktion verwenden lassen. Als Erkennungsmittel dient der auftretende Geruch nach dem betreffenden Ester.

**Castellana**'s Reaktion auf Stickstoff in organischen Stoffen
ist eine Modifikation von Lassaigne's Reaktion, die darauf beruht, daß an Stelle von metallischem Natrium metallisches Magnesium und Natrium- oder Kaliumkarbonat verwendet wird. Näheres siehe: Gazzett. Chim. Ital. **34.** II. 357. — Chem. Zentralbl. 1905. I. 45. — E l l i s , Chem. News **102.** 187. Ztschr. f. analyt. Chem. 1913. 698.

**Castle**'s siehe **Kastle**'s Reagens.

**Cauquil**'s Reagens auf Gallenfarbstoffe im Harn
ist eine Lösung von 2 g Jodtinktur und 2 g Jodkalium in 100 ccm Wasser. Gallenfarbstoffe geben bei der Schichtprobe einen grünen Ring.
Journ. der Pharm. v. Elsaß-Lothrg. 1903. 66.
Schweiz. Woch. f. Chem. u. Pharm. 1903, 364.
Südd. Apoth. Ztg. 1903. 198.
Vergl. Maréchal's u. Smith's Reaktion.

**Causse**'s Reagens auf Cystin im Wasser
ist das Chloromercurat des p-diazobenzolsulfosauren Natriums, welches mit Cystin enthaltendem Wasser eine gelbe Färbung gibt.
Chem. Ztg. 1900. 302.
Compt. rend. **130.** 785.
Chem. Zentralbl. 1900. I. 877.
M o l i n i é , Chem. Ztg. 1900. 1000, od. Pharm. Zentrh. 1901. 616.

**Causse**'s Reagens auf Glukose
ist Fehling's Reagens mit einem Zusatz von Ferrocyankalium, welches die Bildung eines Kupferoxydulniederschlages verhindert. Den Endpunkt der Titration erkennt man am Verschwinden der Blaufärbung.
Bull. Soc. Chim. Paris **50.** 625.
Ztschr. f. analyt. Chem. **31.** 715.
Vergl. Gerrard's Reagens.

**Causse**'s Reagens auf verseuchte Wässer.
Man löst 0,25 g Krystallviolett (Hexamethyltriamidotriphenylcarbinol) in 250 g kaltem, mit Schwefeldioxyd gesättigtem Wasser. Man kann auch eine Lösung von 1 g des Farbstoffes in 800 ccm Wasser mit 50 ccm Norm-Schwefelsäure und 25 g Natriumbisulfit entfärben und mit Wasser auf 1 Liter ergänzen. — 100 ccm des zu prüfenden Wassers versetzt man mit 1 ccm Reagens. Ist das Wasser rein, so erscheint die ursprüngliche Violettfärbung wieder, ist es durch menschliche oder tierische Dejektionen verunreinigt, so wird die Mischung nicht mehr violett.
Pharm. Zentrh. 1902. 459.
Bull. Soc. Chim. Paris (3) **23.** 489 u. **29.** 766.
Compt. rend. **134.** 481.
Revue internation. falsif. **15.** 16.
Chem. Zentralbl. 1902. I. 778. 1903. II. 149. 639.
Südd. Apoth. Ztg. 1908. 538.

**Cavalli**'s Reagens auf Alkalität des Wassers
ist eine Lösung von Toluylenrot (Neutralrot) in Wasser 1 : 100. Alkalisches Wasser wird durch einige Tropfen dieses Reagenzes gelb gefärbt.
Revue internat. falsif. 1898. 98.
Chem. Zentralbl. 1898. II. 309.
Chem. Ztg. 1897. Rep. 288.

**Cavalli's** Reagens auf Cottonöl.

Man löst 2 g Resorcin in 20 ccm Wasser und 15 ccm konzentr. Schwefelsäure. — 5 ccm des zu prüfenden Olivenöles schüttelt man mit 5 ccm Reagens und erwärmt dann auf 50 ° C. Reines Olivenöl wird entfärbt und erst nach 15 Minuten grau gefärbt, Cottonöl wird sofort rosa gefärbt, dann grünlich und nach 15 Minuten blau. Mischungen von beiden Ölen werden mehr oder weniger violett gefärbt.

Ztschr. f. Nahr.-Genußm. 1898. 119.
Pharm. Zentrh. 1898. 535.

**Cavalli's** Reaktion auf Sesamöl.

Man schichtet 5 g Öl über eine Mischung von 3 g Salzsäure und 2 g Salpetersäure. Bei Anwesenheit von Sesamöl tritt Rotfärbung ein. Empfindlichkeitsgrenze = 10 : 100.

Giorn. Farm. Chim. **46.** 57.
Chem. Zentralbl. 1897. I. 521.
Pharm. Zentrh. 1902. 167.

**Cavazza's** Reagenzien auf Gerbstoffe

sind Goldchloridlösung oder Eisenchloridlösung oder Ammoniummetavanadatlösung. Tabellarische Zusammenstellung der Farbenreaktionen siehe: Ztschr. f. wiss. Mikroskop. **26.** 59. oder Chem. Zentralbl. 1909. II. 1386.

**Cayaux'** Reaktion auf Rohrzucker in Milch oder Milchzucker.

Man taucht einen Streifen Filtrierpapier in die zu prüfende Lösung (Milch) und läßt letztere durch das Papier aufsaugen. Nach dem Trocknen des Papiers betupft man die Papierstellen, welche sich in der Lösung befanden und diejenigen, die von der Lösung aufgesogen hatten, mit konzentr. Schwefelsäure. Bei Anwesenheit von 0,5 % Rohrzucker entsteht noch ein roter Fleck.

Indisch. Milit. Tijdschr. 1903. 1234.
Pharm. Weekblad 1905. Nr. 9.
Apoth. Ztg. 1905. 226.
Pharm. Ztg. 1905. 283.
A n d e r s o n, The Analyst **32.** 87.

**Cazeneuve's** Reagens auf Metallsalze

ist Diphenylcarbazid (Diphenylcarbohydrazid). Letzteres gibt mit gewissen Metallsalzen, in Benzin gelöst, unter Bildung von Diphenylcarbazon intensive Farbenerscheinungen. Es färbt sich mit Kupfersalzen violett, mit Quecksilbersalzen veilchenblau und mit Eisensalzen pfirsichblütenrot. Mit Salzsäure angesäuerte Chromsäurelösung wird mit pulverisiertem Diphenylcarbazid prachtvoll violett gefärbt. Empfindlichkeitsgrenze bei den Metallsalzen = 1 : 100 000, bei Chromsäure 1 : 1 000 000.

Merck's Bericht 1900. 85.
Compt. rend. **131.** 346.
Pharm. Zentrh. 1900. 656.
Bull. Soc. Chim. Paris (3) **23.** 701.
Ztschr. f. analyt. Chem. **41.** 568.
B r a n d t, ebenda 1906. 96.
Merck's Bericht 1906. 106.

**Cazeneuve's** Reagens auf Sauerstoff

ist eine Lösung von 1 g m-Phenylendiamin in 100 g Alkohol. Näheres siehe: Berl. Ber. **24.** Ref. 866. — Bull. Soc. Chim. Paris (3) **5.** 855.

**Cazeneuve's** Reaktion auf Teerfarbstoffe im Wein.

Man schüttelt 10 ccm Wein in der Wärme mit 0,2 g Quecksilberoxyd. Während die natürlichen Weinfarbstoffe von Quecksilberoxyd gebunden werden, bleiben Teerfarbstoffe in Lösung.

Compt. rend. **102.** 52.
Annal. Chim. Phys. (6) **7.** 533.
Vergl. Blarez' Reaktion.

**Cazeneuve-Breteau's** Reaktion auf Solanin.

Gibt man zu Solanin ein noch warmes Gemisch von 6 Teilen Schwefelsäure und 9 Teilen absolut. Alkohol, so nehmen die Krystalle eine grüne Farbe an, während die umgebende Flüssigkeit schwach rosa erscheint.

Journ. de Pharm. et de Chim. 1899. 665.
The Analyst **24.** 216.
Ztschr. f. analyt. Chem. 1905. 226.
Compt. rend. **128.** 887.
Bull. Soc. Chim. Paris (3) **21.** 428.
Chem. Zentralbl. 1899. I. 1042. 1244.

**Cazeneuve-Cotton's** Reaktion auf Gärungsessig.

Versetzt man 10 ccm Gärungsessig mit 100 ccm einer 0,1 %igen Kaliumpermanganatlösung, so tritt in kurzer Zeit Entfärbung ein (zum Unterschied von einer wässerigen Lösung von Essigsäure).

R o t h e n b a c h, Ztschr. f. Unters. Nahr.-Genußm. 1902. 817.
S c h m i d t, Ztschr. f. angew. Chem. 1906. 1610.

**Cazeneuve-Cotton's** Reaktion auf Holzgeist im Alkohol.

10 ccm Alkohol versetzt man bei 20 ° C. mit 1 ccm Kaliumpermanganat (1 : 1000). Bei Anwesenheit von Holzgeist tritt sofort Entfärbung ein. Reiner Alkohol entfärbt erst nach 20 Minuten.

Journ. de Pharm. et de Chim. (5) **2.** 361.
Ztschr. f. analyt. Chem. **20.** 585.

**Cazeneuve-Défournel's** Reaktion auf Salpetersäure.

1 Liter des zu prüfenden Wassers wird zur Trockene eingedampft und dann nach Zusatz von 20 ccm Wasser und 0,05 g Brucin nochmals zur Trockene gebracht. Gibt man dann einige Tropfen Ameisensäure (100%) und hierauf einige Tropfen Wasser und etwas Wasserstoffsuperoxyd zu, so tritt bei Gegenwart von Salpetersäure in $^1/_4$ Stunde Rosafärbung auf. Empfindlichkeitsgrenze = 1 mg in 10 Liter.

Bullet. soc. chim. de France (3) **25.** 639.
Ztschr. f. analyt. Chem. **49.** 382.
Leuchs, ebenda **52.** 705.

**Della Cella's** Reaktion auf Acetanilid.

Erwärmt man einige cg Acetanilid mit 3 Tropfen Mercurinitrat und gibt nach er-

folgter Lösung 3 Tropfen konzentr. Schwefelsäure zu, so färbt sich die Mischung intensiv blutrot. (Dieselbe Reaktion geben Phenole, Thymol, Gallus- und Gerbsäure.)
Journ. de Pharm. et de Chim. (5) **15.** 162.
Chem. Ztg. 1887. Rep. 130.

**Cerbeland's** Reaktionen auf p-Phenylendiamin, Diamidophenol, Pyrogallol, Gallussäure und Henna in Haarfärbemitteln
siehe: Boll. Chim. Farm. 1912. **51.** 300. — Pharm. Zentrh. 1913. 455.

**Cerdeiras'** Reagens auf ätherische Öle.
Man löst 0,5 g Vanillin in etwas Alkohol und ergänzt die Lösung mit Salzsäure (1,1) auf 100 g. Zu 5 ccm Reagens gibt man 1 Tropfen des zu prüfenden Öles, schüttelt gut durch, läßt unter Lichtabschluß und bei gewöhnlicher Temperatur 1/4 Stunde stehen, erwärmt 5 Minuten auf dem siedenden Wasserbad und schüttelt mit Chloroform (nach dem Erkalten). Das Reagens muß immer frisch bereitet werden. Die Farbenreaktionen der verschiedenen Öle vergleiche Pharm. Zentrh. 1914. 340.

**Cerrito's** Reagens zum Färben mikroskop. Präparate.
Man mischt 20 ccm wässerige Tanninlösung (25 %) mit 10 ccm Eisenalaunlösung (50 %) und 1 ccm gesättigter, alkohol. Fuchsinlösung. Gebraucht zur Färbung von Bakteriengeißeln.
Annal. d'igiene sperim. **12.** 288.
Ztschr. f. angew. Mikroskop. 1906. 147.

**Certes'** Reagens zum Färben mikroskop. Präparate
ist eine Lösung von 1 g Chinolinblau in 10 Liter Wasser. Gebraucht zum Färben lebender Organismen.
Compt. rend. Soc. Biolog. 1885. 197.
Americ. Microscop. Journ. 1882. 173.
Behrens' Tabellen 1892. 108.
Enzyklop. d. mikroskop. Techn. 1903. 123.

**Cervello's** Reaktion auf Harnsäure.
Alkalische Harnsäurelösung wird durch Natriumphosphowolframat blau gefärbt. — Die Reaktion ist nicht eindeutig, da sie durch alle reduzierenden Stoffe verursacht wird. Beim Stehen an der Luft geht die Farbe durch Oxydation des Wolframs in Grün und dann in Rot über.
Südd. Apoth. Ztg. 1912. 360.

**Cesaris'** Reagens auf Jod in Bromsalzen
besteht aus 1 g Stärke, 100 g Wasser, 1 g Kaliumnitrat und 10 Tropfen Salzsäure.
Nuovo Dizionario di chimica etc. 1898. 585.

**Cevidalli's** Reagens auf Sperma
siehe Barberio's Reaktion.
Merck's Bericht 1906. 17.

**Chace's** Reaktionen auf Citral und Terpentinöl in Citronenöl
siehe: Journ. Americ. Chem. Soc. **28.** 1472, **30.** 1475. — Chem. Zentralbl. 1896. II. 977; 1908. II. 1643. — Parry, Chem. and Drugg. **78.** 159.

**Chamberlain's** Reagens zum Fixieren mikroskopischer Präparate
ist eine Lösung von 5 g Quecksilberchlorid und 5 ccm Eisessig in 100 ccm konzentr. Pikrinsäurelösung (in 50 %igem Alkohol). Näheres siehe: Saxton, Botan. Gazette 1909. **48.** 161. — Ztschr. f. wiss. Mikroskop. 1909. **26.** 582.

**Chamot-Pratt-Redfield's** Reagens auf Salpetersäure in Wasser.
(Trikaliumnitrophenoldisulfonat.) Man löst 25 g Phenol in 150 ccm konzentr. Schwefelsäure, gibt 75 ccm rauchende Schwefelsäure (mit 13 % $SO_3$) zu und erhitzt die Mischung 2 Stunden lang bei 100°. Nach dem Abkühlen gibt man pro ccm Flüssigkeit 0,1076 g Kaliumnitrat zu, verdünnt mit Wasser, neutralisiert mit Baryumkarbonat, filtriert und löst das entstandene Baryumsalz in siedendem Wasser. Die Lösung wird mit Kaliumkarbonat gefällt und das Filtrat zur Krystallisation gebracht. Das Präparat wird zur kolorimetrischen Bestimmung der Nitrate verwandt. Näheres siehe: Journ. Americ. Chem. Soc. 1911. **33.** 381. — Chem. Ztg. 1911. Rep. 255. — Pharm. Zentrh. 1912. 1223.

**Champy's** Reagens zum Fixieren mikroskop. Präparate
ist eine frisch bereitete Mischung von 1 Teil 2 %iger Osmiumsäurelösung mit 3 Teilen 3 %iger Natriumjodidlösung.
Journ. de l'anatom. et physiol. 1913. **49.** 323.
Ztschr. f. wiss. Mikroskop. 1914. **31.** 135.

**Chancel's** Reaktion auf sekundäre Alkohole.
1 ccm des zu prüfenden Alkohols erwärmt man mit 1 ccm Salpetersäure (D. = 1,35), verdünnt mit Wasser, schüttelt mit Äther aus und läßt letzteren auf einem Uhrglase verdunsten. Den Rückstand löst man in wenig Alkohol und gibt einige Tropfen alkoholische Kalilauge zu. Primäre Alkohole geben keine Reaktion, sekundäre Alkohole geben gelbe Prismen. Näheres siehe: Compt. rend. **100.** 601. — Ztschr. f. analyt. Chem. **27.** 221. — Chem. Zentralbl. 1885. 263.

**Chapin's** Reagens auf Cobalt
ist eine Lösung von 8 g Nitroso-β-Naphthol in 300 ccm Eisessig und 300 ccm Wasser. Es dient zur qualitativen Trennung von Cobalt und Nickel, da es nur Cobaltsalze fällt.
Journ. Americ. Chem. Soc. **29.** 1029.
Chem. Zentralbl. 1907. II. 1017.

**Chapman's** Reagens auf Blausäure
ist eine Mischung von 20 ccm gesättigter, wässeriger Pikrinsäurelösung mit 10 ccm Natronlauge (10 %). Erwärmt man diese mit Blausäure auf 40—50°, so tritt Rotfärbung ein.
Vergl. auch Waller's Reagens.
The Analyst **35.** 469.
Chem. Zentralbl. 1911. II. 393.
Lander-Walden, The Analyst **36.** 266.

**Chapman's** Reaktion auf Eugenol und Isoeugenol.

Man löst 1 ccm Eugenol oder Isoeugenol in 5 ccm Essigsäureanhydrid und gibt 1 Tropfen konzentr. Schwefelsäure oder ein Stückchen geschmolzenes Zinkchlorid zu. Eugenol färbt sich mit Schwefelsäure braun, rasch purpur- und dann weinrot, mit Zinkchlorid blaßgelb. Isoeugenol färbt sich mit Schwefelsäure vorübergehend rosenrot, dann hellbraun, mit Zinkchlorid rosenrot.

The Analyst 1900. 313.
Ztschr. f. analyt. Chem. **42.** 659.

**Chapman's** Reaktion auf Safrol und Isosafrol.

Eine Lösung von Safrol in Essigsäureanhydrid (1 + 5) wird durch 1 Tropfen konzentr. Schwefelsäure smaragdgrün, dann bräunlich, durch ein Stückchen geschmolzenes Chlorzink blaßblau, dann hellbraun gefärbt. Isosafrol färbt sich unter denselben Bedingungen durch Schwefelsäure rosa bis rötlich, durch Chlorzink rosa, dann braun.

The Analyst. 1900. 313.
Ztschr. f. analyt. Chem. **42.** 659.

**Chapman-Smith's** Reaktion auf Wein- und Citronensäure.

Eine zum Sieden erhitzte, stark alkalische Lösung von Kaliumpermanganat wird durch Citronensäure grün gefärbt, durch Weinsäure aber unter Abscheidung von Manganperoxyd zersetzt.

The Laboratory 1867. 39.
Journ. f. prakt. Chem. **102.** 320.
Ztschr. f. Chem. **10.** 413.
Ztschr. f. analyt. Chem. **7.** 264.
Chem. Zentralbl. 1868. 864.
Wimmel, ebenda **7.** 411.

**Charaux'** Reaktion auf Chlorogeninsäure.

Wässerige Chlorogeninsäurelösung wird durch Eisenchlorid grün und dann auf Zusatz von Sodalösung blau gefärbt. — Natronlauge bewirkt mit Chlorogeninsäurelösung eine rosarote bis rote Färbung, die auf Zusatz von Säure in Gelb übergeht.

Journ. de Pharm. et de Chim. 1910. II. 292.

**Charitschkoff's** Reagens auf Eisenoxydul

ist eine konzentr. Lösung von Naphthensäure in Benzin oder Petroleumäther. Mit dieser kann man Ferrosalze aus neutraler oder schwach saurer Lösung extrahieren, wobei Ferrisalze nicht in Lösung gehen. Das Reagens färbt sich bei Anwesenheit von Ferrosalzen intensiv schokoladebraun.

Chem. Ztg. 1911. 463. 1405.
Apoth. Ztg. 1911. 357.
Répert. de Pharm. 1911. 360.

**Charitschkoff's** Reagens auf Kupfer und Cobalt

ist eine konzentr. Lösung von Naphthensäure in Benzin oder Benzol. Kupfersalze werden hierdurch in neutraler oder schwach saurer Lösung abgeschieden, Cobaltsalzlösungen färben sich eosinrot und das Reagens wird auf Zusatz von Wasserstoffsuperoxyd grünlichbraun gefärbt, wenn Cobalt vorhanden ist.

Chem. Ztg. 1910. 479.
Apoth. Ztg. 1910. 347.
Pharm. Ztg. 1913. 209.

**Charitschkoff's** Reaktion auf Naphthensäuren

beruht auf der Löslichkeit ihrer Salze in Benzin und deren grüner Farbe. Näheres siehe: Chem. Revue d. Fett- u. Harz-Ind. **16.** 110. — Chem. Zentralbl. 1909. I. 1947. Vergl. des Autors Reaktion auf organische Basen und Chem. Ztg. 1912. 1378.

**Charitschkoff's** Reagens auf organische Basen.

Man benützt als Reagens eine Lösung von inaktiver Naphthensäure in Benzin oder Äther und eine 3 %ige Kupfersulfatlösung. Schüttelt man 2 Volumina Naphthen-Lösung mit 1 Volumen Kupfersulfatlösung, so bleibt die Benzin- bezw. Ätherschicht ungefärbt, gibt man aber Spuren organischer Basen (Anilin, Pyridin, Chinolin, Coniin, Nikotin, Chinin, Codein etc.) zu, so färbt sie sich beim Schütteln grün. (An Stelle der Naphthensäure kann man auch Ölsäure verwenden.)

Chem. Ztg. 1912. 581.
Ztschr. f. analyt. Chem. 1914. 129.
Pyhälä, Chem. Ztg. 1912. 869.

**Charitschkoff's** Reaktion der Trichloressigsäure mit organischen Verbindungen

beruht auf Farbenerscheinungen, die bei ihrer Einwirkung auf ungesättigte zyklische Verbindungen beobachtet werden können. Näheres siehe: Journ. d. russ. physik. Gesell. **46.** 76. — Chem. Zentralbl. 1914. I. 2202. — Ztschr. f. analyt. Chem. 1915. 424.

**Charitschkoff's** Reagens auf Wasserstoffsuperoxyd

ist eine Ausschüttelung einer neutralen Cobaltlösung mit einer Lösung von Naphthensäure in Benzin oder Benzol. Die rosarote Farbe dieses Reagenzes wird durch Wasserstoffsuperoxyd grünlichbraun gefärbt. Man tränkt Filtrierpapier mit dem Reagens und trocknet es. Feuchtet man dieses mit Wasserstoffsuperoxyd an, so geht seine rosarote Farbe sofort in Olivgrün über. Empfindlichkeitsgrenze = 0,03 %. Ozon reagiert nicht.

Journ. d. russ. phys. chem. Ges. **42.** 904.
Chem. Ztg. 1910. 50.
Pharm. Ztg. 1910. 78.
Pharm. Zentrh. 1911. 551.
Répert. de Pharm. 1910. 224.

**Charnas'** Reaktion auf Urobilinogen

ist Ehrlich's Dimethylamidobenzaldehyd-Reaktion. Charnas' benützte die mit p-Dimethylamidobenzaldehyd und Urobilinogen entstehende Rotfärbung zur quantitativen, kolorimetrischen Bestimmung des Urobilinogens. Flatow und Brünell modifizierten diese Methode, indem sie eine alkalische Phenolphthaleinlösung als Vergleichsflüssigkeit für das Urobilinogenrot benützten. Näheres siehe: Münchener med. Woch. 1913. 234. — Merck's Bericht 1913. 414. — Charnas, Biochem. Ztschr. 1909. **20.** 401.

**Chautard**'s Reagens auf Aceton im Harn
ist Fuchsinschwefligesäure.
Arch. der Pharm. 1886. 366.
Bull. Soc. Chim. Paris **45.** 83.
Chem. Ztg. 1886. Rep. 40.

**Chavassieu-Morel**'s Reagens auf Glukose
ist eine Lösung von 1 g m-Dinitrobenzol in 100 ccm Alkohol, der man 100 ccm Natronlauge (33 %) zufügt. Zu 20 ccm dieser Lösung gibt man 1 ccm der zu prüfenden Flüssigkeit. Glukose bewirkt nach einiger Zeit eine violette Färbung. Auch Maltose, Laktose, Laevulose, Galaktose und Arabinose geben nach kürzerer oder längerer Zeit diese Reaktion, nicht aber Saccharose.
Compt. rend. Soc. Biol. **61.** Nr. 36.
Compt. rend. 1906. II. 966.
Nouveaux Remèd. 1907. 174.
Vergl. Béla von Bittó's Reagens II auf Aldehyde u. Ketone und Morel-Chavassieu's Reaktion auf Purinbasen.

**Chavastelon**'s Reagens auf Acetylen und Acetylenkohlenwasserstoffe
ist eine wässerige oder alkoholische Lösung von Silbernitrat, welche durch Acetylen in Acetylensilbernitrat und freie Salpetersäure zerlegt wird. Letztere läßt sich titrimetrisch bestimmen und daraus kann die Acetylenmenge berechnet werden. Näheres siehe: Compt. rend. **125.** 245 oder Ztschr. f. analyt. Chem. **38.** 369. — Denaeyer, Pharm. Zentrh. 1897. 606 oder Ztschr. f. analyt. Chem. **38.** 674.

**Chelle's** Reaktionen auf Alanin und Glykokoll
beruhen auf der Ueberführung der beiden Amidosäuren in Oxysäuren mittels salpetriger Säure und deren Identifizierung durch Denigès' Reaktionen auf Milchsäure und Glykolsäure mittels Codein, Guajakol und Parakresol (vergl. diese).
Bull. Soc. Pharm. Bordeaux. **53.** 101.
Ztschr. f. analyt. Chem. 1914. 513.

**Chenzinsky-Plehn**'s Reagens zum Färben mikroskop. Blutpräparate.
Eine Lösung von 0,25 g Eosin in 50 g verd. Spiritus mischt man mit 100 ccm Wasser und 100 g konzentr., wässeriger Methylenblaulösung. Gebraucht zur Blutuntersuchung.
Vergl. auch Plehn's Reagens.
Reinbach, Ztschr. f. wiss. Mikroskop. 1892. 260.
Eberth-Friedländer, Mikroskop. Techn. 1894. 228. 274.
Enzyklop. d. mikroskop. Techn. 1903. 86.

**Chéron**'s (künstliches) Serum
ist eine Lösung von 2 g Natriumchlorid, 8 g Natriumsulfat und 4 g Natriumphosphat in 1 Liter Wasser.
Schweiz. Woch. Chem. Pharm. 1912. 378.

**Chester B. Curtis**' Reagens auf Wasser in Alkohol
ist Toluol. 10 ccm des zu prüfenden Alkohols versetzt man mit 1 ccm Wasser und dann mit so viel Toluol, bis eine bleibende Trübung eintritt. Aus der verbrauchten Toluolmenge läßt sich die im Alkohol enthaltene Menge Wasser bestimmen. Näheres siehe: Ztschr. f. analyt. Chem. **42.** 62 oder Journ. of the Chem. Soc. **76.** II. 184. — Journ. of physic. Chem. **2.** 371. — Chem. Zentralbl. 1898. II. 512.

**Chiozza**'s Reaktion auf Santonin
ist Banfi's Reaktion.
Liebig's Annal. **91.** 112.

**Chlopin**'s Reagens auf Ozon.
Man tränkt Filtrierpapier mit einer alkoholischen Lösung von Ursol D oder T. Das Ursolpapier ist vor dem Gebrauch mit Wasser anzufeuchten. Es wird durch Ozon (nicht aber durch Wasserstoffsuperoxyd, salpetrige Säure oder Kohlensäure in der Luft) blau gefärbt.
Ztschr. f. Unters. Nahr.-Genußm. 1902. 504.
Chem. Zentralbl. 1902. II. 157.
Pharm. Zentrh. 1902. 353.
Nach Arnold-Mentzel ist das Ursol als Spezialreagens auf Ozon nicht empfehlenswert.
Berl. Ber. 1902. 2907 und
Ztschr. f. analyt. Chem. 1904. 53.
Siehe auch Arnold-Mentzel's Reagens auf Ozon.

**Chodat**'s Reaktion auf Albumosen (Aminosäuren).
Lösungen von Polypeptiden (und Aminosäuren) geben mit Parakresol und Tyrosinase eine rote Färbung, die in Blau mit rotem Dichroismus übergeht. Proteine geben nur die rote Färbung.
Chem. Zentralbl. 1907. II. 77 u. 1429.
Zunz, Arch. internat. de physiolog. 1912. **12.** 395.
Zentralbl. f. ges. innere Med. 1913. **4.** 563.

**Chorezki**'s Reaktion auf Methylalkohol.
Der durch Destillation von anderen Stoffen befreite Methylalkohol wird auf einem flachen Teller angezündet und ein Glastrichter darüber gestellt. Bei dieser unvollständigen Verbrennung entsteht Formaldehyd, der an seinem charakteristischen Geruch erkannt werden kann.
Chem. Ztg. **28.** Rep. 270.

**Christel**'s Reaktionen auf Pikrinsäure.
Die wichtigsten sind folgende:
1. Eine wässerige Lösung von Pikrinsäure wird durch Bleiacetat oder Kupfersulfat nicht verändert, aber auf Zusatz von Ammoniak bringt Bleiacetat einen rötlichen, Kupfersulfat einen grünlichen Niederschlag hervor.
2. Gibt man zu einer wässerigen Lösung von Pikrinsäure eine wässerige Lösung von Methylgrün, so entsteht ein grüner Niederschlag (löslich in viel Wasser mit blaugrüner Farbe).
3. Alkalische Zinnchlorürlösung wird durch Pikrinsäure rot gefärbt; ebenso wird die Säure durch Schwefelammon rot gefärbt.

4. Behandelt man etwas Pikrinsäure mit Zink und verdünnter Schwefelsäure, so entsteht eine gelbrötliche, trübe Flüssigkeit, die nach dem Mischen mit dem vielfachen Volumen Alkohol und nach einigem Stehen (filtrieren!) grünlich, dann blauviolett und schließlich rotviolett wird.

Weitere Reaktionen siehe: Ztschr. f. analyt. Chem. **23.** 91.
Arch. der Pharm. **221.** 190.

**Christensen**'s Herapathitreagens auf Chinin.
Man löst 1 g Jod in 1 g Jodwasserstoffsäure (50 %), 0,8 g Schwefelsäure und 50 g Alkohol (70 %). Versetzt man eine alkoholische Lösung von Chinin mit diesem Reagens, so entstehen in kurzer Zeit die charakteristischen Krystalle.
Ber. d. deutsch. pharm. Ges. Berlin 1906. 442.
Pharm. Zentrh. 1907. 431.

**Christensen**'s Reaktion auf Eiweiß
ist eine verdünnte Gerbsäurelösung, welche in eiweißhaltigen Flüssigkeiten einen Niederschlag hervorbringt. Näheres siehe: Ztschr. f. analyt. Chem. **30.** 109. — Vergl. Almén's Reagens und Merck's Bericht 1906. 20.

**Christomanos**' Reaktion auf Sauerstoff
beruht auf der Einwirkung von Phosphorbromid ($PBr_3$) auf krystallisiertes oder gelöstes Kupfernitrat. Es entsteht eine rosa bis purpurrote Färbung unter Entbindung von Stickoxyden. Nach dem Abkühlen wird mit Äther geschüttelt. Bei Luftabschluß entfärbt sich die Mischung. Die schwere Schicht wird bei Zutritt von Sauerstoff rotviolett, die Ätherschicht grün.
Verhandl. d. Ges. deutsch. Naturforscher, Meran 1905. II. 76 u.
Merck's Bericht 1906. 222.
Ztschr. f. angew. Mikroskop. 1906. 225.
Pharm. Zentrh. 1906. 582.
Chem. Ztg. 1906. 450.
Chem. Zentralbl. 1906. II. 1139.

**Christopher-Crofton**'s Reagens auf Glukose.
Eine Modifikation von Crismer's Reagens. Eine Mischung von 1 ccm Harn, 1 ccm Sodalösung und 1 ccm Safraninlösung (0,1 : 100) entfärbt sich bei Anwesenheit von Glukose.
Medical Record 1903. 29. Aug.
Pharm. Praxis 1904. 19.
Ztschr. f. angew. Mikroskop. 1904. 334.
Kellas-Wethered, Münchener med. Woch. 1907. 39.
Mac Lean, Biochem. Journ. **2.** 431.

**Chrzonszczewski**'s Reagens für mikroskopische Zwecke
ist Natriumindigosulfonat in gesättigter, wässeriger Lösung. Gebraucht zu physiologischen Injektionen für die Darstellung der Nieren- und Leberkanäle etc.
Virchow's Archiv **30.** 187; **35.** 158.
Natrium indigosulfuricum siehe Merck's Index 1910. 190.

Eberth-Friedländer, Mikroskop. Techn. 1894. 66.
Enzyklop. d. mikroskop. Techn. 1903. 614.

**Chwolles**' Reaktion auf Pfirsichkernöl im Mandelöl
siehe: Kreis-Chwolles' Reaktion.
Chem. Ztg. **27.** 33.
Chem. Zentralbl. 1903. I. 422.

**Ciaccio**'s Reagens zum Fixieren mikroskop. Präparate.
Zu einer Lösung von 4 g Kaliumbichromat in 100 ccm Wasser gibt man 10 ccm Formaldehyd (40 %) und 3—4 Tropfen reine Ameisensäure.
Ztschr. f. wiss. Mikroskop. 1904. 475.
Anat. Anzg. 1903. 95.

**Ciamician-Magnanini**'s Reaktion auf Skatol.
Skatol löst sich beim Erwärmen in konzentr. Schwefelsäure mit purpurroter Farbe.
Berl. Ber. **21.** 1928.

**Cimmino**'s Reaktion auf Salpetersäure im Wasser.
(Modifikation von Hofmann's Reaktion.) Eine Lösung von Schwefelsäure und Diphenylamin in 5—10 %iger Salzsäure dient als Reagens. Zu 1 ccm Wasser gibt man 3—4 Tropfen dieses Reagenzes und mischt mit 2 ccm konzentr. Schwefelsäure. Bei Anwesenheit von Salpetersäure färbt sich die Mischung blau. Empfindlichkeitsgrenze = 1 : 1 000 000.
Ztschr. f. analyt. Chem. **38.** 431.
Chem. Zentralbl. 1899. II. 791.

**Cipollina**'s Reagens auf freie Salzsäure im Magensaft
ist eine Mischung von Anilinwasser mit Natriumhypochloritlösung, die bei Zusatz von Salzsäure ihre violette Färbung ändert. Salzsäure über 0,25 : 1000 färbt violettrot, solche über 2 : 1000 amethystblau.
Riforma medica 1904. No. 49, 1912. Nr. 23.
Pharm. Zentrh. 1905. 555, 1908. 833.
Klin. therap. Woch. 1913. 242.

**Citron**'s Indikator
ist eine Lösung von 1 g Phenolphthalein und 1 g Dimethylamidoazobenzol in 100 g Alkohol.
Pharm. Zentrh. 1910. 288.
Pharm. Ztg. 1910. 149.

**Citron**'s Reaktion auf Blut in Faeces.
Die zu prüfenden Faeces extrahiert man mit Essigsäure, schüttelt diese dann mit Tetrachlorkohlenstoff, verdampft denselben und gibt zum Rückstand Benzidinlösung in Eisessig und Wasserstoffsuperoxyd. Blaufärbung zeigt Blut an.
Deutsche med. Woch. 1908. 190.
Berl. klin. Woch. 1910. 1001.
Man kann die Faeces auch mit Alkohol und Aether ausschütteln und nach dem Abgießen dieser Flüssigkeiten mit Pyridin extrahieren, in das der Blutfarbstoff übergeht.

Die Pyridinblutlösung wird dann mit Benzidinessigsäure und Wasserstoffsuperoxyd geprüft. An Stelle der Benzidinlösung kann man ferner eine Lösung von Guajakharz in Pyridin verwenden. Man gibt in ein Reagenzglas 6 Tropfen dieser Lösung, ferner 1 Tropfen Eisessig, 6 Tropfen Wasserstoffsuperoxyd und zuletzt die bluthaltige Pyridinlösung. Bei Anwesenheit von Blut erfolgt an der Berührungsstelle eine intensive Blaufärbung.

Die Pyridinlösung kann auch spektroskopisch geprüft werden. Zur Erzeugung des Hämochromogens benützt Citron eine Mischung von gleichen Teilen 10 %iger Ferroammonsulfatlösung und 10%iger Seignettesalzlösung, die mit Ammoniak alkalisiert wird (frisch zu bereiten!).

**Ciupercesco's** Reaktion auf Sesamöl und Lebertran.

Schüttelt man 4 ccm Öl mit 8 ccm einer erkalteten Mischung von 9 ccm Wasser, 15 ccm Schwefelsäure (D. = 1,84) und 3 ccm Salpetersäure (D. = 1,37) etwa 30 Sekunden lang kräftig durch, so tritt bei Gegenwart von Sesamöl eine grüne Färbung ein, die zirka eine Minute lang anhält. Lebertran gibt bei dieser Behandlung eine kirschrote Färbung, die allmählich in Wachsgelb übergeht.

Bulet. Asociat. farmac. 1903. 5.
Pharm. Zentrh. 1903. 915.

**Claësson's** Reaktionen der Sulfhydrate.

Versetzt man Sulfhydrate mit etwas Ammoniak und einigen Tropfen stark verdünnter Eisenchloridlösung, so treten folgende Färbungen ein: Dunkelrotbraun: Methyl-, Äthyl-, Amyl-, Benzol-, Toluol- und Toluoldisulfhydrat und Thiacetsäure; dunkelrotviolett: Thioglykolsäure und Thiomilchsäure; grün: die Sulfhydrate der Alkalien und Erdalkalien.

Berl. Ber. **14.** 411.
Ztschr. f. analyt. Chem. **21.** 575.
Chem. Zentralbl. 1881. 390.

**Claissen's** Reaktion auf Thiophen im Benzol.

Schüttelt man 10 ccm thiophenhaltiges Benzol mit einigen Tropfen Isoamylnitrit und etwas konzentr. Schwefelsäure, so färbt sich letztere braunrot und später violett.

Berl. Ber. **20.** 2197.

**Clarens'** Reagens auf Harnstoff (Hypobromitlösung)

ist eine frisch bereitete Lösung von 1 g Kaliumbromid in 20 ccm Eau de Javelle (vergl. Labarraque's Reagens).

Répert. de Pharm. 1909. 398.

**Clark's** Reaktion auf Phenol und Kreosot.

Erwärmt man Phenol mit konzentr. Salpetersäure, bis die Entwickelung roter Dämpfe aufgehört hat, so entstehen gelbe Krystalle. Kreosot gibt diese Reaktion nicht.

Merck's Report 1900. 254.

**Clark's** Reagens zur Härtebestimmung des Wassers

ist eine Lösung von Seife in 48 %igem Alkohol. 45 ccm Reagens entsprechen 0,012 g Calciumoxyd.

Repert. of Patent Invent. 1841. 137.
Chem. Zentralbl. 1852. 513.
Fehling, Gewerbebl. aus Württemberg 1852. 193.
Mohr, Titriermeth. 1896. 693.
Faist, Jahresber. Liebig u. Kopp 1850. 610.
Reichardt, Ztschr. f. analyt. Chem. **10.** 284.
Kochenhausen, König's Landwirtschaftl. Stoffe. 1906. 969.
Mayer-Kleiner, Journ. f. Gasbeleuchtg. 1907. (50) 321.

**Clarus'** Reagens auf Solanin.

Solanin gibt mit wässeriger Chromsäurelösung eine blaue Färbung.

**Claubry's** Reaktion auf Arsen

ist identisch mit Bloxam's Reaktion.

**Claudius'** Reagens auf Eiweiß

ist eine Lösung von Trichloressigsäure, Gerbsäure und Säure-Fuchsin (Verhältnis im Original nicht angegeben). Sie dient zur kolorimetrischen Bestimmung des Albumins im Harn. Die Methode beruht darauf, daß das Eiweiß durch die Säuren gefällt und gleichzeitig durch das Fuchsin gefärbt wird. Dadurch wird dem Reagens eine der Eiweißmenge genau entsprechende Menge Farbstoff entzogen. Nach dem Abfiltrieren des Niederschlages wird die Abnahme der Farbenintensität in geeigneter Weise bestimmt. Näheres siehe: Münchener med. Woch. 1912. 2218. — Pharm Ztg. 1913. 27. — Pfeiffer, Berl. klin. Woch. 1913. 679.

**Claus'** Reagens auf Brechweinstein

ist Eisenchlorid, das mit Brechweinstein-Lösung einen gelben Niederschlag verursacht. Näheres siehe: Wittstein's Vierteljahresschr. **1864.** 427. — Chem. Zentralbl. 1865. 78.

**Claus'** Reaktion auf Wasser im Alkohol.

In einem Reagenzglase übergießt man 1 mg Anthrachinon und etwas Natriumamalgam gießt mit absolutem, alkoholfreiem Äther. Beim Umschütteln verwandeln sich die Anthrachinonkrystalle in eine braunschwarze, im Sonnenlicht glänzende Suspension von Krystallflitterchen (Natriumverbindung des Chinons?). Gibt man 1 Tropfen Wasser zu, so entsteht namentlich in der Umgebung des Amalgams eine rote Färbung, die beim Schütteln mit Luft verschwindet, um nach einiger Zeit wieder zu erscheinen. Dieselbe Reaktion verursacht Alkohol, der Spuren von Wasser enthält. Wasserfreier Alkohol gibt eine dunkelgrüne Färbung, die ebenfalls beim Schütteln mit Luft verschwindet.

Berl. Ber. 1877. **10.** 927.

mit dem zu prüfenden Alkohol. Bei Abwesenheit von Wasser tritt nach kurzer Zeit an der Berührungsstelle von Amalgam und Alkohol eine dunkelgrüne Zone auf und beim Umschwenken färbt sich die ganze Flüssigkeit prachtvoll grün. Enthält der Alkohol aber nur eine Spur Wasser, so entsteht an der Berührungsstelle eine rote Zone, die beim Schütteln (mit Luft) verschwindet, um bald wieder zu erscheinen.

Berl. Ber. 10. 927.
Ztschr. f. analyt. Chem. 17. 103.

**Clausnitzer's** Zeitreaktion auf Glukose im Harn

ist eine Modifikation der Fehlingschen Methode, wobei der Zuckergehalt des untersuchten Harnes aus der Zeit berechnet wird, die bis zum Eintritt der Reduktionserscheinungen verläuft. Näheres siehe Pflüger's Archiv 1915. 162. 159, 300.

**Clemens'** Diazoreaktion des Harns.

Als Reagens dient:

a) eine Lösung von 1 g Natriumnitrit in 100 ccm Wasser,

b) eine Lösung von 5 g α-Naphthol in 100 ccm Alkohol.

Frischen Harn versetzt man mit einigen Tropfen Salzsäure, dann mit 2 Tropfen der Lösung a und 3 Tropfen der Lösung b und macht mit Ammoniak alkalisch. Rotfärbung zeigt die Anwesenheit von diazotierbaren, primären, aromatischen Aminen an, die in pathologischem Harn (bei Phthise, Typhus, Masern etc.) vorkommen.

Ztschr. f. analyt. Chem. 39. 734.
Deutsches Archiv f. kl. Mediz. 63. 74.
Chem. Zentralbl. 1899. II. 1028.
Vergl. Ehrlich's u. Friedenwald-Ehrlich's Reaktion.

**Clemens'** Reaktion auf Gallenfarbstoff (Bilirubin).

Man mischt 5 Teile einer 1 %igen, wässerigen Sulfanilsäurelösung mit 2 Teilen einer 1 %igen Natriumnitritlösung. Versetzt man Harn, der Bilirubin enthält, tropfenweise mit diesem Reagens, so entsteht eine Rotfärbung, die auf Zusatz von Salzsäure in ein dunkleres Rotviolett umschlägt. Empfindlichkeitsgrenze = 1 : 10 000.

Ztschr. f. analyt. Chem. 39. 735.

**Clerici's** Reagens zur Trennung von Mineralgemischen.

1. Man löst 200 g krystall. Baryumchlorid und 300 g Quecksilberbromid in 90 ccm Wasser unter gelindem Erwärmen. Die Lösung hat eine D. = 3,137.
2. Eine Lösung von 5 g Thalliumformiat in 1 ccm Wasser. D. = 3,17 — 3,54.
3. Eine Lösung von 7 g Thalliumformiat und 7 g Thalliummalonat in 2 ccm Wasser.

Atti. R. Acad. dei Lincei (Roma) 1907. I. 187.
Chem. Zentralbl. 1907. I. 1350.

**Clermont's** Reaktion auf Trichloressigsäure.

Mischt man 3,5 g Trichloressigsäure mit 1 g Alkohol und 2 g Schwefelsäure (-monohydrat), so bildet sich sofort der Äthylester der Trichloressigsäure. Letzterer scheidet sich beim Verdünnen mit 25 ccm Wasser als farbloses Öl ab. Versetzt man den erhaltenen Ester nach dem Entfernen des Wassers mit dem gleichen Volumen konzentr. Ammoniak, so bildet sich das bei 135° C. schmelzende Trichloracetamid (seidenglänzende Krystalle, die bei 240° C. unzersetzt sublimieren).

Compt. rend. 133. 737.
Chem. Zentralbl. 1901. II. 1333.

**Cockcroft's** Reagens auf Ammoniak

ist mit 7 %iger Kupfersulfatlösung getränktes Filtrierpapier, das durch Ammoniak dunkelblau gefärbt wird.

Ztschr. d. öst. Apoth. Ver. 1902. 86.

**Codet-Boisse's** Reagens zur Konservierung anatomischer Präparate.

a) Lösung von 40 g Natriumnitrat, 85 g Kaliumacetat, 1 Liter Glycerin und 800 ccm Formaldehyd in 5 Liter Wasser.

b) Lösung von 1 Kilo Kaliumacetat und 3 Liter Glycerin in 9 Liter Wasser.

Répert. de Pharm. 1906. 139.
Apoth. Ztg. 1906. 234.

**Cohen's** Reagens auf Eiweiß.

Man löst 1 g Jod und 2 g Jodkalium in 300 g 50 %iger Essigsäure. Eiweiß bewirkt eine Trübung oder einen Niederschlag.

Med. Chirurg. Rundschau 1889. 582.
Jahresber. f. Tierchem. 1888. 116.
Vergl. Tanret's Reagens.

Man löst 2 g Wismutsubnitrat und 7 g Kaliumjodid in 20 g Wasser und gibt 20 Tropfen Salzsäure zu. Der zu prüfende Harn wird mit Salzsäure versetzt und dann Reagens hinzugefügt. Trübung zeigt Eiweiß an.

Weekbl. Nederl. Tijdschr. v. Geneesk. 1888. II. 561.
Chem. Zentralbl. 1889. I. 298.

**Cohn's** Reaktionen auf Kairin und Antipyrin.

Eine verdünnte, wässerige Lösung von Kairin wird durch einen Tropfen Eisenchlorid vorübergehend violett, dann braun gefärbt. Ein Überschuß von Eisenchlorid bewirkt in konzentr. Lösung einen braunschwarzen Niederschlag. — Kaliumdichromat verursacht eine violette Ausscheidung, die eine mauveïnfarbige, alkoholische Lösung gibt. Antipyrin gibt mit Eisenchlorid eine rote Färbung (noch 1 : 100 000), mit salpetriger Säure je nach Konzentration der Lösung eine blaugrüne Färbung oder grüne Krystalle (Empfindlichkeitsgrenze = 1 : 10 000).

Journ. Soc. of Chem. Industr. 1886. 580.
Sperling, Ztschr. d. österr. Apoth. Ver. 1906. 51.

**Cohnheim's** Reagenzien für mikroskop. Zwecke.

Eine Lösung von 1 g Anilinblau und 3 g Chlornatrium in 600 ccm Wasser. Gebraucht als Injektionsflüssigkeit. Zum Imprägnieren gibt der Autor folgendes Reagens an:

a) Eine Lösung von 0,1 g Chlorgold und 3 Tropfen Salzsäure in 200 ccm Wasser;

b) eine Mischung gleicherRaumteileAmeisensäure und Alkohol.

Auch eine Lösung von 0,5 g Chlorgold in 100 ccm Wasser, mit Essigsäure angesäuert, ist vom Autor zum Färben der sensiblen Nerven in der Hornhaut empfohlen worden.

Virchow's Archiv 1866. 346.
Behrens' Tabellen 1892. 93.
Enzyklop. d. mikroskop. Techn. 1903. 450.
Eberth-Friedländer, Mikroskop. Techn. 1894. 62.

**Cohn-Mering**'s Reaktion auf freie Salzsäure im Magensaft

beruht auf der Bildung von Cinchoninhydrochlorid nach Zugabe von Cinchonin und Bestimmung der Salzsäure aus dem gebildeten Hydrochlorid. Näheres siehe: Deutsch. Archiv f. klin. Med. 39. 233.

Nach Mering kann die freie Salzsäure auch nach Abdestillieren der flüchtigen Säuren und nach Extraktion etwa vorhandener Milchsäure mittels Äther im Rückstand durch Titration mit Normallauge bestimmt werden.

Graffenberger, Pharm. Ztg. 1891. 393.

**Colasanti**'s Reaktion auf Rhodanverbindungen und Senföle.

Gibt man zu einer stark verdünnten Lösung genannter Stoffe eine 20 %ige, alkoholische α-Naphthollösung und ohne zu schütteln das doppelte Volumen konzentr. Schwefelsäure, so entsteht an der Berührungsfläche ein smaragdgrüner Ring. Beim Schütteln färbt sich die Mischung violett.

Moleschotts Unters. zur Naturl. 1889. **14.**
Bull. Soc. Chim. Paris **10.** 330.
Ztschr. f. analyt. Chem. **34.** 96.
Chem. Ztg. 1892. Rep. 154.
Zentralbl. f. d. mediz. Wissensch. **30.** 211.

**Colasanti**'s Reaktion auf Rhodanwasserstoffsäure.

1. Diese Säure oder ihre Salze geben noch in einer Lösung von 1 : 4000 auf Zusatz von Kupfersulfatlösung eine beständige grüne Färbung.
   Gaz. chimic. ital. **18.** 397.
   Chem. Zentralbl. 1889. I. 230.
   Ztschr. f. analyt. Chem. **29.** 206.
2. Eine mit Natriumkarbonat schwach alkalisch gemachte Lösung von Goldchlorid in Wasser (1 : 1000) wird durch Rhodanwasserstoff intensiv violett gefärbt.
   Pharm. Zentrh. 1890. 687.

**Cole**'s Reagens zur mikroskop. Blutfärbung.

a) Eine Lösung von 3,25 g Eosin in 68 g Wasser, der 68 g Alkohol zugegeben werden;

b) eine Lösung von 1,3 g Methylgrün in 300 g Wasser. Gebraucht zur Doppelfärbung von Blutpräparaten.

Eberth-Friedländer, Mikroskop. Techn. 1894. 270.
Ztschr. f. wiss. Mikroskop. 1884. 584.

**Cole**'s Reaktion auf Glukose

siehe: Sydney W. Cole's Reaktion.

**Collo**'s Reaktion auf Aceton im Harn

beruht auf der Überführung desselben in Essigsäure durch Oxydation mittels Wasserstoffsuperoxyd und Identifizierung der Essigsäure durch die Überführung in Essigester.

Revista Farmaciei 1905, Nr. 2.
Münchener med. Woch. 1905. 667.
Pharm. Praxis 1905. 183.

**Colombo**'s Reagens zum Fixieren mikroskop. Präparate.

2 ccm einer mit Sublimat gesättigten, 1 %-igen Kochsalzlösung versetzt man mit 2 ccm 1 %iger Osmiumsäurelösung und gibt 1 ccm 1 %ige Essigsäure zu.

Ztschr. f. wiss. Mikroskop. 1904. 284.

**Colquhoun**'s Reagens auf Eiweiß im Harn

ist mit Alkohol verflüssigtes Phenol. Unterschichtet man eiweißhaltigen Harn mit diesem Reagens, so entsteht ein weißer Ring.

Lancet 1899, 6. Mai.
Neubauer-Huppert, Analyse d. Harns 1913. II. 1117.

**Comanducci**'s Reagens auf Ameisensäure

ist eine 50 %ige Lösung von Natriumbisulfit. Erwärmt man eine Ameisensäure enthaltende Flüssigkeit (5 ccm) mit 15 Tropfen Reagens, so entsteht eine gelbrote Färbung.

Bollett. chim. farm. 1904. 856.
Gazz. chim. ital. **36.** II. 793.
Chem. Zentralbl. 1904. II. 1168.
Chem. Ztg. 1904. 1231.
Allg. Chem. Ztg. 1905. 81.
Pharm. Ztg. 1904. 1114.
Denigès, Répert. de Pharm. 1911. 250.

Diese Reaktion wird wohl infolge eines Versehens an verschiedenen Literaturstellen auch Cannizzaro's Reaktion genannt.

**Combes**' Reaktion auf Lignin.

Man bringt die Schnitte etwa 1/4 Stunde lang in Javellewasser, wäscht sie mit destill. Wasser, legt sie 12—14 Stunden in Bleiessig, wäscht sie wieder und behandelt sie 10—15 Minuten mit Schwefelwasserstoffwasser. Alsdann werden die verholzten Teile der Schnitte durch konzentr. Schwefelsäure prächtig rot gefärbt.

Bull. scienc. pharmacol. 1906. 293, 470.
Chem. Zentralbl. 1907. I. 132.
Botan. Zentralbl. 1907. 408.
Ztschr. f. wiss. Mikroskop. **24.** 461.

**Comessatti**'s Reaktion auf Adrenalin.

Verdünnt man eine frische 0,1 %ige Adrenalinlösung mit 6—8 ccm Wasser, fügt einige Tropfen Quecksilberchloridlösung (1—2 : 1000) hinzu und schüttelt etwas um, so färbt sich die Lösung nach 1—3 Minuten rötlich. Empfindlichkeitsgrenze: 0,025 : 100.

Münchener med. Woch. 1908. 1926.
Pharm. Ztg. 1908. 786.
Répert. de Pharm. 1909. 123.
Ewins, Journal of Physiol. 1910, No. 4.
Boas, Chem. Zentralbl. 1909. I. 1609.
Zentralbl. f. Physiol. 22. 825, 23. 252.

**Cone's** Reaktion auf natürliche und künstliche Salicylsäure.

Verseift man natürliches Wintergreenöl mit Natronlauge und scheidet die Salicylsäure mit Salzsäure ab, so soll sich die Salicylsäure in ihrer Krystallform von der auf gleiche Weise aus synthetischem Methylsalicylat abgeschiedenen Säure unterscheiden (?). Die natürliche Salicylsäure soll große, undurchsichtige, rechtwinklige, prismatische Blättchen, die künstliche Säure hingegen nadelförmige Krystalle liefern.
Americ. Journ. of Pharm. 1903. 75. 401.

**Conradi-Troch's** Nährboden zum Nachweis von Diphtheriebazillen.

Man löst 10 g Fleischextrakt, 20 g trockenes Pepton, 5 g Kochsalz und 6 g Calciumbimalat in 1000 ccm Wasser, bringt die Mischung ½ Stunde in den Dampftopf, filtriert und gibt 1 % Traubenzucker hinzu. 1 Teil des Gemisches wird mit 3 Teilen Rinderserum gemischt und dann auf 100 Teile 2 ccm einer 1 %igen Lösung von Kalium telluricum zugemischt. Diphtheriebazillen werden in diesem Nährboden schwarz, andere Mundbakterien sterben ab.
Wiener klin. Rundschau 1912. 504.
Wagner, Münchener med. Woch. 1913. 457.
Schürmann-Hajós, Deutsche med. Woch. 1913. 786.
Klunker, Münchener med. Woch. 1913. 1025.

**Conrady's** Reaktion auf Rohrzucker in Milchzucker.

1 g Milchzucker löst man in 10 ccm Wasser, gibt 0,1 g Resorcin und 1 ccm Salzsäure zu und kocht diese Mischung 5 Minuten lang. Bei Gegenwart von Rohrzucker (Glukose und Lävulose) färbt sich die Mischung rot. (Vergl. Seliwanoff's Reaktion.)
Apoth. Ztg. 1894. 984.
Ztschr. d. öst. Apoth. Ver. 49. 62.
Chem. Zentralbl. 1895. I. 362.
Ztschr. f. analyt. Chem. 35. 588.
Journ. de Pharm. 1895. 101.
Carlson, Pharm. Zentrh. 1903. 133.
Rosin, Chem. Ztg. 1903. Rep. 217.
Dekker, Apoth. Ztg. 1905. 225.
Pharm. Zentrh. 1905. 396.
Pinoff, Ztschr. f. Unters. Nahr.-Genußm. 1906. 667.
Beythien-Friedrich, Pharm. Zentrh. 1907. 39.

**Conrady's** Reaktion auf Santelöl.

Echtes, unverfälschtes, ostindisches Santelöl mischt man mit 9 Teilen Eisessig und 1 Teil Salzsäure. Es bleibt die Mischung 15 Minuten lang farblos. Bei Gegenwart der üblichen Verfälschungsmittel tritt eine rosarote bis violettrote Färbung auf.
Pharm. Zentrh. 38. 297.
Chem. Zentralbl. 1897. I. 1253.
Pharm. Ztg. 1904. 26.

**Conroy's** Reaktion auf Cottonöl im Olivenöl.

Man rührt 9 Teile Öl und 1 Teil Salpetersäure (D. = 1,42) bis zur Beendigung der Reaktion zusammen. Reines Olivenöl erstarrt nach dem Abkühlen in 1 bis 2 Stunden zu einer gelblichen, festen Masse, Baumwollsamenöl bleibt flüssig und färbt sich orangerot. An der Färbung soll man noch 5 % Baumwollsamenöl erkennen können.
Dingler's Journ. 243. 324.
Ztschr. d. öst. Apoth. Ver. 20. 20.
Ztschr. f. analyt. Chem. 22. 289.

**Contejean's** Reaktion auf freie Salzsäure im Magensaft

beruht auf der Lösung von frisch gefälltem Cobaltkarbonat, welches die Lösung rötlich, beim Eindampfen blau färbt.
Pharm. Zentrh. 1896. 302.
Kwiatnowski, Courr. medic. Monit. de Pharm. 1895. 1936.

**Conti's** Reaktion auf Teerfarben im Wein.

100 ccm Wein befreit man durch Kochen vom Alkohol und ergänzt mit Wasser zu 100 ccm. Bei 40—50° gibt man dann so lange 2 %ige Jodlösung zu, bis Stärkepapier gebläut wird. Nach 3—4 Stunden filtriert man und beseitigt das überschüssige Jod durch Natriumthiosulfat. Sind Teerfarben vorhanden, so ist die Mischung rot gefärbt, andernfalls blaßgelb.
Boll. Chim. Farm. 1909. 48. 297.

**Cornelison's** Reaktion auf Anilinfarben in Butter.

Die geschmolzene, klare Butter (10 g) wird mit 10—20 ccm Eisessig geschüttelt und dieser nach dem Ablassen mit einigen Tropfen Salpetersäure versetzt. War die Butter ungefärbt, so ist der Eisessig ungefärbt, war sie mit vegetabilischen Mitteln gefärbt, ist sie gelb, war sie mit Anilinfarbe gefärbt, ist sie rosarot.
Journ. Americ. Chem. Soc. 1908. 30. 1478.
Chem. Zentralbl. 1908. II. 1699.

**Cornette's** Reaktion auf Harzöl in Ölen

beruht auf der Löslichkeit der Natriumresinate in gesättigter Kochsalzlösung, in welcher die Natriumsalze der höheren Fettsäuren nicht löslich sind. Näheres siehe: Annal. de Pharm. 2. 240. — Revue internat. falsif. 9. 122. — Chem. Ztg. 1896. Rep. 192. — Chem. Zentralbl. 1896. II. 564.

**Corning's** Reagens zum Färben mikroskop. Präparate

ist eine gesättigte, wässerige Lösung von ameisensaurem Blei. Die Farbe wird durch Schwefelwasserstoff hervorgerufen.
Anat. Anzg. 1900. 108.
Kronthal, Ztschr. f. wiss. Mikroskop. 1899. 235.

**Cornu's** Reaktion auf Calcit und Dolomit.

Calcit gibt beim Schütteln mit Wasser, dem etwas Phenolphthalein zugesetzt ist, eine dunkelrote Färbung. Dolomit dagegen unter gleichen Bedingungen nur eine schwach rötliche Färbung.

Zentralbl. f. Mineral. u. Geolog. 1906. 550.
Chem. Zentralbl. 1906. II. 1213.

**Corren's** Reagens zum Färben mikroskop. Präparate

ist eine frisch bereitete, möglichst konzentr. alkoholische Lösung von Chlorophyll. Gebraucht zum Färben verkorkter Zellen.

Sitz.-Ber. d. Akad. d. Wiss. Wien 1888. 658.
Zimmermann, Botan. Mikrotechnik 1892. 149.
Strasburger, Kl. Botan. Prakt. 1893. 102.

**Corsaletti's** Collargolreaktion zur Unterscheidung von Flexorenmuskeln von Extensoren

beruht darauf, daß die Beuger weit mehr Collargol niederschlagen als die Strecker.

Annali di facoltá di medicina 1913. 3. 29.
Zentralbl. f. ges. Chirurg. 1913. 3. 665.

**Corzo's** Reagens auf Eiweiß im Harn

ist eine Lösung von 1 g Ammoniummolybdat und 4 g Weinsäure in 40 g Wasser. Das Reagens gibt mit Eiweiß und mit Peptonen oder Globulinen einen Niederschlag. Ist letzterer durch Eiweiß hervorgerufen, so löst er sich beim Erwärmen der Mischung nicht auf. Dagegen löst sich der durch Peptone und Globuline erzeugte Niederschlag beim Erwärmen.

Apoth. Ztg. 1907. 6.
Répert de Pharm. 1907. 275.
Revista cientif. prof. 1906. No. 95.
Vargas, Medicina de los niños 1913. 14. 191.

**Cossa's** Reagens auf Alkaloide

ist identisch mit Mayer's Reagens.

Gazz. med. di Lombardia 1863. 17.

**Cottini-Fantogini's** Reaktion auf künstlich gefärbten Rotwein.

50 ccm Wein werden mit 6 ccm Salpetersäure (42° Bé.) auf 90 bis 95° C. erhitzt. Der natürliche Wein zeigt selbst nach einer Stunde keine Veränderung, der künstlich gefärbte verliert innerhalb 5 Minuten seine Farbe.

Berl. Ber. 3. 914.
Nach Sestini ist diese Reaktion nicht brauchbar.
Ztschr. f. analyt. Chem. 11. 231.

**Cotton's** Reaktion auf Brucin.

Versetzt man eine auf 40—50° C. erwärmte Lösung von Brucin in Salpetersäure mit einem Überschuß einer konzentr. Lösung von Schwefelwasserstoff - Schwefelnatrium, so nimmt die Mischung zunächst eine violette Färbung an, die später in Grün umschlägt. Nach dem Autor sollen 0,002 g Brucin hinreichen, um bei richtiger Ausführung der Reaktion noch einen Liter Wasser deutlich zu färben.

Journ. de Pharm. et de Chim. 1869. 18.
Ztschr. f. analyt. Chem. 9. 111.

**Cotton's** Reaktion auf Orseille im Wein.

Der zu prüfende Wein wird mit überschüssigem Bleiessig versetzt und der entstandene Niederschlag nach dem Trocknen mit ammoniakhaltigem Alkohol geschüttelt. Bei Anwesenheit von Orseille färbt sich der Alkohol violett.

Pharm. Zentrh. 1884. 358.
Ztschr. f. analyt. Chem. 24. 286.

**Cotton's** Reaktion auf Phenol.

Versetzt man eine ammoniakalische Lösung von Phenol mit Bromwasser, so färbt sich die Mischung in der Kälte grün, beim Erwärmen blau.

Bull. Soc. Chim. Paris (2) 21. 8.
Vergl. Berthelot' u. Lex' Reaktion.

**Cotton's** Reaktion auf Saccharose in Milch

beruht auf der Blaufärbung der Milch beim Erwärmen auf 80° C. nach Zusatz von Ammonmolybdat und Salzsäure. 1% Saccharose soll noch nachgewiesen werden können.

Lyon médical 1897. 22. Aug.
Répert. de Pharm. 1897. 390.
Pharm. Zentrh. 1897. 745 u. 1907. 43.
Vergl. Beythien-Friedrich's Reaktion.
Baier-Neumann, Chem. Zentralbl. 1908. II. 907.

**Couerbe's** Reaktion auf Narcotin.

Gibt man zu einer Lösung von Narcotin in konzentr. Schwefelsäure nach mehrstündigem Stehen einen Tropfen Salpetersäure, so entsteht eine rote Färbung.

**Couerbe's** Reaktion auf Thebaïn.

Thebaïn löst sich in konzentr. Schwefelsäure mit blutroter Farbe, die allmählich in Gelbrot übergeht.

Vergl. Kippenberger, Nachw. v. Gift 1897. 131. 136.

**Couerbe's** Reagens auf Salpetersäure

ist Narcotin, das in konzentr. Schwefelsäure bei Gegenwart von Salpetersäure eine rote Färbung erzeugt.

Annal. de chim. et de phys. 55. 136.
Chem. Zentralbl. 1835. 773.
Mialhe, ebenda 1837. 33.

**Couquet's** Reagens ist eine Lösung von Chromsäure in konzentr. Schwefelsäure.

Es wird zum mikrochemischen Nachweis von Yttrium, Erbium und Didym von Pozzi-Escot und Couquet empfohlen.

Compt. rend. 130. 1136.
Pharm. Zentrh. 1900. 348.
Chem. Ztg. 1900. 387.
Vergl. Pozzi-Escot's Reaktion auf Yttrium.

**Courand's** Reagens auf Kryogenin im Harn

ist Phosphormolybdänsäurelösung. Versetzt man 10 ccm Harn mit 2—4 Tropfen Reagens, so entsteht bei Anwesenheit von Kryogenin eine blaue Färbung, die je nach der Farbe des Harns ins Grüne spielt.

Journ. de Pharm. et de Chim. 1904. (19.) 344.
Südd. Apoth. Ztg. 1904. 441.
Chem. Zentralbl. 1904. I. 1451.
Vergl. Seiler-Verda's Reagens.

**Covelli's Reaktion auf Abrastol.**

1. Versetzt man eine Abrastollösung mit Natriumnitrit und schichtet sie über Schwefelsäure, so bildet sich ein rubinroter Ring.

2. Eine konzentr. Abrastollösung wird nach Zusatz von salzsaurem p-Phenylendiamin auf Zusatz von Eisenchlorid erst blau, dann rot. Mineralsäuren führen das Blau sofort in Rot über. Empfindlichkeitsgrenze = 1 : 150 000. Versetzt man eine verdünnte Abrastollösung, die mit Eisenchloridlösung nicht mehr reagiert, mit einer schwachen Lösung von p-Phenylendiaminchlorhydrat, so färbt sich die Mischung violett.

Bollett. chim. farm. 1909. 48. 53.
Apoth. Ztg. 1909. 275.
Chem. Zentralbl. 1909. I. 1672.

**Covelli's Reagens auf Arsen**

ist eine Lösung von 0,5 g Calcium- oder Baryumhypophosphit in 5 ccm rauchender Salzsäure. Gebraucht wie Bettendorf's Reagens.

Bollett. chim. farm. 47. 635.
Merck's Bericht 1908. 175.
Répert. de Pharm. 1908. 542.
Apoth. Ztg. 1908. 873.
Chem. Zentralbl. 1909. I. 1041.

**Covelli's Reaktion auf Arsensäure und arsenige Säure.**

Während arsenige Säure in alkalischer Lösung durch den elektrischen Strom reduziert wird, ist dies bei Arsensäure nicht der Fall. Da bei der Reduktion der arsenigen Säure Arsenwasserstoff auftritt, der leicht nachzuweisen ist, kann diese elektrolytische Methode zum Nachweis von arseniger Säure neben Arsensäure verwendet werden. Der Nachweis des Arsenwasserstoffes wird mit Silbernitratpapier (Schwarzfärbung) in geeigneter Weise vorgenommen. Näheres siehe: Chem. Ztg. 1909. 1209. — Chem. Zentralbl. 1910. I. 302.

**Covelli's Reaktion auf Atoxyl im Harn**

ist eine Diazoreaktion. Versetzt man atoxylhaltigen Harn mit Natriumnitritlösung und verd. Schwefelsäure, so bewirken:

$\alpha$-Naphthylamin eine purpurrote Färbung, Acetaldehyd und Natronlauge eine karmoisinrote Färbung,

$\beta$-Naphthol, Abrastol, Resorcin u. a. Phenole und genügend Natronlauge eine purpurrote Färbung.

Chem. Ztg. 1908. 1006.

**Covelli's Reaktion auf Chloral.**

1 ccm Rizinusöl erwärmt man 10 Minuten lang auf dem Wasserbade in einer Porzellanschale und gibt dann genau in die Mitte des Öles ein erbsengroßes Stück Antimontrichlorid. Es bildet sich eine orangegelbe harzige Masse. Läßt man auf letztere eine Spur Chloralhydrat fallen, so bildet sich bei weiterem Erwärmen ein blaugrüner Punkt oder Fleck.

Chem. Ztg. 1907. 342.
Südd. Apoth. Ztg. 1907. 255. 330.
Chem. Zentralbl. 1907. I. 1461.
Nouv. Remèd. 1907. 198.

**Covelli's Reaktion zur Differenzierung von organischen Derivaten der Arsensäure und der arsenigen Säure.**

siehe: Bollett. chim. farm. 49. 50. — Journ. Chem. Soc. 28. 1012. — Ztschr. f. analyt. Chem. 50. 768. — Südd. Apoth. Ztg. 1910. 493. — Chem. Zentralbl. 1909. II. 1896 u. 1910 II. 23.

**Cowie-Dickson's Reaktion auf Pepsin**

ist eine Biuretreaktion mit Natronlauge und Kupfersulfat, deren Farbenintensität mit einer Kaliumpermanganatlösung von bestimmtem Gehalt verglichen wird. Näheres siehe: Pharm. Journ. 1906. 22. 221, 1907. 24. 198. — Chem. Zentralbl. 1906. I. 1118, 1907. I. 1226.

**Cowles' Reaktion auf Tomatenschalen.**

Zum Nachweis von Tomatenschalenextrakt in Saucen gibt man zu der wässerigen Mischung einige Tropfen Bleisubacetatlösung. Entsteht kein Niederschlag, so sind zur Herstellung der Sauce Tomatenschalen verwendet worden. Sind ganze Tomaten bezw. das Fruchtfleisch verwendet worden, so entsteht ein dicker, weißer Niederschlag.

Journ. Ind. Eng. Chem. 1909. 1. 44.
Chem. Zentralbl. 1909. I. 676.

**Craandijk's Reagens zum Färben von Eiterkokken (der Milch).**

a) Eine Mischung von 10 Tropfen einer gesättigten Methylenblaulösung mit 15 ccm Wasser. — b) Eine verdünnte, wässerige Lösung von Eosin. — Die Leukozyten färben sich blaßrosa, die Kerne blau und die Streptokokken dunkelblau.

Milchwirtsch. Zentralbl. 1907. 269.
Apoth. Ztg. 1907. 510.

**Crace-Calvert's Reaktion der fetten Öle**

siehe: Benedikt, Anal. d. Fette 3. Aufl. 411 und Heydenreich's Reaktion.

**Crampton-Simons' Reaktion auf Palmöl in Margarine und Fetten.**

Eine Lösung von 100 g Margarinefett in 300 ccm Petroläther schüttelt man mit 50 ccm einer 0,5 %igen Kalilauge, versetzt dann die abgeschiedene, wässerige Lösung mit Säure in geringem Überschuß und 10 ccm Tetrachlorkohlenstoff. Man versetzt einen Teil dieser Mischung mit 2 ccm eines Gemisches von 1 g Phenol in 2 g Tetrachlorkohlenstoff und mit 5 ccm Bromwasserstoff (1,19). Bei Anwesenheit von Palmöl entsteht eine bläu-

lichgrüne Färbung. Eine ähnliche Färbung erhält man, wenn man palmölhaltiges Margarinefett mit einem gleichen Volumen Essigsäureanhydrid schüttelt und 1 Tropfen Schwefelsäure (1,53) zugibt.
Journal Americ. Chem. Society 1905. (27) 270.
Apoth. Ztg. 1905. 361.
Chem. Zentralbl. 1905. I. 1191.

**Cresti's** Reaktion auf Kupfer
siehe: Denigès' Reaktion oder Berl. Ber. **10.** 1099 und Ztschr. f. analyt. Chem. **16.** 474.
Chem. Zentralbl. 1877. 504.

**Creuse's** Reaktion auf Salicin (in Chinin)
beruht auf der Bildung von Salicylaldehyd (am Geruch erkenntlich), wenn man Salicin mit Chromsäure behandelt.
Enzyklop. d. gesamt. Pharm. 1887. II. 667.

**Cripp's** u. **Dymont's** Reaktion auf Aloë.
0,05 g der zu prüfenden Substanz reibt man mit 15 Tropfen konzentr. Schwefelsäure an, gibt 4 Tropfen Salpetersäure (D. = 1,42) und dann 30 ccm Wasser zu. Bei Anwesenheit von Aloë ist die Mischung orangerot bis carmoisinrot gefärbt. Ammoniak bewirkt blutrote Färbung.
Arch. der Pharm. **223.** 444.
Ztschr. f. analyt. Chem. **28.** 119.

**Crismer's** Reagens auf Aldehyde
ist eine Lösung von Jodkalium und Quecksilberchlorid, der Kali-, Natronlauge oder Barytwasser zugesetzt ist. An Stelle dieser Lösung kann auch Neßler's Reagens verwendet werden. Das Reagens gibt mit aldehydhaltigen Flüssigkeiten gefärbte Niederschläge. Näheres siehe: Chem. Ztg. **13.** Rep. 198 oder Ztschr. f. analyt. Chem. **29.** 350. — Journ. de Pharm. Anvers. 1891. 89.

**Crismer's** Reaktion auf Chloroform (und Chloral).
Erhitzt man die zu prüfende Flüssigkeit mit alkoholischer Resorcinlösung und Natronlauge zum Sieden, so tritt eine violettrote bis gelblichrote Färbung ein. (Brenzkatechin und Hydrochinon geben diese Reaktion nicht.)
Vergl. Schwarz' und Reuter's Reaktion.
Pharm. Ztg. 1888. 651.
Chem. Ztg. 1888. Rep. 307.
Chem. Zentralbl. 1888. 1510.

**Crismer's** Reagens auf Glukose im Harn.
Man löst 0,1 g Safranin in 100 ccm Wasser und gibt 40 ccm Natronlauge zu. Erhitzt man 1 ccm Harn mit 7 ccm Reagens zum Sieden, so tritt bei Anwesenheit von Glukose Entfärbung ein. Empfindlichkeitsgrenze = 0,1 %.
Arch. der Pharm. **226.** 1134 u. **227.** 35.
Ztschr. f. analyt. Chem. **28.** 756.
Chem. Zentralbl. 1888. 1510.
Annales Soc. med. chir. Liège 1888. Okt.
Pharm. Ztg. 1888. 651.

**Crismer's** Reagens auf Wasser im Alkohol (Chloroform oder Äther)
ist Paraffinum liquidum. Das Reagens löst sich nur in wasserfreiem Alkohol klar auf. 1/500 Vol. Wasser bewirkt schon trübe Löslichkeit.
Berl. Ber. **17.** 649.
Ztschr. f. analyt. Chem. **25.** 549.

**Crismer's** Reaktion auf Wasserstoffsuperoxyd
ist eine Modifikation von Denigès' Reaktion. Die zu prüfende Flüssigkeit versetzt man mit 3—4 ccm einer 10 %igen Ammonmolybdatlösung und gibt einige Tropfen Citronensäure zu. Gelbfärbung zeigt $H_2O_2$ an.
Bull. Soc. Chim. Paris (3) **6.** 22.
Pharm. Journ. (3) **23.** 757.

**Crismer's** Reaktion auf Weinsäure in Citronensäure.
1 g gepulverte Citronensäure versetzt man mit 1 ccm wässeriger Ammonmolybdatlösung (1 + 4), gibt 2—3 Tropfen 0,25 %iges Wasserstoffsuperoxyd zu und erwärmt unter Umschütteln 3 Minuten lang auf dem Wasserbade. Reine Citronensäure färbt sich hierbei rein gelb, Weinsäure bewirkt Blaufärbung. Es läßt sich so 1 mg Weinsäure in 1 g Citronensäure noch nachweisen. Diese Reaktion kann selbstverständlich auch als Identitätsreaktion für Weinsäure benützt werden.
Ztschr. f. analyt. Chem. **32.** 96.
Bull. Soc. Chim. Paris (3) **6.** 23.

**Criswell's** Reagens auf Glukose
ist eine Lösung von 35 g Kupfersulfat in 100 ccm Wasser und 200 g Glycerin, der 450 ccm Natronlauge (20 %) zugegeben werden. Diese Mischung läßt man 1/4 Stunde lang kochen und verdünnt nach dem Erkalten mit Wasser auf 1 Liter.
Virchow-Hirsch, Jahresber. 1886. I. 158.

**Crolas-Ducker's** Reagens auf Uran
ist eine Alaun enthaltende Cochenilletinktur (1 : 10), welche durch Uransalze grün gefärbt wird.
Chem. Zentralbl. **58.** 873.
Arch. der Pharm. **2.** 246.

**Croner's** Reaktionen auf Atoxyl und aromatische Amine
siehe: Chem. Ztg. 1907. 948. — Chem. Zentralbl. 1907. II. 1500.

**Croner-Cronheim's** Reagens auf Milchsäure
ist eine Lösung von 2 g Kaliumjodid und 1 g Jod in 50 ccm Wasser, der noch 5 g Anilin zugefügt werden. Die zu prüfende Flüssigkeit kocht man mit Kalilauge und gibt dann von dem Reagens zu. Milchsäure bewirkt das Auftreten von Isonitrilgeruch. Empfindlichkeitsgrenze = 1 : 4000.
Berl. klin. Woch. 1905. 1080.
Chem. Zentralbl. 1905. II. 988.
Thomas, Ztschr. f. physiol. Chem. **50.** 540.

**Cross-Bevan's** Reagens auf Cellulose
ist eine 30 %ige Lösung von Zinkchlorid in Salzsäure (D. = 1,19). Das Reagens löst Cellulose auf.
Chem. News **42.** 77.

**Cross-Bevan's** Reaktion auf Jute (Lignocellulose)
beruht auf einer Blaufärbung der Jute bei Behandlung mit einer Mischung von gleichen Teilen Eisenchlorid- und Kaliumferricyanidlösung (1/10 Norm. Lösungen). Vergl. Haller, Färber-Ztg. 1915. 26. 157.

**Crouch's** Reagens zum Färben mikroskop. Präparate
ist eine Mischung von 5 Teilen Methylgrünlösung (1 %), 1 Teil Dahliaviolettlösung (1 %) und 4 Teilen wässeriger Dahliaviolettlösung (1 %). Gebraucht zur Diphtheriediagnose.
Ztschr. f. wiss. Mikroskop. 1906. (23.) 68.

**Crouzel's** Reagens auf Alkalität der Bordelaiser Brühe
ist eine Lösung von 1 g Fluoresceinnatrium in 100 g Wasser. Versetzt man die richtig zusammengesetzte, alkalische Brühe mit dem Reagens, so erhält man einen grünen Niederschlag und eine fluoreszierende Flüssigkeit, war die Brühe aber sauer, so zeigt die Flüssigkeit eine gelbe Färbung und fluoresziert nicht.
Répert. de pharm. 1912. 298.
Pharm. Zentrh. 1913. 517.

**Crouzel's** Reaktion auf Eisen in Kupfersulfat
siehe: Journ. de Pharm. et de Chim. 1904. 203.
Pharm. Zentrh. 1905. 450.
Südd. Apoth. Ztg. 1904. 698.
Chem. Ztg. 1904. Rep. 225.
Chem. Zentralbl. 1904. II. 1342.

**Crouzel's** Reaktion auf Gallenfarbstoffe im Harn.
Schichtet man Harn auf ein Gemisch von 3 Vol. Schwefelsäure und 1 Vol. Salpetersäure, so färbt sich der Harn grün, die Berührungsfläche der beiden Flüssigkeiten orangerot und das Reagens selbst bleibt farblos.
Annal. chim. analyt. appl. 1912. 17. 58.

**Crouzel's** Reagens auf vegetabilische und tierische Fette im Vaselin
ist Kaliumpermanganatlösung, die durch Pflanzen- und Tierfette unter Abscheidung von Braunstein zersetzt wird. Gegen Vaselin ist das Reagens indifferent.
Union pharm. 1894. 357.
Répert. de Pharm. 1894. 453.

**Crouzel's** Reaktion auf Santonin im Harn.
Versetzt man Harn mit konzentr. Kalkhydrat, so entsteht eine carminrote Färbung. Man verwendet am besten Calciumkarbid zu dieser Reaktion, da Kalkhydrat in statu nascendi eine intensive Färbung hervorbringt.
Annal. Chim. analyt. appl. 7. 219.
Répert. de Pharm. 1902. 149.
Pharm. Zentrh. 1902. 268.

**Crouzel de la Réole's** Reagens
siehe Réole's Reagens.

**Crum's** Reaktion auf Mangan
ist identisch mit Volhard's Reaktion. (Vergl. Hafner-Krist, Ztschr. österr. Apoth. Ver. 1907. 388.)

Sacher, Chem. Ztg. 1915. 458.
Bardach, Chem. Ztg. 1915. 457.

**Csépai Károly's** Reaktion auf Blut in Faeces.
Man extrahiert die Faeces mit Essigsäure-Alkohol-Äther und gibt zu der erhaltenen Ausschüttelung 1—2 ccm Pyridin und dann 1—3 Tropfen Ammoniumsulfid. Bei Gegenwart von Blut zeigt die Mischung das Hämochromogenspektrum.
Deutsche med. Woch. 1909. 1191.
Deutsches Arch. f. klin. Med. 103. 459.
Zentralbl. f. innere Med. 1911. 1011.

**Cuccati's** Reagenzien zum Färben mikroskop. Präparate.
1. Man löst 5 g Carmin in einer heißen Lösung von 20 g Natriumkarbonat in 100 ccm Wasser, gibt 30 g Alkohol zu und läßt 24 Stunden stehen. Alsdann filtriert man und gibt 300 ccm Wasser und 1,6 g Eisessig zu. In der erhaltenen Mischung löst man 2 g Chloralhydrat. Gebraucht für Kerntinktionen.
Kühne, Nachw. d. Bakterien 1888. 44.
Ztschr. f. wiss. Mikroskop. 1887. 50, 1888. 237.
Behrens' Tabellen 1892. 101. 105.
2. Man reibt 0,75 g Haematoxylin und 6 g Alaun zu Pulver und dann mit einer Lösung von 25 g Jodkalium in 100 ccm 75 %igem Alkohol an. Nach 12 Stunden filtriert man. Gebraucht zum Färben von Kernen und von ganzen Stücken.
Ztschr. f. wiss. Mikroskop. 1888. 55.

**Cuniasse's** Reaktion auf Absinthöl
siehe: Journ. de Pharm. et de Chim. 1907. I. 180. — Boes, Pharm. Ztg. 52. 1032.

**Cuniasse's** Reagens auf Meta- und Para-Phenylendiamin.
Man löst 1 g Acetaldehyd in 100 g 50 %igem Alkohol und säuert mit Essigsäure an. Gibt man zu einer Lösung von Metaphenylendiaminchlorhydrat in Wasser einige Tropfen Reagens und erwärmt, so entsteht nach dem Erkalten eine intensive Gelbfärbung mit grüner Fluoreszenz; Paraphenylendiaminchlorhydrat gibt unter denselben Bedingungen eine orangerote Färbung ohne Fluoreszenz.
Chem. Zentralbl. 1899. I. 1297.
Ztschr. f. analyt. Chem. 41. 249.
Pharm. Zentrh. 1899. 549.
Chem. Ztg. 1899. Rep. 189.

**Cunisset's** Reaktion auf Gallenfarbstoffe.
Schüttelt man Urin mit Chloroform, so färbt sich letzteres bei Anwesenheit von Gallenfarbstoffen gelb.
Merck's Report 1900. 255.

**Curtis'** Reagenzien zum Färben mikroskop. Präparate.
1. (Pikro-Ponceau.) Man mischt 0,5 ccm einer 2 %igen, wässerigen Lösung von Ponceau S extra mit 9,5 ccm gesättigter, wässeriger Pikrinsäurelösung und 5 Tropfen 2 %iger Essigsäure.

2. (Pikro-Bleu.) Eine Lösung von 1 g Diaminblau 2 B oder Naphtholschwarz B in 20 ccm Glycerin und 80 ccm Wasser.
3. Man mischt 2 ccm einer gesättigten, alkoholischen Lösung von Kern-Safranin mit 8 ccm folgender Mischung: 1 Tropfen kohlensaures Ammon, 270 ccm Wasser und 30 ccm Formaldehyd (40 %).

Compt. rend. Soc. Biolog. Paris 1905. 1038.
Ztschr. f. wiss. Mikroskop. 1906. 349.
Ztschr. f. angew. Mikroskop. 1907. 270.

**Curtman's** Reagens auf Ammoniak und Schwefelwasserstoff

ist eine wässerige Lösung von Chloralhydrat. Diese Lösung mit Ammoniak versetzt, gibt mit Schwefelwasserstoff eine rotbraune Färbung oder Fällung. Das Reagens mit Schwefelwasserstoff versetzt, gibt mit Ammoniak in starker Verdünnung noch eine gelbe Färbung.

Pharm. Zentrh. 1883. 416.
New Remedies 1883. 205.

**Curtman's** Reagens auf Kalium

ist de Koninck's Reagens (Natriumcobaltnitrit).

Berl. Ber. 1881. 1951.
Ztschr. f. analyt. Chem. 39. 285.
Chem. Zentralbl. 1881. 706.

**Curtman's** Reagens auf Salpetersäure

ist eine Lösung von Pyrogallol in Schwefelsäure. Das Reagens wird durch Salpetersäure gelb gefärbt. Empfindlichkeitsgrenze = 1 : 500 000.

Deutsch-Amerik. Apoth. Ztg. 1885. 269.

**Curtman's** Reaktion auf salpetrige Säure

beruht auf einer Grünfärbung, die entsteht, wenn Antipyrin mit salpetriger Säure zusammentrifft.

Pharm. Zentrh. 1888. 600.
Ztschr. f. analyt. Chem. **24.** 470 u. **29.** 194.

**Cusson's** Reaktion auf Schwefelkohlenstoff in Ölen.

Das betr. Öl wird nach Zusatz von $^1/_4$ Volumen Alkohol destilliert und das Destillat in Kalilauge aufgefangen. Bei Anwesenheit von Schwefelkohlenstoff wird nach dem Ansäuern mit Essigsäure durch Kupferacetatlösung eine gelbe Färbung oder ein gelber Niederschlag erzeugt.

Annal. des falsific. **2.** 409.
Chem. Zentralbl. 1910. I. 1296.

**Cutolo's** Reagens auf Cellulose

ist rauchende Jod-Jodwasserstoffsäure (zirka 50 %), womit sich Cellulose blau färbt. Näheres siehe: Pharm. Zentrh. 1898. 533. — L'Orosi 1897. 303. — Enzyklop. d. mikroskop. Techn. 1903. 1386.

**Czapek's** Reaktionen auf Holzstoff (Lignin).

Bei Gegenwart von konzentr. Salzsäure gibt Holzstoff mit alkoholischer oder wässeriger Lösung nachstehender Phenole intensive Farbenreaktionen:

Anethol = grünlichgelb, Anisol = grünlichgelb; Brenzkatechin = grünlichblau; Carbazol = kirschrot; Guajakol = gelbgrün; Indol = kirschrot; Kresol = grünlich; α-Naphthol = grünlich; Orcin = rotviolett; Phenol = blaugrün; Phloroglucin = violettrot; Pyrogallol = blaugrün; Pyrrol = rot; Resorcin = violett; Skatol = kirschrot; Thymol = grün.

Gelb bis orangegelb färben Holzstoff bei Gegenwart oder Abwesenheit von Säuren: Die Salze von Anilin, Dimethylparaphenylendiamin, Metaphenylendiamin, α- und β-Naphthylamin, Paratoluidin, Thallin und Xylidin.

Ztschr. f. physiol. Chem. **27.** 141.
Ztschr. f. analyt. Chem. **38.** 715.

**Czaplewski's** Reagens zur Bazillenfärbung.

1. Eine konzentr., alkoholische Lösung von Fluoresceïn sättigt man mit Methylenblau.
2. Eine konzentr., alkoholische Lösung von Methylenblau.
3. Eine Lösung von 1 g Fuchsin und 5 g Phenol in 100 ccm Wasser und 50 g Glycerin.

Ztschr. f. wiss. Mikroskop. 1890. 527.
Zentralbl. f. Bakt.- u. Parasit.-K. 1890. 685.
Eberth - Friedländer, Mikroskop. Techn. 1894. 216.
Enzyklop. d. mikroskop. Techn. 1903. 500. 1309.

**Czerkis'** Reaktionen auf Cannabinol.

Erwärmt man eine Lösung von Cannabinol in Eisessig, so färbt sie sich im durchfallenden Licht grün und im auffallenden Licht rot. — Die alkoholische Lösung des Cannabinols wird durch Kalilauge rot gefärbt und durch Salzsäure wieder entfärbt.

Liebig's Annalen 1907. 351. 467.
Pharm. Post 1907. 49, 1909. 794.
Chem. Zentralbl. 1907. I. 1274, 1909. II. 1880.
Pharm. Zentrh. 1908. 68.
Ztschr. d. österr. Apoth. Ver. 1909. 458.
Apoth. Ztg. 1909. 742.

**Czerniewski's** Reaktion auf Aspidospermin.

Erwärmt man etwas Aspidospermin mit verdünnter Schwefelsäure (1 : 8) und sehr wenig Kaliumchlorat bis zur beginnenden Rötung, so erhält man nach einigem Stehenlassen bei gewöhnlicher Temperatur eine charakteristische, rote Färbung. Empfindlichkeitsgrenze = 0,2 mg.

Nachweis der Quebrachoalkaloide; Dissertation Dorpat 1882.
Dragendorff, Pharm. Ztschr. f. Rußland 1882. 556.
Fraude, Berl. Ber. 1879. 1558.

**Czokor's** Reagens für mikroskop. Zwecke

ist eine mit Carbolsäure versetzte Lösung von 1 g Carmin und 1 g Kalialaun in 100 ccm Wasser. Gebraucht zu Kerntinktionen etc.

Nach anderer Lesart werden 1 g Cochenille mit 100 ccm 1 %iger Alaunlösung auf die Hälfte des Volumens eingedampft, eine Spur Carbolsäure zugegeben und filtriert (Czokor-Partsch).

Arch. f. mikroskop. Anat. 1877. 100 u. 1880. 413.
Mayer, Mitteil. d. zoolog. Stat. Neapel, 1892. 496.
Behrens' Tabellen 1892. 97.
Eberth-Friedländer, Mikroskop. Techn. 1894. 112. 242.
Enzyklop. d. mikroskop. Techn. 1903. 152.

**Czumpelitz'** Reagens auf Alkaloide.

1 g geschmolzenes Zinkchlorid löst man in 30 ccm konzentr. Salzsäure und 30 ccm Wasser. — Die zu prüfende Substanz wird nach dem Trocknen mit einigen Tropfen Reagens befeuchtet und im Wasserbade getrocknet. Es färbt sich: Berberin = gelb; Chinin = blaßgelb; Cubebin = carminrot; Delphinin = rotbraun; Digitalin = kastanienbraun; Narceïn = olivengrün; Salicin = rotviolett; Santonin = blauviolett; Strychnin = rosenrot; Thebaïn = gelb.

Pharm. Post 14. 47.
Arch. der Pharm. (3) 19. 63.
Chem. Zentralbl. 1881. 710.

**Czyhlarz-Fürth's** Reagens auf Oxydasen

ist eine mit Essigsäure schwach angesäuerte Lösung von Kaliumjodid, aus der durch Oxydasen bei Gegenwart von Wasserstoffsuperoxyd Jod in Freiheit gesetzt wird. Der Vorgang wird durch Stärkelösung sichtbar gemacht. Die Reaktion hat vor der Guajakreaktion den Vorzug, daß sie durch Hämoglobin nicht ausgelöst wird. Näheres siehe: Hofmeisters Beitr. 1907. 10. 366 Vergl. Battelli-Stern's Reagens.

**Daclin's** Reagens auf echtes Bittermandelwasser.

Echtes, destilliertes Bittermandelwasser scheidet auf Zusatz von Cocaïn einen krystallinischen Niederschlag von Cocaïncyanid ab, während Kunstprodukte (hergestellt durch Verreiben von Magnesia, Blausäure und Wasser) keinen Niederschlag geben.

Pharm. Zentrh. 1897. 165.
Ztschr. f. analyt. Chem. 40. 822.

**Dahlmann's** Reagens auf Holzstoff im Papier

ist eine wässerige Lösung von Aurinatriumchlorid (1 : 1000). Holzstoff färbt sich mit dem Reagens gelb, während gebleichter Strohstoff nicht gefärbt wird. Sulfit- und Natroncellulose färben sich mit dem Reagens rotbraun.

**Dahnon's** Reaktion auf Arbutin.

Kocht man Arbutin nach Befeuchten mit konzentr. Salpetersäure mit einer Mischung von 1 Volumen Schwefelsäure und 8 Volumen Alkohol und gibt überschüssige Kaliumkarbonatlösung zu, so entsteht eine violette Färbung.

Pharm. Zentrh. 1885. 248.

**Dakin's** Reaktionen auf aliphatische Aldehyde und Ketone mit p-Nitrophenylhydrazin siehe:

Journ. of biolog. Chem. 4. 235.
Chem. Zentralbl. 1908. I. 1259.
Zerner, Monatsh. f. Chem. 34. 957.

**Dané's** Reaktion auf Colibakterien bezw. Indol in Wasser.

Die mittels des zu prüfenden Wassers auf Pankreaspeptonnährböden gezüchtete Kultur wird mit Äther extrahiert, der Äther verdunstet und der Rückstand mit p-Dimethylamidobenzaldehyd und Salzsäure geprüft. Rotfärbung zeigt Indol an. Vergl. Steensma's Reagens I.

Chem. Ztg. 1910. 1057.

**Dané's** Reaktion auf Formaldehyd

ist die umgekehrte Reaktion des Autors auf α-Naphthol. Sie ist für Formaldehyd charakteristisch und wird von Acetaldehyd nicht ausgelöst.

**Dané's** Reaktion auf α-Naphthol.

Löst man α-Naphthol in wenig Natronlauge und gibt einige Tropfen Formaldehyd zu, so tritt nach einiger Zeit (beim Erwärmen sofort) zunächst eine grüne, dann dunkelblaue Färbung ein. β-Naphthol gibt diese Färbung nicht.

Union pharm. 1909. No. 1.
Pharm. Ztg. 1909. 106.
Répert. de Pharm. 1909. 65.

**Dané's** Reagens auf salpetrige Säure in Wasser.

Versetzt man das zu prüfende Wasser mit einer alkoholischen Lösung von Indol (0,01 %) und 5—10 ccm verdünnter Schwefelsäure (1 + 1), so färbt sich die Mischung bei Anwesenheit von Nitriten sofort rosarot. Empfindlichkeitsgrenze = 1 : 2 500 000.

Chem. Ztg. 1910. 1057.
Apoth. Ztg. 1911. 446.
Bull. Soc. Chim. France (4) 9. 352.
Rosenthaler-Jahn, Apoth. Ztg. 1915. 265.

**Danielopolu's** Taurocholnatriumreaktion auf Meningitiden.

Die Reaktion wird mit einer 1 %igen Lösung von Natriumtaurocholat in physiologischer Kochsalzlösung (0,95 : 100) und einer von Blutserum befreiten Aufschwemmung von Hundeblutzellen (2 : 100) angestellt. Sie beruht auf einer antihämolytischen Wirkung der Cerebrospinalflüssigkeit, zufolge der die hämolytische Wirkung des Natriumtaurocholats gehemmt wird. Näheres siehe: Wiener klin. Woch. 1912. 1478. — Merck's Bericht 1912. Jancovescu, Dissert. Bukarest. 1912. — Münchener med. Woch. 1913. 1052.

**Danilewski's** Reagens auf freie Salzsäure im Magensaft ist Tropäolin 00. Näheres siehe: Zentralbl. f. med. Wissensch. 1880. Nr. 51. — Vergl. Boas' Reagens.

**Danilewski**'s Reaktion.

Nach Danilewski können Labfermentpräparate in Pepton eigentümliche Eiweißniederschläge (Plastein) erzeugen, es werden also aus den Produkten der peptischen Verdauung Eiweißstoffe zurückgebildet. Diesen Vorgang nennt man die Danilewski'sche Reaktion.

Okunew, Dissertation Petersburg 1895. Ztschr. f. physiol. Chem. **51**. 1.
Sawjalow, Ztschr. f. physiol. Chem. **54**. 119.

**Dannenberg**'s Reaktion auf Colchicin

siehe: Archiv der Pharm. (3).**10**. 97. 238.
Ztschr. f. analyt. Chem. **16**. 116; **18**. 129.
Chem. Zentralbl. 1876. 249. 360.

**Danziger**'s Reaktion auf Cobalt.

5 ccm einer stark verdünnten Cobaltlösung werden mit Salzsäure angesäuert, mit festem Ammoniumthioacetat versetzt und nach Zugabe von einigen Tropfen Zinnchlorürlösung mit 5 ccm Amylalkohol geschüttelt. Bei Anwesenheit von Cobalt färbt sich der Amylalkohol blau. Empfindlichkeitsgrenze = 1 : 500 000.

Ztschr. f. anorg. Chem. **32**. 78.
Chem. Ztg. **26**. Rep. 215.

**Das**' Oxalatreaktionen

siehe: Chem News **99**. 302. — Chem. Zentralbl. 1909. II. 561.

**Dauvé**'s Reaktion auf Goldchlorid.

Hängt man in Goldlösung ein Stückchen metallisches Aluminium, so färbt sich die Lösung infolge Abscheidung kolloidalen Goldes nach einiger Zeit im durchfallenden Licht purpurrot und im auffallenden Licht gelb.

Journ. de Pharm. et de Chim. 1909. I. 241.

**Davalos**' Reagens zum Färben von Bakterien

ist eine Lösung von 1 g Fuchsin und 20 g Phenol in 40 g Alkohol und 400 g Wasser. Vergl. Ziehl-Neelsen's Reagens.

Zentralbl. f. Bakt. u. Parasit.-K. 1893. 173.

**David**'s Reaktion auf Gallussäure und Tannin.

Eine Lösung von Chlorbaryum und Kalilauge gibt mit Tanninlösungen einen roten Niederschlag, dessen Farbenintensität allmählich zunimmt. Gallussäurelösung gibt einen blauen Niederschlag.

Ztschr. f. analyt. Chem. **40**. 812.
Todeschini, l'Orosi **21**. 328.

**David**'s Reagens zur (Fettuntersuchung) Trennung von Ölsäure von der Stearinsäure

ist eine Mischung von Essigsäure (50 %) und Alkohol (95 %) in einem Verhältnis von 22:30, die auf Ölsäure noch nach bestimmter Vorschrift eingestellt werden muß. Näheres siehe: Dingler's Journ. **231**. 64. — Ztschr. f. analyt. Chem. **18**. 622. — Compt. rend. **86**. 1416.

**Davidsohn**'s Reaktion auf Frauenmilch.

Versetzt man 5—10 ccm Frauenmilch mit 1—2 Tropfen Tributyrin und schwenkt um, so entsteht im Laufe einiger Minuten ein stechender Geruch nach Buttersäure. Kuhmilch gibt die Reaktion nicht. Auch gekochte Frauenmilch gibt sie nicht mehr.

Ztschr. f. Kinderheilk. 1913. **8**. 14.
Zentralbl. ges. innere Med. 1913. **7**. 307.
Merck's Bericht 1913. 514.

**Davidsohn**'s Reagens zur Spirochaetenfärbung

ist eine Lösung von Kresylviolett R extra (eine Messerspitze voll auf 100 ccm Wasser).

Berl. klin. Woch. 1905. 985.
Zentralbl. f. Bakt. u. Parasit.-K. 1906. (Ref.) 1—3. p. 50.

**Davis**' Reaktion auf Karzinom und Sarkom

beruht auf dem Nachweis eines Hämourochrom genannten roten Körpers im Harn. Zur Ausführung der Reaktion erhitzt man 100 ccm Harn mit 10 ccm Salzsäure zum Sieden, läßt erkalten, schüttelt mit 30 ccm Äther aus und läßt den Äther in einer Porzellanschale verdunsten. Bei beginnendem Krebs oder Sarkom findet sich neben Gallensäuren, Indikan, Hämatin und Urochrom ein tiefroter Körper, den er Hämourochrom nannte. Die Reaktion ist für die Frühdiagnose des Karzinoms von Bedeutung.

Americ. Journ. Med. Scienc. 1913, No. 6.
Fortschr. d. Med. 1914. 942.

**Davy**'s Reagens auf Alkohol

ist eine Lösung von Molybdänsäure in konzentr. Schwefelsäure, die durch Alkohol blau gefärbt wird. Selbstredend ist diese Reaktion nicht eindeutig.

Chem. Zentralbl. 1876. 713; 1877. 392.
Vergl. Davy's Reagens auf Phenol.
Hager, Pharm. Zentrh. **18**. 153.

**Davy**'s Reaktion auf Arsen

ist eine Modifikation von Marsh' Reaktion. Der Wasserstoff wird mit Natriumamalgam entwickelt, um das gleichzeitige Entstehen von Antimonwasserstoff zu verhindern.

Chem. Zentralbl. 1876. 618.

**Davy**'s Reagens auf Harnstoff

ist Natriumhypobromitlösung. Vergl. Knop's Reagens auf Harnstoff. Journ. f. prakt. Chem. **63**. 188.

**Davy**'s Reaktion auf Phenol.

Zu einigen Tropfen der zu prüfenden Flüssigkeit (z. B. Kreosot) gibt man einige Tropfen einer Lösung von Molybdänsäure in konzentr. Schwefelsäure (1:10—100). Bei Anwesenheit von Phenol entsteht sofort eine gelbe bis gelblichbraune Färbung, welche über Rotbraun in Purpurrot übergeht. Ist das vorliegende Phenol verdünnt, so entsteht eine olivengrüne, in Dunkelblau übergehende Färbung.

Chem. News **38**. 195.
Polytechn. Notizbl. 1878. 300.
Ztschr. f. analyt. Chem. **18**. 292.
Enzyklop. d. gesamt. Pharm. 1891. X. 670.
Ztschr. d. österr. Apoth. Ver. 1878. 434.
Chem. Zentralbl. 1878. 757.

**Davy's** Reaktion auf Salpetersäure.

Die zu prüfende Flüssigkeit versetzt man mit Ferrocyankalium und Salzsäure, erhitzt auf 70°, neutralisiert mit Natriumkarbonat und gibt einige Tropfen Schwefelammon zu. Bei Gegenwart von Salpetersäure entsteht eine vorübergehende violette oder purpurne Färbung. Näheres siehe: Chem. Zentralbl. 1853. 350.

**Davy's** Reaktion auf Strychnin.

Löst man Strychnin in konzentr. Schwefelsäure und gibt etwas gepulvertes Ferricyankalium zu, so entsteht eine intensiv violette Färbung.

Merck's Report. 1900. 324.

**Dawzard's** Reaktion auf Eisen in Glycerin.

Man versetzt 75 ccm Glycerin mit 23 ccm Wasser und 2 ccm einer 5%igen Tanninlösung. Bei Gegenwart von Eisen färbt sich die Mischung mehr oder weniger tintenartig.

Chem. and Drugg. 1903. 1061.
Pharm. Zentrh. 1904. 224.

**Deacon's** Reaktion auf Amygdalin.

Amygdalin gibt mit einigen Tropfen konzentr. Schwefelsäure eine hellcarminrote Färbung, welche mit viel Wasser wieder verschwindet.

Chem. Ztg. 1901. Rep. 193.
Pharm. Zentrh. 1901. 582.
Chem. News 83. 271.
Chem. Zentralbl. 1901. II. 236.

**Debrun's** Reagens auf Teerfarbstoffe im Rotwein

ist eine Mischung von 1 Teil Zinkoxyd und 2 Teilen Quecksilberacetat. 10 ccm Wein kocht man 1 Minute lang mit 0,1 g genannter Mischung. Bei Anwesenheit von Teerfarbstoffen ist die Lösung rosarot gefärbt, außerdem ist sie entfärbt.

Pharm. Zentrh. 1896. 30.
Pharm. Ztschr. f. Rußland 1895. 760.

**van Deen's** Reaktion auf Blut.

Eine verdünnte Blutlösung wird auf Zusatz von einigen Tropfen Guajakharztinktur und altem (ozonisiertem) Terpentinöl blau gefärbt.

Archiv f. d. holländ. Beitrg. z. Naturwiss. u. Heilkunde 1861. 4.
Ztschr. f. analyt. Chem. 2. 459.
Chem. Zentralbl. 1864. 523.
Chem. Ztg. 1902. Rep. 252.
Hager, Pharm. Prax. 1880. II. 880.
Liman, Chem. Zentralbl. 1864. 524.
Vitali, Boll. chim. farmac. 42. 177, 43. 81, Pharm. Zentrh. 1902. 533 u. Apoth. Ztg. 1903. 242.
Chem. Zentralbl. 1904. I. 1106.
Ztschr. f. angew. Mikroskop. 1904. 21.
Tarugi, Gaz. chim. ital. 32. II. 505.
Chem. Ztg. 1903. Rep. 217.
Wehuizen, Pharm. Weekbl. 1907. 194. u. Pharm. Ztg. 1907. 201.
Schumm, Ztschr. f. physiol. Chem. 50. 374.
Bolland, Ztschr. f. analyt. Chem. 1907. 621.
Kratter, Münchener med. Woch. 1908. 2504, 1910. 1085.

**Deér's** Reaktionen auf Jalapenharz und dessen Verfälschungen

siehe: Apoth. Ztg. 1907. 863.

**Degener's** Reagens auf Glukose

ist eine modifizierte Fehling'sche Lösung, welche durch Digestion überschüssigen Cupriacetats mit Natronlauge bis zum Aufhören der alkalischen Reaktion und entsprechende Verdünnung mit Wasser erhalten wird. Näheres siehe: Ztschr. f. analyt. Chem. 22. 445. — Ztschr. f. Rübenzuckerindustrie 18. 349. — Chem. Zentralbl. 1881. 470.

**Degener's** Indikator für Alkalimetrie (Phenacetolin)

siehe: Ztschr. f. Rübenzuckerindustrie 1881. 357.
Glaser, Indikatoren.
Merck's Index 1910. 213.
Chem. Zentralbl. 1881. 411.
Beckurts, ebenda 1883. 425.
Meßner, Ztschr. f. angew. Chem. 1903. 446.

**Dehn's** Reagens auf Hippursäure neben Harnstoff

ist eine Lösung von Natriumhypobromit (Brom in Natronlauge). Versetzt man einige ccm Harn mit einem Überschuss des Reagenzes, so wird der Harnstoff zersetzt und bei nachfolgendem Erhitzen der Mischung entsteht bei Anwesenheit von Hippursäure je nach der Menge derselben eine rauchige, schwach rote Färbung oder ein orangefarbiger bis braunroter Niederschlag.

Journ. Americ. Chem. Soc. 1908. 1418.
Merck's Bericht 1908. 279.
Vergl. Moreigne's Reagens.

**Dehn-Scott's** Reagens (Natriumhypobromit) zum Nachweis und zur Differenzierung von Phenolen, aromatischen Basen, Alkaloiden etc.

siehe: Journ. Americ. Chem. Soc. 30. 1418. — Chem. Zentralbl. 1908. II. 1638.

**Deiss'** Reaktion auf Cottonöl im Olivenöl.

Eine Lösung von 10 ccm Olivenöl in 100 ccm Äther schüttelt man mit 5 ccm einer gesättigten, wässerigen Lösung von Bleiacetat. Gibt man zu dieser Mischung unter erneutem Schütteln 5 ccm Ammoniakflüssigkeit, so tritt bei Anwesenheit von Cottonöl eine mehr oder weniger intensive gelbrote Färbung auf.

Seifen-, Öl- u. Fettindustrie 1891. 556.
Chem. Ztg. 1888. Rep. 191.
Dieterich, Helfenberger Annal. 1890. 80.

**Deiss'** Reagens zur Prüfung von Glycerin

ist eine 5%ige, wässerige Phenollösung. — Zu einer Lösung von 6 g krystallisiertem Phenol in 10 ccm des zu prüfenden Glycerins läßt man bei 11° C. so lange von dem Reagens zufließen, bis die Lösung bleibend getrübt

wird. Wasserfreies Glycerin verbraucht 21,4 ccm Reagens, für je 1 % Glycerin beträgt der Unterschied 0,28 ccm Reagens.
Les corps gras industr. **16.** 293.
Näheres siehe: Chem. Ztg. **14.** Rep. 130. — Ztschr. f. analyt. Chem. **29.** 628. — Chem. Zentralbl. 1890. I. 1034.

**Dejust**'s Reagens auf Kohlenoxyd in Luft
ist eine ammoniakalische Silberlösung, welche beim Durchleiten von kohlenoxydhaltiger Luft dunkel gefärbt bezw. unter Abscheidung von metallischem Silber geschwärzt wird.
Compt. rend. **140.** 1250.
Chem. Zentralbl. 1905. II. 21.

**Dekhuyzen**'s Reagens zum Färben mikroskop. Präparate
ist eine wässerige, 3 %ige Silbernitratlösung, die außerdem 3 % Salpetersäure enthält. Gebraucht zum Imprägnieren lebender Gewebe.
Anatom. Anzg. 1889. 789.
Eberth - Friedländer, Mikroskop. Techn. 1894. 123.
Enzyklop. d. mikroskop. Techn. 1903. 1260.
Ztschr. f. wiss. Mikroskop. 1890. 351.

**Delafield**'s Reagens zum Färben mikroskop. Präparate (Alaunhämatoxylin)
ist eine Mischung von alkoholischer Hämatoxylinlösung (4 + 25) und gesättigter, wässeriger Ammoniakalaunlösung (400 ccm). Nach mehrtägigem Reifen an Licht und Luft wird filtriert und je 100 ccm Methylalkohol und Glycerin zugemischt. Das Reagens färbt Kerne intensiv blau, Protoplasma blaßblau.
Ztschr. f. wiss. Mikroskop. 1885. 288.
Kühne, Nachw. d. Bakterien 1888. 43.
Harris, Ztschr. f. wiss. Mikroskop. 1901. 36.
Strasburger, Kl. Botan. Prakt. 1893. 221.
Behrens' Tabellen 1892. 103.
Eberth - Friedländer, Mikroskop. Techn. 1894. 105.
Enzyklop. d. mikroskop. Techn. 1903. 507.

**Deleard-Benoit**'s Reagens auf Blut
ist eine Lösung von Phenolphthalin, die sich mit Blut bei Zusatz von Wasserstoffsuperoxyd rot färbt. Vergl. Boas' Reagens.
Slowzow, Rußkij Wratsch 1909. 641.
Pharm. Ztg. **1909.** 632.
Merck's Bericht 1909. 309.

**Delépine**'s Reaktionen auf Kupfer und Eisen
siehe: Bull. Soc. Chim. France 1908. I. 652. — Chem. Zentralbl. 1908. II. 261.

**Delff**'s Reagens I auf Alkaloide
ist identisch mit Planta's Reagens (Quecksilberjodid-Jodkalium).
Neues Jahrb. f. Pharm. **2.** 31.

**Delff**'s Reagens II auf Alkaloide
ist Kaliumplatincyanür, welches wässerige Alkaloidlösungen fällt. Zu den fällbaren Alkaloiden gehört das Cinchonin, Chinidin und Brucin. Näheres siehe: Ztschr. f. analyt. Chem. **3.** 152. — Neues Jahrb. f. Pharm. 1864. 31. — Chem. Zentralbl. 1864. 607. — Schwarzenbach, Wittstein's Viertelj.-Schr. f. Pharm. 1857. 422. — van der Burg, Ztschr. f. analyt. Chem. **4.** 296.

**Delffs**' Reaktion auf Coffeïn.
Gibt man zur Lösung des Coffeïns eine Lösung von Kaliumquecksilberjodid, so entsteht ein Niederschlag, der in kurzer Zeit ein Haufwerk von glänzenden weißen Krystallnadeln bildet. Alkaloide geben nur amorphe Niederschläge.
Neues Jahrb. d. Pharm. **2.** 31.
Chem. Zentralbl. 1854. 895.

**Delffs**' Reaktion auf Fumarsäure.
Nicht zu verdünnte wässerige Lösungen werden durch Cadmiumsulfat erst beim Erwärmen in glänzenden Krystallblättern gefällt.
Neues Jahrb. f. Pharm. **2.** 31.
Chem. Zentralbl. 1854. 880.

**Delffs-Schwarzenbach**'s Reagens auf Alkaloide
besteht aus Salpetersäure und Ammoniak. Es gibt mit einigen Alkaloiden charakteristische Farbenreaktionen.
Merck's Index 1902. 261.

**Demarbaix**' Reagens zum Fixieren mikroskop. Präparate.
Man löst 0,7 g Chromsäure in 160 ccm Wasser und gibt 5 ccm Eisessig zu.
Vergl. Ztschr. f. wiss. Mikroskop. 1890. 73.
La Cellule 1889. 27.
Behrens' Tabellen 1892. 55.
Enzyklop. d. mikroskop. Techn. 1903. 139.

**Demski-Morawski**'s Reaktion auf Harz und Harzöle in Mineralölen
beruht auf der Löslichkeit der Öle in Aceton und der Polarisation dieser Lösungen. Näheres siehe: Ztschr. f. analyt. Chem. **28.** 124. — Dingler's Journ. **258.** 82.

**Denaeyer**'s Reaktionen auf Acetylen.
Quecksilberchloridlösung wird durch Acetylen weiß gefällt, Quecksilberoxydulnitrat gibt schwarze Fällung, Kupferchlorür-Ammoniak einen kastanienbraunen Niederschlag, Silbernitrat einen weißen Niederschlag (vergl. Chavastelon's Reagens). Kaliumpermanganat und Jodlösung werden entfärbt. Neßler's Reagens wird durch Acetylen weiß gefällt.
Pharm. Zentrh. 1897. 606.
Ztschr. f. analyt. Chem. **38.** 674.
Chem. Zentralbl. 1897. II. 914.

**Denigès**' Reaktion auf Acetessigsäure.
Versetzt man eine Acetessigsäure enthaltende Flüssigkeit (Harn) mit Nitroprussidnatrium, so färbt sie sich rubinrot. Vergl. Légal's Reaktion.
Bull. Soc. Chim. Paris (3) **15.** 1058.
Egeling, Neederl. Tijdschr. v. Pharm. **6.** 217.

**Denigès**' Reagens auf Aceton. (Pinakolin und Pinakon.)

Man löst 5 g Quecksilberoxyd in einer warmen Mischung von 20 ccm konzentr. Schwefelsäure und 100 ccm Wasser. Eine Mischung von gleichen Teilen Reagens und der zu prüfenden Flüssigkeit wird im Wasserbade erwärmt. Bei Anwesenheit von Aceton entsteht eine Trübung oder ein Niederschlag. Näheres siehe: Ztschr. f. analyt. Chem. **40.** 416 oder Compt. rend. **126.** 1868; **127.** 963. — Journ. de Pharm. et de Chim. 1899. I. 7. — Bull. Soc. Chim. Paris (3) **29.** 597. — Chem. Zentralbl. 1903. II. 396. — Glücksmann, Ztschr. d. öst. Apoth. Ver. 1900. 1085 oder Ztschr. f. analyt. Chem. **42.** 451. — Vergl. Oppenheimer's Reagens. — Merck's Index 1902. 261. — Zetsche, Pharm. Zentrh. 1903. 505. — Taylor, Journ. Americ. Med. Assoc. 1906. No. 11. — Monimart, Journ. de Pharm. et de Chim. 1907. — Delange, Bull. Soc. Chim. France 1908. II. 910. — Reiche, Dissert. Leipzig 1904. — Beckurts, Methoden der Maßanalyse 1910. 405.

**Denigès'** Reaktion auf Aceton.

Man erhitzt 0,1 ccm Aceton mit 10 ccm Bromwasser etwa 20 Minuten lang, kocht dann bis zur Entfärbung und Verjagung des überschüssigen Broms, wobei sich Bromaceton bildet, und kocht dann 5 ccm der erhaltenen Lösung von Bromaceton mit Natriumkarbonatlösung (1 : 100), wobei das Bromaceton in Acetylcarbinol übergeführt wird. 0,4 ccm dieses Reaktionsproduktes versetzt man mit 0,1 ccm Kaliumbromidlösung (1 : 10), 2 ccm Schwefelsäure (1,84) und dann mit 0,1 ccm alkoholischer Salicylsäurelösung. Es entsteht bei gewöhnlicher Temperatur eine violette bis rotviolette Färbung. Verwendet man an Stelle von Salicylsäure Guajakol, so erhält man eine blaue Färbung.

Répert. de Pharm. 1910. 51.

**Denigès'** Reagens auf zyklische Aldehyde

ist α- oder β-Naphthol. Einige Tropfen einer etwa 1 %igen, alkoholischen, Lösung des zu prüfenden Aldehyds gibt man in 1 ccm Alkohol, in dem man etwa 0,02 g α- oder β-Naphthol gelöst hat. Mischt man 2 ccm konz. Schwefelsäure zu, so entstehen intensive Farbenerscheinungen oder fluoroskopische bzw. spektroskopische Erscheinungen. Näheres siehe: Bull. Soc. Pharm. Bordeaux **48.** 233.

**Denigès'** Reagens auf Aldosen und Ketosen.

3 ccm Eisessig mischt man mit 20 ccm einer Lösung von 10 g kryst. Natriumacetat in 5 ccm Eisessig und 100 ccm Wasser und fügt 1 ccm Phenylhydrazin und 1 ccm Natriumbisulfitlauge zu. Das Reagens ist sehr haltbar.

Bull. Soc. Pharm. Bordeaux **52.** 513.
Ztschr. f. analyt. Chem. 1913. **52.** 779.

**Denigès'** Reaktion auf Allylalkohol.

0,1 g Allylalkohol versetzt man mit Bromwasser, bis eine schwachgelbe Mischung entstanden ist, erhitzt zum Sieden und gibt nach dem Erkalten zu 0,4 ccm des Reaktionsproduktes 0,1 ccm einer 5 %igen Lösung von Codein, Resorcin, Thymol oder β-Naphthol. Nach Zugabe von 2 ccm Schwefelsäure erhitzt man im Dampfbade. Thymol und Codein bewirken eine violettrote, Resorcin eine weinrote und β-Naphthol eine grün fluoreszierende, gelbe Färbung.

Bull. Soc. Chim. France 1909. I. 878.
Chem. Zentralbl. 1909. II. 1697.

**Denigès'** Reagens für analytische Zwecke

ist Methylglyoxal. Man bereitet das Reagens, indem man 20 g 5 %ige Glycerinlösung mit 0,6 ccm Brom und 100 ccm Wasser 20 Minuten lang im siedenden Wasserbade erhitzt, dann zur Verjagung des überschüssigen Broms 5 Minuten lang kocht, auf 100 ccm eindampft, nach dem Erkalten 20 ccm Schwefelsäure zufügt und 50 ccm davon abdestilliert. Vom Destillat versetzt man 0,4 ccm mit 2 ccm Schwefelsäure und gibt die zu prüfende Substanz zu. Durch Kondensation entstehen mit einer Reihe von Stoffen charakteristische Farben.

Bull. Soc. Pharm. Bordeaux 49. 196.
Chem. Zentralbl. 1909. II. 237.
Bull Soc. Chim. de France (4) **5.** 649.
Ztschr. f. analyt. Chem. 1911. 188.

**Denigès'** Reagens auf Anilide.

Acetanilid und andere Anilide geben beim Kochen mit alkoholischer Natriumhypobromitlösung einen gelbroten Niederschlag, wobei der Geruch nach Methylcyanür auftritt.

Chem. Ztg. **13.** Rep. 11.
Ztschr. f. analyt. Chem. **28.** 711.

**Denigès'** Reagens auf Arsen

ist eine Lösung von 10 g Quecksilberoxydulnitrat in 10 ccm Salpetersäure (1,4) und 100 ccm Wasser. Dient zum mikrochemischen Nachweis des Arsens. Näheres siehe: Répert. de pharm. 1909. 106. — Ztschr. f. analyt. Chem. 1909. 395. — Apoth. Ztg. 1908. 794, 841. — Compt. rend. **147.** **596.** **744.**

**Denigès'** Reagens auf Arsenflecke (zur Unterscheidung von Antimonflecken), wie man sie bei der Prüfung nach Marsh erhält,

ist eine Lösung von molybdänsaurem Ammon. 10 g Ammonmolybdat und 25 g Ammonnitrat löst man unter Erwärmen in 100 ccm Wasser. Nach dem Erkalten gibt man 100 ccm Salpetersäure (D. = 1,20) zu und erwärmt 10 Minuten lang auf dem Dampfbade. Nach 48 Stunden wird die Lösung filtriert.

Die zu prüfenden Flecke löst man in einigen Tropfen Salpetersäure, erwärmt und gibt 5 Tropfen Reagens zu. Arsen (noch 1/100 mg) gibt den charakteristischen, gelben Niederschlag von Arsenammoniummolybdat.

Compt. rend. **111.** 824.
Journ. d. Pharm. et de Chim. 1891. I. 25.
Ztschr. f. analyt. Chem. **30.** 263.
Struve, Journ. f. prakt. Chem. **58.** 493.
Chem. Zentralbl. 1854. 97.

**Denigès'** Reaktion auf Äthylalkohol in Methylalkohol

beruht auf der reichlichen Bildung von Acetaldehyd bei der Einwirkung von Brom auf Äthylalkohol, während Methylalkohol nur Spuren Formaldehyd produziert. Man versetzt 0,2 ccm des fraglichen Methylalkohols mit 5 ccm Bromwasser (0,6 ccm Br: 100 $H_2O$), erhitzt im siedenden Wasserbade bis zur Entfärbung, aber nicht länger als 6 Minuten, kühlt ab und gibt Fuchsin-Schweflige Säure zu. Bei Gegenwart von Äthylalkohol im verwendeten Methylalkohol tritt innerhalb 5—8 Minuten eine rote bis violettrote Färbung auf.

Bull. Soc. Chim. France 1910. I. 951.
Répert. de Pharm. 1910. 535.

**Denigès'** Reagens auf Äthylenkohlenwasserstoffe und tertiäre Alkohole ist eine Lösung von 500 g Quecksilberoxyd in 200 ccm Schwefelsäure und 1 Liter Wasser. Näheres siehe: Pharm. Zentrh. 1898. 908. — Bull. Soc. Chim. Paris (3) **19.** 494. — Compt. rend. **126.** I. 1145. — Chem. Zentralbl. 1898. I. 1166.

**Denigès'** Reaktion auf Benzoesäure.

Erhitzt man wässerige Benzoesäurelösung in geeigneten Verhältnissen mit Eisenchloridlösung, Essigsäure und Wasserstoffsuperoxyd, so erhält man eine violette Färbung. Näheres siehe: Répert. de Pharm. 1911. 349. — Ztschr. f. analyt. Chem. 1913. 696.

**Denigès'** Reagens zum Nachweis des Benzoylradikals

ist Formaldehydschwefelsäure, bestehend aus 2 ccm Formaldehyd (40%) und 100 ccm konzentr. Schwefelsäure. Eine geringe Menge der zu prüfenden Substanz erhitzt man im Reagenzglase mit 3 ccm Reagens auf 120° C. Körper mit dem Radikal $C_6H_5CO$ geben eine braunrote Färbung, die Flüssigkeit zeigt einen Absorptionsstreifen im Grün. Andere Stoffe wie Benzol, Phenol etc. geben die Farbenreaktionen schon bei gewöhnlicher Temperatur oder doch unter 100° C.

Chem. News **79.** 206.
Ztschr. f. analyt. Chem. **40.** 44.

**Denigès'** Reagens auf Blausäure

ist eine Mischung von 2 ccm Ammoniakflüssigkeit, 1 Tropfen 5%iger Jodkaliumlösung und 20 ccm Wasser, der man noch 1 Tropfen 2%iger Silbernitratlösung zugibt. — Die zu prüfende Flüssigkeit befreit man durch Quecksilberchlorid von eventuell vorhandenen Schwefelverbindungen, filtriert, erhitzt das Filtrat mit etwas Zink und Schwefelsäure und leitet das entwickelte Gas in verdünnte Natronlauge. Von dieser Natronlauge gibt man etwas in das opalisierende Reagens. Bei Anwesenheit von Blausäure löst sich das suspendierte Jodsilber auf.

Répert. de Pharm. 1897. 56.
Pharm. Zentrh. 1897. 323.

**Denigès'** Reagens auf Brom.

(Hydrostrychninreagens) 5 ccm einer 1%igen Strychninsulfatlösung versetzt man mit 5 ccm Salzsäure (1,4) und 5 g amalgamiertem Zink, erhitzt zum Sieden, läßt abkühlen und gießt ab. Mischt man 1 ccm dieses Reagenzes mit 5 ccm einer 0,1%igen Bromlösung, so entsteht eine purpurrote Färbung mit charakteristischem Absorptionsspektrum. Empfindlichkeitsgrenze = 1 : 100 000.

Bull. soc. chim. de France (4) 9. 542.
Répert. de pharm. 1911. 299.
Apoth. Ztg. 1911. 581.
Merck's Bericht 1911. 455.

**Denigès'** Reaktion auf Chinaalkaloide.

Versetzt man eine Lösung von 0,2 g Chinin, Cinchonin, Cinchonidin oder Cuprein in 2 g Eisessig mit 2 ccm Schwefelsäure, so zeigt sich eine deutliche, besonders im Magnesiumlicht wahrnehmbare Fluoreszenz. Gibt man 2 ccm Formaldehyd zu, so zeigen Chinin und Cuprein eine blaugrüne, Cinchonin eine blaue und Cinchonidin eine blauviolette Fluoreszenz. Auf weiteren Zusatz von 3—4 ccm Wasser verschwindet die Fluoreszenz nur bei Cuprein.

Répert. de pharm. 1909. 486.
Pharm. Ztg. 1909. 957.

**Denigès'** Reaktion auf Chinin (in Harn, Blut, Milch etc.)

beruht auf der blauen Fluoreszenz des Chinins in schwefelsaurer Lösung, die im Sonnenlicht, Magnesiumlicht und elektrischen Licht beobachtet werden kann. Näheres siehe: Répert. de Pharm. 1903. 308. — Journ. de Pharm. et de Chim. 1903. I. 505. — Pharm. Zentrh. 1903. 618.

**Denigès'** Reagens auf Chlorate

ist eine Lösung von Resorcin und Schwefelsäure in Wasser (siehe dessen Reagens auf Weinsäure). Es gibt mit Chloraten in der Kälte eine grüne Färbung.

Journ. de Pharm. et de Chim. 1895. II. 400.
Pharm. Zentrh. 1896. 225.

**Denigès'** Reaktion auf Chloreton (Acetonchloroform)

beruht auf dem Nachweis des Acetons, das beim Kochen von 5 ccm einer 5%igen, alkoholischen Chloretonlösung mit 1—2 ccm Natronlauge entsteht. Näheres siehe: Répert. de Pharm. 1905. 490. — Pharm. Ztg. 1905. 1009. — Pharm. Praxis 1906. 61.

**Denigès'** Reaktion auf Cholesterin.

Gibt man zu einer Lösung von Cholesterin in Chloroform das halbe Volumen Schwefelsäure (D. = 1,76), so zeigt letztere grüne Fluoreszenz, während das Chloroform eine blut- bis purpurrote Färbung annimmt. Gibt man zu der Chloroformschicht 1—5 Tropfen Essigsäureanhydrid, so nimmt dieselbe eine carminrote, die Schwefelsäure eine blutrote Färbung an.

Bull. Soc. Pharm. Bordeaux 1903. Febr.
Journ. de Pharm. et de Chim. 1903. I. 382.
Répert. de Pharm. 1903. 207.
Ztschr. f. analyt. Chem. 1904. 724.

**Denigès'** Reaktion auf Chromsäure.

Versetzt man eine neutrale Chromatlösung mit Wasserstoffsuperoxyd und säuert mit Essigsäure an, so färbt sich die Mischung braun, rötlich und zuletzt rotviolett. Gibt man ein gleiches Volumen 100 %ige Essigsäure zu, so entsteht eine blaue Färbung.

Répert. de Pharm. 1907. 158.

**Denigès'** Reaktion auf Citronensäure.

Man löst 5 g Quecksilberoxyd in 20 ccm konzentr. Schwefelsäure und 100 ccm Wasser. 5 ccm der 1—2 % Citronensäure enthaltenden Flüssigkeit erhitzt man mit 1 ccm Reagens zum Sieden und gibt dann einige Tropfen 2 % Kaliumpermanganatlösung zu. Die Flüssigkeit wird entfärbt und gibt noch bei Anwesenheit von 0,5 mg Citronensäure einen weißen Niederschlag.

Bull. Soc. Pharm. Bordeaux 1898. 33.
Ztschr. f. analyt. Chem. 38. 718.
Pharm. Zentrh. 1901. 93.
The Analyst 23. 161.
Wöhlk, Ztschr. f. analyt. Chem. 41. 94.
Spindler, Chem. Ztg. 1904. 15.

**Denigès'** Reaktion auf Cocain.

Lösungen von Cocainhydrochlorid geben beim Mischen mit einem gleichen Volumen 5%iger Natriumperchloratlösung je nach der Konzentration sofort oder nach einiger Zeit eine Trübung bzw. Ausscheidung charakteristisch geformter Krystalle. Sehr verdünnte Cocainlösungen läßt man mit gen. Reagens auf einem Objektträger verdunsten und betrachtet die Krystalle (feinstrahlige Büschel oder derbe kurze Nadeln) unter dem Mikroskop.

Bull. Soc. Pharm. Bordeaux 1912. 52. 385.
Zentralbl. f. ges. Arzneimittelk. 1913. 466.

**Denigès'** Reaktion auf Cuprein.

Versetzt man 10 ccm einer 0,2 %igen Cupreinlösung mit 1 ccm Ammoniakflüssigkeit und 1 ccm Wasserstoffsuperoxyd (1 Vol.%), schüttelt und gibt 0,1 ccm Kupfersulfatlösung (3 %) zu, so erhält man eine schön grün gefärbte Lösung, die auf Zusatz von viel Schwefelsäure oder Salzsäure in Gelblichrot übergeht.

Compt. rend. 151. 1354.
Répert. de pharm. 1911. 51.
Apoth. Ztg. 1911. 126.
Chem. Zentralbl. 1911. I. 691.

**Denigès'** Reaktionen auf Dioxyaceton.

0,1 ccm Kaliumbromidlösung (4 %) mischt man mit 0,4 ccm einer höchstens 0,1 %igen, wässerigen Lösung von Dioxyaceton, 2 ccm Schwefelsäure und 0,1 ccm alkoholischer Guajakollösung (5 %) und erwärmt auf dem Dampfbade. Man erhält eine blauviolette Lösung, die ein Absorptionsspektrum im Orange aufweist. Salicylsäure an Stelle von Guajakol verursacht eine rosarote Färbung und ein Absorptionsspektrum im Gelb und Blau. Gallussäure gibt eine ähnliche Farbenreaktion wie Guajakol.

Compt. rend. 148. 172, 282, 422.
Bull. trav. soc. pharm. Bordeaux 49. 105.
Ztschr. f. analyt. Chem. 1911. 305.
Chem. Zentralbl. 1909. I. 946. 1042. 1198.

**Denigès'** Reaktionen und Reagenzien zur Differenzierung der Dioxy- und Trioxybenzole

siehe: Répert. de Pharm. 1898. 454.
Pharm. Zentrh. 1898. 798.
Ztschr. f. analyt. Chem. 39. 56.
Chem. Zentralbl. 1898. II. 1282.

**Denigès'** Reagens auf Eisenoxydul (Zink, Magnesium, Cadmium etc.) ist eine Lösung von Alloxan.

Zur Darstellung des Reagenzes behandelt man 2 g Harnsäure mit 2 ccm Salpetersäure (D. = 1,4), gibt nach beendeter Reaktion 2 ccm Wasser zu, erhitzt, um das Gemisch zu klären und verdünnt dann mit Wasser auf 100 ccm. — Versetzt man das Reagens mit Eisenoxydulsalzlösungen und etwas Natronlauge, so entsteht eine blaue Färbung. Erwärmt man das Reagens mit folgenden Metallen, so treten die angegebenen Färbungen ein: Zink = gelborangegelb, Magnesium = carminrot, Cadmium = granatapfelrot, Eisen = gelbbraun, Cobalt und Nickel = orangegelb, Mangan = carminrot. Gibt man zu den erhaltenen Lösungen einige Tropfen Natronlauge, so wird die Zink- und Cadmiumlösung = carminrot, die Magnesiumlösung = violett, die Manganlösung = blauviolett, die Eisenlösung = blau, die Cobaltlösung = bordeauxrot, die Nickellösung = lederfarbig und dann dunkelrot.

Bull. Soc. Pharm. Bordeaux 1901. 161.
Journ. de Pharm. et de Chim. 1901. II. 530.
Ztschr. f. analyt. Chem. 42. 180.
Ztschr. d. öst. Apoth. Ver. 55. 752.

**Denigès'** Reaktion auf Formaldehyd.

Versetzt man 5 ccm einer wässerigen (unter 0,2 %igen) Acetaldehydlösung mit 1,2 ccm Schwefelsäure (1,66) und 5 ccm Fuchsindisulfit, so ist kaum eine Färbung zu bemerken, während Formaldehyd sofort eine blaue Färbung verursacht.

Compt. rend. 150. 529.
Répert. de pharm. 1910. 156.
Apoth. Ztg. 1910. 263.
Ztschr. f. analyt. Chem. 1911. 452.

**Denigès'** Reaktion auf Gallenfarbstoffe im Harn.

Harn, der Gallenfarbstoffe enthält, wird nach Zusatz von Essigsäure durch Natriumnitritlösung grün — blau — violett gefärbt. Wasserstoffsuperoxyd bewirkt nur Grünfärbung.

Répert. de Pharm. 1908. 200.
Bull. trav. soc. pharm. Bordeaux 1908. 33.
Ztschr. allg. österr. Apoth. Ver. 1908. 305.

**Denigès'** Reagens auf Gerbstoffe

ist eine Lösung von 10 g Zinkoxyd in der nötigen Menge Essigsäure, die mit 80 ccm Ammoniakflüssigkeit versetzt und mit Wasser zu 1 Liter aufgefüllt wird. Gallus- und Gerbsäuren werden durch das Reagens gefällt.

Schewket, Biochem. Ztschr. 1913. **52.** 272.

**Denigès'** Reaktion auf Glycerin
beruht auf der Überführung des Glycerins in Dioxyaceton durch Oxydation mittels Bromwasser und Nachweis des Dioxyacetons durch Codein, Resorcin, Thymol, α-Naphthol, Salicylsäure oder Guajakol, welche charakteristische Farbenreaktionen und Absorptionsspektra liefern. (Vergl. des Autors Reaktionen auf Dioxyaceton.)
Compt. rend. **148.** 570.
Bull. soc. chim. de France (4) **5.** 421.
Bull. trav. soc. pharm. Bordeaux **49.** 161.
Répert. de pharm. 1909. 204.
Pharm. Ztg. 1909. 662.
Apoth. Ztg. 1909. 230.
Ztschr. f. analyt. Chem. 1910. 699, 1911. 305.
Chem. Zentralbl. 1909. I. 1269.

**Denigès'** Reaktion auf Glykokoll.
Erhitzt man 0,1 g Benzamid mit 0,05 g Glykokoll bis zum Aufkochen, so färbt sich die Mischung rot und dann braun und es entwickelt sich zuerst der Geruch nach Ammoniak und dann nach Benzoësäure, Blausäure und zuletzt nach Benzonitril.
Bull. Soc. Pharm. Bordeaux 1906. Juli.
Répert. de Pharm. 1906. 533.
Apoth. Ztg. 1906. 1087.

**Denigès'** Reaktion auf Harnsäure.
Eine Spur Harnsäure mit etwas Bromwasser zur Trockene eingedampft, mit einigen ccm konzentr. Schwefelsäure und einigen Tropfen thiophenhaltigem Benzol versetzt und gemischt, gibt eine schöne blaue Färbung.
Journ. de Pharm. et de Chim. 1888. 161.
Compt. rend. **104.** 789, 1847.
Chem. Zentralbl. 1888. 1243.

**Denigès'** Reaktion auf Hippursäure (neben Benzoësäure).
Kocht man Hippursäure mit Natronlauge und Brom, so entsteht ein kermesbrauner Niederschlag. Benzoësäure gibt diese Reaktion nicht.
Compt. rend. **107.** 662.

**Denigès'** Reaktion auf Homogentisinsäure
beruht auf einer braunroten Färbung ihrer alkalischen Lösungen (Harn) durch Ammonpersulfat, Bleisuperoxyd oder Braunstein.
Bull. Soc. Pharm. Bordeaux 1899. Juni.
Journ. de Pharm. et de Chim. 1899. II. 131.

**Denigès'** Reaktionen auf Hordenin
siehe: Bull. soc. chim. de France 1908. **3.** 786. — Chem. Zentralbl. 1908. II. 832.

**Denigès'** Reaktion auf Inden.
1 ccm einer 0,1 %igen essigsauren Lösung von Inden wird durch 2 ccm konz. Schwefelsäure granatrot gefärbt. Auf weiteren Zusatz von Schwefelsäure zeigt die Mischung ein Absorptionsspektrum im Grün. Gibt man statt weiterer Schwefelsäure 1 Tropfen einer 5%igen Kaliumbromidlösung zu, so wird die Mischung intensiv purpurrot oder rotviolett. Diese Mischung zeigt auf Zusatz von Schwefelsäure ein Absorptionsspektrum im Grüngelb.
Bull. Soc. Pharm. Bordeaux. **53.** 2241.
Ztschr. f. analyt. Chem. **53.** 515.

**Denigès'** Reaktionen auf Indol.
5 ccm der zu prüfenden alkoholischen Lösung versetzt man mit 0,5 ccm einer 0,2 %igen, alkoholischen Lösung von Vanillin oder Zimtaldehyd und gibt 3 ccm Salzsäure (1,17) zu. Vanillin bewirkt mit Indol eine eosin- bis granatrote Färbung und ein charakteristisches Absorptionsspektrum im Grün und Blau. Zimtaldehyd bewirkt bei Gegenwart von Indol eine mehr oder weniger starke Gelbfärbung. Das Handelsbenzol enthält nach Denigès einen Stoff, der dieselbe Reaktion liefert wie Vanillin oder Zimtaldehyd bezw. das von Ehrlich in Vorschlag gebrachte Dimethylamidobenzaldehyd.
Bull. Soc. Pharm. Bordeaux 1908, Répert. de Pharm. 1908. 161.

**Denigès'** Reaktion auf Inosit.
Raucht man etwas Inosit mit Salpetersäure ab und fügt Natronlauge zum Rückstand, so entsteht eine gelbe Färbung, die auf Zusatz von Nitroprussidnatrium und Essigsäure in Blau umschlägt.
Journ. de Pharm. et de Chim. 1907. I. 219.
Pharm. Zentrh. 1907. 360.
Nouv. Remèd. 1907. 204.
Répert. de Pharm. 1908. 62.

**Denigès'** Reaktionen auf Kresole
siehe: Bull. Soc. Pharm. Bordeaux 1908. — Répert. de Pharm. 1908. 298. — Ztschr. f. analyt. Chem. 1912. 315.

**Denigès'** Reaktion auf Kryogenin.
Kryogeninhaltiger Harn färbt sich auf Zusatz von Alkali und Wasserstoffsuperoxyd braun. Auch andere Oxydationsmittel bewirken eine ähnliche Reaktion. Versetzt man z. B. 10 ccm Harn mit 2 g Bleisuperoxyd oder Braunstein und 5 Tropfen Natronlauge und filtriert, so ist das Filtrat bei Gegenwart von Kryogenin chromatgelb bis orangegelb gefärbt.
Répert. de Pharm. 1910. 441.

**Denigès'** Reaktion auf Kupfer.
Gibt man zu einer Kupferlösung Bromkalium im Überschuß und dann konzentr. Schwefelsäure, so entsteht eine rotviolette Färbung.
Compt. rend. **108.** 568.
Répert. de Pharm. 1909. 206.
Cresti, Berl. Ber. **10.** 1099 oder
Ztschr. f. analyt. Chem. **16.** 474.
Endemann und Prochazka, Berl. Ber. **13.** 1144 oder
Ztschr. f. analyt. Chem. **21.** 265.

**Denigès'** Reagens auf Mangan.
Natriumhypobromitlösung gibt mit stark verdünnten Mangansalzlösungen einen braun-

schwarzen Niederschlag, welcher beim Kochen in Natriumpermanganat übergeht und so die Lösung rot färbt.

Bull. Soc. Pharm. Bordeaux 1890. Mai.
Journ. de Pharm. et de Chim. 1892. I. 55.
Ztschr. f. analyt. Chem. **31.** 316.

**Denigès'** Reagens auf Mercaptane

(Isatinschwefelsäure) ist eine Lösung von 1 g Isatin in 100 g konzentr. Schwefelsäure. Bringt man in eine Mischung dieses Reagenzes mit dem mehrfachen Volumen konzentr. Schwefelsäure eine alkoholische Lösung von Mercaptan, so entsteht eine schöne grüne Färbung. Bei Anwesenheit von Aldehyden und höheren Alkoholen verfährt man wie folgt: Die zu prüfende Flüssigkeit schüttelt man mit Natronlauge, verdünnt mit Wasser und gibt Nitroprussidnatrium zu. Mercaptane bewirken eine Rotfärbung.

Compt. rend. **108.** 350.
Journ. de Pharm. et de Chim. 1889. I. 276.
Ztschr. f. analyt. Chem. **29.** 206.
Béla, Liebig's Annal. 1892. 379.

**Denigès'** Reaktion auf Methylalkohol in Äthylalkohol

beruht auf der Oxydation des Methylalkohols und dem Nachweis des hierbei gebildeten Formaldehydes. — Man mischt 0,1 ccm des zu prüfenden Alkohols mit 5 ccm Kaliumpermanganatlösung (1 %) und 0,2 ccm Schwefelsäure und gibt zur Entfärbung nach 2—3 Minuten 1 ccm wässerige, 8 %ige Oxalsäurelösung zu. Die Mischung entfärbt sich nach Zusatz von 1 ccm Schwefelsäure vollständig und wird jetzt mit 5 ccm Fuchsin-Schwefliger Säure versetzt. Nach kurzer Zeit färbt sich die Mischung (wenn Methylalkohol vorhanden) violett.

Compt. rend. **150.** 832.
Répert. de Pharm. 1910. 202.
Simmonds, The Analyst 37. 16.
Chem. Zentralbl. 1912. I. 754.

**Denigès'** Reaktionen auf Milchsäure und Glykolsäure.

Milchsäure geht unter der Einwirkung von Schwefesäure inAcetaldehyd, Glykolsäure in Formaldehyd über. — Erwärmt man 0,2 ccm Milchsäurelösung mit 2 ccm Schwefelsäure (1,84) und gibt nach dem Erkalten 1—2 Tropfen 5%ige alkoholische Codeinlösung zu, so entsteht eine dichromatrote Färbung. Guajakollösung ruft unter gleichen Bedingungen eine fuchsinrote Färbung hervor. — Erhitzt man einige mg Glykolsäure mit 0,2 ccm Wasser und 2 ccm Schwefelsäure vorsichtig über freier Flamme und setzt nach dem Erkalten Codeinlösung zu, so entsteht eine gelbliche Färbung, die schnell in Violett übergeht. — Erhitzt man etwas Glykolsäure mit Schwefelsäure und 1—2 Tropfen Guajakol- oder Parakresollösung, so entsteht mit Guajakol eine violette und mit Kresol eine grüne Färbung.

Bull. Soc. Pharm. Bordeaux **49.** 193.
ebenda 1909. **5.** 647.

Répert de pharm. 1909. 301.
Bull. Soc. Chim. France (4) **5.** 647.
Ztschr. f. analyt. Chem. 1911. 189.
Chem. Zentralbl. 1909. II. 236.

**Denigès'** Reaktion auf Morphin.

10 ccm Morphinlösung (mindestens 0,003 %) mischt man mit 1 ccm Wasserstoffsuperoxyd, 1 ccm Ammoniakflüssigkeit und 1 Tropfen Kupfersulfatlösung (4 %). Es entsteht eine mehr oder weniger rosa bis rot gefärbte Mischung.

Compt. rend. **151.** 1062.
Répert. de pharm. 1911. 10.
Apoth. Ztg. 1911. 66.
Pharm. Ztg. 1911. 106.

**Denigès'** Reaktion auf α- und β-Naphthol

ist eine Umkehrung seiner Reaktion auf zyklische Aldehyde unter Verwendung von Furfurol. Näheres siehe: Bull. Soc. Pharm Bordeaux **48.** 257.

**Denigès'** Reagens auf Nitrite in Wasser

ist sein Hydrostrychninreagens (vergl. sein Reagens auf Brom). Versetzt man 10 ccm Wasser mit 0,5 ccm Reagens, so färbt sich die Mischung bei Gegenwart von Nitriten rot. Nitrate reagieren nicht, wenn man nicht vorher Schwefelsäure zugesetzt hat.

Bull. soc. chim. de France (4) **9.** 544.
Répert. de pharm. 1911. 301.
Merck's Bericht 1911. 456.

**Denigès'** Reagens auf Opiumalkaloide

ist Glyoxal oder Methylglyoxal, die mit genannten Alkaloiden und Schwefelsäure Farbenreaktionen liefern.

Chem. Ztg. 1909. 614.

**Denigès'** Reaktionen auf Opiumalkaloide mittelst Acetaldehyd- und Formaldehyd-Schwefelsäure

siehe: Bull. Soc. Pharm. Bordeaux 1900. 27.
Ztschr. f. Unters. Nahr.-Genußm. **5.** 324.
Ztschr. f. analyt. Chem. 1904. 457.

**Denigès'** Reagens auf oxydierende Stoffe

ist eine Lösung von 1 g Benzidin in 10 ccm Essigsäure und 30—35 ccm Wasser. Das Reagens wird durch oxydierende Stoffe blau gefärbt.

Bull. Soc. Pharm. Bordeaux 1906. Dez.
Répert. de pharm. 1907. 114.
Südd. Apoth. Ztg. 1907. 298.

**Denigès'** Reaktion auf Pental (Trimethylaethylen).

Erhitzt man eine Lösung von 5 g Quecksilberoxyd in 20 ccm Schwefelsäure und 100 ccm Wasser zum Sieden und gibt etwas von dem Kohlenwasserstoff zu, so entsteht ein gelber Niederschlag. Dieser Niederschlag verschwindet wieder, wenn das Pental Amylalkohol enthält, und es bildet sich dann ein weißer bis grauer Niederschlag.

Ztschr. d. öst. Apoth. Ver. **52.** 795.
Ztschr. f. analyt. Chem. **41.** 327.

**Denigès'** Reagens auf Phosphorsäure

(Ammonium strychno-molybdänicum) ist eine Mischung von einer Lösung von 0,5 g Strychninsulfat in 80 ccm Wasser mit 10 ccm Salpetersäure (1,4) und 10 ccm Sonnenschein's Reagens (Ammoniumnitromolybdatlösung). Ruft mit Phosphaten Niederschläge hervor.

Journ. der Pharm. f. Elsaß-Lothringen 1911. 200.
Merck's Bericht 1911. 455.

**Denigès'** Reaktion auf Pyrrol.

Mischt man 5 ccm (0,01 %ige) Pyrrollösung mit 0,3 ccm 5 %iger Nitroprussidnatriumlösung und 1 ccm Natronlauge, so färbt sich die Mischung grünlichgelb und (rascher beim Erwärmen) grün. Kocht man kurz auf und gibt dann 1 ccm Eisessig zu, so tritt Blaufärbung ein. — Kocht man das Gemisch von Pyrrol, Nitroprussidnatrium und Lauge nach Zusatz von 2 ccm Salzsäure, so erhält man eine charakteristische Rotfärbung. Weitere Reaktionen siehe: Bull. trav. soc. pharm. Bordeaux **48.** 65. — Nouv. remèdes 1908. 447. — Ztschr. f. analyt. Chem. 1910. 317.

**Denigès'** Reagens auf Salicylsäure

ist Methylglyoxal, vergl. des Autors Reagens für analytische Zwecke. Das Reagens gibt mit Salicylsäure eine rotviolette Färbung. Versetzt man 0,4 ccm Reagens mit 2 Tropfen Kaliumbromidlösung (4 %), 2 ccm konzentr. Schwefelsäure und 1 Tropfen Salicylsäuremethylester, so entsteht eine violette in Rot übergehende Färbung.

Répert. de pharm. 1913. 485.
Pharm. Zentrh. 1913. 828.

**Denigès'** Reagens I auf salpetrige Säure.

a) Eine Lösung von 1 g Phenol und 4 ccm Schwefelsäure in 100 ccm Wasser.
b) Eine filtrierte Lösung von 3,5 g Quecksilberoxyd, 20 ccm Eisessig und 0,5 ccm Schwefelsäure in 100 ccm Wasser.

Zum Gebrauch mischt man gleiche Volumina von a und b. Setzt man dieser Mischung einige Tropfen einer Lösung zu, die salpetrige Säure enthält, so tritt Rotfärbung ein. (Siehe Plugge's Reagens auf Phenol.)

Journ. de Pharm. et de Chim. 1895. II. 289 u. 1896. I. 40.
Chem. News **73.** 27.
Pharm. Zentrh. 37. 254.
Ztschr. f. analyt. Chem. **36.** 310.
Plugge, ebenda **11.** 173 u. **14.** 130; ferner Pharm. Zentrh. **37.** 280.

**Denigès'** Reagens II auf salpetrige Säure

ist eine Lösung von 2 ccm Anilin und 40 ccm Eisessig in 60 ccm Wasser. Beim Kochen dieses Reagenzes mit einer Flüssigkeit, die salpetrige Säure (Nitrite) enthält, entsteht eine gelbe Färbung. Chlor und Salpetersäure (Chlorate und Nitrate) geben keine Gelbfärbung.

Journ. de Pharm. et de Chim. 1895. II. 291.
Chem. News **73.** 27.
Pharm. Zentrh. **37.** 254.
Ztschr. f. analyt. Chem. **36.** 310.

**Denigès'** Reagens III auf salpetrige Säure

ist eine Lösung von 1 g Resorcin und 10 Tropfen Schwefelsäure in 100 ccm Wasser. 10 Tropfen der zu prüfenden Flüssigkeit mischt man mit 2 ccm konzentr. Schwefelsäure und gibt 5 Tropfen Reagens zu. Salpetrige Säure (Nitrite) erzeugt eine carminrote bis violettblaue Färbung.

Journ. de Pharm. et de Chim. 1895. II. 292.
Chem. News **73.** 27.
Pharm. Zentrh. **37.** 254.
Ztschr. f. analyt. Chem. **36.** 310.
Chem. Ztg. **1895.** Rep. 328.

**Denigès'** Reagens IV auf salpetrige Säure und Salpetersäure

ist des Autors Hydrostrychninreagens (siehe Denigès' Reagens auf Brom). Näheres siehe: Bull. Soc. Chim. France (4) **9.** 544. — Répert. de Pharm. 1911. 301. — Merck's Bericht 1911. 456. — Chem. Zentralbl. 1911. II. 234.

**Denigès'** Reagens V auf salpetrige Säure und Salpetersäure.

Als Reagens dient eine 5 %ige, wässerige Lösung von Antipyrin. — 1 ccm der zu prüfenden Lösung versetzt man mit 3—4 Tropfen Schwefelsäure, erhitzt und gibt nach dem Erkalten 0,5 ccm Reagens zu. Bei Anwesenheit von salpetriger Säure entsteht eine grünlichblaue bis grüngelbe Färbung. Gibt man zu dieser Mischung noch 3 ccm Schwefelsäure, so wird die Färbung bei Anwesenheit von Salpetersäure orange- und auf Zusatz von Wasser carminrot.

Bull. Soc. Pharm. Bordeaux 1899. Sept.
Journ. de Pharm. et de Chim. 1899. II. 512.
Répert. de Pharm. 1899. 537.
Pharm. Zentrh. 1900. 163.

**Denigès'** Reagens auf Selen- und Tellursäuren

ist eine Lösung von 10 g Merkuronitrat in 10 ccm Salpetersäure (1,39) und 100 ccm Wasser. Mischt man selensäurehaltige Flüssigkeiten mit dem gleichen Volumen Reagens, so entsteht ein weißer Niederschlag von Merkuroselenat (charakteristische Kristalle), wenn noch 0,1 % Selensäure vorhanden ist. Selenige Säure wird noch bei 0,001 % gefällt. — Weniger empfindlich ist Tellursäure, die erst bei 3—4 % mit dem Reagens einen Niederschlag erzeugt. Näheres siehe: Annal. chim. analyt. appl. 1915. **20.** 57. — Chem. Zentralbl. 1916. I. 487.

**Denigès'** Reagens auf Schwefelkohlenstoff

ist eine Lösung von 5 ccm Quecksilberoxyd in 20 ccm Schwefelsäure und 80 ccm Wasser oder eine Lösung von Quecksilberchlorid bezw. Quecksilbernitrat. Beim Erhitzen mit Schwefelkohlenstoff bilden sich charakteristisch geformte Krystalle. Näheres siehe: Bull. Soc. Chim. France **1915. 17.** 359.

**Denigès'** Reaktion auf denaturierten Spiritus in Jodtinktur

beruht auf dem Nachweis des Methylalkohols, der durch Oxydation mit Kaliumpermanganat in Formaldehyd verwandelt und mit Fuchsin-Schwefliger Säure nachgewiesen wird. Näheres siehe: Bull. Soc. Pharm. Bordeaux 1910. 149. — Chem. Ztg. 1910. Rep. 360. — Répert. de Pharm. 1910. 245. — Kühl, Südd. Apoth. Ztg. 1912. 318.

**Denigès'** Reaktion I auf Strychnin.

Trocknet man ein kleines Tröpfchen einer 0,1%igen Strychninsalzlösung auf einem Objektträger ein und setzt ebensoviel Norm. Natronlauge zu, so kann man unter dem Mikroskop charakteristische, prismatische Krystalle beobachten. Ptomaine, die bei forensischen Untersuchungen noch in Betracht kämen, geben diese Reaktion nicht.

Répert. de Pharm. 1903. 249.
Pharm. Ztg. 1903. 534.

**Denigès'** Reaktion II auf Strychnin ist eine Modifikation von Malaquin's Reaktion.

Bull. soc. chim. de France (4) 9. 537.
Chem. Zentralbl. 1911. II. 233.

**Denigès'** Reagens auf Tiophen im Benzol.

Man löst 5 g Quecksilberoxyd in 20 ccm konzentr. Schwefelsäure und ergänzt auf 100 ccm. 10 ccm dieser Lösung mischt man mit 30 ccm Methylalkohol (acetonfrei). Gibt man zu 10 ccm dieser Mischung 1 ccm Benzol, so entsteht bei Anwesenheit von Thiophen nach einigen Sekunden eine Fällung oder Trübung. Empfindlichkeitsgrenze = 0,001 %.

Compt. rend. 120. 781.
Ztschr. f. analyt. Chem. 35. 96.
Journ. de Pharm. et de Chim. 1889. I. 273; 1895. I. 572.

**Denigès'** Reaktion auf Trimethylamin.

Die eventuell destillierte Lösung des Trimethylamins säuert man mit Salzsäure, Schwefelsäure, Salpetersäure oder Essigsäure an und bringt davon einige Tropfen auf einem Objektträger mit 1 Tröpfchen Jodlösung (6 g Jod, 8 g Kaliumjodid, 150 g Wasser) zusammen. Es bilden sich jodfarbig glänzende Krystalle (Oktaeder, Tafeln oder sternförmig gruppierte Krystalle).

Bull. Soc. Pharm. Bordeaux 48. 97.
Ztschr. f. analyt. Chem. 1912. 314.

**Denigès'** Reaktion auf Tyrosin.

Tyrosin bildet mit einer Lösung von Acetaldehyd in konzentr. Schwefelsäure ein Kondensationsprodukt von carminroter Farbe, welches im Spektrum das Grün und den größten Teil von Gelb auslöscht. Zu 2 ccm Schwefelsäure gibt man 3—5 Tropfen einer alkoholischen (33 %) Aldehydlösung. Gibt man zu diesem Reagens 1—2 Tropfen einer Tyrosinlösung, so tritt Rotfärbung ein, und zwar noch mit einer Lösung von 1: 10 000.

Journ. de Pharm. et de Chim. 1900. I. 550.
Chem. Ztg. 1900. 215.
Pharm. Zentrh. 1900. 300 u. 659.
Répert. de Pharm. 1900. 167.

**Denigès'** Reagens auf Urobilin ist eine Lösung von 5 g Quecksilberoxyd in 20 g Schwefelsäure und 100 g Wasser, welche alle störenden Stoffe ausfällt, so daß im Filtrat der Absorptionsstreifen des Quecksilberurobilins deutlich sichtbar wird.

Journ. de Pharm. et de Chim. 1897. I. 395.
Bull. Soc. Pharm. Bordeaux 1897. März.
Grimbert, Journ. de Pharm. et de Chim. 1904. I. 425.
Blanc-Rameau, Annales de Chim. anal. 1909. 217.

**Denigès'** Reagens I auf Wasserstoffsuperoxyd.

(Molybdänschwefelsäure.) Man löst 5 g Ammonmolybdat in 50 ccm Wasser und gibt 50 ccm konzentr. Schwefelsäure zu. Das Reagens wird durch Wasserstoffsuperoxyd gelb gefärbt, und zwar noch mit 1 mg.

Compt. rend. 1890. 1007.
Journ. de Pharm. et de Chim. 1890. II. 62 u. 1893. I. 523.
Bull. Soc. Chim. Paris 1891. 293.
Répert. de Pharm. 1890. 267.
Pharm. Prax. 1907. 61.
Crismer, Bull. Soc. Chim. Paris 1891. 22.
Vergl. Richardson's Reagens (Titanschwefelsäure).

Zum Nachweis von $H_2O_2$ schlägt Denigès auch essigsaures Benzidin vor. (Vergl. seine Reaktion auf oxydierende Stoffe.)

Répert. de Pharm. 1907. 157.

**Denigès'** Reagens II auf Wasserstoffsuperoxyd ist eine 10 %ige Lösung von Meta-Phenylendiaminchlorhydrat. Beim Erhitzen mit diesem Reagens färbt sich $H_2O_2$ carminrot. Empfindlichkeitsgrenze = 0,005 mg $H_2O_2$.

Man kocht einige Tropfen $H_2O_2$, 1—2 Tropfen Reagens und 1 ccm Ammoniakfl. Je mehr $H_2O_2$ zugegen ist, desto intensiver wird die entstehende Blaufärbung, die auf Zusatz von Natronlauge in Rot übergeht.

Bull. Soc. Chim. Paris (3) 5. 293.
Chem. Ztg. 1891. Rep. 81.

**Denigès'** Reagens auf Weinsäure.

(Modifikation von Mohler's Reagens.) Man löst 2 g weißes Resorcin in 100 ccm Wasser und gibt 0,5 ccm konzentr. Schwefelsäure zu. Die Probe wird wie mit Mohler's Reagens ausgeführt. Enthält das zu prüfende Objekt oxydierende Stoffe, so reduziert man vorher mit Zink und Schwefelsäure.

Bull. Soc. Chim. Paris (3) 4. 728.
Journ. de Pharm. et de Chim. 1895. I. 586.
Ztschr. d. öst. Apoth. Ver. 49. 626.

**Denigès'** Reagens auf Zinn.

Eine Lösung von 1 g Brucin in 10 ccm kalter Salpetersäure und 500 ccm Wasser erhitzt man 1/4 Stunde lang zum Sieden. — Dieses gelbe Reagens wird durch Zinnoxydulsalze rotviolett gefärbt.

Revue internat. falsific. 1895. 98.
Pharm. Ztg. 1911. 557.

**Denigès-Chelle**'s Reagens auf Chlor und Brom.

Man trägt 10 ccm einer 0,1 %igen Fuchsinlösung in 100 ccm 5 %ige Schwefelsäure ein und läßt die Mischung stehen, bis sie sich entfärbt hat. 25 ccm des Reagenzes mischt man mit 25 ccm Eisessig und 1 ccm Schwefelsäure. Von dieser Mischung versetzt man 5 ccm mit 1 Tropfen der zu prüfenden Flüssigkeit und schüttelt um. Bei Anwesenheit von freiem Chlor färbt sich die Mischung gelb, bei Gegenwart von Brom violettrot. Die Farben können mit Chloroform ausgeschüttelt werden. (Merck's Ber. 1912. 224.)

Compt. rend. 1912. **155.** 1010.

**Denigès-Labat's** Reaktionen auf Salvarsan.

Versetzt man 5 ccm einer Lösung von Salvarsan (1 : 1000) mit 0,5 ccm Wasserstoffsuperoxyd, 0,5 ccm Ammoniakflüssigkeit und 1 Tropfen Kupfersulfatlösung (4 %), so entsteht eine intensiv blaugrüne Färbung. Auf Zusatz von Salzsäure geht die Farbe in Rot über. Empfindlichkeitsgrenze = 0,2 mg.

Versetzt man eine Salvarsanlösung mit 1 Tropfen Eisenchloridlösung, so erhält man eine rotviolette Färbung, die auf Zusatz von Säuren unverändert bleibt. Dieselbe Farbenerscheinung erzeugt Bromwasser.

Répert. de Pharm. 1911. 251.
Pharm. Ztg. 1911. 557.

**Denigès-Labat**'s Reaktion auf Urotropin im Harn.

Man bringt 1 Tropfen einer Jod-Jodkaliumlösung (6 g Jod, 8 g Kaliumjodid, 136 ccm Wasser) auf einen Objektträger und hierauf 1 Tropfen Urin. Unter dem Mikroskop beobachtet man bei Anwesenheit von Hexamethylentetramin charakteristische Krystalle. Näheres siehe: Répert. de Pharm. 1909. 61.

**Dennemark**'s Nährboden für mikroskopische Zwecke.

3 %iger Nähragar erhält einen Zusatz von 1 % Pepton, 1 % Nutrose, 0,5 % Kochsalz und 1 % Milchzucker, wird unter Zuhilfenahme von Phenolphthalein genau neutralisiert und dann mit 5 % entfärbter Reinblaulösung gemischt. Man erhält diese, indem man 1 %ige Reinblaulösung mit 2,5 %iger Natronlauge kocht. Gebraucht zur Typhusdiagnose.

Deutsche med. Woch. 1911. 1023.
Merck's Bericht 1911. 357.

**Dennis-Browne**'s Reaktion auf Stickstoffwasserstoff.

Stickstoffwasserstoff oder stickstoffwasserstoffsaures Silber geben mit Eisenchlorid eine charakteristische Rotfärbung, welche auf Zusatz einiger Tropfen Doppel-Normal-Salzsäure verschwindet. Einige Tropfen Mercurichlorid (2 %) bewirken keine Entfärbung.

Journ. Americ. Chem. Soc. **26.** 577.

**Desaga**'s Reaktion auf echten Kirschbranntwein.

6—8 g Branntwein versetzt man mit einer Messerspitze voll geraspelten Guajakholzes. Ist der Branntwein echt, so färbt er sich indigoblau, welche Färbung beim Schütteln oder längeren Stehen verschwindet. Künstlicher Kirschbranntwein gibt nur eine schwach gelbliche Färbung.

Neues Jahrb. f. Pharm. **26.** 216.
Ztschr. f. analyt. Chem. **6.** 275.
L e u b e , Vierteljahresschr. f. prakt. Pharm. **18.** 440 od. Ztschr. f. analyt. Chem. **9.** 119.
S c h a e r , Schweizer Woch. f. Pharm. 1868. 125 od. Ztschr. f. analyt. Chem. **9.** 120.

**Desbassins de Richemont's** Reaktion auf Salpetersäure.

Man löst 1 Teil Ferrosulfat in einer Mischung von 1 Teil Wasser und 1 Teil verdünnter Schwefelsäure (15 %). Die mit konzentr. Schwefelsäure gemischte oder gelöste Substanz gibt bei Anwesenheit von Salpetersäure oder Nitraten beim Überschichten mit dem Reagens eine braune Zone. (Salpetersäurenachweis des Deutschen Arzneibuches.)

Journ. de Chim. méd. **1835.** **505.**
Chem. Zentralbl. 1835. 782.
S p r e n g e l , Ztschr. f. analyt. Chem. **3.** 115.
B r a n d e s - W e s s e l , Chem. Zentralbl. 1836. 143.
M a n c h o t , Berl. Ber. **39.** 3510, Annal. der Pharm. **350.** **368**, **372.** 153, **179.**

**Desesquelles**' Reaktion auf Phenole im Harn.

50 ccm Harn schwenkt man mit 2 ccm Chloroform um, ohne zu schütteln, und läßt nach dem Absetzen das Chloroform in ein Reagenzglas abfließen. Erwärmt man das Chloroform leicht mit einer Kaliperle, so zeigt diese charakteristisch gefärbte Flecke, je nach dem vorhandenen Phenol. $\beta$-Naphthol gibt eine grünblaue, Thymol eine violette Färbung.

Compt. rend. Soc. Biolog. 1890. 101.
Répert. de Pharm. 1890. 46.
Ztschr. f. analyt. Chem. 30. 261.
Jahresber. f. Tierchemie **20.** 180.
Vergl. Lustgarten's Reaktion auf Naphthol etc.

**Desiourniaux**' Reaktion auf salpetrige Säure im Wasser.

10 ccm des zu prüfenden Wassers versetzt man mit einigen Tropfen Jodkaliumlösung (10 %) und Stärkelösung und überschichtet diese Mischung mit 5 ccm alkoholischer (6%) Salicylsäurelösung. Bei Anwesenheit von salpetriger Säure entsteht eine violettblaue Zone.

Pharm. Ztg. 1903. 835.
L'Union pharm. 1903. Nr. 8.

**Desgrez**' Reaktion auf Chloroform, Bromoform und Chloral

beruht auf der Bildung von Kohlenoxyd unter der Einwirkung von Kalilauge. Näheres siehe: The Analyst **23.** 76 oder Ztschr. f. analyt. Chem. 38. 457. — R i c h a u d , Chem. Zentralbl. 1899. I. 860.

**Deubner**'s Reaktion auf Gallenfarbstoffe

siehe Ztschr. f. analyt. Chem. **25.** 458 und dessen Dissertation, die über die Empfindlich-

**keit und Brauchbarkeit der bekannten Reaktionen auf Gallenfarbstoffe berichtet. Eine Original-Reaktion findet sich dort nicht.**

**Devarda's** Reagenzien auf Citronensäure im Wein.

1. Eine etwa 10 %ige Lösung von Äpfelsäure.
2. Gelbes Quecksilberoxyd.
3. 95 %iger Alkohol.
4. Eine Lösung von 16 g Mercurinitrat in 2 ccm Eisessig und Wasser bis zu 100 ccm ergänzt.
5. Eine Mischung von 20 ccm Eisessig und 280 ccm Wasser.
6. Eine Mischung von 4 Raumteilen kalt gesättigter Bleiacetatlösung mit 1 Raumteil Eisessig.

Ausführung der Reaktion siehe Chem. Ztg. 1904. Rep. 38.
Ztschr. landw. Versuchsw. in Österreich 1904. (7.) 1.
Chem. Zentralbl. 1904. I. 760.

**Devoto's** Reaktion auf Pepton (und Eiweiß) beruht auf der Biuretreaktion des mit Ammonsulfat aus dem Harn in der Siedehitze abgeschiedenen Peptons. Näheres siehe: Ztschr. f. physiol. Chem. **15.** 465. — Ztschr. f. analyt. Chem. **30.** 649. — Chem. Ztg. 1891. Rep. 196. — Pharm. Zentrh. 1891. 460. — v. Jaksch, Ztschr. f. physiol. Chem. **16.** 243. — Bang, Deutsche med. Woch. 1898. 17 oder Ztschr. f. analyt. Chem. **37.** 410. — Cerny, Ztschr. f. analyt. Chem. **40.** 592.

**de Vrij** siehe **Vrij.**

**Dickert's** Reagens zur Schwefelbestimmung im Leuchtgas ist eine Mischung von 10 ccm Perhydrol mit 75 ccm Natronlauge (30° Bé = 25 % NaOH). Beim Durchleiten des Gases wird der Gesamtgehalt des Gases an Schwefel oxydiert und kann dann titrimetrisch oder gravimetrisch (als Baryumsulfat) bestimmt werden.

Journ. f. Gasbeleuchtung 1911. **54.** 182.
Merck's Bericht 1911. 400.
Chem. Zentralbl. 1911. I. 1154.

**Dieterich's** Reagens auf Benzin und Benzol ist Dracorubinharz oder damit getränktes Papier. Das Harz löst sich in Benzol mit roter Farbe, ist hingegen in Benzin unlöslich.
Apoth. Ztg. 1915. 488.

**Dieterich's** Reaktion auf Gambirkatechu.

Eine Mischung von 3 g Gambirkatechu, 25 ccm Normal-Kalilauge und 100 ccm Wasser schüttelt man mit 50 ccm Benzin (D. = 0,700). Nach der Trennung der Schichten zeigt das Benzin im auffallenden Lichte eine intensiv grüne Fluoreszenz. Pegu-Katechusorten geben diese Reaktion nicht.

Helfenberger Annalen 1896. 131.
Ztschr. f. analyt. Chem. **37.** 721.
Chem. Zentralbl. 1897. I. 245.

**Dieterich's** Reaktion auf Japanwachs in Rindertalg.

1. Löst man 25 g Rindertalg unter Erwärmen in 75 g Petroläther, so erhält man bei Gegenwart von Japanwachs eine undurchsichtige, emulsionsartige Lösung (bei Abwesenheit desselben eine klare Lösung). Empfindlichkeitsgrenze = 1 %.
2. Man kocht 0,5 g Rindertalg mit 20 ccm gesättigter Boraxlösung und läßt erkalten. Bei Anwesenheit von Japanwachs tritt weder Klärung noch Trennung der Fettschicht und der wässerigen Lösung ein, sondern Fett und Lösung bleiben als undurchsichtige Emulsion gemischt. Reiner Talg gibt hingegen eine klare, wässerige Schicht und eine darauf schwimmende Fettschicht. Empfindlichkeitsgrenze = 5 %.

Pharm. Zentrh. 1896. 468.
Ztschr. f. analyt. Chem. **42.** 539.

**Dieterich's** Reaktion auf Perubalsam und Perugen.

Löst man 0,5 g Perugen in Äther, filtriert, schüttelt mit Natronlauge und säuert dann letztere mit Salzsäure an, extrahiert mit Äther und unterschichtet diesen vorsichtig nacheinander mit Schwefelsäure und Salzsäure, so erhält man an der Berührungsstelle der beiden Säuren eine rote, an der von Säure und Äther eine grüne Zone.

Berichte d. deutsch. pharm. Ges. 1908. **18.** 135, 251.
Pharm. Ztg. 1908. 279.
Chem. Zentralbl. 1908. I. 1861.

**Dieterich's** Reaktionen auf Tolubalsam.

Gibt man zur siedend heißen Lösung von 0,1 g Tolubalsam in 5 ccm Eisessig tropfenweise konz. Schwefelsäure, so entsteht sofort eine blauviolette Färbung. (Perubalsam grünlichviolett und dann schmutzigbraun.)

Löst man Tolubalsam enthaltende Präparate (Perugen) mit Äther, schüttelt die ätherische Lösung mit Natronlauge (2%), säuert diese mit Salzsäure an, schüttelt mit Äther aus und unterschichtet diesen nacheinander mit Schwefelsäure und Salzsäure, so entsteht an der Berührungsfläche von Salz- und Schwefelsäure eine rote, an der Berührungsstelle von Salzsäure und Äther eine grüne Zone.

Ber. d. deutsch. pharm. Gesellsch. **18.** 135, 251.
Chem. Zentralbl. 1908. I. 1861, 2067.

**Dietrich's** Reaktionen auf Aloë (Aloïn).

1. Verdampft man wenig Aloë mit einigen Tropfen Salpetersäure auf dem Dampfbade zur Trockene, löst in Alkohol (tiefrote Lösung) und gibt alkoholische Cyankaliumlösung zu, so entsteht eine rosarote Färbung.
2. Löst man den Verdampfungsrückstand in Wasser und gibt Chlorgoldlösung zu, so gibt Barbaloïn eine himbeerrote, später violette Färbung, ähnlich Cap- und So-

cotra-aloïn, bei denen die Violettfärbung schneller eintritt; Nataloïn = rotviolett bis violett; Curaçaoaloïn = ziegelrot.

3. Die wässerige Lösung des Verdampfungsrückstandes gibt mit Tanninlösung nur bei Barbaloïn eine Trübung, dagegen gibt dieselbe Lösung eine Trübung mit Brombromkalium bei Anwesenheit von Barbaloïn, Curacao- und Socotra-aloïn, nicht aber mit Nataloïn.

Pharm. Zentrh. 1885. 548.
Amer. Journ. of Pharm. 1885. 404.
Dissertation Dorpat 1885.
Dragendorff, Ermittelg. v. Giften 1888. 335.

**Dietrich**'s Reagens auf Harnsäure
ist bromhaltige Natriumhypochloritlösung. Das Reagens wird durch Harnsäure rosenrot gefärbt.

Ztschr. f. analyt. Chem. 4. 176.
Chem. Zentralbl. 1866. 286.

**Dietrich**'s Reagenz zum Färben der Bakteriengranula.

a) 1 %ige Lösung von Dimethylparaphenylendiamin;
b) 1 %ige Lösung von α-Naphthol in 1 %iger Sodalösung.

Zentralbl. f. Bakt. u. Parasiten.-K. 1902. 858.
Merck's Bericht 1903. 132.
Meyer, Ztschr. f. wiss. Mikroskop. 1904. 484.

**Dietze**'s Reagens auf Aldehyd im Äther
ist fuchsinschweflige Säure. Vergl. Schönheimer's Reagens.

Südd. Apoth. Ztg. 1898. 229.

**Dietze**'s Reaktion auf Peroxyde in Äther
ist eine Modifikation von Rogai's Reaktion. Schüttelt man 5 ccm Äther mit 1 ccm 1/10 Norm. Rhodanammoniumlösung und 2 Tropfen einer mit ausgekochtem und unter Luftabschluß erkaltetem Wasser frischbereiteten, angesäuerten Lösung (1 + 10) von oxydfreiem Ferroammoniumsulfat, so färbt sich der Äther bei Anwesenheit von Peroxyden mehr oder weniger stark rot.

Apoth. Ztg. 1915. 165.

**Dietzsch**'s Reaktion auf Zuckercouleur und künstliche Farbstoffe.

Schüttelt man Wein mit Eiweiß, so wird der natürliche Farbstoff des Weines ausgefällt, der künstliche nicht.

Hager, Pharm. Prax. 1880. II. 1251.

**Dieudonné**'s Blutagar (Choleraelektivnährboden)
siehe: Münchener med. Woch. 1912. 1752. — Zentralbl. ges. innere Med. 1912. III. 673.

**Dilling**'s Reaktionen auf Coniin, Conhydrin, Conicein etc.
siehe: Pharm. Journ. 1909. 83. 34. — Apoth. Ztg. 1909. 667. — Chem. Zentralbl. 1909. II. 1351.

**Dimmock-Branson**'s Reaktion auf Harnsäure im Urin.

In alkalischem Urin erzeugt Ammoniumchlorid mit Harnsäure einen Niederschlag von Ammoniumurat.

Lancet. 1907, Nr. 4349. 14.

**Dippel**'s Reagens für mikroskop. Zwecke
ist eine 33 %ige, wässerige Lösung von Calciumchlorid. Gebraucht als Konservierungsmittel.

Behrens' Tabellen 1892. 63.

**Dippel**'s Glycerin-Gummi für mikroskop. Zwecke
ist eine Mischung von 10 g arabischem Gummi, 10 g Wasser und 40—50 Tropfen Glycerin.

Handb. d. allg. Mikroskop. 2. Aufl. 773.
Strasburger, Kl. Botan. Prakt. 1893. 221.

**Dippel**'s Hämatoxylin.

Eine gesättigte, alkoholische Chlorcalciumlösung verdünnt man mit 6—8 Raumteilen Alkohol (70 %) und gibt tropfenweise eine alkoholische Hämatoxylinlösung zu, bis die Mischung eine intensive blauviolette Färbung angenommen hat.

Handb. d. allg. Mikroskop. 1882. 720.

**Dissel** siehe **Wefers Bettink.**

**Ditte**'s Reaktion auf Silbernitrat.

Versetzt man eine Lösung von Silbernitrat mit einer Lösung von Stannonitrat, so färbt sich die Mischung rot (Silberpurpur?).

Annal. de Chim. et de Phys. (5) 27. 171.
Wöhler, Chem. Zentralbl. 1910. II. 1870.

**Dittmar**'s Reagens auf Alkaloide
ist Chlorjodlösung, die durch Lösen von Jodkalium und Natriumnitrit in Salzsäure oder durch Einwirkung von Chlor auf Jod in Wasser erhalten werden kann. Diese beiden Produkte unterscheiden sich in Farbe und Reaktionsfähigkeit nicht unwesentlich von einander. Das Reagens gibt mit Alkaloiden gelbe oder braune Niederschläge.

Berl. Ber. 18. 1612.
Ztschr. f. analyt. Chem. 34. 648.

**Ditz**' Reaktion auf Formaldehyd mit Fluoren, Phenanthren, Anthracen, Reten, Chrysen, Carbazol etc. und konzentr. Schwefelsäure siehe: Chem. Ztg. 1907. 445 u. 486.

**Dobbin**'s Reagens auf ätzende Alkalien in Karbonaten
ist eine Lösung von Kaliumquecksilberjodid und Chlorammonium. Man löst 1 g Jodkalium in 50 ccm Wasser und gibt so lange eine wässerige Lösung von Quecksilberchlorid (1:20) zu, bis ein bleibender Niederschlag entsteht. Man filtriert, löst im Filtrat 0,2 g Chlorammonium und gibt so viel Natronlauge zu, bis eben ein Niederschlag entsteht. Nach dem Filtrieren ergänzt man mit Wasser auf 200 ccm. — Alkalikarbonatlösungen, die Spuren von Ätzalkali enthalten, färben sich mit dem Reagens gelb.

Merck's Index 1902. 261.
Ztschr. f. angew. Chem. 1890. 417.
Chem. Zentralbl. 1890. II. 473.

**Dodge-Olcott's** Reaktion auf Gurjun in Copaivabalsam.

Löst man 4 Tropfen Copaivabalsam in 15 ccm Eisessig und gibt 6 Tropfen konzentr. Salpetersäure (D. = 1,4) zu, so entsteht bei Anwesenheit von Gurjun eine rosa- bis purpurrote Färbung.

Americ. Drugg. 1895. 137.
Merck's Report. 1900. 324.
Merck's Bericht 1900. 23.
Lyman, Americ. Journ. Pharm. 1897. 394.
Brit. Pharmacop. 1898. 89.
Mulford, Pharm. Zentrh. 1907. 424.
Utz, Chem. Zentralbl. 1908. II. 1212.

**Doebner's** Reagens auf Blut, Blausäure und Wasserstoffsuperoxyd

ist eine Lösung von 1 g Guajakonsäure in 200 g Alkohol und 200 g Wasser. Sie ist immer frisch zu bereiten. Man kann sie an Stelle der Guajaktinktur zur Ausführung der bekannten Reaktionen verwenden.

Archiv der Pharm. 234. 619.

**Dogiel's** Reagens zum Färben mikroskop. Präparate.

a) 4 g Methylenblau löst man in 100 ccm Kochsalzlösung (0,75 %).
b) Eine konzentr. wässerige Lösung von pikrinsaurem Ammon.

Arch. f. mikroskop. Anat. 1889. 440; 1890. 305.
Behrens' Tabellen 1892. 94.
Enzyklop. d. mikroskop. Techn. 1903. 923.

**Dogiel's** Reagens zum Fixieren mikroskop. Präparate

ist eine gesättigte, wässerige Lösung von Ammoniumpikrat. Gebraucht zum Fixieren bei Methylenblaufärbung. Näheres siehe: Ztschr. f. wiss. Mikroskop. 1890. 509 oder Arch. f. mikroskop. Anat. 1890. 305; 1891. 15.

**Dokkum's** Reaktion auf Orlean.

Die verdünnte Lösung des zu untersuchenden Farbstoffes schichtet man vorsichtig über verdünnte Salpetersäure. Bei Anwesenheit von Orleanfarbstoff entsteht an der Berührungsstelle der beiden Flüssigkeiten sofort ein tiefblauer Ring. Die Färbung teilt sich der Salpetersäure mit und geht schnell in Grün über.

Pharm. Weekblad 41. 271.
Chem. Zentralbl. 1904. I. 1232.
Pharm. Zentrh. 1905. 450.
Pharm. Ztg. 1904. 298.

**de Dominicis'** Reaktion auf Blut bei Gegenwart von Eisenrost.

Bluthaltigen Rost trocknet man mit etwas frischem Eiweiß auf dem Objektträger unter gelindem Erwärmen ein und gibt dann 1 Tropfen Pyridin und 1 Tropfen gesättigte, wässerige Hydrazinsulfatlösung und Kaliumhydroxyd zu. Bei der Betrachtung unter dem Mikroskop beobachtet man eine purpurrote Färbung und bei Betrachtung unter dem Mikrospektroskop das Hämochromogenspektrum.

Boll. Chim. Farm. 1912. 51. 181.

**de Dominicis'** Cutitanato-Reaktion.

Schneidet man mit einem scharfen Messer die oberste Schicht der menschlichen Haut ab, ohne die Papillarschicht zu verletzen oder eine Blutung zu verursachen, so wird ein mittels Messerrücken gut aufgedrücktes empfindliches rotes Lackmuspapier blau gefärbt. Nach dem Tode erhält man dieselbe Reaktion, ein blaues Lackmuspapier wird aber auch gerötet.

Bollet. Chim. Farm. 1915. 68.
Apoth. Ztg. 1915. 110.

**de Dominicis'** Reaktion auf Kohlenoxyd im Blut.

(Hämochromogenprobe.) 2 ccm normales und 2 ccm zu prüfendes Blut verdünnt man mit 10 ccm Wasser und 10 ccm wässeriger Tanninlösung (3 %) und betrachtet die Mischungen nebeneinander spektroskopisch. — Das normale Blut zeigt einen Streifen im Rot, das Hämoglobinspektrum ist fast ganz verschwunden. — Das Kohlenoxydblut zeigt deutliches Hämoglobinspektrum und keinen Streifen im Rot, oder doch nur einen sehr schwachen.

Vierteljahr.-Schr. gerichtl. Med. 38. 326.
Ztschr. f. analyt. Chem. 49. 390.
Mita, Münchener med. Woch. 1910. 1085.

**de Dominicis'** Reagens zum Färben mikroskop. Präparate.

a) Eine Lösung von 1 g Eosin und 1g Orange G in 200 ccm Wasser.
b) Eine Lösung von 1—2 g Toluidinblau in 100 ccm Wasser.

Huisman, Méthodes de coloration (vergl. Huisman's Reagens).
Maximow, Ztschr. f. angew. Mikroskopie 14. 121.

**de Dominicis'** Reaktion auf Sperma.

Versetzt man eine Spur Sperma auf einem Objektträger mit 1 Tropfen gesättigter, wässeriger Goldtribromidlösung und erhitzt vorsichtig zum Sieden, so beobachtet man bei 3—400 facher Vergrößerung längliche, spitze und viereckige, vereinzelt auch rechteckige oder kreuzförmige, hemitrope Krystalle von granatartiger Färbung.

Bollett. Chim. Farm. 49. 677.
Viertelj. Schr. f. gerichtl. Med. 1912. 44. 294.
Peset, Ztschr. f. analyt. Chem. 51. 473.
Olbrycht, Deutsche Med. Ztg. 1913. 493.

**de Dominicis'** Reagens zum Färben von Spermatozoen

ist eine Lösung von 0,01 g Eosin in 6 ccm Ammoniakflüssigkeit.

Berl. klin. Woch. 1909. 1121.
Ztschr. f. analyt. Chem. 1910. 1429.
Wiener klin. Woch. 1910. 1429.
Deutsch-amerikan. Apoth. Ztg. 30. 67.

**Donath's** Reaktion auf Chinolin.
Siehe Berl. Ber. **14.** 1771.
Ztschr. f. analyt. Chem. **22.** 265.

**Donath's** Reaktion auf Chromsäure.
Schüttelt man eine Lösung von Chromsäure mit Schwefelkohlenstoff und Jodkaliumlösung, so färbt sich der Schwefelkohlenstoff violett.
Merck's Report 1900. 325.
Ztschr. f. analyt. Chem. 1879. 78.
Chem. Zentralbl. 1879. 182.

**Donath's** Reaktion auf Cobalt.
Gibt man zu konzentr. Kali- oder Natronlauge (30 %) einige Tropfen Cobaltlösung, so entsteht sofort eine intensiv blaue Färbung (stärker beim Erwärmen).
Ztschr. f. analyt. Chem. **40.** 138.
Donath-Mayrhofer, ebenda **20.** 386.
Chem. Zentralbl. 1881. 708.
Piñerúa y Alvarez, Chem. News **94.** 306. — Annal. Chim. analyt. appl. **11.** 445.

**Donath's** Reaktion auf Harz im Wachs.
(Donath-Schmidt's Nitroprobe.) Man kocht 5 g Wachs mit 20—25 g Salpetersäure (D. = 1,33) etwa 1 Minute lang, gibt dann 20 ccm Wasser zu und hierauf einen Überschuß von Ammoniak. Bei Anwesenheit von Fichtenharz ist die Flüssigkeit rotbraun gefärbt. Reines Wachs liefert so eine gelbe Flüssigkeit.
Polytechn. Journ. **205.** 131.
Pharm. Zentrh. 1901. 132.

**Donath's** Reaktion auf Morphin.
1. Erwärmt man etwas Morphin mit konzentr. Schwefelsäure und Natriumarseniat bis zur Bildung weißer Dämpfe, so tritt Violettfärbung ein.
Vergl. Vulpius' Reaktion.
2. Reibt man etwas Morphin mit 8 Tropfen konzentr. Schwefelsäure an und gibt 1 Tropfen einer 2 %igen Lösung von Kaliumchlorat in konzentr. Schwefelsäure zu, so färbt sich die Mischung grün und vom Rande her rötlich.
Journ. f. prakt. Chem. **33.** 563.
Chem. Ztg. **1886.** Rep. 153.

**Donath's** Reaktion auf Stickstoff in organischen Stoffen.
0,05 g der zu prüfenden Substanz kocht man mit 20 ccm konzentr. Kalilauge unter Zugabe von 1 g Kaliumpermanganat. Die so erhaltene Reaktionsflüssigkeit entfärbt man, wenn nötig, mit Alkohol und prüft mit bekannten Reagenzien auf Salpetersäure und salpetrige Säure. Anwesenheit derselben zeigt einen Stickstoffgehalt der untersuchten Substanz an.
Monatshefte f. Chem. **11.** 15.
Ztschr. f. analyt. Chem. **29.** 457.
Wagner, Chem. Ztg. **14.** 269 oder Ztschr. f. analyt. Chem. **29.** 458.

**Donath's** Reaktion auf Teersubstanzen in Ammoniak.
Übersättigt man Ammoniakflüssigkeit mit Schwefelsäure und gibt etwas verdünnte Kaliumpermanganatlösung zu, so tritt bei Anwesenheit von teerigen Stoffen Entfärbung ein.
Polytechn. Journ. **229.** 351.

**Donau's** Reaktion auf Gold.
Ein von einem Kokon gewonnener Seidenfaden wird mit einer Mischung von Pyrogallol- und Zinnchlorürlösung präpariert. Befeuchtet man denselben mit einer Lösung, die Goldsalz enthält (Tonbad), so färbt er sich rot.
Photogr. Wochenbl. 1905. 197.
Chem. Ztg. 1905. Rep. 176.

**Donau's** Reaktionen auf Gold, Platin und Silber.
Erhitzt man einen mit Goldchlorid getränkten Asbestfaden zum Glühen, so nimmt er eine beständige Purpurfarbe an. — Die Phosphorsalzperle färbt sich durch Goldsalz rot — violett — blau — grünlich und entfärbt sich dann. Silber färbt die Perle nach dem Erkalten gelb, Platin rehbraun. Näheres siehe: Ztschr. Chem. Ind. der Kolloide 1908. 2. 273. — Chem. Zentralbl. 1908. I. 1575.

**Donné's** Reaktion auf Eiter im Harn.
Das Sediment des zu prüfenden Harns (6 bis 10 g) versetzt man mit 2 g festem Ätzkali und rührt um. Eiter gerinnt zu einem durchscheinenden Klumpen, während sich Schleim zu einer dünnen Flüssigkeit löst.
Pharm. Zentrh. 1867. 70.
Vergl. auch Hammarsten, Physiol. Chem. 1899. 506 u. Müller's Reaktion auf Eiter.
Goldberg, Zentralbl. f. innere Med. 1905, Nr. 20 u. Deutsche Medizinal-Ztg. 1905. 752.
Pharm. Zentrh. 1907. 355.

**Donogány's** Reaktion auf Blut im Harn.
10 ccm Harn versetzt man mit 1 ccm Schwefelammon und 1 ccm Pyridin. Bei Anwesenheit von Blut färbt sich die Flüssigkeit orangerot. Die Mischung zeigt ein charakteristisches Absorptionsspektrum. Hat man das Material mit 20 %iger Natronlauge extrahiert, so mischt man 1 Tropfen davon auf einem Objektträger mit 1 Tropfen Pyridin. Nach einigen Stunden kann man die charakteristischen Krystalle des Hämochromogens (orangegelbe bis bräunliche, sternförmig angeordnete Nadeln) erkennen.
Archiv f. patholog. Anatomie **148.** 234.
Chem. Ztg. 1897. Rep. 133.
Pharm. Zentrh. 1897. 473.
Kalmus, Chem. Zentralbl. 1910. I. 1458.

**Dorée-Gardner's** Reaktion auf Cholesterin.
Behandelt man Cholesterin mit trockenem Pyridin und Benzylchlorid, so bildet sich Cholesterinbenzoat, das bei 145° zu einer trüben, bei etwa 180° klar werdenden Flüssigkeit schmilzt. Beim Erkalten zeigt sich eine charakteristische Farbenreaktion.
Proceed. Royal Soc. 1908, **80.** 228 und 1909. **81.** 113.

**Doumer's** Reaktion

(Longitudinale Reaktion) beruht auf einem besonderen Verhalten der Muskeln (bei Muskelatrophie) gegenüber dem elektrischen Strom. Näheres siehe: Forli, Med. Klinik 1912. 1866.

**Dowzard's** Reaktion auf schweflige Säure in Citronensaft.

Man destilliert den Saft mit Phosphorsäure und fängt das Destillat in 1 %iger Natriumbikarbonatlösung auf. Versetzt man es mit Zink und Salzsäure, so entwickelt sich Schwefelwasserstoff, der an der Bräunung von darüber gehaltenem Bleipapier erkannt werden kann. Näheres siehe: Americ. Journ. of Pharm. 81. 561. — Chem. Zentralbl. 1910. I. 864.

**Dragendorff's** Reaktion auf Aconitin.

Löst man Aconitin bei gewöhnlicher Temperatur in konzentr. Schwefelsäure, so entsteht eine gelbe Lösung, die im Laufe von 2—4 Stunden über Braun u. Rotbraun eine violette Farbe annimmt.

Otto, Ausmittelg. d. Gifte, 5. Aufl. 56.

**Dragendorff's** Reagens auf Alkaloide.

Man löst 8 g Wismutsubnitrat in 20 ccm Salpetersäure (D. = 1,18) und gibt diese Lösung allmählich in eine konzentr., wässerige Lösung von 22,7 g Jodkalium. Nach dem Abkühlen und erfolgten Abscheiden des gebildeten Salpeters gießt man die Flüssigkeit von letzterem ab und verdünnt mit Wasser auf 100 ccm. Das Reagens gibt mit den meisten Alkaloiden einen rotgelben, flockigen Niederschlag.

Ermittlg. v. Giften 1872.
Hager, Pharm. Prax. 1880. I. 206.
Pharm. Ztschr. f. Rußland 5. 82.
Chem. Zentralbl. 1867. 86.
Ztschr. f. analyt. Chem. 5. 407 (ebenda 408, Iridium-Ammonchlorid u. Rhodium-Kaliumchlorid als Reagens auf Strychnin u. Brucin).
Ztschr. f. Chem. 1866. 137.
Bull. Soc. Chim. Paris. 7. 165.
Chem. Zentralbl. 1867. 87.
Kraut, Liebig's Annal. 210. 310.
Jahns, Berl. Ber. 18. 2518, 21. 3404, 26. 1493, 29. 2065.
Thoms, Ber. d. deutsch. pharm. Ges. 1905. 85.

**Dragendorff's** Reaktion auf Alkohol in ätherischen Ölen.

Gibt man zu 10—12 Tropfen Öl etwas metallisches Natrium (von Linsengröße), so entsteht bei Anwesenheit von Alkohol eine Entwickelung von Wasserstoff und allmählich eine bräunliche Färbung.

Neues Jahrb. d. Pharm. 1863. 228.
Chem. Zentralbl. 1864. 592.
Ztschr. d. öst. Apoth. Ver. 1863. 369.
Hager, Pharm. Prax. 1880. II. 563.

**Dragendorff's** Reagens I auf ätherische Öle

ist eine Lösung von 1 g Brom in 20 g Äther. — Das Reagens färbt Anisöl allmählich rot, Copaivaöl tiefblau, Cubebenöl allmählich blau und blauviolett, Krauseminzöl allmählich grünlichblau, Nelkenöl nach einiger Zeit gelbgrün, Pfefferminzöl violett, Rosmarinöl allmählich grünlich und Wacholderöl schnell grünblau. Citronen-, Kümmel-, Rauten-, Sabina- und Terpentinöl zeigen keine Farbenerscheinung.

**Dragendorff's** Reagens II auf ätherische Öle.

Man leitet Chlor in absoluten Alkohol bis zur Sättigung, erwärmt zum Entfernen der gebildeten Salzsäure, fällt das Metachloral mit konzentr. Schwefelsäure und destilliert es. Mit diesem Reagens färbt sich Anisöl allmählich gelblich und bräunlich, Citronenöl allmählich gelblich und rötlich, Copaivaöl allmählich dunkelgrün, Cubebenöl allmählich blau, Krauseminzöl bläulich und mißfarbig, Nelkenöl allmählich blaugrün und beim Erwärmen rot, Pfefferminzöl johannisbeerrot, Rosmarinöl allmählich vorübergehend blaßviolett, Terpentinöl allmählich rötlich und Wacholderöl allmählich dunkelgrün. Kümmel- und Sabinaöl bleiben farblos.

**Dragendorff's** Reagens III auf ätherische Öle

ist alkoholische Salzsäure. — Das Reagens färbt Anisöl grün, dann violett, Citronenöl gelb, dann kirschrot, Copaivaöl violettrot, Cubebenöl violett und kirschrot, Krauseminzöl violett- bis kirschrot, Kümmelöl allmählich tief braunrot unter Krystallabscheidung, Nelkenöl bräunlich, Pfefferminzöl olivengrün, dann violett, Rosmarinöl rotbraun, dann kirschrot, Sabinaöl blaßrot und violett und Wacholderöl kirschrot.

**Dragendorff's** Reagens IV auf ätherische Öle

ist reine Schwefelsäure. Das Reagens färbt Anisöl gelbbraun, dann kirschrot, Citronenöl gelbbraun bis braun, Copaivaöl gelbbraun, Cubebenöl guttigelb, Krauseminzöl gelbbraun, Kümmelöl guttigelb, später carmin- bis kirschrot, Nelkenöl rotbraun, Pfefferminzöl braun, Rautenöl orange, Rosmarinöl gelbbraun bis rotbraun, Sabinaöl orangebraun, Terpentinöl rotbraun und Wacholderöl braun.

**Dragendorff's** Reagens V auf ätherische Öle

ist eine Lösung von 1 g Natriummolybdat in 100 ccm konzentr. Schwefelsäure (Fröhde's Reagens.) — Das Reagens färbt Anisöl gelbbraun, Citronenöl dunkelorangebraun, Copaivaöl gelbbraun, Cubebenöl guttigelb, dann johannisbeerrot, Krauseminzöl dunkelorange, dann hellbraun, Kümmelöl dunkelgelb und carminrot, Nelkenöl dunkelblutrot, dann kirschrot,

Pfefferminzöl braun und nach 24 Stunden kirschrot, Rautenöl gelbbraun, Rosmarinöl gelbbraun, Sabinaöl gelbbraun, Terpentinöl rotbraun und Wacholderöl braun, dann kirschrot.

**Dragendorff's** Reagens VI auf ätherische Öle ist rauchende Salpetersäure. — Das Reagens färbt Anisöl unter Zischen braun, Citronenöl unter Zischen rot, Copaivaöl braun, dann rot und blauviolett, Cubebenöl allmählich grün, Krauseminzöl gelbbraun, Kümmelöl unter Zischen rot, dann braun, Nelkenöl rotbraun, Pfefferminzöl braun bis rot, Rosmarinöl rot und braun, Sabinaöl gelbbraun, Terpentin- und Wacholderöl unter Zischen rot.

**Dragendorff's** Reagens VII auf ätherische Öle ist Pikrinsäure. — Das Reagens löst sich in Anisöl leicht mit orangegelber Farbe, in Citronen-, Copaiva-, Cubeben-, Terpentin- und Wacholderöl nur in der Wärme leicht (bei verharztem Öl zuweilen mit rotbrauner Farbe), in Krauseminzöl beim Erwärmen olivengrün, in Kümmel-, Nelken- und Rosmarinöl schon in der Kälte leicht, in Pfefferminzöl beim Erwärmen tiefgrün, in Sabinaöl beim Erwärmen mit gelbbräunlicher Farbe. Rautenöl färbt sich beim Stehen mit dem Reagens rosa bis rot, welche Färbung beim Erwärmen verschwindet.

**Dragendorff's** Reagens VIII auf ätherische Öle ist eine Mischung von 6 ccm konzentr. Schwefelsäure und 1 ccm 5%iger, wässeriger Eisenchloridlösung. — Das Reagens färbt Anisöl gelbbraun, dann kirschrot, Citronenöl und Terpentinöl braun mit rotem Saum, Copaiva- und Cubebenöl zuletzt blau, Krauseminzöl gelbbraun, dann kirschrot, Kümmelöl gelb bis kirschrot, Nelkenöl rotbraun, dann blutrot, später blau und kirschrot, Sabinaöl zuletzt kirschrot, Wacholderöl braun, dann kirschrot.

Arch. f. Pharm. 1878. 289.
Pharm. Journ. 5. 681. 721.

**Dragendorff's** Reaktion auf Benzol in Benzin beruht auf der Bildung von Nitrobenzol unter Einwirkung von rauchender Salpetersäure auf Benzol.

Wittstein's Viertelj.-Schr. f. Pharm. 14. 102.
Chem. Zentralbl. 1865. 669.

**Dragendorff's** Reaktion auf Brucin.

Löst man Brucin in einer Mischung von 1 Volumen Schwefelsäure und 9 Volumen Wasser, so wird diese farblose Lösung auf Zusatz von sehr wenig stark verdünnter Kaliumdichromatlösung, die man mit einem Glasstabe zugibt, vorübergehend himbeerrot, dann rotorange und braunorange gefärbt. Empfindlichkeitsgrenze = 1 : 10 000.

Archiv der Pharm. (3) 12. 209.
Ztschr. f. analyt. Chem. 18. 108.
Chem. Zentralbl. 1878. 391.
Vergl. auch Hager, Pharm. Prax. Erg.-Bd. 1883. 162.

**Dragendorff's** Reaktion auf Condurangin.

Versetzt man Condurangin mit Salzsäure und Phenol, so entsteht eine grüngelbe, beim Erwärmen in Violett übergehende Färbung.

Dorvault, l'Officine 1910. 579.

**Dragendorff's** Reaktion auf Curarin.

1. Verdampft man die Lösung von Curarin in 2%iger Schwefelsäure bei 40° C., so entsteht eine schöne rote Färbung, die 1—2 Stunden anhält.
2. Gibt man zu einer Lösung von Curarin in konzentr. Schwefelsäure ein Kryställchen Kaliumdichromat, so entsteht eine blaue Färbung, die in ein beständiges Rot übergeht (bei Strychnin verschwindet die Rotfärbung wieder).

**Dragendorff's** Reaktion auf Digitalin.

Mit Chloral färbt sich Digitalin gelblich, dann grün, beim Erwärmen auf 60—70° C. violett und bei höherer Temperatur schwarzgrün.

Merck's Report 1900. 325.

**Dragendorff's** Reagens auf Digitalin ist eine Lösung von Brom in Kalilauge (1: 8). Eine Lösung von Digitalin in konzentr. Schwefelsäure wird durch das Reagens hellpurpurn gefärbt.

Ermittelg. v. Giften 1888. 134.

**Dragendorff's** Reaktion auf Elaterin.

Mit konzentr. Schwefelsäure gibt Elaterin erst eine gelbe, dann schön rote Färbung.

Merck's Report 1900. 325.

**Dragendorff's** Reaktion auf Gallensäuren im Harn.

Zur Entfernung von Farbstoffen wird der Harn mit Benzin ausgeschüttelt und hierauf mit Amylalkohol die Gallensäuren extrahiert. Man verwendet für einen Versuch 25 ccm mit Schwefelsäure angesäuerten Harn. Da der Amylalkohol auch etwas Schwefelsäure aufnimmt, so neutralisiert man ihn mit Ammoniak und verdunstet diese Lösung zur Trockene. Den Trockenrückstand behandelt man mit wenig Wasser. Die so erhaltene Lösung schichtet man auf Zusatz von einem Körnchen Zucker über Schwefelsäure. An der Berührungsfläche tritt bald eine charakteristische Rotfärbung auf.

Rep. f. Pharm. 17. 657.
Ztschr. f. analyt. Chem. 8. 102.
Pharm. Ztschr. f. Rußland 1868. 173.
Jolles, Ztschr. f. analyt. Chem. 29. 403.

**Dragendorff's** Indophenol-Reaktion.

Man kocht den Harn mit $^1/_4$ Volumen Salzsäure, läßt erkalten und schüttelt mit etwas Chloroform oder Amylalkohol. Bei positivem Ausfall der Reaktion färbt sich das Chloroform sofort oder nach einigem Stehen an der Luft rot. Vergl. Peltzer, Fortschr. d. Med. 1913. 156.

**Dragendorff**'s Reaktion auf Narceïn.

Narceïn färbt sich mit Jodwasser intensiv blau.

Otto, Ausmittelg. d. Gifte, 5. Aufl. 45.
Kippenberger, Nachw. v. Gift. 1897. 138.

**Dragendorff**'s Reaktion auf Nitrobenzol im Bittermandelöl.

Zu 10—15 Tropfen Bittermandelöl gibt man 5 Tropfen Alkohol und eine Spur metallisches Natrium. Bei Anwesenheit von Nitrobenzol entsteht eine braune Färbung.

Pharm. Ztschr. f. Rußland 1863. 232.
Wittstein's Viertelj.-Schr. f. Pharm. 14. 102.
Chem. Zentralbl. 1865. 669.
Ztschr. f. analyt. Chem. 3. 479.

**Dragendorff**'s Reaktion auf Pfefferminzöl.

Erwärmt man etwas Pfefferminzöl mit Eisessig und konzentr. Schwefelsäure, so tritt eine blaue Färbung auf.

Welmans, Pharm. Ztg. 1901. 532.
Südd. Apoth. Ztg. 1902. 932.

**Dragendorff**'s Reaktion auf Thymol.

1. Erwärmt man etwas Thymol mit Essigsäure und konzentr. Schwefelsäure, so färbt sich die Mischung schön rot. Empfindlichkeitsgrenze = 1 : 1 Million.
2. Löst man 0,3 g Thymol in 2 ccm Alkohol und gibt eine Spur Zucker und 4 ccm konzentr. Schwefelsäure zu, so färbt sich die Mischung schön rot.

**Dragendorff-Husemann**'s Reaktion auf Narcotin.

Eine Lösung von Narcotin in 20 %iger Schwefelsäure wird beim langsamen Verdunsten orangerot, dann vom Rande her blauviolett und zuletzt bei der Siedetemperatur der Schwefelsäure rotviolett.

Liebig's Annal. 1863. 305.
Chem. Zentralbl. 1864. 734.

**Draper**'s Reaktion auf Rizinusöl in ätherischen Ölen.

Man erhitzt 20 Tropfen des zu prüfenden Öles, bis das ätherische Öl verflüchtigt ist und behandelt den eventuellen Rückstand mit 5—6 Tropfen Salpetersäure. Nach beendigter Reaktion gibt man etwas Natriumkarbonatlösung zu. Bei Anwesenheit von Rizinusöl tritt der Geruch nach Önanthylsäure hervor.

Chem. News 1861. 42.
Ztschr. f. Chem. u. Pharm. 1861. 152.

**Drechsel**'s Reaktion auf Gallensäuren

ist eine Modifikation von Pettenkofer's Reaktion. An Stelle von Schwefelsäure wird Phosphorsäure von Sirupkonsistenz verwendet.

Journ. f. prakt. Chem. 24. 44; 27. 424.
Ztschr. f. analyt. Chem. 21. 150.
Chem. Zentralbl. 1881. 571.

**Drechsel**'s Reaktion auf Glukose im Harn.

Zu 10 Tropfen des mit Natronlauge alkalisch gemachten und filtrierten Harns gibt man 20 Tropfen Fehling's Reagens und 10 ccm Wasser. Hierauf erhitzt man 5 Minuten lang zum Sieden. Ist während dieser Zeit kein Niederschlag entstanden, so ist der Harn frei von Glukose, da in der angegebenen Verdünnung Kreatinin und Glykuronsäure nicht reduzierend wirken.

Schweizer Woch. f. Chem. u. Pharm. 1901. 227.

**Drechsler**'s Reagens auf Alkohol in ätherischen Ölen.

Eine Lösung von 1 Teil Kaliumdichromat in 10 Teilen Salpetersäure (D. = 1,3). Dieses Reagens gibt mit alkoholhaltigen Ölen einen stechenden Geruch und eine dem betreffenden Öle entsprechende Farbenreaktion.

Arch. d. Pharm. (3) 14. 61.
Ztschr. f. analyt. Chem. 19. 356.
Vergl. Fleischmann's Reaktion.

**Dreschfeld**'s Reagens zum Färben mikroskop. Präparate

ist eine Lösung von 1 g Eosin (-Natrium) in 1 Liter Wasser. Gebraucht zum Färben von Kernen, Achsenzylindern etc.

**Drewsen**'s Reaktion auf Aceton

siehe: Berl. Ber. 15. 2856.

**Dreysel-Oppler**'s Pikrocarmin.

Man löst 1 g Carmin in 1 g Ammoniak und 200 ccm Wasser und gibt 1 g gesättigte, wässerige Pikrinsäurelösung zu.

Arch. f. Dermatol. 1895. 63.
Ztschr. f. wiss. Mikroskop. 1895. 361.
Enzyklop. d. mikroskop. Techn. 1903. 525.

**Drigalski-Bierast**'s Galle-Diphtherienährboden

ist Traubenzuckerbouillonserum nach Löffler mit einem Zusatz von 3,25 % steriler Rindergalle. Er dient zur Züchtung bzw. zum Nachweis von Diphtheriebazillen.

Deutsche med. Woch. 1913. 1237.
Schulz, ebenda 1913. 2194.
Merck's Bericht 1913. 247.
Schmitz, Münchener med. Woch. 1915. 1566.

**Drouot**'s (Salvatori's) Reaktion auf Margarine in Butter

siehe: „Ricerche sui metodi d'analisi del burro" aus Le Stazioni sperimentali agrarie italiane 1888. 14. 516.

Chem. Zentralbl. 1888. 1443.

**Dublanc-Pelouze**'s Reagens auf Alkaloide ist Pelouze's Reagens. (Siehe dieses.)

**Duboin**'s Reagenzien zur Trennung von Mineralgemischen

sind gesättigte Lösungen von Quecksilberjodid in Kalium-, Natrium-, Lithium- und Ammoniumjodid. Näheres siehe: Compt. rend. (1905). 141. 385. — Chem. Zentralbl. 1905. II. 882.

**Ducco**'s Reaktion auf salpetrige Säure im Harn.
5—10 ccm Harn versetzt man mit einigen Tropfen Sulfanilsäurelösung und macht mit Ammoniak alkalisch. Bei Gegenwart von Nitriten entsteht eine gelbe bis orangegelbe Färbung, die sich auch zur kolorimetrischen Bestimmung benützen läßt.
Répert. de Pharm. 1911. 78.

**Ducommun**'s Reaktion auf Arsen
siehe: Schweizer Woch. f. Chem. u. Pharm. 1898. 133.
Pharm. Zentrh. 1898. 766.
Chem. Zentralbl. 1898. II. 1218.

**Dudley**'s Reaktion auf Gallussäure.
Eine verdünnte, wässerige, mit überschüssigem Ammoniak versetzte Lösung von Pikrinsäure färbt sich mit Gallussäure erst rot und dann grün.
Americ. Chem. Journ. 2. 48.
Ztschr. f. analyt. Chem. 19. 484.

**Dudley**'s Reagens auf Glukose.
Man löst Wismutsubnitrat in möglichst wenig Salpetersäure und dem gleichen Volumen Essigsäure, verdünnt mit dem acht- bis zehnfachen Volumen Wasser und filtriert, wenn nötig. Die zu prüfende Flüssigkeit wird mit Natronlauge stark alkalisch gemacht, mit einigen Tropfen Reagens versetzt und einige Minuten gekocht. Grau- bis Schwarzfärbung zeigt Glukose an.
Americ. Chem. Journ. 2. 47.
Ztschr. f. analyt. Chem. 20. 118.
Merck's Index 1902. 261.

**Dufau**'s Reagens auf Eiweiß im Harn
ist eine Lösung von 250 g Natriumcitrat und 50 g Alkohol (90 %) in Wasser, mit Wasser zu 1 Liter ergänzt. Dieselbe wird bei der Kochprobe in Mengen von 0,1 ccm dem Harn zugesetzt, wenn derselbe an und für sich sauer reagiert.
Nouveaux Remèdes 1904. 158.
Chem. Ztg. 1904. Rep. 125.
Journ. de Pharm. et de Chim. 1903. 389.
Chem. Zentralbl. 1904. I. 123.

**Duflos**' Reaktion auf Anilin
beruht auf einer Grünfärbung der Anilinlösung in verdünnter Schwefelsäure durch Bleisuperoxyd.
Hager, Pharm. Prax. 1880. I. 361.
Enzyklop. d. gesamt. Pharm. 1887. III. 561.
Duflos' Handbuch 1871.

**Duflos**' Reaktion auf Pikrotoxin.
Pikrotoxin gibt mit Kaliumdichromatlösung eine grüne Färbung.
Merck's Report 1900. 376.
Duflos' Handbuch 1871.

**Duflos**' Reaktionen auf Pikrotoxin.
Pikrotoxin gibt mit Kaliumpermanganatlösung (unter Reduktion) eine grüne Färbung. Festes Pikrotoxin wird durch Schwefelsäure orangegelb und durch Salpetersäure vorübergehend grünlichgelb gefärbt.
Journal f. prakt. Chem. 64. 222.
Chem. Zentralbl. 1832. 239.

**Duflos-Hirsch**'s Reaktion auf Arsen
ist eine Modifikation von Berzelius' Reaktion (siehe diese).
Duflos' Handbuch der angew. pharm. u. techn.-chem. Analyse, 4. Aufl. 1871.

**Dulière**'s Reaktion auf Strophanthustinktur.
Mit gleichen Teilen Wasser oder Äther gemischt, trübt sich die Tinktur. Dampft man einige Tropfen Tinktur mit 1 Tropfen Eisenchlorid zur Trockene und gibt 5 Tropfen Schwefelsäure zu, so erhält man eine braunrote Flüssigkeit, die mit einigen Tropfen Wasser violettbraun gefärbt, durch mehr Wasser grün gefällt wird.
Journ. pharm. d'Anvers 1908. No. 4.
Pharm. Ztg. 1908. 278.

**Dumont**'s Reaktion auf künstlichen Kampfer.
Eine Lösung von künstlichem Kampfer oder damit verfälschtem, natürlichem Kampfer wird auf Zusatz von Ammoniak bleibend getrübt oder gefällt.
Schweizer Ztschr. f. Pharm. 6. 174.
Ztschr. f. analyt. Chem. 1. 117.

**Dumontpallier**'s (**-Trousseau**'s) Reaktion auf Gallenfarbstoffe ist identisch mit Smith's Reaktion.
L'Union med. 1863. 39.

**Dumontpallier**'s Reagens auf Glukose im Harn
ist Jodtinktur, welche nach Angabe des Autors durch zuckerhaltigen Harn entfärbt wird. (Die Reaktion ist nicht eindeutig.)
Canstatt's Jahresbericht 1864. II. 97.

**Duncan**'s Reaktion auf Nebenalkaloide in Chininsulfat
siehe Pharm. Ztg. 1905. 271.
Pharm. Journ. 1905. 438.
Chem. Zentralbl. 1905. I. 1342.

**Dunger**'s Reagens zur Leukozytenfärbung
(Zählflüssigkeit) ist eine Lösung von 0,1 g Eosin in 110 g Wasser und 10 g Aceton.
Münchener med. Woch. 1910. 1942.
Gelbart, Schweiz. Korresp. Bl. 1912. No. 29.

v. **Dungern**'s Koagulations-Reaktion auf Syphilis.
Man löst 1 g Indigo in 4 ccm konzentrierter Schwefelsäure und verdünnt die Lösung mit Wasser auf 100 ccm. Vor dem Gebrauch wird 1,5 ccm mit 10 ccm Wasser gemischt. Von dieser Verdünnung mischt man 1 ccm mit 0,25 ccm Seignettesalzlösung (sogenannter Fehling 2, bestehend aus einer Lösung von 173 g Seignettesalz in 340 g 15 %iger Natronlauge, die mit Wasser auf 500 ccm ergänzt wird). Es werden nun 0,3 ccm des zu prüfenden Serums mit 0,2 ccm vorstehender Mischung versetzt, nachdem das Serum vorher auf 54° erwärmt worden war. Nach ½stündigem Stehen wird in kochendem Wasser 1 Minute lang erhitzt. Hierauf bleibt die Mischung 2 Stunden lang stehen. Bei positiver Reaktion ist sie geronnen, gelatinös, bei

negativer Reaktion bleibt sie flüssig. Diese Reaktion, deren Ausführungsbestimmungen im Original noch näher eingesehen werden müssen, stimmt nach den Untersuchungen v. Dungerns in ihren Ergebnissen mit der Wassermann'schen Reaktion im allgemeinen überein.

Münch. med. Woch. 1915. 1212.
Merck's Bericht 1915.

**v. Dungern**'s Reaktion auf Karzinom (Tumorreaktion)

ist eine Komplementablenkungsreaktion. Näheres siehe: Münchener med. Woch. 1912. 1093. — Wolfsohn, Deutsche med. Woch. 1912. 1935. — Rominger, Münchener med. Woch. 1913. 859. — Halpern, ebenda 1913. 914.

**v. Dungern**'s Reaktion auf Syphilis

ist eine Modifikation von Wassermann's Reaktion. Näheres siehe: Münchener med. Woch. 1910. No. 10, 1912, No. 2. — Merck's Bericht 1910. 366 u. 1911. 450. — Dungern-Hirschfeld, Münchener med. Woch. 1910. No. 21. — Kepinow, Münchener med. Woch. 1910. No. 41. — Spiegel, ebenda 1910. No. 45. — Steinitz, ebenda 1910. No. 47. — Münz, Deutsche med. Woch. 1910. No. 37. — Schereschewsky, ebenda 1911. No. 18. — Frühwald-Weiler, Berl. klin. Woch. 1910. No. 44. — Kahn, ebenda 1911. No. 16. — Schultz-Zehden, Med. Klinik 1910. No. 27. — Knick, Monatsschr. f. Ohrenheilk. 1911. No. 7. — Wehrli, Schweiz. Rundsch. f. Med. 1911. No. 12. — Zilz, Wiener 1/4 Jahres-Fachbl. f. Stomatol. 1911. No. 2. — Lang, Schweiz. Woch. Chem. Pharm. 1910, No. 53. — Steyerthal, Fortschr. d. Med. 1911. No. 6. — Roth, Korresp. Bl. Schweiz. Ärzte 1911. No. 8. — Gali, Budapest Orvosi Ujsag 1911. No. 11. — Taussig, Casopis lek. cesk. 1911. No. 44. — Stiner, Korresp. Bl. f. Schweiz. Ärzte 1911. No. 33. — Guisan, Schweiz. Rundsch. f. Med. 1911. No. 47. — Emmert, Dermatol. Zentralbl. 1912. 15. 323. — Drugg, Deutsche med. Woch. 1913. 306.

**Dunlop**'s Reaktion auf Ferrisalze

beruht auf einer Gelbfärbung stark verdünnter Eisenlösungen durch Glycerin. Näheres siehe: Pharm. Journ. 1905. 323. — Pharm. Ztg. 1905. 282. — Chem. Zentralbl. 1905. I. 1117.

**Dunlop**'s Reaktion auf Paraffin in Fett.

10 Tropfen des geschmolzenen Fettes verseift man mit 5 ccm alkoholischer 1/2 Norm. Kalilauge und gibt zu der heißen Lösung 5 ccm Wasser in 5 Dosen à 1 ccm. Bei Anwesenheit von Paraffinwachs entsteht eine Trübung. Näheres siehe: The Analyst 34. 524. — Chem. Zentralbl. 1910. I. 690.

**Dunstan-Carr**'s Reagens auf Aconitin

ist eine konzentr. Kaliumpermanganatlösung, die mit Lösungen von Aconitinsalzen einen purpurfarbigen, krystallinischen Niederschlag ($C_{33} H_{45} NO_{12} HMn O_4$) gibt. Letzterer wird durch einen Tropfen Bromwasser nicht verändert (Unterschied von Cocaïn und Hydrastin).

Pharm. Zeitschr. f. Rußland 35. 283.
Ztschr. f. analyt. Chem. 36. 211.
Pharm. Journ. and Trans. 1896. 122.
Chem. News 67. 107.

**Dupare-Monnier**'s Reaktion auf Thujon in Likören.

Man löst etwas der Essenz in 10 ccm 60-grädigem Alkohol und gibt 2 ccm Zinksulfatlösung (1+9) und 0,5 ccm Nitroprussidnatriumlösung (1+9) zu. Nach dem Umschütteln setzt man 4 ccm (kohlensäurefreie) Natronlauge (5 %) und nach einer Minute 3 ccm Eisessig zu. Bei Gegenwart von Thujon erhält man eine rote Färbung und einen himbeerroten Niederschlag. Entsteht beim Zusatz der Essigsäure eine störende granatrote Färbung, so kann man diese durch Äther ausschütteln. Empfindlichkeitsgrenze = 1:50 000.

Annal. chim. analyt. appl. 1908. 13. 378.
Chem. Zentralbl. 1908. II. 1748.

**Dupasquier**'s Reagens auf organische Stoffe im Wasser

ist eine wässerige Lösung von Goldchlorid.

Das Reagens fällt beim Kochen die organischen Stoffe unter Abscheidung von Gold und unter Blaufärbung.

Compt. rend. 24. 626.
Chem. Zentralbl. 1847. 447.
Hager, Pharm. Prax. Erg.-Bd. 1883. 102.
Enzyklop. d. gesamt. Pharm. 1887. III. 563 u. 1891. X. 679.

**Duples**' Reaktion auf Anilin.

Anilin und dessen Salze geben mit verdünnter Schwefelsäure und Bleisuperoxyd eine grüne Färbung.

**Dupouy**'s Reaktion auf Chloroform, Bromoform und Jodoform.

Erhitzt man 0,5 ccm einer alkoholischen Thymollösung mit einem Tropfen Chloroform und etwas trockenem Kaliumkarbonat 1/2 Minute lang zum Sieden, so entsteht eine rötlichgelbe Färbung. Auf Zusatz von 1 ccm Schwefelsäure und nach erneutem Kochen entsteht eine prachtvolle Violettfärbung. Verdünnt man diese Flüssigkeit mit Essigsäure, so zeigt sie ein dem Oxyhämoglobin ähnliches Absorptionsspektrum. Nach dem Mischen mit Wasser wird die Lösung blau und zeigt ein Absorptionsspektrum zwischen D und Rot. (Vergl. Vitali's Reaktion auf Jodoform.)

Bull. Soc. Pharm. Bordeaux 1903. 140.
Chem. News 88. 37.
Chem. Zentralbl. 1903. II. 603.
Ztschr. f. analyt. Chem. 1904. 120.
Pharm. Prax. 1903. 358.

**Dupouy**'s Reagens auf gekochte und ungekochte Milch.

Ungekochte Milch wird auf Zusatz von Wasserstoffsuperoxyd durch Guajakol orangegelb, durch Hydrochinon rosa (unter Bildung von krystallinischem Chinhydron), durch Brenzkatechin gelbbraun, durch α-Naphthol blauviolett und durch Paraphenylendiamin dunkelviolett gefärbt. Näheres siehe: Répert. de Pharm. 1897. 206. — Pharm. Zentrh. 1897. 392; 1898. 498; 1903. 514. — Leffmann, Schweizer Woch. f. Chem. u. Pharm. 1898. 201. — Storch, Pharm. Zentrh. 1898. 617. — Utz, Chem. Zentralbl. 1903. II. 968. — Kollo, Pharm. Zentrh. 1904. 270. — Kohn, Chem. Zentralbl. 1910. I. 481. — la Wall, Americ. Journ. of Pharm. **81.** 57.

**Duppa-Perkin**'s Reaktion auf Glyoxylsäure.

1. Versetzt man das Kalksalz der Glyoxylsäure in wässeriger Lösung mit oxalsaurem Anilin, so entsteht ein Niederschlag von Calciumoxalat, der sich leicht abfiltrieren läßt. Im Filtrat bildet sich nach längerem Stehen oder nach gelindem Kochen ein hellorangefarbiger Niederschlag.
2. Durch Kochen von Glyoxylsäurelösung mit Kalk wird Oxalsäure abgespalten.

Berl. Ber. **19.** 595.

**Duriese**'s Reaktion auf Menthol und Oleum Menthae piperitae.

Alkoholische Lösungen von Pfefferminzöl entfärbt zugesetzte Jodtinktur nach einiger Zeit, Mentholl̈ösung nicht.

Répert. de pharm. 1913. 124.
Pharm. Zentrh. 1913. 1024.

**Dusart-Blondlot**'s Reaktion auf Phosphor.

Entwickelt man aus einer Flüssigkeit, die Phosphor, phosphorige Säure, Phosphorsilber etc. enthält, Wasserstoffgas, so färbt sich das angezündete, aus einer Platinspitze ausströmende Gas (besonders der innere Kegel) grün.

Compt. rend. 1856. 1126.
Journ. de Pharm. et de Chim. (3) **40.** 25.
Otto, Ausmittel. d. Gifte 5. Aufl. 18.
Ztschr. f. analyt. Chem. **15.** 505.
Journ. méd. de Bruxelles 1876. 137.
Kippenberger, Nachw. v. Gift. 1897. 11.
Dalmon, Journ. de Chim. méd. 1870. 123.
Neubauer, Ztschr. f. analyt. Chem. **10.** 132.
Fischer, Chem. Ztg. 1903. Rep. 298.

**Duval**'s Reagens für mikroskop. Zwecke

ist Merkel-Schiefferdecker's Reagens (Einbettungsmittel).

Journ. de l'Anat. 1879. 185.
Enzyklop. d. mikroskop. Techn. 1903. 105.

**Duval**'s Reagens zum Färben mikroskop. Präparate

ist Carminlösung und eine Lösung von Anilinblau in Alkohol oder Wasser.

Précis Techn. Microsc. 1878. 223.
Journ. de l'Anat. 1876. 11.

**Duyk**'s Indikator

(Perezol) ist ein aus der Perezia adnata gewonnener Farbstoff, der als 5 %ige, alkoholische Lösung verwendet wird. 1 Tropfen ruft in Wasser eine schwache Opaleszenz hervor, Spuren von Alkali bewirken eine malvenrosa Färbung.

Annal. Chim. analyt. appl. **4.** 372.
Chem. Zentralbl. 1900. I. 60.

**Duyk**'s Reaktion auf ätherische Öle

beruht auf der Temperaturerhöhung beim Mischen der ätherischen Öle mit konzentr. Schwefelsäure. Siehe Maumené's Reaktion.

Pharm. Zentrh. 1898. 59 u. 929.
Chem. Zentralbl. 1898. I. 860.
Dietze, Südd. Apoth.-Ztg. 1898. 767.
Ztschr. f. analyt. Chem. **38.** 524.

**Duyk**'s Reagens auf Glukose.

25 ccm einer 20 %igen Nickelsulfatlösung mischt man mit 20 ccm Natronlauge (D. = 1,33) und 50 ccm 6 %iger Weinsäurelösung. Das Reagens ist eine schwach grünlich gefärbte Lösung, die beim Kochen mit Glukose (Harn) braun oder schwarz wird.

Journ. d. Pharm. v. Els.-Lothr. 1901. 238.
Journ. of the Chem. Soc. **82.** II. 54.
Chem. Zentralbl. 1901. II. 1217.
Sollmann, Chem. Ztg. 1901. Rep. 209.
Zentralbl. f. Physiol. **15.** 34. 129.
Ztschr. f. analyt. Chem. **41.** 132. 630.

**Duyk**'s Reaktion auf Mangan.

Kocht man eine Spur Mangansalz mit einer schwach alkalischen Lösung von Natrium- oder Kaliumhypochlorit und gibt 1 Tropfen Kupfersulfatlösung zu, so fällt Kupferoxyd aus und beim weiteren Erhitzen färbt sich die Mischung rot (Permanganat).

Annal. chim. analyt. appl. **12.** 465.
Chem. Zentralbl. 1908. I. 297.

**Dyson-Perrin**'s Reaktion auf Berberin.

Versetzt man eine erwärmte, alkoholische Lösung von Berberin mit Jodjodkaliumlösung, so bilden sich beim Erkalten grün glänzende Krystalle.

Journ. of the Chem. Soc. **15.** 339.
Chem. Zentralbl. 1862. 894.
Ztschr. f. analyt. Chem. **2.** 79.

**Eber**'s Reaktion auf Eserin.

Bringt man in einem Porzellanschälchen einen Tropfen einer Eserinlösung mit einem Tropfen 5 %iger Kali- oder Natronlauge zusammen, so entsteht an der Berührungsstelle eine Rotfärbung, die im Laufe einiger Minuten noch zunimmt. Nach dem Austrocknen bleibt eine orangegelbe Masse, die sich in Wasser wieder mit roter Farbe löst.

Annal. Chim. Farm. 1888. 66.
Pharm. Ztg. **33.** 483.
Ztschr. f. analyt. Chem. **28.** 136.
Pharm. Zentrh. **29.** 339.

**Eber**'s Reagens zur Prüfung der Wurst

ist eine Mischung von 10 g Salzsäure (1,19), 10 g Äther und 30 g Alkohol. Verdorbene Wurst bildet, nahe an das Reagens herangebracht, weiße Nebel.

Arch. f. Tierheilkd. **17**. 222.
Chem. Zentralbl. 1891. I. 841.
Berl. tierärztl. Woch. 1914. 502.

**Eberhard's** Reaktion auf Schwefelsäure in Milchsäure.

Man löst 2 g Milchsäure in 10 g Alkohol (95 %) und filtriert nach 1/4 Stunde. Das Filtrat versetzt man mit einer etwas freie Salzsäure enthaltenden, 10 %igen Lösung von Calciumchlorid. Bei Anwesenheit von Schwefelsäure entsteht sofort eine Trübung.

Gerber-Ztg. 1903. Nr. 11.
Chem. Ztg. 1903. Rep. 85.

**Ebert's** Reaktion auf Kupfer (in Wasser).

Minimale Mengen von Kupfer lassen sich in dem mit Ammoniak versetzten Wasser nachweisen, wenn man letzteres durch Watte filtriert. Diese nimmt bei Gegenwart von Kupfer eine grünliche Färbung an.

Apoth. Ztg. 1905. 908.

**Ebner's** Reagens zum Entkalken mikroskop. Präparate.

1. 100 ccm kaltgesättigter Kochsalzlösung mischt man mit 100 ccm Wasser und 4 ccm konzentr. Salzsäure.
2. Man löst 2,5 g Chlornatrium und 2,5 g Salzsäure in 100 ccm Wasser und mischt mit 500 ccm Alkohol.

Vergl. Haug, Ztschr. f. wiss. Mikroskop. 1891. 6.
Sitz.-Ber. d. Akad. d. Wiss. Wien 1875.
Behrens' Tabellen 1892. 88.
Enzyklop. d. mikroskop. Techn. 1903. 654.
Eberth-Friedländer, Mikroskop. Techn. 1894. 58.

**Ebner's** Reagens zum Färben mikroskop. Präparate
ist identisch mit Hermann's Reagens.

**Eboli's** Reaktion auf Alkaloide.

1—2 mg des zu prüfenden Alkaloides bringt man auf einem Uhrglas mit 5—6 Tropfen einer mit gleichen Teilen Wasser verdünnten Schwefelsäure zusammen und legt in die Lösung ein kleines Stückchen Kaliumchromat. Nach kürzerer oder längerer Zeit beobachtet man Färbungen: Morphin = nickelgrün, kupfergrün, schmutziggrün; Chinin = grün, grüngelb, dunkelgrün; Cinchonin = grün, grüngelb, schmutzigdunkelgelb; Veratrin = schmutziggrün, bouteillengrün, nickelgrün, kupfergrün, dunkelschmutziggelb; Atropin = nickelgrün, gelbgrün, schmutziggelbgrün, gelber in Alkohol löslicher Niederschlag; Delphinin = schmutziggrün, nickelgrün, schmutziggelb; Lupulin = grünlichgelb, schmutziggrüngelb; Codein = grün, nickelgrün, kupfergrün, schmutzigdunkelgrün; Daturin = kupfergrün, grünblau; Strychnin = violett; Piperin = gelbgrünlich, nickelgrün, schmutziggrün.

Arch. d. Pharm. **135**. 186.
Chem. Zentralbl. 1856. 338.

**Eboli's** Reaktion auf Cantharidin.

Beim Erhitzen von reinem Cantharidin mit konzentr. Schwefelsäure und Kaliumchromat tritt Grünfärbung ein.

Arch. der Pharm. **135**. 186.
Chem. Zentralbl. 1856. 339.
Dieterich, Helfenberger Geschäftsber. 1886.
Vulpius, Pharm. Zentrh. 1886. 179.

**Ebstein-Müller's** Reaktion auf Pyrokatechin im Harn.

Mischt man einige Tropfen Harn mit einigen Tropfen stark verdünnter Eisenchloridlösung, so entsteht bei Anwesenheit von Pyrokatechin eine grüne Farbe, die durch Ammoniakdämpfe in Violett übergeht.

Tageblatt d. 47. Naturforsch.-Vers. 1874. 214.
Chem. Zentralbl. 1874. 808; 1875. 518. 788; 1876. 358; 1877. 56.
Virchow's Archiv 1875. **65**. 394.

**van Eck's** Reagens auf Chromsäure

ist eine Lösung von 0,5 g $\alpha$-Naphthylamin und 50 g Weinsäure in 100 ccm Wasser. Das Reagens wird noch durch eine Lösung von 0,1 mg Chromsäure in 100 ccm Wasser blau gefärbt.

Chem. Weekbl. 1915. **12**. 6.
Chem. Zentralbl. 1915. I. 399.

**Eckerlin's** Indikator.

Man kocht Rotkohlblätter eine halbe Stunde lang mit der 2—3 fachen Menge Wasser, filtriert und neutralisiert mit 1/100 Norm-Kalilauge. (Rotes Lackmuspapier werde nur ganz schwach gebläut, blaues Lackmuspapier zeige neutrale Reaktion). Zur Konservierung setzt man 0,2 % Chloroform oder 0,9 % Phenol zu. Der Indikator ist in saurer Lösung rot, in alkalischer Lösung grün. Vergl. Kastle's Reagens auf Säuren.

Mitteilungen der k. Landesanst. f. Wasserhygiene 1915. 58.
Chem. Zentralbl. 1915. II. 490.

**Edelmann's** Reagens auf Urobilin im Harn.

a) 10%ige, alkoholische Lösung von Quecksilberchlorid; b) eine 10%ige, alkoholische Lösung von Chlorzink; c) Amylalkohol. — 10 ccm Harn werden mit 5 ccm der Lösung a versetzt und mit Amylalkohol extrahiert. Das amylalkoholische, klare Extrakt wird mit Lösung b versetzt. Bei Gegenwart von Urobilin färbt sich die amylalkoholische Lösung rosarot und nimmt auf Zusatz von Chlorzink eine grüne Fluoreszenz an.

Wiener klin. Woch. 1915. 978.
Deutsche med. Woch. 1915. 1287.
Vergl. Schmidt's und Schlesinger's Reaktion.

**Eden's** Reagens zum Färben von Amyloidpräparaten.

a) Mischung von 1 g Salzsäure und 300 g Wasser.
b) Gesättigte und filtrierte Lösung von Methylviolett 5 B in absolutem Alkohol.

Zu 300 g der Mischung a gibt man 10 g der Lösung b.
Virchow's Archiv 1905. 346.
Ztschr. f. wiss. Mikroskop. 1906. 558.

**Edlefsen**'s Reaktion des Naphthalinharns siehe Münchener med. Woch. 1904. 233.

**Edlefsen**'s Reaktion auf Naphtholschwefelsäure und Phenolschwefelsäure
siehe: Münchener med. Woch. 1904. 684.
Arch. f. experim. Pathol. u. Pharmakol. **52.** 429.
Chem. Zentralbl. 1888. 1007; 1905. I. 1341.

**Edlefsen**'s Reaktion auf Resorcin (oder β-Naphthochinon).
Resorcinlösung wird durch β-Naphthochinonlösung (in Wasser) nach Zusatz von Ammoniak blaugrün gefärbt. Salpetersäure, bis zur sauren Reaktion zugegeben, bewirkt alsdann Rotfärbung. Äther nimmt den roten, nicht aber den grünen Farbstoff auf. α-Naphthochinon gibt die Reaktion nicht.
Münchener med. Woch. 1904. 684.

**Edlefsen**'s Reaktion auf Thallin.
Thallinlösungen geben mit einer verdünnten Lösung von β-Naphthochinon und 2 Tropfen Natronlauge eine kirschrote Färbung, die durch Salpetersäure nur langsam entfärbt wird.
Chem. Ztg. 1886. 1257.
Watson Smith, Chem. Ztg. 1887. Rep. 4.

**Egger**'s Reaktion auf freie Mineralsäuren (in Aluminiumsulfat).
Erwärmt man eine Flüssigkeit, welche freie Mineralsäuren enthält, mit etwas Cholsäure und Furfurol, so entsteht eine rote Färbung. (Umkehrung der Pettenkofer'schen Reaktion.) Näheres siehe: Ztschr. f. analyt. Chem. **27.** 725. — Pharm. Zentrh. 1889. 199.

**Ehler**'s Reagens zum Fixieren mikroskop. Präparate
ist eine Lösung von 1 g Chromsäure und 1—5 Tropfen Eisessig in 100 ccm Wasser.
Merck's Report 1900. 376.
Lee-Mayer, Grundzüge d. mikroskop. Techn. 1901. 34.

**Ehrenbaum**'s Einbettungsmittel für mikroskop. Zwecke
ist eine Schmelze aus 100 g Colophonium und 10 g gewöhnlichem Wachs.
Ztschr. f. wiss. Mikroskop. 1884. 414.
Behrens' Tabellen 1892. 75.
Enzyklop. d. mikroskop. Techn. 1903. 659.

**Ehrlich**'s Diazoreagens.
1. Eine Lösung von 30—50 ccm Salpetersäure in 500 ccm Wasser sättigt man durch Schütteln mit Sulfanilsäure und gibt die Lösung von einigen Körnchen Natriumnitrit in etwas Wasser zu. Schüttelt man pathologischen Harn (Phthise, Abdominaltyphus, Masern) mit gleichen Teilen Reagens und etwas Ammoniak, so färbt sich die Mischung und der Schaum rot.
Ztschr. f. klin. Med. **5.** 285.
Vergl. Clemens' u. Friedenwald-Ehrlich's Reaktion.
Ztschr. f. analyt. Chem. **22.** 301 u. 466; **23.** 276; **24.** 152 u. 205; **39.** 733.
Pröscher, Chem. Ztg. 1901. Rep. 71.
Burghart, Chem. Ztg. 1901. Rep. 108.
Michaelis, Berl. klin. Woch. 1900. 274.
Gebauer, Viertelj.-Schr. f. gerichtl. Med. 1903. 355.
Giese, Pharm. Ztg. 1904. 598.
Weisz, Wiener klin. Woch. 1906. 1307.
Pharm. Zentrh. 1907. 355.
Junker, Münchener med. Woch. 1906. 47.
Nickel, Die Farbenreakt. d. Kohlenst.-Verb. 1890. 21.
2. a) = eine Lösung von 2,5 g Sulfanilsäure in 25 ccm Salzsäure und 100 ccm Wasser.
b) = eine Lösung von 0,5 g Natriumnitrit in 100 ccm Wasser. Als Reagens dient eine Mischung von 1 ccm der Lösung b mit 49 ccm der Lösung a.
Merck's Index 1902. 261.
3. Nach Ztschr. f. analyt. Chem. **23.** 276 enthält das Reagens zufolge neuester Vorschrift auf 1 Liter = 1 g Sulfanilsäure, 15 ccm Salzsäure und 0,1 g Natriumnitrit.
Vergl. auch Biondi's Diazoreaktion.
Utz, Pharm. Zentrh. 1905. 895.
Dunger, Deutsche med. Woch. 1906. 1582.
Weisz, Wiener klin. Woch. 1907. 985.
Münchener med. Woch. 1907. 1746.
Weisz, Med. Klinik 1910. 867. — Bioch. Ztschr. **30.** 333.
Engeland, Münchener med. Woch. 1908. 1643.
Vargas, Berl. klin. Woch. 1908. 880.
Gwerder, Pharm. Zentrh. 1909. 568.
Feri, Wiener klin. Woch. 1912. 919.

**Ehrlich**'s Reagens auf (Gallenfarbstoffe) Bilirubin.
Bilirubin enthaltender Harn wird nach dem Mischen mit gleichen Teilen verdünnter Essigsäure auf Zusatz von Ehrlich's Diazoreagens dunkler und dann auf Säurezusatz violett gefärbt. Der Chloroformauszug eines solchen Harns wird auf Zusatz eines gleichen Volumens Diazoreagens und konzentr. Salzsäure violett, dann blauviolett und zuletzt blau.
Ztschr. f. analyt. Chem. **23.** 275.
Pharm. Zentrh. 1883. 545.
Zentralbl. f. klin. Mediz. 1883. 721.
Pröscher, Ztschr. f. physiol. Chem. **29.** 411.
Krokiewicz u. Batko, Pharm. Zentrh. 1898. 338.

**Ehrlich**'s Eigelb-Reaktion.
Diese wohl selten vorkommende Bezeichnung der Ehrlich'schen Diazoreaktion ist auf die eigelbe (orangegelbe) Färbung zurückzuführen, die normale und pathologische Harne mit Ehrlich's Reagens geben können.
Gualdi, Riforma medica 1903. Nr. 27.
Thomas, Dissertation Freiburg 1907.
Münchener med. Woch. 1907. 2399.

Oppenheim, Dissert. Berlin 1885.
Petri, Ztschr. f. klin. Med. 7. 500.

**Ehrlich's Reagens auf Indikan im Harn**
ist eine Lösung von 0,33 g p-Dimethylamidobenzaldehyd in 50 ccm Wasser und 50 ccm rauchender Salzsäure. — Gleiche Teile (1--1,5 ccm) des zu prüfenden Harns und Reagenzes erhitzt man zum Sieden. Nach dem Abkühlen gibt man einen Überschuß von Ammoniak oder schwacher Kalilauge zu. Bei Anwesenheit von Indikan entsteht eine prächtige Rotfärbung, deren Stärke als Maßstab für die vorhandene Indikanmenge dient.

Merck's Bericht 1902. 53.
Pharm. Zentrh. 1905. 89.
Simonena, Münchner med. Woch. 1905. 331.
Neubauer, Sitzungsber. d. Ges. f. Morphologie u. Physiologie in München. 1903. 32.
Rohde, Ztschr. f. physiol. Chem. 1905. 161.
Steensma, Ztschr. f. physiol. Chem. 1906. (47.) 25 u. Merck's Bericht 1906. 102.
Münzer, Fortschr. d. Med. 1910, No. 2.
Porcher, Compt. rend. 147. 214.
Crossonini, Münchener med. Woch. 1910. 654.
Berghausen, Pharm. Zentrh. 1911. 382.
Moewes, Ztschr. f. exper. Path. u. Therap. 1912. 11. 555.
Hesse, Med. Klinik 1913. 294.
Simon, ebenda 1913. 1164.
Herzfeld, Zentralbl. f. innere Med. 1913. 268.
Smirnitzky, Münchener med. Woch. 1914. 1526.

**Ehrlich's acidophiles Gemisch**
ist eine Lösung von 1 g Eosin, 1 g Indulin und 1 g Aurantia in 15 g Glycerin.

Lee-Mayer, Mikroskop. Techn. 1898. 197.
Nikiforoff, Ztschr. f. wiss. Mikroskop. 1891. 189, 1894. 246.
Israël, Prakt. path. Hist. 1893. 68.
Enzyklop. d. mikroskop. Techn. 1903. 88.

**Ehrlich's Reagens I zur Bakterienfärbung.**

1. Eine wässerige Lösung von Anilinöl (5 : 100, filtriert).
2. Eine konzentr., alkoholische Fuchsinlösung.
3. Eine konzentr., alkoholische Gentianaviolettlösung.
4. Eine konzentr. alkoholische Methylviolettlösung.

100 ccm von Lösung 1 werden mit 11 ccm von Lösung 2 oder 3 oder 4 gemischt. Das Reagens dient zur Färbung von Tuberkelbazillen, frisch bereitet zur Färbung von Deckglaspräparaten. Zur Tinktion von Schnitten sind die Mischungen erst nach vollkommener Klärung (nach 24 Stdn.) brauchbar.

Merck's Index 1902. 269.
Eberth-Friedländer, Mikroskop. Techn. 1894. 178. 184. 213.

**Ehrlich's Reagens II zur Bakterienfärbung (Triacidlösung).**

Das Reagens ist eine Mischung von 125 g gesättigter, wässeriger Methylorangelösung (G), 150 g gesättigter, wässeriger Fuchsinlösung, 125 g gesättigter, wässeriger Methylgrünlösung, 100 g Glycerin, 200 g absolutem Alkohol und 300 g Wasser.

Charité-Annal. 1884. 110.
Arch. f. exper. Pathol. 28. 83.

Nach Reinbach, Ztschr. f. wiss. Mikroskop. 1894, 359, ist das Reagens zusammengesetzt aus: 120 g gesättigte, wässerige Lösung von Orange G, desgl. Säurefuchsin 80 g, desgl. Methylgrün 100 g, Wasser 300 g, Alkohol 180 g und Glycerin 50 g.

Vergl. Aronsohn's Reagens.
Eberth-Friedländer, Mikroskop. Techn. 1894. 273.

**Ehrlich's Reagens III zur Bakterienfärbung**
ist eine konzentr., wässerige Lösung von Methylenblau (3: 100).

**Ehrlich's Reagenzien zum Färben mikroskop. Präparate.**

1. (Alaunhämatoxylin.) Zu einer Lösung von 3 g Hämatoxylin in 90 g Alkohol gibt man eine mit Alaun gesättigte Mischung von 6 g Eisessig, 120 g Glycerin und 120 ccm Wasser. Gebraucht zum Färben von Kernen und Schizomyceten.

   (Vergl. auch Ztschr. f. wiss. Mikroskop. 1886. 150.)
   Behrens' Tabellen 1892. 104.
   Eberth-Friedländer, Mikroskop. Techn. 1894. 104.
   Enzyklop. d. mikroskop. Techn. 1903. 507.
2. Eine gesättigte Lösung von Dahliaviolett in 100 ccm Wasser, 50 ccm Alkohol und 12 ccm Essigsäure. Gebraucht zur Färbung von Kernen, Achsenzylindern, Plasmazellen etc.
3. Eine Lösung von 1 g Gentianaviolett in 15 ccm Alkohol und 100 ccm Anilinwasser.

Arch. f. mikroskop. Anat. 1876. 263.

**Ehrlich's Indikator**
ist Carvacrolphthalein. Bei 246° schmelzende, farblose Krystalle, in Alkalien mit blauer Farbe löslich.

Apoth. Ztg. 1910, 862.
Pharm. Zentrh. 1910. 1125.

**Ehrlich's Jodgummilösung**
ist eine Mischung von 1 g Lugol's Reagens mit 100 g dickem Gummischleim. Gebraucht zum mikroskop. Nachweis von Glykogen.

Ztschr. f. klin. Mediz. 1883. 135.
Eberth-Friedländer, Mikroskop. Techn. 1894. 170.

**Ehrlich's saure Hämatoxylin-Eosinlösung für mikroskop. Blutpräparate.**

Man löst 0,5 g Eosin und 2 g Hämatoxylin in 100 g Alkohol, gibt 100 g Wasser, 100 g Glycerin und 10 g Eisessig zu und sättigt diese

Lösung mit Alaun. Die Lösung muß behufs Reifung erst einige Wochen stehen.
Eberth - Friedländer, Mikroskop. Techn. 1894. 270.

**Ehrlich**'s Reagens für mikroskop. Zwecke
ist eine Lösung von Methylenblau (2—4 %) in physiologischer Kochsalzlösung. Gebraucht als Injektionsflüssigkeit zur Darstellung der Nervenausbreitungen und der Spinalfasern der sympathischen Ganglien etc.
Nature, 1885. 547.
Zeitschr. f. wiss. Mikroskop. 1886. 97.
Eberth - Friedländer, Mikroskop. Techn. 1894. 67.

**Ehrlich**'s Reagens (Neutralrot)
ist eine Lösung von Neutralrot (1: 100) in sehr verdünnter, wässeriger Kochsalzlösung. Das Reagens färbt sich in schwach alkalischen Medien gelborange. Es dient zu biologischen Untersuchungen und zu vitalen Färbungen.
Merck's Index 1902. 269.
Allgem. med. Zentral-Anz. 1894. 20.
Ztschr. f. wiss. Mikroskop. 1894. 250.
Galeotti, ebenda 1894. 193.
Enzyklop. d. mikroskop. Techn. 1903. 1034.

**Ehrlich-Bertheim**'s Diazoreaktion des Atoxyls
siehe Berl. Ber. **40.** 3292. — Chem. Zentralbl. 1907. II. 898. — Chem. Ztg. **32.** 1059. — Blumenthal-Herschmann, Biochem. Ztschr. 10. 240. — Lockemann-Pauke, Deutsche med. Woch. 1908. 1460.

**Ehrlich - Biondi**'s Reagens zum Färben mikroskop. Präparate.
(Triacidgemisch). Gesättigte, wässerige Lösungen von Orange G, Säurefuchsin und Methylgrün mischt man im Verhältnis 10:3:5. Es dient zur Doppel- und Mehrfachfärbung von Schnitten, besonders bei pathologisch-anatomischen Untersuchungen des Darmes.
Charité Annal. 1882.
Vergl. Strasburger's Reagens.
Merck's Index 1902. 269.
Pflüger's Archiv 1888. **43.** Suppl. 40.

**Ehrlich-Biondi-Heidenhain**'s Reagens
siehe Strasburger's Reagens und Ehrlich-Biondi's Reagens.

**Ehrlich-Friedenwald**'s Diazoreaktion siehe Friedenwald-Ehrlich.

**Ehrlich-Herter**'s Reagens zum Nachweis der verschiedensten aromatischen Amidokörper und deren Derivate als auch deren Verteilung im Organismus ist Naphthochinonsulfosäure (bezw. deren Natriumsalz). Näheres siehe: Ztschr. f. physiol. Chem. **41.** 379. — Deutsche med. Woch. 1904. 929. — Chem. Zentralbl. 1904. II. 112.

**Ehrlich-Koziczkowsky**'s Reagens zum Nachweis gewisser infektiös-toxischer Krankheiten
ist eine mit Salzsäure angesäuerte, 2 %ige Lösung von Dimethylamidobenzaldehyd in Wasser. Die Reaktion wird vorgenommen, indem man gleiche Volumina Harn in 2 Reagenzgläser gibt und dem einen 8—10 Tropfen Reagens zusetzt, während der zweite Harn einen Zusatz von 8—10 Tropfen Reagens und einigen Tropfen Formaldehyd erhält. Letzterer behält seine ursprüngliche Farbe bei, während ersterer nach wenigen Sekunden eine Rotfärbung zeigt. Über Ursache und klinische Bedeutung dieser Reaktion siehe:
Koziczkowsky, Berl. klin. Woch. 1902. 1029.
Merck's Bericht 1902. 52.
Pröscher, Ztschr. f. physiol. Chem. **31.** 520.
Clemens, Arch. f. klin. Med. 1901. **74.**
Neubauer, Klin. therap. Woch. 1903. 1205.
Pappenheim, Berliner klin. Woch. 1903, 42 und Münchener mediz. Woch. 1903. 440.
Die Reaktion dient u. a. zum Nachweis von Urobilinogen. Semaine méd. 1913. 361. — Ssmirnitzky, Charkow Med. Journ. 1914. **17.** 226 und Zentralbl. ges. innere Med. 1914. **11.** 469.

**Ehrlich-Weigert**'s Reagens zum Färben mikroskop. Präparate
ist eine gesättigte Lösung von Gentianaviolett in Anilinwasser.
Fortschr. d. Mediz. 1887. 228.

**Ehrmann**'s Pankreasfunktionsprüfung.
Nach einem Palmin enthaltenden Probefrühstück wird der Magen des Kranken ausgehebert und ein kleiner Teil davon mit einer Mischung von 10 g Benzol und 90 g Petroläther geschüttelt. Die ätherische Ausschüttelung wird mit einer Lösung von 3 g Kupfersulfat in 100 ccm Wasser geschüttelt. Bei Fehlen von Pankreasferment bleibt sie farblos, wird aber je nach dem Vorhandensein von mehr oder weniger fettsaurem Kupfer grün gefärbt.
Berl. klin. Woch. 1912. 1363.
Zentralbl. f. innere Med. 1912. 1030.

**Ehrmann**'s Reaktion auf Jod im Harn.
2 ccm Harn versetzt man mit 1 g verd. Salzsäure, 0,5 g Wasserstoffsuperoxyd und 1 g Chloroform oder Toluol. Beim Umschütteln geht etwa vorhandenes Jod in das Chloroform bezw. Toluol mit roter Farbe über.
Berliner klin. Woch. 1913. 1400.

**Eicke**'s Reagens auf Syphilis.
1 Liter ganz frisch destilliertes Wasser wird mit 10 ccm einer 1%igen Goldchloridlösung und 5 ccm einer 5%igen Traubenzuckerlösung zum Sieden erhitzt. Gleich nach dem Aufkochen setzt man tropfenweise eine 5%ige Kaliumkarbonatlösung zu, und zwar so lange, bis die kochende Flüssigkeit eine tiefdunkle Farbe angenommen hat. Es sind hierzu 3,6—4 ccm erforderlich. Das Reagens muß eine klare Lösung von satter purpurroter Farbe sein. Es wird wie Lange's Reag. gebraucht (vergl. dieses).
Medizin. Klinik 1913. 2713.
Merck's Bericht 1913. 439.

**Eigel**'s Reaktionen zur Unterscheidung von Cocain, α-Eucain und β-Eucain.

1 Tropfen einer 1 %igen Lösung des Hydrochlorids versetzt man mit Sublimatlösung (1 : 20): Es entsteht kein Niederschlag = β-Eucain, es entsteht ein Niederschlag = α-Eucain oder Cocain.

1 Tropfen der 1 %igen Lösung versetzt man mit Jodkaliumlösung (1: 10): Es entstehen Krystalle = α-Eucain, es entstehen keine Krystalle = Cocain. Näheres siehe: Apoth. Ztg. 1903. 603. — Ztschr. d. öster. Apoth. Ver. 1903. 1003. — Pharm. Praxis 1903. 291. — Chem. Zentralbl. 1903. II. 900.

**Eiger**'s Reagens auf Glukose

ist eine Modifikation von Pavy's und Sahli's Reagens.

1. Lösung von 4,158 g Kupfersulfat zu 500 ccm Wasser.
2. Lösung von 20,4 g Seignettesalz, 25 g Kalihydrat in 300 ccm Salmiakgeist (D. = 0,88) und Wasser zu 500 ccm.

Deutsche med. Woch. 1906. 261.

**Eijkman**'s Reaktion auf Phenol.

Schichtet man eine Mischung von Äthylnitrit und Phenol über konz. Schwefelsäure, so bildet sich ein roter Ring, beim Mischen eine rote Lösung.

Ztschr. f. analyt. Chem. 22. 576.

**Eijkman**'s Gärungsprobe zur Trinkwasseruntersuchung

beruht auf dem Vorhandensein von thermotoleranten Gärungsorganismen in Warmblüterfaeces und dem Fehlen solcher in einwandfreiem Wasser. Näheres siehe: Zentralbl. f. Bakteriol. 1905 I. 37. 742; 1913 II. 39. 75; Nederl. Tijdschr. v. Geneesk. 1913. II. 1000. — Bulir, Archiv f. Hygiene 1907. 62. 1. — de Waal, Pharm. Weekbl. 1913. 110.

**Eijkman**'s Gärungsprobe für die Wasseruntersuchung

dient zum Nachweis von fäkalischen Verunreinigungen im Trinkwasser. Sie beruht darauf, daß verunreinigte Wässer (Colibakterien) bei 46° Glukose unter Gasentwicklung vergären. Bulir hat sie abgeändert und an Stelle von Glukose Mannit verwendet, außerdem auch noch die Reduktion von Neutralrot zur Verbesserung der Reaktion herangezogen. Näheres siehe: Eijkman, Zentralbl. f. Bakt. 37. Abt. I. 742, Archiv f. Hygiene 54. 386, Chem. Zentralbl. 1905. I. 466 u. 1906. I. 962. — Bulir, Compt. rend. 145. 115, Chem. Zentralbl. 1907. II. 1457. — de Waal, Pharm. Weekblad 1913. 110, Pharm. Zentrh. 1914. 81.

**Eijkman** vergl. auch Eykman.

**Eiloart**'s Reaktion auf Chinin.

Gibt man zu einer wässerigen Lösung von Chinin etwas Bromwasser, dann Quecksilbercyanidlösung und hierauf Calciumkarbonat, so tritt Rotfärbung ein. Empfindlichkeitsgrenze = 1: 500 000. Narcotin und Morphin geben eine ähnliche Reaktion.

Kocht man eine neutrale Chininlösung mit Brom, bis letzteres verdampft ist, so entsteht nach dem Abkühlen der Lösung eine schön grüne Fluoreszenz. Empfindlichkeitsgrenze = 1: 50 000.

Chem. News 50. 102.
Ztschr. f. analyt. Chem. 25. 248.
Chem. Zentralbl. 1884. 850.

**Eimbrodt**'s Reagens auf Ammonsalze

ist eine mit Alkalikarbonat alkalisch gemachte, wässerige Lösung von Quecksilberchlorid. Es bewirkt mit Ammoniak und Ammonsalzen eine weiße Trübung oder Fällung.

Vergl. Bohlig's Reagens.
Merck's Index 1910. 282.
Enzyklop. d. gesamt. Pharm. 1887. III. 596.

**Eimer**'s Reagens zum Härten mikroskop. Präparate

ist identisch mit Hertwig's Reagens.

Behrens' Tabellen 1892. 58.
Enzyklop. d. mikroskop. Techn. 1903. 1045.

**Einar Biilmann**'s Reaktion siehe **Biilmann**.

**Einhorn**'s Reagens auf Blut

ist Benzidinpapier, das durch Tränkung von Filtrierpapier mit einer gesättigten Lösung von Benzidin in Eisessig dargestellt wird. Die Ausführung der Reaktion ist eine Modifikation von Adler's Blutprobe.

Deutsche med. Woch. 1907. 1089.
Klin.-therap. Woch. 1907. 791.
Schumann, Arch. der Pharm. 247. 1.

**Einhorn**'s Reaktion auf Cocaïn

ist identisch mit Biel's Reaktion.

**Einhorn**'s Reagenzien zur Bestimmung pankreatischer Fermente.

1. Stärkeröhrchen. Man reibt 5 g Stärke und 2,5 g Agarpulver in einem Mörser mit etwas Wasser zu einer dünnen Paste an, gibt 2 g Jodtinktur (7 g Jod, 5 g Kaliumjodid und 95 Vol.%iger Alkohol ad 100 ccm) und so viel Wasser zu, daß das Gesamtgewicht 100 g beträgt. Man erhitzt bis zum Siedepunkt und füllt die Mischung in Glaskapillaren von 1—1,5 mm innerem Durchmesser. Nach dem Abkühlen werden die Enden der in 3 cm lange Stücke geschnittenen Kapillaren mit Paraffin verschlossen.

2. Olivenölröhrchen. 1 g Olivenöl verreibt man mit 2,5 g Agarpulver und etwas Wasser zu einer dünnen Paste zusammen, fügt 1 g Phenolphthaleinlösung (1 g Phenolphthalein, 50 ccm Alkohol und 50 ccm Wasser) und 0,5 g wässerige, 5 %ige Kalilauge zu und ergänzt mit Wasser auf 100 g. Die weitere Behandlung wie unter 1.

3. Hämoglobinröhrchen. Man reibt 1 g Hämoglobin mit 10 ccm Wasser zu einer homogenen Masse an, gibt 2,5 g Agarpulver hinzu und ergänzt mit Wasser zu 100 g. Weitere Behandlung wie bei 1. Näheres über die Methode selbst siehe: Berl. klin. Woch. 1912. 2079. — Merck's Bericht 1912. 101.

**Einhorn**'s Reaktion auf Magen- und Duodenalgeschwüre
(Fadenprobe) beruht auf der Braun- bis Schwarzfärbung eines aus geflochtener Seide bestehenden Fadens, der in geeigneter Weise in Magen und Duodenum eingeführt wird. Näheres siehe: Berl. klin. Woch. 1909. 742, 1912. 1419. — Deutsche med. Woch. 1909. 1609. — Wilenko, Med. Klinik 1914. 240.

**Einhorn**'s Reaktion auf Zucker im Harn
beruht auf der Bildung von Kohlensäure bei der Gärung des Harns. Die Reaktion dient hauptsächlich zur quantitativen Bestimmung der Glukose, die nach dem Autor in einem U-förmig konstruierten „Saccharimeter" ausgeführt wird.
Deutsche med. Woch. 1888. 620.
Berl. klin. Woch. 1898. 1050.
Vergl. auch Hammarsten, Physiol. Chem. 1899. 510.
Laves, Pharm. Ztg. 1903. 494. 506.
Lohnstein, ebenda 1903. 573.
Schumm, Münchener med. Woch. 1907. 1235.

**Eiselt**'s Reaktion auf Melanin im Harn.
Mit Chromsäure oder mit Kaliumdichromat und Salpetersäure wird melaninhaltiger Harn braun bis schwarz gefärbt.
Prager Vierteljahres-Schrift **70.** 107 u. **76.** 16.
Zeller, Arch. f. klin. Chir. 1883. 245.

**Eisen**'s Reagens zum Färben mikroskop. Präparate.
a) Eine Lösung von 1 g Thionin in 100 g 10 %igem Alkohol.
b) Eine Lösung von Rutheniumsesquichlorid (Ruthenium oxychloratum ammoniacale) in einer Mischung von 10 Teilen Alkohol, 10 Teilen Glycerin und 80 Teilen Wasser.
Ztschr. f. wiss. Mikroskop. 1897. 200.
Vergl. Merck's Index 1910. 229.

**Eisen**'s Reagens zum Fixieren mikroskop. Präparate
ist eine Lösung von 0,2 oder 0,5 g Iridiumchlorid in 100 ccm 1 %iger Essigsäure.
Ztschr. f. wiss. Mikroskop. 1897. 193.
Merck's Bericht 1897. 84.

**Eisenberg**'s Reagens zum Bakteriennachweis
ist eine Mischung von Chinablau und Cyanosin, die wie die Burri'sche Tusche verwendet wird.
Klin. therap. Woch. 1912. 1151.

**Eissler**'s Reaktion auf Physostigmin.
Physostigmin gibt mit diazotierter Sulfanilsäure in alkalischer Lösung einen roten Farbstoff.
Biochem. Ztschr. 1912. **46.** 502.

**Eitner-Meerkatz**' Reaktion (Schwefelammoniumreaktion) auf Gerbstoffe
siehe: Philip, Collegium 1909. 249. — Chem. Zentralbl. 1909. II. 872.

**Ekehorn**'s Reagens zur Chloridbestimmung im Harn.
a) Man löst 0,332 g Kaliumsulfocyanid in 40 g Wasser und mischt mit konzentr. Eisenalaunlösung bis zu 100 ccm.
b) Man löst 5,815 g Silbernitrat und 50 ccm Salpetersäure in Wasser zu 1000 ccm.
Arch. f. klin. Chir. **79.** Nr. 1.
Presse médicale 1906. 363.

**Ekenstein-Blanksma**'s Reaktion auf Aceton
beruht auf der Fällung des Acetons als p-Nitrophenylhydrazon. Dient zur quantitativen Bestimmung des Acetons.
Rec. Trav. Chim. Bays-Bas 1903. 434.
Möller, Zentralbl. f. klin. Med. 1907. 207.
Graaf, Pharm. Weekblad 1907. 555.

**Ellms-Hauser**'s Reagens auf Chlor.
0,1 %ige Lösung von o-Toluidin in 10 %iger Salzsäure. Dient zum Nachweis von freiem Chlor in mit Chlorkalk desinfizierten Wässern. Man versetzt 100 ccm des zu prüfenden Wassers mit 1 ccm Reagens. Je nach der vorhandenen Chlormenge erhält man gelbe bis grüne Färbungen, die mit Standardlösungen kolorimetrisch verglichen werden können. Als Standardlösung kann man Lösungen von Kupfersulfat und Kaliumdichromat benützen. Näheres siehe: Journ. Ind. Engin. 1913. **5.** 915. — Chem. Zentralbl. 1914. I. 72.

**Ellermann**'s Reaktion auf Spermatozoen.
Von dem zu prüfenden Stoff isoliert man eine Faser, behandelt sie zuerst mit Erythrosinammoniak und dann mit Eisenhämatoxylin. Unter dem Mikroskop findet man dann die Spermatozoen tief schwarz gefärbt.
Hospitalstidende 1911. 1353.

**Ellram**'s Reaktion auf Aceton im Harn.
50 ccm Harn säuert man mit 5 ccm 30 %iger Essigsäure an und destilliert einen Teil ab. 2—3 ccm des Destillates versetzt man mit 1 Tropfen wässeriger Furfurollösung (1:20) und schichtet diese Mischung über 2 ccm konzentr. Schwefelsäure. Nach einigen Minuten oder sofort beim Erwärmen entsteht an der Berührungsfläche eine rosa oder rote Färbung, wenn Aceton vorhanden ist, und zwar noch im Verhältnis von 5:10 000.
Chem. Ztg. 1899. Rep. 171.
Pharm. Zentrh. 1899. 461.

**Ellram**'s Reagens auf Alkaloide, Harze und ätherische Öle
ist eine Lösung von 1 g Vanillin in 100 g Schwefelsäure. Näheres siehe: Chem. Ztg. 1899. Rep. 171.

**Ellram**'s Reaktion auf Rhodanwasserstoff.
Gibt man zu einer Rhodanlösung etwas Ammonvanadat (Pulver) und Schwefelsäure, so entsteht eine blaue Färbung. Empfindlichkeitsgrenze = 1:12 000.
Molybdate geben mit Rhodanlösungen und Schwefelsäure eine gelbe bis blutrote Färbung. Empfindlichkeitsgrenze = 1:1 000 000.

Umgekehrt kann Vanadinsäure und Molybdänsäure mit Rhodankalium nachgewiesen werden. Näheres siehe: Chem. Ztg. 1896. Rep. 153.

**Elsberg**'s Reaktion auf Karzinom
besteht im Nachweis hämolytischer Vorgänge in vivo nach der Injektion gewaschener Erythrozyten in die Subkutis. Näheres siehe: Americ. Journ. Med. Scienc. 1910, Februar. — Carpintero-Gimenez, Rev. Valenciana Cienc. Med. 1913, März—April. — Münchener med. Woch. 1913. 1904.

**Elsner's** Reagens auf Leinen- und Baumwollfaser
ist Krappwurzeltinktur (1:5 Spir. dil.). Das Reagens färbt Leinenfaser orangerot, Baumwolle gelb.

Siehe auch: H a g e r, Pharm. Prax. 1880 II. 39 u. 828.

**Elzholz**' Reagens für mikroskop. Zwecke
ist eine Mischung von 7 g Eosinlösung (2 %) mit 55 g Wasser und 45 g Glycerin. Gebraucht zum Verdünnen des Blutes wie Gower's Reagens.

Wiener klin. Woch. 1894. 587.

**Emanuel**'s Reagens zur Untersuchung des Liquor cerebrospinalis.

a) Man löst 10 g Mastix in 100 ccm absolutem Alkohol und filtriert. Zum Gebrauch wird 1 ccm mit 9 ccm Alkohol verdünnt und diese Mischung rasch in 40 ccm destill. Wasser eingeblasen.

b) 1,25 %ige Kochsalzlösung.

Die Ausführung der Reaktion vergl. Berliner klin. Woch. 1915. 793.

**Emde**'s Reaktion zur Unterscheidung von Methylanilin und Dimethylanilin
beruht auf dem verschiedenen Verhalten der betreffenden Platinchloriddoppelsalze beim Umkrystallisieren aus heißem Wasser, wobei das Doppelsalz des Dimethylanilins zerfällt, während das des Methylanilins unzersetzt bleibt. Näheres siehe: Arch. der Pharm. **247.** 77.

**Endemann**'s Reaktionen auf Phenole.

Etwas von dem zu prüfenden Phenol löst man in Formaldehyd und verdampft diese Lösung fast zur Trockene. Konzentr. Schwefelsäure färbt dann Phenol fuchsinrot, Salicylsäure rot, Eugenol braun, Guajakol violett, Pyrogallol rot, Hydrochinon braun, Resorcin scharlachrot, $\alpha$- und $\beta$-Naphthol grün.

Ztschr. d. öst. Apoth. Ver. **51.** 599.
Ztschr. f. analyt. Chem. **40.** 667.

**Endemann-Prochazka**'s Reaktion auf Kupfer
siehe Denigès' Reaktion oder:

Berl. Ber. **13.** 1144.
Arch. der Pharm. (3) **17.** 395.
Ztchr. f. analyt. Chem. **21.** 265.
Chem. Zentralbl. 1880. 536.

**Enell**'s Reaktion auf Gurjun im Copaivabalsam.

Gibt man zu einer Mischung von 4 ccm Essigäther und 2 Tropfen Schwefelsäure 6—8 Tropfen Copaivabalsam, so tritt bei Anwesenheit von Gurjun innerhalb 1/4 Stunde eine rosa bis violette Färbung auf.

Pharm. Zentrh. 1895. 460.
Vergl. Merck's Bericht 1900. 23.

**Engel**'s Reaktion auf Glykokoll.

Glykokoll gibt mit Eisenchlorid eine intensiv rote Färbung, die auf Säurezusatz verschwindet. — Versetzt man Glykokollösung mit 1 Tropfen Phenol und dann mit Natriumhypochlorit, so erhält man nach kurzer Zeit eine schöne blaue Färbung.

Compt. rend. **80.** No. 17.
Jahresber. ges. Med. 1875. I. 180.

**Engel-Bernard**'s Reagens auf Arsen
ist eine Lösung von 20 g Natriumhypophosphit in 20 ccm Wasser, der 200 ccm Salzsäure (D. = 1,17) zugegeben werden. Der entstandene Niederschlag von Chlornatrium wird von der Lösung getrennt, indem man durch Glaswolle filtriert. Das Reagens wird wie Bettendorf's Reagens verwendet.

Compt. rend. **122.** 390.
B o u g a u l t, Chem. Ztg. 1902. Rep. 175.
Vergl. Loof's Reagens.
Ztschr. f. analyt. Chem. **36.** 42.

**Engel-Turnau**'s Reaktion zur Unterscheidung der Urine von Brust- und Flaschenkindern.

Zu etwa 5 ccm des zu prüfenden Harns werden ohne vorheriges Ansäuern 15—20 Tropfen einer 2 %igen Silbernitratlösung hinzugefügt. Man läßt nun zirka 10 Minuten ruhig stehen. Tritt eine schnelle Schwarzfärbung des entstandenen Niederschlages ein, so hat man es bestimmt mit dem Urin eines Brustkindes zu tun. Will man sich rascher orientieren, so koche man nach Zusatz des Silbernitrates auf. Bleibt der Niederschlag (Chlorsilber) weiß oder nur schwach gefärbt, so stammt der Urin nicht von einem Brustkinde.

Berl. klin. Woch. 1911. 18.
Merck's Bericht 1911. 185.
O s t r o w s k i, Przegl. lekar. 1912. **51.** 699.
Jahrb. f. Kinderheilk. **77.** No. 5.
B o s c h a n, Berl. klin. Woch. 1911. 302.

**Engel-Ville**'s Reagens auf freies Alkali neben Karbonat.

1. Eine mit Calciumkarbonat neutralisierte Lösung von Indigoschwefelsäure. Kaustische Alkalien färben das Reagens gelb, nicht aber kohlensaure Alkalien.
2. Eine Lösung von Poirrier's Blau C 4 B (2: 1000). Dieselbe wird nur durch kaustische Alkalien rot gefärbt.

Compt. rend. **100.** 1073; **102.** 214.
Chem. Zentralbl. 1885. 758; 1886. 169.
M e ß n e r, Ztschr. f. angew. Chem. 1903. 469.

**Engelhardt-Jones'** Reaktion auf Methylalkohol in Äthylalkohol

beruht auf der Oxydation des Methylalkohols mittels Ammoniumpersulfat und Prüfung des Destillats mit Morphium und Schwefelsäure (Violettfärbung). Näheres siehe: Répert. de Pharm. 1910. 512. — Pharm. Journ. 1910. II. 299.

**Engels'** Reaktion auf Eiweiß im Harn

ist eine Kochprobe. Der Harn wird in einem Reagenzglase nur in dem oberen Teile zum Sieden erhitzt und dann etwas Essigsäure zugegeben.

Deutsche med. Woch. 1909. 2064.
Med. Klinik **1910.** 557.

**Engelhorn-Wintz'** Reagens auf Schwangerschaft.

Die Reaktion beruht auf einer Hauterscheinung, die durch Einimpfen von Plazentin (Plazentarextrakt) verursacht wird. An der Impfstelle erscheint als positive Reaktion eine entzündliche Schwellung und Rötung mit einer leicht braunen Verfärbung der Umgebung. Näheres siehe: Münchener med. Woch. 1914. 689. — E s c h , ibidem 1914. **1115.**

**Engler-Wild**'s Reagens auf Ozon

ist mit konzentr. Manganchlorürlösung getränktes Papier, das durch Ozon unter Bildung von Braunstein gebräunt wird.

Berl. Ber. **1896.** 1940.
Chem. Zentralbl. 1896. II. 465.

**Enz'** Reaktion auf echten und künstlichen Perubalsam.

Schüttelt man eine Mischung von 5 Tropfen Perubalsam und 8 ccm Petroläther (D = 0,65 — 0,66) bei 12° nicht überschreitender Temperatur, so scheiden sich bei echtem Balsam an den Wandungen des Reagenzglases harzige Bestandteile aus und der Petroläther bleibt klar. Kunstprodukte geben eine pulverige Abscheidung, die sich wieder aufschütteln läßt, also nicht an der Glaswandung haften bleibt. — Auch mittels Alkohol oder Chloroform läßt sich eine ähnliche Probe ausführen. Näheres siehe Südd. Apoth. Ztg. 1914. 94. — Apoth. Ztg. **1914. 168.**

**Enz'** Reaktion auf Thujon

siehe: Schweizer. Woch. f. Chem. Pharm. 1911. 337. — Pharm. Zentrh. 1911. 1031. — Chem. Zentralbl. 1911. II. 557. — Philippe, ebenda 1911. II. 797.

**Enz'** Reagens auf Veilchenblau

ist eine Zinnchlorürlösung. Es erzeugt im wässerigen Auszug von Veilchen einen veilchenblauen Niederschlag.

Wittstein's Viertelj. Schr. f. prakt. Pharm. **2.** 4.
Schmidt's Jahrb. d. Med. 1854. **81.** 272.

**Ephraim**'s Reagens auf Thallosalze

ist eine Lösung von Antimontrioxyd in verdünnter Salzsäure, die bis zur beginnenden Trübung mit Wasser und dann mit Kaliumjodid versetzt wird. Saure und neutrale Thallosalze geben mit diesem Reagens einen voluminösen orange- bis zinnoberroten Niederschlag.

Ztschr. f. anorg. Chem. **58.** 353.

**Eppinger**'s Reaktion auf Glyoxylsäure.

Versetzt man Glyoxylsäurelösung mit 0,1 %iger Indollösung und schichtet diese Mischung auf konzentr. Schwefelsäure, so entsteht ein roter Ring. Empfindlichkeitsgrenze = 1: 20 000. An Stelle von Indol kann auch Skatol verwendet werden.

Hofmeister's Beitr. z. chem. Phys. u. Path. 1905 **(6.)** 495.
Ztschr. f. analyt. Chem. 1907. 270.
Merck's Bericht 1906. 154.
Vergl. Schloß' Reaktion.
G r a n s t r ö m , Hofmeister's Beitr. 1907, 132.

**Erb**'sche Reaktion.

(Entartungsreaktion.) Die Reaktion beruht auf Zuckungen der in Entartung begriffenen Muskeln unter der Einwirkung elektrischer (galvanischer) Reize. Näheres siehe: Forli, Med. Klinik 1912. 1865.

**Erck**'s Reaktion auf Perchlorsäure im Chilisalpeter.

Das im Salpeter enthaltene Chlorid wird in konzentr., wässeriger Lösung durch Kochen mit Salpetersäure und Alkohol zerstört, die erhaltene chloridfreie Mischung mit Natriumkarbonat neutralisiert und zur Trockene eingedampft. Nach dem Glühen des Rückstandes enthält derselbe bei Gegenwart von Perchlorsäure wieder Chlorid, was in wässeriger Lösung durch Silbernitrat nachgewiesen wird.

Chem. Ztg. **21.** 10.
Ztschr. f. analyt. Chem. **37.** 45.
W i n t e l e r , Chem. Ztg. **21.** 75.
Vergl. Rabuteau's Reaktion.
A n d e n - F o w l e r , Chem. News. **72.** 163.
B l a t t n e r , Chem. Ztg. **22.** 589; **24.** 767.

**Erdmann**'s Reagens auf Alkaloide

ist eine Mischung von verdünnter Salpetersäure mit konzentr. Schwefelsäure (10 Tropfen auf 20 ccm). Das Reagens gibt mit verschiedenen Alkaloiden Farbenerscheinungen; so färbt sich Brucin rot, dann gelb, Digitalin braun, später rot, Morphin rötlich, später braungrün, Papaverin violett, dann blau, Thebain blutrot etc.

H a g e r , Pharm. Prax. 1880. I. 208—210.
Liebig's Annal. **120.** 188.
Ztschr. f. analyt. Chem. **1.** 224—228.
Répert. de. Chim. pur. 1862. 205.
H u s e m a n n , Ztschr. f. analyt. Chem. 3. 149.

Erdmann benutzt auch eine Mischung von Schwefelsäure und Braunstein als Reagens und beschreibt die Einwirkung von Ammoniak auf die Reaktionsprodukte dieser Reagenzien auf die Alkaloide.

Schmidt's Jahrb. d. Med. 1862. **113.** 145.
Chem. Zentrbl. 1862. 236.

**Erdmann**'s Reagens auf Kalium und Rubidium.

Zu einer Lösung von 30 g Cobaltnitrat in 60 ccm Wasser gibt man 100 ccm wässerige, 50 %ige Natriumnitritlösung und 10 ccm Eisessig. Das Reagens gibt mit Kalium- und Rubidiumsalzen einen gelben Niederschlag. Empfindlichkeitsgrenze = 1: 10 000.
Erdmann, Anorgan. Chem. 1900. 613.
Ztschr. f. analyt. Chem. 3. 161.
Journ. f. prakt. Chem. 97. 385.
Vergl. Fischer's Reaktion auf Cobalt.
Gilbert, Dissert. Tübingen 1898.
Autenrieth-Kernheim, Chem. Ztg. 1903. Rep. 5.
Saint-Evre, Compt. rend. 35. 552.

**Erdmann**'s Reaktion auf Nitrite im Wasser.

(Bagdad-Reagens.) 50 ccm Wasser versetzt man mit 5 ccm einer salzsauren Sulfanilsäurelösung (2 g sulfanilsaures Natrium im Liter) und nach 10 Minuten mit etwa 0,5 g (1,8 Amidonaphthol- 4,6 disulfosäure) Amidonaphtholdisulfosäure in fester Form. Bei Anwesenheit von salpetriger Säure entsteht eine leuchtend bordeauxrote Färbung. Empfindlichkeitsgrenze = 1: 300 Millionen auf Natriumnitrit bezogen.
Ztschr. f. angew. Chem. 1900. 35.
Pharm. Zentrh. 1900. 78. 237. 558; 1901. 503.
Ztschr. f. analyt. Chem. 41. 703.
Mennicke, Ztschr. f. angew. Chem. 1900. 255. 771, verwendet an Stelle von Sulfanilsäure den schneller diazotierbaren p-Amidobenzoesäureester.
Romijn, Chem. Ztg. 24. 145. 241.
Fernau, Ztschr. f. analyt. Chem. 41. 705.
Spiegel, Berl. Ber. 33. 639.

**Erdmann**'s Reaktion auf p-Phenylendiamin.

1. Die Lösung von p-Ph. in wenig verdünnter Salzsäure mit Natriumhypochlorit versetzt, gibt einen weißen Niederschlag von Chinondichlordiimin, der aus verdünntem Alkohol in langen Nadeln vom Schmelzp. 124° krystallisiert.
2. Mit Schwefelwasserstoff und Eisenchlorid gelinde erwärmt, färbt sich die salzsaure Lösung violett.
3. Wird eine sehr verdünnte, schwach saure Lösung von p-Ph. und Anilin mit Eisenchlorid versetzt, so entsteht eine blaue Färbung (Indaminreaktion).
4. Fichtenholz und Holzpapier werden durch p-Ph.-Lösung rot gefärbt (Ligninreaktion).

Schweizer Woch. f. Chem. u. Pharm. 1904. Nr. 50.
Pharm. Ztg. 1904. 1105.
Ztschr. f. angew. Chem. 1905. 1378; 1906. 1053.
Merck's Bericht 1906. 113.

**Erdmann-Winternitz**' Tryptophan-Reaktion

beruht auf einer rosa bis rotvioletten Farbenerscheinung, wenn frisch bereitetes Chlor- oder Bromwasser mit Magensaft zusammengebracht wird, der aus einem mit Krebs behafteten Magen stammt. Die Möglichkeit, mit dieser Reaktion Magen - Karzinom nachzuweisen, wird von Sigel bestritten.
Münchener med. Woch. 1903. 982.
Gläßner, Berliner klin. Woch. 1903. 599.
Volhard, Münchener med. Woch. 1903. 2129.
Sigel, Berliner klin. Woch. 1904. 299.
Germonig, Wiener klin. Woch. 1907. 284.
Abderhalden, Ztschr. f. physiol. Chem. 66. 137.

**Erlenmeyer**'s Reaktion auf Kreatin

beruht auf der Bildung von Benzalacetylkreatinin vom Schmelzp. 213°, wenn Kreatin mit Benzaldehyd und Essigsäureanhydrid erhitzt wird. Näheres siehe: Liebig's Annalen 284. 51.

**Erlenmeyer-Lewinstein**'s Reagens auf freie Säure in Aluminiumsulfat

ist Ammonium-Magnesiumphosphat, das sich mit neutralem Aluminiumsulfat zu einer neutral reagierenden Flüssigkeit umsetzt.
Stein, Chem. Zentralbl. 1868. 126.

**Erlicki**'s Reagens zum Färben mikroskop. Präparate

ist eine Lösung von 5 g Methylgrün in 200 ccm 1 %iger Essigsäure. Gebraucht zur Gewebe- und Kernfärbung, für Zentralnervensystem etc.
Behrens' Tabellen 1892. 111.

**Erlicki**'s Reagens zum Härten mikroskop. Präparate

ist eine Lösung von 5—10 g Kupfersulfat und 25 g Kaliumbichromat in 1 Liter Wasser.
Warschauer Med. Zeit. 23. Nr. 15 u. 18.
Vergl. Müller's Reagens.
Plessen, Ztschr. f. wiss. Mikroskop. 1891. 390.
Behrens' Tabellen 1892. 56.
Eberth-Friedländer, Mikroskop. Techn. 1894. 31. 55.
Enzyklop. d. mikroskop. Techn. 1903. 146.

**Erlwein-Weyl**'s Reagens zur Unterscheidung des Ozons von salpetriger Säure und Wasserstoffsuperoxyd.

Man löst 0,1—0,2 g Metaphenylendiaminchlorhydrat in 90 ccm Wasser und 10 ccm 5 %iger Natronlauge. Zu 25 ccm dieses Reagenzes gibt man etwas von der zu prüfenden Flüssigkeit. Bei Anwesenheit von Ozon tritt Rotfärbung auf. Salpetrige Säure und Wasserstoffsuperoxyd wirken auf das Reagens (in alkalischer Lösung) nicht ein.
Berl. Ber. 31. 3158.
Denigès, Bull. Soc. Chim. Paris 1891. 293.
Ztschr. f. analyt. Chem. 40. 113.
Arnold-Mentzel, Berl. Ber. 35. 1324.

**van Ermengem**'s Reagens zur Bakterienfärbung.

Fixierungsflüssigkeit: Man löst 1 g Osmiumsäure und 20 g Gerbsäure in 150 ccm Wasser und gibt 8 Tropfen Essigsäure zu.

Sensibilisierungsflüssigkeit: Man löst 6 g Gerbsäure, 1 g Gallussäure und 20 g geschmolzenes Natriumacetat in 700 ccm Wasser.

Journ. Roy. Microsc. Soc. 1893. 405.
Ztschr. f. wiss. Mikroskop. 1894. 98.
Vergl. Enzyklop. d. mikroskop. Techn. 1903. 428.

**Esbach**'s Reagens auf Eiweiß im Harn.

Man löst 1 g Pikrinsäure und 2 g Citronensäure in 100 ccm Wasser. Das Reagens gibt mit eiweißhaltigem Harn nach dem Ansäuern mit Essigsäure einen gelben Niederschlag. (Die quantitative Eiweißbestimmung mit diesem Reagens ist nicht zuverlässig.)

Gaz. méd. de Paris 1874. 61.
Zentralbl. f. d. mediz. Wissensch. 1880. 430.
Jaffé, Ztschr. f. physiol. Chem. 10. 391.
Neubauer und Vogel, Analyse des Harns. 10. Aufl., (1898) 437 u. 844.
Christensen, Virchow's Archiv 115. 128 oder
Ztschr. f. analyt. Chem. 30. 109.
Grutterink, Neederl. Tijdschr. v. Pharm. 6. 75.
Rößler, Apoth.-Ztg. 14. 293.
Dufau, Journ. de Pharm. et de Chim. 1903. 253.
Chem. Ztg. 1903. Rep. 252.
Itallie, Pharm. Ztg. 1905. 283.
Schweissinger, Münchener med. Woch. 1904. 1172.
Häussermann, Nouv. Remèd. 1907. 183.
Calvert, Münchener med. Woch. 1907. 1386.
Moewes, Deutsche med. Woch. 1912. 1035.
Aufrecht, Apoth. Ztg. 1909. 912.
Weitbrecht, Schweiz. Woch. Chem. Pharm. 1910. 32, 209.
Courtin, ebenda 1912. 388.
Pfeiffer, Berl. klin. Woch. 1912. 114, 1913. 678.
Schmiz, Pfau, Pharm. Ztg. 1914. 134.
Claudius, Münchener med. Woch. 1912. 2218.

**Esbach-Gawalowski**'s Reagens auf Eiweiß.

Man löst 10 g Pikrinsäure und 20 g Citronensäure in 500 ccm Wasser, gibt 300 ccm 95 %igen Alkohol zu und bringt die Mischung mit Wasser auf 1 Liter. Führt man die Reaktion im Esbach'schen Albumimeter bei 40—60° C. aus, so kann man das Resultat schon nach der halben Zeit ablesen, als dies bei gewöhnlicher Temperatur der Fall ist.

Pharm. Post 1900. 33.
Pharm. Zentrh. 1900. 365.

**Esch**'s Choleraelektivnährboden.

Man löst 5 g Hämoglobin (Merck) in 15 ccm Normalnatronlauge und 15 ccm Wasser und gibt von dieser Lösung 15 ccm zu 85 ccm Neutralagar. Nach dem Ausgießen in Platten kann dieser Nährboden nach dem Abtrocknen sofort verwendet werden.

Deutsche med. Woch. 1912. 1682.

**Eschbaum**'s Reagens auf aktivierten Sauerstoff im Wasser.

Man löst 1 g Tetramethylparaphenylendiamin in 100 ccm heißem Wasser und 20 Tropfen Eisessig und entfärbt diese Lösung mit Zinkstaub. — Ozonhaltiges, d. h. aktivierten Luftsauerstoff enthaltendes Wasser färbt sich mit dem Reagens sofort tiefblau. Wasserstoffsuperoxyd gibt diese Reaktion erst nach Zusatz von Ferrosulfat sofort.

Pharm. Ztg. 1897. 77.
Pharm. Zentrh. 1897. 133.

**Esprit**'s Reaktion auf Glukose im Harn.

Erhitzt man glukosehaltigen Harn mit Kalilauge, so entsteht eine braune Färbung, die in ihrem Grade dem Glukosegehalt entspricht. Man kann diese Reaktion zu einer oberflächlichen kolorimetrischen Bestimmung benützen, wenn man sich mit Traubenzucker Lösungen von bestimmtem Gehalt anfertigt und mit Kalilauge behandelt. Sie dienen als Vergleichsflüssigkeit.

Journ. de pharm. et de chim. 1854. II. 44.

**Étard**'s Reaktion

ist eine für die Synthese von Aldehyden und gewissen Ketonen wichtige Reaktion, die unter der Einwirkung von Chromylchlorid aut Kohlenwasserstoffe vor sich geht.

Berl. Ber. 17. 1462 u. 1700.
Weiler, ebenda 32. 1050.

**Eugling**'s Alizarinreaktion (Milchprobe)

siehe: Stohmann, Die Milch und Molkereiprodukte 328. — Höft, Milchwirtsch. Zentralbl. 1912. 41. 213. Chem. Zentralbl. 1912, I. 1864.

**Eulenberg**'s Reaktion auf Kohlenoxydblut.

Mischt man 1 ccm Blut mit 2 ccm Natronlauge (D. = 1,3) und gibt 2,5 ccm Chlorkalklösung zu, so färbt sich die Mischung bei Anwesenheit von Kohlenoxyd carminrot.

**Euler**'s Reaktionen

beruhen auf Farbenerscheinungen beim Zusammenreiben von Jod mit den verschiedensten Stoffen wie Salzen, Alkaloiden, Extrakten usw. Näheres siehe: Jahrb. f. prakt. Pharm. 1839, 151.

**Eury**'s Reaktion auf Formaldehyd in Milch.

Erwärmt man eine Mischung von 5 ccm Milch, 5 ccm Schwefelsäure und 5 Tropfen $^1/_{100}$ Normal-Eisenchloridlösung bis zum Sieden, so entsteht bei Anwesenheit von Formaldehyd eine violette Färbung.

Bull. Scienc. Pharmacol. 1904. 85.
Südd. Apoth. Ztg. 1906. 187.
Chem. Zentralbl. 1904. II. 737.
Pharm. Ztg. 1904. 771.
Vergl. Lindet's u. Leach's Reaktion.

**Everard-Demoor-Massart**'s Reagens zum Färben mikroskop. Präparate.

Man löst 20 g Alaun in 200 ccm heißem Wasser, filtriert und läßt 24 Stunden stehen. Alsdann gibt man eine Lösung von 1 g Hämatoxylin in 10 g Alkohol zu, filtriert nach 8tägigem Stehen und gibt dann ein gleiches Volumen einer Lösung von 1 g Eosin in 100 ccm 25 %igem Alkohol und 50 g Glycerin zu.

Annal. Instit. Pasteur 1893. 166.
Merck's Report 1900. 377.

**Ewald**'s Reagens auf Salzsäure im Magensaft ist eine Lösung von Ferriacetat und Rhodankalium.
Tagebl. d. Naturf.-Vers. zu Eisenach. 1882. 251.
Vergl. Mohr's Reagens.

**Ewins**' Reaktion auf Adrenalin.
1. Man gibt zu 1 ccm Adrenalinlösung (1: 100 000) 1 ccm 1 %ige Natriumacetatlösung, 4—5 Tropfen Quecksilberchloridlösung (1: 1000) und erwärmt auf 40—50 °. Es entsteht sofort eine rosarote Färbung. Bei 15 ° entsteht letztere erst im Laufe von 4—5 Minuten.
2. Adrenalin gibt mit Kaliumpersulfatlösung beim Erwärmen eine rote Färbung. Empfindlichkeitsgrenze = 1: 5 000 000.
Journal of Physiol. 1910. **40.** 323.
Merck's Bericht 1910. 80.
Pharm. Zentrh. 1911. 1033.

**Eykman**'s Reaktion auf Phenol.
Versetzt man verdünnte Phenollösung mit einigen Tropfen Äthylnitrit in Alkohol (Spirit. aetheris nitrosi) und dem gleichen Volumen konzentr. Schwefelsäure, so färbt sich die Mischung rot. (Event. Schichtprobe.) Empfindlichkeitsgrenze = 1: 2 Millionen.
New Remedies. **11.** 340.
Ztschr. f. analyt. Chem. **22.** 576.
Enzyklop. d. gesamt. Pharm. 1888. IV. 221.

**Eykman**'s Reaktion auf Thymol in Menthol.
Man löst eine kleine Menge Menthol in 1 ccm Eisessig und gibt 5 Tropfen Schwefelsäure und 1 Tropfen Salpetersäure zu. Bei Anwesenheit von Thymol entsteht eine blaue Färbung.
Merck's Report 1900. 377.

**Eykman** vergl. auch Eijkman (es handelt sich hier jedenfalls um denselben Autor, der in der Literatur nur verschieden geschrieben wird).

F **abinyi**'s Reaktion auf Aceton.
Kondensiert man Aceton mit Salicylaldehyd mittels Alkalien, so entsteht Dioxydibenzalaceton, das mit Alkalien eine karmoisinrote Färbung liefert.
Chem. Zentralbl. 1900. II. 302.
Vergl. Frommer's Reaktion.

**Facen**'s Reaktion auf künstliche Weinfarbstoffe.
Versetzt man echten Rotwein mit gleichen Teilen grob gepulvertem Braunstein und rührt fleißig durch, so tritt in etwa 1/4 Stunde Entfärbung ein. Künstlich gefärbter Wein bleibt dagegen mehr oder weniger gefärbt.
Journ. méd. de Bruxelles 1868. 151.
Ztschr. f. analyt. Chem. **9.** 121.
W i t t s t e i n, Vierteljahresschr. f. prakt. Pharm. **18.** 211. od. Ztschr. f. analyt. Chem. **9.** 121.

**Fagès**' Reaktion auf Zinnoxydulsalze.
Eine verdünnte, alkalische Lösung von Stannosalzen gibt mit einigen Tropfen Nitroprussidnatrium eine graurote Färbung, die durch wenig Salzsäure in Blau übergeht, durch viel Salzsäure entfärbt wird. Die entfärbte Lösung gibt mit Ferricyankalium einen Niederschlag von Turnbull's Blau.
Ann. Chim. analyt. appl. **7.** 442.
Chem. Zentralbl. 1903. I. 252.

**Fairbank**'s Reagens zur Bestimmung der Phosphorsäure
ist eine Molybdänsäurelösung. Man löst 100 g Molybdänsäure in 80 ccm Ammoniakflüssigkeit und 400 ccm Wasser, filtriert und gießt unter Umschwenken in eine Mischung von 300 ccm Salpetersäure (D. = 1,42) und 700 ccm Wasser (oder in 1 Liter Salpetersäure 1,185). Näheres siehe: Chem. Ztg. 1897. Rep. 92. — R e i c h a r d, Chem. Ztg. 1903. 833.

**Fairley**'s Reaktion auf Uran
beruht auf der Bildung von $UO_4$, wenn Uranlösungen mit Wasserstoffsuperoxyd versetzt werden. Noch bei 0,5 mg Uran oder 0,05 mg $H_2O_2$ entsteht der Niederschlag von $UO_4$.
Chem. News **62.** 227.
Ztschr. f. analyt. Chem. 1905. 433.
Vergl. Aloy's Reaktion auf Uran.

**Falck**'s Reagens für mikroskop. Zwecke
ist eine Lösung von 2 ccm Anilin, 4 ccm Essigsäure und 194 ccm 50 %igem Alkohol. Dient als Aufhellungsmittel in der botanischen Mikroskopie zur Anfertigung von Dauerpräparaten, die aus oxalathaltigen Drogen hergestellt werden.
Archiv der Pharm. 1912. 49.

**Falk's** Reagens auf Blut
ist eine Modifikation von Almén's Reaktion.
Siehe: Pharm. Zentrh. 1897. 567.
Merck's Report. 1900. 377.
Viertelj.-Schr. f. ger. Med. 1893. 60.
Zentralbl. f. Physiol. 1894. 723.

**Fañanás**' Reagens zum Färben mikroskopischer Präparate.
a) Lösung von 1 g Urannitrat in 100 ccm Wasser und 15—20 ccm Formaldehyd (40 %). — b) 1,5 %ige wässerige Silbernitratlösung. — c) Lösung von 1 bis 2 g Hydrochinon in 100 ccm Wasser und 6 ccm Formaldehyd mit Zusatz von soviel Natriumsulfat, daß die Mischung eine hellgelbe Färbung annimmt.
Ztschr. f. wiss. Mikroskop. 1913. **30.** 251.

**Faraday**'s Reaktion auf Stickstoff in organischen Verbindungen
beruht auf der Bildung von Ammoniak (und dessen Nachweis mittels Lackmuspapier) beim Erhitzen organischer stickstoffhaltiger Verbindungen mit Natronkalk. Vergl. B r a c h und L e n k, Chem. Ztg. **35.** 1180 und V a r r e n t r a p p p und W i l l, Annalen d. Pharm. **39.** 265.

**Farrant**'s Reagens zur Konservierung mikroskop. Präparate

ist eine Lösung von arabischem Gummi in Wasser und Glycerin, der arsenige Säure zugesetzt ist. (Einschlußmittel.) Zur Darstellung mischt man gleiche Teile Glycerin, gesättigter Arseniklösung und Gummilösung; nach anderer Lesart besteht das Reagens aus 2 g Arsenik, 50 g arab. Gummi, 50 ccm Wasser und 50 ccm Glycerin.

Merck's Index 1902. 270.
Behrens' Tabellen 1892. 64.
Eberth - Friedländer, Mikroskop. Techn. 1894. 132.

**Faßbender**'s Reagens zur Bestimmung der Eiweißstoffe siehe Stutzer's Reagens.

Berl. Ber. 13. 1821.

**Faure**'s Reaktion auf echten Weinfarbstoff.

10 ccm Rotwein versetzt man mit 2—3 ccm 2 %iger Tanninlösung und ebensoviel 2 %iger Gelatinelösung. Wenn der Wein genügend Gerbsäure enthält, genügt der Zusatz von Gelatinelösung allein. Echter Weinfarbstoff wird bei dieser Behandlung gefällt, künstliche Farbstoffe bleiben in Lösung.

Ztschr. f. analyt. Chem. 9. 122; 15. 485.

**Fauré-Fremiet**'s Reagens zum Färben mikroskopischer Präparate

ist eine Lösung von 0,5 g Anilinblau (wasserlöslich), 2 g Orange G und 2 g Oxalsäure in 100 ccm Wasser. Näheres siehe: Ztschr. f. wiss. Mikroskop. 1911. 28. 90.

**Feder**'s Reagens auf Formaldehyd (und Aldehyde).

Zu 100 ccm 2 %iger Quecksilberchloridlösung gibt man eine Lösung von 10 g Natriumthiosulfat und 8 g Natriumhydroxyd in 100 ccm Wasser. Diese Lösung wird durch Formaldehyd sofort unter Abscheidung von Quecksilber getrübt. Dieses Reagens ist wenig stabil, weshalb sich folgende getrennte Lösungen empfehlen: a) Eine Lösung von 20 g Quecksilberchlorid im Liter Wasser; b) eine Lösung von 80 g Ätznatron und 100 g Natriumsulfit zum Liter. Zum Gebrauch gibt man gleiche Teile von a und b zusammen.

Arch. der Pharm. 1907. 25.
Merck's Report 1907. 139.
Chem. Zentralbl. 1907. I. 1355.
Südd. Apoth.-Ztg. 1907. 288.

**Feder**'s Reaktion auf Wasserstoffsuperoxyd in Milch.

Erwärmt man 5 ccm Milch, 5 ccm Salzsäure (1,19) und einige Tropfen Formaldehyd 3—4 Minuten auf 60°, so entsteht bei Anwesenheit von Wasserstoffsuperoxyd eine blauviolette Färbung. Empfindlichkeitsgrenze = 0,006: 100.

Ztschr. f. Unters. Nahr.-Genußm. 1908. 234.
Chem. Ztg. 1908. Rep. 211.
Wilkinson, Ztschr. f. Unters. Nahr.-Genußm. 16. 515.

**Feeser**'s Hämatoxylinlösung.

3 g Hämatoxylin löst man in 25 ccm Alkohol und gibt 72 ccm gesättigte Alaunlösung zu.

Ztschr. f. wiss. Mikroskop. 1912. 29. 603.

**Feeser**'s Jodhämatoxylinlösung zur Bakterienfärbung.

3 g Hämatoxylin löst man in 20 ccm Alkohol und gibt 60 ccm gesättigte Alaunlösung und 2 g alkoholische Jodlösung zu.

Ztschr. f. wiss. Mikroskop. 1912. 29. 602.

**Fehling**'s Reagens auf Glukose.

1. Eine wässerige Lösung von Kupfersulfat in Wasser 34,64 g : 500 ccm.
2. 173 g Seignettesalz und 150 ccm Kalilauge (D. = 1,14) mit Wasser zu 500 ccm gelöst.

Zum Gebrauch mischt man gleiche Teile 1 und 2. Das Reagens wird beim Kochen mit Glukoselösung unter Abscheidung von rotem Kupferoxydul entfärbt. 1 ccm Reagens = 0,005 g Glukose. Empfindlichkeitsgrenze = 1:500.

Liebig's Annal. 72. 106, 106. 75.
Arch. f. physiol. Heilkunde 1848. 64.
Chem. Zentralbl. 1850. 244; 1858. 527.
Hager, Pharm. Prax. 1880. I. 976.
Schmidt, Pharm. Chem. 1896. II. 828.
Mohr, Titriermethode 1896. 537.
Ztschr. f. analyt. Chem. 20. 425—451; 22. 215.
Horton, Ztschr. f. analyt. Chem. 31. 713. oder Journ. of analyt. chem. 4. 370.
Bornträger, Ztschr. f. angew. Chem. 1893. 600.
Woy, Ztschr. f. analyt. Chem. 37. 254.
Eury, Pharm. Zentrh. 1900. 274.
Bull. Soc. Chim. Paris (3) 23. 41.
Schaer, Ztschr. f. analyt. Chem. 42. 4.
Gaud, Compt. rend. 119. 650.
Naunyn, Diabetes mellitus; Wien 1898. 436.
Neumayer, Arch. f. klin. Mediz. 67. 195.
Schweißinger, Münchener med. Woch. 1904. 1172.
Kröger, Pharm. Ztg. 1905. 272.
Lavalle, Chem. News 1905. 209; Chem. Ztg. 1906. 17.
Bilinski, Merck's Bericht 1905. 223.
Grube, Pharm. Ztg. 1907. 477.
Maclean, Lancet 1907, No. 4402.
Deutsche med. Woch. 1908. 162.

**Fehling**'s Reaktion auf Stearinsäure in Wachs.

2 g Wachs kocht man mit 40 g Alkohol 45 Minuten lang, läßt dann erkalten und filtriert nach mehreren Stunden. Ist Stearinsäure vorhanden, so wird das Filtrat durch Wasser gefällt oder milchig getrübt.

Ztschr. f. analyt. Chem. 12. 326.

**Feinberg**'s Reaktion auf Apomorphin.

1. Fügt man zu einer verdünnten Apomorphinlösung ein wenig Persulfat und Bleisuperoxyd hinzu, so entsteht eine rehbraune Färbung, welche beim Schütteln mit Benzol un-

verändert bleibt, das Benzol bleibt farblos. (Wenig empfindlich und nicht charakteristisch.)

2. Eine verdünnte, wässerige Apomorphinlösung versetzt man mit 3 Tropfen einer 1%igen Ferricyankaliumlösung und schüttelt mit 1 ccm Benzol. Das Benzol färbt sich amethystviolett. Nach Zusatz einiger Tropfen Natriumkarbonatlösung und erneutem Schütteln geht die Färbung der Benzolschicht in Violettrot und nach längerem Stehen in Violett über. Freie Säure stört die Reaktion, welche sehr empfindlich ist (noch 0,000 003 in 1 ccm). Morphin gibt diese Reaktion nicht und verhindert sie auch nicht.

Ztschr. f. physiol. Chemie. 1913. **84.** 374.
Merck's Bericht 1913. 112.

**Felke**'s Reaktion zur Unterscheidung zwischen den Seren Typhuskranker und gegen Typhus Geimpfter

ist eine Komplementablenkungsreaktion. Näheres siehe: Münchener med. Woch. 1915. **578.**

**Fendler**'s Reaktion auf Eigelb in Margarine

beruht auf der Löslichkeit des Vitellins in 1%iger Kochsalzlösung und seiner Unlöslichkeit in Wasser. Es wird deshalb bei der Dialyse seiner Lösung in Kochsalzlösung abgeschieden. Näheres siehe: Pharm. Zentrh. 1903. 371. — Pharm. Ztg. 1903. 542. — Apoth. Ztg. 1903. 483.

**Fendler**'s Reaktion auf Methylalkohol in Äthylalkohol

beruht auf der Oxydation des Methylalkohols durch Kaliumpermanganat und Nachweis des gebildeten Formaldehyds mittels Kentmann's Reagens. Näheres siehe: Ztschr. f. angew. Chem. 1905. 1607. — Arbeit. a. d. pharm. Instit. Berlin 3. 1. — Ztschr. f. analyt. Chem. 1909. 310. — Chem. Zentralbl. 1906. II. 821.

**Fendler-Mannich**'s Reaktion auf Methylalkohol

siehe: Fendler's Reaktion.

**Fenton**'s Indikator für Acidimetrie

ist Methylfuril (des Autors Reagens auf Harnstoff) in wässerig-alkoholischer Lösung, mit welchem Papier getränkt wird. Dieses Reagenz-Papier wird durch primäre Amine in essigsaurer Lösung grün gefärbt. Harnstoff und starke Salzsäure färben es blau, Alkalien violett.

Die durch Zusammenschmelzen von Methylfuril und Harnstoff entstehende Base ist farblos und wird durch Säuren blau gefärbt.

Durch Kochen von alkoholischer Methylfurillösung mit $\beta$-Naphthylamin erhält man einen Indikator, der durch Säuren intensiv grün gefärbt wird.

Chem. Zentralbl. 1906. II. 276.
Proc. Cambridge Phil. Soc. **13.** 298.
Journ. Chem. Soc. **83.** 187.

**Fenton**'s Reagens auf Harnstoff

ist Methylfuril $C_4H_3O.CO.CO.C_4H_2O.CH_3$ oder der Ketoaldehyd $CHO.C_4H_2O.CO.C_4H_2O.CH_3$. Mischt man diesen Körper mit etwas Harnstoff und gibt eine Spur Phosphoroxychlorid oder Acetylchlorid zu, so entsteht eine schöne blaue Färbung. Empfindlichkeitsgrenze = 0,01 mg Harnstoff.

Chem. News **87.** 18.
Chem. Zentralbl. 1903. I. 421.
Proc. Chem. Soc. **18.** 243.
Journ. Chem. Soc. **83.** 187.
Ztschr. f. angew. Chem. 1903. 991.
Ztschr. f. analyt. Chem. 1904. 120.

**Fenton**'s Reagens auf Ketohexosen

ist Para-Phenylhydrazinsulfosäure. Näheres siehe: Chem. News **90.** 182. — Ztschr. f. analyt. Chem. **45.** 650. — Merck's Report 1907. 80.

**Fenton**'s Reagens auf Natrium.

Dihydroxyweinsäure gibt mit Natriumsalzen einen fast unlöslichen Niederschlag. Ammon- und Kaliumsalze sollen die Reaktion nicht beeinträchtigen.

Chem. News **70.** 302.
Journ. Chem. Soc. **65.** 899.
Chem. Zentralbl. 1898. I. 688.
Ztschr. f. analyt. Chem. **36.** 694.

**Fenton**'s Reaktion auf Weinsäure.

Gibt man zu einer Lösung von freier Weinsäure oder von Alkalitartrat etwas Ferrochlorid oder Ferrosulfat, 2 Tropfen Wasserstoffsuperoxyd und einen Überschuß von Alkali, so entsteht eine schöne Violettfärbung.

Chem. News **43.** 110.
Ztschr. f. analyt. Chem. **21.** 123.
Proc. Chem. Soc. 1897. 119.

**Fenton**'s Reaktion auf Zucker (Hexosen).

4 ccm Urin versetzt man mit wasserfreiem Calciumchlorid, bis eine Paste entstanden ist, und kocht letztere mit 10 ccm Toluol (Vorsicht, weil feuergefährlich!) und einigen Tropfen Phosphortrichlorid einige Minuten lang. Man gießt das Toluol ab, läßt erkalten und gibt zuerst 1 ccm Malonsäureaethylester und etwas Alkohol und dann tropfenweise alkoholische Kalilauge zu, wobei eine charakteristische Rosafärbung auftritt. Diese Mischung zeigt nach dem Verdünnen mit Alkohol und Wasser bei Gegenwart von Zucker eine blaue Fluoreszenz. (Diese Reaktion geben nur die Hexosen und höheren Homologen, nicht aber die Pentosen.)

Proceed. Cambridge Phil. Soc. 1907. **(14.)** 24.
Lancet. 1907. **215.**
Münchener med. Woch. 1907. 688.
Apoth. Ztg. **1907.** 423.
Chem. Zentralbl. 1907. II. 850.

**Fenton-Barr**'s Reaktionen auf organische Säuren.

Ameisensäure, Oxalsäure, Dioxyweinsäure, Brenztraubensäure, Dimethylglutarsäure, Zuckersäure, Milchsäure, Lävulinsäure und Oxalessigsäure geben bei gewöhnlicher Temperatur und bei Anwesenheit von konz. Schwefelsäure mit Phenolen (Phenol, Resorcin, Pyrogallol und o-Kresol) Farbenreaktionen. Näheres siehe: Proceed. of the Cambridge Philos. Soc. **14.** 386.

**Fenton-Millington**'s Reaktion auf Methylfurfurol.
Methylfurfurol (ferner Chlor-, Brom-, Jod- und Acetoxymethylfurfurol) liefert beim Erhitzen mit Dimethylanilin und wasserentziehenden Mitteln (Zinkchlorid, Phosphoroxychlorid, wasserfreier Oxalsäure etc.) eine intensiv blau gefärbte Mischung.
Chem. News **90.** 182.
Ztschr. f. analyt. Chem. **45.** 650.

**Ferencz**' Indikator
ist o-Dioxydibenzalaceton (Lygosin) in alkoholischer Lösung 1 : 100. 100 ccm Flüssigkeit versetzt man mit 4 Tropfen dieser Lösung. Schwach saure Mischungen zeigen eine geringe Opaleszenz, alkalische Mischungen eine orangerote Färbung.
Pharm. Post 1913. 521.
Apoth. Ztg. 1913. 468.
Merck's Bericht 1913. 287.

**Feri**'s Reagens zur Anstellung der Diazoreaktion
ist Azophorrot P. N. (p-Nitrodiazobenzolsulfat), das in Wasser gelöst dem mit Natronlauge alkalisierten Harn zugegeben wird.
Wiener klin. Woch. 1912. 919.
Merck's Bericht 1912. 388.

**Fermi**'s Reagens auf proteolytische und gelatinolytische Enzyme
ist eine 2—30 %ige Gelatinelösung, die mit 1 ‰ Thymol oder 5 ‰ Phenol versetzt ist, eventuell mit 1—2 ‰ Natriumkarbonat alkalisiert oder mit 1—5 ‰ Mineralsäuren (oder 5—10 ‰ organ. Säuren) angesäuert wird. Näheres siehe: Arch. f. Hygiene **55.** 140. — Chem. Zentralbl. **1906.** I. 1512.

**Fernandez**' Reaktion auf Nopinsäure.
Versetzt man eine Lösung von nopinsaurem Natrium mit 0,1 g Resorcin und dann vorsichtig mit 10—15 g Schwefelsäure, so bildet sich eine blaue in Grün übergehende Färbung. Die Reaktion kann umgekehrt zum Nachweis von Resorcin dienen, da sie von anderen Phenolen nicht ausgelöst wird. Nach einer neueren Mitteilung des Autors ist die Reaktion der Oxalsäure und nicht der Nopinsäure eigen.
Journ. Chem. Soc. **98.** II. 1119, **106.** II. 78.
Ztschr. f. analyt. Chem. 1912. 578, 1914. 630.

**Fernau**'s Reaktion auf Mutterkorn im Mehl
beruht auf der Sklererythrinreaktion. Näheres siehe: Pharm. Post 1907. 133. — Pharm. Zentrh. 1907. 470. Südd. Apoth. Ztg. 1907. 612.

**Ferrari Lelli**'s Reaktion auf Natriumkarbonat in Milch.
Man mischt 10 ccm Milch und 10 ccm Wasser, gibt 0,1 g Aspirin zu und erhitzt die Mischung 10—20 Minuten lang auf dem Dampfbade allmählich auf 60° C. Bei Gegenwart von $NaHCO_3$ ist die Flüssigkeit nach Abscheidung des Kaseïns trüb und gibt mit Eisenchloridlösung einen reichlichen Niederschlag.
Archivio di farm. sperim. 1906. 645.
Répert. de Pharm. 1907. 40.
Chem. Zentralbl. 1907. I. 909.
Südd. Apoth. Ztg. 1907. 324.

**Ferraro**'s Reagens auf Fette in Vaselin
ist mit Ammoniak entfärbte Fuchsinlösung. Verrührt man 20 g Vaselin mit 5 ccm Reagens, so färbt sich die Mischung bei Gegenwart von Fetten rosarot.
Boll. Chim. Farm. 1909. **48.** 439.
Nouv. Remèdes 1910. 136.
Chem. Zentralbl. 1909. II. 941.
Répert. de Pharm. 1909. 504.

**Ferraro-Carobbio**'s Reaktion auf Arsen
ist eine Modifikation von Bettendorf's Reaktion unter Verwendung von metallischem Zinn und Salzsäure.
Siehe: Bollet. chim. farm. 1905. 805.
Chem. Zentralbl. 1906. I. 398.
Südd. Apoth. Ztg. 1906. 196.

**Ferreira da Silva** siehe **Silva.**

**Fetzer-Nippe**'s Reagens auf Blut.
0,1 g Leukomalachitgrünbase löst man in 25 ccm Essigsäure (30 %) und gibt 100 ccm Wasser zu. Das Reagens ist wasserklar und ohne jede Eigenfärbung. Versetzt man 10 ccm Blutlösung mit 2 ccm Reagens und 1 ccm Wasserstoffsuperoxyd, so zeigt Grünfärbung Blut an.
Münchener med. Woch. 1914. 2093.
Vergl. Michel's Reagens.

**Fick**'s Reagens zur Leprafärbung.
a) Eine konzentr. Lösung von Fuchsin in 2 %igem Carbolwasser; b) eine 1 %ige Lösung von Jodgrün in 2 %igem Carbolwasser.
Petersburger med. Woch. 1907. 261.

**Ficker**'s Reagens auf Typhus
(Typhus-Diagnostikum) ist eine besonders vorbehandelte und abgetötete Typhuskultur, die zur Anstellung der Gruber-Widal'schen Reaktion dient.
Merck's Bericht 1903. 183. 1904. 199; 1905. 220.
Berl. klin. Woch. 1903. 1021.

**Fiehe**'s Reagens auf Kunsthonig
ist Resorcin-Salzsäure (1 g Resorcin in 100 g Salzsäure 1,19). Der Honig wird mit Äther verrieben, der Äther abgegossen, bei gewöhnlicher Temperatur verdampft und der Rückstand mit dem Reagens versetzt. Eine violettrote Färbung zeigt Kunsthonig (Invertzucker) an. (Mit 25 %iger Salzsäure soll das Reagens empfindlicher sein.)
Ztschr. f. Unters. Nahr.-Genußm. **16.** 75.
Chem. Ztg. 1908. 1090.
Ztschr. f. öffentl. Chem. 1909. 352.
Chem. Zentrbl. 1908. II. 906.
Répert. de Pharm. 1908. 369.
Drawe, Chem. Ztg. 1908. Rep. 523.
Werner, Apoth. Ztg. 1908. 841.
Nyman-Wichmann, Pharm. Zentrh. 1910. 815.
Baumer, Ztschr. f. Unters. Nahr.-Genuß-Mittel **20.** 583.
Halphen, Chem. Zentralbl. 1912. I. 1504.
Stoecklin, ebenda 1912. I. 1505.
Pharm. Zentrh. 1913. 436.

Witte, Ztschr. f. öffentl. Chem. 1912. 371.
Gerum, Ztschr. Unters. Nahr.- Genuß-Mittel 1913. **26.** 102.

**Field**'s Reagens auf organische Stoffe im Wasser

ist eine stark verdünnte, wässerige Lösung von Platinchlorid und Jodkalium, die durch gewisse organische Stoffe rosarot gefärbt wird. Näheres siehe: Pharm. Zentrh. 1883. 525. — New Remedies 1883. 309. — Chem. News **43.** 75.

**Fillinger**'s Reagens auf Glukose.

a) Eine Lösung von 250 g Kaliumrhodanid, 250 g Kaliumkarbonat und 25 g Kaliumbikarbonat im Liter Wasser; b) eine Lösung von 4,278 g Kupfersulfat im Liter; c) eine Lösung von 200 g Kaliumrhodanid, 250 g Kaliumkarbonat, 50 g Kaliumbikarbonat, 10,42 g Kupfersulfat im Liter. Näheres siehe: Ztschr. Unters. Nahr. Gen. Mittel 1911. **22.** 605. — Apoth. Ztg. 1911. 1020.

**Filomusi Guelfi**'s Reagens auf Menschen- und Tierblut

ist eine 2%ige Lösung von Natriumfluorid. Das Reagens gibt mit Tierblut charakteristische Krystalle, z. B. mit Hundeblut nadelförmige Hämoglobinkrystalle und mit Kaninchenblut tetraedrische Krystalle. Menschenblut gibt diese Krystalle nicht.

Siehe: Ztschr. f. Unters. Nahr.-Genußm. **2.** 509.

**Filsinger**'s Butterprobe

beruht auf der klaren Löslichkeit des geschmolzenen Butterfettes im dreifachen Volumen Äther (D. = 0,725) oder in einer Mischung von 1 Volumen Alkohol (D. = 0,805) und 4 Volumen Äther bei 18—19° C. Näheres siehe: Ztschr. f. analyt. Chem. **19.** 236. — Pharm. Zentrh. 1878. 260.

**Filsinger**'s Reaktion auf Reinheit des Cacaoöles.

2 g geschmolzenes Cacaoöl löst man in 6 ccm einer Mischung von 4 g Äther (D. = 0,725) und 1 g Alkohol (D. = 0,810). Ist das Öl rein, so bleibt die Lösung auch nach längerem Stehen klar.

Ztschr. f. analyt. Chem. **19.** 247.
Pharm. Zentrh. 1878. 452.
Ztschr. f. öffentl. Chemie. **3.** 34.
Chem. Zentralbl. 1897. I. 722.
Björklund, Ztschr. f. analyt. Chem. **3.** 233.

**Fincke**'s Reagens auf Formaldehyd

ist fuchsinschweflige Salzsäure, mit der sich Formaldehyd noch in einer Verdünnung 1 : 500 000 nachweisen läßt. Näheres siehe: Ztschr. f. Unters. Nahr.-Genußm. 1914. 246. — Chem. Ztg. 1915. Rep. 189. — Vergl. Grosse-Bohle's Reagens.

**Finkener**'s Reaktion auf Mineralöl in Harzöl

beruht auf der Löslichkeit des Harzöles in dem 10fachen Volumen einer Mischung von 1 Volumen Chloroform und 10 Volumen Alkohol (D. = 0,8182) bei 23° C., während sich Mineralöle von höherem Siedepunkt in dem hundertfachen Volumen nicht lösen. Näheres siehe: Seifenfabrikant 1886. 129. — Pharm. Zentrh. 1886. 161. — Polytechn. Notizbl. **42.** 33.

**Finkener**'s Reaktion auf fremde Öle in Rizinusöl.

1 Teil Rizinusöl löst sich in 5 Teilen Alkohol (D. = 0,829) bei gewöhnlicher Temperatur klar auf. Andere fette Öle wie Oliven-, Sesam-, Lein-, Rüböl etc. geben bei Anwesenheit von nur 10% eine trübe Lösung, die sich auch oberhalb 20° C. nicht klärt, sondern das fremde Öl abscheidet, das sich am Boden des Gefäßes ansammelt.

Chem. Ztg. **10.** 1500.
Ztschr. f. analyt. Chem. **26.** 261.
Polytechn. Notizbl. **42.** 33.

**Finzelberg**'s Reaktion auf Valeraldehyd in Valeriansäure.

Man mischt 2 g Valeriansäure mit 3 g Ammoniak und gibt 150—200 ccm Wasser zu. Bei Abwesenheit von Valeraldehyd entsteht eine klare Lösung, bei Anwesenheit genannten Stoffes eine opalisierende Lösung.

Merck's Report 1900. 377.

**Fiori**'s Reaktion auf Atoxyl.

Atoxyllösungen färben sich auf Zusatz von einigen Tropfen Chlorkalklösung orangerot. Ein Überschuß des Reagenzes bewirkt eine kanariengelbe Fällung. Natriumkakodylat und Methyldinatriumarseniat geben diese Reaktion nicht.

Bollett. Chim. Farm. 1910. 99.
Répert. de Pharm. 1910. 265.
Südd. Apoth. Ztg. 1910. 486.
Chem. Ztg. 1911. Rep. 91.
Apoth. Ztg. 1911. 168.

**Firbas**' Reaktion auf Condurangin.

Versetzt man eine Lösung von Condurangin in Chloroform mit einer Mischung aus gleichen Teilen konzentr. Schwefelsäure (oder Salzsäure) und Alkohol, so tritt bei gelindem Erwärmen Grünfärbung ein. Eine Spur Eisenchlorid bewirkt eine grünblaue Färbung.

Ztschr. d. öst. Apoth. Ver. 1903. 57.
Chem. Zentralbl. 1903. I. 538.

**Firbas**' Reaktion auf Quebrachoextrakt

siehe: Pharm. Post 1904. 221.
Chem. Zentralbl. 1904. I. 1581.

**Fischel**'s Reagens zur Nervenfärbung

ist Alizarin oder eine in der Siedehitze dargestellte und dann filtrierte Lösung von Alizarin. (Es lösen sich nur etwa 0,01: 250.)

Ztschr. f. wiss. Mikroskop. **25.** 154.

**Fischel**'s Reagens auf Peroxydase.

Eine Lösung von 2 g benzidinmonosulfosaurem Natrium in 100 ccm Wasser, der vor dem Gebrauch etwas Wasserstoffsuperoxyd zugesetzt wird. Gebraucht zum mikroskopischen Nachweis von Peroxydasen, die Blaufärbung verursachen.

Wiener klin. Woch. 1910. 1557.
Chem. Zentralbl. 1910. II. 1837.

**Fischel**'s Reagens für mikroskop. Zwecke
ist eine Mischung von 25 g Ameisensäure, 25 g Wasser und 50 g einer 1 %igen, wässerigen Silbernitratlösung. Gebraucht zum Färben der Elemente des Nervensystems.

Arch. f. mikroskop. Anat. **42**. 383.
Enzyklop. d. mikroskop. Techn. 1903. 1351.
Ztschr. f. wiss. Mikroskop. 1894. 48.

**Fischer**'s Reaktion auf Aldosen.
Sättigt man 5 ccm der verdünnten Zuckerlösung bei 10 ° C. nach Zugabe von zirka 0,5 g Resorcin mit gasförmiger Salzsäure und erwärmt dann mit überschüssiger Natronlauge und Fehling's Reagens, so tritt eine rotviolette Färbung ein. Näheres siehe: Fischer und Jenning, Berl. Ber. **27**. 1355.

**Fischer**'s Reagens auf Aldehyde und Ketone
ist Phenylhydrazin.

Siehe: Berl. Ber. **17**. 572.
Ztschr. f. analyt. Chem. **25**. 228.
Vergl. Fischer's Reagens auf Glukose.
Jolles, Wiener med. Woch. 1892. XVII und XVIII oder Ztschr. f. analyt. Chem. **30**. 260.

**Fischer**'s Reaktion auf Cobalt.
Eine wässerige Lösung von Kaliumnitrit und Essigsäure gibt mit Lösungen von Cobaltsalzen einen gelben Niederschlag.

Poggendorff's Annalen 1849. 124.
Ztschr. f. analyt. Chem. **30**. 340.
Vergl. de Koninck's Reagens auf Kalium.
Benedikt, Journ. Americ. Chem. Soc. **27**. 1360.
Pharm. Praxis 1906. 52.

**Fischer**'s Reagens auf Eiweiß im Harn
ist saures sulfosalicylsaures Natrium, 3—5 ccm Harn versetzt man mit zirka 0,05 g Reagens, das sich beim Umschwenken leicht löst. Bei Anwesenheit von Eiweißstoffen entsteht eine Trübung oder Ausscheidung. Mehr als 0,1 % bewirkt sofort starke Trübung und dann einen flockigen Niederschlag. Bei 0,01 % entsteht die Trübung nicht immer sofort, wohl aber im Laufe einer Minute.

Chem. Zentralbl. 1911. II. 994. Vergl. auch Strunk u. Budde, ebenda.

**Fischer**'s Reagens auf Glukose.
Man löst 10 g salzsaures Phenylhydrazin und 15 g Natriumacetat in 80—100 ccm Wasser. 50 ccm Harn erwärmt man mit 20 ccm Reagens etwa 1 Stunde lang auf dem Dampfbade. Bei Anwesenheit von Glukose bildet sich ein gelber, krystallinischer Niederschlag von Phenylglukosazon (nach dem Umkrystallisieren aus Alkohol bei za. 205 ° C. schmelzend). Empfindlichkeitsgrenze = 0,02 % Glukose.

Fischer, Berl. Ber. **17**. 572; **23**. 2118.
Jolles, Ztschr. f. analyt. Chem. **30**. 260.
Salkowski, Ztschr. f. physiolog. Chem. 17. 329.
Kistermann, Ztschr. f. analyt. Chem. **32**. 633.
Frank, Berl. klin. Woch. 1893. 255 oder Ztschr. f. analyt. Chem. **32**. 634.
Laves, Arch. d. Pharm. **231**. 366.
Fischer, Berl. Ber. **20**. 821, 2569; **21**. 2631; **22**. 87 oder Ztschr. f. analyt. Chem. **33**. 224.
Eschbaum, Apoth. Ztg. 1902. 281 und Pharm. Ztg. 1900. 288.

**Fischer**'s Reaktion auf Hemibilirubin im Harn.
1 Liter Harn wird mit 50 ccm Chloroform ausgeschüttelt, das Chloroformextrakt filtriert, mit 3—5 ccm $^1/_{10}$ Norm. Natronlauge geschüttelt und diese nach dem Filtrieren mit 1—2 Tropfen einer 10 %igen Kupfersulfatlösung versetzt. Nach Zusatz von 8—10 Tropfen 33 %iger Natronlauge entsteht eine hell-lila Färbung, die nachdunkelt und nach spätestens zwei Minuten ein charakteristisches spektroskopisches Bild, (zeigt Streifen im Rot, Gelb und Blau).

Münchener med. Woch. 1912. 2555.
Merck's Bericht 1912. 180.

**Fischer**'s Reaktion auf Indol und Skatol.
Taucht man einen Fichtenspan in eine alkoholische Lösung von Skatol und dann in konzentr. Salzsäure, so färbt er sich erst rot und dann violett.

Liebig's Annal. **236**. 140.

**Fischer**'s Reaktion auf Tuberkulose.
Symmetrische Stellen des Thorax benetzt man mit Wattetampons, die zuerst mit 0,05 %iger Ferri-Ferrocyankaliumlösung und dann mit 0,1 %iger Eisenchloridlösung gleichmäßig getränkt wurden. Bei normalem Lungenbefund färben sich beide Tampons gleich stark blau, ist die eine Lunge aber tuberkulös infiziert, so ist an dem betreffenden Tampon eine schwächere Reaktion zu bemerken. Bei vorhandenem Fieber wird die Reaktion undeutlich.

(Was unter Ferri-Ferrocyankalium zu verstehen ist, muß dahingestellt bleiben. Vermutlich liegt ein Irrtum oder ein Druckfehler im Original vor. Am nächsten liegt die Verwendung von Ferricyankalium, da dieses mit Eisenchlorid erst dann unter Bildung von Berlinerblau reagiert, wenn das eine oder das andere reduziert wird. Bemerkt sei, daß Ferri-Ferrocyankalium schon ein Berlinerblau ist, daß der Autor also vielleicht eine Mischung von Ferricyankalium und Ferrocyankalium gemeint hat. Verständlicher würde hierdurch die theoretische Seite der Reaktion allerdings nicht.)

Münchener med. Woch. 1912. 1813.
Zentralbl. ges. innere Med. 1912. **3**. 378.

**Fischer**'s Reagens zur Bakterienfärbung.
Man löst 20 g Gerbsäure und 20 g Ferrosulfat in 250 ccm Wasser und gibt 10 ccm gesättigte, alkoholische Fuchsinlösung zu.

Jahrb. f. wiss. Botan. 1894. 188.

**Fischer**'s Reagens zum Färben mikroskop. Präparate.

Eine wässerige Lösung von Eosin (Tetrabromfluoresceïn-Natrium) versetzt man mit Salzsäure im Überschuß, sammelt den erhaltenen Niederschlag, wäscht mit Wasser und trocknet. Das so erhaltene Tetrabromfluoresceïn löst man in Alkohol (1: 20).

Arch. f. mikroskop. Anat. 1875. 349.
Behrens' Tabellen 1892. 109.

**Fischer**'s Reagens zur Negativfärbung von Bakterien

ist eine gesättigte Lösung von Congorot oder Nigrosin, die wie die Burri'sche Tusche verwendet werden. Näheres siehe: Ztschr. f. wiss. Mikroskop. 1911. 475. — Merck's Bericht 1911. 357.

**Fischer-Jennings**' Reaktion zur Unterscheidung von Aldosen und Ketosen.

2 ccm der betreffenden Zuckerlösung werden mit 0,2 g Resorcin und unter Abkühlung mit gasförmiger Salzsäure behandelt. Man läßt eventuell bis zu 12 Stunden bei gewöhnlicher Temperatur stehen, verdünnt mit Wasser, macht mit Natronlauge alkalisch und erwärmt mit Fehling's Reagens. Bei Gegenwart von Aldosen entsteht eine rotviolette Färbung. Ketosen geben die Reaktion nicht.

Berl. Ber. 1894. 1355.

**Fischer-Klausner**'s Reagens auf Syphilis.

(Pallidin.) Unter dieser Bezeichnung kommt ein Extrakt syphilitischer menschlicher Organe in den Handel, das als diagnostisches Hilfsmittel Verwendung findet. Näheres siehe: Wiener klin. Woch. 1913. 49 u. 973. — Merck's Bericht 1913. 392. — Münchener med. Woch. 1914. 73.

**Fish**'s Reagens zum Fixieren mikroskop. Präparate

ist eine Lösung von 15 g Chlorzink, 100 g Chlornatrium und 50 ccm Formaldehyd (40 %) in 200 ccm Wasser oder eine Lösung von 1 g Pikrinsäure, 5 g Sublimat und 10 g Eisessig in 1000 ccm Wasser.

Americ. Microscop. Soc. Trans. 1896. 143. 293.
Enzyklop. d. mikroskop. Techn. 1903. 402.

**Fish**'s Formolalkohol für mikroskop. Zwecke

ist eine Mischung von 10 Teilen Formaldehyd (40 %) und 100 Teilen Alkohol (95 %).

Americ. Microscop. Soc. Trans. 1896. 319.
Ztschr. f. wiss. Mikroskop. 1896. 491.

**Fittig**'s Reaktion

ist eine für die Synthese wichtige Reaktion, in deren Verlauf durch Einwirkung von Natrium in ätherischer Lösung auf gebromtes Benzol und Jod- oder Bromalkyl Benzolkohlenwasserstoffe entstehen.

Siehe: Liebig's Annalen **131**. 303 und Lehrbücher der Chemie.

**Fittipaldi**'s Reaktion auf Albumosen.

10—20 ccm Harn mischt man mit der sechsfachen Menge Alkohol und läßt einen Tag lang stehen. Nach dem Abgießen des Alkohols wird der entstandene Niederschlag in Natronlauge (31 %) gelöst und mit einer Lösung von Nickelsulfat in Ammoniak (2,5 g Nickelsulfat in 50 g Wasser und 50 g Ammoniakflüssigkeit) versetzt. Einige Tropfen verursachen bei Anwesenheit von Albumosen und Peptonen sofort oder nach einigen Sekunden eine rotorange Färbung. (Vergl. Gnezda's Reaktion.)

Riforma medica 21. No. 35.
Deutsche med. Woch. 1911. 1890.
Merck's Bericht 1911. 375.

**Flatow-Brünell**'s Reagens (Vergleichsflüssigkeit) zur kolorimetrischen Bestimmung von Urobilinogen im Harn

ist eine mit einigen Kryställchen Natriumkarbonat alkalisch gemachte Lösung von Phenolphthalein 1 : 50 000. Näheres siehe: Münch. med. Woch. 1913. 234. — Merck's Bericht 1913. 437. — Pharm. Ztg. 1913. 210.

**Flechsig**'s Reagens zum Färben mikroskop. Präparate.

Man löst 3 g Weinsäure und 2,4 g Natriumsulfat in 900 ccm Wasser und gibt eine Lösung von 1 g japanischem Rotholzextrakt (Sappanholzextrakt) in 10 ccm Wasser und 10 ccm Alkohol zu. Gebraucht für Präparate des Zentralnervensystems. Das Reagens stammt von W. v. Branca.

Arch. f. Anat. u. Physiol. 1889. 537.
Ztschr. f. wiss. Mikroskop. 1890. 71.
Behrens' Tabellen 1892. 107.
Eberth-Friedländer, Mikroskop. Techn. 1894. 252.
Enzyklop. d. mikroskop. Techn. 1903. 361.

**Fleck**'s Reaktion auf Pikrinsäure und Dinitrokresol.

Löst man etwas Pikrinsäure in verdünnter Salzsäure (10 %) und gibt metallisches Zink zu, so erhält man innerhalb einiger Stunden eine schöne Blaufärbung. Dinitrokresol gibt eine hellblutrote Färbung.

Korrespond.-Blatt d. Ver. analyt. Chem. 3. 77.
Repert. d. analyt. Chem. 6. 649.
Chem. Zentralbl. 1887. 99.

**Fleig**'s Reaktion auf Blut im Harn.

Man löst 0,25 g Fluoresceïn in 100 ccm Wasser und 20 g Kaliumhydroxyd, gibt 10 g fein gepulvertes Zink zu und erhitzt etwa 1 Minute lang zum Sieden. Die Lösung wird filtriert und nach Zusatz von etwas Zinkpulver im Dunkeln aufbewahrt. Wird sie beim Stehen fluoreszierend, so braucht man sie nur umzuschütteln. Zur Ausführung der Reaktion bringt man in ein Reagenzglas 2 ccm Harn, 0,25 ccm Reagens und 3 Tropfen Wasserstoffsuperoxyd. Bei Gegenwart von Blut entsteht unter Bildung von Fluoresceïn eine intensive Fluoreszenz.

Presse médicale d'Egypte 1910, No. 15, p. 281.
Merck's Bericht 1910. 204.
Répert. de Pharm. 1910. 429.

**Fleig**'s Reaktion auf Gallensäuren
siehe: Bullet. Soc. Chim. de France (4) 3. 992. — Apoth. Ztg. 1908. 819.

**Fleig**'s Reaktionen auf Kohlehydrate.

1. Erhitzt man 0,5 ccm verd. Zuckerlösung mit 4 ccm Salzsäure und gibt 4 Tropfen (0,1 %ige) alkoholische Indollösung zu, so entsteht eine gelbe bis orangerote Färbung. Die Reaktion wird von den meisten Zuckerarten, Dextrin, Stärke, Zellulose, Mannit, Gummi und Glykosiden ausgelöst. Inosit und rein alkoholartige Zucker geben sie nicht.

2. Versetzt man 0,5 ccm Zuckerlösung mit 2 Tropfen einer gesättigten, alkoholischen Carbazollösung und 1 ccm Schwefelsäure, so entsteht eine violettrote Färbung.

Journ. de pharm. et de chim. (6) **28.** 385.
Merck's Bericht 1911. 308.
Ztschr. f. analyt. Chem. **50.** 769.
Répert. de pharm. 1909. 112.
Ztschr. Unters. Nahr.-Gen.-Mittel. **18.** 320.

**Fleig**'s Reaktion auf Sesamöl.

10 ccm des zu prüfenden Öles mischt man mit 10 ccm Salzsäure und 0,4 ccm einer 2—4 %igen alkoholischen Lösung eines aromatischen Aldehyds (p-Oxybenzaldehyd, Anisaldehyd, Zimtaldehyd, Protocatechualdehyd, Vanillin, Piperonal). Bei Gegenwart von Sesamöl entstehen himbeerrote, pfirsichrote bis violette Färbungen.

Bullet. Soc. Chim. de France (4) **3.** 984.
Répert. de Pharm. 1910. 147.
Apoth. Ztg. 1908. 818.

**Fleischl**'s Reaktion auf Gallenfarbstoffe
ist eine Modifikation der Brücke'schen Reaktion. Statt Salpetersäure wird eine konzentr., wässerige Lösung von Natriumnitrat verwendet.

Zentralbl. f. d. med. Wissensch. 1875. 561.
Chem. Zentralbl. 1875. 568.
Ztschr. f. analyt. Chem. **15.** 502.
D e u b n e r, ebenda **25.** 458.

**Fleischmann**'s Reaktion auf Alkohol in ätherischen Ölen.

Das zu prüfende Öl schüttelt man mit Wasser aus, gießt letzteres ab und versetzt es mit Kaliumdichromatlösung und konzentr. Schwefelsäure. Grünfärbung zeigt Alkohol an.

Polytechn. Notizbl. **34.** 47.
Ztschr. f. analyt. Chem. **18.** 479.
T r e s h, Chem. News **38.** 251 od. Ztschr. f. analyt. Chem. **18.** 487.
F r i e d, Ztschr. d. öst. Apoth. Ver. **16.** 563.
D r e c h s l e r, Pharm. Ztschr. f. Rußland 1878. 586 oder Ztschr. f. analyt. Chem. **19.** 121.

**Fleitmann**'s Reaktion auf Arsen
ist eine Modifikation der Marsh'schen Probe unter Verwendung von Zink und Natron- oder Kalilauge. Ein Entweichen von Antimonwasserstoff wird hierdurch verhindert.

Enzyklop. d. gesamt. Pharm. 1888. IV. 405.

Fleitmann's Reaktion auf Arsenwasserstoff mittels Silbernitratpapier (Schwärzung) ist nach Dilling unzuverlässig, da auch Purin und Oxypurin bei der Fleitmannschen Methode eine Schwärzung des Silberpapiers verursachen. Näheres siehe: Pharm. Journ. 1911. **33.** 811.

**Flemming**'s Einbettungsmittel (Transparentseife)
ist eine heiß bereitete und filtrierte Lösung von käuflicher Transparentseife in 90 %igem Alkohol. Näheres siehe: Behrens' Tabellen 1892. **76.**

Enzyklop. d. mikroskop. Techn. 1903. 439.
Vergl. Kadyi's Reagens.
E b e r t h - F r i e d l ä n d e r, Mikroskop. Techn. 1894. 70.

**Flemming**'s Reagens zum Färben mikroskop. Präparate.

1. Man löst 1 g Gentianaviolett in 15 g Alkohol und 100 ccm Anilinwasser.
2. Man löst 1—2 g Magdalarot in 50 ccm Wasser und 50 ccm Alkohol.
3. Eine konzentr. Lösung von Safranin in Anilinwasser mit oder ohne Zusatz von Alkohol. Gebraucht zu Kernfärbungen.
4. a) Safraninlösung, siehe oben 3; b) Gentianaviolettlösung nach Ehrlich, siehe dieses; c) eine konzentr. wässerige Lösung von Orange.

F l e m m i n g, Zellsubst. 1882. 384.
Arch. f. mikroskop. Anat. 1881. 317—324 u. 1891. 295. 685.
B e h r e n s' Tabellen 1892. 110. 113. 119.
Enzyklop. d. mikroskop. Techn. 1903. 386.

**Flemming**'s Reagenzien zum Fixieren mikroskop. Präparate.

1. Man mischt 30 ccm 1 %iger, wässeriger Chromsäurelösung mit 8 ccm 2 %iger Osmiumsäurelösung und 2 ccm Eisessig (s t a r k e Lösung).
2. Man mischt 50 ccm 1 %iger Chromsäurelösung mit 20 ccm 1 %iger Essigsäure und 20 ccm 1 %iger Osmiumsäurelösung und gibt 110 ccm Wasser zu (s c h w a c h e Lösung).
3. Zum Fixieren von Kernstrukturen löst man 0,2—5 g Ameisensäure in 100 ccm Wasser.
4. Chromessigsäure ist eine Lösung von 1 g Eisessig und 2 g Chromsäure in 1000 ccm Wasser.
5. Pikrinessigsäure ist vorhergehende Lösung, die an Stelle von Chromsäure Pikrinsäure enthält.

F l e m m i n g, Zellsubstanz, Kern- u. Zellteilung 1882. 381. 382.
S t r a s b u r g e r, Kl. Botan. Prakt. 1893. 220.
B e h r e n s' Tabellen 1892. 54—56.
E b e r t h - F r i e d l ä n d e r, Mikroskop. Techn. 1894. 51.
Enzyklop. d. mikroskop. Techn. 1903. 388.

**Flemming**'s Reagens zum Konservieren mikroskop. Präparate.

Eine bei gewöhnlicher Temperatur bewirkte Lösung von gepulvertem Dammarharz in einer Mischung gleicher Teile Terpentinöl und Benzol wird nach dem Filtrieren zu einer dickflüssigen Masse eingedampft.

Arch. f. mikroskop. Anat. 1881. 322.
Morphol. Jahrb. 1880. 469.
Behrens' Tabellen 1892. 63.

**Flesch**'s Reagens zum Fixieren mikroskop. Präparate.

1. Chromessigsäure: Man löst 0,25 g Chromsäure und 1 g Eisessig in 100 ccm Wasser.
2. Chromosmiumsäure: Man löst 0,1 g Osmiumsäure und 0,25 g Chromsäure in 100 ccm Wasser.

Arch. f. mikroskop. Anat. 1879. 300.
Merck's Index 1902. 269.
Eberth-Friedländer, Mikroskop. Techn. 1894. 51.
Enzyklop. d. mikroskop. Techn. 1903. 650.

**Fletscher-Hopkins'** Reaktion auf Milchsäure.

Eine Mischung von 5 ccm Schwefelsäure, 1 Tropfen gesättigter Kupfersulfatlösung und einigen Tropfen der zu prüfenden Flüssigkeit erhitzt man 1—2 Minuten im siedenden Wasserbad, kühlt rasch ab und gibt 2—3 Tropfen einer Mischung von 10—20 Tropfen Thiophen in 100 ccm Alkohol hinzu. Beim Erhitzen im Dampfbad entsteht eine kirschrote Färbung, wenn Milchsäure zugegen ist. Empfindlichkeitsgrenze = 1 : 10 000.

Journ. of Physiology 1907. **35.** 247.

**Fleurent**'s Reaktion auf gebleichte Mehle.

Das aus 50 g Mehl mittels Benzin extrahierte Öl wird in 3 ccm Amylalkohol gelöst und mit 1 ccm 1 %iger alkoholischer Kalilauge versetzt. Die gelbe Farbe der Öllösung bleibt unverändert, wenn das Mehl nicht gebleicht ist, bei gebleichten Mehlen tritt eine orangerote Färbung auf.

Compt. rend. 1906. **142.** 180.
Spaeth, Pharm. Zentrh. 1913. 248.

**Fleury**'s Reaktion auf Benzoesäure

ist eine Modifikation von Jonescu's Reaktion. Sie beruht auf einem Zusatz von Ferrosulfat, das als Katalysator wirken soll. Man versetzt 10 ccm Benzoesäurelösung bei gewöhnlicher Temperatur nacheinander mit je 3 Tropfen verdünnter Eisenchloridlösung, Wasserstoffsuperoxydlösung und 3 %iger Ferrosulfatlösung. Bereits nach wenigen Sekunden erscheint die violette Färbung (der Salicylsäure). Empfindlichkeitsgrenze = 0,2 mg Benzoesäure.

Journ. de Pharm. et de Chim. 1913. II. 460.
Journ. Soc. Chem. Ind. **32.** 1127.
Ztschr. f. analyt. Chem. 1914. 629.

**Fleury**'s Reaktion auf Morphin.

Eine kleine Menge der zu prüfenden Substanz versetzt man mit 1 Tropfen zirka 1/20 Normal-Schwefelsäure und rührt mit einem Glasstäbchen um, bis das Alkaloid gelöst ist. Dann gibt man etwas Bleisuperoxyd zu und rührt 6—8 Minuten lang. Nach 3—4 Minuten langem Stehen gießt man die klare Flüssigkeit ab und gibt zu dieser 1 Tropfen Ammoniak. Bei Anwesenheit von Morphin entsteht sofort eine Braunfärbung.

Chem. Zentralbl. 1901. II. 1370.
Chem. Ztg. 1901. Rep. 276.
Pharm. Zentrh. 1901. 787.
Pharm. Ztg. 1902. 100.

**Florence**'s Reaktion auf Spermaflüssigkeit.

Man löst 1,65 g Jodkalium und 2,54 g Jod in 30 ccm Wasser. Dieses Reagens gibt mit Spermaflüssigkeit einen krystallinischen Niederschlag, der aus mikroskopisch kleinen, braunen, rhomboidischen Blättchen besteht.

Arch. d'Anthrop. criminelle 1896.
Répert. de Pharm. 1897. 388.
Lecco, Wiener klin. Woch. 1897. 820 od. Ztschr. f. analyt. Chem. **37.** 341.
Struve, Ztschr. f. analyt. Chem. **39.** 1.
Richter, Wiener klin. Woch. **1897.** 569
Beumer, Deutsche med. Woch. **24.** 782.
Bucarius, Chem. Ztg. 1901. Rep. 194 u. 1902. Rep. 61.
Dawydow, Pharm. Zentrh. 1900. 257.
Marcelet, ebenda 1913. 303.
Joesten, Viertelj. Schr. f. gerichtl. Med. **45.** No. 2.
Deutsche med. Woch. 1913. 1071.

**Florence**'s Reagens auf Urobilin, Urobilinogen und Blut.

Lösung von 7,5 g Zinkacetat in 50 g Alkohol, 50 g Chloroform und 50 g Pyridin. 2—3 ccm Harn schüttelt man mit der doppelten Menge Reagens. Bei Abwesenheit der genannten Stoffe ist die untere Schicht der Mischung nach der Schichtenbildung farblos, ist Urobilin vorhanden, so ist sie grün fluoreszierend, ist Urobilinogen vorhanden, so wird sie nach und nach fluoreszierend, sie ist grünlich bei Gegenwart von Biliverdin, sie ist rosa bis kirschrot bei Anwesenheit von Blut.

Journal de pharm. et de chim. 1910, II. 160.
Répert. de Pharm. 1910. 447.

**Flückiger**'s Reagens auf Alkaloide

ist wässerige Lösung von Pikrinsäure (1: 10). (Bei gewöhnlicher Temperatur ist die Säure in diesem Verhältnis nicht löslich.)

Flückiger, Pharm. Chem. 1879. 364.
Vergl. Hager's Reagens.

**Flückiger**'s Reaktion auf Antipyrin.

Man löst 1 mg Antipyrin in 1 Tropfen Alkohol, gibt ebensoviel Äther zu und taucht einen mit Eisenchlorid benetzten Glasstab in diese Lösung. Letztere erstarrt zu einem roten Krystallbrei (Ferripyrin), der sich in Wasser und Alkohol mit blutroter Farbe löst.

Bull. Soc. Chim. Paris 1886. 235.
Pharm. Zentrh. 1895. 59.

**Flückiger**'s Reaktion auf Apocodeïn.

Schüttelt man Apocodeïn mit Braunstein und Wasser und gibt Essigsäure zu, so ent-

steht eine grüne Färbung. Filtriert man und schüttelt das Filtrat mit Chloroform, so färbt sich letzteres blau.
Vergl. Guareschi, Alkaloide 1896. 376.

**Flückiger**'s Reaktion auf Arsen.
Man verfährt wie bei Gutzeit's Reaktion, verwendet aber Filtrierpapier, das mit einer wässerigen Lösung von Sublimat betupft ist. Bei Anwesenheit von Arsen färbt sich die betupfte Stelle gelb, bei längerer Einwirkung braun.
Ztschr. f. analyt. Chem. **30**. 116 od.
Arch. der Pharm. **227**. 1.
Vergl. Gutzeit's Reaktion.
Lohmann, Pharm. Ztg. **36**. **748**.
Ritsert, ebenda **34**. 368.
Conradson, Ztschr. f. analyt. Chem. **39**. 655.
Lochmann, Pharm. Ztg. 1903. 185.

**Flückiger**'s Reaktion auf Atropin.
Erhitzt man Atropin mit gleichen Teilen Eisessig und konzentr. Schwefelsäure, so tritt eine grüngelbe Fluoreszenz und nach dem Erkalten ein angenehmer aromatischer Geruch auf.
Arch. der Pharm. (3) **24**. 459.
Chem. Zentralbl. 1886. 504.

**Flückiger**'s Reagens auf Brucin.
1. Eine Lösung von Quecksilberoxydulnitrat gibt mit Brucinlösungen keine Färbung. Erwärmt man aber eine solche Mischung gelinde auf dem Dampfbade, so tritt eine intensive, carminrote Färbung auf, die sehr beständig ist.
Arch. der Pharm. **206**. 403.
Ztschr. f. analyt. Chem. **15**. 342.
Chem. Zentralbl. 1875. 455.
Reichard, Chem. Ztg. 1904. 912.
2. Löst man Brucin in verdünnter Schwefelsäure und gibt ein Tröpfchen verd. Kaliumdichromatlösung zu, so färbt sich die Mischung himbeerrot, orangerot und braun.
Ludwig, Med. Chemie 1895. 279.

**Flückiger**'s Reaktion auf Chinin.
Ein Reagenzglas füllt man zu 1/5 mit der zu prüfenden Lösung und läßt aus einer Bromflasche die Dämpfe auf die Lösung herabsinken ohne zu schütteln. Die oberste Flüssigkeitsschicht muß so viel Brom aufgenommen haben, daß sie nach leichtem Bewegen gelblich erscheint, dann läßt man an der Glaswandung einen Tropfen Ammoniak herunterfließen und neigt die Lösung hin und her. Man erhält so eine grüne bis blaugrüne Schicht. Diese Reaktion ist empfindlicher als die mit Chlorwasser (Brandes' Reaktion) und gelingt noch in einer Lösung von Chinin 1: 20 000.
Neues Jahrb. d. Pharm. **37**. 136.
Ztschr. f. analyt. Chem. **11**. 317.
Chem. Zentralbl. 1872. 379; 1873. 9.

**Flückiger**'s Reaktion auf Cocaïn.
Eine Mischung von Cocaïnhydrochlorid und Kalomel schwärzt sich beim Befeuchten mit verdünntem Alkohol.
Ztschr. f. analyt. Chem. **30**. 264.
Deutsches Arzneibuch V. 121.
Vergl. Schell's Reaktion.

**Flückiger**'s Reaktion auf Colchicin.
Eine stark verdünnte Lösung von Colchicin wird durch Schwefelsäure gelb, durch Salpetersäure blauviolett gefärbt.
Neues Repert. d. Pharm. **25**. 18.
Chem. Zentralbl. 1876. 206. 240.

**Flückiger**'s Reaktion auf Curarin.
Versetzt man den in einer Lösung von Curarin durch Kaliumdichromat erhaltenen Niederschlag nach dem Trocknen mit konzentr. Schwefelsäure, so entsteht eine dunkelblaue Färbung.
Neues Repert. d. Pharm. **22**. 65.
Chem. Zentralbl. 1873. 186.

**Flückiger**'s Reaktion auf Digitalin.
Gibt man in heiße, konzentr. Phosphorsäure Digitalin (Nativelle), so färbt es sich grün und die Säure selbst gelb.
N. Jahrb. d. Pharm. **39**. 129.
Merck's Bericht 1911. 51.

**Flückiger**'s Reaktion auf Gallussäure.
Gibt man zu Gallussäure eine frisch bereitete Lösung von Ferrosulfat (1: 100) und Natriumacetat, so entsteht eine violette Färbung, die durch Mineralsäuren verschwindet.
Pharm. Chem. 1879. 305.

**Flückiger**'s Reaktion auf Gurjun im Copaivabalsam.
Man löst 15 Tropfen Balsam in 20 g Schwefelkohlenstoff und mischt mit einem Tropfen eines erkalteten Gemisches von gleichen Teilen konzentr. Schwefelsäure und Salpetersäure. Gurjun erkennt man an der eintretenden Violettfärbung, welche über eine Stunde anhält.
Pharm. Zentrh. 1876. 234.
Ztschr. f. analyt. Chem. **15**. 495.

**Flückiger**'s Reaktion auf Morphin.
(Modifikation des Deutschen Arzneibuches:) Beim Einstreuen von Wismutsubnitrat in eine Lösung von Morphin in konzentr. Schwefelsäure entsteht eine dunkelbraune Färbung.
Pharm. Chem. II. Aufl. 1888. 493.
Chem. Zentralbl. 1873. 9.

**Flückiger**'s Reagens zur Unterscheidung von $\alpha$- und $\beta$-Naphthol
ist eine Eisenchloridlösung (D. = 1,28). Eine Lösung von $\beta$-Naphthol wird durch einige Tropfen Reagens grünlich gefärbt und nach einiger Zeit weißlich getrübt; eine Lösung von $\alpha$-Naphthol wird durch das Reagens weiß gefällt und allmählich violett gefärbt.
Beckurts, Pharm. Zentrh. 1885. 484.

**Flückiger**'s Reaktion auf Phenol.
(Modifikation von Lex' Reaktion.) Die zu prüfende Flüssigkeit versetzt man mit Ammoniak, erwärmt, breitet sie auf einer Porzellanschale aus und läßt Bromdämpfe darauf

einwirken. Bei Anwesenheit von Phenol tritt Blaufärbung ein.
Arch. der Pharm. **203.** 30.

**Flückiger**'s Reaktion auf Rizinusöl in Copaivabalsam.
Siehe: Neues Jahrb. f. Pharm. **28.** 129.
Ztschr. f. analyt. Chem. **6.** 489.

**Flückiger**'s Reagens auf Strychnin
ist eine Lösung von 0,01 g Kaliumdichromat (oder Kaliumpermanganat) in 5 ccm Wasser und 15 g konzentr. Schwefelsäure. Näheres siehe: Pharm. Zentrh. 1886. 135 und Pharm. Ztg. 1902. 248. — Chem. Zentralbl. 1886. 411. — Enell, Ztschr. f. analyt. Chem. 1904. 593.

**Flückiger**'s Reaktion auf echten Weinfarbstoff und Fuchsin.
Läßt man auf Rotwein etwas Bromdampf fließen, so wird er hellgelb, während Fuchsin weit dunklere Färbungen als die ursprüngliche Farbe veranlaßt. An Stelle von Bromdampf kann man auch Chlorwasser verwenden.
Ztschr. d. öst. Apoth. Ver. **15.** 363.
Ztschr. f. analyt. Chem. **17.** 108.
Schaer, Schweizer Woch. f. Pharm. **15.** 99 oder Ztschr. f. analyt. Chem. **18.** 617.

**Flückiger**'s Reagenzien
in der von dem Autor in seinen „Reaktionen" angegebenen Konzentration sind:
Ammoniak 10% $NH_3$.
Kalkwasser 0,1% $CaO$.
Natronlauge 15% $NaOH$.
Jodwasser 0,025% J.
Jodlösung 3 g J u. 8 g KJ in 1180 ccm $H_2O$.
Bromwasser 3,3% Br.
Kaliumquecksilberjodidlösung 22,7 g $HgJ_2$ und 16,6 g KJ im Liter.
Quecksilberbromid 1: 215.
Quecksilberchlorid 5% $HgCl_2$.
Quecksilbercyanid 14,5% $HgCy_2$.
Ferrocyankalium 5% $K_4FeCy_6 . 3H_2O$.
Ferricyankalium 5% $K_3FeCy_6$.
Schwefelsäure 97% $H_2SO_4$.
Salzsäure 25% $HCl$.
Salpetersäure 30% $HNO_3$.
Kaliumdichromat 5% $K_2Cr_2O_7$.
Pikrinsäure 10%.
Gerbsäure 5%.
Permanganat-Schwefelsäure. 0,02 g Kaliumpermanganat, 10 ccm Wasser und 30 g Schwefelsäure.
Chromschwefelsäure 0,02 g $K_2Cr_2O_7$ und 10 ccm $H_2O$ in 30 g $SO_4H_2$.
Eisenchlorid 29% $Fe_2Cl_6$.

**Flückiger**'s Reaktionen.
Flückiger hat ein kleines Werkchen herausgegeben, in dem er die Reaktionen einer Auswahl von Arzneimitteln beschreibt. Die letzte Ausgabe ist im Verlag von R. Gärtner, Berlin 1892, erschienen. Es enthält eine Zusammenstellung von Reaktionen folgender Stoffe: Acetanilid, Amygdalin, Anilin, Anthrarobin, Antipyrin, Apocodein, Apomorphin, Arbutin, Aristol, Atropin, Berberin, Betol, Brucin, Coffein, Cantharidin, Chinidin, Chinin, Chinolin, Chloralhydrat, Chrysarobin, Cinchonidin, Cinchonin, Cocain, Codein, Colchicin, Coniin, Cotoin, Cryptopin, Cumarin, Diuretin, Ecgonin, Emetin, Eseridin, Eserin, Europhen, Exalgin, Gallussäure, Gerbsäure, Guajakol, Homatropin, Hydrastin, Hyoscin, Hyoscyamin, Jodol, Laudanin, Laudanosin, Menthol, Methacetin, Morphin, Naphthalin, Naphthol, Narcein, Narcotin, Nicotin, Orexin, Papaverin, Paracotoin, Pelletierin, Phenacetin, Phenocoll, Phenol, Pikrotoxin, Pilocarpin, Piperin, Piperazin, Pyridin, Pyrogallol, Resorcin, Saccharin, Salicin, Salicylsäure, Salipyrin, Salol, Santonin, Sozojodol, Spartein, Strychnin, Sulfonal, Terpinhydrat, Thallin, Thebain, Theobromin, Thymol, Tritopin, Urethan, Vanillin, Veratrin. — Das Werkchen ist nicht etwa eine Sammlung Flückiger'scher Spezialreaktionen, sondern eine Kombination eigener Erfahrungen mit solchen anderer Forscher. Es kann deshalb nur darauf verwiesen werden.

**Flückiger-Behrens**' Reagens auf Sesamöl
ist eine abgekühlte Mischung von Salpetersäure und Schwefelsäure (neben Schwefelkohlenstoff). Auf 5 Tropfen Reagens gibt man 5 Tropfen Sesamöl und bringt durch Neigen des Reagenzglases die beiden Flüssigkeiten in Berührung, so daß eine grüne Zone entsteht. Sodann gibt man 5 Tropfen Schwefelkohlenstoff zu und schüttelt um. Es entsteht eine schön grüne, obere Schicht.
Schweizer Woch. f. Pharm. 1866. 286 u. 1870. 261.
Ztschr. f. analyt. Chem. **10.** 235.

**Foà**'s Reagens zum Färben mikroskop. Präparate
ist eine Mischung von 25 g Böhmer's Hämatoxylinlösung mit 100 ccm Wasser und 20 g 1%iger, wässerig-alkoholischer Safraninlösung.
Ztschr. f. wiss. Mikroskop. 1892. 227.
Enzyklop. d. mikroskop. Techn. 1903. 516.

**Foà**'s Reagens zum Fixieren mikroskop. Präparate
ist eine Mischung gleicher Teile 5%iger Kaliumdichromatlösung und gesättigter Quecksilberchloridlösung in 0,75%iger Kochsalzlösung.
Quart. Journ. Microsc. Sc. 1895. 287.
Enzyklop. d. mikroskop. Techn. 1903. 1276.

**Focke**'s Reaktion auf Glukose im Harn.
Man erhitzt 10 ccm Harn mit 5 ccm wässeriger, 10 %iger Kupfersulfatlösung zum Sieden, filtriert die Mischung und gibt zum Filtrate nach dem Erkalten 2 ccm 10 %ige Sodalösung. Von dem entstandenen Niederschlag wird abfiltriert und zum Sieden erhitzt. Abscheidung von Kupferoxydul zeigt Glukose an.
Apoth. Ztg. **1894.** 559.
Ztschr. f. analyt. Chem. **33.** 770.

**Fodor**'s Reaktion auf Kohlenoxyd in der Luft oder im Blute
beruht auf der Reduktion von säurefreier Palladiumchlorürlösung durch Kohlenoxyd.

(Palladiumchlorürpapier mit einer Lösung 0,0002: 100 getränkt.) Näheres siehe: Pharm. Zentrh. 1883. 517 oder Dragendorff, Ermittel. von Giften 1888. 78. — Chem. Zentralbl. 1880. 669. — Gruber, Arch. f. Hygiene 1. 145. — Gaglio, Arch. f. exper. Pathol. 22. 244. — Schneider, Repert. d. analyt. Chem. 1. 54. Chem. Zentralbl. 1881. 201. — Vergl. Böttger's Reagens.

**Foges'** Reagens auf chlorsaure und bromsaure Salze.

Man löst 0,8 g Strychnin in 24 ccm Salpetersäure (D. = 1,334). Zu 1 ccm dieses Reagenzes gibt man einige Tropfen der zu prüfenden Flüssigkeit. Bei Anwesenheit von Chloraten oder Bromaten entsteht sofort oder nach einiger Zeit eine Rotfärbung. Jodate und Perchlorate geben diese Reaktion nicht. Letztere wird aber beeinträchtigt durch Hypochlorite, Chlor und Salzsäure.

Chem. Ztg. 1901. Rep. 19.
Pharm. Zentrh. 1901. 181.

**Föhring's** Reaktion auf freie Mineralsäuren im Essig.

Erhitzt man Schwefelzink mit Essig, so tritt nur bei Anwesenheit von Mineralsäuren Geruch nach Schwefelwasserstoff auf.

Chem. techn. Zentral-Anzg. 4. 507.

**Fokker's** Reaktion auf Harnsäure.

Man macht 100 ccm Harn mit Natriumkarbonat stark alkalisch und filtriert nach 1—2 Stunden. Alsdann gibt man zum Filtrat 10 ccm gesättigte Lösung von Chlorammon und läßt 24 Stunden stehen. Das ausgeschiedene Ammonurat wird einige Zeit mit 5 %iger Salzsäure bei 15—20° C. behandelt, gewaschen, getrocknet und gewogen. Näheres siehe: Hager, Pharm. Prax. 1880. II. 1190. — Ztschr. f. analyt. Chem. 14. 206. — Pflüger's Archiv 10. 155 u. 161. — Liebig u. Wöhler, Annal. 26. 342.

**Fol's** Reagens zum Entkalken mikroskop. Präparate

ist eine Lösung von 0,7 g Chromsäure und 3 g Salpetersäure in 270 ccm Wasser.

Behrens' Tabellen 1892. 85.

**Fol's** Reagens zum Fixieren mikroskop. Präparate

ist 2,8 %ige Eisenchloridlösung (siehe Platner's Reagens) oder eine Lösung von 0,15 g Chromsäure und 1 g Eisessig in 90 ccm Wasser.

Vergl. Fol's Lehrbuch 1884. 102.
Ztschr. f. wiss. Zoolog. 1883. 111.
Behrens' Tabellen 1892. 56.
Enzyklop. d. mikroskop. Techn. 1903. 138. 184.

**Fol's** Gelatineinjektionsmassen.

1. Rote Masse: Eine Lösung von 100 g Gelatine in 200 g Wasser erhitzt man auf dem Dampfbade, gibt eine konzentr. Lösung von Carmin in Wasser und Ammoniak zu und neutralisiert letzteres mit Essigsäure. Die Masse wird heiß durch Flanell gepreßt.
2. Purpurrote Masse ist eine nach besonderem Verfahren mit fein verteiltem Silber gefärbte Gelatine. Ebenso die
3. Braune Masse.

Näheres siehe: Fol's Lehrbuch 1896. — Fol, Ztschr. f. wiss. Zoolog. 1883. 113. — Behrens' Tabellen 1892. 90. 91. — Enzyklop. d. mikroskop. Techn. 1903. 589. 590. 591. 593. 594.

**Fol's** Glycerin-Gelatine für mikroskop. Zwecke siehe: Kaisers' Reagens und Fol's Lehrbuch 1884. 138.

Behrens' Tabellen 1892. 64.
Enzyklop. d. mikroskop. Techn. 1903. 589.
Strasburger, Botan. Prakt. 1902. 678.

**Fol's** Reagens zum Härten mikroskop. Präparate ist eine Lösung von 0,1 g Osmiumsäure, 0,12 g Chromsäure und 25 g Essigsäure in 450 ccm Wasser.

Vergl. Fol's Lehrbuch 1884. 100.

**Folin's** Reaktion auf Epinephrin

beruht auf der Blaufärbung von Phosphorwolframsäurelösung durch Epinephrin (noch bei einer Verdünnung 1 : 3 Millionen).

Folin, Cannon und Denis, Journ. biolog. Chem. 1913. 13. 477.
Med. Klinik 1913. 266.

**Folin's** Reagens auf Kreatinin

ist Pikrinsäure, die mit Kreatinin ein schwer lösliches Pikrat liefert. Näheres siehe: Ztschr. f. physiol. Chem. 41. 235.

**Folin's** Reagenzien zur kolorimetrischen Bestimmung des Kreatinins.

a) 1,2 %ige, wässerige Lösung von Pikrinsäure,
b) 10 %ige Natronlauge,
c) $^{1}/_{2}$ Normal-Kaliumdichromatlösung (Vergleichsflüssigkeit).

Die Bestimmung beruht auf der Jaffé'schen Farbenerscheinung; vergl. Jaffé's Reaktion.

Ztschr. f. physiol. Chem. 41. 222.
Königsberger, Münchener med. Woch. 1910. 998.
Thompson, Biochemical Journ. 1913. 7. 445.
Chem. Zentralbl. 1914. I. 918.

**Folin-Denis'** Reagens auf Harnsäure.

100 g Natriumwolframat erhitzt man mit 80 ccm Phosphorsäure (85 %) und 750 ccm Wasser 2 Stunden lang am Rückflußkühler und verdünnt nach dem Erkalten mit Wasser auf 1 Liter. — 2 ccm Harnsäurelösung, 2 ccm Reagens und 5—10 ccm gesättigte Natriumkarbonatlösung bilden eine blau gefärbte Mischung.

Journ. Biolog. Chemistry 1912. 12. 239.

**Folin-Denis'** Reagens auf Phenole.

100 g Natriumwolframat, 20 g Phosphormolybdänsäure, 50 ccm Phosphorsäure (85 %) und 750 ccm Wasser werden 2 Stunden lang am Rückflußkühler erhitzt und nach dem Erkalten mit Wasser auf 1 Liter ergänzt. Das Reagens wird durch Phenole blau gefärbt.

Journ. Biolog. Chemistry 1912. 12. 239.
Lewis-Nicolet, ebenda 1913. 16. 369.

**Folin-Denis'** Reagens zur kolorimetrischen Bestimmung von Tyrosin

ist des Autors Reagens auf Phenole. Es wird zur Bestimmung von Tyrosin in Eiweißstoffen verwendet. Zu diesem Zweck stellt man sich eine Vergleichsflüssigkeit her, die man sich aus 0,001 g Tyrosin, 25 ccm Natriumkarbonatlösung und 5 ccm Reagens bereitet. Dann erhitzt man 1 g des zu prüfenden Eiweißstoffes 12 Stunden lang mit 25 ccm Salzsäure (20 %), verdünnt mit Wasser auf 100 ccm und versetzt 2 ccm hiervon mit 5 ccm Reagens und 25 ccm Natriumkarbonatlösung. Die entstandene blaue Färbung wird mit der Färbung der Vergleichsflüssigkeit kolorimetrisch bestimmt.

Journ. Biolog. Chemistry 1912. 12. 245.
Merck's Bericht 1912. 84.

**Folin-Macallum's** Reagens zur Harnsäurebestimmung

ist eine Lösung von 100 g Natriumwolframat in 80 ccm Phosphorsäure (85 %) und Wasser ad 1000 ccm. Die kolorimetrische Bestimmung der Harnsäure beruht auf der Blaufärbung, welche das Reagens in alkalischer Lösung beim Erwärmen mit Harnsäure liefert. Näheres siehe: Südd. Apoth. Ztg. 1916. 37.

**Forbes'** Indikator

ist eine 0,1 %ige, alkoholische Lösung von 2,5-Dinitrohydrochinon. Die gelbe Lösung wird durch Säuren grüngelb, durch Alkalien purpurrot gefärbt.

Journ. Americ. Chem. Soc. 32. 687.
Ztschr. f. analyt. Chem. 1911. 45.

**Fordos'** Reaktion auf Blei im Zinn

ist eine Modifikation der Reaktion von Bobierre unter Verwendung von Salpetersäure an Stelle von Essigsäure.

Vergl. Bobierre's Reaktion.
Bull. Soc. Chim. Paris (N. S.) 23. 346.
Pürckhauer, Ztschr. f. analyt. Chem. 15. 487.

**Formánek's** Reaktion auf Alkaloide und Glykoside.

Aloïn löst sich in Salpetersäure rot, schnell gelb werdend. Verdampft man Aloïn mit Salpetersäure zur Trockene, so löst sich der Rückstand in Alkohol mit roter Farbe, die auf Zusatz von alkoholischer Cyankaliumlösung in Violett und dann in Rosenrot übergeht. Durch Ammoniak wird der Trockenrückstand braun, durch kalte Kalilauge gelb gefärbt.

Amygdalin hinterläßt nach dem Eindampfen mit Salpetersäure einen gelblich gefärbten Rückstand, der durch Ammoniak rosenrot, durch alkoholische Kalilauge rosaviolett gefärbt wird.

Brucin löst sich in Salpetersäure rot, der Verdampfungsrückstand ist gelb. Letzterer wird durch Ammoniakdämpfe grasgrün, durch Schwefelwasserstoffwasser violett.

Cotoïn löst sich in Salpetersäure schmutzig grün, beim Erwärmen rosenrot.

Paracotoïn löst sich in Salpetersäure rot, rasch gelb werdend. Der gelbe Verdampfungsrückstand wird durch Ammoniak hellrot, in Braungelb umschlagend.

Emodin. Die gelbe Lösung hinterläßt nach dem Verdampfen einen braunzinnoberroten Rückstand, der durch Ammoniak vorübergehend violett, dann braun gefärbt wird.

Narcotin löst sich in Salpetersäure gelbgrün, der Verdampfungsrückstand ist gelbgrün und wird durch Ammoniak schmutzig grün.

Eserin löst sich in Salpetersäure gelb, der Verdampfungsrückstand ist zinnoberrot, bei längerem Erwärmen grün. Letzterer löst sich in Wasser mit grüner Farbe.

Salicin. Der Verdampfungsrückstand der Lösung in Salpetersäure ist gelb, er wird durch Ammoniak dunkler, beim Erwärmen mit Cyankalium blutrot.

Pharm. Post 18. 179.
Pharm. Zentrh. 1895. 600.
Ztschr. f. analyt. Chem. 36. 409.
Chem. Ztg. 1895. Rep. 259.
Chem. Zentralbl. 1895. I. 1148.

**Fornaca's** Reaktion auf Blutserum

beruht auf der Entfärbung von Gentianaviolett durch Serum. Die entfärbende Kraft ist bei dem Blute Gesunder schwach, stärker bei dem Blute Typhuskranker und solcher, die an Infektionskrankheiten leiden.

Riforma med. 1908. No. 20.
Deutsche med. Woch. 1908. 1402.

**Förster's** Reaktion auf Colophonium.

a) Lösung von 1 Vol. Phenol in 2 Vol. Tetrachlorkohlenstoff,
b) Mischung von 1 Teil Brom und 2 Teilen Tetrachlorkohlenstoff.

Löst man Colophonium in 2 ccm der Lösung a und bringt das Gefäß an die Lösung b, so erzeugen die Bromdämpfe eine blaue Färbung, die allmählich in Violett übergeht.

Chem. Revue d. Fett- u. Harzindustr. 1909. 88.
Pharm. Zentrh. 1909. 346.

**Forster-Riechelmann's** Reaktion auf Phytosterin (Cholesterin)

siehe: Ztschr. f. öffentl. Chem. 1897. 10.
Pharm. Zentrh. 1897. 435.
Chem. Zentralbl. 1897. I. 563.
Vergl. Salkowski's Reaktion.

**Fortini's** Reagens auf Nickel.

(Modifikation von Tschugajeff's Reagens.) Mischt man eine Lösung von 0,5 g Dimethylgloxim in 5 ccm Alkohol (98 %) mit 5 ccm konzentrierter Ammoniakflüssigkeit, so erhält man eine klare, kaum gelblich gefärbte Flüssigkeit. Einen Tropfen davon bringt man auf das zu prüfende, vorher mit Äther entfettete Metall. Bei Anwesenheit von Nickel entsteht ein rosa Fleck. Empfindlicher wird die Re-

aktion, wenn man die betreffende Stelle vor der Behandlung mit dem Reagens der Einwirkung der oxydierenden Flamme aussetzt.
Chem. Ztg. 1912. 1461.
Merck's Bericht 1912.

**Fosse's** Reagens auf Harnstoff
ist Xanthydrol (Xanthanol), das mit Harnstoff unlöslichen Dixanthylharnstoff liefert. Näheres siehe: Compt. rend. 1906. 143. 749, 1907, 145. 813. — Hugounenq-Morel, Presse médicale 1913. 517. — Merck's Bericht 1913. 540. — Fréjacque, Répert. de pharm. 1913. 433, Pharm. Zentrh. 1914. 794.

**Foucroy-Vauquellin's** Reaktion auf Eiweißstoffe.
(Xanthoprotein-Reaktion.) Erwärmt man wenig Eiweißlösung mit konzentrierter Salpetersäure, so entsteht eine gelbe Färbung, die auf Zusatz von Natronlauge intensiver wird oder in Bräunlich übergeht.
Annales de Chimie 1805. 36.
v. Fürth, Dissert. Straßburg 1899.
Salkowski, Ztschr. f. physiol. Chem. 12. 218.
Rohde, Ztschr. f. physiol. Chem. 44. 161.

**Fox'** Reaktion auf Gallenfarbstoffe.
Man extrahiert den Harn mit Chloroform, verdampft dasselbe und gibt zum Rückstand Salpetersäure. Bei Gegenwart von Galle bilden sich konzentrische Farbenringe.
Rivist. crit. clin. med. 1909. Dez.
Pharm. Zentrh. 1911. 779.

**Fragner's** Reaktionen auf Imperialin.
Imperialin färbt sich mit Schwefelsäure schwach gelb, mit Zucker und Schwefelsäure gelbgrün, dann blaßbraun, fleischfarbig, kirschrot und zuletzt schmutzig violett, mit Fröhde's Reagens grüngelb, mit Mandelin's Reagens olivengrün und dann rotbraun, mit Schwefelsäure und Salpeter dunkelrotgelb, mit Salpetersäure gelb, und mit konz. Salzsäure liefert es eine starke Fluoreszenz.
Pharm. Post 1889. 7.

**Francis'** Reagens auf Gallensäuren im Harn.
Man löst 2 g gut getrocknete Glukose in 15 ccm Schwefelsäure. Überschichtet man 5 ccm Reagens mit 5 ccm Harn, so entsteht bei Anwesenheit von Gallensäuren ein roter Ring.
Merck's Report 1900. 424.

**Franchimont** siehe Unverdorben-Franchimont.

**François'** Reagens auf Ammoniak in Methylamin
ist eine Lösung von 22,7 g Quecksilberjodid, 33 g Kaliumjodid und 35 g Natriumhydroxyd in 1 Liter Wasser. — Eine Lösung von 0,1 g Methylaminchlorhydrat in 15 ccm Wasser erhitzt man mit 5 ccm Reagens langsam, bis kleine Gasblasen auftreten. Bei Gegenwart von 0,2 % $NH_4Cl$ entsteht ein braunroter Niederschlag. Größere Mengen von Chlorammonium bewirken den Niederschlag schon in der Kälte.
Compt. rend. 144. 857.
Chem. Zentralbl. 1907. II. 94.
Bull. Soc. Chim. Paris 1907. 648.
Ztschr. f. analyt. Chem. 1909. 317.

**Francqui-van de Vyverre's** Reagens auf Glukose
ist eine Lösung von Wismutoxyd, Weinsäure und Alkali und demnach im großen und ganzen identisch mit Almén's oder Nylander's Reagens.
Gazette méd. de Paris 1866. 705.

**Frank's** Reagens auf Magnesium (in Brunnenwasser).
10 ccm des zu prüfenden Wassers versetzt man mit 2—3 Tropfen einer Lösung von 0,02 g p-Nitrobenzolazoresorcin in 100 ccm Natronlauge und gibt konzentr. Natronlauge zu, bis die ursprüngliche, oft gelb erscheinende Flüssigkeit deutlich violett oder rosa gefärbt erscheint. Bei Anwesenheit von Magnesium tritt nach dem Schütteln sofort Abscheidung blaugefärbten Magnesiumhydroxyds auf, die durch Filtrieren auf weißem Papier deutlicher gemacht werden kann.
Revista de la Seccion agronomia de la Universidad de Montevideo No. I. Juli 1907.

**Fränkel's** Reagens zum Fixieren mikroskop. Präparate
ist eine Mischung von 15 ccm 1%iger Palladiumchlorürlösung und 5 ccm 2%iger Osmiumsäurelösung, der einige Tropfen Essigsäure zugesetzt sind.
Anat. Anzg. 1893. 538.

**Fränkel's** Reagens zur Bakterienfärbung.
1. a) Mit Anilin gesättigtes Wasser und konzentr. alkoholische Fuchsinlösung mischt man zu gleichen Teilen.
b) Eine gesättigte Lösung von Methylenblau in einer Mischung von 50 Teilen Wasser, 30 Teilen Alkohol und 20 Teilen Salpetersäure (25 %).
Berl. klin. Woch. 1884. 246.
Pharm. Zentrh. 1890. 718.
2. a) Pikrocarminlösung (siehe Mayer's Pikrocarmin);
b) Gentianaviolettlösung ist eine Mischung von 10 g gesättigter, alkoholischer Gentianaviolettlösung mit 90 g 2,5%igem Carbolwasser.
Behrens' Tabellen 1892. 120.
Eberth-Friedländer, Mikroskop. Techn. 1894. 215.
Enzyklop. d. mikroskop. Techn. 1903. 500. 1309.

**Fränkel's** Reaktion auf Histidin.
Histidinhydrochlorid wird in verd. Salzsäure gelöst und bei gelinder Wärme mäßige Mengen von Kaliumchlorat eingetragen. Hierauf wird fast zur Trockene eingedampft, frisches Chlorwasser, dem man eine Spur Salpetersäure zugesetzt hat, hinzugegeben, zur Trockene eingedampft und der Rückstand Ammoniakdämpfen ausgesetzt. Es tritt eine dunkelrosenrote Färbung auf, die nach Zusatz von wenig Natronlauge in Rotviolett übergeht. (Vergl. Weidel's Reaktion auf Sarkin.)
Monatsh. f. Chem. 24. 243.

**Fränkel-Allers'** Reaktion auf Adrenalin.
Versetzt man eine Adrenalinlösung mit Jodsäure oder mit Kaliumbijodat und Phosphorsäure, so entsteht allmählich, rascher beim Erwärmen eine rosarote bis eosinrote Färbung. Empfindlichkeitsgrenze: 1:300 000. Ammoniak verändert die rote Farbe in Rostbraun.
Biochem. Ztschr. **18.** **40.**
Chem. Zentralbl. **1909.** **II.** **478.**
Ewins, Journal of Physiol. 1910. No. **4.**
Répert. de Pharm. 1909. 463.
Vergl. Comessatti's und Vulpian's Reaktion.

**Frankland's** Reagens auf salpetrige Säure
ist ein von Zambelli angegebenes Reagens zur kolorimetrischen Bestimmung von salpetriger Säure. Es besteht aus einer gesättigten, wässerigen Lösung von Sulfanilsäure und einer wässerigen Phenollösung. — Zu der zu prüfenden Lösung gibt man 1 Tropfen Sulfanilsäure und 1 Tropfen Phenol und dann Ammoniak. Bei Anwesenheit von salpetriger Säure färbt sich die Mischung blaßgelb bis rotgelb. Empfindlichkeitsgrenze = 1:40 Millionen.
Journ. of the Chem. Soc. **52.** 533 und **53.** 364.
Ztschr. f. analyt. Chem. **30.** 713.

**Franzen's** Reaktion auf Aldehyde und Ketone.
Schüttelt man Benzaldehyd mit einer wässerigen Lösung von Calcium-, Baryum-, Strontium- oder Magnesiumcyanid, so entsteht die entsprechende Verbindung des Mandelsäurenitrils. Analoge Verbindungen bilden sich mit verschiedenen anderen Aldehyden und Ketonen sowie mit Acetessigester und Benzoylessigester. Näheres siehe: Berl. Ber. **42.** 3293. — Ztschr. f. analyt. Chem. **52.** 385.

**Franzen's** Reagens auf Sauerstoff
ist eine Lösung von 10 g Natriumhydrosulfit in 50 ccm Wasser und 50 ccm Natronlauge (10 %). Gebraucht in der Gasanalyse zur Absorption des Sauerstoffs.
Berl. Ber. **1906.** 2069.
Ztschr. f. angew. Chem. 1907. 1107.

**Fraude's** Reagens auf Alkaloide
ist eine wässerige Lösung von Überchlorsäure (zirka 20 %). Aspidospermin gibt beim Kochen mit diesem Reagens eine rote, Brucin eine madeirafarbige, Strychnin eine rötlichgelbe Lösung. Keine Farbenerscheinung geben Coffeïn, Coniin, Atropin, Nicotin, Veratrin, die China- und Opiumbasen.
Berl. Ber. **12.** 1558.
Ztschr. f. analyt. Chem. **19.** **86.**
Hager, Pharm. Prax. Erg.-Bd. 1883. 63.
Häussermann und Sigel, Chem. Ztg. 1901. Rep. 32.

**Frederking's** Reaktion auf Alkohol im Äther.
Schüttelt man Äther mit einem gleichen Volumen Glycerin, so nimmt das Volumen des letzteren bei Anwesenheit von Alkohol (und Wasser) zu.
Polytechn. Notizbl. **26.** 48.
Chem. Zentralbl. 1871. 127.

**Frehse's** Reaktion auf Auramin in Speiseölen.
1 ccm des zu prüfenden Öles erhitzt man mit 20 ccm 8 %iger alkoholischer Kalilauge und etwas Zinkstaub ½ Stunde lang am Rückflußkühler, schüttelt nach dem Erkalten mit 20 ccm Benzol und 50 ccm Wasser, hebt das Benzol ab, filtriert und dampft es zur Trockne. Der Rückstand färbt sich mit Essigsäure blau. Näheres siehe: Annal. des Falsific. **3.** 293. — Pharm. Zentrh. 1912. 1224.

**Frémy's** Reagens auf Natrium
ist pyroantimonsaures Kalium, das mit Natriumsalzlösungen einen schwer löslichen Niederschlag von Natriumpyroantimoniat gibt.
Chem. Zentralbl. 1843. 143.
Wackenroder, Arch. der Pharm. **34.** 275 und **35.** 19.
Chem. Zentralbl. 1843. 791.
Buchner, Chem. Zentralbl. 1845. 224.
Bougault, Répert. de Pharm. 1905. 252.
Journ. de Pharm. et de Chim. (6) **21.** 437.
Vergl. Bougault's Reagens.

**Frenzel's** Reagens zum Fixieren mikroskop. Präparate
ist eine gesättigte, wässerige oder eine halbgesättigte, alkoholische Lösung von Quecksilberchlorid, der pro 1 ccm 1 Tropfen Salpetersäure zugesetzt ist. Gebraucht zum Fixieren von Nervenzellen.
Arch. f. mikroskop. Anat. 1886. 232.

**Frerichs'** Reaktion auf fremde Alkaloide im Apomorphin.
0,1 g Apomorphinhydrochlorid wird auf einem kleinen trockenen Filter mit 5 ccm einer Mischung von einem Teil Salzsäure und vier Teilen Wasser übergossen. Das Filtrat wird mit Kaliumquecksilberjodidlösung versetzt. Reines Apomorphinhydrochlorid gibt höchstens eine opalisierende Trübung, enthält das Präparat aber andere Alkaloide (Morphin, Chloromorphid etc.), so erzeugt das genannte Reagens einen Niederschlag.
Apoth. Ztg. 1909. 928.
Merck's Bericht 1910. 103.

**Frerichs'** Reaktion auf Blei im Wasser
beruht auf der Eigenschaft der Watte, die im Wasser enthaltenen Schwermetallverbindungen bei der Filtration zurückzuhalten und so den Nachweis (mit Schwefelwasserstoff) zu erleichtern. Näheres siehe: Apoth. Ztg. 1902. 884.

**Fresenius'** Reaktion auf Antimon.
Gibt man eine mit Salzsäure versetzte Antimonlösung auf Platin und legt ein Stück metallisches Zink hinzu, so beschlägt sich das Platin mit einer braunen bis schwarzen Schicht von Antimon.
R. Fresenius, Anleitung z. qualit. chem. Anal. 9. Aufl.
Chem. Zentralbl. 1863. 861.
Ztschr. f. analyt. Chem. 1862. 444.

**Fresenius'** Reaktion auf Phenol
ist identisch mit Plugge's Reaktion.
Enzyklop. d. gesamt. Pharm. 1891. X. 702.

**Fresenius'** Reaktion auf salpetrige Säure.
In Flüssigkeiten, die sehr geringe Mengen salpetriger Säure enthalten, läßt sich letztere mit großer Sicherheit erkennen, wenn man dieselben (z. B. Brunnenwasser) mit Essigsäure angesäuert der Destillation unterwirft und die übergehenden Tropfen in mit Schwefelsäure angesäuertem Jodkaliumstärkekleister auffängt. Man erhält sofort eine starke Blaufärbung, da die Hauptmenge der vorhandenen salpetrigen Säure mit den ersten Teilen überdestilliert.
Ztschr. f. analyt. Chem. **12.** 427; **15.** 230.

**Fresenius-Babo's** Reaktion auf Arsen
siehe: Fresenius, Qualitat. Analyse 13. Aufl. 192.
Ztschr. f. analyt. Chem. **20.** 522.
Chem. Zentralbl. 1844. 529. 535.
Blomqvist, Ztschr. f. analyt. Chem. **34.** 128.
Apoth. Ztg. **9.** 257.

**Freser's** Reagens auf Arsen
ist Ammoniumthioacetat (Schiff's Reagens).
Chem. Repert. 1902. 18.

**Freud's** Reagens zum Färben mikroskop. Präparate.
Man löst 0,5 g Chlorgold in 50 ccm Wasser und gibt 50 ccm Alkohol zu. Gebraucht zum Färben von Achsenzylindern.
Arch. f. Anat. und Phys. 1884. 453.
Eberth - Friedländer, Mikroskop. Techn. 1894. 243.
Enzyklop. d. mikroskop. Techn. 1903. 455.

**Freund's** Reaktion auf Nukleoalbumin und Serumalbumin.
Mit Essigsäure angesäuerter Harn wird tropfenweise mit gesättigter, wässeriger Quecksilberchloridlösung versetzt. Eine Trübung zeigt Nukleoalbumin an. Zum Nachweis von Serumalbumin wird mit Salzsäure angesäuert.
Groß, Wiener klin. Woch. 1914. 755.

**Freund-Kaminer's** Reaktion
ist eine für die Diagnose maligner Tumoren in Betracht kommende serolytische Reaktion. Näheres siehe: Wiener klin. Woch. 1910. 378. — Biochem. Ztschr. 1910. **26.** 312. — Kraus, Wiener klin. Woch. 1911. 1003. — Arzt-Kerl, ebenda 1912. Nr. 46.

**Frey's** Reaktion auf Petroleum in Terpentinöl.
In einem graduierten Glascylinder versetzt man 10 ccm Terpentinöl mit 30 ccm Anilin und schüttelt gut um. Ist Petroleum vorhanden, so sammelt sich dieses auf der Anilin-Terpentinölschicht an und kann mittels der Graduierung seiner Menge nach abgelesen werden.
Répert. de Pharm. 1908. 366.
Pharm. Zentrh. 1908. 473.

**Frey's** Reagenzien zur Färbung mikroskopischer Präparate.
1. Eine Lösung von 1 g Fuchsin in 100 ccm Alkohol und 1,5 Liter Wasser.
2. a) Eine Lösung von 1 g Hämatoxylin in 30 ccm Alkohol;
b) eine Lösung von 1 g Kalialaun in 30 ccm Wasser.
3. Eine Lösung von 0,1 g Anilinblau in 125 ccm Wasser und 75 ccm Alkohol.
Behrens' Tabellen 1892. 102. 108.

**Frey's** Ammoniak-Carmin.
Man löst 0,3 g Carmin in 30 ccm Wasser und der nötigen Menge Ammoniak, filtriert und gibt 30 g Glycerin und 8—12 g Alkohol zu.
Frey, Das Mikroskop 1877. 94.

**Frey's** Glycerin-Gummilösung für mikroskop. Zwecke
siehe: Farrant's Reagens.
Behrens' Tabellen 1892. 64.

**Frey's** Reagens für mikroskop. Zwecke (Jodserum)
ist eine Lösung von 5 g Chlornatrium und 60 ccm Eiweiß in 540 ccm Wasser mit einem Zusatz von Jodtinktur (zirka 5 g).
Behrens' Tabellen 1892. 65.
Eberth, Mikroskop. Techn. 1894. 35.
Enzyklop. d. mikroskop. Techn. 1903. 627.

**Frey-Schneider's** Reagens (Färbungs- und Fixierungsmittel)
ist eine Lösung von Carmin in 45 %iger Essigsäure.
Merck's Index 1902. 270.
Enzyklop. d. mikroskop. Techn. 1903. 636.

**Friedel-Craft's** Reaktion
ist eine für die Synthese von Benzolkohlenwasserstoffen wichtige Reaktion, die unter der Einwirkung von Aluminiumchlorid auf gechlorte Kohlenwasserstoffe und Benzol vor sich geht.
Siehe: Lehrbücher der Chemie.

**Friedenwald-Ehrlich's** Diazoreaktion des Harns.
Als Reagens dient:
1. Eine Lösung von 0,5 g Natriumnitrit in 100 ccm Wasser.
2. Eine Lösung von 0,5 g p-Amidoacetophenon in 50 g Salzsäure und 1000 g Wasser.

Zum Gebrauch mischt man 1 ccm von Lösung 1 mit 50 ccm von Lösung 2. Dieses Reagens mischt man mit gleichen Teilen Harn und gibt einen Überschuß von Ammoniak zu. Eine rote Färbung der Flüssigkeit oder des Schüttelschaumes zeigt pathologischen Harn an (Phthise, Typhus etc.).
Ztschr. f. analyt. Chem. **39.** 734.
Vergl. Welwart's Diazoreaktion.

**Friediger's** Reagens auf Fett im Magen- und Darminhalt.
Man mischt 2 ccm konzentr. alkoholische Dimethylamidoazobenzollösung mit 2 ccm

absolut. Alkohol, 2 ccm 0,5 %iger alkoholischer Eosinlösung, 2 ccm Eisessig, 20 Tropfen Lugols Reagens und 20 Tropfen konzentr. wässerigem Mucicarmin.
Münchener med. Woch. 1912. 2865.
Merck's Bericht 1912. 190.

**Friedländer**'s Reagens zur Bakterienfärbung.

1. Eine Mischung von 50 g konzentr. alkoholischer Gentianaviolettlösung, 10 g Eisessig und 100 ccm Wasser.
2. Eine Lösung von 1 g Fuchsin in 5 ccm Alkohol und 100 ccm 2 %iger Essigsäure.
3. Gram's Reagens.

Behrens' Tabellen 1892. 121.

**Friedländer**'s Reagens zum Färben mikroskop. Präparate (Alaunhämatoxylin).

Eine Lösung von 2 g Hämatoxylin in 100 g Alkohol mischt man mit einer Lösung von 2 g Alaun in 100 g Glycerin und 100 ccm Wasser. Gebraucht zur Schnitt- und Stückfärbung.
Merck's Index 1902. 270.
Behrens' Tabellen 1892. 104.
Eberth - Friedländer, Mikroskop. Techn. 1894. 104.
Enzyklop. d. mikroskop. Techn. 1903. 507.

**Friedländer**'s Reagens zum Fixieren

ist eine Lösung von je 125 g Kupfersulfat und Zinksulfat in 1000 ccm Wasser.
Biolog. Zentralbl. 1890. 483.
Enzyklop. d. mikroskop. Techn. 1903. 703.

**Friedländer**'s Pikrocarmin.

Eine Lösung von 1 g Carmin in 1 g Ammoniak und 50 ccm Wasser versetzt man so lange unter Umschwenken mit gesättigter, wässeriger Pikrinsäurelösung, bis ein bleibender Niederschlag entstanden ist. Nach dem Filtrieren gibt man 2 Tropfen Carbolsäure zu. Gebraucht zur Doppelfärbung wie Bizzozero's und Ranvier's Pikrocarmin.
Merck's Index 1902. 271.
Eberth - Friedländer, Mikroskop. Techn. 1894. 116.

**Friese**'s Reaktion auf Formaldehyd in Milch.

Schüttelt man 5 ccm Milch mit 10 ccm Salzsäure (1,19), in der man einige Körnchen Phloroglucin (0,1: 500) gelöst hat, und gibt 4 Tropfen einer 1 %igen, alkoholischen Vanillinlösung zu, so entsteht bei Gegenwart von Formaldehyd eine rote bis dunkelviolettblaue Färbung.
Südd. Apoth. Ztg. 1907. 752.

Schüttelt man 5 ccm Milch mit 10 ccm Salzsäure und 4 Tropfen alkoholischer Vanillinlösung eine halbe Minute lang, so färbt sich die Mischung himbeerrot und später blau. Bei Gegenwart von Formaldehyd geht die Färbung hingegen in Dunkelgelb über.

Versetzt man 5 ccm Milch mit 10 ccm Salzsäure und 4 Tropfen 1 %iger alkoholischer Furfurollösung, so geht die anfangs lachsfarbige Färbung der Mischung nach einiger Zeit in Dunkelolivgrün über. Sind aber Spuren von Formaldehyd vorhanden, so tritt im Laufe einer halben Stunde eine blauviolette Färbung ein.
Pharm. Zentrh. 1913. 760.
Rachel, ebenda 1913. 759. — Chem. Zentralbl. 1913. II. 903.

**Frisch**'s Reaktion auf Phenol und Kreosot.

Eine stark verdünnte, alkoholische Lösung von Eisenchlorid färbt eine alkoholische Lösung von Kreosot grün, eine solche von Phenol violettblau.
Merck's Report. 1900. 425.

**Fritsch**'s Reaktion auf Aceton.

Mischt man gleiche Teile der zu prüfenden Lösung und konzentr. Salzsäure, die 5 % Rhamnose enthält, und erhitzt, so entsteht eine fuchsinrote Färbung. Die Reaktion gelingt noch bei 0,01 g Aceton im ccm.
Ztschr. f. analyt. Chem. 1910. 94.
Pharm. Post 1912. 807.

**Fritsche**'s Reaktion auf Anilin.

Versetzt man eine Lösung von Anilin in verdünnter Schwefelsäure mit 1—2 Tropfen Kaliumdichromatlösung (1: 20), so entsteht je nach der Menge des vorhandenen Anilins eine grüne, blaue oder schwarze Färbung. Bromwasser bewirkt einen rötlichweißen, krystallinischen Niederschlag.
Vergl. Kippenberger, Nachw. v. Gift. 1897. 30.
Chem. Zentralbl. 1862. 845.

**Fritzmann**'s Reaktion auf Salpetersäure in Milch

beruht auf der Umkehrung der Hehner'schen Reaktion auf Formaldehyd. Schichtet man nämlich formaldehydhaltige Milch auf Schwefelsäure, so bildet sich bei Gegenwart von Nitraten (Wässerung der Milch) ein blauer bis violetter Ring. Dieselbe Farbenerscheinung erhält man auch beim Mischen.
Ztschr. f. öffentl. Chem. 1897. 3. 610.
Chem. Zentralbl. 1898. I. 218 u. 1913. II. 1777.

**Fröhde**'s Reagens auf Alkaloide.

Eine frisch bereitete Lösung von Natriummolybdat in reiner, konzentr. Schwefelsäure (0,1 g : 100 ccm). Alkaloide geben mit diesem Reagens Färbungen: Aconitin = gelbbraun, später farblos; Atropin = farblos; Brucin = rot, später gelb; Chinin = farblos bis grünlich; Chinidin wie das vorige; Cinchonin = farblos; Codeïn = schmutziggrün, dann blau, später blaßgelb; Colchicin = gelb, dann gelbgrünlich; Coniin = strohgelb; Morphin = violett, dann grün, braungrün, gelb, später blauviolett; Narceïn = gelbbraun, gelblich, farblos; Narcotin = grün, braungrün, gelb, rötlich; Nicotin = gelblich bis rötlich; Papaverin = violett, blau, gelblich, farblos; Strychnin = farblos; Thebaïn = rot, rotgelb, farblos; Veratrin = gelb, dann kirschrot.

Die Diureïde, Coffeïn und Theobromin werden durch das Reagens nicht gefärbt, dagegen geben einige Glykoside Farbenerscheinungen: Colocynthin = kirschrot, dann nußfarbig; Digitalin = dunkelorange, kirschrot, später braunschwarz, zuletzt (nach 24 Stunden) grüngelb mit schwarzen Flocken.

Ztschr. f. analyt. Chem. 5. 214.
Hager, Pharm. Prax. 1880. I. 207.
Arch. der Pharm. (2) 126. 54.
Schmidt, Pharm. Chem. 1896. II. 1261.
Hock, Ztschr. f. analyt. Chem. 23. 228 od. Arch. der Pharm. (3) 19. 358.
Mai-Rath, Arch. der Pharm. 244. 300.

**Fröhde's** Reaktion auf Blausäure.

Man erhitzt etwas Natriumthiosulfat am Platindraht bis zum Aufblähen und gibt auf diesen Rückstand etwas von der zu prüfenden Substanz. Alsdann erhitzt man kurze Zeit in der Bunsenflamme und taucht die Schmelze in eine stark verdünnte Eisenchloridlösung. Bei Anwesenheit von Blausäure entsteht eine blutrote Färbung.

Poggendorff's Annal. 1863. 317.
Chem. Zentralbl. 1863. 698.
Hager, Pharm. Prax. 1880. I. 66.
Vergl. Liebig's Reaktion.

**Fröhde's** Reaktion auf Eiweiß.

Eiweiß in Substanz gibt mit einer Lösung von Molybdänsäure in konzentr. Schwefelsäure eine blaue Färbung.

Liebig's Annal. 1868. 376.
Chem. Zentralbl. 1868. 640.

**Fröhde-Buckingham's** Reagens auf Alkaloide ist eine Lösung von 1 g Ammoniummolybdat in 10 ccm konzentr. Schwefelsäure. Näheres siehe: Bruylants, Ztschr. f. analyt. Chem. 37. 62 u. 63. — Polytechn. Notizbl. 1874. 77. — Vergl. Buckingham's Reagens.

**Fröhlich's** Reaktion auf Glukose.

10 ccm Harn versetzt man mit 5 ccm gesättigter Bleiacetatlösung und dann mit 5 ccm Bleisubacetatlösung und filtriert. 5 ccm des Filtrates gibt man zu einer erhitzten Mischung von 5 ccm Methylenblaulösung (1 : 300) und 1 ccm Kalilauge (10 %). Bei Gegenwart von Glukose verschwindet die Blaufärbung und es entsteht eine blaßgelbe Lösung.

Zentralbl. f. innere Med. 1898. 89.
Hocke, Prager med. Woch. 1898. 441.
le Goff, Pharm. Zentrh. 1897. 706.

**Fröhlich's** Reagens auf Glukose im Harn ist eine Mischung von 5 ccm konz. wässeriger Lösung von Methylenblau und 1 ccm Kalilauge (10%). Das Reagens wird durch zuckerhaltigen Harn beim Erhitzen entfärbt. Empfindlichkeitsgrenze = 0,04%.

Zentralbl. f. innere Med. 1898. 89.
Hoke, Prager med. Woch. 1898, No. 35.

**Fröhner's** Reaktion auf Aceton im Harn ist eine Modifikation von Stock's Reaktion. Von 500 ccm Harn destilliert man nach dem Ansäuern mit Essigsäure etwa 5 ccm ab. In diesem Destillat löst man einen Krystall salzsaures Hydroxylamin, gibt etwas Chlorkalklösung und Äther zu und schüttelt gut um. Der Äther färbt sich bei Anwesenheit von Aceton blau, wenn noch 0,001 g Aceton im Destillat vorhanden ist.

Deutsche med. Woch. 1901. 79.
Wester, Pharm. Zentrh. 1907. 620.
Pharm. Journ. 1907. 315.

**Frommer-Engfeldt's** Reaktion auf Aceton ist eine Modifikation von Frommer's Reaktion (vergl. oben!). 100 ccm Harn werden mit gleichen Teilen Wasser verdünnt und mit 1 ccm Eisessig angesäuert. Die Mischung wird dann mit Hilfe eines Liebig'schen Kühlers unter sorgfältiger Kühlung destilliert. In Vorlage befinden sich 20—25 ccm kaltes Wasser. Nach $^1/_4$ stündiger Destillation ist alles Aceton überdestilliert. Das Destillat wird mit Wasser auf 100 ccm verdünnt und damit die Acetonbestimmung ausgeführt. Näheres siehe: Berl. Klin. Woch. 1915. 796.

**Frommer's** Reaktion auf Aceton.

Unter dem Einfluß von Alkalien bildet Aceton mit Salicylaldehyd Dioxydibenzalaceton, dessen Alkalisalze eine intensive karmoisinrote Farbe aufweisen.

Berl. klin. Woch. 1905. 1005.
Vergl. folgende Reaktion.

**Frommer-Emilewicz's** Reaktion auf Aceton im Harn.

Etwa 10 ccm des zu prüfenden Urins versetzt man mit 1 g Kalihydrat und gibt dann 8—10 Tropfen einer alkoholischen Salicylaldehydlösung (1: 10) zu. Bei Anwesenheit von Aceton entsteht beim Erwärmen auf 70° eine dunkelrote Färbung. Empfindlichkeitsgrenze = 1 : 100 000.

Münchener med. Woch. 1905. 628.
Deutsche Medizinal-Ztg. 1905. 278.
Med. Klinik 1905. 424.
Apoth. Ztg. 1905. 629.
Berl. klin. Woch. 1905. 1008.
Merck's Bericht 1905. 10.
Bohrisch, Pharm. Zentrh. 1907. 251. 398.
Engfeldt, Berl. klin. Woch. 1915. 458.

**Frommherz'** Reagens auf Glukose ist eine Lösung von Kupfersulfat (41,76 g), Kaliumtartrat (20,88 g) und Kaliumhydroxyd (10,44 g) in 1 Liter Wasser.

Realenzyklopädie der ges. Pharm. 1888. IV. 432.
Vergl. Fehling's Reagens.

**Fron's** Reagens auf Alkaloide und Eiweiß.

Man löst 3 g Wismutsubnitrat und 14 g Jodkalium in 40 ccm heißen Wassers und gibt 2 ccm Salzsäure zu. Durch dieses Reagens werden sowohl Alkaloide als auch Eiweiß in saurer Lösung gefällt.

Chem. Zentralbl. 1875. 263.
Répert. de Pharm. 2. 335.

**Frost's** Konservierungsflüssigkeiten.

Erhaltungsflüssigkeit: Lösung von 80 g Chloralhydrat, 160 g Kaliumacetat und 3500 g

Rohrzucker in 8000 g Thymolwasser. Dauerflüssigkeit: enthält außerdem noch 80 g Natriumfluorid.
Monatsh. f. Tierheilk. 27. 159.

**Frühling's** Reaktion auf Bombay-Macis.
2,5 g Macis schüttelt man mit 10 ccm absolutem Alkohol einige Minuten lang und filtriert. Ist Bombay-Macis (wilde Muskatblüte) vorhanden, so ist das Filtrierpapier gelb gefärbt, und mit Kalilauge betupft tritt Rotfärbung ein. Echte Macis färbt das Papier nicht.
Chem. Ztg. 10. 525.
Ztschr. f. analyt. Chem. 26. 652.

**Fuchs'** Reagens auf Eiweiß
ist eine Mischung gleicher Teile Glycerin und Phenol. Eiweißhaltiger Harn wird durch dieses Reagens getrübt oder gefällt. Empfindlichkeitsgrenze = 1:1000.
Pharm. Zentrh. 1903. 400.
Südd. Apoth. Ztg. 1903. 473.
H ä u s e r m a n n, ebenda 1903. 482.

**Fuchs-Lintz'** Reaktion auf Karzinom.
Färbt man den zu prüfenden Harn mit Methylenblau eben blau, so verschwindet bei positivem Ausfall der Reaktion diese Färbung im Laufe von 12—24 Stunden. Die Reaktion soll auch bei Sarkomen, bei vorgerückter Schwangerschaft, Nierenaffektionen, tuberkulöser Meningitis, Endokarditis, Rheumatismus, Abortus etc. beobachtet werden. Näheres siehe: Journ. Americ. Med. Assoc. 1911. 56. 1882. — Merck's Bericht 1911. 356.

**Fuld's** Indikator für Alkalimetrie
ist ein wässeriger Auszug des Rotkohls.
Münchener med. Woch. 1905. 1197.
K r e b i t z, Chem. Zentralbl. 1905. II. 1192.
H a r t i n g, ebenda 1841. 93. (!)
K o r c z i n s k y, Chem. Ztg. 1905. 1164.
F r e r i c h s, ebenda 1905. 1182.
R o g g e, ebenda.
P e t r o w, Pharm. Zentrh. 1906. 362; Pharm. Ztg. 1905. 990.
Ztschr. f. analyt. Chem. 1907. 171.

**Fuld-Levison-Wolff's** Edestinprobe zur Bestimmung des Pepsins im Magensaft.
Eine Lösung von Edestin in Salzsäure wird durch Kochsalz gefällt. Nach der Einwirkung von Pepsin, d. h. nach der Verdauung bewirkt Kochsalz keine Trübung mehr. Hierauf beruht die Methode. Näheres siehe: Merck's Bericht 1908. 203. — Biochem. Ztschr. 1907. 6. 473. — Berl. klin. Woch. 1908. 1051. — Wiener klin. Woch. 1907. 1510.

**Fulmer's** Reaktion auf Acetanilid in Phenacetin.
0,1 g der Substanz kocht man eine Minute lang mit 1 ccm konzentr. Salzsäure, verdünnt mit 10 ccm Wasser, filtriert und gibt zum Filtrat 3 Tropfen einer 3 %igen Chromsäurelösung. Bei Gegenwart von Acetanilid entsteht eine dunkelgrüne Färbung und bald darauf ein Niederschlag. Bei Abwesenheit von Acetanilid entsteht eine bleibende rubinrote Färbung.
L'Union pharm. 1905. 484.
Apoth. Ztg. 1905. 964.
Merck's Report. 1906. 35.
Journ. Americ. Chem. Assoc. 26. 175.

**Funck's** Reagens auf Eiweiß und Glukose
sind bekannte in Tablettenform gebrachte Reagenzien, die unter der Bezeichnung A l b u r i t und I n d i g u r i t in den Handel kommen.
Neue Erfindungen u. Erfahrungen 33. 468.
Med. Klinik 1906. 580.
Pharm. Zentrh. 1906. 505.

**Fürbringer's** Reagens auf Eiweiß
ist eine Mischung von Mercurinatriumchlorid, Chlornatrium und Citronensäure. Das Reagens bewirkt in eiweißhaltigem Harn eine flockige Ausscheidung.
Deutsche med. Woch. 1885. 467.
Ztschr. f. analyt. Chem. 25. 285.
Vergl. Mayer's Reagens auf Eiweiß.

**Fürbringer's** Reaktion auf Quecksilber
mittels Messingwolle siehe:
Berl. klin. Woch. 1878. 332.
Ztschr. f. analyt. Chem. 17. 526, 21. 472, 22. 295, 24. 300.
Chem. Zentralbl. 1878. 726.
Vergl. Almén's u. Ludwig's Reaktion.

**v. Fürth's** Reaktion auf Blut.
Der zu prüfende Stoff wird mit Kalilauge und Pyridin extrahiert und das Hämoglobin darin mit einer Lösung von 1 g Leukomalachitgrünbase in 50 ccm Eisessig nachgewiesen. Hierzu gibt man die Blutlösung auf Filtrierpapier und hierauf das Reagens, worauf sich das Papier grün färbt. Näheres siehe: Ztschr. f. angew. Chem. 1911. 1625. — Merck's Bericht 1911. 422.

**Gabbet's** Reagens zur Bakterienfärbung.
2 g Methylenblau löst man in einer Mischung von 35 g konzentr. Schwefelsäure und 65 ccm Wasser. Diese Lösung dient zur Kontrastfärbung. Die Tuberkelbazillen müssen vorher mit Ziehl's Reagens gefärbt sein.
Pharm. Zentrh. 1891. 245.
E b e r t h - F r i e d l ä n d e r, Mikroskop. Techn. 1894. 215.
E r n s t, Ztschr. f. wiss. Mikroskop. 1888. 106.

**Gabritschewsky's** Glykogenreaktion.
Das Reagens ist eine Lösung von 1 g Jod und 3 g Jodkalium in 100 ccm Wasser, der ein Überschuß von arabischem Gummi zugegeben wird. Mit diesem Reagens färben sich einzelne Blutzellen braun.
Arch. f. experim. Path. u. Pharm. 1891. 272.
E b e r t h - F r i e d l ä n d e r, Mikroskop. Techn. 1894. 274.

**Gabutti**'s Reagens auf Chloralhydrat und Butylchloralhydrat

ist eine Lösung von Pyrogallol in konzentr. Schwefelsäure. Chloralhydrat liefert beim Erwärmen mit dem Reagens eine blaue Lösung, Butylchloralhydrat eine weinrote Färbung. Erstere geht beim Verdünnen mit viel Wasser in Gelbbraun, letztere in ein mehr oder weniger intensives Violett über.

Bollet. Chim. Farm. 1903. 777.
Ztschr. f. analyt. Chem. 1905. 252.
Pharm. Ztg. 1904. 91.
Chem. Zentralbl. 1904. I. 480.

**Gabutti**'s Reaktion auf Coniin.

Versetzt man eine wässerige Lösung von Coniin mit einer verdünnten Lösung von Natriumnitroprussiat, so färbt sich die Mischung johannisbeerrot und dann allmählich gelb. Erhitzt man die rote Lösung, so verschwindet die Färbung, um nach dem Erkalten wieder zu erscheinen. Ebenso verschwindet die rote Farbe auf Zusatz von Säuren.

Journ. de Pharm. et de Chim. 1906. 424.
Bollet. Chim. Farm. 1906. 289.
Chem. Zentralbl. 1906. II. 74.

**Gabutti**'s Reaktion auf Formaldehyd.

Eine Lösung von Diphenylimid (Carbazol) in konzentr. Schwefelsäure färbt sich beim Erhitzen violettrot, bei Gegenwart von Formaldehyd in der Kälte und beim Erwärmen blau. Mehr Formaldehyd bewirkt einen grünblauen Niederschlag. Empfindlichkeitsgrenze = 1:10 000.

Bollet. Chim. Farm. 1907. 349.
Apoth. Ztg. 1907. 435.

**Gabutti**'s Reagens auf Morphin und Codein

ist Chloral- oder Bromal-Schwefelsäure. Eine erwärmte Lösung von Morphin in konzentrierter Schwefelsäure wird auf Zusatz von Chloral oder Bromal violett gefärbt, während Codein unter denselben Bedingungen eine grünblaue Färbung bewirkt. Dionin verhält sich wie Codein, Heroin bewirkt nur eine braunrötliche Färbung und die anderen Opiumalkaloide geben keine Reaktion.

L'Orosi 26. 1.
Bollet. Chim. Farm. 42. 481.
Apoth. Ztg. 1903. 666.
Chem. Zentralbl. 1903. II. 807.
Journ. d. Pharm. et de Chim. 1904. 160.
Pharm. Ztg. 1903. 833.
Pharm. Zentrh. 1903. 748.
Chem. Ztg. 1903. Rep. 268.

**Gadd**'s Reaktion auf Nebenalkaloide im Chininsulfat.

Eine Lösung von 3,6 g Chininsulfat in 120 g siedendem Wasser kühlt man unter Umrühren rasch auf 50° C. ab und filtriert. Das Filtrat dampft man auf 10 ccm ein und mischt es dann mit 10 ccm Äther und 5 ccm Ammoniakflüssigkeit. Man schüttelt gut durch, läßt 24 Stunden an einem kühlen Ort stehen und sammelt dann die ausgeschiedenen Krystalle, die nicht mehr als 0,12 wiegen sollen (3,3 %).

Pharm. Journ. 1905. 901.
Pharm. Ztg. 1906. 108.

**Gaebel**'s Reaktion auf Salvarsan.

Man säuert die Salvarsanlösung mit Salzsäure an, kühlt auf 0° ab und setzt Natriumnitrit im Überschuß zu. Dieser Überschuß wird durch Harnstoff zerstört, bis Jodkaliumstärkepapier nicht mehr gebläut wird. Dann gibt man gesättigte, mit Salzsäure angesäuerte α-Naphthylaminlösung zu. Nach einiger Zeit entsteht eine rubinrote bis violettrote Färbung. — Zum Nachweis des Arsens wird der gebildete Azofarbstoff mit Kochsalz ausgefällt und Arsen nach Gutzeit oder Reinsch nachgewiesen.

Arch. d. Pharmazie 1911. 49.
Pharm. Ztg. 1911. 293.
Chem. Zentralbl. 1911. I. 1155.
Apoth. Ztg. 1911. 215.

**Gage**'s Reagens zum Aufhellen mikroskop. Präparate

ist eine Mischung von 40 ccm geschmolzenem Phenol und 60 ccm Terpentinöl.

Journ. Roy. Microscop. Soc. 1891. 418.
Proc. Americ. Soc. Microscop. 1890. 120; 1896. 328.

**Gage**'s Reagens zum Entkalken mikr. Präparate

ist eine Mischung von gleichen Teilen gesättigter, wässeriger Alaunlösung und Wasser, der auf 100 ccm 5 ccm Salpetersäure zugesetzt werden, oder 67 %iger Alkohol mit 3 % Salpetersäure.

Proc. Americ. Soc. Microscop. 1892. 121.
Enzyklop. d. mikroskop. Techn. 1903. 653.
Vergl. Thoma's Reagens.

**Gage**'s Reagens zum Färben mikroskop. Präparate.

a) Eine Lösung von 0,1 g Hämatoxylin, 4 g Chloralhydrat und 7,5 g Alaun in 200 ccm Wasser;
b) eine Lösung von 0,1 g Eosin in 100 ccm 48 Vol. %igem Alkohol.

Proc. Americ. Soc. Microscop. 1891. 79. 1892. 124.
Gage's Pikrocarmin siehe Journ. Roy. Microscop. Soc. 1880. 501.

**Gage**'s Reagens zum Fixieren mikroskop. Präparate

ist eine Lösung von 1 g Pikrinsäure in 250 g Alkohol und 250 (750 g) Wasser.

Proc. Americ. Soc. Microscop. 1890. 120; 1892. 121.
Ztschr. f. wiss. Mikroskop. 1892. 87; 1893. 103.

**Gage**'s Reagens zum Konservieren mikroskop. Präparate

ist eine Mischung von 2 g Formaldehyd mit 1000 ccm 0,75 %iger Kochsalzlösung oder eine Lösung von 15 ccm Eiereiweiß, 0,5 g Quecksilberchlorid und 4 g Chlornatrium in 200 ccm Wasser.

**Gaglio's** Reagens auf Quecksilberdämpfe in der Luft

ist eine wässerige Lösung von Palladiumchlorür (0,2 : 100), die durch Quecksilberdämpfe schwarz getrübt oder gefällt wird.

Arch. Farm. Terap. **93.** 289.
Chem. Zentralbl. 1894. II. 452.

**Găleşescu's** Reagens zur Bakterienfärbung.

a) Eine 1%ige, wässerige Lösung von Gentianaviolett.
b) Eine 0,2%ige, wässerige Lösung von Bismarckbraun.

Gebraucht zur Diphtheriediagnose.

Ztschr. f. wiss. Mikroskop. 1906 (23.) 67.

**Galippe's** Reagens auf Eiweiß im Harn

ist eine gesättigte Lösung von Pikrinsäure in Wasser. Zu diesem Reagens läßt man den zu prüfenden Harn zutropfen. Bei Anwesenheit von Eiweiß verursacht jeder Tropfen eine Trübung.

Gaz. méd. Paris 1873. 122.
Arch. der Pharm. (3) 6. 268.
Chem. Zentralbl. 1875. 232.

**Gallois'** Reaktion auf Inosit im Harn.

Der zu prüfende Harn (der weder Zucker noch Eiweiß enthalten darf) wird möglichst durch Eindampfen konzentriert und dann mit 1 Tropfen Quecksilbernitrat versetzt. Der hierbei entstandene, gelbe Niederschlag wird auf einem Porzellanschälchen ausgebreitet und erwärmt. Bei Anwesenheit von Inosit färbt sich der Rückstand rot. Beim Erkalten verschwindet die Färbung.

Ztschr. f. analyt. Chem. **4.** 264.
Enzyklop. d. gesamt. Pharm. 1888. V. 460 u. 1891. X. 703.
M e i l l è r e, Nouv. Remèd. 1906. 443.

**Gallois-Hardy's** Reaktion auf Erythrophlein.

Bringt man Erythrophlein in geeigneter Weise mit Kaliumpermanganat und Schwefelsäure zusammen, so entwickelt sich eine violette Färbung, die weniger intensiv ist als bei der entsprechenden Strychninreaktion.

Journ. de pharm. et de chim. 1876. II. 27.

**Ganassini's** Reaktion auf Blausäure

siehe Bollet. Soc. med. chirurg. Pavia 1904. 29.
Chem. Zentralbl. 1904. II. 718.
Ztschr. f. analyt. Chem. 1905. 256.

**Ganassini's** Reagens auf Blut.

2 ccm alkoholische Eosinhydratlösung versetzt man mit 4—5 Tropfen Kalilauge (20 %) und einigen Tropfen Wasserstoffsuperoxyd. Das blaue Reagens wird nach Zusatz von bluthaltigem Material im Laufe von 30 Sekunden gelb gefärbt.

Chem. Zentralbl. 1911. I. 174.
Ztschr. f. analyt. Chem. 1912. 269.
Münchener med. Woch. 1914. 1600.

**Ganassini's** Reaktion auf Harnsäure.

Versetzt man die Lösung eines harnsauren Alkalis mit Zinksulfatlösung, so entsteht ein Niederschlag von basischem Zinkurat, der sich an der Luft allmählich grünlich bis blau färbt. Die Reaktion kann zum Nachweis der Harnsäure im Blute dienen.

Gazz. degli osped. e delle clin. 1908. 679.
Nouv. remèdes 1909. 39.
Revue pharmaceutique des Flandres 1909. 361.
Apoth. Ztg. 1910. 38.
Pharm. Zentrh. 1910. 751.
Merck's Bericht 1910. 400.
Pharm. Ztg. 1909. 281.
Répert. de Pharm. 1909. 83. 127.
V i t a l i, Apoth. Ztg. 1912. 93.

**Ganassini's** Reaktion auf Mineralsäuren im Essig.

1. Man mischt 1 ccm Essig mit 1 ccm Rhodankaliumlösung (20 %), 1 Tropfen Schwefelammonium und 1 Tropfen Ammonmolybdatlösung (5%). Bei Gegenwart von freien Mineralsäuren entsteht eine violette Färbung, andernfalls eine braungelbe Färbung.
2. Etwas Essig sättigt man mit Antipyrin, filtriert und gibt zum Filtrat einige Tropfen Rhodankaliumlösung. Bei Anwesenheit freier Mineralsäuren entsteht eine Trübung oder ein weiß-rötlicher Niederschlag, während sich die Flüssigkeit gelblich färbt.

Bollet. Chim. Farm. 1903. 271.
Apoth. Ztg. 1903. 305.
Südd. Apoth. Ztg. 1903. 546.

**Ganassini's** Reaktion auf Mineralsäuren und Weinsäure im Essig.

1 ccm Essig mischt man mit 1 ccm Rhodankaliumlösung (20 %) und 1 Tropfen Schwefelammonium und gibt dann 1 Tropfen einer (5 %) wässerigen Ammonmolybdatlösung zu. Freie Mineralsäuren (von 0,4 % an) bewirken Violettfärbung. Weinsäure färbt sich bei dieser Operation hellrot. In diesem Falle verwendet man statt Schwefelammonium Zinksulfid, nachdem man vorher mittels Natriumacetats die Weinsäure in Natriumtartrat verwandelt hat. Man erhält dann ebenfalls eine Violettfärbung.

Bollet. Chim. **42.** 241.
Chem. Zentralbl. 1903. I. 1278.
Ztschr. f. analyt. Chem. 1904 322.

**Ganassini's** Reaktion auf Rhodanwasserstoff

siehe Bollet. Chim. Farm. **42.** 417.
Chem. Zentralbl. 1903. II. 466.

**Ganassini's** Reagens auf Schwefelwasserstoff.

Man mischt eine Lösung von 1,25 g Ammonmolybdat in 50 ccm Wasser mit einer Lösung von 2,5 g Kaliumrhodanid in 45 ccm Wasser, gibt 5 ccm Salzsäure (D. = 1,19) und, falls die Lösung rot gefärbt sein sollte, eine kleine Menge Oxalsäure zu, so daß die Lösung eine gelbgrüne Farbe besitzt. Mit dieser Lösung befeuchtet man Filtrierpapier. Letzteres wird durch Schwefelwasserstoff intensiv violett gefärbt.

Bollet. Chim. Farm. **41.** 417.
Ztschr. d. öst. Apoth. Ver. 1902. 821.
Südd. Apoth. Ztg. 1903. 136.
Chem. Zentralbl. 1902. II. 477.

**Ganassini**'s Reaktion auf Weinsäure.

Eine Lösung, die freie Weinsäure (aber keine freien Mineralsäuren) enthält, erhitzt man zum Sieden, gibt nach und nach so viel Mennige zu, als man Weinsäure vermutet, filtriert und gibt zum Filtrat ein gleiches Volumen Rhodankaliumlösung (20 %). Erhitzt man diese Mischung zum Sieden und läßt absetzen, so entsteht ein schwärzlicher Niederschlag (Schwefelblei). Empfindlichkeitsgrenze = 1 %.
Bollet. Chim. Farm. 1903. 513.
Apoth. Ztg. 1903. 666.
Ztschr. d. öst. Apoth. Ver. 1903. 1071.
Pharm. Ztg. 1903. 834.
Chem. Zentralbl. 1903. II. 1476.

**Gangi**'s Reaktion zur Unterscheidung von Ex- und Transsudation.

5 ccm der zu prüfenden Flüssigkeit unterschichtet man mit 4 ccm reiner Salzsäure. Ist es ein Transsudat, so bildet sich an der Berührungsfläche höchstens ein weißer Ring. Ist es aber ein Exsudat, so bildet sich im Laufe einiger Stunden ein starker, käsiger Ring, und nach 24 Stunden ist die ganze Flüssigkeit erstarrt.
Journ. physiol. pathol. générale 1913. **15.** 617.

**Gantter**'s Reaktion auf Blut.

Blutsubstanz, Blutflecke auf Eisen etc. lassen sich mit Wasserstoffsuperoxyd nachweisen, das Schaumbildung hervorruft.
Ztschr. f. angew. Chem. 1895. 370.
Chem. Zentralbl. 1895. II. 258. 323.
Ztschr. f. analyt. Chem. **34.** 159.
S c h m e l c k, ebenda **39.** 199; Pharm. Zentrh. 1899. 155; Chem. Ztg. 1595. Rep. 165.

**Gantter**'s Reaktion auf Cottonöl im Schweinefett.

1 ccm geschmolzenes, wasserfreies Schweinefett löst man in 10 ccm Petroleumäther, gibt einen Tropfen konzentr. Schwefelsäure zu und schüttelt stark um. Reines Fett gibt nur eine strohgelbe bis rötlichgelbe Färbung, Cottonöl enthaltendes färbt sich dunkelbraun. 1 % Cottonöl gibt noch eine deutliche dunkelbraune Färbung.
Ztschr. f. analyt. Chem. **32.** 303.
Chem. Zentralbl. 1893. II. 171.

**Garbini**'s Reagens zum Färben mikroskop. Präparate.

a) Eine Lösung von 1 g Anilinblau in 100 ccm Wasser mit 2 ccm Alkohol und
b) eine Lösung von 1 g Safranin in 100 ccm Alkohol und 200 ccm Wasser.

Zoolog. Anzg. 1886. 27.
Ztschr. f. wiss. Mikroskop. 1886. 81.
B e h r e n s' Tabellen 1892. 118.
E b e r t h - F r i e d l ä n d e r, Mikroskop. Techn. 1894. 119.
Enzyklop. d. mikroskop. Techn. 1903. 42.

**Gardey's** Reaktionen auf Phenoxypropandiol (Antodyne).

Versetzt man 6 ccm einer 2,6 %igen Eisenchloridlösung mit einigen Tropfen Antodynelösung, so tritt keine auffällige Farbenänderung auf, gibt man aber noch 3 ccm Wasserstoffsuperoxyd (3 %) zu, so färbt sich die Mischung rot, dann braun und es bildet sich ein brauner Niederschlag. — Gibt man zu einer mit Eiswasser gekühlten Lösung von etwas Antodyne in konzentr. Schwefelsäure einige Tropfen Formaldehyd (40 %), so färbt sich das Gemisch sofort rot. Die Färbung verschwindet beim Verdünnen mit Wasser. — Erhitzt man 1 ccm einer Lösung von Antodyne in konzentr. Salzsäure mit 1 ccm Formaldehyd zum Sieden, so bildet sich allmählich ein amorpher, in Alkohol und Wasser unlöslicher, blauer Niederschlag. — Schichtet man eine Lösung von Antodyne auf konzentr. Salpetersäure, so entsteht im Laufe von 15—20 Minuten ein blauer Ring. Beim Mischen der Flüssigkeiten entsteht eine blaue Färbung, die allmählich in Violett übergeht.
Thèse de Paris 1911. p. 15.

**Gardiner**'s Reagens auf Gerbsäure

ist eine wässerige Lösung von Ammonmolybdat, womit Gerbsäuren gelb gefällt werden sollen. — (Gerbsäurelösung wird durch Ammonmolybdat intensiv gelbbraun bis dunkelbraun gefärbt, aber nicht gefällt. Verwendet man als Reagens die Salpetersäure enthaltende Lösung von Ammonmolybdat, wie sie zur Phosphorsäurebestimmung gebräuchlich ist, so hat man ein äußerst empfindliches Reagens auf Gerbsäure und Gallussäure, die in einer Lösung 1 : 100 000 durch dieses Reagens noch bräunlichgelb gefärbt werden.)
Enzyklop. d. gesamt. Pharm. 1888. IV. 508.

**Garibaldi**'s Reagenzien auf echtes und künstliches Bittermandelwasser

sind Antispasmin (Merck's Index 1913. 43) und Stovain. Echtes Bittermandelwasser (Kirschlorbeerwasser) gibt mit Antispasmin einen Niederschlag (löslich in 6 %iger Natronlauge), nicht aber künstliches. Stovainhydrochlorid gibt mit künstlichem Bittermandelwasser einen Niederschlag, mit echtem nicht.
Giorn. Farm. Chim. 1910. **59.** 193.

**Garnier**'s Reagens auf Cottonöl

ist eine Lösung von 2 g Stangenschwefel in 100 g Schwefelkohlenstoff, womit die Halphensche Reaktion angestellt wird.
Journ. pharm. chim. 1909, (29), 272.
Pharm. Zentrh. 1911. 252.
Répert. de Pharm. 1909. 214.

**Garola-Braun**'s Reaktion auf Oliventrestern in Pfefferpulver

siehe: Annal. des Falsific. 1911. **4.** 467. — Pharm. Zentrh. 1912. 1226.

**Garrod's** Reaktion auf Hämatoporphyrin im Harn

beruht auf dem charakteristischen Absorptionsspektrum desselben in saurer oder alkalischer Lösung (in Alkohol oder Chloroform). — 100 ccm Harn versetzt man mit 20 ccm Natronlauge (10 %) und löst den entstandenen Niederschlag in 20 ccm salzsäurehaltigem Alkohol. Diese Lösung zeigt einen Absorptionsstreifen zwischen C und D nahe an D und einen Streifen in der Mitte von D und E. Diese alkoholische Lösung versetzt man mit Ammoniak im Überschuß, gibt Essigsäure zur Lösung des entstandenen Niederschlages zu und schüttelt mit Chloroform. Die Lösung in Chloroform prüft man ebenfalls spektroskopisch.

Vergl. Hammarsten, Physiol. Chem. 1899. 152 u. 504 u. Ztschr. f. analyt. Chem. 31. 233.
Journ. of Physiol. 13. 598; 17. 349.
Ztschr. f. analyt. Chem. 30. 526; 32. 515; 35. 641.
Zoja, Zentralbl. f. d. med. Wissensch. 1892. 705.
Stokvis, Jahresber. f. Tierchemie. 1899. 841.
Hammarsten, Skand. Arch. f. Physiol. 1892. 333.
Salkowski, Ztschr. f. physiol. Chem. 15. 294.
Saillet, Revue de médecine 16. 543; 17. 125.

**Garrod**'s Reaktion auf Harnsäure im Blute.

(Fadenprobe.) In einem flachen Schälchen versetzt man etwas Blutserum mit verdünnter Essigsäure im Verhältnis 1 : 10 und legt einen Leinenfaden in die Mischung. Nach 24 bis 48 Stunden bedeckt sich der Faden mit Harnsäurekrystallen, wenn im Blute 0,0025 % Harnsäure enthalten ist.

Garrod, Das Wesen und die Behandlung der Gicht. Würzburg 1861.
Bauermeister, Med. Klinik 1914. 522.

**Garrod**'s Reaktion auf Homogentisinsäure

beruht auf der Darstellung des Bleisalzes und der Zerlegung desselben in ätherischer Suspension durch Schwefelwasserstoff, wobei die freie Säure in Lösung geht und nach dem Verdunsten des Äthers in farblosen Krystallen vom Schmelzp. 146—147° erhalten wird. Auf dieser Reaktion fußt der zuverlässigste Nachweis der Homogentisinsäure im Harn.

Journ. of Physiology 1899. 23. 512.
Mörner, Ztschr. f. physiol. Chem. 78. 307.
Neubauer-Huppert, Analyse des Harns 1913. II. 859.

**Garrod**'s Reaktion auf Urochrom

mittels Acetaldehyd siehe Journ. of Physiol. 29. 335.

Chem. Zentralbl. 1903. II. 602.

**Gasis**' Reagens zum Färben von Tuberkelbazillen.

Man löst 3 g Quecksilberchlorid in 5 ccm Alkohol und 95 ccm Wasser, gibt 1 ccm Cedernöl zu und kocht so lange, bis die Mischung eine weiße, milchige Beschaffenheit angenommen hat. Man filtriert noch warm und gibt eine Lösung von 1 g Eosin (gelblich) in einigen ccm Wasser zu. — Als Entfärbungsflüssigkeit benützt man eine Lösung von 1 g Natriumhydroxyd und 0,5 Kaliumjodid in 100 ccm Alkohol (50 %).

Berl. klin. Woch. 1910. 1449.
Deutsche med. Woch. 1909. 1626.
Merck's Bericht 1909. 206.
Vogt, Münchener med. Woch. 1909. 1849.

**Gassend**'s Reaktion auf Sesamöl in Olivenöl.

Eine Lösung von 2 g Zucker in 100 g konzentrierter Salzsäure wird beim Schütteln mit Sesamöl rot gefärbt, während Olivenöl mehr oder weniger gelbbraun gefärbt wird. Gibt man zu den gefärbten Lösungen Natriumbisulfit, so hält sich die Farbe bei Sesamöl längere Zeit, bei reinem Olivenöl wird sie hellgelb. Empfindlichkeitsgrenze = 2% Sesamöl.

Chem. Ztg. 1892. Rep. 154.
Revue internat. falsific. 1892. 102.

**Gastaldi**'s Reaktion auf Cottonöl

ist eine Modifikation von Halphens Reaktion. 4 ccm Öl versetzt man mit 1 Tropfen Pyridin und 4 ccm Schwefel-Schwefelkohlenstoff (1%) und erhitzt die Mischung 15—30 Minuten im Wasserbad. Bei Gegenwart von nur 0,25 % Cottonöl entsteht eine gelblich-rosa Färbung. Vergl. Halphen's Reaktion.

Chem. Revue d. Fett-Harzindustrie 1913. 89.
Pharm. Zentrh. 1913. 652.

**Gatehouse**'s Reaktion auf Arsen.

In einem Reagenzglase erwärmt man die zu prüfende Flüssigkeit mit einem Stückchen Natriumhydroxyd und einem Streifen Aluminiumblech. Das Glas bedeckt man mit einem Stück Filtrierpapier, das mit Silbernitrat befeuchtet ist. Bei Anwesenheit von Arsen wird das Papier geschwärzt. Antimon bewirkt diese Reaktion nicht.

Chem. News 27. 189.
Ztschr. f. analyt. Chem. 12. 311.

**Gaubert**'s Reaktionen auf verschiedene Minerale sind Farbenreaktionen, die mit dem gepulverten Mineral, Schwefelsäure und Morphin oder Naphthol hervorgerufen werden können. Näheres siehe: Bullet. Soc. Franç. Minéral. 33. 324. — Chem. Zentralbl. 1911. I. 685.

**Gaucher**'s Reagens auf gekochte und ungekochte Milch

ist eine Lösung von 0,2 g Hämatin in 20 ccm Wasser. 20 ccm Milch versetzt man mit 20 Tropfen Reagens, wodurch man eine rosarote Mischung erhält. Beim Schütteln verschwindet diese Färbung bei gekochter Milch, bei roher Milch bleibt sie bestehen.

Annal. chim. analyt. appl. 13. 146.
Compt. rend. biol. 1908. 275.
Bullet. pharm de Sud-Est 1908. 82.
Der Tierarzt 1908. 81.

**Gaud**'s Reagens auf Glukose.

34,65 g krystallisiertes Kupfersulfat löst man in der dazu nötigen Menge Wasser (130 ccm) und füllt mit Ammoniakflüssigkeit

(D. = 0,96) zum Liter auf. Dieses Reagens wird beim Erwärmen auf 80° C. durch Glukose entfärbt. Es kann auch zur quantitativen Bestimmung verwendet werden.
Compt. rend. **119**. 650.
Ztschr. f. analyt. Chem. **34**. 629.
Revue internat. falsific. **8**. 82.
Chem. Zentralbl. 1894. II 818; 1895. I. 448.

**Gaule**'s Reagens zum Härten mikroskop. Präparate
ist eine Lösung von 0,5 g Chlornatrium und 5 g Quecksilberchlorid in 100 ccm Wasser.

**Gaultier de Claubry** siehe **Claubry**.

**Gautier**'s Reagens zum Arsen-Nachweis. (Eisenreagens oder Ferrireagens genannt.)
Man löst 100 g Ferrosulfat in 500 g Wasser und 25 g Schwefelsäure, behandelt diese Lösung mit Schwefelwasserstoff, kocht und filtriert sie. Das Filtrat oxydiert man mit 28 g arsenfreier Salpetersäure, fällt das Eisen mit Ammoniak, wäscht den erhaltenen Niederschlag aus und löst ihn in verdünnter kalter Schwefelsäure. Diese Lösung digeriert man 2 Tage lang mit granuliertem Zink und erhitzt sie im Vacuum zum Sieden. Die erhaltene Lösung wird abermals mit Salpetersäure oxydiert und mit überschüssigem Ammoniak gefällt. Der ausgewaschene Niederschlag wird in kalter, verdünnter Schwefelsäure gelöst. — Näheres über den Gebrauch des Reagenzes siehe Chem. Zentralbl. 1903. II. 638. 684. — Ztschr. f. Unters. Nahr.-Genußm. 1904. 339. — Pharm. Zentrh. 1904. 747.

**Gautier's** Reagens auf Eiereiweiß und Bluteiweiß.
Versetzt man eine Eiweißlösung (2 ccm) mit 10 ccm einer Mischung von 250 ccm Ätznatronlauge, 50 ccm Kupfersulfatlösung und 700 ccm Eisessig, so gibt Eiereiweiß eine flockige Ausscheidung, Bluteiweiß bleibt klar. — Näheres siehe: Annal. di Chim. 1885. 333. — Chem. Ztg. **1886**. Rep. 34.

**Gautier's** Reaktion auf Gerbstoff im Wein
siehe Ztschr. f. analyt. Chem. **17**. 222. —
Bull. Soc. Chim. Paris **27**. 496.
Chem. Zentralbl. 1877. 488.
Berl. Ber. **10**. 1179.

**Gautier**'s Reaktion auf Quecksilber in tierischen Flüssigkeiten
siehe Répert. de Pharm. 1879. 137.
H a g e r, Pharm. Prax. Erg.-Bd. 1883. 531.

**Gautrelet**'s Reagens zur Bakterienfärbung
ist eine Lösung von 1 g Urobilin in 20 g Wasser, 30 g Alkohol und 20 g Glycerin.
Répert. de Pharm. 1889. 160.

**Gavard**'s Reaktion auf Alkohole, Äther, Glukose etc.
Gibt man etwas Äther auf eine Lösung von Kaliumnitrit in konzentr. Schwefelsäure (5 bis 20 g : 100), so entsteht bei 15—30° C. eine blaue Färbung, die beim Schütteln verschwindet. Dabei entwickelt sich Stickstoffdioxyd. Dieselbe Reaktion gibt eine große Anzahl von organischen Stoffen wie Aceton, Aldehyd, Formaldehyd, verschiedene Alkohole, organische Säuren, Ester und Zuckerarten.
Journ. de Pharm. et de Chim. (6) **17**. 374.
Répert de Pharm. 1903. 315.
Südd. Apoth. Ztg. 1903. 710.
Pharm. Zentrh. 1903. 615.
Chem. Zentralbl. 1903. I. 1096.
Ztschr. f. angew. Mikroskop. 1903. 221.
The Analyst. **28**. 222.
Ztschr. f. analyt. Chem. 1904. 443.

**Gawalowski**'s Reaktion auf Alkohol im Perubalsam.
In einem Reagenzglase versetzt man etwas Balsam mit Kaliumdichromatlösung und konzentr. Schwefelsäure. Selbst Spuren von Alkohol geben sofort den charakteristischen Geruch des Aldehyds, der durch den Geruch des Balsams nicht verdeckt wird.
Pharm. Zentrh. **16**. 265.
Ztschr. f. analyt. Chem. **15**. 356.

**Gawalowski**'s Reagens zur Unterscheidung von Benzin und Benzol
ist Pikrinsäure. Sie löst sich in Benzol leicht mit gelber Farbe, in Benzin schwer ohne wesentliche Gelbfärbung.
Pharm. Post 1897. 174.
Ztschr. f. analyt. Chem. **42**. 666.

**Gawalowski**'s Reagens auf Eiweiß
siehe Esbach-Gawalowski's Reagens.

**Gawalowski**'s Reagens zur Härtebestimmung des Wassers
(Seifenlösung) ist eine wässerige Lösung von basisch-ölsaurem Natrium, welche nach dem Autor der alkoholischen Seifenlösung vorzuziehen ist. Näheres siehe: Ztschr. f. analyt. Chem. **41**. 748.

**Gawalowski**'s Reagens auf Glukose
siehe Hager-Gawalowski's Reagens.

**Gawalowski**'s Reagens auf Glukose.
Monnier's Reagens auf Glukose scheidet auf Zusatz von reichlich Alkohol eine tiefblaue, ölig-dickliche Flüssigkeit ab, welche über 20° C. Kupferoxydul abscheidet, unter 20° C. aber mit Traubenzuckerlösungen reagiert. Näheres siehe: Ztschr. d. öst. Apoth. Ver. 1903. 1148. — Pharm. Ztg. 1903. 901. — Chem. Zentralbl. 1903. II. 1260.

**Gawalowski**'s Indikator für Alkalimetrie
ist Alkannarot, ein mittels Benzin aus der Wurzel von Anchusa tinctoria extrahierbarer Stoff (Alkannasäure). Der Farbstoff wird durch Ammoniak violettgrün, durch Alkalilauge saftgrün.
Ztschr. f. analyt. Chem. **42**. 108.

**Gawalowski**'s Reaktion der Kieselfluorwasserstoffsäure
siehe: Ztschr. f. analyt. Chem. 1905. 191.

**Gawalowski**'s Reagens auf Saccharose.

1. Eine Lösung von 2 g Ammonvanadat in 50 ccm Wasser und 100 ccm konzentr. Schwefelsäure (Bellier's Reagens).
2. Eine Lösung von 10 g Ammonvanadat in 100 ccm Wasser, der so viel Salpetersäure zugesetzt wird, bis sie eine hellcitronengelbe Färbung angenommen hat.

Näheres siehe: Merck's Bericht 1904. 21. — Ztschr. d. öst. Apoth. Ver. 1904. 454.

**Gay-Force**'s Reagens auf Typhus

ist Typhin, ein analog dem Alt-Tuberkulin hergestelltes Bakterienpräparat, das nach Skarifikation der Haut aufgetropft wird. Die positive Reaktion besteht in einer lokalen Entzündung der Haut. Näheres siehe: University of California Publications in Pathology 1913, No. 14. 127; Merck's Bericht 1915.

**Gayon**'s Reagens auf Aldehyde und Ketone.

Man löst 1 g Fuchsin in 1 Liter Wasser und gibt 20 ccm Natriumbisulfitlösung (1,263 Spez. Gew.) zu. Nach eingetretener Entfärbung gibt man 20 ccm konzentr. Salzsäure zu. Eine wässerige Lösung oder Emulsion von Aldehyden oder Ketonen gibt mit diesem Reagens violette bis blaue Färbung.

Chem. Ztg. 1888. Rep. 5.
Compt. rend. 64. 182; 105. 1182.
Chem. Zentralbl. 1888. 200.
B e l a v o n B i t t ó , Ztschr. f. analyt. Chem. 36. 373.
B o r n t r ä g e r , ebenda 28. 60; 30. 208.
Vergl. Schiff's Reagens.

**Gayon-Mohler**'s Reagens auf Aldehyde und Ketone

ist identisch mit Gayon's Reagens, Mohler's oder Schiff's Reagens.

**Gaze**'s alkoholische Kalilauge.

Zur Erzielung einer farblosen und haltbaren, alkoholischen Kalilauge löst man 66 g Kaliumhydroxyd (alcohole depuratum) in 66 g Wasser, l ä ß t e r k a l t e n und gibt dann allmählich soviel absoluten Alkohol zu, daß das Gesamtvolumen 1 Liter beträgt. Soll am Licht aufbewahrt werden.

Apoth. Ztg. 1913. 174.
Pharm. Zentrh. 1913. 518.

**Gaze**'s Reaktion auf Äthylnitrit

ist eine Modifikation der Identitätsreaktion des Deutschen Arzneibuches. Man mischt 5 ccm Ferrosulfatlösung mit 5 ccm konz. Schwefelsäure und überschichtet die heiße Mischung mit 5 ccm Spiritus Aetheris nitrosi. Es entsteht eine braune Zone. (Vergl. D. A. B. V. 488.)

Apoth. Ztg. 1911. 689.

**Gazzetti-Sarti**'s Reaktion auf Schwefelammonium im Harn.

Gibt man zu schwefelammonhaltigem Harn Natronlauge und wässerige Pikrinsäurelösung, so färbt sich die Mischung rot.

Arch. Farmacol. sperim. 9. 319.
Chem. Zentralbl. 1910. II. 919.
Merck's Ber. 1910. 75.

**Gedölst**'s Reagens für mikroskop. Zwecke

ist eine wässerige Lösung von Natriumpikrocarminat. Gebraucht zur Schnitt- und Kernfärbung.

Merck's Index 1902. 271.
Vergl. auch La Cellule 1887. 117 u. 1889. 126.

**Gehe**'s Reaktionen der Asa foetida

siehe: Gehe's Handelsbericht 1911. — Pharm. Zentrh. 1911. 1098.

**Gehe**'s Reaktion auf Fichtenharz und Colophonium im Copaivabalsam.

Mischt man 1 Teil Balsam mit 10 Teilen Ammoniakflüssigkeit, so entsteht eine Flüssigkeit, die nach 24 Stunden, falls 15—20 % Fichtenharz vorhanden ist, gelatiniert oder gelatinöse Brocken absetzt, was bei reinem Balsam nicht eintritt. Auf ähnliche Weise läßt sich der vom ätherischen Öle befreite Balsam prüfen.

Pharm. Ztschr. f. Rußland 31. 602.
Ztschr. f. analyt. Chem. 36. 803.
H i r s c h s o h n , Pharm. Ztschr. f. Rußland 34. 515.
G e h e u. Co., Pharm. Zentralh. 37. 176.
B o s e t t i , ebenda 37. 668.
W i m m e l , ebenda 34. 600.

**Gehrmann**'s Reaktion auf Blut.

Zur Reaktion verwendet man drei Guajakharzlösungen von verschiedener Konzentration. a) Eine Lösung von 1 Messerspitze voll Guajakharz in 1 ccm absolut. Alkohol; b) einige Tropfen der Lösung a mit 1 ccm Alkohol gemischt; c) einige Tropfen der Mischung b mit 1 ccm Alkohol verdünnt. — Die Ausführung der Reaktion ist die der üblichen Guajakol-Terpentinreaktion in Lösung oder auf Filtrierpapier. (Vergl. Schaer's und Zoeppritz' Reaktion und andere.)

Münchener med. Woch. 1909. 612.

**Gehuchten**'s Reagens zum Fixieren mikroskop. Präparate

(Essigsäurealkohol) ist eine Mischung von 3 Teilen Alkohol und 1 Teil Eisessig.

Anat. Anzg. 1888. 237.
Ztschr. f. wiss. Mikroskop. 1888. 367.
Enzyklop. d. mikroskop. Techn. 1903. 22.

**Geigel**'s Kompressionsreaktion

hat nur medizinisches Interesse. Sie beruht auf einer Änderung des normalen Zuckungsgesetzes am menschlichen Nerven nach Kompression von Nerv und Gefäßen.

Münchener med. Woch. 1914. 2103.

**Geissler**'s Reagens auf Eiweiß (Reagenzpapier)

besteht aus Filtrierpapierstreifen, welche mit Quecksilberchlorid und Jodkalium, ferner mit Citronensäure getränkt sind. Näheres siehe: Pharm. Zentrh. 1883. 431 u. 1884. 3. — Vergl. H a m m a r s t e n , Physiol. Chem. 1899. 498.

**Gemelli**'s Reagens zur Golgi-Färbung

ist eine Modifikation von Golgi's Reagens. Zu 2 ccm Kaliumdichromatlösung (3 %) gibt

man 16 ccm Osmiumsäure (1 %) und 5—10 Tropfen einer 1 %igen Rhodankaliumlösung.
Anat. Anzg. 1905. 449.
Ztschr. f. wiss. Mikroskop. 1907. 168.

**Genlis'** Reagens auf Chlor.
(Jodzinkstärkelösung.) 5 g Stärkemehl rührt man mit 100 ccm Wasser an, gibt 20 g Chlorzink zu und kocht diese Mischung eine Stunde lang. Nach dem Erkalten gibt man eine Lösung von 2 g Jodzink zu und füllt mit Wasser zum Liter auf. Vergleiche auch die Jodzinkstärkelösung des deutschen Arzneibuches V. 584.
Deutsche Industr.-Ztg. 1864. 95.

**Gentele**'s Reagens auf Glukose.
Erwärmt man eine alkalische Lösung von Ferricyankalium mit Glukose, so tritt unter Bildung von Ferrocyankalium Entfärbung ein. (Ebenso wirkt Harnsäure.)
Chem. Zentralbl. 1859. 504 u. 1861. 91.
Dingler's Polytechn. Journ. **152.** 68.
Stammer, Chem. Zentralbl. 1860. 870.

**Genth**'s Reaktion auf Saccharin
beruht auf der Überführung des Saccharins in Salicylsäure und Nachweis derselben in neutraler Lösung mittels Ferriammonsulfat (Violettfärbung). Näheres siehe: Americ. Journ. of Pharm. 1909. 537. — Pharm. Journ. 1910. I. 7. — Répert. de Pharm. 1910. 29. 173.

**Geoffroy**'s Glyceringelatine f. mikroskop. Zwecke
ist eine Lösung von 3—4 g Gelatine in 100 ccm 10 %iger Chloralhydratlösung.
Journ. Bot. 1893. 55.
Ztschr. f. wiss. Mikroskop. 1893. 476.

**Geogehan**'s Reagens auf freie Säuren
ist Quecksilbercyanidjodkalium, das durch Säuren unter Abscheidung von Quecksilberjodid zersetzt wird.
Enzyklop. d. gesamt. Pharm. 1888. IV. 574.

**Geraghty-Rowntree**'s Reagens zur Nierenfunktionsprüfung
ist Phenolsulfonphthalein, das in 0,6 %iger Lösung subkutan oder intravenös injiziert wird. Aus der Zeitdauer, die bis zur Ausscheidung des Phenolsulfonphthaleins verstreicht, kann ein Schluß auf die Funktionstüchtigkeit der Nieren gemacht werden. Näheres siehe: Journ. Americ. Med. Assoc. 1911. 57. 811. — Journ. Pharmacy experim. Therapy 1910. I. 579. — Merck's Berichte 1911. 401, 1912. 398, 1913. 414. Vergl. auch Rowntree's etc. Reagens.

**Gérard**'s Reaktion auf Theobromin.
Eine Mischung von 0,05 g Theobromin, 3 ccm Wasser und 6 ccm Natronlauge versetzt man mit 1 ccm einer 10 %igen Silbernitratlösung, erwärmt auf 60° und läßt die so entstandene klare Lösung erkalten. Hierbei erstarrt die Mischung zu einer durchsichtigen Gallerte. Coffeïn gibt diese Reaktion nicht.
Journ. de Pharm. et de Chim. 1906. 476.
Apoth. Ztg. 1906. 432.
Pharm. Ztg. 1906. 512.
Chem. Zentralbl. 1906. II. 167.
Südd. Apoth. Ztg. 1906. 585.
Giornale Farm. Chim. 1906. 501.

**Gerber**'s Reagens zum Färben mikroskop. Präparate
ist eine gesättigte, wässerige Lösung von Brillantkresylviolett. Gebraucht zum Färben von Sputum- und Stuhl-Präparaten.
Med. Klinik 1911. 107.
Merck's Bericht 1911. 359.

**Gerhardt**'s Reaktion auf Acetessigsäure im Harn
beruht auf der Rotfärbung des Harns durch Eisenchlorid bei Anwesenheit von Acetessigester oder Acetessigsäure.
Wiener med. Presse 1865. XXVIII.
Chautard, Chem. Ztg. 1886. Rep. 40.
Jastrowitz, Berl. klin. Woch. 1905. 134.
Bondi-Schwarz, Wiener med. Woch. 1906. 37.
Geelmuyden, Norsk. Mag. f. Laegevidensk. 1913. No. 10.
Wasserthal, Zentralbl. f. Physiol. Pathol. Stoffw. 1908. 3. 369.
Mayer, Pharm. Ztg. 1905. 1001.
Kraft, Apoth. Ztg. 1905. 384.
Lichtwitz, Berl. klin. Woch. 1915. 399.

**Gerhardt**'s Reaktion auf Gallenfarbstoffe.
Mischt man den Chloroformauszug eines ikterischen Harns mit (ozonhaltigem) Terpentinöl und etwas verdünnter Kalilauge, so färbt sich die wässerige Schicht durch entstandenes Biliverdin grün. Dieselbe Reaktion bewirkt Kalilauge und sehr wenig stark verdünnte Jodjodkaliumlösung.
Zentralbl. f. d. mediz. Wissensch. 1881. 878.
Ztschr. f. analyt. Chem. **21.** 303.
Sitz.-Ber. d. phys. med. Ges. Würzburg 1881. 25.
Deubner, Ztschr. f. analyt. Chem. **25.** 458.

**Gerhardt**'s Reaktion auf Glukose im Harn.
Man verdünnt 10—15 Tropfen Harn mit 10 ccm Wasser, gibt eine Nitrophenylpropioltablette zu und erhitzt vorsichtig 2—4 Minuten lang. Ist Zucker vorhanden, so färbt sich die Flüssigkeit zunächst grün und dann intensiv blau.
Münchener med. Woch. 1901. 24.
Merck's Bericht 1901. 140.

**Gerhardt**'s Reaktion auf Narcotin.
Mit Wasser befeuchtetes Narcotin wird beim Erhitzen mit konzentr. Schwefelsäure grün. Kocht man die grüne Masse mit Wasser, so scheidet sich ein dunkelgrünes, in Alkohol lösliches Pulver aus.

**Gerhardt**'s Reaktion auf Pikrinsäure.
Erhitzt man Pikrinsäure mit Chlorkalklösung, so macht sich ein stechender Geruch bemerkbar (Chlorpikrin).

Beilstein 1896. II. 687.
Vergl. Kippenberger, Nachw. v. Gift, 1897. 234.

**Gerhardt's** Reaktion auf Urobilin im Harn.

Gibt man zu dem Chloroformauszuge des Harns beliebige Mengen Jod und bindet letzteres durch überschüssige, verdünnte Kalilauge, so färbt sich die wässerige Lösung gelb bis braungelb und nimmt eine grüne Fluoreszenz an.

Zentralbl. f. d. mediz. Wissensch. 1881. 878.
Ztschr. f. analyt. Chem. 21. 303.
Sitz.-Ber. d. phys. med. Ges. Würzburg 1881. 26.

**Gerlach's** Reaktion auf Gallenfarbstoffe

ist eine Modifikation von Gmelin's Reaktion, die mit Hilfe des Mikroskopes sehr geringe Mengen von Gallenfarbstoffen nachzuweisen gestattet.

Therapeut. Monatsh. 1903. 56.
Pharm. Zentrh. 1903. 924.

**Gerlach's** Reagens für mikroskop. Zwecke.

Man löst 0,1 g Goldchloridchlorkalium in 1 Liter Wasser und gibt 1 Tropfen $^1/_{10}$ Normal-Salzsäure zu. Gebraucht zum Imprägnieren des Zentralnervensystems.

Stricker's Handb. 678.
Boll, Archiv d. Psychiatrie 1873. 173.
Eberth-Friedländer, Mikroskop. Techn. 1894. 243.

**Gerlach's** Reagens zum Färben mikroskop. Präparate

ist eine durch möglichst langes Stehenlassen gereifte Lösung von carminsaurem Ammonium, die wenig oder kein überschüssiges Ammoniak enthält. Man löst 1 g Carmin in 1 g Ammoniak und etwas Wasser und verdünnt dann auf 50—100 ccm. Die erhaltene Lösung läßt man zur Verdunstung des überschüssigen Ammoniaks an der Luft stehen und filtriert. — Zum Färben von Achsenzylindern verwendet Gerlach eine schwach saure Lösung von Chlorgoldchlorkalium in Wasser 1:10 000.

Arch. f. mikroskop. Anat. 1865. 148.
Behrens' Tabellen 1892. 94.
Enzyklop. d. mikroskop. Techn. 1903. 451.
Eberth-Friedländer, Mikroskop. Techn. 1894. 108.

**Gerlach's** Glycerin-Gelatine

ist eine Lösung von 40 g Gelatine und 8 g Arsenik in 200 ccm Wasser und 120 ccm Glycerin. Gebraucht als Einbettungsmittel in der mikroskop. Technik.

Behrens' Tabellen 1892. 75.

**Gerlach's** Reagens zum Injizieren mikroskop. Präparate.

(Rote Injektionsmasse.) Zu einer heißen Lösung von 60 g Gelatine in 80 ccm Wasser gibt man eine Lösung von 50 g Carmin in 5 ccm Ammoniak und 40 ccm Wasser und fügt 1 ccm Essigsäure zu.

Mikroskop. Stud. aus d. Gebiete d. menschl. Morphologie, Erlangen 1858.
Behrens' Tabellen 1892. 91.
Enzyklop. d. mikroskop. Techn. 1903. 587.

**Gerrard's** Reagens auf Atropin und Hyoscyamin.

Erwärmt man eine alkoholische Lösung von Atropin oder Hyoscyamin mit wässeriger oder alkoholischer Quecksilberchloridlösung, so entsteht ein ziegelroter Niederschlag (Quecksilberoxyd) unter Bildung des salzsauren Alkaloides. (Daturin und Duboisin geben diese Reaktion ebenfalls, nicht aber Scopolamin.)

Chem. Ztg. 8. 457.
Ztschr. f. analyt. Chem. 24. 601.
Pharm. Journ. 1891. 898.
Chem. Zentralbl. 1891. I. 846.
Schweissinger, Pharm. Ztg. 1884. 683 oder Ztschr. f. analyt. Chem. 25. 418.

**Gerrard's** Reagens auf Glukose

ist mit Cyankalium versetztes Fehling's Reagens. Letzteres versetzt man so lange mit 50 %iger Cyankaliumlösung, bis es gerade farblos geworden ist. Die so erhaltene Lösung mischt man mit gleichen Raumteilen unverändertem Fehling's Reagens, wodurch man eine blaue Lösung erhält, welche beim Kochen mit Glukose entfärbt wird, ohne Kupferoxydul abzuscheiden. Das Reagens wird zur quantitativen Bestimmung der Glukose verwendet, wobei man auf Farblosigkeit des Reagenzes titriert.

Chem. Zentralbl. 1896. II. 135.
Journ. de Pharm. et de Chim. (6) 3. 250.
Pharm. Journ. Trans. 25. 913.

**Geuther's** Reagens auf Pflanzenfette

ist eine Modifikation von Welmann's Reagens. Man löst 5 g Natriumphosphomolybdat (gepulvert) in 25 ccm Wasser und 30 g Salpetersäure (D. = 1,39). 5 g geschmolzenes und filtriertes Schweinefett, 3 g Chloroform und 20 Tropfen Reagens schüttelt man kräftig durch, stellt bei Seite und beobachtet nach 2 Minuten die entstandene Färbung. Bei Anwesenheit von Öl tritt innerhalb genannter Zeit eine dunkelgrüne Färbung auf. Eine Grünfärbung, die später eintritt, ist nicht zu berücksichtigen.

Ztschr. f. öffentl. Chem. 6. 328.
Ztschr. f. analyt. Chem. 40. 742.
Utz, Chem. Zentralbl. 1902. II. 1276.

**Ghedini'sche** Reaktion.

Diese besteht in der Entgiftung von Acetonitril (Methylcyanid) im tierischen Organismus durch das Vorhandensein von Schilddrüsensekreten im Blute und die Resistenzerhöhung gegen Acetonitril.

Wiener klin. Woch. 1911. 736.
Merck's Bericht 1911. 138, 1912. 76.
Münchener med. Woch. 1911. 1258.
Lussky, American Journ. of Physiol. 1912. 30. 63.
Zentralbl. gesamt. innere Med. 1912. 2. 115.
Port, Biochem. Ztschr. 1913. 51. 224.

**Ghedini**'s Reaktion zur Prüfung der Leberfunktion.

2 ccm Blutserum mischt man mit 10 ccm Glycogenlösung (1,5 g Glycogen, 100 ccm physiolog. Kochsalzlösung und 2—3 Tropfen Natronlauge), erwärmt eine halbe Stunde im Thermostaten bei 37 ° und gibt Rhodankalium zu, bis die Lösung klar geworden. Man filtriert und polarisiert in 20 cm-Rohr. Polarisiert diese Lösung weniger als beim blinden Versuch (ohne Serum), so ist ein Teil des Glycogens in Glukose verwandelt, es ist also normales Leberferment vorhanden. Je weniger Ferment vorhanden, desto geringer die Umsetzung des Glycogens, desto geringer die Differenz zwischen dem Serum und dem blinden Versuch.

Gazzetta degli osped. e delle clin. 1913.
Merck's Bericht 1913. 268.
Zentralbl. f. innere Med. 1913. 345.

**Ghilarducci**'s Reaktion.

(Fernreaktion.) Bringt man einen Muskel des lebenden Organismus in geeigneter Weise zwischen zwei Elektroden, so tritt in dem Augenblick, in dem der Strom geschlossen wird, eine Zuckung auf. Die Reaktion kann zum Nachweis beginnender oder vorhandener Muskelatrophie dienen. Näheres siehe: Forli, Med. Klinik 1912. 1866.

**Ghoreyeb**'s Reagens zum Färben von Spirochaeten.

a) Eine 1 %ige, wässerige Lösung von Osmiumsäure, b) eine schwache Lösung von Liquor plumbi subacetici, c) eine 10 %ige, wässerige Lösung von Natriumsulfid.

Journ. Americ. Med. Assoc. 1910. **54.** 1498.
Deutsche med. Woch. 1910. 1097.

**de Giacomo**'s Reagens auf Guanin.

a) Eine Lösung von 1,73 g Sulfanilsäure in 100 ccm 1 %iger Natronlauge, b) eine Lösung von 0,8 g Natriumnitrit in 100 ccm Wasser, c) 5—10 %ige Schwefelsäure, d) Normal-Natronlauge. Das Reagens dient zum Nachweis von Guanin in Pflanzengeweben. Näheres siehe: Ztschr. f. wiss. Mikroskop. **27.** 257.

**Gibbes**' Reagens zur Bakterienfärbung

ist eine Lösung von 3 g Anilin, 2 g Fuchsin und 1 g Methylenblau in 15 ccm Alkohol, mit 15 ccm Wasser gemischt.

Journ. Roy. Microsc. Soc. 1880. 392.

**Gibbes**' Borax-Carmin.

2 g Carmin erwärmt man mit 8 g Borax und 115 ccm Wasser. Nach dem Erkalten und Absetzen wird die klare Lösung abgegossen.

Journ. Roy. Microsc. Soc. 1883. 390.
Ztschr. f. wiss. Mikroskop. 1884. 502.

**Gibbes**' Reagens zum Färben mikroskop. Präparate.

1. 2 g Magenta und 1 g Methylenblau löst man in 15 ccm Alkohol und 3 ccm Anilin und gibt 15 ccm Wasser zu.
2. Man löst 2 g Magenta in 3 g Anilin, 20 ccm Alkohol und 20 ccm Wasser.

Journ. Roy. Microsc. Soc. 1880. 390.

**Giemsa**'s Reagens I zum Färben mikroskop. Präparate.

Man mischt 10 ccm einer 0,005 %igen, wässerigen Eosinkaliumlösung mit 1 ccm einer 0,008 %igen, wässerigen Lösung von Azur II (= Mischung gleicher Teile Methylenblau und Methylenazur).

Zentralbl. f. Bakteriol. (Orig.) 1902. 310.

**Giemsa**'s Reagens II zum Färben mikroskop. Präparate.

Man löst 3 g Azur II-Eosin und 0,8 g Azur II in 250 g Glycerin bei 60 ° C. und gibt dann 250 g Methylalkohol zu. (Nach 24 Stunden filtrieren!)

Zentralbl. f. Bakteriol. 1904. 310. (Orig.)
Deutsche med. Woch. 1905. 1027, 1907. 676, 1909. 1751 u. 1910. 550.
Merck's Bericht 1905. 140.

**Gierke**'s Urancarmin siehe Schmaus' Reagens.

**Gies**' Reaktion auf Eiweiß.

Versetzt man eine Eiweißlösung mit verdünnter Kaliumdichromatlösung, so entsteht keine Fällung, wohl aber nach weiterem Zusatz von Säure ein feiner gelber Niederschlag.

American Journal of Physiology. 8. 15.

**Giesel**'s Reagens auf Cocaïn.

Eine 1 %ige, wässerige Lösung von Cocaïnhydrochlorid gibt auf Zusatz einer gesättigten Kaliumpermanganatlösung einen krystallinischen, violetten Niederschlag (Cocaïnpermanganat).

Pharm. Ztg. **31.** 132.
Chem. Ztg. 1886. Rep. 71.
Beckurts, Pharm. Zentralh. **27.** 140.

**van Gieson**'s Reagens zum Färben mikroskop. Präparate

ist eine Mischung von 2 ccm konzentr., wässeriger Säurefuchsinlösung mit 100 ccm gesättigter, wässeriger Pikrinsäurelösung.

The New York medic. Journ. 1889. 135.
Ernst, Virchow's Archiv. 1893.
Enzyklop. d. mikroskop. Techn. 1903. 542.
Eberth - Friedländer, Mikroskop. Techn. 1894. 166.
Weigert, Ztschr. f. wiss. Mikroskop. 1904. 1.
Völker, ebenda 1913. **30.** 185.

**van Gieson**'s Reagens zum Härten mikroskop. Präparate

ist 4—6—10 %iger Formaldehyd.

Anat. Anzg. 1895. 494.

**Giffen**'s Reaktion auf Blausäure

ist eine Modifikation von Vortmann's Nitroprussidreaktion.

Pharm. Weekblad 1910. 1043.
Apoth. Ztg. 1910. 794.
Pharm. Zentrh. 1911. 263.

**Gigli**'s Reagens auf Blut (Blutflecke)

ist eine Lösung von 5 g Benzidin in 10 ccm Eisessig. Man befeuchtet den Fleck mit dem Reagens und gibt 1—2 Tropfen Wasserstoffsuperoxyd zu. Blut färbt blau.

Bollett. Chim. Farm. **49.** 955.
Merck's Bericht 1911. 420.
Ztschr. f. analyt. Chem. 1912. 270.

**Gigli's** Reaktion auf Harnsäure
beruht auf der Einwirkung von Harnsäure auf Ammonmolybdat (in 7,5%iger, mit Schwefelsäure angesäuerter Lösung), wobei ein grünlicher Niederschlag entsteht, der sich in Ammoniak mit blauer Farbe löst und sich in neutraler Lösung mit Kaliumpermanganat titrieren läßt. Näheres siehe: Chem. Ztg. 1898. 330. — Pharm. Zentrh. 1898. 558. — Chem. Zentralbl. 1898. I. 1238.

**Gil's** Reaktion auf Schwefel (Polysulfide).
Man erhitzt reinen Alkohol (96%) in einer Glasflasche zum Sieden, bis die Luft aus der Flasche durch Alkoholdämpfe verdrängt ist. Gibt man alsdann eine Lösung zu, die Polysulfide enthält, so färbt sich die Mischung blau. Monosulfide geben diese Reaktion nicht.
Ztschr. f. analyt. Chem. 1894. 54.
Chem. Zentralbl. 1894. I. 393.
(Die Reaktion ist identisch mit Caraves Gil's Reaktion.)

**Gilbard's** Reaktion auf Caulophyllin.
5 ccm der alkoholischen Lösung werden auf dem Wasserbade zur Trockene verdampft und mit 1 ccm Wasser angerührt. Auf Zusatz von 2 ccm Schwefelsäure entsteht innerhalb 5 Minuten eine blaue bis purpurrote Färbung.
The Analyst **36.** 270.
Chem. Zentralbl. 1911. II. 399.

**Gillet-Hains'** Reaktion auf Ketone.
Wässerige Lösungen von Ketonen geben mit Neßler's Reagens einen gelben, krystallinischen Niederschlag. 1 Tropfen Aceton in 1 Liter Wasser läßt sich auf diese Art noch nachweisen (ein Überschuß von Aceton verhindert jedoch die Reaktion).
The Analyst **24.** 268.
Ztschr. f. analyt. Chem. **42.** 114.

**Gilson's** Reagens zum Fixieren mikroskop. Präparate.
1. Eine Lösung von 20 g Quecksilberchlorid in 100 ccm Alkohol (60%) und 880 ccm Wasser, der 4 ccm Eisessig und 15 ccm Salpetersäure (D. = 1,4) zugegeben sind.
2. Eine Lösung von 20 g Chlorzink, 5 ccm Eisessig und 5 ccm Salpetersäure in 300 ccm Wasser und 100 ccm Alkohol (80%).

Gehuchten, Ztschr. f. wiss. Mikroskop. 1899. 242.
Wasielewski, ebenda 1899. 337.
Carnoy, Biologie cellulaire 94.
La Cellule 1890. 11.

**Gilson's** Glyceringelatine für mikroskop. Zwecke
ist eine Mischung gleicher Volumina, in Wasser eingeweichter, geschmolzener Gelatine und Glycerin, der man so viel Chloralhydrat zugibt, bis das Volumen um die Hälfte zugenommen hat.

Lee-Mayer, Mikroskop. Techn. 1901. 251.
Enzyklop. d. mikroskop. Techn. 1903. 1279.

**Gins'** Reagens für mikroskopische Färbung der Diphtheriebazillen
ist eine schon von Miller in Vorschlag gebrachte Jodlösung, d. h. Lugol's Reagens mit 1% Milchsäure. Mit dieser Lösung werden die Präparate zwischen den beiden Phasen der Neisser'schen Färbung kurz behandelt. Man erzielt damit eine prägnantere Zeichnung des ganzen Bazillenleibes und stärkeres Hervortreten der Polkörper beim Diphtheriebazillus.
Deutsche med. Woch. 1913. 502.
Miller, Dissertation Leipzig 1889.

**Girard's** Reaktion auf Teerfarbstoffe im Wein
ist eine Modifikation von Blarez' Reaktion. Der mit Natronlauge versetzte Wein wird mit Quecksilbersulfat gefällt. Bei Anwesenheit von Teerfarbstoffen ist das Filtrat gefärbt, andernfalls farblos.
Siehe auch: Ztschr. f. analyt. Chem. **18.** 494.
Bull. Soc. Chim. Paris **26.** 520.

**Girard's** Reaktion auf Resorcin.
Zu 5 ccm einer wässerigen, neutralen oder schwach sauren Resorcinlösung gibt man einige Tropfen Kupfersulfatlösung (1 : 10) und dann einige Tropfen Kaliumcyanidlösung (1 : 10). Es entwickelt sich eine schön grüne Fluoreszenz mit mehr oder weniger intensiver Rotfärbung. Empfindlichkeitsgrenze = 1 : 10000.
Répert de Pharm. 1909. 433.
Apoth. Ztg. 1909. 799.

**Girard's** Reaktion auf Pikrinsäure
beruht auf einer Rotfärbung beim Erwärmen mit Schwefelammon. Dieselbe Reaktion gibt Martiusgelb.
Vergl. Dragendorff's Ermittelg. v. Giften 1888. 301.
Bull. Soc. Chim. Paris **26.** 520.

**Glaesgen's** Reaktion auf Eiweiß im Harn.
20 ccm Harn versetzt man mit 5 Tropfen Essigsäure (oder etwas mehr, wenn der Harn alkalisch sein sollte), mischt gut und verteilt die Mischung auf zwei Reagenzgläser. Den einen Teil erhitzt man zum Sieden, den anderen benützt man als Vergleichsflüssigkeit; hat sich der gekochte Teil getrübt, so gibt man noch etwas Essigsäure zu, um nicht etwa durch ausgeschiedene Phosphate getäuscht zu werden. Eine bleibende Trübung zeigt Eiweiß an.
Münchener med. Woch. 1911. 1123.
Apoth. Ztg. 1911. 456.

**Glage's** Reagens zum Konservieren mikroskop. Präparate
ist eine Lösung von 30 g Kaliumacetat und 10 g Kaliumnitrat in 250 ccm Wasser und 750 ccm Formaldehyd (40%).
Vergl. Wickersheimer's Reagens.

**Glassmann**'s Reagens auf Glukose.
Siehe: Ber. d. deutsch. chem. Ges. 1906. 503.
Chem. Zentralbl. 1906. I. 876.
Pharm. Ztg. 1906. 374.

**Glässner**'s Reaktionen auf fette Öle beruhen auf Farbenerscheinungen, die verschiedene Öle mit roter, rauchender Salpetersäure, konzentr. Schwefelsäure und Kalilauge geben. Näheres siehe: Benedikt, Anal. d. Fette 3. Aufl. 414. — Ztschr. f. analyt. Chem. 11. 347. — Chem. Zentralbl. 1873. 57.

**Glässner**'s Reaktion auf Tryptophan im Magensaft beruht auf einer Violettfärbung bei Zusatz von Bromwasserstoff. Näheres siehe: Berl. klin. Woch. 1903. 599. — Münchener Med. Woch. 1903. 1175.

**Glücksmann**'s Reaktion auf Cannabis-Extrakt.
Man löst 0,1 g Extractum Cannabis indicae in 100 ccm Alkohol unter schwachem Erwärmen auf, filtriert und prüft das grünlichbraune Filtrat in folgender Weise: 5 ccm schichtet man über 5 ccm konz. Schwefelsäure und mischt langsam. Die Mischung färbt sich braun (nicht charakteristisch). — Man mischt 5 ccm Extraktlösung mit 1 Tropfen alkoholischer Furfurollösung (1 %) und unterschichtet mit Schwefelsäure. Beim Mischen entsteht zunächst eine braune Färbung, die im Laufe einer Viertelstunde in Violettrot übergeht (Cannabisharzreaktion). — Das erkaltete violettrote Gemisch zeigt noch beim Vermischen mit der 50 fachen Volummenge einer erkalteten Mischung von gleichen Volumteilen Alkohol und Schwefelsäure eine deutliche Rosafärbung.
Pharm. Praxis 1914. 471.

**Glücksmann**'s Reaktion auf Colaextrakt.
15 ccm konzentr. Schwefelsäure versetzt man mit 1 Tropfen einer Eisenchloridlösung 1 : 10. Gibt man zu dieser farblosen Mischung 1 Tropfen Cola-Fluidextrakt, so färbt sie sich zunächst braungelb. Schichtet man über sie 1 ccm Wasser, so bildet sich an der Berührungsfläche eine tief violettrot gefärbte Zone. — 15—20 Tropfen Fluidextrakt mischt man mit 10 ccm Normal-Ammoniak und schüttelt mit 10 ccm Chloroform aus. Die geklärte Chloroformschicht hinterläßt beim Verdampfen auf dem Wasserbade einen schwach gefärbten Rückstand, der in 10 ccm Kaliumbromidbromatlösung gelöst, mit 5 Tropfen verdünnter Salzsäure versetzt zur Trockene verdampft wird. Der Rückstand wird mit einigen Tropfen Ammoniak purpurrot gefärbt. Abermals zur Trockene verdampft, erhält man einen Rückstand, der sich in Wasser mit Purpurfarbe, in 50 ccm Wasser noch mit deutlich rosenroter Färbung löst. Näheres siehe: Pharm. Praxis 1914. 517. — Pharm. Zentrh. 1915. 734.

**Glücksmann**'s Reaktionen auf Coloquinthenextrakt siehe: Pharm. Post 1912. 218.

**Glücksmann**'s Reaktion auf Cubebenextrakt.
Eine Spur Extrakt löst man in konzentr. Essigsäure und verdünnt damit bis zur Farblosigkeit. 5 ccm der zum Sieden erhitzten Lösung versetzt man mit 5 Tropfen Salzsäure (35 %) und kocht auf. Es entsteht eine schwache gelbbraune Färbung. Beim Abkühlen kann man im Laufe von 2—4 Stunden beobachten, daß die Farbe der Mischung von Gelbbraun durch Braunviolett bis Violettblau übergeht. Diese Färbung verschwindet allmählich. Versetzt man die blauviolette Flüssigkeit mit dem gleichen Volumen Salzsäure und schüttelt mit Chloroform aus, so geht der Farbstoff in dieses über, ist aber nicht beständig.
Pharm. Praxis 1912. 97.
Pharm. Zentrh. 1912. 516.

**Glücksmann**'s Reaktion auf Granatwurzelrindenextrakt.
Man löst einige Milligramme des Extraktes in 5—10 ccm verdünntem Glycerin auf dem Dampfbade, verdünnt mit Wasser, bis die Lösung im durchfallenden Lichte eben nicht mehr gelb erscheint und füllt damit ein Reagenzglas etwa zu zwei Drittel voll. Nach Zusatz von 1—2 ccm Bleiacetatlösung (1: 10) entsteht eine kanariengelbe Färbung. Die färbende Substanz bleibt beim Filtrieren der Mischung auf dem Filter zurück.
Pharm. Praxis 1911. 441.
Merck's Bericht 1911. 270.

**Glücksmann**'s Reaktion auf Hamamelisfluidextrakt.
Eine Mischung von 1 Tropfen Extrakt mit 5 ccm Glycerin und 100 ccm Wasser ist farblos. 2 ccm davon färben sich auf Zusatz von 10 ccm Ammoniakflüssigkeit rosarot und dann hellbraun bis hellgelb. Natriumbikarbonat ruft in der Extraktlösung kaum eine Färbung hervor, erst beim Erwärmen ist eine grünlichbraune Färbung zu erkennen.
Pharm. Praxis 1911. 489.
Südd. Apoth. Ztg. 1912. 176.
Pharm. Zentrh. 1912. 516.
Vermischt man 2 ccm der oben genannten Extraktlösung mit 8—10 ccm Ammoniakfl., so entsteht alsbald eine gelbrote Färbung, die in kurzer Zeit verblaßt und in Lichtgelbbraun umschlägt. — Gießt man die noch gelbrote Lösung sofort in ein Reagenzglas, in dem sich 2—3 Tropfen Bleiacetatlösung (10 %) befinden, so trübt sich die Mischung unter Annahme einer rosaroten Färbung. — Wird die trübe rosarote Mischung mit dem gleichen Volumen Glycerin gemischt, so resultiert eine klare lichtbraune Lösung.
Pharm. Praxis 1914. 425.

**Glücksmann**'s Reaktion auf Hydrastisextrakt.
Konz. Salzsäure versetzt man mit einer wässerigen Extraktlösung, daß sie gerade noch farblos erscheint. Chlorkalk ruft in dieser Mischung eine schwache Rosafärbung hervor, die bald in Gelblich übergeht.

Pharm. Praxis 1911. 489.
Südd. Apoth. Ztg. 1912. 176.
Pharm. Zentrh. 1912. 516.

**Glücksmann**'s Reaktionen auf Hydrastisextrakt beruhen auf Identitätsreaktionen des Berberins und Hydrastinins.

Berberin: Mischt man 1 Tropfen Fluidextrakt mit 10 ccm rauchender Salzsäure und gibt 1 Tropfen Wasserstoffsuperoxyd zu, so nimmt die Mischung in 5—10 Minuten eine violettrote Färbung an.

Hydrastinin: 5 Tropfen Extrakt versetzt man mit 5 ccm Natriumbikarbonatlösung und schüttelt mit 10 ccm Äther. Der Äther wird nach dem Waschen mit 5 ccm Wasser filtriert und verdampft, der Rückstand in 10 ccm verd. Schwefelsäure aufgenommen und mit 15 Tropfen Kaliumpermanganatlösung (1 : 1000) versetzt. Nach der Entfärbung ist die mit dem 5fachen Volumen Wasser verdünnte Mischung im durchfallenden Licht farblos und im auffallenden Licht von blauer Fluoreszenz.

Pharm. Post. 1913. 348.
Apoth. Ztg. 1913. 813.

**Glücksmann**'s Reaktion auf Meerzwiebelextrakt.

Einige mg Scillaextrakt löst man in verdünntem Alkohol auf, verdünnt die Mischung, bis sie im durchfallenden Licht nicht mehr gelblich erscheint, mit konz. Salzsäure und gibt eine Spur α-Naphthol zu. Beim Erhitzen färbt sich die Mischung rosenrot bis zwiebelrot.

Pharm. Praxis 1912. 1.
Zentralbl. d. ges. Arzneimittelkunde 1912. 50.
Pharm. Zentrh. 1912. 517.

Eine andere Reaktion ist folgende: Versetzt man Acetum Scillae mit Bleiacetatlösung und löst den entstandenen Niederschlag in Salzsäure, so erhält man eine braungelb gefärbte Lösung. Man verdünnt sie mit Salzsäure, bis sie im durchfallenden Licht nicht mehr gefärbt erscheint und erhitzt bis zum Sieden. Es entsteht eine violette bis blaue Färbung.

Pharm. Praxis 1912. 282.
Zentralbl. f. d. ges. Arzneimittelkunde 1912, 370.

**Glücksmann**'s Reaktion auf Opiumextrakt.

1. Die bis zur Farblosigkeit verdünnte, wässerige Lösung des Extraktes wird mit Mayer's Alkaloidreagens versetzt. Es entsteht eine deutliche Trübung.
2. Dieselbe Extraktlösung mischt man mit Eisenalaunlösung (bis zur Farblosigkeit verdünnt). Die Mischung färbt sich schwach braunrot (Mekonsäure). Gibt man eine Spur Ferrocyankalium zu, so färbt sich die Mischung grünlich und mit der Zeit blau (Morphin).

Pharm. Praxis 1912. 49.
Pharm. Zentrh. 1912. 516.

**Glücksmann**'s Reaktion auf Pyrogallol.

Eine Spur Pyrogallol löst man in zirka 1 ccm konzentr. Essigsäure, gibt 3—5 Tropfen Formaldehyd zu und erhitzt zum Sieden. Die Mischung bleibt klar und farblos. Gibt man einige Tropfen konzentr. Salzsäure zu der heißen Mischung, so entsteht sofort eine intensive kirschrote Färbung, die beim Verdünnen mit genügend Essigsäure in rein „Rosenrot" übergeht. Empfindlichkeitsgrenze: 1 : 100 000.

Pharm. Praxis 1912. 100.

**Glücksmann**'s Reaktion auf Quebrachoextrakt siehe: Pharm. Praxis 1913. 62.

**Glücksmann**'s Reaktion auf Ratanhiaextrakt.

Verdünnt man die wässerige Lösung des Extraktes bis zur Farblosigkeit und gibt zu 10 ccm etwa 0,5 ccm Natriumbikarbonat zu, so färbt sich die Mischung allmählich rosarot. Die Farbe verschwindet beim Erhitzen. — Löst man eine Spur des Extraktes unter Erwärmen in 1 ccm einer 5 %igen Natriumbikarbonatlösung auf und gibt 10 ccm Glycerin zu, so entwickelt sich eine grünbraune Fluoreszenz.

Pharm. Praxis 1911. 489.
Südd. Apoth. Ztg. 1912. 176.
Schweizer Woch. Chem. Pharm. 1912. 210.
Kollo, Pharm. Post 1913. 509.

**Glücksmann**'s Reaktionen auf Strychnosextrakt siehe: Pharm. Post 1912. 211.

**Glücksmann**'s Reaktionen auf Strychnostinktur siehe: Südd. Apoth. Ztg. 1912. 513.

**Gluzinsky**'s Reaktion auf Gallenfarbstoffe.

Die zu prüfende Lösung kocht man mit einigen Tropfen Formaldehyd. Bei Anwesenheit von Gallenfarbstoffen tritt Grünfärbung ein, die durch Mineralsäuren in Amethystblau übergeht. Schüttelt man mit Chloroform, so färbt sich dasselbe grün, dagegen blau, wenn nur Bilirubin zugegen ist.

Wiener klin. Woch. 1897. Nr. 52 oder Pharm. Zentrh. 1898. 169.
Jolles, Wiener med. Bl. 1898. 189.

**Gmelin**'s Reagens auf Alkaloide

ist Rhodankaliumlösung, die mit Alkaloiden Niederschläge krystallinischer und amorpher Natur gibt.

Handb. d. organ. Chem. 4. 157.

**Gmelin**'s Reaktion auf Gallenfarbstoffe.

Überschichtet man in einem Reagenzglase etwas rauchende Salpetersäure mit ikterischem Harn, so kann man Zonenfärbungen beobachten, die von Grün in Blau, Violett, Rot und Gelb übergehen.

Tiedemann u. Gmelin, die Verdauung nach Versuchen, Leipzig u. Heidelberg 1826. 1. 80.
Vergl. die Reaktionen von Brücke, Dragendorff, Fleischl, Gerhardt, Hilger, Huppert, Hoppe-Seyler, Krehbil, Masset, Paul, Penzoldt, Salkowski, Smith, Rosenbach, Ultzmann, Vitali.
Berzelius, Lehrb. d. Chem. 1840. 283.
Jolles, Ztschr. f. analyt. Chem. 29. 402.
Munk, Ztschr. f. analyt. Chem. 38. 205.

Triollet, Répert. de Pharm. 1900. 392 oder Pharm. Zentrh. 1900. 764.
Nickel, Die Farbenreakt. d. Kohlenstoff-Verb. 1900. 115.
Maly, Liebig's Annal. **181.** 108; Monatsh. f. Chem. **4.** 89.
Grimm, Virchow's Archiv **132.** 265.
Gerlach, Therapeut. Monatsh. 1903. 56.
Spallitta, Zentrbl. f. Physiol. **18.** 91.
Grimbert, Journ. de Pharm. et de Chim. (6) **22.** 487.

**Gmelin**'s Reaktion auf Quecksilber in tierischen Flüssigkeiten, Harn etc.

Stellt man einen mit einem Goldblättchen umwickelten Eisendraht in eine Flüssigkeit, die Spuren von Quecksilbersalzen enthält, so beschlägt sich das Gold mit metallischem Quecksilber, das durch Glühen in geeigneten Glasröhren isoliert und sichtbar gemacht werden kann. Näheres siehe: Hager, Pharm. Prax. 1880. II. 99.

**Gnezda**'s Reagens auf Eiweiß und Albumosen

ist eine ammoniakalische Kupfersulfatlösung (oder Nickelsulfatlösung). Das Reagens wird durch Eiweiß blau und dann mit Natronlauge violett; mit Albumosen wird es violett und dann mit Natronlauge rosa gefärbt.
Proc. Royal Soc. London **47.** 202.
Chem. Zentralbl. 1890. I. 1030.
Wèvre, Ztschr. f. wiss. Mikroskop. 1894. 410.
Zunz, Arch. internat. de physiol. 1912. **12.** 395.
Zentralbl. f. ges. innere Med. 1913. **4.** 563.

**Göbel**'s Reaktion auf Fuselöl in Alkohol.

Verdampft man Alkohol mit etwas Ätzkali auf etwa $^1/_{10}$ seines Volumens und säuert mit verdünnter Schwefelsäure an, so macht sich ein eventueller Fuselölgehalt durch den Geruch bemerkbar.
Chem. Zentralbl. 1831. 640.
Diese Reaktion ist heute noch üblich.
Vergl. Deutsches Arzneib. V. Ausg. p. 40 und
Merck's Prüfg. d. chem. Reagenz. 1912. 57.

**Godbay**'s Reagens für mikroskop. Präparate

ist eine Lösung von 0,25 g Quecksilberchlorid, 120 g Chlornatrium und 60 g Alaun in Wasser zu 3 Liter aufgefüllt (nach anderer Lesart auf 300 ccm). Gebraucht als Konservierungsmittel für niedere Tiere.
Traité de l'Anatom. Microsc. p. Lee et Henneguy 1896. 263.
Behrens' Tabellen 1892. 66.

**Godeffroy**'s Reagens I auf Alkaloide.

Eine Lösung von Eisenchlorid in Salzsäure gibt mit nicht zu verdünnten Lösungen von Aconitin, Piperin, Strychnin und Veratrin gelbrote Niederschläge, nicht aber mit Brucin, Coffeïn und Morphin. Diese Niederschläge enthalten auf 1 Mol. Eisenchlorid 2 Mol. des Alkaloides und sind leicht löslich in Wasser und verdünnter Salzsäure.
Arch. d. Pharm. (3) **9.** 147.
Pharm. Ztschr. f. Rußland **15.** 673.
Ztschr. f. analyt. Chem. **16.** 244.
Hager, Pharm. Prax. Erg.-Bd. 1883. 64.

**Godeffroy**'s Reagens II auf Alkaloide.

(Kieselwolframsäure.) Eine wässerige Lösung von Kieselwolframsäure gibt mit neutralen oder schwach sauren Alkaloidlösungen Niederschläge, die sich in konzentr. Salzsäure mehr oder weniger schwer auflösen. Über Darstellung der Silicowolframsäure siehe Ztschr. f. analyt. Chem. **16.** 244.
Hager, Pharm. Prax. Erg.-Bd. 1883. 64.
Berl.-Ber. **9.** 1792.

**Godeffroy**'s Reagens III auf Alkaloide

ist Zinnchlorür. Es gibt in salzsauren Lösungen mit Aconitin, Atropin, Brucin, Chinin, Cinchonin, Codeïn, Coniin, Morphin, Piperin, Solanin und Veratrin dichte, krystallinische Niederschläge.
Hager, Pharm. Prax. Erg.-Bd. 1883. 64.

**Godeffroy**'s Reagens IV auf Alkaloide

ist Antimonchlorid. Es gibt Niederschläge mit den Lösungen von Aconitin, Atropin, Chinin, Cinchonin, Piperin, Strychnin, Veratrin, nicht mit Morphin.
Hager Pharm. Prax. Erg.-Bd. 1883. 64.
Archiv der Pharm. (3) **9.** 147.
Chem. Zentralbl. 1876. 649.

**Godeffroy**'s Reagens auf Caesium

ist eine Lösung von Antimonchlorid in konzentrierter Salzsäure, die in nicht zu verdünnten Lösungen der Caesiumsalze einen weißen krystallinischen Niederschlag verursacht. Letzterer löst sich auf Zusatz von Salzsäure nicht.
Berl. Ber. **7.** 375; **8.** 9.
Chem. Zentralbl. 1874. 314.

**Godeffroy-Laubenheimer**'s Reagens auf Alkaloide

ist Godeffroy's Reagens II.

**Godeffroy-Ledermann**'s Reaktionen auf Chinaalkaloide

beschränken sich auf die mikroskopische Betrachtung der betreffenden Sulfate.
Arch d. Pharm. (3) **11.** 515.

**Goedike**'s Reaktion zur Unterscheidung von o- und p-Kresol.

Mischt man eine heißgesättigte Lösung von Pikrinsäure in 50 %igem Alkohol mit einer Lösung von o-Kresol in 50 %igem Alkohol, so entsteht ein krystallinischer Niederschlag. p-Kresol gibt diese Reaktion nicht. — Näheres siehe Archiv. d. scienc. biolog. 1893. 422. — Pharm. Post **26.** 465. — Chem. Zentralbl. 1893. II. 1003.

**Goedike**'s Reaktionen auf Phenole

beruhen auf der Bildung von Doppelverbindungen der Phenole mit Pikrinsäure beim Zusammentreffen der beiden Substanzen in gesättigter (heißer) alkoholischer Lösung. Näheres siehe: Arch. des scienc. biol. 1893. 422.

**Goette's Reagens zum Härten mikroskop. Präparate.**

Man mischt 50 ccm 2 %ige Kupfersulfatlösung mit 50 ccm 25 %igem Alkohol und 35 Tropfen Holzessig.

Merck's Report 1900. 470.
Fol's Lehrb. 1884. 106.

**Goff's Reagens auf Glukose im Harn**

ist eine Lösung von Methylenblau 1 : 5000 Wasser. Die Ausführung der Reaktion ist eine Modifikation von Neumann-Wender's Reaktion (siehe diese).

Répert. de Pharm. 1897. 250.
Pharm. Zentrh. 1897. 706.
Bull. commercial du 30 avril 1897.

**Goldmann's Reaktion auf Citarin (Dinatriumsalz der Anhydromethylencitronensäure).**

Schichtet man auf 5 ccm kalte, konzentr. Schwefelsäure, die zirka 5 % Natriumnitrit enthält, eine Lösung von 0,05 g Citarin in 5 ccm Wasser, so entsteht an der Berührungsstelle der beiden Flüssigkeiten (unter Entwickelung von Stickstoffdioxyd) eine blaue Zone.

Apoth. Ztg. 1903. 783.
Merck's Bericht 1903. 49.

**Goldmann's Reaktion auf Heroin.**

Kocht man etwas Heroin mit verdünnter Schwefelsäure, gibt Alkohol zu und kocht abermals, so tritt der Geruch des Essigäthers auf.

Ber. d. deutsch. pharm. Ges. 1899. 113; 1903. 65.
Zernik, Apoth. Ztg. 1903. 159.

**Goldmann's Reaktion auf p-Phenetidin im Phenacetin.**

Man löst 1 g Phenacetin in 2 ccm warmem Alkohol, gibt 5 ccm Jodjodkaliumlösung (0,05 Jod : 1000 ccm) zu und erhitzt zum Sieden, bis sich das ausgeschiedene Phenacetin wieder gelöst hat. Spuren von Phenetidin bewirken eine Rosafärbung, die nach dem Auskrystallisieren des Phenacetins besser zu erkennen ist.

Pharm. Ztg. 36. 208.
Lunge, Chem. Techn. Unters.-Meth. 1911. III. 982.

**Goldmann-Baumann's Reagens auf Cystin**

ist Benzoylchlorid. Vergl. Baumann's Reagens.

**Göldner's Reaktion auf Cocaïn.**

Zu einer schwach gelblich gewordenen Mischung von 0,01 g. Resorcin und 5—7 Tropfen konzentr. Schwefelsäure gibt man etwa 0,02 g Cocaïnhydrochlorid. Unter heftiger Reaktion entsteht eine kornblumenblaue Färbung, die mit Kalilauge in Rosa übergeht. (NB: Ist keine Reakt. auf Cocaïn.)

Pharm. Ztschr. f. Rußland 28. 489.
Chem. Ztg. 1889. Rep. 227.
Pharm. Ztg. 1889. 471.
Merck, Pharm. Ztg. 1889. 515.

**Goldschmidt's Reaktion auf Formaldehyd**

siehe Journ. f. prakt. Chem. 1905. 536.
Chem. Zentralbl. 1906. I. 402.

**Goldschmidt's Reaktion auf Harnstoff.**

Löst man etwas Harnstoff in verdünnter Salzsäure und gibt einen Überschuß von Formaldehyd (40 %) zu, so entsteht ein weißer, in den gewöhnlichen Lösungsmitteln unlöslicher Niederschlag.

Berl. Ber. 29. 2438.
Chem. Zentralbl. 1897. I. 33.

**Goldschmiedt's Reaktion auf Glykuronsäure.**

Löst man eine Spur Glykuronsäure in 0,5 ccm Wasser, gibt 2 Tropfen einer 15 %igen, alkoholischen α-Naphthollösung zu und schichtet die Mischung über Schwefelsäure, so entsteht eine smaragdgrüne Färbung, die beim Verdünnen mit Wasser in Blau bis Violett übergeht.

Ztschr. f. physiol. Chem. 1910. 65. 392, 67. 194.
Merck's Bericht 1910. 272.
Journ. de Pharm. et de Chim 1910. II. 276.
Mayerhofer, Ztschr. f. physiol. Chem. 70. 391.

**Goldstein's Reaktion auf Glykogen.**

Versetzt man eine Lösung von Glykogen mit Jodjodkaliumlösung (1 g Jod und 3 g Jodkalium in 60 ccm Wasser), so entsteht eine intensiv braune Färbung.

Verhandlgn. d. Phys. med. Ges. Würzburg 7. 1.
Ztschr. f. analyt. Chem. 20. 597.
Luchsinger, Dissertation, Zürich 1875.
Külz, Pflüger's Archiv 24. 91.
Braun, Ztschr. f. d. ges. Brauwesen 24. 397.
Bujard, Ztschr. f. Unters. Nahr.-Genußm. 4. 781.
Jensen, Ztschr. f. physiol. Chem. 35. 525.

**Golenkin's Reagens zum mikrochem. Nachweis des freien Jods in Pflanzenteilen**

ist Chinolinblau (Cyanin), das sich mit freiem Jod braun färbt.

Bull Soc. Impér. Naturalistes, Moskau 1894. No. 2.
Ztschr. f. wiss. Mikroskop. 1894. 533.

**Golgi's Reagenzien für mikroskop. Zwecke.**

1. a) Eine 1 %ige, wässerige Lösung von Arsensäure; b) eine 0,5 %ige, wässerige Lösung von Chlorgoldchlorkalium. Gebraucht zum Imprägnieren.

Behrens' Tabellen 1892. 93.
Enzyklop. d. mikroskop. Techn. 1903. 454.

2. a) Eine Lösung von 1,6 g Kaliumdichromat und 0,1 g Osmiumsäure in 90 ccm Wasser; b) eine 0,75 %ige, wässerige Silbernitratlösung.

Archivio per le scienze mediche 1879. 238.
Samassa, Ztschr. f. wiss. Mikroskop. 1890. 26.
Greppin, ebenda 1890. 66.
Fick, ebenda 1891. 168.

3. a) Wässerige Lösung von Kaliumdichromat 1—2,5 : 100; b) wässerige Lösung von Quecksilberchlorid 0,25—0,5 : 100. Gebraucht zum Imprägnieren.

Archivio per le scienze mediche **1878.** 3.
Enzyklop. d. mikroskop. Techn. 1903. 464 bis 497.
Eberth - Friedländer, Mikroskopische Techn. 1894. 247.
Kallius, ebenda 251 oder Anat. Hefte 1892. 269.

**Golgi**'s Osmiobichromlösung für mikroskopische Zwecke.

Starke Lösung = 1 g Osmiumsäure und 14 g Kaliumdichromat in 500 ccm Wasser; schwache Lösung = 1 g Osmiumsäure und 25 g Kaliumdichromat in 1100 ccm Wasser.

Archivio per le scienze mediche 1879. 237.

**Golla-Rolleston**'s Reaktion zur Unterscheidung von Methylenblau und Indigoblau.

Der zu prüfende Harn wird mit Chloroform ausgeschüttelt, dieses verdunstet und der Rückstand mit etwas Wasser erhitzt. Nach dem Verdunsten des Wassers erhitzt man weiter, wobei Indigo mit purpurroter, Methylenblau mit blaßgrüner Farbe sublimiert. Die wässerige Lösung von Indigo wird durch Kalilauge entfärbt und durch Säuren wieder gebläut. Methylenblau wird durch Alkali nicht entfärbt.

Brit. Med. Journ. 1912. I. 1064.

**Golodetz**' Reaktionen auf Cholesterin und Oxycholesterin.

Festes Cholesterin wird durch 1—2 Tropfen Formaldehyd-Schwefelsäure (5 T. konz. Schwefelsäure und 3 T. Formaldehyd) schwarz gefärbt. — Cholesterin liefert mit einigen Tropfen flüssiger Trichloressigsäure und 1 Tropfen Formaldehyd eine tiefblaue Farbenerscheinung. — Oxycholesterin wird durch Trichloressigsäure sofort grün gefärbt. Die Lösung zeigt ein Absorptionsspektrum im Rot.

Chem. Ztg. 1908. 160.
Merck's Bericht 1908. 225.

**Golodetz**' Reaktion auf Formaldehyd bezw. Benzoylsuperoxyd.

Beim Eintragen einiger Körnchen Benzoylsuperoxyd in konz. Schwefelsäure erhält man unter Verpuffung ein Gemisch, das sich auf Zusatz von Formaldehyd sofort blutrot färbt. Die Empfindlichkeitsgrenze für Formaldehyd liegt bei 0,04 %. Umgekehrt kann die Reaktion zum Nachweis von Benzoylsuperoxyd verwendet werden. Andere Benzoylverbindungen geben sie nicht.

Chem. Ztg. 1908. 245.
Nouv. remèdes 1908. 370.
Merck's Bericht 1908. 156.

**Gooch-Kreider**'s Reaktion auf Perchlorsäure im Chilisalpeter.

Nach Zersetzung der im Salpeter enthaltenen Salpetersäure mittels Salzsäure und Manganchlorür und Ausfällung des Mangans durch Natriumkarbonat wird das nitratfreie Gemenge mit Zinkchlorid geschmolzen und das bei Anwesenheit von Perchlorsäure entwickelte Chlor durch Jodkalium nachgewiesen. — Näheres siehe Ztschr. f. anorg. Chem. **7.** 13.

**Gooch-Kuzirian**'s Reagens zur Bestimmung von Karbonaten und Nitraten ist Natriumparawolframat, mit dem die zu prüfenden Salze geschmolzen werden. Aus der Gewichtsdifferenz wird die Kohlensäure bezw. Salpetersäure berechnet. Näheres siehe: Ztschr. f. anorgan. Chem. 1911. **71.** 323. — Merck's Bericht 1911. 372.

**Goodman - Suzanne**'s Reagens auf Eiweiß im Harn

ist eine Lösung von 1,5 g Phosphorsäure, 5 g Salzsäure in 93,5 g Alkohol (95 %).

Journ. Americ. Med. Assoc. **51.** No. 1.
Monatsh. f. prakt. Dermat. 1909. 68.

**Goppelsröder**'s Indikator für Alkalimetrie

ist eine wässerige Abkochung von Malvenblüten oder damit getränktes Papier.

Poggendorff's Annalen 1863. 61.
Chem. Zentralbl. 1863. 702.

**Goppelsroeder's** Reaktion auf Morin (Morinsäure).

Die alkoholische Lösung des Morins fluoresziert nicht; bringt man aber in diese Lösung etwas Aluminiumchlorid oder eine Lösung von Aluminiumsalzen (Alaun, Aluminiumacetat usw.) und schüttelt um, so entsteht eine intensive, grüne Fluoreszenz; Aluminiumhydroxyd bewirkt sie nicht. Näheres siehe: Ztschr. f. analyt. Chem. 1868. **7.** 195.

**Gordin**'s Reaktion auf Berberin.

10 ccm Berberinlösung versetzt man mit 2 ccm 10 %iger Natronlauge und erwärmt die Mischung, wenn sie sich trüben sollte, auf 50°. Fügt man dann 5 ccm Aceton zu, so bilden sich nach einiger Zeit Krystalle von Berberinaceton. Näheres siehe: Arch. f. Pharm. **240.** 146. — Bauer, Ztschr. d. allg. österr. Apoth. Ver. **62.** 355. — Ztschr. f. analyt. Chem. 1913. 716.

**Gordin**'s Reaktion auf Berberin in Drogen

beruht auf der Isolierung etwa vorhandenen Berberins in Gestalt von Berberinaceton. 5—20 g Droge werden mit Alkohol extrahiert, der Alkohol verdunstet, der Rückstand in 20—40 g Wasser gelöst, filtriert und etwas des Filtrates mit Jodkaliumlösung geprüft. Entsteht kein Niederschlag, so ist kein Berberin vorhanden. Andernfalls versetzt man 10 ccm des Filtrates mit 1—2 ccm Natronlauge, filtriert, erwärmt das Filtrat und stellt es nach Zusatz von 5 ccm Aceton kühl. Bei Gegenwart von Aceton entstehen Krystalle von Berberinaceton, die noch mittels Jodkaliums, Kaliumdichromats, Pikrinsäure oder Chlorwasser identifiziert werden können.

Arch. der Pharm. 1902. **240.** 146.

**Gordin's** Reaktion auf Calycanthin
siehe: Journ. Americ. Chem. Soc. 27. 144. 1418.
Chem. Zentralbl. 1905. I. 1029; 1906. I. 59.

**Gordon's** Reaktion auf Syphilis.
Man gibt 0,5 g Blutserum in ein Reagenzglas und läßt eine 1%ige wässerige Lösung von Quecksilberchlorid zutropfen. Liegt Syphilis vor, so entsteht auf der Oberfläche der Mischung nur ein weißlicher Schaum, außerdem entsteht eine Trübung und im Verlaufe von 5 Minuten ist die Flüssigkeit in eine dicke graue Masse verwandelt. Bei der Prüfung von Cerebrospinalflüssigkeit kennzeichnet sich die positive Reaktion durch eine sofortige Trübung, die negative Reaktion durch Klarbleiben der Mischung.
New York Med. Journ. 1915. No. 8.
Münchener med. Woch. 1915. 716.

**Gordon-Sharp's** Reaktion auf Strophanthus.
Man erwärmt den zerschnittenen Samen mit verdünnter Schwefelsäure vom spezifischen Gewicht 1,094 (= 14 %) vorsichtig über einer Flamme. Echter Strophanthus-Samen färbt die Flüssigkeit allmählich grün, dann rot und zuletzt schwarz.
Pharm. Journ. 1906. 258.
Apoth. Ztg. 1906. 918.

**Goris-Perrot's** Reaktion auf Colophonium in Tolubalsam.
5 g Tolubalsam behandelt man mit 30 ccm Schwefelkohlenstoff, verdampft die so erhaltene Lösung und löst den Rückstand in 10 ccm Petroläther. Versetzt man die filtrierte Lösung mit einer Lösung von Kupferacetat 1:1000, so entsteht bei Anwesenheit von Colophonium eine grüne Färbung. Empfindlichkeitsgrenze = 4 % Colophonium.
Répert de Pharm. 1909. 64.

**Gorter's** Reaktion auf Chlorogeninsäure.
Bei der Zersetzung der Chlorogeninsäure durch starke Mineralsäuren bildet sich unter Entwickelung von Kohlenoxyd ein Körper, der mit Eisenchlorid eine violette Färbung liefert. Die Reaktion gelingt noch mit 2 mg Chlorogeninsäure.
Schweiz. Woch. Chem. Pharm. 1910. 480.
Répert de Pharm. 1911. 273.
Pharm. Zentrh. 1911. 194.

**Gorter-de Graaf's** Reaktion auf Indol
ist eine Modifikation von Herter-Fosters Reaktion. — Näheres siehe: Pharm. Weekblad 1908. No. 28. — Merck's Bericht 1908. 254.

**Gorup-Besanez'** Reaktion auf Peptone.
(Eine Biuretreaktion.) Zu dieser Reaktion ist eine wässerige Kupfersulfatlösung nötig, die so verdünnt ist, daß man ihre Blaufärbung nur in einer Schicht von 15—20 cm Höhe erkennen kann. Versetzt man mit dieser Kupferlösung eine alkalische Peptonlösung, so färbt sich letztere deutlich blaßrot.
Berl. Ber. 8. 1511.
Ztschr. f. analyt. Chem. 15. 468.

**Gorup-Besanez'** Reaktion auf Phenol und Kreosot
ist identisch mit Frisch's Reaktion.

**Gosio's** Reagens zur Prüfung von Serum auf Keimfreiheit
ist Kaliumtellurit. — Näheres siehe Ztschr. f. Hygiene u. Infekt. 51. 65. — Merck's Bericht 1905. 12. — Chem. Zentralbl. 1904. II. 175 u. 289; 1905. II. 922; 1906. I. 68. — Gloger, Zentralbl. f. Bakteriol. 40. I. 600. — Chem. Zentralbl. 1906. II. 63.

**Gothard's** Differenzierungsflüssigkeit für mikroskop. Zwecke
ist eine Mischung von 44 ccm Cajeputöl, 50 ccm Xylol, 50 ccm Kreosot und 160 ccm Alkohol.
Ztschr. f. wiss. Mikroskop. 1899. 60.

**Gotthelf's** Reaktion auf Arsen
ist eine Modifikation von Gutzeit's Reaktion.
Pharm. Zentrh. 1903. 914.
Journ. Soc. Chem. Ind. 22. 191.
Chem. Zentralbl. 1903. I. 1044.

**Gouver's** Reagens auf Eiweiß
ist eine wässerige Lösung von Jodkalium-Quecksilbercyanid. Es gibt mit Eiweißlösungen eine weiße Fällung.
Merck's Index 1902. 262.
Enzyklop. d. gesamt. Pharm. 1888. IV. 716.

**Gower's** Reagens für mikroskop. Zwecke
ist eine Lösung von Natriumsulfat (D = 1,025) oder eine Lösung von 6,3 g Natriumsulfat und 3,6 g Eisessig in 120 g Wasser. Gebraucht zum Verdünnen von Blut behufs Zählung von Blutkörperchen.
Eberth-Friedländer, Mikroskop. Techn. 1894. 282.

**de Graaff's** Reagens auf Milchzucker.
Als Reagens benutzt der Autor die aus Diphenylhydrazinchlorhydrat gewonnene freie Base. Das salzsaure Diphenylhydrazin $(C_6H_5)_2$ N.$NH_2$. H Cl ist ein weißes, krystallinisches Pulver, das sich in Wasser leicht auflöst. Aus dieser Lösung läßt sich nach Zugabe von Natronlauge die freie Base isolieren, die beim Schütteln mit Äther in letzteren übergeht. Bei Verdunsten des Äthers restiert nach Angabe des Autors ein braunviolettes Öl, von dem man einen Tropfen mit einigen Milligrammen Laktose und 2—3 Tropfen Eisessig zum Sieden erhitzt. Hierbei geht die violette Farbe in Gelbrot, Braunrot und Dunkelschwarzgrün über. Sobald letzteres eingetreten ist, gibt man einige ccm verdünnten Weingeist zu, wodurch man eine charakteristisch grün gefärbte Lösung erhält. Diese Reaktion tritt auch mit Mischungen von Laktose und anderen Zuckerarten ein.
Pharm. Weekblad 1905. 685.
Merck's Bericht 1905. 67.
Chem. Zentralbl. 1905. II. 991.

**Graf-Röhmer's** Karzinomprobe
ist identisch mit Wallin's Karzinomprobe (siehe diese!).

**Gräber's** Reagens für mikroskop. Zwecke
ist eine 5 %ige, wässerige Lösung von Magnesiumsulfat. Gebraucht wie Gowers Reagens (siehe dieses!).

**Gradle's** Reagens zum Färben mikroskop. Präparate.
a) Eine Lösung von 0,5 g Methylenblau und 0,5 g Kaliumkarbonat in 50 ccm Wasser, b) eine Lösung von 1 g Kaliumcyanid in 50 ccm Wasser, c) eine Lösung von 0,5 g Kaliumjodid in 50 ccm Wasser. Gebraucht zur Spirochaetenfärbung.
Journ. Americ. Med. Assoc. 1908. No. 16.
Deutsche med. Woch. 1908. 888.

**Graf's** Reagenzien zum Fixieren mikroskop. Präparate.
1. Gleiche Volumina gesättigter, wässeriger Pikrinsäurelösung und 5 %igen Formaldehyds;
2. dieselbe Mischung mit 10 %igem Formaldehyd;
3. dieselbe Mischung mit 15 %igem Formaldehyd;
4. eine Mischung von 5 Volumen Formaldehyd (40 %) mit 95 Volumen gesättigter, wässeriger Pikrinsäurelösung;
5. dieselbe Mischung im Verhältnis 10 + 90.

Zentralbl. f. allg. Pathol. 1898. 246.
New-York St. Hospit. Bull. 1897. 550.
Jena. Ztschr. f. Naturw. 1893.

**Gräfe's** Reaktion auf Ceresin im Paraffin.
1 g Paraffin löst man bei 20 ° C. in 10 ccm Schwefelkohlenstoff. Ist mehr als 10 % Ceresin vorhanden, so ist die Lösung (bei 20 ° C.) nicht klar, sondern es bleibt eine seidenartig schimmernde Trübung. Von dieser Lösung versetzt man 1 ccm (bei 20 ° C.) mit einer Mischung von 5 ccm Äther und 5 ccm Alkohol (96 %). Reines Paraffin (bis zum Schmp. 54 ° C.) zeigt hierbei keine Trübung, wohl aber solches, das Ceresin enthält.
Chem. Ztg. 1903. 248. 408.
Apoth. Ztg. 1903. 713.
Chem. Zentralbl. 1903. I. 936. 1278.

**Grafe's** Reagens auf Formaldehyd
ist eine Lösung von Diphenylamin in konzentr. Schwefelsäure (1:100). Überschichtet man das Reagens mit Formaldehydlösung, so entsteht ein grüner Ring. Beim Schütteln bildet sich ein grüner Niederschlag.
Ztschr. f. angew. Mikroskop. 1907. 275.
Südd. Apoth. Ztg. 1907. 353.

**Grafe's** Reagens auf Holzsubstanz.
Holzsubstanz wird nach Befeuchten mit Vanillinlösung, Isobutylalkohol (30 Teile) und konzentr. Schwefelsäure (15 Teile) blau bis blaugrün. Die Flüssigkeit selbst wird rotviolett. Auch Isobutylaldehyd läßt sich verwenden. Näheres siehe: Österreich. botan. Ztschr. 1905. 174. — Ztschr. f. wiss. Mikroskop. 1906. 581.

**Gräger's** Reagens auf Glukose.
a) Eine Lösung, die 27,712 g Kupfersulfat in 100 ccm enthält. 1 ccm = 0,04 g Glukose.
b) Eine Lösung, die 6 g Ätznatron und 10 g Seignettesalz in 100 ccm enthält.
Neues Jahrb. d. Pharm. 29. 193.
Ztschr. f. analyt. Chem. 7. 490.

**Grahe's** Reaktion zur Prüfung der Chinarinde.
Echte Chinarinden, welche Chinin, Cinchonin und deren Isomere enthalten, geben beim Erhitzen im Reagenzglase carminrote Dämpfe; Rinden, welche die genannten Alkaloide nicht enthalten, geben braune Dämpfe.
Chem. Zentralbl. 1858. 97.
H a g e r, Pharm. Prax. Erg.-Bd. 1883. 266.
Apoth. Ztg. 1898. 811.
Enzyklop. d. ges. Pharm. 1887. III. 23.
B a t k a, Chem. Zentralbl. 1859. 865.

**Gram's** Reagens zur Bakterienfärbung.
a) Man schüttelt 10 Tropfen Anilin mit 10 ccm Wasser, filtriert und gibt 4 Tropfen gesättigte, alkoholische Gentianaviolettlösung zu.
b) Man löst 1 g Jod und 2 g Jodkalium in 5 ccm Wasser und verdünnt mit Wasser auf 300 ccm.
Brit. Med. Journ. 1884. 486.
Fortschr. d. Medizin 1884. Nr. 6.
G ü n t h e r, Deutsche med. Woch. 1887.
K ü h n e, Nachw. d. Bakterien 1888. 38. 39.
B e h r e n s' Tabellen 1892. 121.
E b e r t h - F r i e d l ä n d e r, Mikroskop. Techn. 1894. 186.
Enzyklop. d. mikroskop. Techn. 1903. 502.
L o e f f l e r, Deutsche med. Woch. 1906. 1243.
J e n s e n, Berl. klin. Woch. 1912. 1663.

Nach Hausmann ist das Anilinwasser überflüssig, es macht das Reagens nur wenig haltbar. Man erreicht dasselbe mit der 1 %igen wässerigen Lösung des käuflichen Gentianaviolетts. Man lege auf das Deckglas oder auf den Objektträger ein Stück Filtrierpapier von der Größe des Deckglases und gieße die Lösung darauf. In der gewohnten Zeit ist die Färbung beendet. Das Filtrierpapier hält alle Niederschläge zurück.
H a u s m a n n, Berl. klin. Woch. 1913. 1021.

**Gramenitzky's** Reaktion.
Stärkeaufguß und Tuberkelbazillenhüllen werden bei gewöhnlicher Temperatur durch Wasserstoffsuperoxyd unter der katalytischen Einwirkung von ammoniakalischer Kupfersulfatlösung oxydiert bzw. hydratisiert und gelöst. Näheres siehe: Petersbg. med. Woch. 1913. 147.

**Grandeau's** Reaktion auf Alkaloide und Digitalin.
In konzentr. Schwefelsäure gelöst, geben verschiedene Alkaloide mit Bromwasser Farbenreaktionen. Digitalin bewirkt eine rosarote bis violette Färbung.
Compt. rend. 1864. 1050.
Chem. Zentralbl. 1864. 856.

Ztschr. f. analyt. Chem. 3. 254.
Otto, Ausmittelg. d. Gifte. 1875. 61.
Binz, Chem. Ztg. 1904. Rep. 157.
Ztschr. f. analyt. Chem. 1906. 144.

**Grandmougin's** Ligninreaktionen.

Der Autor hat eine große Anzahl von Aminen und Phenolen zur Ausführung der Reaktion nach dem Bergé'schen Verfahren benutzt und seine Resultate tabellarisch zusammengestellt. (Vergl. Bergé's Reagens.) Näheres siehe: Ztschr. f. Farb.- u. Textilchemie. 1906. 321. — Chem. Zentralbl. 1906. II. 1780. — Ztschr. f. angew. Chem. 1907. 966.

**Grandmougin-Havas'** Reagens zur Bestimmung von Anilinfarbstoffen ist eine Lösung von 3 g Natriumhydrosulfit und 5 ccm Natronlauge in 1 Liter aufgekochten und wieder erkalteten Wassers. Näheres siehe: Chem. Ztg. 1912. 1168.

**Grandmougin-Walder's** Reaktion auf Methylengrün neben Methylenblau bezw. auf Methylenblau in Methylengrün.

Die wässerige Lösung des Methylengrüns versetzt man mit Ammoniakflüssigkeit. Methylengrün entfärbt sich unter Bildung eines feinen braunen Niederschlages, während sich Methylenblau auch bei längerem Stehen wenig oder gar nicht entfärbt. Rascher wirkt Natronlauge.

Ztschr. f. Farbenindustrie 1906. 285.
Chem. Zentralbl. 1906. II. 1012.

**Grandval-Lajoux'** Reaktion auf Salpetersäure im Wasser.

Der Trockenrückstand von 100 ccm Wasser wird mit 10 Tropfen einer Mischung von 7,5 g Phenol und 92,5 g konzentr. Schwefelsäure versetzt. Das Reaktionsprodukt in Wasser und Ammoniak gelöst, hat bei Anwesenheit von Salpetersäure eine gelbe Farbe (Pikrinsäure).

Compt. rend. 101. 62.
The Analyst 1885. 19.
Chem. Zentralbl. 1885. 694.

Diese Reaktion kann auch zur quantitativen Bestimmung auf kolorimetrischem Wege verwendet werden, wenn man sich zum Vergleiche einer Nitratlösung von bestimmtem Gehalt bedient.

Pouget, Chem. Zentralbl. 1910. II. 496.

**Grandval-Valser's** Reaktion auf Sparteïn

beruht auf einer orangeroten Färbung mit Schwefelammon.

Journ. de Pharm. et de Chim. (5) 14. 65.
Chem. Ztg. 10. 182.

**Graser's** Reagens zum Färben mikroskop. Präparate.

Siehe: Bizzozero's Reagens I (Methylviolettlösung).

Ztschr. f. wiss. Mikroskop. 1888. 378.
Behrens' Tabellen 1892. 112.
Enzyklop. d. mikroskop. Techn. 1903. 831.

**Grassini's** Reagens auf Alkohole in Äthern und Essenzen

ist eine Mischung gleicher Volumteile 5 %iger Cobaltchlorürlösung und Rhodankaliumlösung. Läßt man zu diesem Reagens etwas von der zu prüfenden Flüssigkeit unter leichtem Schütteln zufließen, so färbt sich die obere Schicht bei Anwesenheit von Methyl-, Äthyl-, Amyl- und Isobutylalkohol nach einigem Stehen blau.

L'Orosi 23. 224.
Chem. Zentralbl. 1900. II. 821.
Ztschr. d. öst. Apoth. Ver. 55. 837.

**Graves'** Reagens auf Ammoniak.

Man mischt 50 ccm gesättigte Quecksilberchloridlösung mit 35 ccm gesättigter Lithiumkarbonatlösung und gibt 15 g Chlornatrium zu. In ammoniakhaltigem Wasser erzeugt das Reagens eine weiße Trübung oder einen weißen Niederschlag.

Journ. Americ. Chem. Soc. 1915. 1171.
Pharm. Weekblad 1916. 299.
Apoth. Ztg. 1916. 158.

**Graziani's** Reagens auf Indikan im Harn

ist eine Mischung von 2 Tropfen Eisenchloridlösung (Ph. G. V.) mit 50 ccm konz. Schwefelsäure. Läßt man hiervon 2—3 ccm zu 10 ccm Harn vorsichtig zufließen, so entsteht bei Gegenwart von Indikan eine kirschrote — violette — blaue Färbung bzw. ein so gefärbter Ring.

Maly's Tierchemie 28. 276.
Chem. Zentralbl. 1901. II. 1181.

**Greeff's** Reaktion auf Blut im Harn.

Der zu untersuchende Urin (etwa 2 ccm) wird in einem Reagenzglase rasch zum Sieden erhitzt. Hierauf wird er recht langsam über die Wände eines Filters von bestem Filtrierpapier gegossen. Auf dieses so befeuchtete Papier läßt man die zuvor frisch bereitete Benzidinlösung (etwa 3 ccm), der man 3—5 Tropfen Eisessig und etwa 1 ccm Wasserstoffsuperoxyd zusetzte, ebenfalls langsam fließen. Bei Gegenwart von Blut färbt sich das Papier blau.

Med. Klinik 1910. 1786.
Merck's Bericht 1910. 128.

**Greittherr's** Reaktion auf Cocaïn.

Man mischt 10 Tropfen wässerige Lösung von Cocaïnhydrochlorid (1 : 100) mit 5 ccm Chlorwasser und gibt tropfenweise 5 %ige Palladiumchlorürlösung zu. Es entsteht ein roter Niederschlag, der sich in Natriumthiosulfat löst, in Alkohol und Äther unlöslich ist.

Pharm. Ztg. 1889. 617.
Jahresber. f. Pharm. 1889. 401.

**Grenacher's** Reagenzien zum Färben mikroskop. Präparate.

1. Alauncarmin ist eine Lösung von 1 g Carmin und 5 g Alaun in 100 ccm Wasser. (Zur Haltbarmachung kann dieser Lösung etwas Carbolsäure zugesetzt werden.) Das Reagens dient als Kernfärbemittel und zur Tinktion von Muskelgewebe.

Arch. f. mikroskop. Anat. 1879. 465.
Strasburger, Kl. Botan. Prakt. 1893. 219.
Behrens' Tabellen 1892. 97. 112.
Eberth-Friedländer, Mikroskop. Techn. 1894. 110.
Enzyklop. d. mikroskop. Techn. 1903. 637.
Köppen, Ztschr. f. wiss. Mikroskop. 1890. 25.

2. Purpurin-Glycerin ist eine Lösung von zirka 1 g Trioxyanthrachinon und 1 g Kalialaun in 50 ccm Glycerin. Gebraucht zur Kernfärbung.
Arch. f. mikroskop. Anat. 1879. 470.
Enzyklop. d. mikroskop. Techn. 1903. 1174.

**Grenacher's** Alaun-Hämatoxylin zur Zellkernfärbung.

Man mischt 10 ccm gesättigte, alkoholische Hämatoxylinlösung mit 375 ccm gesättigter, wässeriger Alaunlösung, läßt 8 Tage am Licht stehen, filtriert und gibt 55 ccm Glycerin und 60 ccm Methylalkohol zu.

Vergl. Delafield's Reagens.

**Grenacher's** wässeriger Boraxcarmin (neutral) ist eine (eventuell mit Essigsäure versetzte) wässerige Lösung von 0,5 g Carmin und 2 g Borax in 100 ccm Wasser. Anderes Verhältnis: 2 g Carmin, 8 g Borax und 130 ccm Wasser. Gebraucht zur Kernfärbung etc.
Behrens' Tabellen 1892. 98.

**Grenacher's** alkoholischer Boraxcarmin ist eine wässerige Lösung von 2 g Carmin und 4 g Borax in 100 ccm Wasser, der 100 ccm verdünnter Spiritus (D. = 0,890) zugegeben ist. Es wird zur Kernfärbung gebraucht.
Arch. f. mikroskop. Anat. 1879. 466.
Strasburger, Kl. Botan. Prakt. 1893. 219.
Behrens' Tabellen 1892. 98.
Enzyklop. d. mikroskop. Techn. 1903. 638. 639.

**Grenacher's** Carmin-Salzsäure ist eine Lösung von 1 g Carmin in 100 ccm verdünntem Spiritus (D. = 0,890), die mit 1—2 ccm Salzsäure angesäuert ist. Gebraucht zu Kerntinktionen.
Arch. f. mikroskop. Anat. 1879. 468.
Behrens' Tabellen 1892. 101.
Enzyklop. d. mikroskop. Techn. 1903. 639.

**Greshoff's** Reaktion auf Jodoform beruht auf der Zersetzung des Jodoforms durch 10 %ige Silbernitratlösung unter Bildung von Jodsilber. Die Reaktion dient zur quantitativen Bestimmung des Jodoforms.
Chem. Ztg. **12**. Rep. 321.
Ztschr. f. analyt. Chem. **29**. 209.
Lunge, Chem. Techn. Unters.-Meth. 1905. III. 828.

**Grewing's** Reaktion auf Kaliumdichromat in Milch.

10 ccm Milch versetzt man mit einer 3%igen, wässerigen Anilinlösung und unterschichtet die Mischung mit konzentr. Schwefelsäure. Bei Anwesenheit von $K_2Cr_2O_7$ entsteht nach kurzer Zeit eine blaue Zone mit violetter Unterzone.
Ztschr. Nahr.-, Genußm. 1913. **26**. 267.
Chem. Zentralbl. 1913. II. 1706.

**Grieb's** Alauncarmin.

Man kocht 0,2 g Carmin 5 Minuten lang mit einer 6 %igen, wässerigen Alaunlösung, gibt 20 g Alkohol zu und läßt die Mischung noch einige Minuten im gelinden Sieden. Nach 3 tägigem Stehen filtriert man die Lösung.
Ztschr. f. wiss. Mikroskop. 1890. 47.

**Griebel's** Reaktion auf Papua-Macis.

Man stellt mit reiner Bandamacis und mit der zu prüfenden Macis den gleichen Versuch an: 0,1 g Macis schüttelt man mit 10 ccm Petroläther 1 Minute lang, filtriert, mischt 2 ccm des Filtrats mit 2 ccm Eisessig und unterschichtet mit Schwefelsäure. Bei der reinen Bandamacis entsteht ein gelber Ring, bei Anwesenheit von Papuamacis eine rötliche Färbung, die aber nur dann beweisend ist, wenn sie längstens nach 2 Minuten sichtbar ist.
Ztschr. Unters. Nahr. Gen.-Mittel 1909. **10**. 205.

**Griebel's** Reaktion auf Muira Puama.

Man befreit 1 ccm Extractum fluid. Muirae Puamae vom Alkohol, extrahiert mit Äther, engt diesen ein und setzt einige Tropfen konzentr. Schwefelsäure zu. Es entsteht eine schöne grüne Fluoreszenz. Näheres siehe: Ztschr. d. allg. österr. Apoth. Ver. 1913. — Südd. Apoth. Ztg. 1913. 602.

**Griesbach's** Reagens zum Färben mikroskop. Präparate ist eine Lösung von 1 g Jodgrün (Merck's Index 1910. 40.) in 350 ccm Wasser. Gebraucht zur Schnittfärbung. Zur Kernfärbung ist vom Autor Croceïn 3 B, für Alkoholpräparate eine konzentr., wässerige Lösung von Echtgelb (Säuregelb) empfohlen worden.
Zoolog. Anzg. 1882. 137.
Arch. f. mikroskop. Anat. 1883. 132.
Schaffer, Ztschr. f. wiss. Mikroskop. 1888. 1.
Zimmermann, Ztschr. f. wiss. Mikroskop. 1895. 463.
Behrens' Tabellen 1892. 111.

**Griess'** Reaktionen sind für die Synthese wichtige Reaktionen:

Sie dienen zum Austausch von Nitro- resp. Amidogruppen gegen Hydroxyl, Wasserstoff, Halogene und Cyan.

Siehe: Lehrbücher der Chemie.

**Griess'** Reagens I auf salpetrige Säure.

Eine Lösung von 5 g Metaphenylendiamin (Metadiamidobenzol) in 1000 ccm Wasser und so viel Schwefelsäure, daß die Lösung sauer reagiert, gibt mit farblosen Flüssigkeiten eine bräunlichgelbe Färbung, wenn dieselben Spuren

von salpetriger Säure oder von Nitriten enthalten.
Berl. Ber. **11.** 624 oder
Ztschr. f. analyt. Chem. **17.** 369; **18.** 127.
Früher hatte der Autor zu gleichem Zwecke die Diamidobenzoësäure empfohlen, die aber nicht so empfindlich sein soll.
Ztschr. f. analyt. Chem. **10.** 92.
Leeds, ebenda **18.** 535.
Preuße-Tiemann, Berl. Ber. **11.** 627.

**Griess'** Reagens II auf salpetrige Säure.

Versetzt man eine Flüssigkeit, z. B. Trinkwasser, das Spuren salpetriger Säure enthält, mit Schwefelsäure und Sulfanilsäurelösung und etwa zehn Minuten später mit farbloser α-Naphthylaminsulfatlösung, so entsteht nach kurzer Zeit eine Rotfärbung. Die Empfindlichkeit dieser Reaktion ist größer als die der Reaktion I. (0,000 032 g in 100 ccm.)
Berl. Ber. **12.** 427.
Jolles, Ztschr. f. analyt. Chem. **32.** 763.
Lunge, Ztschr. f. angew. Chem. 1889. 666.
Wurster, Chem. Ztg. 1887. Rep. 22.
Gill-Richardsohn, ebenda 1896. Rep. 37.

**Griess'** Reagens auf Fäkalien im Wasser
ist eine mit Natronlauge schwach alkalisch gemachte Lösung von 1 g p-Diazobenzolsulfosäure in 100 ccm Wasser. Versetzt man 100 ccm des zu prüfenden Wassers mit einigen Tropfen Reagens, so entsteht bei Anwesenheit von tierischen Auswurfstoffen sofort oder nach längstens 5 Minuten eine gelbe Färbung. Näheres siehe: Berl. Ber. **21.** 1830. — Chem. Ztg. 1888. 188. — Chem. Zentralbl. 1888. 952.

**Griess-Ilosvay's** Reagens auf salpetrige Säure
ist eine Modifikation von Griess' Reaktion II unter Verwendung von Sulfanilsäure, Naphthylamin und Essigsäure.
Bull. Soc. Chim. Paris 1889. 317.
Berl. Ber. 1879. 427.

**Griessmayer's** Reaktion auf Gerbsäure (oder Alkalien).

Versetzt man eine gerbsäurehaltige, wässerige Flüssigkeit mit so viel 1/100 Normal-Jodlösung, daß nach dem Umschütteln noch Entfärbung eintritt, so genügt eine minimale Menge Alkali, sogar schwach alkalisches Brunnenwasser, um die Flüssigkeit brillant rot zu färben. Diese Reaktion läßt sich umgekehrt zum Nachweis sehr schwach alkalischer Flüssigkeiten benützen.
Ztschr. f. analyt. Chem. **11.** 43.
Chem. Zentralbl. 1872. 392.
Ruoß, Ztschr. f. analyt. Chem. **41.** 732.

**Grigaut's** Reaktion auf Urobilin und Bilirubin in Faeces.

Man verrührt die zu untersuchenden Faeces mit kochendem Wasser und gibt Salzsäure und stark verdünnte Eisenchloridlösung zu. Bei Anwesenheit von Urobilin entsteht eine rote bis rotbraune Färbung, während Bilirubin eine grüne Färbung verursacht.
Revue intern. de méd. et de chir. 1913. 133.
Merck's Bericht 1913. 438.

**Grigg's** Reagens auf Eiweiß
ist eine wässerige Lösung von Metaphosphorsäure. Das Reagens gibt mit eiweißhaltigen Flüssigkeiten einen weißen Niederschlag.
Brit. Med. Journ. 1880. 809.
Vergl. Hindenlang's u. Bruylant's Reagens.

**Griggi's** Reaktion auf Curcuma in Rhabarber.

1 g Rhabarberpulver mischt man im Mörser mit 0,1 g fein gepulverter Borsäure und erwärmt diese Mischung, mit 9,6 g verdünnter Schwefelsäure befeuchtet, in einer Porzellanschale auf dem Drahtnetze unter Umrühren mit einem Glasstabe. Bei Anwesenheit von Curcuma entsteht allmählich eine purpurrote Färbung (Rosacyanin), die nach dem Erkalten auf Zusatz von Ammoniak anfangs in Blau, dann in Grau übergeht.
Bollet. Chim. Farm. 1903. 545.
Ztschr. d. öst. Apoth. Ver. 1903. 1072.
Apoth. Ztg. 1903. 723.
Pharm. Ztg. 1903. 842.
Chem. Zentralbl. 1903. II. 969.

**Griggi's** Reaktion auf Eisen in Kupfersulfat.

Überschichtet man eine 20 %ige, wässerige Kupfersulfatlösung in einem Reagenzglase mit einer Lösung von Salicylsäure in Äther (1:10), so entsteht bei Anwesenheit von Eisen an der Berührungsfläche ein violetter Ring.
Ztschr. d. öst. Apoth. Ver. **47.** 863.
Ztschr. f. analyt. Chem. **34.** 450.
Bollet. Chim. Farm. **32.** 549.
Chem. Ztg. **17.** Rep. 275.
Chem. Zentralbl. 1893. II. 1032.

**Griggi's** Reaktion auf Eisentartrat und Eisencitrat.

Man löst einige Schüppchen der betreffenden Substanz in 5 ccm Wasser und gibt diese Lösung in 5 ccm einer 0,5 %igen Natriumsalicylatlösung. Eisencitrat gibt sofort eine granatrote Färbung, Eisentartrat gibt kaum eine Farbenänderung oder doch erst nach einiger Zeit. (?)
Bollet. Chim. Farm. 1900. 227.
Ztschr. f. analyt. Chem. 1904. 265.

**Griggi's** Reaktion auf Gallussäure.

Eine 1 %ige Lösung von Gallussäure gibt mit einer Cyankaliumlösung (1 : 30) beim Umschütteln eine hellrubinrote Färbung, die beim Stehen verschwindet und beim Schütteln wieder erscheint.
Boll. Chim. Farm. **38**, Chem. Zentralbl. 1899. I. 454.
Vergl. Rawson's und Young's Reaktionen.

**Griggi's** Indikator - Reagens für Fehling'sche Lösung.

(Formaldoximlösung.) Man löst 6,95 g salzsaures Hydroxylamin in kaltem Wasser und gibt eine Lösung von 5,6 g Ätzkali und 7,25 ccm Formaldehyd (40 %) zu. Mit Wasser ergänzt man auf 100 ccm. Dieser Indikator dient zur Glukosebestimmung mit Fehling-scher Lösung.

Vergl. Bach's Reagens auf Kupfer.
Bollet. Chim. Farm. **43.** 565.
Chem. Zentralbl. 1904. II. 1169.
Ztschr. f. analyt. Chem. 1906. 123.

**Griggi**'s Reaktion auf Mineralsäuren im Essig.

Man löst 25 g Fuchsin in 100 ccm 90 %igem Alkohol. 1 ccm des zu prüfenden Essig's verteilt man in einer flachen Porzellanschale und gibt einen Tropfen Reagens zu. Wenn Mineralsäuren vorhanden sind, so wird die Mischung schmutzig gelb, wenn der Essig rein ist, bleibt die rote Farbe des Fuchsins bestehen.

Chem. Ztg. **17.** Rep. 276.
Chem. Zentralbl. 1893. II. 1033.

**Griggi**'s Reaktion auf Salicylsäure im Salol.

Man löst 0,1 g Salol in 10 ccm Äther und schichtet diese Lösung über eine wässerige Eisenchloridlösung. Bei Anwesenheit freier Salicylsäure entsteht ein violetter Ring.

Ztschr. d. öst. Apoth. Ver. **49.** 824.
Bollet. Chim. Farm. 1895. 484.
Chem. Zentralbl. 1895. II. 948.
Pharm. Zentrh. **36.** 595.

**Grignard**'s Reaktion

nennt man die Reaktion zwischen organischen Haloidverbindungen und Magnesium in ätherischer Lösung. (Dieselbe ist von großer Bedeutung für die Synthese.)

Compt. rend. 1900. 1322; 1901. 336. 558. 560.
Annal. de Chim. et de Phys. 1901. 437.

**Grigoriew**'s Reagenzien zur Blutuntersuchung.

1. a) Eine Lösung von 12 g Ätzkali und 40 g Seignettesalz in 100 ccm Wasser; b) eine Lösung von 1,5 g Ätzkali und 1 g Seignettesalz in 2 ccm Wasser.

2. Eine Lösung von 1 g Natriumkarbonat in 5 ccm Wasser und 95 g Alkohol.

Die Reagenzien dienen zur Lösung von Blutflecken behufs spektroskopischer Untersuchung.

Russkij Wratsch 1907, No. 41.
Deutsche Med. Ztg. 1908. 188.

**Grimaldi**'s Reaktion auf Harzessenz (Pinolin).

Erwärmt man Pinolin im Wasserbade mit Zinn und konzentr. Salzsäure, so färbt sich die Mischung grün. Mit Halphen's Reagens liefert Pinolin eine gelbe Färbung.

Chem. Ztg. 1907. 1145.
Pharm. Zentrh. 1908. 472.

**Grimaldi**'s Reagens auf Verfälschungen des Pfeffers

ist eine Mischung von 1—2 Tropfen Thiophen, 20—30 Tropfen Alkohol und 20—30 Tropfen konzentr. Schwefelsäure. Echtes Pfefferpulver färbt sich damit nur gelblich, solches, das mit Weizenmehl, Olivenkernen und Paprika verfälscht ist, dagegen grün (infolge vorhandener Holzfasern).

Ztschr. f. Unters. Nahr.-Genußm. 1902. 370.
Chem. Zentralbl. 1906. II. 565.

**Grimaldi**'s Reaktion auf Terpentinöl, Kienöl und Terpentinessenz.

Terpentinöl gibt bei 48stündigem Schütteln mit einer wässerigen Lösung von Mercuriacetat (1 : 4) nach Zusatz von Salpetersäure eine klare Lösung, während Kienöl und Terpentinessenz eine trübe Lösung liefern, aus der sich ein flockiger Niederschlag abscheidet.

Chem. Ztg. 1911. 52.
Apoth. Ztg. 1911. 67.
Chem. Zentralbl. 1911. I. 691.

**Grimaux**' Reaktion auf Morphin.

In Eisessig gelöstes Morphin bewirkt nach Zusatz von Methylenacetochlorhydrin und konzentr. Schwefelsäure eine Rosafärbung der Lösung, die nach einigen Minuten in die Farbe einer konzentr. Kaliumpermanganatlösung übergeht. Wasser bringt die Farbe zum Verschwinden.

Compt. rend. **93.** 217.
Ztschr. f. analyt. Chem. **22.** 267.
Chem. Zentralbl. 1881. 662.

**Grimaux**' Reagens auf Nitrate

ist eine Lösung von Nitrochinetol in Wasser, mit Schwefelsäure angesäuert. Das Reagens gibt mit Salpetersäure (Nitraten) sofort einen Niederschlag von Nitrochinetolnitrat.

Compt. rend. **121.** 749.
Répert. de Pharm. 1899. 537.
Chem. Zentralbl. 1896. I. 109.
Pharm. Zentrh. 1900. 163.

**Grimbert**'s Reaktionen auf Eiweiß im Harn

siehe: Journ. de pharm. d'Anvers 1912, No. 13. — Pharm. Ztg. 1912. 644.

**Grimbert**'s Reaktion auf Gallenfarbstoffe.

Man fällt 10 Teile Harn mit 5 Teilen Baryumchloridlösung, sammelt den Niederschlag und suspendiert ihn in 4 Teilen Alkohol, der 5 % Salzsäure enthält. Die Mischung erwärmt man 1—2 Minuten lang auf dem Wasserbade. Entsteht Grünfärbung, so sind Gallenfarbstoffe vorhanden. Bei Braunfärbung bewirkt ein Zusatz von Wasserstoffsuperoxyd die grüne Reaktion. Bei Abwesenheit von Gallenfarbstoffen tritt keine Färbung ein.

Journ. de Pharm. et de Chim. 1905. 487.
Pharm. Ztg. 1906. 119.
Pharm. Journ. 1906. 31.
Annal. de Pharm. 1906. 505.
L'Union pharm. 1905. 481.
Chem. Zentralbl. 1906. I. 199.
Med. Klinik 1906. 286.

**Grimbert**'s Reagens auf Magnesium

siehe: Schlagdenhauffen's Reagens auf Mg.

**Grimbert**'s Reaktion auf Maltose in Glukose

siehe: Chem. Ztg. 1903. Rep. 112.
Pharm. Zentrh. 1903. 436.
Journ. de Pharm. et de Chim. (6) **17.** 225.
Chem. Zentralbl. 1903. I. 897.

**Grimbert**'s Reaktion auf Urobilin

ist eine Modifikation von Nencki-Sieber's Reaktion (Fluoreszenz mit Zinkacetat).

Journ. de Pharm. et de Chim. 1904. I. 425.
Ztschr. f. angew. Mikroskop. 1904. 105.
Chem. Zentralbl. 1904. I. 1623.

**Grimbert-Dufau's** Reagenzien zur Differenzierung von Eiweiß und Schleim im Harn sind:

1. Eine Lösung von 100 g Citronensäure in 75 g Wasser und 2. konzentr. Salpetersäure. Näheres siehe: Journ. de Pharm. et de Chim. 1906. 193. — Merck's Bericht 1906. 4. — Apoth. Ztg. 1906. 891. — Annal. de Pharm. 1906. 463. — Nouv. Remèd. 1907. 139.

**Grimbert-Leclère's** Reaktion auf Oxydimorphin.

Versetzt man eine 0,1 %ige neutrale Lösung von Oxydimorphin pro ccm mit 2 Tropfen Kaliumferricyanidlösung (1 %) und 2 Tropfen Natriumacetatlösung (genau neutralisiert, 10 %), so entsteht eine Trübung, die in verdünnten Säuren, Alkalien und Alkalikarbonaten, nicht aber in Alkalibikarbonaten löslich ist. Empfindlichkeitsgrenze = 1 : 20 000.
Journ. Pharm. Chim. (7) **10**. 425.
Apoth. Ztg. 1915. 183.
Chem. Zentralbl. 1915. I. 919.

**Grimme's** Reaktionen der gehärteten Waltrane siehe: Chem. Revue d. Fett- u. Harzindustrie **20**. 129, 155. — Chem. Zentralbl. 1913. II. 183, 998.

**Grimmer's** Peroxydasereaktion in der Milch benötigt zu ihrer Ausführung einer Lösung von 1 g Guajakol in 10 ccm Alkohol und 90 ccm Wasser und einer 0,1 %igen Aethylhydroperoxydlösung. Man versetzt einige ccm Milch mit 2 Tropfen Guajakollösung und 1—2 Tropfen Aethylhydroperoxydlösung. Rohe Milch färbt sich ziegelrot, gekochte Milch bleibt ungefärbt. — Zur Herstellung von Aethylhydroperoxyd werden nach Baeyer und Villiger (Berl. Ber. 1901. 34. 738) 100 g Diäthylsulfat mit einer Mischung von 340 g 10,8 %igem Wasserstoffsuperoxyd und 345 g 42 %iger Kalilauge unter Vermeidung zu starker Erwärmung behandelt und 10 Stunden lang auf der Schüttelmaschine geschüttelt. Das völlig klare Reaktionsprodukt wird mit Schwefelsäure schwach angesäuert, bis das Destillat mit angesäuerter Jodkaliumlösung nicht unter Abscheidung von Jod reagiert. Das gesamte Destillat wird jodometrisch bestimmt und vor dem Gebrauch auf etwa 0,1 % eingestellt.
Deutsche tierärztl. Woch. 1915. 262.
Schweizer Apoth. Ztg. 1916. 125.
Milchwirtsch. Zentralbl. **44**. 246.
Chem. Zentralbl. 1915. II. 809.

**Groat's** Reaktion auf Blut.

Man gibt in zwei Reagenzgläser je 5 ccm Eisessig, 1 Messerspitze voll Benzidin und ebensoviel Baryumsuperoxyd. Die eine Mischung benützt man als Kontrollflüssigkeit, in die andere gibt man 1 ccm der Blutlösung oder des bluthaltigen Extraktes. Bei positiver Reaktion färbt sich die Mischung grün oder blau.
Journ. Americ. Med. Assoc. 1913. 61. 1897.
Merck's Bericht 1913. 433.

**Grocco's** Reaktion auf Glukose im Harn.
Siehe: v. Jaksch's Reaktion.

**Grodzki's** Reaktion auf Acetal.

Eine wässerige Lösung von Acetal säuert man mit einigen Tropfen Salzsäure an und gibt dann Natronlauge im Überschuß und Jodlösung zu. Es entsteht ein Niederschlag von Jodoform.
Berl. Ber. **16**. 512.

**de Groot's** Eisencarmalaun.

Man löst 0,1 g Ferroammonsulfat unter Erwärmen in 20 ccm Wasser, gibt 1 g Carminsäure und hierauf 180 ccm Wasser zu und erwärmt. Hierauf gibt man 5 g Alaun zu und erwärmt, bis die Lösung klar und violett geworden ist. Alsdann gibt man 2 Tropfen Salzsäure und einen Krystall Thymol zu. Gebraucht zum Färben mikroskop. Präparate.
Ztschr. f. wiss. Mikroskop. **20**. 21.
Chem. Zentralbl. 1903. II. 848.

**de Groot's** Hämalaune.

1. Wässeriger Hämalaun: 0,1 g Ferricyankalium löst man in 20 ccm Wasser, gibt 0,2 g Hämatoxylin zu, erwärmt bis zur Lösung, setzt 40 ccm Wasser und 5 g Alaun zu, erwärmt gut und gibt noch 60 ccm Wasser zu.

2. Alkoholischer Hämalaun: 2 ccm Wasserstoffsuperoxyd und 4 ccm Alkoholglycerinmischung (240 ccm Alkohol (70 %) und 20 ccm Glycerin) erhitzt man und löst darin 0,5 g Hämatoxylin. Ist die Mischung braungelb geworden, gibt man 60 ccm Alkoholglycerinmischung zu und alsdann 4 g Calciumchlorid und 2 g Kaliumbromid. Jetzt fügt man unter weiterem Erwärmen 3 g Alaun und 100 ccm Alkoholglycerin zu und nach erfolgter Lösung 0,2 g Ferricyankalium und den Rest der Alkoholglycerinmischung (insgesamt 260 ccm).
Ztschr. f. wiss. Mikroskop. 1912. **29**. 181.

Einen wässerigen Hämalaun von guter Färbekraft erhält man auch durch Mischen von 30 ccm des alkoholischen Hämalauns mit 85 ccm Wasser und Auflösen von 4 g Alaun.

**de Groot's** Picrocarmin.

0,5 g Carmin mischt man mit 4 ccm Wasser, erhitzt, gibt 0,04 g Magnesia zu und erwärmt nach Zusatz von 2 ccm Ammoniakflüssigkeit bis zur Trockne. Man gibt 4 ccm Wasser, 0,05 g Magnesia usta und 4 ccm Ammoniakflüssigkeit zu, mischt und versetzt mit 0,5 g Pikrinsäure. Man dampft bis fast zur Trockne ein, gibt 15 ccm Wasser zu, erhitzt zum Sieden und mischt mit 95 ccm Wasser.
Ztschr. f. wiss. Mikroskop. 1912. **29**. 184.

**Groß'** Pepsinprobe.

Eine modifizierte Trypsinprobe, welche sich von der folgenden Probe dadurch unterscheidet, daß der Verdauungsversuch in saurer Lösung vorgenommen werden muß. Man löst deshalb 1 g Kasein in 16 ccm Salzsäure (25 %) mit Wasser zu 1 Liter, indem man auf dem Wasserbade erwärmt. Je 10 ccm davon gibt man in eine Reihe von Reagenzgläsern, erwärmt auf 39—40° und gibt steigende Mengen des sauren Magensaftes zu. Zum Ausfällen des unverdauten Kaseins benützt man eine konzentrierte Lösung von Natriumacetat.

**Groß'** Trypsinprobe.

Zu dieser Probe verwendet man eine 0,1%ige Lösung von Kasein (nach Hammarsten) in 0,1 %iger Sodalösung. 10 ccm hiervon werden bei 40° mit verschiedenen Mengen Magensaft behandelt und festgestellt, wieviel Magensaft zur vollkommenen Verdauung des Kaseins nötig ist. Man erkennt das Ende der Verdauung daran, daß auf Zusatz von Essigsäure keine Trübung mehr entsteht. Näheres siehe: Arch. f. experim. Path. 1907. 58. 157. — Berl. klin. Woch. 1908. 643. — Merck's Bericht 1908. 179.

**Grosse-Bohle**'s Reagens auf Formaldehyd

ist Fuchsinschwefligesäure folgender Herstellungsweise: Man löst 1 g salzsaures oder essigsaures Rosanilin in 500 ccm Wasser und gibt 25 g Natriumsulfit und 15 ccm Salzsäure (1,124) zu. Die Mischung wird mit Wasser auf 1 Liter gebracht. Formaldehyd erzeugt mit dem Reagens eine violette Färbung. Empfindlichkeitsgrenze = 1 : 200 000.

Ztschr. f. Unters. Nahr.-Genußm. 1907. **14.** 89.
Biochem. Ztschr. 1913. **51.** 260.
F i n c k e, ebenda 1913. **52.** 218.

**Grosse-Bohle**'s Reagens (Fuchsinschwefelige Säure)

ist eine Lösung von 1 g Fuchsin in 500 ccm Wasser, die mit einer Lösung von 25 g Natriumsulfit in Wasser und 15 ccm Salzsäure (1,124) entfärbt und mit Wasser zu 1 Liter aufgefüllt wird. Zur Prüfung auf Formaldehyd versetzt man 10 ccm der zu prüfenden Flüssigkeit mit 1—2 ccm Salzsäure und 1 ccm Reagens. Bei Gegenwart von Formaldehyd tritt nach einigen Minuten bis Stunden eine langsam zunehmende blau- bis rotviolette Färbung auf.

F i n c k e, Ztschr. f. Unters. Nahr.-Genußm. **27.** 246.

**Großmann**'s Reaktionen auf Titan

siehe: Chem. Ztg. 1906. 907.
Ztschr. f. angew. Chem. 1907. 1108.

**Großmann-Schück**'s Reagens auf Metallsalze

ist Guanidinkarbonat, das sich gegenüber Zink-, Cadmium- Mangan- etc. Salzen wie ein Alkalikarbonat verhält und mit diesen in wässeriger Lösung Niederschläge verursacht. Näheres siehe: Chem. Ztg. 1906. 1205. — Merck's Bericht 1906. 137. — Pharm. Zentrh. 1913. 46.

**Großmann-Schück**'s Reagens auf Nickel

ist eine 10 %ige Lösung von Dicyandiamidinsulfat. Letztere erhitzt man nach Zusatz einiger Tropfen Salzsäure 1 Minute zum Sieden, gibt die Nickellösung zu und versetzt mit Kalilauge. Es entsteht ein gelber, krystallinischer Niederschlag von $Ni(C_2H_5N_4O)_2 + H_2O$.

Berl. Ber. 1906. 3356. 1908. 1878.
Apoth. Ztg. 1906. 941.
Chem. Zentralbl. 1906. II. 1585, 1908. I. 1740.
Chem. Ztg. 1906. Rep. 409.
Chem. Ztg. 1907. 535. 911.
Merck's Bericht 1907. 93. 1908. 191.
Ztschr. f. angew. Chem. 1907. 1642.

**Großstern-Fudakowsky**'s Reagens auf Eiweiß

ist Trichloressigsäure.
Siehe: Raabe's Reaktion.

**Grosz'** Reaktion auf Hexamethylentetramin im Harn.

10 ccm Harn versetzt man mit 3 ccm 10%iger Essigsäure oder Salzsäure und gibt tropfenweise gesättigte, wässerige Quecksilberchloridlösung (zirka 7 %ig) zu. Bei Gegenwart von Hexamethylentetramin entsteht ein weißer, pulveriger Niederschlag. Geringe Eiweißmengen stören die Reaktion nicht, bei größerem Eiweißgehalt des Harns muß dieser enteiweißt werden.

Wiener klin. Woch. 1914. 755.

**Grothe**'s Reaktion auf Wolle und Seide oder Baumwolle.

Siehe: Dingler's Journ. **171.** 150.
Ztschr. f. analyt. Chem. **3.** 153. **6.** 477.
Deutsche Gewerbezeitung **32.** 129.
Chem. Zentralbl. 1865. 13.

**Grove**'s Reagens auf Alkaloide

ist identisch mit Mayer's Reagens.
Quarterly Journ. of the Chem. Soc. **12.** Nr. 11. 97.

**Grove**'s Reagens auf Morphin.

Die zu prüfende Substanz übergießt man mit einigen Tropfen konzentr. Schwefelsäure und gibt nach gelindem Erwärmen ein Kryställchen chloratfreies Kaliumperchlorat zu. Bei Anwesenheit von Morphin tritt Braunfärbung ein.

Ztschr. d. öst. Apoth. Ver. 1874. 120.
Ztschr. f. analyt. Chem. **13.** 236.

**Gruber**'s Reagens auf Kohlenoxyd

ist identisch mit Fodor's Reagens.
Enzyklop. d. gesamt. Pharm. 1888. IV. 520.

**Gruber-Widal**'s Reaktion auf Typhus.

1 Tropfen Serum eines Typhusverdächtigen gibt man zu 10 Tropfen einer 24 Stunden alten Typhusbazillenkultur und betrachtet die Mischung unter dem Mikroskope. Zeigen die Bazillen noch freie Bewegung, so liegt kein Typhusfall vor, sonst sind die Bazillen zu bewegungslosen Häufchen zusammengeklebt.

Man kann an Stelle von Serum auch damit getränktes und getrocknetes Filtrierpapier zu dieser Reaktion verwenden (Richardson).

A d l e r, Deutsche Med. Ztg. 1903. 608.
G e b a u e r, Viertelj.-Schr. f. gerichtl. Med. 1903. 355.
K ö h l e r, Münchener med. Woch. 1903. Nr. 32.
L i e b e r m a n n - A c é l, ebenda 1914. 2066.
P e r l m a n n, ebenda 1915. 435.
Vergl. Ficker's Reagens.

**Grübler's** Reaktion auf Adrenalin.

Zu einer Mischung von 0,5 ccm Nebennierenpräparat (1: 1000) gibt man 1 ccm Wasser und 1 Tropfen Norm. Natronlauge. Es entsteht eine rote Färbung, die nach einigem Stehen in Gelb übergeht. Beim Schütteln mit Luft kehrt die rote Färbung wieder.

Pharm. Post. 1907. 579.
Südd. Apoth. Ztg. 1907. 602.

**Grübler's** Reaktion auf Phenolphthalein im Harn.

Phenolphthalein läßt sich dadurch nachweisen, daß es nach Zusatz von Natronlauge und Zinkstaub beim Erwärmen entfärbt wird (zum Unterschied von Chrysophansäure- und Santoninharn).

Pharm. Post 1906. 689.
Chem. Zentralbl. 1907. I. 137.

**Grünewald's** Reaktionen auf Kohlehydrate im Harn.

Glukose: 10 ccm Harn werden mit einer Lösung von 1,2 g Natriumacetat in 6 ccm Wasser und 2 Tropfen Essigsäure versetzt und nach Zusatz von 0,6 g Phenylhydrazinchlorhydrat auf dem Dampfbade bis zum Rückstand von 5—6 ccm erhitzt und sofort abgekühlt. Der Schmelzp. des hierbei auskrystallisierenden Phenylglykosazons liegt bei 206—207 °.

Lävulose: Erhitzt man Harn mit Resorcin und Salzsäure, so färbt sich die Mischung bei Anwesenheit von Lävulose rot.

Pentosen: 0,05 g Orcin löst man in 10 ccm Salzsäure (25 %), gibt 1 ccm Eisenchloridlösung (10 %) und dann 5 ccm Harn zu und erhitzt zum Sieden. Grünfärbung zeigt Pentosen an.

Glykuronsäure: Verfahren wie bei Pentosen und Kochen mit Schwefelsäure zur Spaltung der gepaarten Glykuronsäuren.

Eine Zuckerart, die besonders bei nervösen Reizerscheinungen auftritt, weist man wie folgt nach: Nach der Entfernung von Eiweiß und Filtration wird der Harn mit Natriumkarbonat schwach alkalisch gemacht, mit etwas Seignettesalzlösung und Wismuttartrat 2—3 Minuten lang erhitzt und nach dem Erkalten mit 3 Tropfen Chloroform geschüttelt. Bei Anwesenheit des Zuckers färbt sich nach ½ bis 1 Stunde der obere Rand des Wismutniederschlages deutlich karmoisinrot.

Münchener med. Woch. 1907. 730.
Therap. Monatsh. 1907. 442.
Kraft, Münchener med. Woch. 1907. 1185.

**Grünwald's** Reaktion auf Blei in Emaille.

Man betupft die zu prüfende Emaille mit konz. Salpetersäure, erhitzt bis zu deren Verdampfung und gibt auf die behandelte Stelle einige Tropfen Wasser und 10 %ige Kaliumjodidlösung. Gelbfärbung zeigt Blei an.

Österr. Chem. Ztg. 1911. 271.

**Grutterink's** Reagenzien auf Alkaloide.

Zum mikrochemischen Nachweis schlägt der Autor als Reagenzien vor: für

S t r y c h n i n : m-Nitrobenzoesäure, p-Nitrobenzoesäure, Di- und Trinitrobenzoesäure, p-Nitrophenylpropiolsäure und Naphthalinsulfosäure.

B r u c i n : Di- und Trinitrobenzoesäure und Opiansäure.

T r o p a c o c a i n : p-Nitrobenzoesäure, Trinitrobenzoesäure, p-Nitrophenylpropiolsäure, Kaliumpermanganat.

C o c a i n : Naphthalinsulfosäure.

H y d r a s t i n : Dinitrobenzoesäure, p-Nitrophenylpropiolsäure.

H y d r a s t i n i n : p-Nitrophenylpropiolsäure, Kaliumpermanganat.

C i n c h o n i n : Dioxybenzoesäure.

C h i n i d i n : Trioxybenzoesäure, Mekonsäure, Mellithsäure.

C i n c h o n i d i n : Mellithsäure, p-Nitrophenylpropiolsäure.

Näheres siehe: Ztschr. f. analyt. Chem. 1912. **51.** 175.

**Grützner's** Reagens zur Pepsinbestimmung

ist Carminfibrin, ein mit Carmin gefärbtes Blutfibrin. Näheres siehe: Merck's Bericht 1905. 48. — Pflüger's Arch. f. d. ges. Physiol. 1874. 452. — K o r n, Dissert. Tübingen 1902. Vergl. auch Pflüger's Archiv 1886. **38.** 35, 1911. **143.** 189, 1912. **144.** 545.

**Guareschi's** Reaktion auf Brom.

Stärkefreies Filtrierpapier befeuchtet man mit 1 %iger Fuchsinschwefliger Säure und hängt es über die zu prüfende Lösung, die man mit etwas Chlorwasser versetzt hat. Bei Gegenwart von Brom färbt sich das Reagenzpapier violett (eventuell erst bei gelindem Erwärmen der Versuchsflüssigkeit). Aldehyde, Chlor, Jod und salpetrige Säuren sollen die Reaktion nicht stören.

Chem. Zentralbl. 1912. II. 635.
Atti d. reale accad. d. scienze di Torino 1912. **47.** (Merck's Ber. 1912. 224.)
Ztschr. f. analyt. Chem. 1913. 607.
Chem. Ztg. 1912. Rep. 613, 1913. Rep. 161.
Vitali, Boll. Chim. Farm. 1912. **51.** 813.

**Guareschi's** Reagens auf Cocaïn

ist Platinkaliumsulfocyanid. Das Reagens gibt mit wässeriger Lösung von Cocaïnhydrochlorid einen gelben, amorphen Niederschlag, der sich beim Erwärmen größtenteils löst und nach dem Erkalten sich ölartig, später krystallinisch erstarrend abscheidet.

Alkaloide, 1896. 273.

**Guareschi's** Reaktion auf Coniin und Nicotin.

Coniinsalzlösungen geben mit Platinkaliumsulfocyanid einen roten, öligen Niederschlag. Empfindlichkeitsgrenze = 1 : 1000. Nicotin gibt einen gelben, krystallinischen Niederschlag. Empfindlichkeitsgrenze = 1 : 3000.

Alkaloide, 1896. 283.

**Guareschi's** Reaktion auf Phenol.

Wird Phenol mit Kaliumhydroxyd und Chloroform erwärmt, so entsteht eine rote Masse, die sich in verdünntem Alkohol mit roter Farbe löst.

Berl. Ber. 5. 1055.
Crismer, Pharm. Ztg. 1888. 651 (siehe Crismer's Reaktion auf Chloroform).
Schwarz, Pharm. Ztg. 1888. 419 (siehe Schwarz' Reaktion auf Chloral).
Raupenstrauch, Pharm. Ztg. 1888. 737 (siehe Raupenstrauch's Reaktion).
Reimer-Tiemann, Berl. Ber. 1876. 826.
Lustgarten, Monatsh. f. Chem. 1882. 719.
Lambert, Union pharm. 33. 17.
Ztschr. f. analyt. Chem. 32. 235.
Desesquelles, Compt. rend. biol. 1890. 101.

**Guareschi**'s Reaktion auf Resorcin
siehe dessen Reaktion auf Phenol und Reuter's Reaktion auf Resorcin.

**Guarnieri**'s Reaktion auf Sesamöl im Olivenöl.
1 ccm Olivenöl, 2—3 Tropfen einer ätherischen Wasserstoffsuperoxydlösung und 2 ccm Salpetersäure (1,4) schüttelt man kräftig durch. Bei Anwesenheit von Sesamöl entsteht eine blaue Färbung.
Staz. sper. agr. ital. 42. 349.
Chem. Zentralbl. 1909. II. 869.
Merck's Bericht 1909. 308.
Utz, Chem. Zentralbl. 1912. I. 379.

**Gudden**'s Einbettungsmittel für mikroskop. Präparate
ist eine Schmelze von 5 g Wachs, 75 g Stearin und 60 g Schweinefett.
Grashey, Abhandlungen, Wiesbaden 1889.
Eberth-Friedländer, Mikroskop. Techn. 1894. 69.
Enzyklop. d. mikroskop. Techn. 1903. 1081.

**Guéguen**'s Reagens für mikroskop. Zwecke
ist Methylsalicylat (Gaultheriaöl), das sich als Medium zur Durchtränkung schwieriger Objekte mit Paraffin eignet.
Compt. rend. Soc. Biolog. 1898. 285.

**Guelfi** siehe **Filomusi Guelfi.**

**Guérin**'s Reaktion auf Cobalt und Nickel.
Cobaltlösungen geben nach Zusatz von Kalilauge und Jodjodkaliumlösung einen schwarzen, Nickellösungen einen grünen Niederschlag. Ebenso verhalten sich die durch Alkaliferrocyanide, -karbonate oder -phosphate in Cobalt und Nickellösungen gebildeten Niederschläge.
Apoth. Ztg. 1904. 177.
Journ. de Pharm. et de Chim. (6) 19. 139.
Chem. Zentralbl. 1904. I. 970.

**Guérin**'s Reagens I auf Eiweiß.
Man löst 10 g Sozojodolsäure (Dijodparaphenolsulfosäure) in 100 ccm Alkohol. 10 ccm Harn versetzt man mit 10 Tropfen Reagens. Bei Anwesenheit von Eiweiß entsteht eine weiße Trübung oder ein Niederschlag, der beim Erwärmen nicht verschwindet.
Journ. de Pharm. et de Chim. 1899. 576.
Répert. de Pharm. 1899. 302.
Pharm. Zentrh. 1899. 616.
Chem. Ztg. 1899. Rep. 212.

**Guérin**'s Reagens II auf Eiweiß
ist Chromsäurelösung; siehe Rosenbach's Reagens.
Journ. de Pharm. et de Chim. (5). 27. 362.

**Guérin**'s Reaktion auf Guajakol.
1. Versetzt man eine wässerige Lösung von Guajakol mit 2 %iger Chromsäurelösung, so entsteht eine braune Färbung und ein bräunlicher Niederschlag.
2. Eine 2%ige Lösung von Jodsäure bewirkt eine orangebraune Färbung und einen kermesfarbigen Niederschlag.
Journ. de Pharm. et de Chim. 1903. 173.
Pharm. Ztg. 1903. 184. Rep. 73.
Südd. Apoth. Ztg. 1903. 278.

**Guérin**'s Reaktion auf die Hydroxylgruppe
siehe Ztschr. f. analyt. Chem. 1905. 436.
Chem. Ztg. 1905. Rep. 13.
Journ. de Pharm. et de Chim. (6) 21. 14.
Chem. Zentralbl. 1905. I. 695.

**Guérin**'s Reaktion auf Strychnin.
Löst man etwas Strychnin in 3 Tropfen Schwefelsäure und verrührt es mit Mangankarbonat (0,003 g), so entsteht eine blaue Färbung, die allmählich in Violett und Rosa übergeht.
Journ. de pharm. et de chim. 1914. I. 595.

**Guérin**'s Reaktion auf Zink (in Alkohol)
ist die umgekehrte Nencki-Sieber'sche Reaktion. Zink wird durch eine grüne Fluoreszenz erkannt, die Urobilin hervorruft. (Vergl. auch Roman Delluc's Reaktion).
Journ. de Pharm. et de Chim. 1907. 97.
Chem. Zentralbl. 1907. I. 1078.
Pharm. Journ. 1907. 557.

**Guerra**'s Reagens auf Gallenfarbstoffe
ist eisenchloridhaltige Salzsäure, also identisch mit Obermayer-Popper's Reagens. (Vergl. dieses!)

**Guignard**'s Reaktion auf Blausäure.
Man tränkt Filtrierpapier mit 1 %iger Pikrinsäurelösung und nach dem Trocknen mit 10 %iger Natriumkarbonatlösung. Dieses Reagenzpapier wird durch gasförmige Blausäure rot gefärbt.
Südd. Apoth. Ztg. 1907. 580.
Arch. der Pharm. 1905. 553.
Compt. rend. 141. 16.
Bullet. sciences pharmacol. 13. 129, 603, 14. 565.

**Guignard**'s Chloral-Gelatine.
3—4 g Gelatine löst man unter schwachem Erwärmen in 100 ccm 10 %iger, wässeriger Chloralhydratlösung.
Annal. Scienc. nat. Botan. (7) 14. 123.
Strasburger, Kl. Botan. Prakt. 1893. 219.

**Guignard**'s Reagens zum Färben mikroskop. Präparate
ist Alkannatinktur folgender Darstellung: 10 g Alkannawurzelpulver extrahiert man mit 30 g

absolutem Alkohol, filtriert den Auszug und dampft ihn bei mäßiger Wärme zur Trockene. Den Rückstand löst man in 5 ccm Eisessig und 50 ccm. Alkohol (50 %) und filtriert die erhaltene Lösung nach 24 stündigem Stehen.

Journ. de Botan. 1890. 447.

**Guignard's** Reagens zum Fixieren mikroskop. Präparate

ist eine Lösung von 0,5 g Chromsäure, 0,5 g Eisenchlorid (D. = 1,28) und 2 g Eisessig in 100 ccm Wasser.

Annal. Scienc. nat. Bot. (8) 6. 178.
Enzyklop. d. mikroskop. Techn. 1903. 140.

**Guignet's** Reagens auf Glukose etc.

ist eine wässerige Lösung von Kupfersulfatammoniak oder eine Lösung von Kupfersulfat in Ammoniak ohne Überschuß des letzteren. Das Reagens fällt Glukose, Galaktose, Mannit und Dulcit, nicht gefällt werden Rohrzucker, Milchzucker, Invertzucker, Laevulose etc.

Compt. rend. 109. 528.

**Gulielmo's** Reaktion auf Atropin.

Erwärmt man etwas Atropin mit konzentr. Schwefelsäure, so bräunt sich letztere und es tritt ein intensiver Geruch nach Orangenblüten oder Schlehenblüten auf, besonders nach Zusatz von etwas Wasser.

Vergl. Deutsches Arzneibuch V. 68 u. Herbst's Reaktion.
Schweizer Woch. f. Pharm. 1863. 146.
Wittstein's Viertelj.-Schr. f. Pharm. 12. 219.

**Gulland's** Formolalkohol für mikroskop. Zwecke

ist eine Mischung von 10 Teilen Formaldehyd und 90 Teilen Alkohol (identisch mit Nikiforoff's Reagens).

Ztschr. f. wiss. Mikroskop. 1900. 222.

**Gunn's** Reagens auf Oxalsäure

ist eine oxydfreie Lösung von Ferrophosphat in Wasser (1 : 8) und überschüssiger Phosphorsäure. Das Reagens gibt mit Oxalsäurelösung einen gelben Niederschlag.

Ztschr. d. öst. Apoth. Ver. 48. 75.
Pharm. Zentrh. 1895. 16.
Ztschr. f. analyt. Chem. 34. 622.

**Gunn-Harrison's** Reaktion auf Adrenalin.

Versetzt man einige Tropfen Adrenalin (1 : 1000) mit 5—6 Tropfen Natronlauge (10 %), so färbt sich die Mischung rotbraun und außerdem tritt innerhalb einer Minute ein Geruch auf, der an Phosphorwasserstoff erinnert. (Der Geruch ist auf abgespaltenes Methylamin zurückzuführen.)

Pharm. Journ. 1907. 718.
Apoth. Ztg. 1907. 471.
Farbwerke Höchst, ebenda 1907. 495.

**Gunn-Harrison's** Reaktion auf Eisen in Oelsäure.

Mischt man eisenhaltige Oelsäure mit Adrenalin, so entsteht eine grünlichbraune Färbung, verursacht durch Ferroverbindungen in der Oelsäure. Ferriverbindungen rufen eine violettrote Färbung hervor.

Pharm. Journ. (4) 25. 181.
Chem. Zentralbl. 1907. II. 849.
Répert de Pharm. 1908. 506.

**Gunning's** Reaktion auf Aceton.

Die zu prüfende Flüssigkeit versetzt man mit überschüssigem Ammoniak und dann tropfenweise mit Jodjodammoniumlösung, bis der entstehende schwarze Niederschlag nicht mehr sofort verschwindet. Bei Anwesenheit von Aceton entsteht eine milchige Trübung oder krystallinische Abscheidung von Jodoform.

Journ. de Pharm. et de Chim. 1881. 30.
Ztschr. f. analyt. Chem. 24. 147.
Vergl. Lieben's Reaktion.
Schwicker, Chem. Ztg. 15. 914.

**Günther's** Orexinprobe

dient zur Feststellung der Salzsäuresekretion des Magens mittels Orexinum tannicum. — Näheres siehe: Dissertation Jena 1910. — Deutsche med. Woch. 1910. 2066.

**Günther's** Reagens zur Bakterienfärbung.

a) Eine konzentr. Lösung von Gentianaviolett in Anilinwasser.
b) Eine Lösung von Pikrocarmin (siehe Mayer's Pikrocarmin) oder von Safranin.

Deutsche med. Woch. 1887.
Ztschr. f. wiss. Mikroskop. 1888. 96.
Behrens' Tabellen 1892. 120.

**Günther's** Reaktion auf Äthylperoxyd im Äther.

Einige Tropfen einer frisch bereiteten, wässerigen Ferrosulfatlösung versetzt man mit einigen Tropfen Natronlauge und übergießt mit etwas Äther. Bei Anwesenheit von Äthylperoxyd tritt sofort Braunfärbung des entstandenen Eisenhydroxyduls ein.

Pharm. Zentrh. 1885. 737.
Merck's Bericht 1900. 22.
Wobbe, Apoth. Ztg. 1903. 489.

**Günther's** Reaktion auf Bilirubin.

In einem Reagenzglas erhitzt man eine Mischung von 5 ccm Eisessig und 0,005 g Magnesiumperhydrol zum Sieden und gibt den mit Natronlauge stark alkalisch gemachten Harn je nach seiner Färbung in Mengen von einigen Tropfen bis zu 10 ccm zu. Bei Gegenwart von Bilirubin entsteht sofort oder nach nochmaligem Aufkochen eine grüne Färbung, die beim Schütteln mit Chloroform in dieses übergeht.

Med. Klinik 1910. 1056.
Merck's Bericht 1910. 263.

**Günzburg's** Reagens auf Salzsäure im Magensaft

ist eine Lösung von 2 g Phloroglucin und 1 g Vanillin in 30 g Alkohol. Verdampft man gleiche Teile Magensaft und Reagens in einer Porzellanschale, so bleibt bei Anwesenheit von freier Salzsäure ein roter Rückstand. Empfindlichkeitsgrenze = 1 : 10 000 bis 20 000.

Deutsche Med. Ztg. 8. 931.
Chem. Zentralbl. 1887. 1560.
Pharm. Zentrh. 1887. 645.
Salkowski, Ztschr. f. analyt. Chem. 30. 391.
Sansoni, ebenda 29. 110.
Poulet, Prager med. Woch. 1888. 383.
Steensma, Apoth. Ztg. 1907. 127.
Christiansen, Biochem. Ztschr. 1912. 46. 49.

**Gürber**'s Reagens auf Indikan im Harn

ist eine 1%ige, wässerige Lösung von Osmiumsäure. Den zu prüfenden Harn versetzt man mit dem doppelten Volumen konzentr. Salzsäure und 2—3 Tropfen Reagens. Bei Anwesenheit von Indikan tritt eine violette bis blaue Färbung auf.

Münchener med. Woch. 1905. 1578.
Merck's Bericht 1905. 9.
Ztschr. f. analyt. Chem. 1906. 401.

**Güterbock**'s Harngelatine zur Typhusdiagnose

ist eine nach besonderem Verfahren hergestellte, mit Galle versetzte Gelatine, welche als Nährboden zu diagnostischen Zwecken verwendet wird. — Näheres siehe: Berl. klin. Woch. 1908. 793.

**Güth**'s Reaktion auf Methylalkohol

beruht auf der Oxydation des Methylalkohols mit Kaliumpermanganat und dem Nachweis des gebildeten Formaldehyds mit einer Lösung von 0,2 g Morphiumhydrochlorid in 10 ccm konz. Schwefelsäure (Violettfärbung).

Pharm. Zentrh. 1912. 57.
Merck's Bericht 1912. 110.

**Guth**'s Reagens zur Gonokokkenfärbung

ist Pappenheim's Carbol-Methylgrün-Pyronin-Lösung. — Näheres siehe Ztschr. f. angew. Mikroskop. 1910. 207. — Pharm. Ztg. 1910. 272.

**Gutmann**'s Reaktion auf Thiosulfate.

Behandelt man die zu prüfende Lösung auf dem Dampfbade mit Kaliumcyanid, so entsteht Rhodanalkali, das nach dem Ansäuern der Mischung auf Zusatz von Eisenchlorid an der bekannten Rotfärbung erkannt werden kann.

Ztschr. f. Unters. Nahr.-Genußm. 1907. 261.
Chem. Ztg. 1907. Rep. 298.
Ztschr. f. analyt. Chem. 46. 485.
Chem. Zentralbl. 1907. I. 1152 u. II. 1267.
Vergl. Pechmann-Manck's Reaktion.

**Gutzeit**'s Reaktion auf Arsen.

Die zu prüfende Substanz versetzt man in einem Reagenzglase mit Zink und verdünnter Schwefelsäure. Das Glas bedeckt man mit Filtrierpapier, das mit einer wässerigen Lösung von Silbernitrat (1 : 1 oder 0,7) betupft ist. Bei Anwesenheit von Arsen färbt sich die betupfte Stelle gelb und nach Befeuchten mit Wasser schwarz.

Vergl. Flückiger's Reaktion.
Beckurts, Pharm. Zentrh. 1885. 197.
Flückiger, Arch. der Pharm. 227. 1. oder Ztschr. f. analyt. Chem. 30. 113.
Curtman, Chem. Ztg. 15. 82.
Reichard, Arch. der Pharm. (3) 21. 590.
Nagelvoort, Pharm. Rundsch. 9. 286.
Salzer, Pharm. Ztg. 1882. 204.
Lohmann, Pharm. Zentrh. 1892. 41.
Ritsert, Pharm. Ztg. 1889. 368.
Poleck u. Thümmel, Arch. d. Pharm. (3) 22. 1.
Gotthelf, Chem. Zentrbl. 1903. I. 1044.
Conradson, Ztschr. f. analyt. Chem. 39. 655.

**Gutzeit-Burnascheff**'s Reaktion auf Arsen im Harn.

50 ccm Harn werden nach Zusatz von 3 ccm Salpetersäure und 3 g Magnesiumoxyd zur Trockene eingedampft und geglüht, der Rückstand in verdünnter Schwefelsäure gelöst und in einem geeigneten Apparat zur Wasserstoffentwickelung gebracht. Der entwickelte Wasserstoff wird mit 15 % Kupferchlorür enthaltender Salzsäure gewaschen und dann über Quecksilberchloridpapier geleitet. Nach Beendigung der Wasserstoffentwicklung wird das Quecksilberpapier mit Äther und dann mit salzsäurehaltigem Wasser gewaschen und mit Schwefelammon behandelt. Die eventuell vorhandene Quecksilber-Arsenverbindung wird hierbei gespalten und es bildet sich Schwefelquecksilber, dessen Bildung die positive Reaktion für vorhandenes Arsen abgibt. Näheres siehe: Merkuriew, Wiener klin. Woch. 1912. 588.

**Gutzkow**'s Reaktionen auf Phenol, Resorcin und Thymol

beruhen auf Farbenerscheinungen unter der Einwirkung von konzentr. Schwefelsäure und Amylnitritdämpfen. — Näheres siehe Pharm. Ztg. 1889. 560. — Chem. Zentralbl. 1889. II. 704.

**Guy**'s Reaktion auf Alkaloide.

Siehe tabellarische Zusammenstellung in Ztschr. f. analyt. Chem. 1. 90—93.

**Guyard**'s Reagens auf Gallus- und Gerbsäure

ist eine mit Essigsäure angesäuerte Lösung von Bleiacetat. Der mit Gallussäure hervorgebrachte Niederschlag soll sich in dem Reagens wieder lösen, nicht aber das gerbsaure Blei.

Chem. News 50. 26.
Ztschr. f. analyt. Chem. 24. 274.

**Guyot**'s Reaktion auf Ameisensäure.

Erwärmt man eine alkalische Lösung von Ameisensäure mit Kaliumpermanganat, so entsteht eine Ausscheidung von Braunstein.

Journ. de Chim. méd. 1869. 508.
Vergl. Chapman's Reaktion auf Weinsäure.

**Guyot**'s Reagens auf Ammoniak.

Eine saure Lösung von Quecksilberoxydnitrat versetzt man so lange mit Bromkaliumlösung, bis sich der anfangs gebildete Niederschlag wieder aufgelöst hat. Hierauf gibt man so viel Kalilauge zu, bis gerade ein bleibender Niederschlag entstanden ist. Die geklärte Flüssigkeit ist ein sehr empfindliches

Reagens auf Ammoniak, welches in dessen Lösung eine weiße Trübung oder Fällung hervorruft.

Le Chimiste 4. 122.
Ztschr. f. analyt. Chem. 9. 253.

**Guyot**'s Reaktion auf Chinasäure oder Resorcin.

Versetzt man 2 ccm 1/10 Norm. Chinasäure mit 2 ccm konz. Schwefelsäure und 1 Tropfen einer Resorcinlösung in Schwefelsäure, so ist bei gewöhnlicher Temperatur keine Reaktion wahrzunehmen, erhitzt man die Mischung aber, so entsteht eine grüne Fluoreszenz und die Mischung zeigt ein Absorptionsspektrum im Grün. Umgekehrt kann die Reaktion zum Nachweis von Resorcin dienen.

Repert. de Pharm. 1911. 206.

**Habermann**'s Reagens auf Kohlenoxyd

ist eine ammoniakalische Silbernitratlösung, die keinen Überschuß von Ammoniak enthalten soll. Kohlenoxyd reduziert dieses Reagens.

Pharm. Post. 1896. 468.
Chem. Zentralbl. 1897. I. 262.
Pharm. Zentrh. 1896. 844.
Vergl. Berthelot's Reagens.

**Habermann-Oestereicher**'s Reaktion auf Methylalkohol

neben Äthylalkohol beruht auf der schnelleren Entfärbung von Kaliumpermanganat durch Methylalkohol als dies durch Äthylalkohol der Fall ist. — Näheres siehe: Pharm. Zentrh. 1902. 25 oder Ztschr. f. analyt. Chem. 27. 663; 40. 721. — Chem. Zentralbl. 1902. I. 140. — Vergl. Cazeneuve-Cotton's Reaktion. — Bull. Soc. Chim. Paris 35. 102.

**Haenen**'s Reagens zur Differenzierung von Typhus- und Colibakterien

ist eine 4 %ige, alkoholische Lösung von p-Dimethylamidobenzaldehyd. 10 ccm der betreffenden Bakterienkultur in Peptonwasser mischt man mit 1 ccm Reagens und 2—3 ccm verdünnter Salzsäure. Colibakterien bewirken innerhalb 5—14 Stunden eine rosa bis rote Färbung, die beim Schütteln mit Chloroform in letzteres übergeht. Typhusbakterien geben diese Reaktion nicht.

Arch. intern. pharmacodyn. thérap. 15. 255.
Hygien. Rundsch. 1906. 1022.
Merck's Bericht 1906. 102.

**Häußler**'s Reaktionen des Vanillins

siehe Ztschr. f. analyt. Chem. 1914. 363 oder Chem. Zentralbl. 1914. II. 86.

**Häußler**'s Reaktion auf Citronensäure.

Verdampft man Citronensäurelösung mit Vanillin zur Trockne, gibt einige Tropfen Schwefelsäure zu und erwärmt auf dem Dampfbade, so entsteht eine violette Färbung. Der Rückstand löst sich in Wasser mit grüner Färbung, die auf Zusatz von Ammoniak in Rot übergeht. Empfindlichkeitsgrenze = 0,001 g Citronensäure. Neben anderen Säuren, wie Wein-, Äpfel-, Oxal-, Malon-, Benzoe-, Salicyl-, Essig-, Milch-, Bernsteinsäure etc. lassen sich noch bis zu 0,02 g Citronensäure nachweisen.

Chem. Ztg. 1914. 937.
Chem. Zentralbl. 1914. II. 734.

**Hagen**'s Reaktion auf Strychnin

ist die bekannte blauviolette Farbenreaktion, die unter Einwirkung von Bleisuperoxyd und Schwefelsäure eintritt.

Liebig's Annal. 103. 159.
Chem. Zentralbl. 1857. 863.
Vergl. Marchand's Reaktion.

**Hager**'s Reagens auf Alkaloide

ist eine kaltgesättigte, wässerige Lösung von Pikrinsäure. Das Reagens gibt mit sehr verdünnten, wässerigen Alkaloidlösungen eine Trübung bezw. Fällung. Gefällt werden Brucin, Chinin, Chinidin, Cinchonin, Strychnin, Veratrin und die meisten Opiumalkaloide; nicht gefällt, bezw. nur in verhältnismäßig konzentr. Lösung gefällt werden Aconitin, Morphin und Atropin.

Hager, Pharm. Prax. 1880. I. 202.
Pharm. Zentrh. 1869. 131; 1881. 399.
Ztschr. f. analyt. Chem. 9. 110; 21. 415.
v. d. Burg, ebenda 9. 305.
Medin, ebenda 11. 447.
Flückiger, Reaktionen 1891. 7.
Popoff, Le laboratoire de Toxicologie, Brouardel-Ogier, Paris 1891. 203.

**Hager**'s Reaktion I auf Alkohol in ätherischen Ölen.

(Tanninprobe.) Man schüttelt 10 Tropfen des zu prüfenden Öles mit einem erbsengroßen Stückchen Tannin. Bei Anwesenheit von Alkohol bildet dasselbe eine schmierige Masse, die sich an die Glaswand des Reagenzrohres anhängt. Näheres siehe: Hager, Pharm. Prax. 1880. II. 562. — Pharm. Zentrh. 12. 465. — Chem. Zentralbl. 1871. 821.

**Hager**'s Reaktion II auf Alkohol in ätherischen Ölen.

Schüttelt man ein ätherisches Öl mit dem doppelten Volumen Glycerin (D. = 1,225—1,23), so erkennt man die Anwesenheit von Alkohol an der Zunahme des Glycerinvolumens.

Pharm. Ztg. 33. 650.
Ztschr. f. analyt. Chem. 28. 375.

**Hager**'s Reaktion I auf Alkohol im Chloroform

beruht auf Lieben's Jodoformreaktion, welche in einer wässerigen Ausschüttelung des betreffenden Chloroforms angestellt wird.

Pharm. Zentrh. 1870. 155.
Ztschr. f. analyt. Chem. 9. 493.

**Hager**'s Reaktion II auf Alkohol im Chloroform.

25—30 % Wasser enthaltendes Glycerin schüttelt man mehrmals kräftig mit dem

gleichen Volumen Chloroform. An der Zunahme des Glycerinvolumens ist der eventuell vorhandene Alkohol zu erkennen.
Ztschr. f. analyt. Chem. 28. 375.

**Hager's** Reagens auf Ammon-, Lithium- und Natrium-Salze
ist eine Lösung von Zinnchlorür-Chlorkalium, welche mit obigen Salzlösungen eine weiße Trübung gibt. Näheres siehe: Pharm. Zentrh. 1884. 291.

**Hager's** Reaktion auf Ammoniak.
Eine Lösung von Mercuronitrat wird durch Ammongas getrübt, eventuell tiefschwarz gefällt. Näheres siehe: Pharm. Zentrh. 1883. 299.

**Hager,s** Anilinprobe
siehe: Hager's Reaktion auf Talg etc.

**Hager's** Reaktion auf Arsen.
Die zu prüfende Flüssigkeit erhitzt man in einem Reagenzglase, das mit einem mit Silbernitrat befeuchteten Pergamentpapier bedeckt ist, mit Zink, Magnesiumband und überschüssigem Kaliumhydroxyd. Bei Anwesenheit von Arsen schwärzt sich das Silberpapier. Letzteres kann man auch, an einem Kork befestigt, in das Glas hereinhängen lassen.
Ztschr. f. analyt. Chem. 11. 82.
Vergl. auch Chem. Zentralbl. 1870. 201. 638; 1871. 112.

**Hager's** (Kramatomethode oder Messingmethode) Reaktion auf Arsen.
Erwärmt man eine salzsaure Arsenlösung auf Messingblech, so entsteht ein dunkler Fleck von der Farbe des Permanganates. Näheres siehe: Pharm. Zentrh. 1884. 265. 443. 462 u. 1886. 338.

**Hager's** (Identitäts-)Reagens für ätherische Öle
ist eine Mischung gleicher Teile absoluten Alkohols und Glycerins (D. = 1,259—1,262). Näheres siehe: Pharm. Zentrh. 1889. 65.
Auch eine Lösung von Natriumnitrat in Wasser 1+3 schlägt Hager in seiner Pharm. Prax. 1880. II. 563 vor.

**Hager's** Reaktion auf ätherische Öle (Schwefelsäure-Weingeistprobe)
siehe: Hager Pharm. Prax. 1880. II. 566.

**Hager's** Reagens zur Unterscheidung von deutschem und englischem Atropin.
Man löst 0,01 g Atropin oder Atropinsulfat in 10 g Wasser und 5—10 Tropfen verdünnter Schwefelsäure und gibt einen Überschuß von Pikrinsäurelösung zu. Das englische Präparat bleibt klar, während das deutsche eine starke Fällung gibt. (?)
Pharm. Zentrh. 1869. 130.
Neues Repert. der Pharm. 19. 368.
Ztschr. f. analyt. Chem. 9. 110.

**Hager's** Reagens auf Benzin und Benzol
ist Jod, das sich in Benzin himbeerrot, in Benzol violettrot löst.
Pharm. Zentrh. 16. 130.
Chem. Zentralbl. 1875. 314.

**Hager's** Reaktion auf Brucin.
Versetzt man eine Lösung von Brucin mit verdünnter Schwefelsäure und Braunsteinpulver und läßt unter häufigem Umschütteln einige Stunden bei gewöhnlicher Temperatur stehen, so erhält man je nach der Menge des Alkaloides eine gelbrote bis blutrote Lösung. Diese Lösung gibt mit Pikrinsäure eine gelbliche, amorphe Fällung, nicht aber mit Kaliumdichromat, wenn kein Strychnin vorhanden ist.
Pharm. Zentrh. 1871. 409.
Ztschr. f. analyt. Chem. 11. 201.

**Hager's** Butterprobe (Dochtprobe)
ist eine Geruchsprobe, die darauf beruht, daß ein mit dem Fett getränkter baumwollener Docht angezündet und nach kurzer Zeit ausgelöscht wird. An dem Geruche des ausgelöschten Dochtes läßt sich die Anwesenheit von Talg erkennen.
Pharm. Zentrh. 18. 412.
Chem. Zentralbl. 1878. 72.
Näheres siehe: Hager, Pharm. Prax. 1880. I. 638 u. Erg.-Bd. 1883. 164.
Ztschr. f. analyt. Chem. 19. 238.

**Hager's** Reaktion auf Chinoidin (in Chinarinden).
In einem kalt bereiteten Auszug von Chinarinde, die mit Chinoidin beschwert worden ist, ruft gesättigtes Phenolwasser eine Trübung hervor. (Zonenreaktion.)
Enzyklop. d. gesamt. Pharm. 1887. III. 23.

**Hager's** Reaktion auf Chloroform.
Versetzt man eine Chloroform enthaltende Flüssigkeit (die frei von Salzsäure und Chloriden sein muß) mit Zink und verdünnter Schwefelsäure, so läßt sich nach Auflösung des Zinks Salzsäure als Zersetzungsprodukt des Chloroforms mittels Silbernitrat nachweisen.
Vergl. Hofmann's Reaktion.

**Hager's** Reaktion auf Cholesterin.
(Lipochromreaktion, Gaduinreaktion.) Gibt man zu einer Lösung von Cholesterin in Chloroform konzentr. Schwefelsäure, so färbt sich die Chloroformlösung rot.
Vergl. Salkowski's Reaktion.
Real-Enzyklop. ges. Pharm. 1907. VIII. 129.
Hager, Handb. d. pharm. Prax. 1900. I. 418.
Schmidt, Pharm. Chem. (organ. Teil) 1901. I. 652.

**Hager's** Reaktion auf Codeïn und Narcotin in Morphinhydrochlorid
beruht auf der Trübung einer 5 %igen, wässerigen Morphinlösung durch Natronlauge. Die Reaktion ist auf einem Cobaltglase im schräg auffallenden Lichte zu beobachten. Näheres siehe: Chem. Ztg. 1887. Rep. 53 oder Pharm. Zentrh. 1887. 60.

**Hager's Reaktion auf Colchicin.**

Mit Kaliumpermanganat gefärbte, 10 %ige Schwefelsäure wird durch eine wässerige Lösung von Colchicin sofort entfärbt. — Zur Unterscheidung von Colchicin und sogen. Bieralkaloid gibt Hager folgende Reaktion an: Eine verdünnte, klare Colchicinlösung gibt beim Erwärmen mit Boraxlösung auf 50 ° C. eine Trübung. Bieralkaloid soll sich indifferent verhalten.

Hager, Pharm. Prax. Erg.-Bd. 1883. 352.

**Hager's Reagens (cyanidiertes Ferrichlorid)**

ist eine Mischung von 1 g Eisenchloridlösung, 1 g gesättigter, wässeriger Ferricyankaliumlösung und 60 ccm Wasser, die mit 5 Tropfen verdünnter Salzsäure angesäuert ist. Ihre Verwendung siehe:

Pharm. Zentrh. 1885. 391, 392, 417.
Lunge, Chem. techn. Unters.-Meth. 5. Aufl. III. 811.

**Hager's Reaktion auf Eiweiß im Harn.**

Eine kaltgesättigte, wässerige Lösung von Pikrinsäure schichtet man auf eine Mischung von 5 ccm Harn und 2,5 ccm Salzsäure. Bei Anwesenheit von Eiweiß entsteht ein weißlicher Ring.

Handb. d. pharm. Prax. 1880. II. 1181.
Chem. Zentralbl. 1879. 696.
Ztschr. f. analyt. Chem. 19. 382.

**Hager's Reaktion auf Fuselöl im Alkohol.**

Mischt man den zu prüfenden Alkohol mit dem gleichen Volumen Wasser und etwas Glycerin und läßt die Mischung auf Filtrierpapier verdunsten, so läßt sich Fuselöl nach dem Verdunsten des Alkohols leicht am Geruch erkennen.

Pharm. Zentrh. 1881. 236.
Ztschr. f. analyt. Chem. 21. 455.

**Hager's Reagens auf Glukose.**

Man löst 30 g Quecksilberoxyd, 30 g Natriumacetat, 50 g Chlornatrium und 25 g Eisessig in 400 ccm Wasser bei gelinder Wärme, filtriert und füllt mit Wasser zum Liter auf. Beim Erhitzen mit Glukose scheidet das Reagens Quecksilberchlorür ab.

Pharm. Zentrh. 18. 313.
Chem. Zentralbl. 1877. 730.
Hager, Pharm. Prax. 1880. II. 855.
Merck's Index 1902. 262.
Ztschr. f. analyt. Chem. 17. 380.

An anderer Stelle schlägt der Autor alkalische Wismutlösung vor (Nylander's Reagens).
Pharm. Ztg. 1888. 774.

**Hager's Reaktion auf Glycerin.**

Eine mit Lackmustinktur versetzte (blaue) Lösung von Borax in Wasser wird durch Glycerin oder glycerinhaltige, neutrale Flüssigkeiten rot gefärbt.

Hager, Pharm. Prax. Erg.-Bd. 1883. 487.
Pharm. Zentrh. 1881. 8.
Vergl. Linde's Reaktion.

**Hager's Reaktion auf gereinigtes und natürliches Guajakharz.**

Siehe: Pharm. Zentrh. 27. 522.
Ztschr. f. analyt. Chem. 26. 261.

**Hager's Reagens auf Harzbenzoesäure.**

Siehe: Hager's cyanidiertes Ferrichlorid.

**Hager's Reaktion auf Kupfer in Extrakten und Nahrungsmitteln**

beruht auf der Abscheidung metallischen Kupfers auf Platindraht oder metallischem Zink. Näheres siehe: Ztschr. f. analyt. Chem. 2. 452. — Pharm. Zentrh. 1863. Nr. 35. 1870. Nr. 28. — Viertelj.-Schr. f. Pharm. 20. 87. — Neues Jahrb. d. Pharm. 39. 216.

**Hager's Reaktion auf freie Mineralsäuren im Essig.**

Eine Mischung von 20 ccm Essig und 5 ccm Ammoniak verdunstet man auf dem Dampfbade. Bei Anwesenheit von freien Mineralsäuren bleibt ein krystallinischer Rückstand. Näheres siehe: Ztschr. f. analyt. Chem. 20. 296. — Pharm. Zentrh. 1879. 449. u. 1886. 292.

**Hager's Reagens auf freie Mineralsäuren**

ist eine Mischung von Ammonmolybdatlösung und Ferrocyankaliumlösung. Freie Säuren bewirken mit diesem Reagens eine rote bis braune Färbung oder Trübung, welche auf Alkalizusatz verschwindet. Borsäure und arsenige Säure reagieren nicht.

Hager, Pharm. Prax. Erg.-Bd. 1883. 25.
Vergl. Huber's Reagens.

**Hager's Reaktion auf Nitrobenzol im Bittermandelöl.**

Reines Bittermandelöl löst sich bei 10—15 ° C. in der 20fachen Menge 45 %igen Alkohols klar auf. 1 % Nitrobenzol bringt schon eine Trübung bezw. Ausscheidung hervor.

Pharm. Ztschr. f. Rußland 19. 372.
Ztschr. f. analyt. Chem. 20. 153.

**Hager's Reaktion auf Paraffin oder Erdwachs im Bienenwachs**

siehe: Pharm. Zentrh. 18. 414 oder
Ztschr. f. analyt. Chem. 19. 241.
Landolt, Ztschr. f. analyt. Chem. 1. 116.

**Hager's Reaktion auf Piperin**

siehe: Pharm. Zentrh. 13. 1.
Chem. Zentralbl. 1872. 96.

**Hager's Reaktion auf salpetrige Säure (Tütenprobe).**

In einem Reagenzzylinder werden 4 ccm der zu prüfenden Flüssigkeit mit 2 ccm Schwefelsäure erwärmt und das Glas mit einem zur Tüte geformten Filtrierpapier, das mit Jodzinkstärkelösung getränkt ist, so verschlossen, daß die Spitze der Tüte in die Richtung der Zylinderachse zu stehen kommt. Bei Anwesenheit von salpetriger Säure wird das Papier blau gefärbt.

Siehe: Pharm. Zentrh. 1883. 389.
Ztschr. f. analyt. Chem. 24. 600.

**Hager**'s (Naphthol-) Reagens auf Salpeter- und salpetrige Säure

ist eine 1 %ige Lösung von Naphthol in Alkohol, welche mit Lösungen von Nitraten oder Nitriten und konzentr. Schwefelsäure eine gelbe bis dunkelkirschrote Färbung gibt. Näheres siehe: Pharm. Zentrh. 1885. 353 und Enzyklop. d. gesamt. Pharm. 1889. VII. 233.

**Hager**'s (Naphthol-) Reagens auf freies Chlor und Brom

siehe: Pharm. Zentrh. 1885. 353 u. 366.

**Hager**'s Reaktion auf Salpetersäure und Phenol

beruht auf Farbenerscheinungen, die bei Anwesenheit von Nitraten und Phenol durch viel konzentr. Schwefelsäure hervorgebracht werden. Näheres siehe: Pharm. Zentrh. 1884. 289.

**Hager**'s Reaktion auf Sassafrasöl im Copaivabalsam

siehe: Hager, Pharm. Prax. 1880. I. 548.

**Hager**'s Reaktion auf Schwefel, Phosphor, Arsen und Antimon

siehe: Hager, Pharm. Prax. 1880. I. 493—495.

**Hager**'s Reaktionen auf Solanin

siehe: Ztschr. f. analyt. Chem. 1872. 203.

**Hager**'s Reagens auf Strychnin im Santonin.

2 g des zu untersuchenden Präparates schüttelt man mit 6 ccm Wasser während einiger Minuten gut durch und filtriert. Bei Anwesenheit von nur 0,1 % Strychnin entsteht im Filtrate auf Zusatz von wässeriger Pikrinsäurelösung noch eine deutliche Trübung. Mit dieser Reaktion werden selbstverständlich auch noch andere Alkaloide angezeigt.

Pharm. Zentrh. 1869. 147.
Ztschr. f. analyt. Chem. 8. 472.

**Hager**'s (Anilinprobe) Reaktion auf Talg, Stearinsäure oder Paraffin im Kakaoöl

siehe: Pharm. Zentrh. 19. 451 oder
Ztschr. f. analyt. Chem. 19. 246.
Hager, Pharm. Prax. 1880. I. 644.

**Hager**'s Reaktion auf Terpentinöl in ätherischen Ölen (Guajakreaktion)

siehe: Pharm. Zentrh. 1886. 584 bis 589.

**Hager**'s Reagens zur Prüfung des Trinkwassers

ist eine Lösung von Tannin.

Pharm. Zentrh. 1871. 376 u. 1885. 519.
Hager, Pharm. Prax. 1880. I. 136, läßt 5 g Tannin und 4 g Zuckersirup in 6 g Wasser und 12,5 g Spiritus lösen. (Liquor stypticus.) Siehe auch Erg.-Bd. 1883. 101.
Chem. Zentralbl. 1877. 424.

**Hager**'s Tütenprobe.

Man verfertigt aus Filtrierpapier eine mehrere Zentimeter hohe Tüte, die mit dem zu verwendenden Reagens befeuchtet in das Reagenzglas eingehängt wird. Das dort entwickelte Gas wirkt auf die Tüte unter Färbung ein. Diese Methode ist überall verwendbar, wo Gase entstehen, die ein Reagens unter Färbung oder Entfärbung verändern können.

Enzyklop. d. gesamt. Pharm. 1887. III. 561.
Vergl. Hager's Reaktion auf salpetrige Säure.

**Hager**'s Reagens auf Zucker im Glycerin.

Kocht man Glycerin, das Spuren Zucker enthält, mit Ammoniummolybdat und Salpetersäure, so färbt sich die Flüssigkeit intensiv blau.

Pharm. Zentrh. 1868. 94.
Ztschr. f. analyt. Chem. 1868. 267.
Vogel, Ztschr. f. analyt. Chem. 1869. 209.

**Hager-Gawalowski**'s Reagens auf Glukose

ist eine neutrale, wässerige Lösung von Ammoniummolybdat. Das Reagens wird beim Kochen mit Glukose blau. In saurer Lösung wird es auch durch Dextrin und Saccharose gebläut.

Hager, Pharm. Prax. 1880. II. 855.
Merck's Index 1902. 262.

**Hager-Salkowski**'s Reaktion des Lebertrans

(Lipochromreaktion oder Gaduinreaktion) beruht auf der Gegenwart von Cholesterin und Lipochrom, einem Gallenbestandteil des Dorschlebertrans, der durch konzentr. Schwefelsäure rot gefärbt wird. Die Modifikation dieser Reaktion nach dem Deutschen Arzneibuch IV. Ausg. lautet: Eine Lösung von 1 Tropfen Lebertran in 20 Tropfen Schwefelkohlenstoff färbt sich durch Schütteln mit 1 Tropfen Schwefelsäure zunächst schön violettrot, dann braun.

Enzyklop. d. gesamt. Pharm. 1889. VI. 251.
Vergl. Hager's und Salkowski's Reaktion auf Cholesterin und Liebermann-Vogt's Reaktion.
Vogt, Chem. Zentralbl. 1906. I. 289.
Vergl. Volland's Reaktion.

**Hahn-Saphra**'s Reagens auf Harnstoff

ist Urease (Sojabohnenferment), das Harnstoff in Urin, Blutserum und Cerebrospinalflüssigkeit in Ammoniumkarbonat umwandelt. Dieses kann titrimetrisch unter Zuhilfenahme von Methylorange als Indikator bestimmt und in Harnstoff umgerechnet werden. Vergl. Merck's Bericht 1914. 467.

Deutsche med. Woch. 1914. 430.

**Haigh**'s Reaktion auf Methylalkohol.

1 ccm des zu prüfenden Weingeistes verdünnt man mit Wasser auf 10 ccm und behandelt diese Mischung mit einer glühenden Kupferspirale (vergl. Prescott's und Mulliken-Scudder's Reaktion) und vertreibt den gebildeten Acetaldehyd durch Erhitzen. Versetzt man die Reaktionsflüssigkeit alsdann mit 1 ccm einer verdünnten Lösung von salzsaurem Phenylhydrazin, einigen Tropfen frisch bereiteter Nitroprussidnatriumlösung und 1 ccm 50 %iger Natronlauge, so zeigt eine helle Blau- oder eine Grünfärbung Methylalkohol

an. (Phloroglucinlösung in Natronlauge bewirkt eine hellrote Färbung.)
Americ. Journ. of Pharm. 1905. 106.
Pharm. Review 1903. 404.
Pharm. Ztg. 1903. 826. 893.

**Haines'** Reagens auf Glukose.
Man löst 3 g Kupfersulfat in 100 ccm Wasser und 100 g Glycerin, gibt 30 ccm Kalilauge (D. = 1,14) zu und ergänzt mit Wasser auf 600 ccm. Gebraucht wie Fehling's Reagens.
Merck's Index 1902. 262.
Enzyklop. d. gesamt. Pharm. 1888. V. 80.
Nach J. Strasburger (Med. Klinik 1905. 134) ist Haines' Reagens eine Lösung von 2 g Kupfersulfat in 15 ccm Wasser und 15 ccm Glycerin, die mit 150 ccm Kalilauge (5 %) gemischt wird.
Vergleiche auch Simrock, Münchener med. Woch. 1906. 865 oder
Chem. Zentralbl. 1906. II. 717.
Szántó, Pester med. chir. Presse 1907. 320.
Schwarz, Münchener med. Woch. 1907. 1185.
Müller, ebenda 1912. 1251.
Wolter, Pharm. Ztg. 1912. 958.

**Haller's** Reagens für mikroskop. Zwecke
siehe: Béla-Haller's Reagens.
Morphol. Jahrb. 1884. 321.

**Halphen's** Reaktion auf Benzoesäure in Butter
beruht auf der Überführung der Benzoesäure in Diamidobenzoesäure, die sich mit überschüssigem Ammoniak gelbrot bis braunrot färbt.
Journ. de pharm. et de chim. 1908. II. 201.
Pharm. Zentrh. 1911. 266.
Chem. Ztg. 1908. Rep. 523.
Monit. scientif. 1908. 602.

**Halphen's** Reaktion auf Cottonöl.
Man löst 1 g Schwefel in 100 ccm Schwefelkohlenstoff. — 3 ccm des zu prüfenden Öles mischt man mit 3 ccm Reagens und 3 ccm Amylalkohol und erhitzt zirka 15 Minuten in einem Salzwasserbade. Bei Anwesenheit von Cottonöl tritt Rotfärbung ein. Empfindlichkeitsgrenze = 0,25 % nach 3 Stunden.
Journ. de Pharm. et de Chim. 1897. 390.
Soltsien, Ztschr. f. öffentl. Chem. 1899. 106 oder Pharm. Zentrh. 1899. 490 und Seifensieder-Ztg. etc. 1903. Nr. 1—4; Pharm. Ztg. 1903. 19.
Wauters, Chem. Ztg. 1899. 600 oder Pharm. Zentrh. 1899. 552.
Strzyzowsky, Pharm. Post 1899. 735.
Raikow, Chem. Ztg. 1899. 1025.
Sjollema, Chem. Zentralbl. 1902. II. 1275.
Holde, Chem. Ztg. 1899. Rep. 130.
Fulmer, Chem. Zentralbl. 1903. I. 363; 1904. II. 918.
Fischer-Peyau, Ztschr. f. Unters. Nahr.-Genußm. 1905. 81.
Kargaschew, Pharm. Prax. 1906. 15; Pharm. Journ. 1905. 1229.
Petkow, Ztschr. f. öffentl. Chem. 1907. 21.
Rupp, Ztschr. f. Unters. Nahr.-Genußm. 1907. 74.
Halphen, Bull. Soc. Chim. Paris (3) 33. 108 oder Chem. Zentralbl. 1905. I. 470.
Sprinkmeyer, Ztschr. Unters. Nahr.-Genußm. 15. 19.
Rosenthaler, Ztschr. Unters. Nahr.-Genußm. 20. 453.
Gastaldi, Giorn. Farm. Chim. 1912. 61. 289.
Utz, Chem. Rev. Fett- u. Harz-Ind. 1913. 20. 291. — Chem. Zentralbl. 1914. I. 1022.

**Halphen's** Reagens auf Harzöl in Mineralöl.
a) Eine Lösung von 1 Volumen Phenol und 2 Volumen Tetrachlorkohlenstoff.
b) Eine Mischung gleicher Volumen Brom und Tetrachlorkohlenstoff.
Über die Ausführung der Reaktion und die Farbenerscheinungen
siehe tabellarische Zusammenstellung in Journ. de Pharm. et de Chim. (6) 16. 478.
Journ. Soc. Chem. Ind. 21. 1474.
Ztschr. f. analyt. Chem. 1906. 254.
Hicks, Apoth. Ztg. 1912. 442.
Journ. Ind. Engin. Chem. 1911. 3. 86.
Förster, Ztschr. f. analyt. Chem. 1913. 579.

**Halphen's** Reagens auf Leinöl in Ölen
ist eine Lösung von Brom in Tetrachlorkohlenstoff. Man gibt zu Tetrachl. so lange Brom, bis das ursprüngliche Volumen des Tetrachl. um die Hälfte zugenommen hat.
Zu einer Lösung von 0,5 ccm des zu prüfenden Öles in 30 ccm Äther gibt man 1 ccm Reagens. Bei 25 ° C. trübt sich diese Mischung innerhalb 2 Minuten, wenn Leinöl vorhanden ist.
Journ. de Pharm. et de Chim. 1905. I. 32.
Pharm. Ztg. 1905. 570.

**Hämäläinen's** Reaktion auf Sadebaumölvergiftung
beruht auf dem Nachweis der bei solchen Vergiftungen im Harn auftretenden Sabinolglykuronsäure in Form deren Strychninsalz, das charakteristische Krystalle aufweist. Näheres siehe: Biochem. Ztschr. 1912. 41. 241.

**Hamann's** Reagens zum Färben mikroskop. Präparate.
Man löst 15 g Carmin in 100 ccm Ammoniak und gibt Essigsäure bis zur schwachsauren Reaktion zu. Nach mindestens 14tägigem Reifen filtriert man. Besser als diese Lösung soll der in Ammoniak und Essigsäure gelöste Rückstand färben.
Merck's Index 1902. 270.
Internat. Monatsschr. f. Anat. u. Hist. 1884. 346.
Strasburger, Kl. Botan. Prakt. 1893. 219.
Behrens' Tabellen 1892. 100.
Enzyklop. d. mikroskop. Techn. 1903. 638.

**Hamilton**'s Reagens zum Färben mikroskop. Präparate.

Man kocht 12 g Hämatoxylin und 50 g Alaun mit 65 g Glycerin und 130 ccm Wasser und gibt 5 ccm flüssige Carbolsäure zu. Zum Reifen des Reagenzes setzt man dasselbe 4 Wochen dem Tageslicht aus.

Merck's Report 1900. 523.

**Hamlin**'s Reaktionen auf Alkaloide

beruhen auf Farbenerscheinungen bei Behandlung mit konzentr. Schwefelsäure und Chlorkalk oder Kaliumdichromat.

Tabellarische Zusammenstellung siehe: Pharm. Zentrh. 1881. 392.

**Hammarsten**'s Reaktion auf Cholsäure.

Schüttelt man gepulverte Cholsäure bei gewöhnlicher Temperatur in verschlossener Flasche mit 25 %iger Salzsäure, so nimmt die Mischung nach einiger Zeit eine gelbe, dann gelblichgrüne und nach einigen Stunden eine blauviolette Färbung an. Die Lösung zeigt ein Absorptionsspektrum um die Linie D herum.

Ztschr. f. physiol. Chem. 1909. 61. 495.
Nouv. remèdes 1910. 528.
Chem. Zentralbl. 1909. II. 1275.

**Hammarsten**'s Reaktion auf Eiweiß. (Tryptophanreaktion.)

Erhitzt man eine Mischung von 1 Teil konzentr. Schwefelsäure und 2 Teilen Eisessig mit Eiweiß, so entsteht eine violette Färbung.

Pflüger's Archiv 36. 389.
Vergl. Adamkiewicz' Reaktion.
Wurster, Zentralbl. f. Physiol. 1887. 193.

**Hammarsten**'s Reagens auf Gallenfarbstoffe.

Man mischt 19 Volumteile 25 %iger Salzsäure mit 1 Volumteil 25 %iger Salpetersäure und läßt diese Mischung so lange stehen, bis sie etwas gelblich geworden ist. Kurz vor dem Gebrauche mischt man 5 Teile 95 %igen Alkohol zu. Das Reagens erzeugt mit Gallenfarbstoffen die bekannte, grüne Farbenerscheinung. (Vergl. Huppert's Reaktion.)

Skandinav. Arch. f. Physiol. 9. 313.
Ztschr. f. analyt. Chem. 39. 269.
Pharm. Zentrh. 1900. 106.
Hammarsten, Physiol. Chem. 1899. 237 u. 507.

**Hammarsten**'s Reaktion auf Indikan im Harn

ist identisch mit Jaffé's Reaktion (siehe diese).

Enzyklop. d. gesamt. Pharm. 1888. V. 89.

**Hammarsten-Rolbert**'s Reaktion auf Thymol.

1. Natriumhypochlorit und Ammoniak erzeugen mit Thymol eine grüne Färbung, die nach einiger Zeit blaugrün und nach 4—5 Tagen rot wird. Empfindlichkeitsgrenze = 1 : 3000.
2. Erwärmt man Thymol mit Eisessig und konzentr. Schwefelsäure, so entsteht eine rotviolette Färbung. Empfindlichkeitsgrenze = 1 : 1 Million.

New Remedies 11. 110.

**Hammerschlag**'s Pepsin-Probe

beruht auf der Esbach'schen Bestimmungsmethode des Eiweißes, mit deren Hilfe nachgewiesen wird, wie viel Eiweiß in 1 %iger Eiweißlösung binnen 24 Stunden im Thermostaten verdaut wird.

Internat. klin. Rundschau 1894. — Wiener klin. Woch. 1907. 1509.

**Hankin**'s Reaktion auf Cocain.

Man löst das Cocain in einer ganz oder halbgesättigten, wässerigen Alaunlösung und gibt davon einen Tropfen auf einen Objektträger auf ein Kaliumpermanganathäutchen (erhalten durch Eintrocknenlassen einer konz. Kaliumpermanganatlösung). Nach vorsichtigem Bedecken mit einem Deckgläschen beobachtet man unter dem Mikroskop die Bildung der Cocainpermanganatkrystalle, die sich in ihrer Form von den Permanganatkrystallen des Alypins, Tropacocains und Scopolamins unterscheiden. β-Eucain, Stovain, Novocain, Holocain und Nirvanin geben mit Permanganat keine krystallisierten Verbindungen.

The Analyst 1910. 36.
Apoth. Ztg. 1911. 456.
Chem. Zentralbl. 1911. I. 1161.
Merck's Ber. 1911. 236.

**Hannover**'s Reagens zum Fixieren mikroskop. Präparate

ist eine 1—5 %ige Lösung von Chromsäure in Wasser.

Arch. f. mikroskop. Anat. 1840. 137.
Behrens' Tabellen 1892. 55.
Enzyklop. d. mikroskop. Techn. 1903. 133. 1241.

**Hansen**'s Reagens zum Färben mikroskop. Präparate.

(Hämalaun.) Eine Lösung von 1 g Hämatoxylin in 10 g Alkohol mischt man mit einer Lösung von 20 g Kalialaun in 200 ccm Wasser und erhitzt diese Mischung nach Zugabe von 3 ccm konzentr., wässeriger Kaliumpermanganatlösung etwa 1 Minute lang zum Sieden. Nach dem Erkalten ist die Lösung zum Gebrauch fertig.

Zoolog. Anzg. 1895. 158.
Mayer, Mitteilgn. d. zoolog. Stat. Neapel, 1896. 309.
Enzyklop. d. mikroskop. Techn. 1903. 513.

**Hansen**'s Reagenzien für mikroskop. Zwecke.

1. Ferrohämatein. Löst man 1,355 g Ferriammonsulfat in 40 ccm Wasser und mischt diese Lösung vorsichtig mit einer Lösung von 0,5 g Hämatoxylin in 10 g Wasser, so erhält man nach einiger Zeit eine violette Flüssigkeit, aus der sich ein schwarzer Niederschlag abscheidet. Letzterer geht auf Zusatz von 10 g Ferroammonsulfat in 50 ccm Wasser in Lösung. Das Reagens enthält alles Eisen in der Oxydulform und färbt schwarz bis schwarzviolett.

2. **Ferrodioxyhämatein.** Eine Lösung von 5,42 g Ferriammonsulfat in 100 g Wasser gibt man bei gewöhnlicher Temperatur unter Umrühren in eine Lösung von 1 g Hämatoxylin in 50 ccm Wasser. Enthält letztere 8 ccm einer 10 %igen Schwefelsäure, so bleibt der nachher entstehende Farblack reichlicher in Lösung. Nach längerem Stehen oder nach kurzem Kochen ist kein Ferrisalz mehr nachweisbar. Das Reagens färbt tiefer als das vorhergehende. Zur besseren Konservierung kann man demselben 0,73 g Ammonsulfat zugeben.

3. **Trioxyhämatein.** 1 g Hämatoxylin in 50 ccm Wasser und 6,78 g Ferriammonsulfat in 100 g Wasser werden nach dem Mischen und nach Zusatz von 8 ccm 10 %iger Schwefelsäure so lange erhitzt, bis sich durch Kaliumrhodanid kein Ferrisalz mehr nachweisen läßt. Nach dem Abkühlen fügt man 0,03 g Ammonsulfat zu. Das Reagens färbt sehr intensiv schwarz und ist die empfehlenswerteste der genannten Lösungen.

4. **Chromalaundioxyhämatein.** Man löst 10 g Chromalaun (Chromikaliumsulfat) in 250 g Wasser und kocht diese Lösung, bis sie rein grün geworden ist. In der heißen Mischung löst man alsdann 1 g Hämatoxylin, läßt erkalten und fügt dann nach Zusatz von 5 ccm 10 %iger Schwefelsäure tropfenweise eine Lösung von 0,55 g Kaliumbichromat in 20 ccm Wasser zu. Alsdann kocht man die Mischung unter Umrühren einige Minuten lang, bis die Lackbildung vor sich gegangen ist. Das Reagens wird vor dem Gebrauch immer filtriert. Es färbt tief braunschwarz.

5. **Manganhämatein.** Zu einer Lösung von 5 g Manganosulfat und 1 g Hämatoxylin in 200 ccm Wasser gibt man 0,18 g Kaliumpermanganat, gelöst in 10 ccm Wasser, und erhitzt zum Sieden. Man erhält so eine braune Lösung und einen schwarz-violetten Niederschlag, welch letzterer durch 1 ccm 10 %ige Schwefelsäure in Lösung gebracht werden kann. Das Reagens färbt Kerne tiefbraun. Bei Verwendung von 0,36 g Kaliumpermanganat erhält man das Mangandioxyhämatein.

6. **Hämateinlösung.** Zu einer Lösung von 1 g Hämatoxylin und 0,16 g Schwefelsäure in 50 ccm Wasser gibt man eine Lösung von 0,18 g Kaliumpermanganat in 50 ccm Wasser und erhitzt die Mischung kurz zum Sieden, worauf man in kaltem Wasser abkühlt. Bei Verwendung von 1 g Hämatoxylin und 0,32 g Schwefelsäure in 15 ccm Wasser und 0,36 g Kaliumpermanganat in 50 ccm Wasser erhält man eine Dioxyhämateinlösung.

Ztschr. f. wiss. Mikroskop. 1905. 45—84.
Merck's Bericht 1905. 100.

**Hanstein**'s Reagens zum Aufhellen mikroskop. Präparate

ist wässerige Kalilauge.

Behrens' Tabellen 1892. 69.
Enzyklop. d. mikroskop. Techn. 1903. 631.

**Hanstein**'s Reagens (Rosanilinviolett) zum Färben mikroskop. Präparate

ist eine gesättigte, alkoholische Lösung von gleichen Teilen Fuchsin und Methylviolett oder eine Lösung von 10 g Fuchsin und 1,5 g Methylviolett in 100 ccm Alkohol. Gebraucht zum Färben von Pflanzengeweben.

Behrens' Tabellen 1892. 116.
Strasburger, Kl. Botan. Prakt. 1893. 222; Gr. Botan. Prakt. 1902. 191.

**Hantzsch**'s Reaktion auf Aldehyd.

Eine mit einem Überschuß von Kalilauge versetzte Sublimatlösung (1 : 40) dient als Reagens. Man mischt davon einige Tropfen mit 3 ccm der auf Aldehyd zu prüfenden Flüssigkeit und erhitzt kurze Zeit, wobei bei Anwesenheit von Aldehyd weißes Trimerkurialdehyd entsteht. Gibt man nun zur Lösung des überschüssigen Merkurioxyds verdünnte Essigsäure zu, so bleibt der weiße Körper ungelöst zurück. Empfindlichkeitsgrenze = 1 : 6000 Wasser.

Schmidt, Pharmazeut. Chemie 1910, Org. Chem. 5. Aufl. II. 350.

**Hanus'** Reagens zur Bestimmung der Jodzahl.

Man löst 10 g Jodmonobromid in 500 ccm Eisessig. Dieses Reagens hat vor Hübl's Reagens den Vorzug, daß es haltbarer ist und dadurch die Ausführung blinder Versuche nicht erfordert.

Ztschr. f. Unters. Nahr.-Genußm. 1901. 913.
Pharm. Zentrh. 1901. 705.

**Hanus'** Reagens auf Vanillin

ist m-Nitrobenzoesäurehydrazid, das Vanillin aus wässeriger Lösung quantitativ als krystallinisches Vanillin-m-nitrobenzoesäurehydrazid abscheidet. Näheres siehe: Ztschr. f. Unters. Nahr.-Genußm. 1905. 585. — Chem. Ztg. 1906. Rep. 6. — Südd. Apoth. Ztg. 1906. 186. — Merck's Bericht 1906. 199.

**Hanus'** Reagens auf Zimtaldehyd.

Zur quantitativen Bestimmung des Zimtaldehyds dient eine wässerige Lösung von Semioxamacid, die beim Schütteln mit Zimtaldehyd einen unlöslichen Niederschlag gibt.

Ztschr. f. Unters. Nahr.-Genußm. 1903. 817.
Pharm. Zentrh. 1903. 435.
Pharm. Ztg. 1903. 823.
Chem. Zentralbl. 1903. II. 1091.

**Harden-Norris'** Diacetylreaktion

siehe: Vosges-Proskauer's Reaktion.

**Hardy**'s Reaktion auf Alkohol, Wasser, Methylalkohol etc. im Chloroform.

Versetzt man Chloroform mit einem Stückchen metallischen Natriums, so tritt bei Anwesenheit genannter Stoffe eine Gasentwikkelung ein.

Répert. de Chim. pur. et appl. 1862. 85.

**Harlay**'s Reaktion auf Albumosen.

Tyrosinase erzeugt mit verschiedenen Albumosen Rotfärbung, die allmählich in Grün übergeht.

Journ. Pharm. Chim. 1899. 9. 468.
Z u n z, Arch. internat. de physiolog. 1912. **12**. 395.
Zentralbl. f. ges. innere Med. 1913. **4**. 563.

**Harnack**'s Reaktion auf Erythrophlein.

Erythrophlein gibt mit Kaliumbromid und Schwefelsäure eine fleischrote Färbung, die allmählich in Braunrot übergeht.

Arch. f. experim. Pathol. 1882. 15. 410.

**Harnack**'s Reaktion auf Jod.

1. Versetzt man die zu prüfende Flüssigkeit mit verdünnter Schwefelsäure, einem Tropfen rauchender Salpetersäure und etwas Chloroform, so färbt sich letzteres bei Anwesenheit von Jod violett.
2. Versetzt man die zu prüfende Flüssigkeit mit verdünnter Schwefelsäure, einem Tropfen Salpetersäure und etwas Stärkelösung, so färbt sich die Mischung bei Gegenwart von Jod blau bis schwarzblau. Diese Färbung verschwindet beim Erwärmen, um beim Erkalten wieder zu erscheinen.

Pharm. Zentrh. 1903. 815.
R o g o v i n, Pharm. Ztg. 1903. 835.
Berl. klin. Woch. (1882. Nr. 20. u. 52.) 1903. 863.

**Harnack**'s Reaktion auf Tannin und Gallussäure siehe Büchner's Reaktion.

**Harris**' Carbol-Toluidinblau zum Färben mikroskop. Präparate

ist eine 1—2 %ige Lösung von Toluidinblau in einer gesättigten, wässerigen Carbolsäurelösung (zirka 7 %).

Philadelphia Med. Journ. 1900. 1.
Ztschr. f. wiss. Mikroskop. 1900. 455.

**Harris**' Hämalaun zum Färben mikroskop. Präparate.

Eine Lösung von 1 g Hämatoxylin und 20 g Alaun in 200 ccm Wasser erhitzt man (zur Oxydation) mit 0,5 g Quecksilberoxyd zum Sieden.

Microscop. Bull. Philadelphia 1898. 47.
Vergl. auch Ztschr. f. wiss. Mikroskop. 1899. 435 und 1901. 34.

**Harrison-Kelly**'s Reagens auf Kupferoxydsalze

ist eine frisch bereitete Lösung von 0,05 g Stärke und 10 g Jodkalium in 90 ccm Wasser. Gebraucht als Indikator bei der Titration mit Fehling's Reagens an Stelle von Ferrocyankalium. Mit Essigsäure angesäuerte Cuprisalze färben das Reagens intensiv blau. Empfindlichkeitsgrenze für Kupfersulfat = 1:20 000.

Pharm. Journ. (4) **17**. 170.
The Analyst **28**. 298.
Ztschr. f. analyt. Chem. 1905. 442.
Pharm. Ztg. 1903. 635.
P o l l i t i s, Ztschr. f. analyt. Chem. **30**. 64.
Chem. Zentralbl. 1903. II. 908.

**Harrison-van der Leck**'s Reagens zur Milchuntersuchung.

Lösung von 1—2 g Pepton, 0,5 g Natriumtaurocholat, 0,1 g Äskulin und 0,05 g Ferricitrat in 100 ccm Wasser. Die Verwendung des Reagenzes beruht darauf, daß das Äskulin unter dem Einfluß verschiedener Bakterien (Kolibakterien, Bacter. lactis aerogenes) in Zucker und Äskuletin gespalten wird. Dieses soll mit dem Eisensalz eine dunkelbraune Verbindung eingehen. Näheres siehe: Zentralbl. f. Bakteriol. II. **22**, 551.

**Hartig**'s Reagens zum Färben mikroskop. Präparate

(Carmin-Ammoniak) besteht aus carminsaurem Ammon. Zur Darstellung löst man Carmin in ammoniakhaltigem Wasser und verdampft die erhaltene, filtrierte Lösung bei gelinder Wärme zur Trockene. — Hartig's Reagens in Lösung ist identisch mit Gerlach's Reagens. (Carminlösung.)

Vergl. auch M a l a s s e z in Lee-Henneguy's Traité 1. Ed. 82.
B e h r e n s' Tabellen 1892. 99.
Enzyklop. d. mikroskop. Techn. 1903. 636.

**Harting**'s Reagens für mikroskop. Zwecke

ist eine Lösung von 10 g Calciumchlorid in 50 ccm Wasser, 40 ccm Glycerin und 25 ccm Alkohol oder eine Lösung von Quecksilberchlorid in Wasser 1—5 : 1000 oder in 2 %iger Essigsäure 7 : 100. Gebraucht als Konservierungsmittel.

Journ. Roy. Microscop. Soc. 1882. 702.
B e h r e n s' Tabellen 1892. 63. 66.

**Hartley**'s Reaktionen auf Alkaloide

beruhen auf Absorptionsspektra der Alkaloide in verschiedenen Lösungsmitteln. Namentlich die Aconitine sollen sich auf diesem Wege unterscheiden lassen. Näheres siehe: Chem. News. 1884. 287.

**Hartmann**'s Reaktion auf künstlichen Invertzucker im Honig.

Diese Reaktion ist nur als Vorprobe zur Honiguntersuchung vorgesehen. In einer Porzellanschale streicht man 0,5—1 g Honig aus und gibt 2 Tropfen einer frisch bereiteten Lösung von 1 g Resorcin in 100 ccm Salzsäure (38 %) zu. Bei Verfälschungen tritt eine kirschrote Färbung auf.

Ztschr. f. öffentl. Chemie 1911. 412.
Pharm. Zentrh. 1912. 608.

**Hartwich-Winckel**'s Reaktion der Phenole und Gerbstoffe mit Vanillin-Salzsäure

siehe Arch. der Pharm. 1904. 462.
Chem. Zentralbl. 1904. II. 783.

**Harz**' Reagens für mikroskop. Zwecke

ist eine Lösung von 1 g Jod in 100 g neutralem und farblosem Paraffinöl. Gebraucht als Mikroreagens und Einbettungsmittel.

Ztschr. f. wiss. Mikroskop. 1904. 25.
Chem. Zentralbl. 1904. II. 846.

**Haslam**'s Reaktion auf Eiweiß im Harn.

Man säuert den zu prüfenden Harn mit Essigsäure an und schichtet eine Lösung von Eisenchlorid darüber. Bei Anwesenheit von Eiweiß entsteht ein weißlicher Ring.

Chem. News 47. 239.
Journ. of the Chem. Soc. 44. 885.
Ztschr. f. analyt. Chem. 23. 115.

**Haslam**'s Reaktion auf Natriumbikarbonat in Natriumkarbonat.

Die wässerige Lösung des Natriumkarbonates versetzt man mit einem Überschuß von Calciumchloridlösung, filtriert nach 5 Minuten und versetzt das Filtrat mit einigen Tropfen Ammoniakflüssigkeit. Bei Gegenwart von Bikarbonat tritt abermals Trübung ein

Journ. Americ. Chem. Soc. 1912. 34. 822.
Pharm. Zentrh. 1915. 86.

**Hassalt**'s Reaktion auf Aconitin

ist eine Modifikation von Herbst's Reaktion unter Verwendung von sirupöser Phosphorsäure.

Merck's Report 1900. 523.

**Hasselbalch-Lindhard**'s Reagens auf Glukose im Harn.

a) Eine wässerige Lösung von Safranin 1 : 10 000.
b) Eine Lösung von Kaliumhydroxyd 1 : 100.

Die Methode beruht auf der Entfärbung der alkalischen Safraninlösung durch Glukose in der Siedehitze. Näheres siehe: Biochem. Ztschr. 1910. 27. 273. — Merck's Bericht 1910. 329.

**Hatschett**'s Reaktion auf Kupfer.

Kupfersalzlösungen geben mit Ferrocyankalium einen rotbraunen Niederschlag. Diese Reaktion ist die in der analytischen Chemie am häufigsten angewandte Reaktion auf Kupfer.

Dammer, Lexikon d. angew. Chem. 1882. 295.
Fresenius, Qualit. Anal. 13. Aufl. 164.
Bernthsen, Lehrb. d. Chem. 1902. 271.

**Hauchecorne**'s Reaktion auf Cottonöl im Olivenöl.

Erhitzt man 6 g Olivenöl mit 2 g einer Mischung von 3 Teilen Salpetersäure (40 ° Bé.) und 1 Teil Wasser 20 Minuten lang auf dem Dampfbade, so bleibt reines Öl unverändert oder wird heller. Enthält es aber Cottonöl, so färbt sich die Masse orange- bis braunrot.

Annal. Chim. analyt. appl. 1899. 217.
Chem. Ztg. 1899. Rep. 263.
Ztschr. f. analyt. Chem. 3. 512.
Langlies, ebenda 9. 534.
de Negri u. Fabris, ebenda 33. 547.
Ztschr. f. wiss. Mikroskop. 1890. 151, 1891. 52.

**Haug**'s Ammoniak-Lithion-Carmin zur Schnittfärbung.

Man kocht 1 g Carmin und 2 g Chlorammon mit 100 ccm Wasser und gibt dann tropfenweise 15 ccm Ammoniak und 0,5 g Lithiumkarbonat zu. Die hellrote Mischung wird filtriert. Nach anderer Lesart ist das Reagens eine Lösung von 3 g Carmin in 100 ccm kalt gesättigter, wässeriger Lithiumkarbonatlösung mit einem Zusatz von 5 ccm Ammoniak.

Vergl. Ztschr. f. wiss. Mikroskop. 1890. 152; 1891. 52.
Eberth-Friedländer, Mikroskop. Techn. 1894. 112.

**Haug**'s Alaun-Borax-Carmin zur Schnitt- und Stückfärbung.

Man kocht 1 g Carmin und 1 g Borax ½ Stunde lang mit Aluminiumacetatlösung, läßt 24 Stunden stehen und filtriert. Die Lösung bedarf zum Ausreifen einige Wochen.

Eberth-Friedländer, Mikroskop. Techn. 1894. 111.

**Haug**'s Essigsäure-Borax-Carmin.

2 g Carmin und 4 g Borax kocht man mit 300 g Wasser auf ein Gewicht von 250 g ein und gibt zu der noch nicht vollkommen erkalteten Mischung 10—15 ccm Essigsäure (10 %), bis dieselbe hellrot geworden ist.

**Haug**'s Hämatoxylin-Alaun zum Färben mikroskop. Präparate.

1. Eine Lösung von 1 g Hämatoxylin in 10 ccm Alkohol mischt man mit 200 ccm Aluminiumacetatlösung. Die Mischung muß gut ausreifen, eventuell gibt man 3—5 ccm gesättigter Lithiumkarbonatlösung zu. Gebraucht zu Kern- und Nervenfärbungen.
2. Eine Lösung von 1 g Hämatoxylin in 30 g Alkohol mischt man mit einer Lösung von 1 g Ammoniakalaun in 300 ccm Wasser.

Vergl. Ztschr. f. wiss. Mikroskop. 1890. 151 bis 155 u. 1891. 51.
Eberth-Friedländer, Mikroskop. Techn. 1894. 106. 261.

**Haug**'s Reagens zum Entkalken mikroskop. Präparate.

1. Man löst 1—5 g Salzsäure und 0,5 g Chlornatrium in 30 ccm Wasser und mischt mit 70 g Alkohol.
2. Man löst 0,1 g Osmiumsäure und 0,25 g Chromsäure in 100 ccm Wasser.
3. Man löst 0,6 g Pikrinsäure in 100 ccm Wasser mit oder ohne Zusatz von 5 g Salpetersäure.
4. Man löst 1 g Chromsäure und 1 g Salzsäure in 100 ccm Wasser.
5. Eine Lösung von 1 g Phloroglucin und 5 g Salpetersäure in 70 g Alkohol und 30 g Wasser.

   Auch 10 %ige Milchsäure, 10—15 %ige Phosphorsäure und Holzessig (Acet. pyrolignos. pur.) wurde vom Autor beschrieben. Näheres siehe: Ztschr. f. wiss. Mikroskop. 1891. 5—11.

6. Man löst 0,5 g Chlornatrium in 60 ccm Wasser, gibt 140 g Alkohol und zuletzt 6—18 g Salpetersäure (D. = 1,2—1,5) zu.

7. Eine Lösung von 1 g Phloroglucin in 10 ccm Salpetersäure (D. = 1,4) verdünnt man allmählich mit 50 ccm Wasser und gibt eine Mischung von 10 ccm Salpetersäure und 50 ccm Wasser zu. An Stelle dieser Lösung kann auch eine solche mit 0,5 % Chlornatrium und 30 % konzentr. Salzsäure verwendet werden.

Zentralbl. f. d. mediz. Wissensch. 1885. XII. (Andeer).
Zentralbl. f. allg. Pathol. u. Anat. 1891. 193.
Behrens' Tabellen 1892. 85. 87.
Eberth-Friedländer, Mikroskop. Techn. 1894. 59.
Enzyklop. d. mikroskop. Techn. 650—654. 898.

**Hauser-Herzfeld**'s Reaktion auf Methan in Gasgemischen

beruht auf der Oxydation des Methans zu Formaldehyd unter der Einwirkung ozonisierter Luft. Formaldehyd kann am Geruch oder durch die Kenntmann'sche Reaktion identifiziert werden. Näheres siehe: Berl. Ber. 1912. **45.** 3515.

**Hauser-Lewite**'s Reagens auf Phenole

ist eine konzentrierte Lösung von Titansäure in kalter, rauchender Salzsäure oder konzentrierter Schwefelsäure. Versetzt man das Reagens mit Phenolen und erhitzt, so färbt sich die Mischung rot bis violett.

Berl. Ber. 1912. **45.** 2480.
Apoth. Ztg. 1912. 837.
Merck's Bericht 1912. 86.

**Hausmann**'s Reaktion auf Urobilin im Harn

ist eine Modifikation von Bogomoloff's Reaktion. Zu 10—20 ccm des zu prüfenden Harns gibt man 20—40 Tropfen einer 10 %igen, wässerigen Kupfersulfatlösung und schwenkt, ohne zu schütteln, etwa 10 mal mit 2—4 ccm Chloroform um. Das Chloroform färbt sich bei Anwesenheit von Urobilin hell- bis dunkelgelb (kupfergelb oder kupferrot), bei alkalischem Harn in Rosa hinüberspielend.

Deutsche med. Woch. 1913. 360. 1885.
Merck's Bericht 1913. 438.
Pharm. Ztg. 1913. 210.
Berl. klin. Woch. 1913. 406.
Ztschr. f. experim. Pathol. 1913. **13.** 373.
Wiener klin. Woch. 1913. 1671.

**Haussmann**'s Reagens auf Glukose im Harn.

1 Teil Kupfersulfat, 1 Teil Natriumsalicylat und 4 Teile Natriumkarbonat löst man in 400 Teilen Wasser. — Kocht man 5 ccm dieser grünen Lösung mit einigen Tropfen Glukoselösung (Harn), so entsteht ein schmutziggrüner bis gelbgrüner Niederschlag.

Pharm. Zentrh. 1897. 554.

**Hay**'s Reaktion auf Gallensäuren im Harn.

Streut man auf den zu prüfenden Harn etwas fein gepulverten Schwefel, so sinkt derselbe bei Anwesenheit von Gallensäuren unter.

Chem. Weekblad **1.** 12.
Chem. Zentralbl. 1903. II. 1151.
Merck's Report 1900. 523.
Gennet, Thèse de Paris 1902.
Ztschr. f. analyt. Chem. **42.** 671.

**Haycock**'s Reaktion auf Strophanthidin.

Strophanthidin gibt mit konz. Schwefelsäure eine orangerote, nach 12 Stunden in Olivgrün übergehende Färbung.

Pharm. Journ. 1911. **32.** 553.
Chem. Zentralbl. 1911. I. 1648.

**Hayem**'s Reagens zum Konservieren von mikroskop. Pflanzenpräparaten

ist eine Lösung von 1 g Quecksilberchlorid in 80 ccm Wasser und 80 ccm Glycerin.

**Hayem**'s Reagens zur Prüfung der Blutbestandteile.

1—2 g Chlornatrium, 5 g Natriumsulfat und 0,5 g Quecksilberchlorid löst man in 200 ccm Wasser.

Siehe auch: Pharm. Zentrh. 1897. 568.
Ztschr. f. wiss. Mikroskop. 1889. 335.
Mosso, ebenda 1890. 64.
Behrens' Tabellen 1892. 66.
Eberth-Friedländer, Mikroskop. Techn. 1894. 284.
Enzyklop. d. mikroskop. Techn. 1903. 84. 1307.
Vergl. Jörgensen's Reagens.

**Hecht**'s Reagens auf Schleim in Faeces

ist eine Mischung gleicher Teile einer 2 %igen Brillantgrünlösung und einer 1 %igen Neutralrotlösung. Schleim färbt sich damit rot, Fibrin, Zellprotoplasma und die mit alkalischen Seifen durchsetzten Kerne blaugrün, die anderen Kerne, Bakterien und Pflanzenhäute rot.

Wiener klin. Woch. 1908. 1554.
Südd. Apoth. Ztg. 1909. 252.

**Hecht**'s Reaktion auf Syphilis

ist eine Modifikation von Wassermann's Reaktion.

Vergl. Münchener med. Woch. 1912. 1754.
Pinés, Journ. méd. de Bruxelles 1912. No. 26.
Wiener klin. Woch. 1912. 1761.

**Hedenius**' Reaktion auf Gallenfarbstoffe.

5 ccm des zu prüfenden Blutserums versetzt man mit 10 ccm Alkohol (95 %) und 5 Tropfen Salzsäure (20 %) und erhitzt zum Sieden. Bei Anwesenheit von Gallenfarbstoffen verändert sich die gelbe Farbe der Mischung in eine grüne.

Obermayer-Popper, Wiener med. Woch. 1910. No. 40. — Deutsche Med. Ztg. 1911. 357.

**Hedin**'s Reaktion auf Histidin.

Versetzt man die (salpetersaure) Lösung von Histidin mit Silbernitrat und mit Ammoniak, bis die überschüssige Salpetersäure neutralisiert ist, so bildet sich ein amorpher Niederschlag (Histidin-Silber), der in überschüssigem Ammoniak löslich ist.

Ztschr. f. physiol. Chem. **22.** 191.
Burian, Berl. Ber. **37.** 696.

**Heermann's** Reagens auf Natriumchlorid in Chlorzinn
ist ein mit Salzsäuregas gesättigter 99,5 %iger Alkohol, der mit natriumhaltigem Chlorzinn eine Trübung bezw. einen Niederschlag gibt.
Chem. Ztg. 1907. 27.
Südd. Apoth. Ztg. 1907. 132.

**Hefelmann's** Reaktion auf Bombay-Macis in Muskatblütenpulver.
Man kocht eine Probe Macis mit Alkohol aus und versetzt den Auszug mit Bleiessig. Reine Macis wird milchweiß getrübt, Bombay-Macis bewirkt einen roten, flockigen Niederschlag.
Pharm. Ztg. 36. 122.
Waage, Pharm. Zentrh. 1892. 372.
Thoms, Ber. d. deutsch. pharm. Ges. 2. 229.

**Hefelmann-Mann's** Reaktion auf Fluor im Bier
beruht auf der glasätzenden Wirkung der Flußsäure. Das zu prüfende Bier wird mit Chlorcalcium oder Chlorbaryum gefällt und der erhaltene Niederschlag mit konzentr. Schwefelsäure behandelt, wobei sich eventuell vorhandene Flußsäure in bekannter Weise zu erkennen gibt.
Pharm. Zentrh. 1895. 249.
Brand, ebenda 1896. 45.

**Heffter's** Reaktion auf Cystein
beruht auf der Bildung von Schwefelwasserstoff bei der Einwirkung von feinverteiltem Schwefel auf Cysteinlösungen.
Vergl. Ztschr. f. physiol. Chem. 1910/11. 70. 318.

**Heilebower's** Diazoreaktion des Harns.
a) Eine Lösung von 1 g Sulfanilsäure in 500 ccm Wasser, b) eine Lösung von 2,5 g Natriumnitrit in 500 ccm Wasser. — 3 ccm Harn werden mit gleichen Teilen der Lösungen a und b versetzt und Ammoniakflüssigkeit darüber geschichtet. In positiven Fällen variiert die Farbe des Ringes von eosinrot bis zu granatrot.

**Heilebower's** Urochromogenreaktion des Harns.
1 ccm Harn verdünnt man mit 2 ccm Wasser und gibt 3 Tropfen Kaliumpermanganatlösung (1 : 1000) zu. Das Erscheinen einer gelben Farbe zeigt Urochromogen an.
Americ. Journ. of med. sciences 1912. Febr.
Wiener klin. Woch. 1912. 427.

**Hegler's** Reagens auf Lignin
ist eine konzentr. Lösung von Thallinsulfat in verdünntem Alkohol. Ohne Verwendung von Salzsäure färbt sich Holzstoff mit diesem Reagens orangegelb. Näheres siehe: Ztschr. d. öst. Apoth. Ver. 1889. 264 oder Pharm. Zentrh. 1889. 492. — Flora, 1890. 31. — Ztschr. f. wiss. Mikroskop. 1889. 242 u. 1890. 397. — Botan. Zentralbl. 1889. 616.

**Hegler's** Formhämatoxylinlösung.
Man löst 1 g Hämatoxylin in 200 ccm Wasser und 4 ccm Formaldehyd (40 %). Gebraucht für mikroskop. Zwecke.
Ruhland, Ztschr. f. wiss. Mikroskop. 24. 462.

**Hehn's** Reagens auf ätherische Öle und Harze
(Chloralreagens, Metachloral) ist ein unreines Chloral. Man erhält es, indem man Alkohol mit Chlorgas sättigt, die entstandene Salzsäure abdestilliert und mit Schwefelsäure das Chloral abscheidet, welches dann der Destillation unterworfen wird. Das Reagens gibt mit ätherischen Ölen Farbenreaktionen. Näheres siehe: Dragendorff, Analyse von Pflanzen etc. 1882. 119. — Vergl. auch Hager, Pharm. Prax. Erg. Bd. 1883. 738.

**Hehner's** Butterprobe
siehe: Pharm. Zentrh. 1878. 49; 1903. 156.

**Hehner's** Reaktion I auf Formaldehyd in Milch.
Formaldehydhaltige Milch über konzentr. Schwefelsäure geschichtet, zeigt an der Berührungsfläche einen blauen Ring. Auf dieselbe Art läßt sich auch das Milchdestillat nach Zugabe von Pepton prüfen. Nach N. Leonard, The Analyst 21. 157, tritt die Reaktion mit eisenfreier Schwefelsäure nicht ein. Nach letzterem beruht die Farbenreaktion auf der Oxydation des Formaldehyds.
Chem. Zentralbl. 1896. II. 1145.
Ztschr. f. analyt. Chem. 36. 714; 39. 332.
Pharm. Zentrh. 1899. 143.
Acree, Chem. Zentralbl. 1906. II. 1361.
Shrewsbury, The Analyst 1907. 32. 5.
Richardson, Journ. Soc. Chem. Ind. 26. 3.
Rosenheim, The Analyst 1907. 32. 106.

**Hehner's** Reaktion II auf Formaldehyd in Milch.
Das Milchdestillat versetzt man mit 1 Tropfen Phenollösung und schichtet diese Mischung auf konzentr. Schwefelsäure. Bei Anwesenheit von Formaldehyd entsteht eine carmoisinrote Zone. Empfindlichkeitsgrenze = 1 : 200 000.
The Analyst 21. 94.
Ztschr. f. analyt. Chem. 39. 331.
Farnsteiner, Forschungsber. über Lebensmittel 3. 363.
La Wall, Americ. Journ. of Pharm. 1905. 392.

**Hehner's** Reagens auf Glukose.
Von einer Fehling'schen Lösung, die im Liter mindestens 120 g und höchstens 150 g Natriumhydroxyd enthält, nimmt man 130 ccm, gibt 300 ccm Ammoniakflüssigkeit (D. = 0,880) zu und verdünnt mit Wasser auf 1 Liter. (Vergl. Pavy's Reagens.)
Chem. News 39. 197.
Ztschr. f. analyt. Chem. 19. 100.
Chem. Zentralbl. 1879. 406.

**Heidenhain's** Reaktionen auf Eiweiß
beruhen auf der Fällung von Eiweißlösungen durch saure Anilinfarben. Näheres siehe: Münchener med. Woch. 1902. 437. — Pharm. Zentrh. 1902. 209. — Chem. Zentralbl. 1902. II. 226. — Ztschr. d. öst. Apoth. Ver. 1902. 796.
Als besonders geeignet erscheint das Violettschwarz (Natriumsalz der p-Phenylendiamin-azo- α-Naphthylamin-azo- 1 Naphthol- 4 Sulfosäure). Man verwendet es zur Harnanalyse

in 0,2 %iger, wässeriger Lösung. Den zu prüfenden Harn säuert man mit Essigsäure (von 0,4 %) an, erwärmt eventuell und gibt bei einem vermuteten Eiweißgehalt von 1 : 1000—5000 auf 15 ccm Harn 2—3 ccm Reagens zu. Bei geringem Eiweißgehalt ist das Reagens entsprechend zu verdünnen.

**Heidenhain**'s Reagens auf Kohlensäure

ist eine alkoholische mit 1/10 Normalnatronlauge bis zur Rotfärbung versetzte Lösung von Nilblau A, die durch Kohlensäure (der Luft) blau gefärbt wird.

Merck's Bericht 1904. 104.
Ztschr. f. angew. Chem. 1904. 332.
Münchener med. Woch. 1903. 2041.
Pharm. Praxis 1904. 13.
Michaelis, Chem. Zentralbl. 1904. I. 834.

**Heidenhain**'s Reagens zum Fixieren mikroskop. Präparate

ist eine 5—10 %ige Lösung von Trichloressigsäure.

Ztschr. f. wiss. Mikroskop. 1905. 321.

**Heidenhain**'s Reagens zum Fixieren mikroskop. Präparate.

Eine 0,5 %ige Kochsalzlösung sättigt man in der Siedehitze mit Quecksilberchlorid und bewahrt sie nach dem Erkalten über den ausgeschiedenen Krystallen auf.

Festschr. Kölliker, Leipzig 1892. 109.
Behrens' Tabellen 1892. 61.

**Heidenhain**'s Reagens zum Härten mikroskop. Präparate

ist eine Lösung von 5 g Ammoniumchromat in 100 ccm Wasser oder eine Lösung von 0,5 g Chlornatrium und 7 g Quecksilberchlorid in 100 ccm Wasser.

Eberth - Friedländer, Mikroskop. Techn. 1894. 32. 45.
Enzyklop. d. mikroskop. Techn. 1903. 1274.

**Heidenhain**'s Reagens (Hämatoxylin-Eisenlack)

besteht aus einer wässerigen Lösung von Ferriammonsulfat und einer alkoholischen Lösung von Hämatoxylin. Es dient zur Färbung von Zentralkörpern (Kerntinktionen).

Festschr. Kölliker, Leipzig 1892. 118.
Merck's Index 1902. 267.
Vergl. Ztschr. f. wiss. Mikroskop. 1896. 186 u. Arch. f. mikroskop. Anat. 1894. 435.
Held, Arch. Anat. Phys. 1897. 277.
Krause, Arch. f. mikroskop. Anat. 1895. 94.

**Heidenhain**'s Hämatoxylin-Vanadiumlösung (Vanadiumhämatoxylin).

Man mischt 60 ccm einer 0,5 %igen Hämatoxylinlösung mit 30 ccm einer 0,25 %igen Ammonvanadatlösung.

Vergl. Cohn, Ztschr. f. wiss. Mikroskop. 1895. 359 oder Anat. Hefte 1895. 302.

**Heidenhain**'s Reagens zum Färben histologischer Präparate

ist eine wässerige Lösung von Hämatoxylin (1 %).

Merck's Index 1902. 270.
Behrens' Tabellen 1892. 105.
Eberth - Friedländer, Mikroskop. Techn. 1894. 106.

**Heidenhain**'s Pikroblauschwarz

ist eine Lösung von 1 g Blauschwarz B in 320 ccm Wasser und 80 g Methylalkohol, der 400 ccm gesättigte Pikrinsäurelösung zugesetzt werden. Für mikroskopische Zwecke.

Ztschr. f. wiss. Mikroskop. 25. 407.

**Heidenreich**'s Reagens zum Konservieren anatomischer Präparate

ist eine 1 %ige Formalinlösung mit einem Zusatz von Glycerin und Methylalkohol.

Russkij Wratsch 1903. Nr. 16.
Revue d. Russ. mediz. Ztschr. 1903. Nr. 11.

**Heikel**'s Reagens zur Alkaloidbestimmung

ist Mayer's Reagens, d. h. eine Lösung von 6,775 g Quecksilberchlorid und 25 g Kaliumjodid in 1 Liter Wasser. Näheres siehe: Chem. Ztg. 1908. 1149. — Pharm. Zentrh. 1909. 401. — Chem. Zentralbl. 1909. I. 949.

**Heinrich**'s Reagens auf Glukose.

Man löst 18 g Quecksilberjodid, 25 g Jodkalium und 10 g Ätzkali zu 1 Liter Wasser (1 ccm = 0,003355 g Glukose).

Chem. Zentralbl. 1878. 409.

**Heintz**' Reaktion auf Kalium.

Die wässerige mit Salzsäure angesäuerte Lösung wird mit dem doppelten Volumen Äther-Alkohol (gleiche Teile) versetzt, der etwas Platinchlorid zugesetzt wurde. Nach einiger Zeit entstehen Oktaeder von Kaliumplatinchlorid.

Poggendorf's Annal. 66. 133.
Med. Ztschr. Würzburg 1861. 2. 96.

**Heintz**' Reaktion auf schweflige Säure.

Erhitzt man Substanzen, welche schweflige Säure enthalten, mit einer Lösung von Zinnchlorür und Salzsäure, so bildet sich Zinnsulfid, das sich abscheidet. Entsteht nur eine braune Färbung, so gibt man Kupfersulfat zu, das dann sofort eine Abscheidung von Kupfersulfid verursacht.

Journ. de pharm. et de chim. 1846. I. 58.

**Heise**'s Reaktion auf Kermesbeerfarbstoff im Wein.

Zu 20 ccm Wein gibt man 10 ccm Alaunlösung (10 %) und neutralisiert mit 10 %iger Sodalösung. Nach dem Filtrieren stellt man, wenn das Filtrat noch rot gefärbt ist, durch folgende Reaktionen die Anwesenheit von Kermesbeerfarbstoff fest: Amylalkohol nimmt aus der sauren und alkalischen Flüssigkeit keinen Farbstoff auf; die mit Essigsäure angesäuerte Flüssigkeit wird durch Natriumbisulfit nicht verändert; durch Ätzalkalien wird die Flüssigkeit gelb gefärbt.

Vergl. Schmidt, Pharm. Chem. 1896. II. 1615.
Arbeit. aus d. kais. Ges.-Amt 5. 618; 9. 478.

**Helbing's** Reaktion auf Strophanthin.

Löst man eine Spur Strophanthin in 1 Tropfen Wasser und gibt Eisenchlorid und 1 Tropfen konzentr. Schwefelsäure zu, so entsteht ein rotbrauner Niederschlag, welcher sofort oder nach einigen Stunden eine grüne Farbe annimmt.

Schweizer Woch. f. Pharm. **25.** 239.
Ztschr. f. analyt. Chem. **30.** 264.
Pharm. Journ. and Trans. 1887. 924.
Journ. de Pharm. et de Chim. 1887. II. 25.
Chem. Zentralbl. 1887. 1173.

**Helch's** Reaktion auf Apomorphin in Morphin.

Schüttelt man 5 ccm einer wässerigen Lösung von Morphinhydrochlorid (1 : 30) nach Zusatz von 1 Tropfen Kaliumdichromatlösung (1 : 20) mit etwas Chloroform, so färbt sich letzteres bei Anwesenheit von Apomorphin rötlichviolett. Empfindlichkeitsgrenze = 0,03 %.

Pharm. Post **35.** 498.
Pharm. Ztg. 1902. 1030.
Chem. Zentralbl. 1902. II. 963.

**Helch's** Reaktion auf Pilocarpin.

Gibt man zu einer Pilocarpinlösung etwas Wasserstoffsuperoxyd und einige Tropfen stark verdünnte Kaliumdichromatlösung, so färbt sich zugesetztes Benzol bei vorsichtigem Schütteln violett. (Apomorphin gibt eine ähnliche Reaktion.)

1 Körnchen Kaliumdichromat übergießt man mit 2 ccm Chloroform, gibt das Pilocarpin in Lösung oder Substanz zu und schüttelt mit 1 ccm Wasserstoffsuperoxyd (3 %). Das Chloroform färbt sich hierbei violettblau. Empfindlichkeitsgrenze = 0,0005 g.

Pharm. Post **35.** 289.
Pharm. Ztg. **47.** 594.
Chem. Ztg. **26.** Rep. 230.
W a n g e r i n, Chem. Zentralbl. 1892. II. 660 u. Pharm. Ztg. **47.** 739.
Vergl. auch Pharm. Post 1906. 313.
Pharm. Ztg. 1906. 512.
Merck's Bericht 1906. 224.

**Held's** Reagens zum Färben mikroskop. Präparate.

a) Eine Lösung von 1 g Erythrosin und 2 Tropfen Eisessig in 150 ccm Wasser.
b) Eine Mischung von gleichen Teilen 5 %iger Acetonlösung und Nissl's Reagens 2 (Methylenblau).

Arch. Anat. Phys. 1896. 399.
Enzyklop. d. mikroskop. Techn. 1903. 4. 263.

**Held's** Reagens zum Fixieren mikroskop. Präparate

ist eine Lösung von 1 g Quecksilberchlorid in 100 ccm Aceton (40 %).

Arch. Anat. Phys. 1895 u. 1897. 227.

**Hell's** Reaktion auf tertiäre Alkohole.

Bei der Einwirkung von tertiären Alkoholen auf Schwefelkohlenstoff und Brom entsteht Schwefelsäure, welche sich in dem mit dem Reaktionsgemisch geschüttelten Wasser mit Chlorbaryum nachweisen läßt. Näheres siehe: Berl. Ber. **15.** 1249.

**Heller's** Reaktion auf Blutfarbstoff im Harn.

Der zu prüfende Harn wird mit Natronlauge versetzt und gekocht. Bei Anwesenheit von Blutfarbstoff ist der hierbei entstehende Niederschlag der Erdalkaliphosphate rot gefärbt mit einem grünen Schimmer.

Ztschr. d. Ges. d. Ärzte, Wien 1858. **48.**
F i l e h n e, Virchow's Archiv **117.** 417 oder Ztschr. f. analyt. Chem. **29.** 241.
A r n o l d, Berl. klin. Woch. 1898. 283.
R o s e n t h a l, Virchow's Archiv **103.** 516.
H a m m a r s t e n, Physiol. Chem. 1899. 504.
B e n d i x, Schweiz. Woch. f. Chem. u. Pharm. 1902. 144.

**Heller's** Reaktion auf Eiweiß im Harn.

Schichtet man Harn vorsichtig über konzentr. Salpetersäure, so entsteht bei Anwesenheit von Eiweiß ein weißlicher Ring. Empfindlichkeitsgrenze = 1 : 40 000.

Arch. f. phys. u. patholog. Chem. **5.** 169.
Vergl. H a m m a r s t e n, Physiol. Chem. 1899. 496.
P r e s c h e r, Chem. Ztg. 1903. 728.
Pharm. Zentrh. 1903. 576.
H a l l a u e r, Münchener med. Woch. 1903. 1539.
P a y n e, Medical Record **67.** 538.
S c h w e i s s i n g e r, Münchener med. Woch. 1904. 1172.
Sachs, Deutsche med. Woch. 1907. 69.
Michel, Chem. Ztg. **35.** 183.
Pfeiffer, Berl. klin. Woch. 1913. 679.

**Heller's** Reagens auf Glukose.

Erhitzt man Glukose enthaltenden Harn mit Ätzkali, so färbt er sich gelb bis braun. Nach Rosenfeld läßt die Reaktion bei einem Gehalt von weniger als 0,5 % Glukose schon im Stiche.

Heller's Archiv **1.** 212; **4.** 310.
Ztschr. f. analyt. Chem. **28.** 650.
Deutsche med. Woch. 1888. 451 u. 479.
B e n e d i x, Münchener med. Woch. 1906. 1309.
K e r k h o f, Dissert. Göttingen 1906.
S z a n t o, Pester med.-chir. Presse 1907. 319.
F r a m m, Arch. d. ges. Physiol. **64.** 575.
W o h l, Biochem. Ztschr. **5.** 45.
P i n k u s, Berl. Ber. **31.** 31.
W i n d a u s, Berl. Ber. **38.** 1166.
R o c h l e d e r, Journ. prakt. Chem. **94.** 403.
A l l e i n - G a u d, Journ. Pharm. Chim. 1894. II. 300.
H o p p e - S e y l e r, Berl. Ber. 1871. 436.
K i l i a n i, Berl. Ber. 1882. 136.
N e n c k i - S i e b e r, Journ. prakt. Chem. **24.** 498.
C r o n q u i s t, Dermat. Woch. 1915. 692.

**Heller's** Reaktion auf Indikan im Harn.

5 ccm Salzsäure (D. = 1,19) mischt man mit 2 ccm Harn oder man gibt zu dem Harn Salzsäure und Salpetersäure und erhitzt zum Sieden. Bei Anwesenheit von Indikan entsteht eine violette bis blaue Färbung, die beim

Schütteln mit Chloroform in letzteres übergeht.
Hager, Pharm. Prax. 1880. II. 1191.
Neubauer-Vogel, Anal. d. Harns 10. Aufl. 166.

**Heller-Teichmann's** Reaktion auf Blut.
Der bei der Heller'schen Reaktion erhaltene Niederschlag wird zur Darstellung von Teichmann's Häminkrystallen verwendet.
Vergl. Teichmann's Reaktion.
Struve, Ztschr. f. analyt. Chem. **11.** 29 u. 151.

**Hellriegel**'s Reaktion auf Methylalkohol
beruht auf der Überführung des Methylalkohols in Oxalsäuredimethylester durch Erhitzen mit Oxalsäure. Der Ester schmilzt bei 54°. Näheres siehe: Pharm. Ztg. 1912. 7. — Zentralbl. d. ges. Arzneimittelkunde 1912. 11. — Merck's Bericht 1912. 109.

**Helly**'s Reagens zum Fixieren mikroskop. Präparate.
Man löst 2,5 g Kaliumbichromat, 1 g Natriumsulfat und 5 g Quecksilberchlorid in 100 ccm Wasser. Vor dem Gebrauch versetzt man diese Lösung mit 5 g Formaldehyd (40 %).
Ztschr. f. wiss. Mikroskop. 1904. 414.

**Hellwig**'s Reaktion auf Solanin.
Verdunstet man Solanin auf einem Objektträger vorsichtig mit 1 %iger Schwefelsäure, so entstehen vierseitige Säulen, die beim Erwärmen eine prachtvolle Färbung annehmen.
Vergl. Kobert, Intoxikationen 1906. II. 761.

**Helwig**'s Reagens zum Lösen von Blutflecken
ist eine 20 %ige, wässerige Jodkaliumlösung.
Ztschr. f. analyt. Chem. **3.** 258, **11.** 244.

**Helwig**'s Reaktion auf Alkaloide.
Nach Helwig lassen sich verschiedene Alkaloide, wie Morphin, Strychnin, Brucin, Veratrin, Aconitin, Atropin, Solanin und Digitalin auf einem Objektträger sublimieren und die Sublimate unter dem Mikroskop für sich oder mit Hilfe von Reagenzien identifizieren. Näheres siehe: Ztschr. f. analyt. Chem. 1864. 43. — Chem. Zentralbl. 1864. 1064.

**Henneguy**'s Reagenzien zum Färben mikroskop. Präparate.

1. (Alauncarmin.) Man kocht 2—3 g Carmin mit einer Lösung von 15 g Kalialaun in 100 ccm Wasser, gibt nach dem Erkalten 10 ccm Essigsäure zu und läßt mehrere Tage stehen. Zum Gebrauch filtriert man und verdünnt eventuell mit Wasser. Es dient zum Färben von Zellkernen und Geweben.
   Merck's Index 1902. 270.
   Lee-Henneguy, Traité 1896. 82.
   Behrens' Tabellen 1892. 100.
2. a) Eine 0,5 %ige Lösung von Hämatoxylin in Alkohol (90 %); b) eine 2 %ige, wässerige Lösung von Kaliumdichromat; c) eine 1 %ige Lösung von Kaliumpermanganat. Gebraucht zur Schnittfärbung.
   Journ. Anat. Physiol. Paris 1891. 397.
   Enzyklop. d. mikroskop. Techn. 1903. 508.
3. Safraninlösung siehe: Journ. Anat. Physiol. 1894. 1.
   Ztschr. f. wiss. Mikroskop. 1894. 381.
   Strasburger, Botan. Prakt. 1902. 648.

**Henry**'s Reagens I auf Alkaloide
ist eine Lösung von Eichenrindengerbsäure.
Berzelius, Handb. d. Chem. **2.** 389.
Journ. de Pharm. et de Chim. **21.** 222.
Chem. Zentralbl. 1835. 447.

**Henry**'s Reagens II auf Alkaloide
ist Rhodankaliumlösung (wie Gmelin's Reagens).
Journ. de Pharm. et de Chim. **24.** 194.

**Henry**'s Reagenzien zur Differenzierung von Alkoholen siehe: Chem. Zentralbl. 1906. II. 747 u. 1109.

**Henry**'s Reagens auf Mono-, Di- und Trimethylamin
ist Formaldehyd, der mit Trimethylamin nicht reagiert, mit Monomethylamin eine Verbindung vom Siedepunkt 166° und mit Dimethylamin zwei Verbindungen vom Siedepunkt 80—85° liefert.
Ztschr. f. analyt. Chem. **36.** 322.
Delépine, Compt. rend. **122.** 1065 oder Annal. de Chim. et de Phys. (7) **8.** 439.

**Heppe**'s Reaktion auf Terpentin- und Citronenöl
beruht auf der Einwirkung von gepulvertem Nitroprussidkupfer auf ätherische Öle bei Siedetemperatur. Ätherische Öle werden dunkel gefärbt, das Nitroprussidkupfer grau bis schwarz. Terpentin- und Citronenöl geben diese Reaktion nicht und verhindern dieselbe in Mischung mit anderen Ölen.
Ztschr. f. Pharm. 1856. Nr. 6—8.
Arch. der Pharm. **139.** 57.
Chem. Zentralbl. 1857. 140.
Näheres siehe: Hager, Pharm. Prax. 1880. II. 566 u. Enzyklop. d. gesamt. Pharm. 1888. V. 201.

**Heppe**'s Reaktion auf Terpentinöl im Citronenöl.
Etwas Citronenöl erhitzt man auf dem Sandbade mit trockenem Kupferbutyrat auf zirka 170° C. Reines Öl löst das Kupfersalz mit grüner Färbung auf, bei Anwesenheit von Terpentinöl wird die Mischung trübe, gelb und scheidet Kupferoxydul aus.
The Analyst **10.** 187.
Chem. techn. Zentral-Anzg. **3.** 371.
Ztschr. f. analyt. Chem. **25.** 431.

**Herapath**'s Reaktion auf Chinin im Harn.
Mit Ammoniak versetzten Harn schüttelt man mit Äther aus und verdunstet letzteren. Auf den Objektträger eines Mikroskopes bringt man einen Tropfen einer Mischung von 12 g Essigsäure, 4 g Spiritus (rektf.) und 6 Tropfen verdünnter Schwefelsäure, gibt hierzu etwas von dem Ätherrückstand und

dann ein möglichst kleines Tröpfchen alkoholischer Jodlösung. Bei Anwesenheit von Chinin entsteht sofort eine zimtbraune Färbung und später erkennt man an den Krystallen das schwefelsaure Jodchinin.

Journ. f. prakt. Chem. 61. 87.
Chem. Zentralbl. 1854. 207; 1855. 415.
Höst-Madsen, Ber. d. deutsch. pharm. Ges. 1906. 442.
Christensen, Journ. de Pharm. et de Chim. 1907. I. 623.

**Herbst's** Reaktion auf Aconitin.

Dampft man eine Lösung von Aconitin in 25 %iger Phosphorsäure auf dem Dampfbade ein, so tritt bei einer bestimmten Konzentration eine violette Färbung ein. (Reaktion ist unbrauchbar.) Näheres siehe: Hager, Pharm. Prax. 1880. I. 156 und Enzyklop. d. gesamt. Pharm., 1888. V. 207.

**Herbst's** Reaktion auf Atropin.

Erhitzt man einige Tropfen Schwefelsäure mit einem Kryställchen Kaliumdichromat oder Ammonmolybdat und gibt etwas Atropin und 2—3 Tropfen Wasser zu, so entsteht der Geruch der Spiraea ulmaria. Vergl. Gulielmo's Reaktion.

Hager, Pharm. Prax. 1880. I. 518.

**Herder's** Reagenzien auf Alkaloide

sind allgemeine Alkaloidreagenzien, bestehend aus Lösungen von Doppelverbindungen wie Cobalt-Kaliumcyanid, Nickel-Kaliumcyanid, Cadmium-Kaliumjodid, Quecksilber-Kaliumjodid etc. etc. Näheres siehe des Autors Inaugural-Dissertation, Straßburg 1905.

Zum mikrochemischen Nachweis der Alkaloide in Pflanzenteilen empfiehlt sich besonders Calcium- und Baryumquecksilberjodid, aber nicht in wässeriger Lösung, sondern in einer Lösung von Chloralhydrat (30—40 %). Hierbei entstehen keine amorphen, sondern krystallinische Niederschläge. Näheres siehe: Arch. der Pharm. 1906. 120. — Pharm. Ztg. 1906. 512. — Merck's Bericht 1906. 150. — Journ. de Pharm. et de Chim. 1907. 75. — Nouv. Remèd. 1907. 202.

**Hérissey's** Reaktion auf Aloëtinktur.

1 ccm Tinktur mischt man mit 5 ccm Wasser und schüttelt mit 10 ccm Äther aus. Der Äther wird abgehoben und mit 3 ccm Wasser und 2 Tropfen Ammoniakflüssigkeit geschüttelt. Die wässerige Schicht färbt sich nach einiger Zeit kirschrot.

Journ. de Pharm. et de Chim. 1912. I. 393.
Zentralbl. d. ges. Arzneimittelkunde 1912. 128.

**Hermann's** Reagens zum Färben mikroskop. Präparate.

1. Eine Lösung von 1 g Fuchsin in 160 ccm 50 %igem Alkohol. Gebraucht zum Färben von Kernen, Achsenzylindern, Retina, Nervenfasern etc.
2. Eine Lösung von Magdalarot in 50 %igem Alkohol.
3. Eine konzentr. Lösung von Safranin in Anilinwasser.

Behrens' Tabellen 1892. 109. 111. 113.

**Hermann's** Reagens zum Fixieren mikroskop. Präparate

ist eine Lösung von 0,8 g Osmiumsäure, 1,5 g Platinchlorid und 10 ccm Essigsäure in 190 ccm Wasser.

Arch. f. mikroskop. Anat. 1889. 58; 1891. 570.
Behrens' Tabellen 1892. 60.
Eberth-Friedländer, Mikroskop. Techn. 1894. 52.
Enzyklop. d. mikroskop. Techn. 1903. 1062.

**Hermann-Perutz'** Reagens auf Syphilis.

Von einer Stammlösung, bestehend aus 2 g Natriumglykocholat, 0,4 g Cholesterin und 100 g Alkohol (95 %), wird eine Verdünnung mit destilliertem Wasser im Verhältnis 1 : 20 hergestellt und außerdem jedesmal eine frische Lösung von Natriumglykocholat in Wasser (1 : 50) bereitet. — 0,4 g des bei 55° inaktivierten Blutserums mischt man mit 0,2 ccm der 20fach verdünnten Stammlösung und 0,2 ccm der Natriumglykocholatlösung und läßt 20 Stunden bei gewöhnlicher Temperatur stehen. Als positive Reaktion ist nur eine deutliche Ausflockung zu bezeichnen. Näheres siehe: Med. Klinik 1911. 60. — Merck's Bericht 1911. 365. — Jensen-Feilberg, Berl. klin. Woch. 1912. 1086. — Gammeltoft, Deutsche med. Woch. 1912. 1934. — Ellermann, Ugeskrift f. Laeger 1912. No. 19. — Münchener med. Woch. 1912. 2185, 1913. 550. — Lade, ebenda 1913. 590 u. Deutsche med. Woch. 1913. 693. — Bräutigam, Berl. klin. Woch. 1913. 1525. — Leschly, Münchener med. Woch. 1913. 2016. — Kallós, Deutsche med. Woch. 1913. 1885. — Bang-With, Ugeskr. f. Läger 1913, No. 50. — Preißner, Psych.-Neurol. Woch. 1914, No. 45. — Stümpke, Med. Klinik 1915. 539. — Zadek, Berl. klin. Woch. 1915. 893.

**Herrmann's** Reagens auf colloidale Kieselsäure

ist eine Lösung von 15 g Natriumacetat in 35 g Wasser und 5 g Essigsäure und eine Lösung von 5 g Caesiumchlorid in 100 g Wasser. Colloidale Kieselsäure bildet beim Kochen mit sauren Wolframaten Kieselwolframate, deren Caesiumsalze bei Gegenwart von Natriumacetat ausgefällt werden. Näheres siehe: Ztschr. f. analyt. Chem. 1907. 318. — Chem. Ztg. 1907. Rep. 417.

**Hertel's** Reaktion auf Colchicin.

1. Colchicin färbt sich mit Salpeter und konzentr. Schwefelsäure violett, auf weiteren Zusatz von Kalilauge entsteht eine ziegelrote Färbung.
2. Eisenchlorid gibt mit neutraler oder saurer Colchicinlösung eine dunkelgrüne Färbung.

Weitere Reaktionen siehe: Ztschr. f. analyt. Chem. **22.** 103.
Pharm. Ztschr. f. Rußland **20.** 245.
Chem. Zentralbl. 1881. 501.

**Herter's** Reaktion auf Indolessigsäure.

Versetzt man eine Lösung der Säure mit 2 %iger p-Dimethylamidobenzaldehyd-Lösung und Salzsäure, so färbt sich die Mischung rotviolett (vergl. Ehrlich-Koziczkowsky's Reagens).

Journ. Biolog. Chem. 1908. 238 u. 253.

**Herter-Foster's** Reagens auf Indol neben Skatol

ist β-naphthochinonmonosulfosaures Natrium (2 %ige Lösung), das nur mit Indollösung einen Niederschlag gibt. Näheres siehe: Journ. of Biolog. Chem. 1906. 267. — Chem. Zentralbl. 1907. I. 70. — Ztschr. f. analyt. Chem. 1907. 202. — Merck's Bericht 1906. 192. — Gorter-Graaf, Apoth. Ztg. 1908. 550. — Herzfeld, Zentralbl. f. innere Med. 1913. 268.

**Hertwig's** Reagens zum Einbetten mikroskop. Präparate

ist eine Lösung von 100 g arabischem Gummi und 10 g Glycerin in einer genügenden Menge Wasser, die nach dem Filtrieren durch Glaswolle durch freiwilliges Verdunsten zur Sirupkonsistenz gebracht wird.

Jena, Ztschr. f. Naturw. 1880. 135.
Behrens' Tabellen 1892. 75.
Fol, Lehrb. f. mikroskop. Anat. 138.

**Hertwig's** Reagens zum Härten mikroskop. Präparate

ist eine Lösung von 0,05 g Osmiumsäure und 0,2 g Essigsäure in 200 ccm Wasser oder eine Mischung von 15 ccm Eisessig, 50 ccm Formol, 150 ccm 1 %iger Chromsäurelösung, 150 ccm gesättigter, wässeriger Quecksilberchloridlösung und 135 ccm Wasser.

Merck's Index 1902. 271.
Jena, Ztschr. f. Naturw. 1879. 462.
Hertwig, Nerven- u. Sinnesorgane d. Medusen, Leipzig, 1878. 4.
Lee-Henneguy, Traité 1896. 315.
Behrens' Tabellen 1892. 58.
Enzyklop. d. mikroskop. Techn. 1903. 761.
Schlater, Arch. f. mikroskop. Anat. 1905.
Ztschr. f. angew. Mikroskop. 1906. 143.

**Hertzell's** Stauungsreaktion bei Arteriosklerose zur Diagnose der Gefäßrigidität

siehe: Berl. Klin. Woch. 1913. 535. — Deutsche med. Woch. 1913. 715.

**Herxheimer'sche** Reaktion.

Unter Herxheimer'scher Reaktion versteht man hyperämische Erscheinungen, die bei der Quecksilber- und Salvarsanbehandlung der Syphilis beobachtet werden können. Sie stellen eine einfache Roseola oder ausgedehnte Exantheme dar. Vergl. Pinkuss, Monatshefte f. prakt. Dermat. 1911. I. 368. — Friboes, Dermat. Ztschr. 1911. 1043. — Herxheimer, Deutsche med. Woch. 1910. 1518. — Loeb, Münchener med. Woch. 1910. 1581. — Herxheimer-Altmann, Deutsche med. Woch. 1911. 441. — Theimer, Österr. Ärzte-Ztg. 1913. 240.

**Herxheimer's** Reagens zum Färben mikroskop. Präparate

ist eine Lösung von 1 g Hämatoxylin in 40 g 50 %igem Alkohol, der 1 g gesättigte, wässerige Lithiumkarbonatlösung zugegeben ist.

Fortschr. der Mediz. 1886. 246.
Ztschr. f. wiss. Mikroskop. 1887. 250.
Behrens' Tabellen 1892. 105.
Eberth-Friedländer, Mikroskop. Techn. 1894. 230.
Enzyklop. d. mikroskop. Techn. 1903. 192.

**Herxheimer's** Reagens zum Färben von Fibrin.

a) Eine 2 %ige, wässerige Lösung von Alizarin;

b) eine 3,5 %ige, wässerige Lösung von Uranylacetat.

Näheres siehe: Münchener med. Woch. 1909. 1695.

**Herxheimer's** Reagens zum Färben von Hautschnitten

ist Eisenchloridlösung und Alizarinlösung. Näheres siehe: Dermatol. Ztschr. 1909. 16. 139.

**Herz'** Reaktion auf fremde Pflanzenfarbstoffe im Wein.

10 ccm des zu prüfenden Rotweines mischt man mit 5 ccm konzentr. Brechweinsteinlösung und betrachtet die Mischung im auffallenden und durchfallenden Lichte. Wenn nicht sofort eine Farbenänderung eintritt, so läßt man einige Stunden stehen, wobei sich ein gefärbter Niederschlag abscheidet. Echte Rotweine nehmen bei dieser Behandlung eine kirschrote Färbung an, während andere Pflanzenfarben eine violette Färbung erzeugen.

Chem. Ztg. 10. 968.
Ztschr. f. analyt. Chem. 28. 633 u. 635.
Nakahama, Arch. f. Hygiene 7. 405.

**Herz'** Reagens zur Gonokokkenfärbung

ist eine Lösung von 0,5—1 g Neutralrot in 100 ccm Wasser.

Monatsh. f. prakt. Derm. 1900. 260.
Pharm. Zentrh. 1900. 790.

**Herzberg's** Reagens auf freie Säuren im Papier

ist Congorotpapier, mit welchem ein wässeriger Auszug des betreffenden Papiers geprüft wird.

Chem. Zentralbl. 1885. 316.
Ztschr. f. analyt. Chem. 25. 142.

**Herzberg's** Reagens für die mikroskop. Untersuchung des Papiers

ist eine wässerige Jodjodkalium- oder Jodchlorzinklösung.

Mitteil. d. k. techn. Vers.-Anst. Berlin. 8. 132.
Ztschr. f. analyt. Chem. 30. 383.

**Herzfeld's** Reaktionen auf Benzin im Terpentinöl

siehe: Ztschr. f. öffentl. Chem. 1903. 454, 1904. 382. — Chem. Zentralbl. 1904. I. 548, II. 1770. — Adam, Chem. Zentralbl. 1908. II.. 1749. — Utz, ebenda 1912. II. 642. — Baumann, ebenda 1912. II. 643.

**Herzfeld's** Reaktion auf Gallenfarbstoffe.

Sputum wird mit Essigsäure angesäuert und mit Chloroform ausgeschüttelt. Nach dem

Verdampfen des Chloroforms auf einem Uhrglas gibt man einige Tropfen Hammarstens Reagens auf Gallenfarbstoffe zu. Unter dem Mikroskop sieht man bei Gegenwart von Gallenfarbstoffen eine gleichmäßige grüne Färbung.
Med. Klinik 1910. 1416.
Pharm. Zentrh. 1911. 1028.

**Herzfeld's** Reagens auf Glukose
ist identisch mit Ihl's Reagens.
Siehe: Ztschr. f. analyt. Chem. **29.** 369.
Dingler's Polyt. Journ. **268.** 413.
Deutsche Zuckerindustrie 1888. 234.
Vergl. Ihl's Reaktion.

**Herzfeld's** Reagens auf Glukose im Blut
beruht auf der Entfärbung alkalischer Methylenblaulösung durch Glukose. Nötig sind folgende Reagenzien:
a) Methylenblau 1 : 100 000,
b) 20 %ige Kalilauge,
c) 10 %ige Metaphosphorsäure,
d) 0,1 %ige Glukoselösung.
Ztschr. f. physiol. Chem. 1912. **77.** 420.

**Herzfeld's** Reaktion auf Kienöl im Terpentinöl.
Schüttelt man das Öl mit dem gleichen Volumen wässeriger, schwefeliger Säure, so färbt sich die Ölschicht bei Anwesenheit von Kienöl gelblichgrün.
Ztschr. f. öffentl. Chem. 1904. 382. (1903. 454.)
Chem. Zentralbl. 1904. I. 548, II. 1770.

**Herzfeld-Niedschlag's** Reaktion auf Lävulose
ist eine Diphenylamin-Schwefelsäure-Reaktion. Vergl. Jolles' Reaktion. Man erhitzt 0,1 g Diphenylamin mit 2,5 ccm der lävulosehaltigen Flüssigkeit, 2,5 ccm Alkohol und 10 ccm einer Mischung von 750 ccm Alkohol (96 %) und 200 ccm Schwefelsäure (1,84) 15 Minuten lang auf 70° (am Rückflußkühler). Die erhaltene blaue Lösung kann nach Pinoff und Gude kolorimetrisch bestimmt werden.
Ztschr. f. Rübenzuckerindustr. **37.** 422.
Ztschr. f. analyt. Chem. **54.** 123.

**Herzfeld-Reischauer's** Reaktion auf Saccharin.
Das dem Untersuchungsobjekt durch Äther entzogene Saccharin wird nach Herzfeld mit Kaliumhydroxyd geschmolzen und dann oxydiert, nach Reischauer mit 6 Teilen Soda und 1 Teil Salpeter geschmolzen. Nach beiden Autoren wird die Schmelze auf einen Gehalt von Schwefelsäure geprüft, deren Vorhandensein den Nachweis von Saccharin erbringen soll.
Deutsche Zuckerindustrie 1886. 123.
Ztschr. f. analyt. Chem. **27.** 396.
Haas, ebenda **28.** 713.

**Herzig-Meyer's** Reaktion auf Proteine und Aminosäuren
beruht auf der Methylgruppebestimmung des am Stickstoff gebundenen Methyls. Näheres siehe: Monatsh. f. Chem. **15.** 613, **16.** 599 u. **18.** 379. — Chem. Zentralbl. 1895. I. 447; 1897. II. 767. — Trier, Ztschr. f. physiol. Chem. **85.** 383. — Burn, Biochem. Journ. **8.** 154 oder Chem. Zentralbl. 1914. II. 1071.

**Herzig-Zeisel's** Reaktion auf Diresorcin in Phloroglucin.
Erwärmt man einige mg Phloroglucin mit 1 ccm konzentr. Schwefelsäure und 1—2 ccm Essigsäureanhydrid 5—10 Minuten lang im siedenden Wasserbade, so tritt bei Gegenwart von Diresorcin eine schöne blauviolette Färbung ein. Empfindlichkeitsgrenze = 0,4 % Diresorcin.
Monatsh. f. Chem. **11.** 421.
Ztschr. f. analyt. Chem. **40.** 553.

**Herzog's** Reaktion auf Chlor in Benzaldehyd
Verbrennt man 0,2 g Benzaldehyd auf etwas Filtrierpapier in einem Porzellanschälchen unter einem genügend großen Becherglas, dessen Wände mit Wasser besprengt sind, spült das Becherglas mit wenig Wasser aus, filtriert die so erhaltene wässerige Flüssigkeit, versetzt mit Salpetersäure und gibt Silbernitratlösung zu, so muß die Mischung klar bleiben.
Ber. d. dtsch. pharm. Ges. 1911. **21.** 202, 536.
Schimmel, Oktoberbericht 1911. 117.
Chem. Zentralbl. 1912. I. 286.
Heyl, Apoth. Ztg. 1912. 49.

**Herzog's** Reaktion auf Histidin
ist eine Biuretreaktion. Versetzt man Histidinlösungen mit Alkali und Kupfersulfat, so entsteht eine rotviolette Färbung.
Ztschr. f. physiol. Chem. **37.** 248.

**Herzog's** Reaktion auf Milchsäure.
Milchsaures Silber geht unter der Einwirkung von Jod in Aldehyd über, der mit Nitroprussidnatrium und Piperidin eine Blaufärbung erzeugt. Diese geht auf Zusatz von Natronlauge in Rot über.
Annalen d. Pharm. **351.** 263.
Monatsh. f. Chem. **22.** 357.

**Herzog's** Reagens auf Phenole (für die Synthese)
ist Diphenylharnstoffchlorid. Näheres siehe: Berl. Ber. 1907. 1831. — Pharm. Journ. 1907. I. 749, II. 315. — Journ. de Pharm. et de Chim. 1907. (**26.**) 83.

**Herzog's** Reagens zum Färben von Trachomkörnern
besteht aus 0,25 %igem Carbolwasser, gesättigter, wässeriger Methylenblaulösung und 1 %iger, wässerig-alkoholischer Fuchsinlösung.
Archiv f. Ophthalmol. **74.**
Deutsche med. Woch. 1910. 1097.

**Hess-Prescott's** Reaktion auf Cumarin in Vanillin
siehe: Lunge, Chem. techn. Unters. Meth. 1905. III. 859.
Pharm. Review. **17.** 7.

**Hesse's** Reaktion auf Aspidosamin.
Die wässerige Lösung des Alkaloides wird durch Eisenchlorid braun gefärbt. Reine konzentr. Schwefelsäure löst das Alkaloid mit bläulicher, Molybdänschwefelsäure mit blauer, Schwefelsäure+Kaliumdichromat mit dunkelblauer, Überchlorsäure beim Erhitzen mit fuchsinroter Farbe.
Liebig's Annalen 1882, **211.** 262.

**Hesse's** Reaktion auf Aspidospermin.

Die wässerige, mit Salzsäure versetzte Lösung des Alkaloides gibt mit Platinchlorid (unter Zersetzung) einen blauen Niederschlag.

Liebig's Annalen 1882, **211**. 255.

**Hesse's** Reaktion auf Chinaalkaloide oder Phenol beruht auf der Fällbarkeit derselben durch Carbolwasser bezw. des Phenols durch Chinaalkaloide. Näheres siehe: Liebig's Annal. **181**. 57. — Chem. Zentralbl. 1876. 695.

**Hesse's** Reaktion auf Cholesterin.

Man löst etwas Cholesterin in wenig Chloroform und gibt das gleiche Volumen Schwefelsäure vom D. = 1,76 zu. Das Chloroform färbt sich beständig purpurrot und die Schwefelsäure zeigt eine grüne Fluoreszenz.

Vergl. Salkowski's Reaktion.
Liebig's Annal. **192**. 178; **211**. 283.
Chem. Zentralbl. 1878. 549.
Schulze, Journ. f. prakt. Chem. **25**. 458.
Mayer, Dingler's Journ. **247**. 305.

**Hesse's** Reaktionen auf Flechtenstoffe (Divarin, Divarsäure, Divaricatsäure etc.)

siehe: Journ. f. prakt. Chem. 1910. **83**. 22. — Chem. Zentralbl. 1911. I. 560.

**Hesse's** Reaktion auf Cinchonidin im Chininsulfat

(Modifikation von Paul's Krystallisationsprobe) beruht auf der Isolierung des Cinchonidins durch mehrmaliges Umkrystallisieren des Chininsulfates aus siedendem Wasser, Eindampfen der Mutterlaugen und Trennung des Cinchonidins und Chinins durch bestimmte Mengen Ammoniak und Äther. Näheres siehe: Ztschr. f. analyt. Chem. **26**. 658. **27**. 611 und Enzyklop. d. gesamt. Pharm. 1887. III. 58. — Pharm. Ztg. **32**. 30; **33**. 456. — Chem. Zentralbl. 1887. 231; 1888. 1281.

**Hesse's** Reaktion auf Nebenalkaloide in Chininsalzen.

0,5 g Chininsulfat schüttelt man mit 10 ccm Wasser von 50—60° C. während 10 Minuten öfter gut durch, läßt abkühlen, filtriert und schüttelt 5 ccm Filtrat mit 1 ccm Äther und 5 Tropfen Ammoniak leicht um. Es müssen zwei klare Schichten ohne vorhandene Krystalle entstehen und sich mindestens 2 Stunden im verschlossenen Zylinder klar erhalten. Näheres siehe: Arch. der Pharm. **213**. 490 und Enzyklop. d. gesamt. Pharm. 1887. III. 61. — Pharm. Ztschr. f. Rußland **18**. 36. — Ztschr. f. analyt. Chem. **19**. 247. — Chem. Zentralbl. 1879. 71. — Biginelli, Bollet. Chim. Farm. 1903. 209. — Chem. Ztg. 1903. Rep. 254.

**Hesse's** Reaktion auf Codeïn.

Löst man Codeïn in konzentr. Schwefelsäure, die eine Spur Eisenoxyd enthält, oder gibt man der Lösung wenig Eisenchlorid zu, so erhält man eine blaue Färbung.

Vergl. Merck's Bericht 1900. 28 u. Deutsches Arzneib. V. 122.

**Hesse's** Reaktion auf Geissospermin.

Löst man etwas Geissospermin in reiner, konzentr. Schwefelsäure, so erhält man eine farblose Lösung, die allmählich eine blaue Farbe annimmt. Eisenhaltige Schwefelsäure bewirkt sofort eine blaue Lösung. Ähnlich verhält sich Quebrachin.

Berl. Ber. **13**. 2308.
Liebig's Annal. **202**. 141; **277**. 300.
Ztschr. f. analyt. Chem. **20**. 423.

**Hesse's** Reaktion auf Hypoquebrachin.

Die wässerige Lösung des Alkaloides gibt auf Zusatz von Eisenchlorid eine kirschrote Färbung, auf Zusatz von Goldchlorid einen gelben, flockigen Niederschlag, der sich namentlich bei Gegenwart von wenig Salzsäure fast sofort blauviolett färbt.

Liebig's Annalen 1882, **211**. 264.

**Hesse's** Reaktion auf Morphin im Chinin.

Löst man Chinin in verdünnter Salpetersäure, so entsteht eine farblose Lösung; bei Anwesenheit von Morphin färbt sich dieselbe gelb bis orangerot.

Merck's Report 1900. 564.

**Hesse's** Reaktion auf Protokatechusäure.

Die wässerige Lösung der Protokatechusäure wird durch Eisenchlorid intensiv chromgrün gefärbt.

Liebig's Annal. **112**. 54.
Vergl. Hlasiwetz' Reaktion.

**Hesse's** Reaktion auf Quebrachamin.

Quebrachamin löst sich in konzentr. Schwefelsäure mit bläulicher Farbe, die allmählich in Blau übergeht. Rascher erfolgt die Färbung auf Zusatz von Molybdänsäure oder Kaliumdichromat. Überchlorsäure bewirkt beim Kochen eine gelbe, dann gelbrote Färbung.

Liebig's Annalen 1882, 211. 270.

**Hesse's** Reaktion auf Quebrachin.

Quebrachin löst sich in konzentr. Schwefelsäure farblos; die Lösung wird allmählich blau; rascher erfolgt die Färbung auf Zusatz von Bleisuperoxyd, Molybdänsäure oder Kaliumdichromat. Letzteres bewirkt nach einiger Zeit eine rotbraune Färbung.

Liebig's Annalen 1882, **211**. 266.

**van Heurck's** Reagens für mikroskop. Zwecke.

1. Eine konzentr. Lösung von Storax in Chloroform mit hohem Brechungsindex. Als Beobachtungsflüssigkeit für Algen gebraucht.

   Bull. Soc. Belg. Microscop. 1883. 134.
   Ztschr. f. wiss. Mikroskop. 1885. 81.
   Behrens' Tabellen 1892. 66.

2. Monobromnaphthalin (vergl. Abbe's Reagens).

   Journ. Roy. Microsc. Soc. 1880. 1043.
   Czapski, Ztschr. f. wiss. Mikroskop. 1889. 517.
   Bull. Soc. Belg. Microscop. 1889. 113.

**Heut's** Reaktion auf Coniin und Nicotin.

Man gibt zu der zu prüfenden Flüssigkeit einen Tropfen konzentr., alkoholische Phenolphthaleïnlösung. Mit Coniin entsteht eine rote Färbung, nicht aber mit Nicotin. (?)

Arch. der Pharm. **231.** 376.
Chem. Zentralbl. 1893. II. 277.

**Hewitt's** Reagens auf Furfurol

ist Anilinacetat, das mit Furfurol eine Rotfärbung bewirkt und zur kolorimetrischen Bestimmung des Furfurols in Branntwein verwendet werden kann.

Journ. Soc. Chem. Ind. **21.** 96.
Mann-Stacey, ebenda **26.** 287.
Chem. Zentralbl. 1907. I. 1642.

Als Hewitt's Reagens bezeichnet man auch das phenylhydrazinsulfosaure Natrium, das dazu dient, die in alkoholischen Getränken vorhandenen Aldehyde auf chemischem Wege zu entfernen, da letztere das Reifwerden der genannten Getränke verzögern.

Journ. Soc. Chem. Ind. **21.** 96.

**Hewitt's** Indikator

ist p-Nitrobenzolazo-α-naphthol, das in neutraler Lösung gelb bis braun, in alkalischer Lösung violett ist, oder Nitrosulfobenzolazo-α-naphthol, das in neutraler Lösung schwach gelb und in alkalischer purpurrot ist.

The Analyst 1908. **33.** 85.
Chem. Zentralbl. 1908. I. 1488.

**Heydenreich's** Reaktion auf reines Olivenöl und zur Unterscheidung fetter Öle.

5—6 Tropfen Olivenöl läßt man auf konzentr. Schwefelsäure (D. = 1,825—1,830) fallen, die auf einem flachen Porzellanschälchen ausgebreitet ist, und beobachtet die in den ersten 3 Minuten entstehende Färbung an der Berührungsstelle von Öl und Säure. Reines Olivenöl gibt eine gelbgrüne Färbung, Sesamöl enthaltendes eine bräunliche Färbung.

Ztschr. f. analyt. Chem. **33.** 547.
Hager, Pharm. Prax. 1880. II. 573 u. 574.
Calvert benützt eine Schwefelsäure von D. = 1,53.
Ampola-Scurti, Gazz. chim. ital. **34.** II. 315.

**Heyl's** Reaktion auf Chlorbenzol in Benzaldehyd.

1—2 g chlorfreies Calciumhydroxyd mischt man mit 10—15 Tropfen Benzaldehyd im Schmelztiegel, bedeckt noch mit einer Schicht Calciumoxyd und erhitzt langsam bis zur Rotglut. Der Rückstand wird in 5—6 ccm Wasser gelöst, mit Salpetersäure angesäuert und das Filtrat mit Silbernitrat versetzt. Bei Gegenwart von Chlorbenzol bildet sich eine Trübung oder Fällung von Chlorsilber. Es soll sich auf diese Art noch 1 Tropfen Monochlorbenzol in 50 g Benzaldehyd nachweisen lassen.

Apoth. Ztg. 1912. 49.
Zentralbl. d. ges. Arzneimittelkunde 1912. **10.**

**Heyl's** Reaktion auf Acetaldehyd in Paraldehyd.

Von einer Mischung von 1 g Paraldehyd mit 100 g Wasser nimmt man 10 ccm, verdünnt mit 50 ccm Wasser und versetzt 10 ccm dieser Mischung mit 20 Tropfen einer frisch bereiteten 1 %igen Nitroprussidnatriumlösung und 3 Tropfen Piperidin. Tritt beim Umschütteln eine deutliche Blaufärbung auf, so enthält der untersuchte Paraldehyd mehr Acetaldehyd als das Deutsche Arzneibuch V. zuläßt.

Apoth. Ztg. 1913. 165.
Vergl. Merck's Bericht 1913. 401.

**Heyn-Bauer's** Reagens auf Schwefel, Selen und Tellur in Kupfer

ist eine Lösung von 25 g Cadmiumacetat in 200 g Essigsäure, mit Wasser zu einem Liter ergänzt. — Man übergießt die Kupferspähne mit einer Lösung von 10 g Kaliumcyanid in 100 g Wasser, erwärmt und gibt Alkohol und dann Reagens zu. Bei Gegenwart von Schwefel entsteht ein gelber, bei Gegenwart von Selen ein orangeroter und bei Gegenwart von Tellur ein grauschwarzer Niederschlag.

Metallurgie, **3.** 73.
Hinrichsen-Bauer, Chem. Zentralbl. 1907. II. 1357.

**Heynsius'** Reaktion auf Eiweiß im Harn.

Mit Essigsäure angesäuerten Harn erhitzt man zum Sieden und gibt dann gesättigte Chlornatriumlösung zu. Sehr geringe Mengen von Eiweiß sind an einer weißen Ausscheidung zu erkennen.

Pflüger's Archiv **10.** 239.
Med. Zentralbl. **13.** 839.
Chem. Zentralbl. 1875. 795.
Salkowski, Ztschr. f. analyt. Chem. **20.** 316.

**Hicks'** Reagens auf Harze.

a) Mischung von 1 Volum Phenol mit 2 Volum. Chlorkohlenstoff,
b) Mischung von 1 Volum Brom mit 4 Volum. Chlorkohlenstoff.

Das zu prüfende Harz löst man in 1—2 ccm des Reagens a und läßt die Bromdämpfe des Reagens b in geeigneter Weise darüber streichen. Es sind folgende Farbenerscheinungen zu beobachten: Schellack = farblos; Zanzibarcopal = lichtbraun, bräunlich-violett, schokoladebraun; Sandarak = lila, violett, violettbraun; Mastix = rötlichbraun, karminrot; Manilaharz = bräunlichgrün, violett, purpurn, schokoladebraun; Kauri = azurblau, violett, purpurn, dunkelolivgrün; Elemi = indigoblau; Dammar = braun bis lilabraun, rötlichbraun; Colophonium = grün, blau, violett, purpurn, indigoblau.

Journ. Ind. Eng. Chem. 3. 86.
Ztschr. f. analyt. Chem. 1915. 388.
Chem. Zentralbl. 1912. I. 54.

**Hickson's** Reagens zum Färben mikroskop. Präparate.

1. a) Eine konzentr., alkoholische Lösung von Eosin;

b) eine Lösung von Hämatoxylin (Hämalaun oder Alaunhämatoxylin).
Quart. Journ. Microscop. Sc. 1893. 129.

2. a) Eine Lösung von 1 g Ferriammonsulfat in 23 ccm Wasser und 77 ccm Alkohol (90 %);

b) eine Lösung von 0,5 g Brasilin in 100 ccm Alkohol (70 %).
Ebenda 1901. 469.
Ztschr. f. wiss. Mikroskop. 1901. 308.

**Hiizu Ito**'s Reaktion auf Gallensäuren.

Versetzt man 2 ccm einer verd. wässerigen Lösung von cholalsaurem (auch glykochol- oder taurocholsaurem) Salz mit 0,3 g Vanillin und schichtet die Lösung über Schwefelsäure, so bildet sich ein roter Ring. Beim Mischen erhält man ein rotes Gemisch, dessen Farbe in Braun oder Gelb und dann in Violettrot übergeht. Diese violettrote Lösung zeigt bei genügender Verdünnung mit Eisessig ein Absorptionsspektrum bei D. Empfindlichkeitsgrenze für Cholsäure = 1 : 22 000, für Glykocholsäure = 1 : 15 000, für Taurocholsäure = 1 : 11 000.
Ztschr. f. physiol. Chem. 1908. **57.** 313.

**Hildebrandt**'s Reaktion auf Urobilin

ist eine Modifikation von Schlesinger's Reaktion.
Ztschr. f. klin. Med. 1906. 351.

**Hilger**'s Reagens auf Alkaloide

ist Jodjodkaliumlösung.
Arch. der Pharm. 1875. 509.

**Hilger**'s Reaktion auf Äthyldiacetsäure im Harn.

300 ccm Harn werden nach Zusatz von 50—60 ccm konzentr. Salzsäure bis auf 1/5 abdestilliert. Das Destillat zeigt Acetongeruch und liefert mit Kalilauge und Jodlösung Jodoform, wenn der Harn Acetessigester enthält.
Liebig's Annal. **195.** 314.
Ztschr. f. analyt. Chem. **18.** 632; **21.** 474.

**Hilger**'s Reaktion auf Eiweiß.

Versetzt man eine Eiweißlösung (Harn) mit etwas Essigsäure und Ferrocyankaliumlösung, so entsteht eine Trübung oder ein Niederschlag.
Arch. der Pharm. (3) **6.** 388.
Vergl. Hammarsten, Physiol. Chem. 1899. 497.
Bardach, Ztschr. f. analyt. Chem. 1904. 554.
Schmiedl, Wiener klin. Woch. 1907. 228.

**Hilger**'s Reaktion auf Gallenfarbstoffe.

Etwa 50—100 ccm Harn werden in der Wärme mit Barytwasser gefällt und filtriert. Beim Besprengen mit Salpetersäure, welche salpetrige Säure enthält, färbt sich der Niederschlag auf dem Filter grün bis blau (Gmelin's Reaktion).

Sicherer gelingt die Reaktion, wenn man den Niederschlag mit Natriumkarbonatlösung erhitzt. Hierbei gehen die Gallenpigmente mit grüner bis braungrüner Farbe in Lösung. Mit dieser Lösung (ev. nach dem Eindampfen zur Trockene) kann man die Gmelin'sche Reaktion anstellen.
Arch. der Pharm. (3) **6.** 385.
Ztschr. f. analyt. Chem. **15.** 105.
Deubner, ebenda **25.** 458.

**Hilger-Mai**'s Reaktion auf Kermesbeerfarbstoff im Wein.

Eine Mischung von 5 ccm Rotwein und 10 Tropfen Jodjodkaliumlösung filtriert man nach 2 stündigem Stehen und gibt einen Überschuß von Natriumthiosulfatlösung zu. Ist der Wein noch rötlich gefärbt, so ist Kermesbeerfarbstoff vorhanden.
Forschungsber. etc. 1895. II. 343.
Arch. der Pharm. (3) **9.** 481.

**Hilpert-Wolf**'s Reagens auf aromatische Kohlenwasserstoffe

ist eine Mischung von 1 Volumteil Antimonpentachlorid mit 2 Volumteilen Tetrachlorkohlenstoff. Man löst 0,1 g des zu prüfenden Kohlenwasserstoffs in 1—2 ccm Tetrachlorkohlenstoff und versetzt tropfenweise mit dem Reagens. Während reines Benzol nur eine gelbe bis gelbrote Färbung verursacht, geben kondensierte Kerne, wie Naphthalin und Anthracen, gefärbte Niederschläge, welche als empfindliche Reaktion gelten können. Näheres siehe: Berl. Ber. 1913. **46.** 2215. — Merck's Bericht 1913. 106.

**Himmel**'s Reagens zum Färben mikr. Präparate

ist Neutralrot: (1 ccm kaltgesättigte Lösung von Neutralrot mischt man mit 100 ccm physiolog. Kochsalzlösung).
Chem. Zentralbl. 1902. II. 1518.

**Himmelmann**'s Reaktion auf Arsen neben Antimon

beruht auf der Entwickelung von Wasserstoff (und Arsenwasserstoff) durch Zink und ammoniakalische Chlorammonlösung, wobei das entwickelte Gas durch Chlorzinklösung und dann durch Silbernitratlösung geleitet wird. Näheres siehe: Ztschr. f. analyt. Chem. **7.** 477 u. Pharm. Zentrh. 1868. 272.

**Hindenlang**'s Reagens auf Eiweiß

ist eine frisch bereitete Lösung von Metaphosphorsäure in Wasser. Eiweißhaltiger Harn wird durch dieses Reagens getrübt.
Siehe: Acid. phosphoric. glaciale (Meta-) in guttis. Merck's Index 1910. **15.**
Berl. klin. Woch. 1881. Nr. 15.
Pharm. Zentrh. **22.** 235.
Chem. Zentralbl. 1881. 471.
Arch. der Pharm. (3) **19.** 56.
Dillner, Jahresber. f. Tierchem. 1882. 209.

**Hinkel**'s Reaktion auf Methylalkohol in Äthylalkohol

beruht auf der Oxydation des Methylalkohols zu Formaldehyd mittels Ammoniumpersulfat. Der Formaldehyd wird in folgender Weise nachgewiesen. Man mischt die Formaldehydlösung mit einigen Tropfen einer 0,5 %igen Morphinhydrochloridlösung und läßt am Glasrande vorsichtig Schwefelsäure herabfließen. Man sieht an der Berührungsstelle der beiden Flüssigkeiten einen violettblauen Ring. Empfindlichkeitsgrenze = 1 : 1 Million.

The Analyst 1908. 33. 417.
Pharm. Ztg. 1909. 106.
Chem. Ztg. 1909. Rep. 5.
Répert. de Pharm. 1909. 124.

**Hinkel-Sherman's** Reagens zur Unterscheidung der Glukose von Maltose, Laktose und Saccharose.

Man löst 45 g neutrales Kupferacetat in 900 ccm Wasser, filtriert, gibt 1,2 ccm 50 %ige Essigsäure zu und ergänzt mit Wasser auf 1 Liter.

Journ. Americ. Chem. Soc. 29. 1744.
Chem. Zentralbl. 1908. I. 677.

**Hinsberg's** Reaktion auf Ortho-Diamine.

Versetzt man die alkoholische Lösung eines aromatischen Ortho-Diamins mit einem Tropfen einer heiß bereiteten Lösung von Phenanthrenchinon in Eisessig und erhitzt diese Mischung zum Sieden, so entsteht ein gelber, krystallinischer Niederschlag. War Ortho-Phenylendiamin vorhanden, so färbt sich letzterer mit Salzsäure tiefrot.

Berl. Ber. 1885. 1228.

**Hirschfeld's** Reaktion auf Chloralhydrat.

Eine Lösung von Chloralhydrat färbt sich auf Zusatz von Calciumsulfhydrat in kurzer Zeit purpurrot.

Pharm. Ztschr. f. Rußland 24. 166.
Ztschr. f. analyt. Chem. 25. 565.
Arch. der Pharm. 223. 26.

**Hirschfeld-Klinger's** Gerinnungsreaktion auf Syphilis

beruht auf der Eigenschaft syphilitischer Sera, den Zytozymcharakter von bestimmten Organextrakten zu zerstören, so daß damit behandelte Fibrinogenlösungen ihre Gerinnungsaktivität einbüßen. Zur Ausführung der Reaktion sind 4 Reagenzien erforderlich: 1. Extraktemulsion, d. i. das von Merck gelieferte Syphilisantigen aus Meerschweinchenherzen; 2. Serozym, ein mit 1%iger Calciumchloridlösung versetztes Hammelplasma; 3. Calcium-Natriumchloridlösung, bereitet durch Mischung von 100 ccm physiologischer Kochsalzlösung mit 5 ccm 1%iger Calciumchloridlösung; 4. Oxalatplasma, ein Natriumoxalat enthaltendes Plasma. Näheres siehe: Deutsche med. Woch. 1914. 1607. — Merck's Bericht 1914. 388.

**Hirschhausen's** Reaktion auf Berberin.

1. Versetzt man eine alkoholische Lösung von Berberin mit Jodjodkaliumlösung, so entsteht ein grünlich flimmernder Niederschlag (bestehend aus Krystallen von Berberinhydrojodid und Bijodberberin).
2. Löst man Berberin in einigen Tropfen Salzsäure (D. = 1,16), so bewirkt 1 Tropfen Chlorwasser eine kirschrote Färbung.

Ztschr. f. analyt. Chem. 24. 157.

**Hirschhausen's** Reaktion auf Hydrastin.

Hydrastin löst sich in Vanadinschwefelsäure mit morgenroter Farbe, die in Orangerot übergeht und allmählich verblaßt.

Ztschr. f. analyt. Chem. 24. 160.

**Hirschhausen's** Reaktion auf Oxyacanthin.

In konzentr. Schwefelsäure löst sich das Alkaloid gelb, dann braunrot und später weinrot; in Fröhde's Reagens löst es sich mit tiefvioletter Farbe, dann braunviolett mit gelbgrüner Randzone.

Dissertation Dorpat 1884.
Ztschr. f. analyt. Chem. 24. 162.

**Hirschsohn's** Reaktion auf Acetanilid in Phenacetin.

10 ccm einer kalt gesättigten Lösung von Phenacetin werden mit 5 ccm Bromwasser versetzt. Bei Anwesenheit von Acetanilid (auch Phenol) entsteht eine krystallinische Ausscheidung. Es lassen sich so noch 5 % Acetanilid nachweisen.

Pharm. Ztschr. f. Rußland 27. 794.
Ztschr. f. analyt. Chem. 40. 685.
Vergl. Deutsches Arzneibuch IV. 282.
Beringer, Chem. Ztg. 1903. 896.
Fulmer, Union pharm. 1905. 484.

**Hirschsohn's** Reaktion auf Acetanilid und Phenacetin im Exalgin.

1 g Exalgin löst sich in 2 ccm Chloroform bei Abwesenheit von Acetanilid und Phenacetin klar auf. Noch empfindlicher ist die Probe, wenn man die erhaltene Lösung mit 20 ccm Petroläther mischt. 10 % Phenacetin und 20 % Acetanilid bewirken eine krystallinische Abscheidung.

Pharm. Ztschr. f. Rußland 29. 17.
Ztschr. f. analyt. Chem. 40. 684.

**Hirschsohn's** Reaktion auf Aloë.

Eine Lösung von Aloë (1 : 1000) versetzt man mit einem Tropfen Kupfersulfatlösung. 10 ccm dieser Lösung erwärmt man mit einem Tropfen Wasserstoffsuperoxyd (zirka 2 %) zum Kochen. Es entsteht eine intensiv rote Färbung. Empfindlichkeitsgrenze = 1 : 14 000. Bei dieser Reaktion sind freie Säuren, Alkalien, Alkohol und Brunnenwasser zu vermeiden. Näheres siehe: Pharm. Zentrh. 1901. 64. — Chem. Zentralbl. 1901. I. 540.

**Hirschsohn's** Reaktion auf fremde Chinaalkaloide im Chininsulfat.

Man bereitet sich eine Mischung von 70 Raumteilen Chloroform und 30 Raumteilen Petroläther (D. = 0,68). — 0,2 g Chininsulfat schüttelt man mit 5 ccm der genannten Mischung, filtriert und gibt zum Filtrat das dreifache Volumen Petroläther. Fremde Chinaalkaloide sind an einer entstehenden Trübung zu erkennen. Empfindlichkeitsgrenze = 0,1 %.

Ztschr. f. analyt. Chem. 1904. 459.
Pharm. Zentrh. 1904. 887.

**Hirschsohn**'s Reagens zur Prüfung der ätherischen Öle.

1. 2—4 Tropfen offizinelle Eisenchloridlösung mischt man mit 30 g 95 %igen Alkohols. Das Reagens gibt man tropfenweise in die alkoholische Lösung der Öle und beobachtet die Farbenerscheinungen.
2. Man löst 0,1 g Fuchsin in 1 Liter Wasser und leitet Schwefeldioxyd bis zur Entfärbung ein. Zu der alkoholischen Lösung der Öle gibt man das 2—3 fache Volumen des Reagenzes und beobachtet die eintretende Färbung.

Näheres siehe: Pharm. Ztschr. f. Rußland 32. 417. 513. 529. 545. 561. — Chem. Zentralbl. 1903. II. 596. 667. 736. 777. 889.

**Hirschsohn**'s Reaktion zur Unterscheidung von Buchenteer von Birken-, Tannen- und Wacholderteer

siehe: Pharm. Ztschr. f. Rußland 35. 801 oder Ztschr. f. analyt. Chem. 38. 129.
Chem. Zentralbl. 1893. II. 1068; 1897. I. 268.

**Hirschsohn**'s Reaktion auf Chinin und Chinidin.

Eine neutrale, salz- oder schwefelsaure Lösung genannter Alkaloide färbt sich beim Kochen mit 1 Tropfen Wasserstoffsuperoxyd (2 %) und Kupfersulfatlösung (10 %) intensiv himbeerrot. Die Farbe geht allmählich über Blauviolett und Blau in Grün über. Empfindlichkeitsgrenze = 1 : 10 000.

Pharm. Zentrh. 1892. 367.
Chem. Zentralbl. 1902. II. 540.

**Hirschsohn**'s Reaktion auf Chloralalkoholat im Chloralhydrat.

Zu 1 g Chloralhydrat gibt man 1 ccm farblose Salpetersäure (D. = 1,4). Bei Anwesenheit von Chloralalkoholat färbt sich letztere innerhalb 10 Minuten gelb.

Lunge, Chem. Techn. Unters.-Meth. 1905. III. 817.

**Hirschsohn**'s Reagens auf Cholesterin

ist eine wässerige Lösung von 9 g Trichloressigsäure in 1 ccm Wasser. Kocht man Cholesterin mit diesem Reagens, so löst es sich auf und es entsteht eine schwache Fluoreszenz sowie eine rote Färbung, die im Laufe von 24 Stunden über Himbeerrot und Blauviolett in Blau übergeht. Auch eine Mischung von 10 Teilen Reagens und 1 Teil Salzsäure (D. = 1,12) wurde vom Autor vorgeschlagen. Näheres siehe: Pharm. Zentrh. 1902. 357 und 1903. 673. — Ottolenghi, Chem. Zentralbl. 1906. I. 542.

**Hirschsohn**'s Reaktion auf Cineol in ätherischen Ölen.

0,05 g Jodol (Tetrajodpyrrol) versetzt man mit 15 Tropfen oder so viel des zu prüfenden Öles, als zur Lösung nötig ist. Die nach 24 Stunden ausgeschiedenen Krystalle werden nach dem Waschen mit Petroläther mit Kalilauge gekocht. Bei Anwesenheit von Cineol tritt dessen charakteristischer Geruch auf.

Pharm. Ztschr. f. Rußland 1893. 49. 67.
Pharm. Zentrh. 1893. 136.
Chem. Zentralbl. 1893. I. 503. 667.

**Hirschsohn**'s Reaktion auf Colophonium im Tolubalsam und Guajakharz.

Das gepulverte Harz wird mit Petroläther geschüttelt und filtriert. Bei Anwesenheit von Colophonium wird das Filtrat durch Kupferacetatlösung (1 : 100) grün gefärbt.

Pharm. Ztschr. f. Rußland 34. 513.
Chem. Zentralbl. 1895. II. 694.

**Hirschsohn**'s Reaktion auf Cottonöl im Olivenöl.

5 ccm Olivenöl versetzt man mit 10 Tropfen einer Lösung von 1 g Goldchlorid in 200 g Chloroform und erwärmt die Mischung 20 Minuten lang im siedenden Wasserbade. Bei Anwesenheit von Cottonöl entsteht eine rote Färbung.

Chem. Ztg. 1888. Rep. 341.
Pharm. Ztschr. f. Rußland 27. 721.
Ztschr. f. analyt. Chem. 31. 108.

**Hirschsohn**'s Reaktion auf Gurjunbalsam in ätherischen Ölen.

1 g Zinnchlorür, 3 ccm 95 % Alkohol und 4—5 Tropfen des zu untersuchenden Öles werden bis zur Lösung des Zinnchlorürs gekocht. Bei Anwesenheit von Gurjunbalsam tritt Rot-, Violett- und Blaufärbung ein.

Eine dem Gurjunbalsam ähnliche Färbung geben Selleriesamenöl, Cubebenöl, Galgantöl, Lorbeeröl, Patschouliöl, Sumbulöl, Sandelöl, Pfefferöl, Cardamomöl und Baldrianöl. Wermutöl und Kamillenöl geben eine grüne bis blaugrüne Färbung.

Pharm. Ztschr. f. Rußland 35. 25. 65.
Ztschr. f. analyt. Chem. 36. 60.

**Hirschsohn**'s Reaktion auf Gurjunbalsam in Copaivabalsam.

Kocht man 1 g Copaivabalsam mit 3 g Alkohol (95 %) und 1 g Zinnchlorür bis zur erfolgten Lösung, so tritt bei Anwesenheit von Gurjun eine rote Färbung ein, die allmählich in Blau übergeht. Es läßt sich auf diese Art noch 1 % Gurjunbalsam leicht nachweisen. Mit dieser Probe läßt sich Gurjunbalsam oder ätherisches Gurjunöl auch in ätherischen Ölen erkennen.

Pharm. Ztschr. f. Rußland 34. 499 u. 35. 25. 65.
Ztschr. f. analyt. Chem. 36. 60. 806.
Gehe, Pharm. Zentrh. 1896. 276.

**Hirschsohn**'s Reagens auf Myrrhe.

(Chloralreagens.) Man löst 4 g Chloralhydrat in 1 g Trichloracetal unter Erwärmen auf. Man erhält so eine sirupdicke an der Luft schwach rauchende Flüssigkeit. Herabol-Myrrhe gibt mit diesem Reagens eine schöne violette Färbung (nicht aber Bissabol-Myrrhe). Früher hatte der Autor an Stelle dieses Reagenzes das unreine Chloral benützt, also Hehn's Reagens (siehe dieses!).

Pharm. Zentralbl. 1903. 809.
Apoth. Ztg. 1903. 827.
Chem. Zentralbl. 1904. I. 56.

**Hirschsohn**'s Reaktion auf fette Öle im Copaivabalsam.

20—30 Tropfen Balsam übergießt man mit 1—2 ccm einer Lösung von 1 Teil Ätznatron

in 5 Teilen 95 %igem Alkohol, kocht einige Male auf und vermischt nach dem Erkalten mit dem doppelten Volumen Äther. Bei Anwesenheit von Ölen entsteht eine gallertartige Mischung. Reiner Balsam gibt bei dieser Probe eine klare oder nur wenig trübe Lösung.
Pharm. Ztschr. f. Rußland 34. 32.
Pharm. Ztg. 40. 603.
Ztschr. f. analyt. Chem. 35. 238.

**Hirschsohn**'s Reaktion auf Urson.

Kocht man Urson einige Minuten lang mit einer Lösung von 10 g Trichloressigsäure in 1 g Salzsäure (D. = 1,12), so entsteht eine violette Färbung, die in Blau übergeht.
Pharm. Zentrh. 1903. 673.
Chem. Zentralbl. 1903. II. 1026.
Vergl. des Autors Reagens auf Cholesterin.
Gintl, Tschirch's Harze u. Harzbehälter 1900. 105.
Monatsh. f. Chemie. 1893. 260.

**Hirshberg**'s Reaktion auf Saccharose.

Die zu prüfende Lösung wird sterilisiert mit der gleichen Menge 1/10 Norm. Natronlauge versetzt und 24 Stunden lang in den Brutschrank gestellt. Saccharose bleibt unverändert, was mit dem Polarisationsapparat nachgewiesen werden kann, während Glukose, Mannit, Maltose, Mannose, Laktose, Lävulose, Galaktose und Invertzucker vollständig zerstört werden.
Berl. klin. Woch. 1912. 409.

**Histed**'s Reaktion auf Natalaloin.

Läßt man die Dämpfe rauchender Salpetersäure über eine Lösung von Natalaloin in konzentr. Schwefelsäure streichen, so färbt sich letztere erst grün, dann rot und zuletzt blau. Dieselbe Reaktion bringt ein Krystall Kaliumnitrat hervor. Diese Reaktion gibt nur die Natalaloë.
Pharm. Zentralh. 1900. 33.
Heuberger, Schweizer Woch. f. Chem. u. Pharm. 1899. 506.
Vergl. Enzyklop. d. gesamt. Pharm. 1886. I. 263.

**Hlasiwetz**' Reaktion auf Blausäure

beruht auf der Bildung von Isopurpursäure (mit intensiver Rotfärbung) beim Erwärmen alkalischer Blausäurelösung mit Pikrinsäure.
Hager, Pharm. Prax. 1880. I. 66.
Kippenberger, Nachw. v. Gift. 1897. 17.
Enzyklop. d. gesamt. Pharm. 1888. V. 227.

**Hlasiwetz-Pfaundler**'s Reaktion auf Protokatechusäure

ist eine Modifikation von Hesse's Reaktion. Versetzt man eine wässerige Lösung der Säure mit Eisenchlorid, so färbt sich die Mischung blaugrün und dann auf Zusatz von Sodalösung rot.
Liebig's Annal. 127. 358.
Chem. Zentralbl. 1863. 1773.

**Hodgkinson-Hoare**'s Reaktion auf Tetranitromethan

beruht auf der Eigenschaft des Tetranitromethans, mit alkoholisch-ammoniakalischen Lösungen von Kupfer, Silber, Zink, Cadmium und Nickel sofort krystallinische Verbindungen zu bilden, welche explosibel sind.
Journ. Soc. Chem. Ind. 33. 522.

**Hodurek**'s Reaktion auf Colophonium in Naphthalin

siehe: Österreich. Chem. Ztg. 5. 555.
Ztschr. f. analyt. Chem. 45. 785.

**Hof**'s Reagens auf Alkalien in pflanzlichen Geweben

ist eine ätherische Lösung von Tetrajodfluoresceïn. Näheres siehe: Botan. Zentralbl. 1900 und Merck's Bericht 1900. 124.

**Hoffmann**'s Reagens auf Eiweiß und Phenol

ist identisch mit Millon's Reagens (siehe dieses!).

**Hoffmann**'s Reaktion auf Mutterkorn in Mehl und Brot.

Siehe: Pharm. Ztg. 23. 726 u. 742 oder
Ztschr. f. analyt. Chem. 36. 121.
Chem. Zentralbl. 1879. 183.
Lauck, Ztschr. f. analyt. Chem. 36. 273.
Medicus, Südd. Apoth. Ztg. 1892. 605.
Ulbricht, Ztschr. f. analyt. Chem. 33. 766.
Hartwich, Pharm. Zentrh. 34. 662.
Medicus-Kober, Ztschr. f. Unters. Nahr.-Genußm. 1902. 1077.

**Hoffmann**'s Reagens auf Phenol.

Phenol gibt mit einer Lösung von Kaliumnitrat oder Salpetersäure in konzentr. Schwefelsäure eine violettrote bis violette Färbung. Näheres siehe: Hager, Pharm. Prax. Erg.-Bd. 1883. 10.

**Hoffmann**'s Reaktion auf Tyrosin.

Kocht man Tyrosin mit einer möglichst neutralen Lösung von Mercurinitrat, so entsteht ein roter, flockiger Niederschlag, während die Lösung nach dem Absetzen farblos ist.
Liebig's Annal. 87. 123.
Chem. Zentralbl. 1854. 176.
Nach Loth. Meyer muß das Reagens etwas salpetrige Säure enthalten.
Ztschr. f. analyt. Chem. 3. 199.
Staedeler, Liebig's Annal. 106. 65.
Kühne, Arch. f. pathol. Anat. 39. 130.
Leucin gibt mit dem Reagens einen weißen Niederschlag, während nach Braconnot mit Mercuronitrat eine rötliche Färbung der Flüssigkeit entstehen soll.
Braconnot, Liebig's Annal. 87. 123.
Nickel, Die Farbenreakt. d. Kohlenstoffverb. 1890. 12.

**Hofmann**'s Reaktion auf primäre Amine.

1. Primäre Amine geben beim Erwärmen mit Chloroform und Kalilauge den charakteristischen Geruch des Isonitrils. (Isonitrilreaktion.)
   Berl. Ber. 3. 767.
   Chem. Zentralbl. 1870. 609.
2. Primäre Amine, in Alkohol und Schwefelkohlenstoff gelöst, geben nach teilweisem Verdampfen des Alkohols und Erhitzen

des Rückstandes mit Quecksilberchloridlösung den scharfen Geruch des betreffenden Senföles.
Berl. Ber. **8.** 108.
W e i t h, Berl. Ber. **8.** 461.

**Hofmann**'s Reaktion auf Anilin.

1. In salzsaurer Lösung wird Anilin durch Platinchlorid gefällt.
2. Eine alkoholische Lösung von Anilin wird durch alkoholische Quecksilberchloridlösung krystallinisch gefällt.
3. Eine Lösung von Anilin in verdünnter Salz- oder Schwefelsäure wird durch Bromwasser in rötlichweißen Krystallen gefällt.
4. Anilin färbt sich mit rauchender Salpetersäure blau und bei gelindem Erwärmen gelb.

Enzyklop. d. gesamt. Pharm. 1891. X. 716.

**Hofmann**'s Reagens auf organische Basen
ist konzentr. Überchlorsäure, die durch Eindampfen der käuflichen Überchlorsäure gewonnen werden kann. Sie gibt mit Basen gut krystallisierende Salze. Näheres siehe: Berl. Ber. 1909. **42.** 4856, 1910. **43.** 178, 183.

**Hofmann**'s Reaktion auf Chloroform
beruht auf der Zersetzung desselben beim Erhitzen mit Alkalien unter Bildung leicht nachweisbarer Salzsäure (bezw. Chlorids).

**Hofmann**'s Reaktion auf Chloroform.
(Isonitrilreaktion.) Versetzt man die zu prüfende Flüssigkeit mit einer Lösung von Anilin und Natriumhydroxyd in Alkohol und erwärmt, so tritt bei Anwesenheit von Chloroform der charakteristische Geruch des Isonitrils ein. Empfindlichkeitsgrenze = 1 : 60 000.
Berl. Ber. **3.** 769.
Ztschr. f. analyt. Chem. **10.** 225.
Chem. Zentralbl. 1870. 609.

**Hofmann**'s Reaktion auf Cyanursäure.
Die Lösung der Cyanursäure versetzt man auf einem Uhrglase mit konzentr. Natronlauge und erwärmt einige Augenblicke über einem Spitzbrenner. Es bilden sich feine Nadeln von cyanursaurem Natrium, welche beim Erkalten wieder verschwinden, wenn die Lösung der Cyanursäure nicht zu konzentriert war.
Berl. Ber. **3.** 769.
Chem. Zentralbl. 1870. 611.

**Hofmann**'s Reaktion auf Pyridinbasen.
Man gibt zu einigen Tropfen der zu prüfenden Substanz etwas Methyljodid und setzt nach dem Erhitzen ein Stückchen Ätzkali und einige Tropfen Wasser zu. Bei erneutem Erhitzen macht sich ein charakteristischer, senfölähnlicher Geruch bemerkbar.
Berl. Ber. **17.** 1908.

**Hofmann**'s Reagens I auf Salpetersäure.
Man löst 1 g Anilin in 100 ccm verdünnter Schwefelsäure (1 : 6). Eine Mischung von 1 ccm konzentr. Schwefelsäure und 0,5 ccm Reagens wird durch Spuren von Salpetersäure (auch von salpetriger Säure) rot gefärbt. Näheres siehe: Ztschr. f. analyt. Chem. **6.** 72.

**Hofmann**'s Reagens II auf Salpetersäure
ist eine Lösung von Diphenylamin in konzentr. Schwefelsäure (1 : 100). Schichtet man über dieses Reagens eine Lösung, die Spuren von Salpetersäure oder Nitraten enthält, so entsteht ein blauer Ring.
Liebig's Annal. **132.** 160.
B ö t t g e r, Jahresber. d. Chem. 1875. 918.
Vergl. C i m m i n o, Ztschr. f. analyt. Chem. **38.** 429 u. Cimmino's Reaktion, ferner Kopp's Reagens.
F r e r i c h s, Arch. der Pharm. 1905. 80.
H i n r i c h s, Pharm. Prax. 1906. 217 od. Chem. Zentralbl. 1905. II. 1285.
K o s h i n o, Pharm. Zentrh. 1907. 431.

**Hofmann**'s Reagens auf Schwefelkohlenstoff
ist Triäthylphosphin. Es bildet mit $CS_2$ eine Doppelverbindung, bestehend aus roten Krystallen. Empfindlichkeitsgrenze 0,5 mg.
Berl. Ber. **13.** 1735.

**Hofmann**'s Reagens auf Titansäure
ist 1,8-Dioxynaphthalin-3,6-disulfosäure (Chromotropsäure), die mit Titansäure in salz- oder schwefelsaurer Lösung eine intensive Rotfärbung erzeugt.
Berl. Ber. 1912. **45.** 2480.
Geisow, Dissertation München 1902.
Merck's Bericht 1912. 86.

**Hofmann-Höbold**'s Reaktion auf Cholin und Neurin
siehe: Berl. Ber. **43.** 2624 u. **44.** 1766.

**Hofmann-Schroff**'s Reaktion zur Unterscheidung von Morphin und Papaverin.
Verdünnte, wässerige Lösungen von Papaverin geben mit einer Lösung von Kaliumcadmiumjodid einen weißen, massigen, atlasglänzenden, schuppigen Niederschlag, während Morphinlösungen noch in einer Verdünnung 1 : 1000 schöne, nadelförmige Krystalle abscheiden, wenn sie mit genanntem Reagens versetzt werden.
Wiener med. Woch. 1868. 59.
Jahrb. der Pharm. **31.** 28.
Ztschr. f. analyt. Chem. **8.** 471.

**Hofmann - Storm**'s Reagens für analytische Zwecke
(Reduktionsmittel) ist Tetraformaltrisazin. Es kann an Stelle von Hydrazin als ein etwas milder wirkendes Reduktionsmittel gebraucht werden. Näheres siehe: Berl. Ber. 1912. **45.** 1725. — Merck's Bericht 1912.

**Hofmeister**'s Reaktion auf Kreatinin.
Versetzt man eine mit Salpetersäure angesäuerte Lösung von Kreatinin mit Phosphorwolframsäure, so entsteht ein gelber, krystallinischer Niederschlag.
Ztschr. f. physiol. Chem. **5.** 67.
Vergl. Kerner's Reaktion.

**Hofmeister's** Reaktion auf Kynurensäure.

Versetzt man Kynurensäure mit einer Mineralsäure (nicht Essigsäure!) und dann mit Phosphorwolframsäurelösung, so entsteht ein Niederschlag, der aus rhombischen Täfelchen besteht.

Ztschr. f. physiol. Chem. **5.** 71.

**Hofmeister's** Reaktion auf Leucin

beruht auf der reduzierenden Wirkung von Leucin auf Mercuronitrat, das beim Erwärmen in metallisches Quecksilber übergeführt wird.

Liebig's Annal. **189.** 16.

**Hofmeister's** Reagens auf Pepton im Harn

ist Phosphorwolframsäure oder Tannin. Näheres siehe: Ztschr. f. physiol. Chem. **4.** 253; **5.** 67. — Ztschr. f. analyt. Chem. **20.** 161.

**Höhnel's** Reagens auf Holzstoff

ist eine konzentr. Lösung von Phenol in Salzsäure (1,19), durch welche Holzstoff grün gefärbt wird, oder eine Lösung von Jodjodkalium und Schwefelsäure von bestimmter Konzentration, womit Holz blau und Holzschliff dunkelgelb gefärbt wird.

Chem. Ztg. **13.** 155.
Ztschr. f. analyt. Chem. **28.** 737.

**Höhnel's** Reaktion auf Quecksilber im Harn.

Man dampft 1 Liter Harn auf 250 ccm ein, gibt 3—4 g Cyankalium zu, digeriert 1/2 Stunde bei 60—70° C. und filtriert. Das Filtrat digeriert man mit einigen Streifen von blankem Kupferblech 2 Stunden lang bei 60—70° C. Bei Anwesenheit von Quecksilber zeigt sich auf dem Kupfer ein weißer bis blauweißer Beschlag mit glänzender Oberfläche.

Chem. Ztg. **1900.** Rep. 56.
Pharm. Zentrh. **1900.** 277.

**Höhnel's** Reagens auf Seide

ist eine gesättigte, wässerige Lösung von Chromsäure, die mit einem gleichen Volumteil Wasser verdünnt wurde. Das Reagens löst echte Seide innerhalb einer Minute auf.

Dingler's Journ. **246.** 465.

**Holde's** Reaktion auf Harzöl in Ölen.

Siehe: Chem. Ztg. 1890. Rep. 107, 1891. Rep. 144.
Mitteil. d. k. techn. Vers.-Anst. Berlin **8.** 19.
Chem. Zentralbl. 1890. I. 882.

**Hohmuth's** Antilysinreaktion

(Staphylolysinreaktion) dient zur Differenzialdiagnose von Osteomyelitis und Tuberkulose. Sie beruht auf folgendem Prinzip: Staphylokokken scheiden ein Toxin aus, welches rote Blutkörperchen von Kaninchen löst. Gegen dieses Toxin bildet sich im Organismus ein Antitoxin. Das Toxinlysin stellt man sich aus Staphylokokkenkulturen her, das Antitoxin-Antilysin findet sich im Serum. Man vermischt nun Patientenserum mit dem Lysin in bestimmtem Verhältnis und fügt als Indikator rote Blutkörperchen zu. Dann erhält man entweder Hämolyse (d. h. das Serum enthält keine Antistoffe, es stammt vom Gesunden) oder Hemmung der Hämolyse (d. h. das Serum enthält Antistoffe, welche die Wirkung des Lysins paralysieren, es stammt also von einem Kranken mit Staphylomykose). Näheres siehe: Hohmuth, Beiträge zur klin. Chirurg. **80.** 191. — Oppenheimer, Zentralbl. f. Bakt. I. Orig. 1911. **59.** 188. — Rost-Saito, Deutsche Ztschr. f. Chirurg. 1914. **126.** 320. — Merck's Bericht 1914. **383.**

**Holde's** Reaktion auf Mineralöle in fetten Ölen.

Man löst ein erbsengroßes Stück Ätzkali in 5 ccm absolut. Alkohol unter Erhitzen auf, gibt 3—4 Tropfen des zu prüfenden Öles zu und kocht 1 Minute lang. Dann setzt man 3—4 ccm Wasser zu. Bei Anwesenheit von Mineralölen tritt eine Trübung auf.

Siehe: Chem. Ztg. 1889. Rep. 202.
Mitteil. d. k. techn. Vers.-Anst. Berlin **7.** 75.
Chem. Zentralbl. 1889. II. 522.

**Holfert's** Reagens für mikroskop. Zwecke (Konservierungs- und Härtungsmittel)

ist Formaldehyd, welcher nach Bokorny als Protoplasmagift zur Haltbarmachung tierischer Präparate sehr geeignet ist. Nach Blum tritt bei der Verwendung des Formaldehyds keine Schrumpfung des Objektes ein (Chem. Ztg. **17.** Rep. 310).

Chem. Ztg. **18.** Rep. 135.
Ztschr. f. analyt. Chem. **36.** 511.

**Holland's** Reaktionen auf Blut oder Indikan

sind Modifikationen der bekannten Guajakprobe und der Jafféschen Reaktion unter Verwendung von Natriumperborat an Stelle von ozonisiertem Terpentinöl oder Wasserstoffsuperoxyd bezw. von Chlorkalklösung.

Journ. Americ. Med. Assoc. 1907. No. 23.
Deutsche med. Woch. 1907. 1107.
Vergl. Hühnerfeld's, Almén's und Schaer's Reaktion auf Blut und Jaffé's Reaktion auf Indikan.

**Hollande's** Reagens zum Härten mikroskopischer Präparate

ist eine Mischung von 12 Teilen gesättigter Pikrinsäurelösung (in 40 %igem Formaldehyd) mit 54 Teilen absol. Alkohol, 3 Teilen Benzol (toluolfrei) und 1 Teil Salpetersäure.

Ztschr. f. wiss. Mikroskop. 1912. **29.** 218.

**Hollande's** Reagenzien zum Färben mikroskop. Präparate.

1. Mischung von 33 Teilen wässeriger Eosinlösung (0,8 %) mit 19 Teilen wässeriger Methylblaulösung (1 %) und 8 Teilen wässeriger Lichtgrünlösung (1 %).

2. Lösung von 0,1 g Orange G und 1 g Phosphormolybdänsäure in 50 ccm Alkohol (90 %).

Ztschr. f. wiss. Mikroskop. 1912. **29.** 216.
Arch. d'Anatomie Microscop. 1911. **13.** 171.

**Holländer's** Reaktion auf Fuselöl.

25 ccm des zu prüfenden Branntweins werden mit 1 ccm Norm. Kalilauge versetzt, abdestilliert und zu 5 ccm des Destillats 5 ccm Eisessig gegeben. Man kocht die Mischung

1 Minute lang, gibt 1 Tropfen reines Phenylhydrazin (Merck) zu, bringt nochmals zum Aufkochen und kühlt dann ab. Unterschichtet man die Mischung mit konz. Salzsäure, so entsteht bei Anwesenheit von Amylalkohol ein grüner Ring.
Münchener med. Woch. 1910. 83.
Merck's Bericht 1910. 88.
Med. Zentral.-Ztg. 1910. 157.
Herzog, Chem. Zentralbl. 1911. I. 1327.

**Holmgren**'s Reaktion auf Jod im Harn.
Auf Filtrierpapier bringt man einige Tropfen Wasserstoffsuperoxyd (3 %), darauf einige Tropfen Salzsäure (25 %) und in die Mitte des so entstandenen feuchten Flecks 1 Tröpfchen Harn. Bei Anwesenheit von Jod entsteht ein brauner bis blauer Ring.
Arch. f. Dermatol. **106.** No. 1—3.
Deutsche Med. Ztg. 1911. 572.

**Holmgren**'s Reagens zum Fixieren mikroskop. Präparate
ist eine 2—5 %ige, wässerige Lösung von Trichloressigsäure oder Trichlormilchsäure.
Anat. Hefte 1901. 269.
Arch. f. mikroskop. Anat. 1902. 669.

**Holt**'s Reaktion auf Pneumonie.
Frischer Harn von Pneumonikern zeigt bei Anstellung der Heller'schen Reaktion (Schichtprobe) oberhalb des vom Eiweiß erzeugten Ringes noch einen schmutzigweißen Ring oder Nebel.
Brit. Med. Journ. 1910. 2584.
Pharm. Zentrh. 1911. 375.

**Homberger**'s Reagens zur Gonokokkenfärbung
ist eine Lösung von Kresylechtviolett 1:10 000. Mit diesem Reagens färben sich Gonokokken rotviolett, Kerne schwach blau.
Pharm. Zentrh. 1900. 790.
Zentralbl. f. Bakteriolog. 1900. 533.
Enzyklop. d. mikroskop. Techn. 1903. 499.
Ztschr. f. wiss. Mikroskop. 1900. 394.

**Homolle**'s Reaktion auf Digitalin.
Das Homollesche Digitalin gibt mit konz. Salzsäure eine intensive Grünfärbung.
Union méd. 1872. 295.
Merck's Bericht 1911. 50.
Merck's Wiss. Abhandlgn. No. 8 (2. Aufl.) p. 20.

**Honorowski**'s Reagens zum Färben mikroskop. Präparate.
a) Lösung von 0,2 g Hämatoxylin und 0,02 g Resorcin in 100 ccm Alkohol (70 %). — b) Mischung von 1 ccm Liquor ferri sesquichl. Ph. G. V. mit 2 ccm konz. Salzsäure. — c) Lösung von 0,1 g Fuchsin S in 100 ccm gesättigter, wässeriger Pikrinsäurelösung.
Przeglad lekarski 1908. No. 44.
Petersb. med. Woch. 1909. 94.
Med. Klinik 1910. 425.

**Hooker**'s Reaktion auf Carbazol und Pyrrol.
Siehe: Berl. Ber. **21.** 3299 oder
Ztschr. f. analyt. Chem. **28.** 711.
Chem. Zentralbl. 1889. I. 12. 158.

**Hoogoliet**'s Reagens auf Chloride.
Man löst Silberchromat in Ammoniak und tränkt damit Filtrierpapierstreifen. Die noch feuchten Streifen zieht man rasch durch verdünnte Salpetersäure, wodurch das Silberchromat auf dem Papier verteilt bleibt. Das nach dem Trocknen rote Papier wird beim Eintauchen in chloridhaltige Flüssigkeiten entfärbt.
Pharm. Zentrh. 1890. 268.
Ztschr. f. analyt. Chem. **31.** 311.

**Hoper-André**'s Reaktion auf Chinin
ist André's Reaktion (siehe diese!).

**Hopkins**' Reaktion auf Indol.
Indol wird durch verdünnte Glyoxylsäurelösung und konzentrierte Schwefelsäure rot gefärbt. Empfindlichkeitsgrenze = 1 : 500 000.
Journ. of Physiol. 1906. **35.** 88.
Herzfeld-Baur, Zentralbl. f. innere Med. 1913. 268.

**Hopkins**' Reaktion auf Proteïne
siehe: Hopkins-Cole's Reagens.

**Hopkins-Cole**'s Reagens auf Proteïnstoffe
ist Adamkiewicz' Reagens, bei dem die Essigsäure durch Glyoxylsäure ersetzt ist.
Proc. Royal Soc. London **1901. (68.)** 21.
Chem. Zentralbl. 1901. I. 797.
Osborne-Harris, ebenda 1903. II. 910.
Ztschr. f. analyt. Chem. 1904. 376.
Eppinger, Hofmeister's Beiträge 1905. 495.
Merck's Bericht 1906. 154.
Dakin, Journ. biol. Chem. **1.** 271.
Mottram, Biochem. Journ. 1913. **7.** 249.
Chem. Zentralbl. 1914. I. 295.

**Hoppe-Seyler**'s Reaktion auf Gallenfarbstoffe.
Man versetzt ikterischen Harn mit Kalkmilch, leitet Kohlensäure ein und filtriert nach mehrstündigem Stehenlassen. Den Niederschlag rührt man mit wenig Wasser an, gibt Essigsäure zu und schüttelt mit Chloroform aus, in das der grüne Farbstoff übergeht und besser erkannt werden kann. Der Niederschlag kann auch mit salpetriger Säure enthaltender Salpetersäure betupft werden, wobei grüne bis blaue Färbungen auftreten.
Vergl. Gmelin's Reaktion.
Physiol. Chem. 1879. II. 864.
Deubner, Ztschr. f. analyt. Chem. **25.** 459.
Jolles, Ztschr. f. analyt. Chem. **29.** 402.

**Hoppe-Seyler**'s Reagens auf Glukose im Harn
ist eine 0,5 %ige Lösung von o-Nitrophenylpropiolsäure in 1 %iger Natronlauge. Erhitzt man 5 ccm dieses Reagenzes mit 10 Tropfen Harn zum Sieden, so tritt bei Anwesenheit von Glukose Blaufärbung (Indigo) auf.
Ztschr. f. physiol. Chem. **17.** 88.
Ztschr. f. analyt. Chem. **32.** 268.
Ruini, Chem. Ztg. 1902. Rep. 60.

Jolles, Pharm. Zentrh. 1895. 306.
Baeyer, Berl. Ber. 13. 2260.
Loeb, Deutsche Med. Ztg. 1905. 581.
Gerhardt, Merck's Ber. 1901. 140.
Weitbrecht, ebenda 1908. 116.

Nach der Erfahrung des Verfassers stellt man zur Vermeidung von Irrtümern die Reaktion folgendermaßen an: Man löst 0,1 g Nitrophenylpropiolsäure (bei gewöhnlicher Temperatur!) in 2 ccm Natronlauge (D. = 1,17) und 18 ccm Wasser. Zu dieser Lösung gibt man die zu prüfende Flüssigkeit und erhitzt zum Sieden.

**Hoppe-Seyler's** Reaktion auf Kohlenoxyd im Blut.

Mischt man normales Blut mit Natronlauge, so wird es mißfarbig, Kohlenoxyd enthaltendes Blut wird dagegen nach Zusatz von Natronlauge in dünner Schicht eine mennigrote Farbe behalten.

Virchow's Arch. f. pathol. Anatomie **11.** 288. u. **13.** 104.
Vergl. Salkowski' Reaktion.
Franzen - Mayer, Ztschr. f. analyt. Chem. 1911. 669.

**Hoppe-Seyler's** Reaktion auf Mangan ist identisch mit Volhard's Reaktion. (Vergl. Hafner-Krist, Ztschr. österr. Apoth. Ver. 1907. 388.)

**Hoppe-Seyler's** Reaktion auf Phenol beruht auf der Blaufärbung von Fichtenholz durch Phenol und Salzsäure.

Arch. f. Physiol. 1872. 470.
Vergl. Tommasi's Reaktion.

**Hoppe-Seyler's** Reaktion auf Xanthin.

Gibt man etwas Xanthin zu einer Mischung von Natronlauge und Chlorkalk, so bildet sich um das Xanthin eine dunkelgrüne Zone, die bald in Braun übergeht.

Liebig u. Wöhler, Annalen **26.** 340.
Engel, Ztschr. f. analyt. Chem. **15.** 345.

**Hornowski's** Reagens zur Färbung mikroskopischer Präparate.

a) 0,2 g Hämatoxylin, 0,02 g Resorcin-Fuchsin, 100 ccm Alkohol.
b) 1 ccm Liquor Ferri sesquichlorati, 2 ccm Salzsäure.
c) 0,1 g Säurefuchsin, 100 ccm konzentr., wässerige Pikrinsäurelösung. Das Präparat wird 24 Stunden lang in einer Mischung von 5 ccm a und 1 Tropfen b gefärbt und nach dem Abspülen in c gefärbt. Näheres siehe: Deutsche med. Woch. 1908. 2135.

**Horoszkiewicz-Marx'** Reaktion auf Kohlenoxyd-Blut.

Eine Mischung von 2 ccm Blut und 4 ccm einer 8 %igen Chininchlorhydratlösung erhitzt man bis zum einmaligen Aufkochen, läßt abkühlen und fügt 2—3 Tropfen frisches Schwefelammonium zu. Kohlenoxydblut bewirkt eine leuchtend rote Färbung, während normales Blut einen schmutzig blaugrünen Farbenton hervorruft.

Berl. klin. Woch. 1906. 1156.

**Horsford's** Reaktion auf Amidoessigsäure.

Glykokoll gibt beim Erwärmen mit Kalilauge eine hellrote Färbung.

Liebig's Annalen. **60.** 1.

**Horsley's** Butterprobe beruht auf der klaren Löslichkeit des geschmolzenen und getrockneten Butterfettes in Äther bei 18,5 ° C. Näheres siehe: Ztschr. f. analyt. Chem. **2.** 100.

**Horsley's** Reagens auf Glukose.

1. Eine Lösung von 30 g Kupfersulfat, 30 g Weinsäure, 90 g Kaliumhydroxyd und 90 g Kaliumkarbonat in 1440 ccm Wasser. Gebraucht wie Fehling's Reagens.
2. Eine mit Kalilauge versetzte Lösung von Kaliumchromat. — Das Reagens färbt sich beim Kochen mit Glukose grün.

Merck's Report 1901. 20.
Enzyklop. d. gesamt. Pharm. 1888. V. 277.

**Horsley's** Reaktion auf Morphin.

Gibt man zu einer heißen Lösung von Morphinacetat einige Tropfen Silbernitratlösung, so wird metallisches Silber abgeschieden und das Filtrat wird durch Salpetersäure blutrot gefärbt.

Ztschr. f. analyt. Chem. **1.** 516; **7.** 485.
Schmidt's Jahrbücher **115.** 274.
Dingler's Polytechn. Journ. **167.** 155.
Chem. Zentralbl. 1863. 656.
Vergl. Merck's Bericht 1901. 16—27.

**Horsley's** Reagens auf Salpetersäure ist eine Lösung von Pyrogallol in konzentr. Schwefelsäure, die durch Salpetersäure violettblau gefärbt wird.

Enzyklop. d. gesamt. Pharm. 1888. V. 277.

**Hoshida's** Reagens auf Morphin und Oxydimorphin ist eine frisch bereitete Lösung von 0,15 g Natriummolybdat und 10 Tropfen Formaldehyd in 30 ccm Schwefelsäure. — Morphin ruft damit eine violette, dann blauviolette und zuletzt schmutziggrüne, Oxydimorphin eine violette, dann eine beständige blaugrüne Färbung hervor.

Journ. Soc. Pharm. Japan 1908. 798.
Apoth. Ztg. 1908. 643.
Ztschr. d. österr. Apoth. Ver. 1908. 564.
Merck's Ber. 1908. 280.
Répert. de Pharm. 1908. 507.

**Hösslin's** Reagens auf Salzsäure im Magensaft ist eine Lösung von Congorot.

Münchener med. Woch. 1886. Nr. 6.

**Hoton's** Reaktion auf Kokosfett in Schweinefett siehe: Revue internat. falsific. 1905. 85. Chem. Zentralbl. 1905. II. 1195.

**Hottinger's** Indikator (Lackmosol) ist der ätherlösliche Bestandteil des Lackmoids, der sich in seinem Farbenumschlag

wie Lackmoid verhält. (Vergl. Meßner, Ztschr. f. angew. Chemie 1903, p. 449 und Merck's Bericht 1903, p. 109.)
Biochem. Ztschr. 65. 177.
Chem. Zentralbl. 1914. II. 1207.
Vergl. Meßner's Indikator.

**L'Hôte**'s Reagens
ist schwefelsäurefreie schweflige Säure, die durch Einleiten von $SO_2$ in siedendes Wasser hergestellt werden soll.
Annal. Chim. analyt. appl. **9**. 305.
Chem. Zentralbl. 1904. II. 844.

**Houzeau**'s Reagens auf Ozon
ist weinrotes Lackmuspapier und Jodkaliumstärkepapier, welche beide unter der Einwirkung von Ozon gebläut werden.
Compt. rend. **66**. 44.
Chem. Zentralbl. 1872. 242.
Huizinga, Chem. Zentralbl. 1868. 792.
Arnold, Repetit. d. Chem. 10. Aufl. 74.
Arnold-Mentzel, Berl. Ber. **35**. 1324.
Ztschr. f. analyt. Chem. 1904. 47.

**Howard-Chick**'s Reagens auf Salpetersäure
ist Cinchonaminchlorhydrat, das mit Nitraten in salzsaurer Lösung einen unlöslichen Niederschlag gibt. Das Reagens dient zur quantitativen Bestimmung von Nitraten. (Vergl. Arnaud-Padés Reagens.)
Chem. Ztg. 1909. 103.
Pharm. Zentrh. 1910. 31.

**Howie**'s Reaktion auf Curcuma in Rhabarber oder Insektenpulver ist eine Modifikation der bekannten Curcumareaktion mit Borax und Salzsäure;
siehe: Ztschr. f. analyt. Chem. **14**. 400.
Americ. Journ. of Pharm. (4) **4**. 16.
Arch. der Pharm. (3) **6**. 150.

**Hoyer**'s Einschlußmittel f. mikroskop. Präparate
ist eine Lösung von arabischem Gummi in 15 %iger, wässeriger Ammonacetat- oder 33 %iger Kaliumacetatlösung. Näheres siehe: Biolog. Zentralbl. 1882. 23. — Strasburger, Kl. Botan. Prakt. 1893. 220. — Koch, Jahrb. f. wiss. Bot. 1892. 1.

**Hoyer**'s Reagens zum Färben mikroskop. Präparate.
1. Eine Lösung von 2 g Carmin in 100 ccm ammoniakalischem Wasser, mit einem Zusatz von Chloralhydrat. Gebraucht zum Färben von Kernen, Achsenzylindern und Nervenzellen.
Biolog. Zentralbl. 1882. 17.
2. Man löst 1 g Carmin in 10 ccm Alkohol unter Erwärmen und Zugabe von einigen Tropfen Schwefelsäure, filtriert die Lösung und gibt Bleiacetat zu, bis violette Niederschläge entstehen. Alsdann filtriert man, gibt Bleiacetat im Überschuß zu, sammelt, wäscht den Niederschlag und löst denselben in Alkohol und etwas Schwefelsäure, wobei ein weißer Rückstand und eine rote Lösung entsteht.
Arch. f. mikroskop. Anat. 1876. 650.
Behrens' Tabellen 1892. 97.
3. Zur Schleimfärbung schlägt der Autor Thioninlösung vor.
Arch. f. mikroskop. Anat. **35**. 310.
Merck's Bericht 1898. 135.

**Hoyer**'s (trockenes) carminsaures Ammon für mikroskop. Zwecke.
Man löst 10 g Carmin in 20 ccm Ammoniak (D. = 0,91) und 60 ccm Wasser und erhitzt diese Lösung, bis sie nicht mehr nach Ammoniak riecht. Nach dem Erkalten filtriert man und gibt zu je 10 ccm Filtrat 0,1—0,5 g Chloralhydrat. Die erhaltene Lösung versetzt man mit dem 5fachen Volumen Alkohol. Der entstandene Niederschlag wird gesammelt, gewaschen und getrocknet. Gebraucht in wässeriger (ammoniakalischer) Lösung zum Färben von Kernen, Achsenzylindern, Nervenzellen etc.
Biolog. Zentralbl. 1882. 17.
Strasburger, Kl. Botan. Prakt. 1893. 219.
Behrens' Tabellen 1892. 99.
Enzyklop. d. mikroskop. Techn. 1903. 637.

**Hoyer**'s Reagens für mikroskop. Zwecke.
(Carminleim zur warmflüssigen Injektion.)
Man löst 100 g Leim in 50 g Wasser und färbt diese Masse mit neutraler Carminlösung hellrot. Alsdann gibt man 2 Gew.-Proz. gesättigter Chloralhydratlösung und 5—10 Vol.-Proz. Glycerin zu.
Biolog. Zentralbl. 1882. 20.
Hoyer's Berlinerblaulösung siehe: Arch. f. mikroskop. Anat. 1876. 649. Ztschr. f. wiss. Mikroskop. 1912. 29. 517.
Hoyer's Bleichromatlösung siehe: ebenda 1867. 136.
Behrens' Tabellen 1892. 90.
Eberth-Friedländer, Mikroskop. Techn. 1894. 64.
Enzyklop. d. mikroskop. Techn. 1903. 576—601.

**Hoyer**'s Reagens zum Imprägnieren mikroskop. Präparate.
Man löst 0,5—0,75 g Silbernitrat in 10 ccm Wasser und gibt so viel Ammoniak zu, daß sich der entstandene Niederschlag wieder löst. Alsdann verdünnt man die Lösung mit Wasser zu 100 ccm.
Arch. f. mikroskop. Anat. 1876. 649.
Behrens' Tabellen 1892. 94.
Enzyklop. d. mikroskop. Techn. 1903. 1259.

**Hoyer**'s Reagens (Konservierungsmittel)
ist eine Lösung von arabischem Gummi und Chloralhydrat in einer Mischung von Wasser und Glycerin. Gebraucht als Beobachtungs- und Konservierungsmittel für Carmin- und Hämatoxylinpräparate.
Biolog. Zentralbl. 1882. 23.
Strasburger, Kl. Botan. Prakt. 1893. 220.
Behrens' Tabellen 1892. 64.
Enzyklop. d. mikroskop. Techn. 1903. 503.

**Hübl's** Reagens zur Bestimmung der Jodzahl.

a) Eine Lösung von 25 g Jod in 500 ccm Alkohol (90 %).

b) Eine Lösung von 30 g Quecksilberchlorid in 500 ccm Alkohol (90 %).

Zum Gebrauch mischt man nach dem Deutschen Arzneibuch gleiche Volumteile. Die Einstellung geschieht mit 1/10 N-Natriumthiosulfatlösung.

Nach Hübl werden die Lösungen a und b gemischt aufbewahrt, aber nicht vor 48stündigem Stehen nach der Mischung verwendet.

Dingler's Journ. 253. 281.
Ztschr. f. analyt. Chem. 25. 432.
Grünhagen, Pharm. Ztg. 1900. 969.
Kitt, Chem. Ztg. 1902. 554.
Bolling, Ztschr. f. analyt. Chem. 39. 654.
Vergl. Hanus' Reagens.

**Hübl-Waller's** Reagens zur Bestimmung der Jodzahl

ist Hübl's Reagens, das im Liter 50 g Salzsäure (D. = 1,19) enthält.

Chem. Ztg. 19. 1786. 1831.
Ztschr. f. analyt. Chem. 40. 428.
Holde, Ztschr. f. Unters. Nahr.-Genußm. 1. 417.
Dieterich, Helfenberger Annal. 1895. 66.
Henriques, Ztschr. f. öffentl. Chem. 3. 401.

**Huber's** Reagens auf freie Mineralsäuren

ist eine wässerige Lösung von Ammonmolybdat und Ferrocyankalium. Dieses Reagens gibt mit Lösungen, die freie Salz-, Salpeter-, Schwefel-, Phosphor-, Arsen-, schwefelige und phosphorige Säure enthalten, eine rötlichgelbe bis dunkelbraune Färbung (oder Trübung), welche auf Zusatz von Alkali verschwindet.

Hager, Pharm. Prax. Erg.-Bd. 1883. 78.
Pharm. Zentrh. 17. 346.
Ztschr. f. analyt. Chem. 16. 242; 18. 618.
Chem. Zentralbl. 1876. 789; 1880. 670.
Vergl. Hager's Reagens.

**Hübner's** Reagenzien auf merzerisierte Baumwolle.

1. Eine Lösung von 20 g Jod in 100 ccm gesättigter, wässeriger Kaliumjodidlösung.
2. Eine Lösung von 1 g Jod und 20 g Kaliumjodid in 100 ccm Wasser und eine Lösung von Zinkchlorid, die in 300 ccm 280 g Zinkchlorid enthält.

Merzerisierte Baumwolle färbt sich mit diesen Reagenzien dunkelblau. Näheres siehe: Chem. Ztg. 1907. 1295; 1908. 220. — Pharm. Zentrh. 1908. 549. — Lange, Chem. Ztg. 1903. 735. — Friemel, ebenda 1908. 66.

**Hüfner's** Reagens auf Harnstoff.

Siehe dessen Reagens auf Stickstoff.

**Hüfner's** Reagens auf Stickstoff

ist eine Lösung von Brom in Natronlauge (1+10). Harnstoff und ähnliche stickstoffhaltige Substanzen geben mit diesem Reagens behandelt ihren Stickstoff gasförmig ab. Das Reagens dient zur quantitativen Bestimmung des Stickstoffs.

Ztschr. f. physiol. Chem. 1. 350.
Ztschr. f. analyt. Chem. 21. 299.
Chem. Zentralbl. 1871. 228; 1878. 303.
Jacoby, Ztschr. f. analyt. Chem. 24. 307.
Arnold, Ztschr. f. analyt. Chem. 21. 605.
Quinquaud, Moniteur scientif. (3). 11. 641.
Wormley, Jahresber. f. Tierchem. 1882. 64.
Schleich, Journ. f. prakt. Chem. (2). 10. 262.
Schenck, Pflüger's Archiv 38. 325. 511.
Pflüger-Bohland, Chem. Ztg. 1886. Rep. 144.
Luther, Ztschr. f. physiol. Chem. 13. 500.
Vergl. Knop's Reaktion.

**Hughes'** Papierreaktion.

Befeuchtet man Papier mit Jodkaliumlösung und setzt es dem Licht aus, so entsteht eine bräunlichviolette Färbung. Die Reaktion wurde ursprünglich auf das Freiwerden von Chlor im Papier zurückgeführt. Bealde hielt das Ozon der Luft für die Ursache der Reaktion. Strachan gibt an, daß sie durch gegenseitige Einwirkung von Kaliumjodid und Alaun (der besonders in glaciertem Papier vorhanden ist) ausgelöst wird und deshalb als eine empfindliche Prüfung des Papiers auf (durch Alaun bedingte) Acidität verwendet werden könne.

Phil. Magazine (5) 35. 531.
Bealde, Chapters on paper making 1. 98.
Strachan, Chem. News 103. 193.

**Huguenin's** Reagens zum Färben mikroskop. Präparate

ist identisch mit Ehrlich's Reagens 2 (Dahliaviolettlösung) zum Färben.

Korresp. Schweizer Ärzte 1874. 173.
Behrens' Tabellen 1892. 109.
Enzyklop. d. mikroskop. Techn. 1903. 164.

**Hühnerfeld's** Reagens auf Blut im Harn

ist eine Mischung von 10 Teilen Terpentinöl, 10 Teilen Alkohol, 10 Teilen Chloroform, 1 Teil Eisessig und 1 Teil Wasser.

1 ccm dieser Mischung und 1 ccm Guajaktinktur schichtet man vorsichtig über etwa 5 ccm Harn. Bei Anwesenheit von Blut tritt eine blaue Zone auf.

Hühnerfeld, Die Blutproben vor Gericht 1875.
Vergl. Schaer's Reaktion.
Ztschr. f. analyt. Chem. 34. 130 und 46. 623.
Schaer, ebenda 39. 134.
Breteau, Pharm. Zentrh. 1898. 706.

**Huisman's** Reagens zum Färben von Blutpräparaten ist eine Mischung gleicher Teile folgender Lösungen:

a) Eine Lösung von 1,175 g Methylenazur in 100 ccm Methylalkohol.

b) Eine Lösung von 0,825 g Eosin (BA-Höchst) in 100 ccm Methylalkohol.

Methylenazur (Azurblau solide) erhält man nach H. durch Eindampfen folgender Lösung:

2 g Methylenblau in 200 ccm Wasser kocht man nach Zusatz von 10 ccm 1/10 Normal-Natronlauge 1/4 Stunde lang und gibt nach dem Erkalten 10 ccm 1/10 Normal-Schwefelsäure zu.
A. Huisman, Méthodes de coloration des diverses granulations des éléments figurés du sang. Bruxelles 1906.
Merck's Bericht 1906. 189.

**Huizinga's** Reaktion auf Glukose im Harn.
Kocht man Glukoselösung mit einigen Tropfen Kalilauge und Ammonmolybdatlösung (oder auch Natriumwolframatlösung) und gibt dann tropfenweise Salzsäure zu, so entsteht eine schöne blaue Färbung. Näheres siehe: Ztschr. f. analyt. Chem. **10**. 250. — Arch. de Physiol. **3**. 496. — Chem. Zentralbl. 1871. 424.

**Huizinga's** Reagens auf Ozon
ist mit Thallohydroxyd getränktes Filtrierpapier, das durch Ozon braun gefärbt wird.
Liebig's Annal. 1872. 244.

**Hultgren-Andersson's** Reagens zum Härten mikroskop. Präparate
ist identisch mit Andersson's Reagens (siehe dieses).
Skandin. Arch. f. Physiol. 1900. 141.
Ztschr. f. wiss. Mikroskop. 1900. 215.

**Humbert's** Reaktion auf Eiweiß.
Proteïnstoffe färben sich mit Kaliumkarbonatlösung und Kupfersulfatlösung violett. (Biuretreaktion.)
Journ. de Pharm. et de Chim. (3) **27**. 272.
Jahresber. d. Chem. 1855. 825.

**Hume's** Reagens auf arsenige Säure.
Eine wässerige, 5 %ige Silbernitratlösung versetzt man so lange mit Ammoniak, bis sich der anfangs entstandene Niederschlag wieder gelöst hat. Das Reagens gibt mit arseniger Säure und Arseniten einen gelben Niederschlag.
Chem. Zentralbl. 1832. 469.
Traill, ebenda 1838. 604.

**Hunt's** Acetonitrilprobe
beruht auf der Resistenzerhöhung weißer Mäuse gegen Acetonitril bei oder nach Verfütterung von Schilddrüsensubstanz. Vergl. Merck's Bericht 1911. 139 und Ghedini's Reaktion, ferner Lussky, Americ. Journ. of Physiol. **30**. 63.

**Hunt-Taveau's** Reaktion auf Cholin
beruht auf der charakteristischen Krystallform des Doppelsalzes von Benzoylcholinchlorhydrat mit Platinchlorid. Näheres siehe: Brit. Med. Journ. 1906. II. 1788.

**Hunter's** Reaktion auf Urokaninsäure (β-Imidazolylakrylsäure).
Eine mit Ammoniak neutralisierte Lösung von Urokaninsäure gibt mit Silbernitratlösung einen Niederschlag des Silbersalzes, das in einem Überschuß von Ammoniak löslich ist.
In alkalischer Lösung gibt die Urokaninsäure mit Diazobenzolsulfosäure eine rote Färbung.
Alkalische Kaliumpermanganatlösung wird durch Urokaninsäure bei gewöhnlicher Temperatur unter Abscheidung von Braunstein reduziert.
Journ. Biol. Chem. 1910. **8**. 449.

**Huntoon's** Reagens zur Sporenfärbung.
Man löst 4 g Fuchsin S in 50 ccm 2 %iger Essigsäure und mischt mit einer Lösung von 2 g Methylenblau in 50 ccm 2 %iger Essigsäure. Nach 15 Minuten wird filtriert. Näheres siehe: Lancet 1914. I. — Med. Klinik. 1914. 949.

**Huppert's** Reaktion auf Gallenfarbstoffe.
Wird ikterischer Harn mit Kalkmilch versetzt und der entstandene Niederschlag mit schwefelsäurehaltigem Alkohol in der Wärme extrahiert, so zeigt die Lösung eine grüne Färbung.
Arch. d. Heilkunde **8**. 351 u. 476.
Chem. Zentralbl. 1867. 686.
Deubner, Ztschr. f. analyt. Chem. **25**. 459.
Jolles, ebenda **29**. 402.
Munk, ebenda **38**. 205.
Huppert, ebenda **3**. 237.
Nakayama, Ztschr. f. physiol. Chem. 1902. 398.
Hammarsten, Physiol. Chem. 1899. 507.

**Huppert's** Reaktion auf Harnsäure.
Versetzt man die Lösung eines harnsauren Salzes mit Salzsäure und Phosphorwolframsäure, so entsteht ein feinkörniger, hellbrauner Niederschlag.
Ztschr. f. analyt. Chem. **29**. 633.
Schöndorff, Pflüger's Archiv **62**. 29.
Vergl. Pflüger-Bleibtreu's Reagens.
Moreigne, Annal. Chim. analyt. et appl. 1905. 15.

**Huppert's** Reaktion auf Homogentisinsäure im Harn.
Siehe: Ztschr. f. analyt. Chem. **38**. 395 u. **30**. 524, ferner
Baumann, Münchener med. Woch. 1891. 1. u.
Ztschr. f. physiol. Chem. **15**. 228.

**Huppert's** Indophenolreaktion im Harn.
Der zu prüfende Harn wird mit Salzsäure gekocht und nach dem Erkalten mit einigen ccm 3 %iger Phenollösung und verdünnter Chlorkalklösung (auch Chromsäure oder Eisenchlorid) gemischt. Bei Gegenwart von Amidophenol wird die Mischung rot und auf Zusatz von überschüssigem Ammoniak blau. Vergl. Peltzer, Fortschritte der Medizin 1913. 156. — Sternberg, Allgem. Wiener med. Ztg. 1894, 369.

**Hurtley's** Reaktion auf Acetessigsäure.
10 ccm Harn versetzt man mit 2,5 ccm konz. Salzsäure und 1 ccm 1 %iger Natriumnitritlösung und läßt 2 Minuten lang stehen. Man gibt dann 15 ccm Ammoniakflüssigkeit und 5 ccm 10%ige Ferrosulfatlösung (2 % Fe enthaltend) zu. Bei Anwesenheit von Acetessigsäure bildet sich nach längerem Stehen eine violette bis rote Färbung.
Lancet 1913. I. 1160.

**Husemann's** Reaktion auf Blausäure.

Die zu prüfende Flüssigkeit (Destillat) versetzt man mit einigen Tropfen Ferrosulfatlösung und Natronlauge, erhitzt zum Sieden und filtriert. Das Filtrat säuert man mit Salzsäure an und gibt einen Tropfen Eisenchlorid zu. Blausäure gibt sich durch Bildung von Berlinerblau zu erkennen.

Almén, Upsala Läkareför. Förh. 6. 385.
Husemann, Toxikologie 196.

**Husemann's** Reaktion auf Morphin.

Morphin wird mit konzentr. Schwefelsäure gekocht. Auf Zusatz von Spuren Salpetersäure, Chlorwasser, Salpeter etc. entsteht eine blau- bis rotviolette Färbung. Auf diese Art soll sich noch 1/100 mg Morphin nachweisen lassen.

Liebig's Annal. 1863. 305.
Chem. Zentralbl. 1864. 734; 1875. 264.
Arch. der Pharm. 206. 231.
Ztschr. f. analyt. Chem. 3. 149; 15. 103.
Bruylants, Pharm. Zentrh. 1895. 284.
Hager, Pharm. Prax. 1880. II. 465.

**Husemann's** Reaktion auf Narcotin.

Siehe: Dragendorff-Husemann.

**Husson's** Butterprobe.

Man löst 1 g Butterfett in 10 g einer Mischung von gleichen Teilen Äther und Alkohol (95 %) bei einer Temperatur von 35—40° C. und läßt 24 Stunden bei 18° C. stehen. Der entstandene Bodensatz darf nicht über 40 % und nicht unter 35 % betragen.

Hager, Pharm. Prax. Erg.-Bd. 1883. 166.
Pharm. Zentrh. 1878. 9.
Compt. rend. 85. 718.
Journ. de Pharm. et de Chim. (4) 26. 100.
Chem. Zentralbl. 1878. 175.

**Husson's** Reaktion auf Fuchsin im Wein

beruht auf der färbenden Kraft eines solchen Weines gegenüber weißen Wollfäden.

Siehe: Hager, Pharm. Prax. 1880. II. 1254.
Compt. rend. 83. 199.
Chem. Zentralbl. 1876. 650.
Kickton, Chem. Zentralbl. 1906. II. 1022.

**Huxley-Brook's** Reagens auf Wasser in Äther oder Chloroform

ist Kaliumbleijodid ($PbJ_2 . 2KJ$), das sich bei Anwesenheit von Wasser gelb färbt.

Chem. News 77. 191.
Pharm. Zentrh. 1898. 509.
Ztschr. f. analyt. Chem. 40. 117.
Baskerville, Journ. Ind. Eng. Chem. 3. 301.

**Huysse's** Reagens auf Indium.

Man dampft die zu prüfende Lösung mit Schwefelsäure ein, nimmt in Wasser auf und gibt Caesiumchlorid zu. Bei Anwesenheit von Indium entstehen farblose Octaëder. An Stelle von Caesiumchlorid kann auch Ammoniumfluorid verwendet werden. Aluminium und Eisen darf bei diesen Reaktionen nicht zugegen sein.

Chem. Ztg. 1900. Rep. 39.
Pharm. Zentrh. 1900. 254.
Chem. Zentralbl. 1900. I. 515.

**Huysse's** Reagens auf Kalium, Rubidium und Caesium.

Man löst Wismutsubnitrat in möglichst wenig Salzsäure und fügt Wasser zu, bis ein starker Niederschlag entstanden ist. Letzteren bringt man durch eine gerade genügende Menge von Natriumthiosulfat wieder in Lösung. Die erhaltene Mischung wird mit Alkohol bis zur bleibenden Trübung versetzt und letztere durch Wasserzusatz wieder gehoben. — Die zu prüfende Lösung verdampft man auf einem Objektträger und gibt etwas Reagens zu. Bei Anwesenheit von Kalium, Rubidium und Caesium entstehen gelbgrüne Nädelchen.

Ztschr. f. analyt. Chem. 39. 9.
Chem. Ztg. 1900. Rep. 39.

**Hyde's** Reaktion auf Chinin.

Läßt man zu einer mit Salzsäure angesäuerten Lösung von Chinin Calciumhypochlorit zufließen, bis die bläuliche Fluoreszenz gerade verschwindet und gibt einige Tropfen Ammoniak zu, so entsteht eine schöne grüne Färbung, die auf Zusatz von Schwefelsäure in Rot übergeht.

Journ. Amer. Chem. Soc. 1897. 331.
Chem. Ztg. 1897. Rep. 101.
Pharm. Zentrh. 1897. 343.
Chem. Zentralbl. 1897. I. 1074.

**Hynek's** Hämoreaktion auf Tuberkulose

beruht auf der Erfahrung, daß die Sedimentierung der Erythrozyten im Blute eines Tuberkulösen schneller vor sich geht als im Blute nicht Tuberkulöser. Näheres siehe: Casopis lekaruv ceskych 1911. No. 46—50. — Zentralbl. f. innere Med. 1912. 131.

**Icard's** Reaktion zum Nachweis des Scheintodes

ist Fluoreszeinnatrium, das intravenös injiziert wird und bei Scheintoten eine Grünfärbung des weißen Augapfels bewirkt, oder Bleipapier, das bei Toten, vor die Nase gehalten, infolge des schon am 2. Tage nach eingetretenem Tode entweichenden Schwefelwasserstoffes braun gefärbt wird.

Journ. des praticiens 1905, No. 15.
Merck's Bericht 1905. 85.
Deutsche med. Woch. 1907. 1752.

**Ihl's** Reaktion auf ätherische Öle.

Alkoholische Lösungen von Lepidin und konzentr. Salzsäure geben mit Zimtöl eine hochrote Färbung, mit Pimentöl einen gelblichen, sich bald rot färbenden Niederschlag (ähnlich auch Nelkenöl), mit Sassafrasöl einen gelblichweißen, später roten Niederschlag, mit Esdragonöl einen weißen, später zinnoberroten Niederschlag. Empfindlicher ist dieselbe Reaktion mit alkoholischer Pyrrollösung.

Chem. Ztg. 1890. 1571.
Chem. Zentralbl. 1890. II. 1028.

**Ihl's** Reaktion auf Arabin
siehe: Wheeler-Tollen's Reaktion.
Chem. Ztg. 1887. 19.

**Ihl's** Reaktion auf Glukose.
Eine mit Natriumkarbonat versetzte Lösung von Methylenblau wird durch Glukose entfärbt. (Ebenso wirken Dextrin und Invertzucker.)
Ztschr. f. analyt. Chem. **29.** 368; **33.** 231.
Chem. Ztg. **12.** 25.
Neumann-Wender, Ztschr. f. analyt. Chem. **33.** 118.
Herzfeld, ebenda **29.** 369.
Wohl, Ztschr. f. Rübenzuckerindustrie **25.** 347 oder
Chem. Zentralbl. 1888. 739.

**Ihl's** Reaktion auf Holzstoff.
Holzstoff (-Papier) wird nach dem Befeuchten mit Harnstofflösung und konzentr. Salzsäure innerhalb kurzer Zeit intensiv gelb gefärbt. Auch eine Lösung von Antipyrin oder Thymol läßt sich an Stelle von Harnstoff verwenden. Näheres siehe: Chem. Ztg. 1889. 832.

**Ihl's** Reagens auf Holzstoff und Aldehyde
ist eine alkoholische Lösung von Pyrrol. Das Reagens gibt mit Holzstoff und Aldehyden (eventuell erst beim Erwärmen) eine rote Färbung. Auch Lepidin in alkoholischer Lösung färbt Holzstoff rot. In beiden Fällen ist konzentr. Salzsäure in bekannter Weise mit zu verwenden.
Chem. Ztg. 1890. 1571.
Chem. Zentralbl. 1890. II. 1028.

**Ihl's** Reaktion der Phenole und ätherischen Öle mit Kohlehydraten.
Siehe: Chem. Ztg. **9.** 231 u. **13.** 264.
Ztschr. f. analyt. Chem. **24.** 601.
Die beachtenswerteste dieser Reaktionen ist nach dem Autor die auf Pfefferminzöl: Erhitzt man eine alkoholische Lösung von Pfefferminzöl mit etwas fein gepulvertem Rübenzucker und Salzsäure, so erhält man eine blaugrüne Färbung. (Menthol gibt diese Reaktion nicht.)
Vergl. Nickel, Die Farbenreakt. d. Kohlenst.-Verb. 1890. 30.

**Ihl's** Reaktion auf Rübenzucker.
Kocht man Rübenzuckerlösung mit wenig Salz- oder Schwefelsäure und gibt nach dem Erkalten Resorcin und konzentr. Salzsäure zu, so erhält man eine an Intensität zunehmende, eosinrote Färbung und zuletzt eine hochrote, flockige Abscheidung.
Kocht man Rübenzuckerlösung mit alkoholischer Orcinlösung und konzentr. Salzsäure, so entsteht unter starker Reaktion eine gelbe Flüssigkeit, die mit Wasser einen grünen Niederschlag gibt.
Gibt man zu einer Rübenzuckerlösung alkoholische α-Naphthollösung und konzentr. Schwefelsäure, so erhält man eine violettrote Färbung.
Chem. Ztg. 1886. 231. 451. 485; 1887. 2.
Polytechn. Notizbl. **40.** 188.
Chem. Zentralbl. 1885. 761; 1887. 154.

**Ilimow's** Reaktion auf Eiweiß
ist eine Modifikation von Méhu's Reaktion.
Pharm. Ztschr. f. Rußland **10.** 676.
Allgem. med. Zentralztg. 1879. XXVI.
Pharm. Zentrh. **20.** 337.
Ztschr. f. analyt. Chem. **19.** 382.
Chem. Zentralbl. 1880. 43.

**Ilinski-Knorre's** Reagens auf Cobalt
vergleiche Knorre's Reagens.

**Ilinski-Knorre's** Reagens auf Eisen
siehe Knorre's Reagens.

**Ilosvay's** Reagens auf Acetylen
ist eine Lösung, welche Kupfersulfat, -nitrat oder -chlorid, Ammoniak und salzsaures Hydroxylamin in genau bestimmtem Verhältnis enthalten muß. Das Reagens gibt mit Acetylen rote Niederschläge von Acetylenkupfer. Näheres siehe: Berl. Ber. **32.** 2697 oder Ztschr. f. analyt. Chem. **40.** 123.

**Ilosvay's** Reagens auf salpetrige Säure.
1. 0,5 g Sulfanilsäure löst man in 150 ccm verdünnter Essigsäure.
2. 0,1 g festes α-Naphthylamin kocht man mit 20 ccm Wasser, gießt die farblose Lösung von dem blauvioletten Rückstand ab und gibt zu dieser Lösung 150 ccm verdünnter Essigsäure.

Diese beiden Lösungen kann man für sich aufbewahren oder auch miteinander mischen.
Lunge, Ztschr. f. angew. Chem. 1889. 666.
Nach Ilosvay gibt man einige ccm der Lösung 1 zu 20 ccm der zu prüfenden Flüssigkeit, erwärmt auf zirka 75° C. und gibt dann einige ccm der Lösung 2 zu. Bei Anwesenheit von salpetriger Säure färbt sich die Mischung rot. Empfindlichkeitsgrenze = 1 : 1000 Millionen.
Bull. Soc. Chim. Paris (3) **2.** 347.
Vergl. Griess' Reaktion u. Lunge's Reaktion.

**Ilosvay's** Reagens auf Wasserstoffsuperoxyd.
Man löst 5 Tropfen Dimethylanilin und 0,03 g Kaliumdichromat in 1 Liter Wasser. — 5 ccm der zu prüfenden Lösung, 5 ccm Reagens und 1 Tropfen 5 %ige Oxalsäurelösung geben nach dem Mischen bei Anwesenheit von Wasserstoffsuperoxyd noch im Verhältnis von 1 : 5 000 000 eine gelbe Färbung.
Chem. Ztg. 1895. Rep. 305.
Berl. Ber. **28.** 2029.

**Imabuchi's** Reaktion auf Indikan
ist eine Modifikation von Obermayer's Reaktion.
Ztschr. f. physiol. Chem. **60.** 502.

**Imbert**'s Reagens auf Aceton im Harn

ist eine Mischung von 10 g Eisessig und 10 ccm Nitroprussidnatriumlösung (10 %). — 15 ccm Harn versetzt man mit 20 Tropfen Reagens und überschichtet mit 20 Tropfen Ammoniakflüssigkeit. Bei Anwesenheit von Aceton entsteht eine violette Zone.

Bullet. commerc. 1910. 1.
Apoth. Ztg. 1910. 105.
Répert. de Pharm. 1909. 549.

**Imendörffer**'s Reagens auf Arsen.

10 g Zinnchlorür löst man in 30 g Salzsäure (D. = 1,16) und gibt unter starker Abkühlung 10 g konzentr. Schwefelsäure zu. Dieses Reagens soll vor Bettendorf's Reagens verschiedene Vorzüge haben.

Vergl. Pharm. Ztg. 1891. 733 oder
Pharm. Zentrh. 1891. 740.

**Inada**'s Reaktion auf salpetrige Säure.

2 ccm der zu prüfenden Lösung mischt man mit 4 Tropfen 1%iger Indollösung und 2 Tropfen konzentr. Schwefelsäure. Bei Anwesenheit von Nitriten entsteht Rotfärbung. Empfindlichkeitsgrenze = 1 : 4 Million.

Beitr. z. chem. Physiol. u. Pathol. 1903. 7. 475.
Nencki, Berl. Ber. 1875. 8. 123.

**Ince**'s Reagens auf Salpetersäure

ist eine gesättigte, wässerige Lösung von Natriumsulfocarbolat ($C_6H_4$ . $SO_3Na$ . OH). 5 ccm Reagens und 5 ccm konzentr. Schwefelsäure werden gemischt und die zu prüfende Flüssigkeit darüber geschichtet. Bei Anwesenheit von Salpetersäure entsteht ein braunroter Ring. Empfindlichkeitsgrenze = 1 : 30 000.

Pharm. Journ. and Trans. 1886. 832.

**Inouye**'s Reaktion auf Blut.

10 ccm der zu prüfenden Flüssigkeit versetzt man mit 10 ccm Alkohol und 5 ccm Chloroform und nach leichtem Umschütteln mit je 10-20 Tropfen frisch bereiteter 5%iger Guajaktinktur und ozonisiertem Terpentinöl. Bei Gegenwart von Blut färbt sich die Chloroformschicht vorübergehend blauviolett.

Arch. f. Verdauungskrankh. 1912. 18. 223.
Zentralbl. gesamt. innere Med. 2. 163.

**Inouye**'s Reaktion auf Gallensäuren.

2 ccm einer Gallensalze enthaltenden Flüssigkeit versetzt man mit 0,03 g Vanillin und unterschichtet mit Schwefelsäure. Es entsteht ein roter Ring und beim Mischen eine rote Lösung, die bald braun, dann gelb und später violettrot wird. Absorptionsspektrum um D.

Ztschr. f. physiol. Chem. 1908. 57. 313.
Apoth. Ztg. 1908. 802.

**Ipsen**'s Reaktion auf Kohlenoxyd im Blut.

Einige ccm Kohlenoxydblut werden mit Kalilauge alkalisch gemacht und etwas reiner, gepulverter Traubenzucker zugegeben. Ebenso behandelt man zur Kontrolle eine Probe normalen Blutes. Man läßt diese Mischungen in luftdicht verschlossenen Gefäßen mehrere Stunden stehen. Alsdann ist Kohlenoxydblut hell kirschrot, normales Blut dunkel schwarzrot gefärbt.

Ztschr. f. analyt. Chem. 39. 605.
Viertelj.-Schr. f. ger. Med. 18. 46.

**Isnard**'s Reaktion auf Pikrinsäure im Harn.

5 ccm des zu prüfenden Harns erhitzt man mit 5 ccm gesättigter, wässeriger Natronlauge zum Sieden und überschichtet mit 1 ccm Schwefelammon. Bei Gegenwart von Pikrinsäure bildet sich sofort ein roter Ring (Pikraminsäure).

Annal. Chim. analyt. appl. 19. 100.
Chem. Zentralbl. 1914. I. 1530.

**Isnard**'s Reaktionen und Reagens auf Terpinhydrat.

Terpinhydrat liefert mit Schwefelsäure eine chromgelbe bis lachsrote Färbung und auf Zusatz von Salpetersäure braune Streifen, wobei die Färbung verschwindet. Versetzt man Terpinhydrat mit Ammonnitromolybdat und Schwefelsäure, so entsteht eine indigoblaue und mit Chromsäure und Schwefelsäure eine grünliche bis braune Färbung. Eine Mischung von Eisenchlorid und Ferricyankaliumlösung wird durch Terpinhydrat blau gefällt.

Alkoholische Lösungen von Terpinhydrat werden mit Sulfonitromolybdat (bestehend aus 30 g Ammonmolybdat, 200 ccm Wasser, 10 ccm Schwefelsäure und 30 ccm konz. Salpetersäure) langsam blau, dann blaugrün gefärbt.

Annal. chim. analyt. appl. 13. 333.
Répert. de pharm. 1908. 434.

**Isono**'s Reaktion auf Methylalkohol in Alkohol.

1 ccm der zu prüfenden alkoholischen Flüssigkeit erwärmt man mit 1 ccm 1%iger Kaliumpermanganatlösung und 1 ccm Salzsäure im Wasserbad bis zur Entfärbung und gibt 2 Tropfen 10 %ige Phenylhydrazinchlorhydratlösung zu. Methylalkohol (bzw. der durch die Oxydation daraus gebildete Formaldehyd) bewirkt Rotfärbung.

Yakagakuzasshi 1913. 13.
Pharm. Zentrh. 1913. 744.

**Israel**'s Reagens zum Färben mikroskop. Präparate

ist eine gesättigte, wässerige, mit Essigsäure versetzte Lösung von Orceïn (1 g Orc., 50 ccm Wasser, 1 g Eisessig).

Ztschr. f. wiss. Mikroskop. 1886. 531.
Enzyklop. d. mikroskop. Techn. 1903. 1042.
Eberth - Friedländer, Mikroskop. Techn. 1894. 222.

**Istrati**'s Reaktion auf Aldehyde im Alkohol.

Siehe tabellarische Zusammenstellung in Ztschr. f. analyt. Chem. 38. 517.
Chem. Zentralbl. 1898. II. 383.

**van Itallie**'s Reaktion auf Antipyrin.

Beim Erhitzen einer Antipyrinlösung mit Salpetersäure entsteht eine kirschrote Färbung.

Apoth. Ztg. 1892. 28.
Sperling, Ztschr. d. öst. Apoth. Ver. **44.** 51.

**van Itallie's** Reaktion auf Harzöl in Leinöl beruht auf dem Verhalten harzölhaltiger Leinöle, mit Kalkwasser keine oder nur unvollständige Emulsion zu geben.
Pharm. Weekbl. 1903. Nr. 6.
Pharm. Ztg. 1902. 956; 1903. 185.

**van Itallie's** Reaktion zur Unterscheidung des Phenols und Resorcins von Salicylsäure.

Versetzt man 100 ccm einer gesättigten, wässerigen Lösung von Salicylsäure mit 2 Tropfen Eisenchloridlösung, so entsteht eine blauviolette Färbung, welche auf Zugabe von 10 Tropfen Milchsäure nicht verschwindet. Resorcin und Phenol geben mit Eisenchlorid eine Blauviolettfärbung, die auf Zusatz von 1 Tropfen Milchsäure in Gelbgrün übergeht.
Apoth. Ztg. **4.** 99.
Chem. Ztg. **13.** Rep. 47.
Ztschr. f. analyt. Chem. **28.** 713.

**van Itallie's** Reaktion auf Salicylsäure.

Erhitzt man Natriumsalicylatlösung mit einer verdünnten Lösung von Kaliumnitrit und einigen Tropfen Schwefelsäure zum Sieden, so färbt sich die Mischung erst gelb, dann braun und rotbraun. Kalilauge bewirkt hierauf eine dunklere Färbung, die beim Erhitzen mit Zinkstaub verschwindet. Einige Tropfen Natriumhypochloritlösung erzeugen eine schöne Grünfärbung, die nach Übersättigung mit Säuren in Rot übergeht. Empfindlichkeitsgrenze = 1 : 2000.
Ztschr. d. öst. Apoth. Ver. **37.** 549.
Apoth. Ztg. 1899. 383 u. 384.
Chem. Ztg. 1899. Rep. 206.
Pharm. Zentrh. 1900. 125.

**van Itallie's** Reagens auf Schwefelwasserstoff ist p-Diazobenzolsulfosäure. Eine frisch bereitete Lösung derselben ruft in einer alkalischen Lösung von Schwefelwasserstoff eine gelbe bis rotbraune Färbung hervor.
Apoth. Ztg. 1891. 366.
Pharm. Zentrh. 1891. 459.
Chem. Ztg. 1891. Rep. 207.

**van Itallie's** Reaktion auf Thymol.

Eine Thymol enthaltende Lösung wird nach Zugabe von 1 Tropfen Kalilauge und so viel Jodjodkaliumlösung, bis die Lösung gelblich gefärbt erscheint, bei gelindem Erwärmen schön rot gefärbt. Andere Phenole sollen diese Reaktion nicht geben.
Arch. der Pharm. (3) **27.** 228.
Ztschr. f. analyt. Chem. **29.** 205.
Chem. Ztg. 1889. Rep. 91.

**van Itallie's** Reaktion zur Unterscheidung von Menschen- und Tierblut.

Erwärmt man 5 ccm einer Lösung von Menschenblut in Wasser (1 : 1000) 1½ bis 2 Stunden lang auf 63°, läßt auf 15° abkühlen und gibt 3 ccm 1%iges, neutrales Wasserstoffsuperoxyd zu, so wird letzteres noch zersetzt, während Tierblut bei gleicher Behandlung nicht mehr auf $H_2O_2$ einwirkt.
Ber. d. dtsch. pharm. Gesellsch. **16.** 60.
Nach Arnold und Werner ist diese Methode unbrauchbar.
Apoth. Ztg. 1906. 220, 230.

**van Itallie-Nieuwland's** Reaktion auf Bahia- und Surinam-Copaivabalsam.

Zu einer Mischung von 1 Tropfen Balsam und 1 ccm Essigsäureanhydrid gibt man einen kleinen Tropfen Schwefelsäure. Surinam- und Bahiabalsam färben das Anhydrid blau bis violett, Marakaibobalsam gibt diese Reaktion nicht.
Arch. der Pharm. **242.** 541; **244.** 163.

**Ito's** Reaktion auf Gallensäuren siehe Hiizu Ito's Reaktion.

**Ittner's** Reaktion auf Blausäure und Cyanide.

Die zu prüfende, alkalisch gemachte Lösung versetzt man mit wenig Ferrosulfat und Ferrichlorid, erwärmt gelinde und gibt dann überschüssige Salzsäure zu. Bei Anwesenheit von Cyaniden tritt Blaufärbung (Berlinerblau) auf.
Diese Methode benützt das deutsche Arzneibuch zur Prüfung auf Cyanide z. B. bei Kaliumjodid, Kaliumkarbonat, Natriumjodid etc.
Siehe auch: Hager, Pharm. Prax. 1880. I. 65 u.
Enzyklop. d. gesamt. Pharm. 1888. V. 525.

**Ivar Bang** siehe Bang.

**Iwanow's** Reagens auf Blei in Wasser ist eine 2%ige, wässerige Lösung von Natriumbisulfit, die stets frisch hergestellt werden und gegen Methylorange nicht sauer reagieren soll. — 50 ccm Wasser mischt man mit 50 ccm Reagens. Bei Gegenwart von Blei entsteht eine milchige, weiße Trübung. Bei einem Bleigehalt von 1 : 1 000 000 erfolgt die Trübung erst nach einigen Minuten. Eine 2%ige Lösung von Natriumsulfit gibt dieselbe Reaktion, aber auch mit anderen Metallen. Sie ist also nur eindeutig, wenn nur Blei und keine anderen Metalle vorhanden sind. Baryum und Zinn geben auch die Reaktion mit Natriumbisulfit.
Chem. Ztg. 1914. 450.

**Iwanow's** Reaktion auf Salpetersäure in Schwefelsäureanhydrid.

10 ccm der zu prüfenden rauchenden Schwefelsäure mit einem Gehalt von etwa 30% $SO_3$ werden mit 20 ccm chemisch reiner Schwefelsäure (1,84) gemischt, so daß die Mischung nahezu einem Monohydrat gleichkommt. Das Gemisch wird abgekühlt, 1 ccm Diphenylaminlösung zugesetzt, durchgeschüttelt und eine Minute lang stehen gelassen. Erscheint keine blaue Färbung, so ist das Anhydrid frei von Salpetersäure.
Chem. Ztg. 1912. 1170.

**Iwanow's** Reagens auf Salpetersäure neben salpetriger Säure.

Man behandelt 0,025 g Iridiumchlorid oder Iridiumalkalichlorid mit 5 ccm Wasser, gibt 100 ccm konz. Schwefelsäure zu und erhitzt die Mischung, bis sie farblos geworden ist. Die zu prüfende Substanz wird in trockener Form in 5 ccm erhitztes Reagens gebracht. Salpetersäure bewirkt Blaufärbung, die bei sehr geringen Mengen bald wieder verschwindet.

Chem. Ztg. 1913. 157.
Pharm. Ztg. 1913. 209.
Merck's Bericht 1913. 289.

**Jablokoff**'s Reagens auf Mineralöle in fetten Ölen

ist Anilin. Mischt man 1 Teil Öl mit 4 Teilen Anilin bei gewöhnlicher Temperatur, so trübt sich die Mischung bei Gegenwart von Mineralölen.

Répert. de Pharm. 1911. 532.

**Jackson's** Reaktion auf Titan.

Eine wässerige Lösung von Titan wird durch Wasserstoffsuperoxyd gelb bis orangegelb gefärbt.

Chem. News 47. 157.
Chem. Zentralbl. 1883. 314.
Vergl. Richardson's Reagens auf Wasserstoffsuperoxyd u. Chem. Ztg. 1907. Rep. 329.
Levy, Ztschr. f. analyt. Chem. 40. 807.
Knecht-Hibbert, Berl. Ber. 38. 3318.

**Jacob's** Reagenzien auf fremde Pflanzenfarbstoffe im Rotwein

sind: a) Bleiessig und b) Aluminiumsulfat und Ammoniumkarbonat.

Tabellarische Zusammenstellung der Reaktion siehe Journ. de Chim. méd. 1844. 92.
Chem. Zentralbl. 1844. 396.

**Jacob's** Glycerin-Gelatine für mikroskop. Zwecke.

Man löst 1 Teil Tragant, 5 Teile arabisches Gummi und 1 Teil Gelatine in der genügenden Menge heißen Wassers, das 17 % Glycerin enthält.

Journ. Roy. Microsc. Soc. 1885. 900.

**Jacobsen's** Reagens auf freie Fettsäuren in fetten Ölen

ist Rosanilin (Triamidodiphenyltolylcarbinol). Ranzige Öle lösen infolge ihres Gehaltes an freier Öl- oder Fettsäure trockenes Rosanilin unter Rotfärbung auf, während neutrale Öle ungefärbt bleiben.

Chem. techn. Repert. 1866. I. 84.
Pharm. Zentrh. 1867. 231.
Ztschr. f. analyt. Chem. 6. 452.
Chem. Zentralbl. 1867. 159.
Presse méd. 1906. 147.
Camus-Pagniez, Presse méd. 1906. 156.

**Jacobsohn's** Reagens zur Bakterienfärbung.

a) Eine Lösung von 1 g Fuchsin und 5 g Phenol in 100 ccm Wasser und 10 g Alkohol.
b) Eine konzentrierte, alkoholische Lösung von Methylenblau.

Zum Gebrauch mischt man 20 ccm Wasser mit 15 Tropfen der Lösung a und 8 Tropfen der Lösung b.

Pharm. Zentrh. 1896. 867.
Pick-Jacobsohn, Berl. klin. Woch. 1896. 811.
Enzyklop. d. mikroskop. Techn. 1903. 499.

**Jacobson's** Reaktion auf Phenol.

(Modifikation von Landolt's Reaktion.) Bringt man eine Phenollösung auf dem Objektträger mit Bromdämpfen in Berührung, so kann man mittels des Mikroskopes die Krystalle von Tribromphenol noch erkennen, wenn eine Phenolverdünnung 1 : 40 000 vorliegt.

Ztschr. f. analyt. Chem. 25. 607.

**Jacobsthal-Kafka**'s Reagens auf Meningitis, Tabes und Paralyse

ist eine alkoholische Mastixlösung, welche auf Kochsalzlösungen verschiedener Konzentrationen eingestellt wird, um festzustellen, wann Trübung bezw. Ausflockung des Mastix erfolgt. Diese Erscheinungen bei Mischungen von Cerebrospinalflüssigkeit und Kochsalzlösung mit der Mastixlösung geben diagnostische Anhaltspunkte. Näheres siehe: Berl. klin. Woch. 1916. 98.

**Jacoby's** Reagens auf Pepsin

ist eine Lösung von 1 g Ricin und 1,5 g Chlornatrium in 100 ccm Wasser. Dieses trübe Reagens wird durch Pepsin aufgehellt. — 2—3 ccm desselben versetzt man mit 1 ccm von Pepsin in 0,56 %iger Salzsäure und setzt der Brutschranktemperatur aus. Noch 0,01 mg Pepsin hellt die Mischung in einigen Stunden vollkommen auf.

Biochem. Ztschr. 1906. 1. 71.
Arbeit. pathol. Instit. Berlin 1906.
Merck's Bericht 1906. 235.
Solms, Zeitschrift f. klin. Med. 1907. No. 1 u. 2.
Merck's Bericht 1907. 222.
Witte, Berl. klin. Woch. 1907. 1338.

**Jacoby's** Reagens auf Trypsin ist des Autors Reagens auf Pepsin, d. h. Ricinlösung. Näheres siehe: Biochem. Ztschr. 1908. 10. 228.

**Jacquemart's** Reaktion auf Äthyl- und Methyl-Alkohol.

Quecksilberoxydnitrat wird durch Äthylalkohol zu Oxydulnitrat reduziert, nicht aber durch Methylalkohol. Man erkennt nach erfolgter Einwirkung die Reduktion an dem schwarzen Niederschlag, den Ammoniak im Reaktionsgemisch hervorbringt.

Ztschr. d. öst. Apoth. Ver. 16. 414.
Ztschr. f. analyt. Chem. 18. 291.

**Jacquemet-Testevin's** Reaktion auf Albumosen im Harn

siehe: Riforma med. 1909. No. 3—4.
Pharm. Zentrh. 1909. 288.

**Jacquemin's** Reaktion auf Anilin.

1. Versetzt man eine anilinhaltige Flüssigkeit mit Natriumhypochlorit und einigen Tropfen einer sehr verdünnten Schwefelammonlösung (1 Tropfen auf 30 ccm Wasser), so erhält man eine schöne Rosafärbung. Empfindlichkeitsgrenze = 1 : 250 000 (Rhodeïnreaktion).
Compt. rend. **83.** 226.
Berl. Ber. **9.** 1423.
Ztschr. f. analyt. Chem. **16.** 246.

2. Versetzt man eine anilinhaltige Flüssigkeit mit wenig Ammoniak und Phenol, so entsteht eine blaue Färbung, nach dem Ansäuern in Rot übergehend. Empfindlichkeitsgrenze = 1 : 70 000.
Vergl. Jacquemin's Reaktion auf Phenol.

**Jacquemin's** Reaktion auf Nitrobenzol (in Bittermandelöl etc.).

Man gibt einige Tropfen der zu prüfenden Substanz in alkalische Zinnchlorürlösung und erwärmt. Vorhandenes Nitrobenzol wird dabei zu Anilin reduziert. Auf Zusatz von etwas Phenol und Natriumhypochloritlösung tritt Blaufärbung ein. (Siehe: Jacquemin's Reaktion auf Phenol.)
Journ. de Pharm. et de Chim. **21.** 455.
Arch. der Pharm. **208.** 86.
Ztschr. f. analyt. Chem. **15.** 467.

**Jacquemin's** Reaktion auf Phenol.

(Indophenolreaktion.) Die zu prüfende Flüssigkeit versetzt man mit etwas Anilin und Natriumhypobromit. Bei Anwesenheit von Phenol tritt eine intensive Blaufärbung ein, die durch Säuren in Rot übergeht und durch Alkalien regeneriert wird.
Compt. rend. **76.** 1605.
Arch. der Pharm. **208.** 47.
Neubauer, Ztschr. f. analyt. Chem. **15.** 368.
Denigès, Bull. Soc. Chim. Paris (3) **5.** 66.
Pool, Chem. Zentralbl. 1904. I. 404.

**Jacquemin's** Reaktion auf Seiden-, Wollen- und Baumwollenfasern.

Das Gewebe wird mit lauwarmer Chromsäurelösung behandelt. Wollen- und Seidenfasern färben sich gelb, Baumwolle bleibt ungefärbt.
Compt. rend. **79.** 523.
Ztschr. f. analyt. Chem. **13.** 468.
Chem. Zentralbl. 1874. 652.

**Jacquemin's** Reaktion auf Urethan im Harn.

Man schüttelt 500 ccm Harn dreimal mit Äther aus, läßt letzteren verdunsten, löst den Rückstand in 20 ccm Wasser, versetzt mit Kalilauge und läßt 5%ige, wässerige Quecksilberchloridlösung zufließen, bis der entstandene, gelbe Niederschlag sich nicht mehr löst. Die vorhandene Menge Urethan ist der verbrauchten Menge Sublimatlösung proportional. (Bei Anwesenheit von viel Urethan entsteht ein weißer Niederschlag.)
Journ. de Pharm. et de Chim. **1888.** 538.
Pharm. Zentrh. **1888. 125.**

**Jaffé's** Reaktion auf Indikan (im Harn).

10 ccm der zu prüfenden Lösung mischt man mit 10 ccm Salzsäure und gibt tropfenweise gesättigte Chlorkalklösung zu. Bei Anwesenheit von Indikan tritt Blaufärbung ein. Wenn man mit Chloroform ausschüttelt, geht der gebildete Indigo in dasselbe über und färbt es blau. Die Reaktion gelingt noch, wenn ein Harn in 100 ccm 0,4 mg enthält.
Arch. f. d. g. Physiol. **3.** 448.
Ztschr. f. analyt. Chem. **10.** 126.
Salkowski, Virchow's Archiv **68.** 11. — Ztschr. f. analyt. Chem. **16.** 366.
Michailow, Chem. Zentralbl. 1887. 1270.
Rosenbach, Ztschr. f. analyt. Chem. **29.** 240.
Becker-Breda, Pharm. Weekbl. 1901. 21 oder
Pharm. Zentrh. 1901. 585.
Wolowski, Deutsche med. Woch. 1901. **23.**
Kühn, Münchener med. Woch. 1901. 52.
Gnezda, Chem. Zentralbl. 1903. II. 224.
Maillard, ebenda 1903. II. 314.
Skworzow, Russkij Wratsch 1907. 256.
Spiethoff, Münchener med. Woch. 1910. 1066.
Rhein, ebenda 1914. 1503.

**Jaffé's** Reaktion auf Kreatinin.

Eine Lösung von Kreatinin wird auf Zusatz von wässeriger Pikrinsäurelösung und Natronlauge je nach der vorhandenen Menge Kreatinin gelbrot bis dunkelblutrot gefärbt. Freie Säuren stören die Reaktion. Kreatin gibt die Reaktion nicht. Empfindlichkeitsgrenze: 1 : 200 000.
Ztschr. f. physiol. Chem. **10.** 399.
Ztschr. f. analyt. Chem. **26.** 121.
Chem. Ztg. 1886. Rep. 186.
Folin, Ztschr. f. physiol. Chem. **41.** 223.
Hoogenhuize-Veeploegh, ebenda **46.** 415.
Baur-Barschall, Arb. a. d. kais. Ges.-Amte 1906. Nr. 3.
Johnson, Pharm. Journ.. Trans. 1895 **54.** 360.
Chem. Zentralbl. 1895. I. 513.

**Jaffé's** Reaktion auf Kynurensäure.

Beim Erhitzen von Kynurensäure mit Kaliumchlorat und Salzsäure bildet sich Tetrachloroxykynurin, das mit Ammoniak eine braune, allmählich in Dunkelgrün und Schwarzblau übergehende Färbung erzeugt.
Ztschr. f. physiol. Chem. **7.** 399.
Ztschr. f. analyt. Chem. **22.** 625.
Brandes, Berl. Ber. **38.** 2713.

**Jäger's** Reagens für mikroskop. Zwecke

ist eine Mischung von 1 Teil Alkohol und 1 Teil Glycerin mit 10 Teilen Seewasser. Gebraucht als Einschlußmittel.
Vogt-Yung, Lehrb. Anat. 1888. 16.

**Jäger**'s Reaktion auf Cholesterin.
Erhitzt man Cholesterin mit iso-Buttersäureanhydrid, so bildet sich Cholesterin-Isobutyrat vom Schmelzpunkt 128,5°
Recueil des Travaux chimiques des Pays-Bas 1906. **25.** 344.

**Jäger-Goldstein**'s Reaktion auf Paralyse und Cerebrospinalsyphilis.
Als Reagens dient eine Lösung von kolloidalem Gold: Zu 1000 ccm frisch und doppelt destillierten Wassers gibt man 10 ccm 1%ige Goldchloridlösung und 10 ccm 2%ige Kaliumkarbonatlösung und kocht die Mischung auf. Alsdann gibt man unter starkem Schütteln 10 ccm einer Mischung von 1 ccm Formaldehyd (40 %) und 100 ccm Wasser zu. Man erhält so eine tiefpurpurrote Lösung, welche durch Cerebrospinalflüssigkeit von Paralytikern und Cerebrospinalsyphilitikern entfärbt und ausgeflockt wird. Näheres siehe: Ztschr. f. d. ges. Neurologie und Psychiatrie 1913. **16.** 219. — Zentrbl. für d. ges. innere Med. 1913. **6.** 507. — Merck's Bericht 1913. 439.

**de Jager**'s Reaktion auf Blut.
Man benützt eine Mischung von 50 ccm Salzsäure, 25 ccm Formaldehyd (40 %) und 25 ccm Wasser, womit man den zu prüfenden Harn behandelt und auf diese Art eine Verbindung von Harnstoff und Formaldehyd ausfällt, welche den Blutfarbstoff mit sich reißt. Mit diesem Niederschlag wird nach dem Auswaschen mit Wasser mittels der bekannten Benzidinreaktion Blut nachgewiesen.
Berl. klin. Woch. 1911. 1048.
Zentralbl. f. innere Med. 1912. 623.
Merck's Bericht 1912.
Von de Jager wurde auch eine Modifikation der van Deen'schen Reaktion vorgeschlagen. Näheres siehe: Zentralbl. f. innere Med. 1912, 621.
Vergl. auch Merck's Bericht 1913, 435 und Berl. klin. Woch. 1914. 795.

**de Jager**'s Reaktion I auf Eiweiß im Harn.
(Modifizierte Kochprobe.) 10 ccm Harn mischt man mit 1 ccm 10 %iger Kaliumoxalatlösung und filtriert nach einiger Zeit. Trübt sich jetzt das Filtrat beim Kochen, so ist sicher Eiweiß vorhanden. Eine andere Probe des Filtrats versetzt man mit Essigsäure und kocht. Tritt keine Trübung ein, so ist sicher kein Eiweiß vorhanden.
Ztschr. f. physiol. Chem. 1909. **62.** 333.

**de Jager**'s Reaktion II auf Eiweiß.
10 ccm Harn versetzt man mit 1 ccm einer Mischung von 50 g Salzsäure (25 %) und 25 ccm Formaldehyd (40 %) und sammelt den nach einiger Zeit entstandenen Niederschlag auf einem Filter. Nach dem Auswaschen mit Wasser wird er abgehoben, in ein Reagenzglas gebracht und 12 Tropfen konzentr. Salzsäure zugefügt. Bei Gegenwart von Eiweiß entsteht eine flockig getrübte, bei Abwesenheit von Eiweiß eine klare Lösung.
Zentralbl. f. innere Med. 1912. 624.

**de Jager**'s Reagens auf Glukose im Harn.
30 g Calciumhydroxyd füllt man mit Wasser zu 100 ccm auf und läßt unter öfterem Umschütteln 24 Stunden stehen. 5 ccm Harn versetzt man mit 10 Tropfen dieser Kalkmilch und 5 Tropfen 10 %iger Kupfersulfatlösung und erhitzt zum Sieden. Alsdann stellt man beiseite. Bei Gegenwart von Glukose tritt nach kurzer Zeit eine rote oder violette Färbung des Niederschlages auf. Bei größerem Glukosegehalt bildet sich ein Niederschlag von Kupferoxydul. Empfindlichkeitsgrenze = 0,1 %.
Zentralbl. f. innere Med. 1912. 625.
Zentralbl. ges. Physiol. u. Pathol. d. Stoffw. 1911. No. 15 u. 17.
Merck's Bericht 1912. 155.

**de Jager**'s Harnreaktion
beruht auf der Bildung eines roten Farbstoffes, wenn normaler Harn mit Salzsäure und Formaldehyd versetzt wird. In angesäuertem Alkohol ist er löslich und zeigt eine Absorptionsspektrum zwischen C und F. Bei Ausführung der Reaktion wird er gewöhnlich von dem aus Harnstoff und Formaldehyd gebildeten, unlöslichen Kondensationsprodukt mit niedergerissen.
Ztschr. f. physiol. Chem. **64.** 110.

**de Jager**'s Reagens auf freie Säure im Magensaft.
Man löst 0,5 g Natriumsalicylat in 100 ccm Wasser und gibt 2 Tropfen offizineller Eisenchloridlösung zu. Zum Nachweis sehr geringer Säuremengen verdünnt man dieses Reagens mit 80 % Wasser. 2 ccm dieser Lösung gibt man zu 10 ccm der zu prüfenden Flüssigkeit. Die gelbbraune Farbe des Reagenzes wird durch Salzsäure blauviolett, durch Milchsäure weinrot. Empfindlichkeitsgrenze = 0,02 % Salzsäure, 0,05 % Milchsäure. Wie Salzsäure verhalten sich alle Mineralsäuren und Essigsäure.
Ztschr. f. analyt. Chem. **29.** 110.

**Jägerschmid**'s Reaktion auf verfälschten Honig.
3 g Honig reibt man mit etwas Aceton an und versetzt den Acetonauszug mit 2—3 ccm reiner konzentr. Salzsäure (D. 1,19).
Das Auftreten einer roten bis rotvioletten Färbung zeigt Verfälschung (mit Invertzucker) an.
Ztschr. Unters. Nahr.-Genußm. 1910. II. 113.
Apoth. Ztg. 1910. 643.
Chem. Zentralbl. 1909. I. 1044.

**Jägerschmid**'s Reaktion auf Karamel in Wein etc.
100 ccm der zu prüfenden Flüssigkeit werden mit einer Lösung von Hühnereiweiß (1 : 1) erhitzt, nach dem Abscheiden des geronnenen Eiweißes filtriert, das Filtrat zur Sirupkonsistenz eingedampft und die eine Hälfte mit Äther, die andere mit Aceton ausgeschüttelt. Der Äther liefert beim Verdunsten einen Rückstand, der mit einer frisch bereiteten Lösung von 1 g Resorcin in 100 ccm Salzsäure

(1,19) eine kirschrote Färbung gibt. Der Acetonauszug, mit gleichen Teilen Salzsäure geschüttelt, färbt sich karmoisinrot.
Ztschr. Unters. Nahr.-Gen.-Mittel **17.** 269.
Chem. Zentralbl. 1909. I. 1358.
Südd. Apoth. Ztg. 1909. 228.

**Jahr**'s Butterprobe
siehe: Pharm. Zentrh. 1896. 43.
Milch-Ztg. **24.** 766.
Chem. Zentralbl. 1896. I. 462.

**Jaksch**'s Reaktion auf Gallenfarbstoffe.
10—15 ccm Blut läßt man gerinnen, hebt das Serum ab, filtriert es durch Asbest und läßt in dünner Schicht bei 80° C. erstarren. Bei Anwesenheit von Gallenfarbstoffen ist das Serum grünlich gefärbt und wird durch wiederholtes Erwärmen auf 50—60° C. grasgrün; normales Serum ist nur hellgelb und milchig getrübt.
Ztschr. f. analyt. Chem. **31.** 725.
Chem. Zentralbl. 1892. II. 557.
Pharm. Zentrh. **33.** 448.

**Jaksch**'s Reagens auf Glukose im Harn.
50 ccm Harn mischt man mit einer Lösung von 2 g Phenylhydrazinchlorhydrat und 1,5 g Natriumacetat in 20 ccm Wasser und erwärmt auf dem Wasserbade. Bei Anwesenheit von Glukose entsteht ein gelber, krystallinischer Niederschlag. Nach Grocco gelingt die Reaktion noch bei 0,001 %
Ztschr. f. analyt. Chem. **24.** 478.
Pharm. Zentrh. **28.** 164.
G r o c c o , Annali di Chim. appl. alla Farmacia **79.** 258.
v. J a k s c h , Ztschr. f. klinische Mediz. **11.** 20. oder Ztschr. f. analyt. Chem. **25.** 603, wonach sich das Reagens auch zum Nachweis von Zucker in Blut und serösen Flüssigkeiten verwenden läßt.
R o s e n f e l d , Deutsche med. Woch. 1888. 451 u. 479.
K o w a r s k y , Berl. klin. Woch. 1899. 412.
L a m a n n a , Pharm. Zentrh. 1897. 135.

**Jaksch**'s Reaktion auf Harnsäure
ist eine Modifikation der Murexidprobe, nach der statt Salpetersäure Chlorwasser verwendet wird.
Vergl. Weidel's Reaktion auf Xanthin.
M a g n i e r d e l a S o u r c e verwendet zur Murexidprobe Bromwasser.
Répert. de Pharm. **3.** 103.
Arch. der Pharm. **208.** 84.
Ztschr. f. analyt. Chem. **15.** 504.

**Jaksch**'s Reaktion auf p-Kresol.
Eine wässerige Lösung von p-Kresol wird durch Kalilauge und Nitroprussidnatrium rotgelb und dann nach dem Ansäuern mit Essigsäure rosarot gefärbt.
Ztschr. f. klin. Mediz. 1884. 130.

**Jaksch**'s Reaktion auf Melanin und Melanogen im Harn.
Verdünnte Eisenchloridlösung gibt mit genannten Stoffen einen schwarzen Niederschlag, der nur in Kalilauge und konzentr. Säuren löslich ist.
Ztschr. f. physiol. Chem. **13.** 385.
Ztschr. f. analyt. Chem. **28.** 758.
Vergl. Eiselt' u. Zeller's Reaktion.

**Jaksch**'s Reaktion auf Salzsäure im Magensaft.
Eine wässerige, blaue Lösung von Smaragdgrün (Malachitgrün) wird durch sehr verdünnte Salzsäure grün gefärbt. Näheres siehe: Pharm. Zentrh. 1888. 323.

**Jaksch**'s Reagens auf Zucker in tierischen Flüssigkeiten.
Siehe: Jaksch's Reagens auf Glukose.

**Jamieson**'s Reaktion auf Bromide.
Die zu prüfende Lösung kocht man mit verd. Schwefelsäure und Kaliumbichromat, schüttelt sie nach dem Abkühlen mit Chloroform aus und schüttelt dann das Chloroform mit verd. Kaliumjodidlösung. War Bromid vorhanden, so färbt sich das Chloroform violett.
Proceed. Chem. Soc. 1908. **24.** 144.
Chem. Zentralbl. 1909. I. 789.

**Jandrier**'s Reaktion auf Baumwolle in Wollstoffen
beruht auf der Umwandlung der Cellulose in Kohlehydrate mit Aldehydcharakter durch Behandeln mit Schwefelsäure (20° Bé.). Der Nachweis des gebildeten Aldehyds geschieht durch die Farbenreaktionen mit Resorcin-Schwefelsäure (rot) oder α-Naphthol-Schwefelsäure (violett).
Chem. Ztg. 1899. Rep. 350.
Pharm. Zentrh. 1900. 144.
I s t r a t i , ebenda 1900. 289.
B a r b e t - J a n d r i e r , Ztschr. f. analyt. Chem. **37.** 47.

**Jandrier**'s Reaktion auf Oxycellulosen.
2 ccm einer Lösung oder Aufschüttelung von Oxycellulose versetzt man mit einigen Centigr. eines Phenoles und läßt dann 1 ccm reine konzentr. Schwefelsäure zufließen. Es tritt ein farbiger Ring auf, und zwar gibt Phenol eine goldgelbe, α-Naphthol eine violette, β-Naphthol und Hydrochinon eine braune, Resorcin eine gelbbraune, Gallussäure eine grüne, Morphin und Codeïn eine violette Färbung etc. Näheres siehe: Compt. rend. **128.** 1407 oder Ztschr. f. analyt. Chem. **41.** 58. — B a r b e t - J a n d r i e r , The Analyst **21.** 295.

**Jankowitsch**'s Reaktion auf Chromoxyd.
Übergießt man das unlösliche, geglühte Chromoxyd mit konzentr. Salpetersäure und gibt etwas Mennige zu, so bildet sich beim Erwärmen Chromsäure, die an der Gelbfärbung erkannt werden kann.
Ztschr. f. analyt. Chem. 1912. 409.
Apoth. Ztg. 1912. 774.

**Jannasch**'s Reagens für analytische Zwecke
ist eine Mischung von 65 %iger Salpetersäure und 15—20 %igem Wasserstoffsuperoxyd. Gebr. zur Zerstörung organischer Substanz.
Berl. Ber. 1912. **45.** 605.

**Jannasch-Biedermann's** Reagens auf Kupfer ist eine wässerige, 3 %ige Lösung von Hydrazinsulfat, welche in alkalischer Lösung (in der Wärme) Kupfer als Oxydul bezw. metallisch, und zwar quantitativ abscheidet. Das Reagens dient zur quantitativen Bestimmung von Kupfer neben anderen Metallen.

Berl. Ber. 1900. 631.
Merck's Bericht 1900. 118.
Rimini, Chem. Zentralbl. 1905. I. 1546.

**Janssen's** Reagens zum Färben mikroskop. Präparate ist eine angesäuerte, alkoholische Lösung von Carminblau = Patentblau A oder V.N. Höchst (2—3 Tropfen Salzsäure auf 100 ccm).

La Cellule 1893. 9.
Enzyklop. d. mikroskop. Techn. 1903. 1095.
Ztschr. f. wiss. Mikroskop. 1893. 239.

**Janvillier's** Reagens auf Antipyrin und Pyramidon ist Kieselwolframsäure, die mit Antipyrinlösungen einen weißen Niederschlag (Empfindlichkeitsgrenze 1 : 10 000) und mit Pyramidon in salzsaurer Lösung einen gelben Niederschlag (Empfindlichkeitsgrenze 1 : 15 000) verursacht.

Répert. de Pharm. 1912. 195.
Zentralbl. d. ges. Arzneimittelkunde 1912. 209.

**Jarisch-Herxheimer**'sche Reaktion siehe Herxheimer'sche Reaktion.

**Jassoy's** Reaktion auf Morphin in Chininsulfat beruht auf der Eigenschaft des Morphins, aus Jodsäure Jod in Freiheit zu setzen. Näheres siehe: Ztschr. f. analyt. Chem. 13. 456. — Arch. der Pharm. 204. 517. — Chem. Zentralbl. 1874. 439. — Frederking, Ztschr. f. analyt. Chem. 13. 456.

**Jastrowitz'** Reaktion auf Acetessigsäure im Harn beruht auf der Farbenerscheinung mit Eisenchlorid. Man schichtet den Harn auf eine Mischung von 6—10 Tropfen Eisenchlorid und 6 ccm Wasser. Ein roter Ring zeigt Acetessigsäure an.

Berl. klin. Woch. 1905. 134.
Ztschr. d. allg. öst. Apoth. Ver. 1905. 243.

**Jaworowski's** Reagens auf Alkaloide.

Eine warm bereitete Lösung von 0,3 g Natriumvanadat in 10 ccm Wasser wird nach dem Abkühlen mit einer Lösung von 0,3 g Kupfersulfat in 10 ccm Wasser vermischt und so lange tropfenweise Essigsäure zugesetzt, bis sich der entstandene Niederschlag wieder gelöst hat. Das Reagens wird filtriert.

Beim Gebrauche wird das Alkaloid, wenn es als Salz vorliegt, in 1—5 ccm Wasser gelöst; freie Basen löst man unter Zugabe von 1—10 Tropfen 5 %iger Essigsäure. Diese Lösung versetzt man mit 1 Tropfen des Reagenzes. Hat sich nach 1/4 Stunde keine Ausscheidung gebildet, so teilt man die Lösung in 2 Teile. Zu dem einen gibt man noch einige Tropfen des Reagenzes, den andern erhitzt man zum Sieden. Die im einen oder anderen Falle auftretende Trübung oder Opaleszenz läßt einen Schluß zu, in welche der vom Autor aufgestellten Gruppen das untersuchte Alkaloid gehört. Näheres siehe: Pharm. Ztschr. f. Rußland 35. 326. oder Ztschr. f. analyt. Chem. 36. 410. — Chem. Zentralbl. 1896. II. 321.

**Jaworowski's** Reagens auf Ammoniak.

Man löst 1 g Quecksilberchlorid, 1 g Natriumkarbonat und 4 g Natriumchlorid in 30 g Wasser.

Ztschr. f. analyt. Chem. 35. 589.
Vergl. Neßler's Reagens.

**Jaworowski's** Reagens auf Chinin.

Eine frisch bereitete Mischung aus gleichen Teilen 10 % Natriumthiosulfatlösung und 5 % Kupfersulfatlösung. Dieses Reagens erzeugt in Lösungen von Chinin, Chinidin, Cinchonin und Cinchonidin einen gelben, amorphen Niederschlag.

Pharm. Ztschr. f. Rußland 35. 84.
Ztschr. f. analyt. Chem. 36. 208.

**Jaworowski's** Reaktionen auf Chloralhydrat.

1. Schichtet man eine resorcinhaltige, wässerige Lösung von Chloralhydrat über konzentr. Schwefelsäure, so entsteht ein brauner Ring, beim Mischen entsteht Braunfärbung. Ammoniak erzeugt einen gelbroten Ring.
2. Eine wässerige Lösung von Chloralhydrat gibt mit Neßler's Reagens einen ziegelroten Niederschlag.
3. Erhitzt man Chloralhydratlösung mit Rhodankalium bis zum Sieden, so bewirkt ein Zusatz von 5 Tropfen Normal-Kalilauge eine hellbraune Färbung, später einen dunkelbraunen Niederschlag.
4. Erhitzt man Chloralhydratlösung mit etwas Natriumthiosulfat, so entsteht eine trübe, ziegelrot gefärbte Flüssigkeit, welche durch Kalilauge klar und braun wird.
5. Erhitzt man Chloralhydratlösung mit wenig Phloroglucin, so bewirkt Kalilauge eine braunrote Farbe, die beim Schütteln mit etwas Salzsäure und Amylalkohol in letzteren übergeht.

Pharm. Ztschr. f. Rußland 33. 373.
Ztschr. f. analyt. Chem. 37. 60.

**Jaworowski's** Reaktion auf Cobalt (neben Nickel).

Die zu prüfende Flüssigkeit neutralisiert man mit Natriumkarbonat, schüttelt mit trokkenem Natriumpyrophosphat bis zur Lösung des ausgeschiedenen Cobalthydroxyds (-karbonats) und verdünnt die erhaltene Lösung mit Wasser, bis sie fast farblos geworden ist. Schüttelt man 8 ccm dieser Lösung mit 1,5 g Natriumkarbonat und 8 Tropfen Bromwasser, so entsteht bei Anwesenheit von Cobalt eine grüne Färbung. Näheres siehe: Pharm. Ztschr. f. Rußland 1897. 632. — Pharm. Zentrh. 1897. 896. — Chem. Zentralbl. 1898. I. 144.

**Jaworowski's** Reagens auf Eiweiß im Harn.

Eine Lösung von 1 Teil Ammoniummolybdat und 4 Teilen Citronensäure in 40 Teilen Wasser. 4 ccm Harn werden nach eventuellem schwachen Ansäuern mit Citronensäure durch 1 Tropfen des Reagenzes getrübt, wenn Eiweiß vorhanden ist. Diese Trübung verschwindet beim Erwärmen nicht. Auch Pepton wird durch dieses Reagens angezeigt, allein die durch das Pepton entstandene Trübung verschwindet beim Erwärmen.

Pharm. Ztschr. f. Rußland 35. 83.
Ztschr. f. analyt. Chem. 36. 70.
Jahresber. f. Tierchem. 1892. 192.
Chem. Zentralbl. 1896. I. 770.

**Jaworowski's** Reaktion auf Glukose im Harn

beruht auf der Reduktion von Natriumjodat. Näheres siehe: Pharm. Ztschr. f. Rußland 33. 487.

**Jaworowski's** Reaktion auf Glukose (Aldehyde und Ketone).

1. Erwärmt man Glukoselösung mit Jaworowski's Reagens auf Ammoniak, so entsteht ein gelber, später grau werdender Niederschlag (Kalomel und Quecksilber).
2. Erwärmt man Glukoselösung mit o-Nitrophenol, so entsteht Braunfärbung, mit Nitrobenzol eine rote, dann schmutzigbraune Färbung.
3. Kocht man Glukoselösung mit wenig Jodsäure und Natronlauge und überschichtet die erkaltete, angesäuerte Lösung mit Ammoniak, so entsteht ein dunkler Niederschlag (Jodstickstoff).
4. Überschichtet man eine Lösung von 0,1 g Natriumvanadat in 3 ccm verdünnter Schwefelsäure mit Glukoselösung, so entsteht ein grüner oder blauer Ring.
5. Schüttelt man Kalomel mit 10 %iger Jodkaliumlösung, filtriert und erwärmt das Filtrat mit Glukoselösung und Natronlauge, so entsteht ein grauer Niederschlag (Quecksilber).

Pharm. Post 1893. 549.
Pharm. Zentrh. 1894. 50.
Ztschr. f. analyt. Chem. 35. 588.

**Jaworowski's** Reaktion auf Guajakol.

1. Ammoniakalische, 5 %ige Silbernitratlösung wird durch 1 Tropfen Guajakol oder Kreosot zu metallischem Silber reduziert, besonders beim Erwärmen.
2. Mischt man ammoniakalische Silberlösung mit Guajakol und dann mit Essigsäure, so färbt sich die Mischung nach einiger Zeit rot.

Pharm. Ztschr. f. Rußland 1896. 360.
Pharm. Zentrh. 1896. 273. 805.

**Jaworowski's** Reaktion auf Kupfer.

5 ccm der zu prüfenden Flüssigkeit versetzt man mit überschüssigem Ammoniak und dann mit 2 Tropfen Phenol. Je nach der Menge des vorhandenen Kupfers soll innerhalb 1 Stunde eine blaue Färbung eintreten. Näheres siehe: Pharm. Zentrh. 1896. 337. — Pharm. Ztschr. f. Rußland 1896. 83 u. 1897. 529. — Chem. Ztg. 1897. Rep. 254. — Chem. Zentralbl. 1897. II. 984.

**Jaworowski's** Reaktion auf Sadebaumöl.

1. Löst man 1 Tropfen Sadebaumöl in 4 ccm (90 %) Alkohol und schichtet diese Lösung über verdünnte Schwefelsäure, so bildet sich ein roter Ring.
2. Schüttelt man 1 Tropfen Sadebaumöl mit 20 ccm Wasser, läßt 12 Stunden stehen, mischt 0,3 g Magnesiumkarbonat zu und filtriert, so entsteht beim Überschichten des Filtrates über verdünnte Schwefelsäure ein grünlichgelber Ring.
3. Je 6 ccm verdünnte Schwefelsäure und 5 Tropfen Milchsäure bringt man in zwei Reagenzgläser, gibt zu einer Mischung 1 Tropfen Sadebaumöl und erhitzt beide Mischungen, bis die ölfreie gelb geworden ist. Nach dem Abkühlen verdünnt man die ölhaltige Mischung mit 5 ccm Wasser und schüttelt mit Äther oder Benzol. Das Benzol färbt sich grün mit gelbem oder bläulichem Schein, der Äther wird braun; die wässerige Flüssigkeit zeigt grüne Fluoreszenz. Gibt man zu der ätherischen Ausschüttelung vorsichtig Benzol, so färbt sich die obere Schicht des Äthers grün, wobei der braune Stoff als brauner Ring nach unten fällt.

Pharm. Ztschr. f. Rußland 33. 374 oder Ztschr. f. analyt. Chem. 36. 808.
Beythien-Atenstädt, Pharm. Zentrh. 1909. 345.
Ztschr. Unters. Nahr.-Genuß-M. 1908, 677.

**Jaworowski's** Reaktion auf Santonin.

Man löst 0,01—0,02 g Santonin unter vorsichtigem Erwärmen in 2 ccm konzentrierter Schwefelsäure und gibt tropfenweise 1 %ige, mit Schwefelsäure angesäuerte Ceriumsulfatlösung zu. Die gelbe Farbe der Santoninlösung geht hierbei in Kirschrot über und auf Wasserzusatz erfolgt ein violetter Niederschlag.

Chem. Ztg. 1897. Rep. 269.
Pharm. Zeitschr. f. Rußland 1897. 559.
Pharm. Zentrh. 1897. 821.
Ztschr. f. analyt. Chem. 42. 463.

**Jean's** Reaktion auf Aldehyd und Formaldehyd.

5 ccm des aldehydhaltigen Destillates versetzt man mit 10 Tropfen einer Lösung von Phenylhydrazinchlorhydrat und 4 Tropfen Nitroprussidnatriumlösung (2,5 %) und 1 ccm Natronlauge. Acetaldehyd bewirkt dunkelrote, Formaldehyd dunkelblaue Färbung.

Aweng, Apoth. Ztg. 1912. 159.

**Jean's** Reaktion auf Seife in Schmierölen.

Die ätherische Lösung des zu prüfenden Öles versetzt man mit einer alkoholischen Lösung von Metaphosphorsäure. Bei Anwesenheit von Seife entsteht ein Niederschlag. Näheres siehe: Chem. Ztg. 1896. Rep. 36.

**Jean's** Reagens auf Öle

ist mit gasförmiger Chlorwasserstoffsäure gesättigte, konzentr. Phosphorsäure (80 %) oder

konzentr. Schwefelsäure, welche in einem besonderen Apparate beim Mischen mit Ölen eine spezifische Temperaturerhöhung bewirkt.
Benedikt, Anal. d. Fette 3. Aufl. 415.
Journ. de Pharm. et de Chim. 1889. 337.

**Jean-Frabot's** Reaktion auf Anilinfarbstoffe im Wein
siehe: Annal. Chim. analyt. appl. **12.** 52.
Chem. Zentralbl. 1907. I. 1157.
Ztschr. f. angew. Chem. 1907. 1982.
Pharm. Zentrh. 1908. 391.
Astruc, Annal. Chim. analyt. appl. **12.** 140.
Chem. Zentralbl. 1907. I. 1708.

**Jefimow's** Reaktion auf Helminthiasis.
Frisch gelassenen Harn erhitzt man zum Sieden und gibt dann auf 10 ccm 5—10 Tropfen Belost's Reagens zu. Bei bestehender Helminthiasis färbt sich der entstehende Niederschlag dunkelgrau bis schwarz, während er sonst weiß bleibt.
Semaine méd. 1906. 557.
Zentralbl. f. Kinderheilk. 1907. 152.
Merck's Bericht 1907. 138, 1911. 299.
Marku, Russkij Wratsch 1907. 414.
Tulpine, Wratschebn. Gaceta 1907. 466.
Mascherpa, Zentralbl. ges. innere Med. 1912. III. 661.

**Jefimow's** Reaktionen auf Tuberkulose.
Erhitzt man frisch gelassenen Harn zum Sieden und bestimmt mit Lackmuspapier die Reaktion, so erweist sich diese bei aktiver Tuberkulose als amphoter und nur im letzten Stadium als sauer. Versetzt man frisch gelassenen Harn mit etwas Bleiacetatlösung (20 %), filtriert, erhitzt das Filtrat zum Sieden und gibt tropfenweise 10 %ige, alkoholische Silbernitratlösung zu, so färbt sich die Mischung beim ersten latenten und zweiten aktiven Stadium ziegelrot, beim dritten Stadium kirschrot.
Wratschebnaja Gaceta 1910. No. 51.
Münchener med. Woch. 1911. 919.
Nonhebel, Pharm. Zentrh. 1912. 1168.

**Jehn's** Reaktion auf mehrwertige Alkohole
beruht auf der Eigenschaft der letzteren, die alkalische Reaktion einer Boraxlösung gegenüber Indikatoren in eine saure zu verwandeln.
Arch. der Pharm. (3) **25.** 250.
Ztschr. f. analyt. Chem. **27.** 395.
Klein, Compt. rend. **86.** 826; **99.** 144.
Ztschr. f. angew. Chem. 1896. 551; 1897. 5.
Lambert, Compt. rend. **108.** 1016.

**Jenkin's** Reaktionen auf Formaldehyd in Milch
sind identisch mit Arnold-Mentzel's und Eury's Reaktionen.
Ztschr. f. Unters. Nahr.-Genußm. 1902. 866.
Revue internat. falsific. 1902. 53.
Chem. Zentralbl. 1902. II. 395.

**Jenner's** Reagens zum Färben mikroskop. Präparate.
a) Eine Lösung von 0,5 g Eosin in 100 ccm Methylalkohol;
b) eine Lösung von 0,5 g Methylenblau in 100 ccm Methylalkohol.

Zum Gebrauch mischt man 125 ccm der Lösung a mit 100 ccm der Lösung b.
Man kann auch eine trockene Mischung der obigen Farbstoffe in genanntem Verhältnis darstellen und zum Gebrauch eine 1 %ige Lösung in Methylalkohol herstellen.
Lancet 1889. 173.
Méthodes de coloration des diverses granulations des éléments figurés du sang; par A. Huisman, Bruxelles 1906.
Ztschr. f. wiss. Mikroskop. **16.** 363.
Szécsi, Deutsche med. Woch. 1912. 1082.

**Jensen's** Reagens auf Alkaloide
ist eine 10 %ige Lösung von Kieselwolframsäure, die nach Drechsel (Berl. Ber. 1887. **20.** 1452) hergestellt ist. Näheres siehe: Pharm. Journ. 1913. **36.** 658.

**Jensen's** Reagens zur Bakterienfärbung:
a) 0,5 %ige, wässerige Lösung von Methylviolett (6B),
b) Lösung von 1 g Jod und 2 g Kaliumjodid in 100 g Wasser,
c) absoluter Alkohol,
d) 0,1 %ige, wässerige Lösung von Neutralrot.

Näheres siehe: Berl. klin. Woch. 1912. 1663.

**Jensen's** Reagens für mikroskopische Zwecke (Immersionsflüssigkeit)
ist eine Mischung von 24 Teilen α-Bromnaphthalin und 76 Teilen Paraffinum liquidum.
Hospitalstidende 1914, No. 39.
Münchener med. Woch. 1915. 515.
Apoth. Ztg. 1915. 228.
Deutsche med. Woch. 1915. 263.

**Job-Clarens'** Reagens auf Harnstoff
ist eine Lösung von 1 g Kaliumbromid in 20 ccm Eau de Javelle. Es soll stets frisch hergestellt werden. Gebraucht wie die auf andere Art hergestellten Hypobromitlösungen.
Journ. de Pharm. et de Chim. 1909. II. 97.
Répert. de Pharm. 1909. 398.

**Jodlbauer's** Reagens zur Stickstoffbestimmung (Phenolschwefelsäure)
ist eine Lösung von 50 g Phenol in konzentr. Schwefelsäure, so daß die Mischung 100 ccm beträgt. Näheres siehe: Ztschr. f. analyt. Chem. **26.** 93. — Chem. Ztg. 1887. Rep. 12. (Stutzer u. Reitmair.)

**Joesten's** Reagens zur Färbung von Sperma.
a) 10 %ige, wässerige Resorcinlösung. — b) Mischung von 7 ccm 1 %iger, alkoholischer Hämatoxylinlösung mit 7 ccm einer Lösung von 1,5 g Pikrinsäure und 5 g Eisenchloridliquor in 120 ccm Wasser, der noch 10 Tropfen 8 %iger Kaliumjodidlösung zugegeben wurden. — c) Mischung von 10 ccm konz. wässeriger Oxalsäurelösung, 1 ccm konz. wässeriger Pikrinsäurelösung und 89 ccm 1 %iger alkoholischer Tanninlösung.
Münchener med. Woch. 1911. 1817.
Merck's Bericht 1911. 291.

**Jörgensen**'s Reagens zur Prüfung der Blutbestandteile

ist eine Modifikation von Hayem's Reagens. Es enthält nur 0,05 % Sublimat statt 0,25 %. Vergl. Hayem's Reagens.

Ugeskrift for Läger 1913. Nr. 44.
Münchener med. Woch. 1914. 266.

**Johannson**'s Reagens auf Alkaloide

ist eine Lösung von 1 g Ammonvanadat in 100 ccm konzentr. Schwefelsäure. Das Reagens färbt sich mit Aconitin hellkaffeebraun, mit Atropin gelbrot bis rot, mit Apomorphin violettblau, dann grün und rötlichbraun, mit Brucin blutrot, mit Cinchonin und Cocaïn orange, mit Codein grünlichbraun, mit Colchicin grün, dann braun, mit Coniin grün, dann bräunlich, mit Digitalin dunkelbraun, mit Morphin braun, mit Narceïn braun, blauviolett, dann braun, mit Narcotin blutrot, mit Papaverin violett, bläulichgrün, dann orangegelb, mit Pikrotoxin gelbrot, mit Pilocarpin orange, mit Chinidin blaugrün, mit Chinin orange, blaugrün, dann grünbraun, mit Strychnin blauviolett, dann rot, mit Veratrin braunrot bis rötlichviolett.

Dissert. Dorpat 1884.
Merck's Report 1901. 41.

**Johannson**'s Reagens auf Colchicin

ist eine Lösung von 13,5 g Quecksilberchlorid und 50 g Jodkalium in 1 Liter Wasser. — Eine mit Schwefelsäure angesäuerte Colchicinlösung wird durch das Reagens getrübt oder gefällt.

Ztschr. f. analyt. Chem. 15. 456.
Dragendorff, Wertbest. etc. Petersburg 1874. 73.

**Johnson**'s Reaktion auf Arsen

ist dieselbe wie Gatehouse's Reaktion. (Siehe diese.)

Chem. News 38. 301.
Chem. Zentralbl. 1879. 182.

**Johnson**'s Reagens auf Eiweiß

ist gesättigte, wässerige Pikrinsäurelösung. Vergl. Esbach, Galippe u. Hager.

Ztschr. f. analyt. Chem. 23. 115.

**Johnson**'s Reagens auf Glukose im Harn.

Der zu prüfende Harn wird zur Entfernung von Harnsäure etc. mit Quecksilberchlorid versetzt, nach einiger Zeit filtriert und das überschüssige Quecksilberchlorid mit Ammoniak ausgefällt. Die so erhaltene Flüssigkeit versetzt man mit Pikrinsäure und Kalilauge und erhitzt zum Sieden. Bei Anwesenheit von Glukose tritt Rotfärbung ein. Empfindlichkeitsgrenze = 1 : 10 000.

Ztschr. f. analyt. Chem. 23. 111.
Brit. med. Journ. 1883. 504.
Pharm. Journ. and Trans. 54. 24.
Rosenfeld, Deutsche med. Woch. 1888. 451 u. 479.
Hager, Pharm. Prax. 1880. I. 103.

**Johnson**'s Reagens zum Färben mikroskop. Präparate

ist eine Mischung von 2 Teilen Rosin's Triacidgemisch und 1 Teil 20 %iger Nigrosinlösung.

**Johnson**'s Reagens zum Härten mikroskop. Präparate ist eine Lösung von 1,75 g Kaliumdichromat, 0,2 g Osmiumsäure, 0,15 g Platinchlorid und 5 g Eisessig in 95 ccm Wasser.

Vergl. Lee-Mayer, Mikroskop. Technik 1898. 58.
Enzyklop. d. mikroskop. Techn. 1903. 1061.

**Johnstone**'s Reaktion auf Silber im Blei.

Die Lösung von Blei in Salpetersäure wird mit Soda nahezu neutralisiert und ein Zink- und ein Kupferstreifen eingehängt. Blei schlägt sich am Zink, Silber am Kupfer nieder. Näheres siehe: Chem. Ztg. 1890. Rep. 19. — Chem. News 60. 309.

**Jolles**' Reagens auf Brom im Harn.

Man löst 0,5 g p-Dimethylphenylendiamin in 500 ccm Wasser, tränkt mit dieser Lösung Filtrierpapier und trocknet es. Leitet man Bromdämpfe über solches Papier, so entsteht ein Farbenring, der innen violett, an den Rändern durch Blau in Grau bis Braun übergeht. Wird das Papier angefeuchtet, so wird die rotviolette Farbe deutlicher. 10 ccm Harn werden in einem Kölbchen mit Schwefelsäure angesäuert und Kaliumpermanganat bis zur bleibenden Rotfärbung zugegeben. In den Hals des Kölbchens hängt man einen angefeuchteten Streifen genannten Reagenz-Papiers und erwärmt. Bei Anwesenheit von Brom entstehen auf letzterem die angegebenen Farbenerscheinungen. Empfindlichkeitsgrenze = 0,001 % Bromnatrium.

Ztschr. f. analyt. Chem. 37. 439.
Wiener med. Bl. 1898. 173.
Chem. Zentralbl. 1898. I. 960; II. 604.

**Jolles**' Reagens auf Eisen

ist das von Knorre vorgeschlagene Nitroso-$\beta$-Naphthol.

a) 1,2 g krystall. Nitroso-$\beta$-Naphthol löst man bei 90° C. in 100 ccm Essigsäure (50 %);
b) 250 ccm Eisessig mischt man mit 150 ccm Wasser.

Diese Mischung hat die Dichte 1,0631. Gebraucht zur quantitativen Bestimmung des Eisens im Harn. Näheres siehe: Ztschr. f. analyt. Chem. 1897. 155. — Chem. Zentralbl. 1897. I. 1177. — Vergl. Knorre's Reagens.

**Jolles**' Reaktion auf Eiweiß im Harn.

10 ccm Harn versetzt man mit 10 ccm konzentr. Salzsäure und schichtet auf diese Mischung vorsichtig einige Tropfen gesättigter Chlorkalklösung. Eiweiß erzeugt einen weißen Ring. Empfindlichkeitsgrenze = 1 : 10 000.

Ztschr. f. analyt. Chem. 29. 406.

**Jolles**' Reagens auf Eiweiß im Harn.

10 g Quecksilberchlorid, 20 g Bernsteinsäure und 20 g Natriumchlorid löst man in 500 ccm

Wasser. Eiweißhaltiger Harn wird durch dieses Reagens getrübt. Bei salzarmen Harnen soll das Reagens empfindlicher sein als Spiegler's Reagens.

Ztschr. f. physiol. Chem. **21**. 306.
Ztschr. f. analyt. Chem. **36**. 69 u. **39**. 146.
Graul, Dissertation 1897 in Stahel's Verlag, Würzburg.
Rößler, Deutsche med. Woch. 1903. 335 u. Pharm. Ztg. 1903. 637.

Das neuerdings von Jolles modifizierte Reagens besteht aus 10 g Quecksilberchlorid 20 g Citronensäure, 20 g Natriumchlorid und 500 g Wasser.

Chem. Ztg. 1912. 1108.
Ztschr. f. angew. Chem. 1912. 2014; 1914. 21.
Pharm. Zentrh. 1912. 1089.
Ztschr. f. physiol. Chem. 1912. **81**. 205.
Apoth. Ztg. 1914. 706.

**Jolles'** Formol-Reagens zur Eiweißbestimmung ist eine Lösung von 15 g Chlornatrium in 50 ccm Formaldehyd (40 %) und 50 ccm 1 %iger Essigsäure. — 100 ccm der auf Eiweiß zu prüfenden Flüssigkeit werden, wenn alkalisch, mit Essigsäure neutralisiert, mit 5 ccm Reagens versetzt und im siedenden Wasserbade 30 Minuten lang erhitzt. Der entstandene Niederschlag von geronnenem Eiweiß wird auf einem Filter gesammelt, getrocknet und gewogen.

Pharm. Ztg. 1908. 762.
Merck's Ber. 1908. 225.

**Jolles'** Reaktion I auf Gallenfarbstoffe.

50 ccm Harn versetzt man mit einigen Tropfen 10 %iger Salzsäure, überschüssigem Chlorbaryum und 5 ccm Chloroform. Man schüttelt die Mischung einige Minuten lang, läßt dann absitzen, bringt mit Hilfe einer Pipette Chloroform und Niederschlag in ein Reagenzglas und verdampft das Chloroform bei 80° C. Hat sich nach einigem Stehen bei gewöhnlicher Temperatur der Niederschlag zusammengeballt, so gießt man die überstehende Flüssigkeit ab und läßt an der Glaswand zirka 3 Tropfen einer Mischung, bestehend aus 1 Teil rauchender und 3 Teilen konzentr. Salpetersäure, herabfließen. Bei Anwesenheit von Gallenfarbstoffen bilden sich die charakteristischen grünen und blauen Farbenringe.

Ztschr. d. öst. Apoth. Ver. 1894. 89.
Ztschr. f. physiol. Chem. **18**. 545; **20**. 460.
Ztschr. f. analyt. Chem. **33**. 503; **34**. 127 u. 490.
Triolet, Pharm. Zentrh. 1900. 764.
Hammarsten, Physiol. Chem. 1899. 507.
Wiener med. Woch. 1903. 491.
Pharm. Zentrh. 1903. 478.

**Jolles'** Reaktion II auf Gallenfarbstoffe im Harn.

10 ccm Harn werden nach Zusatz von 3 ccm Chloroform und 1 ccm Chlorbaryumlösung (10 %) zentrifugiert. Nach dem Abgießen der wässerigen Flüssigkeit mischt man den Rückstand mit 5 ccm Alkohol und gibt 2—3 Tropfen Jodtinktur zu. Bei Gegenwart von Gallenfarbstoffen tritt Grünfärbung auf.

Deutsche med. Woch. 1903. Ver.-Beilg. 355.
Ztschr. f. analyt. Chem. 1903. 713.

**Jolles'** Reaktion auf Gallensäuren.

50 ccm Harn mischt man mit 15 ccm einer 3%igen, wässerigen Caseinnatriumlösung und gibt tropfenweise so viel 10%ige Schwefelsäure (0,6—0,8 ccm) zu, daß alles Casein gerade ausgefällt wird. Der Niederschlag wird auf einem Filter gesammelt, in ein Becherglas gebracht und etwa eine Stunde lang mit 10 ccm absolutem Alkohol digeriert. Man filtriert, gibt zu 5 ccm des Filtrats 1 Tropfen einer 5 %igen Rhamnoselösung und 5 ccm konzentr. Salzsäure und erhitzt zum Sieden. Nach 1—2 Minuten langem Kochen läßt man erkalten und gibt 2 ccm Äther zu. Bei Gegenwart von Gallensäuren ist eine schöne grüne Fluoreszenz zu beobachten.

Berl. Ber. **41**. 2766.
Ztschr. f. physiol. Chem. 1908. **57**. 30.
Pharm. Ztg. 1908. 762.
Répert. de Pharm. 1908. 541.
Österr. Chem. Ztg. **11**. 317.
Wittels, Chem. Ztg. 1909. 1133.
Neuberg, Biochem. Ztschr. **14**. 349.
Fritsch, Ztschr. f. analyt. Chem. **49**. 94.

**Jolles'** Reaktion auf Indikan im Harn.

10 ccm Harn werden mit 2 ccm einer 20 %igen Bleizuckerlösung versetzt, umgeschüttelt und klar filtriert. Zum Filtrate setzt man 0,5 ccm einer 10%igen alkoholischen Thymollösung, 10 ccm eisenchloridhaltiger Salzsäure (Obermayer's Reagens) und 4 ccm Chloroform zu und schüttelt gut durch, worauf bei Anwesenheit selbst der geringsten Spuren von Indikan das Chloroform eine schöne violette Färbung zeigt. Beim Schütteln des Chloroforms mit Wasser schlägt die Farbe in Braungelb bis Rotbraun um, um auf Zusatz von Salzsäure wieder zu erscheinen.

Ztschr. f. physiol. Chem. 1913. **87**. 312.
Merck's Bericht 1913. 507.
Pharm. Ztg. 1913. 774.

10 ccm Harn versetzt man mit 1 ccm alkoholischer Thymollösung (5 %) und gibt dann 10 ccm rauchende Salzsäure (im Liter 5 g Eisenchlorid enthaltend) zu. Nach zirka 15 Minuten schüttelt man die Mischung gelinde mit 4 ccm Chloroform, welche den etwa gebildeten Indigo unter Violettfärbung aufnimmt. Empfindlichkeitsgrenze = 0,032 g Indikan in 100 ccm Harn.

Monatshefte f. Chemie **36**. 83.
Ztschr. f. physiol. Chem. **94**. 83.
Haas, Münchener med. Woch. 1915. 1043.

**Jolles'** Vergleichsflüssigkeit zur Indikanbestimmung im Harn.

(4-Cymol-2-indolindolignon) wird in folgender Weise hergestellt: Man kocht 30 g Indoxylsäure mehrere Male mit Wasser aus, filtriert heiß, und versetzt das gesammelte Filtrat so lange mit Eisessig, bis sich das ausgeschiedene

Indoxyl wieder gelöst hat. Man gibt dann eine Lösung von 25 g Thymol in Eisessig zu und trägt das Gemisch unter Umrühren in Eisenchloridsalzsäure (110 g Eisenchlorid enthaltend) ein. Das Ganze wird in gesättigte Sodalösung gegossen, die abgeschiedene Masse abgesaugt, mit Wasser ausgewaschen, getrocknet und schließlich zur Entfernung des überschüssigen Thymols mit Petroläther und dann mit Äther extrahiert. Der hierbei (nach dem Verdunsten des Äthers) gewonnene Farbstoff wird zweimal aus Nitrobenzol umkristallisiert. 0,01 des auf diese Art gewonnenen 4-Cymol-2-indolindolignons löst man in 100 ccm Chloroform. Die Lösung wird als kolorimetrisches Vergleichsmittel verwendet und entsprechend verdünnt. 0,01 g Cymolindolindolignon entsprechen 0,009 g Indikan.
Monatshefte f. Chemie **36**. 83.
Zeitschrift f. physiol. Chem. 1915. **85**.

**Jolles' Reaktion auf Glukuronsäure im Harn** ist eine Modifikation von Tollens' Reaktion mit Naphthoresorcin.
Ztschr. f. angew. Chem. 1912. 2015.
Chem. Ztg. 1912. 1108.
Pharm. Zentrh. 1912. 1090.
Ztschr. f. physiol. Chem. 1912. **81**. 203.
Schewket, Biochem. Ztschr. 1913. **55**. 4.

**Jolles' Reaktion auf Histon im Harn.**

50—100 ccm Harn werden mit Essigsäure schwach angesäuert und so lange Chlorbaryumlösung zugegeben, bis kein Niederschlag mehr entsteht. Der Niederschlag wird auf einem Filter gesammelt und dann in 10 ccm einer 1 %igen Salzsäure gelöst. Nach dem Neutralisieren mit festem Natriumkarbonat und Zugabe von etwas überschüssigem Natriumkarbonat filtriert man und versetzt das Filtrat mit Salzsäure und dann mit Ammoniak. Bei Anwesenheit von Histon entsteht eine Trübung.
Ztschr. f. physiol. Chem. **25**. 236.
Chem. Zentralbl. 1898. II. 497.

**Jolles' Reaktion auf Jod im Harn.**

10 ccm Harn mischt man mit 10 ccm konzentr. Salzsäure und schichtet vorsichtig einige Tropfen einer schwachen Chlorlösung (Chlorkalklösung) darüber. Bei Anwesenheit von Jod entsteht an der Berührungsstelle ein braungelber Ring, der durch Stärkelösung intensiv blau gefärbt wird. Empfindlichkeitsgrenze = $^1/_{382}$ %.
Ztschr. f. analyt. Chem. **30**. 289 u. **33**. 543.
Vergl. Sandlund's Reaktion.

10 ccm Harn versetzt man mit 10 ccm konzentr. Salzsäure und 2 ccm 10 %iger Kupfersulfatlösung und schüttelt mit 2 ccm Chloroform. Bei Anwesenheit von Jod färbt sich das Chloroform violett. Die durch Jod bedingte Färbung wird durch Schütteln des gefärbten Chloroforms mit 2 ccm Natronlauge aufgehoben. Empfindlichkeitsgrenze = 0,006 % KJ.
Berl. klin. Woch. 1913. 1903.

**Jolles' Reaktion auf Lävulose.**

1 ccm des entsprechend verdünnten Harns versetzt man mit 10 Tropfen einer 20 %igen, alkoholischen Diphenylaminlösung und 1 ccm konz. Salzsäure und erhält das Gemisch 1 Minute lang im Sieden. Lävulose bewirkt Blaufärbung. Empfindlichkeitsgrenze = 0,05 %.
Apoth. Ztg. 1909. 719.
Merck's Bericht 1909. 200.
Radlberger, Chem. Zentralbl. 1915. II. 493.

**Jolles' Reaktion auf Nitrite im Harn.**

Siehe: Schaeffer's Reaktion.

**Jolles' Reaktion auf Pentosen.**

1. Das betreffende Osazon wird schon in der Kälte durch Vanillinsalzsäure intensiv rot gefärbt, während Lävulose- und Glukoseosazon nicht reagieren.
2. Das Osazon wird mit 20 ccm Wasser und 5 ccm konzentr. Salzsäure destilliert und die zuerst übergehenden 5 ccm in 5 ccm kaltem Wasser aufgefangen. 1 ccm letzterer Mischung gibt bei Anwesenheit von Pentosen beim Erhitzen mit 4 ccm Bial's Reagens eine intensive Grünfärbung.

Ber. d. Naturforsch.-Versamml. Meran 1905.
Ztschr. f. analyt. Chem. 1906. 399.
Zentralbl. f. innere Mediz. **26**. 1049.
Chem. Ztg. 1907. Rep. 6.

Neuerdings hat Jolles die Methode etwas modifiziert, indem er das Destillat nicht mehr in Wasser, sondern für sich auffängt. Näheres siehe: Südd. Apoth. Ztg. 1907. 402. und Zentralbl. f. innere Mediz. 1907. Nr. 17. — Münchener med. Woch. 1910. 353.

Die neueste von Jolles gegebene Vorschrift lautet folgendermaßen: 100 ccm Harn (bis zu 5 % Glukose) versetzt man mit 4 g Phenylhydrazinchlorhydrat und 8 g Natriumacetat und erwärmt 1 Stunde lang im siedenden Wasserbade. Nach dem Abkühlen unter der Wasserleitung sammelt man den entstandenen Niederschlag auf einem Filter, bringt ihn mit 15 ccm Wasser in ein Becherglas, erhitzt 5 Minuten lang im siedenden Wasserbad und filtriert rasch. Das Filtrat bringt man in einen Glaskolben von 400 ccm Rauminhalt, fügt 6 ccm Salzsäure (1,19) zu und destilliert 6 ccm in ein Reagenzglas ab. 3 ccm des Destillates werden mit 5 ccm Bial's Reagens kurze Zeit gekocht. Bei Gegenwart von nur 0,05 % Pentosen tritt eine deutliche Grünfärbung auf. Hat der Harn 5—10 % Glukose, so wird die doppelte Menge Acetat und Hydrazin verwendet. Zentralbl. f. innere Med. 1912. 693. — Merck's Bericht 1912.

**Jolles' Reagens auf Pyramidon im Harn.**

Man mischt 1 ccm Jodtinktur mit 10 ccm Wasser. — Überschichtet man den Harn mit diesem Reagens, so bildet sich bei Anwesenheit von Pyramidon nach einiger Zeit ein braunroter Ring.
Wiener med. Blätter 1898. 173.
Pharm. Zentrh. 1898. 226.
Chem. Zentralbl. 1898. II. 643.

**Jolles'** Reaktion auf Quecksilber im Harn.

100—300 ccm Harn werden mit etwa 2 g grobkörnigem Goldpulver und mit so viel konzentr. Salzsäure versetzt, daß aus Zinn frisch bereitete, gesättigte Zinnchlorürlösung keine Ausscheidung mehr damit gibt. Man gibt dann 30—50 ccm auf 70 bis 80° C. erwärmte Zinnchlorürlösung zu, digeriert 5 Minuten lang unter Umrühren und läßt dann absetzen. Das Goldpulver wird mit Wasser gewaschen und dann mit 3—4 Tropfen warmer, konzentr. Salpetersäure das daran haftende Quecksilber gelöst. Die so erhaltene Lösung gibt mit Zinnchlorür noch bei 0,0002 g Quecksilber in der angewendeten Harnmenge eine deutliche Trübung.

Wiener med. Presse 1895. 1618.
Merck's Bericht 1896. 32.
Chem. Zentralbl. 1900. II. 288.
Schuhmacher u. Jung, Ztschr. f. analyt. Chem. 38. 393.
Jolles, ebenda 39. 231 (Modifikation obiger Methode) und Pharm. Zentrh. 1900. 277.
Oppenheim, Ztschr. f. analyt. Chem. 42. 431.

**Jolles'** Reaktion auf Saccharose neben anderen Zuckerarten

beruht auf der Erfahrung, daß alle Zuckerarten mit Ausnahme der Saccharose durch längeres Behandeln mit Natronlauge optisch inaktiv werden. Näheres siehe: Biochemische Ztschr. 1912, 43. 56. — Apoth. Ztg. 1910. 1022, 1912. 672.

**Joltrain-Bénard's** Reaktion auf Syphilis

ist eine Modifikation von Wassermann's Reaktion.

Annal. des malad. vénériennes 1910. 5. No. 8.
Monatsh. f. prakt. Dermat. 1911. 52. 23.

**Jona's** Reaktion auf Chloral neben Chloroform.

Die zu prüfende Substanz wird mit Zink und verdünnter Schwefelsäure behandelt. Nach dem Aufhören der Wasserstoffentwicklung wird in den Hals der Flasche ein Streifen Filtrierpapier gebracht, der mit frisch bereiteter Lösung von Nitroprussidnatrium und 5%iger Piperidinlösung getränkt wurde. Erwärmt man die Mischung, so wird das darüber hängende Papier bei Anwesenheit von Chloral durch den bei der Reduktion gebildeten Aldehyd blau gefärbt.

Giornale Farm. Chim. 1912. 61. 57.

**Jonescu's** Reaktion auf Benzoesäure

beruht auf der Überführung der Benzoesäure in Salicylsäure mittels Wasserstoffsuperoxyd und deren Nachweis mit Eisenchloridlösung (Violettfärbung).

Journ. de Pharm. et de Chim. 1909. I. 523 u. 1909. II. 16.
Schmatolla, Pharm. Ztg. 1912. 947 und 1915. 233.
Biernath, Chem. Zentralbl. 1912. I. 1928. — Veröff. d. Milit. Sanit. Wes. 1912, Heft 52, p. 59.
Fleury, Journ. de Pharm. et de Chim. 1913. 8. 460. — Chem. Zentralbl. 1914. I. 76.
Schenk-Burmeister, Pharm. Ztg. 1915. 213.

**de Jong's** Reagens auf Arsen.

Man schüttelt 25 g Zinnchlorür mit 100 ccm Äther und 20 ccm Salzsäure und gießt nach einigem Stehen die klare Lösung ab. Sie dient wie Bettendorf's Reagens zum Nachweis von Arsen. Die zu prüfende Flüssigkeit versetzt man mit Salzsäure, schüttelt mit dem Reagens und erwärmt auf 40° C. Bei Anwesenheit von Arsen tritt an der Berührungsstelle der beiden Flüssigkeiten ein bräunlichroter Ring auf. Empfindlichkeitsgrenze = 0,02 mg Arsentrioxyd.

Chem. Ztg. 1902. Rep. 342.
Ztschr. f. analyt. Chem. 41. 596.
Chem. Zentralbl. 1902. II. 1525.
Pharm. Zentrh. 1903. 461.
Südd. Apoth. Ztg. 1903. 530.

**de Jong's** Reagens auf Salpetersäure.

Man löst 20—160 mg (nicht mehr!) Diphenylamin in 190 ccm verdünnter Schwefelsäure (1 + 3) und füllt mit konzentr. Schwefelsäure auf 500 ccm auf. — 100 ccm der zu prüfenden Flüssigkeit werden mit 2 ccm gesättigter Chlornatriumlösung versetzt und 1 ccm dieser Mischung mit 4 ccm Reagens gemischt. Blaufärbung zeigt Salpetersäure an.

Pharm. Weekblad 1913. Nr. 37.
Apoth. Ztg. 1913. 777.

**Jordan's** Reagens für mikroskop. Zwecke

ist eine Mischung von 1 Teil Cedernholzöl mit 4 Teilen 3%iger Celloidinlösung. Gebraucht als Einbettungsmittel.

Ztschr. f. wiss. Mikroskop. 1900. 193.
Bolles Lee, ebenda 1885. 536; 1886. 220. 486.

**Jores'** Reagens zur Konservierung anatomischer Präparate.

1. Eine Lösung von 5 Teilen künstl. Karlsbader Salz, 5 Teilen Formaldehyd und 5 Teilen konzentr. wässeriger Chloralhydratlösung in 100 Teilen Wasser.
2. Eine Lösung von 30 g Kaliumacetat in 60 g Glycerin und 100 g Wasser.

Münchener med. Woch. 1913. 976.

**Jörgensen's** Reagens auf Chinin

ist eine Lösung von 1,96 g Jod, 10 g Jodwasserstoff (10 %) und 10 g verdünnter Schwefelsäure (10 % $SO_3$) in Weingeist, zu 250 ccm aufgefüllt. Gebraucht zur Herapathitreaktion.

Apoth. Ztg. 1907. 177.
Arch. f. Pharm. og Chem. 1907. 17.
Pharm. Zentrh. 1907. 582.

**Jorissen's** Reagens auf Alkaloide und Glykoside.

1 g geschmolzenes Chlorzink löst man in 30 ccm konzentr. Salzsäure und 30 ccm Wasser. Dampft man das Untersuchungsobjekt mit diesem Reagens auf dem Dampfbade zur Trockene ein, so erhält man verschiedene Farbenreaktionen, die meistens vom Rande aus beginnen.

So färbt sich: Strychnin = rosa; Thebaïn, Berberin = gelb; Narceïn = olivengrün; Delphinin = braunrot; Veratrin = rot; Chinin = blaßgrün; Digitalin = braun; Salicin = violettrot; Santonin = violettblau; Cubebin = carminrot; Brucin, Codeïn, Morphin, Narcotin, Coffeïn, Anemonin, Chelidonin, Aconitin, Pikrotoxin und Cantharidin geben keine charakteristische Reaktion.

Bull. de l'Acad. royale de Belgique (2) **48.** IX. u. X.
Journ. Pharm. d'Anvers 1880. 6.
Ztschr. f. analyt. Chem. **19.** 358.
Ztschr. f. wiss. Mikroskop. 1894. 408.
Arch. der Pharm. (3) **16.** 386.
Chem. Zentralbl. 1880. 376.

**Jorissen's** Reagens auf Äthylperoxyd und Wasserstoffsuperoxyd im Äther

ist eine Lösung von 0,4 g Vanadinsäure in 4 ccm konzentr. Schwefelsäure, die mit Wasser auf 100 ccm verdünnt wird. Das Reagens ist von grünlichblauer Farbe. — Schüttelt man 10 ccm Äther mit 2 ccm Reagens, so färbt sich letzteres bei Gegenwart von Peroxyd rosarot bis blutrot. Empfindlichkeitsgrenze = 0,001 % $H_2O_2$.

Journ. de Pharm. d'Anvers 1903. Nr. 4.
Pharm. Ztg. 1903. 363.
Chem. Ztg. 1903. Rep. 128.
Apoth. Ztg. 1903. 659.
Ztschr. f. analyt. Chem. 1904. 317.
Chem. Zentralbl. 1903. I. 1278.
Wobbe, Apoth. Ztg. 1903. 489.

**Jorissen's** Reaktion auf Apiol.

Versetzt man eine verdünnte, alkoholische Apiollösung mit Chlorwasser bis zur Trübung und gibt dann Ammoniak zu, so entsteht eine schön rote Färbung, die bald wieder verschwindet.

Journ. de Pharm. Liège 1900. 7. Okt.
Pharm. Zentrh. 1900. 785.
Ztschr. f. analyt. Chem. **41.** 72.
Chem. Zentralbl. 1901. I. 135.

**Jorissen's** Reaktion auf Dulcin.

Man löst 1—2 g frisch gefälltes Quecksilberoxyd in verdünnter Salpetersäure und gibt so lange Natronlauge zu, bis eben ein Niederschlag entsteht. Die Lösung bringt man mit Wasser auf 15 ccm. Wenig Dulcin, in 5 ccm Wasser suspendiert und mit 2—4 Tropfen Reagens 5—10 Minuten lang im siedenden Wasserbade erwärmt, erzeugt eine veilchenblaue Färbung, die auf Zusatz von Bleisuperoxyd in Violett übergeht.

Journ. de Pharm. Liège 1896. Febr.
Ztschr. f. analyt. Chem. **35.** 628.
Chem. Zentralbl. 1896. I. 1084.
Dennhardt, Ber. d. pharm. Ges. 1896. 287.

**Jorissen's** Reaktion auf Fuselöl im Alkohol.

Man mischt 10 ccm Alkohol mit 10 Tropfen farblosen Anilins und 2—3 Tropfen Salzsäure. Bei Anwesenheit von Fuselöl entsteht eine rote Färbung. Empfindlichkeitsgrenze = 1 : 1000.

Pharm. Zentrh. 1881. 3; 1882. 131.
Ztschr. f. analyt. Chem. **20.** 584.
Berl. Ber. **13.** 2439.
Förster, Berl. Ber. **15.** 230 oder Ztschr. f. analyt. Chem. **22.** 258.
Neumann-Wender, Chem. Ztg. 1891. Rep. 27.
Komarowsky, Chem. Ztg. 1903. 807.
Carletti, Bollet. Chim. Farm. **45.** 449.

**Jorissen's** Reaktion auf Hydrastinin.

Eine salzsaure Lösung von Hydrastinin wird durch Neßler's Reagens gefällt und geschwärzt. Näheres siehe: Pharm. Zentrh. 1903. 261. — Südd. Apoth. Ztg. 1903. 492. — Pharm. Ztg. 1903. 455. — Pharm. Praxis 1903. 289.

**Jorissen's** Reaktion auf freie Mineralsäuren in organischen Säuren.

Man löst etwas der zu prüfenden Säure in einer Mischung von 1 Teil ätherischem Gurjunbalsam und 25 Teilen Eisessig. Enthält das Prüfungsobjekt nur 5 Tausendstel Schwefelsäure oder andere Mineralsäuren, so entsteht eine Rosafärbung, die später in Violett übergeht.

Ztschr. f. analyt. Chem. **21.** 466.

**Jorissen's** Reaktion auf Morphin.

Erwärmt man etwas Morphin mit konzentr. Schwefelsäure und dann mit einem Kryställchen Ferrosulfat und überschichtet mit Ammoniakflüssigkeit, so entsteht eine rote bis violette Zone und die Ammoniakflüssigkeit färbt sich blau. Empfindlichkeitsgrenze = 0,6 mg.

Ztschr. f. analyt. Chem. **20.** 122.
Répert. de Pharm. 1880. 135.
Arch. der Pharm. (3) **17.** 125.
Chem. Zentralbl. 1880. 712.

**Jorissen's** Reaktion auf α-Naphthol.

Wenig Naphthol versetzt man mit 2 ccm Jodjodkaliumlösung und überschüssiger Natronlauge. α-Naphthol gibt eine violette Färbung. β-Naphthol gibt eine ungefärbte Lösung. α-Naphthol läßt sich so in β-Naphthol nachweisen.

Annal. Chim. analyt. appl. **7.** 217.
Chem. Ztg. **26.** Rep. 215.
Apoth. Ztg. 1902. 594.
Pharm. Ztg. 1902. 709.

**Jorissen's** Reaktion auf β-Naphthol in Benzonaphthol.

Schüttelt man 0,2 g Benzonaphthol mit 2 ccm Eisessig und gibt 1—2 Tropfen Salpetersäure (D. = 1,4) zu, so entsteht bei Gegenwart von Naphthol eine intensive Gelbfärbung. Empfindlichkeitsgrenze = 1 % β-Naphthol. Benzonaphthol gibt keine Farbenerscheinung.

Annal. Chim. analyt. appl. 1904. 96.
Chem. Zentralbl. 1904. I. 1108.
Journ. de Pharm. et de Chim. 1904. 172.
Pharm. Zentrh. 1905. 449.

**Jorissen's** Reaktion auf Spartein.

Schüttelt man eine ätherische Sparteinlösung 1 Minute lang mit trockenem Schwefel und leitet Schwefelwasserstoff ein, so bildet sich ein hochroter, voluminöser Niederschlag, der auf Zusatz von Wasser wieder verschwindet. Coniin gibt bei dieser Reaktion einen orangegelben und Atropin einen gelben Niederschlag.

Journ. de Pharm. et de Chim. 1911. II. 251.
Répert. de Pharm. 1911. 495.

**Jorissen's** Reagens auf salpetrige Säure.

Man löst 0,01 g Fuchsin in 100 ccm Eisessig. Dieses Reagens wird durch salpetrige Säure (Nitrite) violett, blau, grün und zuletzt gelb gefärbt.

Ztschr. f. analyt. Chem. **21.** 210.
Chem. Zentralbl. 1882. 409.
Vergl. Vogel, Journ. f. prakt. Chem. **94.** 457.

**Jorissen's** Reaktion auf Titan.

Die zu prüfende Substanz schmilzt man mit Kaliumbisulfat in einer Platinöse und zerstößt die so erhaltene Perle in einer Lösung von 0,1—0,2 g Salicylsäure in 20—30 Tropfen konzentr. Schwefelsäure. Bei Anwesenheit von Titan färbt sich die zerstoßene Masse und die Flüssigkeit rot. Die Reaktion ist bei Gegenwart von Vanadium, Molybdän und Wolfram nicht verwendbar.

Bull. acad. roy. Belg. 1903. 902.
Chem. Zentralbl. 1904. I. 55.

**Jorissen's** Reaktion auf Veronal.

In 3 g geschmolzenes Kaliumhydroxyd trägt man 0,3 g Veronal ein, erhitzt noch 2 Minuten weiter und löst dann nach dem Erkalten in 10 ccm Wasser. 5 ccm hiervon versetzt man mit einigen Tropfen Ferrosulfatlösung und übersättigt nach 5 Minuten mit Salzsäure. Die Mischung färbt sich allmählich grünblau und scheidet Berlinerblau ab. — Die übrigen 5 ccm der gelösten Schmelze übersättigt man mit verd. Schwefelsäure und schüttelt mit Äther aus. Nach dem Verdunsten hinterbleiben ölige, nach ranziger Butter riechende Tröpfchen, die man in 1 ccm warmem Wasser löst und 1 Tropfen stark verdünnte Eisenchloridlösung zufügt. Hierbei trübt sich die Mischung und nimmt die Farbe hefigen Weines an. — Erhitzt man eine Mischung von 0,1 g Veronal und 0,5 g Calciumoxyd am Platindraht in der Bunsenflamme, so färbt sich die Masse zinnoberrot.

Annal. chim. analyt. appl. **16.** 370.
Journ. de Pharm. et de Chim. 1911. I. 478.
Répert. de Pharm. 1912. 58.
Zentralbl. d. ges. Arzneimittelkunde 1912. 53.
Ztschr. f. angew. Chem. **25.** 972.
Ztschr f. analyt. Chem. **52.** 327.

**Jorissen's** Reagens auf Zimtsäure in Benzoësäure

ist eine Lösung von Uranacetat oder Urannitrat in Wasser (1 : 20). Man schüttelt etwas Benzoësäure mit einigen ccm Reagens in einem verschlossenen Fläschchen und stellt dasselbe ins direkte Sonnenlicht. Bei Anwesenheit von Zimtsäure macht sich nach einiger Zeit der Geruch nach Benzaldehyd bemerkbar.

Ztschr. d. öst. Apoth. Ver. **55.** 667.
Pharm. Journ. 1901. 747.
Ztschr. f. analyt. Chem. **41.** 630.
Journ. de Pharm. de Liège 1900. 185.
Pharm. Zentrh. 1901. 7 u. 654.

**Jorissen-Grosjean's** Reaktion auf Solanidin.

Verdunstet man Solanidin mit Eisessig, befeuchtet den Rückstand mit Salzsäure und fügt Eisenchloridlösung zu, so entsteht beim Erwärmen eine violette Färbung.

Bull. Assoc. Belg. 1890. **19.** 245.
Monit. scientif. (4) **4.** 1042.

**Jorissen-Klett's** Reaktion auf Salicylsäure neben Citronensäure (oder Maltol).

Versetzt man 10 ccm der zu prüfenden Lösung mit 4 Tropfen Natriumnitritlösung (10 %), 4 Tropfen Essigsäure und 1 Tropfen Kupfersulfatlösung (10 %) und erhitzt die Mischung zum Sieden, so tritt bei Anwesenheit von Salicylsäure eine blutrote Färbung ein.

Klett, Ztschr. f. analyt. Chem. **42.** 458.
Pharm. Zentrh. 1900. 452.
Langkopf, ebenda 1900. 335. 411.
Conrady, ebenda 1900. 382.
Süß, ebenda 1900. 437.
Gerock, ebenda 1900. 453.

**Joseph's** Reagens für mikroskop. Zwecke.

1. Silberlösung ist eine Lösung von 1 g Silbernitrat in 100 ccm Wasser und 100 ccm 10 %iger Salpetersäure.
   Sitz.-Ber. d. k. pr. Acad. d. Wiss. Berlin 1888.
2. Goldlösung ist eine Lösung von 1 g Chlorgold in 100 ccm Wasser, die mit etwas Essigsäure angesäuert ist.

Arch. f. mikroskop. Anat. 1870. 246.
Enzyklop. d. mikroskop. Techn. 1903. 450. 665.

**Joseph's** Reagens zum Färben mikroskop. Präparate

ist eine Modifikation von Romanowski's Reagens. Näheres siehe: Wiener klin. Woch. 1908. 1460. — Lancet 1908. 875.

**Joulie's** Reagens zur Aciditätsbestimmung des Harns.

10 g gepulverten Ätzkalk und 20 g Zucker schüttelt man mit 1 Liter Wasser, läßt 24 Stunden stehen, filtriert und stellt auf $^{1}/_{10}$ Normal-Salzsäure ein. Als Endreaktion der Säurebestimmung im Harn dient das Auftreten einer bleibenden Trübung (Kalkphosphat).

Ztschr. f. analyt. Chem. **37.** 410.
Compt. rend. **125.** 1129.

**Joung's** Reaktion auf Methylalkohol im Äthylalkohol

beruht auf der Entfärbung von Kaliumpermanganatlösung, die bei Anwesenheit von Methylalkohol (Aldehyd) sofort eintritt.

Pharm. Journ. 7. 278.
Ztschr. f. analyt. Chem. 4. 486.

**Jörgensen**'s Reagens zur Prüfung der Blutbestandteile
ist eine Modifikation von Hayem's Reagens, bestehend in einem niedrigeren Gehalt von Quecksilberchlorid, und zwar 0,05 % statt. 0,25 %. Vergl. Hayem's Reagens.
Ztschr f. klin. Med. 80. No. 1 u. 2.
Zentralbl. f. innere Med. 1915. 81.

**Judd**'s Reaktion auf Formaldehyd.
10 ccm der zu prüfenden Lösung versetzt man mit 10 ccm 5 %iger Natronlauge, welche 1—2 Tropfen alkoholische Phloroglucinlösung enthält. Bei Anwesenheit von Formaldehyd tritt eine rosarote Färbung ein, die 12 Minuten lang anhält. Butylaldehyd gibt nur eine 4 Minuten, Acetaldehyd eine 6—8 Minuten anhaltende Rosafärbung. Nach dem Verschwinden der Rosafärbung tritt eine gelbbraune Farbe ein.
Americ. Journ. of Pharm. 1904. 389.
Ztschr. d. öst. Apoth. Ver. 1904. 1167.
Südd. Apoth. Ztg. 1905. 130.
Apoth. Ztg. 1904. 635.
Ztschr. f. analyt. Chem. 1905. 441.

**Juel**'s Reagens zum Fixieren mikroskop. Präparate
ist eine Lösung von 2 g Zinkchlorid und 2 ccm Eisessig in 100 ccm Alkohol (45—50 %).
Strasburger, Flora 1907. 123.
Ztschr. f. wiss. Mikroskop. 1907. 210.
Himmelbaur, Sitz. Ber. d. Akad. d. Wiss. Wien 1909. 68. I. 91.

**Juillet**'s Reagens auf Verfälschungen des Strychnospulvers mit Oliventrestern
ist eine Lösung von 0,5 g Dimethyl-p-phenylendiamin in 100 ccm Wasser. — 1 Messerspitze voll des zu prüfenden Brechnußpulvers schüttelt man mit 10 ccm Reagens und erwärmt 20 Minuten lang auf 30°. Während reines Brechnußpulver einen dunkelgrauen Bodensatz liefert, gibt mit Oliventrestern verfälschtes einen roten bis rotbraunen Bodensatz.
Répert. de Pharm. 1909. 148 u. 241.
Pharm. Ztg. 1909. 363.

**Julhiard**'s Reagens auf Glukose im Harn
ist Lackmustinktur. Kocht man Harn mit etwas Sodalösung und einigen Tropfen Lackmustinktur, so färbt sich die Mischung bei Gegenwart von Glukose schmutziggelb, bei Abwesenheit derselben bleibt die Mischung blau.
Répert. de Pharm. 1898. 201.
Annal. Chim. analyt. appl. 3. 154.
Chem. Zentralbl. 1898. II. 67.

**Julius**' Reaktion auf Benzidin.
Eine wässerige Lösung von Benzidin gibt mit Kaliumdichromatlösung sofort einen voluminösen, tiefblauen Niederschlag (Nadeln), der in allen gebräuchlichen Lösungsmitteln unlöslich ist. Empfindlichkeitsgrenze = 1 : 50 000.
Monatshefte f. Chem. 5. 193.
Ztschr. f. analyt. Chem. 23. 550.

**Jungmann**'s Reaktion auf Alkaloide
beruht auf einer blauen oder grünen Färbung des mit Phosphormolybdänsäure in Alkaloidlösungen erzeugten Niederschlages, wenn letzterer mit Ammoniak versetzt wird.
Enzyklop. d. gesamt. Pharm. 1888. V. 531.
Fichtenholz, Chem. Zentralbl. 1908. II. 1385.
Bourquelot, Journ. de Pharm. et de Chim. 1910. II. 97.

**Just**'s Reaktionen der technisch wichtigen Elemente
finden sich in einer gleichbenannten Broschüre, die in Hartlebens Chemisch-technischer Bibliothek (Band 278), Wien-Leipzig 1904, erschienen ist. Es handelt von zumeist bekannten qualitativen Reaktionen.

**Kadyi**'s Einbettungsmasse für mikrosk. Zwecke
ist eine Lösung von 25 g Stearinnatronseife in 100 ccm heißem Alkohol (96 %), der man nach dem Filtrieren 5—10 ccm Wasser zugibt.
Zoolog. Anzg. 1897. 477.
Döllken, Ztschr. f. wiss. Mikroskop. 1897. 33.
Salensky, Morphol. Jahrb. 1887. 558.
Enzyklop. d. mikroskop. Techn. 1903. 1081.
Behrens' Tabellen 1892. 76.

**Kafka**'s Hämolysinreaktion siehe Weil-Kafka's Reaktion.

**Kafka**'s Reaktion auf Molybdän und Wolfram.
Versetzt man Molybdän- oder Wolframlösungen mit 1 Tropfen Mercuronitratlösung und dann mit 1—1,5 ccm Salzsäure und so viel Kaliumjodid, daß der entstandene Niederschlag wieder in Lösung geht, so entsteht eine blaue Färbung. Empfindlichkeitsgrenze = 0,2 mg Natriumwolframat.
Ztschr. f. analyt. Chem. 1912. 482.
Pozzi-Escot, Chem. Zentralbl. 1913. II. 85.

**Kahl**'s Reagens auf Glukose
ist p-Brombenzhydrazid, das mit Glukose, Mannose, Galaktose und Arabinose schwerlösliche Hydrazide liefert, nicht aber mit Maltose, Laktose und Lävulose.
Ztschr. d. Ver. deutsch. Zuckerindustr. 1904. 1091.
Kendall-Sherman, Journ. Americ. Chem. Soc. 1908. 30. 1451.
Chem. Zentralbl. 1904. II. 1493 u. 1908. II. 1293.
Merck's Bericht 1908. 163.

**Kahn**'s Reaktion auf Eisen und Kupfer.
30 ccm der zu prüfenden Flüssigkeit erhitzt man mit 2 g Stearinsäure etwa 5 Minuten lang unter Umschütteln und läßt alsdann abkühlen, bis die Stearinsäure erstarrt ist. Letztere ist bei Anwesenheit von Kupfersalzen blaugrün, von Eisensalzen gelblich gefärbt. (Alkohol darf nicht vorhanden sein.)

Pharm. Ztg. 1906. 888.
Südd. Apoth. Ztg. 1906. 666.
Chem. Ztg. 1906. 1103.
Nouv. Remèd. 1907. 137.

**Kahn**'s Reaktion auf Methylalkohol in Äthylalkohol.

Eine Mischung von 1 ccm des zu prüfenden Alkohols mit 5—10 ccm Wasser erwärmt man in einem Reagenzglase und taucht in dieselbe mehrmals eine zum Glühen erhitzte oxydierte Kupferspirale. Alsdann gibt man 5 ccm Milch und einige Tropfen verdünnte Eisenchloridlösung zu und schichtet die Mischung in einem Reagenzglase über einige ccm konzentr. Schwefelsäure. Man läßt 3 Minuten lang stehen und beginnt dann langsam zu bewegen. War Methylalkohol vorhanden, so bildet sich an der Berührungsstelle der Flüssigkeiten ein violettblauer Ring.

Chem. Zentralbl. 1905. II. 711.
Pharm. Zentrh. 1905. 736.
Pharm. Ztg. 1905. 651.

**Kahn**'s Reaktionen auf Phenol, Kreosot, Kreosol und Guajakol

siehe: Deutsch-amerikan. Apoth. Ztg. 28. 67.
Ztschr. f. analyt. Chem. 1911. 463.

**Kahn**'s Reaktion auf Vanillin und Cumarin.

Die wässerige Vanillinlösung gibt mit Eisenchlorid eine blaue Färbung, die beim Kochen in Braun übergeht. Beim Erkalten scheidet sich ein weißer Niederschlag (Dihydrovanillin) ab. — Löst man 0,1 g Vanillin in 1 ccm Eisessig und fügt Schwefelsäure zu, so erhält man eine grünblaue Färbung. — Löst man 0,1 g Vanillin in 1 ccm Alkohol und gibt 1 ccm Schwefelsäure zu, so erhält man eine grüne Lösung, die beim Erwärmen tief weinrot bis violett wird. Cumarin gibt keine Farbenerscheinungen.

Americ. Druggist 1908. 5.
Nouv. remèdes 1910. 421.

**Kaiser**'s Reaktion auf Holzstoff.

Man erwärmt gleiche Teile furfurolfreien Amylalkohol und konzentr. Schwefelsäure auf 90° C. bis zur Gasentwicklung und läßt dann erkalten. In dieser Flüssigkeit färbt sich reines, schwedisches Filtrierpapier rot, geringere Qualitäten violett, Holzstoffpapier blau.

Chem. Ztg. 1902. 335.
Pharm. Zentrh. 1902. 336.
Nat. Drugg. 1903. 247.
Apoth. Ztg. 1903. 194.
Chem. Zentralbl. 1902. I. 1177.

**Kaiser**'s Reagens zum Färben mikroskop. Präparate

ist eine heiß bereitete, konzentr. Lösung von Bismarckbraun in 60 %igem Alkohol oder eine Lösung von 1 g Naphthylaminbraun in 100 ccm Alkohol und 200 ccm Wasser.

Ztschr. f. wiss. Mikroskop. 1889. 471; 1891. 363.
Enzyklop. d. mikroskop. Techn. 1903. 915.

**Kaiser**'s Reagens für mikroskop. Zwecke

ist ein Konservierungsmittel für Pflanzenpräparate, bestehend aus einer mit Carbolsäure und Glycerin versetzten Gelatinelösung. Zur Darstellung erweicht man 7 g Gelatine in 42 g Wasser, löst durch Erwärmen, gibt 38 ccm Glycerin und 1 g Phenol zu und filtriert heiß durch Glaswolle.

Merck's Index 1902. 267.
Botan. Zentralbl. 1880. 25.

B r a n d verwendet eine Lösung von 2 Teilen Gelatine in 3 Teilen Glycerin (durch Glaswolle filtriert). Zeit. Mikrosk. Berlin 1880. 69.

S t r a s b u r g e r, Kl. Botan. Prakt. 1893. 220.

B e h r e n s' Tabellen 1892. 64.
Enzyklop. d. mikroskop. Techn. 1903. 439.

**Kaiserling**'s Reagens zum Fixieren mikroskop. Präparate

ist eine Lösung von 3 g Kaliumnitrat und 6 g Kaliumacetat in 200 ccm Wasser und 40 ccm Formaldehyd (40 %).

Zum Konservieren empfiehlt der Autor eine Lösung von 10 g Kaliumacetat und 20 g Glycerin in 200 ccm Wasser.

Arch. Path. Anat. 1897. 396.

Kaiserling's Konservierungsmittel für anatomische Präparate ist obiges Reagens zum Fixieren.

Siehe: Pharm. Zentrh. 1902. 514.
Vergl. Wickersheimer's Reagens.
Virchow's Arch. 1893. 79.
Ztschr. f. wiss. Mikroskop. 1893. 472.

**Kalb**'s Reagens zur Spirochaetenfärbung

ist ein mit Eosin versetztes Triazidgemisch, enthält also die 4 Farbstoffe Methylgrün, Säurefuchsin, Orange G und Eosin. Nach Angabe des Autors besteht das Reagens aus 0,5 g Eosin B A, 50 g Alkohol (70 %) und 50 g Triazid. Näheres siehe: Münchener med. Woch. 1910. 1393.

**Kalbrunner**'s Reaktion auf Morphin

ist identisch mit Kieffer's Reaktion.

Ztschr. d. öst. Apoth. Ver. 11. 409.
Ztschr. f. analyt. Chem. 12. 444.

**Kämmerer**'s Reaktion auf Salpeter- und salpetrige Säure

ist eine Modifikation von Trommsdorff's Reaktion (siehe diese) unter Verwendung von Essigsäure statt Schwefelsäure.

Journ. f. prakt. Chem. (N. F.) 11. 63.
Chem. Zentralbl. 1875. 360.
Vergl. auch Fresenius' Reaktion.
Ztschr. f. analyt. Chem. 12. 377.

**Kapper**'s Reagens zum Färben mikroskop. Präparate.

Reife Holunderbeeren werden zerquetscht und nach der Vergärung filtriert und mit Calciumkarbonat neutralisiert. Als Konservierungsmittel verwendet man Phenol, als Beize Eisenchloridlösung. Zum Färben von Plasma. Näheres siehe: Ztschr. f. wiss. Mikroskop. 28. 417.

**Karfunkel's** Reaktion auf Jod im Blut
beruht auf dem sogenannten Pleochromismus der Jodhäminkrystalle. Näheres siehe: Deutsche med. Woch. 1902. 642. — Münchener med. Woch. 1902. 1545.

**Károly's** Reaktion auf Blut in Faeces
siehe: Csépai Károly's Reaktion.

**Karlslake's** Reaktion auf Chromsäure.
Die eventuell mit Natronlauge (nicht mit Ammoniak!) alkalisch gemachte Chromatlösung versetzt man zuerst mit Wasserstoffsuperoxyd und dann erst mit verd. Schwefelsäure. Es entsteht Blaufärbung, die mit Äther ausgeschüttelt werden kann.
Journ. Americ. Chem. Soc. **31.** 250.
Chem. Zentralbl. 1909. I. 1042.

**Karvonen's** Reaktion auf Syphilis
beruht auf der von Bordet und Streng näher untersuchten Konglutinationserscheinung. Näheres siehe: Zentralbl. f. Bakteriol. 1909. **49.** — Deutsche med. Woch. 1911. 2084. — Veress, Arch. f. Psychiatr. **51.** No. 1. — Berl. klin. Woch. 1913. 1915.

**Kassner's** Reaktion auf Wasserstoffsuperoxyd.
Wasserstoffsuperoxyd wird unter der Einwirkung von Ferricyankalium und Alkali in Wasser und Sauerstoff zerlegt. Auf diese Reaktion gründet sich eine einfache Darstellungsart des Sauerstoffes, indem man zu einer Mischung von Ferricyankalium und Wasserstoffsuperoxyd Kalilauge zufließen läßt oder eine Mischung von Baryumsuperoxyd und Ferricyankalium mit Wasser übergießt.
Chem. Ztg. **13.** 1302. 1338. 1407.
Ztschr. f. angew. Chem. 1890. 448; 1891. 170.
Ztschr. f. analyt. Chem. **30.** 690.
Lunge, ebenda **26.** 66.

**Kastle's** Reagens auf Brom und Jod
ist das Dichlorbenzolsulfonamid, welches Brom und Jod aus seinen Verbindungen frei macht. Man verwendet zugleich Schwefelkohlenstoff in bekannter Weise, um die Reaktion empfindlicher zu gestalten.
Ztschr. d. öst. Apoth. Ver. **50.** 420.
Ztschr. f. analyt. Chem. **36.** 696.
Americ. Journ. Chem. 1895. 704.

**Kastle's** Reagens auf Saccharin
ist eine Mischung von 5 ccm Phenol und 3 ccm konzentr. Schwefelsäure. Erhitzt man eine kleine Menge Saccharin mit sehr geringen Mengen dieses Reagenzes auf 160—170°, löst in wenig Wasser und macht mit Doppel-Norm.-Natronlauge alkalisch, so entsteht eine rosenrote bis purpurrote Färbung.
Chem. Zentralbl. 1906. I. 1575.

**Kastle's** Reagens auf freie Salzsäure im Magensaft
ist ein wässeriger mit schwefeliger Säure entfärbter Auszug aus den Blättern von Rotkohl. Salzsäure färbt das Reagens purpurrot.
Journ. of biolog. Chem. 1907. 11.
Répert. de Pharm. 1908. 269.

**Kastle's** Reagens zur Feststellung der Säureaffinität
ist ein wässeriger, mit $SO_2$ behandelter Auszug von roten Weinbeerschalen, der eine schwachrosa Färbung besitzt. Starke Säuren, wie Salzsäure, bewirken eine dunkelweinrote, schwache Säuren nur eine rosarote Färbung. Näheres siehe: Americ. Chem. Journ. 1905. (33.) 46. — Chem. Zentralbl. 1905. I. 560.

**Kastle's** Normalsäuren
werden mit den leicht rein und wasserfrei herstellbaren Säuren: p-Nitrotoluolsulfosäure, p-Amino-o-sulfobenzoesäure und dem Monokaliumsalz der o-Nitro-p-sulfobenzoesäure bereitet.
Americ. Chem. Journal 1910. **44.** 487.
Chem. Ztg. 1911. Rep. 61.
Pharm. Zentrh. 1912. 14.
Chem. Zentralbl. 1911. I. 588.

**Kastle's** Reaktion auf (Cumarin und) Vanillin.
Vanillin wird mit der oben genannten Phenolschwefelsäure schon in der Kälte gelb und dann rot, bei 160—170° zuerst blutrot und dann schwarz. Mit Wasser und Natronlauge entsteht dann eine tief dunkelrote Färbung. Cumarin gibt diese Farbenerscheinungen nicht.
Chem. Zentralbl. 1906. I. 1575.
Pharm. Ztg. 1906. 512.

**Kastle-Clark's** Reagens auf Säuren
ist $^1/_{100}$ Normal-Jodcyanlösung. 1 ccm der zu prüfenden Lösung versetzt man mit je 1 ccm $^1/_{100}$ Normal-Jodkaliumlösung und 0,1%iger Stärkelösung und gibt etwas Reagens zu. Bei Anwesenheit freier Säuren tritt Blaufärbung ein.
Americ. Chem. Journ. **30.** 87.
Chem. Zentralbl. 1903. II. 739.

**Kastle-Shedd's** Reaktion auf Oxydasen
ist eine Lösung von Phenolphthalin. Vergleiche Meyer's und Utz' Reagens auf Blut.
Journ. of biol. Chem. 1907. 12.
Bach u. Chodat, Biochem. Zentralbl. 1. 450.
Americ. Chem. Journ. 1911. 527.
Utz, Chem. Ztg. 1903. 1151.

**Kastner's** Reagens auf Eisenoxydulsalze
ist Cochenilletinktur, die mit Ferrosalzen violett gefärbt wird.
Arch. der Pharm. **31.** 35.
Chem. Zentralbl. 1842. 734.

**Katayama's** Reaktion auf Kohlenoxyd im Blute.
Das zu prüfende Blut verdünnt man mit dem 50fachen Volumen Wasser. 10 ccm dieser Lösung versetzt man mit 0,2 ccm gelbem Schwefelammon und 0,2—0,3 ccm 30%iger Essigsäure. Die Flüssigkeit muß schwach sauer reagieren. Kohlenoxyd enthaltendes Blut färbt sich dabei schön rosenrot, während normales Blut grüngrau oder rötlichgrüngrau gefärbt wird.
Virchow's Arch. f. path. Anat. **114.** 53.
Ztschr. f. analyt. Chem. **28.** 758.
Doepner, Chem. Zentralbl. 1909. I. 1729.

**Kathrein's** Reaktion auf Gallenfarbstoffe im Harn.

4—5 ccm frisch gelassenen Harn versetzt man tropfenweise mit 5—10 Tropfen Jodtinktur (1 : 10). Bei Anwesenheit von Gallenfarbstoffen tritt Grünfärbung ein, während normaler Harn sich rotbraun färbt.

Pharm. Post 1890. 845.
Chem. Zentralbl. 1891. I. 272.
Ztschr. f. analyt. Chem. 30. 527.

**Kato's** Reaktion auf Glykogen in Geweben.

Zum Nachweis von Glykogen in mikroskopischen Schnitten bringt man 1 Tropfen 20 %igen Alkohol auf den Objektträger neben den Schnitt, färbt den Tropfen mit einem Krystall Ferricyankalium gelb, legt einige Kryställchen Kaliumjodid hinein und läßt ihn über den Schnitt fließen. Man beobachtet mit dem Mikroskop die bekannte Reaktion des Glykogens mit Jod. (Vergl. Goldstein's Reaktion.)

Pflüger's Arch. Physiol. 1909. 27. 125.
Bleibtreu, ebenda 1909. 27. 118.

**Kato's** Reagenzien zum Färben mikroskop. Präparate.

1. Eine Lösung von 8—10 g Argentamin in 100 ccm Wasser mit einem Zusatz von 30 g 1 %iger Kaliumdichromatlösung.
2. Zu 150 ccm 5 %iger Argentaminlösung gibt man solange 3 %ige Silbernitratlösung, bis ein bleibender weißer Niederschlag entstanden ist. Dieser wird durch Argentamin gerade in Lösung gebracht. Zum Färben der Neurofibrillen.

Folia neurobiologica 2. 262.
Ztschr. f. wiss. Mikroskop. 26. 281.
Merck's Bericht 1909. 121.

**Kauder's** Reaktion auf Laudanosin.

Wirft man Laudanosin in reine konz. Schwefelsäure, so bleibt sie zunächst farblos, beim Zerdrücken des Alkaloides mit dem Glasstab stellt sich aber eine Rotfärbung ein, die beim Erwärmen in schwaches Grün und beim Verdampfen der Säure in Dunkelviolett mit schmutzig rötlichem Stich übergeht. Verdünnt man mit Wasser oder läßt man stehen, bis die Schwefelsäure Wasser angezogen hat, so findet ein Wechsel der Farbe nach Rotbraun statt.

Arch. d. Pharm. 1890. 423.
Merck's Bericht 1890. 35.

**Kauffmann-Vorländer's** Reaktion auf Cholin beruht auf dem Dimorphismus des Cholinchloroplatinats, das aus Wasser in stark doppeltbrechenden monoklinen Krystallen und aus Alkohol-Wasser in regulären Krystallen auskrystallisiert. Näheres siehe: Berl. Ber. 1910. 43. 2735.

**Kaufmann-Vonderwahl's** Indikatoren sind Kondensationsprodukte des Chinaldins, Mesomethylakridins, Lepidins und Pikolins mit Aldehyden, wie Formaldehyd, Benzaldehyd, Oxybenzaldehyd, Anisaldehyd, Vanillin und Piperonal bei Gegenwart von Piperidin. Die gelbe Farbe ihrer wässerigen Lösung schlägt auf Zusatz von Alkali in Rotviolett um.

Chem. Ztg. 1912. 718.
Ztschr. f. analyt. Chem. 1913. 769.

**Kauzmann's** Reaktion auf Morphin.

Läßt man eine Lösung von Morphin in konzentr. Schwefelsäure 24 Stunden bei gewöhnlicher Temperatur stehen, so erfolgt auf Zusatz einer Spur Salpetersäure Rotfärbung. Empfindlichkeitsgrenze = 0,00001 g Morphin.

Otto, Ausmittelg. d. Gifte 5. Aufl. 40.

**Kayser's** Reaktion auf Saccharin.

Die zu prüfende Flüssigkeit wird mit Schwefelsäure angesäuert und mit einer Mischung aus gleichen Teilen Äther und Petroläther ausgeschüttelt. Nach dem Verdunsten der ätherischen Lösung wird der Rückstand auf süßen Geschmack geprüft.

Revue internat. falsific. 1. 96.
Pharm. Ztg. 33. 168.
Allen, Ztschr. f. analyt. Chem. 28. 117.

**Kayser's** Reagens zum Fixieren (von Bakterienkapseln).

1. Auf 5 ccm 1 %ige Osmiumsäure gibt man 10 Tropfen Eisessig. Gebraucht zur Entwickelung von Osmiumsäuredämpfen, in welch letzteren die Fixierung vorgenommen wird.
2. Eine verdünnte Kaliumpermanganatlösung, etwa ein kleiner Krystall auf 50 ccm Wasser. Gebraucht zur Beseitigung der färbungstörenden Eigenschaft der Osmiumsäure.

Zentralbl. f. Bakt. u. Parasiten-K. 1906. 138.
Weidenreich, Münchener med. Woch. 1906. 384.

**Kayser-Conradi's** Reagens zum Typhusnachweis ist sterilisierte Rindergalle, die als Anreicherungsmittel für Typhuskulturen bei der Blutuntersuchung verwendet wird.

Merck's Bericht 1906. 275.
Deutsche med. Woch. 1906. 58.
Münchener med. Woch. 1906. 823, 1654, 1953; 1907. 1078.
Venema, Berl. klin. Woch. 1906. 999.
Meyerstein, Münchener med. Woch. 1906. 1864.
Gildemeister, Hyg. Rundsch. 1907. 397.
Zeidler, Deutsche med. Woch. 1907. 1507.
Schüffner, ebenda 1907. 1507.
Löffler, ebenda 1907. 1583.
Buchholz, Münchener med. Woch. 1907. 2399, Med. Klinik 1908. 1381.
Garcia Regalla, Med. contemporan. 1908. 29.

**Kazay's** Reaktion auf Ergotinin bzw. Cornutin.

Beim Überschichten von Mutterkornextrakt mit konzentr. Schwefelsäure entsteht ein rötlicher bezw. veilchenblauer Ring. Die Lösung zeigt ein charakteristisches Absorptionsspektrum. Näheres siehe: Ztschr. d. allg. österr. Apoth. Ver. 1910. 547.

**Keiser**'s Reagens zum Fixieren mikroskop. Präparate.
1. Eine Lösung von 10 g Quecksilberchlorid und 3 g Eisessig in 300 g Wasser oder
2. eine konzentr. wässerige Lösung von Quecksilbercyanid.
Bibliotheca zoologica 1891. 7. Heft.
Ztschr. f. wiss. Mikroskop. 1891. 363.
Wasiliewski, ebenda 1899. 332.

**Kelhofer**'s Reaktion auf Fruchtgerbstoff
beruht auf einer Violettfärbung, die bei der Behandlung von Obst- oder Traubenwein mit einem großen Überschuß von Salz- oder Schwefelsäure besonders in der Wärme auftritt. Näheres siehe: Schweizer Woch. f. Chem. u. Pharm. 1903. Nr. 39. — Pharm. Ztg. 1903. 835. — Chem. Zentralbl. 1903. II. 1090.

**Kellas-Wethered**'s Reaktion auf Glukose
ist eine Modifikation von Crismer's Reaktion.
2 ccm Safraninlösung (1:1000), 2 ccm Natronlauge und 2 ccm Harn werden zum Sieden erhitzt. Bei Gegenwart von Glukose färbt sich die Mischung gelb.
Münchener med. Woch. 1907. 39.
Apoth. Ztg. 1907. 13.
Maclean, Brit. Med. Journ. 1907. 1471.

**Keller**'s Reaktionen auf Cephaëlin.
Cephaëlin liefert mit konz. Schwefelsäure eine schwach gelbliche bzw. dunkelbraune, blau fluoreszierende Färbung; salpeterhaltige Schwefelsäure eine orangegelbe, konz. Salpetersäure eine orangegelbe, eisenchloridhaltige Schwefelsäure eine gelbgrüne, Molybdänschwefelsäure eine tiefrotviolette, in Braun, Olivgrün, Grün und Gelb übergehende Färbung. Formalinschwefelsäure gibt sofort eine gelbe Färbung.
Arch. der Pharm. 1911. **249.** 512.
Merck's Wissensch. Abhandlg. Nr. 17, 5.

**Keller**'s Reaktion auf Digitaliskörper.
Löst man etwas Digitoxin in Eisessig, gibt 1 Tropfen Eisenchloridlösung zu und schichtet diese Mischung über konzentr. Schwefelsäure, so entsteht eine dunkle Zone und im Eisessig ein blaues Band.
Vergl. Keller-Kiliani's Reaktion.
Ztschr. f. analyt. Chem. **36.** 72 u. **38.** 541.
Ber. d. deutsch. pharm. Ges. Berlin 1895. 275.
Chem. Ztg. **19.** Rep. 349.
Chem. Zentralbl. 1896. I. 132.
Merck's Ber. 1911. 52.

**Keller**'s Reaktion auf Digitonin.
0,01 g Digitonin erhitzt man im siedenden Wasserbade etwa 5 Minuten lang mit 5 ccm Salzsäure (D. = 1,19). Die Lösung färbt sich gelb, rot, granatrot und zuletzt bläulichrot. Verdünnt man nach dem Erkalten mit 20 ccm Wasser, so erhält man eine blaue Lösung mit roter Fluoreszenz.
Ber. d. deutsch. pharm. Ges. Berlin 1897. 470.
Chem. Zentralbl. 1897. I. 1211.

**Keller**'s Reaktion auf Ergotinin (Cornutin).
Eine kleine Menge gepulvertes Mutterkorn schüttelt man während 1/4 Stunde öfter mit Äther durch und filtriert. Schüttelt man das Filtrat mit einer Mischung von 5 ccm Salzsäure und 100 ccm Äther (nur wenige Tropfen!), so scheiden sich gelbe Flocken von Ergotinin aus. Löst man den Niederschlag in etwas Eisessig und schichtet diese Lösung über Eisenoxyd enthaltende, konzentr. Schwefelsäure, so entsteht ein azurblauer Ring.
Schweizer Woch. f. Chem. u. Pharm. 1895. 303.
Pharm. Ztg. **41.** 143.
Chem. Zentralbl. 1896. I. 765.

**Keller**'s Reaktionen auf Emetin.
Emetin liefert mit konzentr. Schwefelsäure keine Färbung; mit salpeterhaltiger Schwefelsäure eine gelbliche, mit konz. Salpetersäure eine orangegelbe, mit eisenchloridhaltiger Schwefelsäure eine gelbgrüne, mit Molybdänschwefelsäure eine grüne und mit Formalinschwefelsäure eine grüne, später gelbe Färbung.
Arch. der Pharm. **249,** 512.
Merck's Wissensch. Abhandlg. Nr. 17, 5.

**Keller-Kiliani**'s Reaktion auf Digitalisstoffe.
Löst man eine Spur Digitoxin in 3—4 ccm eisenoxydhaltigem Eisessig (1 ccm 5%iger Ferrisulfatlösung in 100 ccm Eisessig) und schichtet diese Mischung auf eisenoxydhaltige, konzentr. Schwefelsäure, so entsteht eine dunkle Zone und über derselben ein indigoblauer Streifen, der allmählich die ganze obere Schicht färbt, während die Schwefelsäure fast farblos bleibt. Dieselbe Reaktion gibt Digitoxose. Digitalinum verum und Digitaligenin färben bei dieser Probe nur die Schwefelsäure rotviolett. Digitonin und Digitogenin geben keine Reaktion. (Vergl. auch Keller's u. Kiliani's Reagens.)
Arch. der Pharm. **234.** 273.
Ztschr. f. analyt. Chem. **38.** **71.**
Beitter, ebenda **38.** 541 od. Arch. der Pharm. 1897. 137.

**Kelling**'s Reaktion auf Milchsäure im Magensaft.
Bringt man milchsäurehaltigen Magensaft in eine Mischung von 2—3 Tropfen Eisenchlorid und 50 ccm Wasser, so färbt sich die Mischung zeisiggelb.
Pharm. Zentrh. 1908. 834.

**Kemp**'s Reagens auf Alkaloide
ist Hager's Reagens (Pikrinsäure).
Liebig's Annal. **40.** 317.
Chem. Zentralbl. 1840. 493.

**Kendall**'s Reagens auf Glukose und reduzierende Zuckerarten.
a) Lösung mit einem Gehalt von 133,33 g krystall. Kupfersulfat im Liter Wasser; b) Lösung mit einem Gehalt von 600 g wasserfreiem Kaliumkarbonat im Liter Wasser. Dient zur quantitativen Bestimmung der Zuckerarten nach der Allihnschen Methode.
Journ. Americ. Chem. Soc. **34.** 317.
Ztschr. f. analyt. Chem. 1914. 134.

**Kendall-Sherman**'s Reaktion auf Glukose, Mannose, Galaktose und Arabinose neben einander ist Kahl's Reaktion mit Brombenzhydrazid. Vergl. Merck's Bericht 1908. 163. Journ. Americ. Chem. Soc. 1908. 1451.

**Kentmann**'s Reagens auf Formaldehyd

ist eine Lösung von 1 g Morphinhydrochlorid in 10 ccm konzentr. Schwefelsäure. Schichtet man über dieses Reagens eine Formaldehyd enthaltende Flüssigkeit, ohne zu mischen, so färbt sich die wässerige Flüssigkeit in einigen Minuten rotviolett. Empfindlichkeitsgrenze = 1 : 6000.

Chem. Ztg. 1896. Rep. 313.
Pharm. Gen.-Anz. 1896. 356.
Lyons, Ztschr. d. öst. Apoth. Ver. 1905. 944. oder Chem. and Drugg. 1905. 469.
Fendler, Ztschr. f. angew. Chem. 1905. 1607.

**Keppeler**'s Reaktion auf Chlorstickstoff.

Versetzt man eine Lösung von Chlorstickstoff in Benzol mit Phosphor, so tritt Entwickelung von Stickstoff auf. Empfindlichkeitsgrenze = 0,003 g Chlorstickstoff in 10 g Benzol.

Journ. f. Gasbeleucht. 1905. 684.

**Keppeler**'s Reagens auf Schwefel- und Phosphorverbindungen im Acetylen.

(Acetylen-Reinheitsprober.) Schwarzes mit Sublimat getränktes und getrocknetes Papier, das mit 10 %iger Salzsäure angefeuchtet und über die Ausströmungsöffnung des nicht entzündeten Acetylengasbrenners gehalten wird. Enthält das Gas Phosphor- oder Schwefelverbindungen, so erscheint nach kurzer Zeit ein weißer Beschlag, der auf dem schwarzen Papier leicht erkenntlich ist.

Schilling's Journ. f. Gasbeleuchtung etc. 1904. 460.
Merck's Bericht 1904. 2.

**Kerner**'s Bestimmung der Nebenalkaloide im Chininsulfat

wird nach der Modifikation des Deutschen Arzneibuchs folgendermaßen ausgeführt: 2 g bei 40 bis 50° C. völlig verwittertes Chininsulfat übergießt man in einem Reagenzglase mit 20 ccm Wasser und stellt das Ganze eine halbe Stunde lang in ein auf 60—65° C. erwärmtes Wasserbad. Alsdann kühlt man auf 15° C. ab und läßt bei dieser Temperatur 2 Stunden lang stehen. 5 ccm der abgepreßten und filtrierten Flüssigkeit werden bei 15° C. allmählich mit Ammoniakflüssigkeit (D. = 0,96 oder 10 %) von 15° C. versetzt, bis der entstandene Niederschlag sich wieder klar gelöst hat. Reines Chininsulfat soll bei diesem Verfahren nicht mehr als 4 ccm Ammoniakflüssigkeit verbrauchen. Ein größerer Verbrauch zeigt das Vorhandensein von Nebenalkaloiden an.

Arch. der Pharm. (3) 16. 186 u. 17. 438.
Ztschr. f. analyt. Chem. 1. 150; 27. 627.
Biginelli, Südd. Apoth. Ztg. 1903. 322. 493.
Bollet. Chim. Farm. 1903. 209 u. 1906. 253.
Altan, Apoth. Ztg. 1903. 439.

**Kerner**'s Reaktion auf Chinin im Harn.

Zur Entfernung von Chloralkalien (Harnsäure, Phosphor- und Schwefelsäure) fällt man den Harn mit Quecksilberoxydulnitrat und filtriert. Bei Anwesenheit von Chinin zeigt das Filtrat Fluoreszenz. Mit dem vom Autor konstruierten Fluoroskop soll sich Chinin noch im Verhältnis von 1 : 2 000 000 bis zu 1 : 8 000 000 nachweisen lassen.

Arch. f. Physiol. 2. 200.
Ztschr. f. analyt. Chem. 11. 134.

**Kerner**'s Reaktion auf Kreatinin.

Mit Salpetersäure angesäuerte Lösungen von Kreatinin werden durch Phosphormolybdänsäure gefällt (gelber, krystallinischer Niederschlag). Empfindlichkeitsgrenze = 1:2000.

Pflüger's Archiv 2. 220.

**Kerner**'s Reaktion auf Xanthin.

Gibt man zu einer Xanthinlösung wenig Salpetersäure und Phosphormolybdänsäure, so entsteht ein gelber Niederschlag. Empfindlichkeitsgrenze = 1 : 10 000.

Pflüger's Archiv 2. 222.

**Kerner-Weller**'s Reaktion auf Nebenalkaloide im Chininsulfat

siehe: Kerner's Reaktion.
Vergl. auch Ztschr. f. analyt. Chem. 27. 115.
Altan, Apoth. Ztg. 1903. 439; Pharm. Zentrh. 1903. 435.
Südd. Apoth. Ztg. 1903. 480.

**Kersting**'s Reagens auf Salpetersäure

ist eine Lösung von 1 Teil Brucin in 1000 Teilen Wasser. 1 ccm dieser Lösung wird mit 1 ccm der zu prüfenden Flüssigkeit (Brunnenwasser) gemischt und über 1 ccm konzentr. Schwefelsäure geschichtet. Salpetersäure bewirkt einen roten Ring.

Liebig's Annal. 1863. 125.
Chem. Zentralbl. 1863. 650.
Apoth. Ztg. 1907. 898.
Leuchs, Berl. Ber. 42. 3067.

**Kessel**'s Reaktion auf Apoatropin in Scopolamin.

Eine stark verdünnte Lösung von Scopolaminhydrochlorid wird durch Kaliumpermanganatlösung nicht verändert, enthält sie aber Spuren von Apoatropin, so tritt unter Reduktion Bildung von Braunstein auf. Vergl. Bekkurt's Reaktion auf Alkaloide.

Arch. internat. pharmacod. thérap. 16. 1.

**Keutmann**'s Reagens zum Konservieren zoologischer und pflanzlicher Präparate

ist eine Mischung von 60 g Formaldehyd, 120 g Glycerin, 30 g Alkohol und 1000 g Wasser. Der Zusatz von Glycerin ist nur dann nötig, wenn man die Präparate weich erhalten will.

Ztschr. f. angew. Mikroskop. 1903. 246.

**Kieffer's** Reagens auf Mineralsäuren (zur quantitativen Bestimmung der Schwefelsäure)

ist eine Lösung von Kupfersulfat in Wasser, der so viel Ammoniak zugesetzt wird, als zur Lösung des entstandenen Niederschlages nötig ist. Beschreibung der Methode siehe: Liebig's Annal. **93**. 386.
Chem. Zentralbl. 1855. 320.
Ztschr. f. analyt. Chem. **29**. 76.

**Kieffer's** Reagens auf Morphin.

Eine frisch bereitete Lösung von Ferricyankalium (1 : 100) mischt man mit Eisenchloridlösung (10 %ig). Dieses Reagens wird auf Zusatz von Morphin sofort durch Bildung von Berliner Blau gebläut.
Enzyklop. d. gesamt. Pharm. 1888. V. 669.
Kalbrunner, Ztschr. d. öst. Apoth. Ver. **11**. 409 oder Ztschr. f. analyt. Chem. **12**. 444.

**Kielmeyer's** Reagens auf Holzstoff.

Man nitriert Anthracen mit der 3 fachen Menge Salpetersäure (D. = 1,33) in der 40-fachen Menge Alkohol und reduziert die erhaltene Nitroverbindung mit Zinkstaub. Die so entstandene Amidoverbindung färbt Lignin in salzsaurer Lösung blutrot.
Dingler's Polytechn. Journ. **227**. 584.
Ztschr. f. analyt. Chem. 1878. 512.

**Kiliani's** Reagens auf Digitalisglykoside und deren Spaltungsprodukte.

1 ccm 5 % Ferrisulfatlösung mischt man mit 100 ccm konzentr. Schwefelsäure. Ein Körnchen der zu prüfenden Substanz verteilt man durch Schütteln oder Umrühren in 5 ccm des Reagenzes. Dabei färbt sich Digitalinum verum goldgelb und löst sich mit roter Farbe, die schnell in ein sehr beständiges Rotviolett übergeht, bei Verwendung größerer Substanzmengen aber rot bleibt. Digitaligenin verhält sich ebenso. Digitoxigenin färbt das Reagens eigenartig rot unter starker Fluoreszenzerscheinung. Digitoxin färbt sich mit dem Reagens dunkel und gibt eine klare, schmutzigbraunrote Lösung. Digitonin und Digitogenin geben keine Farbenreaktion.
Arch. der Pharm. **233**. 315, **234**. 273.
Ztschr. f. analyt. Chem. **36**. 71.
Vergl. Keller's Reaktion u. Keller-Kiliani's Reaktion.
Brissemoret, Pharm. Zentrh. 1900. 262.
Merck's Ber. 1911. 52.
Vergl. Arch. der Pharm. 1914. **251**. 583.

**Kiliani's** Reaktion auf Antiarin.

In eisenoxydhaltiger Schwefelsäure löst sich Antiarin mit gelber bis gelbroter Färbung.
Archiv d. Pharm. 1896. **234**. 438.
Merck's Bericht 1911. 83.

**Kiliani's** Reaktion auf Digitoxonsäure.

Eine Lösung von Digitoxonsäure in Alkohol versetzt man mit Phenylhydrazin und gibt Äther zu, worauf sich das Phenylhydrazid in Nadeln vom Schmelzp. 123° ausscheidet.
Berl. Ber. **38**. 4040.
Chem. Zentralbl. 1906. I. 338. u. 1908. I. 1263.

**Kimpfling's** Reaktion auf Formaldehyd in grünen Blättern.

Methyl-p-amido-m-kresol gibt mit Formaldehyd eine rote Färbung. Der Autor imprägniert deshalb das grüne Blatt mit einer Lösung von Methylamidokresol und Natriumbisulfit in geeigneter Weise und betrachtet die Schnitte mikroskopisch. Er beobachtete in den Parenchymzellen rote Streifen und Flecke. Näheres siehe: Compt. rend. 1907. I. **148**. — Chem. Zentralbl. 1907. I. 977.

**Kingzett-Hake's** Reaktion auf Benzol, Phenol, Kampfer, Salicylsäure, Morphin, Nelkenöl etc.
Chem. News **35**. 37.
Chem. Zentralbl. 1877. 249.
Berl. Ber. **10**. 298.
Nach den Autoren geben die genannten Stoffe die Pettenkofer'sche Gallensäurereaktion.
Wangerin, Pharm. Ztg. 1903. 667.

**Kinoshita's** Reaktionen auf Cholin

siehe: Arch. ges. Physiol. 1910. **132**. 607. — Chem. Zentralbl. 1910. II. 235.

**Kintschgen-Gintl's** Reagens auf Eiweiß

ist Millon's Reagens.

**Kinzel's** Reaktion auf Pyridinbasen im Salmiakgeist

beruht auf der Eigenschaft der Pyridinbasen, mit Quecksilberchlorid bei der Destillation in wässeriger Lösung leicht zersetzliche Verbindungen zu bilden, während Ammoniak beständigere Verbindungen eingeht. Näheres siehe: Pharm. Zentrh. 1890. 239. — Ztschr. f. analyt. Chem. **30**. 330. **42**. 465.

**Kippenberger's** Reagens auf Alkaloide (zur quantitativen Bestimmung)

ist eine $^{1}/_{20}$ Normal-Jodjodkaliumlösung.
Ztschr. f. analyt. Chem. **34**. 318; **35**. 10.

**Kippenberger's** Reagens zur Trennung von Alkaloidgemischen

ist Salzsäure-Gerbsäurelösung. Eine konzentr., wässerige Lösung von Tannin versetzt man so lange mit starker Salzsäure, bis eine bleibende Trübung entsteht, und gibt dann vorsichtig so lange Wasser zu, bis sich die Trübung wieder gelöst hat.
Nachw. v. Giftstoffen 1897. 58.

**Kippenberger's** Reaktion auf Colchicin.

Versetzt man eine wässerige Colchicinlösung mit Hydroxylaminchlorhydrat und Natronlauge in geringem Überschuß, so tritt besonders beim Erwärmen nach kurzer Zeit Orangefärbung ein.
Nachw. v. Giftstoffen 1897. 104.

**Kippenberger's** Reaktion auf Morphin

beruht auf einer Grünfärbung stark alkalischer Morphinlösung durch geringe Mengen Jodjodkaliumlösung. Näheres siehe dessen Nachw. v. Giftstoffen 1897. 127.

**Kirk's Reagens auf Eiweiß**
ist identisch mit Rosenbach's Reagens (Chromsäure).
Glasgow Medic. Journ. 1884. 320.

**Kirschnik's Indikator**
ist eine Lösung von 0,02 g Methylorange und 0,06 g Natriumindigosulfonat in 1 Liter Wasser. Er dient zur Bestimmung freier Salzsäure in Zinkchlorid. Grünfärbung zeigt die alkalische, Rosafärbung die sauere Reaktion an.
Chem. Ztg. 1907. 960.
Chem. Zentralbl. 1907. II. 1548.
Merck's Bericht 1907. 154.

**Kitasato-Salkowski's Reaktion auf Indol**
ist eine Modifikation von Baeyer's Reaktion (siehe diese). Indol wird an der Rotfärbung erkannt, die Kaliumnitrit und Schwefelsäure damit hervorbringen.
Siehe: Salkowski's Reaktion.
Ztschr. f. Hygiene 7. 516.

**Klar's Reaktion auf Alkohol**
ist Lieben's Reaktion.
Pharm. Ztg. 41. 629.
Chem. Zentralbl. 1896. II. 852.

**Klason's Reaktionen auf lignosulfosauren Kalk**
siehe: Chem. Zentralbl. 1908. II. 1302.

**Klausner's Reagens zur Spirochaetenfärbung.**
2 ccm gesättigte, wässerige Anilinlösung werden mit 1 ccm konzentr. alkoholischer Gentianaviolettlösung gemischt.
Berliner klin. Woch. 1911. 169; 1913. 310.

**Klausner's Reaktion auf Syphilis.**
Der Zusatz einer bestimmten Menge Wasser zu frischem syphilitischem Serum bewirkt innerhalb 12 Stunden einen flockigen Niederschlag, was bei nicht syphilitischem Serum nicht der Fall ist.
Wiener klin. Woch. 1908. 214, 363.
Kohn, ebenda 1909. 633.
Hayn, Monatsh. f. prakt. Dermatol. 51. 381.
Vergl. Fischer-Klausner's Reagens auf Syphilis.

**Kleb's Reagens für Bakterienpräparate**
ist eine Lösung von Gelatine in Glycerin. Es dient als Einschlußmittel für mikroskopische Präparate.
Merck's Index 1902. 267.
Auch eine konzentr. Lösung von Hausenblase in einer Mischung von 2 Teilen Wasser und 1 Teil Glycerin wurde vom Autor empfohlen.
Arch. f. mikroskop. Anat. 1869. 165.

**Kleb's Reagens auf Cellulose**
(zum mikroskop. Nachweis gebraucht) ist Congorot. Näheres siehe: Untersuchgn. d. botan. Inst. Tübingen 1888. — Heinricher, Ztschr. f. wiss. Mikroskop. 1888. 343.

**Kleemann's Reaktion auf Malonsäure.**
Erwärmt man etwas Malonsäure mit Essigsäureanhydrid, so tritt unter Kohlensäureentwicklung gelbe bis gelbrote Färbung und gelbgrüne Fluoreszenz ein. 1 mg Malonsäure gibt noch starke Fluoreszenz.
Berl. Ber. 19. 2030.
Ztschr. f. analyt. Chem. 27. 72.

**Klein's Reagens.**
Man übergießt 1 g Ferrosulfat mit 2 ccm Wasser und gibt 10—15 ccm Wasserstoffsuperoxyd (3 %) zu. Die Mischung erwärmt sich unter Sauerstoffentwicklung über 40 °. Ist die Temperatur auf 38° zurückgegangen, so mischt man ein gleiches Volumen Glycerin zu. Näheres siehe: Deutsch-Amerikan. Apoth. Ztg. 1912. 49. — Zentralbl. f. ges. Arzneimittelk. 1913. 487.

**Klein's Reagens auf Alkaloide und Glykoside**
ist eine Lösung von Natriumselenit in Schwefelsäure, die mit genannten Stoffen Farbenerscheinungen verursacht, so z. B. mit Chinin und Veratrin purpurrot, mit Cantharidin schwach purpurrot und beim Erwärmen schwarz, mit Morphin und Codein schwarz, mit Aconitin, Atropin, Brucin, Digitalin und Strychnin braun, mit Coffein und Spartein farblos. Vergl. Klein's Reagens auf Pepton.
Journ. Ind. Engin. Chem. 1910. 2. 389.
Chem. Ztg. 1910. 557.

**Klein's Reaktion auf Eisessig und Essigsäureanhydrid.**
Man kocht die zu prüfende Flüssigkeit mit einem Krystall Natriumselenit. Eisessig bleibt farblos, Essigsäureanhydrid färbt sich rot.
Journ. Ind. Engin. Chem. 1910. 2. 389.
Chem. Ztg. 1910. Rep. 557.
Chem. Zentralbl. 1910. II. 1781.
Ztschr. f. angew. Chem. 1910. 1507.

**Klein's Reaktion zur Unterscheidung von Kopal und Bernstein.**
Löst man die gepulverte Probe in 4 ccm Essigäther und erhitzt mit 0,5 g Cobaltnitrat, 2 ccm Essigsäureanhydrid und 2 ccm Chloroform, so bleibt Kopal gelöst, Bernstein granuliert.
Journ. Ind. Engin. Chem. 1910. 2. 389.
Chem. Ztg. 1910. Rep. 557.
Pharm. Zentrh. 1911. 257.
Chem. Zentralbl. 1910. II. 1784.

**Klein's Reaktion auf Mangan.**
Versetzt man die Manganlösung mit so viel Chlorammon, daß sie durch Ammoniak nicht mehr gefällt wird, und gibt Ammoniak oder Natronlauge und Wasserstoffsuperoxyd zu, so entsteht sofort eine Ausscheidung von Mangansuperoxyd. Empfindlichkeitsgrenze = 1 : 200 000.
Arch. der Pharm. 1889. 77.

**Klein's Reagens zur Unterscheidung von Methyl- und Äthylalkohol**
ist Selensäure mit einer Spur Silberchlorid. Versetzt man hochprozentigen Äthylalkohol

mit dem Reagens, so entsteht ein amorpher, weißer Niederschlag. Methylalkohol gibt unter denselben Bedingungen einen krystallinischen Niederschlag, über dem sich der Alkohol klar abscheidet.

Journ. Ind. Engin. Chem. **2.** 389.
Chem. Ztg. 1910. Rep. 557.
Chem. Zentralbl. 1910. II. 1781.
Ztschr. f. angew. Chem. 1910. 1507.

**Klein**'s Reagens zur Trennung von Mineralgemischen

ist Kadmiumborowolframatlösung vom spez. Gew. 3,28.

Compt. rend. **93.** 318.
Bull. Soc. Chim. Paris **35.** 492.
Chem. Zentralbl. 1881. 664.

**Klein**'s Reagens auf Pepton

ist Borwolframsäure, welche mit Peptonen einen gelblichen, im Überschuß des Reagenzes löslichen Niederschlag gibt. Das Reagens gibt auch mit Alkaloiden weiße (Chinin, Cinchonin) oder gelbe (Strychnin) Niederschläge.

Bull. Soc. Chim. Paris (1881. II.) **36.** 208.

**Klein**'s Reagens auf Quecksilber

ist Chlorammon und alkalische Jodkaliumlösung. (Umkehrung von Neßler's Reagens auf Ammon.) Empfindlichkeitsgrenze = 1 : 79 000.

Arch. der Pharm. **227.** 73.
Ztschr. f. analyt. Chem. **29.** 186.

**Klein**'s Reagens auf Salpetersäure.

0,5—0,1 g Tellur, gelöst in 4—5 ccm rauchender Schwefelsäure, verdünnt mit 2—3 ccm 95 %iger Schwefelsäure. Versetzt man 1 ccm dieser roten Lösung mit Nitrat oder Salpetersäure, so tritt Entfärbung derselben ein. Andere Säuren bewirken einen schwarzen Niederschlag von Tellur.

Journ. Ind. Engin. Chem. **2.** 389.
Chem. Zentralbl. 1910. II. 1778.
Ztschr. f. angew. Chem. 1910. 1507.

**Klein**'s Reaktion auf Selen.

10—15 ccm des zu prüfenden Harns versetzt man mit einigen ccm Zinnchlorürlösung und schüttelt mit dem gleichen Volumen Äther. Nach Abheben und Verdunsten des Äthers setzt sich vorhandenes Selen an der Glaswand als roter Beschlag an.

New-Yorker med. Monatsschr. 1912. No. 7.
Zentralbl. f. Gynäkol. 1912. 1565.

**Klein's Reaktion auf Benzin in Terpentinöl.**

2 ccm Terpentinöl versetzt man mit 4 ccm Kupfersulfatlösung (10 %). Bei Gegenwart von Benzin bleibt die Mischung klar und wird auf Zusatz von Kaliumjodid purpurrot und beim Schütteln allmählich gelblichbraun. Ist kein Benzin vorhanden, so ist die Mischung trüb und färbt sich mit Kaliumjodid purpurrot und dann grün.

Journ. Ind. Engin. Chem. 1910. **2.** 389.
Chem. Zentralbl. 1910. II. 1784.

**Klein**'s Chromsäurelösung für mikrosk. Zwecke

ist eine Lösung von 0,1 g Chromsäure in 65 ccm Wasser und 35 ccm Alkohol (90 %). Gebraucht zum Fixieren.

Quart. Journ. Microsc. Scienc. 1878. 315; 1879. 126.

**Klein**'s Reagens zur Gonokokkenfärbung

ist konzentr., wässerige Lösung von Methylenblau, in der noch etwas Eosin (0,5 : 100 ccm) gelöst wird.

F i n g e r, Blennorrhoe d. Sexualorg. 5. Aufl.
Enzyklop. d. mikroskop. Techn. 1903. 137. 499.

**Kleinenberg**'s Reagens zum Färben mikroskop. Präparate.

(Alaunhämatoxylin.) Eine gesättigte Lösung von Alaun und Calciumchlorid in 70 %igem Alkohol verdünnt man mit dem 6fachen Volumen desselben Alkohols und gibt tropfenweise alkoholische Hämatoxylinlösung zu, bis die Mischung blauviolett geworden ist. Gebraucht zu Kernfärbungen.

M a y e r, Mitteilg. d. zoolog. Stat. Neapel 1891. 174.
Quart. Journ. Microsc. Scienc. 1879. 208.
B e h r e n s' Tabellen 1892. 102.

**Kleinenberg's mikroskop. Einbettungsmittel**

ist eine Lösung von Kakaoöl und Wallrat in Rizinusöl (2 : 8 : 2).

Merck's Index 1902. 270.
B e h r e n s' Tabellen 1892. 77.
Enzyklop. d. mikroskop. Techn. 1903. 1081.

**Kleinenberg-Mayer's Fixierungsmittel**

(Pikrinschwefelsäure) ist eine gesättigte Lösung von Pikrinsäure in 2 %iger Schwefelsäure, der einige Tropfen Kreosot zugesetzt sind. Zum Gebrauch wird mit der 3fachen Menge Wasser verdünnt. (Mayer.)

Man mischt 3 ccm konzentr. Schwefelsäure mit 100 ccm gesättigter, wässeriger Pikrinsäurelösung und filtriert. Je 1 ccm Filtrat erhält einen Zusatz von 3 ccm Wasser. (Kleinenberg.)

Quart. Journ. Microsc. Scienc. 1879. 208.
Mitteilg. d. zoolog. Stat. Neapel 1881. 2.
W a s i e l e w s k i, Ztschr. f. wiss. Mikroskop. 1899. 329.
B e h r e n s' Tabellen 1892. 59.
E b e r t h - F r i e d l ä n d e r, Mikroskop. Techn. 1894. 50.

**Klein-Walker**'s Karzinomprobe.

4 ccm Harn versetzt man mit 10 Tropfen 1/10-Normal-Jodlösung, schüttelt um und gibt 4 ccm Salzsäure (1,19) zu. Als Vergleichsflüssigkeiten benützt man eine Mischung (A) von 10 Tropfen 1/10-Normal-Jodlösung mit 10 ccm Wasser und eine Mischung (B) von 3 Tropfen 1/10-Normal-Jodlösung mit 10 ccm Wasser. Hat die obige Reaktionsflüssigkeit die Färbung der Mischung A, so liegt kein maligner Tumor vor, hat sie die Färbung der Mischung B, so liegt Krebs vor. Näheres siehe: Dermatol. Woch. 1915. 671.

**Klemensiewicz'** Reagens zum Färben mikroskop. Präparate
ist ähnlich zusammengesetzt wie Ranvier's Reagens. Siehe dieses.
Sitz.-Ber. d. Akad. d. Wiss. Wien 1878. 35.

**Klett's** Reaktion auf Indikan im Harn.
Zu 10 ccm Harn setzt man 5 ccm 25 %iger Salzsäure nebst einem Krystall von Ammoniumpersulfat und gibt dann Chloroform zu. Letzteres zeigt durch Blaufärbung die Anwesenheit von Indikan im Harn an.
Merck's Bericht 1900. 54.
Chem. Ztg. 1900. 690.
Chem. Zentralbl. 1900. II 692.

**Kletzinsky's** Reaktion auf Chinin.
(Rufiochinreaktion.) Man mischt 1 Volumen gesättigter, wässeriger Ferricyankaliumlösung mit 5 Volumen gesättigten Chlorwassers und macht mit Ammoniak stark alkalisch. — Gibt man zu einer Chininlösung überschüssiges Chlorwasser und dann von obigem Reagens, so entsteht eine blutrote bis violette Färbung. Vergl. Vogel's Reaktion.
Buchner's Neues Repert. 2. 567.
Chem. Zentralbl. 1854. 239.

**Kletzinsky's** Reagens auf Glukose
ist identisch mit Löwe's Reagens (Glycerin und Kupferlösung).

**Kletzinsky's** Reaktion auf Nicotin.
Gibt man einen Tropfen Nicotin auf trokkene Chromsäure, so verglimmt derselbe und verbreitet einen Geruch nach Tabakskampfer.
Ztschr. f. analyt. Chem. 5. 409.

**Kliebahn's** Reaktion auf Pyrogallussäure
beruht auf der Überführung der letzteren in Rufigallussäure durch Schmelzen mit Ammonoxalat und dem Nachweis derselben mittels verschiedener Reagenzien. Näheres siehe: Ztschr. f. analyt. Chem. 26. 641. — Pharm. Post 1887. 2. — Deutsche Chem. Ztg. 2. 64.

**Klimon's** Reaktion auf Blut im Harn
ist eine Modifikation von Klunge's Aloinreaktion.
Russkij Wratsch 1906. 480.
Chem. Ztg. 1906. Rep. 397.
Apoth. Ztg. 1906. 997.

**Kling's** Reagens für analytische Zwecke
ist Traubensäure, die zur qualitativen Unterscheidung von Baryum-, Strontium- und Calciumsalzen sowie zur quantitativen Trennung von Calciumsalzen von Mg, $PO_4H_3$, Fe, Al und Citronensäure benützt werden kann. Näheres siehe: Bullet. Soc. Chim. de France (4) 9. 355. — Chem. Zentralbl. 1911. I. 1763.

**Kling-Florentin's** Reagenzien zur Bestimmung der Weinsäure.
a) Lösung von 50 g Citronensäure in Form von Diammoniumcitrat in 1000 ccm Wasser. — b) Lösung von 20 g l-Ammoniumtartrat in 1000 ccm Wasser mit einem Zusatz von 5 ccm Formaldehyd (zur Konservierung). — c) Lösung von 16 g Calciumkarbonat in 120 ccm Eisessig, mit Wasser auf 1000 ccm ergänzt. — d) Mischung von 40 g Salzsäure (1,19) mit Wasser zu 1000 ccm. — e) 5 g Calciumkarbonat, 20 g Eisessig und 100 g Natriumacetat im Liter. — f) Lösung von zirka 16 g Kaliumpermanganat in 1000 ccm Wasser, auf Weinsäurelösung von bekanntem Titer eingestellt.
Anwendung siehe: Bull. Soc. Chim. France 1912. II. 886.
Apoth. Ztg. 1912. 837.

**Klingmüller-Veiel's** Reagens zum Fixieren mikroskop. Präparate
ist eine 5 %ige, wässerige Lösung von Sublamin (Hydrargyrum sulfuricum aethylendiaminatum).
Zentralbl. f. allg. Pathol. u. pathol. Anat. 1903.
Therapeut. Monatsh. 1903. 662.
Merck's Bericht 1903. 103.

**Klobb's** Reaktion auf Faradiol (aus Tussilago Farfara).
Mit einer salpetrigsäurehaltigen Schwefelsäure gibt Faradiol im Laufe einer halben Stunde eine olivgrüne Färbung.
Ann. Chim. Phys. 1911. 22. 5.

**Klobbie-Visser's** Reaktion auf Perchlorat in Kaliumchlorat.
Läßt man etwas Kaliumchloratlösung nach Zusatz von Kaliumpermanganatlösung auf einem Objektträger verdunsten und betrachtet die Krystallisation unter dem Mikroskop, so findet man bei Anwesenheit von Perchlorat rosarot gefärbte Krystalle (des Kaliumperchlorats). Vergl. Breukeleveen's Reaktion.
Pharm. Weekbl. 1908. 45. 718.

**Klöcker's** Reaktion auf Alkohol in gärenden Flüssigkeiten.
In einem geeigneten Reagenzglase, das mit einem Steigrohr versehen ist, wird die Flüssigkeit vorsichtig erhitzt. Bei Gegenwart von Alkohol bemerkt man im Steigrohr charakteristische ölartige Tropfen.
Arch. Pharm. og Chem. 1912. 195.
Apoth. Ztg. 1912. 379.

**Klotz-Maclachan's** Reagens zum Fixieren bezw. Konservieren.
Das Reagens besteht aus 125 g Choralhydrat, 125 g modifiziertem Karlsbader Salz, 125 g Formalin und 4000 g Wasser. Das modifizierte Karlsbader Salz ist eine Mischung von 22 g Natriumsulfat, 20 g Natriumkarbonat, 18 g Natriumchlorid, 38 g Kaliumnitrat und 2 g Kaliumsulfat.
Monatsh. f. Tierheilk. 27. 158.

**Klunge's** Reaktion auf Aloë. (Cyanreaktion.)
Stark verdünnte Lösungen von Aloë versetzt man mit wenig Kupfersulfatlösung und dann mit verdünnter Blausäurelösung oder Kirschlorbeerwasser. Es entsteht bei gewöhnlicher Temperatur eine rote Färbung.
Pharm. Zentrh. 1900. 33.

**Klunge's Reaktion auf Aloë hepatica. (Jodsäurereaktion.)**

Gibt man zu einer wässerigen Lösung von Leberaloë eine stark verdünnte Lösung von Jodjodkalium tropfenweise zu, so entsteht eine schöne rosaviolette Färbung. Empfindlichkeitsgrenze = 1 : 80 000. Aloë lucida bringt nur eine schwache, schnell vorübergehende Violettfärbung hervor.

Schweizer Woch. f. Chem. u. Pharm. **18.** 170.
Chem. Ztg. **4.** 393.
Ztschr. f. analyt. Chem. **21.** 220.
Pharm. Zentrh. 1900. 33.

**Klunge's Cupraloinreaktion.**

Eine Lösung von Aloë in Wasser (1 : 1000) wird durch Kupfersulfatlösung (1 : 10) gelb gefärbt. Auf Zugabe von Kochsalz und gelindes Erwärmen färbt sich die Mischung rot. Alkohol bewirkt die Rotfärbung schon bei gewöhnlicher Temperatur.

Schweizer Woch. f. Pharm. 1883. Nr. 2.
Chem. Ztg. 1889. Rep. 91.
Ztschr. f. angew. Mikroskop. 1904. 294.
Chem. Zentralbl. 1883. 670.
Prollius, Jahresber. der Pharm. 1884. 77.
Hirschsohn, Pharm. Zentrh. 1901. 64.
Heuberger, ebenda 1900. 33 u. 216.
Kremel, Helfenberger Annal. 1896. 26.
Schaer, Arch. der Pharm. 1900. 42 und Pharm. Zentrh. 1900. 216.
Léger, Chem. Ztg. 1900. 626.

**Klunge's Reaktion auf Berberin.**

Eine wässerige, mit Salzsäure angesäuerte Lösung von Berberin wird mit Chlorwasser rotgefärbt.

Merck's Report 1901. 63.

**Klunge's Reaktionen auf Eugenol.**

Siehe: Schweizer Woch. f. Pharm. **20.** 393.
Pharm. Ztschr. f. Rußland **21.** 800.
Ztschr. f. analyt. Chem. **23.** 76.
Pharm. Zentrh. 1882. 569.
Chem. Zentralbl. 1883. 6.

**Klut's Reagens auf Eisen**

ist eine 10 %ige, wässerige Lösung von Natriumsulfid ($Na_2S + 9 H_2O$). Es lassen sich damit noch 0,15 mg Eisen in 1 Liter Wasser nachweisen. Näheres siehe: Apoth. Ztg. 1907. 311. — Pharm. Ztg. 1907. 384. — Chem. Zentralbl. 1907. I. 1512.

**Knack's Reaktion auf Blut im Harn.**

Der Harn, der neutral oder schwach sauer sein muß, wird zur Zerstörung der Leukozytenfermente aufgekocht, mit Wasser abgekühlt und mit ¹/₄ Volumen Äther sanft durchgeschüttelt. Bei der Trennung der Schichten sammeln sich die geringen Blutbeimengungen an der Trennungszone. Läßt man nun eine Mischung von Benzidinlösung in Eisessig und Wasserstoffsuperoxyd zufließen, so färbt sich die Zwischenschicht oder nur einzelne Partien oder Pünktchen blau. Verwendet man an Stelle des gewöhnlichen 3 %igen Wasserstoffsuperoxyds Perhydrol, so kann man die Reaktion noch bedeutend empfindlicher machen, so daß sich noch 1 Teil Blut in 1 000 000 Teilen Harn nachweisen läßt.

Deutsche med. Woch. 1914. 1595.

**Knapp's Reagens auf Glukose.**

Man löst 10 g Quecksilbercyanid mit 100 ccm Natronlauge (D. = 1,145) in Wasser zu 1 Liter. Beim Erwärmen wird aus dieser Lösung durch Glukose metallisches Quecksilber abgeschieden. 1 ccm Reagens entspricht 0,0025 g Glukose. Als Indikator dient Schwefelammon.

Liebig's Annal. **154.** 252.
Ztschr. f. analyt. Chem. **9.** 395.
Soxhlet, Journ. f. prakt. Chem. 1880. **300.**
Glaßmann, Berl. Ber. 1906. 503.
Arnold, ebenda 1906. 1227.

**Knecht's Reaktion auf Kupfer.**

Versetzt man eine Kupferlösung mit einer Lösung von Titanoxydulsulfat, so wird metallisches Kupfer abgeschieden.

Chem. Ztg. 1904. Rep. 95.
Pharm. Prax. 1904. (6) 219.
Mertens, Berl. Ber. **6.** 440. oder Ztschr. f. analyt. Chem. **13.** 76.
Soxhlet, Journ. f. prakt. Chem. **21** 227 oder Ztschr. f. analyt. Chem. **20.** 425.
Hammarsten, Physiol. Chem. 1899. 516.
König, Landwirtsch. Stoffe 1906. 966.

**Knecht's Reagens zur quantitativen Bestimmung von Ferrisalzen, Azo-, Nitro-, Nitrosoverbindungen, Wasserstoffsuperoxyd, Persulfaten und organischen Farbstoffen, Indigo etc.**

ist eine volumetrisch eingestellte Lösung von Titantrichlorid ($TiCl_3$). Näheres siehe: Berl. Ber. **36.** 1549; **38.** 3318. — Chem. Zentralbl. 1903. II. 145 u. 1905. II. 1512. 1907. II. 1709. — Ztschr. f. angew. Chem. 1907. 1109. — Merck's Bericht 1906. 263. — Hibbert, Chem. Zentralbl. 1909. I. 2018.

**Knecht's Reaktion auf Titan.**

Als Reagens dient eine Lösung von Seignettesalz, die durch Indigolösung gerade blau gefärbt ist. Gibt man hierzu nach dem Erwärmen die mit Salzsäure bereitete Titanlösung vorsichtig zu, so wird die Indigolösung entfärbt. Beim Schütteln mit Luft kehrt die Farbe zurück. Empfindlichkeitsgrenze = 0,00004 g Titan. Empfindlicher gestaltet sich die Reaktion mit Methylenblau ohne Seignettesalz.

Chem. Ztg. 1907. 639.
Berl. Ber. **36.** 166; **37.** 1549; **38.** 3318.

**Knoop's Reaktion auf Histidin.**

Versetzt man eine wässerige Lösung von Histidin bis zur bleibenden Gelbfärbung mit Bromwasser und erwärmt, so wird die Mischung zunächst farblos, dann rötlich bis dunkelweinrot und es scheiden sich schwarze Flokken aus. Empfindlichkeitsgrenze für Histidin = 1 : 1000.

Hofmeister's Beiträge **11**. 356.
Merck's Bericht **1908**. 162.

**Knop's Reagens auf Cellulose**

ist eine Modifikation von Schweizer's Reagens. Kupferspäne oder durch Reduktion mit Ätherdampf aus Kupferoxyd gewonnenes Kupfer übergießt man mit Wasser, gibt einige Tropfen Platinchlorid zu, bis das Metall sich mit einer dünnen Platinschicht überzogen hat, und gibt es dann in Ammoniakflüssigkeit, in der es sich bei Luftzutritt löst.

Chem. Zentralbl. 1859. 463.

**Knop's Reagens auf Harnstoff**

ist eine Lösung von 50 g Brom und 100 g Natriumhydroxyd in 250 ccm Wasser. Harnstoff entwickelt unter der Einwirkung dieser Lösung Stickstoff. Das Verfahren dient zur gasometrischen Bestimmung des Harnstoffs.

Ztschr. f. analyt. Chem. **9**. 226.
Hüfner, Journ. f. prakt. Chem. (2) **3**. 1.
Eykman, Rec. trav. chim. des Pays-Bas **3**. 125.
Schleich, Journ. f. prakt. Chem. (2) **10**. 263.

**Knop's Reagens auf Stickstoff.**

Stickstoffhaltige Substanzen (z. B. Harnstoff) geben bei der Behandlung mit Hypobromiten (Natronlauge und Brom) ihren Stickstoff gasförmig ab.

Chem. Zentralbl. 1860. 244 u. 1870. 132. 294. 530.
L e c o n t e, Compt. rend. **47**. 237.
D a v y, Journ. f. prakt. Chem. **63**. 188.
B e r n t h s e n, Lehrb. d. Chem. 1895. 280.
Vergl. Hüfner's Reagens.

**Knorr's Reagens auf Alkaloide**

ist Pikrolonsäure (1-p. Nitrophenyl-3-methyl-4. isonitro-5-pyrazolon), die mit den meisten Alkaloiden, ähnlich der Pikrinsäure, schwer lösliche Salze bildet.

Berl. Ber. **30**. 917.
Z e i n e, Dissert. Jena 1906.
B e r t r a m, Dissert. Jena 1893.
B r a u, Dissert. Jena 1899.
M a t t h e s - R a m m s t e d t, Arch. der Pharm. 1907. 112.

**Knorr's Reaktion auf Antipyrin.**

Wässerige Antipyrinlösung wird durch Eisenchlorid blutrot gefärbt. Empfindlichkeitsgrenze = 1 : 100 000.

Vergl. Flückiger's Reaktion.
H e n o c q u e, Journ. de Pharm. et de Chim. (5) **12**. 25.
Berl. Ber. **29**. Ref. 813.

**Knorr's Pyrazolinreaktion = Reaktion auf Pyrazolinbasen**

beruht auf der Bildung roter und blauer Farbstoffe bei der Einwirkung oxydierender Mittel wie Chromsäure, salpetrige Säure, Eisenchlorid, Wasserstoffsuperoxyd etc. auf bestimmte Pyrazolinbasen.

Berl. Ber. **26**. I. 100.

**Knorre's Reagens auf Cobalt, Eisen und Kupfer**

ist eine Lösung von Nitroso-β-Naphthol in 50 %iger Essigsäure. Näheres siehe: Berl. Ber. **18**. 699; **20**. 281. — Chem. Ztg. 1895. 1421. — J o l l e s, Ztschr. f. analyt. Chem. 1897. 154. — B u r g a ß, Ztschr. f. angew. Chem. 1896. 596. — M o r e a u - M o r e l - G a u t i e r, Nouv. Remèd. 1907. 179. — Vergl. Jolles' Reagens auf Eisen. — C h a p i n, Chem. Zentralbl. 1907. II. 1017.

**Knorre's Reaktion auf Pyrophosphorsäure (neben Metaphosphorsäure).**

Eine wässerige Lösung von (Natrium-) Metaphosphat wird in der Kälte durch überschüssige Zinkacetatlösung nicht verändert. Pyrophosphat bewirkt eine Fällung von in Essigsäure unlöslichem Zinkpyrophosphat.

Ztschr. f. anorg. Chem. **24**. 389.

**Knowles' Indikator**

ist Alizarinmonosulfosaures Natrium (Alizarinrot). Die wässerige Lösung ist gelb bis gelbrot. Säuren bewirken Gelbfärbung, Alkalien Violettfärbung.

Journ. Soc. Dyers and Colorists 1907. 120.
Chem. Ztg. 1907. Rep. 213.
Merck's Bericht 1907. 153.

**Kobell's Reaktion auf Wismut.**

Schmilzt man wismuthaltige Stoffe mit Schwefel und Jodkalium auf Kohle vor dem Lötrohre, so erhält man einen sehr flüchtigen, scharlachroten Beschlag. Näheres siehe: Ztschr. f. analyt. Chem. **11**. 311. — Polytechn. Journ. **203**. 242. — Chem. Zentralbl. 1872. 200.

**Kobert's Reaktion auf Hämoglobin (und Methämoglobin) mittelst Zinkstaub.**

Siehe: Pharm. Zentrh. 1891. 566.
Ztschr. f. analyt. Chem. **30**. 753.

**Kobert's Reagens auf Morphin und seine Derivate**

ist Formaldehydschwefelsäure, bestehend aus 3 ccm konzentr. Schwefelsäure und 3 Tropfen Formaldehyd (40 %). M o r p h i n gibt mit diesem Reagens eine purpurrote, in Violett, Blauviolett und Blau übergehende Färbung (Absorptionsspektrum in Orange und Gelb), D i o n i n wird mit dem Reagens rasch tiefblau (Absorptionsspektrum etwas weniger intensiv als bei Morphin), C o d e ï n wird erst rötlichviolett, dann blauviolett (im Spektrum ist Orange und Gelb gelöscht), H e r o i n wird rotviolett und rasch blauviolett (im Spektrum scharf begrenzte Auslöschung von Orange und Gelb), P e r o n i n wird dauernd rotviolett gefärbt (im Spektrum ist nur das Ende von Orange und Gelb hell).

Apoth. Ztg. **14**. 259.
Chem. Zentralbl. 1899. II. 149.
Ztschr. d. öst. Apoth. Ver. **37**. 368.
Ztschr. f. analyt. Chem. **40**. 61.
Siehe auch: M a r q u i s' Reagens, Pharm. Zentrh. 1901. 368 (bestehend aus 2 ccm Formaldehyd und 3 ccm konzentr. Schwefelsäure) und

Kentmann's Reagens auf Formaldehyd.
Mai-Rath, Arch. der Pharm. **244.** 300.
Chem. Zentralbl. 1906. II. **1362.**
Crae, The Analyst **36.** 540.
Ztschr. f. analyt. Chem. 1913. 697.

**Kobert's** Reagens zur Prüfung ätherischer Öle

ist Phloroglucinsalzsäure, d. h. eine Lösung von 1 g Phloroglucin in 10 g Alkohol, gemischt mit 90 ccm konzentr. Salzsäure. Alle Öle, die Allyl- oder substituierte Allylgruppen enthalten, geben mit dem Reagens Rotfärbung.
Ztschr. f. analyt. Chem. **46.** 711.
Répert. de Pharm. 1909. 73.

**Kobert's** Reaktionen auf Saponin.

Ferriferricyanidlösung wird durch Saponine reduziert und blau gefärbt. — Fehling's Reagens wird durch Saponine in der Kälte oder beim Erwärmen unter Bildung von Saponinkupfer gefällt. — Einige Saponine, wie z. B. Assamin, färben Fehling's Reagens noch in sehr starker Verdünnung grün. — Mit Nickel- und Cobaltsalzlösungen geben die Saponine gelbe Farbenerscheinungen. — Quecksilberchloridlösung wird beim Erwärmen mit Saponinen reduziert, was an der Schwärzung des Reaktionsproduktes (Calomel) erkannt werden kann. — Verschiedene Saponine werden durch Gerbsäuren und Bleiacetat gefällt, aber nicht alle. — Die durch Bleisubacetat fällbaren Saponine werden auch durch Baryumhydroxyd gefällt. — Mit konzentr. Schwefelsäure erzeugen alle Saponine eine rote Färbung (bei Luftzutritt). Einige färben Selenschwefelsäure und Fröhde's Reagens violett. — Einige Saponine färben mit Alkohol und Eisenchlorid versetzte Schwefelsäure blau oder blaugrün (mit grüner Fluoreszenz).
Südd. Apoth. Ztg. 1910. 397.

**Koch's** Reagens auf Eiweiß

ist eine gesättigte, wässerige Lösung von Sulfosalicylsäure, die mit Eiweiß eine weiße Fällung gibt. Letztere soll sich mit Eisensalzen intensiv rot färben.
Wèvre, Bull. Soc. Belge Microsc. 1894. 91.
Ztschr. f. wiss. Mikroskop. 1894. 407.

**Koch's** Reagens auf Gallussäure, Tannin, Pyrokatechin und Protokatechusäure.

a) Eine 0,5, 1, 2 und 4 %ige Eisenchloridlösung.
b) Eine 0,5 %ige Natriumbikarbonatlösung.

Tabellarische Zusammenstellung der Farbenreaktionen siehe: Arch. der Pharm. **233.** 48.
Ztschr. f. analyt. Chem. **35.** 590.

**Koch's** Reagens zur Bakterienfärbung.

1. Man mischt 1 ccm (10 ccm) konzentr., alkoholische Methylenblaulösung mit 200 ccm Wasser und macht mit Kalilauge schwach alkalisch (2—4 Tropfen offizinelle Kalilauge).
2. Man mischt einige Tropfen alkoholische Methylviolettlösung mit 20 ccm Wasser oder 10 ccm alkoholische, konzentr. Methylviolettlösung mit 100 ccm Anilinwasser und 10 ccm Alkohol.

Behrens' Tabellen 1892. 121.

**Koch's** Reaktion auf Cholerabazillen.

Versetzt man Cholerakulturen mit Schwefelsäure, so tritt durch deren Einwirkung auf die Stoffwechselprodukte der Kulturen (Indol und salpetrige Säure) Rotfärbung ein.

**Koch's** Reagens zum Färben von Tuberkelbazillen.

20 ccm gesättigte, wässerige Anilinlösung versetzt man mit konzentr., alkoholischer Lösung von Fuchsin oder Gentianaviolett bis zur Bildung einer glänzenden Haut.
Enzyklop. d. mikroskop. Techn. 1903. 1304.

**Koch's** Einschlußmittel für mikroskop. Zwecke

ist eine Lösung von 2 g Dammarharz in 1 g Xylol und 1 g Terpentinöl.
Ztschr. f. wiss. Mikroskop. 1893. 121.

**Koch-Ehrlich's** Reagens zum Färben von Bakterien

ist eine mit 3—4 Tropfen 10 %iger Kalilauge alkalisch gemachte, wässerige Lösung von Methylenblau 1 : 200 und eine konzentr., wässerige Lösung von Vesuvin.
Merck's Index 1902. 271.
Kühne, Nachw. d. Bakterien 1888. 30.

**Kodis'** Reagens zum Färben mikroskop. Präparate

ist eine Lösung von 1 g Hämatoxylin und 1,5 g Molybdänsäure in 100 ccm Wasser und 0,5 g Wasserstoffsuperoxyd. Gebraucht zur Färbung des Zentralnervensystems.
Arch. f. mikroskop. Anat. 1901. 211.
Ztschr. f. wiss. Mikroskop. 1901. 352.

**Koenig's** Reagens auf Chromsäure

ist das sauer reagierende Dinatriumsalz der 1,8-Dioxynaphthalin-2,6-disulfosäure, das in wässeriger Lösung mit Chromaten und Dichromaten eine kirschrote bis dunkel rotviolette Färbung erzeugt. Empfindlichkeitsgrenze = 0,00008 : 1000.
Chem. Ztg. 1911. 277.
Merck's Bericht 1911. 254.
Chem. Zentralbl. 1911. I. 1654.

**Kohlenberger's** Pepsinprobe

beruht auf der mit einem besonderen Apparat (Pepsinometer) ablesbaren Abnahme eines Eiweißstückchens von bestimmtem Kubikinhalt bei der Einwirkung von Pepsin bezw. Magensaft. Näheres siehe: Münchener med. Woch. 1911. 2012.

**Köhler's** Reaktion auf Apomorphin

siehe: N. Jahrb. d. Pharm. **39.** 26.
Chem. Zentralbl. 1873. 171.

**Köhler's** Reaktion auf Elaterin.

Verdampft man eine Lösung von Elaterin in konzentr. Salzsäure, so färbt sich der Rückstand mit konzentr. Schwefelsäure rot. Empfindlichkeitsgrenze = 0,25 mg.
N. Rep. d. Pharm. **18.** 577. 602.

**Köhler's** Reaktion auf Pikrotoxin.

**Pikrotoxin löst sich in konzentr. Schwefelsäure safranfarbig, wird auf Zusatz von Kaliumdichromat violettrot und zuletzt apfelgrün gefärbt.**

N. Rep. d. Pharm. **17.** 213.
Arch. der Pharm. (3) **2.** 244.

**Kohli's** Reaktion auf sibirisches und kanadisches Castoreum

siehe: Enzyklop. d. gesamt. Pharm. 1887. II. 591.

**Kohn's** Reaktion auf Glycerin

beruht auf der Umwandlung des letzteren in Acroleïn mittels $KHSO_4$ und Erhitzen und Nachweis mittels Schiff's Reagens. Näheres siehe: Ztschr. f. analyt. Chem. **30.** 619. — Revue internat. falsific. **5.** 98.

**Kolisch's** Reagens auf Kreatinin

ist eine Lösung von 30 g Quecksilberchlorid, 1 g Natriumacetat und 3 Tropfen Eisessig in 125 ccm absolutem Alkohol. Näheres siehe: Zentralbl. f. innere Med. 1895. 265. — Ztschr. f. analyt. Chem. **34.** 485. — Chem. Zentralbl. 1895. I. 814. — Liebig, Annal. d. Chem. u. Pharm. **62.** 257. — Johnson, Chem. News **55.** 304. — Maly, Annal. d. Chem. u. Pharm. **159.** 279.

**Kollmann's** Reagens zum Fixieren mikroskop. Präparate

ist eine Lösung von 2 g Chromsäure, 2 g Salpetersäure und 5 g Kaliumdichromat in 100 ccm Wasser.

Arch. f. Anat. 1885. 111.

**Kollmann's** Reagens für mikroskop. Zwecke.

Man löst 1 g Carmin in 1 g Ammoniak und 2—4 g Wasser und mischt mit 20 ccm Glycerin. Zu dieser Lösung gibt man eine Mischung von 20 Tropfen Salzsäure mit 20 ccm Glycerin und verdünnt das Ganze noch mit 40 ccm Wasser. Gebraucht als Injektionsflüssigkeit.

Ztschr. f. Zoolog. 1864. 173.
Eberth - Friedländer, Mikroskop. Techn. 1894. 62.
Enzyklop. d. mikroskop. Techn. 1903. 149. 573.

**Kollo's** Reaktion auf Aceton

siehe: Collo.

**Kollo's** Reaktion auf Alkaloide und andere Arzneistoffe

siehe: Pharm. Post 1903. 137. 345. 519. 760, 1904. 209.
Pharm. Ztg. 1904. 333.
Chem. Zentralbl. 1903. I. 1440; II. 690. 899; 1904. I. 310. 1287.

**Kollo's** Reaktion auf Herniaria-Extrakt.

Das in Wasser gelöste Extrakt wird mit wenig Ammoniakflüssigkeit versetzt, mit Äther ausgeschüttelt, der Äther verdunstet und der Rückstand in 3 ccm Eisenchlorid-Essigsäure (1 : 1000) aufgenommen. Schichtet man die Mischung über Schwefelsäure, so entsteht eine braune und darüber eine gelbbraune Zone. Unterhalb der braunen Zone sieht man im auffallenden Licht eine sehr schöne violette Zone. Empfindlichkeitsgrenze = 10 ccm einer 0,5 %igen Extraktlösung.

Pharm. Praxis 1911. 293.
Merck's Ber. 1911. 419.

**Kolmer's** Reagens zum Fixieren.

Man mischt 10 g Eisessig mit 40 g Formaldehyd (10 %) und 40 g gesättigter, wässeriger Kaliumbichromatlösung.

Archiv f. Physiol. 1909. 35.

**Kolossow's** Reagens zum Fixieren und Färben mikroskop. Präparate.

1. Fixierungsflüssigkeit: Man löst 1 g Osmiumsäure in 2 g Salpetersäure und 100 ccm 50 %igem Alkohol.
2. Färbungsflüssigkeit oder Entwickler: Man löst 30 g Tannin in 100 ccm Wasser und filtriert die Lösung nach 24 stündigem Stehen an der Luft. Das Filtrat mischt man mit einer Lösung von 30 g Pyrogallol in 350 ccm Wasser und gibt 50 ccm Glycerin und 100 ccm Alkohol (85 %) zu.

Ztschr. f. wiss. Mikroskop. 1888. 51; 1892. 39.
Arch. f. mikroskop. Anat. 1893. 246.

**Kolossow's** Reagens für mikroskop. Färbung

ist eine Lösung von 1 g Osmiumsäure und 0,25 g Silbernitrat in 200 ccm Wasser.

Ztschr. f. wiss. Mikroskop. 1892. 38 und 1898. 92.
Boveri, ebenda 1887. 91.
Eberth - Friedländer, Mikroskop. Techn. 1894. 123. 125.

**Kolossow's** Reagens zum Imprägnieren mikroskop. Präparate.

a) Eine Lösung von 1 g Goldchlorid und 1 g Salzsäure in 100 ccm Wasser;
b) eine Lösung von 0,01—0,02 g Chromsäure in 100 ccm Wasser.

Ztschr. f. wiss. Mikroskop. 1888. 52.
Enzyklop. d. mikroskop. Techn. 1903. 458.

**Komarowsky's** Reaktion auf Fuselöl im Alkohol.

Der zu prüfende Alkohol wird mit Wasser auf 50° Tralles verdünnt.

1. 10 ccm Alkohol mischt man mit 1 ccm alkoholischer Furfurollösung (1 : 1000) und gibt 15 ccm konzentr. Schwefelsäure zu. Bei Anwesenheit von Fuselöl färbt sich die Mischung nach dem Erkalten mehr oder weniger intensiv rosarot.
2. 10 ccm Alkohol mischt man mit 25 Tropfen einer alkoholischen Lösung von Salicylaldehyd (1 : 100) und gibt 20 ccm konzentr. Schwefelsäure zu. Nach dem Erkalten ist die Mischung bei Gegenwart von Fuselöl rötlich bis (bei 0,01 %) granatrot gefärbt.

Auch p-Oxybenzaldehyd und Benzaldehyd geben ähnliche Farbenerscheinungen mit fuselölhaltigem Spiritus. Näheres siehe:

Chem. Ztg. 1903. 808. — Chem. Zentralbl. 1903. II. 742. — Hygienische Rundschau 1904. 567. — Takahashi, Chem. Zentralbl. 1905. I. 1483, 1907. II. 1661. — Kreis, Chem. Ztg. 1907. 999; 1908. 149; 1910. 470. — Schweizer Woch. f. Chem. u. Pharm. 1908. 188. — Fellenberg, Chem. Ztg. 1910. 791.

**de Koninck's Reagens auf Alkohol im Chloroform**

ist eine Lösung von Kaliumpermanganat in gesättigtem Barytwasser. Das Reagens wird durch Alkohol enthaltendes Chloroform grün gefärbt.

Krauch, Prüfg. d. Reagenz. 1896. 90.

**de Koninck's Reagens für verschiedene analytische Zwecke**

ist eine Lösung von Brom in 10 %iger Bromkaliumlösung.

Siehe: Ztschr. f. analyt. Chem. 19. 468.
Chem. Zentralbl. 1880. 824.

**de Koninck's Reaktion auf Hyposulfite**

beruht auf der Überführung der Hyposulfite in Gegenwart von Kalium- oder Natriumhydrat in Sulfide durch Aluminium. Sulfide lassen sich dann leicht nachweisen, wie z. B. mit Nitroprussidnatrium.

Ztschr. f. analyt. Chem. 26. 26.
Chem. Ztg. 1887. Rep. 25.
Chem. Zentralbl. 1887. 150.

**de Koninck's Reagens auf Kalium**

ist eine wässerige Lösung von Natrium-Cobaltnitrit. Es gibt mit Kaliumsalzen einen gelben Niederschlag von Kalium-Cobaltnitrit.

Ztschr. f. analyt. Chem. 20. 390.
Chem. Zentralbl. 1881. 668. 721. 771.
Rosenheim-Koppel, ebenda 39. 285.
Autenrieth-Bernheim, Ztschr. f. physiol. Chem. 37. 29.
Garnier, Compt. rend. biol. 58. 549.

**de Koninck's Reaktion auf Mangan.**

Erwärmt man die Lösung einer Manganverbindung in rauchender Salzsäure nach Zusatz von einigen Tropfen Salpetersäure (D. = 1,4), so entsteht eine tief dunkle, grünlich schwarze Färbung, die bei längerem Erwärmen oder beim Verdünnen mit Wasser verschwindet.

Bull. Soc. Chim. Paris (3) 28. 718.

**de Koninck's Reaktion auf Schwefelverbindungen im Äther.**

Schüttelt man Äther mit einem Tropfen Quecksilber, so tritt bei Anwesenheit von Schwefelverbindungen Abscheidung eines schwarzen Pulvers ein. Auch Wasserstoffsuperoxyd bewirkt eine schwarze Fällung. Empfindlichkeitsgrenze = 0,005 % $H_2O_2$.

Pharm. Ztg. 1889. 222.
Wobbe, Apoth. Ztg. 1903. 488.

**Konowaloff's Reaktion auf primäre und sekundäre Nitroverbindungen**

siehe: Chem. Zentralbl. 1895. II. 772; 1905. I. 86.
Berl. Ber. 28. 1850.
Journ. russ. phys.-chem. Gesellsch. 36. 1062.

**Konto's Reaktion auf Indol.**

Indollösung wird auf Zusatz von Formaldehyd und konzentr. Schwefelsäure violettrot gefärbt.

Ztschr. f. physiol. Chem. 1906. (48) 185.
Chem. Zentralbl. 1906. II. 633.
Chem. Ztg. 1906. Rep. 318.
Ztschr. f. angew. Chem. 1907. 964.
Herzfeld, Zentralbl. f. innere Med. 1913. 268.

**Kopenhague's Cadmiumpapier für Zinkbestimmung**

erhält man durch Tränken von Filtrierpapier mit 10 %iger Cadmiumnitratlösung und Trocknen bei 80—90°. Man erzeugt mit einem Glasstab auf dem Papier mit der zu prüfenden Lösung eine Perle, deren Gelbfärbung das Ende der Titration, d. h. überschüssigen $H_2S$ anzeigt.

Annal. chim. analyt. appl. 16. 10.
Chem. Zentralbl. 1911. I. 842.

**Kopp's Reagens auf Salpetersäure.**

Man löst 0,1 g Diphenylamin in 5 ccm konzentr. Schwefelsäure unter Zugabe von zirka 5 ccm Wasser und ergänzt diese Lösung mit konzentr. Schwefelsäure auf 1 Liter. Salpetersäure oder Nitrate enthaltende Stoffe oder Lösungen färben dieses Reagens intensiv blau (eventuell Schichtprobe).

Berl. Ber. 5. 284.
Ztschr. f. analyt. Chem. 11. 461; 23. 209.
Chem. Zentralbl. 1872. 327.
Laar, Berl. Ber. 15. 2086 oder
Ztschr. f. analyt. Chem. 23. 210.

**Köppen's Reagens zum Färben mikroskop. Präparate**

ist eine Mischung von 5 g gesättigter, alkoholischer Krystallviolett- oder Gentianaviolettlösung mit 100 ccm Wasser und 5 g Phenol. Gebraucht zum Färben elastischer Fasern etc.

Ztschr. f. wiss. Mikroskop. 1889. 473 u. 1890. 22.
Eberth-Friedländer, Mikroskop. Techn. 1894. 233.
Enzyklop. d. mikroskop. Techn. 1903. 191.

**Kopsch's Reagens zum Härten mikroskop. Präparate**

ist eine Mischung von 80 ccm 3,5%iger Kaliumdichromatlösung mit 20 ccm Formaldehyd (40 %).

Anat. Anzg. 1896. 727.
Enzyklop. d. mikroskop. Techn. 1903. 479.
Ztschr. f. wiss. Mikroskop. 1896. 474.

**Korn-Kammann's Reaktion auf Fäulnisfähigkeit gereinigter Abwässer**

(Hamburger Test auf Fäulnisfähigkeit) beruht auf dem Nachweis von Schwefel, der in Kaliumsulfid übergeführt und dann mittels p-Amidodimethylanilin und Eisenchlorid (vergl. Caro's Reagens auf Schwefelwasserstoff) nachgewiesen wird. Näheres siehe: Chem. Zentralbl. 1907. II. 737. — Fendler, ebenda 1909. II. 748. — Guk, ebenda 1910. II. 1162.

**Koss' Reagens auf Thorium**

ist Natriumsubphosphat ($NaHPO_3+2H_2O$). — Die zu prüfende Lösung wird mit Salzsäure stark angesäuert und mit einigen Tropfen einer Natriumsubphosphatlösung versetzt. Bei Gegenwart von Thorium entsteht ein weißer, flockiger Niederschlag, der bei geringen Thoriummengen durch Erwärmen schneller eintritt. Er hat die Zusammensetzung Th $(PO_3)_2+11\,H_2O$. Empfindlichkeitsgrenze = 0,0001 g $ThO_2$ in 1 ccm Lösung.

Chem. Ztg. 1912. 686. — Merck's Ber. 1912. 336.
Wirth, Chem. Ztg. 1913. 773.

**Kossa's Reaktion auf Alkohol.**

Schichtet man Weingeist vorsichtig auf konzentr. Salpetersäure, so bildet sich an der Berührungsstelle eine wolkige Schicht und ein grüner bis blauer Ring.

Pharm. Zentrh. 1905. 893.
Ztschr. f. angew. Mikroskop. 1906. 45.
Südd. Apoth. Ztg. 1906. 188.

**v. Kossa's Reaktion auf Blut.**

10 ccm der stark verdünnten Blutlösung werden mit 10 ccm Alkohol (90 %) gemischt und mit 5 ccm Chloroform schwach geschüttelt. Nach der Trennung der Schichten ist das Blut an der Oberfläche der Chloroformschicht in kleinen Flocken niedergeschlagen.

Deutsche med. Woch. 1909. 1469.

**Kossel's Reaktion auf Adenin.**

Erwärmt man Adenin mit Zink und Salzsäure eine halbe Stunde lang auf dem Dampfbade, so erhält man auf Zusatz von Natronlauge eine rote bis rotbraune Färbung. (Hypoxanthin gibt dieselbe Reaktion.)

Ztschr. f. physiol. Chem. 12. 249.

**Kossel's Reaktion auf Hypoxanthin.**

Eine Lösung von Hypoxanthin wird nach dem Behandeln mit Zink und Salzsäure auf Alkalizugabe rot gefärbt.

Ztschr. f. physiol. Chem. 10. 250; 12. 241.

**Kossel's Reaktion auf Kreatin.**

Während Kreatinpikrat in Wasser leicht löslich ist, kann man mittels des Mikroskopes feststellen, daß sich ein Kreatinkrystall in alkoholischer Pikrinsäurelösung mit einem filzartigen Überzug von Kreatinpikrat überzieht. Näheres siehe: Behrens, Das Mikroskop u. d. Meth. d. mikroskop. Untersuch. 1889. 284.

**Kossel's Reaktion auf Xanthin.**

Verdampft man Xanthin mit Chlorwasser und einer Spur Salpetersäure auf dem Dampfbade zur Trockene, so wird der Rückstand in einer Ammoniakatmosphäre dunkelrot.

Ztschr. f. physiol. Chem. 6. 426.

**Kossel und Patten's Reaktionen auf Histidin**

beruhen auf der Bildung von Niederschlägen beim Versetzen von Histidinlösungen mit Quecksilbersalzen. Näheres siehe: Ztschr. f. physiol. Chem. 25. 165 und 38. 39.

**Kossinski's Reagens zum Färben mikroskop. Präparate.**

1. a) Eine konzentr., wässerige Lösung von Indigocarmin; b) eine Lösung von 0,1 g Safranin in 100 ccm Wasser.

Ztschr. f. wiss. Mikroskop. 1889. 61.
Behrens' Tabellen 1892. 119.

2. a) Eine Lösung von 1 g Nigrosin in 1 Liter Wasser; b) eine Lösung von 0,5 g Safranin in 100 ccm stark verdünntem Alkohol.

Enzyklop. d. mikroskop. Techn. 1903. 1038.

**Kost's Reaktion auf Salzsäure im Magensaft.**

Gibt man zu Magensaft etwas 10 %ige Tanninlösung und Methylviolettlösung, so geht bei Anwesenheit von freier Salzsäure die violette Farbe in Blau oder Grün über.

Dissert. Erlangen 1887.
Chem. Zentralbl. 1888. 731.

**Köster's Reagens auf Salzsäure im Magensaft.**

Eine blaugrüne Lösung von Malachitgrün in Wasser (0,25 : 1000) wird durch 0,05 %ige Salzsäure noch smaragdgrün gefärbt.

Upsala Läkareförenings Förhandlingar 20. 355.
Jahresber. f. Tierchem. 1885. 287.

**Kotlarewski's Reagens zum Fixieren mikroskop. Präparate**

ist eine 10 %ige, wässerige Lösung von Bleiacetat.

Mitteilg. d. Nat. Ges. Bern, 1888. 17.

**Kowalewsky's Reagens auf Eiweißstoffe**

ist eine wässerige Lösung von Uranylacetat (zirka 2 : 100), die mit Eiweiß einen gelben Niederschlag gibt. Näheres siehe: Ztschr. f. analyt. Chem. 24. 552. — Chem. Zentralbl. 1886. 100. — Vergl. Oszacki's Reagens.

**Kowallik's Reagens zum Färben von Hoftüpfeln.**

1. Eine filtrierte Lösung von 1 g Fuchsin S in 100 g Alkohol;
2. eine 1 %ige, wässerige Lösung von Anilingrün (Brillantgrün?);
3. eine 1 %ige, alkoholische Lösung von Chrysoidin.

Ztschr. f. wiss. Mikroskop. 1911. 28. 26.

**Kowarsky's Reagenzien auf Blutzucker.**

a) Lösung von 8 g Kupfersulfat und 0,1 g Traubenzucker zu 200 g Wasser; b) 40 g Seignettesalz und 30 g Natriumhydroxyd zu 200 g Wasser; c) 10 g Ferrisulfat und 40 g konzentr. Schwefelsäure zu 200 g Wasser; d) 1 g Kaliumpermanganat zu 200 g Wasser. Näheres siehe: Deutsche med. Woch. 1913. 1635. — Merck's Bericht 1913, 543.

**Kowarski's Reaktion auf Glukose im Harn**

ist eine Modifikation der Phenylhydrazinprobe von Fischer.

Siehe: Südd. Apoth. Ztg. 1903. 251.
Pharm. Zentrh. 1899. 537 u. 1902. 208.
Berl. klin. Woch. 36. 412.
Chem. Zentralbl. 1899. I. 1294.
Otto, Pharm. Weekbl. 45. 809.
Chem. Zentralbl. 1908. II. 351.

**Kowarski's** Reaktion auf Harnsäure
beruht auf der Abscheidung der Harnsäure in Form von Ammoniumurat durch Sättigen der Lösung mit Ammoniumchlorid, der Isolierung der Säure mittels Salzsäure und Identifizierung durch die Krystallform oder die Murexidreaktion, welche mit verdünnter Salpetersäure ausgeführt wird. Die quantitative Bestimmung erfolgt durch Lösen der Harnsäure in Piperidin und Titration des Piperidinüberschusses mit $^{1}/_{200}$ Norm.-Schwefelsäure.
Deutsche med. Woch. 1911. 1112.
Pharm. Ztg. 1912. 252.
Ztschr. österr. Apoth. Ver. 1912. 284.
Weber, Pharm. Ztg. 1912. 252.
Aufrecht, ebenda 1912. 260.
Berl. klin. Woch. 1911. 627.
Herzfeld, Zentralbl. f. innere Med. 1912. 645.

**Koziczkowsky** siehe Ehrlich-Koziczkowsky.

**Kozlowsky's** Reagens zum Färben mikroskop. Präparate
ist eine Lösung von 10 g Hämatoxylin in 60 g absolutem Alkohol und 60 g Wasser, der 10 g gesättigte, wässerige Lithiumkarbonatlösung zugesetzt werden.
Neurolog. Zentralbl. 1904. 1041.
Ztschr. f. angew. Mikroskop. 1905. 235.

**Kraft's** Reaktion auf Acetessigsäure im Harn
ist eine Modifikation von Gerhardt's Reaktion. Man schüttelt den Harn mit Äther aus, gießt diesen ab und unterschichtet ihn vorsichtig mit sehr verdünnter Eisenchloridlösung. Es bildet sich ein dunkelroter Ring.
Apoth. Ztg. 1905. 384.

**Kraft's** Reaktionen auf Gitalin und Anhydrogitalin.
Wässerige Lösungen von Gitalin schäumen stark beim Schütteln und geben noch in einer Verdünnung 1 : 2500 mit Gerbsäure einen Niederschlag. Gitalin und Anhydrogitalin geben mit Kiliani's Reagens eine beständige Violettfärbung. Mit Keller's Reagens gibt Gitalin in der Essigsäureschicht eine indigoblaue Färbung und in der Schwefelsäureschicht einen violetten Ring.
Schweizer Woch. f. Chem. u. Pharm. 1911. 49. 161.
Chem. Zentralbl. 1911. I. 1698.

**Kràl's** Reagens auf Schwefelwasserstoff
ist eine ammoniakalische Lösung von Nitroprussidnatrium.
Man befeuchtet Filtrierpapier mit einer wässerigen Lösung von Natriumnitroprussiat, der man einige Tropfen Ammoniakflüssigkeit zugesetzt hat. Mit freiem Schwefelwasserstoff färbt sich dieses Papier rotviolett.
Pharm. Zentrh. 1896. 69.
Chem. Ztg. 1896. Rep. 54.
Ztschr. f. analyt. Chem. 36. 696.
Vergl. Béchamp's Reaktion.

**Kràl's** Reaktion auf Zucker in Glycerin.
Schichtet man Glycerin auf konzentr. Schwefelsäure, so tritt bei Gegenwart von Zucker ein brauner Ring auf.
Ztschr. d. öst. Apoth. Ver. 1863. 352.
Ztschr. f. analyt. Chem. 1863. 407.
Chem. Zentralbl. 1864. 543.

**Krämer's** Reaktion auf Aceton
ist identisch mit Lieben's Reaktion.
Berl. Ber. 13. 1000.

**Kramm's** Reaktion auf Kreatinin.
Bei der Weyl'schen Reaktion auf Kreatinin (vergl. diese!) entsteht bekanntlich zunächst eine rote, dann gelbe Färbung. Ist letztere eingetreten und setzt man nach guter Eiskühlung Essigsäure bis zur schwach sauren Reaktion zu, so bildet sich nach Kramm ein mikrokrystallinischer Niederschlag (Nitrosokreatinin).
Zentralbl. med. Wissensch. 1897. 35. 785.
Chem. Zentralbl. 1898. I. 37.

**Krasser's** Reagens auf Eiweißstoffe
ist eine alkoholische Lösung von Alloxan, welche Eiweiß rot färbt.
Ber. d. Wiener Akadem. 94. 136.
Wèvre, Ztschr. f. wiss. Mikroskop. 1894. 407.

**Krasser's** Reagens zum Fixieren mikroskop. Präparate
ist eine 1 %ige Lösung von Salicylaldehyd in Alkohol.
Botan. Zentralbl. 1892. 4.
Zeitschr. f. wiss. Mikroskop. 1892. 330.

**Kraszewski's** Reaktion auf Gärungsessig.
Den mit Natronlauge im Überschuß versetzten Essig schüttelt man mit Amylalkohol aus, verdampft letzteren, säuert den Rückstand mit verdünnter Schwefelsäure an und gibt etwas Jodjodkaliumlösung zu. Eine Trübung zeigt Gärungsessig an.
Schmidt, Ztschr. f. angew. Chem. 1906. 1611.
Vergl. Schmidt's Reaktion.

**Kraus'** Reaktion
dient zur Unterscheidung von neuem und gebrauchtem Silbergeschirr. Sie äußert sich durch das Auftreten eines Isonitrilgeruches, wenn man z. B. einen gebrauchten silbernen Löffel nach der üblichen Reinigung kurze Zeit über die Öffnung eines Jodoformgefäßes hält. Näheres siehe: Südd. Apoth. Ztg. 1907. 612.

**Kraus'** Nährboden für Cholerakulturen.
Zu 100 ccm neutraler Bouillon werden 25 ccm Blutalkali zugesetzt. Die offenen Kölbchen bleiben 3 Stunden bei 50° und dann 24 Stunden bei 37° stehen, werden zu 5 ccm verfällt und geimpft. Näheres siehe: Wiener klin. Woch. 1911. 1085.

**Krause's** Reagens auf Glukose im Harn.
Man löst 30 g Kaliumdichromat in 60 ccm Wasser und gibt 60 g konzentr. Schwefel-

säure zu. Mischt man gleiche Teile Harn und Reagens, so tritt nach einiger Zeit (beim Erhitzen sofort) eine grüne Färbung auf. Empfindlichkeitsgrenze = 0,5%.
Schmidt's Jahrb. d. Med. 1856. **92.** 18.

**Krause**'s Reagens zum Fixieren mikroskop. Präparate
ist eine Lösung von 5 g Ammonmolybdat in 100 ccm Wasser. Gebraucht zum Fixieren von Geweben.
Mon. intern. Anat. Phys. 1884. 137.
Gierke, Ztschr. f. wiss. Mikroskop. 1884. **96.**
Enzyklop. d. mikroskop. Techn. 1903. 35.

**Krause**'s Triacidgemisch zum Färben mikroskopischer Präparate
ist eine Modifikation von Ehrlich-Biondi's Reagens. Näheres siehe: Arch. f. mikroskop. Anat. 1893. 59; 1897. 709.
Das Reagens ist eine Mischung von 4 ccm einer 20 %igen Rubin S-lösung mit 7 ccm einer 8 %igen Orange G-lösung und 8 ccm einer 8 %igen Methylgrünlösung.
Enzyklop. d. mikroskop. Techn. 1903. 76.

**Krauß**' Reaktionen auf Adrenalin.
1. Löst man eine geringe Menge Jodsäure in Wasser, setzt etwas Chloroform und eine Spur (einige Tropfen der Lösung 1 : 1000) Adrenalin zu, so wird momentan Jod in Freiheit gesetzt und das Chloroform färbt sich rosa. Nach einiger Zeit entfärbt sich das Chloroform und die wässerige Flüssigkeit nimmt eine rosarote Färbung an.
2. Mischt man einige Tropfen Jodsäurelösung (1 : 20) mit einigen Tropfen Adrenalinlösung (1 : 1000), so wird die Mischung auf Zusatz von Stärkelösung blau gefärbt.

Biochem. Ztschr. **22.** 131.
Vergl. des Autors Reaktionen auf Suprarenin.

**Krauß**' Reaktionen auf Suprarenin.
Konzentr. Schwefelsäure löst S. mit gelblicher Farbe, Zusatz von Salpetersäure bewirkt gelbrote Färbung. — Streut man auf die gelbe Schwefelsäurelösung etwas Wismutsubnitrat, so entsteht zunächst eine braune, dann eine gelbrote Färbung. — Mit Formalin-Schwefelsäure bewirkt S. anfangs eine rosarote, dann kirschrote Färbung. — Fröhde's Reagens wird braun, später grünlich gefärbt. — Rauchende Salpetersäure löst S. mit blutroter, rasch gelbwerdender Färbung. Dampft man vorsichtig auf dem Wasserbade ein und betupft den gelben Rückstand mit Ammoniak, so färbt er sich blaugrün. — Millon's Reagens bewirkt gelbrote Färbung. — Die gelbe Lösung des S. in Chlorwasser wird durch überschüssiges Ammoniak schön rot gefärbt. — Kaliumferricyanid wird durch S. gelbrot gefärbt. — Die Lösung von Kaliumferricyanid und Eisenchlorid wird durch S. gebläut. —
Apoth. Ztg. 1908. 701.

**Kraut**'s Reagens auf Alkaloide
ist eine Modifikation von Dragendorff's Reagens (siehe dieses). Man löst 80 g Wismutsubnitrat in 200 g Salpetersäure (D. = 1,18) und gibt diese Lösung in eine konzentr. Lösung von 272 g Kaliumjodid in Wasser. Die Reaktion wird in der mit Schwefelsäure angesäuerten Alkaloidlösung vorgenommen.
Liebig's Annal. **210.** 310.
Hager, Pharm. Prax. 1900. I. 492.
Thoms, Ber. d. deutsch. pharm. Ges. 1905. 85.

**Krehbiel**'s Reaktion auf Gallenfarbstoffe.
4 Teile Harn versetzt man mit 1 Teil Salzsäure und dann tropfenweise mit Chlorkalklösung. Nach 3—6 Tropfen tritt Grünfärbung ein und bei weiterem Zusatz der Umschlag in Blau, Violett und Gelbrot wie bei Gmelin's oder Capranika's Reaktion.
Wiener med. Woch. 1883. 9.
Ztschr. f. analyt. Chem. **22.** 627.
Deubner, ebenda **25.** 458.

**Kreis**' Reaktion auf Cholesterin und Phytosterin.
Verdunstet man einige Tropfen einer ätherischen Lösung genannter Stoffe und gibt 3 Tropfen Melzer's Reagens und konzentr. Schwefelsäure zu, so entsteht eine rotviolette bis dunkelviolette Färbung.
Chem. Ztg. 1899. 21.
Chem. Zentralbl. 1899. I. 505.

**Kreis**' Reaktion auf Eugatol und Paraphenylendiamin.
Eine mit der 100fachen Menge Wasser verdünnte Eugatollösung gibt nach dem Ansäuern und Zusatz von Carbolwasser und Eisenchloridlösung eine rein blaue Färbung, während eine 0,05 %ige Lösung von Paraphenylendiamin nur schwach braunrot gefärbt wird.
Merck's Bericht 1906. 113.
Apoth. Ztg. 1907. 22.
Schweizer Woch. f. Chem. u. Pharm. 1906. **858.**

**Kreis**' Reaktion auf fette Öle.
Überschichtet man in einem Reagenzglase gleiche Volumina Salpetersäure (D. = 1,4), Öl und 1 %ige, ätherische Phloroglucinlösung und schüttelt um, so treten bei fast allen fetten Ölen mit Ausnahme von Olivenöl intensive, himbeerrote Färbungen auf.
Dietze, Pharm. Ztg. **54.** 260.
Krüer, ebenda **54.** 357.
Vasterling, ebenda **54.** 490.

**Kreis**' Reaktion auf belichtete Fette und Öle.
Schüttelt man belichtete Fette und Öle mit ätherischen, 1 %igen Lösungen von Resorcin oder Phloroglucin oder Naphthoresorcin und Salzsäure (D. = 1,19), so erhält man prachtvolle Violett-, Rot- oder Grünfärbungen.
Chem. Ztg. 1899. 802; 1902. 897. 1014; 1904. **956.**
Ztschr. f. angew. Chem. 1903. 283.
Apoth. Ztg. 1903. 210.
Kobert, Ztschr. f. analyt. Chem. **46.** 711.

**Kreis' Reaktion auf verschiedene Lebertrane** siehe: Chem. Ztg. 1906. 1061.

**Kreis' Reaktion auf p-Phenylendiamin.**

1. Die salzsaure Lösung der Base, mit Natriumhypochlorit im Überschuß gekocht, gibt einen weißen, flockigen Niederschlag, der, aus verdünntem Alkohol umkrystallisiert, lange Nadeln (Chinondichlordiimid) vom Schmelzpunkt 124° C. bildet.
2. Die salzsaure Lösung färbt sich beim Erwärmen mit Schwefelwasserstoffwasser und Eisenchlorid violett.
3. Versetzt man eine sehr verdünnte, schwachsaure Lösung der Base und von Anilin mit Eisenchlorid, so entsteht eine blaue Färbung (Indamin-Reaktion).

Südd. Apoth. Ztg. 1904. 891.
Schweizer Woch. f. Chem. u. Pharm. 1906. 858.
Merck's Bericht 1906. 113.
Pharm. Ztg. 1907. 66.

**Kreis' Reaktion auf Sesamöl.**

Schüttelt man 5 ccm Sesamöl, 5 ccm Schwefelsäure (75 %) und 0,3 ccm Wasserstoffsuperoxyd (2—3 %), so tritt nach kurzer Zeit eine intensiv olivengrüne Färbung ein. Beim Verdünnen mit Wasser wird die Säure hellgelb mit grüner Fluoreszenz. Empfindlichkeitsgrenze = 5 % Sesamöl. Oliven-, Cotton-, Arachis-, Mohn-, Mandel-, Pfirsichkern-, Lein- und Rizinusöl geben diese Reaktion nicht.

Annal. Chim. analyt. et appl. **4.** 217.
Chem. Ztg. **27.** 1030. **28.** 956.
Chem. Zentralbl. 1903. II. 1214; 1904. II. 1522.

**Kreis' Reaktion auf Sesamöl (Sesazoreaktion).**

5 ccm Sesamöl werden mit 5 ccm einer wässerigen Aufschlämmung von zirka 1 promilliger diazotierter Naphthionsäure geschüttelt und hierauf mit Natronlauge bis zur alkalischen Reaktion versetzt. Sesamöle, welche sich mit Salpetersäure (1,4) grün färben, geben sofort Rotfärbung durch Bildung eines Azofarbstoffes. Bei Sesamölen dagegen, die sich mit Salpetersäure orangerot färben, tritt die Farbstoffbildung erst ein, nachdem durch Schütteln des Sesamöles mit Salzsäure (1,19) das Sesamöl in Freiheit gesetzt worden ist.

Chem. Ztg. 1903. 1030.

**Kreis' Reaktion auf Thiophen im Benzol.**

In dem zu prüfenden Benzol löst man etwas Thallinbase und schüttelt mit Salpetersäure (D. = 1,4). Bei Anwesenheit von Thiophen färbt sich die Säure intensiv violett.

Chem. Ztg. 1902. 523.
Pharm. Zentrh. 1902. 470.

**Kreis-Chwolles' Reaktion auf Pfirsichkernöl in Mandelöl.**

Schüttelt man gleiche Raumteile Pfirsichkernöl, Salpetersäure (D. = 1,4) und 0,1 %ige, ätherische Phloroglucinlösung kräftig durch, so entsteht eine himbeerrote Färbung (violettstichig). In Mandelöl lassen sich so noch 10 % Pfirsichkernöl nachweisen.

Chem. Ztg. 1903. 33.
Ztschr. f. angew. Mikroskop. 1903. 72.
Südd. Apoth. Ztg. 1903. 520.

**Kremel's Reaktion auf Aloë.**

(Chrysaminsäurereaktion.) Man digeriert Aloë mit der 6fachen Menge konzentr. Salpetersäure mehrere Stunden auf dem Dampfbade, gibt 3 Teile Wasser zu und erhitzt weiter. Auf Zusatz von viel Wasser scheidet sich nach dem Erkalten Chrysaminsäure in gelben Krystallen oder Flocken aus. Die Lösung dieser Säure in Kali- oder Natronsalzlösungen ist carminrot, in Ammoniaksalzlösungen violett. Natalaloë liefert keine Chrysaminsäure.

Pharm. Zentrh. 1900. 34.
H e u b e r g e r, Schweizer Woch. f. Chem. u. Pharm. 1899. 506.

**Kremel's Reaktion auf Colchiceïn in Colchicin.**

Eine wässerige Lösung von Colchicin versetzt man mit einer Eisenchloridlösung, die bis zur Farblosigkeit mit Wasser verdünnt wurde. Bei Anwesenheit von Colchiceïn tritt Grünfärbung ein.

Pharm. Zentrh. 1888. 510.

**Kremel's Reaktion auf Fette in Vaselin.**

2 g Vaselin kocht man mit Natronlauge, läßt erkalten und übersättigt mit Salzsäure. Bei Anwesenheit von Fetten scheiden sich aus der wässerigen Flüssigkeit Fettsäuren ab.

Pharm. Post 1889. 227.

**Kremel's Reaktion auf Granatwurzelrindenextrakt.**

Die wässerige, mit Natronlauge alkalisch gemachte Extraktlösung wird mit Chloroform ausgeschüttelt, das Chloroform verdampft und der Rückstand mit Schwefelsäure behandelt. Es entsteht eine vorübergehende rote und dann eine grüne Färbung.

Pharm. Praxis 1911. 444.

**Kremel's Reaktion auf Karbonat in Natriumbikarbonat.**

Löst man 2 g Natriumbikarbonat in 25 ccm kaltem Wasser und gibt einige Tropfen Phenolphthalein (1 : 100 Alkohol) zu, so färbt sich die Lösung bei Anwesenheit von Monokarbonat mehr oder weniger rot.

Pharm. Post 1884. 849.
Vergl. Deutsches Arzneibuch V. 349.
F l ü c k i g e r, Arch. der Pharm. (3) **22.** 607
S a l z e r, Pharm. Ztg. 1884. 746.

**Kremel's Reaktion auf Strychnin.**

Beim Erhitzen von Strychninnitrat mit konz. Salzsäure entsteht eine rote Färbung.

Pharm. Post 1889. 193.

**Kremers' Reaktion auf Wurmsamenöl.**

Versetzt man eine Lösung von amerikanischem Wurmsamenöl in Eisessig mit Amylnitrit, so färbt sich die Mischung grün und nach Zusatz von Salzsäure blau.

Pharm. Review 1907. 155.
Chem. Zentralbl. 1907. II. 146.

**Kretschy**'s Reaktion auf Kynurensäure.

Neutralisiert man Kynurensäurelösungen mit Ammoniak und gibt Silbernitrat zu, so erhält man einen weißen, beim Erwärmen unlöslichen Niederschlag von kynurensaurem Silber. In einem Überschuß von Ammoniak ist er löslich.

Kretschy, Monatsh. f. Chem. **2.** 57.
Liebig, Annalen d. Pharm. **108.** 354 u. **140.** 143.

**Kristeller**'s Reagens auf Harnstoff im Blut

ist 1 %ige Ureaselösung (Sojabohnenferment), welche Harnstoff in Ammoniumkarbonat verwandelt. Dieses wird mit Neßler's Reagens kolorimetrisch bestimmt.

Ztschr. experim. Path. u. Therap. 1914. **16.** 496.
Merck's Bericht 1914. 468.
Vergl. Slyke's Reagens.

**Kröber**'s Reaktion auf Cascara sagrada-Extrakt (Extractum Rhamni Pursh.).

Schüttelt man die wässerige Extraktlösung mit Äther aus und versetzt man den abgehobenen Äther mit dem gleichen Volumen Wasser und etwas Ammoniakflüssigkeit, so färbt sich die wässerige Schicht beim Schütteln kirschrot.

Pharm. Praxis 1910. 1.
Pharm. Ztg. 1910. 376.

**Krokiewicz**' Reagens auf Gallenfarbstoffe.

a) 1 %ige, wässerige Lösung von Sulfanilsäure (1 ccm Sulfanilsäure zu 100 ccm Wasser).
b) 1 %ige, wässerige Lösung von Natriumnitrit (1 ccm Natriumnitrit zu 100 ccm Wasser).
c) Reine, konzentr. Salzsäure.

Man mischt von a und b je 1/4 ccm, gibt dann 0,5 ccm des zu prüfenden Harns zu und schüttelt 15 Sekunden lang kräftig um. Bei Gegenwart von Gallenfarbstoff färbt sich die Mischung rubinrot und nach Zusatz von 2 Tropfen Salzsäure und Wasser (bis zur 10fachen Menge) amethystviolett.

Münchener med. Woch. 1906. 496.
Wiener klin. Woch. 1898. Nr. 8.
Merck's Bericht 1906. 19.

**Kromayer**'s Reaktion auf Syringin.

Versetzt man eine wässerige oder alkoholische Lösung von Syringin mit einem gleichen Volumen konzentr. Schwefelsäure, so entsteht eine dunkelblaue Färbung, die durch weiteren Zusatz von Schwefelsäure in Violett übergeht.

Arch. der Pharm. **109.** 18.

**Kronecker**'s Reagens für mikroskop. Zwecke

(künstliches Serum) ist eine Lösung von 0,06 g Natriumkarbonat (oder Ätznatron) und 6 g Natriumchlorid in 1 Liter Wasser.

Böhm-Oppel, Taschenbuch 1896. 19.
Lee-Henneguy, Traité 1896. 260.
Behrens' Tabellen 1892. 65.
Enzyklop. d. mikroskop. Techn. 1903. 254.

**Krüger**'s Reaktion auf Adenin.

Gibt man zu einer Lösung von 1 Molekül Bleiacetat eine Lösung von 1 Molekül Adenin und 2 Molekülen Natriumhydroxyd, so erhält man mikroskopisch kleine Nadeln von Adeninblei ($C_5H_3PbN_5$).

Ztschr. f. physiol. Chem. **18.** 430.

**Krüger**'s Reagens auf Glukose

ist eine Modifikation von Nylander's und Almén's Reagens mit einem Zusatz von Glycerin.

**Krüger**'s Hämatoxylinlösung für mikroskopische Zwecke.

a) Konzentr. alkoholische Lösung von Hämatoxylin, die mehrere Tage alt ist; b) konzentr. wässerige Lösung von Ammoniakalaun; c) Glycerin, d) Methylalkohol.

Als Reagens verwendet man eine Mischung von 4 Teilen a, 150 Teilen b, 25 Teilen c und 25 Teilen d. Nach frühestens 3 Monaten zu filtrieren. Gebraucht zur elektiven Färbung der Bindesubstanzen.

Arch. mikrosk. Anat. 1914. **84.** 75.
Ztschr. f. wiss. Mikroskop. 1914. **31.** 137

**Krüger-Schmid**'s Reagenzien zur Bestimmung von Xanthinbasen.

1. 40 %ige Lösung von Natriumbisulfit. — 2. 10 %ige Lösung von kryst. Kupfersulfat. — 3. kryst. Natriumacetat. — 4. Schwefelwasserstoff oder Schwefelnatriumlösung.

Die Reaktion beruht auf der Fällung aller Purinbasen (mit Ausnahme von Coffein und Theobromin) durch saure Cuprosalzlösungen in der Wärme. Näheres siehe: Ztschr. f. physiol. Chem. **32.** 104 u. **45.** 1. — Krüger-Wulf, ebenda **20.** 181. — Huppert, ebenda **22.** 556.

**Krüger-Wulff**'s Reaktion auf Adenin

beruht auf der Bildung von Adeninsilber bei der Behandlung von Adenin mit ammoniakalischer Silbernitratlösung. Vergl. Krüger-Schmid's Reagenzien auf Xanthinbasen.

Ztschr. f. physiol. Chem. **20.** 184.

**Krull**'s Reaktion auf Adrenalin.

Versetzt man 1 Tropfen Adrenalin mit 1 Tropfen Kupfersulfatlösung, Bittermandelwasser und Ammoniakflüssigkeit, so entsteht eine unbeständige rote Färbung. Benützt man statt Ammoniak ein Kryställchen Natriumbikarbonat, so erhält man eine beständige Rotfärbung.

Pharm. Weekblad 1906. **43.** 1208.

**Kruysse**'s Reaktion auf Cinchonidin in Chininsulfat.

Man löst 1 g Chininsulfat in 50 ccm kochendem Wasser und gibt 1 g Nitroprussidnatrium zu. Nach dem Abkühlen wird filtriert, das Filtrat mit 1 Tropfen Ammoniakflüssigkeit versetzt und auf 40—50° erhitzt. War das Chininsulfat rein, so bleibt die Lösung nach dem Erkalten klar, enthielt es Cinchonidin (nur 1 %), so trübt sie sich.

Apoth. Ztg. 1913. 17.

**Krysinski**'s Reagens für mikroskop. Zwecke (Photoxylinlösung) ist eine Lösung von 1 oder 5 g Photoxylin (Colloxylin) in 50 g Alkohol und 50 g Äther. Gebraucht als Einbettungsmittel.

Virchow's Archiv 1887. 217.
Busse, Ztschr. f. wiss. Mikroskop. 1892. 47.
Tschernischeff, ebenda 1900. 449.
Unna, Monatsh. f. prakt. Dermatol. 1900. 422. 476.
Eberth - Friedländer, Mikroskop. Techn. 1894. 72.
Enzyklop. d. mikroskop. Techn. 1903. 116.

**Kubel**'s Reaktion auf Colchicin.

Colchicin gibt mit Salpetersäure (D. = 1,4) eine charakteristische violette Färbung, die beim Verdünnen mit Wasser hellgelb und durch überschüssiges Alkali orangerot wird.

Merck's Report 1901. 96.
Enzyklop. d. ges. Pharm. 1889. VI. 153.
Vergl. Struve's Reaktion.

**Kubli**'s Reagens auf Natriumkarbonat in Bikarbonat ist eine Lösung von 0,4 g Chininhydrochlorid in 100 ccm Wasser. Enthält das Bikarbonat mehr als 2 % Monokarbonat, so wird eine wässerige Lösung 3 : 50 (bei 10° C.) durch ein gleiches Volumen Chininlösung nur vorübergehend getrübt. Nach 5 Minuten tritt an der Oberfläche der Mischung eine Trübung ein, die aber von der beginnenden Zersetzung des Bikarbonates herkommt.

Arch. der Pharm. **236**. 321.
Chem. Zentralbl. 1898. II. 641.

**Kubli**'s Reaktion I auf Nebenalkaloide im Chininhydrochlorid.

(Wasserprobe.) 1,8 g bei 40—50° C. völlig verwittertes Chininhydrochlorid und 0,375 g wasserfreies Natriumsulfat erhitzt man in einem Kölbchen mit 60 g Wasser zum Sieden, läßt 5 Minuten lang kochen und bringt das Gesamtgewicht der Mischung mit Wasser auf 62 g. Man kühlt hierauf auf 20° C. ab und schüttelt während ½ Stunde bei derselben Temperatur öfter durch. Nachdem man durch ein trockenes Filter von 9 cm Durchmesser filtriert hat, gibt man 5 ccm des Filtrates in einen Glaszylinder von 25—30 ccm Inhalt, fügt 3 Tropfen Natriumkarbonatlösung (1 : 10) und dann so lange und so viel Wasser von 20° C. zu, bis der entstandene Niederschlag sich wieder gelöst hat. Es sollen hierzu nicht mehr als 12 ccm Wasser gebraucht werden.

Pharm. Ztschr. f. Rußland **34**. 593. (Siehe auch nächsten Absatz.)
Dieselbe Probe für Chininsulfat siehe: Ztschr. f. analyt. Chem. **38**. 379.

**Kubli**'s Reaktion II auf Nebenalkaloide im Chininhydrochlorid.

(Kohlendioxydprobe.) Man verfährt wie bei Reaktion I angegeben. 5 ccm Chininlösung fällt man in einem Glaszylinder mit 3 Tropfen Natriumkarbonatlösung (1 : 10), gibt 5 ccm einer frisch und kalt bereiteten Natriumbikarbonatlösung (3 : 50) zu und bringt die so erhaltene Lösung auf 15° C. In diese Lösung leitet man ½ Stunde lang luftfreies, trockenes Kohlendioxyd. Es muß ein krystallinischer Niederschlag entstehen.

Pharm. Ztschr. f. Rußland **34**. 593.
Ztschr. f. analyt. Chem. **38**. 391.
Dieselbe Probe für Chininsulfat siehe: Ztschr. f. analyt. Chem. **38**. 384.
Hesse, Arch. der Pharm. **235**. 114.
Weller, Pharm. Ztg. 1897. 344.
Kubli, Arch. der Pharm. **235**. 619.

**Kuborne**'s Reaktion auf Cocaïn.

Dampft man etwas Cocaïn mit 1 ccm Salpetersäure (D. = 1,4) auf dem Wasserbade zur Trockene und gibt nach dem Erkalten eine Lösung von Ätzkali in Alkohol oder Amylalkohol zu, so entsteht keine Färbung (wie bei Atropin). Erwärmt man aber auf dem Wasserbade, so tritt eine intensive Violettfärbung auf.

Pharm. Zentrh. 1892. 411.
Ztschr. f. analyt. Chem. **31**. 729.

**Kügelgen**'s Reaktion auf Chelidonin.

Das Alkaloid löst sich in konzentr. Schwefelsäure mit blaßgrüner Farbe, die allmählich in Braun und Violettbraun übergeht. Fröhde's Reagens färbt sich damit grün, blaugrün, blau und dann schwarzgrün, Selenschwefelsäure grün, blau und dann grünbraun, Chromsäure- oder Salpeterschwefelsäure grün und blau.

Dissert. Dorpat. 1884.

**Kügelgen**'s Reaktion auf Sanguinarin.

Das Alkaloid löst sich in konzentr. Schwefelsäure blaßblauviolett, später in Grün übergehend, in Fröhde's Reagens rotviolett, dann grün, in Vanadinschwefelsäure blauviolett, dann fast schwarz werdend. Näheres siehe: Dragendorff, Ermittelg. v. Giften 1888. 263. — Ztschr. f. analyt. Chem. **24**. 165.

**Kühl**'s Reaktion auf Milchsäure im Magensaft ist eine Modifikation von Uffelmann's Reaktion. — Kalt gesättigte, wässerige Salicylsäurelösung verdünnt man mit Wasser im Verhältnis 1 : 100. 5 ccm davon versetzt man mit 1 Tropfen Eisenchloridlösung und erhält so eine amethystblaue Mischung, die auf Zusatz von stark verdünnter Milchsäure in Gelb übergeht. Andere organische Säuren, wie Wein-, Citronen- und Oxalsäure bewirken ebenfalls den Farbenwechsel.

Pharm. Ztg. 1910. 120.
Pharm. Zentrh. 1910. 641.
Pharm. Praxis 1911. 157.

**Kühl**'s Reaktion auf Pikrinsäure.

Erwärmt man 1 %ige Kaliumcyanidlösung auf 60° und gibt Pikrinsäurelösung zu, so kann man auf weißem Untergrund noch 0,00001 g Pikrinsäure an der Rotfärbung der Mischung erkennen.

Pharm. Zentrh. 1914. 523.
Chem. Zentralbl. 1914. II. 168.

**Kühn's Diabetesprobe**
beruht auf der grünlichen Fluoreszenzerscheinung im Diabetikerharn nach Zusatz von Formaldehyd. Die Reaktion tritt nur bei schweren Fällen ein.
Münchener med. Woch. 1907. 1055.
The Prescriber 1907. 258.
Vergl. Strzyzowski's Reagens auf Glukose im Harn.

**Kühne's Reagenzien zur Bazillenfärbung.**
1. Carbolmethylenblau ist eine Lösung von 1,5 g Methylenblau und 5 g Phenol in 10 g Alkohol und 100 ccm Wasser.
2. Carbolfuchsinlösung ist eine Lösung von 1 g Fuchsin und 5 g Phenol in 10 g Alkohol und 100 ccm Wasser.
3. a) Eine Lösung von 1 g Viktoriablau in 50 ccm Alkohol (50 %); b) eine Lösung von 1 g Jod und 2 g Jodkalium in 50 ccm Wasser. Gebraucht zur Färbung nach Gram.
Kühne, Nachw. d. Bakt. 1888. 42. 43.
Eberth-Friedländer, Mikroskop. Techn. 1894. 185. 188.

Zentralbl. f. Bakt. 1890. 293.
Ztschr. f. wiss. Mikroskop. 1890. 525.

**Kühne's Reaktion auf Tyrosin.**
Erwärmt man Tyrosin mit konzentr. Salzsäure und einer Spur Kaliumchlorat, so entsteht eine dunkelorangerote Lösung.
Arch. f. patholog. Anatomie 39. 130.
Ztschr. f. analyt. Chem. 6. 284.

**Kühne's Reagens zum Färben von Typhus- und Cholerabazillen.**
Einer kaltgesättigten Lösung von Methylenblau gibt man auf 100 ccm 1 g Ammoniumkarbonat zu.

**Kühne's Carbolschwarzbraun zur Bakterienfärbung**
ist eine Lösung von 1 g Anilinschwarzbraun in 10 g Alkohol und 100 g Carbolwasser (5 %).
Kühne, Nachw. d. Bakt. 1888. 36. 44.

**Kühne's Chlorhydrinblaulösung**
ist eine Lösung von 10 g Chlorhydrinblau in 10 g Alkohol und 90 ccm Wasser.
Kühne, Nachw. d. Bakt. 1888. 43.

**Kühne's Fluoresceïnalkohol**
ist eine gesättigte Lösung von Fluoresceïn (S) in absolutem Alkohol.
Kühne, Nachw. d. Bakt. 1888. 43.
Eberth-Friedländer, Mikroskop. Techn. 1894. 181. 215.

**Kühne's Fluoresceïnnelkenöl**
ist eine gesättigte Lösung von Fluoresceïn in Nelkenöl, die durch Absetzen geklärt ist.
Nachw. d. Bakt. 1888. 44.

**Kühne's Hexamethylviolettlösung**
ist eine Lösung von 1 g Krystallviolett in 10 g Alkohol und 90 g Wasser.
Kühne, Nachw. d. Bakt. 1888. 37. 44.

**Kühne's Methylenblau-Anilinöl und Safranin-Anilinöl**
ist eine Anreibung von Methylenblau oder Safranin in gereinigtem Anilin, die durch Absetzenlassen geklärt wurde. Näheres siehe: Kühne, Nachw. d. Bakt. 1888. 42.
Methylgrün-, Auramin- und Säureviolett-Anilinöl werden ebenso hergestellt.

**Kühne's Salzsäurecarmin.**
1 g Carmin kocht man 10 Minuten lang mit 100 g Alkohol (60—80 %), dem 8 Tropfen Salzsäure zugesetzt wurden. Nach dem Erkalten wird die Lösung filtriert.
Kühne, Nachw. d. Bakt. 1888. 44.

**Kultschitzky's Reagens zum Färben mikroskop. Präparate.**
1. Eine Lösung von 2 g Hämatoxylin in 10 g Alkohol, der 100 g 3 %ige Essigsäure beigemischt werden.
2. 2 g Carmin kocht man mit 100 ccm 10 %iger Essigsäure (zirka 3 Stunden lang) und filtriert die erhaltene Lösung nach dem Erkalten.
Anat. Anzg. 1890. 519.
Schaffer, Ztschr. f. wiss. Mikroskop. 1891. 227.
Behrens' Tabellen 1892. 102.
Eberth-Friedländer, Mikroskop. Techn. 1894. 257.
3. Man mischt eine Lösung von 0,25 g Rubin S in 100 ccm 2 %iger Essigsäure mit 100 ccm gesättigter, wässeriger Pikrinsäurelösung.
4. Eine Mischung von 5 ccm obiger Rubinlösung mit 100 ccm Alkohol (96 %).
Anat. Anzg. 1893. 357.
5. Eine Lösung von 0,5 g Magdalarot und 0,25 g Methylenblau in 200 g Alkohol (96 %), der 10 ccm 1 %ige, wässerige Kaliumkarbonatlösung zugegeben sind.
Ztschr. f. wiss. Mikroskop. 1896. 75.
6. a) Eine Lösung von 0,5 g Fuchsin S in 100 ccm 3 %iger Essigsäure; b) eine Lösung von 0,5 g Chinablau (Wasserblau) in 100 ccm 2 %iger Essigsäure.
7. Eine gesättigte, ätherische Lösung von Lackmoid.
Arch. f. mikroskop. Anat. 1895. 673.
Enzyklop. d. mikroskop. Techn. 1903. 122. 510. 704. 776. 1023.

**Kultschitzky's Reagens zum Fixieren mikroskop. Präparate.**
1. Man mazeriert feingepulvertes Kaliumdichromat und Kupfersulfat 24 Stunden im Dunkeln mit 50 %igem Alkohol, wobei man eine grüngelbe Lösung erhält. Zum Gebrauch gibt man auf 100 ccm dieser Lösung 5 Tropfen Eisessig.
Ztschr. f. wiss. Mikroskop. 1887. 348.
2. Eine Lösung von 2 g Kaliumdichromat und 0,25 g Quecksilberchlorid in 50 g 2 %iger Essigsäure und 50 g Alkohol.
Arch. f. mikroskop. Anat. 1887. 7.
Enzyklop. d. mikroskop. Techn. 1903. 146. 165.

**Külz'** Reaktion auf Gallensäuren im Harn

ist eine Modifikation von Pettenkofer's Reaktion. Da man letztere Reaktion mit Harn direkt nicht vornehmen kann, sondern nur mit den daraus isolierten Gallensäuren, so verdampft man einige Tropfen Harn auf dem Dampfbade, gibt einen Tropfen Zuckerlösung zu und dann einen Tropfen konzentr. Schwefelsäure. Bei Anwesenheit von Gallensäuren färbt sich die Masse beim Erwärmen an den Rändern violettrot.

Ztschr. f. analyt. Chem. 15. 106.
Zentralbl. f. d. med. Wissensch. 1875. 515.
Chem. Zentralbl. 1876. 80.
Neukomm, Arch. f. Anat. etc. 1860. 365.
Vitali, Berl. Ber. 14. 547.
Stokvis, Arch. f. klin. Med. 1883. 115.

**Külz'** Reaktion auf β-Oxybuttersäure im Harn

beruht auf der Überführung der Oxybuttersäure in α-Crotonsäure durch Destillation des eingedickten Harns mit Schwefelsäure und Bestimmung des Schmelzpunktes der Crotonsäure (71—72°).

Arch. f. exper. Pathol. 18. 291.
Embden-Schmitz, Handbuch der biochem. Arbeitsmeth. 1910. III. 926.
Darmstädter, Ztschr. f. physiol. Chem. 37. 355.

**Külz'** Reaktion auf Rhodansalze im Harn.

Man bereitet eine Eisenchloridlösung, welche der Farbe des zu prüfenden Harns möglichst nahe kommt, indem man einige Tropfen Salzsäure und genügend Wasser zugibt. Von dem zu prüfenden Harn bringt man dann einige Tropfen auf einen Porzellanteller und gibt in die Mitte einen Tropfen der Eisenchloridlösung, so daß dieser mit dem Harn allmählich zusammenfließt. Es bildet sich ein rötlicher Ring, der besonders nach dem Eintrocknen deutlich hervortritt.

Sitz.-Ber. d. Ges. zur Förderung d. ges. Naturwiss., Marburg 1875. 76.

**Kumagawa-Suto's** Reagens auf Glukose.

a) Krystallisiertes Kupfersulfat 4,278 g mit Wasser zu 1 Liter ergänzt; b) Seignettesalz 21 g, Ätzkali 21 g und Ammoniakflüssigkeit (D. = 0,88) 300 ccm mit Wasser zu 1 Liter aufgefüllt. Zum Gebrauch werden gleiche Teile gemischt.

Salkowski-Festschrift 1904. 211.
Kinoshita, Biochem. Ztschr. 1908. 219.
Shimidzu, ebenda 1908. 243.

**Kundrát's** Reagens auf Alkaloide und Glykoside

ist eine Lösung von 0,1 g vanadinsaurem Ammon in 10 ccm konzentr. Schwefelsäure. Das Reagens gibt mit genannten Stoffen charakteristische Farbenreaktionen. Näheres siehe: Ztschr. f. analyt. Chem. 28. 709. — Chem. Ztg. 1889. 265. — Chem. Zentralbl. 1889. I. 298. — Vergl. Mandelin's Reagens.

**Kunkel's** Reagens auf Kohlenoxyd im Blute

ist eine 3 %ige, wässerige Tanninlösung. 2 ccm des zu untersuchenden Blutes verdünnt man mit 8 ccm Wasser, gibt 10 ccm des Reagenzes zu und mischt gut durch Umschütteln. Bei Anwesenheit von Kohlenoxydblut bleibt das nach einiger Zeit entstandene Gerinnsel längere Zeit rot als Sauerstoffblut, welches bald graubraun wird. Diese Probe soll empfindlicher sein als die spektroskopische Untersuchung.

Pharm. Zentrh. 30. 189.
Ztschr. f. analyt. Chem. 36. 412.
Kostin, Chem. Ztg. 1901. Rep. 183.
Wachholz, Ärztl. Sachverst. Ztg. 1907. Nr. 7.

**Kunkel-Welzel's** Reaktion auf Kohlenoxyd im Blut.

Mischt man 10 ccm unverdünntes Kohlenoxydblut mit 15 ccm 20 %iger Ferrocyankaliumlösung und 2 ccm verdünnter Essigsäure, so bildet sich ein hellroter Niederschlag. Normales Blut gibt unter denselben Bedingungen einen schwarzbraunen Niederschlag.

Sitzungsber. d. phys. med. Ges. Würzburg 1888. 86.
Vergl. Kunkel's und Welzel's Reaktionen.
Franzen-Mayer, Ztschr. f. analyt. Chem. 1911. 674.

**Kunz-Krause's** Reaktion auf Glykotannoide

beruht auf der Bildung von Blausäure bei mehrtägiger Einwirkung von Liebermann's Reagens (8 g Kaliumnitrit : 100 g Schwefelsäure) auf die sog. Glykotannoide.

Pharm. Zentrh. 1898. 39. 401. 421. 441.
Apoth. Ztg. 1898. 882.

**Kunz-Krause's** Reaktion auf Kampfersäure.

Erhitzt man Kupferoxyd zum Glühen und berührt damit die auf einem Porzellandeckel ausgebreitete Kampfersäure, so entsteht sofort ein auf dem Porzellan festhaftender nickelgrüner Fleck (von Kupferkamphorat). Grünes Kupferkamphorat bildet sich auch, wenn man eine heißbereitete, wässerige Lösung von Kampfersäure mit einem Überschuß von Kupfersulfat versetzt.

Apoth. Ztg. 1915. 141.

**Kunz-Krause's** Reaktion auf die Methylimidgruppe in zyklisch konstituierten Alkaloiden siehe: Apoth. Ztg. 1898. 811. 820.

**Kunz-Krause's** Reaktion auf α- und β-Naphthol.

Man löst 0,5 g Naphthol in 10 g absolut. Alkohol und trägt in diese Lösung so lange metallisches Natrium in dünnen Scheiben ein als noch Lösung erfolgt:

α-Naphthol: Die farblose Lösung färbt sich alsbald blaugrün mit ebensolcher Fluoreszenz. Später tritt fast Entfärbung ein, während die Fluoreszenz bestehen bleibt.

β-Naphthol: Die farblose Flüssigkeit nimmt alsbald eine intensiv königsblaue Färbung mit blauvioletter Fluoreszenz an. Bei weiterer Zugabe von Natrium schlägt die Farbe in Oliv, dann Braun und zuletzt Orange um. Die Fluoreszenz bleibt aber bestehen.

Arch. der Pharm. 1898. 548.

**Kunz-Krause's** Natriumreaktionen
siehe des Autors Abhandlung „Über das Verhalten einiger Gruppen zyklischer Verbindungen zu metallischem Natrium" im
Arch. der Pharm. 1898. 542.

**Kunz-Krause's** Reaktion auf Pyridin in Ammoniak.
5 ccm Ammoniakflüssigkeit werden mit soviel gepulverter Weinsäure versetzt, bis der Ammoniakgeruch verschwunden ist. Schüttelt man nun gut durch, so kann man die geringsten Mengen Pyridin am Geruch erkennen.
Pharm. Ztg. 1907. 854.
Apoth. Ztg. 1907. 87.

**Kupferschläger's** Reaktion auf Chlor in Salzsäure
beruht auf der Unlöslichkeit von metallischem Kupfer in chlorfreier Salzsäure und auf der Löslichkeit desselben in chlorhaltiger Salzsäure (bei gewöhnlicher Temperatur).
Chem. Ztg. 1889. Rep. 241.
Bull. Soc. Chim. Paris (3) 2. 136.
Chem. Zentralbl. 1889. II. 510.

**Kupferschläger's** Reaktion auf teerige Stoffe im Ammoniak.
Übersättigt man Salmiakgeist mit mäßig verdünnter Salpetersäure, so entsteht bei Gegenwart teeriger Stoffe eine rote oder braune Färbung.
Bull. Soc. Chim. Paris (2) 23. 256.
Ztschr. f. analyt. Chem. 18. 90.
W i t t s t e i n, Dingler's Journ. 213. 512.

**Kupffer's** Reagens zum Färben mikr. Präparate.
1. Eine 3 %ige, wässerige Lösung von Methylenblau.
Vergl. Arnstein's Reagens.
2. Eine konzentr., wässerige Lösung von Fuchsin S. Gebraucht zur Färbung von Nerven.
Sitz.-Ber. d. k. bayr. Akad. d. Wissensch. 1884. 446.
Ztschr. f. wiss. Mikroskop. 1885. 100.
B e h r e n s' Tabellen 1892. 112.
Enzykl. d. mikroskop. Techn. 1903. 930.

**Kurowski's** Reagens auf Schwefelkohlenstoff.
Man erhält das Reagens (Acetylacetonthallium) durch Kochen von Thalliumkarbonat ($Tl_2CO_3$) mit einer alkoholischen Lösung von Acetylaceton. Das Reagens wird durch Schwefelkohlenstoff gelb bis orangegelb gefärbt oder gefällt. Empfindlichkeitsgrenze = 1 Tropfen $CS_2$ in 1 Liter Benzol.
Chemik Polski 1910. 193.
Merck's Bericht 1910. 382.
Chem. Ztg. 1910. Rep. 233.
Ztschr. f. analyt. Chem. 1911. 55.

**Kuskow's** Reagens zum Mazerieren mikroskop. Präparate
ist eine frisch bereitete Lösung von 0,1 g (offizinellem) Pepsin und 0,06 g Oxalsäure in 20 ccm Wasser. Gebraucht als Verdauungsflüssigkeit.
Arch. f. mikroskop. Anat. 1887. 137.
Ztschr. f. wiss. Mikroskop. 1887. 384.
A t h e s t o n, Anat. Anzg. 1899. 497.
Vergl. Enzyklop. d. mikroskop. Techn. 1903. 189. 1324.

**Kürsten's** Reaktion auf Podophylltoxin.
Befeuchtet man Podophylltoxin mit konz. Schwefelsäure, so entsteht eine kirschrote Färbung, die in Grünblau und dann in Violett übergeht. Salpetersäure erzeugt Rotfärbung.
Arch. d. Pharm. 1891. 229. 220.
Chem. Zentralbl. 1891. II. 136.
D r a g e n d o r f f, Chem. Zentralbl. 1896. I. 652.

**Küster's** Bromid-Bromat-Lösung
siehe unter: Mascarelli's Reagens auf Phenol.

**Kwilecki's** Reaktion auf Eiweiß im Harn
ist eine Modifikation von Esbach's Reaktion. — In einem geeigneten Apparat wird der sauer reagierende Harn mit 10 Tropfen Eisenchloridlösung und dann mit Esbach's Reagens versetzt und die Mischung dann in auf 72 ° erhitztes Wasser gestellt. Bei diesem Verfahren soll sich das Eiweiß rasch absetzen. Näheres siehe: Pharm. Ztg. 1909. 538. — Münchener med. Woch. 1909. 1330.

**Labat's** Reaktion auf die aromatische Methylenäthergruppe
siehe: Bull. Soc. Chim. France (4) 5. 745.
Pharm. Zentrh. 1912. 691; 1913. 513.
Ztschr. f. analyt. Chem. 1912. 66.

**Labarraque's** Reagens
(Eau de Labarraque) ist eine Lösung von Natriumhypochlorit und Chlornatrium. Man schüttelt 10 g Chlorkalk mit 50 ccm Wasser und gibt eine Lösung von 12,5 g Natriumkarbonat in 250 ccm Wasser zu. Nach dem Klären der Flüssigkeit wird filtriert. Der verwendete Chlorkalk soll 25 % wirksames Chlor enthalten.
S c h m i d t, Pharm. Chem. 1893. I. 537.
D r a g e n d o r f f, Ermittel. v. Gift. 1888. 84.
H a g e r, Pharm. Prax. 1880. I. 877.
Eau de Javelle ist eine Lösung von Kaliumhypochlorit und Chlorkalium, die wie Labarraque's Reagens in entsprechendem Verhältnis dargestellt wird. (Im Handel versteht man unter Eau de Javelle gewöhnlich die Lösung von N a t r i u m hypochlorit; siehe Merck's Index 1910. 168.)
B e h r e n s' Tabellen 1892. 85.
Enzyklop. d. mikroskop. Techn. 1903. 176.
N o l l, ebenda 59.

**Labat's** Reaktionen auf Atoxyl und Arsacetin
siehe: Répert. de Pharm. 1909. 63.
Pharm. Ztg. 1909. 179.

**Labat's** Reaktion auf Hordenin und Hexamethylentetramin.

1 ccm Hordeninlösung (1 %) und 1 ccm Hexamethylentetraminlösung (1 %) mischt man mit 2 ccm Schwefelsäure und erhitzt zum Sieden. Es entsteht eine smaragdgrüne Färbung. Empfindlichkeitsgrenze für Hordenin = 0,1 mg, für Hexamethylentetramin = 0,001 %.

Journ. de Pharm. et de Chim. 1909. I. 433.
Répert. de Pharm. 1909. 262.
Apoth. Ztg. 1909. 375.

**Labat's** Reaktion auf Hydrastin, Hydrastinin und Narkotin

siehe: Bullet. Soc. Chim. de France (4) 5. 742, 743.
Ztschr. f. analyt. Chem. 1912. 66.
Chem. Zentralbl. 1909. II. 759.

**Labat's** Reaktionen auf Hydrastin, Hydrastinin, Narkotin, Narcein, Berberin, Heliotropin, Piperin, Apiol, Safrol und Isosafrol

siehe: Bullet. Soc. Chim. de France (4) 5. 745.
Chem. Zentralbl. 1909. II. 760.

**Labat's** Reaktion auf Laktose im Harn.

100 ccm Harn werden mit Ammoniak schwach alkalisch gemacht und auf dem Dampfbade auf 10 ccm eingedampft. Der Rest wird filtriert, mit Bleisubacetat geklärt und nochmals filtriert, worauf man ein gleiches Volumen einer Lösung aus 1 ccm Phenylhydrazin, 3 ccm Eisessig und 20 ccm „Acetatessigsäure" (Natriumacetat und Essigsäure) zugibt. Man erwärmt 1/2 Stunde auf dem siedenden Wasserbade, läßt erkalten und untersucht das gebildete Osazon unter dem Mikroskop. Das Laktosazon ist besonders bei Gegenwart von Glukosazon an seiner Krystallform kenntlich.

Répert. de Pharm. 1910. 488.
Bullet. trav. Soc. pharm. de Bordeaux 1910. 342.
Chem. Ztg. 1910. Rep. 517.
Pharm. Ztg. 1910. 929.

**Labat-Denigès'** Reaktionen auf Hexamethylentetramin im Urin.

Läßt man auf einem Objektträger 1 Tropfen Harn und einen Tropfen Jodlösung (6 g Jod, 8 g Kaliumjodid, 150 ccm Wasser) zusammenfließen, so beobachtet man bei Gegenwart von Urotropin charakteristische Krystalle (Zeichnung siehe an den unten angeführten Literaturstellen!).

Versetzt man 5 ccm Harn mit 0,5 ccm Tanret's Reagens, so bilden sich bei Gegenwart von Urotropin mikroskopisch kleine Krystalle, die sich vom hexagonalen System ableiten. Diese Reaktion ist weniger empfindlich als die vorhergehende.

Bull. Soc. Pharm. Bordeaux 1908. August-September.
Répert. de Pharm. 1909. 61.

**Labiche's** Reagens auf Cottonöl.

Man löst 50 g neutrales Bleiacetat in 100 ccm warmem Wasser. 25 g des zu prüfenden Fettes erwärmt man mit 25 ccm Bleilösung auf 35° C. und mischt gut nach Zugabe von 5 ccm Ammoniak. Bei Anwesenheit von Cottonöl wird die so erhaltene Emulsion nach kurzer Zeit gelbrot. Reines Mohnöl, Rapsöl, Sesamöl und Schweinefett geben keine gelbrote Färbung.

Ztschr. f. analyt. Chem. 29. 722.
D e i s s, Chem. Ztg. 1888. Rep. 191.
D i e t e r i c h, Helfenberger Annal. 1890. 80.

**Laborde's** Reaktion auf freie Säure im Magensaft

beruht auf Farbenerscheinungen, die säurehaltiger Magensaft mit Anilinsulfat und Bleisuperoxyd hervorbringt: Salzsäure = dunkelgrün; Milchsäure = purpurrot etc.

Med. Zentralbl. 1875. 185.
Ztschr. f. analyt. Chem. 1. 151.
Chem. Zentralbl. 1875. 229.

**Lachaux's** Indikator.

Man löst 3,1 g Corallin (Rosolsäure) in 150 ccm Alkohol, neutralisiert die Lösung und gibt eine Lösung von 0,5 g Malachitgrün in 50 ccm Alkohol zu. Die grüne Lösung färbt alkalische Flüssigkeit rot und saure Flüssigkeiten grün.

Bull. Assoc. Chim. 10. Nr. 6.
Ztschr. f. Rübenzucker. Ind. 1893. 142.
R u n y a n, Journ. Americ. Chem. Soc. 23. 402.
Chem. Zentralbl. 1901. II. 558.

**Lacroix'** Reaktion auf Titan.

Gibt man in eine Lösung von Morphin in Schwefelsäure einen Tropfen einer titanhaltigen Flüssigkeit, so entsteht sofort eine weinrote Färbung.

Nouv. Remèd. 1902. 180.

**Ladenburg's** Reaktion auf Lysidin (im Harn)

beruht auf der Bildung von Dibenzoyläthylendiamin (Schmp.: 244°) bei Einwirkung von Benzoylchlorid auf Lysidin in alkalischer Lösung.

Berl. Ber. 1895. 3068.
Pharm. Zentrh. 1896. 138.

**Ladendorf's** Reaktion auf Blut

ist eine Modifikation von Almén's und Vitali's Reaktion unter Verwendung von Eucalyptusöl. Gibt man zu einer mit Guajakholztinktur versetzten Lösung, welche Blut enthält, etwas Eucalyptusöl, so färbt sich letzteres violett, während sich die wässerige Schicht blau färbt.

Merck's Report. 1901. 96.

**Lafite-Dupont-Molinier's** Rhinoreaktion

ist eine Tuberkulinreaktion, die mittels Tuberkulin auf der Nasenschleimhaut hervorgerufen wird.

Münchener med. Woch. 1909. 1055.

**Lafitte's** Reaktion auf Chlorsäure

beruht nach Pozzi-Escot auf einer Blaufärbung bei der Einwirkung von Chloraten und Salzsäure auf Anilin. Vergl. Bull. Soc. Chim. France 1913. (4. Ser.) 498.

**Lafon**'s Reagens auf Codeïn
ist eine Lösung von Ammon- oder Natriumselenit in konzentr. Schwefelsäure. 1/10 mg Codeïn färbt dieses Reagens noch schön grün.
Compt. rend. **100**. 1543.
Ztschr. f. analyt. Chem. **25**. 567.
Umgekehrt läßt sich mit Codeïn selenige Säure in Schwefelsäure nachweisen.
Merck's Bericht 1900. 28.

**Lafon**'s Reagens auf Digitalin (französisches).
Gibt man zu (franz.) Digitalin eine kleine Menge einer Mischung von gleichen Teilen Alkohol und konzentr. Schwefelsäure, erwärmt und gibt einen Tropfen Eisenchlorid zu, so entsteht eine schöne, blaugrüne Färbung.
Compt. rend. **100**. 1463.
Ztschr. f. analyt. Chem. **25**. 567.
Garnier, Chem. Zentralbl. 1908. I. 2212.
Merck's Ber. 1911. 51.
Répert. de Pharm. 1908. 260.

**Lagerheim**'s Korkreagens (für mikroskopische Zwecke).
1. Alkoholische Lösung von Merck's blauer Fettfarbe (Indulin 6 B in Petroleumbenzin löslich).
2. Alkoholische Lösung von Buttergelb oder Dimethylamidoazobenzol.
3. Lösung von Scharlach R in Milchsäure.

Svensk Farmaceutisk Tidskrift 1902. Nr. 20.
Sonntag, Ztschr. f. wiss. Mikroskop. 1907. (**24**.) 21.

**Lagrange**'s Reagens auf Glukose.
Man löst 10 g neutrales Kupfertartrat und 40 g Natriumhydroxyd in 500 ccm Wasser. Dieses Reagens soll haltbarer sein als Fehling's Lösung und weder bei längerem Stehen noch beim Kochen für sich Kupferoxydul abscheiden.
Compt. rend. 1874. 1005.
Ztschr. f. analyt. Chem. **15**. 111.

**Lailler**'s Reaktion auf echtes Olivenöl.
Man mischt 2 Teile 12%ige Chromsäurelösung mit 1 Teil Salpetersäure (D. = 1,4). — 2 g Reagens schüttelt man mit 8 g des zu prüfenden Öles. Ist das Olivenöl rein, so wird es nach 48 Stunden teilweise, nach einigen Tagen aber vollständig fest und färbt sich blau.
Journ. de Pharm. et de Chim. 1865. I. 180.

**Lalande-Tambon**'s Reaktion auf Sesamöl.
Zu 5 ccm farbloser Salpetersäure (D. = 1,4) gibt man 15 ccm des zu prüfenden Öles und schwenkt 2 Minuten lang leicht um. Bei Anwesenheit von Sesamöl färbt sich die Salpetersäure gelb und wird beim Verdünnen mit Wasser weiß getrübt. Olivenöl, Erdnußöl und Cottonöl geben diese Reaktionen nicht.
Journ. de Pharm. et de Chim. (5) **23**. 234.
Chem. Ztg. **15**. Rep. 70.
Siehe auch Tambon's Reaktion.

**Lamal**'s Reagens auf Morphin.
0,3 g Uranacetat und 0,2 g Natriumacetat löst man in 100 ccm Wasser. Einige Tropfen des Reagenzes und einige Tropfen der zu prüfenden Flüssigkeit verdampft man auf dem Wasserbade zur Trockene. Bei Anwesenheit von Morphin hinterbleiben bräunliche bis gelbe, ins Rötliche spielende Ringe. Es sollen sich noch 0,05 mg Morphin nachweisen lassen.
Répert. de Pharm. 1894. 308.
Ztschr. f. analyt. Chem. **36**. 275.
Pharm. Zentrh. **35**. 634.
Semaine médic. 1894. 267.

**Lambert**'s Reaktion auf Phenole.
Durch Behandeln mit Jodoform (Chloroform, Bromoform) und Kalilauge geben die Phenole Farbenreaktionen: Carbolsäure, Resorcin, Phloroglucin und Pyrogallol = rot, Orcin- und Salicylsäure = rotviolett, Guajakol und Thymol = violett, Hydrochinon und Naphthol = blau.
Union pharm. **33**. 17.
Ztschr. d. öst. Apoth. Ver. **30**. 110.
Ztschr. f. analyt. Chem. **32**. 235.

**Lamanna**'s Reaktion auf Glukose im Harn.
Zu einer Lösung von 4 Tropfen Phenylhydrazin in 10 Tropfen Eisessig und 10 Tropfen Salzsäure gibt man 5 ccm Harn und erhitzt zum Sieden. Abscheidung des Osazons. Vergl. Fischer's und Jaksch's Reagens.
Bollet. Chim. Farm. **36**. 4.
Pharm. Zentrh. 1897. 135.
Chem. Zentralbl. 1897. I. 480.
Cipollina, Deutsche med. Woch. 1901. 334.

**Landau**'s Reagens auf Syphilis
(Jodöl-Reagens) ist eine stets frisch zu bereitende Lösung von 0,025 g Jod in 0,2 g Alkohol und 50 ccm käuflichem weißem Paraffinöl. Bei geeigneter Versuchsanordnung wird das Reagens durch syphilitische Sera entfärbt (Jodbindung), während normale Sera es nicht entfärben. Zur Feststellung der eingetretenen Reaktion wird Stärkelösung benützt. Näheres siehe: Wiener klin. Woch. 1913. 1702. — Merck's Bericht 1913. 440. — Kolmer, Journ. Americ. Med. Assoc. 1915. No. 18.

**Landgraf**'s Reagens auf Eiweiß im Harn
ist β-Naphthalinsulfosäure. — Man löst 0,1—0,2 g in 8 ccm Wasser und setzt 5 ccm des klaren Harns zu. Eine Trübung zeigt Eiweiß an. Näheres siehe: Veröffentl. aus d. Gebiet. d. Milit. San.-Wes. 1911. 1. — Pharm. Zentrh. 1911. 828. — Chem. Zentralbl. 1911. II. 992—995.

**Landois**' Reaktion auf Kohlenoxyd im Blut.
Eine Mischung von 3 ccm Blut und 100 ccm Wasser versetzt man mit wässeriger Pyrogallollösung und einigen Tropfen Kalilauge. Normales Blut wird beim Schütteln schmutzigbraun, Kohlenoxydblut behält seine hellrote Farbe.
Deutsche med. Woch. 1892. 996.
Deutsche Med. Ztg. 1893. 256.
Ztschr. f. analyt. Chem. **37**. 341.
Pharm. Zentrh. 1893. 207.

**Landois'** Reagens für mikroskop. Zwecke (Mazerationsflüssigkeit) ist eine Lösung von je 5 g Natriumsulfat, Ammonchromat und Kaliumphosphat in 100 ccm Wasser.
Arch. f. mikroskop. Anat. 1885. 445.
Fischel, Ztschr. f. wiss. Mikroskop. 1894. 49.
Nansen, ebenda 1888. 242.
Nach anderer Lesart ist das Reagens eine Mischung von 5 g gesättigter, wässeriger Natriumsulfatlösung, 5 g Ammonchromatlösung und 5 g Kaliumphosphatlösung mit 100 ccm Wasser.
Lee et Henneguy, Traité 1896. 313.
Vergl. auch Behrens' Tabellen 1892. 81.
Eberth - Friedländer, Mikroskop. Techn. 1894. 46.
Enzyklop. d. mikroskop. Techn. 1903. 767.

**Landolfi's** Reaktion auf Indikan.
Zu 50 ccm des zu prüfenden Harns, den man durch Eindampfen auf das spez. Gew. 1,018—1,024 gebracht hat, gibt man 50 Tropfen einer neutralen Bleiacetatlösung, filtriert, mischt 5 ccm des Filtrats mit 5 ccm Salzsäure, gibt 10 ccm Wasserstoffsuperoxyd und 1 ccm Chloroform zu und schüttelt um. Die entstandene Blaufärbung geht in das Chloroform über und soll mit 3 verschieden konzentrierten Methylenblaulösungen verglichen werden.
Clinica med. ital. 1906. No. 10.
Zentralbl. f. d. gesamte Therapie 1907. 516.

**Landolt's** Reaktion auf Paraffin im Wachs
siehe: Ztschr. f. analyt. Chem. 1. 116.
Dingler's Journ. 160. 224.
Chem. Zentralbl. 1861. 412.

**Landolt's** Reaktion auf Phenol.
Phenol gibt noch in sehr starker Verdünnung mit Wasser auf Zusatz von Bromwasser einen Niederschlag (Tribromphenol). Es läßt sich auf diese Art noch 1 Teil Phenol in 43 700 Teilen Wasser nachweisen.
Über andere Stoffe, wie Guajakol, Kresol, Thymol, Anilin, Alkaloide etc., welche ebenfalls mit Bromwasser Niederschläge geben, siehe: Ztschr. f. analyt. Chem. 11. 95.
Berl. Ber. 4. 770.
Chem. Zentralbl. 1871. 725.
Jacobson, Ztschr. f. analyt. Chem. 25. 607.
Benedict, Berl. Ber. 12. 1005.
Authenrieth, Archiv f. Pharm. 248. 112.

**Laneau's** Reaktion auf Mutterkorn in Mehl und Kleie
beruht auf dem dem Secale cornut. eigentümlichen Farbstoff, der durch Alkalien violett und dann durch Säuren rosenrot wird. Näheres siehe: Chem. Zentralbl. 1855. 835.
Vierteljahresschr. f. prakt. Pharm. 1855. 531.

**Lang's** Reagens zum Färben mikr. Präparate
ist eine Lösung von 1 g Pikrocarmin und 1 g Eosin in 200 ccm Wasser. Gebraucht zum Färben von niederen Tierformen.
Merck's Index 1902. 271.
Behrens' Tabellen 1892. 119.

**Lang's** Härtungsmittel
ist eine Lösung von 3—12 g Quecksilberchlorid in 100 ccm mit 5 ccm Essigsäure angesäuertem Wasser, in dem 0,5 g Alaun und 10 g Chlornatrium gelöst sind. Gebraucht als Härtungsmittel für frische Objekte.
Merck's Index 1902. 271.
Zoolog. Anzg. 1878. 14.
Behrens' Tabellen 1892. 61.
Enzyklop. d. mikr. Techn. 1903. 1277. 1279.

**Lang's** Reagens zum Fixieren mikr. Präparate
ist eine gesättigte Lösung von Quecksilberchlorid in Pikrinschwefelsäure, der auf 100 ccm 5 g Essigsäure zugesetzt werden.
Zoolog. Anzg. 1879. 46.

**Langbeck's** Indikator für Alkalimetrie
ist p-Nitrophenol.
Chem. News 43. (1881) 161.
Chem. Zentralbl. 1881. 387.

**Langbeck's** Reaktion auf Methylalkohol im Äther.
Mischt man gleiche Volumina Äther und 2%ige Silbernitratlösung, so entsteht nach 24stündigem Stehenlassen bei Gegenwart von Methylalkohol an der Berührungsstelle der beiden Flüssigkeiten eine violettrote Färbung oder ein rotbrauner Niederschlag.
Hager, Pharm. Prax. Erg.-Bd. 1883. 57.
Wobbe, Apoth. Ztg. 1903. 490.

**Lange's** Reaktion auf Aceton im Harn
ist eine Modifikation von Légal's Reaktion. Der zu prüfende Harn wird mit Essigsäure und dann mit einigen Tropfen frisch bereiteter Natriumnitroprussiatlösung versetzt. Alsdann schichtet man über diese Mischung einige ccm Ammoniakflüssigkeit. Bei Gegenwart von Aceton entsteht ein violetter Ring.
Münchener med. Woch. 1906. 1764.
Ztschr. d. öst. Apoth. Ver. 1906. 580.
Répert. de Pharm. 1908. 27.
Fleischmann, Schweizer Apoth. Ztg. 1914. 222.

**Lange's** Cholera-Nährboden.
6 Teile Agar (40 ccm 10%ige Soda auf 1000 Agar) werden mit 1 Teil 5%igem Reisstärkekleister (der ½ Stunde im Autoklaven erhitzt wurde) heiß gemischt. Mit dem verdünnten Stuhl wird eine Serie von 2—3 Drigalskischalen, gefüllt mit 40 ccm dieses Stärkereagenzes, bestrichen. Die Cholerakolonien zeigen nach 14 Stunden einen glasklaren Hof und äußerst charakteristisches Aussehen.
Deutsche med. Woch. 1915. 1119.

**Lange's** Reaktion auf Lues, Paralyse usw.
(Goldsolreaktion) beruht auf der Ausflockung von Goldsollösung durch pathologische Cerebrospinalflüssigkeit, während diese in normalem Zustande die rote Färbung der Goldsollösung nicht verändert. Näheres siehe: Berl. klin. Woch. 1912. 897. — Jaeger, Zentralbl. f. ges. innere Med. 1913. 5. 282. — Merck's Bericht 1913. 438. — Vergl. Eicke's Reagens. — Zabziecki, Zentralbl. f. ges. innere

Med. 5. 282, de Crinis, Münchener med. Woch. 1914. 1216. — Riggs, Journ. Amer. Med. Assoc. 1915, No. 10.

**Lange's** Reagens auf merzerisierte Baumwolle ist eine Lösung von 1 g Jod, 5 g Jodkalium und 30 g Chlorzink in 24 g Wasser. Näheres siehe: Chem. Ztg. 1903. 592. 735. — Pharm. Zentrh. 1903. 556.

**Langerhans'** Reagens zum Konservieren mikroskop. Präparate

ist eine Lösung von 5 g arabischem Gummi in 5 g Wasser, 5 g Glycerin und 10 g 5 %iger Carbolsäurelösung.

Virchow's Archiv 1873. 246.
Zoolog. Anzg. 1879. 575.
Faris, Journ. Roy. Microsc. Soc. 1890. 514.

**Langley's** Reaktion auf Alkaloide

beruht auf derselben Methode wie bei dessen Reaktion auf Pikrotoxin angegeben ist. Die Alkaloide geben bei dieser Reaktion verschiedene Farbenerscheinungen.

Americ. Journ. of Science (2) 34. Nr. 100. 109.

**Langley's** Reaktion auf Pikrotoxin.

Befeuchtet man eine Mischung von 1 Teil Pikrotoxin und 3 Teilen Salpeter mit konzentr. Schwefelsäure, so bewirkt ein Überschuß von Natronlauge ziegelrote Färbung. Diese Farbenreaktion ist nach dem Autor durch eine Verunreinigung bedingt, vollkommen reines Pikrotoxin gibt sie nicht. Nach Köhler ist die Reaktion dem reinen Pikrotoxin eigen.

Chem. News 1862.
Journ. f. prakt. Chem. 90. 333.
Chem. Zentralbl. 1864. 479.
Zeitschr. f. analyt. Chem. 2. 204.
Schmidt, Pharm. Chem. 1896. II. 1504.
Otto, Ausmittelg. d. Gifte. 5. Aufl. 60.

**Langley-Köhler's** Reaktion auf Alkaloide

ist eine Modifikation von Langley's Reaktion unter Verwendung von Natriumkarbonatlösung.

Enzyklop. d. gesamt. Pharm. 1889. VI. 221.

**Langstein-Steinitz'** Reaktion auf Milchzucker

beruht auf der Überführung des Milchzuckers in Schleimsäure durch Oxydation mittels Salpetersäure und Nachweis der Schleimsäure durch die Pyrrolreaktion. Man erhitzt die trockene Säure in einem Reagenzglas und hält in die gebildeten Dämpfe einen mit Salzsäure angefeuchteten Fichtenspan (Rotfärbung).

Biochem. Ztschr. 7. 579.
Bauer, Ztschr. f. physiol. Chem. 51. 159.

**Lanz'** Reagens zur Gonokokkenfärbung

ist eine Mischung von 20 ccm Carbolfuchsinlösung (2 %) und 80 ccm gesättigter, wässeriger Thioninlösung.

Deutsche med. Woch. 1898. 637.
Enzyklop. d. mikroskop. Techn. 1903. 499.
Ztschr. f. wiss. Mikroskop. 1895. 519; 1898. 382.

**Lapeyrère's** Reaktion auf Blauholzextrakt im Rotwein.

Mit konzentr. Kupferacetatlösung getränktes Filtrierpapier taucht man in den zu prüfenden Wein. Bei Anwesenheit von Blauholzfarbe wird das Papier blauviolett gefärbt. Reiner Wein färbt grau bis rötlichgrau.

Journ. de Pharm. et de Chim. 1870. (11.) 291.
Polytechn. Zentralbl. 1870. 944.
Ztschr. f. analyt. Chem. 10. 234.
Chem. Zentralbl. 1870. 464.

**Larass'** Reagens auf Blut oder Sperma

ist eine Lösung von Quecksilberchlorid und Kaliumjodid, die zum mikroskopischen Nachweis der Spermatozoen dient.

Viertelj. Schr. f. gerichtl. Med. 1910. No. 3.
Berl. klin. Woch. 1910. 1992.
Münchener med. Woch. 1910. 2253.
Pharm. Praxis 1911. 161.

**Lassaigne's** Reaktion auf Blausäure.

Die zu prüfende Flüssigkeit versetzt man mit einem Überschuß von schwefeliger Säure und dann mit etwas Kupfersulfatlösung. Bei Anwesenheit von Blausäure entsteht eine weiße Trübung von Kupfercyanür.

Hager, Pharm. Prax. 1880. I. 67.

Zu 1 ccm des zu prüfenden Destillates gibt man 1—2 Tropfen Kupfersulfatlösung und so viel Natronlauge, daß Trübung eintritt. Säuert man dann mit Salpetersäure an, so bleibt bei Anwesenheit von Blausäure ungelöstes Kupfercyanür zurück. Empfindlichkeitsgrenze = 0,006 g in 100 ccm.

Dragendorff, Ermittelg. von Giften 1888. 62.
Mulliken, Chem. Ztg. 1912. 1186.

**Lassaigne's** Reagens auf tierische Faserstoffe (Wolle und Seide)

ist eine Lösung von 10 g Bleiacetat in 100 ccm Wasser, der so viel Kalilauge zugesetzt wird, daß sich das entstandene Bleihydroxyd eben wieder löst. — Behandelt man die zu prüfenden Faserstoffe mit diesem Reagens einige Minuten bei gewöhnlicher Temperatur, so färbt sich Wolle braun, Seide bleibt ungefärbt.

Siehe auch: Hager, Pharm. Prax. 1880. II. 37.

**Lassaigne's** Reaktion auf Stickstoff in organischen Substanzen

beruht auf der Bildung von Cyannatrium beim Erhitzen einer stickstoffhaltigen Substanz mit metallischem Natrium. Das in Wasser gelöste Reaktionsprodukt gibt nach dem Erwärmen mit etwas Ferrosulfat auf Zusatz von Eisenchlorid und Salzsäure eine blaue Färbung (Berlinerblau).

Enzyklop. d. gesamt. Pharm. 1889. VI. 230.
Vergl. Castellana's Reaktion.

**Lassar-Cohn's** Reaktion auf Alkohol im Äther

beruht auf der Ausschüttelung des Äthers mit Wasser, der Oxydation dieser wässerigen Lösung und dem Nachweis des hierbei aus

Alkohol gebildeten Aldehyds durch Neßler's Reagens. Näheres siehe: Pharm. Zentrh. 1897. 251 oder Ztschr. f. analyt. Chem. **38.** 251.

**Lathman**'s Reagens zum Einbetten mikroskop. Präparate

ist eine Lösung von 1 Teil Gelatine in 2 Teilen Wasser und 4 Teilen Glycerin.

Journ. appl. Microscop. **6.** 2453.
Ztschr. f. angew. Mikroskop. 1906. 148.

**Laubenheimer**'s Reaktion auf Phenanthrenchinon.

5 ccm einer 0,5 %igen Lösung von Phenanthrenchinon in Eisessig mischt man mit 1 ccm Toluol und gibt allmählich 4 ccm konzentr. Schwefelsäure zu. Es entsteht eine blaugrüne Flüssigkeit, die beim Verdünnen mit Wasser trübe blauviolett wird und an Äther einen rotvioletten Farbstoff abgibt.

Berl. Ber. **8.** 224.
Storch, ebenda **37.** 1961.
Nickel, Die Farbenreakt. d. Kohlenstoff-Verb. 1890. 63.

**Laubenheimer**'s Reaktion auf Thiotolen.

Phenanthrenchinon gibt mit thiotolenhaltigem Toluol, Eisessig und Schwefelsäure eine blaugrüne Färbung. Nach dem Verdünnen mit Wasser und Schütteln mit Äther färbt sich letzterer violett.

Berl. Ber. **17.** 1338.
Vergl. dessen Reaktion auf Phenanthrenchinon.

**Laurent**'s Reaktion auf Narcotin

ist identisch mit Gerhardt's Reaktion.

**Lauth**'s Reaktion auf aromatische Amine.

1 Tropfen oder ein Kryställchen des zu prüfenden Amins bringt man auf ein Uhrglas und gibt 10 Tropfen verdünnte Essigsäure (3 Vol. Essigsäure auf 7—8 Vol. Wasser) zu. Auf den Rand des Uhrglases bringt man einige Körnchen Bleisuperoxyd und benetzt dieselben durch Neigen des Glases mit der Flüssigkeit. Die entstehenden Farbenreaktionen siehe:

Ztschr. f. analyt. Chem. **30.** 490.
Compt. rend. **111.** 975.

**Lauth**'s Reaktion auf Schwefelwasserstoff.

Eine Lösung von Schwefelwasserstoff wird in schwach saurer Lösung auf Zusatz von p-Phenylendiaminchlorhydrat und Eisenchlorid violett gefärbt.

Berl. Ber. **9.** 1035.
Bernthsen, Liebig's Annal. **230.** 123.

**Lavalle**'s Reaktion auf Indikan im Harn.

10 ccm Harn versetzt man mit 2—3 ccm konzentr. Salzsäure, die im Liter 5 g Eisenchlorid enthält, gibt tropfenweise 2—3 ccm konzentr. Schwefelsäure zu und läßt abkühlen. Beim Schütteln dieser Mischung mit Chloroform färbt sich letzteres durch Indigo blau.

Chem. Ztg. 1906. 1251.
Chem. Zentralbl. 1907. I. 194.
Pharm. Zentrh. 1907. 355.

**Lavdowsky**'s Reagens auf Blut

ist eine Lösung von 2 g Jodsäure in 100 ccm Wasser. Näheres siehe: Ztschr. f. wiss. Mikroskop. 1893. 4. — Enzyklop. d. mikroskop. Techn. 1903. 627.

**Lavdowsky**'s Reagens zur Kernfärbung (Myrtillus).

Eine Mischung von 1 Teil frisch gepreßtem Heidelbeersaft mit 2 Teilen Wasser versetzt man mit etwas Alkohol, erhitzt zum Kochen und filtriert.

Arch. f. mikroskop. Anat. 1884. 214.
Enzyklop. d. mikroskop. Techn. 1903. 1098.
Ztschr. f. wiss. Mikroskop. 1884. 588.

**Lavdowsky**'s Reagens zum Fixieren mikroskop. Präparate.

1. Eine Mischung von 0,5 g Eisessig, 3 g Formaldehyd (40 %), 10 g Alkohol (95 %) und 20 g Wasser.
2. Eine Mischung von 1 g Eisessig, 5 g Formaldehyd, 15 g Alkohol und 30 g Wasser.
   Anat. Hefte 1894. 355.
   Ztschr. f. wiss. Mikroskop. 1894. 507.
3. Zu einer Lösung von 20—25 g Kaliumdichromat in 500 ccm 1 %iger Essigsäure gibt man 5—10 ccm konzentr., wässerige Quecksilberchloridlösung.
   Ebenda 1900. 302.
4. Eine Mischung von 100 g 0,5 %iger Essigsäure, 10 g 2 %iger Chromsäure und 10 g Alkohol.
5. Eine Mischung von 10 ccm Platinchloridlösung und 10 ccm Alkohol mit 100 ccm 0,5 %iger Essigsäure.
   Anat. Hefte 1894. 355.
   Enzyklop. d. mikroskop. Techn. 1903. 24. 139.

**Lavdowsky**'s Reagens zum Konservieren mikroskop. Präparate

ist eine Lösung von 5 g Chloralhydrat in 100 ccm Wasser.

Arch. f. mikroskop. Anat. 1876. 359.
Munson, Journ. Roy. Microscop. Soc. 1881. 847.

Als Mazerationsflüssigkeit empfiehlt der Autor eine 2—5 %ige Lösung von Chloralhydrat.

Hickson, Quart. Journ. Microscop. Soc. 1885. 244.

**Laveran**'s Reagens zum Färben mikroskop. Präparate.

a) Eine Lösung von 1 g Eosin in 1 Liter Wasser.
b) Eine Lösung von einigen Krystallen Silbernitrat in 60 ccm Wasser versetzt man mit einem großen Überschuß von Natronlauge. Das so erhaltene Silberoxyd wird mit Wasser gut ausgewaschen und mit einer konzentr. Lösung von Methylenblau übergossen. Diese Mischung läßt man 14 Tage lang unter bisweiligem Umschütteln stehen. Diese Lösung nennt der Autor „Bleu Borrel".

Zum Gebrauche mischt man 4 ccm der Lösung a mit 6 ccm Wasser und gibt 1 ccm der Lösung b zu.

Compt. rend. Soc. Biolog. 1899. 249 u. 1900. 19.

Argutinsky, Arch. f. mikroskop. Anat. 1901. 315.

**Laves' Reaktion auf Veratrin.**

3—4 Tropfen einer 1 %igen, wässerigen Furfurollösung mischt man mit 1 ccm konzentr. Schwefelsäure und bringt hiervon 3—5 Tropfen in der Weise zu der zu prüfenden Substanz, daß dieselbe an den Rand der Flüssigkeit zu liegen kommt. Bei Anwesenheit von Veratrin zieht sich von der Substanz aus allmählich ein dunkler Streifen in die Flüssigkeit, der am Ausgangspunkte blau neben blauviolett, in der Verlängerung grün erscheint. Beim Mischen färbt sich die Flüssigkeit dunkelgrün und wird nach einiger Zeit blau und violett.

Ztschr. f. analyt. Chem. 37. 61.
Pharm. Ztg. 37. 338.
Chem. Ztg. 16. Rep. 198.

**Lea's Reaktion I auf Blausäure.**

Von einer Mischung, die aus stark verdünnter Ferrosulfatlösung, wenig Ferriammoncitrat und Salzsäure besteht, gibt man 1 Tropfen in ein Porzellanschälchen und gibt die zu prüfende Flüssigkeit und sehr wenig Ätzkali zu. Nach dem Mischen bildet sich Berlinerblau, wenn die Säure im Überschuß vorhanden ist. 0,003 mg Blausäure sollen noch eine deutliche Reaktion geben.

**Lea's Reaktion II auf Blausäure.**

(Isopurpursäurereaktion.) Die zu prüfende Flüssigkeit (Destillat) versetzt man mit etwas Ätzkali und einigen Tropfen Pikrinsäurelösung und erhitzt auf 60 ° C. Bei Anwesenheit von Blausäure entsteht eine blutrote Färbung. Empfindlichkeitsgrenze = 1 : 3000.

Vergl. Braun's und Hlasiwetz' Reaktion.

**Lea's Reagens auf Blausäure.**

1 g Ferroammonsulfat und 1 g Urannitrat (oder auch Cobaltnitrat) löst man in 2—300 ccm Wasser. Dieses Reagens gibt mit Cyankalium eine intensiv rote Färbung. Bei geringem Blausäuregehalt der zu prüfenden Flüssigkeit läßt man einige Tropfen der letzteren zu dem Reagens fließen, das sich in einer Porzellanschale befindet. Die Rotfärbung erkennt man dann am besten an den Berührungsstellen der Flüssigkeiten. Empfindlichkeitsgrenze = 1 : 5000.

Sill. Americ. Journ. (3) 9. 121.
Chem. Zentralbl. 1875. 199.
Ztschr. f. analyt. Chem. 14. 370.
Pharm. Zentrh. 1875. 154.

**Lea's Reagens auf Pikrinsäure**

ist eine wässerige Lösung von Kupfersulfatammoniak, welche mit Pikrinsäure einen grünen Niederschlag gibt. Empfindlichkeitsgrenze = 1 : 5000.

Journ. f. prakt. Chem. 86. 186.
Americ. Journ. of Science (2) 32. 180.
Vergl. auch andere Reaktionen in Ztschr. f. analyt. Chem. 1. 485.

Nach Rymsza besteht der Niederschlag aus nadelförmigen, hexagonalen oder sargdeckelähnlichen, das Licht polarisierenden Kryställchen. Nach diesem Autor ist die Empfindlichkeit = 1 : 80 000.

Ztschr. f. analyt. Chem. 36. 813.

**Lea's Reaktion auf unterschweflige Säure**

beruht auf einer Rotfärbung, die beim Kochen der mit Ammoniak übersättigten Lösung der unterschwefligen Säure mit Rutheniumsesquichlorid entsteht.

Ztschr. f. analyt. Chem. 5. 123; 7. 245.
Sill. Americ. Journ. (2) 44. 222.
Chem. Zentralbl. 1870. 47.

**Leach's (u. Lythgoe's) Reaktion auf Apfelsäure in Essig.**

Den zu prüfenden Essig versetzt man mit einigen Tropfen Calciumchloridlösung (10 %) und macht mit Ammoniak schwach alkalisch. Der entstandene Niederschlag wird abfiltriert und das Filtrat mit dem 3 fachen Volumen Alkohol gemischt. Bei Anwesenheit von Apfelsäure entsteht ein dicker flockiger Niederschlag.

Journ. Americ. Chem. Soc. 26. 375.
Ztschr. f. angew. Mikroskop. 1906. 100.
Chem. Zentralbl. 1904. I. 1539.

**Leach's (u. Lythgoe's) Reaktion auf Formaldehyd in Milch.**

10 ccm Milch und 10 ccm Salzsäure (D. = 1,2), die auf 1 Liter 2 ccm 10 % Liquor ferri sesquichlorati (Eisenchlorid) enthält, geben beim Erwärmen eine deutliche Violettfärbung, wenn Formaldehyd zugegen ist.

Journ. Americ. Chem. Soc. 27. 965.
Polenske, Arbeit. aus d. kais. Ges.-Amt 1905. 657.
Südd. Apoth. Ztg. 1906. 187.
Chem. Zentralbl. 1905. II. 926.
Vergl. Lindet's Reaktion auf F. in Weingeist.
Eury, Bull. Scienc. Pharmacol. 1904. 85.
Scudder-Riggs, Journ. Americ. Chem. Soc. 28. 1202.
Chem. Zentralbl. 1906. II. 1285.
Ztschr. f. angew. Chem. 1907. 961.
Low, Chem. Zentralbl. 1907. II. 746.

**Lebbin's Reaktion auf Formaldehyd.**

Einige ccm der zu prüfenden Flüssigkeit erhitzt man mit dem gleichen Volumen 50 %iger Natronlauge und 0,05 g Resorcin zum Sieden. Bei Anwesenheit von Formaldehyd entsteht erst Gelb-, dann Rotfärbung. Empfindlichkeitsgrenze = 1 : 10 Millionen.

Ztschr. d. öst. Apoth. Ver. 51. 92.
Pharm. Ztg. 1897. 18.
Pilhashy, Ztschr. f. analyt. Chem. 41. 249.
Nierenstein, Chem. Zentralbl. 1905. II. 169.
Vergl. Nierenstein's Reaktion.

**Leber's Reagens für mikroskop. Zwecke.**
a) Eine Lösung von 1 g Ferrosulfat in 100 ccm Wasser.
b) Eine Lösung von 1 g Ferricyankalium in 100 ccm Wasser. Gebraucht zum Imprägnieren.
Arch. f. Ophthalm. 14. 300.
Behrens' Tabellen 1892. 93.

**Lecanu's Reaktion auf Blut im Harn**
siehe: Enzyklop. d. gesamt. Pharm. 1888. V. 72.

**Lecco's Reaktion auf Quecksilber.**
Nach Angabe des Autors geht bei der Destillation wässeriger Lösungen oder Suspensionen von Quecksilber metallisches Quecksilber ins Destillat über und findet sich dort als fein verteilte Suspension oder grauer Schaum.
Ztschr. f. analyt. Chem. 1910. 49. 283.
Chem. Zentralbl. 1910. I. 1752.

**Lecha-Marzo's Reaktionen auf Alkaloide**
beruhen auf sogenannten „Keimungserscheinungen" der Alkaloide unter dem Mikroskop bei Einwirkung von Phosphorwolframsäure. Näheres siehe: Münchener med. Woch. 1909. 824, 1500, 2182.

**Lecha-Marzo's Reagens auf Blut**
ist eine 1—10 %ige, wässerige Lösung von Natriumfluorid. Das zu untersuchende Objekt wird mit 1 %iger Fluornatriumlösung unter öfterem Zusatz eines Tropfens Eisessig abgedampft, wobei man in kurzer Zeit Krystalle von Fluorhämatin erhält, die bald glänzend rot wie Hämochromogen, bald schwarzbraun wie die Teichmann'schen Krystalle aussehen. Ihre Form ist verschieden. Unter der Einwirkung von Pyridin oder Schwefelammonium gehen sie langsam in Lösung und diese Lösung zeigt das Spektrum des Hämochromogens.
Revist. Med. Cir. pract. Madrid 1912, März.
Münchener med. Woch. 1912. 1244.

**Lecha-Marzo's Reaktion auf Blut.**
Etwas von dem Blutfleck oder einen mit Sodalösung bewirkten und eingedampften Auszug eines solchen bringt man auf einen Objektträger, gibt wenig Jodlösung (2,5 Jod und 0,5 Kal. jod. in 25 g Alkohol), dann Pyridin und etwas Schwefelammonium zu und setzt das Deckglas auf, ohne zu drücken. Es bilden sich sofort orangefarbene bis tiefrote, doppelbrechende Nadeln oder rhombische bezw. sechseckige Tafeln von Jodhämatin.
Revista de Med. y Cirujia. 1906. 135.
Münchener med. Woch. 1906. 767.
Puppe-Kürbitz, Med. Klinik 1910. 1502.

**Lecha-Marzo's Reagens auf Sperma**
ist eine 10 %ige, wässerige Lösung von Phosphormolybdänsäure. Man bringt einen Tropfen Spermalösung und einen Tropfen Reagens zwischen Objektträger und Deckglas zusammen und betrachtet unter dem Mikroskop. Es entsteht eine weiße Fällung, die sich grün bis blau färbt. Man sieht charakteristisch geformte Krystalle. Näheres siehe: Gaceta med. Catalana 1913, 15. Juni. — Münchener med. Woch. 1913. 1904. — Pharm. Zentrh. 1914. 159.

**Lecco's Reaktion auf Spermaflüssigkeit**
siehe: Florence's Reaktion.

**Lechini's Reaktion auf Blut im Harn.**
Schüttelt man 10 ccm Harn nach dem Ansäuern mit Essigsäure mit 3 ccm Chloroform, so färbt sich letzteres bei Anwesenheit von Blutfarbstoff rot.
Pharm. Zentrh. 1887. 106.

**Leclère's Reaktion auf salpetrige Säure neben Salpetersäure**
beruht auf der Infreiheitsetzung der salpetrigen Säure durch Zitronensäure, welche Nitrate nicht zersetzt. Die zu untersuchende Lösung versetzt man mit gesättigter, wässeriger Zitronensäurelösung und überschichtet mit Ferroammonsulfatlösung (3 %). Bei Anwesenheit von salpetriger Säure entsteht ein brauner Ring.
Journ. Pharm. Chim. 1913. 8. 299.

**Lecocq's Reaktion auf Molybdän.**
Versetzt man eine mit Salzsäure angesäuerte Lösung von Ammonium- oder Natriummolybdat mit einer alkoholischen Lösung von Diphenylcarbazid, so entsteht eine indigoviolette Färbung. Bei einem Überschuß von Säuren oder Alkalien tritt die Reaktion nicht ein.
Bull. de l'assoc. Belge des chim. 17. 412.
Chem. Zentralbl. 1904. I. 836.
Merck's Bericht 1904. 60.

**Lecomte's Reagenzien zur Differenzierung von Seide, Leinen und vegetabilischen Faserstoffen**
siehe: Journ. de Pharm. et de Chim. 1906. 447.

**Leconte's Reagens auf Phosphorsäure**
ist eine wässerige Lösung von Urannitrat, welches in essigsaurer Lösung mit Phosphaten (und Arseniaten) einen gelben Niederschlag gibt. (Siehe Anleitungen und Lehrbücher über die titrimetrische Bestimmung der Phosphorsäure mittels Uranlösungen.)

**Lecorché's-Talamon's Reaktion auf Mucin im Harn.**
Man schichtet den Harn auf eine konzentr., wässerige Lösung (100+75) von Citronensäure in Wasser. Nach etwa 2 Minuten entsteht bei Gegenwart von Mucinstoffen an der Berührungsstelle eine nebelige Zone, und zwar immer oberhalb der Schichtzone.
Pharm. Post 1908. 105.
Vergl. Grimbert-Dufau's Reaktion.

**Lee's Reaktion auf Formaldehyd**
siehe: Chem. News 72. 153 oder
Ztschr. f. analyt. Chem. 35. 589.

**Lee's Reagens für mikroskop. Zwecke.**
Mazerationsgemisch: Eine Mischung von 1 Teil Alkohol, 1 Teil Glycerin und 2 Teilen Wasser.

**Lee-Mayer's** Reagens zum Färben mikroskop. Präparate

(Brasalaun) ist eine dem Hämalaun entsprechende Lösung von Brasilin.

Lee-Mayer, Grundzüge d. mikroskop. Techn. f. Zoologen u. Anatomen (Berlin) 1901. 225.

**Leer's** Pyridinreaktion auf Blut.

Das blutverdächtige Objekt wird in der Wärme mit Kalilauge und Alkohol behandelt und der so erhaltene hämatinhaltige Auszug mit einigen Tropfen Pyridin geschüttelt, das sich mit der konz. Lauge nicht mischt. Das Hämatin wird durch ein Reduktionsmittel in Hämochromogen übergeführt. Dieses geht in das Pyridin über und kann so leicht spektroskopisch nachgewiesen werden. Näheres siehe: Leers, Die forensische Blut-Unters. 1910. (Springer, Berlin.) — v. Fürth, Ztschr. f. angew. Chem. 1911. 1627. — Merck's Ber. 1911. 422.

**Lefebvre's** Reaktion auf Taxikatin.

Taxikatin gibt zum Unterschied von Picein und Coniferin mit rauchender Salpetersäure eine blaue Färbung.

Journ. de Pharm. et de Chim. (6) **23.** 304 **26.** 251.
Apoth. Ztg. 1907. 831.
Pharm. Journ. 1907. 435.
Nouv. Remèdes 1907. 466.
Archiv der Pharm. 1907. 492.

**Lefebvre's** Reaktion auf Taxikatin.

Taxikatin gibt mit wenig salpetrige Säure enthaltender Salpetersäure eine Blaufärbung.

Arch. der Pharm. 1907. **245.** 486.
Jahresbericht der Pharmazie 1906. 327.
Vergl. Vreven's Reaktion auf Taxin.

**Leffmann's** Reagens auf Abrastol

ist eine Lösung von 1 Teil Quecksilber in 2 Teilen Salpetersäure, die mit dem 5fachen Volumen Wasser verdünnt wird. Dasselbe bewirkt mit Abrastollösungen eine gelbe bis rote Färbung.

Chem. Ztg. 1905. 1086.
Chem. Zentralbl. 1905. II. 1468.

**Leffmann's** Reaktion auf Saccharose in Milchzucker.

Zu einer Mischung von 1 ccm Sesamöl und 1 ccm konzentr. Salzsäure gibt man 0,5 g Milchzucker, schüttelt gut durch und läßt dann ½ Stunde stehen. Bei 1 % Saccharose soll die bekannte rote Farbenerscheinung noch auftreten.

Chem. Ztg. 1906. 638.
Chem. Zentralbl. 1906. II. 823.
Pharm. Ztg. 1906. 615.
G a w a l o w s k i, Ztschr. f. analyt. Chem. **1906.** 620.

**Lefort's** Reaktion auf Digitalin.

Deutsches Digitalin wird durch Chlorwasserstoffgas braun gefärbt, französisches dagegen dunkelgrün. (?)

Compt. rend. 1864. 1120.
G a u l t i e r d e C l a u b r y, ebenda 1864. 1186.
Chem. Zentralbl. 1864. 856.

**Lefort's** Reaktion auf Morphin.

Morphin bewirkt mit Jodsäure bei darauffolgendem Zusatz von Ammoniak eine braune Färbung, während bei anderen Alkaloiden durch Ammoniak Entfärbung eintritt. Empfindlichkeitsgrenze = 1 : 10 000. Näheres siehe: Ztschr. f. analyt. Chem. **1.** 134. — D u p r é, Chem. News 1863. 267. — Chem. Zentralbl. 1864. 366. — Vergl. Jassoy's u. Serullas' Reaktion. — G a s c a r d, Journ. de Pharm. et de Chim. (6) **23.** 513. — M a i - R a t h, Arch. der Pharm. **244.** 300.

**Légal's** Reaktion auf Aceton im Harn.

Versetzt man acetonhaltigen Harn (oder dessen Destillat) mit einer frisch bereiteten, alkalischen Lösung von Nitroprussidnatrium, so färbt er sich rot. Diese Farbe geht bald in Gelb über. Setzt man dann überschüssige Essigsäure zu, so entsteht eine carminrote Färbung, welche im Laufe von 1—2 Tagen durch Violett in Blau übergeht.

Jahresber. Schlesisch. Ges. f. vaterl. Kultur 1882. 89.
Breslauer ärztl. Zeitschr. 1883. III u. IV.
Jahresber. über die Fortschr. d. Chem. 1883. 1648.
B é l a v o n B i t t ó, Liebig's Annal. **267.** **372.**
G u n n i n g, Journ. de Pharm. et de Chim. (5) **4.** 30. (1881).
Vergl. l e N o b l e's Reagens, W e y l's Reagens, R o m m e's und S h i d e r's Reaktion.
l e N o b l e, Ztschr. f. analyt. Chem. **24.** 148.
v. E n g e l, Ztschr. f. klin. Med. **20.** 530.
S c h m i d t - G a z e, Arch. der Pharm. **243.** 555.
L i o t a r d, Manuel pratique de l'analyse des urines. Paris 1897.
E s c h b a u m, Ber. d. deutsch. Pharm. Ges. **15.** 353; **16.** 193.
G a d a m e r, Apoth. Ztg. **20.** 807.
Vergl. auch Chem. Zentralbl. 1905. II. 1461. 1817; 1906. I. 262 u. II. 139.
Bohrisch, Pharm. Zentralh. **48.** 181.
C a r a p e l l e, Analisi delle orine dei calculi e delle feci. Palermo 1907, II. ed.
Jacksontaylor. Lancet, 1907. I. 805.
D e l a n g e, Bul. Soc. Chim. France 1908. I. 910.
B o n n a m o u r, Presse méd. 1913. 130.
C e r v e l l o, Arch. exp. Pathol. **75.** 156.
F l e i s c h m a n n, Schweiz. Apoth. Ztg. 1914. 222.

**Légal's** Reaktion auf Indol.

Versetzt man eine Indollösung mit frisch bereiteter Nitroprussidnatriumlösung bis zur Gelbfärbung und gibt einige Tropfen Natronlauge zu, so entsteht eine violettblaue Färbung, die auf Zusatz von Essigsäure in reines

Blau übergeht. Empfindlichkeitsgrenze = 1 : 100 000.

Breslauer ärztliche Zeitschrift **1884**, Nr. 3 u. 4.

Herzfeld-Baur, Zentralbl. f. innere Med. 1913. 268.

**Légal**'s Reaktion auf Thujon

gründet sich auf den Nachweis mittels Nitroprussidnatrium.

Vergl. Duparc-Monnier's Reaktion.

**Légal**'s Pikrocarmin

ist eine Mischung von 1 Volumen gesättigter, wässeriger Pikrinsäurelösung mit 10 Volumen Alauncarmin.

Morphol. Jahrb. 1883. 353.

Enzyklop. d. mikroskop. Techn. 1903. 637.

**Léger**'s Reaktion auf Aloë

siehe des Autors Reaktion auf Nataloin.

**Léger**'s Reaktionen auf Aloinose.

Aloinose gibt mit Orcin und Salzsäure Violettfärbung, mit Anilinacetat Rotfärbung. Fehling's Reagens wird reduziert. (Vergl. auch Bial's und Hewitt's Reaktionen auf Pentosen bezw. Furfurol.)

Compt. rend. 1910. **150**. 983.

**Léger**'s Reaktionen zur Unterscheidung von Chrysophansäure und Chrysarobin.

Gibt man Chrysophansäure (nur eine Spur) in 1 ccm konzentr. Schwefelsäure, so entsteht eine johannisbeerrote Färbung, während Chrysarobin eine gelborange Färbung liefert. — Chrysophansäure mit etwas Alkohol verrieben und mit 20 ccm Wasser und 5 Tropfen Natronlauge versetzt, gibt sofort eine johannisbeerrote Lösung, während Chrysarobin unter gleichen Bedingungen eine blaßrosa Färbung gibt, die erst später intensiver wird.

Journ. de Pharm. et de Chim. 1912. 588.

**Léger**'s Reagens auf α-Naphthol.

Man löst 30 ccm Sodalösung (36° Bé.) und 5 ccm Brom in 100 ccm Wasser. α-Naphthol gibt in wässeriger Lösung mit diesem Reagens eine violette Färbung, β-Naphthol eine gelbe bis grüne Färbung. Es läßt sich so noch 1 % α-Naphthol in β-Naphthol nachweisen.

Journ. de Pharm. et de Chim. 1897. 527.
The Analyst **22**. 245.
Ztschr. f. analyt. Chem. 38. 251.
Pharm. Zentrh. 1897. 454.

**Léger**'s Reaktion auf Nataloin.

1. Eine Lösung von Natalaloë in Natronlauge färbt sich auf Zusatz von etwas Mangansuperoxyd oder Kaliumdichromat grün.
2. Eine stark verdünnte Lösung von Natalaloë wird durch wenig Ammoniumpersulfat violett gefärbt.

Schweizer Woch. f. Chem. u. Pharm. 1899. 506.
Pharm. Zentrh. 1900. 34.
Journ. de Pharm. et de Chim. 1902. I. 335.
Pharm. Ztg. 1902. 353.

**Léger**'s Reagens auf Wismut.

Man löst 1 g Cinchonin in 100 ccm Wasser und etwas Salpetersäure, erwärmt gelinde und gibt dann 2 g Jodkalium zu. Wismutlösungen geben mit diesem Reagens einen orangefarbigen Niederschlag. Empfindlichkeitsgrenze = 1 : 500 000. (Salz- und Schwefelsäure dürfen nicht zugegen sein.)

Bull. Soc. Chim. Paris **50**. 91.
Ztschr. f. analyt. Chem. **28**. 347.
Chem. Ztg. 1888. Rep. 230.

**Legler**'s Reaktion auf Formaldehyd.

Das Destillat der zu prüfenden Flüssigkeit (z. B. Milch) versetzt man mit Ammoniak im Überschuß und verjagt letzteres durch Eindampfen fast vollständig. Auf Zusatz von Bromwasser scheidet sich eine gelb gefärbte Substanz aus (Hexamethylentetraminbromid).

Berl. Ber. **16**. 1333.

**Lehmann**'s Reaktion auf Glukose.

Eine alkoholische Lösung von Glukose mit alkoholischer Kalilauge und Kupfersulfat erwärmt, scheidet Kupferoxydul ab.

Enzyklop. d. gesamt. Pharm. 1889. VI. 261.

**Lehmann-Will**'s Reaktion auf Glukose

ist identisch mit Krause's Reaktion. Vergl. Schmidt's Jahrb. d. Med. 1856. **92**. 18.

**Leishman**'s Reagens zum Färben mikroskop. Präparate

ist eine Modifikation von Romanowsky's Reagens.

a) Eine 1 %ige, wässerige Lösung von Methylenblau versetzt man mit 0,5 % Natriumkarbonat, erwärmt 12 Stunden lang auf 65° C. und läßt diese Mischung noch 10 Tage bei gewöhnlicher Temperatur stehen.
b) Eine Lösung von 1 g Eosin (-Natr.) in 1 Liter Wasser.

Gleiche Raumteile a und b mischt man und läßt 6—12 Stunden unter öfterem Umrühren stehen. Der entstandene Niederschlag wird auf einem Filter gesammelt, mit Wasser gewaschen und getrocknet. Als Lösungsmittel dient Methylalkohol.

British Medical Journal 1901. No. 2125. 757.
Szécsi, Deutsche med. Woch. 1912. 1082.

**Lelli**'s Reagens auf Indikan

ist eine Lösung von 1 g Goldchlorid in 10 g Salzsäure (1,18). Versetzt man 10 ccm Harn mit dem gleichen Volumen Reagens (dürfte eine kostspielige Reaktion werden!), so färbt sich die Mischung bei Anwesenheit von Indikan violett. Die Farbe geht in Chloroform über.

Gazz. osped. cliniche 1907. No. 93.
Zentralbl. f. gesamt. Therap. 1909. 359.
Pharm. Zentrh. 1909. 689.

**Lelli** siehe auch Ferrari Lelli.

**Lemaire**'s Reaktion auf Alypin, Stovain und Novocain

siehe: Répert. de Pharm. 1908. 194.
Annal. Chim. analyt. appl. **13**. 301.
Chem. Zentralbl. 1908. II. 914.

**Lemaire**'s Reaktionen auf Arbutin und Hydrochinon
siehe: Annal. Chim. analyt. appl. 13. 105.
Chem. Zentralbl. 1908. I. 1579.

**Lemaire**'s Reagens auf Cadmium und Uran
ist eine 5 %ige Lösung von Thiosinamin, der vor dem Gebrauch noch 5 % Natronlauge zugesetzt werden. — Gibt man zu 4 ccm Reagens 2—3 Tropfen der zu prüfenden Lösung, so bildet sich bei Anwesenheit von Cadmium- und Uransalzen ein gelber Niederschlag.
Annal. Chim. analyt. appl. 14. 6.
Répert. de Pharm. 1908. 433.
Apoth. Ztg. 1908. 794.

**Lemaire**'s Reagens auf Gallussäurederivate
ist eine 0,2 %ige, wässerige Lösung von Ammoniumvanadat oder eine 0,5 %ige Lösung von Natriumvanadat. Die beiden Reagenzien färben sich mit Gallus- und Gerbsäure tief blau, mit Dermatol, Tannigen und Tannalbin grünlich; mit Tannoform färbt sich die Natriumvanadatlösung blaßviolett, dann dunkelgrün, die Ammoniumvanadatlösung grünbraun, beim Erwärmen rasch blaugrün.
Merck's Bericht 1904. 22.
Bull. Soc. Pharm. Bordeaux 1904. 36.
Bull. de Pharm. du Sud-Est 1904. 130.
Apoth. Ztg. 1904. 394.

**Lemaire**'s Reaktion auf Veronal.
Veronal gibt mit einer Lösung von 5 g Quecksilberoxyd in 20 ccm Schwefelsäure und 100 ccm Wasser (Denigès' Reagens) einen weißen Niederschlag.
Répert. de Pharm. 1904. 214.
Pharm. Ztg. 1904. 471.
Apoth. Ztg. 1904. 395.
Pégurier, Bull. scienc. pharmacol. 1905. 287.
Pharm. Zentrh. 1905. 528.

**Lemoult**'s Reaktion auf Amine
ist eine wohl nur für die Synthese in Betracht kommende Reaktion, die gelegentlich aber auch einmal analytischen Zwecken dienstbar gemacht werden kann. Behandelt man z. B. Dimethylanilin mit Phosphorpentachlorid, so bildet sich ein blauvioletter Farbstoff. Die geeignetste Temperatur für die Vornahme der Reaktion ist 80—100°, da der Farbstoff bei höherer Temperatur zerstört wird.
Compt. rend. 1905. I. 248.
Chem. Zentralbl. 1905. I. 675.

**Lenher-Crawford**'s Reagens auf Titan
ist eine mit konzentr. Schwefelsäure versetzte Lösung von Thymol in alkoholischer Essigsäure. Das Reagens ist farblos und wird durch Titansalze schön rot gefärbt. Die Farbenintensität ist proportional der vorhandenen Titanmenge und kann zur kolorimetrischen Bestimmung verwendet werden. Es lassen sich noch 0,0001 g $TiO_2$ nachweisen.
Chem. Ztg. 1912, p. 1072.
Merck's Bericht 1912.
Journ. Americ. Chem. Soc. 1913. 35. 138.
Chem. Zentralbl. 1913. I. 1306

**Lenhossék**'s Reagens zum Färben mikroskop. Präparate
ist eine konzentr. Lösung von Toluidinblau.
Neurol. Zentralbl. 1898. 577.
Ztschr. f. wiss. Mikroskop. 1898. 492.

**Lenhossék**'s Reagens zum Fixieren
ist eine Mischung von 3 g Eisessig, 20 g Alkohol und 75 g gesättigter, wässeriger Sublimatlösung.
Ztschr. f. wiss. Mikroskop. 1906. 496.

**Lenk-Pollak** siehe Pollak-Lenk.

**Lenk**'s Reaktion auf Eiweiß im Harn
ist eine Modifikation von Esbach's Reaktion. Sie besteht darin, daß zum rascheren und vollständigeren Absetzen des Eiweißniederschlages der Mischung von Harn und Esbach's Reagens noch etwas Bimssteinpulver zugesetzt wird. Näheres siehe: Deutsche med. Woch. 1915. 1281.

**Lenz**' Reaktion auf Alkaloide.
Beim Schmelzen mit Kaliumhydroxyd färbt sich die Schmelze mit Chinin und Chinidin grasgrün, Cinchonin und Cinchonidin blaugrün, Cocaïn zuerst grünlichgelb, dann bläulich und schmutzig rosenrot.
Ztschr. f. analyt. Chem. 25. 29.

**Lenz**' Reaktion auf natürlichen Kampfer.
3 g Kampfer schüttelt man mit 24 g Salzsäure (38 %) in einer Glasstöpselflasche und stellt die Mischung über Nacht in den Eisschrank. Natürlicher Kampfer bildet eine trübe, kirschrote Lösung, während synthetischer Kampfer eine klare, hellgelbe Lösung gibt.
Arch. d. Pharm. 249. 286.
Bohrisch, Pharm. Zentrh. 1914. 1003.

**Lenz**' Reagenzien für mikrochemische Zwecke siehe: Ztschr. f. analyt. Chem. 52. 90.

**Lenz**' Reaktion auf Pilocarpin.
Eine Mischung von Pilocarpinhydrochlorid und Kalomel schwärzt sich beim Befeuchten mit Wasser oder verdünntem Alkohol.
Ztschr. f. analyt. Chem. 30. 264.
Deutsches Arzneibuch V. 399.
Vergl. Flückiger's Reaktion auf Cocaïn.
Nagelvoort, Pharm. Rundschau 1893. 285.

**Lenz**' Reagens für mikroskop. Zwecke
ist eine wässerige, 50 %ige Natriumsalicylatlösung. Es dient als Aufhellungsmittel. Auch eine Lösung von 8 g Chloralhydrat in 5 g Wasser wurde vom Autor in Vorschlag gebracht.
Chem. Ztg. 1894. Rep. 164.
Ztschr. f. wiss. Mikroskop. 1894. 18—19.

**Lenz-Richter**'s Reaktionen auf Perborate, Perkarbonate, Persulfate, Perchlorate etc. siehe: Ztschr. f. analyt. Chem. 1911. 537.

**Lenz-Schoorl**'s Reagens auf Natrium
ist Ammonium-Uranylacetat. Die zu prüfende Lösung bringt man auf einen Objektträger und

gibt an den Rand der Flüssigkeit feingepulvertes Reagens. Bei Anwesenheit von Natrium bilden sich sofort charakteristische Tetraeder von Natrium-Uranylacetat.
Chem. Weekblad 8. 266.
Ztschr. f. analyt. Chem. 50. 263.
Chem. Zentralbl. 1911. I. 1378.

**Lenzmann's** Reagenzien zum Färben von Blutpräparaten.
a) 4 ccm Eosinlösung (0,1 %), 1 ccm Methylenblaulösung (1 %). Der Mischung setzt man 2,5 % Borax zu.
b) Methylenblau 0,8, Essigsäure (3 %) 1,0 und Alkohol absolut. 100,0.
c) Methylenblau 2,4, Borax 2,5, Alkohol absolut. 100,0.
d) Eosin 1,2, Sublimat 0,3, Formaldehyd 5,0, Alkohol 100,0.
Näheres siehe: Münchener med. Woch. 1904. 2250. — Ztschr. f. angew. Mikroskop. 1906. 254.

**Lenzmann's** Reagens zum Färben (Differenzierung) der weißen Blutzellen.
a) Lösung von 2 g Eosin-Methylenblau, 0,3 g Quecksilberchlorid und 5 g Formaldehyd in 100 g Methylalkohol.
b) Lösung von 1,2 g Eosin, 0.3 g Quecksilberchlorid und 5 g Formaldehyd in 100 g Wasser.
Näheres siehe: Med. Klinik 1913. 587.

**Leo's** Reaktion auf freie Salzsäure im Magensaft
beruht auf der Neutralisation des Magensaftes mit Calciumkarbonat, welches freie Säuren, nicht aber saure Phosphate sättigt. Man schüttelt den Magensaft zur Entfernung von Milchsäure und Fettsäuren mit Äther aus, versetzt bei gewöhnlicher Temperatur mit Calciumkarbonat und filtriert. Ist das Filtrat weniger sauer als der ursprüngliche Magensaft, so war Salzsäure vorhanden.
Zentralbl. f. d. mediz. Wissensch. 1889. 481.
Chem. Zentralbl. 1889. 268.
Pharm. Zentrh. 1889. 566.
Pflüger's Arch. 48. 614.

**Léon's** Reagenzien zum Färben mikroskop. Präparate.
1. B o r a x - F r a n c e ï n: 1 g Franceïn löst man in 100 ccm warmem Wasser, dann werden 2 g Borax und 300 g Alkohol (96 %) hinzugegeben und filtriert.
2. P i k r o f r a n c e ï n: 2 g Franceïn löst man in 25 ccm Wasser und der genügenden Menge Ammoniak, läßt 10 Tage lang an der Luft stehen und mischt dann mit dem 4 fachen Volumen gesättigter, wässeriger Pikrinsäurelösung.
3. A m m o n i a k - F r a n c e ï n: 1 g Franceïn löst man in 4 g heißem Ammoniak, gibt 50 ccm Wasser zu und läßt die Mischung so lange stehen, bis der Ammoniakgeruch verschwunden ist.
Zoolog. Anzg. 1895. 160.
Ztschr. f. wiss. Mikroskop. 1895. 322.

Franceïn ist ein von Istrati zuerst aus Pentachlorbenzol und Nordhäuser Schwefelsäure dargestellter Farbstoff. Näheres siehe: Compt. rend. **106**. 277. — Bull. Soc. Chim. Paris 58. 35. — Berl. Ber. **20**. Ref. 695; **21**. Ref. 139; **22**. Ref. 659.

**Leonard's** Reaktion auf Formaldehyd in Milch.
Erhitzt man Milch mit konzentr. Salzsäure, so entsteht bei Anwesenheit von Formaldehyd eine violette Färbung. Empfindlichkeitsgrenze = 1 : 1 Million.
The Analyst **24**. 86.
Chem. Ztg. 1899. 43.
Pharm. Zentrh. 1899. 143.
A m t h o r, Ztschr. f. Unters. Nahr.-Genußm. 1900. 233.

**Leonardi's** Reagens auf Rizinusöl im Olivenöl
ist ein mit Olivenöl gesättigter und filtrierter Alkohol. Schüttelt man gleiche Teile Olivenöl und Reagens, so nimmt das Volumen des Reagenzes bei Anwesenheit von Rizinusöl zu, anderen Falles nimmt es ab.
Pharm. Ztg. 1893. 705.
Pharm. Zentrh. 1893. 704.

**Leontowitsch's** Fixierungsmittel zur Methylenblaufärbung.
1. 2 ccm einer 1 %igen Platinchloridlösung, 1 ccm einer 0,3 %igen Lösung von Gold-Kaliumcyanid und 32 ccm einer 5 %igen Lösung von Ammoniummolybdat.
2. 2 ccm 1 %ige Platinchloridlösung, 15 ccm einer 10 %igen Ammoniummolybdatlösung und 15 ccm einer 0,25 %igen Natrium-Palladiumchlorürlösung.
Monatsschrift f. Anatom. u. Physiolog. 1901.

**Lepage's** Reagens auf Alkaloide
ist Kalium-Cadmiumjodid. Siehe: Marmé's Reagens.
Répert. de Pharm. 1875. 647.
Arch. der Pharm. **6**. 271.
Ztschr. f. analyt. Chem. **16**. 129 u. 260.
Auch Chlorgas und Rhodankalium hat Lepage als Reagenzien auf Alkaloide in Vorschlag gebracht.
Journ. de Pharm. et de Chim. 1840. 140.
Chem. Zentralbl. 1840. 839.
Vergl. Artus' und Gmelin's Reagens.

**Lepel's** Reagenzien auf Farbstoffe von Fruchtsäften.
Siehe: Ztschr. für analyt. Chem. **19**. 24.

**Lespinasse's** Reagens auf Gallenfarbstoff im Harn
ist eine 0,01 %ige Natriumnitritlösung, die man sich durch Umsetzen von 0,406 g Silbernitrit (in 100 ccm Wasser) mit Natriumchlorid, Abfiltrieren des Niederschlags und Auffüllen des Filtrates auf 1000 ccm herstellt. Mischt man 10 ccm Harn mit 10 ccm Reagens und setzt tropfenweise Salzsäure zu, so entsteht bei Gegenwart von Gallenfarbstoff eine grüne Färbung.
Bull. scienc. pharmacol. 1915. **22**. 267.
Apoth. Ztg. 1916. 196.

**Lesser**'s Reaktion auf Jod im Harn.

Einige Tropfen des zu prüfenden Harns verrührt man mit einem Streichholz auf einem Objektträger oder auf Papier mit Calomel. Bei Gegenwart von Jod tritt intensive Gelbfärbung auf. Ebenso kann Speichel auf Jod geprüft werden.

Deutsche med. Woch. 1901. 821.
Berl. klin. Woch. 1913. 2042.
Erdmann, Schweizer Apoth. Ztg. 1914. 93.
Chem. Zentralbl. 1914. I. 1221.

**Leszcynski**'s Reagens zur Gonokokkenfärbung.

a) Eine Mischung von 10 g gesättigter, wässeriger Thioninlösung mit 90 g 2 %igem Carbolwasser.

b) Eine Mischung von 50 g gesättigter, wässeriger Pikrinsäurelösung mit 50 g 0,1 %iger Kalilauge. Die Gonokokken färben sich damit schwarz.

Arch. f. Dermatol. u. Syphil. 1904. Nr. 2 u. 3.
Berl. klin. Woch. 1905. Lit.-Ausz. 28.
Pharm. Zentrh. 1905. 361.

**Letheby**'s Reaktion auf Anilin.

Erwärmt man Anilin mit konzentr. Schwefelsäure und Braunstein, so entsteht eine blaue Färbung. — Verteilt man einen Tropfen einer Lösung von 1 Teil Anilin in 1000 Teilen verdünnter Schwefelsäure auf einem Platinblech, verbindet dasselbe mit dem positiven Pole eines Bunsen-Elementes und berührt den Tropfen mit dem negativen Poldrahte, so färbt sich die Flüssigkeit sofort intensiv blau.

Ztschr. f. analyt. Chem. 1. 375.

**Letulle**'s Reagens zum Färben von Tuberkelbazillen.

a) Eine Lösung von 2 g Carbolsäure in 100 ccm Wasser sättigt man mit Rubin S.

b) Eine Lösung von 1 g Jodgrün und 2 g Carbolsäure in 100 ccm Wasser.

Bull. de la Soc. anatom. Paris 1892. 246.
Eberth-Friedländer, Mikroskop. Techn. 1894. 216.

**Leturc**'s Reaktion auf Harnstoff

ist eine Modifikation von Riegler's und Moreigne's Reaktion mit Phosphorwolframsäure.

Répert. de Pharm. 1907. 249.

**Leube**'s Reaktion pathologischer Harne

beruht auf einem Farbstoff, der sich beim Stehen pathologischer Harne bildet und diese dunkelviolett färbt. Dieser Farbstoff geht in Äther über und zeigt ein diffuses Absorptionsspektrum zwischen E und G. Durch dieses, sowie durch seine Löslichkeit in Natronlauge, unterscheidet er sich vom Indigorot.

Virchow's Archiv 106. 418.

**Leuchter**'s Reaktionen auf Kienöl und Terpentinöl.

1. Eine Lösung von 0,3 g Phloroglucin in 3 g Alkohol, 7,5 g Glycerin, 3,75 g Wasser und 15 g Salzsäure (25 %) bewirkt mit Terpentinöl eine gelbliche und bräunliche Färbung, mit Kienöl eine rosa bis rubinrote Färbung (sog. Phloroglucinreaktion).
2. Eine Lösung von 0,1 g o-Nitrobenzolaldehyd in 3 g Alkohol, 2 g Wasser und 1 g Natronlauge (15 %) färbt Terpentinöl hellgelb, Kienöl gelbbraun bis schwarz (sog. Nitrobenzolaldehydreaktion).

Bis zu einem gewissen Grade lassen sich mit diesen Reaktionen auch Zusätze von Kienöl zum Terpentinöl nachweisen.

Chem. Revue Fett- u. Harzindustrie 1912. 143.
Pharm. Zentrh. 1913. 177.

**Leuchter**'s Reagens auf Wasserstoffsuperoxyd.

Von einer 1 %igen, wässerigen Cobaltchlorürlösung und einer Lösung von 1,6 g Borax und 20 g Glycerin in 100 g Wasser mischt man gleiche Gewichtsteile. 2 ccm dieses Reagenzes überschichtet man mit 2 ccm der zu prüfenden Flüssigkeit. Bei Anwesenheit von Wasserstoffsuperoxyd entsteht sofort oder nach einiger Zeit ein bräunlicher bis schwarzbrauner Ring.

Chem. Ztg. 1911. 1111.
Merck's Bericht 1911. 234.

**Levaditi**'s Reagens zur Spirochaetenfärbung.

a) 10 %iges Formaldehyd und 95 %iger Alkohol (zur Härtung).

b) 1,5 %ige, wässerige Lösung von Silbernitrat.

c) 2 %ige Lösung von Pyrogallussäure mit einem Zusatz von 5 % Formaldehyd.

Sitz.-Ber. d. Société de biologie 49. 326.
Giornale italiano malatt. ven. e della pelle 1906. 352.
Mucha-Scherber, Wiener klin. Woch. 1906. 145.
Buschke-Fischer, Berliner klin. Woch. 1906. 6.
Doutrelepont, Deutsche med. Woch. 1906. 1060.
Volpino, Deutsche med. Woch. 1907. 151.
Benda, Berliner klin. Woch. 1907. 428.

**Levene-Beatty**'s Reagens zur Fällung von Aminosäuren

ist eine stark konzentr. wässerige Lösung von Phosphorwolframsäure (2—4 Teile Ph.-W.-Sr. auf 1 Teil Wasser). Das Reagens fällt konzentr. Lösungen von Glykokoll, Alanin, Leucin, Glutaminsäure, Asparaginsäure etc. etc. Näheres siehe: Ztschr. f. physiol. Chem. 1906. (47.) 149. — Merck's Bericht 1906. 16.

**Levi-Wilmer**'s Reaktionen auf Gerbstoffe

siehe: Journ. Americ. Leath. Chem. Assoc. 2. 66.
Collegium 1907. 213.
Chem. Zentralbl. 1907. II. 432.

**Lévy**'s Reaktion auf Alkaloide, Phenole etc. einerseits und auf Niobsäure, Tantalsäure, Titansäure und Zinnsäure andererseits

siehe: Journ. de Pharm. et de Chim. 1887. 70.
Compt. rend. 1886. 1195.
Chem. Ztg. 1887. Rep. 4.

**Lewin's** Reagens auf Aldehyde
ist eine Mischung von Piperidin und Nitroprussidnatriumlösung. Mit diesem Reagens liefert Acroleïn eine enzianblaue Färbung (noch in einer Verdünnung von 1 : 3000 Wasser, Acetaldehyd noch in einer Verdünnung von 1 : 12 000). Auf das Reagens wirken auch Propionaldehyd und Zimtaldehyd, nicht dagegen Formaldehyd, Trichloraldehyd, Isobutylaldehyd, Benzaldehyd, Salicylaldehyd, Phenylacetaldehyd, Önanthol und Furfurol.
Berl. Ber. **32**. 3388.
Herzog-Leiser, Monatsh. f. Chem. **22**. 357.
Heyl, Apoth. Ztg. 1913. 165.

**Lewin's** Reaktion auf Calotropin.
Calotropin wird durch konzentr. Schwefelsäure blutrot gefärbt. Enthält es noch Alban (Harz der Calotropis procera), von der ungenügenden Reinigung herstammend, so geht die Farbe nach einiger Zeit in Grün über.
Arch. experim. Pathol. 1913. **71**. 142.
Med. Klinik 1913. 206.
Merck's Bericht 1913. 173.

**Lewin's** Reagens auf Eiweißstoffe
ist eine Lösung von 0,1—0,15 g Triformoxim (Trioximinomethylen) in 100 g roher Schwefelsäure. Mit gelösten Eiweißstoffen erzeugt es eine haltbare violette Färbung.
Berl. Ber. 1913. 1796.
Merck's Bericht 1913. 515.

**Lewin's** Reaktion auf Erythrophlein.
Die Salze des Erythrophleins geben beim Eindampfen ihrer wässerigen (mit Schwefelsäure versetzten) Lösung auf Porzellan einen schön hellrosa gefärbten Rückstand. Mit Schwefelsäure erwärmt, tritt ebenfalls eine rosarote Färbung auf.
Berliner klin. Woch. 1888. 61.

**Lewin's** Reaktion auf Gallenfarbstoffe
ist Gmelin's Reaktion.

**Lewin's** Reaktion auf Jod im Speichel zum Nachweis vorausgegangener Jodmedikation.
Mit einem Silbernitratstift bestreicht man eine kleine Stelle an der Zunge. Die entstehende Ätzstelle ist weiß, nach Jodmedikation gelb gefärbt.
Lesser, Berl. klin. Woch. 1913. 2042.

**Lewin's** Reaktion auf Ouabain.
Ouabain (das amorphe Glykosid aus Akokanthera Schimperi) löst sich in konzentr. Schwefelsäure mit grüner Fluoreszenz, eine Reaktion, die auch mit dem Holz und der Rinde der genannten Pflanze gelingt.
Virchow's Arch. f. patholog. Anat. u. Physiol. 1893. Nr. 2.
Merck's Bericht 1893. 70.
Apoth. Ztg. 1906. 1067.
Berl. klin. Woch. 1906. 1583.

**Lewin's** Reaktion auf Sesamöl.
Man übergießt 0,5 g Zuckerpulver mit 2 ccm des zu prüfenden Öles und läßt vorsichtig 1 ccm Salzsäure (D. = 1,19) zufließen. Bei Anwesenheit von Sesamöl entsteht innerhalb 5 Minuten ein rosarot gefärbter Ring.
Vergl. Baudouin's Reaktion.

**Lewin's** Reaktion auf Tyrosin.
Tyrosin liefert mit einer Lösung von Paraformaldehyd in konzentr. Schwefelsäure eine grüne Färbung.
Berl. Ber. 1913. 1798.

**Lewkowitsch's** Reaktion auf Pfirsichkernöl in Mandelöl.
Mit Pfirsichkernöl vermischtes Mandelöl wird auf Zusatz von ätherischer Phloroglucinlösung und Salpetersäure (D. = 1,45) hellrot gefärbt. Schüttelt man eine Mischung genannter Öle mit einer Mischung gleicher Teile Schwefelsäure, Salpetersäure und Wasser, so tritt Rotfärbung ein. Mandelöl allein gibt keine Farbenerscheinung.
Ztschr. d. allgem. österr. Apoth. Ver. 58. 253.
Ztschr. f analyt. Chem. 1908. 200.

**Lex'** Reaktion auf Ammoniak.
Ammoniak enthaltende Flüssigkeiten nehmen nach Zusatz von Phenol und Chlorkalklösung eine grüne Färbung an.
Schulze, Chem. Zentralbl. 1871. 724.

**Lex'** Reaktion auf Phenol.
Versetzt man wässerige Phenollösung mit Ammoniak und dann mit unterchlorigsaurem Natrium, so tritt beim Erwärmen auch in starker Verdünnung Blaufärbung ein. Diese Blaufärbung erhält man auch beim Behandeln mit Brom, Jod, Baryumsuperoxyd oder beim Stehenlassen an der Luft. Empfindlichkeitsgrenze = 1 : 10 000.
Berl. Ber. **3**. 457.
Ztschr. f. analyt. Chem. **10**. 101.
Salkowski, Arch. d. Physiolog. **5**. 353 oder Ztschr. f. analyt. Chem. **11**. 316.

**Ley's** Reagens zur Differenzierung von Kunst- und Naturhonig.
Man löst 10 g Silbernitrat in 100 ccm Wasser und gibt 20 ccm Natronlauge (15 %) zu. Das entstandene Silberoxyd wäscht man auf einem Filter mit 400 ccm Wasser aus und löst es dann in 10 %igem Ammoniak zum Gesamtgewicht von 115 g auf.
Über die Verwendung dieses Reagenzes siehe:
Pharm. Ztg. 1902. 603.
Chem. Zentralbl. 1903. II. 687.
Utz, Ztschr. f. angew. Chem. 1907. 993.
Répert. de Pharm. 1908. 368.
Pharm. Zentrh. 1907. 772.
Koebner, Chem. Ztg. 1908. 89.
Browne, Ztschr. d. Ver. dtsch. Zucker-Ind. 1908. 751.
Utz, Ztschr. f. angew. Chem. **20**. 2222, **21**. 780, 2315.
Schwarz, ebenda **21**. 436.
Quantin, Chem. Zentralbl. 1910. II. 1095.
Witte, Ztschr. f. öffentl. Chem. 1912. 367.

**Ley's Reaktion auf Formaldehyd und Acetaldehyd**

beruht auf der Bildung einer unlöslichen Verbindung, die Acetaldehyd (und andere Aldehyde) mit Quecksilberoxyd eingeht, was bei Formaldehyd nicht der Fall ist. Löst man 1 g Quecksilberoxyd in einer 5 %igen Natriumsulfitlösung, so entsteht nach Zusatz von Äthanol und sehr wenig Alkali ein weißer, in Wasser und Alkohol unlöslicher Niederschlag. Näheres siehe: Journ. de Pharm. et de Chim. (6) **22.** 107. — Chem. Zentralbl. 1905. II. 855. — Pharm. Zentrh. 1906. 633.

**Ley's Reagens auf Natriumkarbonat in Bikarbonat oder Borax**

ist eine gesättigte, wässerige Lösung von Calciumsulfat. Enthält eine Lösung von Natriumbikarbonat kleine Mengen Karbonat, so entsteht mit dem Reagens sofort ein krystallinischer Niederschlag (von Calciumkarbonat).

The Analyst **23.** 51.
Ztschr. f. analyt. Chem. **39.** 372.
Journ. de Pharm. et de Chim. 1897. 440.

**Ley's Reaktion auf Saccharin.**

5 ccm Saccharinlösung (1 : 2500) versetzt man mit 2 Tropfen Eisenchloridlösung (2 ccm offizinelle Eisenchloridlösung und 98 ccm Wasser) und 2 ccm Wasserstoffsuperoxyd (0,05 Volum-%). Nach $^1/_2$—$^3/_4$ Stunde entsteht eine violette Färbung.

Chem. Ztg. 1901. 424.
Pharm. Zentrh. 1901. 418.
Chem. Zentralbl. 1901. I. 1246.

**Lichthardt's Reagens auf Karamel.**

Man löst 1 g Tannin in 30 ccm Wasser, gibt 0,75 g Schwefelsäure (1,84) zu und ergänzt mit Wasser auf 50 g. Nach 24stündigem Stehen wird die Lösung filtriert. 5 ccm Reagens versetzt man mit 5 ccm der zu prüfenden, eventuell von Alkohol befreiten Flüssigkeit und erwärmt, bis der entstandene Niederschlag wieder gelöst ist. Bei Gegenwart von Karamel bildet sich im Laufe von 12 Stunden ein brauner Niederschlag.

Journ. Ind. Engin. Chem. **2.** 389.
Chem. Zentralbl. 1910. II. 1781.
Chem. Ztg. 1910. Rep. 542.
Pharm. Zentrh. 1911. 264.
Répert. de Pharm. 1911. 76.

**Lidforss' Reagens auf Glukose.**

Zu einer mit wenig Essigsäure angesäuerten alkoholischen Lösung von Kupferacetat, der man etwas Glycerin zugesetzt hat, gibt man ein gleiches Volumen alkoholische Natronlauge. Das Reagens dient zum Nachweise von Glukose in Pflanzenzellen.

Ztschr. f. wiss. Mikroskop. 1894. 272.

**Lidow's Reaktion auf fette Öle.**

(Elaïdinprobe.) Das zu prüfende Öl wird mit Eisessig geschüttelt und die hierbei entstandene Lösung oder Emulsion mit Natriumnitrit versetzt.

Journ. d. russ. phys.-chem. Ges. (1) **24.** 515.
Chem. Ztg. 1893. Rep. 7.
Chem. Zentralbl. 1893. I. 667; II. 195.

**Lidow's Reaktion auf Phosphorsäure in Mineralien**

siehe: Chem. Zentralbl. 1908. II. 1468.

**Lidow's Reaktion auf Proteïnsubstanzen.**

Erwärmt man die Lösung einer Proteïnsubstanz (Albumin, Kaseïn, Legumin, Globulin, Fibrin, Hämoglobin etc.) mit Silbernitrat und einem geringen Überschuß von Kalilauge, so nimmt sie fast sofort eine braune Färbung an, die sich allmählich bis zur Zimtfarbe verstärkt.

Chem. Ztg. 1899. 997.
Pharm. Zentrh. 1900. 146.

**Lidow's Reagens zur Wasseruntersuchung.**

Man löst 10,08 g chemisch reine Oleïnsäure in 500 ccm Alkohol (96°) und gibt 1 ccm einer 0,5 %igen Phenolphthaleinlösung zu. Alsdann gibt man eine Lösung von 2,5 g Kaliumhydroxyd in 100 ccm Wasser und 100 ccm Alkohol zu, bis sich die Lösung rot färbt. Diese Mischung wird mit Alkohol auf 1 Liter ergänzt. Gebraucht zur Härtebestimmung.

Techn. Sbornik 1906. 53.
Chem. Ztg. 1906. Rep. 156.

**Lieben's Reaktion auf Aceton.**

Fügt man zu einer acetonhaltigen Flüssigkeit (Harn) eine wässerige Jodjodkaliumlösung und einige Tropfen Kalilauge, so bildet sich Jodoform, das schon am Geruch erkenntlich ist. Ein Niederschlag entsteht mit 0,01 mg Aceton noch in 1—3 Minuten, in 24 Stunden sogar noch mit 0,0001 mg. (Auch Alkohol gibt diese Reaktion.)

Liebig's Annal. Suppl. **7.** 236 (1870).
Schmidt-Gaze, Arch. der Pharm. **243.** 555.
Denigès, Bull. Soc. Chim. Paris (3) **29.** 597.
Mauban, Contribution à l'étude de l'acétonurie. Paris 1905.
Welker, Journ. of biol. Chem. **3.** 27.
Weitbrecht, Schweiz. Woch. Chem. Pharm. **47.** 23.
Cervello, Arch. exp. Pathol. **75.** 157.
Sobel, Deutsche med. Woch. 1914. 452.
Korresp. Bl. f. Schweizer Ärzte 1914. Nr. 6.

**Lieben's Reaktion auf Alkohol.**

Eine wässerige Flüssigkeit, die auf Alkohol geprüft werden soll, erwärmt man in einem Reagenzglase, gibt einige Körnchen Jod und einige Tropfen Kalilauge zu, so daß die Lösung gerade farblos wird. Bei Anwesenheit von Alkohol entsteht ein gelber, krystallinischer Niederschlag von Jodoform. Auf diese Art ist Alkohol noch in einer Verdünnung von 1 : 2000 nachweisbar. Nach Klar kann man die Jodoform in Lösung enthaltende Flüssigkeit mit alkalischer Resorcinlösung versetzen. Man erhält dann, eventuell beim Erwärmen, eine grüne Färbung.

Liebig's Annal. Suppl. **7**. 218.
Ztschr. f. analyt. Chem. **9**. 265.
Hager, Pharm. Zentrh. **1870**. 153 oder Ztschr. f. analyt. Chem. **9**. 492.
Klar, Pharm. Ztg. **41**. 629.

**Liebermann**'s Reagens auf Äthylsulfid im Harn
ist eine Lösung von 8 g Kaliumnitrit in 100 g konzentr. Schwefelsäure, der noch 6—7 g Wasser zugesetzt werden. Von der ausgeschiedenen Krystallmasse wird (durch Glaswolle) abfiltriert. — Das Reagens wird durch Äthylsulfid vorübergehend grün gefärbt.
Berl. Ber. **20**. 3232.

**Liebermann**'s Reaktionen auf Azafranin (Farbstoff aus Escobedien).
Azafranin löst sich in Schwefelsäure mit blauer Farbe. Zusatz von Alkohol bewirkt Violettfärbung. Kocht man die gelbe, alkoholische Lösung des Farbstoffes mit Salzsäure, so färbt sich die Mischung violett bis veilchenblau. Beim Verdunsten dieser Lösung verbleibt ein metallisch glänzender Rückstand.
Berl. Ber. **44**. 850.
Chem. Zentralbl. 1911. I. 1419.

**Liebermann**'s Blutprobe
beruht auf der hämolytischen Eigenschaft des destillierten Wassers, welche durch Zusatz von Chlornatrium aufgehoben wird. Näheres siehe: Deutsche med. Woch. 1912. 462. — Orbán, ebenda 1912. 2079.

**Liebermann**'s Reaktion auf Cholesterin (Cholestolreaktion)
siehe dessen Reaktion auf Phytosterin.
Vergl. auch Burchard's Reaktion auf Cholesterin.

**Liebermann**'s Reaktion auf Chrysophansäure
beruht auf der Blaufärbung der Kalischmelze. Näheres siehe: Berl. Ber. **11**. 1606. — Ztschr. f. analyt. Chem. **21**. 226. — Lenz, ebenda **25**. 29.

**Liebermann**'s Reaktion auf Cinnamylcocaïn.
Die wässerige Lösung des salzsauren Cinnamylcocaïns entwickelt nach Zusatz von Kaliumpermanganat einen Geruch nach Bittermandelöl. (Unterschied von Cocaïn und Isatropylcocaïn.)
Berl. Ber. **21**. 3375.

**Liebermann**'s Reaktion auf Coniin.
Versetzt man eine wässerige Coniinlösung auf einem Uhrglase mit Jodjodkaliumlösung, so bemerkt man neben braunen und gelben auch violette Streifen.
Berl. Ber. **9**. 154.

**Liebermann**'s Reaktion I auf Eiweiß (Tryptophanreaktion).
Gut koaguliertes Eiweiß verteilt man auf einem Filter und wäscht einige Male mit Alkohol und dann mit Äther aus. Dann läßt man vom Rande des Filters aus heiße, rauchende Salzsäure vorsichtig zufließen. Wo sich Säure und Eiweiß berühren, entsteht eine violettblaue Färbung. Die Reaktion soll mit 5 ccm eines 0,1 % Eiweiß enthaltenden Harns noch gelingen.
Zentralbl. f. d. mediz. Wissensch. 1887. 321 und 450.
Ztschr. f. analyt. Chem. **26**. 674; **42**. 190.
Chem. Ztg. 1887. Rep. 130.
Udranszky, Ztschr. f. physiol. Chem. **12**. 355 und 377.
Bardachzi, Ztschr. f. physiol. Chem. 48. **145**.
Ekenstein-Blanksma, Chem. Weekbl. 1911. **8**. 313.
Vergl. Wurster's Reaktion.
Abderhalden, Ztschr. f. physiol. Chem. **52**. 207.

**Liebermann**'s Reaktion II auf Eiweißstoffe
ist die Umkehrung von Hehner's Reaktion auf Formaldehyd in Milch. Näheres siehe: Ztschr. Unters. Nahr.-Gen.-Mittel 1908. **16**. 231.

**Liebermann**'s Reaktion auf Phenole.
(Nitrosoreaktion.) Erwärmt man Phenole mit Schwefelsäure, die salpetrige Säure enthält (5 g Natriumnitrit in 100 ccm Säure), so entstehen intensiv gefärbte Lösungen, die beim Übersättigen mit Kalilauge blau werden. Diese Reaktion geben auch die Nitrosamine und viele Nitrosoverbindungen.
Berl. Ber. **15**. 1529.
Nickel, Die Farbenreaktionen der Kohlenstoff-Verb. 1890. 14.

**Liebermann**'s Reaktion zur Unterscheidung von Gespinstfasern.
Eine Lösung von 3—5 g Fuchsin in 30 ccm Wasser erhitzt man zum Sieden, gibt tropfenweise Kali- oder Natronlauge zu, bis die Lösung farblos geworden ist und filtriert. — Zur Prüfung gibt man das Gewebe einige Sekunden in das erwärmte Reagens und spült dann mit kaltem Wasser ab. Wolle ist rot gefärbt, Baumwolle zeigt keine Färbung. Seide verhält sich wie Wolle, Leinen und vegetabilische Fasern wie Baumwolle.
Dingler's Journ. **181**. 133.

**Liebermann**'s Reaktionen auf Phytosterin.
In eine kaltgesättigte Lösung von Phytosterin in Essigsäureanhydrid tropft man reine, konzentrierte Schwefelsäure. Es zeigen sich folgende Farbenerscheinungen:
Cholesterin (aus Gallenstein): rosenrot — blau — grün (Cholestolreaktion);
Phytosterin (aus Baumwollsamenöl): rosenrot — blau — grün;
ebenso Phytosterin (aus Belladonnablättern und aus Grasblättern), ferner Cinchol und Benzoresinol;
Onocol: bräunlichgelb — rötlichbraun — grün;
ebenso Onoketon.
Berl. Ber. **18**. 1804.
Pharm. Zentrh. 1897. 435.
Vergl. Salkowski's Reaktion.

Volland, Arch. der Pharm. 61. 146.
Burchard, Jahresber. f. Tierchem. 1889. 85.

**Liebermann**'s Reagens auf Tiophen im Benzol

ist eine filtrierte Lösung von 8 g Kaliumnitrit in 100 g konzentrierter Schwefelsäure und 6 g Wasser. — Schüttelt man 10 ccm Benzol mit 20—30 Tropfen Reagens, so färbt sich letzteres nach einiger Zeit grün und dann kornblumenblau, wenn das Benzol Thiophen enthält.

Berl. Ber. 16. 1473; 20. 3231.
Pharm. Zentrh. 1904. 740.
Schwalbe, Berl. Ber. 1904. 324.

**Liebermann-Acél**'s Nährboden zur Unterscheidung von säurebildenden Bakterien von anderen, besonders der Colibazillen von den Typhusbazillen.

1 kg zerriebenes Pferdefleisch eine Stunde mit 2 Liter Wasser gekocht, dann filtriert. Zusatz von 20 g Pepton, 20 g Nutrose und 10 g Kochsalz. Wieder eine Stunde kochen, dann filtrieren, 60 g Agar zusetzen und eine Stunde im Autoklaven erhitzen. Mit Sodalösung vorsichtig versetzen, bis die Lösung gegen Lackmus schwach alkalisch wird, wieder eine halbe Stunde kochen, dann im Sterilisator heiß filtrieren. Das Filtrat wird gemessen, zu je 100 ccm 1,5 g Milchzucker in Substanz und 30 ccm einer 1 %igen wässerigen Lösung von Congorot zugesetzt und sterilisiert. Über die Verwendung siehe: Deutsche med. Woch. 1914. 2093. — Merck's Bericht 1914. 391.

**Liebermann-Acél**'s Reagens auf Salpetersäure in Trinkwasser

ist Naphthylaminsulfanilsäure folgender Zusammensetzung. Man löst 0,1 g α-Naphthylamin in 20 ccm kochendem Wasser, gießt die farblose Lösung vom blauen Rückstand ab und versetzt sie mit 150 ccm verd. Essigsäure. Die erhaltene Mischung gibt man zu einer Lösung von 0,5 g Sufanilsäure in 150 ccm verd. (30 %) Essigsäure. Salpetersäurehaltiges Wasser wird mit Zink- und Essigsäure behandelt, wobei Salpetersäure zu salpetriger Säure reduziert wird. Diese gibt mit dem Reagens eine rote Färbung. Das Reagens dient zur kolorimetrischen Bestimmung der Salpetersäure bezw. salpetrigen Säure. Näheres siehe: Hygien. Rundschau 1915. 805. — Apoth. Ztg. 1915. 680.

**Liebermann-Seyewetz**' Reaktion auf Schwefelkohlenstoff im Benzol.

Versetzt man 10 ccm Benzol mit 5 Tropfen Phenylhydrazin und läßt die Mischung unter öfterem Umschütteln 1—2 Stunden stehen, so entsteht bei Anwesenheit von Schwefelkohlenstoff ein krystallinischer Niederschlag. Empfindlichkeitsgrenze = 0,03 %.

Berl. Ber. 24. 788.
Beilstein, Handb. 1893. I. 880.
Bay, Compt. rend. 146. 132.
Chem. Zentralbl. 1908. I. 1213.

**Liebermann-Vogt**'s Reaktion auf Lebertran

ist eine Modifikation von Liebermann's Reaktion auf Cholesterin: Zu einer abgekühlten Mischung von 20 Tropfen Chloroform, 40 Tropfen Essigsäureanhydrid und 3 Tropfen Schwefelsäure gibt man 3 Tropfen Dorschlebertran und schüttelt um. Es zeigt sich eine intensive blaue Färbung, die rasch verschwindet und innerhalb 20—40 Sekunden in ein bleibendes Olivengrün übergeht.

Schweizer Woch. f. Chem. u. Pharm. 1905. 674.
Pharm. Ztg. 1905. 1067.
Chem. Zentralbl. 1906. I. 289.
Utz, Seifensieder-Ztg. 1906. 398.
Kreis, Schweiz. Woch. Chem. Pharm. 44. 721.

**Liebers**' Reaktion auf Eiweiß im Harn

siehe: Pandy's Reaktion.

**Liebig**'s Reaktion auf Aldehyde

beruht auf der Reduktion ammoniakalischer Silberlösung.

Annal. d. Chem. 98. 132.
Polytechn. Journ. 140. 199.

**Liebig**'s Reaktion auf Blausäure.

Die zu prüfende Flüssigkeit dampft man mit etwas Schwefelammon auf dem Dampfbade zur Trockene. Bei Anwesenheit von Blausäure wird der Rückstand mit verdünnter Eisenchloridlösung blutrot gefärbt.

Enzyklop. d. gesamt. Pharm. 1889. VI. 301.

**Liebig**'s Reaktion auf Nebenalkaloide im Chininsulfat.

0,5 g Chininsulfat schüttelt man mit 1 ccm Ammoniakflüssigkeit und 5 ccm Äther (D. = 0,728). Ist das Präparat genügend rein, so entstehen zwei klare Schichten, enthält es zu viel Cinchonin oder Cinchonidin, so bleibt die untere Schicht trüb.

Enzyklop. d. gesamt. Pharm. 1887. III. 61.
Vergl. Hesse's Reaktion.

**Liebig**'s Reaktion auf Cystin.

Kocht man Cystin mit einer Lösung von Bleioxyd in Natronlauge, so entsteht ein schwarzer Niederschlag von Bleisulfid.

Suter, Ztschr. f. physiol Chem. 20. 568.
Goldmann-Baumann, ebenda 12. 254.
Müller-Niemann, Arch. f. klin. Mediz. 1876. 259.

**Liebig**'s Reagens zur Harnstoffbestimmung.

Man löst 77,2 g trockenes Quecksilberoxyd in 160 g Salpetersäure (D. = 1,185), verdampft zur Sirupkonsistenz und löst in Wasser zu 1 Liter. 10 ccm entsprechen 0,1 g Harnstoff. Näheres siehe: Hager, Pharm. Prax. 1880. II. 1188. — Dragendorff, Pharm. Ztschr. f. Rußland 1862. 104. — Chem. Zentralbl. 1863. 159. — Glaßmann, Berl. Ber. 1906. 707.

**Liebig**'s Reaktionen zur Unterscheidung von Resorcin, Brenzkatechin und Hydrochinon

beruhen auf der verschiedenen Löslichkeit der Kondensationsprodukte mit Phenylhydrazin in Benzol, ferner auf Farbenerscheinungen mit Chinon.

Journ. f. prakt. Chem. 1905. 105.
Südd. Apoth. Ztg. 1905. 791.

**Liebmann**'s Pepsinprobe
wird mit einer auf besondere Art hergestellten Eiweißemulsion vorgenommen, indem festgestellt wird, in welcher Zeit diese durch vorhandenes Pepsin aufgehellt wird. Näheres siehe: Med. Klinik 1909. 1785.

**Liesegang**'s Reaktion auf Gelatine.

Gibt man zu einer Mischung von 14 ccm Trikaliumphosphatlösung (40 %) und 1 ccm Kupferchloridlösung etwas Gelatinelösung (10 %), so entsteht nach einiger Zeit eine violette Färbung.

Ztschr. Chem. Ind. d. Kolloide 1909. 5. 197, 248.
Pharm. Ztg. 1910. 283.

**Lifschütz**' Reaktion auf Cholesterin.

Man löst einige mg Cholesterin in 3 ccm Eisessig, gibt einige Körnchen Benzoylsuperoxyd zu und kocht 1—2 mal auf. Nach dem Erkalten der Mischung gibt man 4 Tropfen konz. Schwefelsäure zu. Das Gemisch färbt sich rein grün, dann violettrot und blau. Die Farben haben ein entsprechendes charakteristisches Absorptionsspektrum.

Berl. Ber. 41. 252.
Apoth. Ztg. 1908. 191.
Chem. Zentralbl. 1908. I. 891.
Merck's Bericht 1909. 150.
Répert. de Pharm. 1908. 363.

**Lifschütz**' Reaktion auf Oleinsäure.

Mischt man 1 Tropfen Oleinsäure in 4 ccm Eisessig mit 1 Tropfen 10 %iger Chromsäurelösung in wasserfreiem Eisessig und 10 Tropfen konz. Schwefelsäure, so färbt sich die Mischung grün und geht allmählich in Violett bis Kirschrot über. Sie zeigt dann ein charakteristisches Absorptionsspektrum im Grün dicht am Blau, ein schmäleres nahe am Gelb und noch ein schmäleres zwischen Orange und Gelb.

Ztschr. f. physiol. Chem. 1908. 56. 446.

**Liguières**' Kutireaktion
ist eine Modifikation von Pirquet's Hautreaktion.

Monatsh. f. prakt. Dermat. 1911. 53. 107.

**Likiernik**'s Reaktion auf α-Anthesterin (Sterin aus den Blüten von Anthemis nobilis).

Löst man 0,01 g α-Anthesterin in 5 ccm Chloroform und 10 Tropfen Essigsäureanhydrid und gibt 2—4 Tropfen Schwefelsäure zu, so erhält man eine rosagefärbte Mischung, deren Färbung in Hellviolett übergeht.

Annal. Chim. Phys. 1911, 24. 134.
Klobb, Chem. Zentralbl. 1911. II. 1350.

**Linde**'s Reaktion auf Coniferenholz.

Coniferenholz färbt sich in 60—70 %iger Schwefelsäure erst gelb, dann grünlichgelb und zuletzt grasgrün. Die Säure selbst bleibt farblos. So gefärbtes Holz wird in Wasser zunächst blau, dann blaugrau und schließlich farblos. Durch Zusatz von Phenol zur Säure wird die Reaktion empfindlicher.

Arch. der Pharm. 1906. (244.) 57.
Pharm. Ztg. 1906. 352.
Pharm. Zentrh. 1907. 34.

**Linde**'s Reaktion auf Glycerin.

Borax färbt die Flamme bei Anwesenheit von Glycerin grün. — Mit Lackmus blau gefärbte Boraxlösung wird auf Zusatz von Glycerin rot gefärbt.

Hager, Pharm. Prax. Erg.-Bd. 1883. 487.
Vergl. Ztschr. f. angew. Chem. 1896. 551 u. 1897. 5.

**Linde-Molisch**'s Reaktion auf Glukose
ist Molisch's Reaktion mit Thymol und Schwefelsäure. (Siehe diese.)

**Lindemann**'s Reaktion auf Acetessigsäure.

10 ccm Harn säuert man mit 5 Tropfen Essigsäure (30 %) an, gibt 5 Tropfen Lugol's Reagens zu und schüttelt mit 2—3 ccm Chloroform. Bei Gegenwart von Acetessigsäure bleibt das Chloroform farblos.

Münchener med. Woch. 1905. 1386.
Riegler, ebenda 1906. 448.
Ztschr. f. analyt. Chem. 1906. 401.
Chem. Zentralbl. 1906. II. 717.

**Linder**'s Reagens auf Mineralsäuren in Gasgemischen
ist mit Metanilgelb getränktes und getrocknetes Filtrierpapier. Es wird durch gasförmige Salzsäure, Schwefelsäure etc. violett gefärbt, nicht aber durch schweflige Säure, Schwefelwasserstoff, Essigsäure etc.

Chem. Ztg. 1908. 521.
Journ. Soc. Chem. Ind. 1908. 485.
Merck's Ber. 1908. 265.

**Lindet**'s Reagens auf Formaldehyd in Milch
ist Diaminophenol, das auf die zu prüfende Milch aufgestreut wird. Bei Gegenwart von Formaldehyd entsteht innerhalb weniger Minuten eine Gelbfärbung, bei Abwesenheit desselben ein lachsfarbiger Ton.

Ztschr. f. angew. Chem. 1903. 542.
Pharm. Ztg. 1903. 542.
Vergl. Manget-Marion's Reaktion.

**Lindet**'s Reaktion auf Formaldehyd in Weingeist.

10 ccm des zu prüfenden Alkohols versetzt man mit etwas Kaseïn, einigen Tropfen verdünnter Eisenchloridlösung, 10 ccm starker Phosphorsäure und 10—15 ccm konzentr. Schwefelsäure. Bei Anwesenheit von Formaldehyd entsteht eine violette Färbung.

Chem. Zentralbl. 1905. I. 469.
Südd. Apoth. Ztg. 1905. 413.
Pharm. Prax. 1905. 171.

**Lindo**'s Reaktion auf Alkaloide.

Man löst das Alkaloid in konzentr. Schwefelsäure, beobachtet das Verhalten und ver-

setzt dann mit konzentr. Eisenchloridlösung. Die Farbenerscheinungen siehe:
Hager, Pharm. Prax. Erg.-Bd. 1883. 64.
Chem. News 37. 135.

**Lindo's Reaktion auf Antipyrin und Antifebrin.**

Erhitzt man Antipyrin in einer Porzellanschale auf freier Flamme mit konzentr. Salpetersäure bis Reaktion eintritt, so erhält man nach dem Abkühlen eine purpurrote Flüssigkeit, die beim Verdünnen mit Wasser und Filtrieren ein purpurrotes Filtrat und einen violetten Rückstand auf dem Filter liefert.

Erhitzt man Antifebrin mit konzentr. Schwefelsäure, verdünnt mit Wasser, gibt wenig Natriumnitrit zu und dann etwas Naphthylaminsulfatlösung, so erhält man eine intensiv rot gefärbte Lösung. (Vergl. Griess' Reaktion auf salpetrige Säure.)
Chem. News 58. 51.
Ztschr. f. analyt. Chem. 28. 353.
Berl. Ber. 21. Ref. 858.

**Lindo's Reaktion auf Elaterin.**

Elaterin löst sich in flüssiger Carbolsäure ohne Färbung auf. Nach Zugabe von konzentr. Schwefelsäure tritt sofort eine carminrote Färbung auf, die in Orange und Scharlachrot übergeht.
Chem. News 37. 35.
Ztschr. f. analyt. Chem. 17. 500.
Chem. Zentralbl. 1878. 167.

**Lindo's Reaktion auf Glukose.**

Der durch Einwirkung von Salpetersäure auf Brucin entstehende gelbe, krystallinische Körper wird in Natronlauge gelöst. Dieses Reagens färbt sich auf Zusatz von Glukose zuerst gelb, dann intensiv blau.
Chem. News 38. 145.
Ztschr. f. analyt. Chem. 19. 357.
Chem. Zentralbl. 1878. 712.

**Lindo's Reagens auf Morphin.**

1 Teil Kupfersulfat löst man in 10 Teilen Wasser und gibt so viel Ammoniakflüssigkeit zu, daß sich der entstandene Niederschlag gerade wieder auflöst. Dieses Reagens wird durch Morphin smaragdgrün gefärbt.
Arch. der Pharm. (3) 14. 62.
Ztschr. f. analyt. Chem. 19. 359.
Chem. Zentralbl. 1879. 559.

Auch Phenol und Salicylsäure geben Grünfärbung (vergl. Schulz' Reagens).

**Lindo's Reaktion auf Saccharin.**

Mindestens 0,5 mg Saccharin dampft man mit konzentr. Salpetersäure auf dem Dampfbade zur Trockene. Nach dem Erkalten gibt man einige Tropfen konzentr. Kalilösung in 50 %igem Alkohol zu, verteilt die Flüssigkeit auf der Porzellanschale und erwärmt über freier Flamme. Es entstehen blaue, rote und violette Farbenerscheinungen. Gibt man zu dem Rückstand ein Stückchen Kalihydrat und einige Tropfen Wasser oder 50 %igen Alkohol, so fließen beim Erwärmen gefärbte Streifen vom Kali ab.
Chem. News 58. 51. 155.
Lunge, Chem. Techn. Unters.-Meth. 1905. III. 846.
Ztschr. f. analyt. Chem. 28. 353.
Berl. Ber. 21. Ref. 858.

**Lindo's Reaktion auf Salpetersäure.**

0,5 ccm der zu prüfenden Flüssigkeit versetzt man mit 1 Tropfen Salzsäure, 1 Tropfen Resorcinlösung (1 : 10 Wasser) und 2 ccm konzentr. Schwefelsäure. Bei Anwesenheit von Salpetersäure entsteht eine purpurrote Färbung. Empfindlichkeitsgrenze = 1 : 1 000 000.
Chem. Ztg. 1888. Rep. 288.
Chem. News 58. 176.

**Lindo's Reaktion auf Santonin.**

Versetzt man eine kalt bereitete Lösung von Santonin in konzentr. Schwefelsäure mit wenig verdünnter Eisenchloridlösung, so entsteht eine rote, dann violette Färbung.
Pharm. Journ. 8. 464.
Modifikation d. Deutschen Arzneib. V. 446.
Hager, Pharm. Prax. Erg.-Bd. 1883. 1072.
Lunge, Chem. Techn. Unters. Meth. 1910. III. 991.
Kossakowsky, Pharm. Zentrh. 1888. 405.

**Lindt's Reaktion auf Phloroglucin**

beruht auf der Farbenerscheinung beim Behandeln mit Vanillinsalzsäure. Letztere ist eine Lösung von 0,005 g Vanillin in 0,5 g Alkohol, 0,5 g Wasser und 3 g Salzsäure. Näheres siehe: Ztschr. f. wiss. Mikroskop. 1885. 495. — Apoth. Ztg. 1905. 209. — Nickel, Die Farbenreakt. d. Kohlenstoff-Verb. 1890. 35.

**Ling-Rendle's Reagens auf Kupfersulfat**

ist eine Lösung von 1 g Ferroammonsulfat und 1,5 g Ammoniumrhodanid in 10 ccm Wasser von 45—50°, der man nach dem Abkühlen sofort 2,5 ccm konzentr. Salzsäure zugibt. Die rote Färbung der Lösung wird durch Zinkstaub entfernt. Das Reagens wird durch Kupfersulfat rot gefärbt. Anwendung bei der Titration mit Fehling'scher Lösung siehe:
The Analyst 30. 182.
Chem. Zentralbl. 1905. II. 275.
Mitteilung des Autors (A. R. Ling).

**Linke's Reagens auf Alkaloide**

ist Formaldehyd-Schwefelsäure (siehe: Marquis', Kobert's und Kentmann's Reagens). Charakteristisch ist das Reagens für Morphin (pfirsichrot, violett), Apomorphin (violett—rosarot—schwarzblau), Codeïn (veilchenblau) und Digitalin (ziegelrot—dunkelweinrot). Cocaïn, Pilocarpin, Eserin und Coffeïn geben keine Reaktion.
Ber. d. Pharm. Ges. 1901. 258.
Chem. Ztg. 1901. Rep. 184.

**Lintner's Reagens auf Diastase**

ist eine mit einigen Tropfen Wasserstoffsuperoxyd versetzte Guajakharztinktur. Das Reagens gibt mit einer Lösung von wirksamer Diastase sofort eine blaue Färbung.

Ztschr. f. Spir.-Industr. 1886. 503.
Chem. Ztg. 1897. Rep. 180.
Berl. Ber. 30. 1313.
Ztschr. f. d. ges. Brauwesen 1886. 474.
Schönbein, Verhandlgn. d. nat. Ges. Basel 1869. 177.
Neumann-Wender, Apoth. Ztg. 1903. 471.

**Lintner**'s Reagens
ist ein modifiziertes Millon'sches Reagens (siehe dieses). Es ist eine Mischung von gleichen Teilen 10 %iger Mercurinitratlösung, 1 %iger Natriumnitritlösung und verdünnter Schwefelsäure.
Ztschr. f. angew. Chem. 1900. 707.
Ztschr. f. analyt. Chem. 39. 736.
Chem. Zentralbl. 1900. II. 499.
Ztschr. f. d. ges. Brauwesen 30. 293.
Chem. Zentralbl. 1907. II. 100.

**Lipliawsky**'s Reaktion auf Acetessigsäure im Harn.
6 ccm einer 1 %igen Lösung von p-Amidoacetophenon (unter Zusatz von 2 ccm Salzsäure) und 3 ccm einer 1 %igen Kaliumnitritlösung werden mit 9 ccm Harn und 1 Tropfen Ammoniak versetzt und geschüttelt. Es entsteht eine ziegelrote Färbung. Von dieser Mischung werden entsprechend dem Gehalt an Acetessigsäure 10 Tropfen bis 2 ccm mit 15—20 ccm konzentr. Salzsäure, 3 ccm Chloroform und 2—4 Tropfen Eisenchloridlösung versetzt. Unter vorsichtigem Schütteln (zur Vermeidung einer Emulsion) nimmt das Chloroform selbst bei geringen Spuren Acetessigsäure einen charakteristisch violetten Farbenton an, während es bei Abwesenheit von Acetessigsäure gelblich oder schwach rötlich gefärbt erscheint.
Pharm. Zentrh. 1901. 374.
Deutsche med. Woch. 1901. 151.

**Lipowitz**' Reagens auf Phosphorsäure
ist eine Lösung von Ammonmolybdat in Salpetersäure.
Arch. der Pharm. 126. 87.
Chem. Zentralbl. 1867. 238.
Vergl. Fairbank's Reagens.
Pharm. Zentrh. 1867. 343.

**Lipp**'s Reaktion auf Dextrin.
Eine gesättigte, wässerige Lösung von Bleiacetat wird bei 60° C. mit Bleioxyd im Überschusse versetzt und dann mit Wasser extrahiert. Das so erhaltene Reagens wird beim Kochen mit Dextrinlösung weiß gefällt.
Merck's Index 1902. 262.
Enzyklop. d. gesamt. Pharm. 1889. VI. 316.

**Lipp**'s Reagens auf Eiweiß im Harn.
Man löst 1,5 g Phosphorwolframsäure in 100 g Alkohol (95%) und 5 g Salzsäure. Es wird wie Eßbach's Reagens gebraucht.
Südd. Apoth. Ztg. 1915. 342.
Krauß, ebenda p. 362.

**Lipp**'s Reaktion auf Gallenfarbstoffe im Harn (Sandprobe).
Auf eine 3—4 cm dicke Schicht von weißem Sand bringt man ein wenig von dem zu prüfenden Harn. Ist im Harn Farbstoff, so bleibt im Sand ein Fleck zurück, der bei Hämoglobingehalt braun ist, bei Gallenfarbstoffgehalt einen grünlichen Stich aufweist.
Münchener med. Woch. 1914. 1965.

**Lippich**'s Reaktion auf Aminosäuren.
0,001—0,005 g der zu prüfenden Substanz erhitzt man mit etwas Harnstoff und 2 ccm Barytwasser ½ Stunde lang zum Sieden, läßt erkalten, leitet Kohlensäure ein, filtriert, dampft ein, nimmt mit etwas Wasser auf und gibt in 50—80 ccm eines Gemisches von Alkohol und Äther. Nach einigen Stunden sammelt man den Niederschlag, wäscht mit Alkohol-Äther und löst in Wasser. Auf Zusatz von stark verdünnter Mercurinitratlösung und Natronlauge entsteht ein in Natronlauge löslicher, flockiger Niederschlag.
Ztschr. f. physiol. Chem. 90. 124.

**Lippich**'s Reaktion auf Leucin.
Erhitzt man etwas der zu prüfenden Substanz (einige mg) in einem Kölbchen am Rückflußkühler mit der mehrfachen Menge Harnstoff und 0,5—2 ccm Wasser ¼—1½ Stunden lang zum Sieden, so scheiden sich nach dem Ansäuern und Erkalten der Mischung typische Krystalle von Leucinursäure aus.
100 ccm Harn kocht man auf 30 ccm ein, gibt 30 ccm Barytwasser zu, erhitzt 3—4 Stunden zum Sieden, leitet Kohlensäure ein, entfärbt mit Tierkohle, filtriert und säuert mit Salzsäure an. Innerhalb von 12 Stunden krystallisiert die Leucinursäure aus.
Berl. Ber. 1906. 2953.
Apoth. Ztg. 1906. 942.
Ztschr. f. physiol. Chem. 90. 124, 145.

**Lippmann-Pollak**'s Reagens auf aromatische Kohlenwasserstoffe.
Suspendiert man Anthracen in konzentr. Schwefelsäure und gibt einen Tropfen Benzalchlorid zu, so entsteht eine malachitgrüne Färbung. Unter denselben Bedingungen bewirkt Naphthalin eine fuchsinrote, Phenanthren eine carminrote, Triphenylmethan eine schwach gelbe, Diphenylmethan eine ziegelrote, Stilben eine blaugrüne, Pyren eine smaragdgrüne, dann tiefblaue, Picen eine olivgrüne, Acenaphthen eine dunkelblaue, Chrysen eine hellgelbe, dann hellgrüne und zuletzt olivgrüne Färbung.
Mit Schwefelsäure allein färben sich Benzol hellgelb, Toluol hellgelb, Cymol und Xylol orange, Pseudocumol orangerot. Ein Zusatz von Benzalchlorid bewirkt keine weitere Farbenänderung.
Monatsh. f. Chem. 23. 670.
Ztschr. f. analyt. Chem. 42. 657.
Pharm. Ztg. 1902. 717.

**List**'s Reagens zum Färben mikroskop. Präparate.
1. a) Eine konzentr., wässerige Lösung von Bismarckbraun; b) eine 0,5 %ige, wässerige Lösung von Methylgrün. Gebraucht zur Doppelfärbung.

2. a) Eine Lösung von 0,5 g Eosin in 100 ccm Wasser und 300 ccm Alkohol; b) eine Lösung von 1 g Methylgrün in 200 ccm Wasser.
3. Hämatoxylin-Eosin siehe Ztschr. f. wiss. Mikroskop. 1885. 148.
4. Hämatoxylin-Rosanilinnitrat siehe ebenda 1885. 149.

Ztschr. f. wiss. Mikroskop. 1885. 222.
Behrens' Tabellen 1892. 114.
Enzyklop. d. mikroskop. Techn. 1903. 79.

**Lister Armitage's** Reaktion auf Morphin ist die schon von Kieffer (siehe diese) angegebene Reaktion.
Ztschr. f. analyt. Chem. 28. 354. u. 623.
Pharm. Journ. and Trans. 1888. 761.

**Litterscheid's** Reaktion auf Invertzucker im Honig.

10—20 g Honig werden mit 10 ccm Äther in geeigneter Weise angerieben, der Äther filtriert, in ein Porzellanschälchen gegeben und ein Kryställchen β-Naphthol darin gelöst. Nach dem freiwilligen Verdunsten des Äthers gibt man 4—5 ccm 88—90 %ige Schwefelsäure auf den Rückstand. Bei negativem Ausfall der Reaktion entsteht eine schmutziggelbliche bis gelbgrüne Färbung, bei positivem Ausfall zeigt sich während und nach einer halben Stunde eine bordeauxrote bis blauviolette Färbung.
Chem. Ztg. 1913. 321.
Merck's Bericht 1913. 356.
Chem. Zentralbl. 1913. I. 1544.

**Livache's** Reaktion auf trocknende Öle.

Trocknende Öle zeigen beim Zusammenbringen mit Bleipulver nach zirka 18 Stunden eine Gewichtszunahme, während nicht trocknende Öle erst nach 4—5 Tagen eine solche konstatieren lassen. Näheres siehe: Monit. scientif. (3) 13. 299. — Ztschr. f. analyt. Chem. 23. 262. — Liverseege, Journ. Soc. Chem. Ind. 1912. 31. 207.

**Ljubinsky's** Reagens zum Färben mikroskop. Präparate.

a) Man löst 0,5 g Pyoktanin in 100 g Essigsäure (5 %).
b) Eine Lösung von Vesuvin (oder Chrysoidin) 1 : 1000. Gebraucht zum Färben von Diphtheriebazillen.

Ztschr. f. wiss. Mikroskop. 1906. 362.
Südd. Apoth. Ztg. 1907. 362.

**Lloyd's** Reaktion auf Morphin.

Eine Mischung von Morphin und Hydrastin wird mit konzentr. Schwefelsäure violettblau (Heroin violett bis purpurrot) gefärbt. Näheres siehe: Ztschr. f. analyt. Chem. 41. 575. — Mayer, Deutsch-Amerik. Apoth. Ztg. 22. 68. — Wangerin, Pharm. Ztg. 1903. 57. — Fetterolf, Americ. Journ. Pharm. 79. 317. — Chem. Zentralbl. 1907. II. 854.

**Lloyd's** Reagens.

Man versteht darunter Walkertonerde (unreines Aluminiumsilikat), welches die Eigenschaft hat, Alkaloide aus neutraler und saurer Lösung zu fällen. Aus dem Niederschlag kann das Alkaloid durch ein Alkali und ein organisches Lösungsmittel extrahiert werden. Vergl. Waldbott, Journ. Americ. Chem. Soc. 1913. 35. 837. — Chem. Zentralbl. 1913. II. 820. — Gordin-Kaplan, Americ. Journ. Pharm. 1914. 86. 461.

**Lloyd's** Reagens auf Tribromphenolbromid.

5 g Benzidinsulfat erwärmt man mit 50 ccm einer 10 %igen Kaliumkarbonatlösung, extrahiert das freie Benzidin mit Chloroform und filtriert die so erhaltene Benzidinlösung. Eine Lösung von Tribromphenolbromid in Chloroform (1 : 1000) wird durch einige Tropfen Reagens intensiv grün gefärbt.
Journ. Americ. Chem. Soc. 27. 8.
Chem. Zentralbl. 1905. I. 598.

**Lobry de Bruyn's** Reaktion auf Galaktose beruht auf der Darstellung des Galaktose-Methyl-Phenylhydrazons, bei 180° schmelzende, weiße Nadeln, die sich leicht in Methylalkohol, schwer in Alkohol und Wasser lösen.
Bruyn-Ekenstein, Rec. Trav. Chim. des Pays-Bas 15. 226.

**Lochmann's** Reaktion auf Arsen beruht auf der Einleitung des mittels arsenfreien Zinks und Salzsäure entwickelten Wasserstoffs in 5 %ige, wässerige Quecksilberchloridlösung. Etwa vorhandener Arsenwasserstoff bildet gelbes Quecksilberarsin. Antimonwasserstoff bewirkt einen weißen Niederschlag, der auf Zusatz von Salzsäure nicht verändert wird, während sich bei sofortigem Zusatz von Salzsäure sofort die citronengelbe Farbe des Quecksilberarsins zeigt.
Ztschr. d. allgem. österr. Apoth. Ver. 45. 744.
Apoth. Ztg. 1908. 27.
Chem. Zentralbl. 1908. I. 485.

**Lochte's** Reagens auf Blut ist eine Lösung von 10 g Natriumhydroxyd, 2 g Pyridin und 2 g Schwefelammonium in 40 g Wasser und 50 g Alkohol (80 %).
Vierteljahresschr. f. gerichtl. Med. 1910, Suppl.
Münchener med. Woch. 1910. 1086.
Pharm. Zentrh. 1911. 922.
Pharm. Prax. 1912. 231.

**Locke's** Reagens (künstliches Serum) ist eine Lösung von 1 g Natriumchlorid, 0,01 g Kaliumchlorid und 0,02 g Calciumchlorid in 100 ccm Wasser.
Enzyklop. d. mikroskop. Techn. 1903. 73.
Boston Med. and Surg. Journ. 1896. 113.

oder eine Lösung von 0,9 g Natriumchlorid, 0,006 g Kaliumchlorid, 0,02 g Calciumchlorid, 0,02 g Natriumbikarbonat und 0,1 g Glukose in 100 ccm Wasser, die mit Sauerstoff gesättigt wird.
Revue internat. méd. chirurg. 1906. 116.
Med. Klinik 1906. 421.
Ztschr. f. wiss. Mikroskop. 27. 10.

**Lockemann's** Reaktion auf Blausäure.

Die zu prüfende Lösung versetzt man mit verd. Schwefelsäure und erhitzt. Das Reagenzglas bedeckt man mit Filtrierpapier, das mit verdünnter Ferrosulfatlösung getränkt wurde. Behandelt man dann den Reaktionsfleck nach einigem Liegen an der Luft mit Wasserdampf und gibt Salzsäure darauf, so entsteht eine blaue Färbung (Berlinerblau).

Berl. Ber. 1910. **43.** 2127.
Chem. Ztg. 1910. Rep. 437.
Chem. Zentralbl. 1910. II. 598.

**Loele's** Reaktionen einiger oxydierender und reduzierender Körpersubstanzen.

Oxydasehaltige Körperzellen bezw. deren Granula werden durch α- oder β-Naphthollösung schwarz gefärbt.

Eine Mischung gleicher Teile: α-Naphthollösung (1 g α-Naphthol, 2 ccm Kalilauge und 198 ccm Wasser) und einer 2 % Formaldehyd enthaltenden 0,6 %igen Kochsalzlösung wird allmählich grün. Blutserum und Organsäfte beschleunigen, ein maximaler Serumzusatz hemmt die Färbung.

Näheres siehe: Münchener med. Woch. 1910. 1394 u. 2414.

**Loeper-Desbouis-Duroeux'** Reaktion auf Syphilis ist eine Dermoreaktion (Intradermoreaktion), hervorgerufen durch subkutane Injektion von Natriumglykocholat. Näheres siehe: Progrès méd. 1911. No. 3. — Merck's Bericht 1911. 366. — Wiener klin. Woch. 1911. 506. — Klin. therap. Woch. 1911. 262. — Fromaget, Thèse de Bordeaux 1913. Rev. intern. de méd. 1914. 74.

**Loew's** Reaktion auf sauere Böden.

10 g des Bodens erwärmt man mit 10 ccm einer 1 %igen, frisch bereiteten Kaliumjodidlösung 5 bis 10 Minuten lang im Dampfbad, gibt einige Tropfen 1 %ige Natriumnitritlösung und frischen Stärkekleister zu und kühlt rasch ab. Saure Böden bewirken Blaufärbung.

Ztschr. landwirt. Vers. Wes. Österr. **12.** 461.
Chem. Zentralbl. 1909. II. 310.

**Löffler's** Reagens zum Färben von Bakteriengeißeln (Ferrotannabeize).

1. Man löst 20 g Tannin in 80 g Wasser (unter Erwärmen) und gibt 50 ccm einer kalt gesättigten, wässerigen Ferrosulfatlösung und 10 g konzentr., alkoholische Fuchsinlösung zu. Dem Reagens können 20 Tropfen 1 %ige Natronlauge zugegeben werden.
2. a) Eine Mischung von 100 ccm Tanninlösung (20+80 Wasser) mit 50 Tropfen konzentr., wässeriger Ferrosulfatlösung und 50 ccm Campecheholzabkochung;
   b) eine Lösung von 5 g Gentianaviolett (Fuchsin oder Methylenblau) in 100 ccm Anilinwasser und 1 ccm Natronlauge (1 %).

Zentralbl. f. Bakteriol. 1890. 625.
Ztschr. f. wiss. Mikroskop. 1889. 359; 1890. 368.
Germano-Maurea, Ziegler's Beitr. 1892.
Günther, Einf. i. d. Stud. d. Bakteriol. Leipzig 1895.
Trenkmann, Ztschr. f. wiss. Mikroskop. 1890. 79.
Behrens' Tabellen 1892. 121.
Enzyklop. d. mikroskop. Techn. 1903. 427. 1296.

**Löffler's** Reagens auf Tuberkelbazillen (Löffler's Methylenblau) ist eine Mischung von 30 Volumen konzentr., alkoholischer Methylenblaulösung mit 100 Volumen Kalilauge (1 : 10 000). Nach Strasburger, Kl. Botan. Prakt. 1893. 221, verwendet man Kalilauge 1 : 1000.

Merck's Index 1902. 262.
Eberth-Friedländer, Mikroskop. Techn. 1894. 178.

**Löffler's** Reagens zur Differenzierung (Färben) von Typhusbazillen, Colibakterien etc. (Malachitgrün-Nährböden)

siehe: Deutsche med. Woch. 1906. 289.
Merck's Bericht 1906. 180.

**Löffler's** Reagens zur Schnellfärbung von Blutparasiten (Spirochaeten, Gonokokken, Diphtheriebazillen)

a) 0,5 %ige Lösung von Malachitgrün-Chlorzink,
b) 0,5 %ige Lösung von Natrium arsenicosum,
c) 0,5 %ige Lösung von Glycerin,
d) Giemsa's Reagens.

Deutsche med. Woch. 1907. 170.
Med. Zentral-Ztg. 1907. 147.

**Lolke Dokkum** siehe Dokkum.

**Lombard's** Reagens zur Bestimmung der salpetrigen Säure in Trinkwasser.

Man löst 1 g Sulfanilsäure in 100 ccm gesättigter, wässeriger Ammoniumchloridlösung unter Erwärmen auf, gibt 1,5 g Phenol zu und mischt mit 100 ccm Doppelt-Normal-Salzsäure. Gibt man zu 100 ccm Wasser 1 ccm Reagens und 1/4 Stunde später 1 ccm Ammoniakflüssigkeit, so erhält man gefärbte Lösungen, die mit einer Kaliumdichromatlösung von bekanntem Gehalt kolorimetrisch verglichen werden. Näheres siehe: Bull. Soc. Chim. France. 1913. **13.** 304. — Zeitschr. f. analyt. Chem. 1914. 135.

**Lombardo's** Reaktion auf Quecksilber im Harn.

5 ccm Harn versetzt man mit 1 Tropfen Hühnereiweiß, schüttelt gut durch und gibt 3 ccm frisch bereitete mit Salzsäure versetzte Zinnchlorürlösung zu. Nach dem Zentrifugieren bringt man den Niederschlag unter das Mikroskop, wo man das Quecksilber bei 600facher Vergrößerung in Form kleiner Kügelchen sehen kann.

Arch. Farm. sperim. **7.** 400.
Monatsh. prakt. Dermat. 1909. II. 116.
Deutsche Med. Ztg. 1909. 790.

**Long's** Reagens auf Harnstoff ist eine Quecksilbernitratlösung, von der 20 ccm genau 0,2 g Harnstoff in 20 ccm Flüssigkeit angeben. Näheres siehe: Journ. of the Americ. med. Assoc. 1903. 321. — Journ. Americ. Chem. Soc. 23. 632. — Chem. Zentralbl. 1903. II. 313. — Pharm. Praxis 1904. 62.

**Longi's** Reagens auf Salpetersäure

ist p-Toluidin oder Anilin, in Wasser und Schwefelsäure gelöst. — Versetzt man eine Lösung, die Salpetersäure oder Nitrate enthält, mit einigen Tropfen einer Lösung von p-Toluidinsulfat und schichtet diese Mischung über konzentr. Schwefelsäure, so entsteht ein roter Ring. Empfindlicher ist diese Reaktion, wenn eine Mischung von p-Toluidin und Anilin verwendet wird. Empfindlichkeitsgrenze = 1 $KNO_3$ in 32 000 Wasser.

Chlorate, Bromate, Jodate, Chromate und Permanganate geben eine intensiv blaue Färbung. Nitrite nur eine gelbliche Färbung.

Ztschr. f. analyt. Chem. 23. 350.

Rosenstiehl, Annal. de Chim. et de Phys. 25. 233.

Lauth, Wurtz' Dictionnaire de Chim., tome II. 843.

Piccini (Gazz. chim. ital. 9. 395 oder Ztschr. f. analyt. Chem. 19. 354) zerstört salpetrige Säure durch Harnstoff und prüft dann auf Salpetersäure.

**Longi's** Reagens zur Bestimmung der Salpetersäure.

40 g Kalium-Stannosulfat (Marignac'sches Salz) löst man in 400 ccm Schwefelsäure und 400 ccm Wasser und gibt zur vollständigen Lösung des Salzes geringe Mengen Salzsäure zu. Diese Mischung verdünnt man mit verdünnter Schwefelsäure so weit, daß 1 ccm = 0,0118 Zinn als Oxydul entspricht.

Anwendung siehe:

Ztschr. f. analyt. Chem. 1885. 23.

**Longstaff's** Reaktion auf Zinnchlorür.

Zinnchlorürlösungen geben mit Ammoniummolybdat noch in sehr großer Verdünnung eine blaue Färbung. Empfindlichkeitsgrenze = 1 : 1 500 000.

Chem. News 80. 282.

Chem. Ztg. 1900. Rep. 4.

Pharm. Zentrh. 1900. 131.

Chem. Zentralbl. 1900. I. 226.

Journ. Americ. Chem. Soc. 22. 450.

Ztschr. f. analyt. Chem. 1907. 603.

**Longworth's** Reaktion auf Glukose.

3 ccm Harn mischt man mit 3 ccm Wasser, gibt 0,1 g Phenylhydrazinchlorhydrat und 0,5 g Natriumacetat zu und erhitzt zum Sieden. Alsdann gibt man 10 ccm Natronlauge (10 %) zu. Bei Gegenwart von Zucker entsteht innerhalb von 5 Minuten eine blaßrote bis rote Färbung.

Brit. Med. Journ. 1907. Nr. 2427. 19.

**Loof's** Reagens auf Arsen.

Man zerreibt 50 g unterphosphorigsaures Natrium mit 100 g konzentr. Salzsäure und filtriert nach kurzer Zeit durch Glaswolle. Dieses Reagens wird wie Bettendorf's Reagens verwendet und verhält sich auch wie letzteres gegen Arsenverbindungen.

Apoth. Ztg. 5. 263.

Pharm. Zentrh. 1890. 699.

Ztschr. f. analyt. Chem. 30. 248.

Vergl. Bettendorf's Reagens.

**Loof's** Reagens auf Morphin und andere Alkaloide

ist Fröhde's Reagens, das in 1 ccm konzentr. Schwefelsäure 0,001 bis 0,1 g Ammonmolybdat enthält.

Tabellarische Zusammenstellung der Farbenerscheinungen siehe: Apoth. Ztg. 1895. 449.

**Loof's** Reaktion auf Jodsäure in Salpetersäure.

Versetzt man 5 ccm offizinelle Salpetersäure mit 0,1 g Calcium- oder Natriumhypophosphit, so tritt nach einigen Minuten eine rötliche bis violette Färbung ein, die durch Chloroform deutlicher gemacht werden kann.

Chem. Ztg. 17. 196.

Apoth. Ztg. 8. 335.

Ztschr. f. analyt. Chem. 33. 596.

Pharm. Zentrh. 1893. 465.

**Loof's** Reaktion auf Salpetersäure im Wasser.

In 5 ccm des zu prüfenden Wassers löst man 0,5 g Natriumsalicylat und läßt 10 ccm konzentr. Schwefelsäure zufließen. Bei Anwesenheit von Salpetersäure entsteht beim Mischen eine gelbliche bis rote Färbung. Empfindlichkeitsgrenze = 1 : 100 000. Näheres siehe: Pharm. Zentrh. 1890. 700. — Ztschr. f. analyt. Chem. 30. 373. — Chem. Ztg. 1890. Rep. 350.

**Lorenz'** Sulfat-Molybdän-Reagens.

Man löst 100 g trockenes Ammonsulfat in 1 Liter Salpetersäure (D. = 1,36).

Ferner löst man 300 g Ammoniummolybdat (krystallisiert) in heißem Wasser zu einem Liter, läßt auf 20° C. abkühlen und läßt diese Lösung unter Umrühren in die Ammonsulfat-Salpetersäure in dünnem Strahle einfließen. Nach 48 Stunden wird filtriert. (Kühl und dunkel aufzubewahren!)

Landw. Versuchsstat. 51. 183.

Ztschr. f. analyt. Chem. 1907. 193, 1912. 168.

Vergl. Neubauer-Lücker's Reagens.

**Lorin's** Reaktion auf Rohrzucker im Milchzucker.

Schmilzt man gleiche Teile Milchzucker und Oxalsäure auf dem Dampfbade, so wird die Masse bei Anwesenheit von Rohrzucker schnell dunkel bis schwarz gefärbt. Empfindlichkeitsgrenze = 1 : 100.

Pharm. Ztschr. f. Rußland 17. 372.

Pharm. Zentrh. 1907. 43.

**Lossen's** Reaktion auf Cocaïn

ist identisch mit Biel's Reaktion.

**Lothian's** Reaktion auf Alkaloide.

Die meisten Alkaloide geben beim Erwärmen mit einer Lösung von Aloe in verdünntem Alkohol eine kirsch- bis purpurrote Färbung.

Pharm. Journ. 1909. 428.
Pharm. Zentrh. 1909. 281.
Apoth. Ztg. 1909. 261.

**Loubiou**'s Reaktion auf Indoxylschwefelsäure im Harn.

1—2 ccm Harn versetzt man mit demselben Volumen Chloroform, hierauf mit 1 ccm 5 bis 10 %iger Wasserstoffsuperoxydlösung und 2 Volumen konzentr. Salzsäure. Beim Erwärmen bildet sich Indigo, dessen Menge nach der Blaufärbung des Chloroforms geschätzt werden kann. (Hierzu siehe auch Jaffé's und Hammarsten's Reagens.)

Revue de la Chim. analyt. et appl. 5. 61.
Ztschr. f. analyt. Chem. 36. 738.
Chem. Ztg. 1897. Rep. 82.
Répert. de Pharm. 1897. 111.
Riegler, Schweizer Woch. f. Chem. u. Pharm. 1904. 18.

**Loviton**'s Reagens für Metallanalyse

ist Ammoniumnitrat. — Geschmolzenes Ammoniumnitrat löst Kupfer, Zink und Nickel, nicht aber Eisen, Zinn und Antimon. Näheres siehe: Annal. Chim. analyt. appl. 14. 325.

**Löw**'s Reagens auf Sauerstoff

ist eine alkalische Lösung von Pyrogallochinon, die durch freien Sauerstoff blau gefärbt wird. Näheres siehe: Pharm. Zentrh. 1882. 422. — Ztschr. f. analyt. Chem. 16. 475. — Journ. f. prakt. Chem. 15. 326.

**Löw-Bokorny**'s Reagens auf Eiweiß (organisiertes) ist eine alkalische Silberlösung, mit welcher mikroskop. Schnitte behandelt werden. In der lebenden Zelle soll das Reagens durch Eiweiß reduziert werden, in der toten nicht. Zur Darstellung des Reagenzes mischt man 10 ccm Ammoniak (D. = 0,96) mit 13 ccm Kalilauge (D. = 1,33) und ergänzt mit Wasser auf 100 ccm. Zum Gebrauch mischt man 1 ccm dieser Lösung mit ebensoviel einer 1 %igen, wässerigen Silbernitratlösung und verdünnt mit 1 Liter Wasser.

Flora 1895. 68.
Chem. Zentralbl. 1881. 557. 571.

**Löwe**'s Reagens auf Glukose.

16 g Kupfersulfat löst man in 64 ccm Wasser und gibt zu dieser Lösung nach und nach unter Vermeidung von Wärme 80 ccm Natronlauge (D. = 1,34); hierauf fügt man unter Umschütteln 6—8 g reines Glycerin zu, bis völlige Lösung eingetreten ist. Dieses Reagens scheidet beim Erhitzen mit glukosehaltigen Flüssigkeiten Kupferoxydul aus und kann wie Fehling's Lösung benützt werden.

Ztschr. f. analyt. Chem. 9. 20. u. 10. 452; ferner 22. 220.

Nach Neubauer und Vogel, Anal. d. Harns ist Löwe's Reagens eine Lösung von 15 g Wismutsubnitrat in 150 ccm Wasser, 70 ccm Natronlauge und 30 g Glycerin.

Vergl. auch Enzyklop. d. gesamt. Pharm. 1889. VI. 180 u. 390.

**Löwenthal**'s Reagens auf Glukose

ist eine Lösung von 5 g Eisenchlorid, 60 g Weinsäure und 240 g Natriumkarbonat in 500 ccm Wasser. Beim Kochen mit Glukoselösung entsteht ein brauner Niederschlag.

Journ. f. prakt. Chem. 73. 71.
Chem. Zentralbl. 1858. 320.

Eine Lösung von 6 g Weinsäure, 36 g Natriumkarbonat, 2 g Kupfersulfat auf 1 Liter Wasser gibt Pharm. Zentrh. 1867. 139 an.

**Löwenthal**'s Reagens auf reduzierende Stoffe, wie Zinnchlorür, schweflige Säure, $H_2S$ etc. ist eine Lösung von Eisenchlorid und Ferricyankalium, die durch genannte Stoffe gebläut wird.

Journ. f. prakt. Chem. 60. 267.
Chem. Zentralbl. 1854. 256.
Vergl. Hager's cyanidiertes Ferrichlorid.

**Löwenthal**'s Reagens zum Färben mikroskop. Präparate

(Natronpikrocarmin) siehe: Anat. Anzg. 1887. 22 oder Ztschr. f. wiss. Mikroskop. 1893. 313.

**Löwi**'s Reaktion auf Herz- und Nervenkrankheiten

beruht auf einer Adrenalinmydriasis, die bei genannten Erkrankungen, nicht aber bei Gesunden eintreten soll. Mit der Prüfung des Löwi'schen Symptomes haben sich verschiedene Forscher befaßt: wie Schultz, Monatsschr. f. Psych. 37. No. 4; Scheer, Neurol. Zentralbl. 1915, No. 18; Antoni, ebenda 1914, 674; Curschmann, Med. Klinik 1916. 253.

**Lowin**'s Reaktion auf Emetin und Cephaëlin.

Emetin färbt sich mit Eisenchloridlösung gelb, nach dem Erwärmen bordeauxrot, Cephaëlin grüngelb und nach dem Erwärmen braunrot. Mit Fröhde's Reagens färbt sich Emetin grünlichgelb, dann grün bis hellblau, Cephaëlin indigoblau, dann grünlichschwarz bis dunkelgrün.

Arch. intern. Pharmacodyn. Thérap. 1903. 1.
Pharm. Zentrh. 1903. 154.
Chem. Ztg. 1903. Rep. 25.

**Löwit**'s Reagenzien für mikroskop. Zwecke.

1. Eine Lösung von 0,25 g Quecksilberchlorid, 2 g Chlornatrium und 4 g Natriumsulfat in 300 ccm Wasser. Gebraucht wie Gower's Reagens.
2. a) Eine Mischung von gleichen Raumteilen Ameisensäure und Wasser; b) eine Lösung von 1 g Chlorgold in 100 ccm Wasser. Gebraucht zum Imprägnieren.

Sitz.-Ber. d. Akad. d. Wiss. Wien 1875. I.
Arch. f. mikroskop. Anat. 1875. 366.
Fischer, Arch. f. mikroskop. Anat. 1877.
Bremer, ebenda 1882.
Behrens' Tabellen 1892. 93.
Eberth-Friedländer, Mikroskop. Techn. 1894. 283.

**Löwy**'s Reaktion auf Champignon (Agaricus campestris).

Ein wässeriger Auszug von Champignons gibt mit konzentr. Schwefelsäure eine tiefviolette Färbung. Schichtet man den wässerigen Auszug über Schwefelsäure, so erhält man einen violetten Ring, der beim Erwärmen verschwindet.

Chem. Ztg. 1909. 1251, 1910. 340.
Schweiz. Woch. Chem. Pharm. 1910. 144.
Petersb. med. Woch. 1911. 102.

**Löwy**'s Reagens für mikroskop. Zwecke.

1. Eine 6 %ige Holzessiglösung. Gebraucht zum Mazerieren der Epidermis.
   Arch. f. mikroskop. Anat. 1891. 159.
   Ztschr. f. wiss. Mikroskop. 1891. 222.
2. Eine Mischung gesättigter, wässeriger Lösungen von Quecksilberchlorid und Natriumsulfat (je 5 g) und von Chlornatrium (2 g) mit 300 ccm Wasser. Gebraucht als Konservierungsmittel.
   Sitz.-Ber. d. Akad. d. Wiss. Wien, 95. 3. 129.
   Enzyklop. d. mikroskop. Techn. 1903. 772.

**Lucchini**'s Reagens auf Alkaloide und Glykoside

ist eine heiß bereitete Lösung von Kaliumdichromat in konzentr. Schwefelsäure. Zu etwas Alkaloid gibt man 1—2 Tropfen Reagens. Es färben sich: Codeïn gelbgrün—grün, nach 24 Stunden blau; Brucin rot, nach 24 Stunden grün; Morphin nach 24 Stunden gelbgrün; Veratrin gelb etc.

Arch. der Pharm. (3) 23. 684.
Ztschr. f. analyt. Chem. 25. 565.
Jahresber. f. Pharm. 1885. 342.

**Lucchini**'s Reaktion auf Citronensäure in Santonin.

Erhitzt man Santonin zirka 15 Minuten lang auf 110°, so schmilzt es bei Gegenwart von Citronensäure und färbt sich gelb.

Bollett. Chim. Farm. 1908. 7.
Apoth. Ztg. 1908. 197.
Chem. Zentralbl. 1908. I. 1096.

**Lucas**' Reaktion auf Taxin.

Taxin gibt mit konzentr. Schwefelsäure eine purpurrote und mit Salpetersäure eine gelbbraune Lösung.

Arch. der Pharm. 185. 175.

**Luchsinger**'s Reaktion auf Glycerin.

beruht auf der Bildung von Akrolein beim Erhitzen von Glycerin mit Kaliumbisulfat.

Dissert. Zürich 1875.
Neubauer-Huppert, Analyse d. Harns 1910. I. 192.

**Lücke**'s Reaktion auf Hippursäure.

Verdampft man Hippursäure mit konzentr. Salpetersäure zur Trockene und erhitzt den Rückstand in einem Glasröhrchen, so entwickelt sich Nitrobenzolgeruch.

Arch. f. patholog. Anatomie 1860. 196.

**Luckow**'s Reagens auf Aluminium

ist Carminsäurelösung oder Cochenilletinktur, die mit Aluminiumsalzen in neutraler oder schwach essigsaurer Lösung gefärbte Niederschläge gibt.

Journ. f. prakt. Chem. 1864. 399.
Chem. Zentralbl. 1864. 504.

**Luckow**'s Reagens auf freie Säure in Alaun

ist Cochenilletinktur, welche mit neutralem Alaun bläulichrot, mit saurem orange gefärbt wird.

Chem. Zentralbl. 1868. 126.

**Luckow**'s Indikator für Alkalimetrie

ist Cochenilletinktur.

Journ. f. prakt. Chem. 84. 424.
Ztschr. f. analyt. Chem. 1. 386.

**Ludwig**'s Reaktion auf Anilin.

Eine wässerige Lösung von Anilin wird auf Zusatz von Phenol durch Natriumhypochloritlösung blau gefärbt (auf Säurezusatz rot).

Merck's Report 1901. 129.

**Ludwig**'s Reagens zur Harnsäurebestimmung.

a) Eine Lösung von 5 g Ammoniumchlorid und 10 g Magnesiumchlorid in 15 g Ammoniakflüssigkeit und Wasser zu 100 ccm; b) eine Lösung von 26 g Silbernitrat versetzt man mit soviel Ammoniakflüssigkeit, daß eine klare Mischung entsteht, und ergänzt dann mit Wasser auf 1 Liter; c) 15 g Kaliumhydroxyd und 10 g Natriumhydroxyd löst man in Wasser zum Liter. 500 ccm hiervon sättigt man mit Schwefelwasserstoff und gibt dann die übrigen 500 ccm der Lauge zu.

Anzeig. d. Akademie d. Wissensch. Wien 1881. 18. 92.
Chem. Zentralbl. 1881. 390.

**Ludwig**'s Reaktion auf Quecksilber im Harn.

Der schwach mit Salzsäure angesäuerte Harn wird auf 50—60° C. erwärmt und Zinkstaub zugegeben. Der Zinkstaub wird nach dem Sammeln und Trocknen in einer an einem Ende ausgezogenen Glasröhre erhitzt, wobei sich das Quecksilber in der Kapillare ansammelt. Näheres siehe: Wiener med. Jahrb. 1877. 143. — Ztschr. f. physiol. Chem. 6. 495. — Chem. Zentralbl. 1881. 202. — Vergl. Fürbringer's Reaktion. — Nega, Berl. klin. Woch. 21. 298. 359. 459.

**Ludwig-Haupt**'s Reagens auf Laurin- und Ölsäure.

Zu einer Lösung von 0,5 g Anilinchlorhydrat in 25 ccm Alkohol (96 %) gibt man eine Mischung von 5 ccm 1 %iger, alkoholischer Furfurollösung mit 1 ccm Phenol und gibt so viel (etwa 10 Tropfen) 5 %iges Ammoniak zu, bis die Farbe der Mischung gelbrötlich geworden ist. Nach 2 stündigem Stehen ist das Reagens gebrauchsfertig. Anwendung siehe:

Ztschr. f. Unters. Nahr.-Genußm. 1907. 605.
Pharm. Zentrh. 1907. 479.
Chem. Zentralbl. 1907. II. 187.

**Luebert's Reaktion auf Formaldehyd in Milch.**

In einen Glaskolben (100 ccm) gibt man 5 g grob gepulvertes Kaliumsulfat und 5 ccm Milch und läßt an der Glaswand vorsichtig 10 ccm Schwefelsäure (D. = 1,84) zufließen. Ist Formaldehyd vorhanden, so färbt sich das Kaliumsulfat und dann die ganze Mischung violett. Empfindlichkeitsgrenze = 1 : 250 000.

Chem. Zentralbl. 1901. II. 900.
Journ. Americ. Chem. Soc. 23. 682.

**Luedy's Reaktion auf Harnstoff.**

Eine alkoholische Lösung von Harnstoff (oder alkoholischer Harnauszug) wird mit einem geringen Überschuß von o-Nitrobenzaldehyd eingedampft, der Rückstand mit Alkohol gewaschen, mit einer Lösung von Phenylhydrazinchlorhydrat und verdünnter Schwefelsäure (10 %) versetzt und zum Sieden erhitzt. Es entsteht eine orange bis rote Färbung.

Monatsh. f. Chem. 10. 303.
Chem. Ztg. 1889. Rep. 221.

**Luff's Reagens auf Glukose**

ist eine Modifikation von Fehling's Reagens, nach welcher an Stelle von Weinsäure Citronensäure verwendet wird. Zur Darstellung löst man 35,9 g Kupfercitrat (Merck's Index 1910. 90.) in einer wässerigen Lösung von 63 g Citronensäure unter Erwärmen auf und gibt nach dem Erkalten 67,2 g Kaliumhydroxyd zu.

Ztschr. f. analyt. Chem. 38. 778; 42. 116.
Ztschr. f. d. ges. Brauwesen 21. 319.
Chem. Zentralbl. 1898. II. 393.

**Lugol's Reagens auf Eiweiß im Harn**

ist eine Mischung von Eisessig und Wasser oder eine Lösung von Jodjodkalium, die mit Essigsäure angesäuert ist. Das Reagens gibt mit Eiweiß enthaltenden Lösungen einen Niederschlag.

Merck's Index 1902. 262.
Enzyklop. d. gesamt. Pharm. 1891. X. 753.
Salkowski, Chem. Zentralbl. 1906. II. 1531.

**Lugol's Reagens für mikroskop. Zwecke**

ist eine Lösung von 1 g Jod und 2 g Jodkalium in 50 ccm Wasser (oder 4+6 : 100). Gebraucht als Färbeflüssigkeit.

Fol, Lehrbuch, 103.
Eberth - Friedländer, Mikroskop. Techn. 1894. 102. 167.
Enzyklop. d. mikroskop. Techn. 1903. 624.

**Lund's Reagens zur Honigprüfung**

ist 0,5 %ige, wässerige Tanninlösung. Durch das Tannin werden die Eiweißstoffe ausgefällt und der Niederschlag in geeigneten Apparaten gemessen. Er ist bei Naturhonig bedeutend größer als bei Kunstprodukten. Näheres siehe: Ztschr. Unters. Nahr. Gen.-Mittel 1910. 68. 292.

Zur Eiweißfällung im Honig benützte Lund auch eine schwefelsaure Lösung von Phosphorwolframsäure. Vergl. Chem. Zentralbl. 1911. I. 1158. — Ronnet, Annal. des falsific. 4. 427.

**Lundvall's Reagens zur Leukozytenfärbung.**

a) Lösung von 2 g Hämatoxylin in 100 absolutem Alkohol;
b) Mischung von 10 oder 20 g Eisessig mit je 40 g Wasser und Glycerin;
c) Lösung von 4 g Ferropyrin in 100 g Wasser.

Gleiche Teile dieser Mischungen werden zusammengegossen und nach einem Tage filtriert. Liefert tiefschwarze Kernfärbung.

Halvar Lundvall, Über Blutveränderungen bei Dementia praecox nebst einem Versuch einer Art spez. Therapie. 1912. Kristiania, Nationaltrykkeriet.

**Lunge's Reagens auf salpetrige Säure.**

Man löst 0,1 g α-Naphthylamin in 20 ccm kochendem Wasser, gießt vom Rückstand ab und gibt 150 ccm verdünnte Essigsäure zu der farblosen Lösung. Zu dieser Mischung gibt man eine Lösung von 0,5 g Sulfanilsäure in 150 ccm verdünnter Essigsäure. Dieses Reagens gibt mit Spuren salpetriger Säure Rotfärbung.

Ztschr. f. angew. Chem. 1889. 666.
Ztschr. f. analyt. Chem. 33. 223.
Lunge, Chem. Techn. Unters.-Meth. 1904. I. 365.

0,1 g reines, weißes α-Naphthylamin löst man in 100 ccm siedendem Wasser, fügt 5 ccm Eisessig und alsdann eine Lösung von 1 g Sulfanilsäure in 100 ccm Wasser zu. Als Vergleichsflüssigkeit benützt man eine Mischung von 10 ccm Natriumnitritlösung (0,03632 g $NaNO_2$ : 100) und 90 ccm reiner Schwefelsäure.

Vergl. Südd. Apoth. Ztg. 1906. 145.
Ztschr. f. angew. Chem. 1906. 283.

**Lunge's Reaktion auf Salpetersäure in Schwefelsäureanhydrid.**

20 ccm Anhydrid mischt man mit einer Lösung von 0,5 g Diphenylamin in 100 ccm Schwefelsäure (1,84) und 20 ccm Wasser. Blaufärbung zeigt Salpetersäure an.

Ztschr. f. angew. Chem. 1894. 345.
Vergl. Iwanow's Reaktion.

**Lunge-Lwoff's Reagens auf Salpetersäure**

ist eine Lösung von 0,2 g Brucin in 100 ccm konzentr. Schwefelsäure. Die Lösung dient zur kolorimetrischen Bestimmung der Salpetersäure. Näheres siehe: Ztschr. f. angew. Chem. 1894. 345.

Leuchs-Anderson, Berl. Ber. 44. 2136.

**Lunge-Lwoff's Reagens auf salpetrige Säure**

ist eine Lösung von 0,1 g α-Naphthylamin in 100 ccm Wasser und 5 ccm Eisessig, der noch eine Lösung von 1 g Sulfanilsäure in 100 ccm Wasser zugegeben wird. Das Reagens dient zur kolorimetrischen Bestimmung der salpetrigen Säure. Näheres siehe: Ztschr. f. angew. Chem. 1894. 345.

**Lustgarten's Reaktion auf Jodoform.**

Beim Erwärmen von Jodoform und Phenolkalium oder Resorcinkalium entsteht unter

Bildung von Rosolsäure eine rot gefärbte Flüssigkeit, deren Farbe auf Säurezusatz verschwindet. In einem Reagenzglase erwärmt man wenig Phenolkalium mit 1—3 Tropfen des in Alkohol gelösten Jodoforms, das man durch Ausschütteln mit Äther etc. aus dem Untersuchungsobjekt erhalten hat. Nach wenigen Sekunden tritt ein roter Beschlag auf, der sich in wenig Alkohol mit carmoisinroter Farbe löst. Diese Reaktion tritt noch mit 0,2—0,3 mg Jodoform ein.
Ztschr. f. analyt. Chem. 22. 97 u. 467.
Monatsh. f. Chem. 3. 715.
Dupouy, Bull. scienc. pharm. 1903. 140.
Pharm. Zentrh. 1903. 479.
Apoth. Ztg. 1903. 577.
Nickel, Die Farbenreakt. d. Kohlenst.-Verb. 1890. 65.

**Lustgarten**'s Reaktion auf Naphthol oder Chloroform.

Erwärmt man eine Lösung von Naphthol in starker Kalilauge nach Zusatz von etwas Chloroform, so färbt sich die Mischung vorübergehend blau (Farbe des Berlinerblaus). Empfindlichkeitsgrenze = 0,016 g Naphthol. In ihrer Umkehrung kann die Reaktion zum Nachweise des Chloroforms dienen; Empfindlichkeitsgrenze = 1 : 24 000.
Anzg. d. k. k. Akadem. in Wien 1882. 101.
Ztschr. f. analyt. Chem. 22. 97 u. 467.
Monatsh. f. Chem. 3. 722.

**Lustgarten**'s Reagens zum Färben mikroskop. Präparate.

1. Eine gesättigte, alkoholische Lösung von Viktoriablau mischt man mit Wasser im Verhältnis 1 : 2—4. Gebraucht zu Kernfärbungen.
Wiener med. Jahrb. 1886. 285.
Behrens' Tabellen 1892. 113.
2. a) Anilinwassergentianaviolettlösung (nach Ehrlich); b) 1,5 %ige Kaliumpermanganatlösung. Für Syphilisbazillen.
Wiener med. Jahrb. 1885 oder
Ztschr. f. wiss. Mikroskop. 1885. 408.
Eberth-Friedländer, Mikroskop. Techn. 1894. 209.
Enzyklop. d. mikroskop. Techn. 1903. 189. 1281.

**Luther-Udranszky**'s Reaktion auf Glukose im Harn.

Über 1 ccm konzentr. Schwefelsäure schichtet man 0,5 ccm Wasser und 1 Tropfen α-Naphthollösung in Chloroform (1 : 10). Gibt man hierzu 1 Tropfen der zu prüfenden Flüssigkeit (Harn), so entsteht bei Anwesenheit von Glukose ein blau- bis rotvioletter Ring. Empfindlichkeitsgrenze = 0,01 mg. Näheres siehe: Prager med. Woch. 1890. 479. — Pharm. Zentrh. 1890. 670. — Jahresber. f. Tierchemie 1891. 197. — Luther, Dissert. Freiburg 1890.

**Lutons** Reagens auf Glukose im Harn

ist identisch mit Krause's Reagens.
Gaz. méd. de Paris 1855, No. 5.
Schmidt's Jahrb. d. Med. 1855. 86. 180.

**Lutschinsky**'s Reaktionen auf Diphenylamin

beruhen auf der Umkehrung der bekannten Reaktionen auf oxydierende Stoffe (Salpetersäure, Chlor etc.) mittels Diphenylamin.
Chem. Ztg. 1912. 1239.

**Lüttke**'s Reaktion auf Phenacetin.

Kocht man Phenacetin mit Salzsäure und gibt dann Eisenchlorid zu, so entsteht eine blutrote Färbung.
Chem. Ztg. 1890. Rep. 62.
Pharm. Zentrh. 1890. 65.
Chem. Zentralbl. 1890. I. 496.

**Lutz**' Reagens auf Eisen

ist eine gesättigte, wässerige Lösung von Protokatechusäure. Versetzt man eine saure Lösung von Ferro- oder Ferrisalzen mit dem Reagens und einem Überschuß von (Normal-) Sodalösung, so entsteht eine rote Färbung. Empfindlichkeitsgrenze = 1 : 10 Millionen.
Chem. Ztg. 1907. 570.
Apoth. Ztg. 1907. 482.
Pharm. Ztg. 1907. 573.
Vergl. Hesse's u. Hlasiwetz-Pfaundler's Reaktion auf Protokatechusäure.

**Lutz**' Reagens für mikrochem. Zwecke (zum Färben von Schnitten).

Eine gesättigte Lösung von Methylgrün in 90 %igem Alkohol versetzt man tropfenweise mit Ammoniak bis zur Entfärbung. Einen weißlichen Niederschlag bringt man durch vorsichtigen Zusatz von Essigsäure unter Umschütteln in Lösung.
Bull. scienc. pharmacol. 1900. 124.
Pharm. Zentrh. 1901. 221.

**Lutz**' Reagens zum mikrochem. Nachweis der Gerbstoffe.

Man löst 2 g Kupfersulfat in 50 ccm Wasser und gibt so viel Ammoniak zu, daß der entstandene Niederschlag sich wieder löst. Dann füllt man mit Wasser zu 100 ccm auf. Schnitte der zu prüfenden Droge legt man einige Stunden in dieses Reagens und betrachtet sie in einem geeigneten Einbettungsmittel unter dem Mikroskop. Gerbstoffe sind an der Braunfärbung zu erkennen.
Pharm. Zentrh. 1900. 194.
Ztschr. f. analyt. Chem. 41. 70.

**Lutz-Oudin**'s Reaktionen auf Apiole

siehe: Annal. des falsific. 1910, 3. 295. 335; 1912, 5. 343; Bull. des sc. pharmacol. 1911. 73; Chem. Zentralbl. 1911. I. 419.

**Lux**' Reaktion auf fettes Öl in Mineralöl

beruht auf der Verseifung der fetten Öle mit Natrium oder Natriumhydroxyd. Noch 2 % fettes Öl lassen sich am Erstarren der erkalteten, verseiften Masse erkennen. Näheres siehe: Ztschr. f. analyt. Chem. 24. 357—362. — Chem. Ztg. 1885. 1504. — Ruhemann, Chem. Ztg. 1893. Rep. 91.

**de Lylle**'s Reaktionen auf Tee und Maté.

Matéaufgüsse werden durch Ammoniak, Quecksilberoxydnitrat, Kalkwasser, Natronlauge und Kaliumquecksilberjodid grün gefärbt oder gefällt, während Teeaufgüsse durch Ammoniak rot, Kalkwasser braun, Natronlauge gelb etc. gefärbt werden. Eisenchlorid ruft in Mateaufgüssen einen dunkelgrünen, in Tee einen dunkelroten Niederschlag hervor. Weitere Reaktionen siehe: Annal. Chim. analyt. appl. 1912. **17.** 84.

**Lyle-Curtman-Marshall**'s Reagens auf Kupfer

ist eine wässerige Lösung von α-Amino-n-capronsäure. Man versetzt 1 ccm der zu prüfenden Lösung mit 1 ccm Natriumacetatlösung (40 %) und 1 ccm einer Lösung von 0,67 g der genannten Säure in 100 ccm. Bei Gegenwart von Kupfer entsteht ein graublauer Niederschlag. Empfindlichkeitsgrenze = 0,004 mg Kupfer in 1 ccm.

Journ. Americ. Chem. Soc. 1915. **37.** 1417.

**Lyon**'s Reaktion auf Chinaalkaloide.

Siehe: Pharm. Review 1904. 365.
Südd. Apoth. Ztg. 1905. 166.
Ztschr. d. öst. Apoth. Ver. 1904. 1288.
Pharm. Zentrh. 1905. 216.
Nouv. Remèd. 1905. 325.
Pharm. Journ. 1905. I. 4.

**Lyon**'s Reaktion auf Hydrastin.

Siehe: Arch. der Pharm. (3) **24.** 634.
Ztschr. f. analyt. Chem. **26.** 645 (auch **23.** 237 u. **24.** 160).
Western Druggist 1886. 73.

**Lyon**'s Reagens auf Rohrzucker, Milchzucker etc.

ist Kentmann's Reagens auf Formaldehyd mit einem Zusatz von einer Spur Eisenchlorid (1 : 2 Million). Rohrzucker- und Milchzuckerlösungen geben dieselbe violettblaue Farbenerscheinung wie Formaldehyd.

Pharm. Journ. 1905. II. 521.
Americ. Journ. of Pharm. **77.** 493.
Ztschr. f. analyt. Chem. **47.** 770.

**Macadie**'s Reaktion auf Gallenfarbstoffe im Harn.

10 ccm Harn versetzt man mit Essigsäure und Calciumchlorid und zentrifugiert. Das mit Wasser gewaschene Sediment löst man in 5 ccm einer Mischung von 1 Teil Salzsäure und 3 Teilen Alkohol und unterschichtet mit Salpetersäure (1,4). Bei Anwesenheit von Gallenfarbstoffen entstehen von unten nach oben gefärbte Zonen: gelb, weinrot, blau, blaugrün, grün.

Pharm. Journ. 1908. **26.** 686.
Pharm. Ztg. 1908. 477.
Chem. Zentralbl. 1908. II. 206.
Südd. Apoth. Ztg. 1908. 570.

**Mac Callum**'s Reaktion auf Eisensalze.

Versetzt man die Lösung eines Eisensalzes mit einer 5 %igen, alkoholischen Hämatoxylinlösung, so entsteht sofort oder nach kurzer Zeit eine violettrote bis violettblaue Färbung. Diese Färbungen werden durch Verbindungen des Eisenoxyds und -oxyduls mit organischen und anorganischen Säuren hervorgebracht. Empfindlichkeitsgrenze = 1 : 100 000. Verbindungen des Eisens mit anderen organischen Stoffen (z. B. mit Eiweißstoffen) sollen diese Reaktion nicht geben (wenn sie frei von Eisensalzen und von freiem Alkali sind). Auch Ferrocyankalium gibt die Reaktion nicht.

Zum mikroskopischen Nachweis des Eisens in Geweben benutzt der Autor Ammoniumsulfid.

Proc. Royal Soc. London 1892. 277.

**Mac Callum**'s Reagens auf Kalium

ist identisch mit Erdmann's Reagens.

Journ. of Physiol. **32.** 95.
Journ. Americ. Chem. Soc. **27.** 343.
Pharm. Praxis 1906. 303.
Chem. Zentralbl. 1905. I. 885.
T r a c y, Journ. Med. Research (9) **14.** 447.

**Mac Conkey**'s Reagens auf Colibakterien.

Eine Lösung von 0,5 g Natriumtaurocholat und 2 g Pepton (Witte) in 100 ccm Wasser wird 2 Stunden lang gekocht und nach 2 tägigem Stehen filtriert. In der klaren Flüssigkeit löst man 1 g Milchzucker und 0,25 ccm 1 %ige Lösung von Neutralrot. Colibakterien verursachen Fluoreszenz und Gasentwicklung.

Arch. Instit. bact. Camara Pestana 1912. 3. 279.
Ztschr. f. wiss. Mikroskop. 1912. **29.** 264.

**Mac Crae**'s Reagens auf Salicylsäure

ist eine Mischung von 3 Tropfen Formaldehyd mit 3 ccm Schwefelsäure. Löst man eine Spur Salicylsäure in 2 Tropfen Schwefelsäure und gibt 1 Tropfen Reagens zu, so färbt sich die Mischung rosarot. Ebenso verhalten sich Acetylsalicylsäure und Salol. Salicin färbt tiefrot, Phenol rotviolett, Resorcin orangebraun, Pyrogallol braun, α-Naphthol schmutziggrün, β-Naphthol schmutzigbraun, Zimtsäure braun, Mandelsäure gelb, Brenzkatechin violett, Chinon schmutziggrünbraun.

The Analyst 1911. **36.** 540.
Chem. Zentralbl. 1912. I. 95.

**Mac Lagan**'s Reaktion auf Nebenalkaloide im Cocaïn.

0,06 g Cocaïnhydrochlorid löst man in 60 ccm Wasser und gibt 2 Tropfen Ammoniak zu. Reibt man die Gefäßwände kräftig mit einem Glasstabe, so soll innerhalb 1/4 Stunde ein reichlicher, krystallinischer Niederschlag entstehen. Eine milchige Trübung zeigt einen Gehalt von mehr als 4 % amorphen Alkaloides an.

Amer. Drugg. 1887. 22.
Pharm. Zentrh. 1889. 597; 1890. 111.
Chem. Ztg. 1887. Rep. 68.

Modifikation nach Merck's Index 1902. 76: Löse 0,1 g Cocaïnhydrochlorid in 85 ccm Wasser, füge 0,2 ccm 10 %iges Ammoniak zu

und schlage die Flüssigkeit mit einem Glasstabe, bis eine reichliche, krystallinische Cocainausscheidung entsteht, was nicht länger als 5 Minuten dauern soll.
Böhringer, Pharm. Zentrh. 1899. 393.

**Mac Munn**'s Reaktion auf Indikan im Harn.
10 ccm Harn mischt man mit 10 ccm Salzsäure und gibt tropfenweise Salpetersäure zu. Bei Anwesenheit von Indikan tritt Blaufärbung auf.
Siehe: Jaffé's Reaktion.
Merck's Report 1901. 161.

**Mac Neal**'s Reagens zum Färben mikroskop. Präparate.
1. Man löst 0,5 g Methylenviolett, 0,5 g Methylenblau und 0,25 g Natriumkarbonat (kryst.) in 50 ccm Wasser und 50 ccm Glycerin. Gebraucht neben verdünnter Eosinlösung wie Leishman's Reagens.
2. Eine Lösung von 0,12 g Methylenviolett, 0,12 g Methylenblau, 0,12 g Eosin in 100 ccm Methylalkohol. Gebraucht zur Schnellfärbung.

Americ. Journ. Anatom. 1906. 6.
Ztschr. f. wiss. Mikroskop. 1906. (23.) 455.

**Macweeney**'s Reaktion auf Blut
ist die bekannte Reaktion mittels Benzidin.
Bordas, Compt. rend. 1910. 562.
Pharm. Ztg. 1910. 387.
Apoth. Ztg. 1910. 263.

**Mac William**'s Reagens auf Eiweiß
ist Salicylsulfosäure.
Merck's Bericht 1891. 21.
Brit. Med. Journ. 1891. 837 u. 1892. 115.
Siehe: Roch's Reaktion.

**Maderna**'s Reaktion auf Arsensäure neben Phosphorsäure.
Die Salzlösung wird mit Essigsäure angesäuert und ein geringes Volumen davon mit 10—15 ccm konz. Ammoniumnitratlösung versetzt. Man erhitzt zum Sieden, gibt dann 1 g festes, gepulvertes Ammoniummolybdat zu und kocht noch 1½ Minute weiter. Bildung eines weißen Niederschlages zeigt Arsen an. Empfindlichkeitsgrenze = 0,002 g Arsensäure.
Atti reale accadem. Lincei Roma (5) 19. II. 68.
Chem. Zentralbl. 1910. II. 913.

**Madsen**'s Reagens auf Chinin (Herapathitreagens)
ist identisch mit Christensen's Reagens.

**Magnier de la Source** siehe **Source.**

**Magnus**' Konservierungsmittel für anatomische Präparate
ist konzentrierte Zuckerlösung. Näheres siehe: Berl. klin. Woch. 1913. 636.

**Mahler**'s Reaktion auf Saccharin.
Saccharin liefert beim Schmelzen mit metallischem Kalium oder Natrium Alkalisulfid, das mit Nitroprussidnatrium nachgewiesen werden kann. (Vergl. Bailey's, Bechamp's, Kràl's und Scheele's Reaktion.)

Chem. Ztg. 28. Rep. 270 u. 29. 32.
Apoth. Ztg. 1904. 784.
Chem. Zentralbl. 1905. I. 564.

**Maillard**'s Reaktion auf Indoxyl im Harn.
10 ccm Harn mischt man mit 1 ccm Bleiessig, filtriert und versetzt das Filtrat mit dem gleichen Volumen Salzsäure. Schüttelt man diese Mischung mit Chloroform, so färbt sich dieses bei Gegenwart von Indoxyl blau. Tritt die Färbung nicht auf, so muß man der Sicherheit wegen nochmals mit etwas Wasserstoffsuperoxyd schütteln.
Maillard, L'indoxyle urinaire et les couleurs qui en dérivent. Paris 1903. 114.
Vergl. Mennechet, Répert. de Pharm. 1909. 533.
Pharm. Zentralh. 1910. 642.
Pharm. Praxis 1911. 73.

**Maisch**'s Reaktion auf Curcuma in Rhabarber und Senf.
Die Substanz schüttelt man 2 Minuten lang mit Alkohol, filtriert und versetzt das Filtrat mit Borax und Salzsäure. Bei Anwesenheit von Curcuma wird das Filtrat durch Borax braun gefärbt und bleibt es auch nach Zusatz von Salzsäure.
Americ. Journ. of Pharm. 1871. 259.
Ztschr. f. analyt. Chem. 11. 348.
Chem. Zentralbl. 1873. 27.

**Malacarne**'s Reaktion auf Absynthin in Wermutwein
siehe: Giorn. Chim. Farm. 59. 169.
Chem. Zentralbl. 1910. II. 44.

**Malaquin**'s Reaktion auf Strychnin.
1 ccm einer höchstens 0,1 %igen Strychninlösung behandelt man mit 1 g Zink und 1 ccm konz. Salzsäure (2—4 Minuten lang), erhitzt dann rasch zum Sieden, läßt abkühlen und schichtet über Schwefelsäure. Es entsteht sofort ein rosaroter Ring. Empfindlichkeitsgrenze = 1 : 100 000.
Journ. de Pharm. et de Chim. 1909. II. 546.
Merck's Bericht 1911. 455.
Répert. de Pharm. 1910. 38.
Pharm. Ztg. 1909. 1007.
Chem. Zentralbl. 1910. I. 577.
Südd. Apoth. Ztg. 1910. 228.
Ztschr. f. angew. Mikroskop. 1910. 205.

**Malassez**' Reagens (Ammoniak-Carmin) siehe Ranvier.

**Malassez**' Reagens für mikroskop. Zwecke (Serum).
a) Chlornatrium 3 g: 100 ccm Wasser,
b) Natriumsulfat 5 g: 100 ccm Wasser,
c) arabisches Gummi 8 g: 100 ccm Wasser.

Die 3 Lösungen stellt man auf ein spezifisches Gewicht von 1,022, mischt a und b und gibt zu dieser Mischung 45 ccm von der Lösung c. Nach dem Filtrieren gibt man etwas Kampfer zu.
Arch. de Physiol. 1882. 217.
Marcano, Ztschr. f. wiss. Mikroskop. 1899. 365.

**Malatesta - di Nola**'s Reagens auf Gold und Platin

ist eine Lösung von 1 g Benzidin in 10 ccm Essigsäure und 50 ccm Wasser. Das Reagens wird durch Gold- und Platinsalze blau gefärbt bezw. gefällt. Näheres siehe: Boll. Chim. Farm. 1913. 52. 461. — Chem. Zentralbl. 1913. II. 716. — Vergl. auch Pertusi-Gastaldi's Reagens auf Blausäure.

**Malatesta-di Nola**'s Reaktion auf Silber.

Die Lösung des Metalls in Salpetersäure wird in verdünntem Zustande mit Chromnitratlösung und Alkali versetzt, wobei eine bräunliche bis schwarze Fällung entsteht. Als Reagens kann man auch eine Mischung von 300 ccm Kalilauge (30 %) mit 100 ccm 1 %iger Chromsulfatlösung und 200 ccm Wasser verwenden.

Boll. Chim. Farm. 1913. 52. 533.
Chem. Zentralbl. 1913. II. 995.

**Maldiney**'s Reaktion auf Hydrochinon bzw. Kaliumkarbonat.

Beim Mischen von einigen Kristallen Hydrochinon und etwas Kaliumkarbonat entsteht eine blaue Färbung und die Oberfläche nimmt einen gelblichgrünen metallischen Glanz an. Natriumkarbonat gibt nur eine malvenfarbige Mischung, Ammonium- und Lithiumkarbonat liefern keine Färbung.

Compt. rend. 158. 1782.
Ztschr. f. analyt. Chem. 1915. 367.
Apoth. Ztg. 1914. 675.
Chem. Zentralbl. 1914. II. 435.

**Malerba**'s Reaktion auf Aceton.

2—5 g Dimethyl - p - Phenylendiaminchlorhydrat löst man in 100 ccm Wasser. — Versetzt man die zu prüfende Flüssigkeit mit einigen Tropfen dieses Reagenzes, so geht die violette Farbe in Rosa und innerhalb 24 Stunden in Rot über. Die Lösung zeigt im Spektroskop zwei dem Oxyhämoglobin analoge Streifen zwischen D und E. Durch Alkali verschwindet die Färbung, durch Säuren wird sie regeneriert (violett).

Répert de Pharm. 1895. 324.
Jahresber. f. Tierchem. 1894. 76.
Chem. Ztg. 19. Rep. 82.

**Malerba**'s Reagens auf Harnsäure

ist eine 5 %ige, wässerige Lösung von Dimethyl-p-Phenylendiaminchlorhydrat. Die zu prüfende Substanz dampft man mit Salpetersäure zur Trockene ein und gibt dann einige Tropfen Reagens zu. Bei Anwesenheit von Harnsäure entsteht eine blaue Färbung mit einem leichten Stich ins Violette.

Répert. de Pharm. 1895. 324.
Arch. italienn. de Biologie 22. 86.
Jahresber. f. Tierchem. 1894. 76.

**Malfatti**'s Reaktion auf Milchzucker im Harn

ist identisch mit Woehlk's Reaktion.

Zentralbl. f. Harnkrankh. etc. 1905. Nr. 2.
Ztschr. f. angew. Mikroskop. 1905. 68.

**Mallet**'s Reaktion auf Wolfram.

Siehe: Ztschr. f. analyt. Chem. 16. 474.
Chem. News 31. 276.
Berl. Ber. 8. 831.
Chem. Zentralbl. 1875. 553.

**Mallory**'s Reagens zum Färben mikroskop. Präparate.

1. Eine Lösung von 1 ccm 10 %iger Phosphormolybdänsäure, 1 g Hämatoxylin und 10 g Chloralhydrat in 100 ccm Wasser. Gebraucht zum Färben von Achsenzylindern, Gliazellen und Ganglienzellen des Zentralnervensystems.

   Ztschr. f. wiss. Mikroskop. 1891. 341; 1901. 175.
   Anat. Anzg. 1891. 375.
   Auerbach, Neurol. Zentralbl. 1897. 439.
   Schiefferdecker, Ztschr. f. wiss. Mikroskop. 1891. 342.
   Ribbert, ebenda 1898. 93.
   Behrens' Tabellen 1892. 106.
   Eberth - Friedländer, Mikroskop. Techn. 1894. 246.
   Merck's Bericht 1901. 101.

2. Man löst 0,1 g Hämatoxylin und 2 g Phosphorwolframsäure in 100 ccm Wasser und gibt 0,2 g Wasserstoffsuperoxyd zu.
3. Eine Lösung von 0,5 g Anilinblau, 2 g Orange G und 2 g Oxalsäure in 100 ccm Wasser.

   Journ. f. exper. Med. 1900. 15.
   Ztschr. f. wiss. Mikroskop. 1901. 176.
   Enzykl. d. mikroskop. Techn. 1903. 509.

**Malméjac**'s Reaktion auf Tuberkulose

(Uro-Reaktion) gründet sich auf die Feststellung des Säuregrades des Harns mit Hülfe von Phenolphthalein und $^1/_{10}$ Norm. Natronlauge. Näheres siehe: Répert. de Pharm. 1909. 449.

**Malvezin**'s Reagens auf Anilinfarbstoffe in Wein

erhält man durch Sättigen von 40 %igem Formaldehyd mit gasförmiger schwefliger Säure. Man entfärbt den Wein mit nicht zu viel Tierkohle, filtriert und schüttelt das Filtrat mit dem gleichen Volumen Reagens. Ist Fuchsin vorhanden, so erhält man bei raschem Aufkochen eine violette Färbung. Bei Abwesenheit des Farbstoffes entsteht höchstens eine fleischrote Färbung.

Annal. Chim. analyt. appl. 1913. 18. 193.
Merck's Bericht 1913, 261.

**Mameli-Ganassini**'s Reaktionen zum Nachweis von Juniperus Sabina

siehe: Bollett. della societa medico-chirurgica di Pavia 1910, März.
Chem. Zentralbl. 1910. I. 2141.
Pharm. Zentrh. 1910. 733.
Ztschr. f. analyt. Chem. 1911. 205.

**Manahan**'s Reagens zur Spirochätenfärbung.

Man löst 0,5 g Methylenblau-Eosin in 100 ccm Methylalkohol, filtriert und verdünnt je 30 ccm des Filtrats mit 10 ccm Methylalkohol.

Boston Med. Surg. Journ. 1906. 3.
Klin-therap. Woch. 1906. 377.

**Manchot's** Reaktionen auf Diguajacyl-Phenylmethan.

Das Präparat liefert mit Schwefelsäure eine orange Färbung, die bei Luftzutritt in Rot übergeht. — Es löst sich in Natronlauge und wird durch Säuren wieder abgeschieden. — Es wird mit wenig Natronlauge befeuchtet blau. — Die alkoholische Lösung wird durch Eisenchlorid blaugrün gefällt. — Es reduziert ammoniakalische Silberlösung.

Berl. Ber. 1910. 43. 951.

**Manchot's** Reagens zum Färben mikroskop. Präparate.

a) Konzentr., wässerige Fuchsinlösung.

b) Zuckersirup, der 2—3 % Schwefelsäure enthält. Gebraucht zum Färben elastischer Fasern.

Virchow's Archiv 121. 17.
Eberth-Friedländer, Mikroskop. Techn. 1894. 231.

**Manchot-Kampschulte's** Reaktion auf Ozon beruht auf der Schwärzung von metallischem Silber durch trockenes und feuchtes Ozon. Näheres siehe: Berl. Ber. 1907. 40. 2891, 1909. 42. 3942. 1910. 43. 750. — Vergl. Erdmann, Berl. Ber. 1904. 37. 4741.

**Mandach's** Reagens auf Gallenfarbstoffe.

Einen Tropfen einer 0,1 %igen Eosinlösung verdünnt man mit so viel Wasser, bis die gelbrote Farbe der Lösung in eine blaßrosa übergegangen ist und eine leichte Grünfluoreszenz zeigt. Diese Lösung wird durch ikterischen Harn gelbbraun gefärbt.

Korrespond.-Blatt f. Schweizer Ärzte 1907. Nr. 13.
Deutsche Med. Ztg. 1907. 632.
Klinisch-therap. Woch. 1907. 789.

**Mandel's** Reagens auf Eiweißstoffe ist 5 %ige Chromsäurelösung.

Siehe: Guérin u. Rosenbach, Handb. physiol. chem. Laborat. 1897.

**Mandelbaum's** Typhusreaktion beruht auf der bekannten Erscheinung, daß manche Bakterien, die längere Zeit mit dem spezifischen Serum in Berührung sind, zu Fäden und Haufen zusammengeballt wachsen.

Münchener med. Woch. 1910. No. 4 und 16.
Belonowski, ebenda No. 14.
Kessler, ebenda No. 29.

**Mandelin's** Reagens auf Alkaloide ist eine Lösung von 1 g vanadinsaurem Ammon in 200 g Schwefelsäure (Mono- oder Bihydrat). Das Reagens gibt mit Alkaloiden charakteristische Farbenreaktionen.

Tabellarische Zusammenstellung siehe Ztschr. f. analyt. Chem. 23. 235.
Vergl. Kundrát's Reagens.
Pharm. Ztschr. f. Rußland 22. 22.

**Mandelin's** Reaktion auf Nepalin (= Napellin oder Pseudoconitin).

Nepalin gibt mit einigen Tropfen rauchender Salpetersäure eingedampft einen moschusähnlich riechenden Rückstand, welcher sich mit alkoholischer Kalilauge intensiv carminbis purpurrot färbt. Empfindlichkeitsgrenze = 0,01 mg Nepalin. Aconitin verhält sich bei gleicher Behandlung indifferent.

Pharm. Ztschr. f. Rußland 23. 41.
Ztschr. f. analyt. Chem. 28. 760.
Pharm. Zentrh. 1890. 352.

**Mandelin's** Reaktion auf Strychnin.

Bringt man auf einem Uhrglase etwas Strychnin mit einigen Tropfen einer Lösung von 1 g Ammonvanadat in 100 oder 200 g Schwefelsäuremonohydrat zusammen, so entsteht sofort eine prachtvolle Blaufärbung, die allmählich in Violett, Zinnoberrot und Orange übergeht. Gibt man nach Eintritt der zinnoberroten Färbung Natronlauge zu, so entsteht eine rosa bis purpurrote Färbung, die auch beim Verdünnen mit Wasser beständig ist.

Pharm. Ztschr. f. Rußland 22. 345.
Ztschr. f. analyt. Chem. 23. 240.

**Manea's** Reaktion auf Ölsäure und zur Unterscheidung von pflanzlichen und tierischen Fasern.

Pflanzliche Fasern und Ölsäure färben sich unter dem Einfluß von Schwefelsäure rosa bis rot. Diese Reaktion kann sowohl zum Nachweis der Ölsäure als auch zur Differenzierung von pflanzlichen und tierischen Fasern verwendet werden, da tierische Fasern mit Ölsäure und Schwefelsäure nicht in der angegebenen Weise reagieren.

Chem. Rev. d. Fett- und Harz-Industr. 1909. 14.
Bul. Soc. Stint. Bukarest 1908. 256.
Nouv. remèdes 1910. 422.
Pharm. Zentrh. 1909. 324 u. 1911. 259.
Répert. de Pharm. 1909. 363.

**Manget-Marion's** Reagens auf Ammoniak ist Diamidophenol, welches mit Ammoniak eine intensive Gelbfärbung erzeugt. Das Reagens soll empfindlicher sein als Neßler's Reagens. Empfindlichkeitsgrenze = 1 : 1 000 000.

Annal. Chim. analyt. appl. 8. 83.
Chem. Zentralbl. 1903. I. 895.

**Manget-Marion's** Reaktion auf Formaldehyd.

Formaldehydhaltige Milch färbt sich nach dem Bestreuen mit Amidophenol oder Diamidophenol-1.2.4 (Amidol) innerhalb einiger Minuten kanariengelb. Empfindlichkeitsgrenze = 1 : 50 000.

Formaldehydhaltige Bouillon (Fleischgelee) färbt sich beim Schütteln mit wenig Diamidophenol gelb und auf Zusatz von Ammoniak schmutziggelb; formaldehydfreie Bouillon wird blaßrotbraun und mit Ammoniak blau gefärbt.

Chem. Zentralbl. 1902. II. 1276; 1903. II. 219.
Chem. Ztg. 1902. 1043.

Annal. Chim. analyt. appl. 8. 83. 207.
Pharm. Zentrh. 1905. 962.
Compt. rend. 1902. II. 584.
Bull. Soc. Chim. Paris 1903. **(29.)** 362.

**Mangin's** Reagenzien auf Cellulose.

1. Jodlösung = 1 g Jod und 3 g Jodkalium in 200 ccm Wasser.
2. Chlorcalciumjodlösung = 1 g Jodkalium, 0,2 g Jod, 20 g konzentr., wässerige Chlorcalciumlösung.
3. Chlorzinkjodlösung = 1,3 g Jod, 6,5 g Jodkalium, 20 g Zinkchlorid in 10,5 g Wasser.
4. Jodphosphorsäure = 0,3 g Jod, 0,5 g Jodkalium in 25 ccm Phosphorsäure.
5. Jodzinnchloridlösung = eine wässerige Lösung von Chlorzinn und Jodjodkalium.
6. Jodaluminiumchloridlösung = eine wässerige Lösung von Aluminiumchlorid und Jodjodkalium.
7. Jodhaltige Jodwasserstoffsäure.

Durch diese Reagenzien wird Cellulose nach Überführung in Amyloid blau gefärbt.

Bull. de la Soc. Botan. de France 1888.
Répert. de Pharm. 1897. 277.
Vergl. Mangin's Nachweis von Pektinstoffen mit Rutheniumsesquichlorid Ztschr. f. wiss. Mikroskop. 1890. 268 u. 1893. 126 oder Enzyklop. d. mikroskop. Techn. 1903. 1182, ferner Tobler, Ztschr. f. wiss. Mikroskop. 1906. 182.

8. Eine Lösung von Kupferspänen in konzentr. Ammoniakflüssigkeit, bei Luftzutritt und Lichtabschluß bereitet.

Strasburger, Kl. Botan. Prakt. 1893. 221.
Journ. de Botan. 1892. 241.
Vergl. Schweitzer's Reagens.

**Mangini's** Reagens auf Alkaloide

ist eine Lösung von Jodkalium und Jodwismut in konzentr. Salzsäure. Das Reagens gibt mit Alkaloiden braune Niederschläge.

Gazz. chim. ital. 1882. 315.
L'Orosi **6.** 330.
Arch. der Pharm. (3) **21.** 690.
Vergl. Dragendorff's Reagens.
Kraut, Liebig's Annal. **210.** 310.

**Mann's** Reagens auf Wasser in Alkohol oder Äther etc.

2 Teile Citronensäure und 1 Teil Molybdänsäure werden geschmolzen, in Wasser gelöst und mit dieser Lösung Filtrierpapier getränkt. Dieses Papier ist nach dem Trocknen blau gefärbt. Durch wasserhaltigen Alkohol oder Äther wird das Papier entfärbt.

Arch. der Pharm. (3) **17.** 122.
Ztschr. f. analyt. Chem. **21.** 271.

**Mann's** Reagens zum Färben mikroskop. Präparate.

Man mischt 35 ccm 1 %ige, wässerige Lösung von Eosin mit 35 ccm 1 %iger, wässeriger Lösung von Methylblau und 100 ccm Wasser.

Toluidinblau-Reagens siehe: Ztschr. f. wiss. Mikroskop. 1894. 489.
Wasserblau-Reagens siehe ebenda 1894. 490.
Hämateïn-Reagens siehe ebenda 1895. 487.
Enzyklop. d. mikroskop. Techn. 1903. 262.
Strasburger, Botan. Prakt. 1902. 670.

**Mann's** Reagens zum Fixieren mikroskop. Präparate

ist Heidenhain's Reagens zum Fixieren, dem auf 100 ccm je 1 g Tannin und Pikrinsäure zugesetzt sind oder eine Mischung von gleichen Teilen Heidenhain's Reagens und 1 %iger, wässeriger Osmiumsäurelösung. Gebraucht zum Fixieren der Nervenzellen. Auch eine Lösung von 4 g Pikrinsäure, 15 g Quecksilberchlorid und 6 g Tannin in 100 ccm Alkohol wurde vom Autor vorgeschlagen.

Ztschr. f. wiss. Mikroskop. 1893. 222; 1895. 480; 1884. 479.
Anat. Anzg. 1893. 441.
Enzyklop. d. mikroskop. Techn. 1903. 1277—78.

**Manseau's** Reagens auf Opiumalkaloide und zur Unterscheidung von Morphin und Heroin

ist eine 5 %ige Lösung von Hexamethylentetramin in Schwefelsäure. Das Reagens färbt sich mit Apomorphin braunviolett; mit Codeïn blau, dann dunkelgrün; mit Narceïn safrangelb (braunstichig); mit Papaverin lila, dann dunkelviolett; mit Narcotin beständig goldgelb; mit Morphin violett, dann blau; mit Heroin goldgelb, dann safrangelb und zuletzt dunkelblau.

Bull. Soc. Pharm. de Bordeaux 1903. 172.
Apoth. Ztg. 1903. 596.
Pharm. Prax. 1903. 290.

**Manseau's** Reaktion auf Phenol.

Einige Krystalle reiner Carbolsäure löst man in 1 ccm Alkohol und gibt einige Tropfen Ammoniak und zuletzt Jodtinktur zu. Anfangs verschwindet das Jod, bei weiterer Zugabe entsteht eine wassergrüne Färbung. Salpetersäure und Schwefelsäure zerstören diese Färbung, nicht aber Salzsäure. Kresole geben die Reaktion nicht.

Ztschr. d. öst. Apoth. Ver. 1901. 548.
Schweizer Woch. f. Chem. u. Pharm. 1901. 372.
Bull. Soc. Pharm. de Bordeaux **41.** 117.
Chem. Zentralbl. 1901. II. 60.

**Manson's** Reaktion auf Morphin und Chinin.

Versetzt man eine Morphinlösung mit Chlorwasser und dann mit Ammoniakflüssigkeit, so entsteht eine dunkelbraune Färbung, die durch einen Überschuß von Chlor zum Verschwinden gebracht wird.

Chinin gibt mit Chlor und Ammoniak eine grüne Färbung.

Arch. der Pharm. **3.** 208.
Chem. Zentralbl. 1835. 829.
Vergl. Brandes' Reaktion.

**Mantoux'** Reaktion auf Tuberkulose

ist eine Intradermoreaktion, die mit stark verdünntem Tuberkulin ausgeführt wird. Die positive Reaktion kennzeichnet sich durch das Auftreten von Hautentzündungen. Näheres siehe: Monti, Wiener klin. Woch. 1912. No. 7. — Dermatol. Woch. 1912. 1416. — Münch. med. Woch. 1913. 2424. (Swenigorodsky.)

**Manzoff's** Reaktion auf Methylalkohol in denaturiertem Spiritus.

200 ccm denatur. Spiritus versetzt man mit 5 ccm konz. Phosphorsäure, destilliert 10 ccm ab und gibt zum Destillat 5 g roten Phosphor und 20 g gepulvertes Jod in kleinen Portionen. Nach 20 Minuten langem Erhitzen auf dem Wasserbade wird abdestilliert und das Destillat nach Zusatz von 3 g feingepulvertem Silbernitrit langsam destilliert. Die ersten 5 Tropfen, welche gegebenen Falles Nitromethan enthalten, versetzt man mit 5 Tropfen Ammoniak und 0,01 g Vanillin. War Methylalkohol vorhanden, so bewirkt das Nitromethan beim Erwärmen der Mischung eine rote Färbung, die beim Erkalten wieder verschwindet.

Ztschr. f. Unters. Nahr.-Genußm. **27**. 469.

**Marcano's** Reagens zum Fixieren von Blutpräparaten

ist eine Lösung von 1 g Formaldehyd (40 %) und 1 g Natriumchlorid in 100 ccm Wasser. Zum Gebrauche mischt man das Reagens mit dem doppelten Volumen Wasser.

Arch. Méd. expériment. 1899. 434.

**Marchadier's** Reaktion auf Benzoesäure (in Butter)

ist identisch mit Jonescu's Reaktion.

Annal. des falsific. 1911. 4. 28.
Chem. Zentralbl. 1911. I. 591.

**Marchand's** Reaktion auf Strychnin.

Löst man Strychnin in konzentr. Schwefelsäure, die 1 % Salpetersäure enthält, und gibt eine Spur Bleisuperoxyd zu, so entsteht eine schöne blaue Färbung, die schnell in Violett, dann in Rot und zuletzt in Grün übergeht.

Arch. der Pharm. **37**. 45.
Chem. Zentralbl. 1844. 383; 1849. 29.
Journ. de Pharm. et de Chim. (3) **13**. 251.

**Marchi-Algeri's** Reagens

siehe: Müller's Reagens zum Härten etc.

**Marchoux'** Reagens ist Nicolle's Reagens.

**Märcker-Bühring's** Reagens zur Phosphorsäurebestimmung.

Man löst 1500 g Citronensäure in Wasser, gibt 5 Liter 24 %iges Ammoniak zu und ergänzt die Mischung mit Wasser zu 15 Liter.

Ztschr. f. analyt. Chem. 1896. 229; 1897. 800.
K ö n i g, Landwirtsch. Stoffe 1906. 964.
F o e r s t e r, Chem. Ztg. 1904. 147.
S v o b o d a, ebenda 1905. 453.

**Marcusson's** Quecksilberbromid-Probe

zum Nachweis von Erdölpech in Fettdestillationsrückständen siehe Mitteil. d. k. Materialprüfungsamtes Groß-Lichterfelde West **30**. 186, Abteil. 6. — Chem. Zentralbl. 1913. I. 66.

**Maréchal's** Reaktion auf Chloroform im Harn.

Man leitet einen Luftstrom durch den betreffenden Harn und dann durch eine rotglühende Glas- oder Porzellanröhre in einen Kugelapparat, der mit Silbernitratlösung beschickt ist. An der Bildung von Chlorsilber kann die Anwesenheit von Chloroform im Harn erkannt werden.

Ztschr. f. analyt. Chem. 8. 99.

**Maréchal's** Reaktion auf Gallenfarbstoffe.

Gibt man zu biliösem Harn, der entweder sauer oder neutral ist, 2—3 Tropfen Jodtinktur, so färbt er sich smaragdgrün. Nach etwa 1/2 Stunde schlägt die Farbe in Rosenrot und zuletzt in Gelb um.

Pharm. Zentrh. 1868. 362; 1894. 308.
Ztschr. f. analyt. Chem. 8. 99.
Vergl. Smith's u. Dumontpallier's Reaktion.

**Maridet's** Reagens auf Glukose.

Eine gepulverte Mischung von 35 g Kupfersulfat und 170 g Seignettesalz. Zum Gebrauch löst man 1 g dieser Mischung mit 0,5 g Ätznatron in 5 ccm der zu prüfenden Flüssigkeit (Harn). Das Reagens soll eine haltbare Modifikation von Fehling's Reagens darstellen.

Répert. de Pharm. 1904. 387.
Apoth. Ztg. 1904. 734.

**Marina's** Reagens zum Fixieren mikr. Präparate

ist eine Lösung von 0,1 g Chromsäure und 5 g Formaldehyd (40 %) in 100 g Alkohol (90 %). Gebraucht zum Fixieren für das Zentralnervensystem.

Neurol. Zentralbl. 1897. 166.
Ztschr. f. wiss. Mikroskop. 1897. 231.
Enzyklop. d. mikroskop. Techn. 1903. 138. 401.

**Marino's** Reaktion auf Thallisalze neben Thallosalzen.

(Modifikation von Renz' Reaktion.) Gibt man zu einer stark verdünnten, mit Kalilauge alkalisierten Thallisalzlösung eine gesättigte Lösung von α-Naphthol und nur sehr wenig Dimethyl-p-Phenylendiamin, so erhält man eine indophenolblaue Färbung. Noch in einem Verhältnis von 1 : 30 000 Wasser kann man mit dieser Reaktion Thallisalze neben Thallosalzen nachweisen. Die Reaktion beruht auf der oxydierenden Wirkung der Thallisalze. Sie ist nur bei Abwesenheit anderer oxydierender Stoffe, wie Ferrisalze usw., beweisend.

Gazz. Chim. Ital. **37**. I. 55.
Chem. Zentralbl. 1907. II. 425.

**Marino's** Reagens zum Färben mikr. Präparate

ist eine Modifikation von Romanowsky's Reagens. Man löst 1 g Methylenblau in 15 g Wasser und gibt 0,5 g Natriumkarbonat zu. Diese Mischung läßt man 24 Stunden lang bei 60—80 ° C. stehen und fügt dann eine Lösung von 0,5 g Eosin in 10 g Wasser zu. Nach 1—10 Tagen wird der entstandene Niederschlag (ein Gemenge von Methylenblau-Eosin und Methylenazur-Eosin) auf einem Filter ge-

sammelt und getrocknet. Die Ausbeute beträgt zirka 0,9 g. Als Lösungsmittel dieses Farbstoffes dient Methylalkohol.
Annal. de l'instit. Pasteur 1905. 816.
Merck's Bericht 1905. 140.

**Marmé's** Reagens auf Alkaloide.
10 g Cadmiumjodid löst man in einer heißen Lösung von 20 g Jodkalium in 60 ccm Wasser und gibt dann ein gleiches Volumen kalt gesättigter Jodkaliumlösung zu. Das Reagens gibt mit Alkaloiden weiße bis gelbe Niederschläge.
Ztschr. f. rat. Med. 1867.
Hager, Pharm. Prax. 1880. I. 203.
Ztschr. f. analyt. Chem. 6. 123.
N. Rep. d. Pharm. 16. 386.
Verven, Chem. Ztg. 1897. Rep. 116.

**Marmé's** Reaktion des Oxydimorphins, Morphins, Apomorphins und Codeïns mittels einer Lösung von Ammonmolybdat in konzentr. Schwefelsäure
siehe tabellarische Zusammenstellungen in:
Pharm. Ztg. 30. 2 oder
Ztschr. f. analyt. Chem. 24. 642—647.

**Marmé's** Reaktion auf Taxin
beruht auf seiner roten Lösung in konzentr. Schwefelsäure sowie darauf, daß es durch Kaliumplatincyanür und die Chloride des Goldes, Quecksilbers und Platins auch in konzentr. Lösung nicht gefällt wird.
Jahresber. f. Pharm. 1876. 93.
Chem. Zentralbl. 1876. 166.

**Marpmann's** Honigreaktion.
Versetzt man Honig mit einer Lösung von p-Phenylendiamin (oder Ursol D) und tropfenweise mit 3 %igem Wasserstoffsuperoxyd, so färbt sich reiner Schleuderhonig infolge seines Enzymgehaltes blaugrau. Gekochter Honig gibt diese Reaktion nicht.
Pharm. Ztg. 1903. 1010.
Utz, Ztschr. f. öffentl. Chem. 1908. 22.

**Marqué's** Reaktion auf Sparteïn.
Erwärmt man etwas Sparteïn mit einem Kryställchen Chromsäure, so färbt sich die Mischung grün unter Entwicklung von Coniingeruch.
Pharm. Zentrh. 1895. 538.
Vergl. Kippenberger, Nachw. v. Gift. 1897. 143.

**Marquis'** Reagens ist Formaldehydschwefelsäure,
siehe: Kobert's Reagens auf Morphin oder Ztschr. f. analyt. Chem. 38. 467 und Pharm. Ztschr. f. Rußland 35. 549 und Linke's Reagens.
Nach Pharm. Zentrh. 1896. 814 und 1897. 76 versteht man außerdem unter Marquis' Reagens auch eine Mischung von 10 Tropfen einer konzentr. Oxymethylsulfosäurelösung mit 10 ccm konzentr. Schwefelsäure; nach Kippenberger auch eine Lösung von Methylal, Hexamethylentetramin, Trioxy- oder Hexaoxymethylen in Schwefelsäure.
Mai-Rath, Arch. der Pharm. 244. 300.

**Marschalkó's** Reagens zum Färben mikroskop. Präparate
ist eine konzentr., wässerige Lösung von Thionin, der auf 30 ccm 100 ccm Kalilauge (0,5 %) zugesetzt werden. Gebraucht zum Färben von Plasmazellen.
Arch. Derm. Syph. 1895. 3.
Ehrlich, Deutsche med. Woch. 1886. Nr. 4.
Merck's Bericht 1898. 135.
Ztschr. f. wiss. Mikroskop. 1895. 64.

**Marschner's** Reagens zum Färben mikroskop. Präparate
ist eine Lösung von 0,025 g Methylviolett, 8 g Natriumsulfat und 1 g Natriumchlorid in 160 g Wasser und 30 g Glycerin.
Prager med. Woch. 1895. Nr. 34.
Determann, Arch. f. klin. Med. 1898. 365.
Ztschr. f. wiss. Mikroskop. 1899. 87.

**Marsh's** Reaktion auf Arsen.
Der in einer arsenhaltigen Flüssigkeit mit Zink und Schwefelsäure entwickelte Wasserstoff scheidet das als Arsenwasserstoff enthaltene Arsen in einer zum Glühen erhitzten Glasröhre an den kälteren Stellen der letzteren als glänzenden Spiegel ab.
Edinburgh New Philos. Journ. 1836. Okt.
Dingler's Polytechn. Journ. 63. 448.
Liebig's Annal. 23. 207.
Dragendorff, Ermittel. v. Gift. 1888. 376.
Mohr, Ztschr. f. analyt. Chem. 5. 299.
Bertrand, Bull. Soc. Chim. Paris (3) 27. 851.
Apoth. Ztg. 1903. 283.
Chapman-Law, Chem. Zentralbl. 1905. II. 1573; 1906. I. 784; 1907. I. 667.
Struve, Ztschr. f. analyt. Chem. 46. 761.
Lockemann, Ztschr. f. angew. Chem. 1908. 436.
van Rijn, Chem. Zentralbl. 1908. I. 1087.

**Marsh's** Reaktion auf Karamel.
Das zu prüfende Präparat schüttelt man mit einer Emulsion von 3 ccm Phosphorsäure, 3 ccm Wasser und 100 ccm Amylalkohol. Bei Anwesenheit von Karamel färbt sich die wässerige Schicht braun.
Horn, Americ. Journ. of Pharm. 1910. 151.
Chem. Zentralbl. 1910. I. 1758.

**Marsh's** Reagens zum Entkalken mikroskop. Präparate.
Man löst 1 g Chromsäure in 200 ccm Wasser und gibt 30 Tropfen Salpetersäure zu.
Merck's Report 1901. 163.
Lee et Henneguy, Traité 1896. 321.
Fol, Lehrbuch 112.

**Marshall's** Reagens auf Harnstoff
ist ein wässeriges Extrakt aus Sojabohnen, welches infolge seines Ureasegehaltes Harnstoff in Ammoniumkarbonat verwandelt. Dieses kann titrimetrisch bestimmt und daraus der Harnstoff berechnet werden. Vergl.

Journal of biolog. Chem. 14. 283, 15. 487, 495; Merck's Bericht 1914. 467; Deutsche med. Woch. 1914. 430.

**Marshall's Reaktion auf Mangan.**

Wird eine nicht zu saure Manganlösung mit einer geringen Menge eines Silbersalzes und mit Ammoniumpersulfat erhitzt, so entsteht eine rote Färbung (Permanganat). Empfindlichkeitsgrenze = 1 : 5 000 000.

Chemical News 83. 76.
Ztschr. f. analyt. Chem. 1904. 418.
Tillmans, Journ. f. Gasbeleucht. 57. 496.

**Marson's Reagens auf Glukose.**

Man kocht 8 ccm Harn mit 0,1 g Ferrosulfat und 0,25 g Kaliumhydrat. Bei zuckerreichem Harn färbt sich der Niederschlag dunkelgrün bis schwarz, die Lösung braunrot bis schwarz. Bei weniger als 0,5 % bleibt der Niederschlag dunkelgrün und die Lösung nur schwach gefärbt.

Arch. der Pharm. 225. 1028.
Ztschr. f. analyt. Chem. 27. 257.
Journ. de Pharm. et de Chim. (5) 16. 306.

**Marsson's Reagens für mikroskop. Zwecke**

ist eine Lösung von Storax in Bromnaphthalin.

Vergl. Abbe's u. van Heurck's Reagens.
Ztschr. f. wiss. Mikroskop. 1888. 346.

**Martin's Reagens auf Salpetersäure**

ist identisch mit Hofmann's Reagens (Diphenylamin-Schwefelsäure).

Merck's Report 1901. 163.

**Martinotti's Chromchrysoidin-Reaktion**

dient zur Färbung von Haut. Man benötigt hierzu hauptsächlich eine 1%ige, wässerige Lösung von Chrysoidin (Diamidoazobenzolchlorid), eine 10%ige, wässerige Lösung von Kaliumdichromat oder Chromsäure und 10%ige, wässerige Formollösung. Näheres siehe Ztschr. f. physiol. Chem. 1914. 91. 425.

**Martinotti's Reagens zum Konservieren mikroskop. Präparate.**

Eine kalt bereitete Lösung von Dammarharz in Xylol wird nach dem Filtrieren zu einer dickflüssigen Masse eingedampft.

Ztschr. f. wiss. Mikroskop. 1887. 153.
Pfitzner, Morphol. Jahrb. 1880. 469.
Behrens' Tabellen 1892. 63.
Eberth-Friedländer, Mikroskop. Techn. 1894. 134.

**Martinotti's Reagens zum Färben mikroskop. Präparate.**

1. a) Eine 2—4 %ige Lösung von Arsensäure in Wasser.
   b) Eine Lösung von 1 g Silbernitrat in 1,5 g Wasser und 10 ccm Glycerin.
   Eberth-Friedländer, Mikroskop. Techn. 1894. 231.
2. Eine 3 %ige, wässerige Lösung von Methylenblau.
   Vergl. Arnstein's Reagens.
3. 40 ccm Renaut's Reagens 2 werden mit 30 ccm einer konzentr. Lösung von Eosin in kochsalzhaltigem (1 %) Glycerin und 130 ccm einer konzentr. Lösung von Alaun in Glycerin gemischt. Gebraucht zur Mehrfachfärbung.
   Vergl. auch Hämatoxylin, Hämateïn und Carmin, Abhandlung des Autors in Ztschr. f. wiss. Mikroskop. 1891. 488.
4. Eine Lösung von 5 g Safranin in 100 ccm Alkohol und 200 ccm Wasser.
   Ztschr. f. wiss. Mikroskop. 1887, 328.
5. (Pikronigrosin.) Eine wässerige, mit Pikrinsäure und Nigrosin gesättigte Lösung.
   Ztschr. f. wiss. Mikroskop. 1884, 478.

**Martinotti's Reagens zum Färben mikroskop. Präparate.**

Man löst 1 g Toluidinblau und 0,5 g Lithiumkarbonat in 75 g Wasser und gibt 20 g Glycerin und 5 g Alkohol zu.

Ztschr. f. wiss. Mikroskop. 1910. 25.

**Martinotti's Hämateinlösung**

siehe: Ztschr. f. wiss. Mikroskop. 1910. 31.

**Maruyama's Reaktion auf Paralyse.**

Einem Meerschweinchen verabreicht man 0,02 ccm Menschenblutserum subkutan und nach 2—3 Wochen pro 100 g Körpergewicht 1,5—2 ccm Spinalflüssigkeit des zu untersuchenden Patienten. Ist dieser ein Paralytiker, so geht das Tier innerhalb einiger Minuten unter allgemeinen Krämpfen zugrunde. Spinalflüssigkeit anderer Psychosen löst diese Reaktion nicht aus. Näheres siehe: Wiener klin. Woch. 1913. 1233. — Merck's Bericht 1913. 437.

**Marx' Reagens auf Blut**

ist eine Mischung gleicher Teile 1 %iger Chininchlorhydratlösung und 33 %iger Kalilauge, in der einige Körnchen Eosin gelöst werden. Gebraucht zum mikroskop. Nachweis von Blutkörperchen in forensischen Fällen.

Viertelj.-Schr. f. gerichtl. Med. 1903. Nr. 3.
Wiener med. Presse 1903. 1749.

**Más y Magro's Reagens zum Färben von Tuberkelbazillen**

ist eine Lösung von 1 g Gentianaviolett in 10 g Alkohol, 100 g Wasser und 5 g Phenol. Zur Fixation wird erhitzt und mit Lugol's Reagens behandelt. Näheres siehe: Revista valenc. cienc. med. 1913 15. 37. — Zentralbl. f. ges. innere Med. 1913. 6. 117.

**Mascarelli's Reagens auf Phenol.**

Man löst 100 g Natriumhydroxyd in 300 ccm Wasser und gibt 200 g Brom zu. Die Lösung (Küster's Bromid-Bromatlösung. Berl. Ber. 1894. 3329.) wird mit Wasser auf 1 Liter gebracht. Zum Gebrauch wird sie nochmals mit dem 10fachen Volumen Wasser verdünnt. Mit Phenol reagiert die Lösung unter Bildung schwerlöslichen Tribromphenols.

Journ. Chem. Soc. 1909. **96.** II. 353.
Gazz. chim. ital. 1909. **39.** I. 180.
Olivier, Ztschr. f. analyt. Chem. 1912. 517.

**Maschke**'s Reagens zum Enteiweißen des Harns ist eine Lösung von 3 g Natriumwolframat in 7,5 g Essigsäure und 12 g Wasser. Näheres siehe: Ztschr. f. analyt. Chem. **16.** 422. — Werner, Pharm. Zentrh. **30.** 315.

**Maschke**'s Reaktion auf Harnsäure.

Versetzt man eine Lösung von Wolframsäure in überschüssiger Natronlauge mit Harnsäure, so färbt sich die Mischung grün oder blau. Die Färbung verschwindet durch Einwirkung von Luft (Oxydation). Harnstoff, Kreatinin, Glukose und Rohrzucker geben die Reaktion nicht, wohl aber Lävulose.

Ztschr. f. analyt. Chem. **16.** 425.
Vergl. Offer's Reaktion.

**Maschke**'s Reaktion auf Kreatinin.

Versetzt man eine Lösung von Kreatinin mit Natriumkarbonat und Fehling's Lösung (oder Seignettesalz und Kupfersulfat), so daß die Flüssigkeit nicht zu blau erscheint, so entsteht nach einigem Stehen oder besser nach vorherigem Erwärmen auf 50—60° C. eine weiße Trübung, die sich allmählich zu weißen Flocken umwandelt und dann einen weißen Bodensatz bildet. Bei größerem Gehalt an Kreatinin tritt auch Entfärbung der Lösung ein. Empfindlichkeitsgrenze = 0,01 : 100.

Ztschr. f. analyt. Chem. **17.** 134.
Chem. Zentralbl. 1878. 601.

**Maschke**'s Molybdänreagens auf Ätzalkalien, oxydierende Substanzen, salpetrige Säure etc., siehe: Ztschr. f. analyt. Chem. **12.** 384.
Chem. Zentralbl. 1874. 197.

**Maschner**'s Reaktion auf Kunstseide.

Gibt man zu 0,2 g Kunstseide 10 ccm Schwefelsäure und läßt 40—60 Minuten stehen, so bewirkt Nitrozelluloseseide eine schwach gelbliche, Kupferoxydammoniakzelluloseseide eine gelblichbraune und Viskoseseide eine rotbraune Färbung.

Färber-Ztg. 1910. 352.
Chem. Zentralbl. 1910. II. 1838.

**Masing**'s Reagens auf Alkaloide ist identisch mit Mayer's Reagens (Quecksilberjodidjodkaliumlösung).

Arch. der Pharm. 1876. 310.
Enzyklop. d. gesamt. Pharm. **1891.** X. 758.
Vergl. auch Pharm. Ztschr. f. Rußland **7.** 639.

v. **Maslow**'s Reagens auf Gallenfarbstoffe im Harn ist eine Modifikation von Nakayama's Reagens, die in der Verwendung von Wasserstoffsuperoxyd an Stelle von Eisenchlorid besteht.

Ztschr. f. physiol. Chem. 1911. **74.** 297.
Merck's Bericht 1911. 400.

**Mason**'s Reagens zum Fixieren mikroskop. Präparate ist eine alkoholische Jodlösung und eine Lösung von 3 g Kaliumdichromat in 100 ccm Wasser, der man ein Stückchen Kampfer zugibt.

Whitman, Methods 196.
Fritsch, Dissert. Berlin 1878.
Häcker, Zellen- u. Befrucht.-Lehre, Jena 1899.
Enzyklop. d. mikroskop. Techn. 1903. 145.

**Masset**'s Reaktion auf Gallenfarbstoffe.

2 g Harn versetzt man mit 2—3 Tropfen konzentr. Schwefelsäure und einem Kryställchen Natriumnitrit. Bei Anwesenheit von Gallenfarbstoff entstehen grüne Streifen und beim Umschwenken färbt sich die ganze Flüssigkeit schön und beständig dunkelgrün.

Journ. de Pharm. et de Chim. (4) **30.** 49.
Chem. Zentralbl. (3) **10.** **585.**
Ztschr. f. analyt. Chem. **19.** 255.
Deubner, ebenda **25.** **458.**

**Massie**'s Reaktion zur Unterscheidung von Ölen.

Behandelt man verschiedene fette Öle mit Salpetersäure und metallischem Quecksilber, so beobachtet man verschiedene Farbenveränderungen. Siehe die ausführliche Abhandlung des Autors im

Journ. de Pharm. et de Chim. (4.) **12.** 13.
Vergl. auch Poutet's Reaktion (Elaïdinprobe).

**Matignon**'s Reaktion auf Vanadinsäure beruht auf der Blaufärbung von Vanadinsäurelösungen durch Gallus- und Pyrogallussäure, Tannin etc. Näheres siehe: Compt. rend. **138.** 82. — Pharm. Zentrh. 1904. 537. — Chem. Ztg. 1904. 106. — Chem. Zentralbl. 1904. I. 544.

**Matignon**'s Reagens auf Vinylalkohol im Äther.

Äther, der Vinylalkohol enthält, gibt mit einer wässerigen Lösung von Vanadiumpentoxyd eine rötliche Färbung.

Compt. rend. **138.** 82.
Ztschr. f. angew. Chem. 1904. 894.
Vergl. Jorissen's Reagens auf Peroxyde.

**Matos**' Reagenzien zur Identifizierung künstlicher Seide.

1. Mischung von 10 ccm Glycerin mit 5 ccm Wasser und 15 ccm konz. Schwefelsäure. — 2. Jodjodkaliumlösung aus 0,3 g Kaliumjodid in 30 ccm Wasser und Jodüberschuß. — 3. Lösung von 1,75 g wasserfreiem Chlorzink in 30 ccm Wasser, mit Jod gesättigt. — 4. Konzentr. Schwefelsäure. — 5. Halbgesättigte Chromsäurelösung. — 6. Kalilauge (40 %). — 7. Kupferoxydammoniak, bereitet durch Lösen von Kupferoxyd in Ammoniak und Einleiten von kohlensäurefreier Luft. — 8. Nikkeloxydammoniak, bereitet durch Fällen von 2 g Nickelsulfat mit Natronlauge und Lösen des Niederschlages in 8 ccm Ammoniak und 8 ccm Wasser. — 9. Lösung von 3 g Kupfersulfat in 30 ccm Wasser und 175 g Glycerin und Zusatz von Kalilauge, bis eine klare Lösung erhalten wird. — 10. Lösung von 1,75 g

Diphenylamin in 25 ccm konz. Schwefelsäure. — Näheres siehe: The Americ. Silk Journ. 1913, No. 12; Amer. Journ. of Pharm. 1914, 86. 471; Chem. Zentralbl. 1915, II. 927.

**Matthes-Rammstedt's** Reagens auf Alkaloide

ist eine alkoholische Lösung von Pikrolonsäure, mit der man die Alkaloide aus Äther-Chloroformmischungen, wie man sie bei der Extraktion aus den Drogen oder Extrakten erhält, quantitativ ausfällen kann. Näheres siehe: Arch. d. Pharm. 1907. 112. — Ztschr. f. analyt. Chem. 1907. 565. — Merck's Bericht 1907. 19.

**Matthieu-Morfaux'** Reaktion auf Teerfarbstoffe im Rotwein.

Ein mit 10 %iger Salpetersäure gebeiztes Stückchen weiße Seide bringt man 5 Minuten lang in den Wein und nach dem Ausdrücken in Wasser, dem einige Tropfen Bleiacetatlösung zugegeben worden sind. Bei Anwesenheit von Teerfarbstoffen bleibt die Seide rot gefärbt, außerdem färbt sie sich grün.

Pharm. Ztschr. f. Rußland 1895. 760.
Pharm. Zentrh. 1896. 30.

**Matthieu-Plessy's** Reagens

ist eine Schmelze von 54 Teilen Ammonnitrat, 34 Teilen Bleinitrat und 21 Teilen Bleihydroxyd. Dieselbe liefert mit Glukose eine rote, mit Rohrzucker eine graubraune und mit Pyrogallol eine grüne Färbung.

Bull. Soc. Ind. Mulh. 60. 69.
Monit. scientif. 1889. 1446.
Sucrerie indigène 34. 410.
Chem. Zentralbl. 1890. I. 978.

**Mattirolo's** Reagens zum Färben verholzter Membranen

ist eine alkoholische Lösung von Carbazol, welche Holzstoff bei Gegenwart von Salzsäure rotviolett färbt.

Ztschr. f. wiss. Mikroskop. 1885. 354.

**Mauban's** Reaktion auf Aceton

ist eine Modifikation von Lieben's Reaktion. Man mischt 100 ccm Harn mit 5 ccm Natronlauge und filtriert. In einem Reagenzglas überschichtet man dann eine 4 cm hohe Schicht der alkalischen Lösung mit Gram's Reagens (1 g Jod, 2 g Kaliumjodid in 300 ccm Wasser), und zwar mit etwa 10 Tropfen und mischt nur die obere Schicht. Ist Aceton zugegen, so entstehen nach einigen Minuten Kryställchen von Jodoform.

Dissert. Paris 1905.

**Maumené's** Reaktionen auf Glukose.

1. Man tränkt weiße Wolle mit 33 %iger, wässeriger Chlorzinklösung und trocknet dieselbe. Gibt man auf die so präparierte Wolle etwas Glukoselösung und erhitzt auf 130 ° C., so färben sich die mit Glukose getränkten Stellen braun bis schwarz.
2. Erhitzt man Glukoselösung mit Zinnchlorür, so entsteht ein schwarzbrauner Niederschlag.

Compt. rend. 30. 314. 447; 39. 422.
Chem. Zentralbl. 1850. 349; 1854. 735.
Vergl. Bizzari's Reaktion.

Zur Ausführung der Reaktion muß Schafwolle verwendet werden, da Baumwolle und Leinen sich auch ohne Zucker mit Zinkchlorid schwarz färben. Es kann daher die Reaktion zur Unterscheidung der Baumwolle und Leinenstoffe von Wolle- und Seidenstoffen verwendet werden.

**Maumené's** Reaktion auf fette Öle.

Beim Mischen von bestimmten Mengen Öl und konzentr. Schwefelsäure treten bei verschiedenen Ölen verschiedene Temperaturerhöhungen ein, deren Grad einen Rückschluß auf die Identität oder Reinheit gestattet. Dieselbe Reaktion verwendet Duyk zur Prüfung der ätherischen Öle.

Répert. de Pharm. 1898. 17 oder
Pharm. Zentrh. 1898. 59.
Ambühl, Pharm. Ztg. 1888. 740 oder Chem. Ztg. 1888. No. 92.
Greshoff, Pharm. Weekblad. 40. 257.
Ztschr. d. öst. Apoth. Ver. 1903. 1024.
Tortelli, Pharm. Rundschau 1904. 261 oder Chem. Ztg. 1905. 530.
Muter, Compt. rend. 1882. 572.
Casselmann, Ztschr. f. analyt. Chem. 1867. 184.
Jean, Journ. de Pharm. et de Chim. 1889. 337.
Archbutt, Journ. Soc. Chem. Ind. 1886. 304.
Mitchell, The Analyst 1891. 169.
Sherman, Proceed. Americ. Chem. Soc. 1902. 266.
Thomson, Journ. Soc. Chem. Ind. 1891. 104.
Dietze, Pharm. Zentrh. 39. 929.
Kißling, Chem. Ztg. 1905. 1086.
Richter, Ztschr. f. angew. Chem. 1907. 1605.

**Maupy's** Reaktion auf Rizinusöl im Copaivabalsam.

Man erhitzt 10 g Balsam mit 10 g trockenem Ätznatron vorsichtig in einer Silberschale bis zum Aufhören des Schäumens. Bei Anwesenheit von Rizinusöl tritt Geruch nach Caprylalkohol auf.

Journ. de Pharm. et de Chim. 29. 362.
Ztschr. f. analyt. Chem. 37. 265.
Ztschr. d. öst. Apoth. Ver. 48. 290.

**Mauricheau-Beaupré's** Reaktion auf Phosphor

beruht auf der glasätzenden Eigenschaft der Phosphorsäure unter bestimmten Bedingungen. Näheres siehe: Compt. rend. 1906. 1206. — Chem. Zentralbl. 1906. II. 278.

**Mauthner's** Reaktion auf Cystin.

Zu einigen Körnchen Cystin gibt man 1 Tropfen Kupferacetatlösung. Das Cystin färbt sich intensiv blau, indem es in das Kupfersalz übergeht. Unter dem Mikroskop findet man an den Cystinplättchen unregelmäßig geätzte Figuren.

Zentralbl. f. Biolog. 1901. **42.** 176.
Zentralbl. f. d. Grenzgeb. d. Med. u. Chir. 1907. 726.
Chem. Zentralbl. 1901. II. 1204.

**Mauz'** Reaktion auf Pferdefleisch.

Erwärmt man mit Petroläther ausgezogenes Pferdemuskelfett mit 20 %iger, alkoholischer Kalilauge, so wird letztere tiefrot gefärbt.
Ztschr. f. öffentl. Chem. 1906. 63.
Südd. Apoth. Ztg. 1906. 414.

**May's** Harnklärungmittel

ist eine 2 %ige Phosphorwolframsäurelösung. 50 ccm Harn säuert man mit einigen Tropfen Salzsäure an, gibt 50 ccm 2 %ige Phosphorwohlframsäurelösung zu und ergänzt die Mischung mit Wasser auf 150 ccm. Nach dem Filtrieren neutralisiert man mit Barytlauge, füllt mit Wasser auf 150 ccm auf und filtriert abermals. Die so erhaltene klare Lösung soll sich sehr gut polarisieren lassen.
Journ. Biolog. Chem. 1912. 81.
Merck's Bericht 1912. 84.

**May's** Reaktion auf Harnstoff.

Versetzt man 20 ccm Harn mit 10 Tropfen Formaldehyd (40 %) und Salzsäure, so bildet sich im Laufe einer halben Stunde ein reichlicher Niederschlag von Diformaldehydharnstoff. Empfindlichkeitsgrenze = 0,25 %.
Ztschr. f. analyt. Chem. **42.** 670.
J a f f é , Therapie d. Gegenw. 1902.

**May's** Reagens zum Färben mikroskop. Präparate

ist eine alkoholische Lösung von Orceïn.
Vergl. Unna-Tänzer's Reagens.
Deutsches Archiv f. kl. Mediz. 1899.

**May-Grünwald's** Reagens zum Färben mikroskop. Präparate.

Man mischt 100 ccm 1 %ige Eosinlösung mit 100 ccm 1 %iger Methylenblaulösung und sammelt den hierbei entstandenen Niederschlag nach 24stündigem Stehen auf einem Filter. Nach dem Auswaschen mit Wasser wird er getrocknet. Das so erhaltene krystallinische Pulver wird zur Herstellung einer Färbeflüssigkeit benutzt. Man löst davon 0,25—0,5 g in 100 ccm Methylalkohol. Gebraucht zum Färben von Blutpräparaten.
Zentralbl. f. Bakteriol. **40.** No. 3.
Zentralbl. f. innere Med. 1902. No. 11.
Spiegel, Deutsche med. Woch. 1906. 194.
Viereck, Münchener med. Woch. 1906. 1414.

**Mayeda's** Reagenzien auf Phenylalanin und Tryptophan

sind wässerige bezw. alkoholische Lösungen von Pikrinsäure oder Pikrolonsäure, die mit Tryptophan und Phenylalaninlösungen verhältnismäßig schwer lösliche krystallinische Salze liefern. Näheres siehe: Ztschr. f. physiol. Chem. 1907. **51.** 261. — Chem. Zentralbl. 1907. I. 1555.

**Mayençon-Bergeret's** Reaktion auf Arsen

ist Flückiger's Reaktion.
Compt. rend. **79.** 118.
Chem. Zentralbl. 1874. 536.

**Mayer's** Reagens auf Acetessigsäure im Harn

ist eine Lösung von 5 ccm Liquor ferri sesquichlorati in 95 ccm Kochsalzlösung (25 %). Auf einige ccm dieses Reagenzes schichtet man den zu prüfenden Harn. Ein bordeauxroter Ring zeigt Acetessigsäure an.
Pharm. Ztg. 1905. 1001.
Chem. Zentralbl. 1906. I. 406.
Ztschr. f. analyt. Chem. 1907. 271.

**Mayer's** Reagens auf Alkaloide

ist eine Lösung von 13,55 g Quecksilberchlorid und 50 g Jodkalium zu 1 Liter Wasser. Das Reagens gibt in schwach saurer Lösung mit den meisten Alkaloiden weißliche Niederschläge. Es kann auch zur quantitativen Bestimmung verwendet werden.
H a g e r , Pharm. Prax. 1880. I. 202 u. Erg.-Bd. 1883. 65.
Chem. News 1863. 159.
Americ. Journ. of Pharm. **35.** 20.
W i t t s t e i n ' s Viertelj.-Schr. f. Pharm. 13. 43.
Liebig's Annal. 133. 236.
L y o n s , Americ. Journ. of Pharm. 1886. 579.

**Mayer's** Reaktion auf Cholesterin.

Cholesterin gibt mit Salzsäure und Eisenchlorid eine rotviolette bis violette Färbung.
Dingler's Journ. **247.** 305.

**Mayer's** Reaktion auf Eisen in Wasser.

Zu 100 ccm Wasser gibt man 20 Tropfen Bromsalzsäure (Mischung von 1 ccm Brom mit 500 ccm konz. Salzsäure) und 20—40 Tropfen Rhodanammoniumlösung. Schüttelt man die Mischung leicht mit 10 ccm Äther-Amylalkohol (1+1), so geht bei Anwesenheit von Eisen das gebildete Rhodaneisen in den Äther-Amylalkohol über und färbt diesen mehr oder weniger rot. Empfindlichkeitsgrenze = 0,1 mg in 1 Liter Wasser. Zum kolorimetrischen Vergleich dient eine Lösung von Ferriammonsulfat 0,2157 : 1000.
Chem. Ztg. 1912. 552.
Pharm. Ztg. 1912. 472.

**Mayer's** Reagens I auf Eiweiß im Harn

ist eine Lösung von 2 g Quecksilberchlorid, 2 g Natriumchlorid und 4 g Citronensäure in 100 ccm Wasser und 25 ccm Essigsäure (30 %). — 5 ccm Harn geben mit 5 ccm Reagens noch bei 0,001 % Eiweiß eine Trübung.
Schweiz. Woch. Chem. Pharm. **45.** 446.
Ztschr. d. allg. österr. Apoth. Ver. 1913. 447.

**Mayer's** Reagens II auf Eiweiß im Harn.

Lösung von 1 g Sulfosalicylsäure (Salicylsulfonsäure) in 5 g Wasser. — Der Harn wird mit Essigsäure angesäuert und bei Vorhandensein von viel Mucin nach Zusatz von 1 ccm Essigsäure auf 20 ccm Harn zunächst filtriert und alsdann mit dem Reagens versetzt. Trübung oder Fällung zeigt Eiweiß an.
Schweiz. Woch. Chem. Pharm. 1907. 446.
Chem. Zentralbl. 1907. II. 853, 1911. II. 992.

**Mayer's Reagens III auf Eiweiß im Harn**

ist eine Lösung von 5 g Quecksilberchlorid, 5 g Citronensäure und 40 g Natriumchlorid in 500 ccm Wasser. Dient zur Anstellung einer Schichtprobe, welche eine rasche, approximative Bestimmung des Eiweißgehaltes zulassen soll. Näheres siehe: Schweiz. Woch. Chem. Pharm. 45. 446. — Chem. Zentralbl. 1907. II. 853. — Südd. Apoth. Ztg. 1907. 350. — Apoth. Ztg. 1907. 446 u. 1913. 855. — Ztschr. f. angew. Chem. 1913. 639.

**Mayer's Reaktion auf Mucin im Harn.**

5 ccm Harn versetzt man mit 5 ccm 6 %iger Essigsäure. Trübung zeigt Mucin an.

Schweiz. Woch. Chem. Pharm. 45. 446.
Ztschr f. angew. Chem. 1913. 639.
Dermat. Woch. 1915. 693.

**Mayer's Carmin-Reagens zum Färben mikroskop. Präparate.**

1. Man löst 1 g Carminsäure und 3 g Aluminiumchlorid in 200 ccm Wasser. (Eventuell Zusatz von 0,2 g Salicylsäure.)
2. Magnesiacarmin: Man kocht 1 g Carmin mit 0,1 Magnesiumoxyd und 50 ccm Wasser 5 Minuten lang, filtriert und gibt 3 Tropfen Formaldehyd zu.
3. Boraxcarmin: Man kocht 70 %igen Alkohol mit einem Überschuß von Carmin und Borax, läßt erkalten und filtriert.
4. Salzsäurecarmin: Man löst 4 g Carmin in einer kochenden Mischung von 15 ccm Wasser und 30 Tropfen Salzsäure; dann gibt man 95 ccm Alkohol (85 %) zu, filtriert und gibt Ammoniak zu, bis ein bleibender Niederschlag entsteht (filtrieren!).
5. Mucicarmin: Man erhitzt 0,5 g Aluminiumchlorid und 1 g Carmin mit 2 ccm Wasser zirka 2 Minuten lang, setzt dann nach und nach 100 ccm Alkohol (50 %) zu und filtriert nach 24 Stunden.

Ztschr. f. wiss. Mikroskop. 1897. 23. 1899. 215.
Mitteil. d. zoolog. Stat. Neapel 1883. 521; 1896. 317.
Siehe auch Mayer's Carmalaun, Cochenilletinktur, Chloralcarmin, Paracarmin, Pikrocarmin u. Saurer Carmin.

**Mayer's Hämatoxylin-Reagens zum Färben mikroskop. Präparate.**

1. (Hämalaun.) Man löst 1 g Hämateïn (Merck's Index 1910, 282) in 50 g Alkohol und mischt mit 1000 g 5 %iger, wässeriger Alaunlösung. Durch Zusatz von 2 % Essigsäure erhält man den „sauren Hämalaun". An Stelle von Hämateïn kann man Hämateïnammoniak verwenden, das man durch Eindampfen einer Lösung von 1 g Hämatoxylin in 1 ccm Ammoniak und 20 ccm Wasser bei gewöhnlicher Temperatur erhält.

   Ztschr. f. wiss. Mikroskop. 1891. 337; 1901. 35; 1903. 409.
   Enzyklop. d. mikroskop. Techn. 1903. 510.
2. Alkoholische Alaunhämatoxylinlösung ist identisch mit Kleinenberg's Reagens.
3. (Hämacalcium.) Eine Lösung von 1 g Hämateïn und 1 g Aluminiumchlorid in 600 ccm 70 %igem Alkohol, worin man noch 10 ccm Essigsäure und 50 g Chlorcalcium löst.
4. (Hämammon.) Eine Lösung von 5 g Ammonnitrat in 10 ccm Hämalaun und 10 ccm Alkohol (70 %).

Mitteil. d. zoolog. Stat. Neapel 1891. 182. 172.
Siehe auch Mayer's Glychämalaun u. Muchämateïn.
Behrens' Tabellen 1892. 102. 104.
Eberth-Friedländer, Mikroskop. Techn. 1894. 107.
Ztschr. f. wiss. Mikroskop. 1894. 36; 1899. 210.

**Mayer's Carmalaun.**

1. Man löst 1 g Carminsäure und 10 g Alaun in 200 ccm Wasser. Zur Konservierung kann man etwas Thymol oder Salicylsäure zugeben.
2. 2 g Carmin und 5 g Alaun kocht man eine Stunde lang mit 100 ccm Wasser (filtrieren!).

Ztschr. f. wiss. Mikroskop. 1897. 29.
Mitteil. d. zoolog. Stat. Neapel 1891. 489.

**Mayer's Hämalaun.**

Man löst 1 g Hämatoxylin in etwas siedendem Wasser und gießt diese Lösung in so viel Wasser, daß die Lösung ein Liter ausmacht. Hierzu gibt man 0,2 g Natrium jodicum und 50 g Alaun und bewirkt die Lösung bei gewöhnlicher Temperatur unter Umschütteln. Die Lösung ist nach dem Filtrieren gebrauchsfähig.

Ztschr. f. wiss. Mikroskop. 1904. 410.

**Mayer's Cochenilletinktur zum Färben mikroskop. Präparate.**

1. Alte Tinktur: 10 g Cochenille läßt man mehrere Tage mit 100 ccm 70 %igem Alkohol unter öfterem Umschütteln stehen und filtriert dann.
2. Neue Tinktur: 10 g Cochenillepulver mischt man in einem Porzellanmörser mit 10 g Calciumchlorid und 1 g Aluminiumchlorid und kocht diese Mischung mit 100 ccm Wasser und 100 ccm Alkohol nach Zusatz von 16 Tropfen Salpetersäure (D. = 1,2) und läßt dann noch einige Tage unter öfterem Umschütteln stehen.

Mitteil. d. zoolog. Stat. Neapel 1880. 14; 1892. 498.
Behrens' Tabellen 1892. 99.

**Mayer's Chloralcarmin.**

0,5 g Carmin kocht man mit 30 ccm Alkohol und 30 Tropfen Salzsäure (25 %) 1/2 Stunde lang auf dem Wasserbade und gibt dann nach dem Erkalten 25 g Chloralhydrat zu. Die Lösung wird filtriert.

Ber. d. deutsch. botan. Ges. 1892. 363.

**Mayer**'s Paracarmin zum Färben mikroskop. Präparate.

Man löst 1 g Carminsäure, 0,5 g Aluminiumchlorid und 4 g Calciumchlorid in 100 ccm verdünntem Spiritus (70 %). Gebraucht zu Kerntinktionen.

Ztschr. f. wiss. Mikroskop. 1894. 35. 1899. 214.
Mitteil. d. zoolog. Stat. Neapel 1892. 491.
Eberth - Friedländer, Mikroskop. Techn. 1894. 113.

**Mayer**'s Glychämalaun.

Eine Lösung von 2 g Hämateïn und 25 g Alaun in 150 ccm Glycerin und 350 ccm Wasser.

Mitteil. d. zoolog. Stat. Neapel 1896. 301.

**Mayer**'s Pikrocarmin zum Färben mikroskop. Präparate

ist eine wässerige Lösung von Pikrocarmin. Zu einer Lösung von 8 g Carmin in 100 ccm Ammoniak gibt man gesättigte, wässerige Lösung von Pikrinsäure bis zur Bildung eines Niederschlages.

Vergl. Ranvier's u. Weigert's Reagens.
Vergl. auch Pikromagnesiumcarmin, Mitteil. d. zoolog. Stat. Neapel 1897. 25.
Merck's Index 1902. 271.
Ztschr. f. wiss. Mikroskop. 1897. 18.

**Mayer**'s Saurer Carmin zur Kernfärbung.

1. Eine ammoniakalische (1—2 %ige) Carminlösung versetzt man bis zur hellroten Färbung mit verdünnter (30 %iger) Essigsäure.
2. Eine Lösung von 1 g Carmin in 100 ccm verdünntem Spiritus und 1—2 ccm Salzsäure. (Identisch mit Grenacher's Carmin-Salzsäure.)
   Merck's Index 1902. 269.
3. (Salzsäurecarmin.) Eine heiß bereitete Lösung von 4 g Carmin in 15 ccm Wasser und 30 Tropfen Salzsäure mischt man mit 95 ccm 85 %igem Alkohol, filtriert heiß und gibt so lange Ammoniak zu, bis eine bleibende Trübung entsteht.
   Mitteil. d. zoolog. Stat. Neapel 1883. 521.
   Behrens' Tabellen 1892. 101.

**Mayer**'s Muchämateïn (alkoholisch).

Man löst 2 g Hämateïn und 1 g Aluminiumchlorid in 1000 ccm Alkohol (70 %) und gibt 10—20 Tropfen Salpetersäure zu.

Harris, Ztschr. f. wiss. Mikroskop. 1901. 36.

**Mayer**'s Muchämateïn (wässerig).

Man löst 2 g Hämateïn durch Anreiben in Glycerin und bringt die Lösung mit Glycerin auf 400 ccm, dann gibt man eine Lösung von 1 g Aluminiumchlorid in 600 ccm Wasser zu.

Mitteil. d. zoolog. Stat. Neapel 1896. 307.
Ztschr. f. wiss. Mikroskop. 1899. 210.

**Mayer**'s Reagens zum Entkalken mikroskop. Präparate

siehe dessen Pikrinsalpetersäure.

Auch eine Mischung von Salpetersäure und Alkohol wurde vom Autor empfohlen.

Grundz. d. mikroskop. Techn. 1901. 286.

**Mayer**'s Reagens zum Entkieseln mikroskop. Präparate

ist Fluorwasserstoffsäure.

Zoolog. Anzg. 1881. 593.
Mitteil. d. zoolog. Stat. Neapel 1887 (Daday).
Behrens' Tabellen 1892. 86.

**Mayer**'s Fixierungsmittel

ist eine Lösung von Pikrinsäure in stark verdünnter Salpetersäure oder Salzsäure.

Man mischt 3 ccm konzentr. Salpetersäure mit 100 ccm gesättigter, wässeriger Pikrinsäurelösung und filtriert. Je 1 ccm Filtrat erhält einen Zusatz von 3 ccm Wasser. Man kann auch eine Lösung von wenig Pikrinsäure in einer Mischung von 3 ccm Salzsäure und 100 ccm 90 %igem Alkohol verwenden.

Merck's Index 1902. 271.
Vergl. Kleinenberg - Mayer's u. Mayer-Retzius' Reagens.
Mitteil. d. zoolog. Stat. Neapel 1881. 5.

**Mayer**'s Reagens zum Nachweis der Leukozytenvermehrung im Blute

ist Guajaktinktur und Terpentinöl. Die bekannte Guajakreaktion tritt erst von etwa 19 000 Leukozyten an positiv auf. Näheres siehe: Klin.-therapeut. Woch. 1903. 1267.

**Mayer**'s Pikrinsalpetersäure.

Eine Mischung von 5 ccm Salpetersäure (D. = 1,185) und 100 ccm Wasser sättigt man mit Pikrinsäure und filtriert.

Mitteil. d. zoolog. Stat. Neapel 1881. 5.
Behrens' Tabellen 1892. 59. 87.
Eberth - Friedländer, Mikroskop. Techn. 1894. 50.

**Mayer**'s Pikrinschwefelsäure für mikroskop. Zwecke.

Siehe: Kleinenberg-Mayer.
Ztschr. f. wiss. Mikroskop. 1899. 329.

**Mayer-Retzius**' Reagens zum Fixieren mikroskop. Präparate

(bei Methylenblaufärbung) ist eine Lösung von Ammoniumpikrat in Glycerin.

Ztschr. f. wiss. Mikroskop. 1889. 422.
Internat. Monatsschr. f. Anat. u. Physiol. 1890, Heft 8.

**Mayerhofer**'s Reaktion auf Kreatinin.

Kreatininpikrat kann durch Behandeln mit Salzsäure in sehr schwer lösliches Kreatininbipikrat vom Schmp. 161—166 ° übergeführt werden. Die Reaktion ist möglicher Weise zur Untersuchung des Kreatininstoffwechsels verwendbar. Näheres siehe: Wiener klin. Woch. 1909. 90.

**Mayet**'s Reagens für mikroskop. Zwecke.

1. Man löst 2 g Natriumphosphat in 100 ccm Wasser und gibt so viel Rohrzucker zu, bis die Lösung ein spezifisches Gewicht von 1,085 hat. Gebraucht wie Gower's Reagens.
   Vergl. Eberth-Friedländer, Mikroskop. Techn. 5. Aufl. 283, Arch. der Pharm. (3) **5.** 128 u. Chem. Zentralbl. 1874. 663.
2. Eine Mischung von wässeriger Eosinlösung mit Osmiumsäure und Glycerin.

Wiener med. Presse 1888. 883.
Zappert, Ztschr. f. klin. Med. 1893. 234.
Marschner, Prager med. Woch. 1895. Nr. 34.

**Mayezima**'s Reagens auf Glukose.

a) Eine Kupfersulfatlösung 39,2704 : 100,
b) eine Lösung von 346 g Seignettesalz und 250 g Kaliumhydroxyd auf 1 Liter Wasser,
c) eine Kaliumcyanidlösung, von der 10 ccm ⩦ 10 ccm Kupfersulfatlösung nach Zusatz von Ammoniak entfärben sollen.
Näheres siehe: Journ. Pharm. Soc. Japan 1908. — Südd. Apoth. Ztg. 1908. 554.

**Mean**'s Reaktion auf Citronensäure.

Man erhitzt Citronensäure mit 0,7 Teilen Glycerin bis zur Entwicklung von Acroleïndämpfen, nimmt die Masse mit Ammoniak auf, verdampft letzteres durch gelindes Erwärmen und gibt dann tropfenweise eine Mischung von 1 Teil rauchender Salpetersäure und 4 Teilen Wasser zu. Citronensäure gibt bei dieser Behandlung eine grüne, beim Erwärmen in Blau übergehende Färbung. Weinsäure und Apfelsäure geben diese Reaktion nicht.
Journ. de Pharm. et de Chim. (5) **13.** 477.
Arch. der Pharm. (3) **24.** 637.
Ztschr. f. analyt. Chem. **26.** 642.

**Meate**'s Reagens für mikroskop. Zwecke.

Eine Mischung von 60 g Schwefel und 20 g Brom wird bis zum Schmelzen erhitzt und dann 26 g fein gepulvertes Arsen zugegeben. Das Ganze wird bis zur Lösung erhitzt (Brech.-Ind. 2,4). Gebraucht als Einschlußmittel.
Vergl. Thompson, Journ. Roy. Microsc. Soc. 1892. 902.
Enzyklop. d. mikroskop. Techn. 1903. 181.
Ztschr. f. wiss. Mikroskop. 1886. 234.

**Mecke**'s Reagens auf Alkaloide

ist eine Lösung von seleniger Säure in konzentr. Schwefelsäure 1 : 200. Mit diesem Reagens liefern charakteristische Färbungen:
Apomorphin = dunkelviolett, Morphin ⩦ blau, dann blaugrün bis olivgrün, Codeïn = blau, schnell in Smaragdgrün übergehend, Veratrin ⩦ citronengelb, dann olivgrün, Narcotin ⩦ grünlichblau, dann kirschrot etc. etc.
Siehe: Ztschr. f. öffentl. Chem. **5.** 351.
Ztschr. f. analyt. Chem. **39.** 468.

**Medicus-Kober**'s Reaktion auf Kornrade im Mehl.

20 g des mit Petroläther extrahierten Mehles zieht man mit einer heißen Mischung von 20 g Alkohol und 80 g Chloroform aus, verdampft den filtrierten Auszug zur Trockene, nimmt den Rückstand in Wasser auf, filtriert, verdampft das Filtrat zur Trockene und gibt einige Tropfen konzentr. Schwefelsäure zu. Bei Anwesenheit von Kornrade tritt eine gelbe, dann braunrote Färbung ein.
Ztschr. f. Unters. Nahr.-Genußm. 1902. 1077.
Chem. Ztg. **26.** Rep. 356.
Chem. Zentralbl. 1903. I. 97.

**Medinger**'s Reagens auf Phosphorsäure in Trinkwasser.

Eine filtrierte Lösung von 40 g Ammoniummolybdat in 100 ccm Wasser versetzt man nach und nach mit einer 1 %igen Lösung von Strychninnitrat (etwa 80 ccm), bis die anfangs wieder verschwindende Trübung bestehen bleibt. Diese Lösung gießt man in ein gleichgroßes Volumen Salpetersäure (1,4). Zu 20 Tropfen Reagens gibt man 10 ccm des zu prüfenden Wassers und beobachtet sowohl die Zeit des Reaktionseintrittes als auch die Stärke der Reaktion (Trübung bis Niederschlag). Näheres siehe: Chem. Ztg. 1915. 781. — Apoth. Ztg. 1915. 622. — Chem. Zentralbl. 1915. II. 1119.

**Meerburg-Filipp**'s Reaktion auf Kupfer.

Gibt man zu einer salzsauren Lösung von Kupfer etwas Caesiumchlorid, so entstehen je nach der Menge des vorhandenen Caesiumsalzes rote, meist nadelförmige, öfters auch sechsseitige Prismen oder gelbe Krystalle, die auf Zusatz von Kupfersalz in die roten Krystalle übergehen. (Mikroskopische Reaktion.)
Chem. Weekblad 1905. 641.
Ztschr. f. angew. Mikroskop. 1906. 270.
Südd. Apoth. Ztg. 1905. 835.
Chem. Zentralbl. 1905. II. 1466.

**Méhu**'s Reagens auf Eiweiß

ist eine Lösung von 1 Teil krystallisiertem Phenol und 1 Teil Eisessig in 2 Teilen 90 %igem Alkohol. Auf 100 ccm der zu prüfenden Flüssigkeit nimmt man 2 ccm Salpetersäure und 10 ccm Reagens. Eiweiß scheidet sich in Flocken aus (quantitativ).
Arch. générales de Méd. 1869. 257.
Journ. de Pharm. et de Chim. 1869. 95.
Ztschr. f. analyt. Chem. **8.** 522.
Chem. Zentralbl. 1869. 236.
Ruizand, Journ. de Pharm. et de Chim. (5) **29.** 364.
Simon, Chem. Ztg. 1887. Rep. 4.
Ilimow, Ztschr. f. analyt. Chem. **19.** 382.

**Meigen**'s Reaktion auf Aragonit und Kalkspat.

Das zu prüfende, fein gepulverte Mineral kocht man einige Minuten lang mit einer verdünnten Lösung von Kobaltnitrat. Aragonit gibt einen lilaroten Niederschlag. Kalkspat bleibt weiß oder wird nur schwach gelblich gefärbt.
Zentralbl. f. Mineralogie 1901. 577.
Ztschr. f. analyt. Chem. **41.** 119.
Hinden, Ztschr. f. angew. Chem. 1903. **137.**

Chem. Ztg. 1903. 122.
Pharm. Zentrh. 1903. 515.
Österr. Chem. Ztg. **13.** 305.
Panebianco, Rivist. Mineral. ital. **28.** 5.
Ztschr. f. Krystallogr. **40.** 288.
Kreutz, Chem. Zentralbl. 1910. I. 1546.
Skinder, N. Iahrb. d. Mineralogie 1914. II. 353.

**Meillère**'s Reagens (Molybdänlösung).

Zu einer Lösung von 30 g Ammonmolybdat in 200 ccm Wasser gibt man 20 ccm 50 %ige Schwefelsäure und 30 ccm konzentr. Salpetersäure.

Journ. de Pharm. et de Chim. (6) **3.** 61.
The Analyst **21.** 81.
Pharm. Zentrh. 1896. 222.

**Meillère**'s Reaktionen auf Yohimbin.

Mit verdünnter Schwefelsäure und einer Spur Rohrzucker oder Furfurol auf dem Dampfbade erhitzt, gibt Yohimbin eine weinrote Färbung. Diese Lösung zeigt ein charakteristisches Absorptionsspektrum.

Mit Salpetersäure eingedampft liefert Yohimbin einen gelben, bitteren Rückstand, der sich mit Ammoniak braunrot färbt.

Journ. de Pharm. et de Chim. 1903. 385.
Chem. Ztg. 1903. Rep. 301.
Apoth. Ztg. 1903. 790. 816.
Pharm. Praxis 1904. 61.
Chem. Zentralbl. 1904. I. 122.
Utz, ebenda 1904. I. 122.

**Meisenheimer-Heim**'s Reaktion zur Differenzierung von Salpetersäure und salpetriger Säure

siehe: Chem. Ztg. 1906. Rep. **4.**
Giornale Farm. Chim. 1906. 502.
Berl. Ber. **38.** 3834. 4136.
Chem. Zentralbl. 1906. I. 84. 499.
Kalman, Ztschr. f. analyt. Chem. **29.** 194.

**Melckebeke**'s Reaktion auf Jodoform

ist eine Modifikation von Stubenrauch's Reaktion. Näheres siehe: Ztschr. f. analyt. Chem. **42.** 530. — Annal. de Pharm. 1900. 45.

**Meldola**'s Reagens auf salpetrige Säure

ist eine Lösung von 0,5 g p-Amidobenzolazodimethylanilin in 1 Liter verdünnter Salpetersäure. — Die zu prüfende Lösung versetzt man mit einigen Tropfen Reagens und Salzsäure und gibt dann unter Umrühren (an der Luft) tropfenweise Ammoniak zu. Bei Anwesenheit von salpetriger Säure entsteht eine blaue Färbung.

Berl. Ber. **17.** 256.

**Melikow**'s Reaktion auf Molybdänsäure.

Die zu prüfende Lösung bringt man auf dem Dampfbade zur Trockne und gibt nach dem Erkalten Ammoniak und dann Perhydrol zu. Ist Molybdänsäure vorhanden, so geht diese unter Rotfärbung in Permolybdänsäure bezw. deren Ammoniumsalz über.

Journ. d. russ. physik. Ges. 1912. **44.** 608.
Chem. Zentralbl. 1912. II. 1579.
Komarowsky, Chem. Ztg. 1913. 957.

**Melikow-Jeltschaninow**'s Reaktion auf Niob

beruht auf der Gelbfärbung von gewissen Niobsalzen in Gegenwart von Wasserstoffsuperoxyd und Schwefelsäure. Näheres siehe: Journ. d. russ. phys.-chem. Ges. **37.** 99. — Chem. Zentralbl. 1905. I. 1276.

**Mellet**'s Indikator.

6-Sulfo-$\beta$-naphtholazo-m-oxybenzoesäure (Natriumsalz) ist in neutraler Lösung violett und in saurer Lösung rot.

Chem. Ztg. 1910. 1073.
Chem. Zentralbl. 1910. II. 1834.
Merck's Bericht 1910. 377.
Répert. de Pharm. 1911. 170.

**Melnikow**'s Reagens zum Konservieren anatomischer Präparate

ist eine Lösung von 5 g Kaliumchlorid und 30 g Natriumacetat in 1 Liter Wasser und 100 ccm Formaldehyd (40 %).

Vergl. Wickersheimer's Reagens.
Zentralbl. f. allg. Pathol. 1896. 1897. 1898. 1900.

**Melzer**'s Reaktionen auf Alkaloide.

Als Reagens verwendet man eine Mischung von 20 g Benzaldehyd und 80 g absolutem Alkohol. Veratrin, Codeïn, Morphin, Delphinin und Pikrotoxin geben in festem Zustande, mit diesem Reagens und konzentr. Schwefelsäure in Berührung gebracht, charakteristische Farbenerscheinungen. Näheres siehe: Ztschr. f. analyt. Chem. **37.** 351 u. 747 oder Chem. Ztg. 1898. Rep. 230 u. 1899. Rep. 29. — Kreis, Chem. Ztg. 1899. 21. — Muszynski, Südd. Apoth. Ztg. 1912. 407.

**Melzer**'s Reaktion auf Coniin und Nicotin.

Zu einer alkoholischen Lösung des Coniins gibt man einige Tropfen Schwefelkohlenstoff und nach einigen Sekunden einige Tropfen Kupfersulfatlösung (1 : 200 Wasser). Je nach der Menge des vorhandenen Coniins entsteht ein Niederschlag oder eine gelbe bis dunkelbraune Färbung. Mit einer 1 %igen Eisenchloridlösung erhält man unter denselben Bedingungen eine tiefbraune Färbung, mit Nicotin eine gelbliche Färbung, die viel weniger intensiv ist als die mit Coniin erzeugte. Letztere bräunt sich mit Kupfersulfat; beim Schütteln mit Äther geht die Färbung in diesen über. Empfindlichkeitsgrenze = 1 : 10 000.

Revue internat. falsific. 1899. 197.
Ztschr. d. öst. Apoth. Ver. 1900. 65.
Ztschr. f. analyt. Chem. **41.** 327.

**Melzer**'s Reaktion auf Nicotin.

Löst man einen Tropfen Nicotin in 2—3 ccm Epichlorhydrin und erhitzt zum Sieden, so entsteht eine deutliche Rotfärbung. Coniin reagiert nicht.

Ztschr. d. öst. Apoth. Ver. 1900. 65.

**Mendius**' Reaktion ist eine synthetische Reaktion, in deren Verlauf durch Einwirkung von Wasserstoff auf Blausäure und Nitrile Amine gebildet werden.

Siehe: Lehrbücher der Chemie.

**Mène**'s Reaktion auf Anilin.

Wasserfreies Anilin oder eine alkoholische Lösung desselben wird durch gasförmige, salpetrige Säure gelbbraun gefärbt und dann auf Säurezusatz gerötet. Diese rote Lösung wird durch Wasser gelb und durch Säuren wieder rot.

Compt. rend. **52.** 311.

**Menger**'s Reaktion auf Gallusgerbsäure.

Um Gallusgerbsäure auf der Faser nachzuweisen, kocht man letztere mit 5—10 %iger Natronlauge kurz auf. Die abgegossene Lösung teilt man in zwei Teile, wovon man den einen abkühlt, den andern wieder zum Sieden erhitzt. Gallusgerbsäure verursacht in der abgekühlten Lösung eine Rotfärbung, während der erhitzte Teil nicht gefärbt erscheint. Katechugerbsäure erzeugt eine in der Kälte und in der Hitze beständige Rotfärbung.

Färberztg. 1903. 435.
Chem. Zentralbl. 1904. I. 318.

**Mennechet**'s Reaktion auf Kohlenwasserstoffe (Benzin) in Terpentinöl.

Schüttelt man 5 ccm Terpentinöl mit etwas Fuchsin und 2 Tropfen Salpetersäure in verschlossener Flasche, so tritt bei Anwesenheit von Kohlenwasserstoffen je nach deren Menge eine rote bis braune Färbung auf.

Bull. Commerc. 1911. 9.
Utz, Farben-Ztg. **17.** 1208.
Chem. Zentralbl. 1912. I. 1641.
Pharm. Ztg. 1911. 921.
Pharm. Zentrh. 1913. 525.

**Menyhért**'s Reagenzpapier

erhält man durch Tränken von Filtrierpapier mit Essigsäure und Ferrocyankaliumlösung und Trocknen. — Verwendet bei der Zuckerbestimmung mit Fehling's Reagens, um den Endpunkt der Titration festzustellen.

Deutsche med. Woch. 1908. 1544.
Pharm. Zentrh. 1908. 896.

**Mercier**'s Reagens zum Färben mikroskop. Präparate.

Schwache Lösung: Eine Lösung von 2 g Hämatoxylin und 2 g Alaun in 100 g Alkohol, 100 g Wasser und 100 g Glycerin.

Starke Lösung: Eine Lösung von 2 g Hämatoxylin und 2 g Alaun in 120 g Alkohol, 130 g Wasser und 50 g Glycerin. Gebraucht zur Markscheidenfärbung. Näheres siehe: Ztschr. f. wiss. Mikroskop. 1891. 481.

**Merck**'s Reagens auf Alkohole

ist eine Lösung von Molybdänsäure in konzentr. Schwefelsäure. Erwärmt man das Reagens auf 60 ° C. in einem Reagenzglase und schichtet die zu prüfende Flüssigkeit darüber, so entsteht bei Anwesenheit von Alkohol an der Berührungsfläche ein blauer Ring. Empfindlichkeitsgrenze für Äthylalkohol = 0,02 %, für Methylalkohol = 0,2 %. (Die Reaktion ist nicht spezifisch für Alkohole.)

Chem. Ztg. 1896. 228.
Tumsky, Ber. d. russ. chem. Ges. 1880. 357.
Levy, Compt. rend. 1886. 1195.
Stahl, Berl. Ber. 1892. 1600.

**Merck**'s Reagenztabletten auf Glukose und Eiweiß im Harn

siehe: E. Merck, Über die Verwendung von Reagenztabletten zur quantitativen Bestimmung von Zucker und zum Nachweis von Eiweiß im Harn. III. Auflage (Selbstverlag der Chem. Fabrik von E. Merck, Darmstadt.)
Winckelmann, Deutsche Militärärztl. Ztschr. 1908. 399.
Thomann, Schweiz. Woch. Chem. Pharm. **1909.** 325.
Mindes, Pharm. Post 1910. 69. — Harnanalyse f. Apotheker und Ärzte. 1912. 39, 49. (Verlag von F. Deuticke, Wien u. Leipzig.)

**Merck**'s Reaktion auf Papaverin.

Konzentr. Schwefelsäure wird durch Papaverin blauviolett gefärbt. Nach Hesse wird diese Reaktion nicht durch das Papaverin, sondern durch die Verunreinigung mit Papaveramin verursacht. Pictet-Kramers führen sie auf Kryptopin zurück.

G. Merck, Annal. der Pharm. 1848. **66.** 125. 1850. **73.** 50.
Hesse, ebenda 1870. **153.** 75.
Journ. prakt. Chem. 1903. **68.** 190.
Pictet-Kramers, Journ. de Pharm. et de Chim. 1910. II. 268.
Berl. Ber. 1910. 1329.

**Merget**'s Reaktion auf Quecksilber in tierischen Flüssigkeiten.

Die zu prüfende Flüssigkeit kocht man mit Salpetersäure und neutralisiert mit Ammonkarbonat, bis an einem eingetauchten Kupferblech keine Gasblasen mehr entstehen. Diese Flüssigkeit läßt man 36 Stunden auf 1 mm dicke Kupferfäden einwirken. Die mit Wasser gewaschenen und mit Filtrierpapier getrockneten Fäden wickelt man in Papier, das vorher mit ammoniakalischer Silberlösung getränkt und im Dunkeln getrocknet wurde, und unterwirft dasselbe einem gelinden Druck. Bei Anwesenheit von Quecksilber entstehen auf dem Papier sofort oder nach einigen Minuten dunkle Flecken. Empfindlichkeitsgrenze = 0,01 mg Quecksilber in 100 ccm.

Journ. de Pharm. et de Chim. (5) **19.** 444.
Ztschr. f. analyt. Chem. **29.** 113.
Chem. Zentralbl. 1889. II. 62.

**Merget**'s Reagens auf Quecksilberdämpfe

ist ammoniakalische Silbernitratlösung, mit welcher weißes Papier beschrieben wird. Die Schriftzüge färben sich durch Quecksilberdämpfe grau. Näheres siehe: Pharm. Zentrh. 1889. 754.

**Mering** siehe **Cohn-Mering.**

**Merk's** Reaktion auf Anaesthesin im Cocain

beruht auf einer braunroten Farbenerscheinung beim Diazotieren mit Kaliumnitrit und Resorcin.

Chem. Ztg. 1904. Rep. 80.
Pharm. Ztg. 1904. 211.

**Merk's** Reaktion auf Citronensäure

beruht auf dem Nachweis von Acetondikarbonsäure, die bei der Einwirkung von konzentr. Schwefelsäure auf Citronensäure entsteht. Da die Reaktion bei Anwesenheit von Weinsäure beeinträchtigt wird, so verwendet man an Stelle von Schwefelsäure eine Mischung von 3 Teilen Essigsäureanhydrid und 6 Teilen Schwefelsäure. Erwärmt man etwas Citronensäure mit dieser Mischung auf 90—95 ° C (etwa 10 Minuten lang), macht hierauf nach dem Verdünnen mit Wasser alkalisch und gibt Nitroprussidnatrium zu, so entsteht die bekannte Ketonfärbung.

Vergl. Légal's Reaktion.
Pharm. Ztg. 1903. 894.
Ztschr. f. analyt. Chem. 1905. 124.

**Merk's** Reaktion auf Jod in anorgan. Verbindungen.

Die zu prüfende Substanz zerreibt man mit etwas Kaliumpersulfat und löslicher Stärke, wobei sich die Anwesenheit von Jod durch Blaufärbung zu erkennen gibt.

Pharm. Ztg. 1905. 1022.
Chem. Zentralbl. 1906. I. 397.

**Merk's** Reagens zum Färben mikroskop. Präparate

ist eine Lösung von 1 g Orceïn in 80 ccm Alkohol, 40 ccm Wasser und 40 Tropfen Salpetersäure. Gebraucht zum Färben elastischer Fasern.

Vergl. Stutzer's u. Unna-Tänzer's Reagens.
Ztschr. f. wiss. Mikroskop. 1900. 73.
Enzyklop. d. mikroskop. Techn. 1903. 193.

**Merk's** Reagens zum Fixieren mikroskop. Präparate

ist eine Lösung von 1,5 g Chromsäure, 0,8 g Osmiumsäure und 10 g Eisessig in 180 ccm Wasser.

Ztschr. f. wiss. Mikroskop. 1888. 237.

**Merkel's** Reagens zum Färben mikroskop. Präparate.

1. a) Eine gesättigte Lösung von Indigocarmin in 3 %iger, wässeriger Oxalsäure;
   b) eine Lösung von carminsaurem Ammon = Gerlach's Reagens. Das Reagens dient zum Färben von Ossifikationspräparaten.
2. Eine Lösung von 1 g Fuchsin in 80 ccm Wasser und 80 ccm Alkohol.

Vergl. Hermann's Reagens.
Merck's Index 1902. 270.
Untersuch. d. anat. Instit. Rostock 1874.
Lee et Henneguy, Traité 1896. 180.
Mayer, Mitteil. d. zoolog. Stat. Neapel, 1896. 320.

**Merkel's** Reagens zum Fixieren mikroskop Präparate

ist eine Lösung von 1 g Platinchlorid und 1 g Chromsäure in 800 ccm Wasser.

Merkel, Macula lutea des Menschen. Leipzig, 1870. 19.
Merck's Index 1902. 269.
Mitteil. d. zoolog. Stat. Neapel 1881. 11.
Behrens' Tabellen 1892. 59.
Eberth-Friedländer, Mikroskop Techn. 1894. 54.
Enzyklop. d. mikroskop. Techn. 1903. 139.

**Merkel-Schiefferdecker's** Reagens für mikroskopische Präparate.

1. Man löst 10 g Celloidin in 100 ccm Äther und 100 ccm Alkohol.
2. Man gibt zu 1 so viel Celloidin, bis die Flüssigkeit Sirupkonsistenz angenommen hat. Gebraucht als Einbettungsmittel.

Arch. f. Anat. u. Phys. 1882. 200.
Ztschr. f. wiss. Mikroskop. 1888. 504.
Behrens' Tabellen 1893. 74.

**Merl's** Reaktion auf Salicylsäure

ist eine Modifikation der bekannten Farbenreaktion. In die ätherische Lösung der Salicylsäure hängt man mit sehr verdünnter Eisenchloridlösung getränkte Filtrierpapierstreifen. Bei minimalen Mengen der genannten Säure entstehen an dem aus der Flüssigkeit herausragenden Teile der Streifen violett gefärbte Zonen.

Südd. Apoth. Ztg. 1903. 624.
Pharm. Zentrh. **44.** 896.
Ztschr. f. analyt. Chem. 1906. 352.

**Mermet's** Reagens auf Kohlenoxyd.

1. Eine Lösung von 2—3 g Silbernitrat in 1 Liter Wasser;
2. eine Lösung von Kaliumpermanganat: 1 Liter kochendes, destilliertes Wasser wird mit einigen Tropfen Salpetersäure und so viel Kaliumpermanganatlösung versetzt, daß eine bleibende, schwache Rötung eintritt. Nach dem Erkalten gibt man 1 g Kaliumpermanganat und 50 ccm Salpetersäure zu.

Zum Gebrauch mischt man 40 ccm der Lösung 1 mit 2 ccm der Lösung 2 und 2 ccm Salpetersäure und ergänzt mit Wasser auf 100 ccm. Kohlenoxyd und andere reduzierende Gase entfärben dieses Reagens.

Compt. rend. **124.** 621.
Schweiz. Woch. f. Chem. u. Pharm. 1897. 195.
Pharm. Zentrh. 1897. 305.

**Mermet's** Reagens auf Sulfokarbonate

ist eine bis zur Farblosigkeit verdünnte, ammoniakalische Lösung von Nickelchlorür. Das Reagens wird durch minimale Mengen von Sulfokarbonat weinrot gefärbt. Schwefelalkalien geben diese Reaktion nicht, sondern geben eine gelbe bis schwarze Färbung.

Compt. rend. **81.** 344.
Chem. News 1875. 157.
Chem. Zentralbl. 1875. 599.
Pharm. Zentrh. 1875. 355.

**Merz'** Reaktion auf reines Olivenöl.

Man erhitzt eine Ölprobe auf 250° C. und vergleicht dieselbe mit nicht erhitztem Öle. Bei gleich dicker Schicht hat reines Öl nach dem Erhitzen eine hellere Farbe als das nicht erhitzte.

Deutsche Industr.-Ztg. 1875. 466.

**Merz'** Reaktion auf freie Säuren in Ölen

beruht auf der Einwirkung des Öles auf Zinkblech bei 100° C. Näheres siehe: Deutsche Industr.-Ztg. 1877. 124 und 135. — Ztschr. f. analyt. Chem. 17. 391.

**Mesnard's** Reaktion auf Eiweiß.

Eiweißstoffe werden in einer stark zuckerhaltigen Glycerinlösung durch Salzsäuredämpfe intensiv rot gefärbt. Diese Reaktion ist besonders geeignet zum mikroskop. Nachweis von Proteïnstoffen in Pflanzenteilen.

Compt. rend. 1892. 892.

**Messerschmidt's** Reaktion auf Blut in Faeces.

In einem Reagenzglas verreibt man ein erbsengroßes Stück Kot mit einer Mischung von 2 ccm Wasser und einigen Tropfen Eisessig. Hiervon nimmt man 3 Tropfen und vermischt sie mit 1—1,5 ccm (nicht mehr!) 3 %igem Wasserstoffsuperoxyd und gibt schließlich 1—2 ccm einer frisch bereiteten Benzidinlösung zu. Bei Anwesenheit von Blut erscheint eine grüne bis dunkelblaue Färbung.

Münchener med. Woch. 1909. 388.
Merck's Bericht 1909. 148.
Holmboe, Norsk Magazin f. Laegevid. 1909. No. 12.
Merck's Bericht 1910. 126.
Schumm, Münchener med. Woch. 1909. 612.
Gehrmann, ebenda 1909. 612.

**Messinger's** Reaktion auf Aceton

ist identisch mit Lieben's Reaktion. Sie dient zur quantitativen Bestimmung des Acetons (in Methylalkohol).

Berl. Ber. 1888. 3366.
Vergl. auch Lunge-Berl, Unters.-Methoden 1911. III. 973.

**Messinger-Vortmann's** Reaktion auf Phenol

siehe: Vortmann's Reaktion.

**Meßner's** Reagens auf Wasser in Estern (Amylacetat, Äthylacetat, Äthylbutyrat)

ist offizinelles Paraffinöl. Wasserhaltige Ester trüben sich beim Mischen mit Paraffinöl.

Lunge-Berl, Chem. techn. Unters. Meth. 1911, III. 928, 935, 952.

**Meßner's** Reaktion auf Wasser im Jodoform.

1 g Jodoform muß sich in 10 g Benzol vollkommen klar auflösen. Je mehr Wasser (Feuchtigkeit) das Präparat enthält, desto trüber die Lösung. Noch empfindlicher ist die Reaktion mit Petroläther.

Lunge, Chem. techn. Unters. Meth. 1911. III. 962.

**Meßner's** Reagens auf Alkohol in Butteräther, Amylacetat etc.

ist eine gesättigte, wässerige Lösung von Chlorcalcium. Schüttelt man den Ester mit gleichen Teilen Reagens, so darf nach erfolgter Trennung der Schichten bei Butteräther keine Veränderung der Volumina eingetreten sein, bei Amylacetat darf bei Verwendung von 25 ccm Ester und 25 ccm Reagens das letztere höchstens um 1 ccm zugenommen haben.

Lunge, Chem. techn. Unters. Meth. 1911. III. 927. 935.

**Meßner's** Reagens zur Differenzierung der Chinaalkaloide

ist eine 5 %ige, wässerige Lösung von Dinatriumphosphat ($Na_2HPO_4$. 12 $H_2O$). Die neutralen Chloride und Sulfate der Chinaalkaloide, wie sie in den Handel kommen (bekanntlich gegen Lackmus schwach alkalisch reagierend), lassen sich in 1 %iger, wässeriger Lösung mit Hilfe genannten Reagenzes in folgender Weise unterscheiden. Man gibt auf 10 ccm Alkaloidlösung 3 Tropfen Reagens.

1. Es tritt weder sofort, noch nach einiger Zeit eine Trübung ein = Cinchonidin.
2. Es tritt nicht sofort, aber längstens innerhalb 1/2 Minute eine Trübung ein = Cinchonin.
3. Jeder Tropfen Reagens bringt sofort eine Trübung hervor, die beim Umschwenken wieder verschwindet = Chinin oder Chinidin.

Zur Unterscheidung der letzten beiden Alkaloide gibt man so viel Salzsäure zur wässerigen Lösung, daß sie gerade schwach sauer gegen Lackmus reagiert (zirka 1 Tropfen 25 %ige Salzsäure auf 100 ccm) und versetzt dann 10 ccm der Alkaloidlösung mit 10 ccm Reagens. Es tritt sofort eine starke krystallinische Abscheidung auf = Chinin.

Es tritt keine Veränderung ein, auch nicht nach längerem Stehen = Chinidin.

Ztschr. f. angew. Chem. 1903. 477.
Südd. Apoth. Ztg. 1903. 556.
Lyons, Südd. Apoth. Ztg. 1905. 166.
Pharm. Review 1904. 365.

**Meßner's** Indikator zur Titration von Chinabasen.

Man schüttelt eine wässerige Lösung von Handels-Lackmoid mit Äther aus, verdunstet diesen und löst den Rückstand in Alkohol. Man erhält so eine rote Lösung, während die alkoholische Lösung des Handelslackmoides blau ist. Der Indikator gibt nur in alkoholischer Lösung der Chinabasen genügend scharfe Farbenumschläge. In alkalischer Lösung blau, in saurer Lösung rot.

Ztschr. f. angew. Chem. 1903. 449. 468.
Merck's Bericht 1903. 109, 1907. 154.
Lunge-Berl, Chem. Techn. Unters. Meth. 1911. III. 944.
Chem. Zentralbl. 1903. I. 1444.
Pharm. Zentrh. 1904. 419.
Ztschr. f. analyt. Chem. 1908. 446.

**Meßner's** Reaktion auf Quecksilberoxycyanid.

Versetzt man 20 ccm einer 5 %igen, wässerigen Urannitratlösung mit 1—2 Tropfen einer 1 %igen Ferrocyankaliumlösung, so entsteht eine intensiv rotbraune Fällung. Diese Mischung wird auf Zusatz von 10 ccm einer gesättigten, wässerigen Lösung von Quecksilberoxycyanid sofort entfärbt, d. h. es entsteht

wieder die ursprüngliche Farbe der Uranlösung (und nach kurzer Zeit ein gelblicher Niederschlag). Quecksilbercyanid ist dagegen ohne Einwirkung auf das Uranferrocyanid.
Merck's Bericht 1904. 97.

**Mette**'s Pepsinprobe
geht darauf aus, die Einwirkung des Pepsins bezw. Magensaftes dadurch eindeutiger zu machen, daß die Angriffsfläche des geronnenen Hühnereis möglichst gleichmäßig gestaltet wird. Es werden zu diesem Zwecke Eiweißstäbchen von 1—2 mm Durchmesser und 10—12 mm Länge hergestellt und diese der Einwirkung der Pepsinlösung ausgesetzt. Näheres siehe: Samojloff, Arch. des sciences biol. p.p. l'instit. de méd. expérim. à St. Petersbourg 1894. — Jahresber. d. ges. Med. 1894. I. 141. — du Bois Archiv 1894. 68. — Wiener klin. Woch. 1907. 1509. — Schütz, Ztschr. f. physiol. Chem. 1885. **9.** 577. — Schütz-Huppert, Arch. ges. Physiol. **80.** 470. — Grützner, ebenda **106.** 463. — Nirenstein-Schiff, Arch. d. Verdauungskr. 1902. No. 6. — Christiansen, Biochem. Ztschr. 1912. **46.** 257.

**Meyer**'s Reagens auf Kalium
ist eine Lösung von phosphorwolframsaurem Natrium (von verschiedener Konzentration), welche mit Kalisalzlösungen unter bestimmten Bedingungen eine Trübung bezw. einen Niederschlag erzeugt. Näheres siehe: Chem. Ztg. 1907. 158.

**Meyer**'s Reaktion auf echten Lebertran.
10 g Tran schüttelt man mit 1 g einer Mischung aus gleichen Teilen konzentr. Schwefelsäure und Salpetersäure. Reiner Dorschlebertran färbt sich feurig rosa, schnell in Citronengelb übergehend.
Ztschr. f. analyt. Chem. **23.** 434.
Mann, Americ. Drugg. **46.** 5.

**Meyer**'s Reaktion auf Nataloin.
Versetzt man eine alkoholische Lösung von Nataloin mit Piperidin, so färbt sie sich gelb und bei anhaltendem Schütteln im durchfallenden Lichte violettrot, im auffallenden Lichte bläulich.
Pharm. Zentrh. 1900. 34.

**Meyer**'s Reaktion auf Oxydasen u. Blut.
Versetzt man eine alkalische Lösung von Phenolphthalin mit Wasserstoffsuperoxyd, so erhält man eine farblose Mischung, die auf Zusatz von Oxydasen oder Blutlösung rötlich bis rot gefärbt wird.
Vergl. Utz' Reagens auf Blut.
Münchener med. Woch. 1903. 1492.
Merck's Bericht 1903. 151.
Utz, Chem. Ztg. 1903. 1151.
Sardou-Telmon, Répert. de Pharm. 1910. 277.
Lejeune, Pharm. Ztg. 1910. 409.

**Meyer**'s Reaktion auf Oxydasen in Leukozyten zur Differentialdiagnose myeloischer und lymphatischer Leukämie
beruht auf der Blaufärbung von Guajaktinktur. Näheres siehe: Münchener med. Woch. 1903. 1491 u. 1904. 1578. — Schultze, ebenda 1909. 168.

**Meyer**'s Reagens auf Thiophen
ist eine Lösung von Isatin in konzentr. Schwefelsäure. Das Reagens wird durch Spuren Thiophen (z. B. mit thiophenhaltigem Benzol) intensiv blau gefärbt. (Indopheninreaktion.)
Beilstein, Handb. d. org. Chem. III. 738.
Bauer, Berl. Ber. **37.** 1244. 3128.
Chem. Zentralbl. 1904. I. 1296 u. II. 1256.
Storch, ebenda 1904. II. 154.
Liebermann, Berl. Ber. **37.** 2461.

**Meyer**'s Reagens auf Thorium.
a) Eine Lösung von 15 g Kaliumjodat in 100 ccm Wasser und 50 ccm Salpetersäure (1,4),
b) eine Lösung von 4 g Kaliumjodat in 400 ccm Wasser und 100 ccm Salpetersäure (1,2).
Thorsalzlösungen werden durch das Reagens gefällt (Thoriumjodat). Näheres siehe: Ztschr. f. anorgan. Chem. 1911. **71.** 65. — Merck's Bericht 1911. 328.

**Meyer**'s Reagens zum Fixieren mikroskop. Präparate.
In eine Lösung von 272 g Kaliumjodid in wenig Wasser gießt man allmählich eine Lösung von 80 g Wismutsubjodid in 200 ccm Salpetersäure (D. = 1,5). Vom auskrystallisierten Salpeter wird abgegossen.
Botan. Ztg. 1896. 187.

**Meyer**'s Reagens zum Konservieren mikroskop. Präparate
ist eine etwas Salicylsäure enthaltende Mischung von Holzessig, Glycerin und Wasser (2,5: 25:100). Näheres siehe: Arch. f. mikroskop. Anat. 1876. 868. — Behrens' Tabellen 1892. 63.

**Meyer**'s Reagenzien zur Markscheidenfärbung.
1. Kupferacetat 50 g, Essigsäure 50 g, Fluorchrom 25 g, Wasser ad 1000 g. — 2. Frisch bereitete Lösung von 0,1 g Hämatoxylin in 90 g Alkohol (96 %) und 4 %iger Liquor Ferri sesquichlorati (Ph. G.). — 3. Lösung von 2 g Borax und 2,5 g Ferricyankalium in 100 g Wasser. Näheres siehe: Neurol. Zentralbl. 1909. **28.** 353. — Ztschr. f. wiss. Mikroskop. 1909. **26.** 488.

**Meyer-Haffter**'s Reaktion auf Chloralhydrat
beruht auf der Umsetzung desselben in Chloroform und ameisensaures Natrium durch (Normal-) Natronlauge. Beide Produkte können durch spezifische Reaktionen nachgewiesen werden. Die Reaktion dient zur quantitativen Bestimmung des Chloralhydrats.
Berl. Ber. **6.** 600.
Chem. Zentralbl. 1873. 554.
Medicus, Maß-Analyse 2. Aufl. 45.
Weston-Ellis, Chem. News **95.** 210.
Chem. Zentralbl. 1907. I. 1671.
Pharm. Ztg. 1907. 565.

**Meyer-Jannek**'s Reaktion auf selenige Säure.

Versetzt man 1 ccm der zu prüfenden Lösung (schwach sauer) mit 0,1 g Natriumhydrosulfit, so entsteht eine mehr oder weniger intensive gelbrote Färbung. Durch Zusatz von Natriumkarbonat kann eine etwaige durch hydroschweflige Säure verursachte orangegelbe Färbung beseitigt werden. Empfindlichkeitsgrenze = 1 : 20 000. Gibt man Natriumhydrosulfit zu konzentr. Schwefelsäure, so wird der sich ausscheidende Schwefel bei Anwesenheit von seleniger Säure durch Selen rot gefärbt.

Ztschr. f. analyt. Chem. 1913. **52.** 534.

**Meyer-Locher**'s Reaktion zur Unterscheidung primärer, sekundärer und tertiärer Alkohole und Alkoholradikale.

Das Untersuchungsobjekt wird mit Silbernitrit destilliert. Das Destillat wird durch Behandeln mit Kali und salpetriger Säure bei Anwesenheit eines primären Alkohols rot, bei Anwesenheit eines sekundären blau und bei Anwesenheit eines tertiären Alkohols farblos. Näheres siehe: Berl. Ber. **7.** 1510. — Gutknecht, ebenda **12.** 622. — Chem. Zentralbl. 1875. 18.

**Meyer-Schumm**'s Reaktion auf Homogentisinsäure im Harn

beruht auf der Isolierung des Homogentisinsäureäthylesters. Näheres siehe: Deutsches Archiv f. klin. Med. 1901. 442 und Münchener med. Woch. 1904. 1603.

**Meyerfeld**'s Reagens auf Chromsäure, Eisenoxyd u. salpetrige Säure

ist Pyrogalloldimethyläther. Versetzt man eine farblose, mit Schwefelsäure angesäuerte Lösung von Spuren Eisen, Chromsäure oder Nitriten mit einer frisch bereiteten, 2 %igen, wässerigen Lösung von Pyrogalloldimethyläther, so tritt eine gelbe bis rotgelbe Färbung auf. Der Farbstoff geht beim Schütteln mit Chloroform in dieses über.

Chem. Ztg. 1910. 948.
Merck's Bericht 1910. 319.

**Meymott Tidy**'s Reagens auf Eiweiß.

Gleiche Teile Phenol und Eisessig werden gemischt und eventuell so lange Eisessig zugegeben, bis sich ein Tropfen des Reagenzes mit wenig Wasser klar löst. Dieses Reagens fällt Eiweißlösungen und soll empfindlicher sein als Carbolsäure. Besser ist folgendes Verfahren: Die zu prüfende Flüssigkeit versetzt man mit 15 Tropfen Alkohol und dann mit der gleichen Menge Carbolsäure. Albumin wird in Flocken ausgeschieden. Die Reaktion gelingt noch in einer Verdünnung von 1 : 15 000. (Vergl. Méhu's Reagens.)

Zentralbl. f. d. mediz. Wissensch. 1870. 511.
Ztschr. f. analyt. Chem. **10.** 102.

**Mezger**'s Reaktion auf Cocaïn.

Gibt man zu einer Lösung von 0,05 g Cocaïnhydrochlorid in 5 ccm Wasser 5 Tropfen Chromsäurelösung (5 %), so ruft jeder Tropfen einen deutlichen Niederschlag hervor, der sofort wieder verschwindet. Auf Zusatz von 1 ccm konzentr. Salzsäure (D. = 1,124) entsteht dann ein orangegelber Niederschlag von chromsaurem Cocaïn.

Pharm. Ztg. 1889. 697.
Lunge, Chem. Techn. Unters.-Meth. 1911. III. 369.
Deutsches Arzneibuch IV. 88.
Vergleiche Schäffer's Reaktion.

**Mialhe**'s Reaktion auf Blut an blutbefleckten Gegenständen

ist eine Modifikation von van Deen's Reaktion unter Verwendung von Guajaktinktur und Wasserstoffsuperoxyd-Äther. Näheres siehe: Hager, Pharm. Prax. 1880. II. 881. — Arch. der Pharm. (3) **5.** 128. — Chem. Zentralbl. 1874. 663.

**Mibelli**'s Reagens zum Färben mikroskop. Präparate

ist eine 1 %ige, alkoholische und eine 1 %ige, wässerige Lösung von Safranin, welche heiß zusammengegossen werden. Gebraucht zur Darstellung der elastischen Fasern in der Haut.

Monitore italiano zool. **1.** 17. (1890.)
Eberth-Friedländer, Mikroskop. Techn. 1894. 232.
Enzyklop. d. mikroskop. Techn. 1903. 191.
Ztschr. f. wiss. Mikroskop. 1890. 225.

**Michaël-Ryder**'s Reaktion auf Aldehyde.

Eine kleine Menge der zu prüfenden Substanz gibt man in eine Lösung von 1 Teil Resorcin in 2 Teilen absolutem Alkohol und setzt einige Tropfen konzentr. Salzsäure zu. Wenn sich nicht sofort eine harzige Abscheidung bildet, so gießt man die Lösung nach einigen Stunden in Wasser. Ein Niederschlag zeigt die Anwesenheit eines Aldehydes an. Ketone geben diese Reaktion nicht.

Americ. Chem. Journ. **9.** 134.
Ztschr. f. analyt. Chem. **27.** 513.

**Michaelis**' Azurblau zum Färben von mikroskop. Präparaten.

Man erhitzt eine Lösung von 2 g Methylenblau in 200 ccm Wasser mit 10 ccm $^1/_{10}$ Norm. Natronlauge zum Sieden, läßt erkalten und gibt 10 ccm $^1/_{10}$ Norm. Schwefelsäure zu. Zum Gebrauch mischt man das Reagens mit dem 5 fachen Volumen 1 ‰iger Eosinlösung. Gebraucht zum Färben von Blutpräparaten.

Vergleiche Romanowsky's Reagens.
Zentralbl. f. Bakteriol. 1901. 763.
Ztschr. f. wiss. Mikroskop. 1901. 308.

**Michaelis**' Reagens zum Färben von Blutpräparaten.

a) Man löst 1 g chlorzinkfreies Methylenblau in 100 ccm destilliertem Wasser und 100 g absolutem Alkohol.

b) Man löst 1,2 g Eosin in 120 g destilliertem Wasser und 280 g (nach anderer Lesart 500 g) Aceton (Siedepunkt 56—58).

Vor dem Gebrauch mischt man gleiche Teile von a und b.

Deutsche med. Woch. 1899. 490 u. 1901. 127.
Pharm. Zentrh. 1899. 489.
Ztschr. f. wiss. Mikroskop. 1901. 197.
Willebrand, ebenda 1901. 57.
Becker, ebenda 1901. 78.
Engel, ebenda 1901. 223.
Japha, ebenda 1901. 224.

**Michaelis'** Reagens zum Färben mikroskop. Präparate.

Eine gesättigte, filtrierte Lösung von Fettponceau K in 70 %igem Alkohol. Gebraucht zum Färben von Fett neben Hornsubstanz.
Virchow's Archiv 1901. II. 263.
Merck's Bericht 1902. 69.

**Michailow's** Reaktion auf Proteïnstoffe.

Schichtet man eine Lösung von Eiweiß und Ferrosulfat über konzentr. Schwefelsäure und gibt 1 Tropfen Salpetersäure zu, so entsteht außer der bekannten Salpetersäurereaktion noch ein blutroter Ring.
Berl. Ber. **17**. Ref. 450.

**Michailow's** Fixierungsmittel zur Methylenblaufärbung.

Eine Lösung von 8 g Ammoniummolybdat in 100 ccm Wasser und 0,5 ccm Formaldehyd (40 %).
Ztschr. f. wiss. Mikroskop. 1910. 19.

**Michel's** Reagens auf Blut.

a) Eine frisch bereitete Lösung von 0,05 g Leukomalachitgrünbase in 10 ccm Eisessig und 40 ccm Wasser.
b) Eine Mischung von 10 g Perhydrol mit 90 g 3%iger Essigsäure.
Chem. Ztg. 1912. 93, 105.
Merck's Bericht 1912.
Vergl. Fürth's Reaktion.
Lochte - Fiedler, Ärztl. Sachverst. Ztg. 1913. 441.
Apoth. Ztg. 1913. 918.

**Michel's** Reagens auf Eiweiß im Harn

ist eine gesättigte Lösung von Ammoniumnitrat in Salpetersäure (1,4), womit die Schichtprobe angestellt wird.
Chem. Ztg. 1911. 183.
Chem. Zentralbl. 1911. I. 932.

**Michel's** Reagens zur Unterscheidung von Oxyhämoglobin und Kohlenoxydhämoglobin

ist eine alkalische, alkoholische Lösung von Natriumhydrosulfit ($Na_2S_2O_4$). Man löst etwa 4 g Kaliumhydroxyd in 75 ccm Wasser und gibt etwa 3 g Natriumhydrosulfit zu. Nachdem es sich gelöst hat, setzt man 40 ccm Alkohol (98 %) zu und filtriert. Vor Luftzutritt zu bewahren!
Chem. Ztg. 1911. 996.

**Miescher's** Trichophytin-Reaktion

beruht auf hämolytischen Veränderungen, die nach der Injektion von Trichophytin als hämatologischer Ausdruck der spezifisch allergischen Reaktion im Blute von Trichophytikern usw. zu beobachten sind. Näheres siehe: Dermat. Woch. 1915. 1011.
Vergl. Plato's Reakt.

**Migault's** Reagens zur Oxydation organischer Stoffe in der Analyse

ist eine Mischung von konz. Schwefelsäure und Perhydrol. Näheres siehe: Chem. Ztg. **34**. 337. — Merck's Bericht 1911. 399.

**Milbauer-Stanek's** Indikator

ist eine 1 %ige, wässerige Lösung von Patentblau V.N.-Höchst, die zur Titration von Pyridin verwendet wird. (Sauer = gelbgrün; alkalisch = blau.)
Ztschr. f. analyt. Chem. 1904. 215.
Merck's Bericht 1907. 152.

**Millard's** Reagens auf Eiweiß

ist eine Lösung von 7,76 g Phenol, 27,21 g Eisessig und 4,78 g Ätzkali in 80,75 g Wasser. Eiweiß wird durch dieses Reagens gefällt. Beim Erwärmen löst sich diese Fällung nicht auf zum Unterschied von Pepton, welches sich löst.
A treatise on Bright's disease of the kidneys. 2. Edition. New-York 1886. 65.
Zentralbl. f. klin. Mediz. 1885. 651.
Med. Record 1885. 379.

**Miller's** Reaktion auf Methylalkohol

beruht auf der Oxydation desselben zu Ameisensäure mittels Kaliumdichromat und Schwefelsäure. Im Destillat wird Ameisensäure durch die reduzierende Wirkung auf Silbernitratlösung nachgewiesen.
Allen's Organ. Anal. 3. Ausg. I. 81.
Ztschr. f. analyt. Chem. **40**. 608.
Pharm. Journ. **6**. 534.
Draper, ebenda 641.
Stadler, Apoth. Ztg. 1905. 319.
Scudder, Journ. Americ. Chem. Soc. **27**. 895.

**Miller's** Indikator für Alkalimetrie

ist Tropäolin 00.
Berl. Ber. **11**. 460.
Chem. Zentralbl. 1878. 343; 1879. 124.
Lunge, Berl. Ber. **11**. 1944.

**Miller's** Reagens auf salpetrige Säure.

Eine Mischung von 8 g Dimethylanilin und 4 g Salzsäure ergänzt man mit Wasser auf 100 ccm. 50 ccm der zu prüfenden Lösung versetzt man mit 1 Tropfen Salzsäure und 3 Tropfen Reagens und läßt die Mischung, falls sie kolorimetrisch bestimmt werden soll, 15 bis 30 Minuten stehen. Bei Anwesenheit von salpetriger Säure entsteht eine gelbe bis braungelbe Färbung. Salpetersäure stört die Reaktion nicht. Empfindlichkeitsgrenze 1 : 1 000 000. (Merck's Bericht 1912. 193.)
The Analyst 1912. **37**. 345.

**Milliau's** Reaktion auf Cottonöl im Olivenöl.

Das zu prüfende Öl wird verseift, die Fettsäure durch Schwefelsäure abgeschieden und 5 ccm davon in 20 ccm heißem Alkohol gelöst. Nach Zugabe von 2 ccm wässeriger Silbernitratlösung (3 : 10) wird im Wasserbade erhitzt. Bei Anwesenheit von Cottonöl tritt Reduktion des Silbernitrates ein. Empfindlichkeitsgrenze = 1 : 100.

Ztschr. f. Unters. Nahr.-Genußm. 1888. 81.
Schweizer Woch. f. Pharm. 1888. 379.
Compt. rend. **139**. 807.
Vergl. Bechi's Reaktion.

**Milliau**'s Reaktion auf Sesamöl.

Man verseift 15 ccm des zu prüfenden Öles, scheidet aus der mit Wasser verdünnten Seifenlösung die Fettsäuren ab, trocknet diese bei 110° C. und schüttelt mit dem gleichen Volumen Baudouin's Reagens. Rotfärbung zeigt Sesamöl an.

Moniteur scientifique 1888. 366.

**Milliau**'s Reaktion auf fette Öle

siehe: Compt. rend. 1905. 521. 1702.
Chem. Zentralbl. 1905. II. 521, 930, 1392.
Seifensieder-Ztg. 1905. 744. 766.
Les Corps gras industr. **32**. 18.
Besson, Chem. Ztg. 1914. 982.

**Milliau**'s Reaktionen auf Schwefelkohlenstoff in Ölen.

1. Man verseift 25 g des zu prüfenden Öles mit 10 ccm konz. Kalilauge, löst in 150 ccm warmem Wasser, gibt etwas Natriumbikarbonat und dann 20 ccm Salzsäure zu. Bei Gegenwart von 0,1 % Schwefelkohlenstoff entwickelt sich ein Gas, das Bleipapier schwärzt.
2. Destilliert man 50 ccm Öl mit 10 ccm Amylalkohol, fängt die zuerst übergehenden 4 ccm für sich auf und erwärmt sie im zugeschmolzenen Rohr im Wasserbade mit 1 ccm mit Natronlauge neutralisiertem Kapoköl und einigen Zentigrammen Schwefelpulver, so nimmt die Mischung schon bei 0,1 % Schwefelkohlenstoff im untersuchten Öl eine rote Färbung an.

Annales Chim. analyt. **17**. 1.
Analyst **37**. 101.
Ztschr. f. analyt. Chem. **53**. 302.
Compt. rend. **153**. 1021. — Chem. Zentralbl. 1912. I. **447**.

**Millon**'s Reagens auf aromatische Verbindungen

siehe dessen Reagens auf Salicylsäure.
Vergl. auch Enzyklop. d. gesamt. Pharm. 1891. X. 764.

**Millon**'s Reagens auf Eiweiß

ist eine Lösung von Quecksilber in rauchender Salpetersäure 1 : 1, die mit 2 Volumen Wasser versetzt wird. Das Reagens gibt beim Erwärmen mit Eiweißlösungen einen ziegelroten Niederschlag.

Compt. rend. **28**. 40.
Annal. Chim. Phys. **29**. 507.

Nach Hager, Pharm. Prax. 1880. II. 142 löst man 10 g Quecksilber in 25 g Salpetersäure (D. = 1,185) und 25 g Wasser bei gelinder Wärme. Diese Lösung mischt man mit einer bei Digestionswärme bewirkten Lösung von 10 g Quecksilber in 22 g Salpetersäure (1,3).

Nach Nickel löst man 1 ccm Quecksilber in 9 ccm Salpetersäure (D. = 1,5) und verdünnt mit dem gleichen Volumen Wasser.

Nickel, Die Farbenreaktionen der Kohlenstoff-Verb. 1890. 7.
Vergl. Riegler's Reagens u. Lintner's Reagens.
Nasse, Ztschr. f. analyt. Chem. **40**. 193.
Kühne, Ztschr. f. analyt. Chem. **4**. 449.
Winternitz, Ztschr. f. physiol. Chem. **16**. 439.
Voegtlin, Journ. of biol. Chem. **3**. 16.
Répiton, Compt. rend. biol. **62**. 339.
Zernik, Apoth. Ztg. 1906. 524.
Hosemann, Münchener med. Woch. 1908. 2030.

**Millon**'s Reagens auf Phenole

siehe dessen Reagens auf Salicylsäure.

**Millon**'s Reagens auf Salicylsäure

ist dieselbe Lösung von Mercurinitrat, wie dessen Reagens auf Eiweiß. Eine stark verdünnte, wässerige Lösung von Salicylsäure (1 : 1 000 000) wird in der Siedehitze durch dieses Reagens rot gefärbt.

Compt. rend. **28**. 40.
Pharm. Zentrh. 1888. 286.

Almén erhitzt 20 ccm der zu prüfenden Flüssigkeit mit 10 Tropfen Reagens zum Sieden. Bei Anwesenheit von Salicylsäure (oder Phenol) entsteht ein gelber Niederschlag. Auf Zusatz von Salpetersäure bildet sich eine rote Lösung. Empfindlichkeitsgrenze = 1 : 400 000.

Nach Nasse gibt nicht nur Phenol und Salicylsäure diese Reaktion, sondern auch alle Monohydroxylsubstitutionsprodukte des Benzols (und Naphthalins).

Almén, Ztschr. f. analyt. Chem. **17**. 107.
Hager, Pharm. Prax. Erg.-Bd. 1883. 35.
Nickel, Pharm. Zentrh. 1889. 538.

**Milrath**'s Reaktion auf Lebertran in Rüböl.

Erhitzt man Rüböl mit sirupöser Phosphorsäure, so bräunt sich die Mischung, wenn 10 oder mehr % Waltran vorhanden sind.

Ztschr. f. öffentl. Chem. 1907. **13**. 372.

**Minassian**'s Reagens zur Spirochaetenfärbung.

a) Eine Lösung von 1,5 g Silbernitrat und 5 ccm Formaldehyd (40 %) in 50 g Alkohol; b) eine Lösung von 3,5 g Pyrogallol und 10 ccm Formaldehyd in 100 g absolutem Alkohol.

Monatsh. prakt. Dermatol. 1910. II. 412.
Pharm. Zentrh. 1911. 269.

**Mindes**' Reagens

besteht aus 1 Teil Eisenchloridlösung (1 : 10), 1 Teil Alkohol und 3 Teilen Wasserstoffsuperoxyd (12 %). Dient zur Identifizierung einer großen Anzahl von Präparaten. Näheres siehe: Pharm. Post 1911. **44**. 687. — Merck's Bericht 1911. 274. — Zentralbl. d. ges. Arzneimittelk. 1912. 64.

**Mindes**' Reaktionen zur Unterscheidung von Dionin, Heroin und Peronin

siehe tabellarische Zusammenstellung in Pharm. Post 1902. 662 oder Apoth. Ztg. 1902. 884.
Pharm. Zentrh. 1903. 9.

**Minervini**'s Reagens zum Färben mikroskop. Präparate.

Eine warm bereitete Lösung von 1 g Safranin und 1 g Resorcin in 100 ccm Wasser filtriert man nach dem Erkalten und gibt zum Filtrate 25 ccm Eisenchloridlösung (D. = 1,28). Nachdem man diese Mischung zum Sieden erhitzt hat, läßt man erkalten, sammelt, wäscht und trocknet den erhaltenen Niederschlag und löst ihn in 100 ccm Alkohol (90 %) unter Zusatz von 1 g Salzsäure.

Ztschr. f. wiss. Mikroskop. 1901. 163.

**Mingazzini**'s Reagens zum Fixieren mikroskop. Präparate

besteht aus 1 Volumen Alkohol, 1 Volumen Eisessig und 2 Volumen konzentrierter, wässeriger Quecksilberchloridlösung.

Ricerche Lab. anat. Roma. **1893**. **47**.
Mitteil. d. zoolog. Stat. Neapel 1889. 1.

**Minkowski**'s Reaktion auf Oxybuttersäure im Harn

beruht auf der Isolierung derselben in Form ihres Silbersalzes. — Den Verdampfungsrückstand des Harns extrahiert man mit Alkohol, verdunstet letzteren, löst den Rückstand in Wasser, säuert mit Schwefelsäure an und schüttelt mit Äther aus. Der Äther wird verdampft, die alkoholische Lösung des Rückstandes mit Tierkohle gereinigt, mit Natronlauge neutralisiert und zur Sirupkonsistenz eingedampft. Dieser Sirup erstarrt bei Anwesenheit von Oxybuttersäure auf Zusatz einiger Tropfen gesättigter, wässeriger Silbernitratlösung zu einem Brei von feinen, verfilzten Nadeln.

Arch. f. exper. Path. u. Pharm. **18**, 35 u. 147.
Külz, Ztschr. f. Biolog. **20**. 157.
Hammarsten, Physiol. Chem. 1899. 524.

**Minot**'s Reagenzien zum Färben mikroskop. Präparate.

Hämatoxylin-Reagens siehe: Ztschr. f. wiss. Mikroskop. 1886. 177.

Pikrocarmin siehe: Methods of microsc. Anat. Whitman's, 42 oder Ztschr. f. wiss. Mikroskop. 1886. 177.

**Minovici**'s Reagens auf Pikrotoxin

ist eine Lösung von 20 g Anisaldehyd in 80 g absolutem Alkohol. Versetzt man Pikrotoxin in Substanz oder Lösung (2—3 Tropfen) mit 2 Tropfen Schwefelsäure und nach einer Minuten mit 1 Tropfen Reagens, so entsteht eine indigoviolette Färbung, die allmählich in Blau übergeht. Beim Erwärmen auf 80° C. gibt eine Lösung 1 : 2000 noch eine sehr tiefe, 1 : 5000 noch eine sichtbare rotviolette bis blaßrote Färbung.

Ztschr. f. Unters. Nahr.-Genußm. 1900. 687.
Pharm. Zentrh. 1900. 744.
Chem. Ztg. 1901. Rep. 52.
Annal. de Pharm. **7**. 1.

**Miranda**'s Reaktion auf Yohimbin.

Yohimbin gibt mit Natriumpersulfat und konzentr. Schwefelsäure eine blauviolette Färbung.

Revista Farm. Chilena. 1904. 317.

**Mirande**'s Reaktionen des Rhinanthins.

Rhinanthin liefert mit konzentr. Salzsäure oder Schwefelsäure eine blaue Färbung.

Compt. rend. 1907. II. 440.

**Mitchell**'s Vanadiumreaktionen

siehe: Chem. Ztg. 1903. Rep. 138.
Pharm. Zentrh. 1903. 480.
The Analyst **28**. 146.
Chem. Zentralbl. 1903. II. 333.

**Mitchell**'s Hämatoxylin-Reagens.

Campecheholzpulver wird mit Alaunlösung perkoliert und die Kolatur auf 360 g gebracht, worauf man mit 120 g Glycerin mischt.

Journ. Roy. Microsc. Soc. 1884. 311.
Ztschr. f. wiss. Mikroskop. 1884. 583.

**Mitscherlich**'s Reaktion auf Phosphor.

Erhitzt man phosphorhaltige Flüssigkeiten nach eventuellem Ansäuern mit Weinsäure in einem Kolben zum Sieden und läßt die entweichenden Dämpfe durch ein Glasrohr in geeigneter Weise entweichen, so kann man im Glasrohre eine leuchtende Erscheinung (Ring) beobachten. Näheres siehe: Otto. Ausmittel. d. Gifte u. andere analyt. Werke — Journ. f. prakt. Chem. 1855. 238. — Siemens, Arb. aus d. k. Ges. Amt **24**. 264. — Thorpe, Chem. Zentralbl. 1909. I. 1437. — Niederstadt, Ztschr. f. öffentl. Chem 1910. 359.

**Miura**'s Reagens zum Imprägnieren mikroskop. Präparate.

a) Eine Lösung von 1 g Chlornatrium und 20 g Glukose in 100 ccm Wasser.
b) Eine Lösung von 0,5 g Goldchloridchlornatrium in 100 ccm Wasser.

Virchow's Archiv 1884. 144.
Enzyklop. d. mikroskop. Techn. 1903. 456.

**Miura**'s Reaktion auf Lävulose.

Erhitzt man eine Spur Lävulose mit einer Mischung von 1 Raumteil konzentr. Salzsäure, 2 Raumteilen Wasser und etwas Resorcin, so färbt sich die Mischung rot. (Modifikation von Seliwanoff's Reaktion.)

Ztschr. f. Biologie 1895. 322.

**Möbius**' Reagenzien zum Mazerieren mikroskop. Präparate.

1. Eine Mischung von 100 ccm (Ost-) Seewasser mit 4—600 ccm 0,5 %iger Kaliumdichromatlösung.
2. (Ost-) Seewasser, das auf 100 ccm 0,25 g Chromsäure, 0,1 g Osmiumsäure und 0,1 g Essigsäure enthält.

Morphol. Jahrb. 1887. 174.
Drost, ebenda 1886. 163.
Enzyklop. d. mikroskop. Techn. 1903. 761.

**v. d. Moer**'s Reaktion auf Cytisin.

Gibt man zu Cytisin etwas Eisenchlorid, so entsteht eine blutrote Färbung, welche auf Zusatz von Wasser oder Säuren verschwindet. Auf Zusatz von Wasserstoffsuperoxyd verschwindet die Rotfärbung ebenfalls, bei sehr gelindem Erwärmen färbt sich die Mischung blau.

Ztschr. f. analyt. Chem. **31**. 723 u. **37**. 66.

**Moerck**'s Reaktion auf Acetanilid in ähnlich zusammengesetzten Körpern (Methacetin, Phenacetin, Lactophenin, Salophen- und Phenocollchlorhydrat).

Siehe: Ztschr. d. öst. Apoth. Ver. **50.** 814 oder
Ztschr. f. analyt. Chem. **40.** 685.

**Mörner**'s Reaktion auf Homogentisinsäure im Harn

(Alkaptochromreaktion bei Alkaptonurie) beruht auf der Absorption von Sauerstoff in alkalischer Lösung, wobei die mit Ammoniak versetzte Lösung (Harn) der Säure an der Luft eine intensive rotviolette Färbung annimmt. Die Reaktion gelingt am besten bei 0,25—2 % Homogentisinsäure und 1—4 % Ammoniak, wobei in einem Reagenzglase von 0,75—2 cm eine Flüssigkeitsmenge von etwa 20 ccm der Luft ausgesetzt werden sollte. Die Reaktion tritt nach ein bis mehreren Tagen ein. Näheres siehe Ztschr. f. physiol. Chem. 69. 329. — Langstein-Meyer, Deutsches Archiv f. klin. Med. 1903. 174 (vergl. auch ebenda 1901. 442).

**Moewes**' Reaktion auf Indol und Skatol in Faeces

ist eine Modifikation von Ehrlich's Dimethylamidobenzaldehyd-Reaktion. Näheres siehe: Ztschr. f. exper. Path. u. Therap. 1912. 11. 555.

**Moffatt-Spiro**'s Reagens auf Blei in Trinkwasser

ist eine Lösung von 0,5 g Hämateïn in 1 Liter Wasser. Das Reagens gibt mit bleihaltigem Wasser eine blaue Färbung.

Chem. Ztg. 1907. 639.
Südd. Apoth. Ztg. 1907. 636.
Vergl. Bradley's Reagens auf Kupfer.
Americ. Journ. of Scienc. **22.** 326.

**Mohler**'s Reagens auf Aldehyde.

30 ccm 0,1 %iger Rosanilinlösung mischt man mit 20 ccm Natriumbisulfitlösung (34° Bé.), 200 ccm Wasser und 3 ccm Schwefelsäure (66° Bé.). Das Reagens muß farblos sein. Aldehyde färben dasselbe violettrot.

Revue internat. falsific. **5.** 116.
Chem. Zentralbl. 1892. I. 573.
Ztschr. f. analyt. Chem. **31.** 583.
Paul, ebenda **35.** 647.

**Mohler**'s Reaktion auf Benzoesäure

beruht auf der Überführung der Benzoesäure in Diamidobenzoesäure, die mit Ammoniak eine rotorange Färbung erzeugt. Näheres siehe: Journ. de Pharm. et de Chim. 1908. II. 201. — Halphen, Apoth. Ztg. 1908. 689. — Chem. Zentralbl. 1908. II. 1129.

**Mohler**'s Reagens auf Weinsäure.

1 g Resorcin löst man in 100 g konzentr. Schwefelsäure (D. = 1,84). Die zu prüfende Substanz erwärmt man mit 1 ccm Reagens auf 125—130° C. Weinsäure bewirkt Rotfärbung. 0,01 mg Weinsäure läßt sich noch nachweisen. (Vergl. Denigès' Reagens.)

Ztschr. f. analyt. Chem. **30.** 620.
Bull. Soc. Chim. Paris (3) **4.** 728.
Vergl. Ihl's Reaktion auf Rübenzucker und Seliwanoff's Reaktion auf Lävulose und Rohrzucker.
Denigès, Bull. Soc. Chim. France 1909. I. 19, 323.

**Mohr**'s Reagens auf Morphin

ist eine mit verdünnter Schwefelsäure angesäuerte Lösung von Kaliumjodat, welche durch Morphin gelb bis rotbraun gefärbt wird. Bei Verwendung von Schwefelkohlenstoff oder Stärkelösung wird die Reaktion verschärft.

Otto, Ausmittel. d. Gifte 5. Aufl. 41.

**Mohr**'s Reaktion auf freie Schwefelsäure.

Eine Flüssigkeit, die freie Schwefelsäure enthält, wird auf Zusatz von wenig Rohrzucker beim Eindampfen auf dem Sandbade schwarz gefärbt.

Man kann auch mit genannter Lösung Filtrierpapier befeuchten und bei mäßiger Wärme trocknen. Die befeuchteten Stellen werden schwarz.

Ztschr. f. analyt. Chem. **13.** 323.

**Mohr**'s Reagens auf freie (Mineral-) Säuren.

1. Eine Mischung von Ferriacetat- und Rhodankaliumlösung wird bei Abwesenheit von Alkaliacetaten durch Mineralsäuren blutrot gefärbt. Salz-, Salpeter- und Schwefelsäure geben diese Reaktion, nicht aber Phosphorsäure.
2. Eine Mischung von Jodkalium-Ferriacetat- und Stärkelösung wird durch freie Mineralsäuren, besonders Salzsäure gebläut.

Neues Repert. d. Pharm. **23.** 257.
Ztschr. f. analyt. Chem. **13.** 321.

**Moir**'s Reagens auf Blausäure

erhält man durch Digerieren einer stark verdünnten, wässerigen Lösung von mit geringen Mengen Kupferacetat und Essigsäure versetzter Hydrocörulignonlösung bei 50°. — Die zu prüfende Lösung wird mit Essigsäure angesäuert und mit dem vierten Teil ihres Volumens Reagens gemischt. Bei Gegenwart von Blausäure entsteht eine rote Färbung oder Fällung. (Cörulignon.) Näheres siehe: Proceed. Chem. Soc. **26.** 115. — Ztschr. f. analyt. Chem. **50.** 122. — Pharm. Zentrh. 1911. 1353. — Chem. News **102.** 17. — Répert. de Pharm. 1911. 27. — Schär, Schweizer Woch. Chem. Pharm. 1912. 321.

**Mola-Vitali**'s Reaktion auf freie Salzsäure.

Die zu prüfende Flüssigkeit kocht man mit überschüssigem Chinidin, filtriert, schüttelt das Filtrat mit Chloroform unter Zusatz von etwas Alkohol aus und läßt das Chloroform verdunsten. War freie Salzsäure vorhanden, so hinterbleibt Chinidinhydrochlorid, in dessen wässeriger Lösung die Salzsäure mit Silbernitrat nachgewiesen werden kann.

Bollet, Chim. Farm. 1895. 513.
Chem. Zentralbl. 1896. I. 142.
Ztschr. f. analyt. Chem. **36.** 412.

**Moleschott**'s Reaktion auf Cholesterin
beruht auf Farbenerscheinungen der Cholesterinkrystalle mit konzentr. Schwefelsäure (rot) und wässeriger Jodlösung (violett), die sich unter dem Mikroskope beobachten lassen.
Wiener med. Woch. 1855. 129.
Compt. rend. **40.** 361.
Chem. Zentralbl. 1855. 188.

**Moleschott**'s Reagens zum Aufhellen für mikroskop. Präparate
ist eine Mischung von 12 g Essigsäure, 20 ccm Alkohol und 108 g Wasser.
Behrens' Tabellen 1892. 68.
Enzyklop. d. mikroskop. Techn. 1903. 771.

**Moleschott**'s Reagens zum Mazerieren mikroskop. Präparate
ist eine Lösung von 32,5 g Kaliumhydroxyd (Kal. caust. alkoh. dep. in bazill.) in 67,5 g Wasser oder eine Lösung von 10 g Chlornatrium in 90 ccm Wasser und 20 ccm Alkohol.
Unters. z. Naturl. **11.** 99.
Behrens' Tabellen 1892. 81.
Eberth-Friedländer, Mikroskop. Techn. 1894. **44.**
Enzyklop. d. mikroskop. Techn. 1903. 631. 749.

**Molinari**'s Reaktion auf mehrfache Bindungen in ungesättigten organischen Verbindungen.
Löst man einige dg der Verbindung in Wasser oder Äther und leitet durch diese Lösung Ozon, so wird dieses von Körpern mit doppelter Bindung gebunden und kann mit Jodkaliumpapier nicht mehr nachgewiesen werden.
Berl. Ber. 1907. **40.** 4154.
Chem. Zentralbl. 1907. II. 1905.

**Molinari-Fenaroli**'s Petroleum-Reaktion
beruht auf der Addition von Petroleum und Ozon, bei der Behandlung mit ozonisierter Luft bei 10°, wobei sich Ozonide als weiße, flockige Substanzen ausscheiden. Die Reaktion kann zur Unterscheidung verschiedener Handelssorten des Petroleums Verwendung finden. Näheres siehe: Berl. Ber. 1908. 3704.

**Molisch**'s Reagens auf Eiweiß
ist eine Lösung von 20 g α-Naphthol in 100 g Alkohol. — Zu 1 ccm der zu prüfenden Flüssigkeit gibt man 2 Tropfen Reagens und 5 ccm konzentr. Schwefelsäure. Bei Anwesenheit von Eiweiß und Pepton entsteht eine rote oder violette Färbung.
Monatsh. f. Chem. **7.** 198.
Vergl. Molisch's Reaktion auf Zucker.
Osborne-Harris, Ztschr. f. analyt. Chem. 1904. 299.

**Molisch**'s Reagens auf (Holzschliff) Coniferin.
Man löst 20 g Thymol in 80 g Alkohol und verdünnt mit Wasser bis zur beginnenden Abscheidung des Thymols. Die erhaltene Mischung versetzt man mit chlorsaurem Kalium. — Holzschliff, mit diesem Reagens und konzentr. Salzsäure befeuchtet, färbt sich blau. Näheres siehe: Pharm. Zentrh. 1887. 116.

**Molisch**'s Reaktion auf Kohlehydrate.
Siehe dessen Reaktion auf Zucker.

**Molisch**'s Reaktion auf Zucker (und Glykoside):
1. In 1 ccm einer Zuckerlösung bringen 2 Tropfen 15—20 %iger, alkoholischer α-Naphthollösung und 1—2 ccm konzentr. Schwefelsäure eine tiefviolette Färbung hervor. Gibt man Wasser zu, so entsteht ein blauvioletter Niederschlag, der sich in Alkohol und Äther mit gelblicher, in Kalilauge mit goldgelber Farbe auflöst, in Ammoniak aber zu gelblichbraunen Tropfen zerfließt.
2. Dieselbe Probe, mit einer 15—20 %igen Thymollösung ausgeführt, liefert eine carminrote Färbung. Mit Wasser entsteht ein roter Niederschlag, der sich in Alkohol, Äther und Kalilauge mit schwach gelblicher, in Ammoniak mit gelber Farbe löst.

**Molisch**'s Reaktion zur Unterscheidung von Pflanzen- und Tierfasern
beruht auf der Umwandlung der Cellulose in Zucker, welche durch obige Reaktion mit α-Naphthol oder Thymol und Schwefelsäure nachgewiesen werden kann. Tierfasern geben die Reaktion nicht.
Monatsh. f. Chem. **7.** 198.
Ztschr. f. analyt. Chem. **26.** 258.
Seegen, Chem. Ztg. **10.** Rep. 257.
Leuken, Apoth. Ztg. **1.** 246.
Udranszky, Ztschr. f. analyt. Chem. **28.** 130. — Ztschr. f. physiol. Chem. **68.** 88.
Rosenfeld, Deutsche med. Woch. 1888. 451 u. 479.

**Molle**'s Reaktion auf Veronal.
Versetzt man eine gesättigte, wässerige Lösung von Veronal mit etwas Salpetersäure und Millon's Reagens, so entsteht ein weißer, gallertartiger Niederschlag, der sich im Überschuß des Reagenzes löst.
Arch. der Pharm. 1904. 401.
Pharm. Ztg. 1904. 770.
Chem. Zentralbl. 1904. II. 1005.
Ztschr. f. angew. Mikroskop. **13.** 43.

**Möller**'s Reagens auf Aceton.
Von dem zu prüfenden Harn destilliert man 200 ccm nach Zusatz von 5 ccm verd. Schwefelsäure langsam in eine gut gekühlte Vorlage über, in der sich 20 ccm Wasser befinden. Nachdem 100—120 ccm übergegangen sind, versetzt man das Destillat mit einer frisch bereiteten Lösung von 0,5—1 g p-Nitrophenylhydrazin in 5—10 ccm Eisessig und 10—20 ccm Wasser. Aceton verursacht einen gelben, krystallinischen Niederschlag, der nach dem Trocknen gewogen wird. Sein Gewicht mit 0,3 multipliziert ergibt die Menge des vorhandenen Acetons. Näheres siehe: Ztschr. f. klin. Med. 1908. No. 3. — Deutsche Med. Ztg. 1908. No. 21. — Merck's Bericht 1908. 289.

**Möller**'s Reagens auf Gerbstoffe
ist eine Lösung von wasserfreiem Eisenchlorid in Äther. Gebraucht in der botanisch-mikroskop. Technik.
Ber. d. deutsch. botan. Ges. 1888. 69.

**Mollière**'s Methylviolett-Reaktion
beruht auf der Blaufärbung von Methylviolett durch Salzsäure. Sie dient zur Prüfung der Magenacidität. Näheres siehe: Arch. des maladies de l'appar. digest. 1907. No. 2. — Merck's Bericht 1908. 268. — Wasserthal, Berl. klin. Woch. 1908. 887.

**Mollwo-Perkin**'s Reaktion auf Jodide, Bromide und Bikarbonate
siehe: Pharm. Ztg. 1903. 110.
Journ. Soc. Chem. Ind. 1902. 1375.
Chem. Zentralbl. 1903. I. 94.

**Moneta**'s Reaktion auf Solanidin.
Versetzt man Solanidin mit Schwefelsäure, so entsteht eine gelbrote Färbung, die auf Zusatz von wenig Wasser allmählich in Violett, dann Grünlich und zuletzt in Farblosigkeit übergeht.
Gazz. Chim. Ital. 1911. I. 534.
Chem. Zentralbl. 1911. II. 759.

**Moneyrat**'s Reaktion auf Eisen
beruht auf der großen Empfindlichkeit des Eisens in alkalischer Lösung gegenüber Schwefelwasserstoff. Spuren von Eisen zeigen noch eine Grünfärbung.
Bull. commerc. 1906. Nr. 5.
Pharm. Ztg. 1906. 615.
Compt. rend. 1906. (**142.**) 1049.
Pharm. Zentrh. 1907. 770.

**Monferrino**'s Reaktionen auf Atoxyl
siehe: Bollett. Chim. Farm. 1908. **47.** 565.
Chem. Zentralbl. 1908, II. 1897.

**Monferrino**'s Reaktionen zur Unterscheidung von Nevraltein, Pyramidon und Antipyrin
siehe: Giorn. Farm. Chim. 1909. **58.** 145.
Pharm. Zentrh. 1910. 334.
Chem. Zentralbl. 1909. I. 2029.
Répert. de Pharm. 1910. 73.

**Monfet**'s Reaktion auf Indikan im Harn.
100 ccm Harn erwärmt man mit 100 ccm Salzsäure und 100 ccm Wasser auf 50° C., schüttelt mit 40—50 ccm Chloroform, dampft letzteres zur Trockene ein und kocht den Rückstand mit 10%iger Salpetersäure. Die so entstandene Pikrinsäure wird mit Kaliumkarbonat neutralisiert und mit einer Kaliumpikratlösung von bekanntem Gehalt kolorimetrisch verglichen.
Compt. rend. Soc. Biolog. **55.** 1251.
Ztschr. f. analyt. Chem. 1904. 658.

**Monnier**'s Reagens
ist eine 0,8%ige Lösung von Titantrichlorid. Es wird als Reduktionsmittel verwendet, fällt z. B. Platin-, Iridium- und Palladiumsalze als Metalle, reduziert Goldlösungen und Lösungen von Wolframaten unter den bekannten Farbenerscheinungen, reduziert Selenite unter Abscheidung von Selen, Chromate unter Grünfärbung usw. Charakteristische Reaktionen liefert das Reagens ferner mit verschiedenen organischen Säuren, namentlich mit Zitronensäure. Diese liefert mit dem Reagens eine schöne Violettfärbung, die nach einiger Zeit an der Oberfläche der Flüssigkeit verschwindet, am Boden des Reagenzglases aber tagelang bestehen bleibt.
Annal. chim. analyt. appl. 1915. **20.** 1.
Chem. Zentralbl. 1916. I. 637.

**Monnier**'s Reaktion auf Eiweiß.
Man rührt etwas Stärke mit Wasser an, gibt einige Tropfen Jodlösung zu, dann Eiweißlösung und erwärmt. Es tritt sofort Entfärbung ein. Bei Abwesenheit von Eiweiß färbt sich die Mischung blau.
Répert de Pharm. 1900. 73.
Pharm. Zentrh. 1900. 289.

**Monnier**'s Reagens auf Glukose.
Man löst 40 g Kupfersulfat und 3 g Chlorammon in 160 ccm Wasser und gießt diese Lösung in eine Lösung von 130 g Natriumhydrat und 80 g Kaliumbitartrat in 600 ccm Wasser. Die Mischung wird mit Wasser auf 1 Liter gebracht.
Ztschr. d. öst. Apoth. Ver. 1903. 1148.

**Monti**'s Reaktion auf Aconitin.
Man erhitzt 0,0002—0,001 g Aconitin mit 2—4 Tropfen Schwefelsäure in einem Porzellanschälchen 5 Minuten auf dem Dampfbade und gibt dann ebensoviel Resorcin zu als man Aconitin verwendet hat. Bei weiterem Erhitzen entsteht eine gelbrote und dann rotviolette Färbung, die nach 20 Minuten ihre höchste Intensität erreicht.
Gazz. chim. ital. 1906. 479.
Répert. de Pharm. 1906. 511.
Chem. Zentralbl. 1906. II. 1630.
Ztschr. d. öst. Apoth. Ver. 1906. 730.
Chem. News **91.** 179.
Ztschr. f. analyt. Chem. 1912. 334.

**Monticelli**'s Reagens zum Färben mikroskop. Präparate.
Man mischt eine Lösung beliebiger Mengen Pikrocarmin in Ammoniak mit einem gleichen Volumen Grieb's Alauncarmin und läßt das freie Ammoniak verdunsten, bis die Lösung dicklich geworden ist.
Ztschr. f. wiss. Mikroskop. 1894. 57.

**Moore**'s Reagens auf Quecksilber
ist eine Modifikation von Klein's Reagens, eine Mischung von 5 ccm $^1/_2$ Norm. Kaliumjodid mit 10 ccm 3 Norm. Natronlauge und 10 ccm 3 Norm. Ammoniak. Gibt mit Quecksilbersalzlösungen sofort eine braune Fällung.
Journ. Americ. Chem. Soc. **33.** 1117.
Chem. Zentralbl. 1911. II. 989.

**Moore-Heller**'s Reaktion auf Glukose
ist identisch mit Heller's bezw. Moore-Pelouze's Reaktion (siehe diese).

**Moore-Pelouze**'s Reaktion auf Glukose.

Wird Glukoselösung mit Alkalilauge erhitzt, so färbt sie sich je nach Menge des vorhandenen Zuckers und Alkalis gelb bis braun und nach Zusatz von Salpetersäure ist ein Geruch nach Karamel zu bemerken.

Rees, Chem. Zentralbl. 1847. 623.
Vergl. Heller's Reaktion.
Lancet 26. Sept. 1844.
Sollmann, Chem. Ztg. 1901. Rep. 209.
Bendix-Schittenhelm, Münchener med. Woch. 1906. 1309.

**Morawski** siehe **Demski-Morawski** und **Storch-Morawski.**

**Moreigne**'s Reagens zur Harnstoffbestimmung ist Natriumhypobromitlösung, zusammengesetzt aus 110 ccm Natronlauge (D. = 1,3), 10 ccm Brom und 70 ccm Wasser.

Journ. de Pharm. et de Chim. (6) **8.** 193. 197. 241.
Chem. Zentralbl. 1898. II. 793. 827.

**Moreigne**'s Reagens auf Harnstoff.

Man löst 20 g Natriumwolframat in 100 ccm Wasser und 10 g Phosphorsäure (D. = 1,13) und kocht die Mischung 20 Minuten lang unter Ersatz des verdampfenden Wassers. Eventuell säuert man die erhaltene Lösung mit Salzsäure an.

Annal. Chim. analyt. appl. 1905. 15.
Répert. de Pharm. 1907. 249.
Journ. de Pharm. et de Chim. (6) 8. 241. 293.
Leturc, Annal. Chim. analyt. appl. 1907. 194.
Chem. Zentralbl. 1907. II. 186.

**Morel-Basal**'s Reagens zum Färben mikroskop. Präparate.

a) Lösung von 1 g Hämatoxylin in 100 ccm Alkohol (95 %),
b) Lösung von 2 ccm Eisenchlorid, 1 ccm Salzsäure und 1 ccm 4 %ige Kupferacetatlösung in 95 ccm Wasser.

Als Fixierungsmittel verwendet man Morel-Dalous' Reagens.

Journ. de l'anatom. et physiol. 1909. 632.
Ztschr. f. wiss. Mikroskop. **27.** 281.

**Morel-Chavassieu**'s Reaktion auf Purinstoffe.

Eine Lösung von m-Dinitrobenzol und Natriumhydroxyd wird (bei möglichstem Luftabschluß) durch Purinbasen purpurrot gefärbt. (Vergl. Chavassieu-Morel's Reagens auf Glukose.)

Bull. Soc. Chim. France 1907. I. 520.

**Morel-Dalous**' Reagens zum Fixieren mikroskop. Präparate.

a) Eine Lösung von 2 g Kaliumbichromat in 100 ccm Wasser,
b) Mischung von 10 ccm Formaldehyd (40 %), 10 ccm Eisessig und 80 ccm Wasser.

Presse médicale 1903. 575.

**Morel-Monod**'s Reagens auf Urobilin ist eine Lösung von 1 g Zinkacetat in 100 g Alkohol (96 %), die mit Essigsäure bis zur Klärung versetzt wird.

Pharm. Ztg. 1908. 380.
Ztschr. f. angew. Chem. 1908. 51.

**Morelli**'s Reaktion auf Exsudate und Transsudate.

In gesättigte, wässerige Quecksilberchloridlösung läßt man die zu prüfende Lösung tropfenweise einfallen. Bildet sich ein gelblicher Ring, der dem Reagenzglase anhaftet oder als Ganzes zu Boden sinkt, so liegt ein Exsudat vor. Transsudate bilden ein Eiweißgerinnsel, das sofort in Flocken und Brocken zerfällt. Tuberkulöse Pleuraexsudate verhalten sich wie Transsudate.

Zanini, Rivista degli ospedali 1914, No. 12.
Deutsche med. Woch. 1914, 2048.

**Morelli**'s Reaktion auf Indol ist eine Modifikation von Angeli's Reaktion.

Semaine méd. 1908. 331.
Vergl. Zentralbl. f. Bakt. **42.** Ref. 224.

**Morikawa**'s Reaktion auf Eiweiß im Harn.

Man verdünnt 5 ccm Harn mit 10 bis 15 ccm Wasser und schichtet über 3 ccm einer mit Essigsäure angesäuerten Kaliumjodidlösung. Bei Anwesenheit von Eiweiß entsteht ein weißer Ring. Empfindlichkeitsgrenze = 0,005 % Eiweiß.

Journ. Pharm. Soc. Japan 1908. 1163.
Ztschr. allg. österr. Apoth. Ver. 1909. 327.
Pharm. Ztg. 1909. 612.
Apoth. Ztg. 1909. 43.
Vergl. auch des Autors Methode, Eiweiß mit der Biuretreaktion quantitativ kolorimetrisch zu bestimmen. Pharm. Zentrh. 1909. 1026.

**Moritz**' Reagens auf Glukose ist eine wässerige Lösung von Kupfersulfat, 80,78 g im Liter enthaltend. Zur Ausführung der Bestimmung werden in einem ½ Literkolben 5 ccm Kupfersulfatlösung mit 140 ccm 7 %igem Ammoniak gemischt, 5 ccm 12 %ige Natronlauge zugegeben und in der Siedehitze mit der Zuckerlösung auf das Verschwinden der Blaufärbung titriert. Näheres siehe: Arch. f. klin. Med. **46.** 221. — Deutsche med. Woch. **17.** 231. — Chem. Zentralbl. 1891. I. 721.

**Moritz**' Reaktion auf Glukose im Harn ist eine Modifikation von Rubner's Reaktion. Man versetzt 60 ccm Harn mit 4 ccm konz. Bleiacetatlösung, filtriert und gibt zu 5 ccm des Filtrates 1 g gepulvertes Bleiacetat und 1—2 Tropfen Ammoniakflüssigkeit, worauf man vorsichtig erwärmt, ohne die Mischung zu schütteln. Dabei nimmt der an die Oberfläche steigende Niederschlag eine rosarote Färbung an.

Arch. f. klin. Med. 1890. 265.

**Moritz**' Reaktion zur Unterscheidung von Exsudaten und Transsudaten.

Tropft man aus einer Tropfflasche mit 5 %iger Essigsäure 1—2 Tropfen in zirka 2 ccm einer Punktionsflüssigkeit, so tritt in einem Exsudat eine deutlich sichtbare Trübung auf, die sich oft zu einem flockigen Niederschlag verstärkt, während in einem Transsudat diese Trübung ausbleibt oder erst bei weiterem

Zusatz von Essigsäure, meist insgesamt 4—5 Tropfen, in Form einer leichten Opaleszenz bei auffallendem Licht oder einer fast durchsichtigen Trübung bei durchfallendem Licht sichtbar wird. In einem Exsudat ist häufig das Verhalten des ersten einfallenden Tropfen schon charakteristisch, indem er eine starke milchweiße Trübung hervorbringt, die aber beim Umschwenken wieder verschwindet. Beim 2. Tropfen tritt dann die bleibende Trübung ein.

Moritz, Dissertation München 1886.
Pieper, Münchener med. Woch. 1910. 11.
Merck's Bericht 1910. 67.
Popper, Wiener klin. Woch. 1910. 763.

**Mörk**'s Reaktion auf Vanillin.

Die zu prüfende Lösung versetzt man mit so viel Brom, bis sie danach riecht, und gibt frisch bereitete Ferrosulfatlösung zu. Bei Anwesenheit von Vanillin entsteht eine blaugrüne Färbung. (Cumarin gibt diese Reaktion nicht.) Empfindlichkeitsgrenze = 1 : 200 000.

Americ. Journ. Pharm. 63. 521.
Chem. Ztg. 1891. Rep. 343.

**Mörner**'s Reaktion auf Acetessigsäure im Harn.

Kocht man Harn, der Acetessigsäure enthält, mit Jodkalium und Eisenchlorid im Überschuß, so entwickeln sich die Schleimhäute stark reizende Dämpfe (Jodaceton), die vom Jodgeruch leicht zu unterscheiden sind.

Ztschr. f. analyt. Chem. 35. 637.
Skandinavisches Arch. f. Physiol. 5. 276.

**Mörner**'s Reagens auf Tyrosin

ist eine Mischung von 1 Volumen Formaldehyd (40 %) mit 45 Volumen Wasser und 55 Volumen konzentr. Schwefelsäure. Tyrosin wird beim Kochen mit diesem Reagens dauernd grün gefärbt.

Ztschr. f. physiol. Chem. 37. 86.
Ztschr. f. angew. Chem. 1903. 327.
Pharm. Zentrh. 1903. 816.
Chem. Zentralbl. 1903. I. 252.

**Mörner-Sjöqvist**'s Reaktion auf Salzsäure im Magensaft

beruht auf der Bildung von Chlorbaryum beim Behandeln des Harns mit Baryumkarbonat, Eindampfen und Glühen des Rückstandes, Fällen des gebildeten Chlorbaryums mit Ammoniumchromat und der jodometrischen Bestimmung des abgeschiedenen Baryumchromates. Näheres siehe: Ztschr. f. klin. Med. 32.

**Moro**'s Reagens auf Frauenmilch und Kuhmilch

ist eine 1 %ige Lösung von Neutralrot, in physiologischer Kochsalzlösung. Mischt man 5 ccm Milch mit 2 Tropfen des Reagenzes, so färbt sich Frauenmilch gelb, Kuhmilch rotviolett.

Münchener med. Woch. 1912. 2553.

**Moro**'s Reaktion auf Tuberkulose

ist eine Modifikation von Pirquet's Reaktion, die mit Hilfe einer 50 %igen Tuberkulinsalbe ausgeführt wird. Moro nennt sie «Salbenreaktion» zum Unterschied der auch von ihm beschriebenen «Tropfenpflasterreaktion».Vergl.

Münchener med. Woch. 1908. 216, 1914. 1629.
Wiener klin. Woch. 1907. No. 31.
Liebe, Münchener med. Woch. 1914. 1295.
Blumenau, ebenda 1914. 1488.

**Moro-Doganoff**'s Reaktion ist identisch mit Moro's Salbenreaktion auf Tuberkulose (vergl. diese).

**Morpurgo**'s Reaktion auf Dulcin.

Wenig Dulcin wird mit 2 Tropfen Phenol und 2 Tropfen konzentr. Schwefelsäure kurze Zeit erwärmt und mit einigen ccm Wasser verdünnt. Diese Lösung überschichtet man mit etwas Ammoniak, wobei sich die Berührungsfläche der beiden Flüssigkeiten blau oder violettblau färbt.

Pharm. Zentrh. 1893. 466.
Ztschr. f. analyt. Chem. 35. 104.
Vergl. Wender's u. Jorissen's Reaktion.

**Morpurgo**'s Reaktion auf Nitrobenzol.

2 Tropfen flüssiges Phenol, 3 Tropfen Wasser und ein erbsengroßes Stück Ätzkali erhitzt man vorsichtig zum Sieden und gibt etwas von der zu prüfenden Flüssigkeit zu. Bei Anwesenheit von Nitrobenzol färben sich nach anhaltendem Sieden die Ränder der Flüssigkeit carmoisinrot. Auf Zusatz von Chlorkalklösung geht die Farbe in Grün über.

Ztschr. d. öst. Apoth. Ver. 30. 110.
Ztschr. f. analyt. Chem. 32. 235.
Pharm. Post 1890. 258.

**Morres**' Alkoholprobe und Alizarolprobe zur Prüfung der Milch auf ihren Säurungsgrad beruht auf der flockigen Gerinnung der Milch nach Zusatz von 68 Vol %igem Alkohol oder einer Lösung von Alizarin in Teigform in 68 Vol %igem Alkohol, welche außer der Gerinnung noch durch Farbenerscheinungen von Gelb bis zu Lilarot eine Differenzierung des Säurungsgrades der Milch zuläßt. Näheres siehe: Ztschr. Unters. Nahr. Gen.-Mittel 1911. 22. 459. — Pharm. Zentrh. 1912. 637. — Vergl. auch den mikroskop. Nachweis von gekochter Milch: Milchwirtsch. Zentralbl. 5. 416, 502. — Chem. Zentralbl. 1909. II. 1169, 1910. I. 61. — Merck's Bericht 1912. 104. — Devarda-Weich, Arch. f. Chem. u. Mikroskop. 1913. 1. Chem. Zentralbl. 1913. II. 718. — Morres, Molkerei-Ztg. 24. 143; Berl. tier. Woch. 1915. 200. — Grimmer-Hopffe, Milchw. Zentralbl. 44. 257.

**Morson**'s Reaktion auf Phenol und Kreosot

gründet sich auf die bekannten Eigenschaften genannter Stoffe in bezug auf ihr Verhalten gegenüber Glycerin. In letzterem löst sich Phenol, nicht aber Kreosot.

Merck's Report 1901. 193.
Vergl. Michonneau, Chem. Zentralbl. 1903. I. 671.

**Möslinger**'s Reagens auf Salpetersäure in Milch

ist eine Lösung von 0,02 g Diphenylamin in 100 ccm verdünnter Schwefelsäure.

König, Landw. Stoffe 1906. 971.

**Mosnier's** Reagens auf Wasser und Alkohol im Äther

ist Bleiammoniumjodid (3 PbJ₂. 4 NH₄J), welches durch Wasser und Alkohol in Bleijodid und Jodammonium zerlegt wird. Schüttelt man Äther mit diesem Reagens, so kann man in der Lösung Jodammonium nachweisen, wenn Wasser oder Alkohol vorhanden ist.
Annal. de Chim. et de Phys. 12. 382.
Ztschr. f. analyt. Chem. 38. 252.

**Mossler's** Reaktion auf Paraffin in Wachs.

Sie beruht auf der Unverseifbarkeit des Paraffins. Verseift man nämlich etwa 5 g Wachs mit alkoholischer Kalilauge, verdunstet den Alkohol auf dem Dampfbad, löst den Rückstand unter Erwärmen in 20 g Glycerin und gibt 100 ccm siedendes Wasser zu, so entsteht bei Anwesenheit von Paraffin eine stärkere Trübung oder Fällung, während außerdem nur eine schwach trübe oder durchscheinende Mischung erhalten wird.
Seifensieder Ztg. 1907. 121.

**Mosso's** Reagens für mikroskop. Zwecke

ist eine 1 %ige, wässerige Lösung von Osmiumsäure. Gebraucht wie Gower's Reagens.
Atti Acad. Lincei Rendiconti, 1888. 431.
Ztschr. f. wiss. Mikroskop. 1890. 64.
Flesch, Ztschr. f. wiss. Mikroskop. 1888. 83.
Eberth-Friedländer, Mikroskop. Techn. 1894. 283.

**Mott-Haliburton's** Reaktion auf Cholin

beruht auf der Doppelbrechung der Cholinplatinchlorid-Krystalle. Näheres siehe: Philos. Transact. Royal Soc. 1899. 191. 218. — Donath, Journ. of Physiol. 1905. 33. 211. — Chem. Zentralbl. 1906. I. 285.

**Moulin's** Reaktion auf Asparagin.

Resorcinhaltige, konzentr. Schwefelsäure wird beim Erwärmen mit Asparagin grünlichgelb gefärbt. Diese Reaktionsflüssigkeit nimmt nach dem Verdünnen mit Wasser auf Zusatz von Natronlauge oder Ammoniak eine grünliche Fluoreszenz an. Wie Asparagin reagiert auch Saccharin.
Journ. de Pharm. et de Chim. (6) 3. 543.
The Analyst 21. 332.
Ztschr. f. analyt. Chem. 36. 715.

**Moulin's** Reaktion auf Pyramidon.

Bringt man auf gepulvertes Pyramidon konz. Salpetersäure, so entsteht zuerst eine gelbe, dann blauschwarze und schließlich blaue Färbung. (Vergleiche Pevenasse's Reaktion.)
Répert. de Pharm. 1911. 354.

**Moulin's** Reagens auf Quecksilberchlorid

ist eine Lösung von 2 g Diphenylcarbazid in 10 ccm Essigsäure, die mit Alkohol auf 20 ccm ergänzt wird. Die zu prüfende Lösung versetzt man mit einigen Tropfen Reagens, schüttelt um und gibt Natriumacetatlösung (1 : 10) zu. Bei Gegenwart von Sublimat entsteht eine blaue Färbung.
Deutsch-Amerik. Apoth. Ztg. 25. 116.
Ztschr. f. analyt. Chem. 1905. 454.
Südd. Apoth. Ztg. 1904. 988.
Pharm. Rundschau 1904. 362.
L'Union pharm. 1904. Nr. 4.

**Możejko's** Reagens für mikroskopische Zwecke.

(Berlinerblau-Injektionsmasse.) Man läßt 5 g Gelatine in 20 g Wasser aufquellen und bringt sie durch Erwärmen zur Lösung. Zu dieser Mischung gibt man eine Lösung von 5 g Zucker in 10 g konzentr. Berlinerblaulösung. Es bildet sich so kein Gerinsel, sondern eine homogene Masse, der noch 100 g konzentr. Berlinerblaulösung zugefügt werden.
Ztschr. f. wiss. Mikroskop. 1912. 29. 517.
Zum Fixieren der mit obigem Reagens injizierten Präparate verwendet man eine Mischung von 10 ccm Formalin, 90 ccm Alkohol (70 %) und 5 ccm Salpetersäure.

**Much-Holzmann's** Psychoreaktion.

Die Autoren fanden, daß die Kobragifthämolyse durch das Blutserum Gesunder nicht gestört wird, wohl aber durch das Serum von Kranken der Dementia-präcox-gruppe und des manischen Irreseins. Aus dieser Hemmung kann man nach ihrer Ansicht diagnostische Schlüsse ziehen.
Münchener med. Woch. 1909. 1001.
Med. Klinik 1910. 831.
Hübner, Deutsche med. Woch. 1909. 1183.
Pförringer, ebenda 1909. 1627.

**Mühlmann's** Reaktion auf Adrenalin.

Adrenalin wird auf Zusatz von Quecksilberchloridlösung rot gefärbt.
Münchener med. Woch. 1896. 623.
Deutsche med. Woch. 1896. 409, 1909. 982.

**Müller-Brendel's** Reaktion auf Syphilis siehe Brendel's Reaktion.

**Mulder's** Reaktion auf Eiweiß.

(Xanthoproteinreaktion.) Eiweißstoffe werden beim Kochen mit Salpetersäure gelb gefärbt. Beim Übersättigen mit Natronlauge färbt sich das Reaktionsgemisch orangegelb bis bräunlich.
Journ. f. prakt. Chem. 16. 297.
Bernthsen, Lehrb. d. Chem. 1895. 539.
Schmidt, Pharm. Chem. 1896. II. 1621.
Hammarsten, Physiol. Chem. 1899. 26.
Salkowski, Ztschr. f. physiol. Chem. 12. 215.
Rohde, ebenda 44. 170.
Nickel, Die Farbenreakt. d. Kohlenstoff-Verb. 1890. 17.
Inouye, Ztschr. f. physiol. Chem. 1912. 81. 80.

**Mulder's** Reagens auf Glukose

ist eine mit Natriumkarbonat alkalisch gemachte Indigocarminlösung, die sich beim Erhitzen mit Glukose (über Grün und Rot) gelb färbt.
Chem. Zentralbl. 1859. 974; 1861. 176; 1863. 445.
Arch. der Pharm. 145. 268.
Ztschr. f. analyt. Chem. 1. 96. 377.
Vogel, Répert. de Pharm. 11. 62.

**Mulder's** Reaktion auf Silberperoxyd ($Ag_2O_2$) und Wasserstoffsuperoxyd
ist eine Lösung von Diphenylamin in Schwefelsäure, die durch genannte Stoffe gebläut wird.
Chem. Ztg. 1903. Rep. 326.
Chem. Zentralbl. 1904. I. 55.

**Müller's** Reagens auf Blut.
(Guajakindikator.) 5 g käufliches Guajakharz werden in 10 ccm Eisessig und 10 ccm Alkohol gelöst, filtriert und das Filtrat mit Wasser auf das doppelte Volumen verdünnt. Vom abgeschiedenen Harz wird abfiltriert und das Filtrat langsam in 100 ccm siedendes Wasser eingetragen. Nach dem Erkalten scheidet sich ein Harz ab, das in 10 Teilen Alkohol gelöst wird. Auf 20 ccm dieser Guajakharzlösung gibt man 1 ccm Perhydrol. Zur Ausführung einer Blutreaktion braucht man 3—5 Tropfen dieses Reagenzes.
Pharm. Ztg. 1911. 555.

**Müller's** Reaktion auf Cystin.
Eine alkalische, wässerige Lösung von Cystin wird durch Nitroprussidnatrium violettrot gefärbt.
Arch. f. klin. Med. 1876. 259.
Mankiewicz, Pharm. Zentrh. 1883. 301.
Vergl. Liebig's Reaktion.

**Müller's** Reaktion auf Eiter im Harn.
10 ccm Harn versetzt man tropfenweise mit Kalilauge (15 %) und schüttelt um. Hält man hierauf das Reagenzglas sofort ruhig, so bemerkt man, daß die Luftbläschen (bei Anwesenheit von Eiter) durch die visköse Flüssigkeit nur langsam aufsteigen oder sogar in derselben stehen bleiben.
Berl. klin. Woch. 1903. 918.
Apoth. Ztg. 1903. 706.
Pharm. Ztg. 1903. 835.
Pharm. Zentrh. 1903. 925.
Goldberg, Zentralbl. f. innere Med. 1905. Nr. 20 oder
Deutsche Med. Ztg. 1905. 940.

**Müller's** Reagens zur Differenzierung von tuberkulösem und andersartigem Eiter
ist Millon's Reagens, das unter bestimmten Bedingungen mit tuberkulösem Eiter ein festes Häutchen bildet, während nichttuberkulöser Eiter eine zerfließliche Scheibe bildet. Tuberkulöser Eiter bleibt ungefärbt, Kokkeneiter färbt sich rot.
Merck's Bericht 1907. 191.
Zentralbl. f. innere Med. 1907. Nr. 12.
Deutsche med. Woch. 1907. 602. 685, 1908. 972.
Dreyer, Münch. med. Woch. 1908. 728.
Dold, Deutsche med. Woch. 1908, 869.
Engeland, Chem. Zentralbl. 1910. II. 1762.
Neuberg, Biochem. Ztschr. 26. 529.

**Müller's** Reagens auf Natriumhydroxyd in Natriumkarbonat
ist eine verdünnte, wässerige Lösung von Kaliumpermanganat, die sich bei Anwesenheit von Natriumhydroxyd grün färbt.
Merck's Report 1901. 193.

**Müller's** Reaktion auf Quecksilber im Harn mittelst Kupferfeile siehe:
Mitteil. aus d. med. Klinik zu Würzburg 2. Bd. 357 oder
Ztschr. f. analyt. Chem. 26. 670.
Vergl. Almén's Reaktion.

**Müller's** Reagens zum Entkalken mikroskop. Präparate
ist eine Lösung von 1 g Natriumsulfat und 2,5 g Kaliumdichromat in 100 ccm Wasser mit oder ohne Zusatz von 1 g Salpetersäure.
Haug, Ztschr. f. wiss. Mikroskop. 1891. 3.

**Müller's Formol** siehe Orth's Reagens.

**Müller's** Reagens zum Härten mikroskop. Präparate
ist eine Lösung von 1 g Natriumsulfat und 2 g Kaliumdichromat in 100 ccm Wasser. Gebraucht zum Härten für viele Organe, besonders für das Nervensystem und den Bulbus. Marchi und Algeri geben auf 10 ccm dieses Reagenzes noch 5 ccm 1 %ige, wässerige Osmiumsäurelösung zu, um damit degenerierende Nervenfasern zu färben.
Langley-Anderson, Ztschr. f. wiss Mikroskop. 1899. 380.
Marchi, ebenda 1901. 436.
Behrens' Tabellen 1892. 57.
Eberth-Friedländer, Mikroskop. Techn. 1894. 30. 55.

**Müller's** Reagens zum Imprägnieren mikroskop. Präparate
besteht aus 3 Lösungen:
a) 1 %ige, wässerige Silbernitratlösung,
b) 1 g Jodsilber und eine Spur Jodkalium in 100 ccm Wasser,
c) 0,1 %ige, wässerige Silbernitratlösung.
Arch. f. path. Anat. 31. 110.
Behrens' Tabellen 1892. 95.
Enzyklop. d. mikroskop. Techn. 1903. 1257.

**Müller-Boneko's** Reaktion auf Schwefelwasserstoff im Harn
ist die Caro'sche Methylenblaureaktion (siehe diese).
Chem. Zentralbl. 1888. 115.

**Müller-Raschig's** Reagens auf Schwefelsäure
ist Raschig's Reagens (siehe dieses).

**Muller's** Reagens zur Phosphorsäurebestimmung.
a) Man löst 50 g Molybdänsäure in 105 ccm Ammoniakfl. (20 %) und 90 ccm Wasser. — b) Eine Mischung von 460 ccm Salpetersäure (1,42) mit 290 ccm Wasser. — Man gibt Lösung a unter Umschwenken in Lösung b und gibt 10 ccm Ammoniumcitratlösung zu. Nach 24 Stunden wird filtriert.
Bull. Assoc. Chim. Sucr. Dist. 29. 619.
Chem. Zentralbl. 1912. I. 1736.

**Mulliken-Scudder's** Reaktion auf Methylalkohol
beruht auf der Oxydation des Methylalkohols zu Formaldehyd mittels einer oxydierten, glühenden Kupferspirale. Der entstandene Formaldehyd wird mit diesem Reaktions-

gemisch nach Zugabe von Resorcin und Schichten über konzentr. Schwefelsäure durch einen rosaroten Ring nachgewiesen.
Americ. Chem. Journ. **21**. 266; **24**. 444.
Ztschr. f. analyt. Chem. **40**. 608; **42**. 656.
Journ. Americ. Chem. Soc. **27**. 892; **28**. 1202.
Jandrier, Annal. chim. analyt. appl. **4**. 656.
Stadler, Americ. Journ. of Pharm. 1905. 106.

**Mulon's** Reaktion auf Adrenalin.
Adrenalinlösung wird durch Osmiumsäure oxydiert und rot gefärbt, während metallisches Osmium als schwarzer Niederschlag ausgeschieden wird.
Compt. rend. Soc. Biolog. 1904. 25. Januar.
Presse méd. 1904. 63.
Nouv. Remèd. 1905. 326.

**Munk's** Reaktion auf Gallenfarbstoffe.
10 ccm Harn macht man mit Natriumkarbonatlösung alkalisch und gibt dann solange 10 %ige Calciumchloridlösung zu, als noch ein Niederschlag entsteht. Man sammelt den letzteren auf einem kleinen Faltenfilter, wäscht mit Wasser aus und löst ihn in 10 ccm einer Mischung von 5 ccm konzentr. Salzsäure und 95 ccm Alkohol. Die erhaltene Lösung färbt sich bei Anwesenheit von Gallenfarbstoffen grün bis blau. Empfindlichkeitsgrenze = 0,00002 g Bilirubin in 10 ccm Harn.
Deutsche Med. Ztg. 1898. 934.
Pharm. Zentrh. 1899. 61.
Vergl. Huppert's Reaktion.

**Murray's** Reagens auf Eiweiß im Harn
ist eine gesättigte, wässerige Lösung von Salicylsulfosäure.
Vergl. Roch's Reagens.
Ztschr. d. öst. Apoth. Ver. 1904. 578.

**Musculus'** Reagens auf Harnstoff.
Mit ammoniakalischem, in Gärung befindlichem Harn tränkt man Filtrierpapier und färbt es nach dem Trocknen mit Curcuma. Der Autor filtriert den Harn durch Filtrierpapier und benützt dann dieses Papier als „Harnfermentpapier". Im trockenen Zustande läßt sich das Papier lange aufbewahren. Taucht man dieses Papier in eine Flüssigkeit, die Harnstoff enthält, so färbt sich dasselbe in kurzer Zeit braun.
Berl. Ber. 1874. 124.
Ztschr. f. analyt. Chem. **13**. 247; **15**. 363.
Arch. de Physiol. **12**. 214.

**Musculus-Mering's** Reaktion auf Urochloralsäure.
Papierstreifen, die mit einer Lösung von Xylidin in 50 %iger Essigsäure befeuchtet sind, werden durch Urochloralsäure rot gefärbt. Näheres siehe: Pharm. Zentrh. 1897. 436.

**Musset's** Reaktion auf Thiosulfat in Natriumbikarbonat.
Verreibt man 5 g Natriumbikarbonat mit 0,1 g Kalomel und einigen Tropfen Wasser, so färbt sich die Masse bei Anwesenheit von Thiosulfat grau.
Chem. Ztg. 1890. Rep. 129.
Pharm. Zentrh. 1890. 230.

**Muter-Hackman's** Reaktionen auf Bombay-Macis in Banda-Macis.
Befeuchtet man Filtrierpapier mit einem alkoholischen Auszug von Macis und gibt 1 Tropfen Alkali darauf, so bewirkt Banda-Macis eine hellgelbe, Bombay-Macis eine tief orangerote Färbung. — Der alkoholische Auszug der Droge verhält sich bei öfterer Wiederholung verschieden. Banda-Macis gibt nach dreimaliger Extraktion mit Alkohol mit Bleiacetatlösung keine Reaktion mehr, Bombay-Macis gibt noch nach 25 maliger Extraktion bei Zugabe des Reagenzes zu dem alkoholischen Auszug einen gefärbten Niederschlag. Näheres siehe: Pharm. Journ. 1909. **29**. 132.

**Muthmann's** Reagens zur Trennung von Mineralgemischen
ist Acetylentetrabromid (D. = 2,97—3,00).
Merck's Index 1910. 2.
Merck's Bericht 1899. 19.
Pharm. Zentrh. 1899. 16.
Ztschr. f. angew. Mikroskop. 1899. **4**. 213.

**Mya's** Reagens auf Eiweiß.
Eine wässerige Lösung von Nitroprussidkalium gibt mit angesäuertem (Essigsäure), eiweißhaltigem Harn eine Trübung oder einen Niederschlag, ähnlich wie Ferrocyankalium.
Arch. der Pharm. **225**. 500.
Ztschr. f. analyt. Chem. **27**. 124.

**Mylius'** Reaktion auf Cholsäure.
Man löst 0,02 g Cholsäure in 0,5 g Alkohol, gibt 1 ccm 1/10 Norm. Jodlösung zu und verdünnt allmählich mit Wasser. Es scheiden sich gelbe, metallglänzende, im durchfallenden Lichte blaue Krystalle ab (Jodcholsäure). Choleinsäure, gepaarte Gallensäuren und Hyocholsäure geben diese Reaktion nicht.
Berl. Ber. 1887. **20**. 683.
Ville, Bull. Soc. Chim. France 1913. **13**. 866.

**Mylius'** Reaktion auf Gallensäuren
siehe: Udranszky's Modifikation von Pettenkofer's Reaktion.

**Mylius'** Eosinprobe zur Glasuntersuchung
siehe: Ztschr. f. anorgan. Chem. 1907. 235.

**Myttenaere's** Reaktion auf unechtes Kirschlorbeerwasser.
Der Indikator Congorot wird durch echtes Bittermandelwasser nicht gebläut, wohl aber durch unechtes, aus Benzaldehyd und Cyanwasserstoff bereitetes, weil Benzaldehyd immer Benzoesäure enthält.
Répert. de Pharm. 1910. 358.

**de Nabias'** Reagens auf Urobilin
ist Roman-Delluc's Reagens.
Vergl. Pharm. Zentrh. 1907. 430.
Journ. de Pharm et de Chim. 1907. 119.
Compt. rend. biol. **61**. 642.

**Nadler's** Reaktion auf Morphin.

1. Eine alkalische Lösung von Morphin färbt eine Lösung von Kupferoxydammoniak von Blau in Grünblau.
2. Kocht man etwas Morphin mit einer Mischung von 2 Teilen konzentr. Schwefelsäure und 1 Teil Wasser, versetzt mit überschüssigem Ammoniak und schüttelt mit Chloroform, so färbt sich letzteres noch bei 1 mg Morphin rosenrot.

Arch. der Pharm. **202.** 553.
Ztschr. f. analyt. Chem. 13. 235.

**Nägeli's** Reagens (Chlorzinkjodlösung)

ist eine konzentr., wässerige Chlorzinklösung, die mit Jodkalium und dann mit Jod gesättigt wurde.

Sitz.-Ber. d. Akad. d. Wiss. Wien 1863. 383.
Strasburger, Kl. Botan. Prakt. 1893. 219.

**Nägeli's** Reaktion auf Aldehyde und Ketone

beruht auf der Überführung genannter Stoffe in Oxime bei der Behandlung mit Hydroxylamin. Näheres siehe: Berl. Ber. **16.** 494. — Ztschr. f. analyt. Chem. **23.** 74.

**Nakai's** Reagens auf Methylalkohol bezw. Formaldehyd

ist Fuchsinschweflige Säure, die man durch Mischen von 50 ccm gesättigter Natriumbisulfitlösung mit 1 Liter 0,1 %iger, wässeriger Fuchsinlösung und 1 ccm Schwefelsäure erhält. 3 ccm des zu prüfenden Weingeistes werden mit 2,5 g Ammoniumpersulfat, 8 ccm verd. Schwefelsäure (1+4) versetzt, mit Wasser auf 50 ccm ergänzt und abdestilliert, wobei man das Destillat der Reihenfolge nach zu je 5 ccm gesondert auffängt. Diese verschiedenen Fraktionen werden nach Zusatz von 2 Tropfen Reagens gekocht und nach dem Erkalten mit 1—3 ccm einer Stannichlorid enthaltenden Stannochloridlösung gemischt. Enthält der zu prüfende Weingeist keinen Methylalkohol und das Destillat infolgedessen keinen Formaldehyd, so entfärbt sich die 3.—5. Fraktion weit schneller als die ersten beiden Fraktionen. Ist aber Formaldehyd vorhanden, so bleibt die violettblaue bis blaue Färbung der 3.—5. Fraktion viel länger bestehen, als die der ersten Fraktionen.

Yakugakuzasshi 1912. No. 364.
Pharm. Zentrh. 1912. 1138.

**Nakayama's** Reagens auf Gallenfarbstoffe.

a) Eine Mischung von 1 g rauchender Salzsäure, die 0,4 % Eisenchlorid enthält, mit 99 g Alkohol (96 %).
b) Eine Lösung von 10 g Baryumchlorid in 90 ccm Wasser.

Die Reaktion ist eine Modifikation von Huppert's Reaktion. Näheres siehe: Südd. Apoth. Ztg. 1903. 322. — Ztschr. f. physiol. Chem. 36. 398. — Chem. Zentralbl. 1902. II. 1154. — Schippers, Münchener med. Woch. 1908. 434. — Biochem. Ztschr. 1908. 241. — Maslow, Ztschr. physiol. Chem. **74.** 297.

**Napier's** Reaktion auf Wasser im Äther.

Gibt man zu Äther blaues Cobaltpapier, so färbt sich dasselbe bei Anwesenheit von Wasser rot.

Krauch, Prüfg. d. Reagenzien 1896. 10.

**Nasse's** Reagens auf Eiweiß

ist eine mit Natriumnitrit versetzte Lösung von Mercuriacetat. Gebraucht wie Millon's Reagens.

Archiv f. d. ges. Physiol. **83.** 361.
Ztschr. f. analyt. Chem. **40.** 193.

**Nasse's** Reaktion auf Tannin, Gallus- und Pyrogallussäure.

Die drei genannten Körper geben in wässeriger und alkoholischer Lösung bei Anwesenheit geringer Mengen von neutralen oder sauren Salzen (?) mit Jodlösung eine vorübergehende purpurrote Färbung.

Berl. Ber. **17.** 1166.
Ztschr. f. analyt. Chem. **24.** 100.
Vaubel, Ztschr. f. angew. Chem. 1903. 1073.
Chem. Zentralbl. 1903. II. 1477.

**Nastioukow's** Konservierungsflüssigkeit.

Man löst 2 g Kreosot und 10 g Kaliumnitrat in 800 g Wasser und 200 g Glycerin.

Galli-Valerio, Zentralbl. f. Bakteriol. (Orig.) 1909. 538.
Ztschr. f. wiss. Mikroskop. 1910. 163.

**Natanson's** Reaktion auf Eisen.

Die bekannte Rhodaneisenreaktion kann in zweifelhaften Fällen durch Schütteln der Reaktionsflüssigkeit mit Äther verschärft werden, da letzterer das Eisenrhodanid aufnimmt.

Liebig's Annal. 1864. 246.
Chem. Zentralbl. 1864. 1104.
Brioni, ebenda 1909. I. 508.
Bongiovanni, ebenda 1907. II. 634; 1908. II. 930.

**Neal,** siehe Mac Neal.

**Neelsen's** Reagens auf Tuberkelbazillen siehe **Ziehl-Neelsen**'s Reagens.

**Neermann's** Reaktion auf Gallenfarbstoffe

ist identisch mit Paul's Reaktion. Der Autor verwendet eine Lösung von Methylviolett 1 : 200, die sich in ikterischem Harn in Rot verändert.

Petersen, Deutsche med. Woch. 1911. 1891.

**Negro's** Reagens zum Färben mikroskop. Präparate.

Eine Mischung von 4 ccm konzentr., alkoholischer Hämatoxylinlösung mit 150 ccm konzentr. wässeriger Ammoniakalaunlösung läßt man 8 Tage lang an der Luft stehen und gibt dann 25 ccm Methylalkohol und 25 ccm Glycerin zu.

Ztschr. f. wiss. Mikroskop. 1890. 74.
Enzyklop. d. mikroskop. Techn. 1903. 911.
Eberth-Friedländer, Mikroskop. Techn. 1894. 265.

**Neisser's** Reagens zur Bakterienfärbung ist Ziehl-Neelsen's Reagens oder:

a) Eine Lösung von 1 g Methylenblau in 20 ccm Alkohol (90 %), verdünnt mit 950 ccm Wasser und 50 ccm Eisessig.
b) Eine filtrierte Lösung von 2 g Vesuvin in 1000 ccm Wasser. Gebraucht zur Diphtheriediagnose.

Ztschr. f. wiss. Mikroskop. 1899. 260.
Ztschr. f. Hyg. u. Infekt. 1897. 443.
Enzyklop. d. mikroskop. Techn. 1903. 808.

**Neisser's** Reagens zur Färbung von Diphtheriebazillen.

a) Eine Lösung von 1 g Methylenblau in 20 g Alkohol, 50 g Eisessig und 1000 g Wasser.
b) Lösung von 1 g Krystallviolett in 10 g Alkohol und 300 g Wasser.
c) Lösung von 1 g Chrysoidin in 300 g Wasser.

Man färbt in einer Mischung von 2 Teilen der Lösung a und 1 Teil der Lösung b und nach dem Abspülen mit Wasser in Lösung c.

Hygien. Rundsch. 1903. 705.
Pharm. Ztg. 1906. 943.
Abel, Bakt. Taschenb. 1907. 63.
Löffler, Deutsche med. Woch. 1907. 169.
Blumenthal, Zentralbl. Bakt. 38. I. 359.

**Neisser-Wechsberg's** Reaktion (Antilysinreaktion) siehe: Zeitschr. f. Hyg. 1901. 36. und Hohmuth's Antilysinreaktion.

**Neisser-Wechsberg's** Reaktion auf lebende und tote Zellen.

Mischt man 1 ccm Leukozytenexsudat mit 1½ ccm physiologischer Kochsalzlösung und 1 Tropfen stark verdünnter Methylenblaulösung, so wird der Farbstoff nur durch lebende, nicht aber durch abgetötete Leukozyten entfärbt.

Münchener med. Woch. 1900. 1261.
Merck's Bericht 1900. 134.

**Neitzel's** Reagens auf Zucker ist eine Modifikation von Molisch's Reagens. Statt α-Naphthol wird Kampfer verwendet, der gegen eventuell vorhandene Nitrite nicht reagiert.

Vergl. Udránszky's Reaktion.
Chem. Ztg. 1894. Rep. 93.
Ztschr. f. Rübenzuckerindustrie 1894. 221.

**Nelis'** Reagens zum Fixieren mikroskop. Präparate.

Eine Lösung von 2 g Kupfersulfat und 0,5 ccm Eisessig in 100 ccm Formaldehyd (7 %), die mit Quecksilberchlorid gesättigt ist.

Enzyklop. d. mikroskop. Techn. 1903. 402.

**Nencki's** Reaktion auf Indol.

Versetzt man eine Indollösung mit roter, rauchender Salpetersäure, so entsteht ein hellroter Niederschlag, aus mikroskop. kleinen Nadeln bestehend.

Berl. Ber. 8. 336.
Vergl. Baeyer's Reaktion.

**Nencki's** Reaktion auf Merkaptan im Harn.

Der Harn wird mit Oxalsäure destilliert und die entweichenden Gase durch Quecksilbercyanidlösung geleitet, der entstandene Niederschlag wird mit Salzsäure destilliert und das Destillat in Bleiacetatlösung aufgefangen. Es bildet sich ein gelber, krystallinischer Niederschlag. Näheres siehe: Neubauer u. Vogel, Analyse d. Harns 1898. 51.

**Nencki-Sieber's** Reaktion auf Phenol.

Mischt man eine stark verdünnte, wässerige Phenollösung mit wenig p-Oxybenzaldehyd und dem gleichen Volumen konzentr. Schwefelsäure, so färbt sich die Mischung gelb und nach Übersättigen mit Alkali rosarot.

Journ. f. prakt. Chem. (2) 26. 25.

**Nencki-Sieber's** Reaktion auf Urobilin im Harn.

Man schüttelt 20 ccm Harn mit 10 ccm Amylalkohol. Letzterer zeigt auf Zugabe einiger Tropfen 1 %iger, ammoniakalischer, alkoholischer Chlorzinklösung eine grüne Fluoreszenz und ein charakteristisches Absorptionsspektrum.

Journ. f. prakt. Chem. (2) 26. 336.
Monatsh. f. Chemie. 10. 573.
Lépinois, Journ. de Pharm. et de Chim. (6) 6. 389.
Leo, Chem. Zentralbl. 1897. I. 440.
Denigès, Ztschr. f. analyt. Chem. 36. 738.
Jolles, ebenda 35. 640.

**Nencki-Sieber's** Urorosein-Reaktion.

Urorosein nannten Nencki und Sieber einen Farbstoff, der in pathologischen Harnen durch Schwefelsäure oder Salzsäure erzeugt wird. Die Reaktion wird ausgeführt, indem man 10 Teile Harn mit 1 Teil Salzsäure oder 25 %iger Schwefelsäure versetzt. Der Harn färbt sich bei positiver Reaktion rötlich bis rosarot. Der Farbstoff geht beim Schütteln mit Amylalkohol in diesen über und zeigt ein charakteristisches Absorptionsspektrum zwischen D und E.

Journ. f. prakt. Chem. 1882. 26. 333.
Riesser, Dissert. Königsberg 1911.
Salkowski, Ztschr. f. physiol. Chem. 42. 216.
Rosin, Virchow's Archiv 1891. 123. 556 u. Deutsche med. Woch. 1893. 51.
Wechselmann, Dissert. Berlin 1906.
Herter, Journ. Biolog. Chem. 1908. 238.

**Neßler's** Reagens auf Aldehyd (im Äther) ist identisch mit Neßler's Reagens auf Ammon. Aldehyd gibt mit diesem Reagens einen in Cyankaliumlösung unlöslichen, braunen Niederschlag. Zur Herstellung des Reagenzes kann an Stelle von Natriumhydroxyd auch Baryumhydroxyd verwendet werden. Empfindlichkeitsgrenze = 0,0005 %.

Liebig's Annal. 284. 226.
Chem. Ztg. 1895. 58.
Wobbe, Apoth. Ztg. 1903. 488.

**Neßler's** Reagens auf Ammon.

Man löst 10 g Quecksilberjodid in 5 g Jodkalium und 50 ccm Wasser und gibt eine

Lösung von 20 g Natriumhydroxyd in 50 ccm Wasser zu. Das Reagens gibt mit Ammoniak oder Ammonsalzen in wässeriger Lösung je nach der vorhandenen Menge eine gelbe Färbung bis zu einem braunroten Niederschlag.

Chem. Zentralbl. 1856. 529.
Merck's Index 1902. 263.
Enzyklop. d. gesamt. Pharm. 1886. I. 304; 1888. V. 612 u. 1889. VII. 305.

Nach Hager, Pharm. Praxis 1880. I. 292, löst man in Jodkaliumlösung (7 : 70) so viel Quecksilberchlorid, bis eine Trübung entsteht, hebt letztere durch etwas Jodkalium, gibt 20 g Kaliumhydroxyd zu und verdünnt mit Wasser auf 250 ccm.

Armstrong, Chem. News **17**. 247.
Salzer, Ztschr. f. analyt. Chem. **20**. 225.
Bolley, ebenda 7. 478.
Koninck, ebenda **32**. 188.
Schulze, Berl. Ber. **25**. 661.
Winkler, Pharm. Zentrh. 1900. 296.
Egeling, (Kubel), Ztschr. f. Unters. Nahr.-Genußm. **4**. 27.
König, Landwirtsch. Stoffe 1906. 969.
Buisson, Journ. de Pharm. et de Chim. 1906. 289.
Schneider, Pharm. Zentrh. 1909. 546.
Feist, Apoth. Ztg. 1910. 104.
Charitschkoff, Journ. d. russ. physik. chem. Gesellsch. **38**. 1407, **39**. 230.
Vergl. François' Reaktion auf Ammoniak, Vamvakas Reaktion auf Gelatine, Gummi und Saponin, Tretzel's Reagens.

Frerichs und Mannheim machen folgenden Vorschlag zur Herstellung des Reagenzes: 2,5 g Jofkalium, 3,5 g Quecksilberjodid und 3 g Wasser werden in einem 100 ccm-Kölbchen bis zur Lösung behandelt (ohne Erwärmen) und dann 100 g Kalilauge (15%) zugesetzt. Man klärt die Lösung am besten durch mehrtägiges Stehenlassen und Abgießen, kann sie aber auch durch Sand filtrieren. (Apoth. Ztg. 1914. 972).

**Neßler's** Reaktion auf Citronensäure im Wein

beruht auf der Abscheidung von citronensaurem Kalk nach besonderem Verfahren. Näheres siehe: Ztschr. f. analyt. Chem. **21**. 61. Alcock, Pharm. Journ. (4) **17**. 664.

**Neßler's** Reaktion auf freie Schwefelsäure im Wein und Essig.

Man läßt 30—40 cm lange Streifen von weißem Filtrierpapier mit dem unteren Ende in die zu prüfende Flüssigkeit eintauchen. Nach 24 Stunden wird der Papierstreifen bei 100° C. getrocknet. Bei Gegenwart von freier Schwefelsäure färbt sich das Papier an der obersten Verdunstungsgrenze braun bis schwarz. Bei Anwesenheit von Zucker verliert es an Empfindlichkeit.

Pharm. Zentrh. 1877. 329.
Ztschr. f. analyt. Chem. **17**. 223.
Vergl. Mohr's Reaktion auf freie Schwefelsäure.

**Neßler's** Reagens auf Weinfarben

ist eine Lösung von 7 g Alaun und 10 g Natriumacetat in 100 ccm Wasser.

Ztschr. f. analyt. Chem. **23**. 318.

**Neubauer's** Reaktion auf Gallensäuren

ist identisch mit Külz' Reaktion (siehe diese).

**Neubauer's** Reagens auf Kreatinin

ist Zinkchloridlösung. Man bereitet sie, indem man eine sirupdicke, wässerige Chlorzinklösung mit Alkohol verdünnt, bis sie ein spez. Gew. von 1,20 aufweist. Sie wird filtriert. Das Reagens bildet unter geeigneten Bedingungen mit Kreatininlösungen (Harn) schwerlösliches Kreatinin-Zinkchlorid. Näheres siehe: Liebig's Annalen **119**. 33. — Salkowski, Ztschr. f. physiol. Chem. **10**. 113, **14**. 471. — Albanese, Archiv exper. Pathol. **35**. 453.

**Neubauer-Fischer's** Glycyltryptophan-Reaktion auf Magenkrebs.

Die Reaktion beruht auf der Gegenwart eines Fermentes im Magensaft der Kranken, das im Gegensatz zu Pepsin imstande ist, Dipeptide, wie das Glycyltryptophan in ihre Komponenten zu zerlegen. Näheres siehe: Deutsches Arch. f. klin. Med. 1909. **97**. 499. — Münchener med. Woch. 1911. 674, 1912. 551. — Arch. of intern. Med. 1912, 445. — Zentralbl. f. innere Med. 1911. 553. — Lewy, Berl. klin. Woch. 1911. No. 3. — Pechstein, ebenda 1911. No. 9.

**Neubauer-Lücker's** Reagenzien zur Phosphorsäurebestimmung.

a) In einem gut 10 Liter fassenden Glascylinder löst man 500 g Ammoniumsulfat in 4500 ccm Salpetersäure (1,4). Hierzu gibt man in dünnem Strahl eine abgekühlte Lösung von 1500 g Ammoniummolybdat in 4 Liter Wasser und ergänzt die Mischung auf 10 Liter.
b) Salpetersäure vom spez. Gew. 1,2.
c) Mischung von 30 ccm Schwefelsäure (1,84) mit 1 Liter Salpetersäure (1,2).
d) 2 % ige, wässerige Lösung von Ammoniumnitrat, pro Liter mit einem Tropfen Salpetersäure angesäuert.
e) Aceton.

Ztschr. f. analyt. Chem. 1912. 168.
Vergl. Lorenz' Reagenz.

**Neubauer-Rohde's** Reaktion auf Eiweiß

Vergl. Lorenz' Reagens.

**Neuberg's** Reagens auf aliphatische Alkohole

ist α-Naphthylcarbonimid (Naphthylisocyanat), das unter geeigneten Bedingungen mit den Alkoholen gut krystallisierende Additionsprodukte mit hohem Molekulargewicht bildet. Näheres siehe: Biochem. Ztschr. 1907. **5**. 456. 1909. **20**. 445. — Merck's Bericht 1909. 282.

**Neuberg's** Reaktion auf Bernsteinsäure

beruht auf der Überführung des bernsteinsauren Ammons in Pyrrol durch Glühen mit

Zinkstaub. Pyrrol gibt die Fichtenspanreaktion. Empfindlichkeitsgrenze = 0,0006 g.
Ztschr. f. physiol. Chem. **31.** 574.
Ztschr. f. analyt. Chem. **40.** 193.
Chem. Zentralbl. 1904. II. 1435.

**Neuberg's** Reagens auf Formaldehyd
ist eine wässerige Lösung von salzsaurem p-Dihydrazindiphenyl.—Formaldehydlösungen geben mit diesem Reagens eine gelbe Färbung oder Fällung, besonders beim Erwärmen. Empfindlichkeitsgrenze = 1 : 5000—8000.
Berl. Ber. **32.** 1961.

**Neuberg's** Reaktion auf Lävulose
beruht auf der Bildung von d-Fruktose-Methylphenyl-Osazon, wenn Lävulose unter geeigneten Bedingungen mit Methyl-Phenylhydrazin behandelt wird. Das Osazon schmilzt bei 153° C. Glukose soll die Reaktion nicht geben. Näheres siehe: Berl. Ber. 1902. 960. — Ofner, ebenda 1904. 2623. — Hannover, Ztschr. f. angew. Chem. 1905. 1173. Neuberg-Strauß, Ztschr. f. physiol. Chem. **36.** 231.

**Neuberg** siehe auch **Blumenthal-Neuberg.**

**Neuberg-Kansky**'s Reagens auf aliphatische Alkohole siehe Neuberg's Reagens.

**Neuberg-Kerb**'s Reaktionen auf Albumosen (Aminosäuren).
Die schwach mit Natriumkarbonat alkalisierte Lösung von Hetero- und Protalbumosen wird durch Mercuriacetatlösung gefällt.
Zunz, Arch. internat. de physiolog. 1912. 12. 395.
Zentralbl. f. ges. innere Med. 1913. **4.** 563.

**Neuberg-Manasse's** Reagens auf Aminosäuren
(Isophencyanatreaktion) ist α-Naphthylisocyanat, das mit Aminosäuren schwer lösliche, krystallinische Reaktionsprodukte liefert und auf diese Art eine quantitative Bestimmung ermöglicht. Näheres siehe: Berl. Ber. 1905. 2359. — Hirschstein, Berl. klin. Woch. 1906. 734. — Glaessner, Wiener med. Woch. 1906. 37.

**Neuberg-Manasse's** Reaktion auf Cystin
beruht auf der Bildung von α-Naphthylisocyanat-Cystin bei der Behandlung von Cystin mit Naphthylisocyanat und Kalilauge. Näheres siehe: Berl. Ber. **38.** 2364. Vergl. die vorhergehende Reaktion auf Aminosäuren.

**Neuberg-Marx'** Reagens auf Raffinose
ist ein nach besonderer Vorschrift gereinigtes Emulsin, das Raffinose zu d-Galaktose und Rohrzucker spaltet. Dieser Vorgang kann am Auftreten der reduzierend wirkenden Galaktose erkannt werden. (Raffinose reduziert Fehling's Reagens nicht.) Näheres siehe: Biochem. Ztschr. 3. 519 und 535. — Chem. Zentralbl. 1907. I. 1321, 1403. — Vergl. Bourquelot-Bridel, Compt. rend. **149.** 361 oder Chem. Zentralbl. 1909. II. 1497.

**Neuberg-Rauchwerger's** Reaktion auf Cholesterin.
Eine alkoholische Lösung von Cholesterin (und Phytosterin) mit etwas Methylfurfurollösung gemischt und über konzentr. Schwefelsäure geschichtet, bewirkt einen himbeerfarbigen Ring.
Festschr. f. Salkowski, Berlin 1904. 279.
Ztschr. f. physiol. Chem. 1906. (47.) 335.
Biochem. Ztschr. **14.** 349.
Ztschr. f. analyt. Chem. 1905. 68.
Chem. Zentralbl. 1904. II. 1434. 1907. II. 265.
Ztschr. f. angew. Chem. 1907. 967.
Ottolenghi, Atti dei Lincei Roma (5) **15.** I. 44.
Chem. Zentralbl. 1906. I. 1463.
Windaus, Arch. der Pharm. **246.** 123.

**Neuberg-Schewket's** Reaktion auf Glykuronsäure im Harn.
Die bekannte Orcinprobe oder Naphthoresorcinprobe wird nicht mit dem Harn selbst, sondern mit einem ätherischen Extrakt desselben ausgeführt, wodurch sie weit schärfer wird.
Vergl. Neumann's und Tollen's Reaktionen.
Biochem. Ztschr. 1912. **44.** 502.
Schewket, ebenda 1913. **55.** 4.

**Neuhaus'** Reaktion auf Santonin im Harn.
Zu 5 ccm Harn gibt man einige Tropfen Fehling's Reagens, wobei die Farbe des Harns grün und bei weiterem Zusatz dunkelviolettrot wird. Nach Zusatz von Essigsäure erhält man dann eine hellgrüne Färbung.
Deutsche med. Woch. 1906. 466.
Pharm. Ztg. 1906. 278.
Apoth. Ztg. 1906. 255.
Merck's Bericht 1906. 238.

**Neumann**'s Reaktion auf Arabinose im Harn.
Einige Tropfen frischen Harns versetzt man mit 5 ccm Eisessig und etwas alkoholischer Orcinlösung, erhitzt und gibt tropfenweise konz. Schwefelsäure zu. Ist Arabinose vorhanden, so entsteht zunächst ein grünlicher und dann violetter Farbenton, der ein charakteristisches Absorptionsspektrum aufweist (Gelb bis Grün).
Pharm. Zentrh. 1910. 753.

**Neumann's** Reaktion auf **Eisen**
beruht auf der Ausfällung des Eisens in ammoniakalischer Lösung durch Zinkammoniumphosphat. Die Methode dient zur quantitativen Ausfällung des Eisens (z. B. in Harnasche), das dann jodometrisch bestimmt werden kann. Das Zinkreagens stellt man her, indem man etwa 25 g Zinksulfat und 100 g Natriumphosphat in Wasser löst und auf ein Liter mit Wasser auffüllt. Der entstandene Niederschlag von Zinkphosphat wird vor der Verdünnung mittels verd. Schwefelsäure gerade in Lösung gebracht. Näheres siehe: Ztschr. f. physiol. Chem. **37.** 122.

**Neumann**'s Reaktion auf Glukose im Harn
ist eine Modifikation von Fischer's Phenylhydrazinprobe. Näheres siehe: Pharm. Zentrh. 1902. 208. — Berl. klin. Woch. 1900. 881.

**Neumann's Reaktion auf Zink**
beruht auf der elektrolytischen Abscheidung des Zinks auf 0,5 mm dickem Kupferdraht. Näheres siehe: Ztschr. f. Elektrochem. 13. 751.

**Neumann's Reaktion auf verschiedene Zuckerarten.**

0,5 ccm der zu prüfenden Zuckerlösung mischt man mit 5 ccm Eisessig und einigen Tropfen einer 5 %igen, alkoholischen Orcinlösung und erhitzt diese Mischung zum Sieden. Alsdann läßt man anfangs 2 mal je 5 Tropfen, dann je 10 Tropfen konzentr. Schwefelsäure zufließen, indem man nach jedem Zusatz gut mischt. Die Flüssigkeit färbt sich bei Anwesenheit von Arabinose violettrot, von Xylose violettblau bis blau, von Glukose braunrot, von Fruktose braun und von Glykuronsäure grün bis grünblau. Näheres siehe: Berl. klin. Woch. 1904. 1073. — Apoth. Ztg. 1904. 825. — Merck's Bericht 1904. 143. — Pharm. Zentrh. 1910. 753. — Mann, Berl. klin. Woch. 1905. 231.

**Neumann's Reagens für mikroskop. Zwecke**
ist 10 %ige Bromwasserstoffsäure, die sich als praktisches Hilfsmittel bei der Golgi'schen Färbmethode bewährt hat.

Greppin, Arch. f. Anat. 1889. Suppl. 55.
Ztschr. f. wiss. Mikroskop. 1890. 67.

**Neumann-Wender's Reagens auf Alkaloide**
ist eine Mischung von 1 g Furfurol und 50 ccm konzentr. Schwefelsäure.

Zusammenstellung der Farbenreaktionen siehe: Chem. Ztg. 1893. 950.

**Neumann-Wender's Reaktion auf Glukose im Harn**
beruht auf der Reduktion von Methylenblau (oder Safranin). 1 ccm Harn verdünnt man mit 10 ccm Wasser. Von dieser Mischung versetzt man 1 ccm mit 1 ccm Natronlauge und 1 ccm wässeriger Methylenblaulösung (1 : 1000), gibt 2 ccm Wasser zu und kocht eine Minute lang. Tritt Entfärbung der Mischung ein, so ist Glukose vorhanden.

Anleitung zur Untersuchung des Harns, Wien 1890. 33.
Pharm. Post 26. 393.
Ztschr. f. analyt. Chem. 33. 118.
Fröhlich, Chem. Ztg. 1898. 45.
Hocke, Prager med. Woch. 1898. 441.
Bremer, Wiener med. Presse 1898. 635 oder
Pharm. Zentrh. 1898. 315.
Vergl. Goff's Reagens.
Ferranini, Gazz. degli osped. e delle clin. 1904. 73.
Neumann-Wender, Biochem. Ztschr. 28. 523.
Muster-Woker, Pflüger's Arch. 1913. 155. 92.

**Neumann-Wender's Reaktionen auf Diastase.**

5 ccm Diastaselösung (1 : 1000) mischt man mit 1 ccm verdünntem Wasserstoffsuperoxyd und 10 Tropfen eines der folgenden Reagenzien:

Guajakharzlösung, alkoholische + $H_2O_2$ = intensive Blaufärbung.
Guajakholztinktur, frisch + $H_2O_2$ = dunkelblaue Färbung.
Guajakholztinktur, alt, ohne $H_2O_2$ = dunkelblaue Färbung.
Pyrogallollösung + $H_2O_2$ = orangerote Färbung.
Naphthollösung + $H_2O_2$ = violettblaue Färbung.

Vergl. Wurster's Reagens auf Ozon etc.
Tetramethylparaphenylendiamin + $H_2O_2$ = violette Färbung.
Jodcadmiumstärkekleister + $H_2O_2$ = dunkelblaue Färbung.
Ursol D., verdünnt + $H_2O_2$ = violettbraune Färbung.
Apoth. Ztg. 1903. 471.

**Nicholson's Reagenzien zur Wasseranalyse**
siehe: Journ. of the Chem. Soc. 1862. 468.
Chem. Zentralbl. 1863. 502.

**Nickel's Reaktion auf Aldehyde**
(Unterscheidung von Aldehyden mit oder ohne Hydroxylgruppe)
siehe: Chem. Ztg. 17. 1413.
Ztschr. f. analyt. Chem. 33. 468.

**Nickel's Reagens auf Iridol**
ist eine Lösung von 1 Teil Natriumnitrit und 2 Teilen Quecksilberchlorid in 40 Teilen Wasser. Gleiche Volumteile dieses Reagenzes und einer alkoholisch-wässerigen Lösung von Iridol zum Kochen erhitzt, zeigen nach einigen Minuten eine bläulichviolette Färbung. (Dieselbe Reaktion gibt Vanillin.)

Chem. Ztg. 18. 531.
Ztschr. f. analyt. Chem. 36. 194.

**Nickel's Reaktionen der Kohlenstoffverbindungen**
siehe: Ztschr. f. analyt. Chem. 28. 244 und Botan. Zentralbl. 1889. XXIII. od. Nickel, Die Farbenreakt. der Kohlenstoff-Verb. 2. Aufl. 1890, Verlag von H. Peters, Berlin; ferner Ztschr. f. analyt. Chem. 29. 604 und 30. 718; Ztschr. f. wiss. Mikroskop. 1898. 237.

**Nickel's Reaktion auf Mineralsäuren neben organischen Säuren**
ist eine Umkehrung von Wiesner's Reaktion auf Holzstoff. — Die zu prüfende Flüssigkeit (Magensaft, Essig etc.) wird mit Phloroglucin versetzt und mit einem Stück Coniferenholz gekocht. Bei Anwesenheit von freier Mineralsäure färbt sich das Holz rot.

Pharm. Zentrh. 1894. 85.

**Nickel's Reaktion auf Phlorhizin.**

Versetzt man eine Phlorhizinlösung mit viel Kaliumnitrit in Substanz und kocht die Mischung nach Zugabe von Zinksulfat, so entsteht eine blaue oder violette Färbung.

Die Farbenreakt. d. Kohlenstoff-Verb. 1890. 16.

**Nickel's** Reaktion auf Vanillin.
Kocht man eine Vanillinlösung mit kaliumnitrithaltiger Quecksilberchloridlösung, so entsteht eine schöne violette Färbung.
Die Farbenreakt. d. Kohlenstoff-Verb. 1890. 16.

**Nicklès'** Reaktion auf Aprikosenöl im Mandelöl.
Man schüttelt 10 g des zu prüfenden Öles mit 1,5 g Kalkhydrat, erhitzt auf dem Dampfbade und filtriert möglichst heiß. Bei Anwesenheit von Aprikosenöl zeigt das Filtrat nach dem Abkühlen eine weiße Trübung, bei Abwesenheit desselben bleibt es klar.
Journ. de Pharm. et de Chim. (4) **3**. 332.
Bull. Soc. Industr. Mulhouse. **36**. 88.

**Nicklès'** Reagens auf Trauben- und Rohrzucker
ist Zweifachchlorkohlenstoff, erhalten durch Einwirkung von Chlor und Wasserdampf auf Schwefelkohlenstoff. Rohrzucker wird mit dem Reagens bei 100° C. gebräunt, nicht aber Glukose.
Compt. rend. **61**. 1053.
Chem. Zentralbl. 1866. 527.

**Nicloux'** Reaktion auf Glycerin (im Blut)
beruht auf der Reduktion von Chromsäure zu Chromoxyd unter Grünfärbung. Erhitzt man Glycerin mit Kaliumbichromat und Schwefelsäure, so erhält man eine grüne Mischung. Der Autor benützte die Reaktion zur quantitativen Bestimmung des Glycerins, das zu diesem Zweck durch Destillation eventuell erst von anderen reduzierenden Stoffen befreit sein muß. Näheres siehe: Journ. de physiol. et de pathol. gén. 1903. **25**. 803. — Compt rend. **136**. 559, 764. — Bull. Soc. Chim. France 1897. **17**. 455. — Chem. Zentralbl. 1897. I. 1257, 1903. I. 854, 997. 1036. — Bordas, Compt. rend. **123**. 1072.

**Nicola's** Reaktion auf Kaliumbromat in Kaliumbromid.
Man löst 1 g Kaliumbromid in 20 ccm Wasser, gibt einige Tropfen Fuchsinschwefeligesäure zu und schüttelt um. Bei Gegenwart von Bromat entsteht eine blauviolette Färbung.
Giorn. Farm. Chim. 1912. **61**. 538.
Chem. Zentralbl. 1913. I. 461.

**Nicolas'** Reaktion auf Formaldehyd in Milch
beruht auf einer Fluoreszenzerscheinung, die durch einen Überschuß von Amidol (Diaminophenol) in formaldehydhaltigen Flüssigkeiten hervorgerufen wird.
Compt. rend. **140**. 1123.

**Nicolas'** Reaktion auf furfurolbildende Kohlehydrate im Harn.
Man erhitzt Harn mit dem gleichen Volumen Salzsäure, läßt rasch abkühlen und schüttelt mit Benzol. Letzteres ist dann bei Gegenwart von Pentosen fluoreszierend, gelbrot bis violettrot.
Bull. Soc. Chim. France 1907. **1**. 340.

**Nicolas'** Reaktion auf Indikan im Harn.
Vermischt man indikanhaltigen Harn mit einigen Tropfen einer gesättigten, wässerigen Furfurollösung und dem gleichen Volumen konzentr. Salzsäure und schüttelt vorsichtig mit Chloroform, so nimmt letzteres eine grüne Fluoreszenz an.
Bull. Soc. Chim. Paris 1905. **33**. 743.

**Nicolas-Favre-Charlet's** Intradermoreaktion auf Syphilis
siehe: Lyon médical 1910, No. 25. — Klinisch-therap. Woch. 1910. 731.

**Nicolle's** Aceton-Alkohol für mikroskop. Zwecke
ist Alkohol absolut. mit 17—33 % Aceton.
Annal. Instit. Pasteur 1895. 664.
Enzyklop. d. mikroskop. Techn. 1903. 500.

**Nicolle's** Reagens zum Färben mikroskop. Präparate (Carbolthionin).
a) Eine konzentr. Lösung von Thionin in 50 %igem Alkohol.
b) Eine 2 %ige, wässerige Phenollösung.
Man mischt 1 Teil von a mit 5 Teilen von b und läßt die Mischung vor dem Gebrauche einige Tage stehen.
Marchoux, Annal. Instit. Pasteur. 1897. 137.
Enzyklop. d. mikroskop. Techn. 1903. 1090. 1287.
Vergl. auch Ztschr. f. wiss. Mikroskop. 1896. 509.

**Niebel's** Reaktion auf Pferdefleisch
beruht auf der Isolierung von Glykogen und dem Nachweis desselben durch Goldstein's Reaktion.
Siehe: Ztschr. f. Fleisch- u. Milchhygiene **1**. 185, 210 u. **5**. 86. 130.
Ztschr. f. analyt. Chem. **36**. 267.
Brücke, Ztschr. f. analyt. Chem. **10**. 500.
Külz, ebenda **22**. 299.

**Niece's** Indikator
ist ein wässerig-alkoholischer Auszug von roten Radieschenschalen, der in saurer Lösung rot, in alkalischer grün ist. Man bereitet ihn, indem man 10 g Schalen mit 20 g Alkohol und 40 g Wasser einige Tage an einem warmen Ort stehen läßt, filtriert und das Filtrat mit Wasser auf 60 ccm ergänzt.
Merck's Report 1906. 320.

**Nierenstein's** Reaktion auf Formaldehyd
ist eine Modifikation von Lebbin's Reaktion. An Stelle von Resorcin wird Phloroglucin (0,5 %ige Lösung) vorgeschlagen. Näheres siehe: Chem. Zentralbl. 1905. II. 169. — Collegium 1905. 158. — Ztschr. f. angew. Chem. 1907. 79.

**Nierenstein's** Reagens zur Differenzierung der Gerbstoffe
ist eine 0,5 %ige, wässerige Lösung von Azobenzolchlorid, die mit Protokatechugerbstoffen Niederschläge verursacht, nicht aber mit Pyrogallolgerbstoffen.
Chem. Ztg. 1906. 868.
Südd. Apoth. Ztg. 1906. 664.

**Niessing's** Reagens zum Fixieren mikroskop. Präparate.

1. Eine Lösung von 2,5 g Platinchlorid, 0,4 g Osmiumsäure und 5 g Eisessig in Wasser zu 100 ccm.
2. Eine Lösung von 2,5 g Platinchlorid, 0,4 g Osmiumsäure und 5 g Eisessig in 22,5 g Wasser mischt man mit 50 ccm konzentr., wässeriger Quecksilberchloridlösung.

Arch. f. mikroskop. Anat. **1895.** 147.

**Niggel's** Reaktion auf Lignin (verholzte Zellmembranen). (Indolreaktion.)

Das zu prüfende Objekt wird mit wässeriger Indollösung durchfeuchtet und mit 20 %iger Schwefelsäure versetzt. Lignin gibt sich (unter dem Mikroskope) durch rote bis rotviolette Färbung zu erkennen.

Flora 1881. 545. 561.
Merck's Bericht 1888. 35.
Zipperer, Pharm. Zentrh. **1888.** 474.
Singer, Sitz.-Ber. d. Akad. d. Wiss. Wien **85.** 346.
Nickel, Farbenreaktion d. Kohlenstoff-Verb. **1890.** 57.

**Nikiforoff's** Reagens zum Fixieren von Blutpräparaten

ist eine Mischung von gleichen Teilen Alkohol und Äther.

Labbé, Arch. de Zool. Expér. **1894.** 55.
Enzyklop. d. mikroskop. Techn. **1903.** 25.

**Nikiforoff's** Formolalkohol für mikroskop. Zwecke

ist eine Mischung von 10 Teilen Formaldehyd (40 %) und 90 Teilen Alkohol.

Lehrb. d. mikroskop. Techn. 1896.

**Nikiforoff's** Reagens zum Färben mikroskop. Präparate.

1. (Boraxcarmin.) Man kocht 15 g Carmin mit 500 ccm 5 %iger, wässeriger Boraxlösung unter Zugabe von Ammoniak, bis sich der Carmin gelöst hat, dampft die Lösung auf 250 ccm ein und gibt dann Essigsäure bis zum Verschwinden der kirschroten Färbung zu. Gebraucht zu Kernfärbungen etc.
   Merck's Index 1902. 269.
   Ztschr. f. wiss. Mikroskop. **1888.** 337.
   Behrens' Tabellen **1892.** 98.
2. Eine konzentr., wässerige Methylenblaulösung (10 ccm) mischt man mit 1 %iger, alkoholischer Tropäolinlösung (5 ccm) und gibt eine Spur Kalilauge zu (2 Tropfen einer 0,1 %igen KOH-lösung).
   Enzyklop. d. mikroskop. Techn. **1903.** 808.
   Ztschr. f. wiss. Mikroskop. **1894.** 246.

**Nippe's** Reagens zum Blutnachweis in Form der Häminkrystalle

ist eine Lösung von 0,1 Kaliumbromid, 0,1 Kaliumjodid und 0,1 Kaliumchlorid in 100 g Eisessig. Die Häminkrystalle fallen damit besser und dunkler gefärbt aus, als mit der bisher verwendeten Kochsalzlösung, auch wird das mikroskopische Bild nicht durch auskrystallisiertes Natriumchlorid gestört. Näheres siehe: Deutsche med. Woch. **1912.** 2222. — Merck's Bericht 1912.

**Nissl's** Benzincolophonium für mikroskop. Zwecke

ist eine Lösung von Colophonium in Benzin, die durch Eindampfen beliebig dickflüssig oder durch Verdünnen mit Benzin beliebig dünnflüssig gemacht werden kann.

Zentralbl. f. Nervenheilk. u. Psychiatrie. **1894.** 337.

**Nissl's** Reagenzien zum Färben mikroskop. Präparate.

1. Magentarot: Eine gesättigte, wässerige Lösung.
2. Methylenblau: 3,75 %ige Lösung mit 1,75 g venezianischer Seife in 1000 ccm Wasser. Als Differenzierungsflüssigkeit dient eine Mischung von 10 g Anilin und 90 g Alkohol (96 %).
3. Eine Lösung von Congorot.

Münchener med. Woch. **1886.** 528.
Zentralbl. f. Nervenheilk. u. Psychiatrie **1894.** 337.
Neurol. Zentralbl. **1894.** 781.
Eberth-Friedländer, Mikroskop. Techn. **1894.** 239.
Teljatnik, Neurol. Zentralbl. **1896.** 1129.
Marina, ebenda **1897.** 166.
Lord, ebenda **1898.** 1088.
Gothard, Semaine méd. **1898.** 230.
Boccardi, Monitore zoolog. ital. **1898.** 141.
Reddingius, Beitrg. z. pathol. Anat. **1901.** 405.
Retzius, Ztschr. f. wiss. Mikroskop. **1903.** 341.

**Nitsche's** Reagens zum Bakteriennachweis

ist eine wässerige Aufschwemmung von Collargol (kolloidal. Silber), die wie Burri'sche Tusche verwendet wird.

Zentralbl. f. Bakteriol. **1912.** I. **63.** 575.
Pharm. Zentrh. **1912.** 1050.

**Nivière und Hubert's** Reaktion auf Fluor im Wein

beruht auf der Fällung der Flußsäure als Fluorcalcium und der Überführung des letzteren in Kieselfluorwasserstoff durch Behandeln mit Kieselsäure und Schwefelsäure. Näheres siehe: Monit. scientif. (4) **9.** I. 324. — Ztschr. f. analyt. Chem. **35.** 372.

**Le Noble's** Reagens auf Aceton im Harn.

Eine acetonhaltige Flüssigkeit wird nach Zusatz von Nitroprussidnatriumlösung und Ammoniak beim Schütteln mit Luft erst rosenrot, dann violettrot. Beim Erwärmen verschwindet die Farbe und tritt beim Erkalten wieder hervor. Beim Kochen mit Säuren geht die Farbe in Grünblau über.

Nederl. Tijdschr. v. Geneesk. **1883.** 741.
Maly's Jahresber. **1883.** 238.
Arch. f. exper. Pathol. **18.** 15.
Ztschr. f. analyt. Chem. **24.** 148.
Vergl. Légal's u. Weyl's Reaktion.

Jacksontaylor, Lancet 1907. 805.
Vergl. Imbert's Reagens.
Jaksch, Ztschr. f. klin. Med. 8. 145.

**Nocht's** Reagens zum Färben mikroskop. Präparate
ist eine Modifikation von Romanowski's Reagens.
Vergl. Romanowski-Reuter's Reagens und Pharm. Zentrh. 1903. 824.

**Noguchi's** Reaktion I auf Syphilis (Buttersäureprobe).
0,2 ccm Cerebrospinalflüssigkeit werden mit 1 ccm einer 10 %igen Lösung von Buttersäure in physiologischer Kochsalzlösung zum Sieden erhitzt, 0,2 ccm Norm. Natronlauge zugegeben und nochmals gekocht. Ein flokkiger Niederschlag zeigt die anormale Vermehrung des Globulins an und soll für Syphilis (Parasyphilis, akute und tuberkulöse Meningitis) charakteristisch sein.
Journ. Soc. experim. Biol. and Med. New York 6. No. 2.
Klin. therap. Woch. 1911. 721.
Wiener klin. Woch. 1911. 950.
Greenfield, Lancet 1912. II. 685.
Strouse, Journ. Americ. Med. Assoc. 1911. 16.

**Noguchi's** Reaktion II auf Syphilis
ist eine Modifikation von Wassermann's Reaktion.
Journ. of experim. Med. 11. No. 2.
Presse méd. 1909. 937.

**Noguchi's** Reaktion III auf Syphilis (Hautreaktion oder Luetinreaktion)
ist eine nach Injektion von Luetin (Spirochaetenextrakt) lokal auftretende Entzündungserscheinung, die für Syphilis spezifisch sein soll und deshalb für die Diagnose verwendbar ist. Näheres siehe: Journ. of experim. Med. 1911. 14. No. 6. — Münchener med. Woch. 1911. No. 45. — Kämmerer, ebenda 1912. No. 28. — Merck's Bericht 1912. 450. — Howard, Zentralbl. ges. innere Med. 1912. 3. 340. — Ziegel, Zentralbl. f. innere Med. 1912. 1097. — Nobl.-Fluss, Wiener klin. Woch. 1912. 475. — Löwenstein, Med. Klinik 1913. 410. — Klausner-Fischer, Wiener klin. Woch. 1913. 49. — Müller-Stein, ebenda 1913. 408. — Baermann, Münchener med. Woch. 1913. 1537. — Benedek, ebenda 1913. 2033. — Desneux, Journ. méd. de Bruxelles 1913. 18. 437. — Kafka, Deutsche med. Woch. 1914. 260. — Joltrain, Münchener med. Woch. 1914. 286. — Ohlemann, Woch. Hyg. Therap. d. Auges 1914. 153. — Mac Neil, Journ. Amer. Med. Assoc. 1914. I. 529. — Fagiuoli, Berl. klin. Woch. 1914. 449. — Clauß, Münchener med. Woch. 1914. 1933. Vergl. auch Dermat. Woch. 1915. 58—63. — Schippers, Ztschr. f. Kinderheilk. 12. 239; Wiener klin. Woch. 1915. 1236. — Kilgore, Journ. Amer. Med. Assoc. 1914. 1236.

**Noguchi's** Reagenzien zum Färben der Spirochaeta pallida.
a) Härtungsflüssigkeit: 10 g Formaldehyd, 10 g Pyridin, 25 g Aceton, 25 g Alkohol und 30 g Wasser.
b) Färbungsflüssigkeit: 1,5 %ige Silbernitratlösung und eine 4 %ige Pyrogallollösung, der 5 % Formaldehyd zugesetzt ist.
Beschreibung der Methode siehe: Münchener med. Woch. 1913. 738.

**Noll's Reagens (Corrosionsmittel) für mikroskop. Zwecke (zur Darstellung von Kieselschwammskeletten)**
ist Eau de Javelle. Siehe Labarraque's Reagens.
Zoolog. Anzg. 1882. 528.

**Noll's** Reagens zum Konservieren mikroskop. Präparate
ist eine Mischung von Meyer's und Farrant's Reagens.
Ebenda 1883. 472.

**Nonne-Apelt's** Reagens zur Untersuchung der Cerebrospinalflüssigkeit und Anstellung der sog. „Phase-I-Reaktion"
ist eine gesättigte, neutrale, wässerige Lösung von Ammoniumsulfat. Näheres siehe: Archiv f. Psychiatr. 43. No. 2. — Neurolog. Zentralbl. 1908. No. 4. — Nonne, Syphilis und Nervensystem. Berlin 1909. — Georges-Dreyfuß, Münchener med. Woch. 1912. 2569. — — Werner, Deutsche med. Woch. 1913. 261.

**Nonotte-Demanche's** Reaktion auf Indol in Bakterienkulturen.
Versetzt man eine Bakterienkulturflüssigkeit mit 1 ccm 0,1 %iger Kaliumnitritlösung und etwas verdünnter Schwefelsäure, so färbt sich die Mischung (eventuell nach Erhitzen bis zur Siedetemperatur) rosarot bis rot. (Vergl. Baeyer's Reaktion.)
Compt. rend. biol. 1908. 64. 494.

**Noorgard's** Reagens zur Bestimmung von Eiter im Urin
ist Wasserstoffsuperoxyd. Die Methode beruht auf der Zersetzung des Wasserstoffsuperoxyds durch die Katalase der Leukozyten unter Bildung bestimmter Volumina von Sauerstoff. Näheres siehe: Ztschr. f. Kinderheilkunde 13. No. 3 u. 4. — Berl. klin. Woch. 1916. 146.

**Norris - Shakespeare's** Reagens zum Färben mikroskop. Präparate
ist identisch mit Merkel's Reagens (Carmin und Indigocarmin). Vergl. auch Bayerl's Reagens.
Americ. Journ. of Med. Scienc. 1877 (Jan.).
Behrens' Tabellen 1892. 114.
Enzyklop. d. mikroskop. Techn. 1903. 545.

**Nowak-Kratschmer's Reaktion auf Atropin.**
Erhitzt man Atropin mit sirupöser Phosphorsäure, so entsteht ein charakteristischer Geruch (Jasmingeruch).
Ludwig, Med. Chemie 1895. 276.

**Nylander's** Reagens auf Glukose.

Man löst 2 g Wismutsubnitrat und 4 g Seignettesalz in 100 g 8%iger Natronlauge. 10 ccm Harn kocht man mit 1 ccm Reagens. Bei Anwesenheit von Glukose entsteht eine Schwärzung, bezw. schwarzer Niederschlag. (0,1 % Glukose gibt noch einen reichlichen, schwarzen Niederschlag.) Empfindlichkeitsgrenze = 0,04 %, kann nach Mende durch Zentrifugieren auf 0,01 % erhöht werden.

Ztschr. f. analyt. Chem. 23. 440.
Ztschr. f. physiol. Chem. 8. 175.
Vergl. Almén's und Böttger's Reagens.
Le Noble, Zentralbl. f. d. med. Wiss. 1887. 678.
Jolles, Ztschr. f. analyt. Chem. 30. 260.
Buchner, Münchener med. Woch. 41. 991.
Glan, Deutsche Med. Ztg. 1895. 689.
Süß, Pharm. Zentrh. 1895. 522.
Francqui u. van de Vyvère, Pharm. Zentrh. 1867. 63.
Naunyn, Diabetes mellitus. Wien 1898. 432.
Pflüger, Arch. f. d. ges. Physiol. 105. 121.
Ztschr. f. analyt. Chem. 1905. 136.
Bechhold, Ztschr. f. physiol. Chem. 46. 376.
Therapeut. Monatsh. 1906. 153.
Mayer, Südd. Apoth. Ztg. 1906. 218.
Schweißinger, Münchener med. Woch. 1904. 1172.
Hammarsten, Apoth. Ztg. 1907. 520. — Ztschr. f. physiol. Chem. 50. 36.
Pharm. Review 1907. 183.
Rehfuß-Hark, Pharm. Zentrh. 1910. 804.
Rusting, Apoth. Ztg. 1907. 907.
Mende, Münchener med. Woch. 1914. 1120.
Rabe, Pharm. Ztg. 1914. 622.

**Obermayer's** Reaktion auf Eiweiß

beruht auf der Bildung einer Diazoverbindung, wenn Eiweiß mit salpetriger Säure und dann mit Phenol und Alkali behandelt wird. Näheres siehe: Berl. Ber. 27. Ref. 354. — Landsteiner, Zentralbl. f. Physiol. 8. 773, 9. 433.

**Obermayer's** Reaktion auf Indikan.

Der zu prüfende Harn wird mit der ausreichenden Menge 20%iger Bleiacetatlösung gemischt und die Mischung filtriert. Das Filtrat versetzt man mit einem gleichen Volumen rauchender Salzsäure, welche in 500 Teilen 1 bis 2 Teile Eisenchlorid enthält, und schüttelt 1—2 Minuten lang. Das gebildete Indigoblau wird durch Ausschütteln mit Chloroform sichtbar gemacht, in welches es mit blauer Farbe übergeht.

Wiener klin. Woch. 1890. 176.
Chem. Zentralbl. 1890. 274.
Wiener klin. Rundschau 1898. 537.
Harnack, Ztschr. f. physiol. Chem. 29. 205.
Kühn, Münchener med. Woch. 1901. 52.
Hendrix, Pharm. Zentrh. 1902. 52.
Bouma, Chem. Ztg. 1899. Rep. 225.
Ellinger, Pharm. Zentrh. 1903. 925.
Mayer, Pharm. Ztg. 1905. 792.
Leersum, Hofmeister's Beitr. z. chem. Phys. u. Path. 5. 510.
Reichardt, Pharm. Ztg. 1911. 374.
Imabuchi, Ztschr. f. physiol. Chem. 60. 502.
Sammet, Journ. Chem. Soc. (Abstr.) 1912. II. 703.
Pharm. Zentrh. 53. 585.

**Obermayer-Popper's** Reagens auf Gallenfarbstoffe im Blut.

1. Eine Lösung von 75 g Natriumchlorid und 12 g Kaliumjodid in 625 ccm Wasser mischt man mit 125 ccm Alkohol und 3,5 ccm Jodtinktur. — Das zu prüfende Serum schichtet man über das Reagens. Bei Anwesenheit von Gallenfarbstoffen entsteht ein grüner Ring.
2. Eine Mischung von 1,6 ccm Jodtinktur mit 500 ccm Alkohol und 500 ccm verdünnter Salzsäure.
3. Eine Mischung von 30 Tropfen 50%iger Eisenchloridlösung mit 150 ccm Alkohol und 150 ccm verdünnter Salzsäure. Bei der Schichtprobe gibt gallenfarbstoffhaltiges Blutserum grüne, blaue oder blauviolette Ringe.

Wiener med. Woch. 1910. No. 44.
Deutsche Med. Ztg. 1911. 357.
Pharm. Zentrh. 1911. 899, 1028.
Merck's Bericht 1908. 252.
Herzfeld-Steiger, Med. Klinik 1910. 1415.

**Obermiller's** Reagens zur Unterscheidung von Phenolsulfosäuren

ist Eisenchloridlösung. — Die 3 isomeren Monosulfosäuren des Phenols werden durch das Reagens violett gefärbt, die Disulfosäuren liefern eine rote bis blaurote Färbung. Näheres siehe: Berl. Ber. 1907. 40. 3631.

**Obermüller's** Reaktion auf Cholesterin.

Beim vorsichtigen Zusammenschmelzen von etwas Cholesterin mit Propionsäureanhydrid entsteht dessen Ester. Beim Abkühlen der Masse beobachtet man Farbenerscheinungen von violett, blau, grün, orange und zuletzt rot.

Ztschr. f. physiol. Chem. 15. 39.
Arch. f. Physiol. 1889. 556.
Liebreich, Pharm. Zentrh. 1890. 291.

**Obregia's** Reagens zum Imprägnieren mikroskop. Präparate.

a) Eine Mischung von 10 Tropfen wässeriger, 1%iger Chlorgoldlösung mit 10 ccm Alkohol.
b) Eine Lösung von Natriumthiosulfat in Wasser 1 : 10.

Gebraucht zum Vergolden der mit Golgi's Sublimat- oder Silberlösung imprägnierten Schnitte.

Vergl. Golgi's Reagenzien.
Virchow's Arch. 1890. 387.

Behrens' Tabellen 1892. 96.
Enzyklop. d. mikroskop. Techn. 1903. 459.
Eberth-Friedländer, Mikroskop. Techn. 1894. 250.

**Oddo's** Reagens auf Quecksilber

ist eine essigsaure Lösung von Diphenylcarbazid, womit Filtrierpapier getränkt wird. Das Papier wird durch Quecksilberlösungen blau gefärbt. Näheres siehe: Gazz. Chim. Ital. 1909. I. 666. — Merck's Bericht 1909. 201.

**Oddo-Moneta's** Reaktion auf Solanidin

vergleiche Moneta's Reaktion.

**Oechsner de Coninck's** Reagens und Reaktion auf Amidobenzoesäuren

siehe: Compt. rend. 114. 595. 758. 1275 u. 117. 118 oder
Ztschr. f. analyt. Chem. 31. 569; 32. 233.
Chem. Zentralbl. 1892. I. 666. 743.

**Oechsner de Coninck's** Reaktion auf Äpfelsäure und Bernsteinsäure.

Erhitzt man eine Mischung von gesättigter, wässeriger Bernsteinsäurelösung und einer wässerigen Suspension von Calciumsalicylat gelinde, so entsteht eine beständige rosarote Färbung. Äpfelsäure gibt unter gleichen Bedingungen nur eine unbeständige Rosafärbung, die nach 15—20 Minuten langem gelindem Sieden sich allmählich verfärbt.

Bull. Soc. Chim. France 15. 93.
Apoth. Ztg. 1914. 158.
Ztschr. f. analyt. Chem. 1914. 629.

**Oechsner de Coninck's** Reagens zur Harnstoffbestimmung.

60 g Chlorkalk löst man in 600 ccm ausgekochtem Wasser, filtriert und gibt eine Lösung von 120 g Soda in 300 ccm Wasser zu. Nach gutem Durchschütteln filtriert man und ergänzt das Filtrat mit Wasser zu 1 Liter.

Compt. rend. Soc. Biol. (10) 1. 457.
Ztschr. f. analyt. Chem. 34. 255.
Journ. de Pharm. et de Chim. 1899. I. 410.

**Oechsner de Coninck's** Reaktion auf Phenylglycin (Phenylglykolsäure).

Eine wässerige Lösung von Phenylglycin versetzt man mit einem gleichen Volumen konzentr. Schwefelsäure und nach einigen Augenblicken abermals mit demselben Volumen konzentr. Schwefelsäure. Während sich die Mischung erhitzt, entsteht auf dem Boden des Gefäßes eine schöne Violettfärbung, die allmählich in Braun umschlägt. Dabei tritt Bittermandelölgeruch auf und es bilden sich zwei Schichten, von denen die obere farblos, dann trübe und gelblich wird.

Compt. rend. 1903. I. 1470.
Chem. Ztg. 1903. 686.
Pharm. Zentrh. 1903. 577.

**v. Oefele's** Reaktion des Harns.

Zur Vorprüfung, ob ein Harn frisch oder alt bezw. teilweise zersetzt ist, mischt man ihn mit Methylenblaulösung. Frischer Harn bleibt gleichmäßig gefärbt. Zersetzter Harn entfärbt sich von unten nach oben, so daß nur an der Oberfläche eine schmale gefärbte Zone bleibt. Zuweilen behalten auch die Bodensätze ihre blaue Farbe, so daß eine breite Mittelzone entfärbt wird.

Pharm. Zentrh. 1910. 703.

**Offer's** Reagens auf Harnsäure

ist Phosphormolybdänsäure, welche in alkalischer Lösung schon in der Kälte durch Harnsäure reduziert wird (auch durch Tannin, Kreatin und Eiweiß) und sich dabei blau färbt. Enthält eine Lösung 0,05 % Harnsäure oder mehr, so entsteht ein krystallinischer Niederschlag, der unter dem Mikroskop tiefblaue, sechsseitige Prismen darstellt.

Zentralbl. f. Physiol. 8. 801.
Ztschr. f. analyt. Chem. 35. 118.
Vergl. Maschke's Reaktion.

**Oglialoro's** Reaktion auf Pikrotoxin.

1. Dampft man etwas Pikrotoxin mit wenig konzentr. Salpetersäure auf dem Wasserbade zur Trockene, so färbt sich der Rückstand mit Kaliumkarbonat rot.
2. Pikrotoxin löst sich in konzentr. Schwefelsäure mit gelber bis safrangelber Farbe, welche auf Zusatz von Kaliumdichromat in Grünviolett übergeht.

Gazz. chim. ital. 9. 113.
Arch. der Pharm. (3) 16. 317.

**Ogston's** Reaktion auf Chloralhydrat.

Eine Lösung, welche Chloralhydrat enthält, wird auf Zusatz von Schwefelammon braun gefärbt; beim Erhitzen bildet sich ein roter Niederschlag.

Viertelj.-Schr. f. gerichtl. Med. (N.F.) 41. 375.
Ztschr. f. analyt. Chem. 25. 607.

**Oguro's** Reaktionen auf Eiweiß im Harn.

1. 5 ccm des filtrierten Harns säuert man mit einigen Tropfen Essigsäure an und setzt 1 ccm Jodtinktur zu. Hierauf entfärbt man die braune Flüssigkeit durch tropfenweisen Zusatz von Natriumbisulfitlösung. Enthält der Harn Eiweiß, so ist die entfärbte Mischung weiß getrübt.
2. 6 ccm klaren Urin säuert man stark mit Essigsäure an und gibt dann 2 ccm einer mit Natriumbisulfit entfärbten Jodtinktur zu. Bei Gegenwart von Eiweiß tritt sofort oder nach einiger Zeit eine weiße Trübung oder ein weißer Niederschlag auf. Empfindlichkeitsgrenze = 1 : 120 000.

Ztschr. experim. Path. u. Therap. 1909. 7. 349.
Merck's Bericht 1909. 295.
Répert. de Pharm. 1910. 260.

**Ohlmacher's** Reagens zum Färben mikroskop. Präparate

a) Gentianaviolettlösung in Anilinwasser (Ehrlich's Reagens I z. Bakterienfärbung).
b) Eine Lösung von 1 g Säurefuchsin in 200 g halbgesättigter Pikrinsäurelösung.

Journ. f. exper. Med. 1897. 675.
Zentralbl. f. Bakt. 1895. 213.
Ztschr. f. wiss. Mikroskop. 1896. 506.
Vergl. auch Journ. Americ. Med. Assoc. 1892. 111.

**Ohlmacher**'s Reagens zum Härten mikroskop. Präparate

ist eine Lösung von zirka 20 g Quecksilberchlorid in 80 g Alkohol, 15 g Chloroform und 5 g Eisessig.

Ztschr. f. wiss. Mikroskop. 1899. 435.
Enzyklop. d. mikroskop. Techn. 1903. 1280.

**Okajima**'s Reagens zum Färben mikroskop. Präparate

ist ein alkoholisches Extrakt aus reifen Capsicumfrüchten. Es färbt Fettsubstanzen ganz elektiv orangerot.

Ztschr. f. wiss. Mikroskop. 1912. 29. 67.

**Oliver**'s Reagens auf Eiweiß.

Man mischt 20 %ige Lösung von Natriumwolframat und 60 %ige Lösung von Zitronensäure zu gleichen Volumteilen. Das Reagens gibt mit Eiweißlösungen Niederschläge.

Neubauer-Huppert, Analyse d. Harns 1913. II. 1117.

**Oliver**'s Reaktion auf Gallensäuren im Harn.

Eine Lösung von Pepton, Salicylsäure und Essigsäure soll in gallehaltigem Harn eine Trübung hervorbringen.

Pharm. Zentrh. 1885. 225.
Enzyklop. d. gesamt. Pharm. 1891. X. 785.

**Oliver**'s Reaktion auf Morphium.

Gibt man zu Morphiumlösung einige ccm Wasserstoffsuperoxyd und etwas Ammoniakflüssigkeit und rührt mit einem Kupferdraht um, so nimmt die Mischung eine portweinähnliche Färbung an, wobei eine Gasentwickelung stattfindet. Empfindlichkeitsgrenze = 0,00002 g Morphium. Bei sehr geringen Mengen ist der Zusatz von einigen Tropfen Kaliumcyanid erforderlich, um damit die durch Ammoniak und Kupfer bewirkte, die eigentliche Reaktionsfärbung verdeckende Blaufärbung zu beseitigen.

Medical Chronicle 1914, Juli.
Lancet 1914. II. 244.

**Oliver**'s Reaktion auf Kupfer

ist die Umkehrung der Morphiumreaktion des Autors (vergl. diese).

**Oliver**'s Reagens-Papiere

sind mit bekannten Eiweiß- und Glukose-Reagenzien getränkte Papiere. Näheres siehe: Pharm. Zentrh. 1884. 3.

**Olivièro**'s Reagens auf Urobilin im Harn.

10 g trockenes Chlorzink löst man in der nötigen Menge (zirka 30 g) Ammoniakflüssigkeit und gibt 80 g Alkohol (90 %) und 20 g Essigäther zu. 3 Teile Harn versetzt man mit 1 Teil Reagens, schüttelt gut durch und filtriert. Bei Gegenwart von Urobilin ist das Filtrat stark fluoreszierend und zeigt im Spektrum ein sehr charakteristisches Band.

L'Union pharm. 1904. 49.
Apoth. Ztg. 1904. 133.
Pharm. Rundschau 1904. 109.

**Ondrejovich**'s Reaktion auf Acetessigsäure im Harn.

5 ccm Harn werden mit 5 Tropfen 50 %iger Essigsäure angesäuert und 2 promillige Methylenblaulösung (1 Tropfen) zugesetzt, bis die Mischung eine ausgesprochen blaue Färbung angenommen hat. Dann gibt man 4 Tropfen Jodtinktur zu, wodurch die Mischung rot gefärbt wird. Ist Acetessigsäure vorhanden, dann ist die Mischung in spätestens 1 Minute wieder blau bezw. grün, andernfalls bleibt die rote Färbung bestehen.

Deutsche med. Woch. 1912. 1414.
Deutsche Mediz. Ztg. 1912. 807.

**Oppel**'s Reagens zum Färben mikroskop. Präparate.

1. Eine Lösung von 1,2 g Methylgrün, 0,02 g Eosin und 0,4 g Fuchsin S in 160 g Wasser und 40 ccm Alkohol.
2. Eine Lösung von 3 g Methylviolett in 200 ccm Wasser und 40 ccm Alkohol.

Arch. f. mikroskop. Anat. 1889. 511.

**Oppel**'s Reagens zum Imprägnieren mikroskop. Präparate.

a) Eine Lösung von 0,2 g Osmiumsäure und 3—8 g Kaliumchromat in 100 ccm Wasser.
b) Eine 0,75 %ige, wässerige Silbernitratlösung.

Ztschr. f. wiss. Mikroskop. 1890. 222; 1891. 224.
Anat. Anzg. 1890. 143; 1891. 165.
Enzyklop. d. mikroskop. Techn. 1903. 495.
Eberth-Friedländer, Mikroskop. Techn. 1894. 306.

**Oppenheim-Sachs**' Reagens zur Spirochaetenfärbung

ist eine Mischung von 10 ccm konzentr. alkoholischer Gentianaviolettlösung mit 100 ccm 5 %igem Carbolwasser.

Deutsche med. Woch. 1905. 1156.
Ztschr. f. wiss. Mikroskop. 1906. 579.

**Oppenheimer**'s Reagens auf Aceton.

5 g Quecksilberoxyd löst man in einer Mischung von 20 ccm konzentr. Schwefelsäure und 80 ccm Wasser und filtriert diese Lösung nach 24 Stunden. 3 ccm Harn versetzt man mit diesem Reagens im Überschuß, läßt absitzen, filtriert, gibt 2 ccm Reagens und 3 bis 4 ccm 30 %iger Schwefelsäure zu und erhitzt zum Sieden. Bei Anwesenheit von Aceton (auch von Acetessigsäure) entsteht ein weißer Niederschlag, der in Salzsäure löslich ist. Empfindlichkeitsgrenze = 1:50 000.

Berl. klin. Woch. 36. 828.

**Oppermann**'s Reagens für mikroskop. Zwecke

ist Eugenol oder eine ätherische Lösung des Eugenols. Es dient als Aufhellungsmittel besonders bei der Untersuchung von Pflanzenpulvern.

Ztschr. f. analyt. Chem. **36.** 511.
Pharm. Zentrh. 37. 82.
Apoth. Ztg. 1896. 53.

**Orloso**'s Reagens auf Phenole

ist eine wässerige Lösung von Cerisulfat. Phenol färbt sich damit rot, Phloroglucin braun, Pyrogallol orange, Sulfosalicylsäure braunrot und Natriumsalicylat olivbraun.
Pharm. Journ. 1907. II. 316.
Journ. de Pharm. et de Chim. 1907. II. 82.

**Orlow**'s Reaktion auf Lecithin.

Alkoholische Lösungen von Lecithin und Alloxan färben sich rosa, dann rot, und schließlich entsteht ein roter Niederschlag. Näheres siehe: Chem. Ztg. 1898. Rep. 233. — Farmaz. Journ. **20.** 283.

**Orlow**'s Reaktion auf Quecksilberjodid

siehe: Chem. Ztg. 1906. 1301.

**Orlow**'s Reaktion auf Ruthenium

beruht auf der Überführung des Rutheniums in $RuO_4$, dessen Dämpfe darüber gedecktes Papier schwärzen. Näheres siehe: Chem. Ztg. 1908. 77 oder Chem. Zentralbl. 1908. I. 674.

**Orlow**'s Reagens auf Thallium

ist eine gesättigte, wässerige Lösung von Caesiumplatinchlorid, die auf Zusatz von Thalliumchlorid oder -sulfat einen gelben Niederschlag (Chlorplatinatthallium) abscheidet.
Farmaz. Journ. 1903. 1657.
Chem. Ztg. 1904. Rep. 21.

**Orlow**'s Reaktionen des Wasserstoffsuperoxyds auf Osmium und des Jodsilbers auf Palladiumchlorid

siehe: Chem. Ztg. 1906. 714.
Chem. Zentralbl. 1906. II. 630.

**Orlow-Horst**'s Reagens auf Alkaloide

ist eine Lösung von Ammonpersulfat in Schwefelsäure. Es gibt mit Alkaloiden folgende Farbenerscheinungen: Chelidonin = gelb, dann grün und zuletzt braun; Chelerythrin = violett, dann blau; Sanguinarin = dunkelbraun; Corydalin = gelb, dann schmutziggrün und zuletzt schmutziggelb; Morphin = blaßorange; Codeïn = orange; Narcotin = orangerot; Papaverin = gelb; Narceïn = violett, dann blutrot und zuletzt gelb; Apomorphin = grün, dann blau.
Merck's Report 1902. 241.

**Orlowski**'s Reagens für analytische Zwecke

ist Ammoniumthiosulfat oder Natriumthiosulfat. Gebraucht als Gruppenfällungsreagens an Stelle von Schwefelwasserstoff.
Ztschr. f. analyt. Chem. **21.** 214; **22.** 357.
Berl. Ber. **16.** Ref. 807.
Journ. Chem. Soc. 1884. 363.
Himly, Liebig's Annal. **43.** 150.
Vohl, ebenda **96.** 237.
Vaubel, Berl. Ber. **22.** 1686.
Vortmann, ebenda **22.** 2307.
Faktor, Ztschr. f. analyt. Chem. 39. 345.

**Orth**'s Reagens zum Fixieren von mikroskop. Präparaten (sogen. Müller-Formol)

ist eine Mischung von 10 ccm Formaldehyd (40 %) und 100 ccm Müller's Reagens zum Härten.
Berl. klin. Woch. 1896. 273.
Braus, Denkschr. med. nat. Ges. Jena 1896.
Hamilton, Journ. Anat. Phys. 1878.
Merck's Bericht 1896. 69.

**Orth**'s Reagens für Kerntinktionen.

(Lithioncarmin.) Man löst 1 g Lithiumkarbonat und 2—3 g Carmin in 100 ccm Wasser.
Berl. klin. Woch. 1883. 421.
Kühne, Nachw. d. Bakt. 1888. 44.
Behrens' Tabellen 1892. 100.
Zu demselben Zwecke dient diese Lösung mit Pikrinsäure versetzt.

**Osann**'s Reaktion auf Arsen

ist identisch mit Bloxam's Reaktion.

**Osborne-Harris**' Reaktion auf vegetabilische Proteïne

siehe: Chem. Zentralbl. 1903. II. 910; 1904. II. 673.
Journ. Americ. Chem. Soc. **25.** Nr. 5.
Ztschr. f. analyt. Chem. 1904. 299.

**Ossendowsky**'s Reagens auf Säuren und Alkalien

ist eine wässerige Abkochung der Blüten von Iris Kaempferi, die eine violette Farbe besitzt, durch Säuren hellrot bis himbeerrot, durch Alkalien grün gefärbt wird.
Journ. of the Soc. of Chem. Industry 1904. 131.
Merck's Bericht 1904. 105.
Chem. Zentralbl. 1903. 1471.
Pharm. Praxis 1904. 58.
Pharm. Zentrh. 1904. 113.

**Ost**'s Reagens zur Bestimmung der Glukose.

Man löst 17,5 g reines, krystallisiertes Kupfersulfat, 250 g wasserfreies Kaliumkarbonat und 100 g Kaliumbikarbonat in Wasser zu 1 Liter. Nach dem Autor ist die Kupfersulfatlösung langsam in die Lösung der Karbonate einzutragen, so daß kaum ein Verlust von Kohlensäure entsteht. Die Lösung ist eventuell zu filtrieren.
Berl. Ber. **23.** 3003.
Chem. Ztg. **19.** 1784.
Ztschr. f. analyt. Chem. **36.** 395. (**29.** 638.)
Schmoeger, Berl. Ber. **24.** 3610 oder Ztschr. f. analyt. Chem. **31.** 715.
Jolles, Wiener med. Presse 1906. 2325.

**Ost**'s Reaktion auf Pyridin und empyreumatische Stoffe im Ammoniak (Salmiakgeist).

Man mischt 20 ccm Ammoniak mit 40 ccm Wasser, gibt 1 Tropfen Methylorange zu und läßt aus einer Bürette 20 %ige Schwefelsäure bis fast zur Neutralisation zufließen. Bei diesem Punkte läßt sich der Geruch nach Verunreinigungen leicht wahrnehmen. Alsdann destilliert man, säuert mit Salzsäure an, verdampft zur Trockene, zieht mit Alkohol aus

und gibt Platinchlorid zu. Es bilden sich zuerst Krystalle von Ammoniumplatinchlorid und dann orangegelbe Krystallprismen von Pyridinplatinchlorid.
Pharm. Ztg. 1895. 589.
Journ. f. prakt. Chem. 28. 271. (N. F.)
Ztschr. f. analyt. Chem. 42. 465; 43. 215.

**Ostromisslensky**'s Reagens auf Äthylenverbindungen
ist Tetranitromethan. Dasselbe ruft in neutralen oder sauren Lösungen von Äthylenverbindungen eine gelbe, orangegelbe oder braune Färbung hervor.
Journal f. prakt. Chem. 1911. 489.
Apoth. Ztg. 1911. 1009.
Merck's Bericht 1911. 462.

**Ostromisslensky**'s Reagens auf Eiweiß
ist pulverförmige Pikraminsäure. Versetzt man Eiweißlösungen mit Pikraminsäure bei gewöhnlicher Temperatur, so tritt eine dunkelrote Färbung auf. Näheres siehe: Journ. d. russ. phys. chem. Ges. 1916. 47. 317. — Chem. Zentralbl. 1916. I. 682.

**Oszacki**'s Reagens zur Enteiweißung von Blutserum vor der Stickstoffrestbestimmung
ist eine 1,5 %ige, wässerige Lösung von Uranylacetat, das nur Eiweißstoffe, nicht aber andere stickstoffhaltige Körper ausfällt. Näheres siehe: Zentralbl. f. innere Med. 1912. 1165. — Merck's Bericht 1912. — Vergl. Kowalewsky's Reagens. Deutsche med. Woch. 1913. 1142.

**Otori**'s Reagens zur Differenzierung der Kohlehydrate im Harn
ist eine Lösung von 10 g Phosphorwolframsäure in 10 ccm Salzsäure (D. = 1,124) und 90 ccm Wasser. Näheres siehe: Merck's Bericht 1904. 10. — Ztschr. f. analyt. Chem. 1905. 457. — Ztschr. f. Heilkunde 1904. 133.

**Ott**'s Reaktion auf Eiweiß im Harn
ist eine Modifikation der Almén'schen Reaktion, die darauf beruht, daß man den zu prüfenden Harn vor dem Zusatz des Alménschen Reagenzes zuerst mit dem gleichen Volumen gesättigter Kochsalzlösung mischt.
Verhandlungen d. Kongresses f. innere Med. 1895.
Prager Ztschr. f. Heilkunde 1895. 177.

**Otto**'s Reaktion auf Alkohol im Chloroform.
Das zu prüfende Chloroform schüttelt man mit etwas Chlorcalcium und gibt dann Jod zu. Bei Gegenwart von Alkohol färbt sich das Chloroform braun, bei Abwesenheit desselben rot.
Lehrb. d. Chem. 4. Aufl. II. 770.
Braun, Ztschr. f. analyt. Chem. 5. 254; 6. 487.

**Otto**'s Reagens auf Glukose, Pikrotoxin etc.
ist eine Modifikation von Fehling's Reagens. Man löst 4 g Kupfersulfat in 16 g Wasser, gibt diese Lösung zu 20 g Seignettesalz in 70 g Natronlauge (D. = 1,2) und verdünnt mit Wasser auf 115,5 ccm.
Otto, Ausmittelg. d. Gifte 5. Aufl. 60.

**Otto**'s Reaktion auf Morphin.
Eine Lösung von Eisenchlorid und Ferricyankalium wird durch Morphin unter Bildung von Berlinerblau gebläut.
Erwärmt man eine Lösung von Morphin in konzentr. Schwefelsäure und gibt nach dem Erkalten ein Kryställchen Kaliumdichromat zu, so entsteht eine braune Färbung.
Otto, Ausmittelg. d. Gifte 5. Aufl. 40. 42.

**Otto**'s Reaktion auf Pikrotoxin.
Pikrotoxin löst sich in konzentr. Schwefelsäure mit gelblicher Farbe und verkohlt beim Erwärmen unter Schwarzfärbung.
Otto, Ausmittelg. d. Gifte 5. Aufl. 60.

**Otto**'s Reaktion auf Strychnin.
Eine Lösung von Strychnin in konzentr. Schwefelsäure wird durch ein Kryställchen Kaliumdichromat violett gefärbt.
Otto, Ausmittelg. d. Gifte 5. Aufl. 47.
Journ. f. prakt. Chem. 38. 511.
Chem. Zentralbl. 1846. 960.
Marchand, Chem. Zentralbl. 1849. 29.

**Pabst**'s Reagens auf Olivenkerne in Pfefferpulver
ist eine Lösung von Dimethylparaphenylendiamin, welche Olivenkernpulver carminrot färbt, nicht aber Pfefferpulver. Näheres siehe: Enzyklop. d. gesamt. Pharm. 1891. X. 676. — Monit. scientif. (4) 4. I. 470. — Chem. Zentralbl. 1890. I. 1074.

**Pacaut**'s Reagens zum Fixieren.
Man mischt eine wässerige, gesättigte Lösung von Quecksilberchlorid und Pikrinsäure (100 ccm) mit 16,5 %iger, wässeriger Chromsäurelösung (2,5 ccm) und 3 %iger, wässeriger Platinchloridlösung (3 ccm).
Ztschr. f. wiss. Mikroskop. 1906. 457.

**Pacini**'s Reagenzien für mikroskop. Zwecke.
1. Eine Lösung von 2 g Quecksilberchlorid und 4 g Chlornatrium in 226 g Wasser und 26 g Glycerin.
2. Eine Lösung von 1 g Quecksilberchlorid in 115 ccm Wasser und 43 g Glycerin mit einem Zusatz von 2 ccm Essigsäure. — Dient als Konservierungsmittel für Nerven, Retina und Lymphkörperchen.

Journ. de Micrographie 1880. 138.
Mosso, Ztschr. f. wiss. Mikroskop. 1890. 64.
Behrens' Tabellen 1892. 66.
Eberth-Friedländer, Mikroskop. Techn. 1894. 282.

**Padlewsky**'s Reagens (Malachitgrünagar) für den Nachweis von Typhusbazillen.
3 %iger Fleischagar wird mit 2 % Pepton, 1 % Milchzucker und 3 % steriler, filtrierter Ochsengalle versetzt. Reaktion schwach alkalisch gegen Lackmus. Bei 60° fügt man zu dem verflüssigten Agar auf 100 ccm 0,5 ccm

1 %iger, wässeriger Malachitgrünlösung, 0,5 g Galle und 0,5 g 1 %ige Lösung von Natriumsulfit. Typhuskolonien durchsichtig goldgelb, Colikolonien intensiv grün.

Zentralbl. f. Bakt. **47. 540.**
Deutsche med. Woch. **1908. 1906.**

**Pagel's** Reaktion auf phosphorige Säure in Phosphorsäure
beruht auf der Reduktion von Quecksilberchlorid durch phosphorige Säure.
(Originalliteratur ist mir nicht bekannt. Der Autor wird auch Pogel geschrieben. Vergl. Cesaris, Nuovo Dizionario 1898. 584.)

**Pagenstecher's** Reaktion auf Blausäure
siehe: Schönbein-Pagenstecher.

**Pagnoul's** Reagens auf Weinfarbstoffe im Wein
ist Seifenlösung, welche nur den natürlichen Weinfarbstoff entfärbt, nicht aber Teerfarbstoffe. Näheres siehe: Chem. Ztg. 1889. Rep. 104 oder Journ. de Pharm. et de Chim. (5) 19. 326. — Chem. Zentralbl. 1889. I. 708.

**Pain's** Reaktion auf Santonin.
Erwärmt man Santonin mit einer alkoholischen Lösung von Äthylnitrit (Spiritus aetheris nitrosi) und einigen Tropfen Kalilauge, so entsteht eine violettrote Färbung.

Pharm. Journ. (4) **13. 131.**
Ztschr. f. Unters. Nahr.-Genußm. **5. 327.**
Ztschr. f. analyt. Chem. **1904. 719; 1906. 664.**
Annal. de Pharm. **1906. 502.**

**Pakuscher-Gutmann's** Reagens auf Gallenfarbstoffe
ist eine 0,5 %ige Lösung von Jod in Äther. Man schüttelt 5 ccm Harn mit 1 ccm Reagens und entfernt alles Jod durch Behandeln mit Äther. Die wässerige Schicht zeigt dann bei Gegenwart von Gallenfarbstoffen eine deutliche grüne Färbung.

Med. Klinik **1913. 837.**

**Pal's** Reagens zum Färben mikroskop. Präparate
ist eine Lösung von 1 g Hämatoxylin in 100 ccm Alkohol (70 %).

Wiener med. Jahrb. **1886. 113; 1887. 589.**
Ztschr. f. wiss. Mikroskop. **1887. 92** und **1888. 88.**
Eberth - Friedländer, Mikroskop. Techn. **1894. 256.**

**Pal's** Säuregemisch für mikroskop. Zwecke
ist eine Lösung von 1 g Oxalsäure und 1 g Kaliumsulfit in 200 ccm Wasser. Gebraucht zum Entfernen von Mangansuperoxyd aus mit Kaliumpermanganat behandelten Schnitten.

Wiener med. Jahrb. **1887. 589.**
Ztschr. f. wiss. Mikroskop. **1887. 92.**
Enzyklop. d. mikroskop. Techn. **1903. 1050.**

**Paladino's** Reagens zum Färben mikroskop. Präparate.

1. Eine Mischung von 25 ccm 2 %iger wässeriger Lösung von Scharlach 3 B (Biebricher Scharlach) mit 50 ccm Alaunhämatoxylin.
2. Eine 0,1 %ige, wässerige Lösung von Chlorpalladium und eine 1 %ige Lösung von Jodkalium. Der Autor schlägt später 1—2 %iges Chlorpalladium und 4 % iges Jodkalium vor.

Rendiconti Acad. Napoli **1890. 14; 1892. 227.**
Arch. Ital. Biolog. **1894. 40.**
Ztschr. f. wiss. Mikroskop. **1890. 237; 1892. 238.**
Enzyklop. d. mikroskop. Techn. **1903. 74. 927.**

**Palas'** Reagens auf Rüböl.
Man löst 0,03 g Fuchsin in 30 ccm Wasser, gibt 20 ccm Natriumbisulfitlösung (D. = 1,25), 200 ccm Wasser und dann 5 ccm konzentr. Schwefelsäure zu. Mischt man 5 ccm des zu prüfenden Öles mit 5 ccm des farblosen Reagenzes, so darf keine schnell zunehmende Rosafärbung entstehen, was bei Anwesenheit von Rüböl geschieht.

Revue internat. falsific. **10. 85.**
Ztschr. d. öst. Apoth. Ver. **1896. 866.**
Chem. Zentralbl. **1897. II. 225.**

**Palier's** Reaktion auf Pepsin (Pepton).
6 ccm filtrierten Magensaft versetzt man mit 3 ccm Natronlauge und einigen Tropfen stark verdünnter Kupfersulfatlösung. Es entsteht eine blaue Färbung (Biuretreaktion). Nach gelindem Schütteln und bei Anwesenheit von Pepton bezw. Pepsin entsteht eine rote Färbung. Wenn diese hellrot, violett oder blau ausfällt, ist wenig oder kein Pepsin oder Pepton vorhanden.

Wiener klin. Woch. **1908. 727.**

**Palm's** Reagenzien auf Alkaloide sind:

1. Natriumsulfantimoniat (Schlippe'sches Salz).
2. Bleichlorid.
3. Natriumchlorid, Reagens auf Bebeerin.

Siehe: Ztschr. f. analyt. Chem. **22. 224 ff.**

**Palm's** Reagens zur Unterscheidung von Chinin und Cinchonin
ist eine Lösung von Fünffach-Schwefelkalium. Näheres siehe: Pharm. Ztschr. f. Rußland 1863. 342 oder Ztschr. f. analyt. Chem. **3. 153.** — Chem. Zentralbl. 1865. **64.**

**Palm's Reagenzien auf Eiweiß**
sind basisches Ferriacetat, basisches Kupferacetat, Bleiessig oder Bleichlorid in alkoholischer Lösung. Näheres siehe: Ztschr. f. analyt. Chem. **26.** 35. ferner **27.** 363. — Chem. Ztg. 1887. Rep. 30.

**Palm's** Reaktion auf Milchsäure (im Magensaft)
beruht auf der Bildung von Bleilaktat 3 Pb O. $(C_3H_6O_3)_2$, das in Wasser unlöslich ist. Näheres siehe: Ztschr. f. analyt. Chem. **26.** 33 od. Pharm. Zentrh. 1887. 166. — Chem. Ztg. 1887. Rep. 30.

**Palm's** Reaktion auf Nicotin.
Erwärmt man 1 Tropfen Nicotin mit 3 Tropfen Salzsäure, so tritt eine bräunlichrote Fär-

bung auf. Nach dem Erkalten bewirkt 1 Tropfen Salpetersäure (D. = 1,3) Violett- bis Orangefärbung.

Vergl. Guareschi, Alkaloide 1896. 293.

**Palm's** Reaktion auf Pikrotoxin.

Versetzt man eine ammoniakalische Lösung von Pikrotoxin mit Bleiacetatlösung, so entsteht ein Niederschlag, der sich nach dem Übergießen mit konzentr. Schwefelsäure gelb, gelbrot und dann violettrot färbt.

Ztschr. f. analyt. Chem. 24. 556; 27. 99.
Repert. der analyt. Chem. 2. 265.
Pharm. Ztschr. f. Rußland 26. 257.

**Pancoast-Pearson's** Reaktionen auf natürliches und synthetisches Methylsalicylat.

Schüttelt man das Präparat kräftig, so bildet nur das natürliche Präparat einen länger anhaltenden Schaum. — Versetzt man 1 Tropfen des Präparates nacheinander unter Umschütteln mit 2 Tropfen Salzsäure, 1 Tropfen Salpetersäure und 2 Tropfen Schwefelsäure, so färbt sich natürliches Wintergreenöl gelb, synthetisches rot. — Das beste Unterscheidungsmittel ist der Geruch, wozu man die Präparate mit Zucker verreibt, in Alkohol löst und mit Wasser verdünnt.

Americ. Journ. of Pharm. 1908. 80. 407.

**Pancrazio's** Reaktion auf Adrenalin.

Adrenalin färbt sich auf Zusatz von Persodin (= 1 %ige Lösung von Natriumpersulfat) rot.

Gazz. degli ospedali 1909. No. 143.
Deutsche med. Woch. 1909. 2285.

**Pander's** Reaktion auf Brucin.

Läßt man zu einer Lösung von Brucin in Schwefelsäure 1 Tropfen Salpetersäure zufließen, so färbt sich die Mischung erst rosa, dann orange und zuletzt gelb.

Dissertation Dorpat 1871.

**Pander's** Reaktion auf Emetin.

Eine Lösung von Molybdänsäure in Schwefelsäure wird von Emetin vorübergehend rot und dann grün gefärbt.

Dissertation Dorpat 1871.

**Pander's** Reaktion auf Physostigmin.

Bromwasser bewirkt in einer Lösung von Eserinsulfat (noch bei 1 : 10 000) eine braunrote Färbung.

Dissertation Dorpat 1871.
Bull. Soc. Chim. Paris 1872. II. 416.
N. Jahrb. d. Pharm. 37. 217.
Chem. Zentralbl. 1872. 440.
Jahresber. d. Pharm. 1871. 547, 550. 570.

**Pandy's** Reaktion auf Eiweiß.

Die Pandy'sche Reaktion dient nach Liebers zum Nachweis von Eiweiß speziell Globulin bei pathologisch verändertem Liquor cerebrospinalis (bei Tabes und Dementia paralytica). Sie beruht auf der Trübung von eiweißhaltigen Flüssigkeiten durch Phenollösung. Liebers benützt sie zum Nachweis von Eiweiß im Harn. Als Reagens verwendet man eine Mischung von 10 g Acidum carbolicum liquefactum zu 100 g Wasser. Von diesem Reagens gibt man in ein Uhrgläschen und läßt den zu prüfenden Harn tropfenweise einfallen. Bei Gegenwart von Eiweiß bildet sich sofort eine weiße Trübung oder ein wolkiger Niederschlag, der sich in Natronlauge oder Ammoniakfl. wieder auflöst. Näheres siehe: Deutsche med. Woch. 1916. 323.

**Paneth's** Reagens zum Färben mikroskop. Präparate

ist eine Lösung von 1 g Blauholzextrakt in 100 ccm 10 %igem Alkohol, der nach dem Filtrieren 10 Tropfen konzentr. Lithiumkarbonatlösung zugegeben werden.

Ztschr. f. wiss. Mikroskop. 1887. 213.
Breglia, ebenda 1890. 236.

**Panum's** Reaktion auf Eiweiß.

Versetzt man die zu prüfende Flüssigkeit mit Essigsäure und erhitzt nach Zugabe eines gleichen Volumens gesättigter Natrium- oder Magnesiumsulfatlösung zum Sieden, so entsteht bei Anwesenheit von Eiweiß eine Ausscheidung.

Virchow's Archiv 4. 428.
Vergl. Heynsius' Reaktion.

**Panzer's** Reaktion auf Pyramidon.

Pyramidon wird in wässeriger Lösung durch Salpetersäure blau, durch Eisenchlorid violett, dann rot gefärbt oder gefällt, durch Millon's Reagens vorübergehend blau, dann rot gefärbt oder gefällt. Kalilauge bewirkt einen weißen, in Äther löslichen Niederschlag, der mit Salpetersäure keine Blaufärbung erzeugt.

Apoth. Ztg. 1906. 388.
Chem. Zentralbl. 1906. II. 174.

**Papasogli's** Reaktion auf Nickel.

Gibt man in die Lösung eines Nickelsalzes Cyankalium und einen Streifen Zinkblech, so beschlägt sich letzteres unter Gasentwickelung mit metallischem Nickel und um dasselbe färbt sich die Lösung rot. Cobalt gibt diese Reaktion nicht.

Berl. Ber. 13. 203 oder
Ztschr. f. analyt. Chem. 19. 349.
Gazz. chim. ital. 9. 509.

**Papasogli's** Reaktion auf Rohrzucker neben Traubenzucker.

Die zu untersuchende Lösung versetzt man mit einigen Tropfen einer wässerigen Lösung von Cobaltchlorid (-nitrat oder -sulfat) und hierauf mit einem geringen Überschuß von Natronlauge. Bei Anwesenheit von Rohrzucker tritt eine violette Färbung ein, während Traubenzucker nur vorübergehend blau, dann schmutziggrün färbt. 1 Teil Rohrzucker soll sich so noch neben 9 Teilen Traubenzucker nachweisen lassen. Gefärbte Lösungen müssen vorher entfärbt werden, Gummi und Dextrin durch Bleiessig oder Baryt ausgefällt werden.

Bull. de l'assoc. chim. 13. 68.
Dingler's Journ. 77. 167.
Ztschr. f. analyt. Chem. 36. 715.
Répert. de Pharm. 1895. 346.

Die Reaktion wurde schon 1856 von Reich angegeben.

Ztschr. f. Unters. Nahr.-Genußm. 1899. 254. Herzog, Pharm. Zentralh. 1899. 537 u. 1907. 41.

**Papasogli-Poli**'s Reaktion auf Äpfelsäure.

Kocht man eine Lösung von Äpfelsäure mit etwas Schwefelsäure und Kaliumdichromat, so soll sich ein Geruch nach frischen Äpfeln (Aldehyd?) entwickeln. Näheres siehe: Ztschr. f. analyt. Chem. **22**. 97. — Ztschr. d. öst. Apoth. Ver. **20**. 106. — Gazz. chim. ital. **7**. 294. — Berl. Ber. **10**. 1383. — Chem. Zentralbl. 1877. 662.

**Pape**'s Reaktion auf Digitalin.

Rührt man (französisches) Digitalin mit der 10fachen Menge Stärke und konz. Schwefelsäure zu einem Brei an und gibt dann Salzsäure oder Salpetersäure zu, so färbt sich die Mischung grün.

Arch. d. Pharm. 1876. 233.
Merck's Bericht 1911. 51.

**Pappenheim**'s Reagens zum Färben mikroskop. Präparate

ist eine Mischung von 1 Teil konzentr., wässeriger Pyroninlösung und 3 Teilen konzentr., wässeriger Methylgrünlösung.

Virchow's Archiv 1899. 19.
Zentralbl. f. Bakteriol. 1900. 40.
Monatsh. f. prakt. Derm. 1901. 79.
Trunkel, Pharm. Ztg. 1916. 84.

**Pappenheim**'s (panoptisches) Triacidgemisch

ist eine Modifikation von Ehrlich's Triacidgemisch, bei welcher an Stelle von Methylgrün Methylenblau verwendet wird.

Deutsche med. Woch. 1901. 798.
Enzyklop. d. mikroskop. Techn. 1903. 88.
Vergl. Unna's u. Saathoff's Reagens.

**Pappenheim**'s Panchromgemisch zur Blutfärbung

ist ein Gemisch von Methylenblau, Toluidinblau, Azur I, Methylenviolett, Eosin, Methylalkohol, Glycerin und Aceton, dessen genauere Zusammensetzung und Herstellung nicht bekannt gegeben wurde.

Berl. klin. Woch. 1911. 1943.
Deutsche med. Woch. 1901. 798.
Folia hämatolog. 1906. 344, 1908. 348.
Med. Klinik 1908. 1244.
Pharm. Zentrh. 1911. 1354.
Szecsi, Deutsche med. Woch. 1912. 1084.

**Pappenheim-Unna**'s Reagens zum Färben mikroskop. Präparate

ist Pappenheim's Methylgrün-Pyronin-Reagens. Vergl. Virchow's Archiv **211**. Nr. 1.

**Parker**'s (-Floyd's) Formolalkohol für mikroskop. Zwecke

ist eine Mischung von 2 Teilen Formaldehyd (40 %) mit 38 Teilen Wasser und 60 Teilen Alkohol (95 %).

Anat. Anzg. 1895. 156; 1896. 568.

**Parker**'s Reagens zum Entwässern von Methylenblaupräparaten

ist Aceton oder Methylal. Näheres siehe: Zoolog. Anzg. 1892. 375. — Enzyklop. d. mikroskop. Techn. 1903. 804.

**Partheil**'s Reagens auf Cystin

ist Kaliumwismutjodidlösung, die mit Cystin einen braunen Niederschlag gibt.

Arch. der Pharm. **231**. 459.

**Partsch**'s Reagens zum Färben mikroskop. Präparate.

(Alaun-Carmin.) Cochenille kocht man einige Zeit mit 5 %iger Alaunlösung, filtriert und gibt etwas Salicylsäure (zur Konservierung) zu.

Merck's Report 1901. 260.
Arch. f. mikroskop. Anat. 1877. 180.

**Partsch**'s Reagens zum Entkalken mikroskop. Präparate

ist eine 5 %ige, wässerige Lösung von Trichloressigsäure.

Verhandlg. d. deutsch. Naturforsch. u. Ärzte. Wien 1894.
Schaffer, Ztschr. f. wiss. Mikroskop. 1902. 318. 444.

**Partsch-Grenacher**'s Alaun-Carmin

ist eine Lösung von 1 g Carmin und 1 g Alaun in 100 ccm Wasser.

Vergl. Grenacher's u. Partsch's Reagens.
Eberth-Friedländer, Mikroskop. Techn. 1894. 274.

**Paschorukow**'s Reagens auf Eiweiß

ist Quillajasäure. Gibt mit Eiweiß Niederschläge.

Dissertation Dorpat 1887.
Merck's Bericht 1888. 7.

**Patein**'s Reaktion auf Antipyrin in Pyramidon

beruht auf der Bildung eines in Wasser unlöslichen Kondensationsproduktes bei der Einwirkung von Formaldehyd auf Antipyrin, während Pyramidon unbeeinflußt bleibt.

Journ. de Pharm. et de Chim. 1905. 5.
Répert. de Pharm. 1905. 289.
Chem. Ztg. 1905. Rep. 222.
Apoth. Ztg. 1905. 538.

**Patein**'s Reaktion auf Cocaïn

ist eine Modifikation von da Silva's Reaktion.

Journ. de Pharm. et de Chim. (5) **23**. 553.

**Patein**'s Reagens auf Eiweiß im Harn.

Man löst 250 g Citronensäure und 50 g Alkohol (90 %) in Wasser und der zur Neutralisation nötigen Menge Ammoniakflüssigkeit zu 1 Liter. Auf 10 ccm sauren oder angesäuerten Harn gibt man 1 ccm Reagens und erwärmt. Bei Anwesenheit von Eiweiß entsteht eine Trübung.

Pharm. Ztg. 1903. 902.

**Patein**'s Reaktion auf Kryogenin.

Kryogeninlösungen werden durch Fehling's Reagens grün gefärbt und in der Siedehitze wird das Reagens reduziert. Versetzt man eine Lösung von 1 g Kryogenin in möglichst wenig Alkohol mit 1 ccm Formaldehyd (40 %), so entsteht ein Kondensationsprodukt, das sich beim Verdünnen mit Wasser und Ansäuern mit 2—3 Tropfen Salzsäure als weißes Pulver abscheidet. Letzteres schmilzt bei zirka 205° C. unter Zersetzung.

Journ. de Pharm. et de Chim. 1903. 593.
Répert. de Pharm. 1903. 530.
Chem. Ztg. 1903. Rep. 328.
Apoth. Ztg. 1904. 15.
Chem. Zentralbl. 1904. I. 544.

**Patein**'s Reagens zur Milchanalyse.

Zu 220 g Quecksilberoxyd und 3—400 ccm Wasser gibt man unter Erwärmen so viel Salpetersäure, daß gerade Lösung eintritt. Nach dem Abkühlen fügt man Natronlauge bis zum Eintritt der Trübung zu, ergänzt auf 1 Liter und filtriert. 10 ccm dieser Lösung genügen zur Klärung von 100 ccm Milch.

Bull. Soc. Chim. Paris (3) **35.** 1022.
Ztschr. f. analyt. Chem. 1907. 340.

**Patein-Dufau**'s Reagens zum Klären des Harns.

20 g saures Quecksilbernitrat löst man in 60 ccm Wasser, macht bis zum Eintritt eines Niederschlages mit Natronlauge alkalisch und füllt auf 100 ccm mit Wasser auf. 50 ccm Harn versetzt man mit so viel Reagens, bis kein Niederschlag mehr entsteht, macht unter starkem Schütteln mit Natronlauge alkalisch und bringt die Mischung auf ein bestimmtes Volumen. Das Filtrat kann zur Titration oder Polarisation verwendet werden.

Journ. de Pharm. et de Chim. 1899. II. 433, 1902. I. 221, 1903. I. 5.
Ztschr. f. analyt. Chem. **39.** 603.
Zotter, Apoth. Ztg. 1909. 902.
Schöndorff, Archiv ges. Physiol. **121.** 572.

**Patten**'s Reaktion auf Cystin

beruht auf der Bildung von Hydantoinsäure (Schmelzp. 160°) bei der Behandlung von Cystin mit Phenylcyanat. Näheres siehe: Ztschr. f. physiol. Chem. 39. 350. — Neuberg-Mayer, ebenda **44.** 487.

**Paul**'s Reaktion auf Cocaïn

ist identisch mit Biel's Reaktion.

**Paul**'s Reaktion auf Gallenfarbstoffe.

Harn, der Galle oder Gallenfarbstoffe enthält, löst Methylviolett (Pariser Violett) mit roter Farbe, während normaler Harn den Farbstoff mit bläulich-violetter Farbe löst. (Wert der Reaktion fraglich.)

Chem. Zentralbl. 1876. 697.
Pharm. Zentrh. **16.** 396.
Ztschr. f. analyt. Chem. **16.** 132.
Demelle u. Longuets, Chem. Zentralbl. 1876. 697 und
Ztschr. f. analyt. Chem. **16.** 260.
Deubner, Ztschr. f. analyt. Chem. **25.** 458.
Petersen, Deutsche med. Woch. 1911. 1891.
Torday-Klier, ebenda 1909. 1470.

**Paul**'s Reagens auf künstliche Farbstoffe in Weinen und Fruchtsäften

ist 3 %iges Wasserstoffsuperoxyd. — 3 ccm Kirschsaft, 3 ccm Maulbeersaft, 10 ccm Quittensaft, 3 ccm Erdbeersaft, 3 ccm Stachelbeersaft und 3 ccm Rotwein werden von 15—20 ccm Reagens innerhalb 24 Stunden entfärbt. Mit Anilinfarben versetzte Präparate werden nicht entfärbt. Auch natürliches Chlorophyll wird unter genannten Bedingungen zerstört, so daß Äther nach der Behandlung des Chlorophylls mit dem Reagens nicht mehr grün gefärbt wird.

Journ. de Pharm. et de Chim. 1910. I. 289.
Répert. de Pharm. 1910. 299.
Apoth. Ztg. 1910. 221.

**Paul**'s L-Reaktion

ist eine für die Synthese anwendbare Reaktion. Näheres siehe: Chem. Ztg. 1904. 702. — Chem. Zentralbl. 1904. II. 703.

**Paul**'s Krystallisationsprobe siehe: Hesse's Reaktion auf Cinchonidin im Chininsulfat.

**Pauly**'s Reaktion auf Histidin (und Imidazol).

Versetzt man eine mit Natriumkarbonat alkalisch gemachte Lösung von Histidin (oder Imidazol) mit Diazobenzolsulfosäure, so entsteht ein Farbstoff, der in saurer Lösung rein orange und in alkalischer Lösung kirschrot gefärbt erscheint. Empfindlichkeitsgrenze = 1 : 100 000.

Ztschr. f. physiol. Chem. **42.** 508, **94.** 426.
Fränkel, Beitr. z. chem. Physiol. **8.** 156.
Jnouye, Ztschr. f. physiol. Chem. **83.** 79.
Weiß-Ssobolew, Biochem. Ztschr. **58.** **119.**

**Pauly**'s Reagens auf Kalium.

a) Basische Wismutlösung.
b) Natriumthiosulfatlösung.

Die beiden Lösungen sollen so viel Wismutsubnitrat bezw. Thiosulfat in gleichen Volumteilen enthalten, als theoretisch zur Bildung des Doppelsalzes $Na^3Bi(S_2O_3)_3$ nötig ist. Zum Gebrauch werden gleiche Volumen a und b gemischt. 4 Tropfen dieser Mischung werden mit 1 ccm Wasser und alsdann mit 10—15 ccm absolutem Alkohol gemischt. Eine eventuell eingetretene Trübung beseitigt man durch tropfenweise Zugabe von Wasser. Diese Lösung wird durch kaliumhaltige Flüssigkeiten unter Ausscheidung von gelbem Kalium-Wismutthiosulfat getrübt.

Chem. Ztg. 1887. Rep. 111.
Ztschr. f. analyt. Chem. **36.** 512.
Pharm. Zentrh. 1887. 187.
Enzyklop. d. gesamt. Pharm. 1891. X. 779.
Carnot, Compt. rend. **83.** 338; **86.** 480.
Hauser, Ztschr. f. anorg. Chem. 1903. 1.
Küster, Ztschr. f. anorg. Chem. 1903. 325.
Vergl. Campani's u. Huysse's Reagens.

**Pavesi**'s Reaktion auf Aporheïn.

Aporheïn wird durch konzentr. Schwefelsäure allmählich orangegelb und schließlich schmutziggelb gefärbt. Formaldehyd bewirkt eine blaue Färbung, die in Olivschwarz übergeht.

Fröhde's Reagens = schwärzlich — violett — olivgrün; Lafon's Reagens = braune Färbung — gelber Niederschlag; Salpetersäure (D. = 1,3) = violett — gelb; Salpetersäure (D. = 1,5) = violett — rot — gelb.

Gazz. chim. ital. 37. I. 629.
Apoth. Ztg. 1907. 591.
Chem. Zentralbl. 1907. II. 820.

**Pavy's** Reagens auf Eiweiß besteht aus Ferrocyankalium und Citronensäure.

Vergl. Hilger's Reagens.

**Pavy's** Reagens auf Glukose.

120 ccm Fehling's Reagens versetzt man mit 300 ccm Ammoniakflüssigkeit (D. = 0,880) und verdünnt mit Wasser zum Liter. Glukose reduziert diese Lösung unter Entfärbung ohne Abscheidung von Kupferoxydul. 10 ccm entsprechen 0,005 g Glukose.

Chem. News 39. 77.
Journ. Chem. Soc. 1880. 37. 512.
Ztschr. f. analyt. Chem. 19. 98.
Chem. Zentralbl. 1879. 406.
Berl. Ber. 13. 1884.
Battandier, Journ. de Pharm. et de Chim. (5) 1. 221.
Virchow-Hirsch, Jahresber. 1884. I. 244.
Vergl. Hehner's Reagens und Vernon's Reagens.

Andere Vorschrift: Man löst 4,158 g Kupfersulfat in 250 ccm Wasser, gibt 10 g Mannit und 50 ccm Glycerin zu und gibt in diese Mischung eine Lösung von 20,4 g Kaliumhydroxyd in 100 ccm Wasser. Nach Zugabe von 300 ccm Ammoniak (D. = 0,88) wird filtriert und mit Wasser auf 1 Liter ergänzt. 25 ccm dieser Lösung = 15 mg Glukose.

Schweizer Woch. f. Chem. u. Pharm. 1901. 321.
Pharm. Zentrh. 1901. 618.
Sahli, Deutsche med. Woch. 1905. 1417.
Levy, Münchener med. Woch. 1906. 212.
Eiger, Deutsche med. Woch. 1906. 261.
Gidionsen, Med. Klinik 1906. 296.
Kumagawa - Suto, Salkowski-Festschrift 1904. 211.
Kinoshita, Biochem. Ztschr. 9. 219.
Hehner, Ztschr. f. analyt. Chem. 1883. 447.
Tingle, Americ. Chem. Journ. 1898. 126.

**Pawlewski's** Reaktion auf Anthranilsäure.

Lösungen von Anthranilsäure in Wasser, Alkohol oder Benzol werden durch p-Dimethylamidobenzaldehyd hochrot gefärbt oder gefällt.

Berl. Ber. 1908. 2353.

**Payen's** Reaktion auf Mineralsäuren im Essig.

100 ccm Essig erhitzt man eine halbe Stunde lang mit 0,05 g Stärke und prüft auf letztere nach dem Erkalten des Reaktionsgemisches mit wässeriger Jodlösung. Bei Gegenwart von freien Mineralsäuren tritt keine Bläuung (Jodstärke) ein, da die Stärke verzuckert ist.

Ganassini, Apoth. Ztg. 1903. 305.
Bollet. Chim. Farm. 1903. 241.

**Payet's** Reaktion auf arab. Gummi in Tragant.

Zu einer abgekühlten, wässerigen Tragantlösung (1 : 30) gibt man 30 ccm einer 1 %igen, wässerigen Guajakollösung und 1 Tropfen Wasserstoffsuperoxyd. Bei Gegenwart von arabischem Gummi tritt sofort Braunfärbung auf.

Annal. Chim. analyt. appl. 10. 63.
Pharm. Ztg. 1905. 473.
Chem. Zentralbl. 1905. I. 967.
Chem. Ztg. 1904. Rep. 233.
Répert. de Pharm. 1904. 301.

**Payne's** Reaktion auf Eiweiß im Harn

ist eine Modifikation von Heller's Reaktion, die darauf beruht, diese bekannte Schichtreaktion in der Wärme auszuführen.

Medical Record 67. 538.
Journ. of the Americ. Chem. Soc. 27. 347.
Pharm. Praxis 1906. 20.

**Pechmann-Manck's** Reaktion auf Natriumthiosulfat und Kaliumcyanid

beruht auf der Umsetzung der beiden Salze in wässeriger Lösung zu Natriumsulfit und Kaliumrhodanid.

Berl. Ber. 1895. 28. 2375.
Vergl. Gutmann's Reaktion auf Thiosulfate.

**Péguriers's** Reaktion auf Kryogenin.

Erhitzt man trockenes Kryogenin, so entwickelt sich ein nach Ammoniak riechendes, alkalisch reagierendes Gas. Kryogenin gibt mit konzentr. Schwefelsäure und Kaliumbichromatlösung eine granatrote Färbung.

Kryogenin färbt Kaliumpermanganatlösung kastanienbraun.

Répert. de Pharm. 1904. 438.
Chem. Ztg. 1904. Rep. 307.

**Pégurier's** Reaktion auf Veronal.

Veronallösungen geben mit Denigès' Reagens (Mercurisulfatlösung) einen weißen Niederschlag. Empfindlichkeitsgrenze: = 1:5000. Auch Mercuriacetat gibt diese Reaktion, nicht aber Mercurichlorid-, -jodid oder -oxycyanidlösungen.

Apoth. Ztg. 1905. 451.
Bull. des scienc. pharmacol. 1905. 287.

**Péligot's** Reagens auf Cellulose

ist eine Modifikation von Schweitzer's Reagens, erhalten durch Einwirkung von Ammoniakflüssigkeit auf Kupferspäne.

Compt. rend. 1861. 209.
Chem. Zentralbl. 1859. 463.

**Pellagri's** Reaktion auf Morphin.

Die zu untersuchende Substanz löst man in konzentr. Salzsäure und dampft nach Zusatz von wenig konzentr. Schwefelsäure auf dem Ölbade bei 100—120° C. ein. Bei Anwesenheit von Morphin entsteht eine purpurrote Färbung. Gibt man nach dem Verdampfen der Salzsäure neue Salzsäure zu und neutralisiert mit Soda, so entsteht eine violette

Färbung, die auf Zugabe von Jod in Jodwasserstoff in Grün umschlägt. Die Reaktion gelingt noch bei Anwesenheit einiger 1/10 mg Morphin.
Berl. Ber. 10. 1384.
Ztschr. f. analyt. Chem. 17. 373.
Pharm. Zentrh. 1901. 368.
Gazz. chim. ital. 7. 297.

**Pellet**'s Reagens auf Glukose
enthält im Liter (Wasser) 68,7 g krystallisiertes Kupfersulfat, 200 g Seignettesalz, 100 g wasserfreies Natriumkarbonat und 7 g Chlorammon. 1 ccm Reagens entspricht 0,005 g Glukose.
Compt. rend. 86. 604.
Realenzyklopaedie der gesamt. Pharm. 1889. VII. 707.
Ztschr. f. analyt. Chem. 1891. 76.
Lippmann's Chem. des Zucker's 306.
Pellet benützte zur kolorimetrischen Bestimmung der Glukose auch Ammonimmolybdat, das in saurer Lösung und beim Erhitzen mit Glukose reduziert wird und eine blaue Färbung verursacht.
Bull. Assoc. Chim. Sucr. 1902/03. 737.

**Pelletier**'s Reaktion auf Brucin.
Versetzt man eine Brucinlösung mit Chlorwasser, so färbt sich die Mischung hellrot, blutrot und dann gelb.
Journ. de Pharm. et de Chim. 1838. 153.
Chem. Zentralbl. 1838. 377.
Vergl. Kippenberger, Nachw. v. Gift. 1897. 109.

**Pelletier**'s Reaktion auf Narceïn
ist identisch mit Dragendorff's Reaktion.

**Pelletier**'s Reaktion auf Strychnin
beruht auf der Bildung von Trichlorstrychnin unter der Einwirkung von Chlorgas auf wässerige Strychninlösungen. Beim Einleiten von Chlorgas entsteht eine weiße, krystallinische Ausscheidung.
Chem. Zentralbl. 1838. 376.
Siehe auch: H a g e r, Pharm. Prax. 1880. II. 1066.

**Pellisier-Schaibélé**'s Reagens auf Galle im Harn
ist eine Lösung von Methylviolett (Violet de Paris). Versetzt man den klaren Harn mit etwas Reagens (2 Tropfen auf 100 ccm Harn) und gibt 3 Tropfen Trichloressigsäure zu, so färbt sich die Mischung bei Anwesenheit von Galle weinrot und bei Abwesenheit von Galle blau.
Répert. de Pharm. 1909. 214.

**Pelouze**'s Reagens auf Alkaloide
ist Tanninlösung, die mit Alkaloiden amorphe Niederschläge gibt.
H e n r y, Chem. Zentralbl. 1835. 447.
Journ. de Pharm. et de Chim. 1835. 213.

**Pelouze**'s Reaktion auf Milchsäure
beruht auf der angeblichen Eigenschaft des Kupferlaktats, durch Kalkmilch nicht vollständig gefällt zu werden.
S t r e c k e r, Liebig's Annal. 61. 216.
Chem. Zentralbl. 1847. 350.

**Pelouze**'s Reaktion siehe auch **Moore-Pelouze**.

**Peltier**'s Reagens auf (Seide und Wolle) tierische Faserstoffe.
Behandelt man tierische Faserstoffe eine halbe Stunde lang mit einer Mischung von konzentr. Schwefelsäure und konzentr. Salpetersäure (D. = 1,4) bei zirka 20° C. und wäscht mit kaltem Wasser aus, so hat sich Wollfaser gelb bis braun gefärbt (Baumwolle färbt sich nicht), Seide hat sich gelöst.
Siehe auch: H a g e r, Pharm. Prax. 1880. II. 37.

**Peltrisot**'s Reagens zum Färben der verschiedenen anatomischen Bestandteile des Fleisches
ist eine Lösung von 0,1 g Purpurin und 5 g Phenol in 50 ccm Alkohol (60 %), der noch 5 Tropfen einer 10 %igen, alkoholischen Lösung von Lichtgrün zugesetzt werden. Näheres siehe: Bull. scienc. pharmacol. 1907. 19.
Pharm. Zentrh. 1907. 430.
Chem. Zentralbl. 1907. I. 1226.

**Peltrisot**'s Reagens zum Färben von Tuberkelbazillen.
a) Ziehl's Carbolfuchsin.
b) 1 ccm alkoholische Methylenblaulösung (1 : 10) mischt man mit 9 ccm Aceton und 10 ccm Sodalösung (1 : 10 000). Letztere Mischung dient als Differenzierungsflüssigkeit.
Näheres siehe: Pharm. Zentrh. 1903. 684. — Bull. scienc. pharmacol. 5. 121.

**Penfield**'s Reagens zur Trennung von Mineralgemischen
ist Silberthalliumnitrat, welches bei 75° C. zu einer leicht beweglichen Flüssigkeit vom spezifischen Gewicht 4,5 schmilzt.
Americ. Journ. of Scienc. 1895. 446.
Merck's Bericht 1896. 30.
Chem. Zentralbl. 1896. I. 319.

**Penzoldt**'s Reaktion auf Aceton im Harn.
Acetonhaltiger Harn liefert mit einigen Tropfen Kalilauge und etwas Orthonitrobenzaldehyd (nach Baeyer und Drewsen, Berl. Ber. 15. 2860) Indigo. Zum Gelingen der Reaktion sind mindestens 1,6 mg Aceton nötig. Beim Schütteln mit wenig Chloroform wird letzteres durch Aufnahme des Indigo blau gefärbt.
Arch. f. klin. Med. 34. 132. (1883).
M e l c k e b e k e, Chem. Ztg. 1899. Rep. 84.
C e r v e l l o, Arch. exp. Pathol. 75. 156.
E l l r a m, Chem. Ztg. 1899. Rep. 171.
J a k s c h, Ztschr. f. klin. Med. 8. 115.
E n g e l, ebenda 20. 530.
B o h r i s c h, Pharm. Zentrh. 48. 5.

**Penzoldt**'s Reaktion auf Gallenfarbstoffe.
Eine möglichst große Menge ikterischen Harnes filtriert man durch ein doppeltes Papierfilter. Nach dem Trocknen des Filters bringt man auf dasselbe einige ccm Eisessig. Die über das Papier laufende Flüssigkeit färbt sich gelbgrün, grün bis blaugrün. Nach dem Trocknen zeigt das Papier grüne Ränder.
P e n z o l d t, Ältere und neuere Harnproben, Jena 1884. 21.

**Penzoldt's** Reaktion auf Glukose im Harn.

1 g krystallisierte Diazobenzolsulfosäure löst man durch Schütteln in 60 ccm Wasser. Einige ccm dieser Lösung macht man mit Kalilauge schwach alkalisch und gibt sie in ein gleiches Volumen stark alkalischen Harns. Bei Anwesenheit von Glukose färbt sich die Mischung gelbrot, dann bordeauxrot, bei viel Glukose dunkelrot und undurchsichtig. Empfindlichkeitsgrenze = 1 : 10 000.

Berl. Ber. 16. 657.
Berl. klin. Woch. 1883. XIV.
Ztschr f. analyt. Chem. 22. 466.
Vergl. Ehrlich's Diazoreaktion.
Rosenfeld, Deutsche med. Woch. 1888, 451 und 479.
Petri, Ztschr. f. physiol. Chem. 8. 293.

**Penzoldt's** Reaktion auf Naphthalin im Harn.

Schichtet man Naphthalinharn auf konzentr. Schwefelsäure, so färbt er sich dunkelgrün. Allmählich nimmt auch die Säure diese Färbung an.

Arch. f. exper. Pathol. 21. 34.

**Penzoldt-Fischer's** Reaktion auf Aldehyde.

Eine Lösung von Acetaldehyd (oder Traubenzucker) gibt mit einer alkalischen Lösung von Diazobenzolsulfosäure nach einiger Zeit eine rote Färbung, die beim Stehen allmählich ins Violette übergeht. — Man löst jedesmal frisch 1 g krystallisierte reine Diazobenzolsulfosäure in 60 ccm kaltem Wasser und etwas Natronlauge, gibt die zu prüfende Substanz und einige Körnchen Natriumamalgam zu und läßt die Mischung ruhig stehen. Bei Anwesenheit eines Aldehyds zeigt sich nach 10—20 Minuten die rotviolette Färbung.

Berl. Ber. 16. 657.
Ztschr. f. analyt. Chem. 23. 74.

**Penzoldt-Fischer's** Reagens auf Phenol.

Phenol bewirkt mit Diazobenzolsulfosäure in alkalischer Lösung eine dunkelrote Färbung ohne violetten Ton wie bei den Aldehyden.

Ztschr. f. analyt. Chem. 23. 75.
Vergl. Penzoldt-Fischer's Reagens auf Aldehyde.

**Pépin's** Reaktion auf Fichtenteeröl in Kadeöl.

1 ccm Kadeöl schüttelt man mit 15 ccm Petroläther, filtriert letzteren ab und schüttelt 10 ccm des Filtrates mit 10 ccm Kupferacetatlösung (neutral). 5 ccm des abgeschiedenen Petroläthers mischt man mit 10 ccm Äthyläther. Bei Gegenwart von Fichtenteeröl tritt eine grüne Färbung, bei Abwesenheit desselben eine schwach gelbbraune Färbung auf.

Journ. de Pharm. et de Chim. (6) 24. 49.
Hirschsohn, Pharm. Ztschr. f. Rußland 16. 1.

**Perelstein-Abelin's** Reaktion auf Quecksilber im Harn

beruht auf der Fällung des Quecksilbers mit basischem Eisenacetat, Niederschlagen des in Salzsäure gelösten Quecksilbers auf Kupferblech, Isolieren durch Erhitzen des Kupfers und Nachweis durch Joddampf in Form eines Quecksilberjodidspiegels. Näheres siehe: Münchener med. Woch. 1915. 1181.

**Perényi's** Reagens zum Härten mikroskop. Präparate

ist eine Lösung von 0,15 g Chromsäure in 30 ccm Wasser, der 30 ccm Alkohol und 40 ccm Salpetersäure (10 %) zugemischt werden. Gebraucht als Fixierungsmittel für feinere pflanzliche und tierische Objekte.

Zoolog. Anzg. 1882. 459.
Merck's Index 1902. 269.
Bornet, Ztschr. f. wiss. Mikroskop. 1890. 252.
Behrens' Tabellen 1892. 58.

**Perkin's** Reaktion auf Bikarbonate.

Die zu prüfende Substanz gibt man in eine Mischung von Bromkalium (Jodkalium ?) und Natriumhypochloritlösung und schüttelt mit Chloroform. Bei Anwesenheit von Bikarbonat färbt sich das Chloroform.

Chem. Zentralbl. 1903. I. 94.
Journ. Soc. Chem. Ind. 21. 1375.
Francis O. Taylor, ebenda 25. 537.

**Perkin's** Reaktion auf Cottonöl.

Zu einer Mischung von 0,03 g gepulvertem Kaliumdichromat und einigen Tropfen konzentr. Schwefelsäure gibt man 0,5 g des zu prüfenden Öles. Cottonöl ruft nach Zusatz von Wasser und gutem Durchrühren eine grüne Färbung hervor.

The Analyst 1890. 55.
Chem. Zentralbl. 1890. I. 841.
Utz, Seifensieder-Ztg. 1903. 771.

**Perkin's** Reaktion auf Oxyberberin.

Löst man Oxyberberin in konz. Schwefelsäure und gibt einen Tropfen Salpetersäure zu, so entsteht eine violette Färbung.

Vergl. Pictet-Gams' Reaktion. Berl. Ber. 44. 2044.

**Perkin's** Reaktion

ist eine für die Synthese wichtige Reaktion: Bildung ungesättigter, aromatischer Säuren durch Einwirkung von aromatischen Aldehyden auf Fettsäuren.

Siehe: Lehrbücher der Chemie, ferner Liebig's Annal. 216. 101.

**Peroni's** Reaktion auf Emetin.

Emetin färbt Kaliumpermanganat-Schwefelsäure blau, Jodsäure-Schwefelsäure rotorange bis rotviolett, Natriumperoxyd-Schwefelsäure schmutziggrün, Molybdän-Schwefelsäure blaugrün, Kaliumchlorat - Salzsäure rotorange, Wolfram-Schwefelsäure grün bis stahlblau, Selen-Schwefelsäure grün, auf Zusatz von Wasser violett. Diphenylcarbazid färbt sich mit Emetin rosa mit rotviolettem Rand.

Bollet. Chim. Farm. 1907. 273.
Répert. de Pharm. 1907. 225.
Chem. Zentralbl. 1907. I. 1643.
Vergl. Power's, Pander's und Snelling's Reaktion.

**Perrin's** Reaktion auf Inosit.

2 Tropfen der möglichst konzentrierten Inositlösung werden auf dem Platinblech mit 1 Tropfen Silbernitratlösung verdampft und verascht. Der Rückstand hat eine schöne rosa Färbung, die beim Erkalten verschwindet und beim Erwärmen wiederkehrt.

Annal. Chim. analyt. appl. 1909. **14.** 182.

**Perrins** siehe **Dyson Perrins.**

**Perrot's** Reagens auf ätherische Öle

ist eine Lösung von Violet de Paris (Dimethylanilinviolett) in Eisessig und Alkohol. Näheres siehe: Ztschr. f. analyt. Chem. **37.** 402 und Ztschr. d. öst. Apoth. Ver. **46.** 802.

**Perrot-Gorris'** Reaktion auf Colophonium siehe Gorris' Reaktion.

**Perrot-Gorris'** Reaktion auf Colophonium in Tolubalsam.

5 g gepulverten Tolubalsam behandelt man mit 30 g Schwefelkohlenstoff, verdampft diesen und nimmt den Rückstand in Petroläther auf. Nach dem Filtrieren schüttelt man die Lösung mit 0,1 %iger wässeriger Kupferacetatlösung. Grünfärbung zeigt Colophonium an.

Bull. Soc. pharmacol. **15.** 636.
Chem. Zentralbl. 1909. I. 405.

**Persoz'** Reagens auf echte Seide.

10 g Zinkchlorid löst man in 10 ccm Wasser und schüttelt diese Lösung mit 2 g Zinkoxyd. Echte Seide löst sich beim Erwärmen auf 45° C. in diesem Reagens auf.

Moniteur scientif (4) **1.** 597.
Ztschr. f. analyt. Chem. **2.** 82; **29.** 625.
Compt. rend. **55.** 810.
Chem. Zentralbl. 1863. 165.

**Pertusi-Gastaldi's** Reagens auf Blausäure.

Bringt man eine Mischung von 1 Tropfen 3 %iger Kupferacetatlösung, 5 Tropfen gesättigter Benzidinacetatlösung und 0,5 ccm Wasser mit Blausäure oder Cyaniden in geeigneter Weise in Berührung, so entsteht eine blaue Färbung bzw. Fällung. Zur Ausschaltung oxydierender Stoffe kocht man die zu prüfende Substanz mit Sodalösung und leitet nach dem Filtrieren der so erhaltenen Lösung durch diese Kohlensäure. Sie nimmt vorhandene Blausäure mit und bewirkt, in das Reagens geleitet, Blaufärbung. Näheres siehe: Chem. Ztg. 1913. 609.

**Perutz'** Reaktion auf Syphilis siehe Hermann-Perutz' Reagens.

**Pesci's** Reagens auf Alkaloide

ist eine mit verdünnter Schwefelsäure angesäuerte Lösung von Kupfersulfat und Natriumthiosulfat.

Vergl. Jaworowski's Reagens auf Chinin.

**Peset's** Reaktionen auf Anilin

siehe: Ztschr. f. analyt. Chem. 1909. 37.
Chem. Zentralbl. 1909. I. 583.

**Peset's** Reaktion auf Sperma

ist eine Modifikation der Reaktion von de Dominicis. Als Reagens wird eine gesättigte Lösung von Goldchlorid und eine solche von Kaliumbromid verwendet.

Revista Med. Cirujia pract. 1910. 135.
Ztschr. f. analyt. Chem. 1912. 473.
Pharm. Zentrh. 1911. 262.

**Peska's** Reagens auf Glukose.

a) Eine Lösung von 6,93 g Kupfersulfat in 160 ccm Ammoniak (25 %), die mit Wasser zu 500 ccm aufgefüllt wird.

b) Eine Lösung von 34,5 g Seignettesalz und 70 ccm 15 %iger Natronlauge, zu 500 ccm mit Wasser aufgefüllt.

Zum Gebrauch mischt man gleiche Volumteile von a und b.

Ztschr. f. analyt. Chem. **35.** 93.
Chem. Zentralbl. 1895. I. 1044 u. 1896. I. 138.

**Peter's** Reagens zur Plasmafärbung

ist eine Lösung von 0,2 g Lichtgrün oder Säureviolett in 80 g Alkohol.

Arch. f. mikroskop. Anat. 1898. 180.

**Petermann's** Reaktion auf Kornrade im Mehl

beruht auf dem Nachweise des Githagins. Näheres siehe: Ztschr. f. analyt. Chem. **20.** 132. — Annal. de Chim. et de Phys. (5) **19.** 243. — Berl. Ber. **13.** 829. — Chem. Zentralbl. 1880. 376.

**Petersen's** Reaktion auf Antimon.

Läßt man auf Antimonsulfid erst bei gewöhnlicher Temperatur und dann in der Hitze Natriumperoxydlösung einwirken, so scheidet sich beim Erkalten der Lösung Natriumantimoniat in Krystallen ab. Die Reaktion gelingt auch bei Anwesenheit von Arsen und Zinn. Näheres siehe: Ztschr. f. anorgan. Chem. **88.** 108.

**Petersen-Bauer's** Reagens f. mikroskop. Zwecke.

300 ccm 50 %ige Zuckerlösung versetzt man mit 200 ccm 80 %igem Alkohol und fügt dann 100 ccm 50 %ige Dextrinlösung zu. Gebraucht zur Anfertigung von Zuckerplatten.

Zentralbl. f. allgem. Pathol. u. patholog. Anatom. 1902. 119.

**Petit's** Reagens (Konservierungsmittel) für mikroskop. Präparate.

Siehe: Ripart's Flüssigkeit.

**Petit-Mayer's** Reaktionen auf Guajakharz

siehe: Chem. Zentralbl. 1905. II. 790.
Compt. rend. **141.** 193.

**Petri's** Reaktion auf Eiweiß.

Nach Petri kann man Ehrlich's Reagens (Diazobenzolsulfosäure) auch zum Nachweise von Aceton, Eiweiß und Peptonen verwenden, welche rotgelbe oder braunrote Farbenerscheinungen zeigen.

Ztschr. f. physiol. Chem. **8.** 291.
Ztschr. f. analyt. Chem. **24.** 152.

**Petrunskewitsch**'s Reagens zum Härten mikroskop. Präparate

ist eine gesättigte Lösung von Quecksilberchlorid in einer Mischung von 17 Teilen Salpetersäure, 150 Teilen Eisessig, 333 Teilen Alkohol und 500 Teilen Wasser.

Arch. f. mikroskop. Anat. 1905. 106.
Ztschr. f. angew. Mikroskop. 1906. 142.

**Petruschky**'s Lackmusmolke

vergl. Seitz' Reagens zur Diagnose der Bakterien der Typhus-Coli-Dysenterie-Gruppe.

**Pettenkofer**'s Reaktion auf Gallensäuren.

Gibt man zu dem zu prüfenden Harn etwas Rohrzucker und konzentr. Schwefelsäure, so färbt sich die Mischung bei Anwesenheit von Gallensäuren intensiv rot bis violett.

Annal. der Chem. u. Pharm. 52. 90.
Chem. Zentralbl. 1845. 94.
Griffith, Chem. Gazette 1843. 104.
Koschlakoff u. Bogomoloff, Zentralbl. f. mediz. Wissensch. 1868. 529.
Külz, Zentralbl. d. mediz. Wissensch. 1875. 515.
Mörner, Skandin. Arch. 1895. 371.
Kingzett u. Hake, Berl. Ber. 10. 298.
Mylius, Ztschr. f. analyt. Chem. 27. 259.
Udránszky, ebenda 28. 130 oder
Ztschr. f. physiol. Chem. 12. 355 u. 377.
Bardachzi, ebenda 48. 145.
Schenk, Jahresber. f. Tierchem. 2. 232.
Huppert, Ztschr. f. analyt. Chem. 6. 294.
Neukomm, Liebig's Annal. 116. 30.
Ville, Bull. Soc. Chim. Paris 1907. I. 965; 1909. I. 895.
Guérin, Journ. de Pharm. et de Chim. 1908. II. 54.

**Pettenkofer**'s Reagens auf freie Kohlensäure im Trinkwasser

ist eine Lösung von 1 g Rosolsäure in 500 g Alkohol (80 %), die mit Barytwasser bis zur beginnenden rötlichen Färbung versetzt ist. 50 ccm des zu prüfenden Wassers mischt man mit 0,5 ccm Reagens. Freie Kohlensäure entfärbt das Reagens, gebundene Kohlensäure bewirkt Rotfärbung (auch Bikarbonate).

Sitz.-Ber. d. math. phys. Klasse der Akad. d. Wiss. München 1875. 55.
Ztschr. f. Biologie 1875. 11. 308.
Pharm. Zentrh. 1875. 234.
Chem. Zentralbl. 1875. 567.
N. Répert de Pharm. 20. 597.

**Pévenasse**'s Reaktion auf Pyramidon.

Die Reaktion beruht auf Reduktionserscheinungen des Silbernitrates. Die wässerige Lösung von Pyramidon scheidet auf Zusatz von verd. Silbernitratlösung Silber ab und färbt sich durch kolloidales Silber blau bis rotviolett. Salpetersäure bringt diese Erscheinungen unter Lösung des Silbers wieder zum Verschwinden.

Répert. de Pharm. 1911. 22.
Annales de Pharmacie 1910. 385.
Pharm. Ztg. 1910. 908.
Apoth. Ztg. 1910. 850.

**Pezopoulo**'s Reagens für Malariafärbung.

Eine 1 %ige Methylenblaulösung versetzt man mit 0,3 % Natriumkarbonat und läßt sie 2—3 Tage (bei 55°) reifen. Zu 3 ccm dieser Lösung gibt man 1 ccm frischbereitete, 1 %ige Methylenblaulösung, dann 10 ccm Eosinlösung (1 ‰) und 10 ccm Wasser.

Ztschr. f. angew. Mikroskop. 1907. 67.
Zentralbl. f. Bakteriol. 1906.

**Pfaff**'s Reaktion auf Äpfelsäure.

Tröpfelt man in eine Lösung von Äpfelsäure Kupferammoniak, so entsteht eine grüne Färbung. Andere Säuren sollen diese Färbung nicht veranlassen.

Chem. Zentralbl. 1831. 205.
Trommsdorff, Arch. der Pharm. 3. 34 oder
Chem. Zentralbl. 1835. 797.

**Pfau**'s Reaktion auf Jod im Harn.

Man säuert den Harn mit Essigsäure an und bringt ihn auf einem Objektträger mit etwas Kalomel zusammen. Bei Anwesenheit von Jodsalzen tritt sofort eine gelbe Verfärbung ein. Die Reaktion erscheint bei 0,1 % Jod sofort, bei 0,01 % Jod nach 30 Sekunden.

Korresp. Bl. f. Schweizer Ärzte 44. 273.
Ztschr. f. analyt. Chem. 1916. 221.

**Pfeiffer**'s Reagens auf Eiweiß

ist eine Lösung von 1 g Phosphorwolframsäure in 5 g konzentr. Salzsäure und 100 g Alkohol (96 %). Gebraucht wie Esbach's Reagens.

Berl. klin. Woch. 1913. 679.
Ztschr. allg. österr. Apoth. Ver. 1913. 420.
Gregor, ebenda 1913. 669.
Chem. Zentralbl. 1914. I. 431.

**Pfeiffer**'s Reaktion auf Pyridin im Ammoniak.

Die zu prüfende Flüssigkeit neutralisiert man mittels Lackmus mit Schwefelsäure oder man übersäuert schwach und gibt Schlämmkreide zu. In beiden Fällen ist Pyridin am Geruch kenntlich.

Lunge, Chem. techn. Unters. Meth. 1905. Bd. II, 692.

**Pfeiffer-Herbst**'s Reaktion auf Atropin

siehe: Herbst's Reaktion.

**Pfeiffer-Wellheim**'s Reagens zum Fixieren und Härten von Süßwasseralgen

ist eine Mischung von 1 Teil Formaldehyd (40 %), 1 Teil Holzessig und 1 Teil Methylalkohol.

Ztschr. f. wiss. Mikroskop. 1898. 122.

**Pfeiffer von Wellheim**'s Reagens zum Färben mikroskop. Präparate.

1. a) Eisenchloridhaltiger Alkohol.
   b) 9 %ige, alkoholische Galleinlösung.
2. a) Eisenchloridhaltiger Alkohol (3 ccm konzentr. alkoholische Eisenchloridlösung und 100 ccm 50 %iger Alkohol).
   b) Eine konzentr. Lösung von Carminsäure in 50 %igem Alkohol.

Österreich. botan. Ztschr. 1898. Nr. 2. u. 3.

3. **Eine Mischung von 1 Teil konzentr. alkoholischer Lösung von Echtgrün (Dinitrosoresorcin) und 9 Teilen Alkohol (80 bis 95 %).**

**Auch alkoholische Lösungen von Magdalarot, Anilinblau, Eisenchlorid-Gallussäure hat der Autor vorgeschlagen. Siehe Ztschr. f. wiss. Mikroskop. 1894. 529.**

**Pfister's** Reaktionen auf Alkaloide.

**Eine Zusammenstellung von Farbenreaktionen verschiedener Alkaloide und mehrerer Reagenzien siehe: Chem. Ztg. 1908. Rep. 499.**

**Pfitzer's** Einbettungsmittel (Transparentseife)

ist eine heiß gesättigte Lösung von Glycerinseife in einer Mischung von gleichen Teilen Glycerin und Alkohol (96 %).

Behrens' Tabellen 1892. 76.
Ztschr. f. wiss. Mikroskop. 1888. 113.

**Pfitzner's** Reagens zur Bakterienfärbung

ist eine Lösung von 1 g Safranin in 300 g 33 %-igem Alkohol.

Pharm. Zentrh. 1890. 718.
Morphol. Jahrb. 6. 478; 7. 291.

**Pfitzner's** Reagens zum Färben mikroskop. Präparate.

1. Eine Lösung von 0,2 g Nigrosin in 100 ccm Wasser.
2. Eine konzentr. Lösung von Safranin in Anilinwasser.

Vergl. auch Pfitzner, Morphol. Jahrb. 7. 292.

**Pfitzner's** Beobachtungsmittel für mikroskop. Zwecke

ist eine Lösung von Dammarharz in Benzol und Terpentinöl.

Morphol. Jahrb. 6. 469.
Flemming, Arch. f. mikroskop. Anat. 1881. 322.

**Pfleiderer's** Reaktion auf Indikan.

Versetzt man kochenden Harn mit dem gleichen Volumen roher Salzsäure, so erhält man je nach der vorhandenen Indikanmenge eine blaue, rote, braune oder graue Färbung. Braune und graue Färbungen deutet der Autor diagnostisch ungünstig.

Württembg. Korresp. Blatt 1909. No. 21.
Deutsche Med. Ztg. 1909. 682.

**Pflüger's** Reaktion auf Glukose

ist eine Modifikation von Worm-Müller's Reaktion.

Siehe: Ztschr. f. analyt. Chem. 1905. 136.

**Pflüger-Allihn's** Reagens zur Glukosebestimmung.

a) Lösung von kryst. Kupfersulfat, 69,26 im Liter Wasser;
b) Lösung von 346 g Seignettesalz und 250 g Kaliumhydroxyd im Liter.

Das Reagens wird zur Bestimmung der Glukose in der Weise benützt, daß Glukoselösungen mit einem Überschuß des Reagenzes gekocht werden und das hierbei ausgeschiedene Kupferoxydul gravimetrisch bestimmt wird.

Archiv ges. Physiol. 89. 344.
Allihn, Journ. f. prakt. Chem. (2) 22. 55.

**Pflüger-Bleibtreu's** Reagens

ist eine Mischung von 100 ccm Salzsäure (D. = 1,124) und 900 ccm Phosphorwolframsäurelösung (10 %). Sie dient zur Trennung des Harnstoffs von anderen stickstoffhaltigen Körpern des Harns (Kreatin, Kreatinin, Harnsäure etc.). Näheres siehe: Pharm. Zentrh. 1898. 315. — Ztschr. f. analyt. Chem. 28. 379. — Chassevant, Répert. de Pharm. 1898. 148. — Schöndorff, Ztschr. f. analyt. Chem. 34. 770; 40. 66 oder Pflüger's Arch. der Physiol. 54. 423; 62. 1; 74. 357. — Vergl. Huppert's Reaktion auf Harnsäure.

**Phelps'** Reaktion auf Chlor

beruht auf der Gelb- bis Grünfärbung von o-Toluidinlösung in Essigsäure. Vergl. Ellms-Hauser's Reagens.

Journ. Ind. Engin. Chem. 1913. 5. 915.

**Philip's** Reaktion auf Gerbstoffe

ist identisch mit Eitner-Meerkatz' Schwefelammoniumreaktion. Näheres siehe: Collegium 1909. 249. — Chem. Zentralbl. 1909. II. 872. — Chem. Ztg. 1909. Rep. 636. — Baltische pharm. Monatshefte 1910. 192.

**Philipp's Reaktion auf künstliche Weinfarbstoffe.**

**Echter Rotwein soll sich mit Eisenchlorid braunrot färben. Malven-, Kirschen- und Heidelbeerenfarbstoff soll sich dagegen rötlich bis blau färben.**

Journ. f. prakt. Chem. 101. 320.
Chem. Zentralbl. 1868. 864.

**Phipson's** Reaktion auf Benzoe-, Salicyl- und Hippursäure

siehe: Ztschr. f. analyt. Chem. 13. 66.
Chem. News 28. 13.
Chem. Zentralbl. 1873. 603.

**Phipson's** Reaktion auf Frangulin.

Frangulin färbt sich mit konzentr. Schwefelsäure zuerst grün, dann purpur- bis dunkelrot.

**Phipson's** Reaktion auf Rhinanthin.

Erhitzt man eine wässerige Lösung dieses Glykosides mit einigen Tropfen Salzsäure, so färbt sich die Mischung braun und es scheidet sich ein dunkelbrauner Niederschlag (Rhinanthogen) aus.

Chem. News 58. 99.
Ztschr. f. analyt. Chem. 28. 354.

**Phipson's** Reaktion auf Zimtsäure

beruht auf der bekannten Eigenschaft der Säure, mit Schwefelsäure und Kaliumdichromat Benzaldehyd zu bilden, welches leicht am Geruche wahrnehmbar ist.

Chem. News 63. 275.
Böttcher, Ztschr. f. analyt. Chem. 5. 253.

**Pianese's** Reagens zum Färben mikroskop. Präparate.

a) Eine Mischung von 50 ccm gesättigter, wässeriger Lithiumkarbonatlösung mit 100 ccm gesättigter, wässeriger Methylenblaulösung,

b) Eine Mischung von 50 ccm gesättigter, wässeriger Lithiumkarbonatlösung mit einer Lösung von 0,25 g Eosin (gelbstichig) in 50 ccm 70 %igem Alkohol.
Gebraucht zur Doppelfärbung von Geweben und Mikroorganismen.
Riforma med. 1893. II. 828. (Napoli).
Vergl. auch Ameisensäure - Hämatoxylin, Ameisensäure-Carmin etc. in Ztschr. f. wiss. Mikroskop. 1894. 501—503. 345.

**Picard's** Reaktion auf Morphin im Harn
siehe: Ztschr. d. öst. Apoth. Ver. 1906. 751.

**Picard's** Reagens auf (Gummi) Ammoniacum
ist eine wässerige Lösung von Natriumhypochlorit. — Eine alkoholische Lösung von Ammoniacum wird durch dieses Reagens rot gefärbt.
Vergl. Plugge's Reagens.
Pharm. Zentrh. 1884. 121.

**Piccard's** Reaktionen auf mehrwertige Säuren
siehe: Berl. Ber. **42**. 4341.

**Piccard's** Reaktion auf Titan.
Oxalsäure und besonders Brenzkatechin geben mit Lösungen von dreiwertigem Titan eine gelborange Lösung. Bei starker Verdünnung erhält man eine gelbe Färbung, die 15 mal so empfindlich ist als die Reaktion mit Wasserstoffsuperoxyd. Empfindlichkeitsgrenze = 0,2 mg $TiCl_3$ in 1 Liter.
Berl. Ber. 1909. 4343.
Répert. de Pharm. 1910. 264.

**Piccini's** Reaktion auf Nitrate neben Nitriten
beruht auf der Zerstörung der Nitrite durch Harnstoff, worauf Jodkaliumstärkekleister in saurer Lösung keine Blaufärbung mehr gibt. Bei Anwesenheit von Nitraten entsteht aber eine solche, sobald man metallisches Zink zugibt.
Gazz. chim. ital. **9**. 395.
Ztschr. f. analyt. Chem. **19**. 354.
Chem. Zentralbl. 1879. 812.

**Piccinini's** Reagens auf Kalium und Natrium
ist eine 2,5 %ige Lösung von γ-Methyldicyandioxyhydropyridin. Gibt mit Kalium- und Natriumsalzen unlösliche Niederschläge. Bei Mitverwendung von Alkohol fällt nur Kalium. Das Natriumsalz bildet feine lange Nadeln, das Kaliumsalz Prismen.
Rendiconti Soc. Chim. Roma 1907. 6.
Ztschr. f. angew. Chem. 1907. 1949.

**Pichard's** Reaktion auf Mangan
beruht auf dem Nachweis desselben in Form von Übermangansäure durch Oxydation mit Bleisuperoxyd und Salpetersäure.
Compt. rend. **126**. 550.

**Pichard's** Reagens auf salpetrige Säure.
Eine Mischung von gleichen Teilen der nitrithaltigen Flüssigkeit und Salzsäure wird durch Brucin zinnoberrot bis hellgelb gefärbt. Empfindlichkeitsgrenze = 1 : 640 000.
Pharm. Zentrh. 1897. 326.
Répert. de Pharm. 1897. 110.

**Pick's** Reaktion auf Hetero- und Protalbumosen
siehe: Ztschr. f. physiol. Chem. 1899. (28.) 243—248.
Adler, Dissert. Leipzig 1907. 13 u. 17.

**Pick's** Reagens zur Bakterienfärbung
ist Jacobsohn's Reagens.

**Pick's** Reagens zum Konservieren anatomischer Präparate
ist eine Lösung von 1 g Kaliumsulfat, 9 g Chlornatrium, 18 g Natriumbikarbonat und 22 g trockenem Natriumsulfat in 1 Liter Wasser mit einem Zusatz von 50 ccm Formaldehyd (40 %).
Gynäkolog. Zentralbl. 1896. 1898.
Berl. klin. Woch. 1900. 935.
Merck's Bericht 1900. 100.
Vergl. Wickersheimer's Reagens.

**Pickering's** Reaktion auf Eiweiß.
Versetzt man Eiweißlösungen mit Cobaltsulfat, so ruft Ammoniak eine gelbe, Kalilauge eine heliotropfarbige, purpurrote und nach einiger Zeit ziegelrote Färbung hervor.
Journ. of Physiology 1893. 354.

**Pickering's** Reaktion auf Indol und Skatol.
Versetzt man Axenfeld's Reagens (siehe dieses) mit einer Lösung von Indol oder Skatol, so tritt Blaufärbung (Reduktion) ein.
Journ. of Physiolog. 1893. 371.

**Pictet's** Reagens (künstliches Serum)
ist eine Lösung von 1—3 resp. 5—10 g Manganchlorür in 100 ccm Wasser, mit einem Zusatz von Spuren Dahliaviolett. Gebraucht in der mikroskop. Technik als Beobachtungsflüssigkeit.
Mitteilg. d. zoolog. Stat. Neapel 1891. 8.
Ztschr. f. wiss. Mikroskop. 1893. 482.

**Pictet-Gams'** Reaktionen auf Oxyberberin.
Oxyberberin liefert mit Schwefelsäure und einer Spur Salpetersäure eine violette Färbung.*) Fröhde's Reagens liefert eine grüne Färbung, die allmählich vom Rand aus in Blau und schließlich in Violett übergeht. Dieselben Farbenerscheinungen erzeugt Lafon's Reagens (Selenschwefelsäure). Marquis' Reagens bewirkt braungrüne und dann braungelbe Färbung, Labat's Reagens (5 %ige alkoholische Gallussäurelösung + Schwefelsäure) blaugrüne Färbung.
Berl. Ber. 1911. 2036.
Chem. Zentralbl. 1911. I. 1862. u. II. 968.

**Pictet-Kramers'** Reaktionen auf Papaverin und Kryptopin
siehe: Berl. Ber. 1910. 1329.
Apoth. Ztg. 1910. 521.
Archiv der Pharm. **248**. 225.
Chem. Zentralbl. 1910. II. 229.

**Pieper's** Reaktion zur Unterscheidung von Exsudaten und Transsudaten mittels Essigsäure ist Moritz' bezw. Rivalta's Reaktion (siehe diese).
Münchener med. Woch. 1910. 11.

*) Die Reaktion wurde zuerst von Perkin angegeben.

**Pieraert**'s Reagens zum Nachweis von Lävulose neben anderen Zuckerarten.

Man löst 15 g Kupfersulfat, 100 g Kaliumbikarbonat und 140 g Kaliumkarbonat mit Wasser zu 1 Liter. Man kann auch 6 g Kupferoxydhydrat mit einer auf 60—70° erwärmten Lösung von 100 g Kaliumkarbonat und 50 g Kaliumbikarbonat schütteln, filtrieren und mit Wasser auf 1 Liter ergänzen. Schließlich empfiehlt der Autor noch eine Lösung von 12 g Amidoessigsäure, 50 g Kaliumkarbonat und 6 g Kupferoxydhydrat im Liter. Lävulose reduziert diese Lösungen schon in der Kälte zum Unterschied von anderen natürlichen Zuckerarten.

Bullet. assoc. des chimistes de sucr. 1908. 830.
Merck's Bericht 1908. 229.
Chem. Ztg. 1908. Rep. 257.
Ztschr. f. analyt. Chem. **50**. 770.

**Pieraerts**' Reaktion auf Pentosen

ist eine Modifikation von Bial's Reaktion.

Bull. Assoc. Chim. de Sucr. et Dist. **26**. 46.
Chem. Ztg. 1908. Rep. 486.
Südd. Apoth. Ztg. 1908. 737.
Chem. Zentralbl. 1908. II. 1209.

**Pieszczek**'s Reaktion auf Borsäure bezw. Methylalkohol.

Versetzt man Borsäure oder Borax mit Methylalkohol und entzündet die Mischung nach kurzer Zeit, so entsteht eine intensiv grüne Flamme. Zusatz von Schwefelsäure ist nicht erforderlich.

Pharm. Ztg. 1913. 850 u. 921.

**Piest**'s Reaktionen auf Kienöl in Terpentinöl.

5 ccm Terpentinöl mischt man mit 5 ccm Essigsäureanhydrid, kühlt gut ab und gibt 10 Tropfen konz. Salzsäure zu. Die Mischung erwärmt sich. Nach dem Abkühlen gibt man abermals 5 Tropfen Salzsäure zu. Terpentinöl liefert eine klare Lösung. Kienöl bewirkt Schwarzfärbung. 10 % Kienöl geben noch eine deutliche Reaktion.

Chem. Ztg. 1912. 198.
Südd. Apoth. Ztg. 1912. 272.

**Pieverling**'s Reaktion auf Quecksilberoxycyanid.

Versetzt man Quecksilberoxycyanidlösung (1:20) tropfenweise mit Jodkaliumlösung (1:3), so färbt sie sich gelb und auf Zusatz von Ammoniak unter Trübung orangerot. Beim Stehen bildet sich ein rotbrauner Niederschlag, der sich in Jodkaliumlösung zu einer farblosen Flüssigkeit löst. Diese Lösung scheidet silberglänzende Krystalle ab.

Pharm. Zentrh. 1898. 616; 1899. 22.
Chem. Zentralbl. 1899. I. 504.
W o b b e, Pharm. Zentrh. 1898. 934.
Ztschr. f. analyt. Chem. **41**. 459.

**Piffard**'s Reagens auf Glukose im Harn

ist ein modifiziertes Fehling's Reagens in Form einer Paste.

**Pighini**'s Reagens zum Härten mikroskop. Präparate.

1. Mischung von 1 Teil Salzsäure, 10 ccm Sublimatlösung (4 %) und 40 ccm Ammoniummolybdatlösung (4 %).
2. Mischung von 25 Tropfen Salzsäure, 50 ccm Sublimatlösung (4 %) und 100 ccm Ammoniummolybdatlösung (4 %).

Bibliogr. Anat. 1905. 94.
Ztschr. f. angew. Mikroskop. 1906. 262.
Ztschr. f. wiss. Mikroskop. 1905. 441.

**Pikos**' Reaktion des russischen Kienöls

beruht auf Nebelbildung, wenn die aus dem Kienöl verdampfenden Stoffe mit den (ammoniakalischen) Ausdünstungen der Pferde in geeigneter Weise zusammentreffen. Näheres siehe: Ztschr. f. angew. Chem. 1909. 2235. — F o l e y, ebenda 1910. 108. — Chem. Zentralbl. 1909. II. 2160, 1910. I. 823.

**Pilhashy**'s Reagens auf Formaldehyd.

Man löst 1 g salzsaures Phenylhydrazin und 1,5 g Natriumacetat in 10 ccm Wasser. Erhitzt man 5 ccm der zu prüfenden Flüssigkeit mit 5 Tropfen Reagens und 5 Tropfen Schwefelsäure etwa 1 Minute lang, so entsteht nach einigen Minuten eine grüne Färbung. Empfindlichkeitsgrenze = 1 : 250 000.

Ztschr. f. analyt. Chem. **41**. 250.

**Piñerúa y Alvarez**' Reaktion auf Aconitin.

1 mg Aconitin erwärmt man auf dem Dampfbade mit 8 Tropfen Brom, gibt 2 ccm rauchende Salpetersäure zu und verdampft diese Mischung zur Trockene. Der Rückstand wird mit 1 ccm alkoholischer Kalilauge zur Trockene eingedampft und dann nach dem Erkalten 5 Tropfen 10 %ige Kupfersulfatlösung zugegeben. Es entsteht eine intensive grüne Färbung.

Chem. News **91**. 179.
Pharm. Ztg. 1905. 399.
Chem. Zentralbl. 1905. I. 1671.
Ztschr. f. angew. Chem. 1905. 1547.
Nouv. Remèd. 1906. 328.
Pharm. Zentrh. 1907. 403.

**Piñerúa y Alvarez**' Reagens auf Äpfel-, Citronen- und Wein-Säure

ist eine Lösung von 0,02 g $\beta$-Naphthol in 1 ccm reiner konzentr. Schwefelsäure (D. = 1,83). Etwa 0,05 g des zu prüfenden Präparates versetzt man in einem Porzellanschälchen mit 10—15 Tropfen des Reagenzes und erhitzt vorsichtig auf freier Flamme. Äpfelsäure liefert eine grüngelbe Schmelze, die bei weiterem Erhitzen hellgelb wird. In Wasser löst sich die Schmelze mit hellorangegelber Färbung. Citronensäure liefert eine blaue Schmelze, die sich in Wasser farblos oder hellgelb löst. Weinsäure liefert eine blaue Schmelze, die bei weiterem Erhitzen in Grün übergeht und sich in Wasser mit gelbroter Farbe löst.

Chem. News **75**. 61.
Ztschr. f. analyt. Chem. **36**. 713.
Chem. Ztg. 1897. Rep. 34.
Pharm. Zentrh. 1906. 361.

**Piñerúa y Alvarez' Reagens auf Brenztraubensäure**

ist eine Lösung von 0,05 g α- oder β-Naphthol in 1 ccm Schwefelsäure (1,83). — 10 Tropfen Reagens und 1 Tropfen Brenztraubensäure erwärmt man gelinde. β-Naphthol liefert eine rote bis blaue Färbung, die bei starker Verdünnung mit Alkohol oder Wasser in Gelb übergeht. α-Naphthol gibt in der Kälte eine gelbe, beim Erwärmen eine orangefarbige Lösung, die beim Verdünnen mit Wasser nicht verändert wird.

Chem. News **91**. 209.
Ztschr. f. analyt. Chem. 1910. 53.

**Piñerúa y Alvarez' Reagens auf Chlorsäure**

ist eine Lösung von 0,1 g Diphenylamin und 0,1 g β-Naphthol in 10 ccm konzentr. Schwefelsäure. Näheres siehe: Pharm. Ztg. 1905. 399. — Bull. Soc. Chim. Paris (3) **33**. 717. — Gazz. chim. ital. **35**. II. 431.

**Piñerúa y Alvarez' Reaktion auf Cobalt**

ist Donath's Reaktion (siehe diese).

**Piñerúa y Alvarez' Reagens auf Cobalt, Nickel und Zink.**

Abgekochtes (von Luft befreites) Wasser sättigt man mit Schwefeldioxyd und löst in 100 ccm dieser schwefligen Säure 10 g Cobaltsulfat. Zu der Lösung gibt man so viel Kaliumcyanid, bis sich der entstandene Niederschlag gerade wieder gelöst hat. Man erhält so eine Lösung von Cobaltocyankalium, die mit Cobaltsalzen einen roten Niederschlag (Cobaltocobaltocyanid), der sich im Überschuß des Reagenzes mit roter Farbe löst, ergibt.—Nickelsalzlösungen geben mit dem Reagens einen gelben Niederschlag (Nickelcobaltocyanid), der sich im Überschuß des Reagenzes mit gelber Farbe löst. — Zinksalze geben mit dem Reagens einen orangeroten Niederschlag, der sich im Überschuß des Reagenzes dunkelrot löst. Näheres siehe: Annal. Chim. analyt. appl. 1910. **15**. 129. — Chem. Zentralbl. 1910. I. 2035.

**Piñerúa y Alvarez' Reagens auf Kalium**

ist eine 5 %ige Lösung von amino-β-naphtholsulfosaurem Natrium [1,2,6 $C_{10}H_5(NH_2)(OH)^2(SO_3Na)^6$] (Eikonogen). Das Reagens bildet mit Kaliumsalzen schwer lösliche Salze der genannten Sulfosäure.

Gazz. chim. ital. 1905. II. 463.
Chem. News **91**. 146.
Chem. Zentralbl. 1905. I. 1338.
Pharm. Ztg. 1905. 399.
Journ. de Pharm. et de Chim. 1905. 556.
Ztschr. f. angew. Chem. 1906. 768.
Leffmann, Chem. Zentralbl. 1907. I. 372.

**Piñerúa y Alvarez' Reagens auf α- und β-Naphthol** ist Brenztraubensäure.

Siehe des Autors Reagens auf Brenztraubensäure.

**Piñerúa y Alvarez' Reagens auf Nickel in Cobalt**

ist mit Salzsäure gesättigter Äther, der das Nickel als wasserfreies Chlorid abscheidet. Empfindlichkeitsgrenze = 1 mg Nickel in 1 g Cobalt.

Ztschr. f. analyt. Chem. 1902. 699.
Gazz. chim. ital. **27**. II. 56.
Chem. Zentralbl. 1897. I. 1177.
Compt. rend. 1897. (**124**) 862.

**Piñerúa y Alvarez' Reagens auf organische Verbindungen**

ist Natriumperoxydhydrat. Behandelt man etwa 0,1 g der betreffenden organischen Substanz mit 0,3 g Reagens und 5 ccm Alkohol und verdünnt nach 4—6 Minuten mit 15 ccm Wasser, so treten folgende Farbenerscheinungen auf: Eurhodin = rosa, mit Essigsäure gelb; Chrysazolin = weinrot, mit Essigsäure gelb; Dioxyanthrachinon = blauviolett, mit Säuren gelb; Alizarinrot = violett, mit Säuren orangegelb; Trioxyanthrachinon = violettrot, mit Wasser kirschrot; Chrysophansäure = kirschrot; Rosolsäure = purpurrot; Purpurinalizarin = rosa; Anthragallol = dunkelblau; Dioxychinon = kastanienbraun, mit Wasser rot; Elainsäure = braun bis schwarz, mit Wasser gelb.

Annal. Chim. analyt. appl. 1907. 9.
Chem. News 1906. 297.
Chem. Ztg. 1906. 450.
Chem. Zentralbl. 1907. I. 669.

**Piñerúa y Alvarez' Reaktion auf Osmiumsäure.**

2 ccm Jodkaliumlösung (1 %) und 20 Tropfen Phosphorsäure (D. = 1,7) werden auf Zusatz von Spuren Osmiumsäure grün gefärbt. Die Färbung geht beim Schütteln mit Äther in letzteren über. Sie ist dann noch erkennbar, wenn man 1—2 Tropfen einer Osmiumsäurelösung 1 : 10 000 verwendet.

Compt. rend. 1905. 1254.
Gazz. chim. ital. 1905. 421.
Pharm. Ztg. 1906. 18.
Pharm. Zentrh. 1906. 363.

**Piñerúa y Alvarez' Reaktion auf Persalze** (Natriumpernitrat, Natriumperphosphat, Natriumperarseniat, Natriumperwolframat, Natriumperphosphowolframat)

siehe: Chem. News **94**. 269.
Annal. Chim. analyt. appl. **11**. 401.
Chem. Zentralbl. 1907. I. 86.

**Piñerúa y Alvarez' Reagens auf Phenole**

siehe: Chem. News 1905. 125.
Chem. Ztg. 1905. Rep. 122.
Chem. Zentralbl. 1905. II. 321. 1694.
Journ. de Pharm. et de Chim. 1906. 534.
Pharm. Zentrh. 1906. 973.

**Piñerúa y Alvarez' Reaktion auf Rhodium**

siehe: Gazz. chim. ital. 1905. 430.
Pharm. Ztg. 1906. 10.
Pharm. Prax. 1906. 53.
Compt. rend. **140**. 1341.
Chem. Zentralbl. 1905. I. 1738.

**Piñerúa y Alvarez' Reagens auf Salpetersäure und salpetrige Säure**

ist eine Lösung von 0,1 g Diphenylamin und 0,1 g sublimiertem Resorcin in 10 ccm konzentr. Schwefelsäure. Nitrite geben damit eine gelblichgrüne Farbe mit blauen Rändern, die durch Alkoholzusatz in Orange übergeht, Nitrate liefern eine tiefblauviolette Farbe mit roten Rändern, Alkohol bewirkt Rotfärbung.

Vergl. des Autors Reagens auf Chlorsäure. Näheres siehe: Pharm. Ztg. 1905. 399. — Chem. News 1905. 155. — Ztschr. f. analyt. Chem. 49. 383.

**Pinoff's** Reaktion auf Lävulose.

Versetzt man 10 ccm des zu prüfenden Harns mit 10 %iger Ammoniummolybdatlösung und 0,2 ccm Eisessig, so färbt sich die Mischung bei Anwesenheit von Lävulose nach dem Erhitzen (im Wasserbade) auf 95—98° innerhalb 3 Minuten blau.

Berl. Ber. 38. 3308.
Fleischer-Takeda, Apoth. Ztg. 1910. 719.
Pharm. Praxis 1911. 70.
Pinoff-Gude, Chem. Ztg. 1914. 625.
Chem. Zentralbl. 1914. II. 267.

**Pinoff-Gude's** Reaktion auf Lävulose.

Man löst 6 g gepulvertes Ammoniummolybdat in 5 ccm heißem Wasser, läßt auf 40° abkühlen und gibt 5 ccm der zu prüfenden Lösung zu, die bei Anwesenheit von freier Säure vorher erst neutralisiert werden muß. Erhitzt man die Mischung jetzt 15 Minuten lang im Wasserbade auf 40°, so tritt bei Gegenwart von Lävulose Blaufärbung auf. In den angewendeten 5 ccm darf nicht weniger als 0,03 und nicht mehr als 1 g Zucker enthalten sein.

Chem. Ztg. 1914. 625.
Ztschr. f. analyt. Chem. 54. 123.

**Pinoff-Gude's** Reaktion auf Lävulose neben anderen Zuckerarten.

Man löst 6 g fein gepulvertes Ammoniummolybdat in 5 ccm siedendem Wasser, läßt auf 40° abkühlen und gibt die Lösung in 5 ccm der zu prüfenden Mischung. Ist diese sauer, so muß sie erst neutralisiert werden. Die zu prüfende Mischung darf nicht mehr als 1 und nicht weniger als 0,03 g Zucker enthalten. Bei 40° nimmt die lävulosehaltige Flüssigkeit eine blaue Färbung an.

Chem. Ztg. 1914. 625.

**Pinoff's** Zuckerreaktionen

siehe: Berl. Ber. 38. 3308.
Chem. Zentralbl. 1905. II. 1555.
Schoorl-Kalmthout, Berl. Ber. 39. 280.
Beythien-Friedrich, Pharm. Zentrh. 1907. 41.
Fleischer-Takeda, Deutsche med. Woch. 1910. 1650.

**Pintus'** Reaktion auf Abrastol

beruht auf einer gelbschillernden Färbung, die durch Quecksilbernitrat (Millon's Reagens) erzeugt wird.

Supplemento Selmi 1904—1905. 225.
Giorn. Farm. Chim. 1906. 483.

**Piotrowski's** Reaktion auf Eiweiß

(Biuretreaktion) ist identisch mit Humbert's Reaktion.

Ber. d. Wiener Akad. 1857. 335.

**Piria's** Reaktion auf Tyrosin.

Eine in der Wärme bereitete Lösung von Tyrosin in konzentr. Schwefelsäure neutralisiert man nach Zusatz von etwas Wasser mit Calcium- oder Baryumkarbonat und versetzt das Filtrat mit neutralem Ferrichlorid. Es entsteht eine violette Färbung.

Liebig's Annal. 82. 252.

**Piria-Staedeler's** Reaktion auf Tyrosin

ist identisch mit Piria's Reaktion.

**Piron-Delin's** Reaktion auf Sublimat in Kalomel.

0,2 g Kalomel mischt man mittels eines Glasstabes mit 1 Tropfen einer 10 %igen, alkoholischen Seifenlösung (Sapo medic.), 1 Tropfen einer frisch bereiteten, 10 %igen, alkoholischen Guajakharzlösung und 2 ccm Äther. Bei Anwesenheit von Quecksilberchlorid entsteht nach dem Verdunsten des Äthers eine grüne Färbung. Empfindlichkeitsgrenze = 1 : 30 000.

Le Moniteur du Pract. 2. 178.
Chem. Ztg. 1886. Rep. 216.

**Pirquet's** Allergieprobe

ist eine Tuberkulinreaktion zur Diagnose der Tuberkulose im Kindesalter. Näheres siehe: Wiener med. Woch. 1907. 1369. — Med. Klinik 1907. 1153.

**Pirquet's** Hautreaktion auf Tuberkulose (Kuti-Reaktion)

beruht auf dem Auftreten entzündlicher Hauterscheinungen, wenn Tuberkulin in geeigneter Weise auf die verwundete Haut gebracht wird. Die Entzündungserscheinungen gelten als positive Reaktion auf vorhandene Tuberkulose. Näheres siehe: Merck's Bericht 1907. 241. — Wiener med. Woch. 1907. No. 27. — Med. Klinik 1907, No. 40. — Wiener med. Presse 1907. No. 48. — Wiener klin. Woch. 1907, No. 38. — Über die quantitative Kutireaktion (Quanti-Pirquet = QP) siehe Morland, Lancet 1912. II. 688. — Münchener med. Woch. 1913. 887.

**Pisani's** Reaktion auf Salpetersäure

ist eine Modifikation von Desbassins de Richemont's Reaktion. Die zu prüfende Substanz erhitzt man mit Kaliumbisulfat und läßt die entweichenden Dämpfe in geeigneter Weise über einen Tropfen Ferrosulfatlösung streichen. Letzterer bräunt sich bei Gegenwart von Salpetersäure.

Répert de Chim. appl. 1862. 24.
Chem. Zentralbl. 1863. 226.

**Piutti's** Reaktion auf Lignin

beruht auf einer Gelbfärbung des Holzstoffes durch Ortho-Bromphenetidin. Näheres siehe: Chem. Ztg. 1898. Rep. 271. — Gazz. chim. ital. 1898. 168. — Chem. Zentralbl. 1898. II. 990.

**Plato's** Trichophytin-Reaktion.

Aus Trichophytinkulturen hergestelltes Trichophytin löst bei Menschen, die an tiefen eiternden Trichophytien leiden, eine örtliche und allgemeine Reaktion aus, wenn es subkutan injiziert wird. Die lokale Reaktion (Cutanreaktion) soll für die Diagnose Anhaltspunkte geben. Näheres siehe: Enzyklop. d. ges. Heilk. 1914. XV. 770.

Bloch, Arch. Dermat. u. Syphil. 1908. 93. 157.

Monatsh. prakt. Dermat. 1904. 679.

**Playfair's** Reaktion auf Schwefel in organischen Verbindungen.

Beim Schmelzen von organischen Schwefelverbindungen mit Natriumkarbonat entsteht Schwefelnatrium, das mit Nitroprussidnatrium eine rote bis violette Färbung verursacht.

Cesaris, Nuovo Dizionario di chimica 1898. 384.

Vergl. Bailey's und Béchamp's Reaktion auf Schwefel bzw. Schwefelalkalien.

**Planta's** Reagens auf Alkaloide

ist Kaliumquecksilberjodidlösung (identisch mit Mayer's Reagens). Eine Lösung von Quecksilberchlorid in Wasser versetzt man mit so viel Jodkalium, bis der entstandene Niederschlag sich wieder gelöst hat. Delffs benützt eine Lösung von Quecksilberjodid in Jodkalium.

Liebig's Annal. 74. 245.

Otto, Ausmittelg. d. Gifte 5. Aufl. 34.

Dragendorff, Ermittelg. v. Giften 1888. 122.

**Platner's** Reagens zum Färben mikroskop. Präparate

ist eine konzentr., wässerige Lösung von Nigrosin (Kernschwarz).

Ztschr. f. wiss. Mikroskop. 1887. 349.

Zur Nervenfärbung empfiehlt der Autor Eisenchlorid und Dinitrosoresorcin (Echtgrün).

Ebenda 1889. 186.

Beer, Jahrb. d. Psychiatr. 1893. Nr. 1.

Eberth-Friedländer, Mikroskop. Techn. 1894. 127.

Enzyklop. d. mikroskop. Techn. 1903. 1263.

**Platner's** Reagens zum Fixieren mikroskop. Präparate

ist eine Lösung von 2,8 g Eisenchlorid in 100 ccm Wasser oder 70 %igem Alkohol. (Siehe das vorige Reagens.)

Ztschr. f. wiss. Mikroskop. 1889. 187.

Behrens' Tabellen 1892. 56.

**Plaut's** Reagens zum Färben von Holz- und Korkzellen.

(Gelbglycerin) vergl. Jahrb. d. wiss. Botanik 48. 151. — Ber. d. d. bot. Gesellsch. 33. 133.

**Plehn's** Reagens zum Färben mikroskop. Praparate.

Man löst 0,1 g Eosin in 20 ccm Alkohol (75 %) und gibt 60 ccm konzentr., wässerige Methylenblaulösung, 40 ccm Wasser und 12 Tropfen Kalilauge (20 %) zu. Gebraucht zur Blutuntersuchung auf Malaria.

Ätiolog. u. klin. Malariastudien, Berlin 1890.

Ztschr. f. wiss. Mikroskop. 1891. 359.

Vergl. Chenzinsky-Plehn's Reagens.

**Pleijel's** Indikator für Titration mit Knapp's Reagens.

10 g Zinnchlorür schüttelt man mit 50 ccm Wasser und gibt Natronlauge (25 %) bis zur Lösung zu. Nach 24 Stunden dekantiert man und gibt Salzsäure (25 %) bis zur sauren Reaktion zu. Näheres siehe: Farmaceutisk Revy 1907. 137. — Apoth. Ztg. 1907. 396.

**Plesch's** Reaktion auf Gallenfarbstoffe

ist eine Modifikation von Ehrlich's Reaktion. Man trocknet 1 Tropfen ikterischen Harn auf Filtrierpapier ein und gibt auf dieselbe Stelle 1 Tropfen einer Lösung von 0,5 g Sulfanilsäure und 5 g Salzsäure in 100 ccm Wasser und dann 1 Tropfen 0,5 %iger Natriumnitritlösung. Es entsteht ein Farbenring, von innen nach außen grün, violett, blau und rosarot.

Schichtet man je 1 Tropfen der genannten Reagenzien auf ikterischen Harn, so entsteht ein roter Ring.

Zentralbl. f. innere Mediz. 1906, Nr. 17.

Merck's Bericht 1906. 19.

**Plessen-Rabinovicz'** Reagens zum Färben mikroskop. Präparate.

a) Eine Lösung von 1 g Hämatoxylin in 5 g Alkohol, 100 ccm Wasser und 2 g Eisessig;

b) eine Lösung von 0,5 g Ferricyankalium in 50 ccm Wasser, gemischt mit 50 ccm gesättigter. wässeriger Lithiumkarbonatlösung.

Arb. d. hist. Instit. München 1891.

Ztschr. f. wiss. Mikroskop. 1891. 390.

**Plessy** siehe **Matthieu-Plessy.**

**Plosz'** Reaktion auf Eiweiß im Harn.

Versetzt man klaren bzw. filtrierten und mit Essigsäure angesäuerten Harn mit Äther, Amylalkohol oder Chloroform und schüttelt, so bildet sich eine Abscheidung von geronnenem Eiweiß, das eventuell zur Anstellung der Biuret- oder Tryptophanreaktion benützt werden kann.

Jahresber. f. Tierchemie 20. 215.

Mörner, Skandin. Archiv f. Physiol. 6. 332.

Zentralbl. f. Physiol. 9. 717.

Chem. Zentralbl. 1896. I. 715.

**Plugge's** Reagens auf (Gummi) Ammoniacum.

Man löst 3 g Natriumhydrat in 20 ccm Wasser, gibt 2 g Brom zu und verdünnt mit Wasser auf 100 ccm. — Versetzt man einen mit verdünnter wässeriger oder alkoholischer Natronlauge gefertigten Auszug von Ammoniakgummi mit diesem Reagens, so entsteht eine vorübergehende violette Färbung.

Merck's Index 1902. 263.

Arch. der Pharm. 221. 801.

Chem. Zentralbl. 1884. 69.

**Plugge**'s Reagens auf Ceriumoxyduloxyd.

Man löst 1 g Strychninsulfat in 1000 g konzentr. Schwefelsäure. Die zu prüfende Flüssigkeit macht man mit Natronlauge alkalisch, verdunstet zur Trockene und gibt einige Tropfen Reagens zu. Bei Anwesenheit von Cerhydroxyd (Cersalzen) entsteht eine blaue bis violettblaue Färbung. Empfindlichkeitsgrenze = 0,01 mg Ceriumoxyd.

Vergl. Sonnenschein's Reagens auf Alkaloide.

Arch. der Pharm. **229.** 558.
Ztschr. f. analyt. Chem. **32.** 337.
Chem. Zentralbl. 1892. I. 179.

**Plugge**'s Reaktion auf Narceïn.

Verdampft man eine Spur Narceïn in verdünnter Schwefelsäure auf dem Dampfbade, so entsteht bei genügender Konzentration der Schwefelsäure eine schöne violette Färbung, die allmählich in Kirschrot übergeht. Nach dem Abkühlen ruft Kaliumnitrit in dieser Lösung blauviolette Streifen hervor.

Pharm. Zentrh. 1887. 289.
Nederl. Tijdschr. voor Pharm. 1887. 163.
Chem. Zentralbl. 1887. 1242.

**Plugge**'s Reaktion auf Phenol.

Kocht man verdünnte Phenollösung mit einer Lösung von Quecksilberoxydulnitrat, die etwas salpetrige Säure enthält, so entsteht unter Abscheidung von metallischem Quecksilber eine rotgefärbte Lösung. Dabei macht sich der Geruch nach salicyliger Säure bemerkbar. Die Rotfärbung ist in einer Lösung von 1 : 60 000 noch deutlich und läßt sich noch in einer Lösung von 1 : 200 000 erkennen.

Ztschr. f. analyt. Chem. **11.** 173.
Chem. Zentralbl. 1872. 586.
P l u g g e, ebenda **29.** 455 oder
Arch. der Pharm. **228.** 9.
N i c k e l, Die Farbenreaktionen der Kohlenstoff-Verb. 1890. 13.

**Plugge**'s Reagens auf salpetrige Säure.

Wässerige Phenollösung und salpetersaures Quecksilberoxydul geben bei Anwesenheit von Spuren salpetriger Säure beim Kochen eine Rotfärbung. Empfindlichkeitsgrenze = 1 : 500 000.

Ztschr. f. analyt. Chem. **14.** 130.
Chem. Zentralbl. 1875. 519.

**Plunket**'s Reagens auf Kalium

ist eine konzentr., wässerige Lösung von Natriumbitartrat, welches mit Kaliumsalzlösungen einen Niederschlag von Weinstein gibt.

Journ. de Pharm. et de Chim. (3) **34.** 371.

**Podwyssotzki**'s Reaktion auf Emetin.

Eine frisch bereitete Lösung von Natriumphosphomolybdat in konzentr. Schwefelsäure färbt Emetin braun; gibt man einen Tropfen konzentr. Salzsäure zu, so schlägt die Farbe in Indigoblau um.

Pharm. Ztschr. f. Rußland **19.** 1.
Ztschr. f. analyt. Chem. **19.** 484.
Chem. Zentralbl. 1880. 34.

**Podwyssotzki**'s Reagens zum Fixieren mikroskop. Präparate

ist eine Lösung von 1,5 g Chromsäure, 0,75 g Quecksilberchlorid, 0,8 g Osmiumsäure und 60 Tropfen Eisessig in 190 ccm Wasser.

Ztschr. f. wiss. Mikroskop. 1886. 405.

**Pohl**'s Reaktion auf Atropin neben Pilocarpin und Eserin.

Pilocarpin und Eserin stören die Vitali'sche Reaktion des Atropins. Wenn man die schwach alkalisch gemachte Lösung der Alkaloide aber mit Schwefelkohlenstoff ausschüttelt und diesen verdampft, gelingt die Reaktion sehr gut.

Therap. Monatshefte 1910. 691.

**Pohl**'s Reagens zum Fällen der Globuline

ist eine ammoniakalische, gesättigte, wässerige Lösung von Ammonsulfat.

Arch. f. experim. Pathol. **20.** 426.

**Pokrowski**'s Celloïdinlösung

ist eine Lösung von Celloïdin in Äther. Gebraucht als Einbettungsmittel.

Ztschr. f. wiss. Mikroskop. 1900. 331.
Enzyklop. d. mikroskop. Techn. 1903. 106.

**Poleck-Thümmel**'s Reaktion auf Vinylalkohol im Äther.

Schüttelt man Äther mit einer Mischung von 4,5 Volumen gesättigter Kaliumbikarbonatlösung und 1 Volumen gesättigter Quecksilberchloridlösung, so entsteht bei Anwesenheit von Vinylalkohol in der wässerigen Lösung eine weißliche Trübung.

Berl. Ber. **22.** 2863.
Arch. der Pharm. **227.** 964.
Ztschr. f. analyt. Chem. **29.** 717.

**Poljakoff**'s Pikrocarmin

wird durch Eindampfen einer gesättigten, wässerigen Pikrinsäurelösung und ammoniakalischer Carminlösung bis zum Verschwinden des Ammoniakgeruches dargestellt.

Arch. f. mikroskop. Anat. 1895. 575.
R a n v i e r, Traité techn. 100.
Enzyklop. d. mikroskop. Techn. 1903. 1063.
S t r a s b u r g e r, Botan. Prakt. 1902. 691.

**Pollacci**'s Reaktion auf Chinin.

0,01 g der zu prüfenden Substanz erwärmt man mit 1 ccm Wasser, 2 Tropfen Schwefelsäure und einem erbsengroßen Stück Bleisuperoxyd allmählich zum Sieden, entfernt von der Flamme, erhitzt nochmals und verdünnt mit 3—4 ccm Wasser. Überschichtet man die geklärte Flüssigkeit mit etwas Ammoniak, so entsteht bei Anwesenheit von Chinin ein grüner Ring.

Gazz. chim. ital. **28.** I. 391.
Chem. Ztg. **22.** Rep. 202.
Ztschr. f. analyt. Chem. **40.** 60.

**Pollacci**'s Reagens auf Eiweiß im Harn.

Man löst 1 g Weinsäure und 5 g Quecksilberchlorid in 100 ccm Wasser, filtriert und gibt 5 ccm Formaldehyd (40 %) zu. Man

schichtet den Harn über das Reagens. Ein an der Berührungsfläche entstehender Ring zeigt Eiweiß an.
Bollet. Chim. Farm. **40.** 789.
Südd. Apoth. Ztg. 1902. 157.
Pharm. Zentrh. 1902. 302.
Lindsay-Gies, Americ. Med. **5.** 175.

**Pollacci**'s Reagens auf Formaldehyd
ist eine Lösung von Codeïn in konzentr. Schwefelsäure. Es wird durch Formaldehyd violett gefärbt.
Bollet. Chim. Farm. **38.** 601.
Chem. Zentralbl. 1899. II. 881.
Pharm. Zentrh. 1903. 62.

**Pollacci**'s Reagens auf Glukose und reduzierende organ. Stoffe
ist frisch gefälltes Eisenhydroxyd, das, mit Glukose und Natronlauge behandelt, reduziert wird. Das entstandene Eisenoxydul wird nach dem Ansäuern durch Ferricyankalium nachgewiesen.
Gazz. chim. ital. **8.** 80.
Berl. Ber. **11.** 1248.
Chem. Zentralbl. 1878. 600.

**Pollacci**'s Reaktion auf Jodsäure
beruht auf der Reduktion derselben mit rotem Phosphor und Nachweis des Jodes auf die übliche Art.
Gazz. chim. ital. **3.** 477.
Berl. Ber. **7.** 81.
Journ. f. prakt. Chem. (N. F.) **9.** 47.
Arch. der Pharm. (3) **10.** 67.

**Pollacci**'s Reaktion auf Phenol.
Man schüttelt 1 Tropfen Anilin mit 30 ccm Wasser. Hiervon mischt man 10 Tropfen mit 10 ccm Wasser und tröpfelt bis zur Blau- und Braunfärbung Natriumhypochloritlösung zu. Sobald die blaue Färbung verschwunden ist, gibt man Ammoniak und Phenollösung zu. Es tritt wieder Blaufärbung ein, die auf Säurezusatz in Rot übergeht (Dragendorff's Modifikation).
Gazz. chim. ital. **4.** 8.
Berl. Ber. **7.** 360.

**Pollacci**'s Reaktion auf Rhodan
beruht auf der Abscheidung von metallischem Quecksilber bei der Einwirkung von Rhodaniden auf Kalomel.
Arch. Farmacol. sperim. **7.** 94.
Chem. Ztg. 1906. 432.
Chem. Zentralbl. 1904. II. 478; 1908. I. 1576.
Annal. Chim. analyt. appl. **9.** 162.

**Pollak**'s Reaktion auf Gallenfarbstoffe
ist eine Modifikation von Biffi's Reaktion. Man schüttelt die zu prüfende Flüssigkeit mit Chloroform aus, verdunstet dasselbe und versetzt den Rückstand mit einigen Tropfen Essigsäure und 1 Tropfen 0,5 %iger Natriumnitritlösung. Bei Anwesenheit von Gallenfarbstoffen entsteht eine grüne über Grünblau und Violett in Rot übergehende Färbung.
Med. Klinik 1910. 1416.
Pharm. Zentrh. **52.** 1028.

**Pollak-Lenk**'s Reaktion (Glycyltryptophan-Reaktion)
beruht auf der Spaltung von Glycyltryptophan durch peptolytische Fermente der Ex- und Transsudate, die quantitativ bei diesen verschieden verläuft und deshalb zur Differenzierung von Ex- und Transsudaten dienen kann. Näheres siehe: Wiener klin. Woch. 1912. 1044. — Wiener, Biochem. Ztschr. 1912. **41.** 149. — Neubauer-Fischer, Deutsches Archiv f. klin. Med. 1909. 499. — Koch, Ztschr. f. Kinderheilk. 1914. 1. — Berl. klin. Woch. 1914. 318.

**Pollet**'s Reagens ist identisch mit Kopp's Reagens.

**Pollitis**' Reagens auf Glukose.
24,95 g Kupfersulfat, 140 g Seignettesalz und 25 g Natriumhydroxyd löst man in Wasser und füllt zum Liter auf. Zur quantitativen Bestimmung der Glukose wird die zu prüfende Flüssigkeit mit einem Überschuß des Reagenzes gekocht und das restierende Kupfersulfat titrimetrisch mit $^1/_{10}$ N-Natriumthiosulfatlösung bestimmt. Näheres siehe: Ztschr. f. analyt. Chem. **30.** 64. — Journ. de Pharm. et de Chim. (5) **20.** 62. — Chem. Zentralbl. 1889. II. 390. — Lehmann, Archiv. f. Hygiene **30.** 267. — Barth, Schweizer Woch. f. Chem. u. Pharm. **37.** 290.

**Pölzam**'s Einbettungsmittel für mikroskop. Zwecke
(Transparentseife) ist eine heiß bereitete Lösung von 10 g getrockneter Kernseife in einer Mischung von 35 g Alkohol (90 %) und 22 g Glycerin.
Morphol. Jahrb. 1887. 558.
Enzyklop. d. mikroskop. Techn. 1903. 1081.

**Pommer**'s Reagens zum Färben mikroskop. Präparate.
1. Eine Lösung von 0,1 g Dahliaviolett in 250 ccm Wasser;
2. von 0,025 g Safranin in 250 ccm Wasser;
3. von 0,15 g Methylgrün in 500 ccm Wasser.

Gebraucht zum Färben von Knochengeweben.
Ztschr. f. wiss. Mikroskop. 1885. 151.
Eberth-Friedländer, Mikroskop. Techn. 1894. 230.

**Ponder**'s Reagens zur Färbung von Diphtheriebazillen.
Man löst 0,02 g Toluidinblau in 2 ccm Alkohol und 1 ccm Eisessig und ergänzt die Lösung mit Wasser auf 100 ccm.
Lancet 1912. II. 22.
Wiener klin. Woch. 1912. 1761.

**Pons**' Reagens auf Eiweiß im Harn
ist Natrium chondroitinsulfuricum (Lösung 1 : 1000 Wasser). Zu ein Drittel Reagenzglas voll Harn gibt man 5 Tropfen des Reagenzes und etwas verd. Essigsäure. Bei Gegenwart von Eiweiß trübt sich die Mischung. Gibt der Harn mit Essigsäure allein schon eine Trübung, so muß er nach Zusatz derselben erst filtriert und dann erst das Reagens zugesetzt werden.

Revue de Pharm. des Flandres 1910. 73.
Apoth. Ztg. 1910. 263.
Merck's Bericht 1910. 274.
Répert. de Pharm. 1910. 218.

**Pool's** Reaktion auf Nelkenöl im Zimtöl.

1 ccm einer verdünnten Anilinlösung versetzt man bis zur Violettfärbung mit Natriumhypochloritlösung und gibt dann 1 Tropfen des zu prüfenden Zimtöles zu. Nach kräftigem Durchschütteln und Verdünnen mit Wasser wird die Mischung filtriert. Bei Anwesenheit von Nelkenöl ist das Filtrat dunkelgrün, bei Abwesenheit desselben hellviolett gefärbt.

Pharm. Weekblad 1903. 1101.
Vergl. Schimmel, Pharm. Zentrh. 1904. 356.
Chem. Zentralbl. 1904. I. 404.

**Popescu's** Reaktionen auf Cichorienfarbstoff im Wein

siehe: Annal. chim. analyt. appl. 13. 101.
Chem. Zentralbl. 1908. I. 1497.

**Porcher-Hervieux'** Reaktion auf Indikan im Harn.

Mit Bleiessig gereinigter Harn (1 ccm) wird mit 1 ccm Salzsäure, 1 ccm Chloroform und 1 Tropfen Wasserstoffsuperoxyd versetzt und kräftig geschüttelt. Der gebildete Indigo geht in das Chloroform über und färbt dasselbe schön blau.

Ztschr. f. physiol. Chem. 1903. (39.) 153.
Porcher-Panisset, Compt. rend. biol. 66. 624.
Compt. rend. 148. 1336.

**Porges'** Reaktion auf Syphilis.

Frisch bereitete, 1 %ige, wässerige Lösung von Natriumglykocholat wird mit völlig klarem, 1/2 Stunde bei 56° inaktiviertem Blutserum zu gleichen Teilen gemischt. Nach 16—20 Stunden zeigt sich die positive Reaktion an deutlichen Flocken.

Berl. klin. Woch. 1908. 731.
Wiener klin. Woch. 1908. 831.
Merck's Bericht 1910. 275.
Rosenfeld, Deutsche med. Woch. 1910. 165.
Merian, Med. Klinik 1910. 1057.
Mott, Deutsche med. Woch. 1910. 1561.
Löwenberg, ebenda 1910. 1609.
Sourd-Pagniez, Répert. de Pharm. 1910. 504.
Vergl. Hermann-Perutz' Reagens.

**Posner's** Reaktion auf Pepton und Eiweiß im Harn.

1. Den zu prüfenden Harn macht man alkalisch und überschichtet ihn mit sehr verdünnter (fast farbloser) Kupfersulfatlösung. Bei Anwesenheit von Pepton bildet sich in der Kälte eine violette Zone, Eiweiß ruft sie erst beim Erwärmen hervor. (Biuretreaktion.)

2. Löst man Eiweiß in Eisessig und schichtet die Lösung auf konz. Schwefelsäure, so entsteht ein violetter Ring. (Tryptophanreaktion.)

du Bois-Reymond's Archiv f. Physiol. 1887. 495.
Archiv f. patholog. Anatomie v. Virchow 104. 497. u. 503.
Ztschr. f. analyt. Chem. 27. 408.
Chem. Zentralbl. 1888. 338.
Freund, Wiener klin. Rundschau. 1898. 37.
Michailow, Berl. Ber. 17. Ref. 255.
Vergl. Hopkins-Cole's Reaktion.

**Potain's** Reagens für mikroskop. Zwecke.

Man stellt wässerige Lösungen von Natriumsulfat, Chlornatrium und arabischem Gummi auf ein spezifisches Gewicht von 1,02 g ein und mischt sie zu gleichen Teilen.

Vergl. Gower's Reagens.
Eberth-Friedländer, Mikroskop. Techn. 1894. 282.

**Pouchet's** Reaktion auf Phosgen in Chloroform.

Löst man etwas Bilirubin in dem zu prüfenden Chloroform, so löst es sich bei Anwesenheit von Phosgen mit grüner und bei Abwesenheit von Phosgen mit brauner Farbe.

Nouveaux remèdes 1904. 289.
Bull. gén. de thérap. 1904. 46.
Merck's Bericht 1904. 45.

**Pougnet's** Reagens auf Phenole

ist eine frisch bereitete Mischung von 20 Tropfen Formaldehyd (40 %), 10 ccm Wasser und 10 ccm reiner konzentr. Schwefelsäure. In 2 ccm des Reagenzes bringt man etwa 0,2 der zu prüfenden trockenen Substanz. Liegt eine Flüssigkeit vor, so mischt man 1 ccm davon mit 1 ccm Schwefelsäure und gibt 2 Tropfen Formaldehyd zu. Phenol: rosa Niederschlag, — Pyrokatechin: weißlicher Niederschl., beim Erwärmen braun, — Resorcin: weißer Niederschl., dann rot, — Hydrochinon: schmutziggrauer Niederschl., beim Erwärmen braun, — Pyrogallol: Weinhefeniederschl., — Phloroglucin: blaßgelber Niederschl., beim Erwärmen goldgelb, — Orcin: mahagonifarbig, — Guajakol: wie Pyrokatechin, — Eugenol: ziegelroter Niederschl., beim Erwärmen schwarz, — Vanillin: gelbgrünlich, beim Erwärmen rot, — Parakresol: weißgrünlicher Niederschl., — Trikresol: dunkelvioletter Niederschl., — Buchenkreosol: roter Niederschl., dann violett und braun, — α-Naphthol: hellrosa Niederschl., — β-Naphthol: rosa Niederschl. und grün fluoreszierende Flüssigkeit, — Salicylsäure: weißer Niederschl., — Acetylsalicylsäure: rosa Niederschl., — Parachlorphenol: weißer bis rosa Niederschl., — Diamidoresorcin: beim Erwärmen gelb, — Gallussäure: purpurrot, — Tannin: rosa Niederschl., in der Wärme braun, — Diacetyltannin: rotbrauner Niederschl., — Thymol: gelber Niederschl., beim Erwärmen rotbraun, — Asaprol: braun, — Chrysophansäure: rotbraun, — Myrosin: smaragdgrün. — An Stelle des Formaldehyds hat der Autor auch andere Aldehyde verwendet.

Bull. Sciences pharmacol. 1909. 16. 142.
Répert. de Pharm. 1909. 265.
Schweizer Woch. f. Pharm. 1909. 350.
Baltische pharmaz. Monatshefte 1910. 195.
Pharm. Ztg. 1909. 281.
Chem. Zentralbl. 1909. I. 1508.

**Pouquet** (?) siehe Pougnet.

Pharm. Ztg. 1909. 281.

**Poutet**'s Reaktion auf fette Öle
ist eine Elaidinprobe mit rauchender Salpetersäure und Quecksilber. Näheres siehe: Benedikt, Anal. d. Fette 3. Aufl. 382. — Chem. Zentralbl. 1832. 783; 1838. 723.

**Power**'s Reaktion auf Emetin.
Versetzt man Emetinlösung mit Calciumhypochlorit und Essigsäure, so entwickelt sich eine orange bis braungelbe Färbung.
Journ. de Pharm. et de Chim. 1878. II. 482.
Journ. de Pharm. Alsace-Lorraine 1878. 150.
Vergl. Peroni's und Snelling's Reaktion.

**Power**'s Reaktion auf Wintergreenöl.
Die Reaktion beruht auf dem Nachweis der Salicylsäure, die durch Verseifen des Methylsalicylats mit Natronlauge und Ausfällen der Salicylsäure isoliert wird.
Western Drugg. **70.** 706.

**Power-Tutin**'s Reaktion auf Homoeriodictyol
beruht auf einer braunroten Färbung seiner Lösungen durch Eisenchlorid.
Journ. Chem. Soc. 1907. **91.** 887.
Proceed. Chem. Soc. **23.** 133.

**Pozzi-Escot**'s Reaktion auf Brom
beruht auf der Entwickelung von Brom aus den Bromiden durch Chromsäure und Schwefelsäure und Überleiten der Bromdämpfe über einige Tropfen einer frisch bereiteten, wässerigen Anilinlösung. Es entsteht Tribromanilin, das unter dem Mikroskop als ein Haufwerk dünner Prismen kenntlich ist.
Annal. Chim. analyt. appl. **12.** 316.
Chem. Zentralbl. 1907. II. 1355.

**Pozzi-Escot**'s Reaktion auf Chlorsäure.
1 ccm Chloratlösung versetzt man mit 2 Tropfen 10%iger Anilinsulfatlösung und unterschichtet die Mischung mit 4 ccm konzentr. Schwefelsäure. $^5/_{100}$ mg Chlorat bewirken noch einen blauen Ring. Empfindlicher ist die Reaktion unter Verwendung von Benzidin. Noch $^5/_{1000}$ mg Chlorat bewirken einen orangegelben Ring.
Bull. Soc. Chim. France. 1913. 498.

**Pozzi-Escot**'s Reaktion auf Cobalt.
Cobaltlösungen werden nach Zusatz von überschüssiger Natronlauge und Wasserstoffsuperoxyd oder Ammoniumpersulfat braun gefällt (Cobaltioxyd).
Zum mikrochemischen Nachweis des Cobalts kann auch Helianthin verwendet werden, das mit Cobalt ein in violetten oder schwarzen Nadeln krystallisierendes Salz gibt, während Nickel damit ein in gelben, hexagonalen Krystallen krystallisierendes Salz bildet. Näheres siehe: Annal. Chim. analyt. appl. 1908. **13.** 390 u. 1909. **14.** 207. — Chem. Zentralbl. 1908. II. 1830, 1909. II. 656.

**Pozzi-Escot**'s Reagens auf Cobalt (Phenyl- oder $\beta$-Naphthyl-Thiohydantoïnsäure).
Versetzt man eine verdünnte Cobaltlösung mit einigen Tropfen einer alkoholischen Lösung von Phenyl- oder $\beta$-Naphthylthiohydantoïnsäure und einem Tropfen Ammoniakflüssigkeit, so entsteht eine karmoisinrote Färbung. Konzentr. Lösungen geben einen braunroten Niederschlag. Nickellösungen geben eine ockergelbe Färbung bezw. einen grauen Niederschlag, der sich in überschüssigem Ammoniak löst, worauf die rote Cobaltreaktion sichtbar wird.
Annal. Chim. analyt. appl. 1905. 147.
Ztschr. f. angew. Chem. 1906. 100.
Chem. Zentralbl. 1905. I. 1483.

**Pozzi-Escot**'s Reaktion auf Gold.
Versetzt man eine Lösung, die sehr geringe Mengen Gold enthält, mit einer Lösung von Phenylhydrazinacetat, so erscheint die Mischung im auffallenden Lichte braun und im durchfallenden Lichte bläulich. Gibt man erst einen Überschuß von Citronensäure zu der Goldlösung und dann essigsaures Phenylhydrazin, so tritt eine violette, mehrere Stunden anhaltende Färbung auf.
Annal. Chim. analyt. appl. 1907. **12.** 90.
Chem. Zentralbl. 1907. I. 1460.

**Pozzi-Escot**'s Indikator
ist eine Lösung von Dimethylbraun in absolutem Alkohol. In neutraler und saurer Lösung braun, in alkalischer Lösung gelb. Näheres siehe: Bull. Assoc. Chim. Sucr. Dist. 1909. **27.** 560. — Chem. Zentralbl. 1910. I. 960.

**Pozzi-Escot**'s Indikator
ist ein wässerig-alkoholischer Auszug der schwarzen Blüten der Viola tricolor (Stiefmütterchen). Der blaue Farbstoff wird durch Mineralsäuren rot, durch organische Säuren violettblau und durch Alkalien (auch Ammoniak) grün gefärbt.
Annal. Chim. analyt. appl. 1913. **18.** 58.
Chem. Zentralbl. 1913. I. 1230.

**Pozzi-Escot**'s Reagens auf Kupfer
ist Jodkalium, das der ammoniakalischen Kupferlösung zugesetzt wird. Es entstehen kleine blaue Tetraëder.
Compt. rend. **130.** 90.
Chem. Ztg. 1900. Rep. 146.
Pharm. Zentrh. 1900. 380.

**Pozzi-Escot**'s Reagens auf Metalle.
Helianthin (p-Sulfobenzolazodimethylanilin) gibt mit Metallsalzen Fällungen, die der Autor für mikrochemische Reaktionen empfiehlt.
Annal. Chim. analyt. appl. **14.** 207.
Bull. Soc. Chim. Belge **23.** 299.
Journ. Chem. Soc. **96.** II. 760.
Chem. Zentralbl. 1909. II. 656, 753 u. 1911. I. 840.
Ztschr. f. analyt. Chem. 1911. 189.

**Pozzi-Escot**'s Reaktion auf Molybdänsäure bezw. Tannin
siehe: Annal. Chim. analyt. appl. 1907. 92.
Compt. rend. **138.** 200.
Chem. Ztg. 1904. 156.
Pharm. Zentrh. 1904. 460.
Chem. Zentralbl. 1907. I. 1460.

**Pozzi-Escot**'s Reaktion auf Molybdänsäure und Wolframsäure
siehe: Bull. Soc. Chim. Franc. 1913. **13.** 402, 1042. — Chem. Zentralbl. 1913. II. 85, 1914. I 76.

**Pozzi-Escot**'s Reaktion auf Nickel neben Cobalt.
Versetzt man die neutralen oder schwach saueren Lösungen von Nickel und Cobaltchloriden mit einem Überschuß von gesättigter Ammonmolybdatlösung, so bleibt Cobalt in Lösung, Nickel scheidet sich als grünlichweißer Niederschlag aus. Nickel läßt sich so noch in der 500fachen Menge Cobalt nachweisen.
Compt. rend. 1907. 435, 1334.
Merck's Bericht 1907. 25.
Répert. de Pharm. 1907. 452.
Chem. Zentralbl. 1907. II. 1356; 1908. I. 890.
Annal. chim. analyt. appl. **13.** 16.
Chem. Ztg. 1908. 804.
Großmann-Schück, Bull. Soc. Chim. de France (4) **3.** 14.
Tschugajeff, Compt. rend. 1907. 679.

**Pozzi-Escot**'s Reaktionen auf Saccharose.
Schichtet man eine Lösung von Saccharose über konz. Schwefelsäure, so bildet sich ein rosaroter, oben hellgelber Ring. — Schichtet man eine Saccharoselösung über Molybdänschwefelsäure, so entsteht ein blauer Ring. Man kann auch etwas Molybdänsäure in der Zuckerlösung lösen und dann über Schwefelsäure schichten. Die Reaktionen sind selbstverständlich nicht eindeutig.
Bull. Assoc. Chim. Sucr. Dist. **25.** 1078, **27.** 179.
Chem. Zentralbl. 1908. II. 729, 1910. I. 205.
Ztschr. Unters. Nahr-Genußm. **21.** 682.
Ztschr. f. analyt. Chem. 1913. 696.

**Pozzi-Escot**'s Reaktion auf Salpetersäure neben anderen oxydierenden Stoffen
beruht auf der Überführung der Nitrate in Ammoniak durch Behandlung mit Zinkstaub und Natronlauge. Ammoniak wird durch Neßler's Reagens nachgewiesen.
Bull. Assoc. Chim. Sucr. Dist. **27.** 367.
Annal. Chim. analyt. appl. **14.** 413.
Chem. Zentralbl. 1910. I. 380.
Tamayo, Annal. Chim. analyt. appl. **15.** 135.
Chem. Zentralbl. 1910. I. 2034.

**Pozzi-Escot**'s Reaktion auf Strychnin.
Versetzt man eine stark verdünnte, alkoholische Lösung von Wismuttrichlorid mit einem großen Überschuß von Salzsäure und Kaliumjodid, so erhält man auf Zusatz von Strychnin einen braunen Niederschlag, der sehr bald krystallinisch wird. Unter dem Mikroskop sieht man stark lichtbrechende Krystallnadeln.
Annal. Chim. analyt. appl. 1907. **12.** 1661.

**Pozzi-Escot**'s Reaktion auf Thiosulfate.
Man mischt 1 ccm der zu prüfenden Lösung mit 1 ccm 10 %iger Ammoniummolybdatlösung und schichtet über konzentr. Schwefelsäure. Bei Gegenwart von Thiosulfat entsteht an der Berührungsfläche ein blauer Ring. Empfindlichkeitsgrenze = 0,05 mg. Natriumthiosulfat.
Bull. Soc. Chim. Franc. 1913. **13.** 401.

**Pozzi-Escot**'s Reagens auf Yttrium, Erbium und Didym
ist eine Lösung von Ammoniumchromat. Es dient zum mikrochemischen Nachweise genannter Stoffe.
Compt. rend. **130.** 1136.
Chem. Ztg. 1900. 387.
Pharm. Zentrh. 1900. 348.
Vergl. Couquet's Reagens.

**Pozzi-Escot** und **Couquet**'s Reaktion auf Palladium.
Versetzt man eine Lösung von Palladiumchlorid mit Natriumnitrit und überschüssigem Ätz-kali, -natron oder -ammoniak, so bilden sich schöne, rhomboidische Krystalle des orthorhombischen Systems. Sie sind voluminös und mehr oder weniger gefärbt.
Compt. rend. **130.** 1073.
Chem. Ztg. 1900. 365.
Pharm. Zentrh. 1900. 351.

**Pradine**'s Reagens zur Prüfung des Weines auf fremde Farbstoffe
ist ein mit Ammoniak gesättigter Äther, der echten Wein grün, gefärbten dunkel färben soll (?).
Pharm. Zentrh. 1883. 566.
Enzyklop. d. gesamt. Pharm. 1890. VIII. 335.

**Prätorius**' Indikator für Alkalimetrie
ist Azurphthalein. In alkalischer Lösung gelb, in saurer Lösung farblos. Näheres siehe: Pharm. Prax. 1904. 218. — Merck's Bericht 1904. 105. — Ztschr. f. analyt. Chem. 1907. 437. — Ztschr. d. öst. Apoth. Ver. **58.** 480.

**Prelinger's** Reagens auf Guanidine
ist Pikrinsäure, welche mit genannten Stoffen schwerlösliche Salze gibt. So gibt α-Triphenylguanidin in Lösung 1 : 10 000 mit Pikrinsäure noch einen Niederschlag, Phenylguanidin gibt in Lösung 1 : 7800 nach einigen Stunden eine deutliche Krystallisation (Nadeln) etc.
Monatsh. f. Chem. **13.** 97.
Emich, ebenda **12.** 23.
Brieger, Ztschr. f. analyt. Chem. **31.** 461.

**Presch**'s Reaktion auf Thiosulfat im Harn.
100 ccm Harn versetzt man mit Baryumhydroxyd und Baryumnitrat im Überschuß, befreit das Filtrat mittels Ammoniumkarbonat vom Baryt, neutralisiert mit Salpetersäure und erwärmt nach Zusatz von Silbernitrat in geringem Überschuß. Das Filtrat dampft man möglichst ein und gibt Baryumnitrat zu. War Thiosulfat zugegen, so entsteht ein Niederschlag von Baryumsulfat.
Virchow's Arch. 1890. **119.** 148.

**Prescott**'s Reaktion auf Methylalkohol in Alkohol.
1 ccm des zu prüfenden Weingeistes verdünnt man mit Wasser zu 10 ccm und taucht

in diese Mischung mehrmals eine glühende Kupferspirale. Alsdann erhitzt man bis zum Verschwinden des Acetaldehydgeruches und gibt 5 Tropfen einer 1 %igen Phloroglucinlösung (in 20 %iger Natronlauge) zu. Eine 2—3 Minuten anhaltende, tiefrote Färbung zeigt Formaldehyd (und mit demselben Methylalkohol) an.

Americ. Journ. of Pharm. 1905. 106.

**Presslich's** Reaktion auf Gallenfarbstoffe.

15 ccm Harn versetzt man mit 1 Tropfen rauchender Salpetersäure. Bei Anwesenheit von Gallenfarbstoff entsteht eine grüne Färbung.

Münchener med. Woch. 1905. 220.

**Preuss'** Reagens auf Glukose

ist das modifizierte Reagens von Soldaini.

Ztschr. f. Rübenzuckerindustrie 38. 722.
Chem. Ztg. 13. Rep. 239.
Deutsche Zuckerindustrie 1889. 1414.
Ztschr. d. Ver. f. Rübenzuckerindustrie 1890. 18.
Chem. Zentralbl. 1890. I. 448.

**Preyer's** Reagens auf Blausäure.

Eine verdünnte, etwas Kupfersulfat enthaltende Guajaktinktur wird durch Blausäure intensiv blau gefärbt. Schon Blausäuredämpfe genügen, um diese Reaktion hervorzubringen. (Vergl. auch Schönbein-Pagenstecher's Reaktion.)

Die Blausäure von W. Preyer (Monographie). Bonn, 1870.
S c h a e r, Ztschr. f. analyt. Chem. 13. 7.
B e l o h u b e k, Csasop. lecaruv cesk. 1882. 48.

**Preyer's** Reaktion auf Kohlenoxyd im Blut

beruht darauf, daß Kohlenoxydblut nach Zugabe von Cyankalium und 5 Minuten langem Erwärmen auf 40° C. seiner Spektralreaktion nicht beraubt wird, während normales Blut die Sauerstoffhämoglobinstreifen mit einem breiten Absorptionsband vertauscht. Man verwendet zu dieser Probe 3—4 Tropfen des defibrinierten Blutes mit 12 ccm Wasser und 5 ccm Cyankaliumlösung (1 : 2).

Zentralbl. f. d. mediz. Wissensch. 1867. 259. 274.
Ztschr. f. analyt. Chem. 6. 288.

**Prileschajew's** Reagens auf ungesättigte organische Verbindungen

ist Benzoylhydroperoxyd. Näheres siehe: Berl. Ber. 1909. 4811 u. 1910. 959. — Südd. Apoth. Ztg. 1910. 228. — Chem. Zentralbl. 1910. I. 418, 1588.

**Primavera's** Reaktion auf Indikan.

30 ccm Harn versetzt man mit 0,3 oder soviel Silbernitrat, daß auf erneuten Zusatz kein Niederschlag mehr entsteht. Zum klaren Filtrat gibt man ein gleiches Volumen verdünnte Schwefelsäure (1+5), erwärmt auf dem Dampfbad und entnimmt der Mischung von Zeit zu Zeit eine kleine Probe, um sie nach dem Abkühlen mit etwas Chloroform zu schütteln. Bei Gegenwart von Indikan färbt sich das Chloroform blau.

Giorn. internaz. scienze med. 1908. No. 4.
Merck's Bericht 1908. 138.
Répert. de Pharm. 1909. 82.
Monatsh. prakt. Dermatol. 1908. 47. 177.

**Primot's** Reagens auf Antipyrin und Kryogenin

ist eine Lösung von 1 g Vanillin in 6 g Salzsäure und 100 g Alkohol. — Dampft man ein Kryställchen Antipyrin mit 2 ccm Reagens auf dem Dampfbad ein, so bildet sich ein orangegelber Rückstand. Kryogenin gibt mit dem Reagens eine grüngelbe Färbung.

Répert. de Pharm. 1909. 306.
Bull. Sciences pharmacol. 16. 270.
Pharm. Zentrh. 1909. 568.
Chem. Zentralbl. 1909. II. 479.

**Primot's** Reagenzien auf salpetrige Säure in Wasser.

1—1,5 %ige Lösungen von Benzidin oder o-Toluidin oder Dianisidin in 30—40 %igem Alkohol. 10 ccm Wasser versetzt man mit 5 Tropfen Reagens und 5 Tropfen Essigsäure und schüttelt um. Bei Anwesenheit von salpetriger Säure entsteht eine gelbliche Färbung, die bei Benzidin in Gelb, bei Toluidin in Orangegelb und bei Anisidin in Orangerot übergeht. Das Maximum der Färbung ist nach etwa 30 Minuten erreicht. Empfindlichkeitsgrenze: 0,01 $HNO_2$ in 1 Liter Wasser.

Bull. Scienc. Pharmacol. 1912. 19. 546.

**Prince's** Reagens zur Blutfärbung

besteht aus 1 Teil gesättigter, wässeriger Säurefuchsinlösung, 2 Teilen 2 %iger Eosinlösung und 24 Teilen gesättigter, wässeriger Toluidinblaulösung.

Microscop. Bull. 1898. 42.
Ztschr. f. wiss. Mikroskop. 1899. 468.

**Pritchard's** Reaktion auf Bombay-Macis.

Übergießt man Macispulver mit 1 %iger Natronlauge, so tritt bei Gegenwart von Bombay-Macis eine deutliche Rotfärbung auf. Reines Macispulver gibt keine Reaktion.

Ztschr. f. angew. Mikroskop. 1905. 331.
U t z, Chem. Ztg. 1905. 988 und
Chem. Zentralbl. 1905. II. 1197.

**Pritchard's** Chromsäurealkohol

ist eine Lösung von 1 g Chromsäure in 20 ccm Wasser, der 180 ccm Alkohol (84 %) zugegeben werden. Gebraucht als Fixierungsmittel.

Quart. Journ. Mikroskop. Sc. 1873. 427.

**Pritchard's** Reagens für die Imprägnierung mit Goldlösung

(eine Reduktionsflüssigkeit) ist eine Mischung von 1 g Amylalkohol und 1 g Ameisensäure mit 98 g Wasser.

C a r r i è r e, Arch. f. mikroskop. Anat. 1882. 146.
Enzyklop. d. mikroskop. Techn. 1903. 36 137.

**Proca-Vasilescu's** Reagens zur Spirochaetenfärbung.

a) Eine Lösung von 50 g Carbolsäure und 40 g Tannin in 100 ccm Wasser mischt man mit einer Lösung von 2,5 g Fuchsin (basisch) in 100 ccm absolutem Alkohol. (Gino di Rossi's Reagens.)

b) 10 ccm konzentrierte, alkoholische Gentianaviolettlösung mischt man mit 5 ccm Carbolsäure und 100 ccm Wasser.

Revista stiintelor medicale 1905. 173.
Münchener med. Woch. 1906. 617.
Med. Klinik 1906. 1056.

**Procter**'s Reagens und Reaktion zur Differenzierung der Gerbstoffe

siehe: Der Gerber **20.** 170 oder
Ztschr. f. analyt. Chem. **34.** 228.

**Procter**'s Reaktion auf Gerbsäure.

Versetzt man eine Lösung von Gerbsäure mit Kaliumarseniat, so färbt sie sich unter Sauerstoffaufnahme aus der Luft grün, auf Zusatz von Säuren rotviolett und durch oxydierende Stoffe braun.

Chem. News **29.** 161.
Berl. Ber. **7.** 598.
Ztschr. f. analyt. Chem. **13.** 326.

**Procter-Hirst**'s Reaktion auf Celluloseextrakte im Leder

ist eine Ligninreaktion mittels Anilin und Salzsäure. Näheres siehe: Journ. Soc. Chem. Ind. 1909. **28.** 293. — Möller, Collegium 1914. 382. — Chem. Zentralbl. 1909. I. 1612, 1914. II. 598.

**Pröscher**'s Reagens (eosinsaures Toluidinblau).

Zu einer konzentr., wässerigen Lösung von Toluidinblauchlorhydrat (chlorzinkfrei) gibt man so lange von einer 1 %igen wässerigen Eosinlösung zu, bis ein reichlicher Niederschlag entstanden ist und die Lösung rot gefärbt erscheint. Der Niederschlag wird auf einem Filter gesammelt, mit destilliertem Wasser gewaschen und bei 60—70° getrocknet. — Zum Gebrauch löst man den Farbstoff in Methylalkohol und gibt 10 % Glycerin zu.

Zentralbl. f. allg. Pathol. u. pathol. Anat. 1905. 849.

**Pröscher**'s Reagens zum Färben von Blutpräparaten.

1. Eine Mischung von 6 ccm einer 0,1 %igen, wässerigen Eosinlösung mit 1 ccm einer 0,1 %igen Lösung von Toluidinblauchlorhydrat (chlorzinkfrei) und 1 ccm einer 1 %igen Methylenazurlösung (nach Michaëlis).
2. 5 Teile einer Lösung von 0,5 g Eosin in 10 ccm Wasser und 90 ccm Methylalkohol mischt man mit 1 Teil einer kalt gesättigten, wässerigen Lösung von Methylenblau.
3. a) Eine Lösung von 0,5 g Eosin in 1 ccm Wasser, 9 ccm Glycerin und 90 ccm Methylalkohol. — b) Eine Mischung von 4 ccm konzentr., wässeriger Methylenblaulösung mit 1 ccm einer konzentr., wässerigen Lösung von Toluidinblauchlorhydrat. — Zum Gebrauch mischt man 5 ccm der Lösung a mit 1 ccm der Lösung b.

Zentralbl. f. allg. Pathol. u. pathol. Anat. 1905. 849.

**Prudden**'s Alaunhämatoxylin

ist identisch mit Delafield's Alaunhämatoxylin.

**Prud'homme**'s Reagens auf Aldehyde (Benzaldehyd)

ist eine Modifikation von Schiff's Reagens, in dem die schweflige Säure durch Natriumthiosulfat, eventuell auch das Fuchsin durch Diazofuchsin ersetzt ist.

Bull. Soc. Ind. Mulhouse **74.** 169.
Journ. Chem. Soc. **86.** 687.
Ztschr. f. analyt. Chem. 1907. 185.

**Puckner**'s Reagens auf Formaldehyd (in Hamameliswasser).

Man gibt 1 ccm des zu prüfenden Präparates zu 5 ccm einer frisch bereiteten Lösung von 0,01 g Salicylsäure in 100 ccm Schwefelsäure. Tritt nach einiger Zeit Rotfärbung auf, so ist Formaldehyd zugegen. Empfindlichkeitsgrenze = 1 : 10 000.

Americ. Journ. of Pharm. 1905. 501.
Chem. Zentralbl. 1905. II. 1833.

**Puppe**'s Reaktion auf Blut

ist eine Hämochromogenreaktion, zu der als Reagens eine Mischung von 2 Teilen Pyridin mit 3 Teilen konzentr. wässeriger Hydrazinsulfatlösung verwendet wird. Das Blutmaterial wird auf einem Objektträger mit dieser Mischung versetzt und gelinde erwärmt. Näheres siehe: Viertelj. Schr. f. gerichtl. Med. **43.** No. 2. — Nippe, Deutsche med. Woch. 1912. 2222.

**Purdy**'s Reagens auf Glukose.

Man löst 4,15 g Kupfersulfat und 10 g Mannit in Wasser, 50 g Glycerin, 125 ccm Kalilauge (D. = 1,14) und 300 ccm 33 %igem Ammoniak und verdünnt mit Wasser zu 1 Liter.

Schweizer Woch. f. Pharm. **28.** 142.
Chem. Zentralbl. 1890. I. 1031.
Vergl. Peska's u. Moritz' Reagens.

**Purgotti**'s Reagens.

1,1 g Ammoniummolybdat löst man in 30 ccm Wasser und 5 ccm Schwefelsäure und fügt nach und nach 4—5 g Zinkstaub zu, wobei die Lösung eine braune Farbe annimmt. Nach dem Filtrieren bringt man die Lösung mit Wasser auf 200 ccm und gibt eine Lösung von 4,2 g Ammonmolybdat in 2 ccm Schwefelsäure und 800 ccm Wasser zu. Man erhält so eine grün gefärbte Flüssigkeit, die beim Erwärmen blau wird. Über die Anwendung derselben siehe:

Gazz. chim. ital. **26.** II. 197.
Chem. Zentralbl. 1896. II. 925.
Ztschr. f. analyt. Chem. 1904. 306.

**Pusch**'s Reaktion auf Weinsäure in Citronensäure.

1 g gepulverte Citronensäure erhitzt man mit 10 g konzentr. Schwefelsäure eine Stunde lang im siedenden Wasserbade. Reine Citronensäure gibt eine gelbe Lösung, solche, die nur 0,5 % Weinsäure enthält, wird bräunlich bis rotbraun.

Arch. der Pharm. **222.** 315.
Ztschr. f. analyt. Chem. **23.** 437.
Schmidt, Lehrb. der pharm. Chem. (organ. Teil) 539.
Deutsches Arzneibuch V. 17.
Hill, Pharm. Journ. 1910. **30.** 245.
Chem. Zentralbl. 1910. I. 1293.

**Püschel**'s Lackmustinktur
siehe: Österr. Chem. Ztg. 1910. 185.

**Puscher**'s Reaktion auf Alkohol in ätherischen Ölen
beruht auf der Unlöslichkeit von Fuchsin in ätherischen Ölen. 1 % Alkohol bewirkt schon Lösung und Rotfärbung.
Deutsche Industrie-Ztg. 1866. 68.
Nach Otto und Zeise ist diese Reaktion nicht maßgebend.
Siehe: Ztschr. f. analyt. Chem. **6.** 487.
Hager, Pharm. Zentrh. **4.** 75; **8.** 19.
Frank, Neues Jahrb. f. Pharm. **27.** 129.

**Putt**'s Reagenzien auf Alkaloide
sind $^{1}/_{10}$ Norm. Jodlösung, 5 %ige Palladiumchloridlösung und 10 %ige Platinchloridlösung. Sie geben mit bestimmten Alkaloiden mehr oder weniger charakteristische Krystallformen. Näheres siehe: Journ. Ind. Eng. Chem. 1912. 4. 508. — Ztschr. f. Unters. Nahr.-Genußmitt. 1913. 26, 292. — Ztschr. f. analyt. Chem. 1914. 211.

**Quagliariello-Agostino**'s Indikatoren zur Feststellung der Harnreaktion.
1. Eine Lösung von 1 g p-Nitrophenol in 60 ccm Alkohol und 940 ccm Wasser. — 2. Eine Lösung von 0,2 g Neutralrot in 500 ccm Alkohol und 500 ccm Wasser. Näheres siehe: Deutsche med. Woch. 1912. 2171.
Als Standardlösungen sind für die Probe noch nötig: a) Eine Lösung von trockenem $KH_2PO_4$, 13,61 g im Liter Wasser. — b) $^{1}/_{10}$ Normal-Kalilauge.

**Quehl-Köhler**'s Reaktionen auf Apomorphin
siehe: Neues Jahrb. der Pharm. **39.** 26.
Chem. Zentralbl. 1873. 171.

**Quincke**'s Reaktion auf Copaivabalsam im Harn.
Nach dem Genuß von Copaivabalsam wird der Harn mit Mineralsäuren rosa bis purpurrot gefärbt und es tritt allmählich ein schmutzig violetter Niederschlag auf. Die rote Lösung zeigt ein Absorptionsspektrum, und zwar einen schmalen Streifen im Orange, einen breiten zwischen D und E im Blau.
Berl. Ber. **17.** 6.

**Quincke**'s Reagens zur pathologisch-histologischen Untersuchung auf Eisen auf mikroskop. Wege
ist Schwefelammonlösung, womit sich die eisenhaltigen Pigmentkörner schwarzgrün färben.
Arch. f. klin. Mediz. **25** (über Siderosis).
Arch. f. exper. Patholog. 1896. 183.
Eberth-Friedländer, Mikroskop. Techn. 1894. 125.
Ztschr. f. wiss. Mikroskop. 1897. 44.

**Quirini**'s Reagens auf Glukose im Harn
ist eine 0,5 %ige Lösung von Orthonitrophenylpropiolsäure in Natronlauge.
Pharm. Post **27.** 54.
Vergl. Hoppe-Seyler's Reagens.

**Raabe**'s Reaktion auf Eiweiß im Harn.
Den filtrierten Harn versetzt man mit etwas krystallisierter Trichloressigsäure. Letztere löst sich in der Flüssigkeit auf und es entsteht bei Anwesenheit von Eiweiß eine trübe Zone.
Pharm. Ztschr. f. Rußland **20.** 445.
Ztschr. f. analyt. Chem. **21.** 303; **24.** 551.
Das Reagens wurde zuerst von Großstern und Fudakowsky angegeben.
Obermayer, Zentralbl. f. Physiolog. 1889. 223.
Martin, Journ. of Physiol. **15.** 376.

**Rabl**'s Reagenzien zum Fixieren mikroskop. Präparate.
1. Man löst 0,3 g Chromsäure und 2 Tropfen Ameisensäure in 100 ccm Wasser. Gebraucht zum Fixieren tierischer Gewebe.
Ztschr. f. wiss. Mikroskop. 1885. 240; 1887. 240.
2. Man löst 0,1—0,3 g Platinchlorid in 100 ccm Wasser. Gebraucht zum Fixieren von Kernstrukturen.
3. Eine Mischung von konzentr., wässeriger Quecksilberchloridlösung, desgl. Pikrinsäurelösung und Wasser 1 : 1 : 2.
4. Eine Mischung von 1%iger Platinchloridlösung, konzentr. Quecksilberchloridlösung und Wasser 1 : 1 : 2.
5. Eine Mischung von 1 %iger Platinchloridlösung, konzentr., wässeriger Pikrinsäurelösung und Wasser 1 : 2 : 7.
Morphol. Jahrb. 1884. 215.
Ztschr. f. wiss. Mikroskop. 1894. 42. 164 u. 517.
Wasielewski, ebenda 1899. 315.
Behrens' Tabellen 1893. 55. 59.
Eberth-Friedländer, Mikroskop. Techn. 1894. 52.

**Rabl**'s Reagens zur Schleimfärbung.
Eine Lösung von 1 g Carminsäure und 2 g Aluminiumchlorid in 50 ccm Wasser und 50 ccm Alkohol dampft man auf dem Dampfbade zur Trockene ein und löst den Rückstand in 50 ccm Wasser und 50 ccm Alkohol.
Anat. Anzg. 1899. 439.

**Rabl**'s Reagenzien zum Färben mikroskop. Präparate.
1. a) Hämatoxylinlösung, siehe: Delafield's Reagens.

b) Lösung von 0,2 g Safranin in 100 ccm 50 %igem Alkohol.

Gebraucht zu Doppelfärbungen.
Morphol. Jahrb. 1884. 215.
Merck's Index 1902. 270.

2. (Alauncarmin.) 25 g Cochenille und 25 g Alaun kocht man mit 800 g Wasser bis auf 600 g ein. (Vor dem Gebrauch zu filtrieren.)

Ztschr. f. wiss. Mikroskop. 1894. 168.
Behrens' Tabellen 1892. 116.
Eberth-Friedländer, Mikroskop. Techn. 1894. 118.

**Rabuteau**'s Reaktion auf überchlorsaures Kalium im Harn.

Der zu untersuchende Harn wird durch Silbernitrat von Chlor (bezw. Chloriden) befreit, filtriert und im Filtrat durch Ätzkali das überschüssige Silber ausgefällt. Nach dem Filtrieren dampft man die Lösung zur Trockene und erhitzt den Rückstand zur Rotglut, wobei vorhandenes überchlorsaures Kalium in Chlorkalium übergeht. Die wässerige Lösung des Glührückstandes wird dann nach dem Ansäuern mit Salpetersäure auf Zusatz von Silbernitrat wieder Chlorsilber abscheiden.

Neues Répert. f. Pharm. 18. 43.
Ztschr. f. analyt. Chem. 8. 233.

**Rabuteau**'s Reagens auf Salzsäure im Magensaft.

Die zu prüfende Flüssigkeit versetzt man mit einem Überschuß von frisch gefälltem Chinin und digeriert die Mischung mehrere Stunden bei 40—50° C. Hierauf verdampft man zur Trockene, extrahiert mit Amylalkohol und verdunstet letzteren. War freie Säure vorhanden, so findet sie sich an Chinin gebunden im Rückstand des Amylalkohols und kann auf die übliche Art identifiziert werden.

Gaz. méd. de Paris 1874. IX.
Zentralbl. f. d. mediz. Wissensch. 1874. 572.
Ztschr. f. analyt. Chem. 13. 348.
Ztschr. f. physiol. Chem. 1. 152.

**Raby**'s Reaktion auf Codeïn und Aesculin.

Codeïn färbt sich mit Natriumhypochloritlösung und konzentr. Schwefelsäure blau. Aesculin gibt eine violette Färbung, wenn man zuerst Schwefelsäure und dann Hypochloritlösung zugibt. Näheres siehe: Pharm. Zentrh. 1884. 502. — Chem. Ztg. 1884. 791. — Journ. de Pharm. et de Chim. 5. 402.

**Raciborski**'s Reaktionen zum mikrochemischen Nachweis von Proteïnen, Aminosäuren etc. mittels p-Benzochinon

siehe: Chem. Zentralbl. 1907. I. 1595.

**Raciborski**'s Reaktion auf Skatol, Indol und Pyrrol mit Dimethylamidobenzaldehyd

siehe: Chem. Zentralbl. 1907. I. 1596.

**Raciborski**'s Reagenzien für die Diazoreaktion zu mikrochemischen Zwecken

siehe: Anzeiger Akad. Wiss. Krakau 1906. 553.
Chem. Zentralbl. 1907. I. 1596.

**Radcliffe**'s Reaktionen auf Tetrachlorkohlenstoff.

Tetrachlorkohlenstoff bildet mit Phenylhydrazin eine krystallinische, bei 198—200° schmelzende Substanz, deren alkoholische Lösung mit Natronlauge rot gefärbt wird. Auf Säurezusatz verschwindet die Rotfärbung. — Tetrachlorkohlenstoff bildet mit Triäthylphosphin in wasserfreiem Äther eine rosarote Färbung, die nach einiger Zeit unter Bildung eines weißen Niederschlages verschwindet. Unverdünnt reagieren die beiden Stoffe unter Violettfärbung und Entzündung des Triäthylphosphins. — Reiner Tetrachlorkohlenstoff gibt in ätherischer Mischung mit Triäthylphosphin keine Färbung, sondern nur den weißen Niederschlag.

Journ. Soc. Chem. Ind. 28. 229.
Chem. Zentralbl. 1909. I. 1907.

**Radlkofer**'s Reagens für mikroskop. Zwecke

ist eine nach besonderer Vorschrift dargestellte Chlorzinkjodlösung vom spez. Gew. 1,75—1,90. Näheres siehe: Liebig's Annalen 94. 332. — Chem. Zentralbl. 1855. 566.

**Radulescu**'s Reaktion auf Morphin.

Gibt man zu einer Morphinlösung ein Körnchen Natriumnitrit und säuert mit einer Säure an, so bewirkt Kalilauge vor Beendigung der Gasentwickelung eine rote Färbung, die beim Ansäuern verschwindet und durch Kalilauge wieder zum Vorschein gebracht werden kann.

Chem. Zentralbl. 1906. I. 1378.
Pharm. Ztg. 1906. 403.
Ztschr. f. angew. Chem. 1907. 83.
Südd. Apoth. Ztg. 1912. 352.
Fabinyi, Pharm. Ztg. 1911. 820.

**Rafaële**'s Reagens

ist Spiegler's Reagens auf Eiweiß.

**Raikow**'s Reaktion auf Chlor in Benzoesäure.

Man löst 1 g Vanillin und 1 g Phloroglucin in 100 ccm Äther. Etwa 0,5 ccm läßt man auf einem Porzellandeckel verdunsten und hält letzteren über eine Weingeistflamme, in der man die Benzoesäure an einer Platinöse verbrennt. Je nach dem Chlorgehalt der Säure färbt sich die Vanillin-Phloroglucinmischung rosarot bis carminrot.

Spezielle Reaktion der vorhergehenden Methode.
Chem. Ztg. 22. 20.
Chem. Zentralbl. 1898. I. 415.
Öst. Chem. Ztg. 2. 121.
Süß, Pharm. Zentrh. 41. 449.
Ztschr. f. analyt. Chem. 1906. 726.

**Raikow**'s Reagens auf Halogene in organischen Verbindungen

ist eine Lösung von Silbernitrat in konzentr. Schwefelsäure.

Erwärmt man eine halogenhaltige Substanz mit diesem Reagens, so färbt sie sich zunächst unter Entwickelung brauner Dämpfe gelb bis braun. Beim Kochen wird die Mischung farblos. Die dabei auftretenden Erscheinungen sind folgende:

Jodverbindungen entwickeln Joddämpfe, eventuell bildet sich auch etwas Jodsilber, welches sich aber ebenfalls unter Jodbildung zersetzt, wenn man das Erwärmen fortsetzt.

Brom- und Chlorverbindungen geben beim Erhitzen mit dem Reagens weiße bis hellgelbe Niederschläge, die sich bei weiterem Erhitzen auflösen. Mit einiger Übung kann man aus der Farbe des Niederschlages auf das betreffende Halogen schließen.

Chem. Ztg. 19. 902.
Ztschr. f. analyt. Chem. 36. 522.

**Raikow's** Reaktion auf Halogene, Schwefel und Stickstoff in organischen Verbindungen mittelst Phloroglucin-Vanillin

siehe: Chem. Ztg. 1898. 20 oder
Jahresber. f. Pharm. 1898. 366.
Vergl. Raikow's Reagens auf Schwefel.

**Raikow's** Reaktion auf Methylalkohol

gründet sich auf die Reaktion des Nitromethans mit Nitroprussidnatrium in alkalischer (ammoniakalischer) Lösung. Intensive indigoblaue Färbung, die allmählich über Grün in Gelb und Rotgelb übergeht.

8. Intern. Kongr. f. angew. Chem. Heft. 25. 417.
Ztschr. f. analyt. Chem. 1914. 300.

**Raikow's** Reagens auf Salpeter- und salpetrige Säure.

1. Eine Lösung von 0,2 g Diphenylamin in 100 ccm reiner, konzentr. Schwefelsäure (D. = 1,78).
2. Eine Lösung von 0,2 g Diphenylamin in 100 ccm Phosphorsäure (D. = 1,7).

Näheres siehe: Südd. Apoth. Ztg. 1905. 34. — Pharm. Zentrh. 1905. 913. — Merck's Bericht 1905. 67. — Öst. Chem. Ztg. 1904. 557. — Pharm. Ztg. 1904. 1114.

**Raikow's** Reagens auf Schwefel in organischen Verbindungen

ist eine Lösung von 1 g Vanillin und 1 g Phloroglucin in 100 g Äther, mit der man Papier befeuchtet. Hält man dieses über die Verbrennungsgase einer schwefelhaltigen Substanz, so färbt es sich rot.

Österr. Chem. Ztg. 1899.
Chem. Ztg. 22. 20.
Ztschr. f. analyt. Chem. 1906. 726, 1910. 701.
Chem. Zentralbl. 1908. I. 415, 1899. I. 1043.

**Raikow-Ürkewitsch's** Reaktion auf Nitrotoluol in Nitrobenzol

beruht auf der Braunfärbung des Nitrotoluols durch gepulvertes Ätznatron (nicht Ätzkali!). Nitrobenzol färbt sich nicht.

Chem. Ztg. 1906. 295.
Ztschr. f. angew. Chem. 1907. 964.
Chem. Zentralbl. 1905. I. 1800.

**Ramón y Cajal's** Reagens für mikroskop. Zwecke.

a) Eine Lösung von 0,2 g Osmiumsäure und 2,4 g Kaliumdichromat in 100 ccm Wasser.
b) Eine 0,75 %ige, wässerige Silbernitratlösung.

Gebraucht zum Imprägnieren von Kleinhirn und Retina.

Ztschr. f. wiss. Mikroskop. 1892. 241; 1890. 332.
La Cellule 1883. 129; 1891. 129.
Anat. Anzg. 1890. 85.
Kallius, Anat. Hefte 1894. 527.
Behrens' Tabellen 1892. 95.
Enzyklop. d. mikroskop. Techn. 1903. 479. 487. 491.
Eberth - Friedländer, Mikroskop. Techn. 1894. 250.

**Ramón y Cajal's** Reagens zum Färben mikroskopischer Präparate.

Modifikation von Golgi's Reagens.

Fixiermittel: 1 g Urannitrat, 15 g Formaldehyd und 100 g Wasser. Silberlösung: 0,75 bis 1,5 %ige, wässerige Lösung von Silbernitrat. Reduktionsmittel: 2 g Hydrochinon, 6 g Formaldehyd, 100 g Wasser und 0,15 bis 0,25 g Natriumsulfit.

Ztschr. für wiss. Mikroskop. 1913. 30. 255.

**Ramón y Cajal's** Reagens zum Färben mikroskop. Präparate

ist eine Lösung von 0,25 g Indigocarmin in 100 ccm gesättigter, wässeriger Pikrinsäurelösung.

Vergl. Calleja, Ztschr. f. wiss. Mikroskop. 1898. 323.

**Ramón y Cajal's** Reagens zur Nervenfärbung.

1. Fixierlösung: Mischung von 5 Tropfen Ammoniakflüssigkeit und 50 ccm absolutem Alkohol.
2. Färbelösung: a) 1 %ige Silbernitratlösung; b) Lösung von 1—1,5 g Hydrochinon oder Pyrogallol in 100 ccm Wasser, 5—10 ccm Formaldehyd und 5—10 ccm Alkohol.

Bibliogr. anatomique 1904. 242.
Ztschr. f. angew. Mikroskop. 1906. 263.
Vergl. auch Ztschr. f. wiss. Mikroskop. 1905. 155. 273. 443. 444.
Szüts, ebenda 1912. 295.

**Ramón y Cajal's** Reagens zum Fixieren mikroskop. Präparate

ist eine Lösung von 0,25 g Osmiumsäure und 3 g Kaliumdichromat in 125 ccm Wasser.

Ztschr. f. wiss. Mikroskop. 1890. 66. 235.
Riese, Anat. Anzg. 1891. 401.

**Ramón y Cajal's** Methylenblau-Fixierungsmittel.

a) Eine Lösung von 10 g Ammoniummolybdat in 100 g Wasser mit 10 Tropfen Salzsäure. — b) Eine Mischung von 5 ccm 1 %iger Platinchloridlösung mit 40 ccm Formaldehyd (40 %) und 60 ccm Wasser. — c) 0,3 %ige, alkoholische Lösung von Platinchlorid.

Revista trimestrale micrograf. Bd. 1.
Ztschr. f. wiss. Mikroskop. 27. 17.

**Ramsay's** Reaktion auf Phosgen im Chloroform.

Überschichtet man Chloroform mit Barytwasser, so entsteht bei Anwesenheit von

Phosgen an der Berührungsfläche der beiden Flüssigkeiten ein weißes Häutchen.
Chem. Ztg. 1892. 1230.
Pharm. Zentrh. 1893. 80.

**Rank**'s Reaktion auf Glukose im Harn.
2—3 ccm Harn versetzt man mit ebensoviel Kalilauge und 0,1—0,2 g Phenylhydrazin. Nach dem Aufkochen der Mischung säuert man langsam mit verdünnter Essigsäure an. Bei Gegenwart von Glukose wird die Mischung undurchsichtig trüb. Soll empfindlicher sein als Nylander's und Fehling's Reagens.
Ztschr. d. öst. Apoth. Ver. 1905. 1038.
Chem. Zentralbl. 1906. I. 98.
Ztschr. f. analyt. Chem. 1907. 200.

**Ranvez**' Reaktion auf Lebertran.
Eine Mischung von 5 ccm Lebertran und 5 ccm Äther versetzt man mit 25 ccm Alkohol. Von dem entstandenen Niederschlag gießt man ab und gibt tropfenweise rauchende Salpetersäure zu. Es entsteht eine vorübergehende blaue Färbung.
Südd. Apoth. Ztg. 1907. 537.

**Ranvier**'s Reagenzien zum Färben mikroskop. Präparate.
1. Eine alkoholische Lösung von Pikrocarmin. Gebraucht zur Doppelfärbung. Die Kerne werden rot, das Bindegewebe rosa, elastische Fasern gelb etc. Nach anderer Lesart ist das Reagens eine 1 %ige Lösung von Pikrocarmin in Wasser oder eine Lösung von 1 g Carmin und 2 g Pikrinsäure in 100 ccm Wasser und 5 ccm Ammoniak.
Ranvier, Traité technique d'Histologie 1875. 100.
Merck's Index 1902. 271.
2. Eine Lösung von 0,1 g Anilinblau in 125 ccm Wasser und 75 ccm Alkohol. Gebraucht für Knochenschliffe etc.
Arch. de Physiol. 1875. 113.
3. Eine Lösung von Chinolinblau in 50 %igem Alkohol. Gebraucht zum Färben von Muskeln, Nerven, Kernen etc.
Traité technique 1875. 102.
Behrens' Tabellen 1892. 108.
Eberth-Friedländer, Mikroskop. Techn. 1894. 116.
Enzykl. d. mikroskop. Techn. 1903. 123.

**Ranvier**'s Drittelalkohol zum Härten und Mazerieren von organischen, mikroskop. Präparaten ist 30 %iger Alkohol oder eine Mischung von 30 ccm 90 %igem Alkohol und 60 ccm Wasser.
Ranvier, Traité technique d'Histologie 1875. 241; 1888. 68.
Behrens' Tabellen 1892. 81.
Eberth-Friedländer, Mikroskop. Techn. 1894. 44.
Ztschr. f. wiss. Mikroskop. 1885. 514.

**Ranvier**'s Reagens zum Imprägnieren mikroskop. Präparate
ist eine Lösung von 1 g Chlorgold in 100 ccm Wasser mit einem Zusatz von 25 ccm Ameisensäure oder eine Lösung von 1 g Goldchloridchlorkalium in 100 ccm Wasser. Letzteres Reagens wird für Präparate verwendet, die vorher mit Citronensäure behandelt wurden. Die Reduktion geschieht nach Zugabe von Essigsäure im Tageslicht.
Quart. Journ. Microsc. Sc. 1880. 456.
Ranvier, Traité 1875. 813.
Retzius, Biolog. Unters. 1881.
Grünhagen, Arch. f. mikroskop. Anat. 1882.
Behrens' Tabellen 1893. 93. 94.
Enzyklop. d. mikroskop. Techn. 1903. 453.

**Ranvier**'s Reagens zum Injizieren mikroskop. Präparate.
1. a) Eine Lösung von 1 g Silbernitrat in 3—500 ccm Wasser; b) eine Lösung von 2—4 g Silbernitrat und 300 g Gelatine in 900 ccm Wasser.
2. Rote Masse ist ein dem Gerlach'schen ähnliches Präparat.
Behrens' Tabellen 1892. 91. 92.

**Ranvier-Frey**'s Reagens (Jodserum) für mikroskop. Zwecke.
Man löst 0,2—2 g Chlornatrium und 15 g Eiweiß in 135 g Wasser, gibt 3 ccm Jodtinktur zu und filtriert.
Ranvier, Traité 1875. 76.
Frey, Das Mikroskop. 1877. 75.
Behrens' Tabellen 1892. 64.
Eberth-Friedländer, Mikroskop. Techn. 1894. 35.

**Raphael**'s Reaktion auf Gallenfarbstoffe.
Man benutzt die zur Diazoreaktion gebräuchlichen Lösungen: A = Lösung von 5 g Sulfanilsäure, 50 g Salzsäure und 100 g Wasser; B = Lösung von 0,5 g Natriumnitrit in 100 g Wasser.
Reaktion I. 2—3 Tropfen von Lösung B mischt man mit 5 ccm der Lösung A und gibt dann 5 ccm des zu prüfenden Harns zu. Bei Anwesenheit von Gallenfarbstoff entsteht eine amethystfarbige, dann kirschrote Färbung.
Reaktion II. 2—3 Tropfen der Lösung B mischt man mit 5 ccm Harn und gibt dann 5 ccm der Lösung A zu. Bei Gegenwart von Gallenfarbstoff entsteht eine gelbgrüne Färbung, die in 24 Stunden allmählich in Kirschrot übergeht.
Petersburger med. Woch. 1905. 128.
Vergl. Clemens' und Masset's Reaktion.

**Raschig**'s Benzidinreagens zur Schwefelsäurebestimmung.
Einen Brei von 40 g Benzidin und 40 ccm Wasser gibt man mit zirka 750 ccm Wasser in einen Literkolben, gibt 50 ccm Salzsäure (D = 1,19) zu, füllt mit Wasser zum Liter auf und schüttelt gut um. Die so erhaltene braune Lösung dient (auf das 20 fache verdünnt) zur Fällung der Schwefelsäure, und zwar auf 0,1 g $H_2SO_4$ = 150 ccm der verdünnten, eventuell filtrierten Lösung. Näheres siehe: Ztschr. f. angew. Chem. 1903. 818. — Chem. Zentralbl. 1903. II. 771. — Müller-Dürkes, Berl.

Ber. 35. 1587 und Ztschr. f. analyt. Chem. 42. 477. — Merck's Bericht 1906. 62.

**Raskin**'s Reagens zum Färben von Diphtheriebakterien

ist eine Mischung von 5 ccm Eisessig, 95 ccm Wasser, 100 ccm Alkohol (95 %), 4 ccm einer alten, gesättigten, wässerigen Methylenblaulösung und 4 ccm Ziehl's Carbolfuchsin.

Deutsche med. Woch. 1911. 2384.
Merck's Bericht 1911. 359.

**Raspail**'s Reaktion auf Eiweiß

beruht auf einer Rotfärbung bei Einwirkung von Zucker und konzentr. Schwefelsäure. (Auch viele Alkaloide geben eine Rotfärbung.)

Annal. d. scienc. d'observ. 1829. 72.
Raspail, Nouv. système de chim. organ. 1833. 289.
Enzyklop. d. gesamt. Pharm. 1889. VII. 642; 1890. VIII. 497.
Merck's Report 1901. 96.
Wèvre, Bull. Soc. Belge Microsc. 1894. 91.
Ztschr. f. wiss. Mikroskop. 1894. 408.
Nickel, Die Farbenreaktion. d. Kohlenstoff-Verb. 1890. 37.

**Raspail**'s Reaktion auf Lecithin.

(Oleo-Chlorid-Reaktion.) Löst man Lecithin in konzentr. Schwefelsäure, so erhält man eine gelbe Lösung, die auf Zusatz von Zucker eine purpurrote Färbung annimmt. (Vergl. die vorhergehende Reaktion.)

Kade, Zur Synthese des Lecithins. Dissertation Zürich 1911.

**Rath**'s Reagens zum Fixieren mikroskop. Präparate.

1. Eine Lösung von 1 g Platinchlorid in 10 ccm Wasser und 25 ccm einer 20 %-igen, wässerigen Osmiumsäurelösung gibt man zu 200 ccm gesättigter, wässeriger Pikrinsäurelösung und säuert mit 2 ccm Eisessig an.
2. Obige Lösung ohne Osmiumsäure.
3. Eine Mischung von 100 ccm gesättigter, wässeriger Pikrinsäurelösung und 100 ccm in der Wärme gesättigter Quecksilberchloridlösung (in Wasser oder 0,75 %iger Kochsalzlösung), der 2 ccm Eisessig zugegeben sind.
4. Reagens 3 mit 20 ccm 2 %iger Osmiumsäurelösung.
5. Eine Lösung von 1 g Quecksilberchlorid und 2 ccm Eisessig in 200 ccm Alkohol.

Anat. Anzg. 1895. 280.
Ztschr. f. wiss. Zoolog. 1893. 97.
Ztschr. f. wiss. Mikroskop. 1891. 510; 1895. 56 u. 488.

**Rath's** Reagens zum Konservieren mikroskop. Präparate

ist eine Lösung von 1 g Osmiumsäure und 4 ccm Eisessig in 1 Liter gesättigter, wässeriger Pikrinsäurelösung.

Zoolog. Anzg. 1891. 363.
Anat. Anzg. 1895. 280.
Ztschr. f. wiss. Mikroskop. 1895. 488.

**Rathgen**'s Reaktion auf Aluminium (Tonerde).

Erhitzt man gepulverte Tonerde im Platintiegel mit Ammoniumfluorid und einigen Tropfen konz. Schwefelsäure bis zur Trockne, so bildet sich Korund in Form von dünnen, sechseckigen Täfelchen, die unter dem Mikroskop leicht zu erkennen sind. Bei Anwesenheit von Eisen werden die Krystalle gelb bis braun, bei Anwesenheit von Cobalt und Chrom grün oder blau.

Tonindustrie-Ztg. 1914. 30.
Chem. Ztg. 1914. Rep. 57.
Pharm. Zentrh. 1914. 293.

**Raupenstrauch**'s Reaktion auf Phenole und analoge Körper mit Chloroform und Alkalien

siehe: Pharm. Ztg. 33. 737.
Chem. Zentralbl. 1889. I. 36.
Chem. Ztg. 13. Rep. 9 oder
Ztschr. f. analyt. Chem. 28. 711.

Die Reaktion ist im wesentlichen identisch mit Guareschi's, Reuter's, Crismer's und Schwarz' Reaktion auf Resorcin bezw. Chloral und Chloroform (siehe diese).

**Rausch**'s Reagens für mikroskop. Zwecke

ist eine gesättigte, wässerige Lösung von Salicylsäure oder Natriumsalicylat. Gebraucht als Mazerationsmittel.

Monatsh. f. prakt. Dermatol. 1897.

**Rauwerda**'s Reaktion auf Cytisin.

1 Tropfen Nitrobenzol, das etwas Dinitrothiophen enthält, gibt mit Cytisin eine beständige, violettrote Färbung. Die Reaktion gelingt noch mit 0,5 mg Cytisin. Coniin gibt eine ähnliche Reaktion, allein die Färbung verschwindet sehr bald.

Nederl. Tijdschr. v. Pharm. 12. 161.

**Ravenna**'s Reagens auf Blut

ist eine reduzierte, alkalische Lösung von Phenolphthalein oder Resorcinphthalein. Vergl. Boa's und Utz' Reagens.

Riforma med. 1911.
Wiener klin. Woch. 1912. 285.

**Rawitz**' Alauncarmin zum Färben mikroskop. Präparate.

Man löst 1 g Carminsäure und 10 g Ammoniakalaun in 75 ccm Wasser und 75 ccm Glycerin.

Anat. Anzg. 1899. 438.

**Rawitz**' Alizarin- und Alizarincyanin-Reagens

siehe: Ztschr. f. wiss. Mikroskop. 1896. 34.
Anat. Anzg. 1895. 294.

**Rawitz**' Azofuchsin-Reagenzien.

Man löst 1 g Azofuchsin G oder Azofuchsin B und 5 g Aluminiumammoniumsulfat in 100 ccm Wasser und 100 ccm kalt gesättigter, wässeriger Pikrinsäurelösung und erhitzt die Lösung in einem Glaskolben etwa 3 Minuten lang zum Sieden. Nach 24 Stunden wird filtriert. Gebr. zum Färben mikroskopischer Präparate.

Ztschr. f. wiss. Mikroskop. 1911. 28. 1.
Merck's Bericht 1911. 357.

Als Ersatz des van Gieson'schen Reagenzes schlägt Rawitz folgende Lösungen vor:

Eine Mischung von 30 ccm einer 5 %igen, wässerigen Lösung von Azofuchsin G (oder B) und 300 ccm kalt gesättigter, wässeriger Pikrinsäurelösung.

**Rawitz**' Reagens zum Färben mikroskop. Präparate.

1. a) Eine konzentr., wässerige Lösung von Eosin.
   b) Hämalaun.
   Die Schnitte werden erst in a, dann in b gefärbt; Kerne = dunkelblau, Protoplasma = rot, Bindegewebe = graublau.
2. Eine Lösung von 0,1 g Coerulein S und 1 g Brechweinstein in 100 ccm Wasser.

Anat. Anzg. 1895. 454; 1902. 554.

**Rawitz**' Reagens zum Färben mikroskop. Präparate

(Glychämalaun) ist eine Lösung von 1 g Hämateïn und 6 g Ammoniakalaun in 200 ccm Wasser und 200 ccm Glycerin.

Leitf. f. hist. Unters., Jena 2. Aufl. 63.

**Rawitz**' Reagenzien zum Färben mikroskop. Präparate.

Nitrohämatein: Man löst 10 g Aluminiumnitrat in 250 ccm Wasser, gibt 1 g Hämatein zu, erhitzt zum Sieden und fügt dann 250 ccm Glycerin zu.

Nitrococheniile: Man löst 4 g Aluminiumnitrat in 100 ccm Wasser, gibt 4 g fein gepulverte Cochenille zu, erhitzt zum Sieden, kocht 5 Minuten lang, läßt erkalten, filtriert und fügt 100 ccm Glycerin zu.

Cobaltcochenille: Man kocht 4 g Cochenille in einer Lösung von 4 g Cobaltammoniumsulfat in 100 ccm Wasser und gibt nach dem Erkalten 100 ccm Glycerin zu.

Säure-Alizarinblau: Man kocht 1 g Säure-Alizarinblau BB Höchst und 10 g Aluminiumammoniumsulfat in 100 ccm Wasser und gibt dann 100 ccm Glycerin zu.

Säure-Alizaringrün: Man kocht 1 g Säure-Alizaringrün mit einer Lösung von 10 g Aluminiumammoniumsulfat in 100 ccm Wasser, läßt erkalten, filtriert und gibt 100 ccm Glycerin zu.

Ztschr. f. wiss. Mikroskop. 25. 391.

**Rawitz**' Reagens zum Fixieren mikroskop. Präparate

ist eine Mischung von 40 ccm Phosphorwolframsäurelösung (10 %), 50 ccm Alkohol (95 %) und 10 ccm Eisessig.

Ztschr. f. wiss. Mikroskop. 1909. 25. 385.
Merck's Bericht 1909. 96.

**Rawitz**' Formol-Fuchsin.

Man löst 4 g Fuchsin (groß cryst.) in 100 ccm 95 %igem Alkohol, 100 ccm Wasser und 20 ccm Formaldehyd (40 %). Zur Schnittfärbung wird das Reagens mit der 25 bis 50 fachen Menge Wasser verdünnt.

Ztschr. f. wiss. Mikroskop. 1911. 28. 1.
Merck's Bericht 1911. 356.

**Rawitz**' Jodalkohol für mikroskopische Zwecke

ist eine Mischung von 10 ccm Jodtinktur (Ph. G. V.) und 90 ccm Alkohol (95 %).

Ztschr. f. wiss. Mikroskop. 1911. 28. 2.

**Rawitz**' Viertelalkohol für mikroskop. Zwecke

ist 25 %iger Alkohol. Gebraucht als Mazerationsflüssigkeit.

**Rawson**'s Reaktion zur Unterscheidung von Gallus- und Gerbsäure.

Chlorammon und Ammoniak erzeugen in Tanninlösungen einen weißen, rasch in rötlichbraun übergehenden Niederschlag. Gallussäure wird durch genannte Mischung rot gefärbt, aber nicht gefällt. Eine Tanninlösung 1 : 5000 gibt die Fällung nur allmählich. Durch Schichtproben soll sich Tannin noch 1 : 100 000 erkennen lassen.

Chem. News 59. 52.
Ztschr. f. analyt. Chem. 28. 351.
Chem. Ztg. 1889. Rep. 39.
Pharm. Zentrh. 1889. 257.

**Read**'s Reaktion auf Phenol und Kreosot.

Phenol löst sich in konzentr. Ammoniak, nicht aber Kreosot.

Merck's Report 191. 297.
American. Journ. of Pharm. 1873. 135.
Neues Jahrb. d. Pharm. 40. 324.
Chem. Zentralbl. 1874. 170.

**Reale**'s Reaktion auf freie Salzsäure in Eisenchlorid.

Eine Eisenchloridlösung, die freie Salzsäure enthält, wird durch eine 1 %ige Phenollösung grün, bei Abwesenheit von freier Salzsäure aber amethystfarbig gefärbt.

Merck's Report 1901. 297.

**Recklinghausen**'s Reagens für mikroskop. Zwecke

ist eine Lösung von Silbernitrat in Wasser (1 : 500). Gebraucht zur Darstellung von Saftlücken, Lymph- und Blutgefäßen etc.

Die Lymphgefäße etc. Berlin, 1862. 5.
Dekhuyzen, Anat. Anzg. 1889. 789.
Behrens' Tabellen 1892. 95.
Enzyklop. d. mikroskop. Techn. 1903. 1257.
Eberth-Friedländer, Mikroskop. Techn. 1894. 122.

**Reddelien**'s Reaktion auf ungesättigte Ketone

siehe: Berl. Ber. 1912. 45. 2904.
Ztschr. f. analyt. Chem. 52. 229.

**Reddrop-Ramage**'s Reagens für die titrimetrische Manganbestimmung

ist Natriumwismutat (wismutsaures Natrium), das Mangan in salpetersaurer Lösung in Permangansäure überführt. Diese läßt sich in der üblichen Weise bequem und genau bestimmen. Die Methode hat sich namentlich bei der Manganbestimmung in Stahl eingebürgert. Näheres siehe: Schneider, Dinglers Polytechn. Journ. 1888. 269. 224. — Reddrop-Ramage, Journ. Chem. Soc. 1895 (Transact.) 67. 270; Chem. Zentralbl. 1895. I. 1042. — Brinton, Journ. Ind. Eng. Chem.

1911. 3. 237; Chem. Ztg. Rep. 1911. 328, 351. — Demorest, Journ. Ind. Eng. Chem. 1912. 4. 19; Chem. Ztg. Rep. 1912. 207. — Blum, Journ. Americ. Chem. Soc. 1912. 34. 1379; Chem. Ztg. 1912. 1302. — Little, Analyst 1912. 37. 554; Chem. Ztg. 1913. 184. — Döring, Fortschritte auf d. Gebiete d. Metallanalyse im Jahre 1912. Chem. Ztg. 1913. 1020.

**Reed's** Reagens zur Bakterienfärbung.

Eine gesättigte, alkoholische Lösung von Dahliaviolett mischt man mit der 5 fachen Menge Wasser.

Americ. Microscop. Soc. Trans. 1897. 182.
Enzyklop. d. mikroskop. Techn. 1903. 164.

**Reenstjerna's** Nährboden für Leprakulturen siehe: Deutsche med. Woch. 1912. 1784.

**Rees'** Reagens zum Fällen der Albumine ist alkoholische, essigsaure Gerbsäurelösung (identisch mit Almén's Reagens).

**Regaud's** Reagens zum Färben mikroskop. Präparate.

a) Eine Lösung von 1 g Osmiumsäure in 100 ccm gesättigter, wässeriger Pikrinsäurelösung.

b) Eine Lösung von 1 g Silbernitrat in 100 ccm Wasser oder in genannter Pikrinsäurelösung.

Näheres siehe: Ztschr. f. wiss. Mikroskop. 1895. 74. — Journ. Anat. Physiol. Paris 1894. 719. — Archiv. Anat. Microscop. 1901. 101. — Enzyklop. d. mikroskop. Techn. 1903. 538.

**Regnauld's** Reaktion auf Chloroform.

Erhitzt man Chloroform mit alkoholischer Kalilauge, so entsteht Äthylformiat und Kaliumchlorid. Verwendet man genügend Kalilauge, so wird das Äthylformiat verseift und es bildet sich Kaliumformiat.

Vergl. Hofmann's Reaktion.

Auf Alkohole in Chloroform prüft Regnault mittels Fuchsin (HCl) und Anilinblau (Triphenylrosanilin-HCl), die das Chloroform nur bei Anwesenheit von Alkoholen färben.

Journ. de Pharm. et de Chim. (4) 30. 160.

**Regnauld-Retterer's** Reagens für mikroskop. Zwecke ist eine Mischung von 5 g Ameisensäure mit 50 g Alkohol (36 Volum %).

Journ. Anat. Physiol. Paris 1892. 109.
Enzyklop. d. mikroskop. Techn. 1903. 24.

**Rehm's** Benzincolophonium ist eine Lösung von 1 Teil Colophonium in 10 Teilen Benzin, die nach dem Absetzen der unlöslichen Substanzen eine hellgelbe, dünnflüssige Masse darstellt. Gebraucht als Einschlußmittel für mikroskopische Zwecke. Ebenso kann auch ein Chloroformcolophonium dargestellt und verwendet werden.

Münchener med. Woch. 1892. Nr. 13.
Ztschr. f. wiss. Mikroskop. 1892. 387.

**Rehm's** Reagens zum Färben mikroskop. Präparate.

1. Eine konzentr., wässerige Lösung von Congorot. Gebraucht wie Alt's Reagens.

2. a) Eine 1 %ige Lösung von Ammoniakcarmin;
b) eine 0,1 %ige Lösung von Methylenblau.

Münchener med. Woch. 1892. 217.
Enzyklop. d. mikroskop. Techn. 1903. 158.

**Reich's** Reaktionen auf ätherische Öle.

Nelkenöl enthält Furfurol und gibt daher mit Sesamöl und Salzsäure die bekannte Rotfärbung. — Nelkenöl, Pimentöl, Bayöl und andere Eugenol enthaltende Öle geben mit konz. Salzsäure beim Erwärmen sowie mit Zinnchlorür und Vanillinsalzsäure rote oder gelb- bis braunrote Färbungen. — Zimtaldehyd gibt mit Sesamöl und Salzsäure eine rotviolette Färbung, Vanillin eine blauviolette, Benzaldehyd eine gelbrote Färbung.

Ztschr. f. Unters. Nahr. Gen.-Mittel 1908. 452.
Chem. Zentralbl. 1908. II. 1895.

**Reich's** Reaktion auf Blut.

Erhitzt man Blut mit einer Mischung von 10 g Salzsäure und 90 g Aceton am Rückflußkühler, so erhält man eine rote Lösung, die für sich und nach Zusatz von Ammoniak charakteristische Absorptionsspektra und nach 1—2 Wochen eine schöne grüne Fluoreszenz zeigt.

Chem. Ztg. 1912. 138.

**Reich's** Reaktion auf Rohrzucker (und Stärkezucker).

Erhitzt man eine konzentr. Rohrzuckerlösung mit Kaliumdichromat zum Sieden, so wird letzteres unter Grünfärbung reduziert. Stärkezucker verhält sich indifferent.

Setzt man zu der konzentr. Lösung von reinem Rohrzucker etwas Kalilauge, erhitzt zum Sieden und gibt einige Tropfen Cobaltoxydlösung zu, so entsteht ein blauvioletter Niederschlag (auch nach dem Verdünnen mit Wasser). Stärkezucker bewirkt bei gleicher Behandlung einen schmutziggrünen Niederschlag (verdünnte Lösungen werden nicht gefällt).

Arch. der Pharm. 50. 293.
Chem. Zentralbl. 1847. 670.
Pharm. Zentrh. 1896. 452 u. 1907. 41.

**Reichard's** Reaktion auf Aconitin.

Man erwärmt eine Spur Aconitin mit einem Kryställchen orthoarsensaurem Natrium und einem Tropfen konzentr. Schwefelsäure, läßt erkalten und gibt ein durchsichtiges Splitterchen Kaliumferrocyanid zu. Letzteres färbt sich nach 10 bis 15 Minuten hellblau und umgibt sich später mit einer blauen Zone.

Pharm. Zentrh. 1905. 479.
Chem. Zentralbl. 1905. II. 357.

**Reichard's** Reaktion auf Alkaloide siehe: Chem. Zentralbl. 1904. II. 369. 1169. 1257. 1437. 1520. 1762.

**Reichard's Reaktion auf Arbutin**
siehe: Pharm. Zentrh. 1906. 555.
Chem. Zentralbl. 1906. II. 634.

**Reichard's Reaktionen auf Arecolin**
siehe Pharm. Zentrh. 52. 711. — Ztschr. f. analyt. Chem. 1915. 384.

**Reichard's Reaktionen auf α-Äthylidenmilchsäure**
siehe: Pharm. Zentrh. 1912. 51.
Chem. Zentralbl. 1912. I. 1055.

**Reichard's Reaktion auf Aluminium**
ist identisch mit Wislicenus-Kaufmann's Reaktion (siehe diese).

**Reichard's Reaktion auf Atropin**
siehe: Chem. Ztg. 28. 1048.
Chem. Zentralbl. 1904. II. 1762.

**Reichard's Reaktion auf Berberin**
siehe: Pharm. Zentrh. 1906. 473.
Pharm. Ztg. 1906. 615.
Ztschr. f. analyt. Chem. 1912. 265.

**Reichard's Reaktion auf Borax mit α-Nitroso-β-Naphthol**
siehe: Pharm. Zentrh. 1907. 429.
Pharm. Ztg. 1906. 298.

**Reichard's Reaktion auf Brucin**
siehe: Chem. Ztg. 1904. 912.
Pharm. Ztg. 1904. 864.
Chem. Zentralbl. 1904. II. 1437. 1520.
Moser, Chem. Ztg. 1909. 309.

**Reichard's Reaktionen auf Butterfett**
siehe: Ztschr. f. analyt. Chem. 1910. 717.
Pharm. Zentrh. 1910. 107.

**Reichard's Reaktionen auf Chinaalkaloide**
siehe: Pharm. Ztg. 1905. 877.
Chem. Zentralbl. 1905. II. 1560.
Ztschr. f. angew. Chem. 1906. 579.
Südd. Apoth. Ztg. 1907. 26.

**Reichard's Reaktionen auf Chinin und Cinchonin**
siehe: Südd. Apoth. Ztg. 1905. 378 u. 654. u. 1907. 26.
Pharm. Ztg. 1905. 314.

**Reichard's Reaktion auf Chinoidin**
siehe: Pharm. Ztg. 1906. 532.
Ztschr. f. angew. Chem. 1907. 965.

**Reichard's Reaktion auf Chlor-, Brom- und Jodalkalien**
siehe: Pharm. Ztg. 1907. 221.
Chem. Ztg. 1907. Rep. 157.

**Reichard's Reaktion auf Cobalt neben Nickel**
siehe: Ztschr. f. analyt. Chem. 42. 10.
Chem. Zentralbl. 1903. I. 361.

**Reichard's Reaktion auf Cocaïn**
siehe: Pharm. Ztg. 1906. 168 u. 591.
Chem. Zentralbl. 1906. I. 974.
Pharm. Zentrh. 1906. 347.
Pharm. Zentrh. 1904. 645.
Chem. Zentralbl. 1904. II. 1169.
Ztschr. f. angew. Chem. 1907. 965.

**Reichard's Reaktion auf Cocaïn und Tropacocaïn**
siehe: Pharm. Zentrh. 1908. 337.
Pharm. Ztg. 1907. 698.
Ztschr. f. analyt. Chem. 1912. 325.
Chem. Ztg. 1907. 458.
Chem. Zentralbl. 1908. I. 2210.

**Reichard's Reaktion auf Codeïn**
siehe: Pharm. Zentrh. 1906. 727.
Chem. Zentralbl. 1906. II. 1220.

**Reichard's Reaktionen auf Colchicin**
siehe: Südd. Apoth. Ztg. 1912. 588.

**Reichard's Reaktionen auf Convallarin und Convallamarin**
siehe: Pharm. Zentrh. 1911. 183.
Chem. Zentralbl. 1911. I. 1451.

**Reichard's Reaktionen auf Convallarin und Convallamarin**
siehe Pharm. Zentrh. 52. 183. — Ztschr. f. analyt. Chem. 1915. 385.

**Reichard's Reaktionen auf Digitonin**
siehe: Pharm. Zentrh. 1913. 217. — Chem. Zentrlbl. 1913. I. 1368.

**Reichard's Reaktionen auf Digitoxin**
siehe: Pharm Zentrh. 1913. 687.

**Reichard's Reaktionen auf Eiweiß.**
Läßt man eine Mischung von Hühnereiweiß, Salzsäure und Quecksilberchlorid an der Luft eintrocknen, so färbt sich der Rückstand blau bis violett. Andere Reaktionen siehe: Pharm. Zentrh. 1910. 831. — Pharm. Ztg. 1910. 158. — Chem. Zentralbl. 1910, I. 1385. — Ztschr. f. analyt. Chem. 1911. 386.

**Reichard's Indikator**
ist Wismutoxyjodid. Zur Titration von Alkalien und Karbonaten benützt man eine Aufschwemmung von Wismuthydroxyd in Wasser mit einem genügenden Zusatz von Kaliumjodid, wovon man in die zu titrierende alkalische Flüssigkeit so viel zugibt, daß sie etwas getrübt erscheint. Diese weiße Trübung geht in Gelb über, sobald die Mischung sauer wird. Näheres siehe: Pharm. Zentrh. 1912. 1033.

**Reichard's Reaktionen auf Milchsäure**
siehe: Pharm. Zentrh. 1912. 51.
Zentralbl. d. ges. Arzneimittelkunde 1912. 76.

**Reichard's Reaktion I auf Morphin**
ist eine Modifikation von Marquis' Reaktion unter Verwendung von Formaldoxim.
Pharm. Ztg. 49. 523.
Andere Reaktionen siehe: Chem. Ztg. 28. 1182.
Chem. Zentralbl. 1904. II. 1763.
Wörner, Pharm. Ztg. 49. 628.

**Reichard's Reaktion II auf Morphin.**
Bringt man etwas Morphinhydrochlorid nach Zusatz einiger Tropfen Formaldehyd (35 %)

fast zur Trockene und setzt Zinnchlorürlösung zu, so entsteht bei vorsichtigem Eindampfen in der Wärme eine violette Färbung.
Pharm. Zentrh. 1906. 247.
Chem. Zentralbl. 1906. I. 1465.
Ztschr. f. analyt. Chem. 1906. 72.

**Reichard's** Reaktion auf Narceïn
siehe: Pharm. Zentrh. 1906. 1028.
Chem. Zentralbl. 1907. I. 379.

**Reichard's** Reaktion auf Narcotin
siehe: Pharm. Zentrh. 1907. 44.
Chem. Zentralbl. 1907. I. 848.

**Reichard's** Reaktion auf Nickel.
Wird ein entwässertes Nickelsalz in einer Porzellanschale mit trockenem Methylaminchlorhydrat erhitzt, so färbt sich die Mischung dunkelblau. Beim Erkalten verschwindet diese Färbung, um bei erneutem Erhitzen wieder zum Vorschein zu kommen.
Chem. Ztg. 1906. 556.
Pharm. Ztg. 1906. 545.
Chem. Zentralbl. 1906. II. 166.
Ztschr. f. angew. Chem. 1907. 959.

**Reichard's** Reaktionen der Opiumalkaloide mit Borsäure
siehe: Pharm. Ztg. 1906. 817.
Ztschr. f. angew. Chemie 1907. 965.

**Reichard's** Reaktion auf Papaverin
siehe: Pharm. Zentrh. 1907. 288. 313.
Chem. Zentralbl. 1907. I. 1812.

**Reichard's** Reaktion des Phenanthrenchinons
siehe: Pharm. Zentrh. 1905. 813.
Chem. Zentralbl. 1905. II. 1554.

**Reichard's** Reaktionen auf Physostigmin
siehe: Pharm. Zentrh. 1909. 375.
Chem. Zentralbl. 1909. I. 2025.

**Reichard's** Reaktion auf Pikrotoxin
siehe: Chem. Ztg. 30. 109.
Pharm. Prax. 1906. 414.

**Reichard's** Reaktion auf Pilocarpin
siehe: Pharm. Zentrh. 1907. 417.
Apoth. Ztg. 1907. 435.
Chem. Zentralbl. 1907. II. 190.

**Reichard's** Reaktionen auf Piperin
siehe: Pharm. Zentrh. 1905. 935.
Chem. Zentralbl. 1906. I. 290.
Pharm. Prax. 1906. 303.
Ztschr. f. analyt. Chem. 1912. 324.

**Reichard's** Reaktionen auf Saccharose
siehe: Pharm. Zentrh. 1910. 979.
Chem. Zentralbl. 1910. II. 1950.

**Reichard's** Reaktionen auf Salicylsäure
siehe: Pharm. Zentrh. 1910. 743—749.

**Reichard's** Reaktion auf Salpetersäure.
a) Nitrathaltige Lösungen werden bei Anwesenheit von Arbutin durch Schwefelsäure gelb gefärbt.
b) Erwärmt man Berberinhydrochlorid mit Salpetersäure, so geht die anfangs gelbe Färbung in Rotbraun über.
Näheres siehe: Chem. Ztg. 1906. 790.
Vergl. auch Südd. Apoth. Ztg. 1907. 247.

**Reichard's** Reaktion auf Santonin
siehe: Pharm. Ztg. 1907. 88.
Pharm. Zentrh. 1907. 230.
Chem. Zentralbl. 1907. I. 996.
Südd. Apoth. Ztg. 1907. 237.
Ztschr. d. öst. Apoth. Ver. 1907. 225.
Merck's Report 1907. 140.

**Reichard's** Reaktion auf Saponin
siehe: Pharm. Zentrh. 1910. 1199.

**Reichard's** Reaktionen auf Saponin
siehe Pharm. Zentrh. 51. 1199. — Ztschr. f. analyt. Chem. 1915. 387.

**Reichard's** Reaktionen auf Scopolamin
siehe: Pharm. Zentrh. 1907. 659.
Répert. de Pharm. 1908. 78.
Ztschr. f. analyt. Chem. 1912. 326.
Chem. Zentralbl. 1907. II. 1022.

**Reichard's** Reaktionen auf Sparteïn, Coniin und Nicotin
siehe: Pharm. Zentrh. 1905. 255. 313. 385.
Chem. Zentralbl. 1905. I. 1261. 1486; II. 171.

**Reichard's** Reaktionen auf Kombé- und Gratus-Strophanthin
vergl. Pharm. Zentrh. 1915. 159.
Chem. Zentralbl. 1916. I. 491.

**Reichard's** Reaktion auf Terpineol, Terpinhydrat und Terpentinöl
siehe: Pharm. Zentrh. 1905. 971.
Chem. Zentralbl. 1906. I. 403.
Pharm. Praxis 1906. 303.

**Reichard's** Reaktion auf Thebain
siehe: Pharm. Zentrh. 1906. 624.

**Reichard's** Reaktionen zur Unterscheidung von Butter und Schweinefett
siehe: Pharm. Zentrh. 1910. 107.
Chem. Zentralbl. 1910. I. 1061.

**Reichard's** Reaktionen zur Unterscheidung von Chloriden, Bromiden und Jodiden
siehe: Pharm. Ztg. 1907. 221.
Chem. Zentralbl. 1907. I. 1456.

**Reichard's** Reaktion auf Veratrin.
Behandelt man Veratrin mit Cobaltnitrat und Natronlauge, so erhält man eine blaue Lösung, die im Laufe von 12 Stunden schwarz wird.
Pharm. Zentrh. 1905. 644.

**Reichard's** Reaktion auf Wismut
siehe: Pharm. Ztg. 1904. 947.
Chem. Zentralbl. 1904. II. 1554.

**Reichard's** Reaktionen auf Yohimbin
siehe: Pharm. Zentrh. 1907. 755.
Pharm. Ztg. 1907. 851.
Chem. Zentralbl. 1907. II. 1939.

**Reichard's** Reaktion auf Zinn
siehe: Pharm. Zentrh. 1906. 391.
Pharm. Ztg. 1906. 615.

**Reichardt's Reaktion auf Arsen im Harn**
beruht auf dem Verfahren von Marsh.
Arch. der Pharm. **217. 1.**
Chem. Zentralbl. 1880. 826.

**Reichardt's Reaktion auf Chloroform im Harn**
beruht auf der Reduktion von Fehling's Reagens unter Abscheidung von Kupferoxydul beim Erhitzen mit Chloroform. Empfindlichkeitsgrenze = 1 : 4500.
Arch. der Pharm. (3) **13.** 252.
Chem. Zentralbl. 1878. 712.

**Reichardt's** Reaktion auf Jod.
Jod läßt sich neben Bromsalzen nachweisen, wenn man die wässerige Lösung der Salze mit 1 %igem Chlorgoldnatrium erhitzt und nach dem Abkühlen mit Chloroform schüttelt. Jod färbt dieses violett.
Pharm. Ztg. 1909.
Chem. Zentralbl. 1909. I. 783.

**Reichardt's** Reaktion auf Methylalkohol.
Zu 1 ccm Natronlauge (15 %) läßt man 2,5 ccm Alkohol mittels Pipette einlaufen, setzt 3 Tropfen einer 1 %igen Lösung von Natriumalizarinsulfonat zu und schwenkt um, so daß eine klare, blauviolette Mischung entsteht. Nun fügt man auf einmal 0,30—0,35 g Oxalsäure in Substanz zu und schüttelt mehrmals tüchtig durch. Liegt Äthylalkohol vor, so bleibt die Färbung bestehen, andernfalls bildet sich eine am Reagenzglas haftende schmutzig violettfarben gelatineartige Masse, die nach einigen Stunden gelb wird.
Pharm. Ztg. 1912, 33, 134.
Zentralbl. d. ges. Arzneimittelk. 1912. 59.
Merck's Bericht 1912. 110.

**Reichardt's** Reaktion auf reduzierende Stoffe im Harn.
Zu einer Mischung von 8 ccm Wasser, 0,5 ccm neutraler 1 %iger Goldchloridchlornatriumlösung und höchstens 0,1 ccm frisch bereiteter 1 %iger Kaliumjodidlösung gibt man 1 ccm (eiweiß- und zuckerfreien) Harn (mit saurer Reaktion). Die Mischung färbt sich nach 1 Stunde violett, nach 6 Stunden blau. Nach 12 bis 15 Stunden fällt ein blaugefärbter Niederschlag aus. Näheres siehe: Pharm. Ztg. 1909. 1007.

**Reichardt's** Reaktion auf Salpetersäure.
Salpetersäure enthaltende Flüssigkeiten erzeugen in einer Lösung von Brucin in konzentr. Schwefelsäure eine intensiv rote Färbung. Empfindlichkeitsgrenze = 1 : 256 000.
Ztschr. f. analyt. Chem. **9.** 214.
Chem. Zentralbl. 1871. 495.
K e r s t i n g , Liebig's Annal. **125.** 254.
L o n g i , Ztschr. f. analyt. Chem. **23.** 350.

**Reiche's** Reaktion auf Gummi.
Kocht man Gummi einige Zeit mit Orcin und konzentr. Salzsäure, so entsteht eine rote bis violette Färbung und schließlich ein blauer Niederschlag, der sich auf Zusatz von Alkohol mit grünlichblauer Farbe löst. Diese Lösung nimmt mit Natronlauge eine violette Farbe und grüne Fluoreszenz an. Auch Bassorin und Kirschgummi verhalten sich ähnlich. Dextrin, Stärke und Cellulose geben unter gleichen Verhältnissen eine gelbe bis braungelbe Färbung.
Chem. News **38.** 145.
Ztschr. f. analyt. Chem. **19.** 357.

**Reicher-Stein's** Reagenzien zur kolorimetrischen Zuckerbestimmung im Blut und Serum.
a) Schwefelsäure (D. = 1,84).
b) Test-Traubenzuckerlösung von 0,02 %, für jedesmaligen Gebrauch herzustellen durch 50 fache Verdünnung einer 1 %igen, 10 % Zinksulfat enthaltenden Stammlösung (2—3 Wochen haltbar).
c) Kohlenhydratfreie α - Naphtholtabletten von 0,05 g.
d) Solutio Ferri oxydati dialysati 10 % (D = 1,15) (frei von Eisenchlorid), dient zur Enteiweißung des Serums.

Gebrauchsanweisung siehe: Biochem. Ztschr. 1911. **37.** 343.

**Reichl's** (Mikosch's) Reagens auf Eiweiß.
Eiweiß gibt mit einer Mischung von Ferrisulfat, verdünnter Schwefelsäure und alkoholischer Benzaldehydlösung eine blaue Färbung. Empfindlichkeitsgrenze = 1 : 1500.
Chem. Zentralbl. 1890. II. 475.
Chem. Ztg. 1889. Rep. 221.
Monatshefte f. Chem. **10.** 317 u. **11.** 155.
Ber. d. deutsch. botan. Ges. 1890. 33.

**Reichl's** Reaktion auf Glycerin (Glycereïnprobe).
Gleiche Teile Glycerin, Phenol und konzentr. Schwefelsäure, auf 120° C. erhitzt, scheiden eine braungelbe Masse aus, die sich in Wasser und Ammoniak mit carminroter Färbung löst.
Dingler's Journ. **235.** 232.
Ztschr. f. analyt. Chem. **20.** 381.

**Reidisch-Celler's** Reagens auf Glukose
ist Fehling's Reagens mit Rhodankalium, welch letzteres das Ausfallen von Kupferoxydul verhindert.
Journ. Americ. Med. Assoc. 1907. Nr. 4.
Klin. therap. Woch. 1907. 249.

**Reimann-Unna's** Reagens zum Fixieren mikroskop. Präparate
ist eine 2 %ige, wässerige Lösung von Chlorzink (oder Chlorcalcium). Näheres siehe: Med. Klinik 1912. 1319.

**Reinbold's** Reaktion auf Glukose.
Die zu prüfende Lösung mischt man unter Kühlung mit dem doppelten Volumen Schwefelsäure und gibt dann einige Tropfen 1 %ige α-Naphtholnatriumlösung zu. Beim Erhitzen bis auf 140° bewirkt Glukose eine rote bis blaurote Färbung.
Archiv ges. Physiol. **103.** 581.

**Reinhardt's** Reagenzien zur Schwefelbestimmung im Eisen.

1. Eine Lösung von 20 g Cadmiumacetat in 1 Liter 10 %igem Ammoniak.
2. Eine Lösung von 10 g Jod und 20 g Kaliumjodid in 2 Liter Wasser.
3. Eine Lösung von 25 g Natriumthiosulfat in 1 Liter Wasser.
4. 5 g Reisstärke verteilt man in einem Literkolben in 50 ccm Wasser, gibt 25 ccm Natronlauge (250 : 1000) zu und erhitzt nach Zugabe von 500 ccm Wasser zum Sieden. Nach dem Abkühlen werden 400 ccm Wasser zugesetzt.
5. Man löst 50 g Bleiacetat in 500 ccm Wasser und 10 ccm Essigsäure (50 %). 100 ccm dieser filtrierten Lösung versetzt man mit 150 ccm Natronlauge (25 : 100).

Näheres über die Anwendung dieser Reagenzien siehe:
Stahl u. Eisen **26**. 799.
Ztschr. f. analyt. Chem. 1907. 332.

**Reinitzer**'s Reaktion auf Pentosen
ist identisch mit Allen-Tollen's Orcinreaktion.
Ztschr. f. physiol. Chem. **14**. 453.
Ztschr. f. analyt. Chem. **40**. 544.

**Reinsch**'s Reaktion auf Arsen.
Erhitzt man eine mit Salzsäure versetzte Arsenlösung mit einem blanken Kupferblech, so bildet sich auf diesem ein grauer Beschlag. (Die Abwesenheit von Quecksilber und Antimon vorausgesetzt.)
Ztschr. f. analyt. Chem. **1**. 220; **3**. 206. **5**. 202; 39. 657.
Lippert, Chem. Zentralbl. 1860. 968.
Vergl. auch Meier, Pharm. Zentralh. 1890. 105.
Journ. f. prakt. Chem. **82**. 286.
Dieselbe Reaktion benutzt der Autor zum Nachweis der schwefligen Säure.
Neues Jahrb. d. Pharm. **16**. 277.
Chem. Zentralbl. 1862. 72.
Odling, Journ. of the Chem. Soc. 1863. 247.

**Reischauer**'s Reaktion auf Saccharin
siehe: Herzfeld-Reischauer's Reaktion.

**Reischauer** siehe Vogel-Reischauer.

**Reitmann**'s Reagenzien zur Spirochaetenfärbung.
a) Alkohol absolut.; b) 2 %ige Phosphorwolframsäurelösung; c) Carbolfuchsin.
Deutsche med. Woch. 1905. 997.
Ztschr. f. wiss. Mikroskop. 1906. 577.

**Remak**'s Reagens zum Härten mikroskop. Präparate.
Man löst 20 g Kupfersulfat in 150 ccm Wasser und gibt 3 ccm Holzessig und 50 ccm Alkohol zu.
Nach anderer Lesart: Eine Mischung von 50 ccm 2 %iger, wässeriger Kupfersulfatlösung mit 50 ccm 25 %igem Alkohol und 35 Tropfen Holzessig (Götte's Modifikation).
Fol, Lehrbuch 1884. 106.
Enzyklop. d. mikroskop. Techn. 1903. 540.

**Remsen**'s Reaktion auf Saccharin neben Salicylsäure
ist identisch mit Börnstein's Reaktion. (Siehe diese.)

**Rénard**'s Reaktion auf Arachisöl im Olivenöl
besteht in der Isolierung der Arachinsäure, deren Schmelzpunkt 75 ° C. ist.
Journ. de Pharm. et de Chim. **15**. **48**.
Wittstein's Viertelj.-Schr. f. Pharm. 21. 571.
Chem. Ztg. 1895. 451.
Ztschr. f. analyt. Chem. **12**. 231.
Chem. Zentralbl. 1872. 692.
Pharm. Zentrh. 1908. 231.
Kreis, Chem. Ztg. 1895. 451.
Smith, Journ. Americ. Chem. Soc. 29. 1756.

**Renaut**'s Reagenzien zum Färben mikroskop. Präparate.
1. Ein Gemisch von Ehrlich's Glycerinhämatoxylin (siehe dieses) mit getrennt bereiteten Lösungen von Eosin in (1 %) kochsalzhaltigem Glycerin und von Kalialaun (1 %) in reinem Glycerin. Das Reagens färbt Kerne violett, Bindegewebe perlgrau, elastische Fasern und Blutkörperchen dunkelrot. Das Zellprotoplasma und das Protoplasma der Achsenzylinder werden rosa, die Schleimzellen blau gefärbt.
2. Eine Lösung von 1 g Hämatoxylin und 1 g Alaun in 50 ccm Alkohol, 50 ccm Glycerin und 50 ccm Wasser. Das Reagens muß einige Wochen an Licht und Luft reifen, bis der Alkoholgeruch verschwunden ist.
3. Eine Lösung von Eosin (-Natrium) in Wasser oder 30 %igem Alkohol.

Arch. de Physiol. 1881. 640.
Strasburger, Kl. Botan. Prakt. 1893. 220.
Behrens' Tabellen 1892. 104. 109.
Eberth-Friedländer, Mikroskop. Techn. 1894. 118.
Ztschr. f. wiss. Mikroskop. 1884. 95.

**Renker**'s Reaktionen auf Lignin.
Eine kritische Besprechung der bekannten Ligninreaktionen.
Siehe: Papierfabrikant, Fest- und Auslandsheft 1910.
Chem. Zentralbl. 1910. II. 999.

**Renteln**'s Reagens auf Alkaloide.
Man löst 3 g Natriumselenat in 80 ccm Wasser und 60 ccm konzentr. Schwefelsäure. Das Reagens gibt mit verschiedenen Alkaloiden charakteristische Farbenerscheinungen.
Dissert. Dorpat 1881.
Brandt, Dissert. Rostock 1875.

**Renz**' Reaktion auf Thallisalze.
Thallisalze, wie z. B. Thallichlorid bewirken in alkoholischer Lösung auf Zusatz von α-Naphthylamin eine violette Färbung oder Fällung. β-Naphthylamin (-chlorhydrat) bildet mit Thallichlorid eine silberglänzende, kry-

stallinische Doppelverbindung. Die Reaktion kann auch zur Unterscheidung von α- und β-Naphthylamin dienen.
Berl. Ber. 1902. 1114.
Chem. Zentralbl. 1902. I. 937.

**Renz'** Reaktion zur Unterscheidung von α- und β-Naphthylamin
siehe: Renz' Reaktion auf Thallisalze.

**Reoch's** Reaktion auf freie Mineralsäuren im Magensaft
beruht auf der Rotfärbung eines neutralen Gemisches von Rhodankalium- und Eisenchinincitratlösung, welche durch Mineralsäuren, nicht aber durch verdünnte Milchsäure (2 %) hervorgebracht werden soll.
The acidity of gastric juice. Journ. of Anat. and Physiol. 1874. 274.
Pharm. Zentrh. 1888. 322.

**Reoch's** Reaktion auf Oxalsäure im Harn
beruht auf der Fällung des Calciumoxalates mit Alkohol.
Siehe: Salkowski's Reaktion.

**Réole's** (Crouzel de la Réole's) Reagens zur Prüfung der Bordeauxbrühe
ist eine 0,1 %ige, wässerige Lösung von Fluoreszein. Näheres siehe: Annal. Chim. analyt. appl. 1912. 17. 409. — Chem. Zentralbl. 1913. I. 69.

**Répiton's** Reaktion auf Phenacetin, Aspirin und Salophen
siehe: Répert. de Pharm. 1907. 113.
Apoth. Ztg. 1907. 249.
Ztschr. d. öst. Apoth. Ver. 1907. 225.
Südd. Apoth. Ztg. 1907. 314.

**Répiton's** Reaktion auf freie Säuren in organischen Flüssigkeiten
beruht auf der Reduktion von Fehling's Reagens durch freie Mineral- oder organische Säuren. Näheres siehe: Annal. Chim. analyt. 1908. 269. — Ztschr. f. analyt. Chem. 1910. 699. — Chem. Zentralbl. 1908. II. 729.

**Retger's** Reagens zur Bestimmung der Dichte von in Wasser löslichen Krystallen
ist Jodmethylen (D. = 3,3), das mit Benzol auf ein niedrigeres spezifisches Gewicht gebracht werden kann. Näheres siehe: Ztschr. f. physik. Chem. (1898) 3. 289 u. 4. 189. — Chem. Zentralbl. 1898. I. 737 u. II. 733.
Das Reagens läßt sich auch zur Trennung von Krystallen verschiedener Dichte verwenden.

**Retterer's** Reagens zum Fixieren mikroskop. Präparate
ist eine Lösung von 5 g Platinchlorid und 6 g Eisessig in 100 ccm Wasser und 100 ccm Formaldehyd.
Journ. Anat. Physiol. Paris 1897. 463.
Enzyklop. d. mikroskop. Techn. 1903. 1143.

**Reuss'** Reaktion auf Atropin
ist identisch mit Gulielmo's Reaktion.

**Reuter's** Reaktionen zur Unterscheidung von Naphthalin
α- und β-Naphthol beruhen auf Farbenerscheinungen, welche beim Erhitzen genannter Stoffe mit geschmolzenem Chloralhydrat eintreten. Näheres siehe: Pharm. Ztg. 36. 289. — Chem. Ztg. 15. Rep. 143. — Ztschr. f. analyt. Chem. 30. 717.

**Reuter's** Reagens auf p-Phenetidin im Phenacetin.
In 2,5 g geschmolzenes Chloralhydrat trägt man 0,5 g Phenacetin ein. Ist das letztere rein, so löst es sich farblos auf, wenn es nicht länger als 3 Minuten im siedenden Wasserbade erhitzt wurde. Spuren von Phenetidin bewirken eine intensive Blau- oder Violettfärbung.
Pharm. Ztg. 36. 184.

**Reuter's** Reaktion auf Resorcin.
Einige ccm einer Lösung von Resorcin in Kalilauge (0,1 : 50) erwärmt man im Wasserbade und gibt einige Tropfen Chloroform zu. Die Flüssigkeit färbt sich sehr bald intensiv rot. An Stelle von Chloroform kann man auch Bromoform, Chloralhydrat oder Bromalhydrat verwenden.
Pharm. Ztg. 36. 292.
Chem. Ztg. 15. Rep. 143.
Ztschr. f. analyt. Chem. 30. 718.
Diese Reaktion stammt von Guareschi:
Pharm. Ztg. 36. 299.
Berl. Ber. 1872. 1055.

**Reuter's** Reagens zum Färben mikroskop. Präparate
siehe: Romanowsky-Reuter's Reagens und Ztschr. f. Bakt. 30. 248.

**Reuter's** Formolalkohol (zum Fixieren)
ist eine Mischung von 10 g Formaldehyd (40 %) und 90 g absolutem Alkohol.
Ztschr. f. wiss. Mikroskop. 23. 465.

**Reynold's** Reaktion auf Aceton im Harn.
Man schüttelt den Harn mit frisch gefälltem Quecksilberoxyd und filtriert; war Aceton vorhanden, so läßt sich im Filtrate Quecksilber nachweisen, das als Acetonquecksilber in Lösung gegangen ist. Der Nachweis des Quecksilbers geschieht entweder mit Schwefelammon (Schichtprobe) oder mit Bettendorf's Reagens.
Proc. Roy. Soc. 19. 431. (1871).
Ztschr. f. Chem. (2) 7. 254.
Ztschr. f. analyt. Chem. 24. 148.
Salkowski, Ztschr. f. analyt. Chem. 34. 125.
Stadler, Americ. Journ. of Pharm. 1905. 106.
Apoth. Ztg. 1905. 319.
Wester, Pharm. Weekbl. 44. 601.

**Reynold's** Reaktion auf Methylalkohol im Äthylalkohol.
Eine kleine Menge des zu prüfenden Alkohols destilliert man, gibt 3 Tropfen sehr verdünnte Quecksilberchloridlösung und über-

schüssige Kalilauge zu und schüttelt unter Erwärmung um. Bei Anwesenheit von Methylalkohol löst sich der entstandene Niederschlag von Quecksilberoxyd auf. Man teilt die erwärmte Lösung in 2 Teile. Der eine Teil gibt nach dem Ansäuern mit Essigsäure einen flockigen, gelblichweißen Niederschlag, der andere Teil gibt einen ähnlichen Niederschlag beim Erhitzen bis zum Sieden, wenn Methylalkohol vorhanden war.

Pharm. Journ. **5**. 272.
Ztschr. f. analyt. Chem. **3**. 504; **4**. 220.

**Reynold's** Reaktionen auf Natriumthiosulfat.

1. Man kocht mit etwas Salzsäure und weist den abgeschiedenen Schwefel nach Zusatz von Natronlauge durch Nitroprussidnatrium nach (Béchamp's Reaktion). Empfindlichkeitsgrenze = 1 : 6000.
2. Thiosulfat wird noch in Lösung 1 : 30 000. Wasser durch Eisenchlorid rot gefärbt.
3. Jodamylumlösung wird von Thiosulfat in Lösung 1 : 160 000 noch entfärbt.
4. Eisenchloridlösung wird durch Thiosulfat reduziert. Empfindlichkeitsgrenze = 1 : 130 000.
5. Thiosulfat wird noch 1 : 500 000 durch Zink- und Salzsäure unter Bildung von Schwefelwasserstoff zersetzt (Bleipapier).

Chem. News 1863. 283.
Ztschr. f. analyt. Chem. **3**. 146.

**Reynold-Gunning's** Reaktion auf Aceton.

Siehe: Reynold's Reaktion.

**Rhead's** Reagens zur Bestimmung von Kupfersalzen

ist eine volumetrische Lösung von Titantrichlorid, welche Cupri- und Ferrisalze bei Gegenwart von Salzsäure und Kaliumsulfocyanid reduziert. Näheres siehe: Proceed. Chem. Soc. **22**. 244. — Journ. Chem. Soc. London 89. 1491. — Chem. Zentralbl. 1906. II. 1662.

**Rhein's** Reagens auf Indikan

ist Antiformin, das seines Natriumhypochloritgehaltes wegen an Stelle von Chlorkalk oder anderen Oxydationsmitteln zum Nachweis von Indikan im Harn verwendet werden kann. Vergl. Jaffé's Reaktion auf Indikan.

Münchener med. Woch. 1914. 1503.

**Ribbert's** Reagens zur Bakterienfärbung

ist eine konzentr., wässerige Lösung von Dahliaviolett, der auf 100 ccm noch 50 ccm Alkohol und 12,5 ccm Eisessig zugemischt sind.

Eberth-Friedländer, Mikroskop. Techn. 1894. 201.
Ztschr. f. wiss. Mikroskop. 1885. 556.

**Ricci's** Reaktion auf Aceton.

10 ccm Harn versetzt man mit 10 Tropfen Eisessig, 10 Tropfen gesättigter Natriumcyanidlösung (Natriumnitroprussiat?) und schichtet über diese Mischung einige Tropfen Ammoniakflüssigkeit. Bei Gegenwart von Aceton entsteht ein violetter Ring. Empfindlichkeitsgrenze 2 cg Aceton im Liter.

Il policlinico 1907, 17. Nov.
Münchener med. Woch. 1908. 814.
Ztschr. f. angew. Mikroskop. 1908. 38.
Ztschr. f. analyt. Chem. 1915. 423.

**Rice's** Reagens auf Phenol.

Man löst 1 g Kaliumchlorat in 10 ccm konzentr. Salzsäure und gibt nach 10 Minuten 15 ccm Wasser zu. Nach dem Entfernen des über der Flüssigkeit befindlichen Chlorgases schichtet man über die Flüssigkeit Ammoniakflüssigkeit. Gibt man einen Tropfen einer phenolhaltigen Flüssigkeit zu, so färbt sich die Ammoniakschicht rosenrot bis rotbraun. Empfindlichkeitsgrenze = 1 : 12 000. (Kreosot gibt diese Reaktion ebenfalls.)

Americ. Journ. of Pharm. **45**. 98.
Ztschr. f. analyt. Chem. **13**. 237.
Neues Jahrb. d. Pharm. **39**. 334.
Chem. Zentralbl. 1873. 717.

**Richard's** Reaktion auf Morphin.

Erwärmt man Morphin mit einer farblosen, 0,1 %igen Lösung von Ammoniummetavanadat und Schwefelsäure, so entsteht eine bläulichgrüne bis hellgrüne Färbung. Bei Verwendung von Natriumwolframat erhält man unter denselben Bedingungen eine hellblaue bis violette Färbung. Farblose Titanschwefelsäure wird mit Morphin an der Berührungsstelle schwarz, beim Umschwenken blutrot gefärbt, beim Verdünnen mit Wasser alsdann entfärbt.

Ztschr. f. analyt. Chem. **42**. 95.
Pharm. Praxis 1903. 181.

**Richard's** Reaktionen auf Quecksilberoxycyanid.

Behandelt man Quecksilberoxycyanid mit konzentr. Ammoniakflüssigkeit, so löst es sich nur teilweise, während ein gelber Niederschlag zurückbleibt. Quecksilbercyanid löst sich dagegen vollständig.

Journ. de Pharm. et de Chim. (6) **18**. 553.
Chem. Zentralbl. 1904. I. 508.
Chem. Ztg. **27**. Rep. 325.
Ztschr. f. analyt. Chem. 1905. 133.

**Richardson's** Reaktion auf $\alpha$- und $\beta$-Naphthol.

0,05 g Sulfanilsäure löst man in 5 ccm Normal-Natronlauge und gibt 5 ccm Normal-Schwefelsäure und dann 0,02 g Natriumnitrit (in einigen Tropfen Wasser gelöst) zu. Diese Mischung gießt man in eine Lösung von 0,04 g Naphthol in 0,5 ccm Natronlauge. $\alpha$-Naphthol gibt eine dunkelblutrote, $\beta$-Naphthol eine rötlichgelbe Färbung. $\alpha$-Naphthol wird alsdann auf Zusatz von verdünnter Schwefelsäure dunkelbraun gefällt, $\beta$-Naphthol bleibt damit unverändert.

Chem. News **65**. 18.
Ztschr. f. analyt. Chem. **31**. 330.

**Richardson's** Reagens auf Wasserstoffsuperoxyd.

Man kocht Titandioxyd mit starker Schwefelsäure, verdünnt, filtriert und versetzt das Filtrat mit Ammoniak. Der entstandene Niederschlag wird nach dem Auswaschen in kalter, verdünnter Schwefelsäure gelöst. Mit Wasserstoffsuperoxyd gibt das Reagens Gelbfärbung. Empfindlichkeitsgrenze = 1 : 1 800 000.

Journ. of the Chem. Soc. **63.** 1109.
Ztschr. f. analyt. Chem. **35.** 630.
Vergl. Staedel, Ztschr. f. angew. Chem. 1902. 642.
Vergl. Jackson's Reaktion auf Titan.
Knecht-Hibbert, Berl. Ber. **38.** 3318.

**Richardson**'s Reagens auf Typhus siehe **Gruber-Widal.**

**Richaud - Bidot**'s Reaktion zur Prüfung von galenischen Präparaten

dient zum Nachweis von Chlorophyll, ob das betreffende Präparat aus den Wurzeln, Blüten und Samen oder aus den Blättern bereitet worden ist. Zu diesem Zweck löst man das Präparat in Wasser, verdünnt bis zur Farblosigkeit und setzt dann einige Tropfen Ammoniakflüssigkeit zu. Nur bei Blätterpräparaten bildet sich an der Oberfläche ein grünlichgelber Ring. (Nur Präparate aus Polygalawurzel sollen diese Reaktion auch geben.)

Journ. de Pharm. et de Chim. 1908. I. 278.
Pharm. Ztg. 1908. 786.
Apoth. Ztg. 1908. 245.
Répert de Pharm. 1908. 139.

**Richaud-Bidot**'s Reagens auf Ferrosalze

ist eine Lösung von 25 g Natriumphosphowolframat in 5 ccm Salzsäure und 250 ccm Wasser. — Ferrosulfatlösung wird durch das Reagens nach Zusatz von Natronlauge blau gefärbt. Die Färbung verschwindet beim Ansäuern.

Journ. de Pharm. et de Chim. 1909. I. 230.
Apoth. Ztg. 1909. 218.
Chem. Zentralbl. 1909. I. 1196.
Merck's Bericht 1909. 95.
Répert. de Pharm. 1909. 138, 213.

**Riche-Bardy**'s Reaktion auf Äthylalkohol im Methylalkohol.

Erhitzt man Methylalkohol mit Schwefelsäure, verdünnt mit Wasser und destilliert, so wird das Destillat nach Zusatz von Schwefelsäure und Kaliumpermanganat und zuletzt von Natriumthiosulfat bei Anwesenheit von Äthylalkohol durch verdünnte Fuchsinlösung violett gefärbt.

Compt. rend. **82.** 768.
Berl. Ber. 1876. 638.
Rupp, Chem. Ztg. 1887. Rep. 25.

**Riche-Bardy**'s Reaktion auf Methylalkohol im Äthylalkohol

beruht auf der Überführung der Alkohole in Methyl- und Äthylanilin durch Behandlung mit Jod, Phosphor und Anilin und der Oxydation des Reaktionsproduktes (mit Zinnchlorid etc.) in alkalischer Lösung, wobei ein Körper entsteht, der je nach der Menge des vorhandenen Methylalkohols sich mit mehr oder weniger violetter Farbe in Alkohol löst. Näheres siehe: Berl. Ber. **8.** 697. — Ztschr. f. analyt. Chem. **15.** 342. — Compt. rend. **80.** 1076.

Scudder, Journ. Americ. Chem. Assoc. **27.** 893.

**Richemont** siehe Desbassins de Richemont.

**Richmond**'s Reaktion auf halogenhaltige Triazokörper.

Schüttelt man die alkoholische Lösung eines halogenhaltigen Triazokörpers mit Quecksilber und konz. Schwefelsäure, so bildet sich eine Abscheidung von Halogenquecksilber.

The Analyst 33. 180.
Neave, ebenda **34.** 345.
Chem. Zentralbl. 1909. II. 1078.

**Richmond-Boseley**'s Reaktion auf Formaldehyd in Milch

ist eine Modifikation von Hehner's Reaktion. Hiernach mischt man gleiche Teile Milch und Wasser mit 4 Volumteilen konzentr. Schwefelsäure, in der eine geringe Menge Ferrisulfat gelöst wurde. Bei Anwesenheit von Formaldehyd entsteht eine violette Färbung.

Acree, Journ. Biol. Chem. 1906. 145.
Chem. Zentralbl. 1906. II. 1361.

Man destilliert die Milch, versetzt das Destillat mit Peptonlösung und dann mit konzentr. Schwefelsäure. Formaldehyd bewirkt Blaufärbung.

Eine Lösung von Diphenylamin in Wasser und Schwefelsäure gibt mit Formaldehyd einen weißen, flockigen Niederschlag. Zusatz von Salpeter bewirkt Grünfärbung.

The Analyst 1895. 154.
Chem. Zentralbl. 1895. II. 463 u. 1896. I. 1145.

**Richter**'s Reaktion auf Chlor bezw. Bornylchlorid im synthetischen Kampfer.

Ein Kupferdrahtnetz von der Größe 0,5×1 cm wird ausgeglüht und dann mit 0,05 g des zu untersuchenden Kampfers beschickt. Diesen zündet man an, läßt ihn außerhalb der Flamme abbrennen und erhitzt das Drahtnetz erst dann in der Bunsenflamme. Enthält der Kampfer Bornylchlorid, so färbt sich die Flamme grün.

Apoth. Ztg. 1914. 14.

**Richter**'s Reaktionen auf Berberin.

In Berberinlösung erzeugt Jodkalium eine gelbe, Kaliumwismutjodid eine braune und Pikrinsäure eine gelbe Fällung, Chlorwasser eine rote Färbung, Aceton und Natronlauge die Abscheidung von krystallisiertem Acetonberberin, rauchende Salzsäure und Wasserstoffsuperoxyd eine violettrote Färbung und Pikrolonsäure eine gelbe, krystallinische Fällung. Näheres siehe: Arch. der Pharm. 1914. **252.** 192.

**Rideal**'s Reaktion auf Formaldehyd in Milch

beruht auf der rötlichen Färbung, die Formalin-Milch mit Schiff's Reagens erzeugt.

The Analyst 1895. 157.
Richmond-Boseley, ebenda 1896. 92.
Chem. Zentralbl. 1896. I. 1145.

**Ridenour**'s Reaktion auf Salicylsäure.

Eine Lösung von Salicylsäure wird bei Anwesenheit von Ammoniumkarbonat durch Wasserstoffsuperoxyd (zirka 2,3 %) kirschrot gefärbt.

Chem. Zentralbl. 1899. II. 848.
Pharm. Zentrh. 1899. 785.

**Riechelmann-Leuscher**'s Reaktion auf Teerfarbstoffe in Teigwaren

beruht auf der Gelbfärbung von Wasser, wenn das betreff. Präparat mit Wasser und Aceton am Rückflußkühler erhitzt und das Aceton abdestilliert wird. Das restierende gelbe Wasser färbt auch weiße, unpräparierte Wolle gelb. Näheres siehe: Ztschr. f. öffentl. Chem. 1902. 204. — Fresenius, Ztschr. Unters. Nahr. Gen.-Mitt. 1907. 13. 133. — Heiduschka, Pharm. Zentrh. 1908. 177.

**Rieckher**'s Reaktion auf Arsen

beruht auf der Bildung von Silberarseniat (gelber Niederschlag) auf Zusatz von Silbernitrat zu einer möglichst neutralen Arseniatlösung. Empfindlichkeitsgrenze = 1 : 200 000. Näheres siehe: Ztschr. f. analyt. Chem. 3. 204; 5. 201.

**Riedel**'s Reaktionen auf Antituman (chondroitinschwefelsaures Na.).

Kocht man 5 ccm Antituman mit 1 ccm Salzsäure und setzt dann Baryumchlorid zu, so entsteht ein Niederschlag von Baryumsulfat. — Antituman reduziert alkalische Kupfertartratlösung in der Wärme nicht, wohl aber nach dem Erhitzen mit Salzsäure. — Antituman gibt mit Gelatinelösung nach dem Ansäuern mit Essigsäure einen Niederschlag, Eiweißreagenzien sind ohne sichtbare Einwirkung. — Bleiessig bewirkt einen weißen Niederschlag. — Beim Erwärmen mit Natronlauge entwickelt sich unter Gelbfärbung Ammoniak.

Pharm. Zentrh. 1910. 949.

**Riegel**'s Reaktion auf Formaldehyd (in Milch)

beruht auf einer dunkelroten Färbung der Milch durch salpetersäurehaltige Schwefelsäure bei Anwesenheit von Formaldehyd.

Molkerei Ztg. 1902. 369.

**Riegler**'s Reagens auf Acetessigsäure im Harn

ist eine Lösung von 6 g krystallisierter Jodsäure in 100 ccm Wasser. 50 ccm des zu prüfenden Harns säuert man mit 20—30 Tropfen konzentr. Schwefelsäure an und mischt dann mit 50 ccm Reagens. Bei Anwesenheit von Acetessigsäure entsteht eine Rosafärbung, welche nach zirka 1/2 Stunde wieder verschwindet. Die Färbung geht beim Schütteln mit Chloroform in letzteres nicht über (charakteristisch!), während normaler Harn unter gleichen Bedingungen das Chloroform violett färbt.

Wiener med. Blätter 1902. 227.
Pharm. Zentrh. 1902. 249.
Südd. Apoth. Ztg. 1903. 216.

**Riegler**'s Aseptol-Reagens auf Eiweiß.

Versetzt man Eiweißlösungen mit 33 %iger Lösung von o-Phenolsulfosäure (Aseptol), so entsteht eine Trübung oder ein Niederschlag. Empfindlichkeitsgrenze = 0,005 %.

Wiener med. Blätter 1895. 551.
Neubauer - Huppert, Analyse d. Harns. 1913. II. 1115.
Gabritschewsky, Berl. klin. Woch. 1902. 498.
Voltolini, Münchener med. Woch. 1903. 698.
Apoth. Ztg. 1903. 281.
Ruhemann, Berl. klin. Woch. 1905. 1252.

2 ccm normalen Harn versetzt man mit 2 ccm 10 %iger Jodsäurelösung und 3 ccm Chloroform und schüttelt um. Das Chloroform wird violett gefärbt sein. Jetzt gibt man 10 ccm des zu prüfenden Harns zu und schüttelt abermals. Ist Acetessigsäure vorhanden, so entfärbt sich das Chloroform. Letztere Reaktion soll eindeutiger sein.

Münchener med. Woch. 1906. 448.
Mayer, Pharm. Ztg. 1906. 1001.

**Riegler**'s Reaktion II auf Acetessigsäure

ist eine Modifikation von Arnold's Reaktion.

Münch. med. Woch. 1906. 448.
Pharm. Ztg. 1906. 335.
Pharm. Zentrh. 1907. 579.

**Riegler**'s Reagens auf Albumosen und Peptone

ist Paradiazonitranilinlösung (siehe: Riegler's Reagens auf Salicylsäure). — 10 ccm Harn versetzt man mit 10 ccm Reagens und dann mit 30 Tropfen Natronlauge (10 %). Bei Anwesenheit von Albumosen und Peptonen entsteht eine gelbrote bis blutrote Färbung. Näheres siehe: Pharm. Zentrh. 1899. 707.

Auch Eiweiß läßt sich mit diesem Reagens nachweisen.

Wiener med. Blätter 1899. 811.

**Riegler**'s Reaktion auf Aldehyde

siehe dessen Reaktion auf Formaldehyd und Glukose oder

Ztschr. f. analyt. Chem. 42. 168.

**Riegler**'s Reagens auf Alkaloide.

Asaprol gibt mit sauren Alkaloidlösungen einen Niederschlag, der beim Erwärmen sich löst, beim Erkalten sich wieder ausscheidet.

Pharm. Zentrh. 1896. 845.
Ztschr. f. analyt. Chem. 37. 726.

**Riegler**'s Reagens auf Ammoniak (und stickstoffhaltige organische Stoffe, welche mit starken Basen Ammoniak geben).

1 g p-Nitranilin löst man unter Erwärmen in 2 ccm Salzsäure und 20 ccm Wasser, gibt 160 ccm Wasser und dann (nach dem Erkalten) eine Lösung von 0,5 g Natriumnitrit in 20 ccm Wasser zu. Näheres siehe: Chem. Ztg. 1897. Rep. 307. — Chem. Zentralbl. 1898. I. 272.

**Riegler**'s Reagens auf Blutfarbstoffe.

Man löst 10 g Natriumhydroxyd in 100 ccm Wasser, gibt 5 g Hydrazinsulfat hinzu, schüttelt, bis Lösung erfolgt ist, und setzt schließlich 100 ccm Alkohol (96 %) zu. Nach 2 Stunden wird die Mischung filtriert. Dieses Reagens gibt mit Blut, Oxyhämoglobin, Hämoglobin und Hämatin eine schöne purpurrote Lösung mit charakteristischen Absorptionsstreifen.

Ztschr. f. analyt. Chem. 1904. 541.
Palleske, Ärztl. Sachverst. Ztg. 1905, Nr. 19.
Merck's Bericht 1904. 99.
Pharm. Ztg. 1904. 1042.

**Riegler**'s Asaprolreagenzien auf Eiweiß im Harn.

1. 8 g Asaprol (Abrastol) und 8 g Citronensäure löst man in 200 ccm Wasser. Eiweißhaltiger Harn wird durch dieses Reagens getrübt. Die refraktometr. Bestimmung des Eiweißes nach Riegler siehe Wiener mediz. Blätter 1895 Nr. 48. Nach dieser Methode wird das Eiweiß durch Asaprol gefällt und in Kalilauge von bekanntem Brechungsexponenten gelöst. Aus der Differenz dieses Exponenten mit dem Exponenten der alkalischen Eiweißlösung berechnet sich nach Riegler das chemisch reine Albumin. (Bestimmung im Refraktometer von Pulfrich.)
2. Auch eine 10 %ige Lösung von Asaprol, die mit $^1/_{10}$ Volumen konzentr. Salzsäure versetzt ist, zeigt Eiweiß und Peptone noch in 0,01 %iger Lösung an.

Répert. de Pharm. 51. 60.
Wiener klin. Woch. 1894. Nr. 52.
Ztschr. f. analyt. Chem. 38. 485.
Merck's Bericht 1895. 52.

**Riegler**'s Reagens I auf Eiweiß und Albumosen.

Man löst 4 g Alumnol ($\beta$-naphtholdisulfosaures Aluminium) und 4 g Citronensäure in 100 ccm Wasser. 10 ccm der zu prüfenden Flüssigkeit versetzt man mit 20—30 Tropfen Reagens. Eiweiß bewirkt eine Trübung, die sich beim Erwärmen nicht löst, Albumosen bewirken eine Trübung, die beim Erwärmen verschwindet. Auch die freie $\beta$-Naphtholsulfosäure (Naphtholdisulfosäure?) in 5 %iger, wässeriger Lösung kann als Reagens benützt werden. Empfindlichkeitsgrenze = 1 : 40 000.

Pharm. Zentrh. 1897. 379.
Ztschr. f. analyt. Chem. 38. 68.

**Riegler**'s Reagens II auf Eiweiß.

Man löst 5 g $\beta$-Naphthalinsulfosäure in 100 ccm Wasser und filtriert. 5—6 ccm Harn versetzt man mit 20—30 Tropfen Reagens. Bei Anwesenheit von Eiweiß, Albumosen und Peptonen entsteht eine Trübung oder Fällung. Der durch Eiweiß hervorgerufene Niederschlag verschwindet beim Erwärmen nicht, wohl aber der durch Albumosen und Peptone erzeugte. Empfindlichkeitsgrenze = 1 : 40 000.

Merck's Bericht 1897. 22.
Merck's Index 1902. 263.
Pharm. Zentrh. 1897. 379.

**Riegler**'s Reaktion auf Formaldehyd in Milch.

2 ccm Milch und 2 ccm Wasser schüttelt man mit zirka 0,1 g salzsaurem Phenylhydrazin bis zu dessen Lösung und gibt 10 ccm Natronlauge (10 %) zu. Hierauf schüttelt man etwa $^1/_2$ Stunde lang. Bei Anwesenheit von Formaldehyd entsteht eine rosarote Färbung.

Pharm. Zentrh. 1900. 769.
Ztschr. f. analyt. Chem. 40. 564 u. 42. 168.

**Riegler**'s Reaktion auf Phenol

ist identisch mit Riegler's Reaktion auf Salicylsäure.

Vergl. auch Chem. Zentralbl. 1899. II. 322.

**Riegler**'s Reagens auf Gallenfarbstoffe.

Man löst 5 g p-Nitranilin in 25 ccm Wasser und 6 ccm konzentr. Schwefelsäure, gibt 100 ccm Wasser und eine Lösung von 3 g Natriumnitrit in 25 ccm Wasser zu und ergänzt die klare Lösung mit Wasser auf 500 ccm. Die Lösung von Nitranilin und Natriumnitrit bewahrt man getrennt auf. — 20 ccm Harn werden mit 5 ccm Chloroform etwa 3 Minuten lang geschüttelt. Nach $^1/_2$ Stunde läßt man die Chloroformschicht abfließen, gibt ein gleiches Volumen absoluten Alkohol zu derselben und schüttelt die Mischung mit 2 ccm Reagenz. Bei Anwesenheit von Gallenfarbstoffen färbt sich die Chloroformschicht nach einiger Zeit gelbrot bis rot.

Wiener med. Blätter 1899. 271.
Ztschr. f. analyt. Chem. 39. 735.
Wiener med. Presse 1905. 638.
Vergl. Clemens' u. Ehrlich's Reaktion auf Gallenfarbstoffe.
Schildbach, Zentralbl. f. innere Med. 1905. Nr. 45.

**Riegler**'s Reaktion I auf Glukose im Harn.

1 ccm Harn erhitzt man auf der Flamme mit je einer Messerspitze kryst. Natriumacetats und Phenylhydrazinchlorhydrats. Bei Anwesenheit von Glukose tritt innerhalb einer Minute eine rotviolette Färbung auf.

Deutsche med. Woch. 1901. 40.
Ztschr. f. analyt. Chem. 40. 564.
Pharm. Zentrh. 1901. 120.

**Riegler**'s Reaktion II auf Glukose im Harn.

1 ccm Harn kocht man mit einer Messerspitze voll oxalsaurem Phenylhydrazin und 10 ccm Wasser unter Umschütteln bis zur Lösung. Nach Zugabe von 10 ccm Kalilauge (10 %) verschließt man das Kölbchen und schüttelt kräftig. Bei Anwesenheit von Glukose wird die Mischung sofort oder innerhalb einer Minute rosarot. Später auftretende Färbung ist nicht beweisend. Empfindlichkeitsgrenze = 0,05 %.

Deutsche med. Woch. 1903. 266.
Apoth. Ztg. 1903. 250.
Pharm. Ztg. 1903. 371.
Ztschr. f. analyt. Chem. 42. 169.
Merck's Bericht 1903. 152.

**Riegler**'s Reagens auf Harnsäure.

(Diazoreagens.) 0,5 g p-Nitranilin bringt man durch vorsichtiges Erhitzen in 10 ccm

Wasser und 15 Tropfen konzentr. Schwefelsäure zur Lösung und gibt nach dem Erkalten 20 ccm Wasser und dann unter Kühlen und Umschütteln 10 ccm 2,5 %ige Natriumnitritlösung zu. Nach 1/4 Stunde verdünnt man mit 60 ccm Wasser und filtriert. Versetzt man 10 ccm einer Harnsäurelösung mit 10 Tropfen Reagens und 10 Tropfen 10 %iger Natronlauge, so färbt sich die Mischung erst gelbrötlich, dann blau oder grün. Die Reaktion ist zum direkten Nachweise der Harnsäure im Harn nicht geeignet.

Wiener med. Blätter 1897. 427.
Ztschr. f. analyt. Chem. 38. 130.

**Riegler**'s Reaktion auf Harnsäure.

Man schüttelt 5 ccm der zu prüfenden Flüssigkeit mit etwas Phosphormolybdänsäure und läßt dann 10—15 Tropfen konzentr. Natronlauge zufließen. Bei Anwesenheit von Harnsäure (auch von Guanin, Alloxan und Alloxantin) färbt sich die Mischung sofort intensiv blau. Empfindlichkeitsgrenze = 1 : 100 000.

Wiener med. Blätter 1901. 789 oder
Pharm. Zentrh. 1902. 787.
Rosenberg, Wiener med. Blätter 1902. 480.
Pharm. Zentrh. 1903. 621.

An Stelle von Natronlauge läßt sich auch eine 10 %ige Lösung von Dinatriumphosphat verwenden: 10 Tropfen oder einige Körnchen der zu prüfenden Substanz und einige Kryställchen Phosphormolybdänsäure versetzt man in einem Schälchen mit 20 Tropfen Dinatriumphosphatlösung. Sofortige Blaufärbung zeigt Harnsäure an.

Wiener med. Blätter 1902. 405.
Pharm. Zentrh. 1902. 338.
Ztschr. f. analyt. Chem. 1912. 466.
Leturc, Répert. de Pharm. 1907. 248.

**Riegler**'s Reagens zur Harnstoffbestimmung.

(Modifikation von Millon's Reagens.) 10 ccm Quecksilber löst man in 130 ccm Salpetersäure (D. = 1,4) und verdünnt mit 140 ccm Wasser. Näheres siehe: Ztschr. f. analyt. Chem. 33. 49. u. Ztschr. f. Krankenpflege 1904. Nr. 6.

**Riegler**'s Reaktion auf Milchzucker in Milch.

Eine Mischung von 1 ccm Milch, 2—3 ccm Wasser, zirka 0,1 g salzsaurem Phenylhydrazin und einer Messerspitze voll Natriumacetat erhitzt man zum Sieden und gibt 10 ccm Natronlauge (10 %) zu. Die Mischung färbt sich rosa und nach einigen Minuten rot. Mit dieser Reaktion läßt sich auch Traubenzucker im Harn etc. nachweisen.

Pharm. Zentrh. 1900. 770.
Chem. Zentralbl. 1901. II. 872.

**Riegler**'s Reaktion auf Indikan im Harn.

10 ccm Harn, 2—3 ccm Chloroform, eine Federmesserspitze voll (zirka 0,05 g) Baryumsuperoxyd und 10 ccm konzentr. Salzsäure schüttelt man 1—2 Minuten lang kräftig durch. Bei Anwesenheit von Indikan färbt sich das Chloroform blau.

Pharm. Zentrh. 1903. 567.
Apoth. Ztg. 1903. 603.
Südd. Apoth. Ztg. 1903. 624.

**Riegler**'s Reaktion auf Jod im Harn.

10 ccm Harn versetzt man mit 0,05 Baryumsuperoxyd und 2—3 ccm Stärkelösung, schüttelt um und gibt 10 Tropfen Salzsäure zu. Bei Anwesenheit von Jod tritt Blaufärbung auf.

Pharm. Zentrh. 1903. 565.
Pharm. Ztg. 1903. 835.
Chem. Zentralbl. 1903. II, 772.

**Riegler**'s Reaktion auf Phosphorsäure

beruht auf der Tatsache, daß aus einer ammoniakalischen Lösung von Ammoniumphosphomolybdat durch Chlorbaryum die Phosphorsäure quantitativ gefällt wird (als $Ba_{27}[MoO_4]_{24}P_2O_8+24H_2O$). Näheres siehe: Ztschr. f. analyt. Chem. 41. 675.

**Riegler**'s Reaktion auf Saccharin.

(p-Diazonitranilinlösung.) Man löst 2,5 g p-Nitranilin in 25 ccm Wasser und 5 ccm konzentr. Schwefelsäure. Hierauf verdünnt man mit 25 ccm Wasser und gibt eine Lösung von 1,5 g Natriumnitrit in 20 ccm Wasser zu. Nach gutem Umschwenken ergänzt man die Mischung mit Wasser auf 250 ccm und filtriert. — Zum Nachweis des Saccharins wird seine wässerige, schwach alkalische Lösung tropfenweise und unter Umschwenken mit obigem Reagens versetzt, mit Äther angeschüttelt und die abgehobene ätherische Schicht mit Natronlauge oder Ammoniak geschüttelt. Die ätherische Schicht färbt sich dabei grün bis blaugrün. Näheres siehe: Ztschr. f. analyt. Chem. 41. 121 u. Pharm. Zentrh. 1900. 563.

**Riegler**'s Reaktion auf Salicylsäure.

Zu einer Lösung von 0,01 g Salicylsäure in 10 ccm Wasser und 2 Tropfen 10 %iger Natronlauge läßt man unter Umschwenken tropfenweise p-Diazonitranilinlösung (siehe: Riegler's Reagens auf Saccharin) zufließen, bis die auftretende rote Färbung eben wieder verschwunden ist. Man schüttelt mit 10 ccm Äther aus, hebt letzteren ab und schüttelt ihn mit 20 Tropfen 10 %iger Natronlauge. Der Äther ist farblos, die Natronlauge rot gefärbt. Gibt man zu dem abermals abgehobenen Äther 5 ccm Ammoniak und schüttelt, so färbt sich letzterer rot. Der Äther bleibt farblos.

Ztschr. f. analyt. Chem. 41. 121.
Pharm. Zentrh. 1900. 564.

**Riegler**'s Naphthionsäurereagens auf salpetrige Säure.

0,02—0,03 g krystallisierte Naphthionsäure schüttelt man mit zirka 5 ccm der zu prüfenden Flüssigkeit, gibt 3 Tropfen konzentr. Salzsäure zu und schüttelt eine Minute lang kräftig um. Schichtet man über diese Mischung vorsichtig 20—30 Tropfen Ammoniak, so bildet sich bei Anwesenheit von salpetriger Säure ein rosa gefärbter Ring. Beim Mischen wird die Flüssigkeit rosa bis dunkelrot.

Ztschr. f. analyt. Chem. 35. 677.
Colorimetrische Bestimmung der salpetrigen Säure mit Riegler's Reagens siehe: Ztschr. f. analyt. Chem. 36. 306.

**Riegler**'s Naphtholreagens auf salpetrige Säure.
2 g Natriumnaphthionat und 1 g β-Naphthol werden mit 200 ccm destilliertem Wasser kräftig geschüttelt und filtriert. Zu 10 ccm der zu prüfenden Flüssigkeit gibt man 10 Tropfen Reagens, 2 Tropfen konzentr. Salzsäure und läßt nach dem Umschütteln 20 Tropfen Ammoniak vorsichtig zufließen. An der Berührungsfläche tritt ein mehr oder weniger rot gefärbter Ring auf, beim Umschütteln wird je nach Menge der vorhandenen salpetrigen Säure die Flüssigkeit rosa bis rot. Salpetrige Säure läßt sich noch in einer Verdünnung von 1 : 100 Millionen nachweisen. (Das Reagens kann auch in Pulverform verwendet werden. Die Mischung besteht aus gleichen Teilen α-Naphthionsäure und β-Naphthol.)
Ztschr. f. analyt. Chem. 36. 377.
Merck's Bericht 1897. 21.
Pharm. Zentrh. 1897. 191. 209.

**Riegler**'s Reaktion auf freie Säuren.
Man mischt 3—4 ccm der zu prüfenden Flüssigkeit mit 5 Tropfen 1 %iger Natriumnitritlösung und 10 Tropfen Riegler's Naphtholreagens und schichtet 15 Tropfen Ammoniakflüssigkeit darüber. Bei Anwesenheit von freier Säure entsteht ein roter Ring. Zum Gelingen der Reaktion muß die zu prüfende Lösung mindestens 0,02—0,04 g Säure im Liter enthalten.
Wiener med. Blätter 22. 335.
Ztschr. f. analyt. Chem. 40. 170.

**Riesenfeld-Reinhold**'s Reagens zur Unterscheidung der echten Perkarbonate von Karbonaten mit Krystall-Wasserstoffsuperoxyd
ist eine Lösung von 10 g Kaliumjodid in 30 ccm Wasser. Gibt man hierzu das zu prüfende gepulverte Präparat, so bemerkt man bei echten Perkarbonaten sofort eine dunkelrote Färbung (Jod), während bei Wasserstoffsuperoxydkarbonaten keine Färbung, sondern eine Gasentwickelung (Sauerstoff) auftritt.
Berl. Ber. 1909. 42. 4377, 1910. 43. 566. 2594.
T a n a t a r, ebenda 1910. 43. 127.

**Rimini**'s Reaktion auf Aceton (im Harn).
Acetonhaltige Flüssigkeiten werden auf Zusatz eines aliphatischen Amins (besonders der Monamine) wie Methyl-, Äthyl-, Propyl-, Isopropyl-, Allylamin oder ihrer Chlorhydrate und einiger Tropfen Nitroprussidnatriumlösung fuchsinrot gefärbt. Essigsäure bewirkt alsdann Violettfärbung. Empfindlichkeitsgrenze = 1 : 1000.
Annal. Farmacol. 1898. 193.
Chem. Ztg. 1898. Rep. 159. u. 199.
Ztschr. f. analyt. Chem. 41. 438.
P i l h a s h y, Ztschr. f. analyt. Chem. 41. 250.

**Rimini**'s Reaktion auf Formaldehyd (in Milch).
15 ccm einer stark verdünnten Formaldehydlösung versetzt man mit 1 ccm einer verdünnten, wässerigen Lösung von Phenylhydrazinchlorhydrat, gibt einige Tropfen einer frisch bereiteten Nitroprussidnatriumlösung und dann einige Tropfen Natronlauge zu. Die Mischung färbt sich blau und nach einiger Zeit rot. Es soll sich 1 g Formaldehyd in 30 Liter Milch noch nachweisen lassen.
Annal. Farmacol. 1898. 97.
Bull. Soc. Chim. Paris (3) 20. 896.
Ztschr. f. analyt. Chem. 42. 451.
M e t h, Pharm. Ztg. 1906. 615 oder
Ztschr. f. angew. Chem. 1907. 962.

**Rindfleisch**'s Reagens für mikroskop. Zwecke
ist eine Lösung von 0,1 g Osmiumsäure in 100 ccm Wasser. Gebraucht als Mazerationsflüssigkeit für das Zentralnervensystem.
Arch. f. mikroskop. Anat. 1872. 135.

**Rindfleisch**'s Hämatoxylin
siehe: Ztschr. f. wiss. Mikroskop. 1884. 97.

**Ringer**'s Reagens (künstliches Serum)
ist eine Lösung von 0,01 Natriumbikarbonat, 0,075 g Kaliumchlorid, 0,01 g Calciumchlorid und 0,6 g Natriumchlorid in 100 ccm Wasser.
Revue internat. med. chirurg. 1906. 116.
Med. Klinik 1906. 421.
Für medizinische Zwecke werden nach Treuenfels zwei verschieden konzentrierte Lösungen verwendet: 7,5 g NaCl, 0,125 g $CaCl_2$, 0,075 g KCl, 0,125 g $NaHCO_3$ in 1 Liter Wasser oder 9 g NaCl, 0,24 g $CaCl_2$, 0,42 g KCl, 0,3 g $NaHCO_3$ in 1 Liter Wasser.
Vergl. Hager's Handbuch d. pharm. Prax. Ergänzungsbd. 1908. 506.

**Rinmann**'s Reaktion auf Zink.
Glüht man Zinkoxyd oder andere Zinkverbindungen, mit einer stark verdünnten Cobaltlösung befeuchtet, auf Kohle oder Platin, so bildet sich eine grüne Masse.
E l s n e r, Mitteil. 1862. 191.
V o l h a r d, Anleitg. z. Analys. 1889. 38.
S c h m i d t, Pharm. Chem. I. 707. (1893).
B l o x a m, Journ. of the Chem. Soc. 3. 98.

**Ripart**'s Flüssigkeit (auch Ripart-Petit's Reagens genannt)
ist eine mit 1 g Essigsäure versetzte Lösung von 0,3 g Kupferchlorid und 0,3 g Kupferacetat in 150 ccm Kampferwasser. Gebraucht als Konservierungsmittel für Algen.
C a r n o y, La Biologie cellulaire 1884. 95.
A m a n n, Ztschr. f. wiss. Mikroskop. 1896. 19.
B e h r e n s' Tabellen 1892. 65.
Enzyklop. d. mikroskop. Techn. 1903. 830.
Ztschr. f. wiss. Mikroskop. 1890. 213.

**Ripper**'s Reaktion auf Milchsäure
beruht auf der Überführung der Milchsäure in Aldehyd mittels Kaliumpermanganat. Sie dient zur titrimetrischen Bestimmung der Milchsäure. Näheres siehe: Monatsh. f. Chem. 1900. 1079.

**Ritsert's** Reaktionen auf Acetanilid.

1. Man kocht 0,1 g Acetanilid mit 1 ccm Salzsäure einige Male auf, läßt erkalten und gibt in diese Lösung 5 Tropfen Chlorwasser. Es entsteht eine kornblumenblaue Färbung, welche nach etwa 5 Minuten verschwindet und durch Chlorwasser wieder zum Erscheinen gebracht wird.
2. 1 ccm derselben Lösung nach und nach mit Chlorkalklösung (1 : 200) versetzt, gibt ebenfalls kornblumenblaue Färbung.
3. 1 ccm derselben Lösung mit 1—2 Tropfen Kaliumpermanganatlösung versetzt, gibt eine klare, grüne Lösung.
4. 1 ccm derselben Lösung mit 1—2 Tropfen einer 3 %igen Chromsäurelösung versetzt, färbt sich gelbgrün, dann trüb dunkelgrün; auf Zusatz von Kalilauge scheidet sich ein dunkelblauer Niederschlag aus.

Pharm. Ztg. **33.** 383.
Ztschr. f. analyt. Chem. **27.** 667.
Schwarz, Pharm. Ztg. **33.** 364.

**Ritsert's** Reaktionen auf Phenacetin.

1. Man kocht 0,1 g Phenacetin mit 1 ccm Salzsäure einige Male auf, läßt erkalten und gibt in diese Lösung tropfenweise Chlorwasser. Nach 5 Minuten ist die Mischung rubinrot gefärbt. Durch mehr Chlorwasser wird die Farbe blasser.
2. Dieselbe Lösung gibt mit Chlorkalklösung (1 : 200) rubinrote Färbung.
3. Dieselbe Lösung gibt mit Kaliumpermanganatlösung violette bis rubinrote Färbung.
4. Dieselbe Lösung, mit dem 10fachen Wasser verdünnt, wird nach Zusatz von 3 Tropfen Chromsäurelösung allmählich tief rubinrot.

Pharm. Ztg. **33.** 383.
Ztschr. f. analyt. Chem. **27.** 667.
Chem. Ztg. 1888. Rep. 193.

**Ritsert's** Reaktion auf Phenacetin.

Gibt man zu einer Lösung von Phenacetin in kalter, konzentr. Schwefelsäure einige Tropfen konzentr. Salpetersäure, so färbt sich die Lösung gelb, auf Zusatz von mehr Salpetersäure scheidet sich nach einiger Zeit ein citronengelber Niederschlag aus. Nach einer anderen Angabe des Autors soll man einige Tropfen der schwefelsauren Lösung in Salpetersäure geben.

Pharm. Ztg. **34.** 98 u. 175.
Ztschr. f. analyt. Chem. **28.** 749.

**Ritsert's** Reaktion auf Sulfonal.

Erhitzt man Sulfonal mit Natriumamalgam oder Pyrogallol, so entsteht Mercaptan. Schmilzt man Sulfonal mit Kaliumhydroxyd, so tritt ein stechender, senfölhaltiger Geruch auf.

Pharm. Ztg. **33.** 312.
Ztschr. f. analyt. Chem. **27.** 665.

**Ritsert's** Reaktion auf Verunreinigungen im Glycerin.

Modifikation des Deutschen Arzneibuches IV: Wird eine Mischung von 1 ccm Ammoniak und 1 g Glycerin auf 60° C. erwärmt und dann sofort mit 3 Tropfen Silbernitratlösung versetzt, so soll innerhalb 5 Minuten in dieser Mischung weder eine Färbung noch eine braunschwarze Ausscheidung erfolgen (eine solche könnte durch Acroleïn, Ameisensäure etc. bewirkt werden).

Deutsches Arzneibuch IV. 180 u. V. 253.
Lunge, Chem. Techn. Unters.-Method. 1905. III. 263.
Schmatolla, Pharm. Ztg. 1906. 363.

**Ritthausen's** Reaktion auf Proteïnstoffe

ist eine Biuretreaktion.

Siehe: Journ. f. prakt. Chem. **102.** 376.
Ztschr. f. analyt. Chem. **7.** 266.
Vergl. Brücke's und Rose's Reaktion.

**Rivalta's** Reaktion zur Unterscheidung von Exsudaten und Transsudaten.

Läßt man in einen Maßzylinder mit 100 ccm Wasser, dem 2 Tropfen Eisessig zugesetzt sind, tropfenweise die Punktionsflüssigkeit einfallen, so zerfließt der Tropfen bei einem Exsudat in mehrere milchweiß getrübte, zigarettenrauchähnliche Streifen, die zuweilen allerdings erst auf einem dunklen Hintergrund deutlich sichtbar sind, während bei einem Transsudat der Tropfen sich ungetrübt zerteilt oder wie in seltenen Fällen eine ganz schwache graue nur auf dunklem Hintergrund erkennbare Trübung annimmt. Niemals findet man aber bei einem Transsudat dieses streifenförmige Zerfließen des einfallenden Tropfens. Trübe Flüssigkeiten müssen vor der Probe filtriert werden.

Policlinico, 1904. No. 4 u. 1905. No. 10.
Riforma medica 1895 u. 1903.
Semaine méd. 1895. 228.
Biochem. Zentralbl. 1906.
Berliner klin. Woch. 1908. 630.
Merck's Bericht 1910. 67.
Pieper, Münchener med. Woch. 1910. 11.
Vergl. Moritz' Reaktion.
Janowski, Berl. klin. Woch. 1907. 1412.
Casali, Med. Klinik 1913. 383. — Riforma med. 1912. No. 30.
Marconi, Deutsche Med. Ztg. 1913. 459. — Clinica medica ital. 1913, No. 2.
Villaret, Zentrbl. ges. innere Med. 1913. 6. 628.

**Rivat's** Reaktion auf Blut (Hämoglobin).

Versetzt man eine Lösung von Oxyhämoglobin mit 2 Tropfen einer alkalischen Phenolphthalinlösung und dann einem Tropfen einer 0,5 %igen Manganalbuminatlösung, so erhält man in einigen Sekunden eine rosarote Färbung, die nach etwa 1 Minute in Violettrot übergeht. Empfehlenswert ist es, sehr wenig Manganalbuminat zu verwenden, da sich dasselbe in der alkalischen Mischung zersetzt und bräunt und so die Reaktion verdeckt. Den Vorgang der Reaktion stellt sich der Autor in der Weise vor, daß das Manganalbuminat in der alkalischen Lösung sich in kolloidales Manganoxyd verwandelt und daß dieses dann als Sauerstoff übertragender Katalysator wirkt, d. h. den Sauerstoff vom Oxyhämoglobin auf das Phenolphthalin überträgt.

Lyon médical 1911, 15. Oktober.
Merck's Bericht 1911. 420.

**Rivat**'s Reagens zur Untersuchung von Stärke auf Dextrin

ist eine Jodlösung, die im ccm 0,00012 g Jod enthält. Näheres siehe: Chem. Ztg. 1910. 1141.

**Riza**'s Reagens auf Cystin im Harn.

Man löst 5 g Mercurioxyd in 100 g Wasser und 20 g konzentr. Schwefelsäure. Von den Harnbestandteilen gibt nur Cystin mit diesem Reagens einen weißen Niederschlag. Näheres siehe: Bull. Soc. Chim. Paris (3) **29**. 249. — Ztschr. f. angew. Mikroskop. 1903. 74. — Chem. Zentralbl. 1903. I. 997.

**Roberts**' Reagens I auf Eiweiß

ist eine Lösung von 1 Teil Kochsalz in 2,5 Teilen Wasser, der 5 % Salzsäure (D. = 1,052) zugesetzt ist. Man gibt zu 5 ccm Harn 5 ccm Reagens, wobei bei Anwesenheit von Eiweiß (oder Pepton) eine Trübung oder ein Niederschlag entsteht. (Eventuell Schichtprobe.)

Chem. Zentralbl. 1883. 424.
New Remedies **12**. 17.
Lancet 1882. II. 15.
Arch. der Pharm. (3) **21**. 378.
Ztschr. f. analyt. Chem. **6**. 503; **22**. 629.
Nach Hager, Pharm. Prax. 1880. II. 1180 kann man unter Roberts' Reagens auch Salpetersäure (D. = 1,3) verstehen.
Siehe auch Pharm. Zentrh. 1867. 182.

**Roberts**' Reagens II auf Eiweiß

ist eine Mischung von 5 Teilen gesättigter Magnesiumsulfatlösung und 1 Teil konzentr. Salpetersäure. Man mischt 5 ccm Reagens mit 5 ccm Harn; bei Anwesenheit von Eiweiß entsteht eine Trübung oder flockige Ausscheidung.

Chem. Zentralbl. 1885. 412.
Tunis, Journ. Americ. Chem. Soc. **28**. 603.

**Robert**'s Reaktion auf Glukose im Harn

beruht auf der Abnahme des spezifischen Gewichts durch Gärung. Eine Abnahme desselben um 0,001 entspricht einem Gehalte von 0,23 % Glukose.

Vergl. Hammarsten, Physiol. Chem. 1899. 517.

**Robert**'s Reagens zum Konservieren

ist eine Mischung von 10 ccm Essigsäure und 40 ccm gesättigter, wässeriger Sublimatlösung. Gebraucht zum Konservieren von kontraktilen Aplysien (Moluskenart, Seehasen).

Bull. Scienc. France Belg. 1890. 449.

**Robertson**'s Reaktion auf Porphyroxin (Opin).

Man fällt die Lösung, in der man Opium bezw. Opiumalkaloide vermutet, mit Kalilauge, zieht die entstandene Fällung nach dem Abfiltrieren der Mutterlauge mit Äther aus, tränkt mit der ätherischen Lösung Filtrierpapier und hält dieses in heiße Wasserdämpfe. Die Anwesenheit von Opium macht sich durch Rotfärbung kenntlich.

Journ. de pharm. et de chim. 1852. II. 190.
Schmidt's Jahrb. d. Med. 1854. **81**. 272.

**Robin**'s Reaktion auf Alkaloide

beruht auf Farbenerscheinungen, die beim Mischen von Alkaloid, Zucker und konzentr. Schwefelsäure entstehen. Näheres siehe: Pharm. Zentrh. 1881. 392.

**Robin**'s Indikator für Alkalimetrie

ist ein wässeriger Auszug von gelben Mimosablüten, der durch Säuren entfärbt und durch Alkalien gelb gefärbt wird. Der Indikator soll sich auch zum Nachweis von Borsäure eignen. Näheres siehe: Nouv. Remèdes 1904. 252. — Merck's Bericht 1904. 105.

**Robin**'s Reagens auf Borsäure

ist Robin's Indikator (siehe diesen!).

Nach der neuesten Mitteilung Robin's verwendet man zum Nachweis von Borsäure einen alkoholischen Auszug von Mimosenblüten. 2 Tropfen davon verdampft man nach Zusatz von 5 Tropfen Wasser, 3 Tropfen Sodalösung und 2 Tropfen der zu prüfenden salzsauren Lösung in einer Porzellanschale zur Trockne ein. Nach dem Erkalten feuchtet man den Rückstand mit Ammoniak an. Rosafärbung zeigt Borsäure an. Empfindlichkeitsgrenze: 0,0004 mg Borsäure in 1 ccm Lösung.

Chem. Ztg. 1912. 1302.

**Robins**' Reaktion auf Gelseminin.

Löst man das Alkaloid in konz. Schwefelsäure und gibt etwas Kaliumdichromat zu, so entsteht eine kirschrote Färbung mit violettem Stich. Dieselbe Rotfärbung entsteht, wenn man anstelle von Dichromat etwas Ceroxyduloxyd zugibt.

Robins, Über d. wesentl. Bestandteile des Gelsemium sempervirens. Berlin 1876.
Pharm. Zentrh. 1876. 154.

**Robin**'s Reagenzien für mikroskop. Zwecke.

1. Glycerin-Gelatine: Man löst 10 g Gelatine in 60 g (arsenige Säure enthaltendem) Wasser und 30 g Glycerin und gibt einen Tropfen Phenol zu.
2. Carminmasse: Man löst 3 g Carmin in einer genügenden Menge Wasser und Ammoniak, gibt 50 g Glycerin zu und filtriert. Das Filtrat mischt man mit Glycerin und Eisessig (50+5), bis es schwach sauer reagiert. 1 Teil dieser Masse mischt man mit 3—4 Teilen Glycerin-Gelatine.
3. Ferrocyankupfermasse: a) Man mischt eine konzentr. Lösung von Ferro-

cyankalium (20 ccm) mit 50 ccm Glycerin; b) ebenso 35 ccm konzentr. Kupfersulfatlösung mit 50 ccm Glycerin. Unter Umrühren werden a und b gemischt.

4. Gelbe Masse enthält Bleichromat oder Cadmiumsulfid.
5. Blaue Masse enthält Berlinerblau.
6. Grüne Masse ist eine Mischung von 4 und 5 oder enthält Kupferarsenit.

Traité du Microscope, Paris 1871. 32—37. Näheres siehe: Lee et Henneguy, Traité 1896. 291. — Enzyklop. d. mikroskop. Techn. 1903. 576—580.

**Robinet**'s Reagens auf Morphin

ist eine verdünnte, Eisenoxychlorid enthaltende Eisenchloridlösung, die mit neutralen Morphinlösungen eine vorübergehende Blaufärbung liefert.

Enzyklop. d. gesamt. Pharm. 1890. VIII. 592.

**Roch**'s Reaktion auf Eiweiß im Harn.

Zu dem zu prüfenden Harn gibt man einige Krystalle Salicylsulfosäure und schüttelt um. Bei Anwesenheit von Eiweiß entsteht eine Trübung oder ein flockiger Niederschlag. Empfindlichkeitsgrenze = 0,005 %, nach Mac William = 1 : 130 000.

Pharm. Zentrh. 1889. 549. 1912. 1146.
Ztschr. f. analyt. Chem. **29**. 241; **30**. 749.
William, Brit. med. Journ. 1891. 837.
Merck's Bericht 1891. 21.
Praum, Deutsche med. Woch. 1901. 220.
Neumann, Dissert. (Erlangen) 1891.
Murray, Brit. med. Journ. 1904. 883.
Vergl. Kraus, Landgraf, Fischer etc. Chem. Zentralbl. 1911. II. 992.

**Rochaix**' Reagens auf Nitrite (Nitrate) in Trinkwasser

ist eine Lösung von 0,2 g (symmetr.) Dimethyldiamidotoluphenazinchlorhydrat (Toluylenrot) in 1000 ccm Wasser. — 10 ccm des zu prüfenden Wassers versetzt man mit 20 ccm Reagens und 1—3 ccm verd. Schwefelsäure (20 %). Enthält das Wasser Nitrite, so färbt sich die Mischung violett bis blau.

Répert. de Pharm. 1909. 139.
Pharm. Ztg. 1909. 479.

**Rochaix-Thévenon**'s Reaktion auf gekochte und ungekochte Milch.

20 ccm Milch säuert man mit Essigsäure an, gibt etwas Magnesiumsulfat zu und schüttelt, bis sich das Casein abgesetzt hat. Nach dem Filtrieren mischt man 2 ccm des Filtrats mit 5 Tropfen Wasserstoffsuperoxyd (3 %) und 3 ccm Pyramidonlösung (4 %) und erwärmt vorsichtig. Ungekochte Milch verursacht eine vorübergehende Violettfärbung.

Journ. de Pharm. et de Chim. 1909. II. 573.
Pharm. Jahrb. 1911. 1247.
Répert. de Pharm. 1910. 12.
Merck's Bericht 1911. 399.

**Rochleder**'s Reaktion auf Coffeïn.

Verdampft man Coffeïn mit wenig konzentr. Salpetersäure oder Chlorwasser auf dem Dampfbade zur Trockene, so erhält man einen gelben Rückstand, der sich mit Ammoniak purpurrot färbt.

Ber. d. Wiener Akadem. 1864. 259.
Vergl. Deutsches Arzneib. V. 124. und Guareschi, Alkaloide 1896. 404.

**Rodillon**'s Reaktion auf Pyramidon.

Eine Lösung von 0,1 g Pyramidon in 5 ccm Wasser wird durch einen Tropfen Eau de Javelle sofort blau gefärbt. Einige Tropfen Wasserstoffsuperoxyd bewirken dieselbe Färbung.

Über die Blaufärbung des Pyramidons mit arabischem Gummi (einer Wirkung von Oxydasen)

siehe: Pharm. Ztg. 1902. 646.
Journ. de Pharm. et de Chim. 1903. 173.
The Analyst **28**. 112.
Pharm. Ztg. 1903. 184. 425.
Apoth. Ztg. 1903. 225.
Kobert, Arch. intern. de Pharm. **6**. 171.
Pharm. Ztg. **48**. 425.
Chem. Zentralbl. 1903. II. 262.

**Rodillon**'s Reaktion auf Blut

ist eine Modifikation von Telmon-Sardou's Reaktion. Versetzt man 10 ccm der zu prüfenden Flüssigkeit mit 2 ccm farblosem Meyer's Reagens und einigen Tropfen Wasserstoffsuperoyd und überschichtet die Mischung mit 3 ccm Alkohol (90 %), so entsteht bei Gegenwart von Blut an der Berührungsfläche ein roter Ring.

Bull. Scienc. Pharmacol. 1914. **21**. 156.

**Rodillon**'s Reagens für den diagnostischen Kalknachweis im Harn.

Eine Lösung von 3 g Ammoniumoxalat in 40 g Wasser und 5 g Eisessig. Zur Harnprüfung mischt man in einem graduierten Glaszylinder 5 ccm Reagens mit 5 ccm Harn und liest nach einiger Zeit das Volumen des gebildeten Calciumoxalats ab. Näheres siehe: Semaine médicale. 1913. 433. — Klin. therap. Woch. 1914. 10.

**Rodionow**'s Reaktion zur Unterscheidung von Codeïn und Dionin.

Versetzt man 2 ccm einer 1 %igen, wässerigen Lösung von Codeïn mit 10 Tropfen Jodjodkaliumlösung, so entsteht ein rotbrauner Niederschlag, der sich bei kräftigem Schütteln nicht verändert und sich wieder zu Boden setzt. Dionin gibt unter denselben Bedingungen einen ebenso gefärbten Niederschlag, allein bei starkem Schütteln wird er braunorange und steigt an die Oberfläche der Flüssigkeit. Diese Reaktion gelingt in neutraler oder saurer Lösung.

Chem. Ztg. 1905. Rep. 187.
Pharm. Ztg. 1905. 561.
Pharm. Zentrh. 1906. 298.
Nouv. Remèd. 1906. 251.

**Röer**'s Reagens zur Kupferbestimmung

ist eine Lösung von zirka 41 g Kaliumcyanid (98—100 %) in 2 Liter Wasser. 1 ccm entspricht 0,005 g Kupfer. Nach mehrtägigem Stehen wird diese Lösung auf eine Lösung von Kupfer in Salpetersäure eingestellt. Näheres siehe: Tidskr. f. Kemi, Farm. og Terapi 1907. 205. — Apoth. Ztg. 1907. 654.

**Roethlisberger**'s Silberpapier zur Harnsäurebestimmung im Blut

ist ein mit Silbernitrat befeuchtetes und getrocknetes Filtrierpapier. Bei der Ausführung der Reaktion, die möglichst unter Lichtabschluß vorgenommen werden soll, wird auf das Papier ein Tropfen Natriumkarbonatlösung und hierauf dann ein Tropfen Blutserum gegeben. Nach 2 Minuten wird das Papier in reines Wasser und nach 10—15 Minuten in eine Mischung von 1 Teil Ammoniakflüssigkeit und 3 Teilen Wasser gebracht. Es wird dann nochmals mit Wasser gewaschen und getrocknet. An der Stelle, an der das harnsäurehaltige Serum mit dem Silberkarbonat in Berührung gekommen ist, wird dasselbe zu metallischem Silber reduziert. Näheres siehe: Münchener med. Woch. 1910. 344. — Modelsee, Prager med. Woch. 1912. 49. — Schawlow, Petersbg. med. Woch. 1912. No. 10. — Roethlisberger, ebenda 1913. 34.

**Rogai**'s Reaktion auf Wasserstoffsuperoxyd.

Einige Tropfen einer frisch bereiteten Lösung von Ferrosulfat und Kaliumrhodanid schüttelt man mit reinstem (peroxydfreiem) Äther und gibt die zu prüfende Lösung zu. Bei Gegenwart von Wasserstoffsuperoxyd färbt sich der Äther rot. Empfindlichkeitsgrenze = 0,0000144 g $H_2O_2$.

Staz. sperim. agrar. ital. 1914. 47. 569.
D i e t z e, Apoth. Ztg. 1915. 165.

**Roger**'s Reaktion auf Zinn

beruht auf der Blaufärbung von Ammoniummolybdatlösung durch Zinnchlorür, welche weit empfindlicher ist als Quecksilberchlorid. Empfindlichkeitsgrenze = 1 : 250 000.

Chem. Ztg. 1900. Rep. 135.
Pharm. Zentrh. 1900. 355.
Vergl. Longstaff's Reaktion.

**Roger-Levy**'s Reaktion auf Tuberkulose

beruht auf einer Eiweißreaktion im Sputum. Man verdünnt das Sputum etwas mit Wasser, versetzt mit einigen Tropfen Essigsäure und filtriert vom entstandenen Niederschlag ab. Nach dem Erwärmen der Flüssigkeit gibt man einige Tropfen einer konzentr. Kaliumferrocyanidlösung zu. Entsteht eine Trübung oder ein Niederschlag, so soll das ein Beweis für vorhandene Tuberkulose sein.

L'Italia Sanitaria 1910, No. 15, p. 303.
G o g g i a, Gazz. degli osped. e delle clin. 1910, No. 91.

**Rohde**'s Reaktionen der Eiweißkörper mit p-Dimethylamidobenzaldehyd und anderen aromatischen Aldehyden. Eiweißlösungen liefern mit einer Lösung von p-Dimethylamidobenzaldehyd in 10%iger Schwefelsäure und konz. Schwefelsäure eine rotviolette bis dunkelviolette Färbung und ein Absorptionsspektrum im Orange und Grün. Näheres siehe: Ztschr. f. physiol. Chem. 1905. (44) 161.

W e e h u i z e n, Chem. Zentralbl. 1907. I. 134.
N e u b a u e r, Sitz. Ber. d. morphol. u. physiol. Ges. München 1903. 32.

**Röhmann-Shmamime**'s Reagens auf Albumosen

ist eine 0,221%ige Lösung von Eisenchlorid oder eine 3,6%ige Lösung von Ferrisulfat. Es fällt Hetero- und Protalbumosen.

Z u n z, Arch. internat. de physiolog. 1912, 12. 395.
Zentralbl. f. ges. innere Med. 1913. 4. 563.

**Röhmann-Spitzer**'s Reaktion auf Oxydasen (in Organextrakten).

Eine Lösung, welche α-Naphthol, p-Phenylendiamin und Natriumkarbonat im molekularen Verhältnis 1 : 1 : 3 enthält, wird durch Organextrakte oder Organflüssigkeiten nach einigen Minuten blau gefärbt. Die Reaktion kann auch mit Papier ausgeführt werden, das vorher in genannte Lösung getaucht worden ist.

Berl. Ber. 1895. 28. 567.
Vergl. Winkler's Oxydasereaktion.
E h r l i c h, Das Sauerstoffbedürfnis des Organismus. Berlin 1885.
L o d a t o, Arch. ital. di biolog. 1906. 45. 220.
Merck's Wiss. Abhandl. Nr. 12.

**Rohrbach**'s Reagens zur Trennung von Mineralgemischen

ist eine Lösung von Baryumquecksilberjodid (D. = 3,5).

Jahrb. f. Mineral. 1883. II. 186.
Merck's Index 1902. 264 u. 274.
R e t g e r s, Jahrb. f. Mineral. 1889. II. 185.

**du Roi-Köhler**'s Reaktion auf gekochte und ungekochte Milch.

50 ccm Milch schüttelt man kräftig mit 1 ccm Wasserstoffsuperoxyd. 3 ccm dieser Mischung versetzt man mit 3 ccm Jodkaliumstärkekleister und schüttelt um. Rohe Milch färbt sich blau, gekochte Milch bleibt rein weiß.

Chem. Ztg. 1902. Rep. 13.
Milch-Ztg. 1902. 17.
P o p p, Ztschr. f. angew. Mikroskop. 1903 99.
S i e g f e l d, Ztschr. f. angew. Chem. 1903. 764.

**Rollet**'s Celloidinlösung

ist eine Lösung von 10 g Celloidin in 20 g Alkohol und 20 g Äther. Gebraucht als Einbettungsmittel in der mikroskop. Technik.

Ztschr. f. wiss. Mikroskop. 1886. 92.

**Roman-Delluc**'s Reagens auf Urobilin im Harn.

Man löst 1 g krystallisiertes Zinkacetat in 1 Liter 95%igem Alkohol. — 100 ccm Harn säuert man mit 10 Tropfen Salzsäure an und schüttelt mit 20 ccm Chloroform aus. 2 ccm dieses Chloroforms überschichtet man mit 4 ccm Reagens. Es entsteht bei Anwesenheit von Urobilin ein grüner Ring und beim Mischen eine grüne Fluoreszenz, während die Flüssigkeit im durchfallenden Lichte rosa gefärbt erscheint.

Chem. Ztg. 1900. Rep. 211.
Pharm. Zentrh. 1900. 800; 1905. 396; 1907. 430.
Grimbert, Journ. de Pharm. et de Chim. 1904. 175.

**Roman-Delluc**'s Reagens auf Zink

ist eine Urobilinlösung, welche man aus Harn von Leberkranken durch Ausschütteln mit Chloroform erhält. 2 ccm dieses Chloroformauszuges mischt man mit 5 ccm absolutem Alkohol und gibt einige Tropfen der zu prüfenden (neutralen oder mit Ammoniak neutralisierten) Flüssigkeit zu. Bei Anwesenheit von Zink entsteht sofort eine grüne Fluoreszenz.

Journ. de Pharm. et de Chim. (6) 12. 265.
Ztschr. f. Unters. Nahr.-Genußm. 1901. 419.
Chem. Zentralbl. 1900. II. 498. 1008.

**Romanowsky**'s Reagenzien zum Färben mikroskop. Präparate.

a) Eine Lösung von 2 g Methylenblau (chlorzinkfrei) in 200 ccm Wasser kocht man mit 10 ccm $^1/_{10}$ Normal-Natronlauge 15 Minuten lang, läßt erkalten und gibt 10 ccm $^1/_{10}$ Normal-Schwefelsäure zu.

b) Eine Lösung von 1 g Eosin in 1 Liter Wasser. Zum Gebrauch mischt man 1 ccm von a mit 6 ccm von b.

Vergl. Michaeli's Azurblau.
Harris, Zentralbl. f. Bakteriol. 1903. 188.
Enzyklop. d. mikroskop. Techn. 1903. 303. 740. 782. 1091.
Lee-Mayer, Grundz. d. mikroskop. Techn. 1901. 219.
Feinberg, Deutsche med. Woch. 1900. 256.
Manahan, Boston Med. Surg. Journ. 1906. 3.
May, Münchener med. Woch. 1906. 358.
Spiegel, Deutsche med. Woch. 1906. 194.
Viereck, Münchener med. Woch. 1906. 1414.
Huisman, Merck's Bericht 1906. 189.

**Romanowsky-Reuter**'s Reagens zum Färben mikroskop. Präparate.

Eine Lösung von 1 g Methylenblau und 0,5 g Natriumbikarbonat in 100 ccm Wasser erwärmt man 2—3 Tage lang im Thermostaten bei 40—60° C. Die Flüssigkeit wird nach dem Erkalten filtriert, mit einem kleinen Überschuß von gesättigter, wässeriger Eosinlösung gefällt, der Niederschlag ausgewaschen und getrocknet. Man löst 0,1 g davon in 50 g Alkohol und 1 g Anilin. Zum Gebrauch verdünnt man 1 ccm Reagens mit 15—20 ccm Wasser.

Nocht, Zentralbl. f. Bakteriolog. 1898. 839 u. 1899. 17. 764.
Reuter, ebenda 1901. 248.

**Romanowsky-Ziemann**'s Reagens ist eine Modifikation des vorhergehenden Reagenzes.

Kossel-Weber, Arbeiten d. k. Ges. Amtes 1900.
Ziemann, Zentralbl. f. Bakteriol. 24. 945.
Enzyklop. d. mikroskop. Techn. 1903. 1032.
Ztschr. f. wiss. Mikroskop. 1898. 456.

**Romei**'s Reaktion auf Fuchsin in Wein und Sirupen

beruht auf der Löslichkeit desselben in Amylalkohol. Näheres siehe: Ztschr. f. analyt. Chem. 11. 176. — Berl. Ber. 5. 437. — Romei-Sestini, ebenda 6. 178.

**Romei**'s Reagens auf Wasser im Äther

ist trockenes Phenolkalium, das sich in wasserhaltigem Äther teilweise löst, während sich der ungelöste Teil rotbraun färbt. In wasserfreiem Äther soll das Reagens fast unlöslich sein. Der Autor will noch 0,25 % Wasser mit dem Reagens nachgewiesen haben.

Ztschr. f. analyt. Chem. 8. 390.

**Romijn**'s Reaktionen auf Formaldehyd.

Siehe: Nederl. Tijdschr. v. Pharm. 1895. 169.
Ztschr. f. analyt. Chem. 36. 44.
Pharm. Zentrh. 1895. 630.
Chem. Zentralbl. 1895. II. 257.

**Romme**'s Reaktion auf Aceton

ist eine Modifikation von Légal's Reaktion. Versetzt man eine Acetonlösung mit einigen Tropfen Nitroprussidnatriumlösung und dann mit einigen Tropfen konzentr. Natronlauge, so entsteht eine karminrote Färbung, die nach einiger Zeit in Grüngelb übergeht. Durch Zusatz von Essigsäure wird die rote Färbung regeneriert, durch einen Überschuß von Essigsäure wird sie zum Verschwinden gebracht. Erwärmt man jetzt die Mischung, so entsteht Berlinerblau.

Contribution à l'étude de l'acétonurie, Paris 1888.
Cervello-Girgenti, Arch. exp. Pathol. 75. 157.

**Ronceray**'s Reagens auf Orcin in Orseilleflechte

ist eine Lösung von Vanillin in gleichen Teilen Schwefelsäure und Wasser.

Arnould-Goris, Compt. rend. 145. 1199.
Bull. Sciences pharmacol. 16. 191.

**Ronnet**'s Reagens auf Caramel in Essig.

Man mischt 50 ccm Essig mit einem Überschuß von Schlämmkreide und bringt die Mischung auf dem Dampfbade zur Trockne. Nach dem Zerreiben des Rückstandes extrahiert man mit 20 ccm Äther, filtriert diesen und schichtet ihn über 10 ccm des folgenden Reagenzes: 1 g Resorcin in 100 ccm Salzsäure 1,125. An der Berührungsstelle der beiden Flüssigkeiten bildet sich ein blauroter Ring, wenn Caramel vorhanden war.

Annal. des Falsific. 1912. 5. 517.

**Roosevelt**'s Reagens zum Färben mikroskop. Präparate

ist eine Mischung von 20 Tropfen konzentr. Ferrosulfatlösung mit 30 ccm Wasser und 20 Tropfen Pyrogallollösung.
Medical Record 1887. 84.
Ztschr. f. wiss. Mikroskop. 1887. 481.

**Rosa**'s Reagens auf Salpetersäure
ist eine gesättigte, wässerige Lösung von Ferroammonsulfat, mit welcher die bekannte Schichtprobe ausgeführt wird.
Berl. Ber. 18. 692.
Vergl. Desbassins de Richemont's Reagens.

**Rose**'s Reaktion auf Eiweiß
(Biuretreaktion). Gibt man zu einer Eiweißlösung Natronlauge und dann tropfenweise unter Umschütteln zirka 2 %ige Kupfersulfatlösung, so wird die Flüssigkeit erst rosa, dann violett, dann immer stärker blau, ohne aber den roten Stich zu verlieren. Empfindlichkeitsgrenze = 1 : 1000.
Poggendorff's Annal. 28. 132 (1833).
Neumeister, Ztschr. f. analyt. Chem. 30. 110.
Piotrowski, Ber. d. Wiener Akad. 24. 335 oder Jahresber. f. Chem. 1857. 534.

**Rosen**'s Reagenzien zum Färben mikroskop. Präparate.
1. 0,1 %ige, wässerige Fuchsinlösung und 0,2 %ige Methylenblaulösung.
2. 0,1 %ige, wässerige Säurefuchsinlösung und 0,2 %ige Methylenblaulösung.
3. Wässerige Jodgrün- und alkoholische Safraninlösung.
4. Wässerige Lösung von Säurefuchsin und Methylenblau.
5. Wässerige Lösung von Rhodamin und Methylenblau.

Näheres siehe: Cohn's Beitr. z. Biolog. d. Pflanzen. 5. 443. — Ztschr. f. wiss. Mikroskop. 1892. 404.

**Rosenbach**'s Reagens auf Eiweiß im Harn.
Versetzt man eiweißhaltigen Harn mit einigen Tropfen Chromsäurelösung (5 %), so erhält man eine Trübung oder flockige Abscheidung. Schichtet man (nach Zülzer) den Harn über die Chromsäurelösung, so erhält man einen trüben Ring.
Deutsche med. Woch. 1892. 381.
Guérin, Ztschr. f. analyt. Chem. 32. 635.

**Rosenbach**'s Reaktion I auf Gallenfarbstoffe.
Filtriert man ikterischen Harn durch Filtrierpapier und betupft die Innenfläche des noch feuchten Filters mit konzentr., schwach rauchender Salpetersäure, so färbt sich die betreffende Stelle gelb, gelbrot und am Rande violett. An der Peripherie bildet sich ein intensiv blauer Ring und an diesen schließt sich ein immer deutlicher werdender, smaragdgrüner Kreis an.
Chem. Zentralbl. 1876. 150.
Ztschr. f. analyt. Chem. 15. 501.
Zentralbl. f. d. mediz. Wissensch. 1876. 5.
Deubner, Ztschr. f. analyt. Chem. 25. 458.
Jolles, Ztschr. f. analyt. Chem. 29. 402.
Hammarsten, Physiol. Chem. 1899. 507.

**Rosenbach**'s Reaktion II auf Gallenfarbstoffe.
Versetzt man ikterischen Harn vorsichtig mit einigen Tropfen 5 %iger Chromsäurelösung, so färbt er sich grün. Ein Überschuß des Reagenzes ist zu vermeiden. Mit Chromsäure getränktes Filtrierpapier färbt sich mit solchem Harn ebenfalls grün.
Deutsche med. Woch. 1892. 381.
Chem. Zentralbl. 1892. II. 557.
Zeehuizen, Ztschr. f. klin. Med. 1895. 188.

**Rosenbach**'s Reagens auf Glukose.
Erhitzt man Glukose enthaltende Lösungen (Harn) mit Natronlauge und gesättigter Nitroprussidnatriumlösung, so entstehen braunrote oder orangerote Färbungen, die noch bei 0,1 % Glukose erkennbar sind. (Auch Milchzucker gibt diese Reaktion.) Die gekochte Probe färbt sich bei Anwesenheit von Zucker nach dem Ansäuern lasurblau, in Abwesenheit von Zucker schmutziggrün.
Zentralbl. f. klin. Med. 13. 257.
Ztschr. f. analyt. Chem. 31. 724.

**Rosenbach**'s Reaktion auf Indirubin im Harn.
Zum Sieden erhitzter Harn wird bis zur Purpurfärbung mit Salpetersäure versetzt. Nach dem Abkühlen gibt man Ammoniak im Überschuß zu und schüttelt mit Äther. Färbt sich letzterer purpurrot, so enthält der Harn Indigorot.
Ztschr. f. analyt. Chem. 29. 240.

**Rosenbach**'s Reaktion des Urins bei Darmaffektionen.
Beim Kochen von Urin mit Salpetersäure nimmt derselbe oft eine dunkelrote Farbe an, die allmählich in Gelb übergeht. Salzsäure gibt dieselbe Reaktion, aber schwächer.
Enzyklop. d. gesamt. Pharm. 1891. X. 813.

**Rosenberg**'s Reaktion auf Harnsäure.
Versetzt man Harn mit dem gleichen Volumen 5 %iger Phosphorwolframsäure und 1 Tropfen Natronlauge, so entsteht eine blaue Färbung. Diese Reduktionserscheinung kann auch durch andere reduzierende Stoffe als durch Harnsäure hervorgerufen werden.
Zentralbl. f. klin. Med. 1890. 249.
Ztschr. f. analyt. Chem. 29. 633.

**Rosenberg's** Reaktion der Roussin'schen Nitrososchwefeleisenverbindungen.
Zur Identifizierung der Roussin'schen Salze kann ihre Eigenschaft, mit Kaliumcyanid eine violettblaue Färbung zu bilden, benützt werden. Näheres siehe: Chem. Zentralbl. 1911. I. 792.

**Rosenbladt**'s Reaktion auf Borsäure.
Die zu prüfende Substanz bringt man mit Salzsäure angesäuert in eine Woulf'sche Flasche, gibt Methylalkohol zu und läßt durch diese Mischung Wasserstoffgas oder Leuchtgas streichen. Das austretende Gas brennt bei Gegenwart von Borsäure mit grüner Flamme.
Ztschr. f. analyt. Chem. 1887. 18.
Chem. Ztg. 1905. 567.

**Rosenfeld**'s Reagens auf salpetrige Säure.

Man löst 0,5 g Pyrogallussäure in 90 ccm Wasser und 10 ccm konzentr. Schwefelsäure. 100 ccm Brunnenwasser versetzt man mit 2 ccm Reagens. 0,4 mg $N_2O_3$ im Liter bewirken sofort eine Gelbfärbung, 0,3 mg $N_2O_3$ im Liter nach etwa 6 Minuten, 0,2 mg nach etwa 23 Minuten, 0,1 mg nach 7 Stunden.

Ztschr. f. analyt. Chem. **29**. 663.

**Rosenfeld**'s Reagens auf Salpetersäure

ist eine Lösung von 0,5—1 g Pyrogallussäure in 100 ccm Wasser. 3 ccm des Prüfungsobjektes (z. B. Brunnenwasser) mischt man mit 6 ccm konzentr. Schwefelsäure und gibt einen Tropfen Reagens zu. Bei Anwesenheit von Salpetersäure färbt sich die obere Schicht der Lösung sofort oder nach einigen Minuten violett bis dunkelbraun.

Ztschr. f. analyt. Chem. **29**. 661.

**Rosenheim**'s Reaktion auf Cholin

siehe: Chem. Zentralbl. 1906. I. 285; 1907. II. 927.

**Rosenheim-Pinsker**'s Reaktion auf Unterphosphorsäure.

Lösungen von Unterphosphorsäure oder von Subphosphaten werden durch Guanidinkarbonat gefällt (unter Bildung von schwer löslichem Guanidinsubphosphat).

Berl. Ber. 1910. **43**. 2003.

**Rosenstiehl**'s Reaktion auf Anilin

ist eine Modifikation von Runge's Reaktion. (Siehe diese.) Der Autor schlägt vor, zu dieser Reaktion Äther zu verwenden, da dieser braun gefärbte Produkte, welche die Schönheit der Farbenreaktion beeinträchtigen, aufnimmt.

Polytechn. Journ. **190**. 57.
Ztschr. f. analyt. Chem. **6**. 357; **8**. 78.

**Rosenthal**'s Reagens zum Konservieren mikroskop. Präparate

ist eine Lösung von 5 g Chinolinchlorhydrat und 6 g Chlornatrium in 900 g Wasser und 100 g Glycerin.

Biolog. Zentralbl. 1890. 767.
Enzyklop. d. mikroskop. Techn. 1903. 123.
Ztschr. f. wiss. Mikroskop. 1891. 342.

**Rosenthal-Scholz**' Reagenzien für die Schwangerschaftsdiagnose.

a) Man löst 0,1 g Trypsin in 10—20 ccm physiologischer Kochsalzlösung, gibt 0,1 ccm Normal-Natriumkarbonatlösung zu und ergänzt auf 100 ccm.

b) Man löst 0,2 g Kasein in 20 ccm $^1/_{10}$-Norm. Natronlauge unter leichtem Erwärmen, neutralisiert mit $^1/_{10}$ - Norm. Salzsäure unter Verwendung von Lackmus und ergänzt mit physiologischer Kochsalzlösung auf 100 ccm.

c) Mischung von 5 ccm Eisessig mit 45 ccm absolut. Alkohol und 50 ccm destill. Wasser.

Näheres siehe: Berliner tierärztl. Woch. 1913, 858. — Merck's Bericht 1913, 527.

**Rosenthaler**'s Reaktion auf Alkohole (Hydroxylgruppe).

Erwärmt man Alkohole in Gegenwart von Natriumhydroxyd mit Diazobenzolsulfosäure, so erhält man rote bis violettrote Färbungen. Zur Ausführung der Reaktion versetzt man den Alkohol mit einer Mischung von 4 Teilen 0,5 %iger Sulfanilsäurelösung und 1 Teil 0,7 %iger Natriumnitritlösung und erwärmt dann nach Zusatz von überschüssiger Natronlauge im siedenden Wasserbade. Die Reaktion gelingt mit primären, sekundären und tertiären Alkoholen, auch mit Benzylalkohol, Äpfel- und Zitronensäure, nicht aber mit Weinsäure.

Chem. Ztg. 1912. 830.
Ztschr. f. analyt. Chem. 1914. 196.

**Rosenthaler**'s Reaktion auf Aceton im Harn.

Man mischt 3 ccm einer 1 %igen Lösung von Vanillin in Salzsäure mit 3 ccm Schwefelsäure, gibt 3 Tropfen Harndestillat zu und erwärmt die Mischung im Dampfbad. Aceton bewirkt zunächst eine grüne, dann violette Färbung.

Ztschr. f. analyt. Chem. **5**. 292.
Vergl. auch Rosenthaler's Reaktionen der Ketone etc.

**Rosenthaler**'s Reagens auf Hexamethylentetramin

ist 5 %ige, wässerige Lösung von Quecksilberchlorid oder 1 %ige, wässerige Lösung von Dinitroanthrachrysondisulfosaurem Natrium. Beide geben charakteristische Niederschläge. Näheres siehe: Pharm. Zentrh. 1913. 1153.

**Rosenthaler**'s Reagens auf Hydroxylgruppen zur Differenzierung von primären und sekundären von tertiären Alkoholen

ist Neßler's Reagens, das durch erstere beim Kochen reduziert wird, durch letztere nicht. Näheres siehe: Arch. der Pharm. **244**. 373. — Chem. Zentralbl. 1906. II. 1627. — Ztschr. f. angew. Chem. 1907. 961. — Südd. Apoth. Ztg. 1907. 412.

**Rosenthaler**'s Reaktionen der Ketone und ätherischen Öle mit Vanillin-Salzsäure

siehe: Ztschr. f. analyt. Chem. 1905. 292.
Pharm. Zentrh. 1907. 252.
Charitschkoff, Chem. Ztg. 1907. 716.
Kobert, Ztschr. f. analyt. Chem. 1907. 711.
Südd. Apoth. Ztg. 1907. 830.
Tunmann, Schweiz. Woch. Chem. Pharm. 1909. **47**. 517.
Vergl. Rosenthaler's Reaktion auf Aceton.

**Rosenthaler**'s Reagens auf Wein-, Oxal- und Citronensäure

ist eine 5 %ige Eisenchloridlösung. Näheres siehe: Arch. der Pharm. 1903. 479. — Chem. Ztg. 1903. Rep. 240. — Pharm. Ztg. 1903: 834. — Chem. Zentralbl. 1903. II. 1025. — Ztschr. f. analyt. Chem. 1906. 351. — Arch. der Pharm. 1903. 479.

**Rosenthaler**'s Reaktion auf Methylpentosen und Pentosen.

Erhitzt man Methylpentosen 10 Minuten lang im Wasserbade mit 10 ccm Salzsäure und 1—2 ccm Aceton, so färbt sich die Mischung himbeerrot und zeigt ein charakteristisches Absorptionsspektrum auf D. Pentosen geben braune Fällungen und kein Absorptionsspektrum.
Ztschr. f. analyt. Chem. 1909. 165.
Chem. Zentralbl. 1909. I. 1116.

**Rosenthaler**'s Reagens auf Zucker
ist eine Lösung von 17,5 g Kupfersulfat, 75 g Glycerin, 125 g Natriumcitrat und 100 g Natronlauge (15 %) in Wasser zu 1 Liter. Der Gebrauch dieser Lösung beruht auf der Überführung von Dextrose und Lävulose in Säuren, die alkalimetrisch bestimmt werden. Näheres siehe: Ztschr. f. analyt. Chem. 1904. 282. — Pharm. Zentrh. 1904. 746. — Merck's Bericht 1904. 54.

**Rosenthaler-Görner**'s Reagenzien auf Alkaloide sind aromatische Nitroderivate, wie Nitrophenole, Nitrokresole, Trinitroresorcin, Trinitrothymol, Dinitro-α-Naphthol etc.
Ztschr. f. analyt. Chem. **49.** 340.

**Rosenthaler-Türk**'s Reagens auf Opiumalkaloide
ist eine Lösung von 1 g arsensaurem Kalium in 100 g konzentr. Schwefelsäure. Die Opiumalkaloide geben mit diesem Reagens charakteristische Farbenerscheinungen. Näheres siehe: Pharm. Zentrh. 1904. 692. — Ztschr. f. analyt. Chem. 1905. 438. — Chem. Zentralbl. 1904. I. 1106. — Chem. Ztg. 1904. Rep. 79. — Apoth. Ztg. 1904. 186. — Pharm. Prax. 1904. 145.

**Rosin**'s Reaktion auf Gallenfarbstoffe.
Schichtet man über ikterischen Harn Jodtinktur, die mit Alkohol bis zur Färbung des Portweines verdünnt wurde, so erhält man einen grasgrünen Ring. Diese Reaktion soll schärfer sein als Gmelin's Reaktion.
Berl. klin. Woch. 1893. 106.
Munk, Archiv f. Physiol. 1898. 361.

**Rosin**'s Reaktion auf Zucker (Lävulose).
Stellt man die Reaktion nach Seliwanoff an und setzt zu der erkalteten roten Mischung Natriumkarbonat im Überschuß zu, so nimmt Amylalkohol beim Schütteln den roten Farbstoff auf. Die amylalkoholische Lösung zeigt einen gelben Stich, schwach grüne Fluoreszenz und ein charakteristisches Absorptionsspektrum (Streifen im Grün bei E bis nach b, eventuell auch im Blau bei F).
Ztschr. f. physiol. Chem. 1903. 555.
Chem. Ztg. 1903. Rep. 217.
Chem. Zentralbl. 1903. II. 262.
V o i t, Ztschr. f. physiol. Chem. 1908. 58. 122.

**Rosin**'s Reagens I zum Färben mikroskop. Präparate
ist eine Modifikation des von Ehrlich-Biondi-Heidenhain angegebenen Reagenzes. Es besteht aus der Lösung des Niederschlages, den man beim Mischen wässeriger Lösungen von Methylenblau und Eosin erhält. Es dient zum Färben des Nervensystems. Näheres siehe: Neurol. Zentralbl. 1893. 1 oder Ztschr. f. wiss. Mikroskop. 1895. 77; 1899. 238. — Enzyklop. d. mikroskop. Techn. 1903. 88. — Vergl. Romanowsky's Reagens.

**Rosin**'s Reagens II zum Färben mikroskop. Präparate
ist eine Lösung von Eosin und Methylenblau. Gebraucht zu Gewebsfärbungen (Kern = blau, Protoplasma = rot).
Berl. klin. Woch. 1899. 251.
Merck's Bericht 1899. 115.

**Roß**' Reagenzien zur Unterscheidung von lebenden und toten Zellen.
a) Man mischt 3 ccm Agarlösung und 1 ccm polychromes Methylenblau (1 : 3),
b) man löst 4,5 g Natriumcitrat und 1,5 g Natriumchlorid in 100 ccm Wasser, neutralisiert die Lösung gegen Lackmuspapier und gibt 0,225 g Atropinsulfat zu,
c) 5 %ige Natronlauge. Ausführung der Reaktion siehe: Lancet 1909. I. 152.
Deutsche med. Woch. 1909. 262.

**Rossel**'s Reaktion auf Blutfarbstoff im Harn.
Der zu prüfende Harn wird mit Essigsäure stark angesäuert und mit dem gleichen Volumen Äther ausgeschüttelt. Den Äther gibt man dann in ein Reagenzglas, fügt einige Tropfen Wasser, 15—30 Tropfen altes Terpentinöl (oder statt dessen 5—10 Tropfen Wasserstoffsuperoxyd) und nach dem Schütteln 10—20 Tropfen frisch bereitete, 2 %ige Aloinlösung (Barbados-Aloin in verd. Spiritus) zu und schüttelt gut um. Bei Anwesenheit von Blutfarbstoff tritt Rotfärbung ein.
Schweizer Woch. f. Chem. u. Pharm. 1901. 557.
Ztschr. d. öst. Apoth. Ver. 1902. 958.
Pharm. Zentrh. 1903. 223.
Deutsch. Arch. f. klin. Med. 1903. 76.
Ztschr. f. analyt. Chem. **42.** 9, **46.** 625.
K o z i c z k o w s k y, Münchener med. Woch. 1904. 1525.
Deutsche med. Woch. 1904. 1198.

**Rossel**'s Reagens auf Glukose im Harn.
34,56 g krystallisiertes Kupfersulfat löst man in 100 ccm Wasser, gibt 150 g Glycerin zu, löst in dieser Mischung 130 g Kaliumhydroxyd und ergänzt mit Wasser zu 1 Liter. 1 ccm entspricht 0,005 g Glukose.
Schweizer Woch. f. Pharm. 1891. 442.
Ztschr. f. analyt. Chem. **33.** 239.

**Rossi**'s Reaktion auf Indikan im Harn
ist identisch mit Klett's Reaktion. (Vergl. diese.)
Gazz. chim. ital. **36.** II. 877.
Chem. Zentralbl. 1907. I. 1079.
Chem. Ztg. 1907. Rep. 261.

**Rossi**'s Reagenzien zum Färben mikroskop. Präparate. (Geisselfärbung.)
a) Eine Lösung von 25 g Tannin in 100 ccm Wasser.

b) Eine Lösung von 0,25 g Fuchsin und 5 g Phenol in 10 g Alkohol und 100 g Wasser.
Arch. per le scienze mediche 1900. 297.

**Rössler**'s Reaktion auf Skatolrot im Harn beruht auf der Ausschüttelung desselben mit Amylalkohol nach Zusatz von rauchender Salzsäure. Näheres siehe: Zentralbl. f. innere Med. 22. 847.

**Roth**'s Reaktion auf Hypoglykämie.

Auf ein Stückchen Filtrierpapier (16 × 28 mm) läßt man 4 Tropfen Blut tropfen, trocknet das Papier und übergießt es in einem Reagenzglase mit 5 ccm einer siedend heißen Lösung von Kaliumchlorid (136 ccm gesättigte, wässerige Lösung von KCl., 64 ccm Wasser und 0,15 ccm 25 %iger Salzsäure). Die erhaltene Lösung wird abgegossen und in der üblichen Weise mit Fehlings Reagens auf Glukose geprüft. Näheres siehe: Deutsche med. Woch. 1914. 493; Merck's Bericht 1914. 390.

**Roth**'s Reagens für fette Öle ist mit Salpetrigsäuredämpfen gesättigte Schwefelsäure (D. = 1,4). Man beobachtet die Zeit, nach welcher ein mit dem Reagens geschütteltes Öl fest wird. Auch lassen sich durch Farbenerscheinungen fremde Öle im Olivenöl nachweisen.
Merck's Index 1902. 263.
K r a u c h, Réactifs chimiques, Edit. franç. 1892. 257.
Enzyklop. d. gesamt. Pharm. 1890. VIII. 621.

**Rothenbach**'s Reaktionen auf Gärungsessig siehe: Ztschr. f. Unters. Nahr.-Genußm. 1902. 817.
Ztschr. f. angew. Chem. 1906. 1610.
Südd. Apoth. Ztg. 1906. 650.

**Rothenburg**'s Pyrazolonreaktionen siehe: Chem. Ztg. 1894. Rep. 103.
Berl. Ber. 27. 782.

**Rothenfußer**'s Reagens auf Formaldehyd.

1. 10 ccm Kalilauge (15 %) mischt man mit 10—15 Tropfen ammoniakalischer Silberlösung (bestehend aus 2 g Silbernitratlösung und der nötigen Menge Ammoniakflüssigkeit) in der Weise, daß man nach jedem Tropfen gut schüttelt, bis Lösung eingetreten ist. Wenn eine bräunliche Trübung eintreten sollte, gibt man zu deren Behebung etwas Ammoniak zu. — Formaldehyd gibt mit dem Reagens schon in der Kälte, Ameisensäure erst beim Erwärmen eine dunkle Färbung.
2. Man löst etwas Ammoniummolybdat in einer Mischung von 100 Teilen Schwefelsäure und 20 Teilen Wasser. — Gleiche Teile dieser Lösung und der zu prüfenden Flüssigkeit mischt man mit etwas ammoniakalischer Caseinlösung und erwärmt. Formaldehyd verursacht eine violette Färbung.

Ztschr. Unters. Nahr. Gen.-Mittel 1908. 16. 590.

**Rothenfußer**'s Reagens auf gekochte und ungekochte Milch.

1 g reines p-Phenylendiaminchlorhydrat wird in 15 ccm Wasser gelöst und mit einer Lösung von 2 g krystallisiertem Guajakol in 135 ccm Alkohol (96 %) vermischt.
Ztschr. Unters. Nahr. Gen.-Mittel 16. 63.
Milchwirtschaftl. Zentralbl. 6. 468.
Chem. Zentralbl. 1908. II. 908. 1910. II. 1413.

**Rothenfußer**'s Reagens auf Saccharose in Wein.

20 ccm 10 %ige, alkoholische Diphenylaminlösung mischt man mit 60 ccm Eisessig und 120 ccm konzentr. Salzsäure. Nach besonderer Vorbehandlung wird der Wein mit Reagens (eventuell unter Zusatz von Schwefelsäure) im Wasserbade erhitzt. Blaufärbung zeigt Saccharose an. Näheres siehe: Ztschr. f. Unters. Nahr.-Genußm. 1912. 24. 104.

Das Reagens kann auch zum Nachweis von Salpetersäure dienen.
Vergl. Chem. Ztg. 1913. 897.

**Rothenfußer**'s Reagens auf Salpetersäure.

1 ccm einer Lösung von 1 g Diphenylamin in 100 ccm Schwefelsäure mischt man in einem Mischzylinder mit 1 Tropfen Salzsäure (1,19) und füllt mit Schwefelsäure auf 100 ccm auf. 20 ccm Reagens werden mit 10 ccm des zu prüfenden Wassers gemischt (auch Schichtprobe). Blaufärbung zeigt Salpetersäure an.
Chem. Ztg. 1913. 897.

**Rothenfußer**'s Reagens auf Saccharose und Zuckerkalk in Milch.

a) Diphenylaminreagens: eine Mischung von 10 ccm 10 %iger, alkoholischer Diphenylaminlösung mit 25 ccm Eisessig und 65 ccm Salzsäure (1,19).
b) Bleiacetatlösung: eine Lösung von 5 g Bleiacetat in 12 ccm Wasser.
c) Ammoniak: ein 8,07 und ein 14,469 %iger, wässeriger Liquor.
d) Ammoniakalische Bleiacetatlösung: eine Mischung von 2 ccm Bleiacetatlösung mit 1 ccm des 14,4 %igen Ammoniakliquors oder eine Mischung von 2 ccm Bleiacetatlösung mit 1 ccm 8,07 %igen Ammoniakliquors.

Die Ausführung der Reaktionen vergl. Ztschr. f. Unters. d. Nahr.- und Genußmittel 1909. 18. 135, 1910. 19. 465.
Pharm. Zentrh. 1911. 110.
Apoth. Ztg. 1910. 220.
Chem. Ztg. 1912. 716.
R a s m u s s e n, Ber. d. deutsch. pharm. Ges. 1913. 23. 379.

**Rothenfußer**'s Reagens auf Wasserstoffsuperoxyd und Persulfate.

Frische Milch versetzt man mit 6 Volum % Bleiessig, filtriert und gibt zum Filtrat sofort Essigsäure (auf 180 Filtrat 20 ccm Essigsäure 30 %). — 10 ccm der zu prüfenden Flüssigkeit versetzt man mit 10 Tropfen Reagens und 10—20 Tropfen 2 %iger alkoholischer Benzidinlösung. Bei Anwesenheit von Wasserstoff-

superoxyd entsteht eine blaue Färbung. Empfindlichkeitsgrenze = 1 : 6 Millionen. Persulfate geben eine ähnliche Reaktion.
Ztschr. Unters. Nahr. Gen.-Mittel 1908. **16.** 590.

**Rothera**'s Reaktion auf Aceton.
Die zu prüfende Lösung versetzt man mit Ammoniumchlorid, einigen Tropfen 5 %iger Nitroprussidnatriumlösung und 1—2 ccm Ammoniakflüssigkeit. In einer halben Stunde tritt bei Anwesenheit von Aceton Rotfärbung auf. Empfindlichkeitsgrenze = 1 : 20 000.
Ztschr. f. analyt. Chem. 1910. 328, 1912. 65.
Die Reaktion kann auch in Form einer Ringprobe angestellt werden. Man löst in 5 ccm Harn 2 g Ammoniumchlorid, gibt 5 Tropfen frisch bereitete Nitroprussidnatriumlösung zu und schichtet Ammoniakflüssigkeit darüber. Ein violettroter Ring kennzeichnet die positive Reaktion. Empfindlichkeitsgrenze: 0,01 % Aceton.
Reichard, Pharm. Ztg. 1915. 765.

**Röthig**'s Reagens zum Färben mikroskopischer Präparate.
a) Eine Lösung von 0,5 g Kresolfuchsin in 3 g Salzsäure und 100 g Alkohol (95 %).
b) Eine Mischung von 2 ccm Pikrinsäurelösung (1 : 3) mit 24 ccm Alkohol und und 40 ccm der Lösung a.
Arch. f. mikroskop. Anatom. **56.**
Handb. d. embryolog. Techn. 1904. 27.
Ergebn. d. allgem. Pathol. 1908. **12.** 701.
Med. Klinik 1910. 425.

**Roucher**'s Reaktion auf Pfefferminzöl.
Gibt man wenig Pfefferminzöl zu 10 %iger Essigsäure, so entsteht nach etwa einer halben Stunde eine schöne blaue Färbung, die allmählich in Grün und Gelb übergeht.
Arch. der Pharm. (3) **19.** 235.
Ztschr. f. analyt. Chem. **21.** 576.
Südd. Apoth. Ztg. 1902. 932.
Schack, Arch. der Pharm. (3) **19.** 428.
Welmans, Pharm. Ztg. 1901. 532.

**Rouillard-Goujon**'s Reaktion auf Hexamethylentetramin
ist eine Formaldehydreaktion mittels fuchsinschwefliger Säure. Näheres siehe: Annal. des Falsific. 1910. **3.** 14, 60. — Chem. Zentralbl. 1910. I. 1160, 1629. — Hubert, Annal. Chim. analyt. appl. **15.** 100. — Chem. Zentralbl. 1910. I. 1629. — Fonzes, ebenda 1910. I. 1801. — Bonis, ebenda 1910. I. 1802.

**Roussin**'s Reagens zur Unterscheidung von Dextrin und arab. Gummi
ist eine möglichst neutrale Lösung von Ferrichlorid oder Ferrisulfat. Das Reagens gibt mit Gummilösung einen gelblichen, voluminösen Niederschlag. Dextrin gibt denselben nicht.
Pharm. Zentrh. 1868. 218.

**Roussin**'s Reaktion auf Nicotin.
Eine ätherische Lösung von Nicotin gibt mit ätherischer Jodlösung eine Krystallisation von roten Nadeln, die 1—2 Zoll lang sind.
Otto, Ausmittel. d. Gifte, 5. Aufl. 37.
Dragendorff, Ermittlg. von Giften 1888. 268.
Kippenberger, Ztschr. f. analyt. Chem. 42. 232.
Enzyklop. d. gesamt. Pharm. 1890. VIII. 625.

**Roussin**'s Reaktion auf Pikrinsäure
beruht auf der Bildung von Pikraminsäure (Rotfärbung) beim Erwärmen mit alkalischer Zinnchlorürlösung. Man bereitet letztere, indem man Zinnchlorürlösung mit so viel Natronlauge versetzt, bis sich der entstandene Niederschlag wieder gelöst hat.
Beilstein, Handb. d. org. Chem. 1896. II. 687.
Ztschr. f. analyt. Chem. **23.** 93.
Vergl. Kippenberger, Nachw. v. Gift. 1897. 234.

**Roux-Nocard**'s Reagens auf Rotzkrankheit der Pferde
ist eine Lösung von Mallein (Proteine und Toxine der Rotzbazillen), die zur Diagnose von Rotz dient. Die positive Reaktion ist nach der Injektion des Diagnostikums an der Temperaturerhöhung zu erkennen. Näheres siehe: Uebele, Handlexikon der tierärztl. Praxis 1910. 331. Die Mallein-Augenprobe beruht auf der Bildung lokaler Entzündungserscheinungen nach Einbringung des Malleins in den Lidsack. Vergl. Fröhner, Ztschr. f. Vet. Kunde 1915. 61., ferner Merck's Berichte 1894. 82; 1897. 93; 1898. 92.

**Rowntree-Hurwitz-Bloomfield**'s Reagens zur Leberfunktionsprüfung
ist Phenoltetrachlorphthalein, das in Dosen von 0,4 g intravenös injiziert wird. Es wird durch die Leber ausgeschieden und in den Faeces quantitativ bestimmt, womit eine eventuelle Insuffizienz der Leber nachgewiesen werden kann. Näheres siehe: Arch. f. Verdauungskrankh. 19. Nr. 6. — Berl. klin. Woch. 1914. 168. — Whipple, Arch. f. Verdauungskrankh. **19.** Nr. 6. — Berl. klin. Woch. 1914. 169.

**le Roy**'s Reaktion auf Chlor in Salzsäure.
Gibt man zu Salzsäure etwas Diphenylamin, so färbt sie sich bei Anwesenheit von Chlor blau.
Chem. Ztg. 1890. Rep. 5.
Bull. Soc. Chim. Paris (3) **2.** 739.

**le Roy**'s Reaktion auf Weinsäure in Apfelwein
ist identisch mit Mohler's Reaktion.

**de la Royère**'s Reaktion auf fette Öle in Mineralölen.
Zu einer Lösung von 0,5 g Fuchsin in 1 Liter Wasser gibt man gerade so viel Natronlauge, als zur Entfärbung nötig ist. — Versetzt man einige Tropfen des zu prüfenden Öles mit 2—3 Tropfen Reagens, so färbt sich die Mischung bei Anwesenheit von tierischen oder pflanzlichen Fetten rötlich.
Répert. de Pharm. 1894. 261.
Nach Jean ist diese Reaktion nicht charakteristisch.

Répert. de Pharm. 1894. 452.
Revue de Chim. analyt. Septembre 1894.
Halphen, Chem. Ztg. 1896. Rep. 36.

**Rubner**'s Reaktion auf Glukose und Laktose.

Traubenzuckerlösungen geben nach Zusatz von Bleizucker und Ammoniak beim Erwärmen einen rosenroten bis fleischroten Niederschlag. Empfindlichkeitsgrenze = 1 : 10 000. Milchzuckerlösung färbt sich beim Kochen mit Bleizucker gelb bis bräunlich. Auf Zusatz von Ammoniak entsteht eine ziegelrote Färbung und dann ein kirschroter bis kupferroter Niederschlag. Näheres siehe: Ztschr. f. Biolog. **20.** 367. — Ztschr. f. analyt. Chem. **24.** 477 u. 603. — Chem. Zentralbl. (3) **16.** 122. — Pharm. Zentrh. 1897. 560. — Rosenfeld, Deutsche med. Woch. 1888. 451 u. 479. — Gentil, Chem. Zentralbl. 1893. II. 338. — Freund, Pharm. Ztg. 1914. 94. — Berberow, Jahresber. f. Tierchemie 1893. 570. — Voit, ebenda 1980. 186.

**Rubner**'s Reaktion auf Glycerin

beruht auf dem Lösungsvermögen von Kupferoxyd in alkalischer Lösung durch Glycerin, was bekanntlich auch andere organische Stoffe bewirken können.
Ztschr. f. Biolog. 1879, **15.** 257.

**Rubner**'s Reaktion auf Kohlenoxyd im Blute.

Das zu prüfende Blut schüttelt man eine Minute lang mit dem 4—5 fachen Volum. Bleiessig. Kohlenoxydblut wird schön rot, normales Blut bräunlich und beim Stehenlassen braun bis braungrau.
Arch. f. Hygiene **10.** 397.
Ztschr. f. analyt. Chem. **30.** 112.
Franzen-Mayer, Ztschr. f. analyt. Chem. **50.** 673.

**Rubner**'s Reaktion auf gekochte und ungekochte Milch

beruht auf dem Nachweis des Albumins durch die Kochprobe. — Man scheidet das Kasein durch einen Überschuß von Kochsalz ab, filtriert und erhitzt das gelbliche Filtrat zum Sieden. Geronnenes Eiweiß beweist, daß die Milch nicht gekocht war.
Hygien. Rundschau 1895. 1021.
Pharm. Zentrh. 1896. 18; 1901. 149.
Ztschr. f. analyt. Chem. **41.** 579.
Vergl. Bernstein's Reaktion.

**Ruddimann's** Reaktionen neuerer Arzneimittel wie Agurin, Alumnol, Diuretin, Europhen, Heroin, Ichthyol, Phenocoll, Piperazin, Protargol und Salophen

siehe: Pharm. Ztg. 1903. 817.
Pharm. Praxis 1904. 59.

**Rudisch-Boroschek**'s Reagens auf Xanthinbasen

ist 1/20-Norm. Chlorsilberlösung in Natriumbisulfit. Versetzt man 100 ccm neutralen Harn mit 15 ccm gesättigter Natriumkarbonatlösung und 10 ccm Reagens, so erhält man einen Niederschlag, der die Xanthinbasen in Form einer Silberverbindung enthält. Nach dem Auswaschen wird derselbe zur Stickstoffbestimmung nach Kjeldahl benützt. Die Autoren lassen ihn titrieren. Näheres siehe: Journ. Americ. Chem. Soc. **24.** 562. — Chem. Zentralbl. 1902. II. 486.

**Rudolph**'s Reagenzien zum Färben mikroskopischer Präparate.

a) Mischung von 15 Teilen 1%iger Chromsäure mit 85 Teilen Formaldehyd (10%).
b) Kaltgesättigte Lösung von Krystallviolett in einer Mischung von 1 Teil Alkohol (70 %), 1 Teil Salzsäurealkohol (1 % HCl) und 2 Teilen Anilinwasser.
Ber. d. botan. Gesellsch. 1912. **30.** 605.
Ztschr. f. wiss. Mikroskop. 1912. **29.** 604.

**Ruff-Heinzelmann**'s Reaktionen des Uranhexafluorids

siehe Chem. Zentralbl. 1911. II. 1882.

**Ruggeri**'s Reaktion auf Dulcin.

Dampft man Dulcin mit Silbernitrat- oder Quecksilberchloridlösung auf dem Wasserbade ein, so entsteht eine Violettfärbung, die von warmem Alkohol mit weinroter Farbe aufgenommen wird.
Annali Labor. chim. central. delle gabelle **3.** 138.
Pharm. Zentrh. 1898. 45.
Bianchi-Nola, Boll. Chim. Farm. **47.** 599.
Chem. Zentralbl. 1908. II. 2039.

**Ruhemann**'s Reagens auf Eiweißstoffe

ist Abderhalden - Schmidt's Reagens (siehe dieses).
Ztschr. f. analyt. Chem. **52.** 253.

**Ruhemann**'s Reaktion auf Peptide und α-Aminosäuren.

Erhitzt man 10 ccm einer Lösung von Peptid oder Aminosäure mit 0,2 ccm Ninhydrinlösung (1 %), so entsteht nach einer Minute eine blauviolette Färbung, die im grüngelben Teil des Spektrums einen Absorptionsstreifen zeigt.
Journ. Pharm. d'Anvers 1914. 321.
Pharm. Zentrh. 1915. 527.

**Ruhemann**'s Reagens auf Salicylsäure im Harn

ist eine Eisenchloridlösung (1+14).
Med. Klinik 1907. 113.
Pharm. Zentrh. 1907. 406.

**Rühle**'s Reaktion auf Saponin.

Verreibt man Saponin mit konz. Schwefelsäure, so färbt sich die Mischung rosarot, dann purpurrot, rotviolett und schließlich grau. — Verreibt man Saponin mit Fröhde's Reagens, so tritt eine blauviolette Färbung auf, die nach einiger Zeit in Grün und dann in Grau übergeht.
Ztschr. Unters. Nahr. Gen.-Mittel 1908. **16.** 165.
Pharm. Ztg. 1908. 724.

**Ruini**'s Reagens auf Glukose im Harn

ist eine Lösung von o-Nitrophenylpropiolsäure in 6 %iger Natronlauge. 5 ccm Reagens kocht

man $^1/_2$ Minute lang mit einigen Tropfen des zu prüfenden Harns. Bei Anwesenheit von Glukose entsteht eine blaue Färbung, die beim Schütteln mit Chloroform in letzteres übergeht.
Bollet. Chim. Farm. **40.** 753.
Gazz. chim. ital. **31.** II. 445.
Chem. Ztg. 1902. Rep. 60.
Pharm. Zentrh. 1902. 236.

**Rümpler**'s Reagens auf freie Säuren in fetten Ölen
ist eine konzentr., wässerige Lösung von Natriumkarbonat (frei von NaOH) und Chlornatrium. — Schüttelt man gleiche Teile Reagens und Öl, so bildet sich bei Gegenwart von freier Säure eine Emulsion, bei Abwesenheit von Säure scheidet sich das Öl nach dem Schütteln wieder ab.
Deutsche Industrie-Ztg. 1869. 457.

**Rundqvist**'s Reaktion auf Veratroidin.
Mit Schwefelsäure liefert Veratroidin eine rosarote Färbung, die auch an Schnitten von Veratrum album etc. beobachtet werden kann.
Pharm. Post 1901. **117.**
Borcow, Botan. Ztg. **1874. 38.**
Kobert, Intoxik. 1906. II. 1138.

**Runge**'s Reagens auf Anilin.
Gibt man zu einer Anilinlösung Chlorammon und Chlorkalklösung, so entsteht eine rotviolette Färbung, die auf Säurezusatz in Rosa umschlägt. Empfindlichkeitsgrenze = 1:25 000.
Befeuchtet man einen Fichtenspan mit stark verdünnter Anilinlösung, so wird er gelb gefärbt.
Vergl. auch Rosenstiehl's Reaktion u. Hager, Pharm. Prax. 1880. I. 361.
Raschig, Ztschr. f. angew. Chem. 1907. **20.** 2065.

**Runge**'s Fichtenspan-Reaktion.
Ein Fichtenspan mit Salzsäure und Pyrrol befeuchtet, färbt sich rot.
Poggendorff's Annalen **131.** 65.
Baeyer, Liebig's Annal. **7.** 59.

**Runge**'s Reaktion auf Rohrzucker
beruht auf der Schwärzung, d. h. Verkohlung des Zuckers beim Eindampfen mit verdünnter Schwefelsäure.
Enzyklop. d. gesamt. Pharm. 1890. VIII. 643.

**Runyan**'s Indikator für die Gesamtsäurebestimmung im Wein
ist Lachaux' Indikator.

**Ruoss**' Reagenzien auf Gerbsäure:
1. a) Eine Lösung von 20 g Ferrisulfat im Liter.
b) 28 g krystallisiertes Natriumkarbonat im Liter.
c) Essigsäure (D. = 1,04) mit 5 g Natriumtartrat im Liter (kann auch zur Differenzierung von Gallus- und Gerbsäure dienen).
2. a) 10 g Ferrisulfat, 15 g Natriumacetat und 1,7 g Natriumtartrat im Liter.
b) 1,25 g Gelatine löst man in 125 ccm heißem Wasser und mischt mit 875 ccm Essigsäure (D. = 1,064).

Über die Verwendung dieser Reagenzien siehe:
Ztschr. f. analyt. Chem. **41.** 730.
Pharm. Zentrh. 1903. 139.
Chem. Ztg. 1903. Rep. 22.
Apoth. Ztg. 1903. 331.

**Rupp**'s Reaktion auf Chlor in Benzoesäure.
Man glüht ein Stückchen Kupferoxyd am Platindraht in der Bunsenflamme so lange, bis die Flamme nicht mehr gefärbt erscheint. Alsdann bringt man auf das Oxyd etwas Benzoesäure und verbrennt sie in der Flamme. Letztere nimmt bei Gegenwart von Chlor eine grüne Färbung an. Man kann auch ein kleines Streifchen Kupferdrahtnetz zu einem erbsengroßen Stück zusammenrollen und ausglühen und damit die Reaktion ausführen.
Pharm. Zentrh. **41.** 529.
Ztschr. f. analyt. Chem. **46.** 475.
Apoth. Ztg. 1912. 92.

**Rupp**'s Reaktion auf Äthylalkohol im Methylalkohol
ist identisch mit Riche-Bardy's Reaktion (siehe diese).

**Rupp**'s Reaktion auf Methylalkohol im Äthylalkohol
beruht auf der Bildung von Methylviolett, wenn nach besonderer Vorschrift verfahren wird. Näheres siehe: Chem. Ztg. 1887. Rep. 25.

**Rupp**'s Reagens zur Ameisensäurebestimmung
ist eine Lösung von 15 g Natriumhydroxyd in 450 ccm Wasser, der man nach dem Abkühlen 15 g Brom zufügt und dann mit Wasser auf 500 ccm ergänzt. Ameisensäure wird durch dieses Reagens im Sinne der Gleichung „$HCOOH + NaOBr = H_2O + CO_2 + NaBr$" zersetzt. Näheres siehe: Arch. der Pharm. **243.** 69. — Chem. Zentralbl. 1905. I. 962. — Südd. Apoth. Ztg. 1905. 488.

**Rupp**'s Reaktion auf Chlorverbindungen in Benzaldehyd.
Ein Stückchen Kupferdrahtnetz von $^1/_2$ cm Breite und 1 mm Maschenweite rollt man zusammen und glüht es in der Bunsenflamme aus, damit es sich oxydiert und keine grüne Flamme mehr zeigt. Taucht man es in Benzaldehyd und bringt es wieder in die Flamme, so färbt sich diese bei Gegenwart von Chlorverbindungen grün.
Apoth. Ztg. 1912. 92.
Zentralbl. d. ges. Arzneimittelkunde 1912. 61.

**Rupp**'s Reaktion auf Flußsäure.
Kombination der Glasätzung durch Flußsäure mit der Wassertrübung durch Siliciumfluorid. Die übliche Zersetzung der Fluoride wird in einem Platintiegel vorgenommen, der mit einem durchbohrten Gummistopfen verschlossen ist. Durch das Bohrloch ragt 3 mm weit ein Glas-

stab hervor, an dem ein Wassertropfen angebracht wird. Beim Erwärmen auf dem Wasserbade beschlägt sich bei Gegenwart von Fluor der Glasstab mit einem trockenen Reif. Wird ein trockener Glasstab verwendet, so wird derselbe durch die Flußsäure angeätzt.
Ztschr. Unters. Nahr. Gen.-Mittel 1911. **22.** 496.
Sartori, Chem. Ztg. 1912. 229.

**Rupp-Loose's** Indikator (p-Dimethylaminoazobenzol-o-karbonsäure)
(Methylrot) ist eine Azokombination von o-Amidobenzoesäure und Dimethylanilin. Als Indikatorflüssigkeit dient eine 0,2 %ige, alkoholische Lösung dieses Stoffes. In alkalischer und neutraler Lösung gelblich, in saurer Lösung violettrot.
Berl. Ber. 1908. 3905.
Apoth. Ztg. 1908. 883.
Merck's Bericht 1908. 267.
Cahen, The Analyst 1910. 307.
Frey, Ztschr. österr. Apoth. Ver. 1910. 393.

**Rupp-Nöll's** Reaktion auf Quecksilbersuccinimid.
0,1 g des Präparates mit 0,5 g Zinkstaub in einem trockenen Reagenzglase erhitzt, entwickelt Dämpfe, die einen mit Salzsäure befeuchteten Fichtenspan rot färben.
Versetzt man eine Lösung von 0,1 g Quecksilbersuccinimid in 10 ccm Wasser mit 20 ccm Barytwasser, so entsteht ein weißer Niederschlag, der sich beim Erwärmen oder bei längerem Stehen grau färbt.
Pharm. Ztg. 1905. 271.
Arch. der Pharm. **243.** 1.
Chem. Zentralbl. 1905. I. 960.

**Rupp-Seeger's** Indikatoren.
1. Nitrophenolphthalein — in saurer Lösung farblos, in alkalischer Lösung gelb.
2. Tetrachlortetrabromphenolphthalein — in saurer Lösung farblos, in alkalischer Lösung violett.

Pharm. Ztg. 1907. 851.
Merck's Bericht 1907. 153.
Apoth. Ztg. 1907. 748.

**Rusconi's** Reaktion auf Alkohol in Chloroform
beruht auf der Oxydation des Alkohols mittels Kaliumdichromat und Schwefelsäure und dem Nachweis des gebildeten Aldehyds mit Nitroprussidnatrium und Dimethylamin. Bei Gegenwart von Alkohol färbt sich das Destillat des Reaktionsgemisches blau.
Arch. Farmacol. sperim. 8. 157.
Chem. Zentralbl. 1909. II. 67.
Pharm. Zentrh. 1912. 1146.

**Rusconi's** Reaktion auf Eiweiß im Harn
beruht auf der Abscheidung der Eiweißstoffe mittels Baryumhydroxyd, indem man 100 ccm Harn mit 10 ccm Barytwasser versetzt, und der Identifizierung des Eiweißes mittels der Biuret- oder Tryptophanreaktion. Näheres siehe: Archivio Farm. speriment. 8. 34. — Chem. Zentralbl. 1909. I. 1252. — Heinrich. Dissert. Rostock 1910.

**Russo's** Methylenblau-Reaktion des Harns. (Ersatz für Ehrlich's Diazoreaktion des Harns.)
4—5 ccm Urin versetzt man mit 4 Tropfen einer 1 promilligen, klaren Methylenblaulösung. Bei verschiedenen Krankheiten wie Typhus, Masern, Pocken, Tuberkulose und anderen tritt eine prompte Verfärbung des Blaus in Grün ein.
Riforma medica 1905. Nr. 19.
Semaine médicale 1905. 367.
Münchener med. Woch. 1905. 1990.
Merck's Bericht 1905. 141 u. 1906. 188.
Cousin, Deutsche Med. Ztg. 1906. 421.
Dunger, Deutsche med. Woch. 1906. 1582.
Dmitrenko, Med. Woche 1906. 481.
Ferrari, Gazz. degli ospedali 1907, No. 1.
Lemaire, Ztschr. d. österr. Apoth. Ver. 1912. 284.
Szabòky, Med. Klinik 1911. 2033.
Dibailow, Pharm. Zentrh. 1909. 1026.
Utz, Pharm. Praxis 1910. 302.
Peskow, Semaine méd. 1912. 103.
Pozzo, Gazz. degli ospedali 1914, No. 83.
Deutsche med. Woch. 1914. 1584.

**Russo's** Reaktion auf Tuberkulose.
5 ccm Harn versetzt man mit 5 Tropfen 0,1 %iger Methylenblaulösung. Eine smaragdgrüne Verfärbung zeigt weitvorgeschrittene Lungentuberkulose an. Vergl. die vorhergehende Reaktion, sowie Szaboky, Ztschr. f. Tuberkulose 17, No. 3; Med. Klinik 1911. 2033.

**Russow's** mikrochemisches Reagens auf Stärke, Alkaloide etc.
ist eine Lösung von Jod und Jodkalium in Wasser oder in verdünnter Schwefelsäure (2+1 Wasser).
Merck's Index 1902. 271.
Sitz.-Ber. d. nat. Ges. Dorpat, 24. IX. 1881.
Strasburger, Kl. Botan. Prakt. 1893. 221.

**Rust's** Reagens auf Kreosot oder Phenol
ist Collodium, welches beim Schütteln mit Phenol eine Gallerte bildet, nicht aber mit Kreosot. (Prüfung des Kreosots auf Phenol nach Vorschrift des deutschen Arzneibuches.)
Pharm. Zentrh. 1867. 151.
Enzyklop. d. gesamt. Pharm. 1890. VIII. 645.
Cesaris, Nuovo Dizionario 1898. 585.

**Rusting's** Reaktion auf Cobalt.
Eine Cobalt enthaltende Lösung versetzt man mit einigen Krystallen Natriumthiosulfat, dann mit Rhodankalium und schüttelt mit Ätheralkohol. Letzterer färbt sich intensiv blau.
Nederl. Tijdschr. v. Pharm. 1899. 42.
Pharm. Post 1899. 722.
Pharm. Zentrh. 1900. 77.
Faktor, Ztschr. f. analyt. Chem. 39. 345.

**Rusting's** Reaktion auf Glukose im Harn.
10 ccm Harn mischt man mit 1 ccm Nylander's Reagens und 2 Tropfen Platinchloridlösung und stellt die Mischung ins siedende Wasserbad oder man erhitzt nur bis zum be-

ginnenden Sieden und stellt dann beiseite. Ist binnen 1 Minute keine Schwärzung eingetreten, so ist kein Zucker vorhanden oder doch nur belanglose Mengen.

Pharm. Weekblad 1907. 1178.
Apoth. Ztg. 1907. 907.

**Ruttan-Hardisty**'s Reagens auf Blut
ist eine 4%ige Lösung von o-Toluidin in Essigsäure, welche wie die Benzidinlösung verwendet wird.

Biochem. Bulletin 1913. 2. 225.
Journ. Canad. Med. Assoc. 1912. November.
Merck's Bericht 1913. 436.

**Ružička**'s Reagenzien auf Sauerstoff in Luft
dienen bei bakteriologischen Arbeiten zur Herstellung sauerstoffreier Luft bezw. zur Prüfung der Luft auf Sauerstoffreiheit. Der Autor verwendet alkalische Pyrogallollösung oder alkalische Traubenzuckerlösung, ferner eine Lösung von Indigweiß oder Kabrhel's alkalische Zuckergelatine, die Methylenblauleukobase enthält. Näheres siehe: Arch. f. Hygiene 58. 327.

**Rymsza**'s Reaktion zur Unterscheidung von Pikrinsäure und Dinitrokresolkalium.

1. Ammoniakalische Zinnchlorürlösung wird durch Dinitrokresolkalium kirschrot, durch Pikrinsäure braunrot gefärbt.
2. Zink und Salzsäure bringen in Dinitrokresollösung eine hellrote, nach einiger Zeit verschwindende Färbung, in Pikrinsäurelösung eine blaue, dann beständig braungrünliche Färbung hervor.

**Rymsza**'s Reaktionen auf Pikrinsäure.

1. Isopurpursäurereaktion. Erwärmt man Pikrinsäurelösung mit Natronlauge und Cyankalium, so entsteht eine blutrote Färbung. Empfindlichkeitsgrenze = 1 : 5000. Wenn man die Pikrinsäurelösung zur Trockene verdampft und etwas Ammoniak und Cyankalium zugibt, so lassen sich noch 0,0005 g Pikrinsäure nachweisen.
   Vergl. Lea's Reaktion II auf Blausäure.
2. Pikraminsäurereaktion ist Braun's Reaktion (siehe diese).
3. Beim Erhitzen von Pikrinsäure mit Natronlauge und Schwefelammon entsteht Rotfärbung.
   Vergl. Girard's Reaktion.
4. Ammoniakalische Kupferlösung bewirkt mit Pikrinsäure einen gelbgrünen Niederschlag.
   Vergl. Christel's u. Lea's Reaktion.
5. Weiße Wolle wird noch in einer Pikrinsäurelösung 1 : 110 000 gelblich gefärbt.

Dissert. Dorpat 1890.
Pharm. Zentrh. 1890. 306.
Ztschr. f. analyt. Chem. 36. 813.
Apoth. Ztg. 1890. Rep. 49.

**Saathoff**'s Reagens zum Färben von Bakterien ist eine Lösung von 0,15 g Methylgrün und 0,5 g Pyronin in 5 g Alkohol (96 %) und 20 g Glycerin, mit 2 %igem Carbolwasser zu 100 g verdünnt. (Filtrieren!)

Deutsche med. Woch. 1905. 2048.
Merck's Bericht 1905. 142.

**Saathoff**'s Reagens zum Färben von Fett in Faeces bei der mikroskopischen Untersuchung ist eine Lösung von einer Messerspitze voll Sudan III in 10 g Alkohol (96 %) und 90 g Eisessig. Färbt Fette und Seifen gelb bis rot.

Münchener med. Woch. 1912. 2382.

**Sabanin-Laskowsky**'s Reaktion auf Citronensäure.

Erhitzt man etwas Citronensäure mit Ammoniakflüssigkeit in einem zugeschmolzenen Glasrohr oder Kölbchen einige Stunden auf 120 ° C., so färbt sich die Mischung nach darauffolgendem Stehen an der Luft blau oder grün. Näheres siehe: Ztschr. f. analyt. Chem. 17. 73. — Sarandinaki, Berl. Ber. 5. 1100. — Kämmerer, ebenda 8. 736.

**Sabatier**'s Reaktion auf Kupfer
ist eine Modifikation von Denigès' Reaktion. Minimale Kupfermengen lassen sich in einem Tropfen Lösung noch durch eine Rot- bis Violettfärbung nachweisen, die durch konzentr. Bromwasserstoffsäure hervorgerufen wird.

Revue internat. falsific. 7. 101.
Compt. rend. 118. 980.
Pharm. Zentrh. 1894. 226.
Répert. de Pharm. 50. 109.

**Sabatier-Senderen**'s Reaktion auf primäre, sekundäre und tertiäre Alkohole.

Leitet man die Dämpfe der Alkohole über fein verteiltes auf 300 ° erhitztes Kupfer, so zerfallen die primären Alkohole in Aldehyd und Wasserstoff, sekundäre in Ketone und Wasserstoff, tertiäre in ungesättigte Kohlenwasserstoffe und Wasser. Näheres siehe: Bull. Soc. Chim. France 1905. I. 263. — Neave, The Analyst 34. 346. — Chem. Zentralbl. 1909. II. 1082.

**Sabrazès**' Reagens zum Färben mikroskop. Präparate.

Zum Gebrauch mischt man 10 Tropfen einer 1 %igen, wässerigen Eosinlösung, 2 Tropfen Buchenholzteerkreosot und 10 Tropfen einer gesättigten, wässerigen Methylenblaulösung.

Huisman, Méthodes de coloration (vergl. Huisman's Reagens).

**Sacher**'s Indikator für Alkalimetrie.

Die frischen Schalen von roten Radieschen werden bei gewöhnlicher Temperatur mit Alkohol (96 %) extrahiert. Die Farblösung wird durch Säuren (auch Kohlensäure) intensiv rot, durch Alkalien grün bis blau.

Chem. Ztg. 1910. 1192.
Schwertschlager, ebenda 1910. 1257.
Vergl. Niece's Indikator.

**Sacher**'s Reaktion auf Mangan und Oxalsäure.
Versetzt man die verdünnte Lösung eines Manganosalzes mit Natronlauge und gibt nach dem teilweisen Übergang des Manganhydroxyds in Mangandioxyd (durch Luftoxydation) eine wässerige Lösung von Oxalsäure zu, so entsteht eine äußerst scharf wahrnehmbare rötliche Färbung. Empfindlichkeitsgrenze = 0,00025 g Oxalsäure. Näheres siehe: Chem. Ztg. 1915. 319.

**Sachs**' Reaktion auf Eiweiß im Harn.
Auf einem Objektträger läßt man einen Tropfen des zu prüfenden Harns mit einem Tropfen konzentr. Salpetersäure zusammenfließen. An der Schleierbildung ist Eiweiß zu erkennen, und zwar bis zu 0,01 %.
Deutsche med. Woch. 1907. 66.

**Sachsse**'s Reagens auf Glukose.
18 g Quecksilberjodid, 25 g Jodkalium und 80 g Kaliumhydroxyd löst man mit Wasser zu 1 Liter. 40 ccm dieser Lösung (= 0,72 g $HgJ_2$ oder 0,31818 g Hg) entsprechen im Mittel 0,15 g Glukose oder 0,1072 g Invertzucker. Dieses Reagens wird beim Kochen mit Glukose reduziert. Als Indikator verwendet man Schwefelwasserstoff in essigsaurer Lösung oder eine alkalische Zinnoxydullösung. (Vergleiche auch Sachsse-Heinrich's Reagens.)
Pharm. Ztschr. f. Rußland 1876. 549.
Ztschr. f. analyt. Chem. 16. 121.
Chem. Zentralbl. 1877. 471; 1878. 409.
Soxhlet, Journ. f. prakt. Chem. 21. 227 oder
Ztschr. f. analyt. Chem. 20. 425.
Haas, Ztschr. f. analyt. Chem. 22. 215.
v. Mering, Du Bois Reymond's Arch. f. Physiolog. 1877. 379.
Oerum, Ztschr. f. analyt. Chem. 1904. 356.

**Sachsse-Heinrich**'s Reagens auf Glukose.
18 g Quecksilberjodid, 25 g Jodkalium und 10 g Kaliumhydroxyd löst man mit Wasser zu 1 Liter. Dieses Mischungsverhältnis gestattet die Bestimmung von Traubenzucker neben Rohrzucker besser als die Lösung von Sachsse, weil sie nicht so stark alkalisch ist.
Chem. Zentralbl. 1878. 409.
Ztschr. f. analyt. Chem. 18. 352.
Merck's Index 1902. 263.

**Sadtler**'s Reaktion auf Methylalkohol
beruht auf der Bildung von Formaldehyd beim Behandeln von Methylalkohol mit einer glühenden Kupferspirale.
Americ. Journ. of Pharm. 1905. 106.
Chem. Zentralbl. 1905. I. 1113.

**Sagel**'s Reaktion auf Saponin.
Verreibt man etwas Saponin mit 2 Tropfen Essigsäureanhydrid und läßt einen Tropfen konz. Schwefelsäure zufließen, so bildet sich an der Berührungsstelle sofort ein mehr oder weniger intensiv rot gefärbter Streifen.
Pharm. Zentrh. 1914. 268.

**Saglier**'s Reaktion auf Fuselöl im Alkohol.
Erwärmt man gleiche Teile Alkohol und konzentr. Schwefelsäure zum Sieden, so tritt bei Anwesenheit von Fuselöl eine gelbbraune Färbung auf. Empfindlicher wird diese Reaktion bei Verwendung von alkoholischer Furfurollösung (1 : 1000): Man mischt 10 ccm Alkohol mit 10—20 Tropfen Furfurollösung, gibt 10 ccm Schwefelsäure zu und erhitzt zum Sieden. Bei Gegenwart von Fuselöl tritt eine braunrote Färbung ein.
Analys. des matières aliment. Girard-Dupré 285.
Vergl. Udranszky's Reaktion auf Isoamylalkohol u. Savalle's Reaktion.
Komarowsky, Chem. Ztg. 1903. 808.

**Sahli**'s Reaktion auf Albumin und Albumosen
beruht auf der Fällbarkeit beider durch 30%ige Chlornatriumlösung, in der sich Albumosen beim Erwärmen lösen, nicht aber Eiweiß.
Ztschr. f. angew. Mikroskop. 1903. 162.

**Sahli**'s Reaktion auf Bilirubin im Harn.
Versetzt man ikterischen Harn mit Essigsäure, so tritt Grünfärbung auf. Die Reaktion gelingt nur bei Gegenwart oxydierender Substanzen, weshalb man am besten gleich eine solche, wie z. B. Wasserstoffsuperoxyd oder Magnesiumperhydrol, zusetzt.
Sahli's Lehrbuch der klinischen Untersuchungsmethoden.
Günther, Med. Klinik 1910. 1056.
Vergl. Günther's Reaktion.

**Sahli**'s Reagens auf Glukose
ist eine Modifikation von Pavy's Reagens.
a) Eine Lösung von 4,158 g Kupfersulfat in 500 ccm Wasser.
b) Eine Lösung von 20,4 g Seignettesalz, 20,4 g Ätzkali und 300 g Ammoniakflüssigkeit (D. = 0,88) zu 500 ccm Wasser.
Zum Gebrauch mischt man je 5 ccm von a und b, die 0,005 g Glukose entsprechen.
Deutsche med. Woch. 1905. 1417.
Pharm. Zentrh. 1907. 468.

**Sahli**'s Reagens für mikroskopische Zwecke
ist eine wässerige Lösung von Methylenblau und Borax (25 g gesättigte, wässerige Methylenblaulösung mischt man mit einer Lösung von 0,8 g Borax in 55 g Wasser oder man löst 0,75 g Methylenblau und 0,8 g Borax in 80 ccm Wasser). Das Reagens färbt die Markscheiden tiefblau, die Ganglienzellen grünlich und die Gliakerne blau.
Ztschr. f. wiss. Mikroskop. 1885. 50.
Methylenblau-Säurefuchsin siehe ebenda 1885. 1.
Behrens' Tabellen 1892. 108.
Eberth-Friedländer, Mikroskop. Techn. 1894. 242.

**Sahli**'s Desmoidreaktion
ist eine für medizinisch-diagnostische Zwecke gebrauchte Reaktion zur Prüfung der sekretorischen Magenfunktion. Näheres siehe Korrespondenzbl. f. Schweizer Ärzte 1905. Nr. 8—10. — Merck's Bericht 1905. 141. — Saito, Berl. klin. Woch. 1906. 1305. — Heiseler, Petersbg. med. Woch. 1906. 387.

— Aldor, Berl. klin. Woch. 1906. 1477. — Horwitz, Arch. f. Verdauungskr. 1906. 313. — Einhorn, Deutsche med. Woch. 1906. 793. — Alexander, ebenda 1906. 872. — Frauenberger, Wiener med. Woch. 1907. 1465. — Kühn, Münchener med. Woch. 1905. 2412. — Fricker, Deutsche med. Woch. 1906. 1925. — Lewinski, ebenda 1907. 487. — Thiis, ebenda 1907. 1610. — Stauder, Münchener med. Woch. 1906. 1837.

**Sailer**'s Reaktion I auf Methylalkohol.

5 ccm des fraglichen Alkohols werden mit 0,1 ccm Chromsäure und 10 ccm Schwefelsäure versetzt. Sobald diese Mischung eine grüne Färbung angenommen hat, gibt man 6 Tropfen davon in eine Porzellanschale und fügt 20 Tropfen Schwefelsäure und einige Körnchen Morphium hinzu. Spuren von Methylalkohol kennzeichnen sich durch eine dunkelgelbbraune, geringe Mengen durch eine dunkelkarmoisinrote und große Mengen durch eine dunkelviolette Färbung. An Stelle des Morphiums kann man auch einige Tropfen einer 5 %igen Pyrogallollösung verwenden. Größere Mengen Methylalkohol bewirken eine schokoladebraune Färbung.

Pharm. Ztg. 1912. 165.

Merck's Bericht 1912. 110.

**Sailer**'s Reaktion II auf Methylalkohol

beruht auf der Überführung des Methylalkohols in Methylsalicylat durch Behandlung mit Salicylsäure und Schwefelsäure und der Identifizierung des Methylsalicylates durch seinen eigentümlichen Geruch. Näheres siehe: Pharm. Ztg. 1912. 93. — Merck's Bericht 1912. 111.

**Sakaguchi-Watabiki**'s Reaktion auf Gonorrhoe

ist eine Kutanreaktion mit Gonotoxin. Näheres siehe: Dermatol. Wochenschr. 1912. 54. 717.

**Salkind**'s Reagenzien für mikroskopische Färbungen.

Fixierungsmittel: Eine Lösung von 3 g Kaliumbichromat in 100 ccm Wasser und 1—2 ccm Salzsäure oder eine Lösung von 4 g Quecksilberchlorid und 2,5 g Kaliumbichromat sowie 4 g Chloralhydrat in 100 ccm Wasser.

Zur Paraffineinbettung: a) 2 Vol. Aceton, 1 Vol. Äther und 1 Vol. Wasser; b) 1 Vol. Aceton und 1 Vol. Äther, mit Paraffin (Schmp. 36—40 °) gesättigt.

Färbung: 12 Vol. einer gesättigten, wässerigen Toluidinblaulösung, mit 3 % Formalingehalt, gibt man 8 Vol. Alkohol (90 %), dann 4 Vol. Aceton, dann 2 Vol. einer gesättigten, alkoholischen Lösung von Naphtholgelb (Naphthylamingelb) und dann 3 Vol. einer gesättigten, alkoholischen Lösung von Erythrosin, schließlich 5—10 Vol. Wasser.

Einschluß in eine Lösung von 1 g Dammarharz in 10 g Zedernöl.

Ztschr. f. wiss. Mikroskop. 1912. 29. 540.

**Salkowski**'s Reaktion auf Albumosen (Pepton) im Harn

beruht auf der Biuretreaktion des mit Phosphorwolframsäure aus dem Harn abgeschiedenen Peptons.

Zentralbl. f. d. mediz. Wissensch. 1894. 113.
Berl. klin. Woch. 1897. 353.
Ztschr. f. analyt. Chem. 36. 739.
A l d o r, Chem. Ztg. 1899. Rep. 285.

**Salkowski**'s Reaktion auf Cholesterin.

Löst man eine Spur Cholesterin in Chloroform und läßt diese auf Filtrierpapier verdunsten, so werden die betreffenden Stellen durch Schwefelsäure zitronengelb gefärbt.

Ztschr. f. physiol. Chem. 57. 523.

**Salkowski**'s Reagens auf Albumosen und Leim

ist Bromwasser. — Versetzt man je 10 ccm Albumosepepton aus Fibrin und 1 %ige Gelatinelösung mit je 1 ccm Bromwasser, so bildet sich bei der Albumoselösung im Momente des Einfließens ein Niederschlag, der beim Mischen sofort wieder verschwindet. Die Gelatinelösung wird hingegen bleibend getrübt. Beim Erhitzen gibt die Albumoselösung Brom ab, die Gelatinelösung aber nicht.

Ztschr. f. physiol. Chem. 1908. 57. 515.
Chem. Zentralbl. 1908. II 1879.

**Salkowski**'s Reaktionen zur Unterscheidung von Eiereiweiß und Serumeiweiß im Harn.

1. Der zu prüfende Harn wird bei gewöhnlicher Temperatur mit Salpetersäure (1,2) versetzt, bis Fällung eintritt. Dann setzt man der Mischung ein gleiches Volumen Alkohol zu. Wird der Harn bzw. die Mischung klar, so liegt natürlicher Eiweißharn vor, bleibt die Trübung bestehen, so liegt Eieralbumin vor.
2. Beim Schütteln mit dem gleichen Volumen Äther-Alkohol (4+1) bleibt natürlicher Eiweißharn klar, während eiereiweißhaltiger Harn eine mit Luftblasen durchsetze Emulsion bildet, die sich nur schwer und unvollständig trennt. Außerdem tritt eine Abscheidung von Eiweiß ein.
3. Fällt man das Eiweiß durch Alkohol, indem man zu 10 ccm Harn 100 ccm absol. Alkohol gibt, so unterscheidet sich das natürliche Eiweiß vom Eiereiweiß durch seine Löslichkeit in Wasser.

Charité-Annalen 23. 4.

N e u b a u e r - H u p p e r t, Analyse d. Harns 1913, II, 1123.

**Salkowski**'s Reaktion auf Cholesterin.

Löst man etwas (einige cg) Cholesterin in Chloroform (2 ccm) und gibt das gleiche Volumen konzentr. Schwefelsäure zu, so färbt sich das Chloroform blutrot und die Schwefelsäure zeigt eine grüne Fluoreszenz. Gibt man einige Tropfen der Chloroformlösung in eine Porzellanschale, so färbt sich die Lösung schnell blau, dann grün und zuletzt gelb.

Arch. d. Physiol. 6. 207.
Ztschr. f. analyt. Chem. 11. 443.
R e i n i t z e r, Monatsh. f. Chem. 9. 421.
V o g t, Schweizer Woch. f. Pharm. 43. 674.
Ottolenghi, Chem. Zentralbl. 1906. I. 541.
Tolman, Journ. Americ. Chem. Soc. 28. 391.

**Salkowski's Reaktion auf Formaldehyd.**

Versetzt man eine Formaldehydlösung 1 : 50 000 (3,5 g Formalin : 50 Liter Wasser) mit einer Messerspitze voll Pepton (Witte) und gibt nach dessen Lösung 3 Tropfen Eisenchloridlösung (3%) und etwa das halbe Volumen Salzsäure (1,19) zu, so färbt sich die Mischung beim Erhitzen zum Sieden violett bis tiefblau.

Biochem. Ztschr. 68. 377.
Ztschr. f. physiol. Chem. 93. 432.

**Salkowski's Reaktion auf Glukose im Harn**

beruht auf der Überführung des Zuckers in Formaldehyd und dessen Nachweis durch die Formaldehydreaktion des Autors (vergl. Salkowski's Reaktion auf Formaldehyd). Zur Oxydation des Zuckers wird der Harn mit folgender Lösung behandelt: 30 ccm verdünnte Schwefelsäure (200 g aufgefüllt zu 1 Liter), 20 ccm 1%ige Kaliumpermanganatlösung und 50 ccm Wasser. Näheres siehe: Ztschr. f. physiol. Chem. 93. 432.

**Salkowski's Reaktion auf Indolessigsäure.**

Eine mit Salzsäure angesäuerte Lösung von Indolessigsäure wird beim Kochen mit verdünnter Eisenchloridlösung kirschrot gefärbt. Empfindlichkeitsgrenze = 1 : 100 000. Bei sehr geringen Mengen von Indolessigsäure tritt eine violette Färbung auf.

Eine ähnliche Farbenerscheinung erhält man nach Salkowski, wenn man eine 1%ige Lösung von Indolessigsäure mit einigen Tropfen Salpetersäure und 2—3 Tropfen Natriumnitritlösung (2%) versetzt. Der rote Farbstoff geht in Essigäther über und zeigt dann ein Absorptionsspektrum im Grün. An Stelle der Salpetersäure und des Nitrits kann auch Salzsäure und Chlorkalklösung verwendet werden.

Ztschr. f. physiol. Chem. 9. 23.

**Salkowski's Reaktion auf Urobilin.**

Alkalische Urobilinlösungen werden durch Kupfersulfatlösung rot bis rotviolett gefärbt.

Neubauer-Vogel, Analyse des Harns 1898. 521.
Hausmann, Deutsche med. Woch. 1913. 360.

**Salkowski's Reaktion auf Brom im Harn.**

10 ccm Harn werden in einer Platinschale mit einigen Tropfen Sodalösung alkalisch gemacht, eingedampft und verkohlt, mit einigen Tropfen Wasser und 1 g Salpeter versetzt und geschmolzen. Die Schmelze wird in Wasser gelöst, mit Salzsäure und eventuell mit Chlorwasser versetzt und mit Chloroform geschüttelt. Bei Gegenwart von Brom färbt sich das Chloroform gelb. Empfindlichkeitsgrenze = 0,01 g Bromkalium in 10 ccm Harn.

Ztschr. f. physiol. Chem. 38. 157.
Ztschr. f. angew. Chem. 1903. 1084.
Sticker, Ztschr. f. klin. Med. 45. Nr. 5 u. 6.

**Salkowski's Farbenreaktion des Eiweiß.**

Siehe Virchow's Archiv 68. 9 oder Ztschr. f. analyt. Chem. 16. 261.

**Salkowski's Reaktion auf Gallenfarbstoffe.**

Man macht ikterischen Harn mit Natriumkarbonat alkalisch und setzt Chlorcalcium zu. Der erhaltene Niederschlag wird in salzsäurehaltigem Alkohol gelöst. Erhitzt man diese Lösung, so tritt grüne bis blaue Färbung ein.

Salkowski und Leube's Lehre vom Harn. 1882. 156.
Vergl. auch Ztschr. f. physiol. Chem. 4. 134.

**Salkowski's Reaktion auf Glukose im Harn**

beruht auf einer Fällung des Traubenzuckers durch Kupfersulfatlösung (199,52 g im Liter) und Natronlauge und der Isolierung desselben aus dieser Kupferverbindung durch Schwefelwasserstoff etc. Näheres siehe: Ztschr. f. physiol. Chem. 3. 78. — Ztschr. f. analyt. Chem. 18. 635.

**Salkowski's Reaktion auf Indikan.**

Versetzt man 8 ccm eines indikanhaltigen Harns mit 1 ccm Kupfersulfatlösung (10 %), gibt 1 ccm Salzsäure (1,19) und dann einige ccm Chloroform zu und mischt durch gelindes Hinundherneigen, so färbt sich das Chloroform blau.

Ztschr. f. physiol. Chem. 1908. 57. 520.
Journ. de Pharm. 1909. I. 35.
Presse méd. 1909. 96.
Med. Klinik 1909. 860.
Apoth. Ztg. 1908. 863.
Répert. de Pharm. 1909. 122.
Imabuchi, Pharm. Zentrh. 1912. 14.

**Salkowski's Reaktion auf Indol.**

Löst man wenig Indol in Eisessig und gibt konzentr. Schwefelsäure zu, so entsteht eine schön violette Färbung mit grünlicher Fluoreszenz.

Ztschr. f. physiol. Chem. 12. 221.
Vergl. Adamkiewicz' Reaktion.

**Salkowski's Reaktion auf Inosit.**

(Modifikation von Scherer's Reaktion.) Eine Spur der zu prüfenden Substanz löst man in 1—2 Tropfen Salpetersäure (1,2), gibt 1 Tropfen Chlorcalciumlösung (10 %) und 1 Tropfen Platinchloridlösung (1—2 %) zu und verdampft vorsichtig, unter Aufblasen auf einem Porzellandeckel. Inosit bewirkt eine rosarote bis ziegelrote Färbung.

Ztschr. f. physiol. Chem. 69. 478.
Ztschr. f. analyt. Chem. 1912. 268.

**Salkowski's Reaktion auf Kalium im Harn.**

Man verdampft 100 ccm Harn auf etwa 15 ccm und gibt nach dem Filtrieren etwas konzentr. Weinsäurelösung zu. Nach dem Erkalten scheidet sich Weinstein ab.

Arch. f. d. ges. Physiol. 1869. 2. 351.

**Salkowski's Reaktionen auf Kohlenoxyd im Blut.**

1. Das zu prüfende Blut verdünnt man mit der 20fachen Menge Wasser und dem gleichen Volumen Natronlauge (D. = 1,34). Kohlenoxydblut trübt sich weißlich, dann lebhaft hellrot und trennt sich in hellrote Flocken und eine schwach rosa gefärbte

Flüssigkeit. Normales Blut wird schmutzigbräunlich.
Ztschr. f. physiol. Chem. **12.** 227.
Ztschr. f. analyt. Chem. **27.** 541.

2. Etwa 0,9 ccm Blut verdünnt man mit 50 ccm Wasser und gibt $^1/_2$ bis $^3/_4$ Volumen gesättigtes Schwefelwasserstoffwasser zu. Kohlenoxydblut ändert seine Farbe kaum merklich, normales Blut wird innerhalb einiger Minuten schmutziggrün.
Ztschr. f. physiol. Chem. **7.** 114.
Ztschr. f. analyt. Chem. **22.** 471.
Deutsche Med. Ztg. 1883. 316.
Franzen-Mayer, Ztschr. f. analyt. Chem. **50.** 672.

**Salkowski**'s Reaktion auf Kreatinin

ist eine Modifikation von Weyl's Reaktion: Kreatininlösung wird durch Nitroprussidnatrium und Natronlauge rot, dann gelb gefärbt. Übersättigt man die gelb gewordene Lösung mit Essigsäure und erhitzt, so färbt sie sich grünlich, dann blau (Berlinerblau).
Ztschr. f. physiol. Chem. **4.** 133.

**Salkowski**'s Reaktion auf Oxalsäure im Harn.

200 ccm Harn versetzt man bis zur schwach alkalischen Reaktion mit Kalkwasser und dann mit Calciumchloridlösung. Der erhaltene Niederschlag wird mit 60 %igem Alkohol und mit wenig heißem Wasser gewaschen, in Salzsäure gelöst, die Lösung mit Ammoniak alkalisch gemacht und dann mit Essigsäure angesäuert. Nach längstens 24 Stunden hat sich das Calciumoxalat in glitzernden Krystallen abgeschieden.
Ztschr. f. physiol. Chem. **10.** 120.

**Salkowski**'s Reaktion I auf Pentosen im Harn.

(Orcinreaktion.) Mischt man Harn, der Pentosen enthält, mit dem gleichen Volumen rauchender Salzsäure und erhitzt mit etwas Orcin, so färbt sich die Mischung vorübergehend rot oder violett und dann grünlich. Schüttelt man die Mischung nach dem Erkalten mit Amylalkohol, so färbt sich derselbe, je nach der Menge der vorhandenen Pentosen, mehr oder weniger intensiv grün.
Ztschr. f. physiol. Chem. **27.** 507.
Ztschr. f. analyt. Chem. **39.** 132.
Vergl. Tollens Reaktion.

**Salkowski**'s Reaktion II auf Pentosen im Harn.

Man löst etwas Phloroglucin unter Erwärmen in 5—6 ccm rauchender Salzsäure, so daß ein kleiner Überschuß ungelöst bleibt, teilt in zwei Teile und setzt nach dem Erkalten dem einen Teile $^1/_2$ ccm des zu prüfenden Harns, dem anderen Teile $^1/_2$ ccm normalen Harns zu. Taucht man beide Proben in siedendes Wasser, so zeigt der pentosehaltige Harn nach kurzer Zeit einen intensiv roten oberen Saum, von dem sich die Färbung allmählich nach unten verbreitet, während normaler Harn seine Farbe nicht oder nur unbedeutend verändert.
Vergl. Tollens' Reaktion.
Zentralbl. f. d. med. Wissensch. 1892. 594.
Ztschr. f. analyt. Chem. **34.** 772 u. **39.** 132.

**Salkowski**'s Reaktion auf Pepton im Harn.

Der zu prüfende Harn wird mittels Phosphorwolframsäure (nach Salkowski, Ztschr. f. analyt. Chem. **33.** 503 und **36.** 739) gefällt, der Niederschlag nach dem Auswaschen mit Wasser in erwärmter Natronlauge gelöst und 1—2 Tropfen Kupfersulfat zugegeben. Bei Anwesenheit von Pepton tritt Rotfärbung ein. Nach Freund stört ein eventueller Gehalt des Harns an Eiweiß. Er fällt letzteres durch Bleizucker und stellt im Filtrate die Biuretreaktion an.
Siehe Wiener klin. Rundschau 1898. 37 oder Pharm. Zentrh. 1898. 94.
Bang, Deutsche med. Woch. 1898. 17.
Czerny, Ztschr. f. analyt. Chem. **40.** 592.

**Salkowski**'s Reaktion auf Phenol.

In ammoniakalischer Lösung wird Phenol durch oxydierende Agenzien, wie z. B. Chlorkalklösung, grün oder blau gefärbt.
Arch. d. ges. Physiol. **5.** 353.
Ztschr. f. analyt. Chem. **11.** 316.
Chem. Zentralbl. 1873. **26.**
Enzyklop. d. gesamt. Pharm. 1890. VIII. 710.

**Salkowski**'s Reaktion auf Phytosterin.

Siehe Pharm. Zentrh. 1894. 424 u. 1897. 435.
Ztschr. f. analyt. Chem. **26.** 557.
Bömer, Ztschr. f. Unters. Nahr.-Genußm. 1898 Nr. 1 u. 2 oder
Pharm. Zentrh. 1898. 161 und
Ztschr. f. analyt. Chem. **41.** 637.
Vergl. Liebermann's u. Forster-Richelmann's Reaktion.
Kreis u. Wolf, Chem. Ztg. 1898. 805.
Zetzsche, Pharm. Zentrh. 1898. 877.

**Salkowski**'s Reaktion auf Quecksilber im Harn.

Der Harn wird eingedampft, mit Kaliumchlorat und Salzsäure oxydiert, der Rückstand mit Alkohol extrahiert, filtriert, zur Trockene eingedampft, mit Wasser aufgenommen und ein blankes Kupferblech in die Lösung gehängt. Das Quecksilber schlägt sich auf dem Kupfer nieder.
Ztschr. f. physiol. Chem. **72.** 387, **73.** 401.
Abelin, Münchener med. Woch. 1912. 1812.
Bürgi, Arch. exp. Pathol. Pharm. **54.** 439.

**Salkowski**'s Reaktion auf Thiosulfat im Harn.

Destilliert man 100 ccm Harn nach Zusatz von 10 ccm Salzsäure (1,12), bis $^2/_3$ oder $^3/_4$ übergegangen sind, so bildet sich bei Gegenwart von Thiosulfaten im oberen Teile des Kühlrohres ein schmaler, bläulich- oder gelblichweißer Anflug von Schwefel.
Arch. f. gesamt. Physiol. **39.** 213.
Presch, Virchow's Arch. 1890. **119.** 152 bis 155.

**Salm**'s Reagens auf Glukose im Harn

ist eine Modifikation von Bonnan's Reagens.

1. Eine Lösung, die 35 g Kupfersulfat und 5 g Schwefelsäure im Liter enthält.
2. Eine Lösung, die 150 g Seignettesalz und 300 ccm Natronlauge (D. = 1,32) im Liter enthält.

3. Eine 5 %ige, wässerige Lösung von Ferrocyankalium.
Chem. Weekblad 1. 12.
Pharm. Ztg. 1903. 982.
Chem. Zentralbl. 1903. II. 1150.

**Salomon**'s Magenkarzinomprobe
beruht auf der Untersuchung der Magenspülflüssigkeit auf Eiweiß und Stickstoff. Bei bestimmter Kost und einer am Abend vorgenommenen Spülung wird der Magen morgens mit 400 ccm physiologischer Kochsalzlösung gespült und das Spülwasser mit Eßbach's Reagens geprüft. Ruft dieses eine Trübung hervor, so liegt Verdacht auf Karzinom vor. Auch die Stickstoffbestimmung der Spülflüssigkeit nach Kjeldahl soll Anhaltspunkte für die Diagnose ergeben.
Deutsche med. Woch. 1903. 546.
Wiener klin. Woch. 1906. 694.
Klin. therap. Woch. 1906. 646.

**Salomon-Saxl**'s Schwefelreaktion zur Diagnose des Karzinoms
besteht darin, daß der Harn des Kranken mittels Baryumchlorid und Baryumhydroxyd von Schwefelsäure und Ätherschwefelsäure befreit und dann der im Harn von Krebskranken zumeist in Form von Oxyproteinsäuren vorhandene Schwefel durch Perhydrol oxydiert wird. Die so entstehende Schwefelsäure bildet dann mit den im Überschuß vorhandenen Baryumsalzen einen Niederschlag von Baryumsulfat, das die positive Reaktion kennzeichnet.
Wiener klin. Woch. 1911. 449.
Münchener med. Woch. 1912. 53.
Merck's Bericht 1911. 399.
Petersen, Deutsche med. Woch. 1912. 1536.
Pasetti, ebenda 1914. 192.

**Salomone**'s Reaktionen auf Asaprol (Abrastol).
Abrastol gibt mit rauchender (gelber) Salpetersäure eine rubinrote Farbe, die weder in Äther noch Chloroform übergeht. Alkalien färben blaßgelb. Empfindlichkeitsgrenze = 1 : 300 000. Schmilzt man Abrastol mit metallischem Natrium, so bildet sich Schwefelnatrium, das sich leicht mit Hilfe von Nitroprussidnatrium nachweisen läßt. (Vergl. Béchamp's Reaktion.)
Giorn. Farm. Chim. 1906. 481.

**Salzer**'s Reaktion auf Acetanilid.
Löst man 0,1 g Acetanilid in 2 ccm Salzsäure und überschichtet mit Chlorkalklösung, so entsteht eine milchige Trübung, die beim Umschwenken verschwindet. Nach einiger Zeit scheiden sich weiße, seideglänzende Nadeln ab.
Pharm. Ztg. 1888. 364.
Chem. Zentralbl. 1888. 1043.

**Salzer**'s Reaktion auf Alkohol siehe **Puscher**.

**Salzer**'s Reaktion auf Weinsäure in Citronensäure
beruht auf der Reduktion von Chromsäure zu Chromoxydsalz (violett) durch Weinsäure bei gewöhnlicher Temperatur. Empfindlichkeitsgrenze = 1 : 200. Näheres siehe Pharm. Zentrh. 1888. 399. — Chem. Zentralbl. 1888. 1244.

**Samter**'s Alkannaparaffin
ist eine Lösung von Alkannin in Paraffin, die zur Färbung von Objekten dient, um letztere nach der Einbettung in Paraffin leichter auffinden zu können. Näheres siehe: Ztschr. f. wiss. Mikroskop. 1894. 470.

**Sanchez**' Reagens zur Trennung von Eisen und Mangan
ist Pyridin, das Ferrisalze, aber nicht Mangansalze fällt. Näheres siehe: Bull. Soc. Chim. France 1912. 880. — Pharm. Zentrh. 1913. 513.

**Sandlund**'s Reaktion auf Jod im Harn.
Zu 5 ccm Harn gibt man 1 ccm verdünnte Schwefelsäure (1 : 4) nebst 1—3 Tropfen Natriumnitritlösung (1 : 500) und schüttelt die Mischung mit Schwefelkohlenstoff oder Chloroform. Bei Anwesenheit von Jod färbt sich das Chloroform deutlich rosa. Empfindlichkeitsgrenze = 0,001 Prozent.
Chem. Ztg. 1894. 128.
Arch. der Pharm. 232. 177.
Jolles, Ztschr. f. analyt. Chem. 33. 543.
Rogovin, Pharm. Ztg. 1903. 835.
Berl. klin. Woch. 1903. 863.

**Sandmeyer**'s Reaktionen
sind synthetische Reaktionen, bei deren Verlauf unter der Einwirkung von Cuprosalzen oder Kupferpulver die Amido- bezw. Diazogruppe gegen Halogene oder Cyan ausgetauscht wird.
Berl. Ber. 17. 1633. 2650; 18. 1492; 23. 1218. 1628.
Siehe Lehrbücher der Chemie.

**Sandro**'s Reaktion für die Diagnose der Leberinsuffizienz.
Nach der Einnahme von Kaliumsulfoguajakolat gibt der Harn bei Gesunden und Kranken unter bestimmten Voraussetzungen mit Eisenchlorid eine grüne Färbung, die auf Zusatz von Säure verschwindet (Unterschied von Gallenfarbstoffen). Bei Leberinsuffizienz wird diese Reaktion um so undeutlicher und inkonstanter, je stärker die Insuffizienz ist. Bei vorgeschrittener Cirrhose fehlt sie ganz. Näheres siehe: Riforma med. 1912. 28. 113. — Zentralbl. ges. innere Med. 1912. I. 344. — Merck's Bericht 1912. 468.

**Sanfelice**'s Reagens zum Färben mikroskop. Präparate.
(Jodhämatoxylin.) Man mischt eine Lösung von 0,7 g Hämatoxylin in 20 ccm Alkohol mit einer Lösung von 0,2 g Alaun in 60 ccm Wasser. Nach mehrtägigem Stehen am Lichte filtriert man und gibt 10—15 Tropfen Jodtinktur zu. Nach dem Absetzen ist die Mischung gebrauchsfähig.
Boll. della Soc. de Natural. in Napoli Vol. III. 1889. 37.

Mayer, Mitteilg. d. zoolog. Stat. Neapel. 1891. 178.
Behrens' Tabellen 1892. 105.
Eberth - Friedländer, Mikroskop. Techn. 1894. 107.

**Sanglé-Ferrière-Cuniasse**'s Reaktion auf Methylalkohol
siehe Chem. Zentralbl. 1906. II. 1285.

**Sanio**'s Reagens auf Gerbsäuren
ist Kaliumdichromat, das mit Gerbstoffen einen dunkelroten bis braunen Niederschlag hervorruft. Gebraucht zum mikrochemischen Nachweis der Gerbsäuren in Pflanzenteilen.
Botan. Ztg. 1863. 17.
Nickel, Die Farbenreakt. d. Kohlenstoff-Verb. 1890. 74.

**Sankey**'s Reagens zum Färben mikroskop. Präparate
ist eine Lösung von 1 g Anilinschwarz in 200 ccm Alkohol (98 %).
Quart. Journ. Microsc. Scienc. 1876. 69.
Behrens' Tabellen 1892. 108.
Enzyklop. d. mikroskop. Techn. 1903. 81.

**Sans**' Reaktion auf Colophonium.
Methylsulfat oder Äthylsulfat wird beim Erwärmen mit Colophonium rosarot bis violett gefärbt. Die Färbung verschwindet bei stärkerem Erhitzen.
Annal. Chim. analyt. appl. 14. 140.
Pharm. Ztg. 1909. 442.
Apoth. Ztg. 1909. 958.
Chem. Zentralbl. 1909. I. 1730.
Carles, ebenda 1910. II. 695.

**Saporetti**'s Reaktionen zur Unterscheidung von Cocain und dessen Ersatzprodukten siehe: Bollett. Chim. Farm. 1909. 479. — Répert. de Pharm. 1910. 365. — Chem. Zentralbl. 1909. II. 1015.

**Saporetti**'s Reaktionen auf $\alpha$- und $\beta$-Eucain.
Behandelt man $\beta$-Eucain mit gesättigtem Bromwasser, so entsteht ein gelber Niederschlag, der sich beim Erwärmen zum Teil löst. Erhitzt man zum Sieden, so bildet sich ein weißer Niederschlag. $\alpha$-Eucain liefert beim Erhitzen mit Bromwasser zwar auch eine gelbe Ausscheidung, beim Sieden aber keinen weiteren Niederschlag.
Bollett. Chim. Farm. 1909. 479.
Pharm. Zentrh. 1910. 731.
Chem. Zentralbl. 1909. II. 1015.

**Sargent**'s Reagens zum Färben mikroskop. Präparate.
Man löst 1 g Hämatoxylin und 10 g Chloralhydrat in 400 ccm Wasser und gibt 1 ccm Phosphormolybdänsäurelösung (10 %) zu.
Anat. Anzg. 1898. 212.

**Sasaki**'s Reaktion auf Skatol.
Man versetzt 3 ccm Skatollösung mit 3 Tropfen Methylalkohol und schichtet die Mischung über Schwefelsäure. Es entsteht ein violettroter Ring und beim Mischen eine violettrote Färbung. Empfindlichkeitsgrenze = 1 : 5 Million. Indol gibt die Reaktion nicht.
Biochem. Ztschr. 1910. 23. 402.
Ztschr. f. analyt. Chem. 1911. 660.

**Sato**'s Reaktion auf Schwefelharnstoff.
Versetzt man eine Lösung von Schwefelharnstoff in Wasser (1 : 100) mit Essigsäure oder Salzsäure, so färbt sich die Mischung auf Zusatz von Ferrocyankaliumlösung allmählich blau. Gibt man zur Schwefelharnstofflösung Natriumkarbonat und Ferrocyankalium, so erscheint allmählich eine rosarote bis violette Färbung, die später verschwindet, um einer deutlichen Opaleszenz Platz zu machen. Gibt man jetzt nochmals Ferrocyankalium zu, so färbt sich die Mischung bald blaurot-violett.
Biochem. Ztschr. 1910. 23. 45.

**Sauer**'s Reagens zum Fixieren mikroskop. Präparate
ist eine Mischung von 10 ccm Eisessig oder Salpetersäure und 90 ccm Alkohol. Gebraucht zum Fixieren von Nierenepithel.
Arch. f. mikroskop. Anat. 1895. 110.
Enzyklop. d. mikroskop. Techn. 1903. 23. 24.

**Saul**'s Reaktion auf Eserin.
Erhitzt man eine wässerige Lösung von Eserin zum Sieden und gibt einige Tropfen konzentr. Salpetersäure zu, so entsteht eine orangerote Färbung, die durch überschüssiges Alkali in Violett verwandelt wird.
Merck's Report 1901. 331.

**Saul**'s Reaktion auf Gold.
Die Reaktionen beruhen auf der Reduktion der Goldsalze und der Bildung kolloidaler Goldlösungen, wobei rosarote bis violette Färbungen entstehen. Zu den reduzierenden Körpern gehören Hydrochinon, Pyrogallol, Gallusgerbsäure, p-Hydroxylphenylaminoessigsäure, Salze des Phenylhydrazins, 3,4-Diaminophenol, die Monomethylabkömmlinge von o-, m- und p-Aminophenol in Verbindung mit Hydrochinon und m-Phenylendiamin. Besonders geeignet hat sich zum Nachweis des Goldes p-Phenylendiamin erwiesen, das zuerst eine dunkelgrüne Färbung (noch bei 0,0001 %) erzeugen soll, die aber nicht beständig ist.
Analyst 1913. 38. 54.
Pharm. Zentrh. 1916. 15.
Chem. Zentralbl. 1913. I. 1138.

**Saul**'s Reagens auf gekochte und ungekochte Milch
ist eine frisch bereitete, 1 %ige Lösung von o - Methylaminophenolsulfat, $(C_6H_4 . OH . NHCH_3)_2 H_2SO_4$. — 10 ccm Milch versetzt man mit 1 ccm Reagens und 1 Tropfen Wasserstoffsuperoxyd (3 %). Ist die Milch ungekocht, so verschwindet die rote Farbe innerhalb einer halben Minute. (Saure Milch muß vor Anstellung der Probe neutralisiert werden.) Das Reagens kann auch zum Nachweis von Formaldehyd in der Milch dienen. Näheres siehe: Chem. Zentralbl. 1903. I. 1377. — Pharm. Journ. (4) 16. 617. — Brit. Med.

Journ. 1903. I. 664. Vergl. Pharm. Journ. 1907. I. 429.

**Saul**'s Reaktion auf Gallus- und Gerbsäure.

Löst man 0,015 g Tannin in 3 ccm Wasser, gibt 3 Tropfen einer 20 %igen, alkoholischen Thymollösung zu und mischt mit 3 ccm konzentr. Schwefelsäure, so entsteht eine trübe Rosafärbung. Gallussäure gibt diese Reaktion nicht.

Merck's Report **1901**. 331.

**Savalle**'s Reaktion auf Fuselöl im Alkohol beruht auf einer Bräunung des Alkohols beim Kochen mit gleichen Teilen konzentr. Schwefelsäure bei Anwesenheit von Fuselöl.

Gen. industr. **1870**. 113.
Polytechn. Journ. **196**. 473.
Komarowsky, Chem. Ztg. 1903. 808.

**Saxl**'s Schwefelreaktion siehe Salomon-Saxl's Schwefelreaktion zur Diagnose des Karzinoms.

**Sayre**'s Reaktion zur Unterscheidung der Gelsemiumalkaloide.

Gelsemoidin liefert mit Schwefelsäure und Kaliumdichromat eine tiefrote Färbung, die nach 1 Stunde in Tiefblau übergeht, Gelseminin eine braune, dann gelbe Färbung und Gelsemin eine grünliche Färbung.

Chem. Zentralbl. 1911. II. 1650.

**Schacht**'s Reaktion auf Siambenzoesäure.

Alkalische Kaliumpermanganatlösung wird durch Siambenzoesäure entfärbt, durch andere Benzoesäuren nur grün gefärbt.

Arch. der Pharm. **219**. 321.

**Schacht**'s Reaktion auf gekochte und ungekochte Milch beruht auf einer Blaufärbung der ungekochten Milch durch Guajaktinktur.

Arch. der Pharm. 1842. 3.
Vergl. Arnold-Weber's Reaktion.

**Schack**'s Reaktion auf Pfefferminzöl ist identisch mit Roucher's Reaktion.

Ztschr. f. analyt. Chem. **21**. 576.

**Schaer**'s Reagens auf Alkaloide.

(Perhydrol-Schwefelsäure.) Man mischt 10 ccm konzentr. Schwefelsäure mit 1 ccm Perhydrol. Nach dem Erkalten der Mischung wird der zu prüfende Stoff in Substanz (5 bis 10 mg) zugegeben. Chinin gibt eine zitronenbis kanariengelbe Färbung, Berberin eine dunkel kirschrote, Hydrastin eine schokoladenrote, Emetin eine dunkel orangerote und Nikotin eine blutrote Färbung. Die Farbenintensität wird mitunter durch kleine Mengen Platinsol erhöht. (Perhydrol-Salzsäure.) Eine Mischung von Salzsäure und Perhydrol unter Zusatz von etwas Platinsol kann wie Chlor- oder Bromwasser zum Nachweis von Koffein und Theobromin dienen.

Apoth. Ztg. 1910. 705.
Archiv der Pharm. 1910. 458.
Merck's Bericht 1910. 310.
Wasicky, Ztschr. f. analyt. Chem. 1915. 393.

Nach Wasicky geben auch Atropin, Hyoscyamin und Scopolamin mit Perhydrolschwefelsäure eine Farbenerscheinung. Die Alkaloidteilchen färben sich nach einer halben Minute laubgrün, dann olivgrün und zuletzt schmutziggrün. Homatropin zeigt diese Reaktion ebenfalls; bei Cocain tritt sie später auf.

**Schaer**'s Reaktion I auf Blut.

Die zu prüfende Flüssigkeit versetzt man mit Guajaktinktur (1 g Harz zu 100 ccm absol. Alkohol) und filtriert. War Blut vorhanden, so bleibt dasselbe nebst fein verteiltem Harz auf dem Filter zurück. Das Filter schüttelt man mit Hühnerfeld's Reagens, das bei Anwesenheit von Blut eine Blaufärbung hervorruft.

Archiv der Pharm. 1898, 236. 571; 1900, 238. 279.
Ztschr. f. analyt. Chem. **34**. 130 u. **39**. 134.
Ztschr. f. angew. Mikroskop. 1904. 294.
Moitessier, ebenda 1904. 298.
Liebermann, Pharm. Ztg. 1904. 948.
Schumm, Ztschr. f. physiol. Chem. **50**. 374.
Bolland, Chem. Ztg. 1907. 784.
Gehrmann, Münchener med. Woch. 1909. 612.
Dreyer, ebenda 1909. 1384.
Linz, ebenda 1909. 1742.
Zoeppritz, ebenda 1912. 180.
Vergl. auch Merck's Bericht 1913. 435.

**Schaer**'s Reaktion II auf Blut.

(Aloin-Blutreaktion.) Eine etwas Blut enthaltende 75 %ige, wässerige Chloralhydratlösung mischt man mit einer schwachen Aloin-Chloralhydratlösung und überschichtet mit Wasserstoffsuperoxydlösung oder mit Hühnerfeld's Reagens. Nach einiger Zeit entsteht eine violettrote Zone, die allmählich in eine gleichmäßige rote Farbe der Aloinlösung übergeht.

Ztschr. f. analyt. Chem. **42**. 8.
Pharm. Ztg. 1903. 191.
Südd. Apoth. Ztg. 1903. 858.
Ztschr. f. angew. Mikroskop. 1903. 246.
Vergl. auch Pharm. Zentrh. 1905. 568.
Deutsche med. Woch. 1904. 1198.
Bolland, Chem. Zentralbl. 1908. I. 990.
Ohly, Pharm. Ztg. 1909. 799.

**Schaer**'s Reaktion auf Morphin beruht auf einer Blaufärbung der Morphinlösung durch stark verdünnte Eisenchloridlösung in möglichst neutraler Lösung.

**Schaer**'s Reagens und Reaktion zur Unterscheidung von Acetanilid, Morphin und Strychnin siehe Arch. der Pharm. **232**. 249 oder Ztschr. f. analyt. Chem. **35**. 121 ff.

**Schaer**'s Reagens für analytische Zwecke ist eine konzentrierte bezw. gesättigte alkoholische oder wässerige Lösung von Chloralhydrat, welche bei der Untersuchung auf

Alkaloide, Harze etc. als Extraktionsmittel verwendet werden kann.

Berichte (der Sektion VIII) des internat. Congr. f. angew. Chem. Berlin 1903. IV. 37.
Pharm. Post. **36.** 426.
Mauch, Arch. d. Pharm. **240.** 113, 166.
Herder, ebenda **244.** 120.
Merck's Bericht 1906. 150.

**Schäfer**'s Reaktion auf Cinchonidin im Chininsulfat.

(Tetrasulfatprobe.) Man löst 1 g Chininsulfat in 9 g absolutem Alkohol und 3 g 5 %iger Schwefelsäure und läßt unter öfterem Umschütteln 24 Stunden stehen. Bei Anwesenheit von Cinchonidin hat sich dasselbe als Tetrasulfat krystallinisch abgeschieden.

Pharm. Ztg. 1887. 97.
Ztschr. f. analyt. Chem. **27.** 561 u. 573.
Chem. Ztg. 1887. Rep. 53.
Vergl. auch Arch der Pharm. **224.** 844 u. Ztschr. f. analyt. Chem. **26.** 655.

**Schäfer**'s Reaktion auf Nebenalkaloide im Chininsulfat (Oxalatprobe).

2 g Chininsulfat (krystallisiert) löst man in 60 ccm siedendem Wasser, gibt eine Lösung von 0,5 g neutralem Kaliumoxalat in 5 ccm Wasser zu und ergänzt das Gemisch auf 67,5 g. Man kühlt auf 20° C. ab und erhält unter öfterem Umschütteln auf dieser Temperatur 1/2 Stunde lang. Das Filtrat dieser Mischung versetzt man mit Kalilauge oder Natronlauge. Enthält das angewendete Chininsulfat mehr als 1 % Cinchonidin, so entsteht ein Niederschlag.

Ztschr. f. analyt. Chem. **26.** 662; **27.** 584.
Arch. der Pharm. 1887. 64.
Chem. Ztg. 1887. Rep. 52.

**Schäffer**'s Reaktion auf Martiusgelb in Teigwaren.

Ein alkoholischer Auszug des Untersuchungsobjektes wird bei Anwesenheit von Färbemitteln gelb gefärbt sein. Durch einige Tropfen Salzsäure wird die Lösung farblos, wenn Martiusgelb vorhanden ist; die Farbe ändert sich nicht, wenn Safran zum Färben verwendet wurde; Rotfärbung zeigt Metanilgelb an.

Schweizer Woch. f. Chem. u. Pharm. 33. 251.
The Analyst **20.** 225.
Ztschr. f. analyt. Chem. **36.** 404.

**Schäffer**'s Reaktion auf gekochte und ungekochte Milch.

10 ccm Milch schüttelt man mit 1 Tropfen 0,2 %igem Wasserstoffsuperoxyd und 2 Tropfen 2 %iger p-Phenylendiaminlösung. Ungekochte Milch färbt sich blau.

Merck's Report 1901. 376.

**Schäffer**'s Reagens auf Nebenalkaloide im Cocaïn

ist eine 3 %ige, wässerige Lösung von Chromsäure. 0,05 g Cocaïnhydrochlorid löst man in 20 ccm Wasser und gibt bei 15° C. 5 ccm Reagens und 5 ccm 10 %ige Salzsäure zu; ist das Cocaïn rein, so bleibt die Lösung klar, je mehr fremde Cocabasen vorhanden, desto stärker die entstehende Trübung.

The Chemist and Druggist 1899. 591.
L u n g e's Chem. techn. Unters.-Method. 1911. III. 969.
Pharm. Journ. 1899. 336.
Chem. Ztg. 1899. Rep. 247.

**Schäffer**'s Reaktion auf Nitrite im Harn.

Versetzt man eine farblose Flüssigkeit mit verdünnter Essigsäure und einem Tropfen Ferrocyankaliumlösung, so entsteht bei Anwesenheit von Nitriten eine intensive Gelbfärbung. Nach J o l l e s verfährt man am besten in folgender Weise: 3—4 ccm mit Tierkohle entfärbten Harn versetzt man mit 3—4 ccm 10 %iger Essigsäure und mit höchstens 3 Tropfen 5 %iger Ferrocyankaliumlösung. Empfindlichkeitsgrenze = 0,000045 g $N_2O_3$ in 100 ccm.

Ztschr. f. analyt. Chem. **32.** 764.
K a r p l u s, ebenda **33.** 117.
D e v e n t e r, Berl. Ber. **26.** 589. 932.
B l u n t, The Analyst 1903. 313.

**Schäffer**'s Reagenzien zur Gonokokkenfärbung.

a) Man löst 0,1 g Fuchsin in 5—10 ccm heißem Wasser, fügt 200 g 5 %iges Carbolwasser zu und gibt zu dieser Mischung 20 g Alkohol.

b) Zu 10 ccm einer 1 %igen Lösung von Äthylendiamin gibt man 2—3 Tropfen einer 10 %igen Lösung von Methylenblau in Wasser.

Bei richtiger Färbung ist das Protoplasma der Leukozyten hellrot, die Kerne hellblau und die Gonokokken schwarzblau; die Köpfe der Spermatozoën werden blau, die Schwänzchen rot gefärbt.

Monatsh. f. prakt. Derm. 1898. 54.
Pharm. Zentrh. 1899. 46.
Enzyklop. d. mikroskop. Techn. 1903. 499.

**Schaffgotsch**'s Reagens auf Magnesium

ist eine Lösung von 235 g Ammonkarbonat und 180 ccm 25 %igem Ammoniak in Wasser zu 1 Liter verdünnt. Magnesiumsalze werden in nicht zu starker Verdünnung durch das Reagens gefällt.

F r e s e n i u s, Qualitat. chem. Anal. 13. Aufl. 117.
L u n g e, Chem. Techn. Unters.-Meth. 1904. I. 716.

**Schall**'s Reagens auf ultraviolette Strahlen

ist p-Phenylendiamin-Papier, das durch ultraviolette Lichtstrahlen blau gefärbt wird, während Sonnenstrahlen nicht darauf einwirken. Näheres siehe: Südd. Apoth. Ztg. 1908. 738. — Journ. f. prakt. Chem. 1908. 262. — Chem. Zentralbl. 1908. I. 1386.

**Schapringer**'s Reagens auf Holzstoff im Papier.

2 Tropfen Anilin und einige Tropfen verdünnte Schwefelsäure färben Holzstoff enthaltendes Papier gelb.

Dingler's Journ. **176.** 166.
Wochenschr. d. niederösterr. Gewerbever. 1865. Nr. 15.
Chem. Zentralbl. 1865. 623.

**Schardinger**'s Reagens auf gekochte und ungekochte Milch.

5 ccm gesättigte, alkoholische Methylenblaulösung mischt man mit 5 ccm Formaldehyd (40 %) und 190 ccm Wasser. — 20 ccm Milch entfärben 1 ccm Reagens bei 45—50° C., wenn die Milch nicht gekocht war.

Ztschr. f. Unters. Nahr.-Genußm. 1902. 1113.
Chem. Zentralbl. 1903. I. 96.
Utz, ebenda 1903. I. 854.
Rullmann, Südd. Apoth. Ztg. 1904. 241.
Vergl. auch Pharm. Zentrh. 1904. 674.
Seligmann, Ztschr. f. angew. Chem. 1906. 1540.
Seligmann, Chem. Zentralbl. 1908. I. 151.
Oppenheimer, ebenda 1908. II. 265.
Jensen, ebenda 1910. I. 869.
Barthel, ebenda 1910. I. 868.
Brand, ebenda 1907. II. 85.
Römer, ebenda 1910. II. 689; 1912. II. 153.
Hesse, Chem. Zentralbl. 1908. I. 895.
Römer-Sames, Chem. Zentralbl. 1910. II. 689.
Sames, Chem. Zentralbl. 1910. II. 1412.
Rothenfußer, Chem. Zentralbl. 1910. II. 1413.
Hesse-Kooper, Chem. Zentralbl. 1910. II. 1249.
Rullmann, Biochem. Ztschr. **32.** 446.
Schern, Biochem. Ztschr. **18.** 261.
Barthel, Ztschr. f. Unters. Nahr.-Genußm. **15.** 385.
Wedemann, Biochem. Ztschr. **60.** 330.

**Schärges**' Reaktion auf Cocaïn.

Eine Lösung von 0,02 g Cocaïnhydrochlorid in 1 ccm konzentr. Schwefelsäure gibt mit 1 Tropfen Kaliumdichromat einen schnell wieder verschwindenden Niederschlag; die gelbrote Farbe der Lösung geht beim Erwärmen in Grün über und bei stärkerem Erhitzen entweichen Dämpfe von Benzoesäure.

Pharm. Ztschr. f. Rußland **32.** 667.
Ztschr. f. analyt. Chem. **36.** 541.
Schweizer Woch. f. Chem. u. Pharm. 1893. 341.

**Scheel**'s Reagens auf Gallenfarbstoffe im Blutserum

ist eine Lösung von 0,06 g Natriumnitrit in 300 g Salpetersäure (25 %). Näheres siehe: Ztschr. f. klin. Med. 1912. 74. Nr. 1 u. 2. — Münchener med. Woch. 1912. 491.

**Scheele**'s Reagens auf arsenige Säure

ist Kupfersulfatlösung. Arsenite geben mit dem Reagens einen grünen Niederschlag (Scheeles Grün = Kupferarsenit).

Schriften der Stockholmer Akademie 1778.
Dammer, Anorg. Chem. 1894. II. 725.
Kopp, Geschichte d. Chem. 1847. IV. 172.

**Scheele**'s Reagens auf Schwefelwasserstoff

ist mit ammoniakalischer Nitroprussidnatriumlösung getränktes Papier, das durch Spuren von Schwefelwasserstoff purpurrot—violett gefärbt wird. (Modifizierte Béchamp'sche Reaktion.)

Deutsch-amerik. Apoth. Ztg. **17.** 23.
Ztschr. f. analyt. Chem. **42.** 181.
Vergl. Béchamp u. Král's Reaktion.

**Scheerer**'s Reaktion auf Phosphor und Phosphorwasserstoff

beruht auf der Schwärzung von Silbernitratpapier (Bildung von Phosphorsilber) durch Phosphordämpfe. Die Reaktion dient nur zur Vorprüfung.

Liebig's Annal. **112.** 216.

**Scheffer**'s Reagens zum Färben mikroskop. Präparate

ist eine 0,05 %ige, wässerige Safraninlösung. Gebraucht zum Färben von Knochengeweben.

Eberth-Friedländer, Mikroskop. Techn. 1894. 236.

**Scheibler**'s Reagens auf Alkaloide

ist eine Mischung von Natriumwolframatlösung mit 25 %iger Phosphorsäure. Das Reagens gibt mit Alkaloiden (auch mit Eiweiß) Niederschläge. So läßt sich Strychnin noch in einer Lösung 1 : 200 000, Chinin 1 : 100 000 nachweisen.

Ztschr. f. analyt. Chem. **12.** 316.
Arch. der Pharm. **59.** 182.
Erdmann, Journ. f. prakt. Chem. **80.** 211.

**Scheitz**' Indikatoren.

1. Ein nach besonderem Verfahren gereinigtes Azolitmin.
2. Ein aus dem alkohollöslichen Teil des Lackmus isolierter Stoff, der Azolitmin an Empfindlichkeit übertreffen soll.

Ztschr. f. analyt. Chem. **49.** 735.

**Schell**'s Reaktion auf Cocaïn.

Mischt man gleiche Teile Cocaïnhydrochlorid und Kalomel, so wird diese Mischung beim Anhauchen oder Befeuchten mit Wasser oder Weingeist schwarz gefärbt.

Pharm. Ztg. **36.** 55.
Ztschr. für analyt. Chem. **30.** 264.
Deutsches Arzneibuch V. 121.
Flückiger, Pharm. Ztg. **36.** 72.

**Schenk**'s Reaktion auf Karamel.

In mäßig verdünnter, wässeriger Lösung wird der Farbstoff mit Äther ausgeschüttelt, in einer Porzellanschale mit 10 Tropfen einer ätherischen Phenollösung (5 : 100) versetzt und nach dem Verdunsten des Äthers 5 ccm konz. Schwefelsäure zugesetzt. Es tritt eine orangegelbe Färbung auf.

Apoth. Ztg. 1914. 202.
Pharm. Zentrh. 1914. 944.
Chem. Ztg. 1915. 465.

**Schenk**'s Reagens auf Kupfer

ist alkalische Seignettesalzlösung, wie sie zu Fehling's Reagens Verwendung findet. Die Reaktion ist eine Umkehrung der Fehling'schen Reaktion auf Glukose. 10 ccm der zu prüfenden Lösung versetzt man mit 1 Tropfen Seignettesalzlösung und einer Spur (4—5 Körnchen) Traubenzucker und erhitzt die Mischung 2—3 Minuten im siedenden Wasserbade. Ist die zu prüfende Lösung sauer, so setzt man zuerst so viel Seignettesalzlösung zu, daß sie schwach alkalisch reagiert. Die positive Reaktion kennzeichnet sich durch Abscheidung von rotem Kupferoxydul.

Apoth. Ztg. **1913.** 137.
Zentrbl. f. ges. Arzneimittelkd. **1913.** 163.

**Schenk-Burmeister**'s Reaktion auf Benzaldehyd bzw. Zimtsäure.

Benzaldehyd gibt noch in Spuren mit Phenol und Schwefelsäure eine quittengelbe Färbung. Diese Reaktion kann insofern zum Nachweis von Zimtsäure benützt werden, als Zimtsäure mittels alkalischer Permanganatlösung leicht in Benzaldehyd überführbar ist. Näheres siehe: Pharm. Ztg. **1915.** 213.

**Scherbatschew**'s Reagenzien zur Unterscheidung von Cocain und seinen Ersatzstoffen

sind Salmiakgeist, Kalilauge (10 %) und gesättigte, wässerige Lösung von Natriumbikarbonat. Die Ersatzstoffe des Cocains, wie Stovain, *Holocain*, Nirvanin, Eucain, Alypin usw. unterscheiden sich voneinander durch Fällbarkeit oder Nichtfällbarkeit durch die 3 Reagenzien. Näheres siehe: Apoth. Ztg. **1912.** 441. — Pharm. Zentrh. **1913.** 1022.

**Scherer**'s Reaktion auf Inosit.

Dampft man Inosit mit konzentr. Salpetersäure auf dem Dampfbade zur Trockene und wiederholt dieselbe Operation mit etwas Ammoniak und Chlorcalcium, so hat der erhaltene Rückstand eine rosarote Färbung. Empfindlichkeitsgrenze = 0,0001 g.

Verhandlg. der phys. med. Ges. Würzburg. 1851. 212.
Annal. der Chem. u. Pharm. **81.** 375.
Boedecker, Ztschr. f. rat. Medic. (3) **10.** 162.
Maquenne, Chem. Ztg. **1887.** 316.
Nickel, Die Farbenreaktionen der Kohlenstoff-Verb. **1890.** 18.
Meillère, Nouv. Reméd. **1906.** 442.
Mayer, Biochem. Ztschr. **1907.** **2.** 393.
Müller, Berl. Ber. **1907.** **40.** 1824.
Rosenberger, Ztschr. f. physiol. Chem. **64.** 341.

**Scherer**'s Reaktion auf Leucin.

Verdampft man Leucin mit Salpetersäure in einer Platinschale zur Trockene und erhitzt den Rückstand auf freier Flamme mit einigen Tropfen Natronlauge, so bildet sich ein nicht adhärierender, ölartiger Tropfen.

Liebig's Annal. **112.** 257.
Arch. f. pathol. Anat. **10.** 228.
Neues Jahrb. f. Pharm. **7.** 306.
Verhandl. d. phys. med. Ges. Würzburg **2.** 323 und **7.** 123.

**Scherer**'s Reaktion auf Tyrosin.

Dampft man etwas Tyrosin mit Salpetersäure ein, so wird der Rückstand durch Ammoniak und Natronlauge rotbraun gefärbt.

Journ. f. prakt. Chem. **1857.** 406.

**Schermer**'s Reaktion auf Santonin.

Schmilzt man Santonin mit Cyankalium, so erhält man eine rote, schnell braungelb werdende Schmelze, die, in Wasser gelöst, eine starke, grüne Fluoreszenz zeigt.

Mit Ätzkali liefert Santonin eine rote Schmelze. Letztere löst sich in Wasser mit roter Farbe, die bald in Braungelb und Gelb übergeht.

Pharm. Ztschr. f. Rußland **32.** 120.
Ztschr. f. analyt. Chem. **36.** 408.

**Schern-Schellhase**'s Reagens auf gekochte und ungekochte Milch

ist guajakolhaltige Guajaktinktur, welche in ungekochter Milch nach Zusatz von Perhydrol eine Blaufärbung erzeugt. Näheres siehe: Berl. tierärztl. Woch. **1911.** 868 und **1912.** 221. — Merck's Bericht **1912.** 232.

**Scheunert-Grimmer-Andryewsky's** Peroxydase-Reagens

(aktive Guajaktinktur) ist eine Mischung von 100 ccm frischer inaktiver Guajaktinktur mit 0,1—0,2 ccm 3%igem Wasserstoffsuperoxyd. Es gibt mit peroxydasehaltigen Gewebsextrakten und blutfreien Flüssigkeiten (Milch, Speichel) eine sofortige Blaufärbung. Mit Blut erfolgt diese erst dann, wenn größere Mengen $H_2O_2$ oder anderer Superoxyde zugesetzt werden. Näheres siehe: Biochem. Ztschr. **1913.** **53.** 300.

**Schewket**'s Reaktion der Gallus- und Gerbsäure.

3 ccm 1%ige Jod-Jodkaliumlösung versetzt man mit 2 ccm einer 1%igen Lösung von Gallus- oder Gerbsäure und gibt 300—500 ccm Leitungswasser zu. Es tritt eine rotviolette Färbung auf, die auf die Alkalität des Leitungswassers zurückzuführen ist. Andere stark verdünnte Alkalien bringen sie ebenfalls hervor. Die Reaktion wird zum Nachweis der Gallus- und Gerbsäure und zur Alkalinitätsprüfuog verwendet:

1. Reaktion auf Gallusgerbsäure in Pflanzenpulver;
2. Reaktion auf Tannin und Gallussäure in pharmazeutischen Präparaten;
3. Reaktion auf Alkalinität.

Vergl. Biochem. Ztschr. **1913.** **52.** 271. — Merck's Bericht **1913.** 297.
Vergl. Grießmayer's Reaktion und Mörner, Pharm. Zentrh. **1915.** 13.

**Schiefferdecker**'s Reagenzien zum Färben mikroskop. Präparate.

1. Man mazeriert Blauholz 2—3 Wochen mit Wasser. Die erhaltene Farblösung versetzt man mit Alaun, bis sie burgunderrot geworden ist und filtriert sie nach nochmaligem 24 stündigem Stehen. Gebraucht zu Kernfärbungen.
2. Eine schwache, wässerige Lösung von Methylviolett 5 B.
3. Eine Lösung von 0,2 g Nigrosin in 100 ccm Wasser.

4. a) Eine konzentr., wässerige Lösung von Eosin (-Natrium) versetzt man mit Essigsäure im Überschuß, sammelt, wäscht und trocknet den erhaltenen Niederschlag und löst ihn in Alkohol.
b) 1 g Dahliaviolett oder Methylviolett löst man in 200 ccm Wasser.
Arch. f. mikroskop. Anat. 1878. 30.
Behrens' Tabellen 1892. 102. 112. 115.

**Schiefferdecker's** Reagenzien f. mikroskop. Zwecke

1. (Methylmixtur, Mazerationsflüssigkeit für Retina und Zentralnervensystem) ist eine Mischung von 10 ccm Methylalkohol, 200 ccm Wasser und 100 ccm Glycerin.
2. (Mazerationsflüssigkeit zur Darstellung der Epidermis und Epithelzellen) ist eine gesättigte, wässerige Lösung von Pankreatin.

Arch. f. mikroskop. Anat. 1886. 305.
Ztschr. f. wiss. Mikroskop. 1886. 518.
Behrens' Tabellen 1892. 82.
Enzyklop. d. mikroskop. Techn. 1903. 1243.

**Schiff's** Reagens auf Aldehyde

ist eine mit Schwefeldioxyd entfärbte, wässerige Lösung von Fuchsin 0,25 : 1000. Das Reagens färbt sich mit sehr geringen Mengen Aldehyd violettrot.
Liebig's Annal. **140.** 93.
Caro, Berl. Ber. **13.** 2342.
Meyer, ebenda.
Tiemann, ebenda **14.** 791.
Schmidt, ebenda **14.** 1848.
Tollens, Handb. d. Kohlehydrate 1888. 9.
Nickel, Reimann's Färber-Ztg. 1887. 223 oder Farbenreakt. d. Kohlenstoff-Verb. 1890. 56.
Vergl. Gayon's, Chantard's u. Mohler's Reag.
Paul, Dissertation 1895, Würzburg u. Ztschr. f. analyt. Chem. **39.** 647.
Béla v. Bittó, Ztschr. f. analyt. Chem. **36.** 373.
Blaser verwendet eine an der Sonne gebleichte Lösung von Fuchsin 1 : 100 000. Pharm. Zentrh. 1899. 607.
Klobb-Fandre, Chem. Zentralbl. 1907. I. 574.
Prud'homme, Ztschr. f. analyt. Chem. 1907. 185.

**Schiff's** Reaktion auf Allantoin

ist dieselbe Reaktion wie dessen Reaktion auf Harnstoff mit Furfurol (siehe diese).
Berl. Ber. 1877. 774.
Ascher, Biochem. Ztschr. 1910. **26.** 370.

**Schiff's** Reaktion auf Cholesterin.

1. Konzentr. Schwefelsäure und Jod geben mit Cholesterin eine grüne Farbenreaktion.
2. Eine Lösung von Cholesterin in konzentr. Schwefelsäure wird durch Ammoniak rot gefärbt.
3. Cholesterin bewirkt beim Kochen mit Salzsäure und Eisenchlorid eine rote Farbenerscheinung.
4. Der beim Verdampfen von Cholesterin mit Salpetersäure verbleibende Rückstand wird durch Ammoniak rot gefärbt.

Liebig's Annal. **115.** 313.
Chem. Zentralbl. 1860. 1006.
Hager, Pharm. Prax. Erg.-Bd. 1883. 1185.
Enzyklop. d. gesamt. Pharm. 1890. IX. 101.

**Schiff's** Reaktion auf Chromsäure.

Eine mit Schwefelsäure schwach angesäuerte Lösung von Chromsäure oder Chromaten wird durch Guajaktinktur (1 Teil Harz : 100 Teilen verdünntem Spiritus) intensiv blau gefärbt. Empfindlichkeitsgrenze = 1 : 10 Millionen.
Liebig's Annal. **120.** 208.

**Schiff's** Reagens auf Glukose (Kohlehydrate). (Furfurolreaktion.) Man tränkt Papierstreifen mit einer Mischung gleicher Teile Eisessig und Xylidin in etwas Alkohol. Setzt man solche Streifen den Dämpfen aus, wie sie beim Erhitzen von Kohlehydraten entstehen (Furfuroldämpfe), so färben sie sich rot. Die Reaktion gelingt noch bei Verwendung von 2 Tropfen 0,1 %iger Zuckerlösung und 1 ccm Schwefelsäure (beim Erwärmen).
Berl. Ber. **20.** 540.
Ztschr. f. analyt. Chem. **27.** 72.
Chem. Ztg. 1887. Rep. 83.
Udránzky, Ztschr. f. physiol. Chem. **68.** 88.

**Schiff's** Reaktion auf Harnsäure.

Man befeuchtet weißes Filtrierpapier mit Silbernitratlösung und tropft darauf Natriumkarbonatlösung. Bringt man hierauf eine Lösung, die Harnsäure enthält, so entsteht ein schwarzer Fleck.
Liebig's Annal. **109.** 67.

**Schiff's** Reaktion auf Harnstoff.

Versetzt man ein Harnstoffkryställchen mit einem Tropfen Furfurolwasser und einem Tropfen konzentr. Salzsäure, so färbt sich die Mischung über Gelb, Grün, Blau und Violett schön purpurviolett.
Berl. Ber. **10.** 773.

**Schiff's** Reagens zum Ersatz des Schwefelwasserstoffs

ist eine 30 %ige, wässerige Lösung von Ammoniumthioacetat. Näheres siehe Merck's Bericht 1895. 38 oder Berl. Ber. 1894. 3437 u. 1895. 1204.

**Schindelmeiser's** Reaktion auf Nicotin.

Versetzt man Nicotin mit 1 Tropfen ameisensäurefreiem (30 %) Formaldehyd und dann mit 1 Tropfen konzentr. Salpetersäure, so tritt eine rosa bis rote Färbung ein. 0,5 mg Nicotin geben noch deutliche Reaktionen. Coniin gibt sie nicht.
Pharm. Zentrh. 1899. 703.
Chem. Zentralbl. 1900. I. 67.

**Schindler's** Reaktion auf Bombaymacis.

5 g der zu prüfenden Bandamacis werden durch zweimaliges Aufgießen von 8 ccm 98 %igem Alkohol ausgezogen, dieser erste Auszug für sich aufbewahrt und mit dem Rückstand noch zwei Auszüge hergestellt. Versetzt man die drei erhaltenen Auszüge mit einigen Tropfen Bleiessig, so entsteht bei

echter Bandamacis im ersten Auszug ein stark gelber bis roter Niederschlag, der im zweiten Auszug weit schwächer ist und im dritten Auszug nicht eintritt. Bei Bombaymacis oder einem Gemenge ist es umgekehrt; im letzten Auszug ist die Färbung stärker als im ersten. — Versetzt man den alkoholischen Auszug von Macis mit Ammoniak, so liefert echte Macis eine hellgelbe, Bombaymacis eine blutrote bis braunrote Färbung.

Ztschr. f. öffentl. Chem. 1902. 288.
Südd. Apoth. Ztg. 1902. 750.
Chem. Zentralbl. 1902. II. 849.

**Schipper**'s Reaktion auf Gallenfarbstoffe

ist eine Modifikation von Huppert-Salkowski's Reaktion. 10 ccm Harn werden mit 2 ccm Natriumkarbonatlösung (20 %) und 3 ccm Calciumchloridlösung versetzt, der entstandene Niederschlag auf einem Filter gesammelt, mit Wasser gewaschen, in 3 ccm Salzsäure-Alkohol (95 ccm Alkohol und 5 ccm konz. Salzsäure) gelöst und (eventuell nach Zusatz von einigen Tropfen Natriumnitritlösung) erhitzt. Grünfärbung zeigt Gallenfarbstoffe an.

Biochem. Ztschr. 1908. 9. 242.
Pharm. Ztg. 1908. 380.

**Schirm**'s Reagens für analytische Zwecke

(Bestimmung von Zink, Mangan, Cobalt, Nickel, Kupfer, Cadmium) ist eine Lösung von 17 g Trimethylphenylammoniumkarbonat und 3 g Trimethylphenylammoniumjodid in 80 g Wasser. Näheres siehe: Chem. Ztg. 1911. 1177. — Chem. Zentralbl. 1911. II. 1747.

**Schirmer**'s Reaktion auf Methylalkohol

ist Riche-Bardy's Reaktion (siehe diese).
Pharm. Ztg. 1912. 74.

**Schlagdenhauffen**'s Reagens auf Alkaloide

ist eine Lösung von seleniger Säure in konzentr. Schwefelsäure.

Vergl. Lafon's u. da Silva's Reagens.

Auch Pyrogallol ist vom Autor als Reagens auf Alkaloide vorgeschlagen worden.

Jahresber. f. Chem. 1874. 956.

**Schlagdenhauffen**'s Reagens zur Differenzierung von Alkaloiden und Glykosiden

ist eine Mischung von gleichen Teilen Guajaktinktur (3 %) und gesättigter Quecksilberchloridlösung. Das Reagens wird nur durch Alkaloide, nicht durch Glykoside blau gefärbt.

Merck's Index 1902. 263.
Enzyklop. d. gesamt. Pharm. 1886. I. 232.

**Schlagdenhauffen**'s Reagens auf Magnesium

ist eine Lösung von Natriumhypojodid oder eine goldgelbe Lösung von Jod in 2 %iger Natronlauge, die man am besten immer frisch darstellt. Das Reagens gibt mit Magnesiumsalzlösungen einen braunroten Niederschlag.

Ztschr. d. öst. Apoth. Ver. 1878. 384.
Chem. Zentralbl. 1879. 576.
Polytechn. Notizbl. 34. 29.

G r i m b e r t schlägt folgende Modifikation vor:

Man verwendet als Reagens eine 10 %ige Kaliumjodidlösung, der man auf 5 ccm 2—3 Tropfen konzentr. Natriumhypochloritlösung zufügt. 10 ccm der zu prüfenden (neutralen) Lösung versetzt man mit 5 ccm Reagens. Bei Anwesenheit von Magnesium entsteht ein rötlichbrauner, flockiger Niederschlag. Empfindlichkeitsgrenze = 1 : 2000.

Journ. de Pharm. et de Chim. (6) 23. 237.
Chem. Zentralbl. 1906. I. 1116.
Pharm. Ztg. 1906. 33.

Nach B e l l i e r verfährt man folgendermaßen:

Zu 10 ccm der zu prüfenden Flüssigkeit gibt man 1 ccm mit Jod gesättigte, 1 %ige Jodkaliumlösung und dann 15 Tropfen $^1/_{10}$ Normal-Natronlauge. Bei 0,01 % Magnesia färbt sich die Mischung rotbraun und es scheiden sich schnell rotbraune Flocken aus, bei 0,005 % tritt nur die genannte Färbung, aber kein Niederschlag auf.

Journ. de Pharm. et de Chim. 1906. I. 378.
Répert. de Pharm. 1906. 202.

**Schlecht**'s Reaktion auf Trypsin (Pankreasfunktionsprüfung)

siehe: Münchener med. Woch. 1908. 727. — Deutsche med. Woch. 1909. 523.

**Schlemmer**'s ammoniakalische Silberlösung für mikroskop. Zwecke

ist eine Lösung von Silberhydroxyd in Ammoniakflüssigkeit. Man stellt sie her, indem man Silbernitratlösung beliebiger Konzentration mit einem geringen Überschuß von Natronlauge fällt, den erhaltenen Niederschlag bis zum Verschwinden der alkalischen Reaktion mit Wasser auswäscht und ihn dann in möglichst wenig Salmiakgeist löst.

Ztschr. f. wiss. Mikroskop. 1910. 23.

**Schlesinger**'s Reagens auf Urobilin im Harn

ist eine 10 %ige, alkoholische Lösung von Zinkacetat. Versetzt man urobilinhaltigen Harn mit dem gleichen Volumen Reagens und filtriert, so zeigt die Flüssigkeit Fluoreszenz und ein charakteristisches Absorptionsspektrum. Näheres siehe Deutsche med. Woch. 1903. 561. — Apoth. Ztg. 1903. 566. — Chem. Zentralbl. 1903. II. 855. — Ztschr. f. analyt. Chem. 1904. 328. — S t r a u ß, Münchener med. Woch. 1908. 2537. — W e i t z, Chem. Zentralbl. 1910. II. 501. — H i l d e b r a n d, Ztschr. f. klin. Med. Bd. 59. 351. — G a u t i e r, Compt. rend. biol. 66. 211. — G r i g a u t, ebenda 66. 725.

**Schlesinger-Holst**'s Reaktion auf Blut.

In einem Reagenzglase mischt man 10—12 Tropfen annähernd gesättigte Benzidinlösung (in Essigsäure) mit 2—3 ccm Wasserstoffsuperoxyd (3 %) und gibt 1—3 Tropfen der wässerigen Faecesaufschwemmung, die man vorher zum Sieden erhitzt hat, zu. Bei Anwesenheit von Blut färbt sich die Mischung grün, blaugrün oder blau.

Deutsche med. Woch. 1906. 1444.
Medizin. Klinik. 1913. 417.
Merck's Berichte 1906. 62 und 1913. 436.

**Schlicht**'s Reagens auf Kalium.

Durch Schmelzen von Ammoniumphosphomolybdat, wie es bei der von Lorenz'schen Methode der Phosphorsäurebestimmung erhalten wird, mit Soda und Natriumnitrat erhält man ein Natriumphosphomolybdat von bestimmter Zusammensetzung, das, in Wasser gelöst und mit Salpetersäure übersättigt, eine Lösung gibt, die Kaliumsalze fällt.

Chem. Ztg. 1906. 1300. 1908. 1125. 1138.
Pharm. Zentrh. 1907. 429.
Vergl. Wörner's Reagens.

**Schlickum**'s Reaktion auf Arsen.

In eine Lösung von 0,3—0,4 g Zinnchlorür in 3—4 g Salzsäure (D. = 1,124) gibt man 0,01 g Natriumsulfid und schichtet über diese Lösung die zu prüfende Flüssigkeit. $^1/_{50}$ mg arsenige Säure gibt auf der Berührungsfläche sofort einen gelben Ring von Schwefelarsen.

Pharm. Ztg. **30.** 465.
Arch. der Pharm. **223.** 710.
Ztschr. f. analyt. Chem. **26.** 635.

**Schlickum**'s Reaktion auf Nebenalkaloide im Chinin.

0,5 g Chininsulfat werden mit 10 ccm Wasser zum Sieden erhitzt und 0,15 g zerriebenes Kaliumchromat zugegeben. Die Mischung wird gut durchgeschüttelt, während mindestens 4 Stunden öfter umgerührt, filtriert und das Filtrat mit 1 Tropfen Natronlauge versetzt. Innerhalb einer Stunde darf sich keine Ausscheidung bilden. 0,5 % Cinchoninsulfat und 1 % Chinidin- oder Cinchonidinsulfat geben noch eine flockige Ausscheidung.

Pharm. Ztg. 1887. 23.
Chem. Ztg. 1887. Rep. 24.

**Schlömann**'s Reagens auf primäre Amine

ist eine konzentr. Lösung von Metaphosphorsäure in Wasser (25 % $P_2O_5$). Näheres siehe Berl. Ber. 1893. 1020.

**Schlösing**'s Reagens auf Kalium

ist Überchlorsäure, die mit nicht zu verdünnten Lösungen von Kaliumsalzen einen krystallinischen Niederschlag von Kaliumperchlorat erzeugt.

Compt. rend. **73.** 1269.
Journ. f. prakt. Chem. (2) **4,** 429.
Ztschr. f. analyt. Chem. **11.** 193.
Kraut, Ztschr. f. analyt. Chem. **14.** 152.
Wense, Ztschr. f. angew. Chem. 1891. 691.
Caspari, ebenda 1893. 68.
Kreider, Ztschr. f. anorgan. Chem. 1895. 342.

**Schloss**' Reagens auf Glyoxylsäure im Harn

ist eine 0,2 %ige, wässerige Lösung von Indol oder Skatol. — 20 ccm Harn werden mit Tierkohle entfärbt und das farblose Filtrat zur Austreibung eventuell vorhandener salpetriger Säure mit 1—2 ccm verdünnter Schwefelsäure geschüttelt. Nach etwa 10 Minuten langem Erwärmen auf 50° C. gibt man Indollösung zu und schichtet über konzentr. Schwefelsäure. Ein roter Ring zeigt Glyoxylsäure an. Eine andere Probe des entfärbten Harns prüft man direkt mit Skatollösung und Schwefelsäure.

Vergl. auch Eppinger's Reaktion.
Hofmeister's Beitr. z. chem. Phys. u. Path. 1906. (8.) **449.**
Chem. Zentralbl. 1906. II. 1140.
Merck's Bericht **1906. 154.**
Granström, Hofmeister's Beitr. 1907. 132.

**Schlossberger**'s Reagens zur Unterscheidung von Gespinstfasern

ist eine Lösung von frischgefälltem Nickelhydroxydul in konzentr. Ammoniakflüssigkeit. Das Reagens löst Seidenfaser, aber nicht Wolle oder Baumwolle.

Merck's Index 1902. 263.
Journ. f. prakt. Chem. **73.** 369.
Chem. Zentralbl. 1858. 478.

**Schmatolla**'s Reaktion auf Benzoesäure (Benzokörper).

20 ccm der zu prüfenden Lösung versetzt man bei gewöhnlicher Temperatur mit 5 ccm reinem Wasserstoffsuperoxyd und träufelt dann von einer Lösung von 5 g Ferrosulfat und 5 g Borsäure in 100 ccm Wasser unter Umschwenken zu. Bei Anwesenheit von Benzoesäure entsteht eine Blaufärbung. Hippursäure gibt diese Reaktion ebenfalls; man kann die Benzoesäure aber von dieser durch Ausschütteln mit Petroläther trennen. Näheres siehe: Pharm. Ztg. 1912. 947.

**Schmatolla**'s Reaktion auf Wasserstoffsuperoxyd.

200 ccm des zu prüfenden Wassers versetzt man mit 5—10 Tropfen verdünnter Schwefelsäure und 5—8 Tropfen Cobaltnitratlösung (1 %). Träufelt man zu dieser Mischung Kalilauge, so zeigt sich noch bei 0,5—1 mg $H_2O_2$ im Liter eine sehr deutliche Braunfärbung (Cobaltoxydhydrat).

Pharm. Ztg. 1905. 642.

**Schmatolla**'s Reaktion auf Zinn.

Bringt man Zinnsalze mit Salzsäure in die nicht leuchtende Bunsenflamme, so wird diese bläulichweiß gefärbt.

Chem. Ztg. 1901. 468.
Ztschr. f. analyt. Chem. 1907. 603.

**Schmaus**' Reagenzien zum Färben mikroskop. Präparate.

1. Urancarminlösung: 1 g Urannitrat und 2 g carminsaures Natrium kocht man mit 200 ccm Wasser $^1/_2$ Stunde lang unter Ersatz des verdampfenden Wassers. Nach dem Erkalten wird die Lösung filtriert.
2. Blaulösung: Man löst 0,5 g Reinblau in 100 ccm Wasser und gibt 100 ccm Alkohol mit etwas Pikrinsäure zu.

Ztschr. f. wiss. Mikroskop. 1891. 230.
Münchener med. Woch. 1891. 147.
Gierke, Ztschr. f. wiss. Mikroskop. 1884. 92.
Eberth - Friedländer, Mikroskop. Techn. 1894. 241. 242.
Enzyklop. d. mikroskop. Techn. 1903. 638. 82.

**Schmelck**'s Reagens auf Blutflecke an Eisen und Stahl

ist Wasserstoffsuperoxyd. Betüpfelt man mit diesem eine auf Blut zu prüfende Stelle, so tritt bei Anwesenheit von eingetrocknetem Blut Schaumbildung auf.

Ztschr. f. Unters. Nahr.-Genußm. 2. 510.
Norske Apoth. Forenings Tidskr. 1907. 107.
Apoth. Ztg. 1907. 654.
Vergl. Merck's Berichte 1904. 155 u. 1905. 165.

**Schmid**'s Reaktion auf Glukose im Harn

ist eine Modifikation der Phenylhydrazinprobe (Fischer's Reagens auf Glukose) unter Zuhilfenahme des Mikroskopes. Näheres siehe Apoth. Ztg. 1907. 533. — Chem. Ztg. 1907. Rep. 331.

**Schmidt**'s Reagens auf Aldehyd

ist eine Lösung von 8 g Silbernitrat in 30 g Ammoniakflüssigkeit, der man noch eine Lösung von 3 g Natriumhydroxyd in 30 ccm Wasser zugibt.

Lehrb. d. pharm. Chem. 3. Aufl. II. 207.
Vergl. Wobbe's Reagens.

**Schmidt**'s Bindegewebsprobe

vergl. Gregersen, Münchener med. Woch. 1913. 1108.

**Schmidt**'s Reagenzien auf Leim.

1. Ammoniummolybdatlösung, die mit Leimlösungen einen flockigen weißen Niederschlag erzeugt. Dieser verschwindet beim Erwärmen zum Teil und kommt beim Erkalten wieder zum Vorschein.
2. Neßler's Reagens auf Ammon, mit Schwefelsäure bis zur sauren Reaktion versetzt und filtriert. Gibt mit neutralen Lösungen von Leim weiße Fällungen, die in Alkali löslich sind.

Empfindlichkeit der beiden Reagenzien = 0,00001 g in 5 ccm.

Färber-Ztg. 1913. 24 97.

**Schmidt**'s Reagens auf Palladium

ist α-Nitroso-β-Naphthol, das mit Palladiumsalzen einen voluminösen, rotbraunen Niederschlag erzeugt. Platin reagiert nicht.

Ztschr. f. anorgan. Chem. 80. 335.
Merck's Bericht 1913. 366.

**Schmidt**'s Reaktionen auf Apomorphin.

1 Tropfen 1 : 10 verd. Eisenchloridlösung färbt 10 ccm Apomorphinhydrochloridlösung (1 : 10 000) blau.

Werden 10 ccm Apomorphinhydrochloridlösung (1 : 10 000) mit 1 ccm Chloroform versetzt und alsdann, nach Alkalisieren mit Natronlauge, sofort mit Luft geschüttelt, so nimmt die wässerige Flüssigkeit vorübergehend eine rotviolette, das Chloroform eine blaue Färbung an.

Apoth. Ztg. 1908. 657.
Répert. de Pharm. 1909. 76.

**Schmidt**'s Reaktion auf Fichtenharz im Bienenwachs.

5 g Wachs erhitzt man in einem Glaskolben 1 Minute lang mit 20—25 g Salpetersäure (D. = 1,32—1,33) zum Sieden. Dann gibt man 25 ccm Wasser und unter Umschütteln so viel Ammoniak zu, bis die Mischung danach riecht. Bei Anwesenheit von Harz ist die vom abgeschiedenen Wachs abgegossene Flüssigkeit rotbraun, außerdem gelb. Es soll sich noch 1 % Harz nachweisen lassen.

Berl. Ber. 10. 837.
Ztschr. f. analyt. Chem. 17. 509.
D o n a t h, Dingler's Journ. 205. 131 oder Ztschr. f. analyt. Chem. 12. 325.

**Schmidt**'s Reaktion auf Gärungsessig.

Dieselbe beruht auf dem Nachweis der durch die Lebenstätigkeit der Essigbakterien gebildeten Stoffe, die in Essigessenzen nicht vorhanden sein können. Man destilliert 100 ccm Essig und gibt zum Destillationsrest Jodjodkaliumlösung zu. Eine Trübung oder Fällung zeigt Gärungsessig an.

Ztschr. f. angew. Chem. 1906. 1611 u. 1866.
Ztschr. f. Unters. Nahr.-Genußm. 11. 386.
Chem. Zentralbl. 1906. I. 1678.
Südd. Apoth. Ztg. 1906. 398.
Vergl. Kraszewski's Reakt.

**Schmidt**'s Reaktion auf Leim.

Leim wird in der Kälte selbst in sehr starker Verdünnung durch das bekannte Ammoniummolybdatreagens (vergl. Wagner's Reagens auf Phosphorsäure) gefällt. Es entsteht ein weißer amorpher Niederschlag, der sich rasch absetzt.

Chem. Ztg. 1910. 839.
Apoth. Ztg. 1910. 670.
Merck's Ber. 1910. 96.

**Schmidt**'s Reaktion zur Unterscheidung von Rohr- und Traubenzucker.

Versetzt man Glukoselösung mit Ammoniak und Bleiessig, so entsteht ein weißer, beim Erwärmen schnell rot werdender Niederschlag, Rohrzucker gibt einen weißen Niederschlag, der sich nicht färbt.

Liebig's Annal. 119. 102.
Ztschr. f. analyt. Chem. 3. 338.
Chem. Zentralbl. 1865. 448.

**Schmidt**'s Reagens auf Salpetersäure

ist eine Lösung von 10 g Anilin in 100 ccm verdünnter Schwefelsäure, 5 ccm Reagens und 5 ccm der zu prüfenden Lösung mischt man und schichtet sie über konzentr. Schwefelsäure. Bei Anwesenheit von Salpetersäure oder Nitraten entsteht ein roter Ring.

Enzykl. d. gesamt. Pharm. 1891. X. 609.

**Schmidt**'s Reaktion auf Saccharose in Milchzucker.

Stäubt man Milchzuckerpulver auf konzentr. Schwefelsäure, so schwärzt sich dasselbe bei Gegenwart von Saccharose innerhalb einer Stunde.

E. S c h m i d t, Pharm. Chem. 1901. II. 924.
B e y t h i e n, Pharm. Zentralh. 1907. 43.

**Schmidt**'s Reaktion auf Urobilin

beruht auf einer Rotfärbung des Urobilins mit 10 %iger Quecksilberchloridlösung. Näheres siehe: Verhandl. d. Kongr. f. innere Med. 1899. Bd. 13. 320. — Schorlemer, Arch. f. Verdauungskrankh. 6. Nr. 3. — v. Oefele, Ber. d. deutschen pharm. Ges. Berlin 1904. 254.

**Schmidt**'s Kernprobe

ist eine zu medizinisch-diagnostischen Zwecken in Vorschlag gebrachte Reaktion zur Prüfung der Magen- und Darmfunktion. Näheres siehe: Ztschr. f. experim. Path. u. Therap. 8. 353. — Deutsche med. Woch. 1911. 466. — Kashiwado, ebenda 1912. 180. — Merck's Bericht 1912. 225. — Fronzig, Ztschr. f. klin. Med. 77. No. 1. Berl. klin. Woch. 1913. 691. — Greyersen, Arch. f. Verdauungskr. 19. 43.

**Schmidt-Lumpp**'s Reagens auf Salpetersäure

ist eine Lösung von 0,1 g Di-(9, 10-monoxyphenanthryl-)amin in 1 Liter konzentr. Schwefelsäure. Diese blaue Lösung wird durch Salpetersäure oder Nitrate in Substanz oder in konzentr. Schwefelsäure gelöst, blaurot bis weinrot gefärbt.

Berl. Ber. 1910. 794.
Ztschr. f. angew. Chem. 1910. 1284.
Pharm. Ztg. 1910. 665.
Merck's Bericht 1910. 177.
Apoth. Ztg. 1910. 292.

**Schmiedeberg**'s Reaktion auf Chloroform

beruht auf der Zersetzung desselben über glühendem Calciumoxyd unter Bildung von Chlorcalcium, welches mit Silbernitrat qualitativ und quantitativ bestimmt werden kann.

Dissert. Dorpat 1866.
Arch. f. Heilkunde 8. 273.
Gréhant-Quinquaud, Compt. rend. 97. 753.
Ztschr. f. analyt. Chem. 23. 274. 448.

**Schmiedeberg**'s Reaktion auf Digitonin.

Kocht man Digitonin mit konz. Salzsäure oder mäßig verdünnter Schwefelsäure, so entsteht eine granatrote bis violette Färbung.

Arch. f. experim. Pathol. 1875. 16.

**Schmiedeberg**'s Reagens auf Glukose.

34,632 g Kupfersulfat löst man in 200 ccm Wasser, ferner 16 g Mannit in 100 ccm Wasser, mischt beide Lösungen, gibt 480 ccm Natronlauge (D. = 1,145) zu und verdünnt mit Wasser zum Liter. Das Reagens wird wie Fehling's Lösung verwandt.

Chem. Ztg. 9. 1432.
Ztschr. f. analyt. Chem. 26. 77.
Arch. f. experim. Path. u. Pharm. 28. 363.
Chem. Zentralbl. 1885. 960.

**Schmitt**'s Reagens auf Oxydasen

ist eine 5‰ige, alkoholische Lösung von Guajacin, eines aus Guajakholz durch ein besonderes Verfahren gewonnenen, harzigen Produktes. Das Reagens zeigt durch Blaufärbung Oxydasen an.

Le bois de Gaïac, Thèse de Nancy 1875.
Merck's Index 1910. 282.
Merck's Bericht 1902. 75.
Neumann-Wender, Chem. Ztg. 1902. 1217.
Bertrand, Agenda du Chim. 1897. 550.
Kastle-Lövenhart, Americ. Chem. Journ 26. 539.
Aso, Chem. Zentralbl. 1903. II. 674.

**Schmitt**'s Reaktion auf Saccharin in Wein etc.

10 ccm des stark angesäuerten Weines schüttelt man 3mal mit je 50 ccm einer Mischung gleicher Teile Äther und Petroläther aus, verdunstet die vereinigten, ätherischen Auszüge, versetzt den Rückstand in einer Silberschale mit etwas Natronlauge, dampft zur Trockene ein und erhitzt mit 1 g Natriumhydroxyd 1/2 Stunde lang auf 250° C. Bei Anwesenheit von Saccharin enthält die Schmelze jetzt Salicylsäure, die nach dem Ansäuern mit Schwefelsäure und Extrahieren mit Äther durch Eisenchlorid identifiziert werden kann.

Repert. d. analyt. Chem. 7. 437.
Ztschr. f. analyt. Chem. 27. 396.
Haas, Ztschr. f. Nahrungsmittelunters. u. Hygiene 3. 53.
Mahler, Chem. Ztg. 1905. 32.

**Schmiz**' Reaktion auf Hexamethylentetramin.

Versetzt man eine Lösung von Hexamethylentetramin mit Pikrinsäurelösung (Esbachs' Reagens), so entsteht ein gelber Niederschlag. Erwärmt man nach Zusatz von Kalilauge, so färbt sich die Mischung gelbrot bis kirschrot. Nach Schumacher beruht die Rotfärbung auf einer Reduktionserscheinung der Pikrinsäure durch Formaldehyd. Sie ist nicht charakteristisch, da sie auch durch andere reduzierende Stoffe ausgelöst wird.

Deutsche med. Woch. 1914. 128.
Schumacher, ebenda 1914. 1523.

**Schneider**'s Reaktion auf Alkaloide

beruht auf dem Verhalten einiger Alkaloide gegenüber Zucker und konzentr. Schwefelsäure. Gibt man zu einem Tropfen Schwefelsäure in einem Porzellanschälchen einige mg einer Mischung von 1 Teil Morphin und 6—8 Teilen Zucker, so färbt sich diese sofort schön purpurrot. Die Farbe geht langsam in Blauviolett, Schmutzigblaugrün und schließlich in Gelb über. Dem Morphin ähnlich verhält sich Codeïn. Die Reaktionen von Aconitin, Delphinin, Chelerythrin und Chelidonin siehe die Originalabhandlung:

Poggendorff's Annalen 147. 128 oder
Ztschr. f. analyt. Chem. 12. 219.
Vergl. Weppen's Reakt.
Wangerin, Pharm. Ztg. 1903. 667.

**Schneider**'s Reagens auf Holzstoff (Verholzung pflanzlicher Gewebe)

ist 1%ige, alkoholische Lösung von Benzidin, in welcher sich Schnitte, die kurze Zeit in angesäuertem Wasser gelegen haben, je nach

dem Grade der Verholzung orangegelb bis gelbrot färben.
Ztschr. f. wiss. Mikroskop. 1914. 31. 68.

**Schneider's** Reaktion auf schwefelhaltige Öle im Olivenöl.

Zu einer Mischung von Öl und Äther (1+2) gibt man 5 ccm konzentr., alkoholische Silbernitratlösung. Bei Anwesenheit von schwefelhaltigen Ölen (Cruciferenöl) tritt innerhalb 12 Stunden eine Schwärzung der Mischung auf.
Ztschr. f. analyt. Chem. 33. 550.
Benedikt, Anal. d. Fette. 2. Aufl. 345.

**Schneider's** Reagens auf Wismut.

Man löst 3 Teile Weinsäure und 1 Teil Zinnchlorür in der nötigen Menge Kalilauge. Die damit versetzte neutrale oder alkalische Lösung des Wismuts wird einige Zeit auf 70—80° C. erwärmt. Es erfolgt ein schwarzbrauner Niederschlag. Empfindlichkeitsgrenze = 1 : 200 000.
Hager, Pharm. Prax. Erg.-Bd. 1883. 150.
Enzyklop. d. gesamt. Pharm. 1890. IX. 130.

**Schneider's** Reagens für mikroskop. Zwecke ist eine heiß gesättigte Lösung von Carmin in 45%iger Essigsäure. Gebraucht verdünnt oder unverdünnt zu Kernfärbungen.
Zoolog. Anz. 1880. 254.
Behrens' Tabellen 1892. 100.
Enzyklop. d. mikroskop. Techn. 1903. 636.

**Scholvien's** Reaktion auf Phosgen im Chloroform.

Gibt man zu Chloroform eine Lösung von Anilin in wasserfreiem Benzol oder auch Amidophenetol, so entsteht bei Anwesenheit von Phosgen eine Trübung (von Phenylharnstoff bezw. Phenetolharnstoff).
Pharm. Zentrh. 1895. 611.
Ztschr. f. analyt. Chem. 33. 488; 36. 274.
Ber. d. pharm. Ges. 3. 213.

**Schönbein's** Reaktion auf Blausäure im Blut.

Wasserstoffsuperoxyd färbt blausäurehaltiges Blut braun.

Nach D. Huizinga ist diese Reaktion für sich allein kein Beweis für das Vorhandensein von Blausäure oder Cyankalium im Blute, da jede Spur irgendeiner Säure im freien Zustande ebenfalls eine Bräunung verursacht.
Zentralbl. f. d. mediz. Wissensch. 1868. 865.
Ztschr. f. analyt. Chem. 8. 233.
Répert. f. Pharm. 16. 605.
Schönn, Zentralbl. f. d. mediz. Wissensch. 8. 340.
Chem. Zentralbl. 1870. 393.

**Schönbein's** Reaktion auf Blut ist eine Modifikation von Almén's Reaktion.
Jahresbericht über d. Fortschr. d. Chemie 1863. 639.
Enzyklop. d. gesamt. Pharm. 1888. V. 71.
Ztschr. f. analyt. Chem. 7. 486.

**Schönbein's** Reaktion auf Kupfer.

Ein mit Guajaktinktur und verdünnter Cyankaliumlösung getränktes Papier wird durch Kupfersalzlösungen blau gefärbt; ebenso eine stark verdünnte Cyankaliumlösung mit Guajaktinktur.
Vergl. Schönbein-Pagenstecher's Reaktion auf Blausäure.
Enzyklop. d. ges. Pharm. 1890. IX. 133.

**Schönbein's** Reagens auf Nitrite ist Pyrogallussäure, welche in wässeriger, mit Schwefelsäure angesäuerter Lösung durch Nitrite gebräunt wird. Empfindlichkeitsgrenze = 1 : 50 000.
Ztschr. f. analyt. Chem. 1. 319.

Salpetrigsaure Salze rufen in mit Schwefelsäure angesäuerter Jod-Zinkstärkelösung Blaufärbung hervor.

**Schönbein's** Reaktion auf Ozon.

Mit Jodkaliumstärkekleister getränktes Papier wird durch Ozon blau gefärbt, mit Thalliumoxydul getränktes Papier wird durch Ozon gebräunt. Andere Reaktionen des Autors siehe:
Journ. f. prakt Chem. 35. 185; 84. 193; 86. 72.
Ztschr. f. analyt. Chem. 2. 77.
Heldt, Chem. Zentralbl. 1862. 886.
Lamy, Bull. Soc. Chim. Paris 1869. 210.
Huizinga, Chem. Zentralbl. 1868. 791.

**Schönbein's** Reaktion auf salpetrige Säure in Salpetersäure.

Zu der braunen Lösung von Ferriferricyanid (Ferricyankalium und Ferrinitrat) gibt man von der zu prüfenden Salpetersäure. Bei Gegenwart von salpetriger Säure entsteht Berlinerblau.
Chem. Zentralbl. 1843. 934.

Die Reaktion muß jedenfalls bei gewöhnlicher Temperatur vorgenommen werden, da sich Ferricyankalium beim Erhitzen mit Salpetersäure unter Bildung von Berlinergrün zersetzen kann.
Vergl. Meßner, Ztschr. f. anorg. Chem. 9. 133.

**Schönbein's** Reagens auf Säuren und Alkalien ist Cyanin, das in alkoholischer Lösung durch Säuren entfärbt und dann durch Alkalien wieder blau gefärbt wird.
Polytechn. Journ. 179. 164.
Chem. Zentralbl. 1866. 495.

**Schönbein's** Reaktion auf Wasserstoffsuperoxyd.

Eine Wasserstoffsuperoxyd enthaltende Lösung wird nach Zusatz von Ferrosulfat durch Jodkalium- oder Jodzink-Stärkekleister gebläut. Die Mischung soll neutral oder nur schwach sauer sein.
Ztschr. f. analyt. Chem. 1. 9. 440.

Nach Traube gelingt diese Reaktion auch in sehr sauren Lösungen, ohne an ihrer Empfindlichkeit etwas einzubüßen, wenn etwas Kupfersulfat zugegen ist. Zu 8 ccm der zu prüfenden Lösung gibt man etwas Schwefelsäure und Jodzinkstärkelösung, höchstens 4 Tropfen einer 2%igen Kupfersulfatlösung und zuletzt wenig 0,5%ige Ferrosulfatlösung. Spuren von Wasserstoffsuperoxyd bringen in einigen Sekunden Blaufärbung hervor.

Berl. Ber. **17.** 1062.
Ztschr. f. analyt. Chem. **7.** 468; **24.** 586.
Journ. f. prakt. Chem. 1879. 67.
Wobbe, Apoth. Ztg. 1903. 489.

**Schönbein**'s Reagens auf Wasserstoffsuperoxyd, Ozon und salpetrige Säure

ist eine mit Salzsäure versetzte und mit Schwefelalkalien entfärbte, wässerige Indigolösung. Dieses Reagens wird durch oben genannte Stoffe gebläut. Näheres siehe: Journ. f. prakt. Chem. **92.** 150 oder Ztschr. f. analyt. Chem. **4.** 116.

**Schönbein**'s Reagenzien auf Wasserstoffsuperoxyd sind:

1. Jodkaliumstärkelösung.
2. Ferricyankalium und Ferrichlorid.
3. Kaliumpermanganat.
4. Indigotinktur und Ferrosulfat.
5. Chromsäure.
   Näheres siehe: Ztschr. f. analyt. Chem. **1.** 9—13 und Chem. Zentralbl. 1859. **20**; 1862. 702.
6. Bleiessig.
7. Guajaktinktur.
   Näheres siehe: Ztschr. f. analyt. Chem. **6.** 114.

**Schönbein-Pagenstecher**'s Reaktion auf Blausäure.

Man imprägniert weißes Filtrierpapier zuerst mit Guajaktinktur und nach dem Trocknen mit einer 0,1 %igen, wässerigen Kupfersulfatlösung. Dieses Papier wird durch Blausäure blau gefärbt.
Hager, Pharm. Prax. 1880. I. 66.
Schönn, Ztschr. f. analyt. Chem. **9.** 210.
Schaer, ebenda **13.** 7.
Link, ebenda **17.** 457.
Doebner, Arch. der Pharm. 1896. 614.
Pharm. Zentrh. 1897. 485.
Breteau, Journ. de Pharm. et de Chim. 1898. I. 569.
Pharm. Zentrh. 1898. 706.
Lebaigne, Journ. de Pharm. et de Chim. **9.** 107.
Eckmann, Neues Jahrb. d. Pharm. **32.** 30.
Brünnich, Chem. Zentralbl. 1903. I. 1158.

**Schöndorff**'s Reagens auf Harnsäure

ist identisch mit Pflüger-Bleibtreu's Reagens, nämlich Phosphorwolframsäure. Die Reaktion wird mit dem durch genannte Säure bewirkten Niederschlag ausgeführt. Dieser wird durch Alkali in eine blaue Lösung verwandelt.
Ztschr. f. analyt. Chem. **34.** 770.
Arch. f. ges. Physiol. 1895. **62.** 29.
Herzfeld, Zentralbl. f. innere Med. 1912. 645.

**Schönheimer**'s Reagens auf Aldehyd im Äther

ist fuchsinschweflige Säure. Näheres siehe: Pharm. Zentrh. 1894. 369. — Thoms, ebenda 1894. 735. — Wobbe, Apoth. Ztg. 1903. 466. — Dietze, Südd. Apoth. Ztg. 1898. 229.

**Schönleben**'s Reaktion auf Aloë.

Sättigt man Aloëlösungen 1 : 1000 mit Borax, so entsteht nach etwa 20 Minuten eine intensiv grüne Fluoreszenz. Natalaloë gibt diese Erscheinung nicht.
Pharm. Zentrh. 1900. **34.**

**Schönn**'s Reaktion auf Cobalt.

Cobaltsalzlösungen werden durch Rhodannatriumlösung blau gefärbt.
Ztschr. f. analyt. Chem. **9.** 209.
Chem. Zentralbl. 1871. 493.

**Schönn**'s Reaktion auf Wasserstoffsuperoxyd.

Wasserstoffsuperoxyd wird durch Titansäurelösung intensiv gelb gefärbt.
Ztschr. f. analyt. Chem. **9.** 41. 330.
Chem. Zentralbl. 1871. 271.
Vergl. Jackson's Reaktion auf Titan.

**Schönn**'s Reaktion auf Molybdän.

Befeuchtet man ein Molybdat mit konzentr. Schwefelsäure und erhitzt auf freier Flamme vorsichtig bis zum Verdampfen der letzteren, so färbt sich die Mischung ultramarinblau. 1 mg Ammon-, Natrium- oder Baryummolybdat gibt noch sehr deutliche Reaktion.
Ztschr. f. analyt. Chem. **8.** 379; **12.** 383.
Chem. Zentralbl. 1870. 530.
Maschke, ebenda **12.** 383.
Arch. der Pharm. (3) **5.** 67 u. **6.** 125.
v. Kobell, Ztschr. f. analyt. Chem. **14.** 317.

**Schönvogel**'s Reagens zur Unterscheidung von Tier- und Pflanzenölen

ist eine gesättigte, wässerige Lösung von Borax. Schüttelt man Öle mit diesem Reagens, so bilden die Pflanzenöle eine Emulsion; Tieröle und Olivenöl bilden keine Emulsion, sondern scharf getrennte Schichten.

**Schönvogel**'s Reagens zur Prüfung der Butter

ist ebenfalls Boraxlösung. 6 ccm Reagens und 5 Tropfen geschmolzene Butter schüttelt man bei 20—25° C. Butter, Rindertalg und Olivenöl geben keine Emulsion, alle anderen Fette geben eine Emulsion.
Chem. Ztg. 1894. 1449; 1895. 1832.
Chem. Zentralbl. 1894. II. 716.

**Schoorl**'s Reaktion auf Atropin

beruht auf der charakteristischen Krystallform der Tropinjodhydrate, die aus dem Atropin durch ein besonderes Verfahren hergestellt werden. Näheres siehe: Nederlandsch Tijdschr. Pharm. Chem. Toxikol. **13.** 208. — Ztschr. f. Unters. Nahr.-Genußm. **5.** 326. — Ztschr. f. analyt. Chem. 1904. 456.

**Schoorl**'s mikrochemische Reaktionen in der Eisengruppe (Eisen, Cobalt, Nickel, Aluminium, Chrom) siehe: Ztschr. f. analyt. Chem. **48.** 209. — Apoth. Ztg. 1909. 515.

**Schoorl**'s mikrochemische Reaktionen auf Magnesium, Lithium, Kalium und Natrium siehe: Ztschr. f. analyt. Chem. **48.** 593. — Chem. Zentralbl. 1909. II. 931.

**Schoorl**'s Reagens zum mikrochemischen Nachweis von Silber, Quecksilber und Blei siehe: Ztschr. f. analyt. Chem. **47.** 220.

**Schoorl**'s Reaktion auf Naphthalin.

Kocht man etwas Naphthalin einige Minuten lang mit konzentr. Schwefelsäure unter Zusatz von gelbem Quecksilberoxyd, erhitzt das Reaktionsprodukt mit etwas Resorcin, gibt die Masse nach dem Erkalten in Wasser und macht mit Natronlauge alkalisch so tritt eine grüne Fluoreszenz (des entst. Fluoresceins) auf.

Pharm. Weekbl. 1904. 865.

**Schoorl**'s Reaktion auf Natriumhydroxyd in Natriumkarbonat.

Versetzt man eine Lösung von 1 g Natriumkarbonat in 10 ccm Wasser bei gewöhnlicher Temperatur mit 30 ccm Baryumnitratlösung und 3 Tropfen Phenolphthaleinlösung, so färbt sich die Mischung bei Anwesenheit von Natriumhydroxyd rot.

Pharm. Weekblad 1912. 76.

**Schott**'s Reagens auf Schwefelwasserstoff und Schwefelalkali

ist mit Bleiweiß überzogenes Papier (Polkapapier), das durch Schwefelalkali braunschwarz gefärbt wird. Gebraucht u. a. auch zur titrimetrischen Bestimmung von Zink mittels Schwefelnatrium.

Ztschr. f. analyt. Chem. 10. 209.
Chem. Zentralbl. 1871. 487.

**Schott**'s Reagens zum Färben geformter Harnbestandteile.

a) 5 %ige, wässerige Lösung von Anilinblau.
b) 2,5 %ige von Eosin in Glycerin mit einem Zusatz von 5 % Phenol.

Münchener med. Woch. 1912. 183.

**Schotten-Baumann**'s Reaktion

ist eine für die Synthese wichtige Reaktion: Entstehung der Ester (der Benzoësäure) durch Einwirkung von Benzoylchlorid auf Alkohole.

Vergl. die Lehrbücher der Chemie, ferner Baumann's Reagens auf mehrwertige Alkohole.

Reinbold, Pflüger's Archiv 91. 35.

**Schoutelen**'s Reaktion auf Aloë.

Konzentr. Boraxlösung gibt mit aloëhaltigen Flüssigkeiten nach 20—25 Minuten eine grüne Fluoreszenz, welche bei längerem Stehen wieder verschwindet. Empfindlichkeitsgrenze = 1 : 10 000.

Ztschr. d. öst. Apoth. Ver. 46. 249.
Ztschr. f. analyt. Chem. 31. 723.
Pharm. Zentrh. 1901. 65.
Jahresbericht f. Pharm. 1892. 112.

**Schramm**'s Reaktion auf fette Öle in ätherischen Ölen.

Man tränkt Docht oder Baumwolle mit einer Lösung des betreffenden Öles in Alkohol und zündet an. Nach dem Verbrennen des Alkohols kann man fette Öle am Geruch erkennen.

Dingler's Journ. 101. 375.
Chem. Zentralbl. 1871. 655.

**Schreiber**'s Reagens auf Glukose im Harn.

Man löst 2 g Kupfersulfat, 2 g Natriumsalicylat und 2 g Natriumkarbonat in 88 g Wasser. Kocht man 5 ccm Reagens, so bildet sich ein grauer bis schwarzer Niederschlag; kocht man mit gleichen Teilen glukosehaltigem Harn, so ist der Niederschlag schmutziggrün mit gelber Ausscheidung am Boden des Gefäßes; kocht man mit überschüssigem Urin, so wird die Reduktion vollständig und der entstandene Niederschlag ist gelb.

Merck's Report 1901. 377.

**Schreiber**'s Reaktion auf Kryofin im Harn.

1. Versetzt man Harn mit 2 Tropfen Salzsäure, dann mit 2 Tropfen Natriumnitritlösung (1 %) und zuletzt mit einigen Tropfen einer alkalischen, wässerigen α-Naphthollösung, so verursacht ein Überschuß von Alkali bei Anwesenheit von Kryofin eine rote Färbung, die auf Zusatz von Salzsäure in Violett übergeht.
2. Versetzt man den Harn mit Salzsäure und kocht ihn kurze Zeit, so tritt nach dem Erkalten auf Zusatz von wässeriger (5 %iger) Phenollösung eine indigoblaue Färbung auf, wenn Kryofin vorhanden ist.

Pharm. Zentrh. 1898. 100.
Deutsche med. Woch. 1897. Therap. Beil. 73.
Chem. Zentralbl. 1898. I. 636.

**Schröder**'s Reaktion auf Acetanilid im Phenacetin.

0,5 g Phenacetin kocht man mit 5—8 ccm Wasser, läßt erkalten und filtriert vom auskrystallisierten Phenacetin ab. Das Filtrat wird mit verdünnter Salpetersäure und etwas Kaliumnitrit gekocht und dann nach Zugabe von salpetrigsäurehaltiger Salpetersäure abermals gekocht. Reines Phenacetin verändert sich nicht, Acetanilid bewirkt noch bei Anwesenheit von 2 % eine Rotfärbung.

Chem. Ztg. 1889. Rep. 40.
Pharm. Ztg. 34. 57.
Ztschr. f. analyt. Chem. 28. 376.

v. **Schröder**'s Reaktion auf Harnstoff.

Behandelt man Krystalle von Harnstoff unter dem Mikroskop mit einer Lösung von Brom in Chloroform (in welch letzterem sich Harnstoff nicht löst), so kann man an den Krystallen die Bildung von Gasblasen beobachten. Näheres siehe: Archiv f. exper. Pathol. 15. 372.

**Schryver**'s Reaktion auf Formaldehyd (in grünen Pflanzenteilen).

Versetzt man 10 ccm einer formaldehydhaltigen Lösung mit 2 ccm einer 1 %igen, frisch bereiteten Lösung von Phenylhydrazinchlorhydrat und 1 ccm einer frisch bereiteten 5 %igen Lösung von Ferricyankalium und schließlich mit 5 ccm konzentr. Salzsäure, so entsteht eine fuchsinrote Färbung. (Die Reaktion wurde auch von Abelin zum Nachweis von Formaldehyd bezw. Neosalvarsan im Harn benützt.)

Proceed. R. Soc. London (Ser. B.) 82. 226.
Chem. Zentralbl. 1910. I. 1366.

Pharm. Ztg. 1910. 397.
A b e l i n, Archiv f. exp. Pathol. u. Pharm. 75. 320.

**Schuchardt's** Reagens auf Salzsäure im Magensaft ist Tropäolin.
Vergl. Töpfer's Reagens.

**Schueninoff's** Reagens zum Färben mikroskop. Präparate.
(Fibrintinktionsmethode.) a) Wasserstoffsuperoxyd; b) Lösung von Hämatoxylin in Karbolsäure und Phosphorwolframsäure. Färbt Fibrin tiefblau.
Deutsche med. Woch. 1908. 345.
Zentralbl. f. pathol. Anatomie 19. 1.

**Schüffner's** Reagens zur Färbung von Leukozyten.
a) Eine Lösung von 4 g Natriumchlorid, 0,1 g Borax, 3 g Phenol und 1 g Formaldehyd in 1000 ccm Wasser. — b) 1 %ige Methylenblaulösung durch Zusatz von 0,1 % Kaliumhydroxyd polychromatisch gemacht.
Münchener med. Woch. 1911. 1451.

**Schultze's** (Schulze's) Reagens auf Alkaloide.
Man löst 10 g Antimonchlorid in 40 g gesättigter Natriumphosphatlösung. (Auch eine Lösung von Antimonchlorid in Phosphorsäure kann verwendet werden.) Das Reagens gibt mit Alkaloidlösungen weiße Niederschläge.
Merck's Index 1902. 263.
H a g e r, Pharm. Prax. 1880. I. 206.
Liebig's Annal. 109. 177.
Chem. Zentralbl. 1859. 388.

**Schultze's** Oxydasereaktion
vergl. Winkler's und Winkler-Schultze's Reaktion u. Merck's Wissenschaftl. Abhandlgn. Nr. 12.

**Schultze's** Reagens auf Cellulose
ist eine Lösung von 250 g Zinkchlorid und 80 g Jodkalium in 85 ccm Wasser, die mit Jod gesättigt ist. Das Reagens färbt Cellulose blau.
Merck's Index 1902. 263.
Enzyklop. d. gesamt. Pharm. 1890. IX. 138.

**Schultze's Reaktion auf Eiweiß.**
Eine Lösung von Eiweiß in mäßig konzentr. Schwefelsäure wird nach Zusatz von etwas Zuckerlösung beim Erwärmen auf 60° C. bläulichrot gefärbt.
Ztschr. f. physiol. Chem. 16. 441.

**Schultze's** Reagens zum mikroskopischen Nachweis von Oxydasen in Gewebsschnitten.
a) Eine 2 %ige, wässerige Lösung von $\beta$-Naphtholnatrium (Microcidin), b) eine 2%ige wässerige Lösung von Dimethyl-p-phenylendiaminchlorhydrat. Zum Gebrauch werden gleiche Teile a und b gemischt und filtriert. Näheres siehe: Münchener med. Woch. 1910. 2171.
Auch eine filtrierte Mischung von gleichen Teilen 1 %iger $\alpha$-Naphthollösung und 1 %iger, wässeriger Lösung von p-Nitrosodimethylanilin wurde vom Autor in Vorschlag gebracht.

**Schultze's** Reagens zum Fixieren mikroskop. Präparate
1. ist eine wässerige Lösung von Osmiumsäure 1 : 100.
Gebraucht zum Fixieren und Härten von zarten Geweben, ferner zum Färben der Fette und des Nervenmarkes;
2. ist eine Lösung von 0,1—0,3 g Palladiumchlorür in 100 ccm Wasser.
Gebraucht zum Fixieren und Härten für Präparate von niederen Pflanzen und Infusorien.
Arch. f. mikroskop. Anat. 1867. 477.
Zentralbl. f. med. Wissensch. 1867. 117.
B e h r e n s' Tabellen 1892. 57. 58.
M a n n, Ztschr. f. wiss. Mikroskop. 1894. 480.
Enzyklop. d. mikroskop. Techn. 1903. 1044.

**Schultze's** Reagenzien für mikroskop. Zwecke.
1. Mazerationsflüssigkeit zum Isolieren der Muskelfasern ist eine Mischung von 10 g Kaliumchlorat (mit Wasser angefeuchtet) mit 40 g Salpetersäure oder eine Lösung von 0,06 g Kaliumchlorat in 100 ccm Wasser und 1 ccm Salpetersäure.
2. Mazerationsflüssigkeit zum Isolieren verholzter Pflanzenteile ist eine Lösung von Kaliumchlorat in Salpetersäure.
S t r a s b u r g e r, Kl. Bot. Prakt. 1893. 89. 102.
3. Einschlußflüssigkeit ist eine konzentr., wässerige Lösung von Kaliumacetat.
K ü h n e, Ranvier's Traité 79.
Arch. f. mikroskop. Anat. 1872. 180.
4. Jodserum ist eine Lösung von Jod in Serum (aus Amnioswasser von Schafen und Kühen). Näheres siehe: Arch. Path. Anat. 1864. 263. — B e h r e n s' Tabellen 1892. 65. 81. 83. — E b e r t h - F r i e d l ä n d e r, Mikroskop. Techn. 1894. 35. 129.
5. Mazerationsflüssigkeit für Zentralnervensystem, Muskeln, Schleimhäute etc. ist wässerige Chromsäurelösung von 0,01 bis 0,1 %.

v. **Schulz'** Reaktionen auf Kaliumchlorat in Kaliumbromid.
(Zur Prüfung des Kalium bromatum.) 0,5 g zerriebenes Kaliumbromid mit 2 ccm Salzsäure (25 %) 2 Minuten geschüttelt, darf nach Zusatz von 6 ccm Wasser und 10 Tropfen Jodzinkstärkelösung im Verlauf von 5 Minuten (oder nicht sofort) keine Blaufärbung geben.
1 g zerriebenes Kaliumbromid, mit 0,5 ccm verd. Schwefelsäure übergossen, darf weder in der Kälte noch nach Zusatz von 0,5 ccm Wasser beim Erwärmen eine Gelbfärbung liefern.
Apoth. Ztg. 1909. 726.

**Schulz'** Reagens auf Kohlenoxyd im Blute
ist eine Modifikation von Kunkels Reagens.
Ztschr. f. Med. Beamte 1895. 529.
Pharm. Zentrh. 1895. 701.
Ztschr. f. analyt. Chem. 36. 412. 50. 678.

**Schulz'** Reaktion auf Kakodylsäure.

Versetzt man einige ccm Harn mit etwas krystallis. phosphoriger Säure, so tritt bei Gegenwart von Kakodylaten der Geruch nach Kakodyloxyd auf.

Neubauer-Huppert, Analyse d. Harns 1913. II. 1464.

**Schulz'** Reaktion auf Mineralöle.

Mineralöle geben mit einer Lösung von Pikrinsäure in Benzin eine rote Färbung, nicht aber tierische und pflanzliche Öle. Die Reaktion wird von einer Verunreinigung der käuflichen Pikrinsäure ausgelöst, es darf also nicht chemisch reine Säure dazu verwendet werden. Petroleum wird kirschrot, Vaselin, Schmieröl und Harzöl wird dunkelrot gefärbt. Es soll sich mit diesem Reagens noch 1 Teil Vaselinöl in 100 Teilen Rüböl nachweisen lassen.

Chem. Ztg. 1908. 345.
Apoth. Ztg. 1908. 271.
Pharm. Ztg. 1908. 922.
Répert. de Pharm. 1908. 270.
Merck's Bericht 1908. 120.
Krauz, Chem. Ztg. 1909. 409.

**Schulz'** Reaktion auf Nitronaphthalin in Ölen beruht auf der Überführung des Nitronaphthalins in Naphthylamin, das mit Chromsäure eine blaue Fällung liefert. Näheres siehe: Chem. Ztg. 1909. 1093. — Pharm. Zentrh. 1910. 571.

**Schulz'** Reagens auf Salicylsäure.

Eine wässerige Lösung von Salicylsäure oder Natriumsalicylat wird auf Zusatz von wenig Kupfersulfatlösung smaragdgrün gefärbt. Empfindlichkeitsgrenze für Natriumsalicylat = 1 : 2000. Freie Mineralsäuren beeinträchtigen die Reaktion, ebenso Ammoniak.

Chem. Zentralbl. (3) **10.** 694.
Ztschr. f. analyt. Chem. **19.** 85.
Arch. der Pharm. (3) **15.** 246.

**Schulze's** Reagens auf Karbonate im Trinkwasser ist eine wässerige Lösung von Bleichlorid. Das Reagens gibt mit gebundener, nicht aber mit freier Kohlensäure eine milchige Trübung. Empfindlichkeitsgrenze = 1 : 240 000.

Chem. Ztg. 1890. Rep. 84.

**Schulze's** Reaktion auf Isocholesterin.

Löst man Isocholesterin in erwärmtem Essigsäureanhydrid und gibt nach dem Erkalten einen Tropfen konzentr. Schwefelsäure zu, so färbt sich die Lösung gelb bis gelbrot. Dabei zeigt sich eine grüne Fluoreszenz. Empfindlichkeitsgrenze = 1 mg Isocholesterin. Burchard gibt an, daß die Farbenreaktion dunkelgrün sei.

Ztschr. f. physiol. Chem. **14.** 522.
Ztschr. f. analyt. Chem. **31.** 90.
Burchard, Zur Kenntnis der Cholesterine, Rostock 1889.

**Schulze's** (Schulze-Tiemann's) Reaktion auf Salpetersäure beruht auf der Umsetzung der Säure in gasförmigen Stickstoff beim Erhitzen mit Eisenchlorür und Salzsäure. Dient zur volumetrischen Bestimmung der genannten Säure.

Kubel-Tiemann, Anleitung zur Wasseruntersuchung, Braunschweig 1874.
Röhmann, Ztschr. f. physiol. Chem. 1881. 5. 234.
Pfeiffer, Landwirtsch. Versuchsst. 1895. 6.
Vergl. auch Schulze, Fresenius' Quant. Analyse 6. Aufl. I. 525.

**Schumacher's** Reaktionen auf Jod in Körperflüssigkeiten.

1. Ammoniumpersulfatprobe. Man legt auf ein Stück Filtrierpapier eine Tablette von Ammoniumpersulfat (selbstverständlich kann man ebensogut einige Krystalle Ammoniumpersulfat verwenden) und gibt darauf etwas der zu prüfenden Flüssigkeit (Speichel, Urin etc.). Bei Gegenwart von Jod färbt sich die Tablette gelb und das Papier tiefblau.
2. Selenprobe. Man gibt auf Filtrierpapier, das mit einer 2 %igen, wässerigen Lösung von seleniger Säure getränkt wurde, die zu prüfende Flüssigkeit. Blaufärbung zeigt Jod an.
3. Benzidinprobe. Versetzt man jodhaltigen Harn mit der gleichen Menge Wasserstoffsuperoxyd (3 %) und etwa einem Fünftel 1 %iger, alkoholischer Benzidinlösung und erhitzt auf der Bunsenflamme den oberen Teil des Reagenzglases, so daß die obere Schicht der Mischung ins Sieden kommt, so tritt eine braune bis schwarze Färbung oder Fällung auf. Die Färbung geht beim Schütteln mit Chloroform (nach dem Abkühlen) in dieses über.

**Schumm's** Reaktion auf Blut ist eine Modifikation von Weber's Reaktion. Der zu prüfende Stuhl wird zunächst entfettet und gereinigt, indem er mit Äther-Alkohol gewaschen wird, dann wird er mit Eisessig extrahiert, der Essigsäureextrakt mit Äther ausgeschüttelt und mit ihm die Guajak-Terpentinreaktion ausgeführt.

Die Untersuchung der Faeces auf Blut. Jena 1906.
Münchener med. Woch. 1909. 612.

**Schumpelitz'** Reagens auf Veratrin siehe **Czumpelitz.**

**Schur's** Reaktion des normalen Harns.

Schur hat gefunden, daß auch normaler Harn mit Jodlösung eine rote Färbung annimmt, wie dies bei adrenalinhaltigem Harn der Fall ist. Er glaubt dies auf einen Adrenalingehalt des normalen Harns zurückführen zu dürfen.

Wiener klin. Woch. 1909. 1587.
Deutsche med. Woch. 1909. 2134.

**Schürhoff**'s Reagens zum Einbetten mikroskop. Präparate

ist eine Mischung von 80 Teilen Liquor Natrii silicici mit 10 Teilen Wasser und 10 Teilen Glycerin.

Zentralbl. f. Bakteriol. 8. 80.
Apoth. Ztg. 1902. 20.
Pharm. Zentrh. 1902. 254.
Ztschr. f. analyt. Chem. 1904. 415.
Chem. Zentralbl. 1902. I. 540.

**Schürmann**'s Reagens auf Syphilis

ist eine Lösung von 0,5 g Phenol in 34,5 g Wasser mit einem Zusatz von 0,62 g Eisenchloridlösung (5 %). — Syphilitisches Blutserum soll mit diesem Reagens einen schwarzbraunen Ton annehmen, während normales Serum nur eine leichte grünblaue Färbung annimmt. Näheres siehe: Deutsche med. Woch. 1909. 616. — Merck's Bericht 1909. 328. — Biach, Wiener klin. Woch. 1909. 606. — Simanski, Berl. klin. Woch. 1909. 874. — Schminke-Stoeber, Deutsche med. Woch. 1909. 937. — Meirowsky, ebenda 1909. 937. — Stern, Berl. klin. Woch. 1909. 1068. — Galambos, Deutsche med. Woch. 1909. 976. — Rot-Goldner, Orvosi Hetilap 1909. No. 19. — Moldovan, Deutsche med. Woch. 1909. 1725. — Braunstein, Ztschr. f. klin. Med. 1909. No. 3. — Chirivino, Wiener klin. Woch. 1910. 786.

**Schuster**'s Reagens auf Bierfarbstoffe.

Schüttelt man Bier mit Tanninlösung, so wird es entfärbt, nicht aber, wenn es mit Zuckercouleur und ähnlichen Färbemitteln versetzt ist.

Dingler's Journ. 205. 388.

**Schuster**'s Reaktionen auf Urethan, Neurodin und Europhen

siehe: Ztschr. d. allg. österr. Apoth. Ver. 66. 271.
Ztschr. f. analyt. Chem. 52. 247.

**Schütz**' Reagens zur Gonokokkenfärbung

ist eine gesättigte Lösung von Methylenblau in 5 %igem Carbolwasser und eine stark verdünnte wässerige Safraninlösung oder eine alkoholische Methylenblaulösung und eine alkoholische Eosinlösung.

Münchener med. Woch. 1889. Nr. 14.
Eberth-Friedländer, Mikroskop. Techn. 1894. 199.
Enzyklop. d. mikroskop. Techn. 1903. 499.

**Schützenberger**'s Reaktion auf Anthrachinon.

Eine alkalische Lösung von Anthrachinon wird durch hydroschwefligsaures Natrium rot gefärbt. Beim Stehen an der Luft wird das Anthrachinon zurückgebildet.

Compt. rend. 69. 196.
Pharm. Zentrh. 1878. 167.
Ztschr. f. analyt. Chem. 17. 500.

**Schuyten**'s Reagens auf salpetrige Säure

ist eine Lösung von 1 g Antipyrin in 100 g 10 %iger Essigsäure. — 5 ccm Reagens mischt man mit 5 ccm der zu prüfenden Flüssigkeit. Bei Anwesenheit von Nitriten tritt Grünfärbung ein. — Empfindlichkeitsgrenze = 1 : 20 000.

Pharm. Zentrh. 1897. 4.
Ztschr. f. angew. Mikroskop. 1904. 300.
Reichard, Chem. Ztg. 1904. 339.

**Schwabe**'s Reaktion auf Rizinusöl und Copaivabalsam im Perubalsam.

1 g Perubalsam wird mit 4—5 Tropfen konzentr. Schwefelsäure zusammengerieben. Ist der Balsam unverfälscht, so bildet sich eine zähe, knetbare Masse, welche beim Erkalten so hart wird, daß man sie mit dem Pistill ganz aus dem Mörser herausheben kann. Verfälschter Balsam wird dagegen salbenartig schmierig.

Arch. der Pharm. 142. 241.

**Schwanda**'s Reaktion auf Gallenfarbstoffe.

Den zu prüfenden Harn verdampft man zur Trockene, wäscht den Rückstand mit Wasser und bringt ihn auf ein Filter. Nach dem Trockenen extrahiert man das Filter mit Chloroform und prüft letzteres mit Salpetersäure, wie bei Gerhardt's Reaktion angegeben.

Ztschr. f. analyt. Chem. 6. 501.

**Schwarz**' Reaktion auf Chloral oder Chloroform.

Beim Erhitzen von Chloral oder Chloroform mit Resorcin und überschüssiger Kalilauge entsteht eine intensiv rote Färbung, welche auf Zugabe von Salzsäure verschwindet, durch Alkali regeneriert wird. Verwendet man zu dieser Reaktion überschüssiges Resorcin und wenig Kalilauge, so entsteht eine gelbrote Färbung mit gelbgrüner Fluoreszenz. Näheres siehe: Pharm. Ztg. 1888. 419. — Vergl. Crismer's Reaktion.

**Schwarz**' Reaktion auf Gelsemin.

Gelsemin gibt mit Schwefelsäuretrihydrat und Kaliumdichromat behandelt eine grüne bis blaugrüne Mischung.

Dissert. Dorpat 1882.
Pharm. Ztschr. f. Rußland 1882.
Dragendorff, Ermittel. v. Giften 1888. 171.

**Schwarz**' Reaktion auf Glukose.

(Modifikation der Phenylhydrazinprobe.) 10 ccm Harn versetzt man mit 1—2 ccm Bleiessig und filtriert. 5 ccm des Filtrates mischt man mit 5 ccm Normal-Kalilauge nebst 1 bis 2 Tropfen Phenylhydrazin und erhitzt zum Sieden. Glukose bewirkt Gelbfärbung und auf Zusatz von überschüssiger Essigsäure entsteht sofort ein gelber Niederschlag.

Pharm. Ztg. 33. 465.
Chem. Zentralbl. 1888. 1187.
Ztschr. f. analyt. Chem. 28. 380.

**Schwarz**' Reaktion auf Naphthalin.

Eine Lösung von Naphthalin in Chloroform wird beim Erwärmen mit geschmolzenem (wasserfreiem) Aluminiumchlorid im Moment der Salzsäureentwicklung grünblau gefärbt.

Berl. Ber. 1881. 1532.

**Schwarz'** Reaktion auf Sulfonal.

Erhitzt man Sulfonal mit Kohlepulver in einem Reagenzglase, so bilden sich dichte, nach Mercaptan riechende Nebel.

Pharm. Ztg. 33. 405.
Ztschr. f. analyt. Chem. 27. 665.
Deutsches Arzneib. V. 501.

**Schwarz'** Reagens zum Fixieren mikroskop. Präparate

ist eine Lösung von 0,2 g Osmiumsäure und 1 g Eisessig in 100 ccm Wasser.

Ber. d. naturf. Ges. Freiburg 1888. 133.

**Schwarzenbach's** Reagens auf Alkaloide

ist Kaliumplatincyanür. Siehe Delff's Reagens II und Schwarzenbach-Delff's Reagens.

**Schwarzenbach's** Reaktion auf Coffeïn.

Mit Chlorwasser zur Trockene eingedampftes Coffeïn färbt sich purpurrot, bei stärkerem Erhitzen gelb und durch Ammoniak wieder rot.

Chem. Zentralbl. 1861. 989; 1864. 1007.
Sitz.-Ber. d. Würzburger physik. med. Ges. 1859. 10.
Arch. der Pharm. 1864. 281.

**Schwarzenbach-Delff's** Reagens auf Alkaloide

ist Kaliumplatincyanür, welches mit Alkaloidlösungen krystallinische Niederschläge gibt.

Ztschr. f. Chem. u. Pharm. 1863. 630.
Ztschr. f. analyt. Chem. 4. 237.
Wittstein's Viertelj.-Schr. f. Pharm. 6. 422; 8. 518.

**Schweiger-Seidel's** Reagens zum Färben mikroskop. Präparate.

Man versetzt Gerlach's Reagens mit überschüssiger Essigsäure und filtriert. Gebraucht zu Zellkernfärbungen.

Ranvier, Traité 99.
Frey, Das Mikroskop. 1877. 96.
Behrens' Tabellen 1892. 100.

**Schweissinger's** Reagens auf Alkalien

ist Jodgalläpfeltinktur. Es gibt mit alkalischen Flüssigkeiten eine rosenrote Färbung. Kohlensaures Kalium gibt die Reaktion noch 1 : 100 000.

Ztschr. f. analyt. Chem. 25. 99.
Chem. Zentralbl. 1885. 26.

**Schweissinger's** Reaktion auf Atropin

ist identisch mit Gerrard's Reaktion. (Siehe diese.)

**Schweissinger's** Reaktionen auf Kairin.

1. Mit Eisenchloridlösung färbt sich Kairin violett, dann schmutzigbraun; gibt man zu dieser Mischung konzentr. Schwefelsäure, so tritt purpurrote Färbung ein.
2. Kairin färbt sich mit Kaliumdichromat violett.
3. Kairin färbt sich mit Chlorkalklösung rot, dann schmutzigbraun.

Arch. der Pharm. 1884. 686.

**Schweissinger's** Reaktion auf Pyridin im Ammoniak.

10 ccm der alkoholischen, Pyridin enthaltenden Flüssigkeit versetzt man mit 10 Tropfen einer alkoholischen (konzentr.) Lösung von Quecksilberchlorid. Noch bei Anwesenheit von 0,025 % Pyridin entsteht ein krystallinischer Niederschlag.

Ztschr. f. analyt. Chem. 43. 215.

**Schweissinger's** Reaktion auf Strychnospräparate.

Erwärmt man etwas Strychnosextrakt oder Tinktur mit verdünnter Schwefelsäure in einer Porzellanschale, so entsteht eine intensiv violette Färbung. $^1/_{10}$ Tropfen Tinktur oder 0,00005 g Extrakt gibt noch diese Reaktion, die wahrscheinlich durch das Glykosid Loganin hervorgerufen wird. Diese Reaktion kann sehr zweckmässig als Unterscheidungsmittel von Strychnostinktur und anderen gleichgefärbten Tinkturen, z. B. Strophanthustinktur verwandt werden.

Pharm. Ztg. 31. 186.
Ztschr. f. analyt. Chem. 25. 463.

**Schweitzer's** Reaktion auf Wasser im Aceton.

Man mischt 50 ccm Aceton und 50 ccm Petroleumäther vom Siedepunkt 40—60° C. Bei Anwesenheit von Wasser bilden sich zwei Schichten. Wasserfreies Aceton mischt sich klar mit Petroleumäther.

Chem. Ztg. 19. 1384.
Ztschr. f. analyt. Chem. 37. 57.
Lunge, Chem. techn. Unters. Meth. 1911. III. 924.

**Schweitzer's** Reagens auf Wolle etc.

ist eine gesättigte Lösung von frisch gefälltem Kupferhydroxyd in konzentr. Ammoniak. Das Reagens löst Baumwolle, Seide und Leinen, nicht aber Wolle.

Merck's Index 1902. 263.
Chem. Zentralbl. 1863. 445.

10 g Kupfersulfat löst man in 100 ccm Wasser und gibt 5 g Ätzkali in 50 ccm Wasser zu. Der entstandene Niederschlag wird gesammelt, mit Wasser gewaschen, etwas getrocknet und mit 20 g Ätzammonlösung (20 %) einen Tag unter Umschütteln mazeriert.

Enzyklop. d. gesamt. Pharm. 1886. I. 169.
Hager, Pharm. Prax. 1880. I. 976.
Schloßberger, Liebig's Annal. 107. 24.
Péligot, Compt. rend. 1861. 209.
Knop, Chem. Zentralbl. 1859. 463.
Cramer, ebenda 1858. 50.

**Schweitzer-Lungwitz'** Reaktion auf Wasser im Aceton

siehe Schweitzer.

**Schwicker's** Reaktion auf Aceton

ist identisch mit Gunning's Reaktion. (Siehe diese.)

Pharm. Zentrh. 1891. 475.
Chem. Ztg. 1891. 914.

**Scoville's** Reaktion auf indischen Gummi in Traganth.

2 g Traganth schüttelt man mit 100 ccm kaltem Wasser gut durch, nachdem man das Pulver vorher mit 3 ccm Alkohol angefeuchtet hat. Hierauf löst man in der Mischung 2 g Borax auf und läßt über Nacht stehen. Ist indisches Gummi vorhanden, so nimmt der Traganth je nach dessen Menge eine mehr oder weniger schleimige und klebrige Beschaffenheit an. Nimmt man ihn zwischen Daumen und Zeigefinger, so zieht er Fäden.

Pharm. Journ. 1909. 28. 493.

**Scoville's Reaktion** zur Unterscheidung von Benzoesäure und Zimtsäure.

Gibt die zu prüfende Lösung mit Eisenchlorid eine gelbliche Trübung, so gibt man Mangansulfat zu. Bei Anwesenheit von Zimtsäure entsteht im Laufe einer Stunde ein weißer, krystallinischer Niederschlag. Wenn dieser ausbleibt, so kann die mit Eisenchlorid erhaltene Trübung auf das Vorhandensein von Benzoesäure zurückgeführt werden.

Americ. Journ. of Pharm. 1907. **79.** 549.

**Scriba**'s Reagens auf Wasser.

Man taucht Papierstreifen in eine Lösung von 1 g Ferroammonsulfat in 20 ccm Wasser, trocknet sie und zerreibt auf denselben trokkenes, fein gepulvertes Kaliumferricyanid. Solche Streifen werden durch den kleinsten Wassertropfen blau gefärbt.

Chem. Zentralbl. 1906. II. 1458.
Ztschr. f. physik. u. chem. Unterr. 1906. 298.
Chem. Ztg. 1907. Rep. 133.
Südd. Apoth. Ztg. 1907. 330.

**Scudder-Rigg's** Reaktion auf Methylalkohol siehe Journ. Americ Chem. Soc. **28.** 1202.
Chem. Zentralbl. 1906. II. 1285.

**Seaman**'s Einschlußmittel für mikroskop. Zwecke ist eine gesättigte Lösung von Phosphor in Zimtöl oder eine Lösung von Schwefel in Anilin (1 : 1).

Journ. Roy Microsc. Soc. 1886. 357.

**Searl's** Reagens auf Hefeextrakt (im Fleischextrakt).

Man löst 12 g Kupfersulfat und 15 g Natriumtartrat in 120 ccm Wasser und gibt eine Lösung von 15 g Natriumhydrat in 120 ccm Wasser zu. — 0,6 g des zu prüfenden Extraktes löst man in 45 ccm Wasser, setzt 25 ccm Reagens zu und kocht die Mischung 1—2 Minuten lang. Bei Gegenwart von Hefeextrakt entsteht ein massiger, geronnener, bläulichweißer Niederschlag.

Pharm. Journ. 1903. 516.
Chem. Ztg. 1903. Rep. 269.
Apoth. Ztg. 1903. 757.
Pharm. Ztg. 1903. 903.
Merck's Bericht 1903. 129.
A r n o l d - M e n t z e l, Pharm. Ztg. 1904. 176.
Grieb, Pharm. Journ. 1908. **26.** 441.

**Sechler-Becker's** Reaktionen auf Ammoniacum, Galbanum und Asa foetida.

Man verwendet wässerige 10%ige Emulsionen der Gummiharze. — Bei der Schichtprobe mit Natriumhypobromit (40 g Ätznatron, 10 ccm Brom und Wasser zu 200 ccm) gibt Asa foet. eine olivgrüne und Galbanum und Ammoniacum eine braunrote Färbung. Eine Mischung von Asa foet. mit Ammoniacum wird vorübergehend rot. — Mit konz. Schwefelsäure wird nur Galbanum violett, die beiden anderen Harze liefern keine Färbung. — Phloroglucin-Salzsäure gibt mit Asa foet. eine rotbraune Färbung, nach dem Behandeln mit Schwefelsäure und Neutralisieren mit Ammoniak eine blaue Fluoreszenz.

Americ. Journ. of Pharm. 84. 4.
Chem. Zentralbl. 1912. I. 612.

**Seegen**'s Reaktion auf Glukose im Harn.

Der mit Blutkohle vollständig entfärbte Harn wird mit Fehling's Reagens erhitzt. Die Reduktion ist so deutlicher zu erkennen als in gefärbtem Harn und soll eindeutiger sein. Empfindlichkeitsgrenze = 1 : 10 000. Näheres siehe: Pharm. Zentrh. 1892. 730. — Ztschr. f. analyt. Chem. **10.** 501.

**Seeliger**'s Reagens auf (Cellulose) Holzstoff im Papier.

Man löst 0,1 g Jod, 0,5 g Jodkalium und 30 g reines krystallisiertes Calciumnitrat in 25 g Wasser. Das Reagens färbt Cellulose je nach Reinheit licht- bis dunkelblau, Leinen und Halbleinen weinrot, Holzschliff und stark verholzte Fasern gelbbraun.

Apoth. Ztg. 1903. 818.
Südd. Apoth. Ztg. 1903. 858.

**Sehlen**'s Reagens zur Harnuntersuchung auf Tuberkelbazillen.

Man löst 10 g Borax und 10 g Borsäure in 250 ccm Wasser.

D a i b e r, Mikroskopie d. Harns 40.
Verhandl. d. Kongr. d. deutschen dermatol. Gesellsch. 1894.

**Seidel's** Reaktion auf Inosit.

Wird etwas Inosit mit konzentr. Salpetersäure auf dem Dampfbade zur Trockene verdampft, in wenig Wasser gelöst und Strontiumacetat zugegeben, so tritt eine violette Färbung ein.

Chem. Ztg. 1887. 316. 676.
F i c k, Pharm. Ztschr. f. Rußland **26.** 81.
M a q u e n n e, Compt. rend. **104.** 225 u. 297 od. Chem. Ztg. 1887. 316.

**Seidell**'s Reagens auf Acetanilid.

Eine kalte, wässerige Lösung von 100 g Kaliumhydroxyd versetzt man mit Brom, bis nichts mehr aufgenommen wird, verjagt das überschüssige Brom durch Kochen und ergänzt mit Wasser zu 1 Liter. Es dient zur quantitativen Bestimmung des Acetanilids in Mischungen mit Zucker, Coffeïn, Salol und Natriumbikarbonat. Bei Gegenwart von Phenacetin und Antipyrin ist es nicht brauchbar. Näheres siehe: Journ. Americ. Chem. Soc. **29.** 1091. — Chem. Zentralbl. 1907. II. 1009.

**Seidell's Reagens**
ist eine Vergleichsflüssigkeit für die kolorimetrische Jodbestimmung. Sie besteht aus 0,02 g Fuchsin S und 200 ccm Wasser, das 3—5 % Salzsäure enthält. 10 ccm dieser Lösung mit salzsäurehaltigem Wasser auf 200 ccm aufgefüllt, geben eine Mischung, von der 10 ccm = 0,00102 g Jod entsprechen. Näheres siehe: Journ. of biolog. Chem. 1907. 391. — Apoth. Ztg. 1908. 42. — Chem. Zentralbl. 1907. II. 2076.

**Seiler's** Reagenzien zum Färben mikroskop. Präparate.
a) Eine Lösung von 1 g Carmin und 3 g Borax in 150 ccm Wasser und 330 ccm Alkohol.
b) Eine Mischung von 10 ccm Salzsäure mit 40 ccm Alkohol.
c) Eine Mischung von 4 Tropfen einer gesättigten, wässerigen Lösung von indigoschwefelsaurem Natrium mit 60 ccm Wasser.
Gebraucht für histologische Präparate.
Americ. Quart. Microscop. Journ. 1879. 220.
Journ. Roy. Microsc. Soc. 1879. 613.
Behrens' Tabellen 1892. 115.
Enzyklop. d. mikroskop. Techn. 1903. 544.

**Seiler-Verda's** Reagens zur Charakterisierung der Amidogruppe
ist Phosphormolybdänsäure. Näheres siehe Chem. Ztg. 1903. 1121. — Chem. Zentralbl. 1904. I. 55.

**Seiffert's** Syphilisreaktion
siehe: Deutsche med. Woch. 1910. 2333. — Pharm. Zentrh. 1911. 217.

**Seiter-Enger's** Reaktionen auf Cocain
vergleiche Americ. Journ. of Pharm. 1911. 195. — Merck's Ber. 1911. 236. — Répert. de Pharm. 1911. 277.

**Seitz'** Reagens zur Differenzialdiagnose der Bakterien der Typhus-Coli-Dysenterie-Gruppe (Ersatz für Petruschky's Lackmusmolke)
ist eine Lösung von 20 g Milchzucker, 0,4 g Traubenzucker, 0,5 g Dinatriumphosphat, 1 g Ammoniumsulfat, 2 g Trinatriumcitrat, 5 g Natriumchlorid, 0,05 g Pepton siccum und 0,25 g Azolitmin in 1000 g dest. Wasser.
Ztschr. f. Hygiene u. Infekt. Kr. 1912. 71. 450.
Münchener med. Woch. 1912. 1340.
Zentralbl. ges. innere Med. 1912, 2. 250.
Pfeiler, Berl. tierärztl. Woch. 1913. 553.

**Seligmann's** Reaktion auf Formaldehyd in Milch.
5 ccm der zu prüfenden Milch versetzt man mit 2—3 Tropfen verdünnter Schwefelsäure und gibt 1 ccm durch etwas Natriumsulfit entfärbte Fuchsinlösung zu. Bei Anwesenheit von Formaldehyd entsteht eine rötlichviolette Färbung. Empfindlichkeitsgrenze = 1 : 40 000. Diese Probe macht eine vorherige Destillation überflüssig.
Ztschr. f. Hygiene u. Infektionskr. 1905. 325.
Zentralbl. f. Bakt. u. Parasiten.-K. 1905. II. Abt. 346.
Münchener med. Woch. 1905. 278.

**Seligsohn's** Reaktion auf Cinchonin
siehe Bill's Reaktion.
Chem. Zentralbl. 1861. 231.

**Seliwanoff's** Reaktion auf Lävulose.
Erwärmt man eine Lösung von Resorcin in 1 Teil konzentr. Salzsäure und 2 Teilen Wasser mit etwas Lävulose, so entsteht eine intensive Rotfärbung und allmählich ein dunkler Niederschlag, der sich in Alkohol mit roter Farbe löst. Milchzucker, Glukose, Maltose, Mannose, Galaktose und Pentosen geben diese Reaktion nicht.
Berl. Ber. 20. 181.
Fischer, Berl. Ber. 27. 1359.
Tollens, Landw. Versuchsst. 39. 421.
Miura, Ztschr. f. Biolog. 32. 262.
Rosin, Ztschr. f. physiol. Chem. 38. 555.
Adler, ebenda 41. 206.
Ofner, Monatshefte f. Chem. 25. 611.
Jolles, Wiener med. Presse 1906. 2324. — Biochem. Ztschr. 1912 41. 331.
Borchardt, Ztschr. f. physiol. Chem. 55. 241.
Koenigsfeld, Biochem. Ztschr. 38. 310.

**Seliwanoff's** Reaktion auf Rohrzucker (Fruchtzucker).
Eine Lösung von Resorcin in Salzsäure (D. = 1,19) wird beim Erwärmen mit Rohrzucker rot gefärbt. Beim Erkalten scheidet sich ein dunkler Niederschlag ab, der sich in Alkohol mit roter Farbe löst. Nach dem Autor soll diese Reaktion dem Fruchtzucker und den Zuckerarten eigen sein, die bei der Spaltung Fruchtzucker geben.
Berl. Ber. 20. 181.
Tollens, Ztschr. f. analyt. Chem. 40. 559.
Ihl, Chem. Ztg. 9. 231.
Rosin, Ztschr. f. physiol. Chem. 38. 555.
Chem. Zentralbl. 1903. II. 262.
Dekker, Pharm. Weekblad 1905. 186.
Pharm. Zentralh. 1905. 396.
Ofner, Chem. Zentralbl. 1905. II. 1168.
Utz, Milch-Ztg. 1902. Nr. 52.
Carlson, Pharm. Zentralh. 1903. 133.
Adler, Ztschr. f. physiol. Chem. 1904. 206.

**Selmi's** Reagenzien auf Alkaloide.
Als Reagenzien auf Alkaloide im allgemeinen und zur Unterscheidung einzelner Alkaloide lassen sich Jod in Jodwasserstoff, Goldbromid, Natriumgoldhyposulfit, Kaliumgoldjodid, Kaliumplatinjodid, Bleitetrachlorid und Mangansuperoxyd in Schwefelsäure verwenden.
Nuovo processo generale per la ricerca delle sostanze venefiche, Bologna 1875. 54.
Berl. Ber. 8. 1198; 9. 195 u. 196.
Ztschr. f. analyt. Chem. 16. 245.
Merck's Index 1902. 263.
Dragendorff, Ermittelg. v. Giften 1888. 126.
Guareschi, Alkaloide 1896. 34.

Das Jodjodwasserstoffreagens wird nach Selmi in folgender Weise hergestellt: In eine Suspension von 20 g Jod in 150 g Wasser leitet man $H_2S$ ein, filtriert, erhitzt zur Vertreibung des überschüssigen $H_2S$, sättigt in der Wärme mit Jod, läßt erkalten, gießt vom auskrystallisierten Jod ab und verdünnt eventuell mit dem gleichen Volumen Wasser. Selbstverständlich kann man auch sofort eine entsprechende Jodwasserstoffsäure des Handels benützen.

**Selmi's** Reaktion auf Blut.

Das Untersuchungsobjekt mazeriert man einige Zeit mit Ammoniakflüssigkeit, fällt die abfiltrierte Flüssigkeit mit Natriumwolframat und Essigsäure und behandelt den erhaltenen Niederschlag nach dem Auswaschen mit einer Mischung von 1 Volumen Ammoniakflüssigkeit und 8 Volumen absolutem Alkohol. Die erhaltene Lösung läßt man verdunsten. Der Rückstand zeigt, falls Blut vorhanden war, unter dem Mikroskope mit Kochsalz und Essigsäure behandelt, sehr deutlich Häminkrystalle.

Journ. de Pharm. et de Chim. 1879.
Ztschr. d. öst. Apoth. Ver. 17. 214.
Ztschr. f. analyt. Chem. 19. 129.

**Selmi's** Reaktion auf Coniin und Nicotin.

Versetzt man eine wässerige Lösung von Coniin oder Nicotin mit Kaliumplatinjodid, so entsteht ein schwarzer Niederschlag. Bei Anwesenheit von 50 % Essigsäure gibt Coniin diese Reaktion nicht, wohl aber Nicotin.

Memorie sopra argomenti tossicologici 1878. 61.

**Selmi's** Reaktion auf Strychnin.

Strychnin, mit einer Lösung von Jodsäure in Schwefelsäure wenig befeuchtet, färbt sich gelb, dann ziegelrot und später, aber sehr langsam, violettrot.

Berl. Ber. 11. 1692.
Ztschr. f. analyt. Chem. 18. 292.

**Senft's** Reaktionen auf Physcion (Hesse), Parietin (Thomson, Zopf), in den Flechten siehe:

Pharm. Praxis 1908. 7. 3.

**Senft's** Reagens zum mikrochemischen Nachweis von Zucker in Pflanzengewebe:

a) Eine Lösung von Phenylhydrazinchlorhydrat in Glycerin (1 : 10).
b) Eine Lösung von Natriumacetat in Glycerin (1 : 10).

Die Schnitte werden auf dem Objektträger mit je einem Tropfen von a und b erwärmt. Zucker läßt sich unter dem Mikroskope an der Bildung von Phenylglukosazonkrystallen erkennen.

Pharm. Post. 1902. 425.

**Senier-Lowe's** Reaktion auf Glycerin.

Befeuchtet man Borax mit einer glycerinhaltigen Substanz und bringt ihn in die Bunsenflamme, so entsteht die charakteristische, grüne Borflamme.

Chem. News 37. 246.
Fittica's Jahresber. 1878. 1074.
Ztschr. f. analyt. Chem. 20. 382.
Senier, Journ. Chem. Soc. 1878. 438.
Journ. de Pharm. et de Chim. 1879. 370.

**Serger's** Reagens auf Pflanzenöle

ist eine frisch bereitete Lösung von 0,1 g Natriummolybdat in 10 ccm Schwefelsäure. — 5 ccm Öl löst man in 10 ccm Äther und schüttelt mit 1 ccm Reagens. Nach der Trennung der Schichten zeigt die untere Schicht eine charakteristische Färbung: Baumwollsamenöl = dunkelblau, Erdnußöl = blau, Sesamöl = dunkelgrünblau, Olivenöl = dunkelgrasgrün, Cocosfett = gelb, Rindertalg = weiß.

Chem. Ztg. 1911. 581.
Chem. Zentralbl. 1911. II. 396.
Utz, ebenda, 1912. II. 642.

**Serulla's** Reagens zur Differenzierung von Ameisensäure und Essigsäure

ist Quecksilberoxyd, das von Essigsäure gelöst, von Ameisensäure reduziert wird.

Journ. de Chim. méd. 1831. 768.
Chem. Zentralbl. 1831. 868.

**Serullas'** Reaktion auf Morphin

beruht auf der Reduktion von Jodsäure unter Braunfärbung.

Journ. de Chim. méd. 1830. 257.
Chem. Zentralbl. 1830. 169.
Brett, Journ. de Pharm. et de Chim. (3) 27. 116.
Chem. Zentralbl. 1855. 336.
Vergl. Lefort's Reaktion.

**Seybel-Wikander's** Reaktion auf Arsen.

Um in Salz- oder Schwefelsäure Arsen nachzuweisen, versetzt man einige ccm der betreffenden Säure mit einigen Tropfen Jodkaliumlösung. Bei Anwesenheit von Arsen entsteht ein gelber Niederschlag ($AsJ_3$) oder eine gelbe Färbung. Empfindlichkeitsgrenze = 0,001 %.

Pharm. Zentrh. 1902. 121.
Chem. Ztg. 1902. 50.
Ztschr. f. analyt. Chem. 1904. 415.
Emmet, Chem. Zentralbl. 1831. 43.

**Serullas'** Reaktion auf Alkohol

ist identisch mit Lieben's Reaktion.

**Seyda's** Reaktion auf Chrom neben Eisen.

Die mit Natronlauge alkalisch gemachte Lösung wird 15 Minuten lang mit Kaliumpermanganat erhitzt und das überschüssige Permanganat mit Alkohol zerstört. Bei Anwesenheit von Chrom ist die Lösung dann gelb gefärbt (Chromat).

Chem. Ztg. 22. 1085.
Ztschr. f. analyt. Chem. 289.

**Seyda's** Reaktion auf Gerbsäure.

Lösungen, die minimale Mengen Gerbsäure enthalten, werden durch einen Tropfen einer sehr verdünnten Lösung von Auronatriumchlorid nach einigen Minuten purpurrot gefärbt. Konzentrierte Lösungen geben eine Fällung.

Chem. Ztg. 1898. 1085.

**Shaffer's** Reaktion auf $\beta$-Oxybuttersäure im Harn beruht auf der Oxydation der Oxybuttersäure zu Aceton mittels Kaliumdichromat und Schwefelsäure und dem Nachweis des Acetons nach Messinger.

Siehe Journ. biol. Chem. 5. 211. — Chem. Zentralbl. 1908. II. 1897.

**Shaw**'s Reaktion auf gebleichte Mehle.

Man extrahiert 1 kg Mehl 4 Stunden lang mit 95%igem Alkohol, verdampft das Extraktionsmittel, zieht den Rückstand mit einer Mischung gleicher Teile Alkohol und Äther aus, filtriert und verdampft zur Trockne. Schichtet man über den Rückstand eine Lösung von Diphenylamin in konz. Schwefelsäure, so tritt bei mit Stickstoffperoxyden gebleichten Mehlen Blaufärbung auf.

Journ. Americ. Chem. Soc. 1906. 28. 687.
Spaeth, Pharm. Zentrh. 1913. 248.

**Shider**'s Reaktion auf Aceton

ist eine Modifikation von Légals Reaktion. Sie beruht darauf, daß der zu prüfende Harn nach dem Ansäuern erst destilliert und im Destillat die Nitroprussidreaktion ausgeführt wird.

Vergl. Cervello-Girgenti, Arch. exp. Pathol. 75. 157.

**Shieb**'s Reagens auf Glukose im Harn.

a) Eine Lösung von 1,2 g Ammoniumsulfat und 2,6 g Kupfersulfat in 50 ccm Wasser; b) eine Lösung von 20 g Kaliumhydroxyd in 50 ccm Wasser, der man 50 ccm Glycerin und 300 ccm Ammoniakflüssigkeit zusetzt. Die beiden Lösungen a und b werden gemischt und mit Wasser auf 1 Liter gebracht.

Vierteljahres-Schr. prakt. Pharm. 1911. 71.
Pharm. Zentrh. 1911. 900.

**Shmamine**'s Reagens zur Spirochaetenfärbung.

Nach der Fixation mit Methylalkohol wird mit wässeriger Fuchsin- oder Krystallviolettlösung gefärbt.

Zentralbl. f. Bakt. Parasitenk. 1911. 410.
Apoth. Ztg. 1912. 10.

**Shrewsbury**'s Reagens auf Blut

ist eine Lösung von Guajakharz. Man wäscht 1 g Harz dreimal mit Alkohol und schüttelt es dann mit 100 ccm Alkohol, bis dieser eine strohgelbe Färbung angenommen hat. Das Reagens wird für sich oder mit Wasserstoffsuperoxyd in bekannter Weise verwendet.

The Analyst 38. 186.
Ztschr. f. Unters. Nahr.-Genußmittel 1914. 685.
Ztschr. f. analyt. Chem. 1914. 660.

**Shrewsbury**'s Reaktion auf Paraffin in Fetten.

Man verseift 5 g Fett mit 20 ccm einer Mischung von 100 ccm 10-Norm.-Natronlauge und 500 ccm Glycerin und gibt die heiße Reaktionsflüssigkeit tropfenweise in 50 ccm technischen Alkohol. Bei Gegenwart von Paraffin (schon bei 2%) beobachtet man eine wolkige Trübung und nach einiger Zeit ein gallertartiges Erstarren der Mischung. Paraffinfreies Fett verursacht nur eine wenig opalisierende Gallerte.

Analyst 34. 348, 39. 296.
Chem. Zentralbl. 1909. II. 1083, 1913. II. 1778, 1914. II. 511.
Meerburg, Chem. Weekbl. 10. 742.

**Shrewsbury-Knapp**'s Reaktion auf Formaldehyd in Milch.

5 ccm Milch erhitzt man im Wasserbade mit 10 ccm einer Mischung von 1,6 ccm Norm. Salpetersäure und 100 ccm konz. Salzsäure 10 Minuten lang auf 50° und kühlt rasch ab. Bei Anwesenheit von Formaldehyd entsteht eine violette Färbung.

The Analyst 1909. 34. 12.
Chem. Zentralbl. 1909. I. 585.

**Sieben**'s Reaktion auf Lävulose

beruht auf der leichteren Zersetzlichkeit der Lävulose unter Einwirkung heißer 7,5%iger Salzsäure als der Dextrose. Erhitzt man z. B. ein Gemisch gleicher Teile Dextrose und Lävulose in 1%iger Lösung mit Salzsäure (7,5%) 3 Stunden lang im siedenden Wasserbade, so wird die Lävulose unter Braunfärbung und Abscheidung brauner Flocken zerstört, während die Dextrose unverändert bleibt.

v. Lippmann, Chemie der Zuckerarten. 1904. 895.
Hannover, Ztschr. f. angew. Chem. 1905. 1171.

**Siebold**'s Reaktion auf Eiweiß im Harn.

Der zu prüfende Harn wird mit Ammoniak schwach alkalisch gemacht, filtriert und mit Essigsäure angesäuert. Diese Lösung verteilt man auf zwei Reagenzgläser. Den einen Teil erhitzt man zum Sieden und vergleicht ihn dann mit dem anderen Teil. Auf diese Art läßt sich die geringste Trübung entdecken.

Chem. Zentralbl. 1874. 169.
Ztschr. f. analyt. Chem. 13. 248.

**Siebold**'s Reagens auf Morphin.

Erwärmt man 0,1 mg oder mehr Morphin mit konzentr. Schwefelsäure und gibt Kaliumperchlorat zu, so entsteht eine tiefbraune Färbung.

Vergl. Grove's Reaktion.
Americ. Journ. of Pharm. 45. 514.
Pharm. Journ. 1873. 309.

**Sieburg**'s Reaktionen auf Strophanthinsäure

siehe: Berichte d. deutsch. pharm. Gesellsch. Berlin 23. 278.

**Siegfried-Neumann**'s Carbaminoreaktion

siehe Ztschr. f. physiol. Chem. 1905. 44. 85, 1906. 46. 402, 1908. 54. 423.

**Siemssen**'s Reaktionen auf Alkaloide

siehe Pharm. Ztg. 1904. 92.
Chem. Zentralbl. 1904. I. 612.

**Siemssen**'s Reaktion auf Cocaïn

siehe Chem. Zentralbl. 1903. II. 466; 1904. I. 58.
Pharm. Ztg. 1903. 534.

**Siemssen**'s Reagens auf Gold
ist m-Phenylendiaminsulfat Eine Goldlösung wird durch die Lösung des Reagenzes (5 : 1000) je nach der vorhandenen Goldmenge gelb bis dunkelbraun gefärbt. Eine 0,005 %ige Goldlösung wird durch das Reagenz noch violett gefärbt.
Chem. Ztg. 1912. 934.
Chem. Zentralbl. 1912. II. 956.

**Siemssen**'s Reaktion auf Merkurisalze.
Quecksilberchlorid gibt mit Äthylendiamin ein amorphes, in Säuren, Alkalien, Kaliumjodidlösung und Äthylendiamin lösliches Salz, das nur in schwach salpeter- oder salzsaurer Lösung, nicht aber in schwefelsaurer Lösung ausfällt.
Chem. Ztg. **35.** 742, **36.** 214.
Chem. Zentralbl. 1911. II. 640. 1912. I. 1054.

**Siemssen**'s Reagens auf Uran
ist Äthylendiamin. Versetzt man eine Uransalzlösung mit diesem Reagens, so entsteht ein hellgelber, krystallinischer Niederschlag, der sich im Überschuß des Reagenzes wieder auflöst.
Chem. Ztg. 1911. 139. 742.
Merck's Bericht 1911. 160.

**Silbermann**'s Reaktion auf Eiweiß.
Kocht man trockenes Eiweiß eine Zeitlang mit Salzsäure (D. = 1,19), so entsteht eine rotviolette Lösung.

**Silbermann-Ozorowitz**' Reaktion auf Resorcin.
Erhitzt man Resorcin mit Formaldehyd und Salzsäure, so bilden sich nach kurzer Zeit weiße Flocken, die beim Eintragen in konz. Schwefelsäure eine karminrote Färbung liefern. Beim Verdünnen mit Wasser geht die Farbe in Orange, beim Zusatz von Alkali in Bordeauxrot über.
Pharm. Ztg. 1908. 880.
Bulbeck, ebenda 1908. 901.

**da Silva**'s Reagens auf Alkaloide
ist eine Lösung von selenigsaurem Ammon in konzentr. Schwefelsäure 1 : 20. Es gibt mit Alkaloiden, besonders mit Opiumalkaloiden, Farbenreaktionen.
Merck's Index 1902. 262.
Progrès thérap. 1891. 59.
Vergl. Lafon's u. Schlagdenhauffen's Reagens.

**da Silva**'s Reaktion auf Cocaïn.
Dampft man etwas Cocaïn mit rauchender Salpetersäure (D. = 1,4) auf dem Wasserbade zur Trockene ein und gibt dann 1—2 Tropfen einer konzentr., alkoholischen Kalilösung zu, so entsteht ein an Pfefferminz erinnernder Geruch (Benzoësäureäthylester).
Nach Flückiger erhält man denselben Geruch, wenn man Cocaïn mit konzentr. Schwefelsäure bis zur Bildung von Benzoësäure erhitzt.
Compt. rend. **111.** 348.
Chem. Ztg. **14.** Rep. 251.
Ztschr. f. analyt. Chem. **30.** 265.
Patein, Chem. Ztg. 1891. Rep. 177.

**da Silva**'s Eserinreaktion.
Ein sandkorngroßes Stückchen Eserin oder Eserinsalz löst man in einigen Tropfen rauchender Salpetersäure, wobei eine klare, gelbe Lösung entsteht, die beim Erwärmen dunkler bis orangefarben wird und nach dem Eindampfen auf dem Wasserbade einen rein grünen Rückstand hinterläßt. Letzterer löst sich mit unveränderter Farbe in Wasser und Alkohol. Die Lösung in verdünnter Salpetersäure fluoresziert im durchfallenden Lichte grünlichgelb, im auffallenden Lichte blutrot.
Pharm. Ztschr. f. Rußland **32.** 629.
Comp. rend. **117.** 330.
Ztschr. f. analyt. Chem. **33.** 504; **36.** 540.
Pharm. Zentrh. 1893. 628.
Vergl. auch Formánek's Reaktion.

**Simmons**' Reagens für die Untersuchung ätherischer Oele
ist Ameisensäure. Vergl. Analyst 1915. **40,** 491. — Chem. Zentralbl. 1916. I. 442.

**Simon**'s Reaktion auf Acetaldehyd.
Versetzt man die zu prüfende Lösung mit einigen Tropfen einer wässerigen Trimethylaminlösung und mit stark verdünnter, kaum gefärbter Natriumnitroprussiatlösung, so entsteht bei Anwesenheit von Aldehyd eine blaue Färbung. Empfindlichkeitsgrenze = 0,0001 %.
Vergl. Légal's Reaktion.
Bull. Soc. Chim. Paris, 1898. 1.
Ztschr. f. angew. Chem. 1898. 977.
Journ. de Pharm. et de Chim. 1898. 135.
Rimini, Annali di Farmacoterapia 1899. 249.
Ztschr. f. analyt. Chem. **42.** 451.

**Simon**'s Reaktion auf Glykogen im Harn.
Man mischt 90 ccm Harn mit 10 ccm Kalilauge (40 %), filtriert und gibt zum Filtrate 10 g Jodkalium und 50 ccm Alkohol (90 %). Bei Anwesenheit von Glykogen entsteht eine flockige Abscheidung. Näheres siehe: Pharm. Zentrh. 1903. **478.** — Südd. Apoth. Ztg. 1903. 684.

**Simon**'s Reaktion auf Hydroxylamin.
Erhitzt man eine Lösung von Hydroxylamin mit einigen Tropfen stark verdünnter, wässeriger Nitroprussidnatriumlösung und einem geringen Überschuß von Natronlauge allmählich zum Sieden, so tritt unter Entwickelung von N und $N_2O$ eine orangerote bis kirschrote Färbung ein, die beim Verdünnen der Mischung rosa wird. Die Reaktion verschwindet bald.
Compt. rend. **137.** 986.
Ztschr. d. allg. öst. Apoth. Ver. 1903. 226.
Südd. Apoth. Ztg 1904. 154.
Ztschr. f. angew. Mikroskop. 1904. 20.
Chem. Zentralbl. 1904. I. 145.

**Simon**'s Indikator
ist eine Lösung von Ferrum isopyrotritartaricum, die durch Alkalien gelb, durch Säuren violettrosa gefärbt wird.

Revue internat. des falsific. **15.** 120.
Ztschr. f. analyt. Chem. 1904. 111.
Merck's Bericht 1904. 106.

**Simon**'s Reaktion auf Phenylhydrazin.

Erhitzt man eine Lösung von Phenylhydrazin mit einigen Tropfen einer wässerigen Lösung von Trimethylamin und verdünnter Nitroprussidnatriumlösung, so färbt sich die Mischung blau. Kalilauge bewirkt dann eine dunklere Färbung, Essigsäure eine himmelblaue Färbung. Die Beständigkeit dieser Farbe ist der Unterschied gegenüber der Aldehydreaktion.

Pharm. Zentrh. 1898. 301.
Ztschr. f. analyt. Chem. **38.** 458.
Rimini, Chem. Ztg. 1898. Rep. 159.

**Simon**'s Reaktion auf Pyrouvinsäure.

Behandelt man Pyrouvinsäure mit Ammoniak und gibt Nitroprussidnatrium zu, so entsteht, besonders beim Erwärmen, eine blauviolette Färbung, die nach längerem Stehen in Orange übergeht. Näheres siehe: Chem. Ztg. 1897. 896. — Pharm. Zentrh. 1898. 192.

**Simon**'s Reagens auf freie Salzsäure im Magensaft

ist eine Lösung einer kleinen Messerspitze voll reinen, trockenen Guajakharzes in 1 ccm Spiritus aetheris nitrosi und 4 ccm Alkohol. Über 5 ccm filtrierten Magensaft schichtet man einige ccm dieses Reagenzes. An der Berührungsstelle bildet sich ein weißer Ring, der bei Anwesenheit freier Salzsäure eine grüne bis blaue Farbe annimmt.

Berl. klin. Woch. 1906. 1431.
Merck's Bericht 1906. 234.
Journ. de Pharm. et de Chim. 1907. 38.
Pharm. Journ. 1907. 749.
Südd. Apoth. Ztg. 1907. 438.

**Simon-Chavanne**'s Reaktion auf Glyoxylsäureäthylester.

Lösungen von Glyoxylsäureester geben mit Ammoniak eine rote Färbung. Der Ester selbst gibt mit Ammoniak einen weißen Niederschlag, der eine gelbe, orangerote und zuletzt blauschwarze Färbung annimmt.

Compt. rend. **142.** 930.

**Sinnat**'s Indikator siehe: Sturdy Sinnat.

**Sjollema**'s Reaktion auf Arsen

ist eine Modifikation von Gutzeit's Reaktion. An Stelle von Papier wird eine Glasplatte verwendet, da die Gelbfärbung, die auf dem Papier hervorgerufen wird, durch Krystalle veranlaßt wird, die je nach dem Vorhandensein von Arsen, Antimon oder Phosphor eine verschiedene, mit dem Mikroskop unterscheidbare Form aufweisen. Näheres siehe: Chem. Weekblad **5.** 11 oder Chem. Zentralbl. 1908. I. 762.

**Sjollema**'s Reagenzien zur Unterscheidung von Glukosen untereinander und von Rohrzucker.

1. Man löst 10 g Kupfersulfat in 100 ccm Wasser und gibt so viel Ammoniak zu, daß sich der entstandene Niederschlag eben wieder löst. Ein Überschuß von Ammoniak darf nicht vorhanden sein.
2. Man löst 5 g Kupferacetat in 100 ccm Wasser und verfährt wie bei 1.

Verschiedene Hexosen geben mit dem einen oder anderen Reagens eine unlösliche Verbindung. Näheres siehe: Chem. Ztg. 1897. 739 oder Pharm. Zentrh. 1898. 99.

**Sjollema**'s Reaktion auf Perchlorsäure im Chilisalpeter.

Zu einer Lösung von 20 g Salpeter in 20 ccm Wasser gibt man unter Abkühlung 15 ccm konzentr. Schwefelsäure und leitet Schwefelwasserstoff ein, um die Salpetersäure zu reduzieren. Nach dem Abfiltrieren des gebildeten Schwefels gibt man zum Filtrat Rubidiumchloridlösung. Bei Gegenwart von Perchlorsäure entsteht ein krystallinischer Niederschlag.

Chem. Ztg. **20.** 1002.
Ztschr. f. analyt. Chem. **37.** 44.

**Skelton**'s Reagens zur Blutfärbung.

a) eine Lösung von 1 g Eosin (wasserlöslich) in 100 ccm Methylalkohol, b) eine Lösung von 1 g Methylenblau (medicinale) in 100 ccm Methylalkohol.

Journ. Americ. Med. Assoc. **52.** 1100.
Med. Klinik 1910. 557.

**Skey**'s Reagens auf Alkaloide

ist Kaliumzinkrhodanid oder überhaupt Rhodankalium in Verbindung mit einem Metallsalz.

Jahresbericht f. Chem. 1868. 747.
Vergl. Gmelin's Reaktion.

**Skey**'s Reaktion auf Cobaltsalze.

Versetzt man eine Cobaltlösung mit Weinsäure oder Citronensäure, überschüssigem Ammoniak und Ferricyankalium, so färbt sich die Lösung dunkelrot.

Ztschr. f. analyt. Chem. **6.** 227 u. **8.** 207.

Nach Tyro lassen sich auch andere Säuren wie Oxalsäure, Salzsäure, Chromsäure etc. verwenden.

Chem. News 1867. 328.
Gintel, Ztschr. f. analyt. Chem. **9.** 231.
Allen, ebenda **11.** 79.

**Skorczewski**'s Reaktion des Atophanharns.

Versetzt man konzentr. Salzsäure mit einigen Tropfen Atophanharn, so nimmt die Mischung eine zeisiggelbe Färbung an. Phosphorwolframsäure bewirkt im Atophanharn einen gelben Niederschlag, Ammoniumchlorid und Ammoniak eine grüne Färbung. Atophanharn gibt die Ehrlichsche Diazoreaktion.

Wiener klin. Woch. 1911. 1700, 1912. 593.
Zentralbl. f. ges. innere Med. 1912. **2.** 210.
Klin. therap. Woch. 1912. 932.
Dohrn, Biochem. Ztschr. 1912. **43.** 240.

**Skraup**'s Reaktion auf Thallin.

Thallinlösungen werden durch Eisenchlorid, Chlor, Chromsäure und andere Oxydationsmittel grün gefärbt.

Monatshefte f. Chem. **6.** 767.

**Skraup-Böttcher**'s Reaktion auf Methylgelatine ist die Biuret- bezw. Xanthoproteinreaktion. Näheres siehe: Monatsh. f. Chem. 1911. 1035. — Chem. Zentralbl. 1911. I. 573.

**Slawik**'s Reagens auf Ferrosalze ist gesättigte, alkoholische Lösung von Dimethylglyoxim. Versetzt man einen Tropfen Ferrosalzlösung mit etwas Weinsäure und 1 ccm Reagens, so tritt nach Übersättigung mit Ammoniak eine intensive Rotfärbung auf. Ferrisalze geben diese Reaktion nicht.

Chem. Ztg. 1912. 54.
Apoth. Ztg. 1912. 62.
Merck's Bericht 1912. 193.
Tschugaeff-Orelkin, Ztschr. f. anorgan. Chem. 1914, 401.

**Slawik**'s Reaktion auf Vanadium im Stahl. Man löst die Stahlspähne in verdünnter Salpetersäure, gibt Ammoniumpersulfat zu und erwärmt, bis die Gasentwickelung aufgehört hat. Nach dem Abkühlen setzt man zur Entfärbung der Mischung Phosphorsäure zu und schichtet vorsichtig Wasserstoffsuperoxyd darüber. Vanadium (0,01 %) bewirkt eine rotbraune Zone.

Chem. Ztg. 1910. 648.

**Slyke**'s Reagens auf Harnstoff ist eine Lösung von 1 g Urease (Sojabohnenferment), 0,6 g Dikaliumphosphat und 0,4 g Monokaliumphosphat in 10 ccm Wasser. Es verwandelt Harnstoff in Ammoniumkarbonat, das mit Hilfe von Alizarin titrimetrisch bestimmt und dann in Harnstoff umgerechnet werden kann. Vergl. Merck's Bericht 1914. 467.

Deutsche med. Woch. 1914. 1219. (Donald D. van Slyke, Gotthard Zacharias und Glenn E. Cullen).
Vergl. auch Marshall's und Hahn-Saphra's Reagens.

**Slowzow**'s Reagens auf Blut ist eine mit 10 g Zinkstaub reduzierte Lösung von 2 g Phenolphthalein in 100 g 20 %iger Natronlauge. — Man versetzt 2 ccm der zu prüfenden Flüssigkeit mit 1 ccm Reagens und höchstens 2 Tropfen Wasserstoffsuperoxyd (10 %). Minimale Blutspuren bewirken Rotfärbung.

Russkij Wratsch 1909. 641.
Pharm. Ztg. 1909. 632.
Merck's Bericht 1909. 309.

**Smith**'s Reagens auf Alkaloide ist Antimonbutter (-trichlorid). Das zu prüfende Alkaloid gibt man in das geschmolzene Reagens. Brucin = dunkelrot, Veratrin = ziegelrot, Aconitin = broncefarbig, Narcotin = dunkelgrün, Narceïn = gelb, Morphin und Codeïn = grünlich, Thebaïn = rot.

Berl. Ber. 12. 1420.

**Smith**'s Reaktion auf Ameisensäure. Gibt die betreffende neutrale Lösung mit Eisenchlorid eine Rotfärbung, so wird sie pro ccm mit 5 ccm Alkohol (95 %) versetzt. Ist Ameisensäure vorhanden, so entsteht ein Niederschlag. Die etwa vorhandenen Acetate bleiben in Lösung. Näheres siehe: Journ. Americ. Chem. Soc. 29. 1236. — Chem. Zentralbl. 1907. II. 1436.

**Smith**'s Reaktion auf Gallenfarbstoffe ist eine Modifikation von Maréchal's und anderer Reaktion. Auf den in einem Reagenzglase befindlichen Harn läßt man vorsichtig einen Tropfen Jodtinktur fließen. Bei Anwesenheit von Gallenfarbstoffen färbt sich die Lösung schön grün. An Stelle von Jodtinktur läßt sich nach dem Autor auch Wasserstoffsuperoxyd, Eisenchlorid und Bleisuperoxyd verwenden.

Chem. Zentralbl. (3) 8. 299.
Dublin. Journ. of Med. Scienc. 1876. 449.
Ztschr. f. analyt. Chem. 16. 478.
Deubner, ebenda 25. 458.
Hammarsten, Physiol. Chem. 1899. 508.

**Smith**'s Reaktion auf Santonin. Erhitzt man Santonin mit konzentr. Salpetersäure zum Sieden, so entsteht eine grüngelbe Flüssigkeit, die sich mit überschüssiger Natronlauge orangerot färbt.

Vergl. Kippenberger, Nachw. v. Gift. 1897. 94.
Merck's Report 1901. 414.
Chem. Zentralbl. 1871. 486.
Ztschr. f. analyt. Chem. 10. 254.

**Smith**'s Reagens auf freie Säuren. Man löst frisch gefälltes Chlorsilber in einer unzureichenden Menge von Ammoniakflüssigkeit, d. h. in so viel Ammoniak, daß nicht alles Chlorsilber gelöst ist, das Ammoniak aber mit Chlorsilber gesättigt ist. Dieses Reagens soll so empfindlich sein, daß sogar die in Brunnenwasser enthaltene Kohlensäure einen Niederschlag von Chlorsilber bewirken soll. (?)

Neues Jahrb. f. Pharm. 30. 313.
Ztschr. f. analyt. Chem. 8. 208.

**Smith-James**' Reagens auf Thorium ist Sebazinsäure, die Thoriumlösungen in Form von sebazinsaurem Thorium fällt. Näheres siehe: Chem. News 105. 109. — Journ. Americ. Chem. Soc. 34. 281. — Chem. Zentralbl. 1912. I. 1589.

**Smith**'s Einschlußmittel für mikroskop. Zwecke ist eine Lösung von Zinnchlorid in Glycerin-Gelatine (von der Konsistenz des Honigs). Näheres siehe: Ztschr. f. wiss. Mikroskop. 1885. 566. — Americ. Monthly Microsc. Journ. 1885. 161.

Auch eine Lösung von Antimonbromid in einer Lösung von Borglycerin wurde vom Autor empfohlen. Näheres siehe: Ztschr. f. wiss. Mikroskop. 1886. 235. — Americ. Monthly Microscop. Journ. 1886. 3. — Journ. Roy. Microscop. Soc. 1886. 356.

**Smith**'s Reagenzien zum Färben mikroskop. Präparate.

1. a) Eine Mischung von 10 ccm Tanninlösung (20 %), 5 ccm gesättigter, wässeriger Eisensulfatlösung, 1 ccm gesättigter, alkoholischer Fuchsinlösung und $^1/_2$ ccm Natronlauge (1 %).
b) Carbolfuchsin.
2. a) Eine Mischung von 1 ccm Alaunlösung (1 %), 1 ccm Osmiumsäure (2 %), 3 ccm Tanninlösung (20 %) und 3 Tropfen Essigsäure.
b) Silbernitratlösung (1 %).
Ztschr. f. angew. Mikroskop. 1906. (12.) 61.

**Smithson**'s Reaktion auf Quecksilber in Flüssigkeiten
ist Gmelin's Reaktion, siehe diese.

**Snapper**'s Indikator
zur Alkalititration in Serum ist Neutralrotpapier, das durch Eintauchen von Filtrierpapier in eine alkoholische Lösung von Neutralrot bereitet wird. Es soll ebenso empfindlich sein wie Lackmoidpapier und durch die Anwesenheit von Eiweiß in seiner Empfindlichkeit nicht gestört werden.
Biochem. Ztschr. 1913. 51. 88.
Merck's Bericht 1913. 287.

**Snelling**'s Reaktion auf Emetin.
Gibt man zu etwas Kaliumchlorat einige Tropfen Salzsäure und fügt 1 Tropfen Emetinlösung zu, so entsteht eine rotorange Färbung, die in Violett übergeht. — Calciumhypochlorit erzeugt mit Emetin eine braunorange bis braungelbe Färbung.
Journ. de Pharm. et de Chim. 1882. I. 372.
Vergl. Powers' und Peroni's Reaktion.

**Sobbe**'s Reaktion auf Wasserstoffsuperoxyd.
Wasserstoffsuperoxyd gibt mit ammoniakalischer Silbernitratlösung einen charakteristischen, grauen Niederschlag, der in Salzsäure unlöslich ist.
Chem. Ztg. 1911. 898.
Vergl. Pharm. Zentrh. 1913. 435.

**Sobel**'s Nährböden zur Diagnose von Cholera, Typhus und Ruhr.
1. 500 ccm Bier werden 5 Minuten lang gekocht und nach dem Abkühlen mit Brunnenwasser auf 1 Liter gebracht; in diese Mischung gibt man 15 g Agar-Agar und läßt 2 Stunden aufweichen. Dann wird gekocht, bis sich der Agar gelöst hat. Zu der noch kochenden Lösung werden 5 g vorher trocken sterilisierter Milchzucker und 1 g steriles Congorot gegeben und unter Ersatz des verdampfenden Wassers nochmals aufgekocht. Der Nährboden wird in Petrischalen ausgegossen.
2. In derselben Weise wie den vorstehenden Congorot-Bieragar stellt man den Lackmus-Bieragar unter Zusatz von Lackmus her.
Deutsche med. Woch. 1915. 1573.

**Sobolewa-Zaleski**'s Reagens auf Aldehyde.
a) Eine Lösung von Pyrrol, die durch Schütteln von 1—2 g Pyrrol mit 1 Liter Wasser hergestellt wird (filtrieren!), b) 2—4 %ige Salzsäure. Die zu prüfende Lösung mit der Salzsäure angesäuert gibt auf Zusatz der Pyrrollösung eine weiße Trübung. Größere Aldehydmengen bewirken Rotfärbung. (Vergl. Ihl's Reagens auf Aldehyd.)
Ztschr. f. physiol. Chem. 69. 441.
Ztschr. f. analyt. Chem. 1912. 266.

**Sochanski-Holmgren**'s Reaktion auf freie Säuren im Magensaft.
Tropft man sauren Magensaft auf Filtrierpapier, das mit Congorot oder Alizarin gefärbt ist, so breitet sich die Feuchtigkeit konzentrisch aus, wobei die Säurekonzentration nach außen zu abnimmt und vollkommen verschwindet. Nach der Färbung des Papiers und der Entfernung der Färbung vom Zentrum soll sich eine Schätzung der Säuremenge vornehmen lassen. Näheres siehe: Arch. f. Verdauungskrankh. 1914. 20. 317.

**Solbrig**'s Sechstelalkohol für mikroskop. Zwecke
ist eine Mischung von 1 Teil Alkohol (96 %) mit 5 Teilen Wasser. Gebraucht als Mazerationsflüssigkeit.
Enzyklop. d. mikroskop. Techn. 1903. 770.

**Soldaïni**'s Reagens auf Glukose.
15 g gefälltes Kupferkarbonat löst man allmählich in der Wärme in einer Lösung von 416 g Kaliumbikarbonat in 1,4 Liter Wasser. Diese Lösung wird durch Glukose und Milchzucker (auch durch Gerbsäure und Ameisensäure) reduziert, nicht aber durch Rohrzucker und Dextrin.
Berl. Ber. 9. 1126.
Ztschr. f. analyt. Chem. 16. 248.
Degener u. Schweitzer, Chem. Zentralbl. (3) 17. 430 oder
Ztschr. f. analyt. Chem. 26. 247.
Ost, ebenda 29. 639.
Striegler, Chem. Ztg. 1889. Rep. 260.
Scheller, Pharm. Zentrh. 1889. 696.

**Solera**'s Reagens auf Rhodanwasserstoff
ist Jodsäure.
Vergl. Chem. Zentralbl. 1904. II. 318 und Ganassini's Reaktion.

**Solger**'s Reagens für mikroskopische Zwecke
ist eine Mischung von 2 Teilen Collodium und 1 Teil Ricinusöl. Es dient als Klebemittel bei der Untersuchung von Spermien. Der lufttrockene Aufstrich wird damit überpinselt und nach dem Eintrocknen mit Alkohol (90 %) behandelt, der das Öl herauslöst. Alsdann wird das Präparat gefärbt.
Dermatolog. Zentralbl. 1912. No. 11.
Berl. klin. Woch. 1912. 2235.

**Sollmann**'s Reagens auf Glukose
ist Duyk's Reagens. (Siehe dieses!)

**Solm**'s Reagens auf Pepsin
ist eine Lösung von 0,5 g Ricin in 50 ccm 5 %iger Kochsalzlösung, die nach dem Filtrieren mit 0,5 ccm $^1/_{10}$-Norm. Salzsäure versetzt wird. Es ist eine milchig getrübte Flüs-

sigkeit, die bei 40° unter der Einwirkung von Pepsin klar wird. Näheres siehe: Ztschr. f. klin. Med. 1907. No. 1 u. 2. — Pharm. Ztg. 1907. 823. — Merck's Bericht 1907. 222. — Witte, Berl. klin. Woch. 1907. 1338.

**Soltsien**'s Reaktion auf Cottonöl.

10 g des zu prüfenden Öles oder Fettes erhitzt man in einem mit Steigrohr versehenen, weiten Reagenzglase 1/4 Stunde lang mit 2 ccm einer Lösung von Schwefel in Schwefelkohlenstoff (1 : 100). Bei Anwesenheit von Cottonöl tritt Rotfärbung ein.

Ztschr. f. öffentl. Chem. 1899. 106.
Vergl. Halphen's Reaktion.
Soltsien, Seifensieder-Ztg. etc. 1903. Nr. 1—4.

**Soltsien**'s Honig-Reaktion.

Man mischt 80 g Honig mit 160 ccm Wasser, säuert 5 ccm hiervon mit Essigsäure an und gibt einige Tropfen Kaliumferrocyanidlösung zu. Naturhonig gibt eine starke Fällung, Kunsthonig wird nur wenig getrübt und die Trübung ist blau gefärbt (Eisen).

Pharm. Ztg. 1907. 1071.

**Soltsien**'s Reaktion auf Sesamöl.

6 g des zu prüfenden Öles schüttelt man mit 2 ccm Bettendorf's Reagens unter Erwärmen im siedenden Wasserbade einmal kräftig durch und läßt die entstandene Emulsion im Wasserbade sich trennen. Bei Anwesenheit von Sesamöl ist die Zinnchlorürlösung hell himbeerrot bis dunkel weinrot gefärbt. Es soll sich noch 1% Sesamöl nachweisen lassen.

Ztschr. f. öffentl. Chem. 1897. 65.
Pharm. Zentrh. 1897. 195; 1899. 171; 1901. 546.
Hofstädter, Ztschr. Unters. Nahr. Gen. Mittel 17. 436.
Chem. Zentralbl. 1906. II. 171, 1907. II. 1455.
Utz, Chem. Ztg. 1902. 309; Chem. Zentralbl. 1902. II. 666, 1907. II. 851.
Dieterich, Pharm. Zentrh. 1894. 610.
Gerber, Chem. Ztg. 1907. Rep. 205.

Empfindlicher wird die Reaktion, wenn man nach Angabe des Autors bei Anstellung derselben Benzin mitverwendet, da sich die entstandene Emulsion schneller trennt. Man löst das Öl oder Fett in dem doppelten Volumen Benzin, gibt die Zinnchlorürlösung zu (etwa halb so viel als Öl) und schüttelt kräftig durch, bis eine gleichmässige Mischung entstanden ist (nicht länger!). Das Gefäß taucht man in Wasser von 40° C. und nach Abscheidung der Zinnchlorürlösung bis zur Benzinschicht in solches von 80° C., so daß das Benzin nicht ins Sieden kommt.

Pharm. Ztg. 1903. 524.
Chem. Ztg. 1903. Rep. 191.
Dunbar-Farnsteiner, Ber. d. hygien. Instit. Hamburg 1897. 28.

**Sommer**'s Formolit-Reaktion.

Dient zur Beurteilung des Paraffins in Bezug auf seine Vergilbungsmöglichkeit. — 20 g Paraffin werden geschmolzen, mit 20 ccm konzentr. Schwefelsäure versetzt und 20 ccm Formaldehyd allmählich zugemischt. Die Mischung färbt sich rot. Nach dem Erkalten wird das erstarrte Paraffin abgehoben und die wässerige Flüssigkeit nach dem Verdünnen mit viel Wasser mit Chloroform ausgeschüttelt. Nach dem Verdunsten des Chloroforms restiert das Formolit, das nach dem Trocknen bei 105° gewogen werden kann. Je höher die Formolitzahl, desto höher ist die Vergilbungsmöglichkeit des Paraffins.

Petroleum 7. 409.
Chem. Zentralbl. 1912. I. 1151.

**Sommerfeld**'s Reagenzien zur Färbung von Diphtheriebazillen.

1. Eine wässerige oder alkoholische Lösung von Methylenblau oder Löffler's Methylenblaulösung. — 2. Eine Mischung gleicher Teile Alkohol und Formaldehyd (40 %).

Deutsche med. Woch, 1910. 505.
Merck's Bericht 1910. 269.

**Sonnenberg**'s Reaktion auf Glukose

(sogenannte „doppelte, reduzierende Zuckerprobe"). Die Reaktion gründet sich auf die Beobachtung, daß Glukose in einer alkalischen Lösung, die gleichzeitig Kupfer und Wismut enthält (also einer Mischung von Fehling's und Nylander's Reagens), das Kupfer zuerst reduziert und als Oxydul ausscheidet. (Klinisch nicht von Bedeutung.)

Dermatolog. Zentrbl. 1912. 15. 290.

**Sonnenschein**'s Reagens I auf Alkaloide

ist Ceroxyduloxyd. Man löst das zu prüfende Alkaloid in konzentr. Schwefelsäure und gibt wenig Ceroxyduloxyd zu. Strychnin liefert eine prachtvolle blaue Färbung, die langsam in Violett und schließlich in ein beständiges Kirschrot übergeht. Weniger schön sind die Reaktionen mit anderen Alkaloiden: Atropin = citronengelb; Brucin = gelblich; Chinin = citronengelb (ebenso Chinidin, Cinchonin, Cocaïn, Delphinin, Emetin, Morphin, Veratrin); Eserin = rötlich-bläulich; Thebain = rotbraun; Gelsemin = kirschrot.

Hager, Pharm. Prax. 1880. I. 207.
Berl. Ber. 3. 633; 9. 1182.
Arch. der Pharm. 193. 252.
Ztschr. f. analyt. Chem. 9. 494. u. 11. 440.
Merck's Index 1902. 263.
Diurberg, Chem. Zentralbl. 1872. 153.

**Sonnenschein**'s Reagens II auf Alkaloide (und Eiweiß)

ist eine Lösung von Phosphormolybdänsäure in Salpetersäure (30 %). Das Reagens fällt Alkaloide und Eiweiß aus wässeriger Lösung.

Chem. Zentralbl. 1858. 59 u. 1873. 423.
Hager, Pharm. Prax. 1880. I. 203.
Jahresber. f. Pharm. 1886. 244.
Liebig's Annal. 104. 45.

**Sonnenschein's Reagens auf Blut.**

Phosphorwolframsäure, d. i. eine mit Phosphorsäure versetzte, wässerige, gesättigte

Lösung von Natriumwolframat, gibt mit einer verdünnten, filtrierten Blutlösung einen voluminösen, rotbraunen Niederschlag. Letzterer löst sich in Ammon zu einer roten, dichroisierenden Flüssigkeit von stärkerer Färbung, als eine entsprechende Menge Blut in Ammoniak annimmt. Die Lösung zeigt das Spektrum des alkalischen Methämoglobins.

Ztschr. f. analyt. Chem. **12**. 344.
Chem. Zentralbl. 1873. 424.

**Sonnerat**'s Reagens auf Glukose.

Man löst 0,639 g Kupfersulfat in 34 ccm kaltem Wasser und gibt diese Lösung nach und nach zu einer kalt bereiteten Lösung von 173 g Kaliumtartrat in 600 g Natronlauge (D. = 1,12). Die erhaltene Mischung wird mit Wasser auf 1 Liter ergänzt.

Ztschr. f. analyt. Chem. **23**. 208.
Arch. der Pharm. (3) **21**. 708.
Journ. de Pharm. et de Chim. (5) 8. 28.

**Sonntag**'s Reagens zum Färben verkorkter und kutikularisierter Membranen

ist eine filtrierte, alkoholische Lösung von Orleanextrakt (Extr. Orleanae spirit. spiss. Merck).

Ztschr. f. wiss. Mikroskop. 1907. (**24**.) 22.

**Sonstadt**'s Reagens auf Calcium (neben Magnesium)

ist eine gesättigte, wässerige Lösung von Natriumwolframat, die beim Erwärmen mit neutralen Kalksalzen, nicht aber mit Magnesiumsalzen einen Niederschlag gibt. Empfindlichkeitsgrenze = 1 : 114 000.

Chem. News 1865. **97**.
Chem. Zentralbl. 1866. 110; 1867. 512; 1879. 757.
Jahresber. d. physikal. Ver. Frankfurt a. M. 1864/65.
H a g e r, Pharm. Zentrh. **20**. 380.

**Sörensen**'s Indikator

ist p-Benzolsulfonsäureazo-α-naphthol (Natriumsalz). Man löst davon 0,1 g in 600 ccm Alkohol und 400 ccm Wasser. Der Farbenumschlag ist ähnlich dem des Methylorange.

Biochem. Ztschr. 1909. **21**. 240; 1910. **24**. 381.

**Sörensen-Palitzsch**' Indikator

ist α-Naphtholphthalein. Als Indikatorflüssigkeit benützt man eine Lösung von 0,1 g in 150 ccm Alkohol und 100 ccm Wasser. Saure Lösungen sind fast farblos, schwach saure rötlich, schwach alkalische grünlich und stark alkalische blau.

Biochem. Ztschr. 1910. **24**. 381.
Chem. Zentralbl. 1910. I. 1749 u. II. 1163.

**Soubeiran**'s Reaktion auf Chloroform

ist identisch mit Regnault's Reaktion.

**de la Souchère**'s Reaktion auf Sesamöl

beruht auf der Rotfärbung, die beim Schütteln sesamölhaltiger Öle mit konzentr. Salzsäure und Zucker entsteht. (Baudouin's Reaktion.)

**de la Souchère**'s Reaktion auf Arachis-(Erdnuß-)öl und Cruciferenöl.

Verseift man 10 g Olivenöl mit alkoholischer Natronlauge, so tritt bei Anwesenheit von Cruciferenöl Braunfärbung ein. Nach dem Verdampfen des Alkohols und Auflösen der Seife in Wasser fällt man die Fettsäuren mit Säure und löst dieselben in heißem Alkohol. Bei Anwesenheit von Arachisöl krystallisiert beim Erkalten Arachinsäure in perlmutterglänzenden Krystallen aus.

**de la Souchère**'s Reaktion auf Cottonöl.

Schüttelt man das zu prüfende Öl mit dem gleichen Volumen Salpetersäure (D. = 1,37), so entsteht bei Anwesenheit von Cottonöl eine mehr oder weniger braune Färbung.

Monit. Prod. Chim. **2**. 610.
Chem. Ztg. **5**. 650.
Pharm. Zentrh. 1881. 437.
Ztschr. f. analyt. Chem. **21**. 445.
Monit. scientif. 1881. 790.

**Soudakewitsch**'s Reagens zum Färben mikroskop. Präparate

ist identisch mit Herxheimer's Reagens.

E b e r t h - F r i e d l ä n d e r, Mikroskop. Techn. 1894. 232.

**de la Source**'s Reaktionen auf Weinsäure

siehe Compt. rend. **81**. Nr. 21.

Pharm. Zentrh. 1896. 337.

**de la Source**'s Reaktion auf Harnsäure

(Murexidreaktion) siehe Jaksch's Reaktion.

Répert de Pharm. **3**. 103.
Arch. der Pharm. (3) **8**. 84.
Chem. Zentralbl. 1876. 111.

**de Souza**'s Reagens zum Härten mikroskop. Präparate

ist Pyridin, das zu gleicher Zeit härten, aufhellen und entwässern soll.

Ztschr. f. wiss. Mikroskop. 1888. 65.
G o o d a l l. Brit. Med. Journ. 1893. 947.
L e e - M a y e r, Grundzüge d. mikroskop. Techn. 1901. 61.

**Soxhlet**'s Reaktion auf gekochte und ungekochte Milch.

Die zu prüfende Milch säuert man mit Essigsäure an und filtriert von dem ausgeschiedenen Kasein ab. Das Filtrat erhitzt man nach Zusatz von etwas Essigsäure zum Sieden. Tritt ein Niederschlag ein (Albumin), so war die Milch nicht gekocht, tritt kein Niederschlag ein, so war sie gekocht.

S t o h m a n n, Die Milch u. Molkereiprodukte 1898. 338.
Ztschr. f. angew. Mikroskop. 1903. 96.

**Soxhlet**'s Reagens auf Glukose.

a) 34 632 g Kupfersulfat löst man mit Wasser zu 1 Liter.
b) 63 g Natriumhydroxyd und 173 g Seignettesalz löst man mit Wasser zum Liter.

Zum Gebrauch mischt man gleiche Volumina von a und b.

Chem. Zentralbl. 1878. 218 u. 236.
Ztschr. f. analyt. Chem. 18. 349.
König, Landwirtschaftl. Stoffe 1906. 966.

**Spaeth's** Reaktion auf Acetessigsäure

ist eine Modifikation von Gerhardt's Reaktion. Zum filtrierten Harn gibt man 1—2 Tropfen Eisenchloridlösung, filtriert und gibt nochmals 1 Tropfen Eisenchlorid zu. Acetessigsäure bewirkt eine bordeauxrote Färbung.
Spaeth, Untersuchung des Harns, 3. Aufl., 129.
Embden-Schmitz, Biochem. Handlexikon (von Abderhalden) 3. II. 921.

**Spaeth's** Reaktion auf Anilinblau in Mehl.

In Petri-Glasschalen, die mit dünnem Filtrierpapier belegt sind, bringt man eine dünne Schicht des zu prüfenden Mehles und drückt es mit einer kleineren Glasschale glatt und fest. Dann gießt man nach Auflage von Filtrierpapier 20—30%igen Alkohol (auch nur Wasser) darüber. Nach einiger Zeit bemerkt man oben und unten an dem Filtrierpapier blaue Färbungen, die sich allmählich weiter ausbreiten.
Pharm. Zentrh. 1913. 54. 240.

**Spaink's** Reagens zum Färben mikroskop. Präparate.

a) eine Lösung von 1 g Nigrosin in 100 ccm 10%igem Alkohol.
b) Eine Lösung von 1 g Safranin in 100 ccm Wasser und 200 ccm Alkohol.
Zum Gebrauch mischt man 30 ccm a mit 10 ccm b und 10 ccm Alkohol.
Moleschott's Unters. z. Naturl. 1891. 449.
Eberth-Friedländer, Mikroskop. Techn. 1894. 245.
Enzyklop. d. mikroskop. Techn. 1903. 1038.

**Spaink's** Hämatoxylin

ist eine Lösung von 1 g Hämatoxylin in 10 g Alkohol und 90 g Wasser.
Moleschott's Unters. z. Naturl. 1891. 449.

**Spallitta's** Reaktion auf Gallenfarbstoffe.

Erwärmt man 15 ccm einer gallehaltigen Flüssigkeit nach dem Mischen mit 5 ccm Salpetersäure (50%) auf dem Wasserbade unter ständigem Umrühren, so beginnt die Mischung bei etwa 35° dunkelgrün, bei 55° blau, bei 60° violett, bei 65° rot, bei 70° orange und schließlich gelb zu werden. Diese Modifikation der Gmelin'schen Reaktion soll sehr empfindlich sein.
Zentralbl. f. Physiol. 18. 91.
Ztschr. f. analyt. Chem. 1905. 580.
Chem. Zentralbl. 1904. II. 153.

**Spee's** Einbettungsmittel für mikroskop. Präparate

ist sogenanntes überhitztes Paraffin, das man am besten aus einer Schmelze zweier Paraffinsorten vom Schmelzpunkt 45 und 55° C. herstellt. Näheres siehe: Ztschr. f. wiss. Mikroskop. 1885. 7. — Eberth-Friedländer, Mikroskop. Techn. 1894. 73. — Enzyklop. d. mikroskop. Techn. 1903. 1075.

**Spehl's** Reagens auf Gallenfarbstoffe.

a) Eine gesättigte Lösung von Citronensäure in Eisessig, b) eine Lösung von Natriumnitrit 1 : 10 000. — 1—2 ccm Harn versetzt man mit 1 ccm der Lösung a und dann mit einigen Tropfen der Lösung b. Grünfärbung zeigt Gallenfarbstoffe an.

**Spehl's** Reagens auf Blut

ist eine aus gepulvertem Guajakholz frisch bereitete Guajaktinktur. 4 ccm dieser Tinktur mischt man mit 1 ccm Natriumkarbonatlösung (20%), 4 ccm Wasserstoffsuperoxyd (3%) und 1 ccm Alkohol.
Journ. méd. de Bruxelles 1911. No. 14.
Wiener klin. Woch. 1911. 1230.
Merck's Ber. 1911. 422.

**Sperling's** Reaktion auf Antipyrin und dessen Derivate.

2—3 ccm einer wässerigen (1%igen) Antipyrinlösung versetzt man mit 2 Tropfen rauchender Salpetersäure und unterschichtet nach Eintritt der Isonitrosoreaktion (Grünfärbung) mit 5 ccm konzentr. Schwefelsäure. Es entsteht ein kirschrot gefärbter Ring, beim Schütteln eine rote Flüssigkeit. (Amidopyrin gibt diese Reaktion nicht.) Pyramidon färbt sich mit Salpetersäure violett und dann mit konzentr. Schwefelsäure gelb.
Ztschr. d. österr. Apoth. Ver. 1906. 51.
Chem. Zentralbl. 1906. I. 1118.
Pharm. Praxis 1906. 60.
Vergl. Cohn's Reaktion.

**Spicea's** Reaktion auf Salicylsäure im Wein

beruht auf der Überführung der Salicylsäure in Pikrinsäure durch Salpetersäure. Pikrinsäure kann an ihrer stark färbenden Eigenschaft erkannt werden.
Merck's Report. 1901. 415.

**Spiegel's** Reagens auf Salpetersäure

ist eine Lösung von Diphenylamin in konzentr. Schwefelsäure und identisch mit Hofmann's Reagens (siehe dieses).
Chem. Zentralbl. 1887. 363.
Ztschr. f. Hygiene. 2. 163.
Merck's Index 1902. 263.

**Spiegel's** Reagens auf salpetrige Säure im Trinkwasser

ist eine gesättigte, wässerige Lösung von Guajakol (vergl. Adrian's Reagens). Das zu prüfende Wasser mischt man mit dem Reagens und gibt einige Tropfen verdünnter Schwefelsäure zu. Bei Anwesenheit von salpetriger Säure entsteht eine orangegelbe Färbung. Eine $^1/_{100000}$ Normal-Nitritlösung gibt die Reaktion fast sofort, eine $^1/_{1000000}$ Normal-Nitritlösung innerhalb einer Stunde.
Berl. Ber. 33. 639.
Ztschr. f. analyt. Chem. 41. 705.

**Spiegel-Maass'** Reagens auf Molybdän

ist eine Lösung von 1 g Phenylhydrazin (frisch destilliert) in 70 g Essigsäure (50%). — 10 ccm der zu prüfenden Lösung erhitzt man mit 5 ccm Reagens 1—2 Minuten lang zum Sieden. Bei Anwesenheit von Molybdän tritt Rotfärbung ein. Wenn die Färbung nicht deutlich ist, schüttelt man mit etwas Chloroform, in welches der rote Farbstoff übergeht. W, V, As, Sb, Cr, Sn, Fe, Mn u. U geben diese Reaktion nicht. Empfindlichkeitsgrenze = 0,001 Mo : 1000.

Berl. Ber. **36.** 512.
Chem. Centralbl. 1903. I. 670.
Chem. Ztg. 1903. Rep. 84.
Ztschr. f. angew. Chem. 1903. 325.

**Spiegler**'s Reagens auf Eiweiß im Harn.

8 g Quecksilberchlorid, 4 g Weinsäure und 20 g Rohrzucker löst man zu 200 ccm Wasser. Eiweißhaltiger Harn wird durch dieses Reagens getrübt. Überschichtet man das Reagens mit solchem Harn, so tritt an der Berührungsfläche ein weißer Ring auf. Auf diese Art soll Eiweiß im Verhältnis von 1 : 150 000, nach einigem Stehen sogar noch 1 : 225 000 erkennbar sein.

Wiener klin. Woch. 1892. No. 2.
Berl. Ber. **25.** 375.
Wiener med. Blätter 1894. 38.
Ztschr. f. analyt. Chem. **32.** 125.
J o l l e s, Ztschr. f. physiol. Chem. **21.** 307.

Um das Reagens haltbarer zu machen, kann man nach Spiegler an Stelle von Zucker auch Glycerin verwenden.

Zentralbl. f. klin. Med. 1893. 49.
P o l l a c c i, Pharm. Zentrh. 1902. 301.
H a m m a r s t e n, Physiol. Chem. 1899. 497.
S c h w e i s s i n g e r, Münchener med. Woch. 1904. 1172.

**Spindler**'s Reaktion auf Weinsäure in Citronensäure

ist eine Modifikation von Denigès' Reaktion.

Chem. Ztg. 1904. 15. u. Chem. Zentralbl. 1904. I. 696.
Siehe auch Pharm. Ztg. 1904. 189.
Ztschr. f. angew. Chem. 1904. 931.

**Spiro**'s Reaktion auf Wasserstoffsuperoxyd.

Versetzt man eine verdünnte Phenollösung mit einigen Tropfen Wasserstoffsuperoxydlösung und gibt frischbereitete $^1/_{100}$ Norm. Ferrosulfatlösung zu, so entsteht eine grüne Färbung und auf weiteren Zusatz von verdünnten Alkalien eine violette Färbung. Empfindlichkeitsgrenze = 1 ccm einer $^1/_{1000}$ Norm. Wasserstoffsuperoxydlösung = 0,000017 g $H_2O_2$.

Ztschr. f. analyt. Chem. 1915. 345.
Apoth. Ztg. 1915. 430.

**Spitta-Weidert**'s Reagens zur Abwässerprüfung (zum Nachweis organischer Substanzen)

ist Methylenblau, das durch organische Stoffe entfärbt wird. Näheres siehe: Mitteilungen der kgl. Prüfungsanst. f. Wasserversorg. u. Abwässerbeseit. 1906. Heft 6.

**Sprengel**'s Reagens auf Salpetersäure

ist eine Lösung von 1 T. Phenol in 2 T. Wasser und 4 T. konzentr. Schwefelsäure. Salpetersäure bewirkt mit diesem Reagens bei 100° eine rötlichbraune Färbung.

Nach anderen Quellen wird das Reagens durch Erhitzen von Phenol u. Schwefelsäure erhalten, enthält also wahrscheinlich wechselnde Mengen der drei Phenolsulfosäuren u. Schwefelsäure.

Ztschr. f. anal. Chem. **3.** 116.
Poggendorf's Annal. 1863. 188.
Journ. Chem. Soc. 1863. 396.
Chem. Zentralbl. 1864. 271.
W a g n e r, Pharm. Zentrh. **48.** 5.
Chem. Zentralbl. 1907. I. 666.
A n d r e w s, Journ. Americ. Chem. Soc. **26.** 388.
M o n t e n a r i, Gazz. chim. ital. 1902. 87.

**Springer**'s Reagens auf Kupfer im Wasser

ist Hydroxylaminchlorhydrat, das empfindlicher sein soll als Ammoniak und Ferrocyankalium. Nähere Angaben fehlen.

Chem. Ztg. 1898. 299.
Pharm. Zentrh. 1898. 316.

A n m e r k u n g : Stark verdünnte Kupfersulfatlösung reagiert mit salzsaurem Hydroxylamin in wässeriger, neutraler, saurer und ammoniakalischer Lösung nicht, wohl aber entsteht auf Zusatz von überschüssiger Kalilauge ein gelber bis orangegelber Niederschlag (Kupferoxydul). Die Reaktion ist so scharf wie die mit Ammoniak, tritt aber bei sehr starker Verdünnung erst nach einigem Stehen ein.

Vergl. auch P u r g o t t i, Chem. Ztg. 1897. Rep. 116.

**Spuler**'s Reagens zum Färben mikroskop. Präparate.

Man kocht gepulverte Cochenille mit Wasser, filtriert, dampft das Filtrat nicht ganz zur Trockene ein, löst den Rückstand in Wasser und filtriert.

Deutsche med. Woch. 1901. 110.
Enzyklop. d. mikroskop. Techn. 1903. 153.

**Spuler**'s Reagens zum Fixieren mikroskop. Präparate

ist eine Lösung von 0,1 g Osmiumsäure und 1,2 ccm Eisessig in 200 ccm Wasser.

Arch. f. mikroskop. Anat. **40.** 541.
E b e r t h - F r i e d l ä n d e r, Mikroskop. Techn. 1894. 50.

**Squibb**'s Reagens zur Harnstoffbestimmung

(Hypochloritlösung). 27 g Chlorkalk schüttelt man mit 200 ccm Wasser, filtriert und schüttelt den Rückstand nochmals mit 75 ccm Wasser. Die vereinigten Filtrate werden mit einer Lösung von 48 g Natriumkarbonat in 90 ccm Wasser gemischt und filtriert.

Chem. Zentralbl. 1892. II. 270.
Journ. of the analyt. Chem. **6.** 216.

**Squibb**'s Reaktion auf Isatropylcocaïn im Cocaïn.

Erwärmt man 5 g Cocaïn mit 2 ccm konzentr. Salzsäure auf freier Flamme bis zum Aufhören der Gasentwickelung und dem beginnenden Kochen, so entsteht bei Anwesenheit von Isatropylcocaïn eine dunkle bis tiefbraune Färbung, während reines Cocaïn eine fast farblose Lösung liefert.

The Chem. and Drugg. 1889. 307.

**Squire's** Reagens zum Färben mikroskop. Präparate.

Eine Lösung von 2 g Hämatoxylin und 0,4 g Ammonkarbonat in 40 ccm verdünntem Alkohol läßt man 24 Stunden an der Luft stehen, erwärmt dann, wenn sich Krystalle ausgeschieden haben sollten, ergänzt eventuell den verdunsteten Alkohol und gibt dann eine Lösung von 2 g Ammoniakalaun in 80 ccm Wasser zu. Zu dieser Mischung werden noch 100 ccm Glycerin, 80 ccm Alkohol und 10 ccm Eisessig gegeben. Zum Gebrauch verdünnt man dieses Reagens mit 9 Teilen Wasser.

Squire's Methods and Formulae etc. 1892. 24.

**Squire's** Pikrocarmin.

1. Man löst 1 g Carmin unter gelindem Erwärmen in 3 ccm Ammoniak (D. = 0,91) und 5 ccm Wasser und gibt hierzu 200 ccm gesättigte, wässerige Pikrinsäurelösung. Diese Mischung wird zum Sieden erhitzt und nach dem Erkalten filtriert.
2. Man löst 10 g Carmin in 1000 ccm heißer, 0,1 %iger, wässeriger Natronlauge. Die filtrierte Lösung wird mit 1000 ccm Wasser verdünnt und so lange 1 %ige Pikrinsäurelösung zugegeben, als der entstandene Niederschlag beim Umrühren wieder verschwindet.

Squire's Methods and Formulae etc. 1892. 35.

**Squire's** Reagens zum Entkalken mikroskop. Präparate

ist eine Mischung von 5 g Salzsäure und 95 g Glycerin.

Squire's Methods and Formulae etc. 1892. 12.

**Squire's** Glyceringelatine für mikroskop. Zwecke.

100 g in Chloroformwasser aufgeweichte Gelatine löst man in 750 g warmem Glycerin auf, gibt 400 g Chloroformwasser und 50 g Hühnereiweiß zu, kocht die Mischung 5 Minuten lang und ergänzt sie dann mit Chloroformwasser auf 1550 g.

Squire's Methods and Formulae etc. 1892. 84.

**Squire's** Reagenzien zum Konservieren mikroskop. Präparate.

1. Eine Lösung von 10 g Dammarharz in 20 ccm Terpentinöl mischt man mit einer Lösung von 5 g Mastix in 20 ccm Chloroform.
2. Eine Lösung von 10 g Dammarharz in 10 ccm Benzol.

Squire's Methods and Formulae etc. 1892. 84.

**Stadthagen's** Reaktion auf Harnsäure.

Erwärmt man Harnsäure mit einer alkalischen Lösung von arseniger Säure und gibt tropfenweise Kupfersulfatlösung zu, so entsteht ein weißer Niederschlag von harnsaurem Kupferoxydul. Die Reaktion ist nicht eindeutig.

Virchow's Archiv 109. 399.

**Staedeler-Krause's** Reagens auf Glukose.

a) Man löst 10 g Kupfer in 50 ccm Salzsäure und etwas Salpetersäure, neutralisiert mit Kalilauge und füllt mit Wasser zum Liter auf.

b) Eine wässerige Lösung von Weinsäure (37,5 %ig).

c) Eine Lösung von 150 g Ätzkali in Wasser zu 1 Liter aufgefüllt. Zum Gebrauche mischt man 2 ccm der Lösung b mit je 10 ccm der Lösungen a und c.

Pharm. Zentralbl. 1854. 936.
Schmidt, Neues Jahrb. f. Pharm. 29. 270.

**Stahel's** Reagens auf Glukose (neben Lävulose)

ist Diphenylhydrazin. Näheres siehe: Chem. Ztg. 1890. Rep. 246. — Pharm. Zentrh. 1890. 651. — Liebig's Annal. 258. 242. — Berl. Ber. 1890. Ref. 582.

**Stahl's** Reagens auf aromatische Oxykörper

ist Molybdänsäure oder Ammonmolybdat. Es läßt sich mit dem Reagens entscheiden, ob ein solcher Körper seine Hydroxyle in der Orthostellung hat oder nicht, indem die Orthokörper auf das Reagens reduzierend wirken (z. B. Brenzcatechin), nicht aber die Isomeren mit Meta- oder Parastellung (z. B. Hydrochinon und Resorcin). Näheres siehe: Berl. Ber. 1892. 1600.

**Stahl's** Reagens auf Feuchtigkeit.

Mit Cobaltchlorid befeuchtetes Papier trocknet man (eventuell bei 100° C.), bis es blau geworden ist. An feuchter Luft oder in wasserhaltigen Flüssigkeiten färbt sich dasselbe rot.

Botan. Ztg. 1894. 117.
Chem. Zentralbl. 1894. II. 616.

**Stahl's** Reaktion auf Pyrogallol.

Eine Mischung von Eisenchlorid und Ferricyankaliumlösung wird durch Spuren von Pyrogallol (reduziert) gebläut. Empfindlichkeitsgrenze = 0,005 mg.

Pharm. Zentrh. 33. 675.
Ztschr. f. analyt. Chem. 32. 476.

**Stähler's** Reagens auf Gold

ist Titantrichlorid, das wie Zinnchlorür mit Goldlösungen sofort eine starke violette Färbung erzeugt.

Berl. Ber. 1911. 2914.
Schweiz. Woch. Chem. Pharm. 1912. 266.

**Stahre's** Reaktion auf Citronensäure.

0,01 g Citronensäure löst man in 1 ccm Wasser, fügt einige Tropfen 1/10 Normal-Kaliumpermanganat zu, erwärmt (aber nicht bis zum Kochen), bis die rote Farbe der Mischung verschwunden ist und gibt dann 3—5 Tropfen gesättigtes Bromwasser zu. Sofort oder nach dem Erkalten entsteht eine Trübung und auf Zusatz von Natronlauge entwickelt sich Bromoformgeruch. Mit 0,0002 g Citronensäure erhält man noch eine Opaleszenz.

Nord. Pharm. Tidsskrift 2. 141.
Ztschr. f. analyt. Chem. 36. 195.
Wöhlk, ebenda 41. 77. 93.

**Staněk**'s Reaktion auf Cholin

(Perjodidreaktion) beruht auf der Bildung von Cholinenneajodid beim Zusammentreffen von Cholinsalzlösungen mit konzentr. Jodjodkaliumlösung. Es entsteht zunächst ein brauner Niederschlag von Krystallen, die in einigen Minuten eine grüne Farbe annehmen.

Ztschr. f. physiol. Chem. 46. 280, 47. 83, 48. 334.

Kiesel, ebenda 53. 215.

**Stanford**'s Reaktion auf Indikan im Harn.

In einem zirka 2 cm weiten Reagenzglase behandelt man 5 ccm Harn 5 Minuten lang mit einem ziemlich starken Kohlensäurestrom und verschließt das Reagenzglas oben mit Watte. Ohne den $CO_2$-Strom zu unterbrechen, gibt man alsdann 3 ccm Chloroform (das rein und unzersetzt sein muß!) und 5 ccm reine, konzentr. Salzsäure zu. Hat das Chloroform innerhalb 5 Minuten keine blaue Färbung angenommen, so setzt man 1 Tropfen Wasserstoffsuperoxydlösung (3 %) zu, die aus Perhydrol bereitet worden ist. In Pausen von je 5 Minuten gibt man so lange tropfenweise davon hinzu, bis die maximale Färbung des Chloroforms erzielt ist. Diese vom Autor „Kohlendioxydprozeß" genannte Methode der Indikanreaktion hat den Vorzug, daß eine Überoxydation des Indigos vermieden wird. Sie gibt auch annähernd quantitative Aufschlüsse.

Eine zweite Reaktion des Autors (Indirubinmethode) beruht auf der Kondensation von Indoxyl und Isatin (vergl. Baeyer's und Bouma's Reaktion), wobei ebenfalls durch Luftabschluß eine Verbesserung erzielt wird.

Ztschr. f. physiol. Chem. 88. 47.

**Stange**'s Reaktion auf Indoxyl.

Versetzt man Indoxyllösung (Harn) mit 2%iger Kaliumpermanganatlösung und schüttelt mit Schwefelkohlenstoff, so färbt sich letzterer blau.

Jahresber. f. Tierchemie 34. 392.

**Stas-Otto**'s Reaktionen auf Alkaloide.

Ein von Brunner zusammengestelltes Schema befindet sich:

Arch. der Pharm. 202. Beilage.

Ztschr. f. analyt. Chem. 13. 73.

**Steensma**'s Reagens auf Antipyrin

ist eine Lösung von 1 g p-Dimethylamidobenzaldehyd in 5 ccm Salzsäure (1,124) und 95 ccm Alkohol (absolut.). Verdampft man eine Spur Antipyrin mit einigen ccm dieses Reagenzes auf dem Dampfbad zur Trockene, so hinterbleibt ein roter Fleck.

Pharm. Weekblad 1907. No. 36.

Merck's Bericht 1907. 97.

Apoth. Ztg. 1907. 819.

Répert. de Pharm. 1908. 78.

**Steensma**'s Harnreaktion.

Bei verschiedenen pathologischen Vorgängen enthält der Harn eine Substanz, welche mit grüner Fluoreszenz in Benzol übergeht. Die Reaktion wird folgendermaßen ausgeführt: Man erhitzt 10 ccm Harn mit 10 ccm Salzsäure (38 %) und schüttelt die Mischung nach dem Erkalten mit 5 ccm Benzol. Die Fluoreszenz verschwindet sehr rasch wieder, weshalb die Beobachtung sofort vorgenommen werden muß, indem man die Lösung bei auffallendem Licht und schwarzem Hintergrund betrachtet.

Ned. Tijdschr. v. Geneesk. 1914. 3. Jan.

Semaine méd. 1914. 177.

**Steensma**'s Reagens I auf Eiweiß, Indol und Skatol.

a) Eine 2%ige, alkoholische Lösung von p-Dimethylamidobenzaldehyd.

b) Eine 0,5%ige, wässerige Lösung von Natriumnitrit.

Kocht man Eiweißlösung mit 25%iger Salzsäure und mit Lösung a, so wird die Mischung rot und auf Zusatz von Lösung b blau.

Gibt man zu 2 Teilen Indollösung 1 Teil Lösung a und tropfenweise 25%ige Salzsäure, so färbt sich die Mischung rot und auf Zusatz von Lösung b tiefrot. Skatol bewirkt unter gleichen Bedingungen eine blauviolette bezw. rein blaue Färbung.

Ztschr. f. physiol. Chem. 1906. (47.) 25.

Chem. Zentralbl. 1906. I. 968.

Merck's Bericht 1906. 102.

Hygien. Rundsch. 1907. 605.

Rhode, Ztschr. f. phys. Chem. 1905.(44.) 161.

**Steensma**'s Reagens II auf Eiweiß, Indol und Skatol.

a) Eine 5%ige, alkoholische Lösung von Vanillin.

b) Eine 0,5%ige, wässerige Lösung von Natriumnitrit.

Eiweiß liefert (siehe Reagens I) rote, mit Lösung b eine blaue Färbung. Indol liefert eine orangerote Färbung, die durch Lösung b nicht geändert wird. Skatol liefert eine rotviolette, mit Lösung b eine blauviolette Färbung.

Ztschr. f. physiol. Chem. 47. 27.

**Steensma**'s Reagens III auf Eiweiß

ist p-Nitrobenzaldehyd. Eiweiß mit diesem Reagens in Substanz und Salzsäure gekocht, gibt eine grüne Farbe, die auf Zusatz von Natriumnitrit in Dunkelblau übergeht. (Indol und Skatol geben keine Farbenerscheinung.)

Ztschr. f. physiol. Chem. 47. 27.

Rohde, ebenda 44. 161.

Merck's Bericht 1906. 199.

**Steensma**'s Reaktion auf Gallenfarbstoffe im Harn

ist eine Modifikation von Salkowski's Reaktion. Man versetzt 10 ccm Harn mit 10 Tropfen Sodalösung und 20 Tropfen Calciumchlorid-Lösung, sammelt den entstandenen Niederschlag auf einem Filter und wäscht mit Wasser aus. Anwesenheit von Gallenfarbstoffen ist an der Gelbfärbung des Niederschlages zu erkennen. Man löst ihn in 3 ccm Salzsäure-Alkohol und gibt 1 Tropfen Natriumnitritlösung zu. Grünfärbung.

Nederl. Tijdschr. voor Geneesk. 1909. II.
Münchener med. Woch. 1910. 811.
Répert de Pharm. 1910. 414.

**Steensma**'s Reaktion auf Salzsäure im Magensaft
ist eine Lösung von 2 g Phlorhizin und 1 g Vanillin in 30 ccm absolutem Alkohol. Gebraucht wie Günzburg's Reagens.
Biochem. Ztschr. 8. 210.
Nederl. Tijdschr. voor Geneeskd. 1907. Nr. 3.
Med. Woch. 1907. 234.
Apoth. Ztg. 1907. 127.
Journ. de Pharm. et de Chim. 1907. 503.
Pharm. Weekblad 1907. 208.
Pharm. Ztg. 1907. 201.
Münchener med. Woch. 1907. 1049.
Pharm. Zentrh. 1907. 431.
Répert de Pharm. 1908. 366.

**Steensma**'s Reaktion auf Urobilinogen im Harn
ist eine Modifikation von Schlesinger's Reaktion, die darauf beruht, daß man zur Beschleunigung des Eintritts der Reaktion (nach dem Zusatz von Zinkacetatlösung) noch einige Tropfen Jodtinktur zufügt, wodurch die Umsetzung des Urobilinogens in Urobilin sofort veranlaßt wird.
Tijdschr. v. Geneesk. 1914. 14. Febr.
Deutsche med. Woch. 1914. 506.

**Steensma**'s Reaktion auf Urobilin in den Faeces
ist Roman-Delluc's Reaktion mit Zinkacetat oder Zinkchlorid.
Pharm. Zentrh. 1908. 147.

**Steensma**'s Reaktionen (Farbenreaktionen) in der Biochemie siehe: Biochem. Ztschr. 8. 203.

**Steensma-Koopman's** Reaktion auf Acetessigsäure im Harn.
Man mischt 5 ccm Harn mit 1 ccm Stärkelösung (0,5%ig) und 3 Tropfen Essigsäure und fügt 6 Tropfen 1%ige Jodtinktur zu. Tritt keine Blaufärbung auf oder verschwindet diese vor Ablauf von 1 Minute, so ist Acetessigsäure vorhanden.
Nederl. Tijdschr. v. Geneeskunde 1914. 14. März.
Deutsche med. Woch. 1914. 817.

**Stefanelli's** Reaktion auf Alkohol im Äther.
Man schüttelt den Äther mit etwas Anilinviolett. Alkoholhaltiger Äther färbt sich, alkoholfreier färbt sich nicht. Empfindlichkeitsgrenze = 1 : 100.
Berl. Ber. 8. 439.
Ztschr. f. analyt. Chem. 14. 371.

**Stein**'s Reagens auf freies Alkali in Seifen
ist eine wässerige Lösung von Quecksilberchlorid. Das Reagens gibt mit neutralen Seifenlösungen einen weißen, mit alkalischen einen gelbroten Niederschlag.
Chem. Zentralbl. 1868. 128.
Pharm. Zentrh. 1867. 87.
Pharm. Japonic. Ed. II. 208.

**Stein**'s Reaktion auf Fuselöl im Weingeist.
Chlorcalcium in Stücken befeuchtet man in einem Becherglase mit dem zu prüfenden Weingeist. Alsdann macht sich Fuselöl durch seinen Geruch bemerkbar.
Polytechn. Zentralbl. 1859. 1627.
Chem. Zentralbl. 1860. 109.

**Stein**'s Reaktion auf Jod in Salpetersäure oder Salpeter.
Die zu prüfende Säure (oder die mit Salpetersäure versetzte Salpeterlösung) behandelt man mit Stangenzinn, bis sich keine roten Dämpfe mehr entwickeln Alsdann schüttelt man die Reaktionsflüssigkeit mit Schwefelkohlenstoff, der sich bei Anwesenheit von Jod rot färbt.
Chem. Zentralbl. 1858. 577.
Polytechn. Zentralbl. 1858. 145.

**Stein**'s Reagens auf Narceïn
ist eine freies Jod enthaltende Jodzinkjodkaliumlösung. Narceïnlösungen geben mit diesem Reagens blaue, haarförmige Krystalle.
Journ. f. prakt. Chem. 106. 310.

**Stein**'s Reaktion auf künstliche Weinfarbstoffe.
Ausführliche Beschreibung siehe Originalabhandlung:
Dingler's Journ. 224. 329. 533.
Ztschr. f. analyt. Chem. 17. 111 oder
Chem. Zentralbl. 1877. 472. 508.

**Stein**'s Reaktion auf Salpetersäure.
Die zu prüfende Substanz erhitzt man mit Bleiglätte und läßt das hierbei entstehende Gas auf mit Ferrosulfat getränktes Filtrierpapier einwirken. Letzteres färbt sich durch salpetrige Säure gelblich bis braun.
Polytechn. Zentralbl. 1859. 1624.
Chem. Zentralbl. 1860. 29.

**Stein**'s Reagens auf freie Säure in Alaun
ist Natriumthiosulfat oder metallisches Zink. Vom Autor selbst als unzuverlässig bezeichnet. Besser soll sich Tonerdeultramarinpapier eignen, das durch freie Säuren entfärbt wird.
Chem. Zentralbl. 1868. 126 u. 130.

**Stenhouse's** Reaktion auf Coffeïn.
Etwas Coffeïn kocht man einige Minuten mit rauchender Salpetersäure und verdampft die Flüssigkeit auf dem Wasserbade zur Trokkene. Befeuchtet man den Rückstand mit Ammoniak, so färbt er sich intensiv purpurrot. Diese Färbung verschwindet auf Zusatz von Kalilauge.
Hager, Pharm. Praxis 1880. I. 921.

**Stenhouse's** Reaktion auf Pikrinsäure
ist identisch mit Gerhardt's Reaktion.

**Stepanoff's** Celloidinlösung.
Man löst 6 g getrocknete Celloidinspähne in 20 ccm Nelkenöl oder Eugenol und 80 ccm Äther und gibt tropfenweise Alkohol (bis 4 ccm) zu, bis die Lösung erfolgt ist. Gebraucht als Einbettungsmittel.
Ztschr. f. wiss. Mikroskop. 1900. 185.
Tschemischeff, Neurol. Zentralbl. 1902. 130.

**Stephenson**'s Reagens für mikroskop. Zwecke ist eine Lösung von 65 g Quecksilberjodid und 50 g Jodkalium in 25 ccm Wasser.
Journ. Roy. Microsc. Soc. 1882. 167.
Behrens' Tabellen 1892. 65.
Enzyklop. d. mikroskop. Techn. 1903. 632.

**Stephenson**'s Beobachtungsmittel für mikroskopische Zwecke
ist eine konzentr. Lösung von Phosphor in Schwefelkohlenstoff mit dem Brechungsindex 1,95.
Journ. Roy. Microsc. Soc. 1880. Nr. 4.
Behrens' Tabellen 1892. 65.
Dippel, Botan. Zentralbl. 1882. 158.
Retgers, Neues Jahrb. f. Mineralog. 1893. 130.

**Sternberg**'s Reaktion auf Aceton.
Zu einer mit Phosphorsäure angesäuerten, wässerigen Acetonlösung gibt man wenig Kupfersulfatlösung und Jodjodkaliumlösung. Es entsteht eine bräunliche Trübung; beim Erwärmen entfärbt sich die Flüssigkeit und es scheidet sich ein grauweißer Niederschlag aus. Alkohol gibt diese Reaktion erst nach längerem Kochen und nicht so stark.
Chem. Ztg. 1901. Rep. 181.
Pharm. Zentrh. 1901. 636.
Zentralbl. f. Physiol. 15. 69.

**Steudel**'s Reaktion auf Nukleinsäure.
Versetzt man Nukleinsäure auf einem Objektträger mit konz. Salpetersäure oder Salzsäure, so bilden sich in kurzer Zeit doppelbrechende Krystalle von salpetersauren Purinbasen.
Ztschr. f. physiol. Chem. 48. 427.

**Stevens-Warren**'s Reaktion auf Rhus vernix.
Der Saft von Rhus vernix, soweit er in Alkohol unlöslich ist, färbt Guajaktinktur blau, Naphthollösung blau und Guajakol nach einiger Zeit rot.
Americ. Journ. of Pharm. 79. 499.
Chem. Zentralbl. 1908. I. 270.

**Stewart**'s Reaktion auf Dammarharz in Kauriharz.
Löst man eine Probe in Chloroform oder Äther und gibt absoluten Alkohol zu, so bewirkt Dammarharz einen voluminösen, weißen Niederschlag, während Kauriharz nicht gefällt wird.
Journ. Soc. Chem. Ind. 1909. 348.
Apoth. Ztg. 1909. 958.

**Stiassny**'s Reaktionen auf Gerbstoffe
siehe: Der Gerber 1905. 186. — Collegium 1906. 396. 1908. 419. 1912. 483. — Chem. Zentralbl. 1906. II. 1887, 1908. II. 1832. 1912. II. 1406. — Stiassny-Wilkinson, Collegium 1911. 318, 325.

**Stiassny**'s Kolloidreaktion
siehe: Collegium 1908. 348. — Chem. Zentralbl. 1908. II. 1296. — Ztschr. f. Chem. u. Industr. d. Kolloide 2. 257. — Der Gerber Juli 1907.

**Stiepel**'s Brom-Thermoprobe (zur Öl- und Fettuntersuchung)
beruht auf der Temperaturerhöhung, welche in einer Lösung der Öle bezw. Fette in Tetrachlorkohlenstoff durch eine Lösung von Brom in Tetrachlorkohlenstoff (0,5 : 7) verursacht wird. Näheres siehe: Chem. Revue Fett-Harz-Industrie 1911. 198. — Pharm. Zentrh. 1911. 877. — Ztschr. f. analyt. Chem. 1915. 430.

**Stirling**'s Reagens zum Färben mikroskopischer Präparate.
Man mischt eine Lösung von 10 g Gentianaviolett in 176 ccm Wasser mit einer Lösung von 4 g Anilin in 20 g Alkohol und filtriert.
Merck's Report 1901. 415.
Hämatoxylin-Jodgrün siehe Journ. of Anat. and Phys. 1881. 353.
Pikrocarmin-Jodgrün siehe ebenda 1881. 349.

**Stirling**'s Reagens zum Mazerieren mikroskop. Präparate
ist eine 10 %ige, wässerige Lösung von Rhodankalium oder Rhodanammonium.
Journ. of Anat. and Phys. 1883. 208.
Enzyklop. d. mikroskop. Techn. 1903. 773.

**Stock**'s Reaktion auf Aceton
(Hydroxylaminprobe) siehe Blumenthal-Neuberg's Reaktion.
Fröhner, Deutsche med. Woch. 1901. 79.

**Stockvis**' Reaktion auf Gallenfarbstoffe.
(Cholecyaninprobe.) 30 ccm Harn versetzt man mit 10 ccm Zinkchloridlösung (20 %) und fällt mit Natriumkarbonatlösung. Der Niederschlag wird nach dem Auswaschen in Ammoniak gelöst. Bei Anwesenheit von Gallenfarbstoff (Bilirubin) zeigt die Lösung ein charakteristisches Absorptionsspektrum und neben grüner Färbung meistens auch Fluoreszenz.
Maandbl. 1870. Nr. 3. 10 u. Nr. 5. 65.
Jahresber. f. Tierchem. 1882. 226.
Hammarsten, Physiol. Chem. 1899. 508.

**Stockvis**' Reaktion auf Indikan im Harn
siehe Maandbl. 1870. Nr. 2. 3.
Chem. Zentralbl. 1871. 37.

**Stöder**'s Reaktion auf Aloë
ist eine Modifikation von Klunge's Cyanreaktion.
Nederl. Tijdschr. v. Pharm. 11. 32.

**Stöder**'s Reaktion zur Differenzierung von Belladonna- und Bilsenkraut-Extrakt.
Man löst 1 g Extrakt in 2 g Wasser und schüttelt mit 10 ccm Äther. Den abgegossenen Äther schüttelt man mit 5 ccm Wasser und gibt dann 2 Tropfen Ammoniak zu. Fluoresziert die wässerige Lösung intensiv gelbgrün, so liegt Belladonnaextrakt vor.
Merck's Report 1902. 241.
Vergl. auch Vogl's Kommentar zur Pharmacop. Austriac. VII. 1890. 186.

**de Stoecklin**'s Reagens auf Alkohol.

a) Eine Lösung von Eisenchinhydron, die in 1 ccm 1 mg Eisen enthält. Man erhält sie, wenn man einer Eisenoxydsalzlösung eine frisch bereitete Lösung von Chinhydron zusetzt.

b) Eine Lösung von Eisentannat, die im ccm 1 mg Eisen enthält. Erhalten durch Mischen einer Eisenoxydsalzlösung mit 3 %iger Tanninlösung.

c) Eine 5 %ige, aus Perhydrol bereitete Wasserstoffsuperoxydlösung.

d) Fuchsin-Schweflige-Säure.

Der Nachweis des Alkohols wird in der Weise geführt, daß der Alkohol durch Wasserstoffsuperoxyd oxydiert und der hierbei entstandene Aldehyd mit Fuchsin-Schwefliger-Säure identifiziert wird.

Compt. rend. **150.** 43.
Apoth. Ztg. 1910. 114.
Pharm. Ztg. 1910. 283.

**Stoepel**'s Reaktion auf Banda- und Bombay-Macis.

0,5 g Macispulver digeriert man 15 Minuten lang mit 5 ccm Alkohol und gießt den erhaltenen Auszug auf Filtrierpapier. Nach dem Trocknen gibt man heißes Barytwasser auf das Papier. Bandamacis verursacht eine helle, gelbbräunliche, Bombaymacis eine ziegelrote Färbung.

Apoth. Ztg. 1908. 34.

**Stoepel**'s Reaktion auf Elemi.

Schmilzt man Elemi auf dem Dampfbad und gibt konz. Schwefelsäure zu, so entsteht eine eosinrote Färbung.

Apoth. Ztg. 1908. 440.
Pharm. Ztg. 1908. 946.
Répert. de Pharm. 1908. 406.

**Stoepel**'s Reaktion auf Terpentin in Elemi.

Die alkoholische Lösung von Elemi (1 : 10) reagiert gegenüber Lackmuspapier neutral. Terpentin bewirkt hingegen Rotfärbung. Die alkoholische Lösung von Elemi wird durch Wasser rein weiß milchig getrübt, bei Anwesenheit von Terpentin scheiden sich harzige, bräunlichgelbe Flocken ab.

Ztschr. österr. Apoth. Ver. 1908. 346.
Apoth. Ztg. 1908. 440.
Chem. Ztg. 1908. Rep. 359

**Stöhr**'s Carminlösung.

Man löst 1 g Carmin in 50 g Wasser und 5 ccm Ammoniakflüssigkeit und filtriert nach 2 tägigem Stehenlassen.

Ztschr. f. wiss. Mikroskop. 1890. 25.

**Stolba**'s Reaktion auf Alkalinitrate in Silbernitrat.

Versetzt man eine konzentr., wässerige Lösung von Silbernitrat mit Kieselfluorwasserstoffsäure, so werden Kalium und Natrium krystallinisch abgeschieden. Näheres siehe: Chem. Zentralbl. 1881. 772.

**Stolba**'s Reagens auf Cäsium

ist Zinnchlorid, das mit Cäsiumchlorid eine schwer lösliche Verbindung eingeht. Näheres siehe: Polytechn. Journ. **198.** 225. — Chem. Zentralbl. 1870. 758.

**Stolba**'s Reaktion auf tellurige Säure.

Beim Erhitzen von telluriger Säure in alkalischer Lösung mit Traubenzucker wird metallisches Tellur als schwarzes Pulver abgeschieden.

Ztschr. f. analyt. Chem. **11.** 437.
Chem. Zentralbl. 1873. 231.

Die Reaktion ist nicht eindeutig, da sie auch selenige Säure angibt.

Chem. Zentralbl. 1874. 115.

**Stolba**'s Reagens auf Kalium

ist eine konzentr., wässerige Lösung von Fluorbornatrium, welche mit Kaliumsalzlösungen einen krystallinischen Niederschlag gibt. Näheres siehe: Ztschr. f. analyt. Chem. **14.** 339. — Chem. Zentralbl. 1875. 395.

**Stoll**'s Reaktion auf Blut

ist eine Hämochromogenprobe mit Hülfe von Pyridin und konzentr. Natriumhydrosulfitlösung. Näheres siehe: des Autors Habilitationsschrift Tübingen 1912.

**Stollé**'s Reaktion auf Trichloressigsäure.

Kocht man 1 g Trichloressigsäure mit 0,5 g Antipyrin und 2—3 ccm Wasser ½ Minute lang, so entwickelt sich Kohlensäure und Chloroformgeruch.

Ber. d. deutsch. pharm. Ges. **20.** 371.
Chem. Zentralbl. 1911. I. 12.

**Stone**'s Reaktion auf Wismut.

Eine Lösung von Wismutsulfat (noch 0,01 mg Wismutoxyd in 10 ccm Wasser) gibt mit Jodkalium eine hellgelbe Färbung.

Journ. Soc. Chem. Ind. 1887. 416.

**Stooke**'s Reagens auf Oxyhämoglobin-Blut

ist eine mit Ammoniak und Weinsäure versetzte Lösung von Ferrosulfat, welche zu Hämoglobin reduziert. Näheres siehe: Kippenberger, Nachw. v. Gift. 1897. 242.

**Storch**'s Reaktion auf Essigsäure.

Alkaliacetate werden in wässeriger Lösung durch Ferrichlorid oder Ferrisulfat rot gefärbt.

Chem. Zentralbl. 1831. 638.

Tiedemann-Gmelin hatten diese, jetzt noch übliche Reaktion zuerst bemerkt (siehe deren Werk über Verdauung I. p. 9). Auch Kühn hatte sie bereits früher beobachtet (Schweigg. Journ. **59.** 373), Storch empfiehlt sie aber als erster zur analytischen Identifizierung der Essigsäure bezw. deren Salze.

**Storch**'s Reagens auf gekochte und ungekochte Milch

ist eine 2 %ige, wässerige Lösung von p-Phenylendiamin. Versetzt man 5 ccm Milch mit 2 Tropfen Reagens und 1 Tropfen Wasserstoffsuperoxyd (0,2 %), so färbt sich unge-

kochte Milch indigoblau, war die Milch über 80 ° C. erhitzt, so tritt keine Blaufärbung ein.
Pharm. Zentrh. 1898. 617.
Jahresber. f. Pharm. 1898. 625.
Chem. Ztg. 1898. Rep. 199.
Milch-Ztg. 1898. 374.
Siegfeld, Ztschr. f. angew. Chem. 1903. 764.
Rullmann, Südd. Apoth. Ztg. 1904. 241.
Lauterwald, Milch-Ztg. 1903. 241. 262.
Nicolas, Bull. Soc. Chim. 1911. 266.
Waentig, Chem. Zentralbl. 1907. II. 1118.
Bordas, Compt. rend. **148.** 1057, **150.** 119, 341.
Sarthou, Journ. de Pharm. et de Chim. 1909. II. 350.
Compt. rend. **149.** 809.
Drost, Pharm. Zentrh. 1912. 943.
Grewing, Ztschr. Unters. Nahr. Gen. Mittel 1914. 380; Berl. tier. Woch. 1915. 584.

**Storch-Morawski**'s Reaktion auf Harz oder Harzöl in Öl.
Man löst etwas von dem zu prüfenden Objekt bei gelinder Wärme in Essigsäureanhydrid und läßt nach dem Erkalten einen Tropfen konzentr. Schwefelsäure zufließen. Bei Anwesenheit von Harz oder Harzöl entstehen vorübergehende blauviolette oder rote Färbungen. Die Lösung färbt sich dann braungelb und zeigt Fluoreszenz.
Ztschr. f. analyt. Chem. **28.** 123.
Morawski, Chem. Ztg. **12.** Rep. 270; **13.** Rep. 134.
Grosser, Chem. Ztg. 1906. 330 oder Pharm. Zentrh. **1906.** 781.

**Storer**'s Reaktion auf Chromsäure
ist identisch mit Barreswil's Reaktion.

**Störmer**'s Reaktion auf Thymol.
Erhitzt man etwas Thymol in mäßig konzentr. Kalilauge mit einigen Tropfen Chloroform, so entsteht sofort eine violette Färbung, die beim Schütteln in Violettrot übergeht. 0,01 g Thymol gibt diese Reaktion noch sehr deutlich.
Pharm. Ztg. **31.** 744.
Arch. der Pharm. (3) **25.** 37.
Ztschr. f. analyt. Chem. **26.** 642.

**Stoss**' Reagens auf freies Alkali in Seifen
ist Kalomel (Quecksilberchlorür), das sich mit alkalihaltigen Seifenlösungen schwärzt.
Chem. Zentralbl. 1868. 128.

**Stowell**'s Reagens zum Entkalken mikroskop. Präparate
ist eine Lösung von 1 g Chromsäure und 2 ccm Salpetersäure in 200 ccm Wasser.

**Stowell**'s Reagens zum Fixieren mikroskop. Präparate
ist eine Lösung von 0,05 g Chromsäure in 35 g Wasser und 65 g Alkohol.
The Mikroskope 1884. 80.
Ztschr. f. wiss. Mikroskop. 1884. 575.

**Strachan**'s Reaktion auf freien Alaun in Papier.
Auf ein Stückchen Papier gibt man 1 Tropfen 20 %ige, wässerige Kaliumjodidlösung, bedeckt mit einem Uhrglas und läßt 1 Stunde lang in einer säure- und ammoniakfreien Atmosphäre stehen. Bei Gegenwart von ungebundenem Alaun (**und** von Stärke) wird die befeuchtete Stelle rötlich bis violettbraun gefärbt. Alaun allein ohne Stärke bildet nur gelbe Flecken.
Chem. News **103.** 193.
Chem. Zentralbl. 1911. I. 1724.

**Strasburger**'s Chromessigsäure für mikroskop. Zwecke
ist eine Lösung von 0,7 g Chromsäure und 0,3 g Essigsäure in 100 ccm Wasser.
Strasburger, Kl. Botan. Prakt. 1893. 133.

**Strasburger**'s Reagens zum Entkieseln mikroskop. Präparate
ist Fluorwasserstoffsäure.
Vergl. Mayer's Reagens.
Behren's Tabellen 1892. 86.

**Strasburger**'s Reagenzien zum Färben mikroskop. Präparate.

1. 100 ccm gesättigte, wässerige Lösung von Orange G mischt man mit 20 ccm einer gesättigten, wässerigen Lösung von Fuchsin S und 50 ccm gesättigter, wässeriger Lösung von Methylgrün. Zum Gebrauch mischt man diese Lösung mit gleichen Teilen Wasser und so viel 0,2 %iger Essigsäure, daß die Mischung purpurrot wird.
(Das Reagens wird auch Ehrlich-Biondi-Heidenhain's Reagens genannt.)
2. Eine Lösung von 5 g Methylgrün in 200 ccm 1 %iger Essigsäure.
Arch. f. mikroskop. Anat. 1882. 476.
Zu färbetechnischen Zwecken schlägt der Autor auch Lösungen von Gentianaviolett und Jodgrün in 1—2 %iger Essigsäure vor.
Vergl. dessen Botan. Prakt. 1893. 220.
3. Eine mit Natriumkarbonat versetzte, wässerige Lösung von Corallin (1 g Corallin, 25 g Natriumkarbonat und 100 ccm Wasser). Gebraucht zum Färben von Pflanzengeweben.
Merck's Index 1902. 269.
Strasburger, Kl. Botan. Prakt. 1893. 220.
Behrens' Tabellen 1892. 109.
4. Eine Lösung von Jodgrün in 50 %igem Alkohol versetzt man mit so viel Fuchsinlösung (in 50 %igem Alkohol), daß die Mischung violett gefärbt erscheint.
5. (Pikrin-Anilinblau.) Eine gesättigte Lösung von Pikrinsäure in 5 %igem Alkohol versetzt man mit Anilinblau, bis sie eine blaugrüne Farbe angenommen hat.
Ebenda 1893. 213.
6. Gesättigte, wässerige Pikrinsäurelösung mischt man mit wässeriger Nigrosinlösung, bis sie tief olivengrün geworden ist.
Ebenda 1893. 222.

**Strasburger**'s Reagens zum Härten von Pflanzenpräparaten
ist eine Mischung von 25 ccm Alkohol, 25 ccm Wasser und 25 ccm Glycerin.
Behrens' Tabellen 1892. 54.

**Strasburger**'s Pankreatin-Pepsin-Glycerin.
(Corrosionsmittel, gebraucht in der mikroskop. Technik.) Man mischt 10 ccm Pepsinglycerin, 10 ccm Pankreatinglycerin und 100 ccm Wasser und gibt einen Tropfen verdünnte Salzsäure zu. Vergl. „Verdauung als histologische Methode" in
Enzyklop. d. mikroskop. Techn. 1903. 1320 bis 1335.
Behrens' Tabellen 1892. 86.
Eberth-Friedländer, Mikroskop. Techn. 1894. 46.

**Strasburger**'s Jodlösungen für mikroskopische Zwecke.
1. Eine Lösung von 5 g Jod und 0,2 g Jodkalium in 15 ccm Wasser.
2. (Jodglycerin.) Eine Lösung von Jod in Glycerin, eventuell mit Wasser verdünnt.
Kl. Botan. Prakt. 1893. 221.

**Strasburger**'s Pikrinalkohol
ist mit Pikrinsäure gesättigter, 5 %iger Alkohol.

**Strassburg**'s Reaktion auf Gallensäuren.
Die zu untersuchende Flüssigkeit (Harn) versetzt man mit etwas Rohrzucker und taucht in diese Lösung Streifen von Filtrierpapier. Nach dem Trocknen der Streifen bringt man einen Tropfen konzentr. Schwefelsäure auf dieselben und läßt ihn abfließen. Bei Anwesenheit von Gallensäuren wird das Papier besonders im durchfallenden Lichte schön violett gefärbt. (Modifikation von Pettenkofer's Reaktion.)
Journ. de Pharm. et de Chim. (4) **16.** 364.
Pflüger's Archiv der Physiologie **4.** 461.
Ztschr. f. analyt. Chem. **11.** 97.

**Strasser**'s mikroskop. Einbettungsmittel.
1. Eine Lösung von Talg und Wallrat in Rizinusöl (8 : 8 : 2).
Morphol. Jahrb. 1879. 137.
Behrens' Tabellen 1892. 77.
Enzyklop. d. mikroskop. Techn. 1903. 1081.
2. Eine Mischung von 3 g Rizinusöl mit 2 g Äther und 2 g Collodium oder eine Mischung von 2 g Rizinusöl mit 4 g Collodium.
Ztschr. f. wiss. Mikroskop. 1887. 45.

**Straub**'s biologische Reaktion auf Morphin.
Spritzt man Mäusen unter die Rückenhaut 0,01—0,1 mg Morphin, so gerät ihr Schwanz in eine katatonische Starre nahezu parallel zur Wirbelsäule. Diese kann stundenlang anhalten. Andere Alkaloide verursachen diese Erscheinung nicht.
Deutsche med. Woch. 1911. 1462.

**Straub**'s Reaktion auf Phosphor in Phosphorölen.
Schüttelt man 10 ccm des zu prüfenden Phosphoröles mit 5 ccm einer 5 %igen, wässerigen Kupfersulfatlösung, so färbt sich die entstandene Emulsion sofort oder nach einigem Stehen hellbraun bis schwarz, je nach der Menge des vorhandenen Phosphors. Der Nachweis des letzteren ist für klinische Zwecke bestimmt.
Münchener med. Woch. **50.** 1145.
Chem. Zentralbl. 1903. II. 317. 690.
Ztschr. f. anorg. Chem. 1903. 460.
Arch. der Pharm. 1903. 335.
Chem. Ztg. 1903. Rep. 170.
Pharm. Ztg. 1903. 616.
Pharm. Zentrh. 1903. 747.
Ztschr. f. angew. Chem. 1903. 919.
Katz, Pharm. Ztg. 1903. 784.

**Straub**'s Reaktion auf Malvenblütenfarbstoff.
Wässerige Auszüge von Malvenblüten in der Farbe des Rotweins werden beim Erwärmen mit 5 ccm 1 %iger Zinnchlorürlösung und 3 g Kaliumacetat grünblau gefällt.
Pharm. Zentrh. 1911. 868.
Merck's Bericht 1911. 455.

**Straub**'s Reaktion auf Zuckercouleur.
Man verdünnt die Zuckercouleurlösung bis zur Farbe des Weißweins und erwärmt mit 3 ccm 1 %iger Zinnchlorürlösung und 0,5 g Kaliumacetat bis zur Flockenbildung. Zuckercouleur fällt mit aus und färbt den Niederschlag gelb.
Pharm. Zentrh. 1911. 868.

**Strauß**' Carminprobe
zur Diagnose von Torpor recti, Proktostase und Typhlostase vergleiche Boas' Archiv Bd. 20, 299 oder Berl. klin. Woch. 1914. 1599.
(Die Probe beruht darauf, daß man 0,5 g Carmin in Oblate verabreicht und die Verweildauer der Ingesta im Magendarmkanal damit feststellt.) Zentralbl. ges. innere Med. 1914. **11.** 507.

**Strauß**' Reaktion auf Milchsäure im Magensafte.
In einem Scheidetrichter schüttelt man 10 ccm Magensaft mit 40 ccm Äther, läßt die wässerige Schicht abfließen, gibt (zum Äther) etwas Wasser und 3—4 Tropfen Eisenchloridlösung (1 ccm offizinellen Liquor mit 9 ccm Wasser verdünnt) zu und schüttelt um. Bei Anwesenheit von Milchsäure entsteht eine grüne Färbung. Empfindlichkeitsgrenze = 0, 5 : 1000.
Berl. klin. Woch. 1895. 805.
Pharm. Zentrh. 1895. 32.
Chem. Zentralbl. 1895. II. 845.

**Strauß**' Reaktion auf Urobilin.
Der mit Essigsäure angesäuerte Harn wird mit $^1/_4$ seines Volumens Bleiacetatlösung (10 %) versetzt, filtriert und das Filtrat mit Amylalkohol geschüttelt. Bei Gegenwart von Urobilin färbt er sich gelb bis orangerot. Versetzt man das Filtrat mit Zinkchlorid und Ammoniak, so tritt eine intensive Fluoreszenz auf.

Münchener med. Woch. 1908. 2537.
Pharm. Ztg. 1909. 47.

**Strecker's Reaktion auf Xanthin.**

Verdampft man Xanthin mit wenig konzentr. Salpetersäure auf dem Wasserbade zur Trockene, so erhält man einen gelben Rückstand, der durch Kalilauge (nicht Ammoniak) gelbrot und nach dem Erkalten rotviolett gefärbt wird.

Liebig's Annal. 131. 121.

**Streng's mikroskop. Reaktionen**

siehe Ztschr. f. analyt. Chem. 23. 185; 25. 537.

Als Reagens auf Natrium empfiehlt der Autor Uranacetat, das mit Natriumsalzen charakteristisch geformte Krystalle gibt.

Lenz-Schoorl, Ztschr. f. analyt. Chem. 50. 263.

**Stricker's Einbettungsmittel**

ist eine Schmelze gleicher Teile Wachs und Olivenöl.

Stricker's Handb. d. Lehre v. d. Geweben 1871.
Behrens' Tabellen 1892. 77.
Enzyklop. d. mikroskop. Techn. 1903. 1081.

**Ströbe's Reagenzien zum Färben mikroskop. Präparate.**

a) Eine gesättigte, wässerige Lösung von Reinblau.

b) Eine mit dem gleichen Volumen Wasser verdünnte, wässerige, gesättigte Lösung von Safranin.

Ztschr. f. wiss. Mikroskop. 1893. 386.
Zentralbl. f. Patholog. 1893. 49.
Enzyklop. d. mikroskop. Techn. 1903. 939.
Eberth - Friedländer, Mikroskop. Techn. 1894. 242.

**Strobel's Reaktion auf Antifebrin, Antipyrin, Phenacetin, Sulfonal und andere Antipyretica**

beruht auf dem Eintreten verschiedener Färbungen und verschiedenartig riechender Dämpfe etc. beim Schmelzen mit Zinkchlorid.

Deutsch-Amerik. Apoth. Ztg. 16. 100.
Ztschr. f. analyt. Chem. 40. 687; 41. 74.
Chem. Zentralbl. 66. II. 1088.

**Strohl's Reagens auf Mineralsäuren im Essig.**

Sehr verdünnte Lösungen von oxalsaurem Ammon (8 : 100) und von Chlorcalcium (3 : 100) geben mit Essig einen Niederschlag von Calciumoxalat, wenn keine freien Mineralsäuren vorhanden sind. Bei Gegenwart von letzteren entsteht kein Niederschlag. Näheres siehe: Ztschr. f. analyt. Chem. 13. 459. — Journ. de Pharm. et de Chim. (4) 20. 172. — Chem. Zentralbl. 1874. 617.

**Strohmeyer's Reagens auf Xanthin**

ist Quecksilberchloridlösung, welche mit Xanthin in wässeriger Lösung noch im Verhältnis 1 : 30 000 eine deutliche Trübung gibt.

Ztschr. f. analyt. Chem. 4. 495.

**Stropeni's Reagens zum Färben mikroskop. Präparate**

ist eine Modifikation von Pappenheim's Reagens. Man löst 0,05 g Methylgrün und 0,25 g Akridinrot in 30 g Methylalkohol und gibt 20 g Glycerin und so viel 1%iges Carbolwasser zu, daß das Gesamtgewicht der Mischung 100 g beträgt.

Ztschr. f. wiss. Mikroskop. 29. 302.

**Struve's Reaktion auf Blutfarbstoff im Harn.**

Der zu prüfende Harn wird mit Natronlauge alkalisch gemacht, Tannin zugegeben und dann mit Essigsäure angesäuert. Bei Anwesenheit von Blut entsteht ein roter Niederschlag, mit dem man die Häminprobe anstellt (siehe Teichmann's Reaktion).

Ztschr. f. analyt. Chem. 11. 29 u. 151.
Chem. Zentralbl. 1872. 392. 582.

**Struve's Reaktion auf Colchicin.**

Versetzt man Colchicin mit Salpetersäure (D. = 1,4), so entsteht eine violette, dann braunrote Färbung, die auf Zusatz von Wasser in Gelb übergeht. Natronlauge färbt alsdann orangerot.

Ztschr. f. analyt. Chem. 12. 166.

**Struve's Reaktion auf Morphin.**

Der durch Phosphormolybdänsäure in Morphinlösung erzeugte Niederschlag wird durch konzentr. Schwefelsäure blau, beim Erwärmen braun gefärbt.

Ztschr. f. analyt. Chem. 12. 174.

**Strzyzowski's Reaktion auf Arsen**

beruht auf der Reduktion der Fehling'schen Lösung durch Arsen bezw. durch einen dünnen Arsenbelag (Arsenspiegel). Näheres siehe: Österr. Chem. Ztg. 1904. 77 oder Chem. Zentralbl. 1904. I. 1228.

**Strzyzowski's Reagens auf Blut**

ist eine Mischung von je 1 ccm Wasser, Alkohol und Eisessig mit 3—5 Tropfen Jodwasserstoffsäure (D. = 1,5). Gebraucht zum mikroskopischen Nachweis von Blut.

Therapeut. Monatsh. 1902. 459.
Merck's Bericht 1902. 5.

**Strzyzowski's Reaktion auf Diabetes**

beruht auf dem Auftreten einer grün fluoreszierenden Färbung des Diabetesharns nach Zusatz von 5 % Formaldehyd, vermutlich veranlaßt durch Stoffwechselprodukte, wie Aceton, β-Oxybuttersäure, Acetessigsäure etc. Näheres siehe: Therapeut. Monatsh. 1905. 109. — Ztschr. d. allg. öst. Apoth. Ver. 1905. 245. — Klin. therapeut. Woch. 1905. 348. — Med. Klinik 1905. 507. — Kühn, Münchener med. Woch. 1907. 1055. — Gaupp, Biochem. Ztschr. 1908. 13. 138. — Pharm. Ztg. 1913. 829 u. 922.

**Strzyzowski's Reagens auf Eiweiß im Harn**

ist eine 10 %ige, wässerige Lösung von Ammoniumpersulfat. Den zu prüfenden Harn schichtet man über dieses Reagens. Bei An-

wesenheit von Eiweiß entsteht eine weißgraue, trübe Zone. Empfindlichkeitsgrenze = 1 : 100 000.
Schweizer Woch f. Chem. u. Pharm. 1898. 545.
Ztschr. f. analyt. Chem. 38. 205.
Chem. Ztg. 1900. 147.
Pharm. Zentrh. 1901. 110.
Merck's Bericht 1899. 33.

**Strzyzowski's** Reaktion auf Indikan im Harn.
20 ccm Harn versetzt man mit 5 ccm neutraler Bleiacetatlösung (10 %) und 5 ccm Wasser, filtriert und gibt zu 15 ccm Filtrat einen Tropfen Kaliumchloratlösung (1 %), 5 ccm Chloroform und 15 ccm Salzsäure (D. = 1,19). Bei Anwesenheit von Indikan färbt sich das Chloroform beim Schütteln blau.
Österr. Chem. Ztg. 1901. 465.
Pharm. Zentrh. 1903. 248.
Ztschr. f. analyt. Chem. 41. 713.

**Stubenrauch's** Reaktion auf Jodoform.
Gibt man zu 1—2 ccm einer wässerigen Jodoformlösung **einen** Tropfen rauchende Salpetersäure und etwas Stärkelösung, so tritt keine Blaufärbung auf. Gibt man der Lösung nach vorhergehendem Erhitzen mit etwas Zinkstaub und 1 Tropfen Essigsäure 1 Tropfen Salpetersäure und dann Stärkelösung zu, so tritt sofort Blaufärbung ein.
Ztschr. f. Unters. Nahr.-Genußm. 1898. 737.
Pharm. Ztg. 1898. 824.
Melckebeke, Ztschr. f. analyt. Chem. 42. 530.

**Stuber's** Phagozytose-Reagens
zur Bestimmung des phagozytären Index ist eine nach besonderer Methode gewonnene Aufschwemmung von Soorsporen in künstlichem Serum (7,5 g Chlornatrium, 6 g Natriumcitrat, Wasser ad 1000 g), die in Verbindung mit einer Ovalbuminlösung verwendet wird. Näheres siehe: Münchener med. Woch. 1913. 1585. — Merck's Bericht 1913. 441.

**Stuber-Rütten's** Reagens siehe Stuber's Phagozytose-Reagens.

**Studer's** Reaktion auf Aceton im Harn.
Man destilliert 50 ccm Harn mit 5 ccm Salzsäure, bis 2 ccm übergegangen sind und versetzt das Destillat mit 10 Tropfen einer frisch bereiteten Lösung von Nitroprussidnatrium (10 %) und mit einigen Tropfen Natronlauge bis zur deutlich alkalischen Reaktion. Bei Anwesenheit von Aceton färbt sich die Mischung purpurrot. Bei nur hellroter Färbung (Spuren von Aceton) gibt man 6 bis 8 Tropfen Essigsäure zu, wodurch bei Anwesenheit von Aceton eine weinrote Färbung eintritt.
Chem. Ztg. 1898. Rep. 127.
Schweizer Woch. f. Chem. u. Pharm. 1898. 149.

**Sturdy-Sinnat's** Indikator für Jodometrie
ist eine Lösung von 0,05 g Methylenblau in 1 Liter Wasser. Auf 50 ccm der zu titrierenden Flüssigkeit gibt man 1 ccm dieses Indikators. Ein Überschuß von Jod bewirkt Umschlag in Gelbgrün und dann in Gelbbraun.
Analyst 1910. 309.
Chem. Ztg. 1910, Rep. 378.
Merck's Bericht 1910. 270.
Répert. de Pharm. 1911. 27.

**Stütz'** Reagens auf Eiweiß
besteht aus Gelatinekapseln, die Quecksilberchlorid-Chlornatrium, Citronensäure und Chlornatrium enthalten.
Siehe Fürbringer's Reagens Deutsche med. Woch. 1885. 467.
Enzyklop. d. gesamt. Pharm. 1888. IV. 443.
Mayer, Ztschr. d. allg. österr. Apoth. Ver. 1913. 447.

**Stutzer's** Reagens zur Trennung der Proteine von anderen Stickstoffverbindungen
ist in Wasser aufgeschlämmtes, von Alkali vollkommen befreites Kupferhydroxyd in Breiform. Nach Faßbender ist die Darstellung folgende: 100 g Kupfersulfat und 2,5 ccm Glycerin löst man in 5 Liter Wasser und fällt mit verdünnter Natronlauge. Der erhaltene Niederschlag wird auf einem Filter gesammelt, dann mit Glycerinwasser (5 : 1000) angerieben und durch Dekantieren völlig von der Lauge befreit. Den Niederschlag sammelt man auf einem Filter und reibt ihn mit Glycerinwasser (10 %) zu einem Brei an.
Stutzer, Chem. Ztg. 4. 360 oder
Ztschr. f. analyt. Chem. 20. 307. 588.
Berl. Ber. 13. 251.
Faßbender, Berl. Ber. 13. 1822.
Schulze-Barbieri, Landw. Versuchsst. 26. 213.
Dehmel-Ritthausen, Ztschr. f. analyt. Chem. 17. 241.
König, Landw. Stoffe 1906. 965.

**Stutzer's** Verdauungsflüssigkeiten
siehe König, Untersuchg. landw. u. gewerbl. wichtiger Stoffe 1906. 965.

**Stutzer's** Reagens zum Färben mikroskop. Präparate
ist eine Lösung von 1 g Orceïn in 100 ccm Alkohol mit einem Zusatz von 50 ccm Wasser und 50 Tropfen Salzsäure. Gebraucht zum Färben elastischer Fasern.
Arch. f. Ophthalm. 1898. 173.
Enzyklop. d. mikroskop. Techn. 1903. 193.

**Suchanek's** Reagens für mikroskop. Zwecke
ist eine Lösung von venetianischem Terpentin in einem gleichen Volumen absolutem Alkohol. Gebraucht als Beobachtungsmittel. Näheres siehe: Ztschr. f. wiss. Mikroskop. 1891. 463.

**Sullivan-Crampton's** Reaktion auf Weinsäure
beruht auf der charakteristischen Form der Calciumtartrat-Krystalle. Näheres siehe: Americ. Chem. Journ. 36. 419. — Chem. Ztg. 1907. Rep. 4. — Pharm. Zentrh. 1907. 744. — Chem. Zentralbl. 1907. I. 374. — Oetker, Chem. Ztg. 1907. 74.

**Sulzer**'s Reaktion auf echten und künstlichen Weinfarbstoff.

Gleiche Teile Rotwein und Salpetersäure (konzentr. rein oder roh) werden gemischt. Echter Rotwein hält seine Farbe mindestens eine Stunde lang; gefärbter Wein verliert oder ändert seine Farbe sofort oder innerhalb einer Minute. Die Reaktion soll für folgende Farbstoffe zutreffen: Heidelbeer, Maulbeer, Phytolacca decandra, Malven, Campeche, Fernambuk, Carmin und Fuchsin.

Schweizer Woch. f. Pharm. 1876. 160.
Polytechn. Notizbl. 31. 176.
Ztschr. f. analyt. Chem. 15. 485.
Vergl. Cottini-Fantogini's Reaktion; ferner Sestini, Ztschr. f. analyt. Chem. 11. 232 und 15. 486.

**Surre**'s Reagens auf Formaldehyd und Hexamethylentetramin

ist Codein und Schwefelsäure, die durch genannte Stoffe blau gefärbt werden. Näheres siehe: Annales des falsifications 3. 292 u. Chem. Zentralbl. 1910. II. 1782.

**Suter**'s Reaktion auf Cysteïn.

Cysteïnlösung gibt mit Kupfersulfatlösung eine vorübergehende Violettfärbung und dann einen grauen Niederschlag.

Ztschr. f. physiol. Chem. 20. 562.
Vergl. Andreasch's Reaktion.

**Suter**'s Reagens zur Prüfung der Nierenfunktion

ist eine Lösung von 4 g Indigokarmin in 100 ccm physiologischer Kochsalzlösung. Näheres siehe: Korresp. Blatt f. Schweizer Ärzte 1907. 457. — Merck's Bericht 1907. 151.

**Swoboda**'s Reagens auf Pikrinsäure

ist eine wässerige Lösung von Methylenblau. Pikrinsäure gibt mit diesem Reagens einen flockigen, violetten Niederschlag, der in Äther, Chloroform oder heißem Wasser mit blauer bis grüner Farbe löslich ist.

Ztschr. d. öst. Apoth. Ver. 1896. 617.
Ztschr. f. analyt. Chem. 36. 518.
Chem. Zentralbl. 1896. II. 717.

**Sydney W. Cole**'s Reaktion auf Glukose im Harn.

Man erhitzt 10 ccm Harn mit 1 g Carbo sanguinis mit Säure gereinigt (Merck) zum Sieden, kühlt ab und filtriert. Das Filtrat versetzt man mit 0,5 g Natriumkarbonat und 6 Tropfen Glycerin, erhitzt zum Sieden und gibt 4 Tropfen einer 5%igen Kupfersulfatlösung zu. Abscheidung von Kupferoxydul zeigt Glukose an.

Lancet 1913. II. 859.
Merck's Bericht 1913. 180.

**Symon**'s Reaktion auf Blut

ist eine Modifikation von Teichmann's Reaktion unter Verwendung von Kaliumjodid und Milchsäure an Stelle von Kochsalz und Essigsäure. Näheres siehe: Biochemical Journal 1913. 7. 596.

**Szabó**'s Reagens auf Salzsäure im Magensaft

beruht auf der Rotfärbung einer Mischung von 0,5 %iger Natriumferritartratlösung und 0,5 %iger Rhodanammoniumlösung oder auch auf der Blaufärbung eines mit Jodkalium und jodsaurem Kalium versetzten Stärkekleisters.

Ztschr. f. physiol. Chem. 1. 153.
Chem. Zentralbl. 1878. 181.
Vergl. Reoch's und Rabuteau's Reaktion.

**Szüts'** Formolglycerin

ist eine Mischung von 1 ccm Formaldehyd (40 %) mit 10 ccm Glycerin. Es dient bei der Silberfärbung als Reduktionsmittel und zugleich als Konservierungsmittel. Näheres siehe: Ztschr. f. wiss. Mikroskop. 1912. 29. 291.

**Szüts'** Reagenzien zur Plasmafärbung.

Fixierungsmittel: Mischung von 15 ccm 1%iger Platinchloridlösung mit 15 ccm Formaldehyd (40 %) und 30 ccm konzentr. Sublimatlösung.

Färbungsmittel: a) Heidenhain's Eisenhämatoxylin und b) Aluminium-Alizarin, d. h. man benützt eine 5%ige Lösung von Aluminiumacetat und nach dem Behandeln der Objekte damit und dem Abspülen mit Wasser eine Mischung von einigen Tropfen konzentr. alkoholischer Lösung von alizarinsulfosaurem Natrium mit Alkohol, so daß eine helle, bernsteingelbe Mischung entsteht.

Ztschr. f. wiss. Mikroskop. 1912. 29. 290.

**Szüts'** Reagens zum Färben mikroskopischer Präparate.

(Ammoniummolybdathämatoxylin) ist eine Mischung von 100 ccm 1%iger, wässeriger Hämatoxylinlösung mit 25 ccm 10%iger Ammoniummolybdatlösung. Gebraucht zur Nervenfärbung.

Ztschr. f. wiss. Mikroskop. 1914. 31. 17.

**Tafel**'s Reaktion auf Anilide.

Löst man das Anilid in konzentr. Schwefelsäure und gibt Kaliumdichromat zu, so entstehen rote bis violette Färbungen, so z. B. Acetanilid = rotviolett, Benzanilid = violett, Propionanilid = blutrot etc.

Berl. Ber. 1892. 412.
Chem. Zentralbl. 1892. I. 480.
Suida, Monatsh. f. Chem. 31. 583.

**Tafel**'s Reaktion auf Strychnin.

Behandelt man Strychninsalzlösungen mit Zinkstaub oder Natriumamalgam, so entstehen Reduktionsprodukte, die mit Eisenchlorid eine charakteristische, gelbrote Färbung zeigen.

Nach Lenz tritt die Reaktion bei Anwesenheit von 0,005 g Strychninnitrat und 0,003 g Strychninsulfat noch deutlich ein, wenn mit Zinkstaub reduziert wird.

Pharm. Zentrh. 1898. 849; 1899. 168.
Ztschr. f. analyt. Chem. 38. 743.
Pharm. Ztg. 1898. 786.

**Tagliarini's** Reaktion auf Weinsäure.

Erwärmt man die Lösung von freier Weinsäure mit Mennige, filtriert und kocht das Filtrat nach Zusatz von Rhodankalium, so tritt Schwärzung auf und es bildet sich unter Entwicklung von Schwefelwasserstoff Schwefelblei.

Bollett. Chim. Farm. **46**, 493.
Ztschr. f. analyt. Chem. **49**, 372.
Ztschr. Unters. Nahr. Gen. Mittel **18**, 470.

**Taguchi's** Reagens zum Injizieren mikroskop. Präparate

ist eine wässerige Anreibung von chinesischer oder japanischer Tusche.

Arch. f. mikroskop. Anat. 1888. 565.
Enzyklop. d. mikroskop. Techn. 1903. 575.
Grosser, Ztschr. f. wiss. Mikroskop. 1900. 178.
Hochstetter, ebenda 1898. 186.

**Takahashi's** Reagens auf aliphatische Alkohole und Ester

ist eine Lösung von 1 g Vanillin in 200 ccm Schwefelsäure (1,84). 2 ccm Reagens versetzt man mit der zu prüfenden Flüssigkeit und gibt tropfenweise Wasser zu. Die meisten Alkohole und deren Ester geben bei dieser Behandlung eine rote Färbung. Äthylalkohol bewirkt eine gelbe, bei Wasserzusatz in Grünblau und Hellgrün übergehende Färbung, Methyllaktat wird erst auf Wasserzusatz grün und dann rot, Acetessigester wird grün, rot und scheidet schließlich einen blauen Niederschlag ab. Näheres siehe: Ztschr. f. Unters. Nahr.-Genußm. **27**, 820, Ztschr. f. analyt. Chem. **54**, 120.

**Takahashi's** Reaktion auf Fuselöl.

Zu 5 ccm der zu prüfenden Flüssigkeit gibt man 5—10 Tropfen einer 1%igen, alkoholischen Lösung von Benzaldehyd, Anisaldehyd oder Orthooxybenzaldehyd und unterschichtet mit Schwefelsäure. Bei Gegenwart von Fuselöl gibt Benzaldehyd eine rötliche Färbung auf gelber Schicht, Anisaldehyd bräunlichgelbe, später rote Färbung auf einer grünen, später blauen Schicht. Orthooxybenzaldehyd eine purpurrote Färbung auf roter Schicht.

Versetzt man 0,5 ccm von 0,1%iger Amylalkoholmischung mit 15%igem Alkohol mit 2 ccm einer Lösung von 1 g Vanillin in 200 ccm Schwefelsäure (1,84), so entsteht eine purpurrote Färbung und Trübung. Näheres siehe:

Bullet. College of Agric. Tokyo **6**. 437.
Chem. Zentralbl. 1905. I. 1483 und 1913. II. 1334.

**Takahashi's** Reaktion auf Methyllaktat (Milchsäuremethylester).

Versetzt man einige ccm Methyllaktat mit 3—4 Tropfen einer 1%igen, alkoholischen Anisaldehydlösung, so entsteht eine intensive, blaugrüne Färbung.

Bullet. College of Agric. Tokyo **7**. 565.
Chem. Zentralbl. 1907. **II**. 1660.

**Takeuchi's** Reagens auf Harnstoff

ist ein wässeriges Extrakt der Sojabohne, deren Ferment (Urease) bei gewöhnlicher Temperatur aus Harnstoff Ammoniak entwickelt. Als Indikator benützte Takeuchi Phenolphthalein.

Journ. Coll. Agric. Tokyo 1909. **1**. 1.
The Drugg. Circular 1910. 115.

**Talley's** Atropinreaktion bei Herzkrankheiten.

Eine Injektion von Atropinsulfat bewirkt bei Gesunden nach einer bestimmten Zeit die Zunahme der Pulsschläge um 30—40. Tritt nur eine Beschleunigung von 20 Pulsschlägen ein, so weist das auf einen der Heilung wenig zugänglichen degenerativen Prozeß hin. Näheres siehe: Americ. Journ. Med. Scienc. 1912. Okt. — Deutsche Med. Ztg. 1913. 253.

**Tambon's** Reagens auf Sesamöl.

Man löst 3—4 g chemisch reine Glukose in 100 ccm Salzsäure. 15 ccm des zu prüfenden Öles schüttelt man mit 8 ccm Reagens und erhitzt bis zum beginnenden Sieden. Bei Anwesenheit von Sesamöl färbt sich die Säure sofort oder nach einigen Minuten rosa bis kirschrot.

Journ. de Pharm. et de Chim. 1901. I. 57.
Südd. Apoth. Ztg. 1901. 236.
Pharm. Zentrh. 1901. 355.
Siehe auch Lalande-Tambon's Reaktion.

**Tangl's** Alaun-Carmin.

Man kocht Carminpulver 10 Minuten lang mit einer gesättigten, wässerigen Alaunlösung und filtriert die erhaltene Lösung nach dem Erkalten.

Merck's Report 1902. 20.

**Tanret's** Reagens auf Alkaloide.

Man löst 13,546 g Quecksilberchlorid und 49,8 g Jodkalium zu ein Liter Wasser. Schwach saure Alkaloidlösungen werden durch das Reagens getrübt bezw. gefällt.

Compt. rend. **86**. 1270.
Siehe Mayer's Reagens.

**Tanret's** Reaktion auf Cholesterin.

Cholesterin färbt Schwefelsäure gelb, dann gelbbraun. Schüttelt man die Mischung mit Chloroform, so färbt es sich gelb, gelbbraun und schließlich dunkelrot. 90%ige Schwefelsäure färbt sich nicht; bei gleichzeitiger Verwendung von Chloroform färbt sich dieses aber rot. 92%ige Schwefelsäure färbt sich schon rot, ohne das Cholesterin zu lösen, das so behandelte Cholesterin löst sich in Chloroform mit roter Farbe.

Annal. Chim. Phys. 1908. **15**. 313.
Chem. Zentralbl. 1908. II. 1913.

**Tanret's** Reagens auf Eiweiß.

3,32 g Jodkalium, 1,35 g Quecksilberchlorid und 20 ccm Essigsäure werden mit Wasser zu 60 ccm gelöst. Eiweißhaltiger Harn gibt nach dem Ansäuern mit diesem Reagens einen weißen Niederschlag.

Zur quantitativen Eiweißbestimmung verwendet man eine Lösung von 3,32 g Jodkalium und 1,35 g **Quecksilberchlorid** in 100 ccm Wasser. 10 ccm Harn und 2 ccm Essigsäure versetzt man tropfenweise mit dem Reagens, bis die Lösung mit 1 %igem Quecksilberchlorid einen gelben Niederschlag gibt. Von der verbrauchten Tropfenzahl zieht man 3 ab; die restierende Tropfenzahl gibt den Eiweißgehalt des Harns für je 1 Liter in halben Grammen an.

Journ. de Pharm. et de Chim. (5) **28.** 490.
Zentralbl. f. d. med. Wissensch. 1877. 493.
Chem. Zentralbl. 1894. I. 111, 1907. II. 1712.
Ztschr. f. analyt. Chem. **17.** 525.
Venturoli, Ztschr. f. analyt. Chem. **30.** 108.
Stephen, Lancet 1882. Nr. 15.
Repiton, Bull. Soc. Chim. Paris (4) **1.** 751.
Tanret, ebenda (4) **1.** 974 und Répert. de Pharm. 1913. 250.
Vallery, Zentralbl. f. ges. innere Med. 1913. **4.** 622.

**Tanret**'s Reaktionen auf Ergosterin und Fungisterin

siehe: Compt. rend. 1889. **108.** 98, 1908. **147.** 75. — Chem. Zentralbl. 1908. II. 716, 1933.

**Tanret**'s Reaktion auf Ergotinin.

Gibt man zu einer Spur Ergotinin einige Tropfen Essigäther und konzentr. Schwefelsäure, so entsteht eine gelbrote Färbung, die schnell in Violett und Blau umschlägt. Wasser verändert die entstandene Farbe nicht.

Annal. de Chim. et de Phys. (5) **17.** 493.
Ztschr. f. analyt. Chem. **20.** 119.

**Tänzer** siehe Unna-Tänzer.

**Tartuferi**'s Reagens zum Färben von Corneazellen.

a) Eine Lösung von 15 g Natriumthiosulfat in 100 ccm Wasser.
b) Eine wässerige Suspension von Chlorsilber.

Anat. Anzg. 1890. 524.
Ztschr. f. wiss. Mikroskop. 1894. 346.
Enzyklop. d. mikroskop. Techn. 1903. 495.

**Tassinari-Piazza**'s Reaktion auf Salpetersäure.

Erwärmt man die zu prüfende Substanz mit Kalilauge und Zinkstaub, so entwickelt sich bei Anwesenheit von Nitraten Ammoniak. Empfindlichkeitsgrenze = 1 : 160 000.

Nuovo Cimento 1856. A. II. 456.
Longi, Ztschr. f. analyt. Chem. **23.** 351.

**Tatlock-Thomson**'s Reaktion auf Blei in Wein- und Citronensäure siehe: The Analyst 33. 173. — Chem. Zentralbl. 1908. II. 100.

**Tattersall**'s Reaktion auf Cobalt.

Versetzt man die Lösung eines Cobaltsalzes mit Cyankalium, bis der anfangs entstandene Niederschlag wieder gelöst ist, so wird die gelbe Lösung auf Zusatz von gelbem Schwefelammon blutrot gefärbt. Nickelsalze verhindern die Reaktion nicht, wohl aber Kupfersalze.

Chem. News **39.** 66.
Ztschr. f. analyt. Chem. **18.** 474.
Papasogli, Berl. Ber. **12.** 297 oder Ztschr. f. analyt. Chem. **18.** 584.

**Tattersall**'s Reaktion auf Delphinin.

Man reibt Delphinin mit der gleichen Menge Äpfelsäure zusammen, gibt dann einige Tropfen konzentr. Schwefelsäure zu und mischt das Ganze ohne zu erwärmen. Man erhält anfangs Orangefärbung, die in Rosa übergeht. Allmählich färbt sich die Mischung blauviolett und zuletzt schmutzigcobaltblau.

Chem. News **41.** 63.
Ztschr. f. analyt. Chem. **20.** 118.

**Tattersall**'s Reaktion auf Morphin.

Gibt man zu Morphin etwas konzentr. Schwefelsäure und Natriumarseniat, so färbt sich die Mischung schmutzigviolett und hierauf meergrün. Erhitzt man bis zur Dampfbildung, so entsteht ein flüchtiges Dunkelgrau.

Chem. News **41.** 63.
Ztschr. f. analyt. Chem. **20.** 119.
Chem. Zentralbl. 1880. 315.

**Tattersall**'s Reaktion auf Papaverin und Codeïn.

Die zu prüfende Substanz erwärmt man in einer Porzellanschale mit einigen Tropfen konzentr. Schwefelsäure, gibt etwas Natriumarseniat zu und erwärmt auf einer kleinen Flamme, indem man die Flüssigkeit durch Hin- und Herneigen auf dem Schälchen möglichst verteilt. Dabei wird die Lösung weinrot bis violett. Beim Verdünnen mit 10 ccm Wasser färbt sich letztere orange und auf Zusatz von Ätznatron dunkel bis schwarz.

Codeïn gibt bei gleicher Behandlung eine tief dunkelblaue Färbung und auf Zusatz von Wasser und Ätznatron eine Orangefärbung.

Chem. News **40.** 126.
Chem. Zentralbl. 1879. 694.
Ztschr. f. analyt. Chem. **19.** 90.

**Taylor**'s Reaktion auf Codeïn.

Codeïn und Aloin geben in wässeriger oder alkoholischer Lösung eine schöne rote Färbung.

Nouv. Remèd. 1907. 257.

**Teeter**'s Reagens auf Kalium

ist o-Nitrophenol in alkoholischer Lösung (1 : 50). Eine Lösung von Chlorkalium in 75 %igem Alkohol wird mit dem doppelten Volumen Reagens versetzt. Es entstehen gelbe, prismatische Nadeln von Nitrophenolkalium. Näheres siehe: Americ. Drugg. 1887. 81. — Chem. Ztg. 1887. Rep. 143.

**Teichmann**'s Reaktion auf Blut.

Durch Einwirkung von Eisessig und Chlornatrium auf Blut in der Wärme erhält man braunrote, mikroskopische Krystalle (Teichmann's Blutkrystalle), die sog. Häminkrystalle.

Ztschr. f. rat. Mediz. (N. F.) **4.** 375; **8.** 141.
Gorup-Besanez, Physiolog. Chem. 1878. 163.

Vergl. Selmi's u. Struve's Reaktion.
Brücke, Arch. der Pharm. **147.** 71.
Gunning-Geuns: Hager's Pharm. Prax. 1880. II. 879.
Blondlot, Erdmann, ebenda 880.
Högyes, Chem. Zentralbl. (3) **11.** 367.
Huppert, Schmidt's Jahrbücher 1862. 273.
Wessel, Arch. der Pharm. **118.** 217.
Gwosdew, Zentralbl. f. mediz. Wissensch. 1866. 772.
Dannenberg, Ztschr. f. analyt. Chem. **26.** 127 u. 268 od. Pharm. Zentrh. **27.** 449.
Strzyzowski, Pharm. Post 1897. 2. oder Pharm. Zentrh. 1897. 44 u. Ztschr. f. analyt. Chem. **40.** 195. — Merck's Ber. 1902. 5.
Mazzaron, Ztschr. f. analyt. Chem. 39. 200.
Kunz-Krause, Pharm. Zentrh. 1904. 257.
Guérin, Pharm. Ztg. 1909. 357.
Vergl. Nippe's Reagens.

**Teichmüller**'s Reagens zum Färben mikroskop. Präparate.

a) Eine 0,5 %ige, alkoholische Lösung von Eosin. Gebraucht zur Sputumfärbung.

b) Eine konzentr., wässerige Methylenblaulösung.

Deutsches Arch. f. klin. Mediz. 1899. 444.
Fuchs, ebenda 1899. 424.

**Teljatnik**'s Reagens zur Ganglienzellenfärbung

ist identisch mit Nissl's Methylenblau-Reagens (siehe dieses).

**Tellera**'s Reaktion auf Vaselin in Lanolin.

Man löst 1 g Lanolin in 15 ccm Äther unter Erwärmen auf, läßt erkalten, filtriert vom ausgeschiedenen Stearin ab und gibt 5 ccm absoluten Alkohol zu. Eine flockige Ausscheidung zeigt Vaselin an. 3—4 % Vaselin verursachen sofort, 1—2 % nach etwa einer halben Stunde die Abscheidung. Reines Lanolin bleibt klar. Eine geringe Trübung kann durch Stearin erzeugt werden.

Boll. Chim. Farm. 1913. **52.** 1.

**Tellyesniczky**'s Reagens zum Fixieren (Härten) mikroskop. Präparate

ist eine Lösung von 3 g Kaliumdichromat und 5 ccm Essigsäure in 100 ccm Wasser.

Arch. f. mikroskop. Anat. 1898. 202.
Wasielewski, Ztschr. f. wiss. Mikroskop. 1899. 331.
Limon, ebenda 1902. 506.

**Telmon-Sardou**'s Reaktion auf Blut im Harn.

(Modifikation von Meyers Reaktion.) Zu 3 ccm Harn gibt man 3 ccm 2 %ige alkoholische Essigsäurelösung und fügt dann 1 ccm Meyer's Reagens und $H_2O_2$ hinzu. Bei Spuren von Blut tritt innerhalb einiger Sekunden Rotfärbung auf.

Lejeune, Pharm. Ztg. 1910. 409.
Chem. Zentralbl. 1910. II. 690.

**Ternuchi-Toyoda**'s Reaktion auf Syphilis

mit Hilfe des Cuorins (sogenannte Cuorinseroreaktion) siehe: Wiener klin. Woch. 1910. 919. — Merck's Bericht 1910. 162. — Erlandsen, Ztschr. f. physiol. Chem. 1907. **51.** 71.

**Terreil**'s Reagens auf Zinnoxydul und arsenige Säure

ist eine Lösung von weinsaurem Kupferoxydkali (Fehling's Reagens), die in der Wärme durch genannte Stoffe unter Abscheidung von Kupferoxydul reduziert wird.

Bull. Soc. Chim. Paris 1862. 64.
Chem. Zentralbl. 1863. 190.

**Tessier**'s Reaktion auf Jod bei Gegenwart von Gerbstoffen

beruht auf der Isolierung des Jodes durch Eisenchlorid. Näheres siehe: Ztschr. f. analyt. Chem. **11.** 313. — Schweizer Woch. f. Pharm. 1871. 285. — Chem. Zentralbl. 1873. 7.

**Teubner-Eschka**'s Reaktion auf Quecksilber

(Golddeckelprobe) siehe:

Dingler's Journ. **204.** 47.
Österreich. Ztschr. f. Berg- u. Hüttenwesen **27.** 423.
Ztschr. f. analyt. Chem. **11.** 344 u. **19.** 198.

**Teuscher**'s Reagens auf Eiweiß im Harn

ist Salicylsulfosäure in Tablettenform à 0,05 g. Man löst 1 Tablette in 2,5 ccm Wasser und gibt den zu prüfenden Harn tropfenweise zu. Man kann 1 Tablette auch direkt in 2,5 ccm Harn lösen. Trübung zeigt Eiweiß an. (Vergl. Roch's Reagens.)

Deutsche med. Woch. 1914. 441.

**Thäter**'s Reaktion auf Santonin.

Erwärmt man 2—3 Tropfen alkoholische Santoninlösung mit 1—2 Tropfen alkoholischer Furfurollösung und 2 ccm konzentr. Schwefelsäure auf dem Wasserbade, so entsteht beim Verdunsten des Alkohols eine purpurrote, carmoisinrote, blauviolette und dann dunkelblaue Färbung. Die Reaktion gelingt noch mit 0,1 mg Santonin.

Arch. der Pharm. 1897. 408.
Chem. Zentralbl. 1897. II. 813; 1900. I. 233; II. 647.

**Thénard**'s Reaktion auf Aluminium.

Glüht man eine Aluminiumverbindung auf Kohle vor dem Lötrohre, befeuchtet mit Cobaltlösung und glüht abermals, so erhält man einen schön blau gefärbten Rückstand (Thénard's Blau).

Dammer, Handb. d. anorg. Chem. 1893. III. 485.
Dammer, Lexik. d angew. Chem. 1882. 274.
Fresenius, Qualit. Anal. 13. Aufl. 122.
Medicus, Qualit. Anal. 3. Aufl. 9.

**Thévenon**'s Reaktion auf Formaldehyd.

Erwärmt man eine Lösung von Methylparaamidophenolsulfat oder von Metol (Methylparaamidometakresolchlorhydrat) mit Formaldehyd auf 70—75°, so tritt eine granatrote Färbung ein. Empfindlichkeitsgrenze = 1 : 10 000.

Bullet. Soc. Pharmacol. 1905. 97.
Pharm. Zentrh. 1906. 586.

**Thiele**'s Reagens auf Aldehyde und Ketone

ist Semikarbazid (-chlorhydrat), das in essigsaurer Lösung unter Bildung von Semikarbazonen mit Ketonen reagiert. Näheres siehe: Berl. Ber. 1894. 27. 1918. Nach Rosenthaler (Nachweis organischer Verbindungen 1914. 110) verwendet man als Reagens eine Lösung von 1 Teil Semikarbazidchlorhydrat und 1 Teil Kaliumacetat in 3 Teilen Wasser. Die Bildung des Semikarbazons tritt nach Zusatz eines Ketons schon in der Kälte oder doch beim Erwärmen ein.

**Thiele**'s Reaktion auf Arsen

ist identisch mit Loof's Reaktion. Der Autor gibt zu der Arsen enthaltenden Flüssigkeit Salzsäure und dann unterphosphorigsaures Natrium, durch welches Arsen metallisch abgeschieden wird.

Liebig's Annal. 256. 55.
Chem. Ztg. 1891. Rep. 213.
Pharm. Zentrh. 1891. 511.
Vergl. Engel-Bernard's Reagens.

**Thiele**'s Reagens auf Eiweiß in der Magenflüssigkeit

ist eine Lösung von 0,3 g Phosphorwolframsäure und 1 g Salzsäure in 20 g Alkohol und 180 g Wasser. Schichtet man das Reagens über Magenflüssigkeit, so tritt bei Gegenwart von Eiweiß ein weißer Ring auf.

Berl. klin. Woch. 1912. 544.

**Thiersch**'s Reagenzien zum Färben mikroskop. Präparate.

1. Boraxcarmin: Man löst 10 g Borax und 2,5 g Carmin in 140 ccm Wasser und mischt mit 300 ccm Alkohol.
2. Oxalsaurer Carmin: Eine heiß bereitete Lösung von 5 g Carmin in 5 ccm Ammoniak und 5 ccm Wasser mischt man mit einer Lösung von 4 g Oxalsäure in 80 ccm Wasser, gibt zu dieser Mischung 120 ccm Alkohol und filtriert.

Arch. f. mikroskop. Anat. 1865. 150.
Schaffer, Ztschr. f. wiss. Mikroskop. 1888. 5.
Strasburger, Kl. Botan. Prakt. 1893. 219.
Behrens' Tabellen 1892. 98. 101.

**Thiersch**'s Reagens für mikroskop. Zwecke.

(Warmflüssige Leimmasse, gebraucht als Injektionsflüssigkeit.)

a) Eine warme Lösung von 10 g Leim in 5 g Wasser mischt man mit 5 ccm kaltgesättigter Ferrosulfatlösung.

b) Eine warme Lösung von 20 g Leim in 10 g Wasser mischt man mit 8 ccm kaltgesättigter Oxalsäurelösung und 10 ccm gesättigter Ferricyankaliumlösung.

Bei einer Temperatur von 30° C. gibt man a tropfenweise und unter Umrühren in b, erwärmt diese Mischung auf 100° C. und filtriert sie dann durch ein Stückchen dünnen Flanells.

Arch. f. mikroskop. Anat. 1865. 148.
Gelbe und grüne Injektionsmasse, sowie Carminmasse siehe ebenda 149.
Behrens' Tabellen 1892. 89. 90.
Eberth - Friedländer, Mikroskop. Techn. 1894. 63.
Enzyklop. d. mikroskop. Techn. 591—593.

**Thiersch**'s Reagens zum Entkalken mikroskop. Präparate

ist 2 %ige, wässerige Chromsäurelösung.

Ztschr. f. wiss. Mikroskop. 1891. 3.
Vergl. Waldeyer's Reagens.

**Thiéry**'s Reagens auf Blausäure

ist ein mit Kupfersulfatlösung (1 : 2000) imprägniertes Filtrierpapier, das nach dem Trocknen noch mit einer alkalischen Lösung von Phenolphthalin getränkt wird. Dieses Papier wird durch Cyanwasserstoff rosa gefärbt. Empfindlichkeitsgrenze = 1 : 2 Millionen.

Journ. de Pharm. et de Chim. 1907. I. 51.
Apoth. Ztg. 1907. 92.
Chem. Zentralbl. 1907. I. 994.

**Thiéry**'s Reaktion auf Glukose

ist identisch mit Braun's Reaktion. Empfindlichkeitsgrenze = 0,004 %.

Lippmann, Chemie der Zuckerarten 1904. 569.

**Thiéry**'s Reaktion auf α- und β-Naphtholkampfer.

Mischt man 1 Tropfen Naphtholkampfer mit 5 Tropfen einer 5 %igen, alkoholischen Piperonallösung und gibt 4 ccm konzentr. Schwefelsäure zu, so gibt α-Naphtholkampfer eine rot schillernde, violette Färbung, β-Naphtholkampfer eine gelbgrünliche Farbenerscheinung.

Journ. de Pharm. et de Chim. 1907. II. 62.
Apoth. Ztg. 1907. 719.
Répert. de Pharm. 1907. 414.
Bullet. de Pharm. de Sud-Est 1907. 383.

**Thoma**'s Reagens zum Entkalken mikroskop. Präparate

ist eine Mischung von 20 ccm Salpetersäure (D. = 1,153) und 100 ccm Alkohol.

Ztschr. f. wiss. Mikroskop. 1891. 191.
Gage, Proceed. Americ. Microsc. Soc. 1892. 21. oder Ztschr. f. wiss. Mikroskop. 1893. 104.
Behrens' Tabellen 1892. 87.

**Thoma**'s Pikrinsäure-Carmin.

Eine erwärmte und filtrierte Lösung von 1 g Pikrinsäure in 100 ccm Wasser erhitzt man nach Zusatz von 0,5 g Carminpulver langsam unter Umschwenken bis zum einmaligen Sieden. Nach langsamem Abkühlen und 24 stündigem Stehen wird filtriert.

Ztschr. f. wiss. Mikroskop. 1907. 139.

**Thomann's** Reaktion auf Naphthalin
siehe Schweizer Woch. f. Chem. u. Pharm. 1906 Nr. 9.
Pharm. Ztg. 1906. 336.

**Thomas'** Reaktion auf Ammoniak.
Versetzt man 5 ccm einer stark verdünnten Lösung von Ammoniak oder Ammonsalzen 1 : 10 000—500 000) mit 1 ccm Phenollösung (4 %) und 1 ccm 10 fach verdünnten Eau de Javelle, so entsteht eine rein blaue Färbung, die zur kolorimetrischen Bestimmung des Ammoniaks verwendet werden kann. Näheres siehe: Bull. Soc. Chim. France 1912, 11. 796.

**Thomas'** Reaktion auf Milchsäure im Magensaft.
6 ccm frischen auf dem Wasserbade eingedampften Magensaft versetzt man mit 3—4 Tropfen Chromsäurelösung (30 %) und erwärmt etwa 10 Minuten lang. Bei Gegenwart von Milchsäure tritt eine rotbraune Färbung auf. Wasserstoffsuperoxyd beschleunigt die Reaktion.
Ztschr. f. physiol. Chem. 50. 540.
Chem. Zentralbl. 1907. I. 849.
Giornale Farm. Chim. 1908. 117.

**Thomé's** Reagens zum Färben mikroskop. Präparate
ist eine Modifikation von Mallory's Reagens. Es besteht aus 1,75 g Hämatoxylin, 1 g Phosphormolybdänsäure, 5 g Phenol und 210 ccm Wasser.
Jena. Ztschr. f. Naturwiss. 1902. 133.
Ztschr. f. wiss. Mikroskop. 1902. 236.

**Thomé-Mallory's** Reagens
ist identisch mit Thomé's Reagens.

**Thompson's** Reagens für mikroskop. Zwecke
(Beobachtungsmedium) besteht aus Schwefel, Brom und Arsenik.
Journ. Roy. Microsc. Soc. 1882. 137.
Vergl. Meates' Reagens.

**Thompson-Hurst's** Reaktion auf Paraffin in Schweinefett.
Man erhitzt 3 ccm Fett mit 10 ccm einer Mischung von absolutem Alkohol und Chloroform (1 + 1) und kühlt ab. Bei Gegenwart von Paraffin (noch 1,5 %) trübt sich die Mischung.
Chem. News 101. 109.
Chem. Zentralbl. 1910. I. 1389.

**Thoms'** Reagens auf Kupferoxydsalze
ist Jodkaliumlösung für sich oder mit Stärkelösung. Kupfersulfatlösung 1 : 100 000 bis 200 000 wird durch Jodkaliumlösung gelb bis gelblich gefärbt. Gibt man noch einige Tropfen Stärkelösung zu, so entsteht eine deutliche Violettfärbung.
Pharm. Zentrh. 1890. 31.
Ztschr. f. analyt. Chem. 33. 464.

**Thoms'** Reaktion auf Piperazin im Harn.
100 ccm Harn erwärmt man nach Zugabe von einigen Tropfen Natronlauge, filtriert nach dem Erkalten, säuert mit Salzsäure an und gibt Jodkaliumwismutjodidlösung zu. Man erwärmt kurze Zeit auf 40—50° C., kühlt rasch ab und filtriert. Nach dem Erkalten (eventuell beim Reiben der Gefäßwand mit einem Glasstab) krystallisiert die Wismutverbindung als feines, granatrotes Pulver aus, das unter dem Mikroskop aus sternförmigen Krystallaggregaten besteht.
Pharm. Post. 1891. 511.
Pharm. Zentrh. 1891. 339.
Chem. Zentralbl. 1891. II. 134.

**Thoms'** Reaktion auf g-Strophanthin.
Die Lösung von 0,01 g g-Strophanthin in 1 ccm Wasser, mit konz. Schwefelsäure unterschichtet, färbt diese rosa bis rot, während die wässerige Flüssigkeit eine schmutziggrüne Färbung annimmt.
Ber. d. dtsch. pharm. Gesellsch. 1904. 120.

**Thomson's** Reagens auf Alkalien
ist ein alkoholischer Auszug von Parmelia parietina Ach., bezw. damit gefärbtes Papier, das durch Alkalien rot gefärbt wird.
Chem. Zentralbl. 1845. 143.
Genannte Flechte enthält einen Farbstoff, den Thomson „Parietin" nannte. Unter dem Namen Parietinsäure wurde es früher mit Chrysophansäure identifiziert, ist damit aber nicht identisch.
Vergl. hierzu: Lilienthal, Beiträge z. Chem. d. Farbst. d. Wandflechte, Dorpat 1893, — Stein, Arch. der Pharm. 1864. 118, 230, — Hesse, Berl. Ber. 1897. 30.

**Thomson's** Reagens auf Arabin
ist Kaliumsilikat, das mit Arabinlösung eine Trübung bezw. Fällung hervorruft. Bleiessig soll aber nach Guérin empfindlicher sein.
Chem. Zentralbl. 1862. 17.
Journ. de Chim. méd. 1831. 732.

**Thomson's** Reagens auf Formaldehyd (in Milch).
Man löst 1 g Silbernitrat in 30 ccm Wasser und gibt so viel Ammoniak zu, bis der entstandene Niederschlag sich wieder gelöst hat. Die Lösung ergänzt man mit Wasser auf 50 ccm. Das Reagens gibt mit Formaldehyd enthaltenden Flüssigkeiten schwarze Färbung oder schwarzen Niederschlag. In Milch lassen sich noch 12 mg Formaldehyd in 1 Liter nachweisen, wenn man 20 ccm Destillat aus 100 ccm Milch mit 5 ccm Reagens mehrere Stunden im Dunkeln stehen läßt.
Chem. News 71. 247.
Chem. Zentralbl. 1895. II. 65.
Ztschr. f. analyt. Chem. 39. 329.
Richmond und Boseley, The Analyst 20. 154; 21. 92.

**Thomsons'** Reaktion auf Veratrin.
Versetzt man Veratrin mit konzentr. Schwefelsäure, so tritt nur eine sehr schwache Färbung ein; erst nach 3—4 Minuten entsteht eine blutrote Färbung, welche 2—3 Stunden anhält.
Ztschr. f. analyt. Chem. 1. 228.

**Thoulet**'s Reagens zur Trennung von Mineralgemischen
ist eine konzentr., wässerige Lösung von Quecksilberjodid und Jodkalium vom Spec. Gew. 3,17.
Bull. Soc. minéralog. de France 1879. I.
Merck's Index 1902. 263.
Retgers, Neues Jahrb. f. Mineral. 1889. 185.
Church, Ztschr. f. analyt. Chem. 20. 391.
Goldschmidt, ebenda oder Neues Jahrb. f. Mineral. 1881.
Groth, Ztschr. f. Krystallogr. u. Mineralog. 4. 421.

**Thresh**' Reagens auf Alkaloide.
Man löst 2,4 g Wismutcitrat in 20 ccm Wasser und der zur Lösung nötigen Menge Ammoniak und ergänzt mit Wasser auf 30 ccm. Diese Mischung gibt man in eine Lösung von 2 g Jodkalium in 45 ccm Salzsäure. — Das Reagens fällt Alkaloide (auch Eiweiß).
Merck's Index 1902. 263.
Zu 30 g Liquor Bismuthi jodati Ph. Brit. gibt man 6 g Kaliumjodid und 6 g Salzsäure.
Pharm. Journ. Transact. 1880. Nr. 503.
Chem. Zentralbl. 1880. 376.
Man löst 1,8 g Kaliumjodid in 45 g Salzsäure und gibt 30 ccm Liquor Bismuthi Ph. Brit. zu. (Liquor Bismuthi wird bereitet, indem man 2,5 g Wismut in 70 g Salpetersäure löst, 60 g Citronensäure zugibt, mit Ammoniak schwach alkalisch macht und mit Wasser auf 600 ccm bringt.)
Real-Encyklop. der Pharm. 1904. I. 415.

**Thresh**'s Reaktion auf Alkohol
siehe Ztschr. f. analyt. Chem. 18. 487.
Chem. News. 38. 251.

**Thresh**'s Reaktion auf Wismut.
Schwach saure Wismutlösungen werden durch überschüssige Jodkaliumlösung orangerot gefärbt. Empfindlichkeitsgrenze = 1 : 40 000.
Pharm. Journ. Transact. 1880. 641.
Ztschr. d. öst. Apoth. Ver. 18. 261.
Ztschr. f. analyt. Chem. 22. 432.

**Thudichum**'s Reaktion auf Kreatinin.
Versetzt man eine blaßgelbe Lösung von Eisenchlorid mit Kreatinin, so färbt sich die Mischung besonders beim Kochen dunkelrot.
Annals of Chem. Med. 1879. 168.
Neubauer-Huppert, Analyse des Harns 1910. I. 667.

**Thugutt**'s Reagens auf Aragonit neben Calcit
ist eine 0,1 %ige, wässerige Lösung von Congorot oder eine mit Natronlauge versetzte Lösung von Alizarin. Beide Reagenzien färben nur den Aragonit schwach rosa, Calcit bleibt ungefärbt. Auch Silberchromat kann verwendet werden. Zu diesem Zweck befeuchtet man das grob gepulverte Mineral mit 1/10 Norm. Silbernitratlösung, spült mit Wasser ab und befeuchtet mit Kaliumchromatlösung. Nur der Aragonit wird rot gefärbt.
Chem. Zentralbl. 1910. II. 1084.

**Thugutt**'s Reaktion des Calcits
vergl. Ztschr. f. Krystallogr. 54. 197; Chem. Zentralbl. 1914. II. 1122.

**Tichborne**'s Reagens auf Metalloxyde.
Eine 10 %ige, wässerige Lösung von Natriumbikarbonat versetzt man mit Phenolphthaleïn und so viel Salpetersäure, daß die Lösung eben farblos wird. Die zu prüfende Probe reibt man mit diesem Reagens an. Rötung bewirken: PbO, $Ag_2O$, HgO, $Bi_2O_3$, $SnO_2$, $Sb_2O_3$, FeO, $Fe_3O_4$, MnO und ZnO. Es reagieren nicht: $Pb_3O_4$, $Hg_2O$, CuO, $Al_2O_3$, $Fe_2O_3$, $MnO_2$. Selbstredend reagieren die Alkalien und Erdalkalien.
Scientific Proceedings of the Royal Dublin Society 10. Nr. 28.
Chem. Zentralbl. 1905. I. 1049.

**Tidy** siehe Meymott Tidy.

**Tiemann**'s Reaktion auf Coniferin.
Coniferin nimmt nach dem Befeuchten mit Phenol und Salzsäure nach kurzer Zeit eine intensiv blaue Farbe an. Im Sonnenlicht tritt die Reaktion sofort ein.
Berl. Ber. 1874. 608.
Nickel, Die Farbenreakt. d. Kohlenstoff.-Verb. 1890. 33.

**Tillmans**' Reaktion auf gekochte und ungekochte Milch
ist eine Modifikation von Storch's Reaktion. Auf 20 ccm Milch streut man aus Streubüchsen eine Prise einer Mischung von gleichen Teilen p-Phenylendiamin und Seesand und eine Prise Baryumsuperoxyd. Ungekochte Milch färbt sich beim Umschütteln über Grün in wenigen Sekunden tiefblau.
Ztschr. Unters. Nahr.-Genußm. 1912. 24. 61.

**Tillmans-Mildner**'s Reaktion auf Mangan im Wasser.
10 ccm Wasser werden in einem verschließbaren Glaszylinder mit 0,1 g festem Kaliumperjodat geschüttelt. Man säuert mit 3 Tropfen Essigsäure an und läßt einige ccm einer frisch bereiteten (0,5 %) Lösung von Tetramethyldiamidodiphenylmethan langsam zufließen. Bei Gegenwart von Mangan entsteht eine blaue Färbung. Empfindlichkeitsgrenze = 0,05 mg Mangan in 1 Liter Wasser.
Mildner, Dissertation, Frankfurt 1914.
Journ. f. Gasbeleucht. u. Wasservers. 1914. No. 21. 496.
Pharm. Zentrh. 1914. 824.
Chem. Zentralbl. 1914. II. p. 1249. (1903. II. 68 u. 1906. I. 500).
Südd. Apoth. Ztg. 1914. 677.
Trillat, Compt. rend. 136. 1205.
Benedict, Americ. Chem. Journ. 34. 581.

**Tillmans-Sutthoff**'s Nitratreagens
wird hergestellt, indem man 0,085 g Diphenylamin in einer 500 ccm fassenden Meßflasche mit 190 ccm verd. Schwefelsäure (1 : 3) übergießt und dann konz. Schwefelsäure zugibt. Mit konz. Schwefelsäure wird auf 500 ccm

ergänzt. — 500 ccm des zu prüfenden Wassers mischt man mit 2 ccm gesättigter Natriumchloridlösung und gibt zu 1 ccm dieser Mischung 4 ccm Reagens. Blaufärbung zeigt Salpetersäure an. Empfindlichkeitsgrenze = 0,1 mg in 1000 ccm.
Ztschr. f. analyt. Chem. 1911. 50. 473.
Merck's Bericht 1911. 256.

**Tillmans-Sutthoff's** Nitritreagens
ist eine Mischung von 500 ccm Nitratreagens mit 200 ccm Wasser. 5 ccm des zu prüfenden Wassers mischt man mit 5 ccm Nitritreagens. Die bei Gegenwart von salpetriger Säure auftretende Blaufärbung zeigt nach 10 Minuten ihre höchste Intensität. Empfindlichkeitsgrenze = 0,1 mg in 1000 ccm Wasser.
Ztschr. f. analyt. Chem. 1911. 50. 473.
Merck's Bericht 1911. 256.

**Timpe's** Nährgelatine für mikroskop. Zwecke
siehe Zentralbl. f. Bakt. 1893. 845.
Ztschr. f. wiss. Mikroskop. 1895. 108.

**Tingle's** Reagens auf Nitrate
ist eine Lösung von 2 g Salicylsäure in 30 ccm Schwefelsäure (1,84). Erhitzt man Nitrate damit, so bildet sich Nitrosalicylsäure, die mit Alkalien gelbe bis gelbrote Lösungen liefert. Man gibt deshalb einige Tropfen der Reaktionsflüssigkeit auf einem Porzellanschälchen mit konzentr. Kalilauge zusammen. Empfindlichkeitsgrenze = 1 Tropfen einer 0,1 %igen Kaliumnitratlösung.
Journ. Soc. Chem. Ind. 1915. 393.

**Tison's** Reagenzien zum Färben verkorkter Zellmembranen
sind konzentr. alkoholische, mit Ammoniak entfärbte Lösungen von Dahlia, Gentianaviolett, Methylgrün und Säuregrün. Näheres siehe: Compt. rend. Assoc. Française 1899. 454. — Ztschr. f. wiss. Mikroskop. 1901. 110.

**Tobey's** Reaktion auf Indol.
Zum Nachweis von Indol in Bakterienkulturen säuert man diese mit Schwefelsäure an und schichtet über die Mischung etwas Natriumnitritlösung (0,02 %). Indol ist an einem violetten Ring zu erkennen.
Journ. Med. Research 15. 301.
Vergl. Kitasato-Salkowski's Reaktion.

**Tobien's** Reaktion auf Veratroidin
ist identisch mit Rundqvist's Reaktion.

**Tocher's** Reaktion I auf Sesamöl (Formaldehydreaktion).
Man mischt 10 ccm Formaldehyd (40 %) mit 50 ccm Wasser und 100 ccm Schwefelsäure. — Mischt man 5 ccm Reagens und 5 ccm Sesamöl, so nimmt die entstandene Emulsion allmählich eine beständige, blauschwarze Färbung an. Es lassen sich noch 2 % Sesamöl in anderen Ölen nachweisen.
Répert. de Pharm. 1899. 438.
Pharm. Zentrh. 1900. 57.
(Dieses Reagens wird von Bellier angegeben im Répert. de Pharm.)
Vergl. Bellier's Reagens.

**Tocher's** Reaktion II auf Sesamöl (Pyrogallolreaktion).
Man schüttelt 15 ccm des zu prüfenden Öles mit einer Lösung von 1 g Pyrogallol in 14 ccm Salzsäure. Nach erfolgter Trennung der Schichten läßt man die Säureschicht abfließen und erwärmt sie einige Minuten lang. Bei Anwesenheit von Sesamöl entsteht eine violette Färbung.
Répert. de Pharm. 1899. 437.
Pharm. Journ. 1891. 638.
Utz, Chem. Zentralbl. 1902. II. 666.

**Tocher's** Reaktion III auf Sesamöl (Resorcinreaktion).
Schüttelt man 2 ccm Sesamöl mit einer Mischung von 2 ccm gesättigter Resorcinlösung (in Benzin) und 2 ccm Salpetersäure (D. = 1,38), so entsteht eine blauviolette Färbung. Bei der Trennung der Schichten nimmt die Säure eine vorübergehende grünlichblaue Färbung an.
Répert. de Pharm. 1899. 437.
Pharm. Zentrh. 1900. 57.

**Tocher's** Reaktion IV auf Sesamöl (Vanadinreaktion).
Man löst 2 g Ammoniumvanadat in 50 ccm Wasser und 100 ccm konzentr. Schwefelsäure. Schüttelt man Sesamöl mit dieser Lösung, so entsteht eine grüne Färbung, die bald in Grünschwarz übergeht.
Répert. de Pharm. 1899. 437.
Pharm. Zentrh. 1900. 57.
Gawalowski, Merck's Bericht 1904. 21.
Vergl. Bellier's Vanadinreaktion.

**Tocher's** Reaktionen auf Weinsäure, Citronensäure und Äpfelsäure.
1. Erhitzt man die betreffende Säure mit konzentr. Schwefelsäure, so gibt Weinsäure eine kohlige Masse, Citronensäure eine gelbliche Lösung und Äpfelsäure eine dunkle Lösung.
2. Weinsäurelösung wird durch Cobaltnitrat rot gefärbt. Auf Zusatz von Natronlauge verschwindet die Färbung. Beim Kochen färbt sich diese Mischung blau. Citronensäurelösung wird durch Cobaltnitrat und Natronlauge tiefblau gefärbt; ebenso Äpfelsäurelösung.
3. Erhitzt man Äpfelsäure mit verdünnter Schwefelsäure und Kaliumdichromat, so tritt ein Geruch nach Äpfeläther (Aldehyd?) auf.

Pharm. Journ. 1906. II. 87.
Chem. Zentralbl. 1906. II. 823.
Ztschr. d. öster. Apoth. Ver. 1906. 474.
Pharm. Zentrh. 1906. 973.
Ztschr. f. analyt. Chem. 1909. 642.

**Todenhaupt's** Reaktion auf Formaldehyd.
Versetzt man verdünntes Schwefelammon mit wenig Formaldehyd, so entsteht ein feiner weißer Niederschlag. Verwendet man konzentr. Schwefelammon und konzentr. Formaldehyd, so setzt sich unter Erwärmen eine zähe, glasige Masse ab. Näheres siehe: Chem. Ztg. 1908. 1045.

**Tognetti**'s Reagens auf Eiweiß im Harn ist eine mit Salzsäure versetzte alkoholische Lösung von Tannin. Beim Erwärmen des Harns mit diesem Reagens entsteht bei Anwesenheit von Eiweiß ein Niederschlag. Empfindlichkeitsgrenze = 1 : 200 000.
Gazz. degli osped. et delle cliniche 1906. Nr. 60.
Deutsche med. Woch. 1906. 930.
Klin. therap. Woch. 1906. 625.
Merck's Bericht 1906. 20.
Vergl. Almén's Reagens.

**Toison**'s Reagens für mikroskop. Zwecke ist eine Lösung von 4 g Natriumsulfat und 0,5 g Chlornatrium in 80 ccm Wasser und 15 ccm Glycerin, der 0,0125 g Methylviolett 5 B zugegeben werden. Gebraucht wie Gower's Reagens.
Journ. Scienc. méd. de Lille 1885. 4.
Ztschr. f. wiss. Mikroskop. 1885. 398.
Reinecke, Fortschr. d. Medic. 1889. 411.
Eberth - Friedländer, Mikroskop. Techn. 1894. 283.
Enzyklop. d. mikroskop. Techn. 1903. 90.

**Tollens**' Reagens auf Formaldehyd.
Eine Lösung von 3 g Silbernitrat in 30 ccm Ammoniakflüssigkeit (D. = 0,923) mischt man mit 30 ccm 10 %iger Natronlauge. Dieses Reagens wird durch Formaldehyd reduziert.

**Tollens**' Reaktion auf Glukose.
Ammoniakalische Silberlösung, mit etwas Natronlauge versetzt, wird durch Glukoselösung reduziert. Empfindlichkeitsgrenze = 1 : 100 000. Näheres siehe: Berl. Ber. 15. 1636. — Farnsteiner, Chem. Zentralbl. 1897. I. 133.

**Tollens**' Reaktion auf Glykuronsäure.
Ein Körnchen der zu prüfenden Substanz wird mit 5 ccm Wasser, 1 ccm 1 %iger, alkoholischer Naphthoresorcinlösung und 6 ccm Salzsäure 1 Minute lang gekocht. Nach dem Abkühlen schüttelt man mit Äther aus. Dieser färbt sich bei Anwesenheit von Glykuronsäure rot bis blaurot.
Ztschr. Ver. dtsch. Zucker-Ind. 1908. 521, 526.
Berl. Ber. 41. 1783, 1788.
Ztschr. f. physiol. Chem. 56. 115, 61. 95, 64. 39.
Chem. Zentralbl. 1908. II. 448, 1909. II. 1014, 1910. I. 670.
Münchener med. Woch. 1909. 652.
Merck's Bericht 1908. 274.
Jolles, Chem. Zentralbl. 1910. I. 482.
Bernier, ebenda 1910. II. 1954.
Mayer-Neuberg, Pharm. Zentrh. 1909. 341.

**Tollens**' Reagens auf Lävulose ist eine Lösung von 1 g Resorcin in 60 ccm Wasser und 60 ccm Salzsäure (D. = 1,19). Die zu prüfende Lösung versetzt man mit einem gleichen Volumen Salzsäure (D. = 1,19), etwas Reagens und erhitzt langsam über kleiner Flamme. Bei Anwendung von Lävulose entsteht eine feuerrote Färbung.
Ztschr. f. analyt. Chem. 40. 559.
Vergl. Ihl's und Seliwanoff's Reaktion.

**Tollens**' Reaktion auf Pentosen.
(Blumenthal's Modifikation.) 5 ccm Harn erhitzt man mit 1 Messerspitze voll Orcin und 5 ccm Salzsäure (D. = 1,19) zum Sieden, bis eine deutliche blaugrüne Färbung eingetreten ist und schüttelt dann mit einigen ccm Amylalkohol. Letzterer nimmt den grünen oder violettblauen Farbstoff auf, welcher ein charakteristisches Spektrum zeigt. — An Stelle von Orcin kann man auch Phloroglucin verwenden; man erhält dann bei Anwesenheit von Pentosen eine kirschrote Färbung.
Liebig's Annal. 1889. 254.
Pharm. Zentrh. 1900. 52.
Vergl. Salkowski's und Bial's Reaktion.
Salkowski, Chem. Ztg. 1899. Rep. 249.
Pinoff, Berl. Ber. 38. 766.
Emmett-Grindley, Journ. Americ. Chem. Soc. 27. 263.

**Tollens-Rorive**'s Reaktionen der Zuckerarten siehe: Berl. Ber. 1908. 41. 1783.

**Tolmann**'s Reagenzien zur Aldehydbestimmung.
1. Über Kaliumhydroxyd und dann über m-Phenylendiaminhydrochlorid destillierter (also aldehydfreier) Alkohol.
2. Eine mit 5 g $SO_2$ entfärbte Lösung von 0,5 g Fuchsin in 1 Liter Wasser.
3. Eine Lösung von 1 g Acetaldehyd in 100 ccm Wasser.

Näheres siehe Journ. Americ. Chem. Soc. 1906. 1619. — Chem. Zentralbl. 1907. I. 193.

**Tommasi**'s Reaktion auf Phenol im Harn.
Ein Fichtenholzstäbchen tränkt man mit dem zu prüfenden Harn und taucht es dann in eine Lösung von 0,2 g Kaliumchlorat in 50 ccm Salzsäure und 50 ccm Wasser. Setzt man es nun den direkten Sonnenstrahlen aus, so färbt es sich blau, wenn Phenol zugegen. Empfindlichkeitsgrenze = 1 : 6000.
Berl. Ber. 14. 1834.
Ztschr. f. analyt. Chem. 21. 300.

**Tompa**'s Reagenzien zum Färben mikroskop. Präparate.
1. a) Safflortinktur; b) Alkannatinktur; c) Eisenchloridlösung von 0,25 % $Fe_2Cl_6$; d) Ferrocyankaliumlösung (0,5 %).
2. a) Eine schwache Zinnchlorürlösung, 0,5 auf 10 ccm Wasser; b) eine 0,1 %ige Goldchloridlösung; c) 50 %iges Glycerin.

Näheres siehe: Ztschr. f. wiss. Mikroskop. 1903. 24. — Chem. Zentralbl. 1903. II. 908.

**Tonegutti**'s Reaktion auf Steinkohlenteer und Holzteer.
Zur Unterscheidung von Holz- und Steinkohlenteer benützt der Autor die völlige Lös-

lichkeit des Holzteers in Alkohol, Chloroform oder Benzol, da Steinkohlenteer in diesen Flüssigkeiten nur unvollständig löslich ist. Der in diesen Stoffen lösliche Teil des Steinkohlenteers zeigt eine grünliche Fluoreszenz.

Giorn. Farm. Chim. 1911. 105.
Südd. Apoth. Ztg. 1911. 492.

**Toninelli's** Reagens auf Äthylalkohol.

a) Lösung von 12 g Jod in 100 ccm Äthyläther,
b) Lösung von 40 g Kaliumhydroxyd in Wasser ad 100 ccm,
c) Lösung von 1,5 g 1,2,4-Dinitrotoluol in 200 ccm einer Mischung von Schwefelkohlenstoff und Äthyläther (1 : 2).

In einem graduierten Glaszylinder mischt man 2 ccm der zu prüfenden Flüssigkeit (Aldehyd, Aceton, Methylalkohol) mit 2 ccm Reagens a und läßt 2 Minuten lang stehen. Man fügt alsdann 4 ccm Reagens b zu und schüttelt bis zur Entfärbung. Unter Umschütteln gibt man 2 ccm Reagens c zu. Bei reinem Äthylalkohol erscheint die obere Schicht orangegelb mit zunehmender Intensität, verblaßt aber plötzlich, um sich dann über Grün, Blau und Violett granatrot zu färben. Methylalkohol und Aceton stören diese Reaktion nicht, Aldehyd und Wasser erst bei größeren Mengen. Höhere Alkohole müssen mittels einer 5 %igen Alaunlösung und Benzin (oder Benzol) entfernt werden. Näheres siehe: Annal. chim. analyt. appl. 19. 169. — Chem. Ztg. 1914. Rep. 554. — Chem. Zentralbl. 1914. II. 85. — Ztschr. f. analyt. Chem. 1915, 270.

**Töpfer's** Reaktion auf Salzsäure im Magensaft.

Zu 5 ccm filtrierten Magensaftes gibt man 1 Tropfen 1 %ige, alkoholische Phenolphthaleïnlösung und 1 Tropfen 0,5 %ige Lösung von Dimethylamidoazobenzol. Man titriert mit $^1/_{10}$ Normal-Natronlauge, bis die rote Färbung des Dimethylamidoazobenzols in Gelb übergegangen ist und erfährt so die im Magensafte enthaltene Menge freier Salzsäure in Prozenten, indem man die verbrauchte Anzahl ccm NaOH mit 20 und dann mit 0,00365 multipliziert. — Titriert man die Flüssigkeit mit NaOH bis zum Eintritt der Rotfärbung des Phenolphthaleïns, so kann man aus dem Verbrauch an NaOH die Gesamtsäuremenge berechnen.

Ztschr. f. physiol. Chem. 19. 104.
J o l l e s , Chem. Ztg. 1898. 456.
Jahresber. d. Pharm. 1898. 610.
S k i l l m a n , The Journ. of the Americ. Chem. Soc. 1903. 924.
Pharm. Praxis 1904. 63.
E l m s l e , Brit. Med. Journ. 1907, 1341.

**Torday-Klier's** Reagens auf Gallenfarbstoffe

ist eine Lösung von Methylenazur (Giemsa) 1 : 10 000. Zu 10 ccm dieser Lösung gibt man 0,5—1,0 ccm Harn. Bei Anwesenheit von Gallenfarbstoffen tritt Grünfärbung auf.

Deutsche med. Woch. 1909. 1470.
Merck's Bericht 1909. 278.
Répert. de Pharm. 1910. 260.
P e t e r s e n , Deutsche med. Woch. 1911. 1891.
Vergl. Paul's Reaktion.

**Torday-Wiener's** Reagens auf Karzinom oder Syphilis.

a) 0,5 %ige wässerige Lösung von Gold-Kaliumcyanür; b) Lösung von 20 g p-Dimethylamidobenzaldehyd in 900 ccm Wasser und 100 ccm Salzsäure. Versetzt man 0,2 ccm vorher inaktiviertes Serum mit 1,8 ccm Reagens a und dann mit 2 ccm Reagens b, so trübt sich die Mischung. Diese Trübung bleibt auf Zusatz von 2 ccm Essigsäure bestehen, wenn ein normales Serum vorliegt, sie verschwindet, wenn das Serum eines an Syphilis oder Karzinom Erkrankten vorliegt. Die Aufhellung der Mischung bedeutet demnach die positive Reaktion. Vergl. Deutsche med. Woch. 1914. 429. — Merck's Bericht 1914. 388.

**Torday-Wiener's** Goldkalium-Cyanaldehyd-Reaktion

vergleiche die vorhergehende Reaktion auf Syphilis und Karzinom.

**Tornier's** Reagens (künstl. Serum)

ist eine Lösung von 0,6 g Natriumchlorid in 100 ccm Wasser, der 20 ccm einer 2 %igen Lösung von Liebig's Fleischextrakt und eine Spur Pepton zugesetzt wird.

Inaugural-Dissert. Breslau 1890.

**Torrese's** Reaktion auf Nicotin und Cicutin

siehe Chem. Zentralbl. 1905. II. 416.

**Tortelli-Jaffé's** Reaktion auf Lebertrane.

1 ccm Tran, 6 ccm Chloroform und 1 ccm eiskalte Essigsäure werden nach dem Mischen mit 40 Tropfen einer 10 %igen Lösung von Brom in Chloroform versetzt. Liegt ein Tran von Seetieren vor, so geht die Färbung des Gemisches innerhalb einer Minute durch einen rötlichen Schein in Grün über, das über 1 Stunde anhält. Hydrierte Trane geben dieselbe Reaktion in verschärftem Maße. Fette und Öle von Landtieren geben sie nicht.

Chem. Ztg. 1915. 14.
Schweizer Apoth. Ztg. 1915. 107.
Chem. Zentralbl. 1915. I. 336.
P r e s c h e r , ebenda 1916. I. 312.

**Tortelli-Piazza's** Reaktion auf Saccharin.

In ein 5—6 cm langes Röhrchen bringt man 0,5 g metallisches Magnesiumpulver und gibt die zu prüfende Substanz zu. Man erhitzt unter Umschütteln vorsichtig, bis sich das Magnesium entzündet. Hierbei bindet das Magnesium den Schwefel etwa vorhandenen Saccharins. Man löst die verbrannte Masse in 40 ccm Wasser und weist den Schwefel mit Nitroprussidnatrium nach.

Staz. sperim. agr. ital. 43. 563.
Ztschr. Unters. Nahr. Gen. Mittel 1910. 489.
Pharm. Zentrh. 1911 387.

Annal. des falsific. 3. 313.
Chem. Zentralbl. 1910. II. 1688.
Chem. Ztg. 1910. 621.

**Tortelli-Ruggeri's** Reaktion auf Cottonöl
beruht auf der Abscheidung der Fettsäuren, deren Reinigung und Behandlung in alkoholischer Lösung mit 5 %iger, wässeriger Silbernitratlösung bei 60—70° C., wobei bei Anwesenheit von Baumwollsamenöl Schwärzung eintritt.
L'Orosi 1898. 181.
Pharm. Zentrh. 1898. 535 und 888.
Ztschr. f. angew. Chem. 1898. 20.
Vergl. Bechi's Reaktion.
Petkow, Ztschr. f. öffentl. Chem. 1907. 21.

**Tortelli-Ruggeri's** Reaktion auf Erdnußöl
beruht auf der Abscheidung und Reinigung der Fettsäuren und Lösen derselben in 90 %igem Alkohol bei 60° C. Aus dieser Lösung krystallisiert beim Erkalten bei Anwesenheit von Erdnußöl Lignocerinsäure in feinen, silberglänzenden Nadeln und Arachinsäure in perlmutterglänzenden Blättchen. Andere Öle zeigen keine Ausscheidung, außer Cottonöl, welches aber nur eine amorphe Abscheidung liefert.
Gazz. chim. ital. 28. I. 310.
L'Orosi 21. 37.
Pharm. Zentrh. 1898. 888.
Chem. Zentralbl. 1898. I. 860.
Ztschr. f. angew. Chem. 1898. 464.

**Tortelli-Ruggeri's** Reaktion auf Sesamöl
beruht auf der Abscheidung und Reinigung der Fettsäuren, welch letztere beim Schütteln mit dem gleichen Volumen konzentr. Salzsäure und einigen Tropfen alkoholischer Furfurollösung bei Anwesenheit von Sesamöl eine Rotfärbung erzeugen.
Gazz. chim. ital. 28. II. 1.
Chem. Ztg. 22. 600.
Chem. Zentralbl. 1898. II. 642.
Pharm. Zentrh. 1889. 888.
Vergl. Baudouin's und Villavecchia-Fabri's Reaktion.

**Torti's** Reaktion auf Resorcin und Guajakol.
Erwärmt man eine Spur Resorcin mit einigen Tropfen Salpetersäure (1,40), so färbt sich die Mischung tiefrot. Empfindlichkeitsgrenze: 0,25 mg. Verdampft man die rote Mischung vorsichtig, so erhält man kleine rotbraune, in Alkohol, Äther, Chloroform und Wasser lösliche Krystalle. Guajakol gibt mit Salpetersäure ebenfalls eine Rotfärbung und rote Krystalle.
Boll. chim. farm. 1914. 53. 265. 299.
Ztschr. f. analyt. Chem. 1916. 204.
Chem. Zentralbl. 1914. II. 1477.

**Torti's** Reaktion auf Salicylsäure.
Behandelt man einen Krystall Salicylsäure mit 1 Tropfen Salpetersäure (1,4), so tritt unter Erwärmung die Bildung von Stickstoffoxyddämpfen auf. Beim Erkalten der gebildeten Lösung entstehen zitronengelbe Krystalle, die sich in Äther, Alkohol und Wasser mit gelber Farbe lösen. Die erhaltene Lösung wird durch Eisenchlorid tiefrot gefärbt. Die Farbe geht durch Alkali in Orange und dann durch Säure in Gelb über.
Bollet. Chim. Farm. 1914. 53. 400.

**Toschi-Angiolani's** Reagens auf Carbonylderivate
ist 4,4'-Diphenylsemikarbazid, $(C_6H_5)_2N.CO.NH.NH_2$, das mit Carbonylderivaten schwerlösliche Verbindungen eingeht. Näheres siehe: Gazz. chim. ital. 1915. 45. I. 205. — Chem. Zentralbl. 1915. I. 1342.

**Toulet** siehe Thoulet.

**Tower's** Reagens zum Färben mikroskop. Präparate.
a) Eine Lösung von 1 g Methylenblau in 1 Liter Wasser; b) 60 g Eiweiß und 40 ccm Wasser; c) Mischung von 10 ccm Ammonmolybdatlösung (10 %), 2 ccm Wasserstoffsuperoxyd und 6 Tropfen Salzsäure.
Zoolog. Jahrb. 1900. 359.

**Tralapatani** und **Tralapatano** siehe: Tsalapatani.

**Trambusti's** Reagens zum Färben mikroskop. Präparate
ist eine Mischung von Biondi's Reagens (1 : 150 Wasser) mit 2,5 ccm 1 %iger Essigsäure.
Ric. Lab. Anat. Roma 1896. 82.
Ztschr. f. wiss. Mikroskop. 1896. 347.

**Trapani's** Reagens auf Bilirubin
ist eine Lösung von 2,5 g Mercuricyanid und 5 g Kaliumhydroxyd in 100 g Wasser. Bilirubin färbt das Reagens rot. Essigsäure entfärbt wieder.
Semaine médicale 1905. 615.
Merck's Bericht 1905. 108.
Deutsche Med. Ztg. 1906. 283.
Annal. de Pharm. 1906. 505.

**Trapp's** Reaktion auf Aconitin.
Versetzt man Aconitinlösung mit Phosphormolybdänsäurelösung, so erhält man einen Niederschlag, der sich allmählich, mit Ammoniak sofort blau färbt.
Cannstatt's Jahresber. 1864. 147.

**Trapp's** Reaktion auf Cevadin.
Löst man Cevadin in Salzsäure (D. = 1,19) und erhitzt zum Sieden, so erhält man eine violette, bei weiterem Kochen purpurrote Färbung. Ähnlich wirkt konzentr. Schwefelsäure und Erdmann's Reagens.

**Trapp's** Reagens auf Veratrin.
Veratrin gibt bei längerem Kochen mit konzentr. Salzsäure eine intensiv rote, dauernde Färbung. Bei gewöhnlicher Temperatur tritt keine Färbung ein.
Pharm. Ztschr. f. Rußland 1862. Nr. 2.
Buchner's Repert. 11. 556.
Ztschr. f. analyt. Chem. 2. 215.
Chem. Zentralbl. 1864. 384.

**Trapp's** Reaktion auf Digitalin.
Versetzt man eine wässerige Lösung von Digitalin mit Phosphormolybdänsäure, so färbt sich die Mischung grün. Überschuß von Ammoniak bewirkt dann Blaufärbung.
Pharm. Ztschr. f. Rußland 1864. 3.
Canstatt's Jahresber. 1864. 147.
Hager, Pharm. Prax. 1880. I. 1005.
Dragendorff, Ermittel. v. Giften 1888. 121.
Binz, Chem. Ztg. 1904. Rep. 157.
Ztschr. f. analyt. Chem. 1906. 144.

**Traube's** Reaktion auf Wasserstoffsuperoxyd.
Jodkaliumstärkelösung wird bei Gegenwart von Ferrosulfat und Kupfersulfat in saurer Lösung durch Wasserstoffsuperoxyd gebläut.
Berl. Ber. 1884. 1062.

**Treadwell's** Reaktion auf Molybdänsäure ist identisch mit Braun's Reaktion. (Vergl. diese.)
Treadwell's Lehrbuch der analyt. Chem.
Chem. Zentralbl. 1913. II. 996.

**Trenkmann's** Reagens zum Färben von Bakteriengeißeln (Modifikation von Löffler's Reagens.)
a) Eine Mischung von 1 Tropfen gesättigter, alkoholischer Fuchsinlösung mit 10 Tropfen Carbolwasser (1 %);
b) eine Lösung von 1 g Tannin in 100 ccm 0,5 %iger Salzsäure.
Zentralbl. f. Bakt. u. Parasitenk. 1889. 433.
Vergl. Löffler's Reagens.

**Trétrôp's** Reaktion auf Eiweiß im Harn.
Versetzt man 6 ccm Harn mit 1 ccm Formaldehyd (40 %), so entsteht bei Gegenwart von Eiweiß eine Trübung, die beim Kochen in einen deutlichen Niederschlag übergeht.
La Clinique **15.** 403.
Gazzetta degli ospedali 1903. 110.
Ztschr. f. analyt. Chem. **41.** 393.
Ztschr. f. angew. Mikroskop. 1903. (9.) 161. 247.
Ztschr. d. öst. Apoth. Ver. 1902. 796.

**Tretzel's** Reagens auf Ammoniak ist eine Modifikation von Neßler's Reagens.
Pharm. Ztg. 1909. 568.
Merck's Bericht 1909. 292.

**Triboulet's** Reagens auf Urobilin in den Faeces ist eine Lösung von 3,5 g Quecksilberchlorid und 1 g Essigsäure in 100 g Wasser. Vergl. Schmidt's Reaktion auf Urobilin.
Presse méd. 1909, 777.
Zentralbl. f. innere Med. 1910, 399.

**Triboulet-Perineau's** Reagens auf Blut im Harn (Hämoglobinurie) ist Meyer's Reagens (Phenolphthalinlösung).
Revue internat. de méd. 1910. 229.
Répert. de Pharm. 1910. 210.

**Triepel's** Reagens zum Färben mikroskopischer Präparate ist eine Lösung von 0,5 g Orceïn in 70 ccm Alkohol und 20 Tropfen Salzsäure.
Ztschr. f. wiss. Mikroskop. 1897. 31.

**Trillat's** Reagens auf Blei und Mangan.
Eine Mischung von 30 g Dimethylanilin, 10 g Formaldehyd, 200 ccm Wasser und 10 g konzentr. Schwefelsäure erhitzt man 1 Stunde lang im Wasserbade, macht nach dem Erkalten mit Natriumhydroxyd stark alkalisch, treibt das unveränderte Dimethylanilin mit Wasserdampf ab und krystallisiert den Rückstand aus Alkohol um. 5 g der erhaltenen reinen Base (Tetramethyldiamidodiphenylmethan) löst man in 100 ccm 10 %iger Essigsäure. (Vor Licht zu schützen!) Das Reagens darf sich weder in der Kälte noch in der Siedehitze blau färben. Das Reagens gibt mit Blei- und Mangansuperoxyd eine intensive blaue Färbung. Näheres siehe: Compt. rend. de l'Acad. des scienc. **136.** 1205. — Chem. Zentralbl. 1903. II. 68. — Vergl. Carney's Reagens auf Gold.

**Trillat's** Reaktion auf Formaldehyd.
1. Die zu prüfende Lösung versetzt man mit 0,5 ccm Dimethylanilin, säuert mit Schwefelsäure an und erwärmt eine halbe Stunde auf dem Dampfbade. Nachdem man mit Natronlauge alkalisch gemacht hat, kocht man die Mischung bis zum Verschwinden des Dimethylanilingeruches, filtriert durch ein kleines Filter, welches man dann mit Essigsäure befeuchtet und mit Bleisuperoxyd bestreut. Bei Anwesenheit von Formaldehyd tritt Blaufärbung auf.
2. Gibt man zu einer verdünnten Lösung von Formaldehyd eine Lösung von Anilin (3 : 1000), so entsteht eine weißliche Trübung oder Fällung. Empfindlichkeitsgrenze = 1 : 20 000. (Acetaldehyd gibt diese Reaktion auch.)

Ztschr. f. analyt. Chem. **33.** 85.
Pilhashy, ebenda **41.** 249.

**Trillat's** Reaktion auf Methylalkohol beruht auf dem Nachweise des Methylals (blaue Färbung mit Essigsäure und Bleisuperoxyd), das bei der Behandlung des Methylalkohols mit Kaliumdichromat und Schwefelsäure entsteht. Vergl. des Autors Reaktion auf Formaldehyd. Näheres siehe: Compt. rend. **127.** 232; **128.** 438. — Bull. Soc. Chim. Paris (3.) **19.** 984; **21.** 439. — Ztschr. f. analyt. Chem. **42.** 532. — Scudder, Journ. Americ. Chem. Soc. **27.** 895.

**Trillat-Turchet's** Reaktion auf Ammoniak in Wasser.
Versetzt man 20—30 ccm Wasser mit 3 Tropfen einer 10 %igen Jodkaliumlösung und gibt 2 Tropfen einer konzentr. Natriumhypochloritlösung zu, so entsteht bei Anwesenheit von Ammoniak eine dunkle Färbung (Jodstickstoff), die sehr beständig ist. Empfindlichkeitsgrenze = 1 : 500 000.
Presse méd. 1905. 102.
Apoth. Ztg. 1905. 155.
Bull. Soc. Chim. Paris 1905. 304 u. 308.
Ztschr. f. angew. Chem. 1906. 98.

Annal. Chim. analyt. appl. **10.** 179.
Cavalier-Artus, Bull. Soc. Chim. Paris 1905. **745.**
Leffmann, Journ. Franklin Instit. 1906. **162.** 371.

**Troeger-Hille**'s Indikator für Alkalimetrie
ist das Alkalisalz einer Sulfosäure des Diamidoazotoluols, das sich als Indikator und im Farbenwechsel dem Methylorange sehr ähnlich verhält.
Journ. f. prakt. Chem. (2.) **68.** 297.
Chem. Zentralbl. 1903. II. 1143.

**Trommer**'s Reaktion auf Glukose.
Die zu prüfende Flüssigkeit versetzt man im Reagenzglase mit 2—3 Tropfen Kupfersulfatlösung (1 : 10) und dann mit 5 ccm Natronlauge (15 %). Beim Kochen der Mischung entsteht Kupferoxydul, wenn Glukose vorhanden ist. Empfindlichkeitsgrenze = 1 : 500.
Liebig's Annal. **39.** **360.**
Chem. Zentralbl. 1840. 763.
Hammarsten, Physiol. Chem. 1899. 509.
Jastrowitz, Deutsche med. Woch. 1891. 253 u. 292.
Maly, Ztschr. f. analyt. Chem. **10.** 382.
Neumayer, Arch. f. klin. Med. **67.** 195.
Naunyn, Diabetes mellitus; Wien 1898. 431.
Mayer, Südd. Apoth. Ztg. 1906. 218.
Maclean, Brit. Med. Journ. 1907. I. 1471.
Sauer, Münch. med. Woch. 1916. 350.

**Trommsdorff**'s Reagens auf salpetrige Säure.
Versetzt man Trinkwasser mit Jodzinkstärkelösung und Schwefelsäure, so entsteht bei Anwesenheit von salpetriger Säure eine Blaufärbung.
Ztschr. f. analyt. Chem. **8.** 358.
Leeds, Ztschr. f. analyt. Chem. **18.** 536.
Jolles, ebenda **32.** 762.
Fresenius, ebenda **12.** 427.
Kämmerer, ebenda **12.** 377.
Gratama, ebenda **14.** 72.
Tschirikow, Chem. Ztg. 1892. Rep. 13.
Gill-Richardson, ebenda 1896. Rep. 37.

**Trommsdorff**'s Milchleukozytenprobe
siehe: Münchener med. Woch. 1906. 541. — Arch. f. Hygiene **62.** 136 und **63.** 122. — Rühm, Ztschr. Fleisch-Milch-Hygiene **19.** 210. — Chem. Zentralbl. 1906. I. 1564; 1909. I. 1728.

**Trotarelli**'s Reaktion auf Alkaloide
ist identisch mit Vitali's Atropinreaktion.

**Trotarelli**'s Reaktion auf Fäulnisalkaloide (Ptomaïne)
beruht auf Farbenerscheinungen, die durch Nitroprussidnatrium und Palladiumnitrat hervorgerufen werden sollen.
Annali univers. di Med. Chir. (1879) **247.** 329.
Gräbner erhielt mit dieser Reaktion nur negative Resultate.
Pharm. Ztschr. f. Rußland **21.** 512.
Ztschr. f. analyt. Chem. **22.** 478.

**Trousseau**'s Reaktion auf Gallenfarbstoffe
siehe Dumontpallier's Reaktion.

**Trousseau-Dumontpallier**'s Reaktion auf Gallenfarbstoffe
siehe Dumontpallier's Reaktion.

**Truax**' Reaktion auf Eiweiß im Harn
beruht auf der Ausscheidung des Albumins durch Alkohol. Näheres siehe: Pharm. Zentrh. 1896. 81.

**Truchot**'s Reagens auf künstliche Seide.
Man löst das zu untersuchende Objekt in konzentr. Schwefelsäure und gibt Diphenylamin zu. Künstliche Seide bewirkt infolge ihres Gehaltes an Nitraten eine blaue Färbung.
Revue internat. falsific. **10.** 87.
Chem. Ztg. 1897. Rep. 101.
Pharm. Zentrh. 1897. 491.

**Truchot**'s Reaktion auf Molybdän.
Raucht man Molybdänsäure mit Schwefelsäure ab und haucht über den erkalteten Trockenrückstand, so färbt er sich blau und bei gleichzeitiger Anwesenheit von Vanadium grün.
Annal. chim. analyt. appl. 1905. 254.
Ztschr. f. angew. Chem. 1907. 69.
Chem. Zentralbl. 1905. II. 573.

**Truneček**'s (künstliches) Serum
ist eine Lösung von 0,44 g Natriumsulfat, 4,92 g Natriumchlorid, 0,15 g Natriumphosphat, 0,21 g Natriumkarbonat und 0,4 g Kaliumsulfat in 100 ccm Wasser.
Presse méd. 1902. 51.
Schweiz. Woch. Chem. Pharm. 1912. 377.

**Tsalapatani**'s Reaktion auf Amylalkohol.
Erwärmt man eine Amylalkohol enthaltende Flüssigkeit auf dem Dampfbade mit einigen cg Chloranil (Tetrachlorchinon), so erhält man eine orangerote Mischung und beim Erkalten scheidet sich ein ebenso gefärbter Niederschlag aus.
Buletinul de Chim. 1907. 62.
Pharm. Zentrh. 1907. 956.

**Tsalapatani**'s Reagens
ist eine gesättigte, wässerige Kochsalzlösung. Näheres siehe: Pharm. Ztg. 1906. 119. — Répert. de Pharm. 1906. 18. — Bull. Pharm. Chim. Roumanie 1905.

**Tsalapatani**'s Reaktion auf Chinin.
Der durch Trichloressigsäurelösung (1 : 5) in wässeriger Lösung von Chininhydrochlorid erzeugte weiße Niederschlag gibt nach dem Trocknen beim Erhitzen auf 95—115 ° Chloroform ab und färbt sich hellrot. Chinidin behält bei gleicher Behandlung seine weiße Farbe bei.
Ztschr. d. allg. österr. Apoth. Ver. 1906. 474.
Südd. Apoth. Ztg. 1906. 204 u. 570.
L'Union pharm. 1906. Nr. 8.
Répert. de Pharm. 1906. 75.
Bulletin Pharm. Chim. Roumanie 1905.

**Tsalapatani**'s Reaktion auf Methylamin neben Ammoniak.

Man neutralisiert die zu prüfende Lösung mit Salzsäure, verdampft zur Trockene, löst in Alkohol (95 %) und erwärmt 5 ccm dieser Mischung mit 0,05 g Tetrachlorchinon auf 70—75°. Bei Anwesenheit von Mono-, Di- oder Trimethylamin tritt eine violette Färbung auf. Ammoniak gibt diese Reaktion nicht.

Ztschr. f. analyt. Chem. 50. 768.
Chem. Zentralbl. 1908. I. 299.

**Tschassownikow**'s Reagens zum Fixieren mikroskop. Präparate

ist eine Mischung von 30 g (in physiolog. Kochsalzlösung gesättigter) Sublimatlösung, 10 g wässeriger Osmiumsäurelösung (2 %) und 1 g Eisessig.

Ztschr. f. wiss. Mikroskop. 1901. 349.

**Tscheppe**'s Reaktion auf Alkohol.

Die zu prüfende Flüssigkeit schichtet man über 70 %ige Salpetersäure. Bei Anwesenheit von Alkohol entsteht eine grüne Färbung, auch bemerkt man nach kurzer Zeit den Geruch des Äthylnitrits.

Chem. Ztg. 15. Rep. 13.
Ztschr. f. analyt. Chem. 30. 716.
Pharm. Rundschau 1890. 282.

**Tschernogubow**'s Reaktion auf Syphilis

ist eine Modifikation von Wassermann's Reaktion. Näheres siehe: Russkij Wratsch 1908. Nr. 25—28. — Berl. klin. Woch. 1908. Nr. 47. — Deutsche med. Woch. 1909, 668. — Guth, Deutsche med. Woch. 1909, 2319.

**Tschirch**'s Reaktion auf Euphorbium.

Einen filtrierten Auszug von Euphorbium mittels Petroläther (0,1 : 10) schichtet man über konzentr. Schwefelsäure, die in 20 ccm 1 Tropfen konzentr. Salpetersäure enthält. An der Berührungsfläche der beiden Flüssigkeiten entsteht ein beständiger blutroter Ring.

Arch. der Pharm. 1905. 256.
Pharm. Ztg. 1905. 561.
Utz, Apoth. Ztg. 1905. 691.

**Tschirch**'s Reaktion zur Unterscheidung von Rhabarber und Rhapontik.

10 g des zu prüfenden Pulvers kocht man 1/4 Stunde lang mit 50 ccm verdünntem Alkohol, filtriert und dampft das Filtrat auf 10 ccm ein. Nach dem Erkalten schüttelt man den Rückstand mit 10—15 ccm Äther. Liegt Rhabarber vor, so bleibt die Mischung klar, liegt Rhapontik vor, so bildet sich innerhalb 24 Stunden ein beträchtlicher krystallinischer Bodensatz (Rhaponticin), bestehend aus farblosen, nadelförmigen Prismen. Letztere lösen sich in Schwefelsäure mit purpurroter Farbe, die bald in Orange übergeht.

Schweizer Woch. f. Chem. u. Pharm. 1905. 253.
Apoth. Ztg. 1905. 396.
Pharm. Ztg. 1905. 477.

**Tschirch-Bergmann**'s Reaktionen auf echte Myrrhe (Herabol-Myrrha)

siehe Arch. der Pharm. 243. 641.

**Tschirch-Edner**'s Reagens (auf Oxymethylanthrachinon) zur Wertbestimmung des Rhabarbers.

5 g p-Nitranilin schüttelt man mit 25 ccm Wasser und 6 ccm konz. Schwefelsäure, gibt 100 ccm Wasser und dann eine Lösung von 3 g Natriumnitrit in 25 ccm Wasser zu und ergänzt die Mischung mit Wasser auf 500 ccm. Näheres siehe: Arch. d. Pharm. 245. 150. — Chem. Zentralbl. 1907. I. 1811.

**Tschirch-Hoffbauer**'s Reaktionen auf Aloë

siehe Schweizer Woch. f. Chem. u. Pharm. 1905. 153.
Pharm. Ztg. 1905. 271.
Apoth. Ztg. 1905. 256.
Südd. Apoth. Ztg. 1905. 338.

**Tschirikow**'s Reagens auf salpetrige Säure

ist eine gesättigte Lösung von α-Naphthylamin. — 100 ccm Trinkwasser versetzt man mit je 5 Tropfen Salzsäure (D. = 1,19) und gesättigter, wässeriger Sulfanilsäurelösung. Nach 5 Minuten gibt man 5 Tropfen Reagens zu. Bei Anwesenheit von salpetriger Säure entsteht eine Rosafärbung.

Pharm. Ztschr. f. Rußland 30. 802.
Vergl. Griess' Reaktion.

**Tschugaeff-Orelkin**'s Reaktion auf Ferrosalze

ist Slawik's Reaktion.

**Tschugajeff**'s Reaktion auf Cholesterin.

Erhitzt man eine Lösung von Cholesterin in Eisessig mit überschüssigem Acetylchlorid und Zinkchlorid zum Sieden, so entsteht eine eosinrote Färbung mit grünlich-gelber Fluoreszenz. Empfindlichkeitsgrenze = 1 : 80 000.

Chem. Ztg. 1900. 542.
Pharm. Zentrh. 1900. 472.
Journ. d. russisch-phys. chem. Ges. 32. 363.
Zentralbl. f. Physiol. 16. 757.
Ztschr. f. analyt Chem. 1904. 724.

**Tschugajeff**'s Reaktion auf Hydroxylverbindungen

gründet sich auf Grignard's Reaktion, nach der verschiedene organische Hydroxylverbindungen wie Säuren, Alkohole, Phenole und Oxime mit Alkylmagnesiumjodid reagieren. Bei Anwendung von Methylmagnesiumjodid entsteht Methan, das an der Gasentwickelung erkannt werden kann. Letztere ist, die Abwesenheit von Wasser vorausgesetzt, der Beweis für das Vorhandensein einer Hydroxylverbindung.

Berl. Ber. 35. 3912.
Ztschr. f. analyt. Chem. 1904. 445.
Chem. Ztg. 1902. Rep. 354.
Chem. Zentralbl. 1903. I. 14.

**Tschugajeff**'s Reagens auf Nickel

ist α-Dimethylglyoxim [$CH_3C(N.OH)C(N.OH)CH_3$]. Die zu prüfende Lösung macht man stark mit Ammoniak alkalisch, schüttelt gut

um, gibt gepulvertes Reagens zu und erhitzt zum Sieden. Nickelsalze geben einen scharlachroten Niederschlag, bei sehr geringen Mengen einen roten Schaum.
Ztschr. f. anorg. Chem. 1905. 144.
Berl. Ber. 38. 2520.
Merck's Bericht 1905. 62, 1910. 176.
Chem. Zentralbl. 1905. II. 651.
Chem. Ztg. 1905. Rep. 247.
Brunck, Ztschr. f. angew. Chem. 1907. 834.
Kraut, ebenda 1906. 1793.
Bianchi-Nola, Boll. Chim. Farm. 1910. 517.

**Tsuchiya**'s Reagens auf Eiweiß
ist eine Lösung von 1,5 g Phosphorwolframsäure und 5 g Salzsäure in 100 g Alkohol (96 %).
Zentralbl. f. innere Med. 1908, Nr. 5.
Deutsche med. Woch. 1908. 347.
Merck's Bericht 1908. 118.
Schiemann, Zentralbl. f. innere Med. 1910. 769.
Pfeiffer, Berl. klin. Woch. 1913. 678.
Seminow, Presse méd. 1914. 579.

**Tswett's** Reaktionen auf Carotin
Ber. d. dtsch. botan. Ges. 29. 630.
Chem. Zentralbl. 1912. I. 951.

**Tswett**'s Reagens zum Färben von Callose (Resoblau-Lösung) erhält man durch Lösen von 1 g Resorcin und 0,1 g Ammoniakflüssigkeit in 100 ccm Wasser. Die Mischung läßt man bei Luftzutritt stehen, wobei sie sich blau färbt.
Compt. rend. 153. 503.
Merck's Bericht 1911. 423.

**Tuchen**'s Reaktion auf ätherische Öle
beruht auf der Einwirkung von Jod auf ätherische Öle (0,1 g Jod und 5—6 Tropfen Öl). Bei dieser Probe findet entweder eine Verpuffung, wie bei Terpentinöl und Citronenöl, oder eine Erwärmung und Dampfentwickelung, z. B. bei Anis- und Fenchelöl, oder gar keine Reaktion statt, wie bei Nelken- und Pfefferminzöl.
Siehe Zusammenstellung in Hager, Pharm. Prax. 1880. II. 565.

**Tucholka**'s Reaktion auf Bisabol-Myrrha.
6 Tropfen eines Petrolätherauszuges (1 : 15) und 3 ccm Eisessig schichtet man über 3 ccm konzentr. Schwefelsäure. Es entsteht ein rosaroter Ring und allmählich färbt sich auch die Essigsäure rosarot. Herabol-Myrrha zeigt bei dieser Reaktion einen grünen Ring und nur sehr schwache Rosafärbung der Essigsäure.
Arch. der Pharm. 1897. 290.

**Tuck**'s Reagens auf Methylalkohol neben Äthylalkohol.
Man löst 1 g Quecksilberjodid und 1,6 g Jodkalium in 30 ccm Wasser und 30 ccm Kalilauge. Den zu prüfenden Alkohol versetzt man mit etwas Reagens und erhitzt zum Sieden. Methylalkohol bewirkt einen reichlichen Niederschlag.
Ztschr. f. analyt. Chem. 4. 240.
Pharm. Journ. Transact. 6. 215. 218.
Reynolds, ebenda 292.

**Tugendreich**'s Reaktion zur Unterscheidung von Frauenmilch und Kuhmilch.
Mischt man gleiche Teile Frauenmilch und 1 %ige Silbernitratlösung, erhitzt rasch zum Sieden und läßt 3 mal aufkochen, so färbt sich die Mischung milchkaffeebraun bis braunviolett. Kuhmilch gibt diese Reaktion nicht.
Berl. klin. Woch. 1911. 224.
Merck's Ber. 1911. 185.

**Tunmann**'s Reagenzien und Reaktionen auf Alkaloide in den Blättern von Pilocarpus pennatifolius siehe: Schweiz. Woch. Chem. Pharm. 47. 177. — Chem. Zentralbl. 1909. I. 1510.

**Tunmann**'s Reaktion auf Arbutin.
Arbutin verursacht mit Salpetersäure eine intensiv gelbe Färbung. (Vergl. Reichard's Reaktion auf Salpetersäure mit Arbutin, Chem. Ztg. 1906. 65.)
Pharm. Zentrh. 1906. 945.

**Tunmann**'s Reaktion auf Columbin.
Bringt man 0,3 mg Colombowurzel in Pulverform unter ein Deckglas auf den Objektträger und läßt in geeigneter Weise Essigäther zufließen, so löst er Columbin, das sich am Rande des Deckglases in farblosen 100 μ langen und 20 μ breiten Prismen in Büschel oder Sternform ausscheidet. — Columbin löst sich in Schwefelsäure mit rotbrauner Farbe; nach kurzer Zeit scheiden sich grünliche Flocken aus. Cersulfatschwefelsäure löst Columbin rotbraun; die Färbung geht im Laufe einer Stunde in Carminrot über, wobei sich grünliche Flocken abscheiden. Molybdänschwefelsäure löst mit rotbrauner Färbung, die allmählich in Schwarzbraun und Olivgrün übergeht, eisenhaltige Schwefelsäure rotbraun, dann rötlich.
Pharm. Zentrh. 55. 775.

**Tunmann**'s Reagens für mikroskopische Zwecke
ist eine konzentr. Rohrzuckerlösung mit einem Zusatz von 0,5 % Kaliumjodid und 0,5 bis 0,75 % Jod. Benützt zur Ermittelung der Gestalt und Größe der Aleuronkörner in Zellen und zur Färbung von Stärkekörnern.
Apoth. Ztg. 1912. 261.
Pharm. Ztg. 1912. 393.

**Turner**'s Reagens auf Borax
ist eine Mischung von 1 Teil Flußspat und 9 Teilen Kaliumbisulfat. Bringt man Borax mit dieser Mischung in die nicht leuchtende Bunsenflamme, so entsteht eine grüne Färbung.
Merck's Report 1902. 58.
Spindler, Chem. Ztg. 1905. 567.

**Turner**'s Reaktion auf Gurjun in Copaivabalsam.
3—4 Tropfen Copaivabalsam löst man in 3 ccm Eisessig, gibt 1 Tropfen einer frisch bereiteten Natriumnitritlösung zu und schich-

tet diese Mischung sehr vorsichtig über konzentr. Schwefelsäure. Bei Anwesenheit von Gurjun (noch 3 %) färbt sich die Essigsäureschicht dunkelviolett.

Pharm. Zentrh. 1907. 425.
Apoth. Ztg. 1907. 435.
Chem. Ztg. 1907. Rep. 282.
Ztschr. d. öst. Apoth. Ver. 1907. 363.
Chem. Zentralbl. 1907. II. 193.
Chem. Ztg. 1910. 921.
Utz, Chem. Zentralbl. 1908. II. 1212.

**Turró-Alomar's** Kartoffelbouillon für Tuberkelbazillenkulturen

siehe: Berliner klin. Woch. 1912. 1659.

**Tuz'** Reaktion auf Gallenfarbstoffe im Harn ist eine Modifikation von Biffi's Reaktion: 200 ccm Harn versetzt man mit 1 ccm 5 %iger Schwefelsäure und 10 ccm 10 %iger Baryumchloridlösung. Nach dem Absetzenlassen gießt man die Flüssigkeit ab und gibt den Niederschlag samt dem Rest der Mutterlauge auf ein Filter, das aus Watte und einer Scheibe Filtrierpapier besteht. Auf dem Papier wird der Niederschlag mit konzentr. Salpetersäure angefeuchtet. Farbenringe zeigen Gallenfarbstoffe an.

Deutsche Med. Ztg. 1908. 514.

**Tyro's** Reaktion auf Cobalt.

Eine Mischung von Ferricyankalium, Ammoniak und Weinsäure (statt letzterer auch Oxalsäure, Chromsäure, Salzsäure oder Schwefelsäure) ruft in Cobaltsalzlösungen eine dunkelrote Färbung hervor.

Chem. News 1867. 328.
Journ. f. prakt. Chem. 104. 57.
Chem. Zentralbl. 1868. 784.

**Udránszky's** Reaktion auf Cholesterin.

5 ccm alkoholische Cholesterinlösung mischt man mit 5 Tropfen 0,5 %iger, wässeriger Furfurollösung und schichtet diese Mischung über 5 ccm konzentr. Schwefelsäure. Mischt man dann unter Abkühlung langsam die beiden Schichten, so entsteht eine intensiv rote Färbung, die allmählich in Blau übergeht.

Ztschr. f. physiol. Chem. 12. 355.

**Udránszky's** Reaktion auf Gallensäuren ist eine Modifikation von Pettenkofer's Reaktion.

5 ccm der zu prüfenden Flüssigkeit (Harn) versetzt man mit 5 Tropfen 0,1 %igem Furfurolwasser und gibt unter Kühlung 5 ccm konzentr. Schwefelsäure zu. Bei Anwesenheit von Gallensäuren tritt Rotfärbung ein.

Ztschr. f. physiol. Chem. 12. 372.
Nickel, Farbenreakt. d. Kohlenstoff-Verb. 1890. 41.

**Udránszky's** Reaktion auf Glukose im Harn.

5 ccm konzentr. Schwefelsäure überschichtet man mit 2—3 ccm Harn, dem 5 Tropfen alkoholische α-Naphthollösung (15 : 100) zugemischt wurde. Bei Anwesenheit von Glukose (und von Kohlehydraten überhaupt) entsteht in kurzer Zeit ein violetter Ring. Beim Mischen färbt sich die Flüssigkeit carminrot und zeigt ein charakteristisches Absorptionsspektrum. Empfindlichkeitsgrenze = 1 : 2000 bis 10 000.

Ztschr. f. physiol. Chem. 12. 358. 68. 88.
Binet, Jahresber. f. Tierchem. 1892. 506.
Treupel, Ztschr. f. physiol. Chem. 16. 54.
Roos, Ztschr. f. physiol. Chem. 15. 519.
Hammarsten, Physiol. Chem. 1899. 513.

**Udránszky's** Reaktion auf Kohlehydrate

siehe Berl. Ber. 21. 2744.
Luther, Pharm. Zentrh. 1890. 670.
Schweissinger, Münchener med. Woch. 1904. 1172.

**Udránszky's** Reaktion auf p-Kresol

siehe dessen Reagens auf Phenol.

**Udránszky's** Reagens auf Phenol

ist eine 0,5 %ige, wässerige Lösung von Furfurol. — Versetzt man 5 ccm wässerige Phenollösung mit 5 Tropfen Reagens und 5 ccm konzentr. Schwefelsäure, so färbt sich die Mischung bläulichrot bis blau. p-Kresollösung wird bei dieser Probe hellrot, dann violett und zuletzt blau.

Ztschr. f. physiol. Chem. 12. 355.

**Udránszky's** Reaktion auf Skatol.

Gibt man zu Skatollösung 1 Tropfen Furfurolwasser (2 %) und schichtet diese Mischung über konzentr. Schwefelsäure, so entsteht eine rötlichbraune Färbung.

Ztschr. f. physiol. Chem. 12. 355.

**Udránszky's** Reaktion auf Tyrosin.

Versetzt man wässerige Tyrosinlösung mit einigen Tropfen Furfurolwasser und dem gleichen Volumen konzentr. Schwefelsäure (unter Abkühlung), so entsteht eine blaßrote Färbung.

Ztschr. f. physiol. Chem. 12. 355.

**Udránszky-Baumann's** Reaktion auf mehrwertige Alkohole.

Vergl. Baumann's Reagens.

**Udranszky-Baumann's** Reaktion auf Cystin beruht auf der Bildung von Benzoylcystin bei der Behandlung von Cystin mit Natronlauge und Benzoylchlorid. Näheres siehe: Ztschr. f. physiol. Chem. 13. 564.

**Uffelmann's** Reaktion auf Kornrade im Mehl.

Kocht man das zu prüfende Mehl mit verdünnter, alkoholischer Natronlauge, so entsteht zuerst eine gelbe, dann eine rote Färbung, wenn Kornrade vorhanden ist.

Medicus-Kober, Ztschr. f. Unters. Nahr.-Genußm. 1902. 1077.

**Uffelmann's** Reagens auf Milchsäure im Magensaft.

1 Tropfen Eisenchloridlösung und 0,4 g Phenol löst man in 50 ccm Wasser. Das blau-

gefärbte Reagens wird durch Milchsäure gelb gefärbt. Empfindlichkeitsgrenze = 1 : 10 000.

Pharm. Zentrh. 1887. 582; 1888, 323.
Brunner, Pharm. Zentrh. 1887. 581.
Strauß, Berl. klin. Woch. 1895. 805.
Bönniger, Deutsche med. Woch. 1902. 738.
v. Jaksch, Klin. Diagnostik innerer Krankheiten 1896. (4. Aufl.)
Kelling, Ztschr. f. analyt. Chem. 33, 498.
Kwisda, Ztschr. d. öst. Apoth. Ver. 1906. 431.
Krokiewicz, Wiener klin. Woch. 1912. 264.
Kühl, Pharm. Ztg. 1910. 120.

**Uhlenhuth's Reagens auf Kupfer**

ist eine Lösung von 0,5 g 1,2-Diamidoanthrachinon-3-sulfosäure in 500 ccm Wasser und 40 ccm Natronlauge (40° Bé). Läßt man zu diesem Reagens eine kupferhaltige Flüssigkeit zufließen, so entsteht eine intensiv blaue Färbung. Empfindlichkeitsgrenze: 1,9 : 10 000 000.

Chem. Ztg. 1910. 887.
Merck's Bericht 1910. 166.
Répert de Pharm. 1910. 512.
Malatesta, Pharm. Zentrh. 1914. 374.

**Ulex' Reaktion auf Terpentinharze im Tolubalsam.**

Zerreibt man Tolubalsam mit konzentrierter Schwefelsäure, so entwickelt sich bei Anwesenheit von Terpentinharzen ein Geruch nach schwefliger Säure.

Hager, Pharm. Prax. 1880. I. 560.

**Ullmann-Strauß' Nierenfunktionsprüfung**

mittels Milchzucker-Injektionen siehe: Deutsches Arch. f. klin. Med. 1910. 101. 345. — Merck's Bericht 1913. 442.

**Ultzmann's Reaktion auf Gallenfarbstoffe.**

10 ccm Harn versetzt man mit 3—4 ccm 25 %iger, wässeriger Natronlauge und säuert dann mit Salzsäure an. Bei Gegenwart von Gallenpigment färbt sich die Mischung smaragdgrün.

Zentralbl. f. d. med. Wiss. 1877. 831.
Ztschr. f. analyt. Chem. 17. 523.
Wiener med. Presse 1877. 32.
Deubner, Ztschr. f. analyt. Chem. 25. 458.
Jolles, Ztschr. f. analyt. Chem. 29. 402.
Hammarsten, Physiol. Chem. 1899. 508.

**Umber's Reaktion zur Unterscheidung von scharlachartigen Exanthemen von echtem Scharlach**

gründet sich auf Ehrlich's Amidobenzaldehydreaktion. Man bereitet das Reagens, indem man 2 g p-Dimethylamidobenzaldehyd in einem Porzellanmörser mit 30 g konz. Salzsäure anreibt, mit 70 ccm Wasser verdünnt und filtriert. — Zu einigen ccm frisch gelassenen Harns gibt man 2 Tropfen Reagens. Die positive Reaktion kennzeichnet sich durch Rotfärbung. Sie tritt fast ausschließlich bei echtem Scharlach auf.

Med. Klinik 1912. 322.
Merck's Bericht 1912. 191.

Die Diazoreaktion ist zur Unterscheidung von Scharlach und Exanthem nicht brauchbar.

Woody-Kolmer, Arch. of Pediatr. 1912. 29. 12.
Schelenz, Med. Klinik 1913. 622.

**Umney's Reaktion auf Pfefferminzöl.**

Erhitzt man 1 ccm Pfefferminzöl mit 0,25 g Citronensäure und 0,25 g Formaldehyd, so färbt sich die Mischung blaßrot und nach 15 bis 30 Sekunden rötlichbraun. (Japanisches Öl gibt diese Reaktion nicht.)

Apoth. Ztg. 1912. 62.

**Unna's Aethylenglykol (u. Propylenglykol).**

Beide Präparate wurden zur Differenzierung von Zellen und zur Entfärbung vorgeschlagen.

Ztschr. f. wiss. Mikroskop. 1891. 528.

**Unna's Dahlialösung.**

Man löst 1 g Dahliaviolett in 50 ccm Wasser und 50 ccm Alkohol (95 %) und gibt 10 g Salpetersäure, 90 ccm Wasser und 50 ccm Alkohol zu.

Monatsh. f. prakt. Derm. 1886. Nr. 6.
Ztschr. f. wiss. Mikroskop. 1886. 255.
Hansen, Virchow's Arch. 1894. 25.

**Unna's Reagens zum Färben von Epithelfasern.**

a) Lösung von 1 g Wasserblau und 1 g Orcein in 5 g Eisessig, 20 g Glycerin, 50 g Spiritus und Wasser ad 100 g.
b) Lösung von 1 g Eosin in 100 g Alkohol (60 %).
c) Pappenheim-Unna's Reagens oder 1%ige, wässerige Lösung von Safranin.

Monatsh. prakt. Dermatol. 1903. — 1909. 191.
Näheres siehe: Berl. klin. Woch. 1914. 697.

**Unna's Reagenzien zum Färben von Plasmazellen und Mastzellen.**

1. Eine Lösung von 1 g Methylenblau in 100 ccm 0,05 %iger Kalilauge, die zum Gebrauche mit dem 10—100 fachen Volumen Anilinwasser gemischt wird.
2. Eine Lösung von 1 g Methylenblau und 1 g Kaliumkarbonat in 100 ccm Wasser und 20 g Alkohol wird auf dem Dampfbade auf 100 ccm eingedampft.
3. Eine Lösung von 1 g Methylenblau und 1 g Kaliumkarbonat in 100 ccm Wasser oder Carbolwasser.
   Ztschr. f. wiss. Mikroskop. 1891. 475.
4. Methylenblau-Orceïn-Reagens
   siehe Monatsh. f. prakt. Derm. 1891. 394; 1894, 518.
   Ztschr. f. wiss. Mikroskop. 1892. 89. 94; 1895. 240.
   Enzyklop. d. mikroskop. Techn. 1903. 523.
   Eberth, Mikrosk. Techn. 1894. 233.
5. Eine Lösung von 0,15 g Methylgrün und 0,25 g Pyronin in 2,5 g Alkohol und 20 g Glycerin mit 0,5 %igem Carbolwasser zu 100 g verdünnt.
   Monatsh. f. prakt. Derm. 1902. 76.
   Deutsche Med. Ztg. 1902. 813.
   Merck's Bericht 1905. 142.

**Unna's** Glycerinäthermischung
ist eine Mischung von Glycerinäther ($C_6H_{10}O_3$), Alkohol und Glycerin. Gebraucht zum Entfärben mit basischen Anilinfarben gefärbter mikroskop. Präparate.
Ztschr. f. wiss. Mikroskop. 1891. 528.
Monatsh. f. prakt. Derm. 1891. 225. 286.

**Unna's** Hämatoxylinlösungen (Alaunhämatoxylin).
1. Besteht aus 1 g Hämatoxylin, 10 g Alaun, 100 g Spiritus, 200 g Wasser und 2 g sublim. Schwefel. (Letzterer soll dem Verderben des Reagenzes vorbeugen.)
2. Besteht aus einer alkoholischen Hämatoxylinlösung, gemischt mit einer wässerigen Alaunlösung (mit Soda blau gefärbt).

Näheres siehe: Ztschr. f. wiss. Mikroskop. 1891. 486; 1892. 483. — Vergl. auch Unna, Monatsh. f. prakt. Derm. 1894. 1, 277. — Enzyklop. d. mikroskop. Techn. 1903. 513.

**Unna's** Reagens zur Bakterienfärbung etc.
1. Eine Lösung von 1 g Methylenblau und 1 g Borax in 100 ccm Wasser.
2. Eine Lösung von 1 g Methylviolett in 100 ccm Alkohol (50 %).

Vergl. Ztschr. f. wiss. Mikroskop. 1891. 405, ferner:
Hansen, ebenda 1894. 383.
Monatsh. f. prakt. Derm. 1891. 225. 286.

**Unna's** Reagens zur Collagenfärbung.
1. Eine Lösung von 0,02 g Säurefuchsin und 0,01 g Orange in 100 ccm Wasser und 7 ccm Glycerin;
2. Orceïn 1 g und Wasserblau 0,25 g löst man in 60 g Alkohol, 100 g Wasser und 10 g Glycerin;
3. Orceïn 1 g, Säurefuchsin 0,1 g und 2 g Salzsäure löst man in 100 g Wasser, 60 g Alkohol und 10 g Glycerin.

Monatsh. f. prakt. Derm. 1892. 359.
Ztschr. f. wiss. Mikroskop. 1903. 219.

**Unna's** Reagens zur Granoplasmafärbung
ist eine Modifikation von Pappenheim's Reagens zum Färben mikroskop. Präparate. Man löst 0,15 g Methylgrün und 0,25 g Pyronin in einer Mischung von 2,5 g Alkohol, 20 g Glycerin und 100 g Carbolwasser (0,5 %).
Monatsh. f. prakt. Derm. 1902. 76.
Ztschr. f. wiss. Mikroskop. 1903. 196.
Merck's Bericht 1905. 142.

**Unna's** Hydroxylamin-Reagens für mikroskop. Zwecke
ist eine 1 %ige, wässerige Lösung von salzsaurem Hydroxylamin.
Ztschr. f. wiss. Mikroskop. 1891. 529.

**Unna's** Resorcinlösung zum Entfärben von Methylenblaupräparaten
ist eine 1 %ige, alkoholische oder 5 %ige, wässerige Lösung von Resorcin.
Monatsh. f. prakt. Derm. 1891. 225. 286.
Ztschr. f. wiss. Mikroskop. 1891. 527.

**Unna's Seifenlösung zum Entfärben mikroskop. Präparate**
ist eine 1 %ige, neutrale, wässerige Seifenlösung.
Ztschr. f. wiss. Mikroskop. 1891. 529.

**Unna's** Styron (Zimtalkohol, $C_6H_5CH{=}CH.CH_2OH$) zur Differenzierung von Methylenblaupräparaten
siehe Ztschr. f. wiss. Mikroskop. 1891. 528.

**Unna's** Orceïn-Wasserblau-Reagens
ist eine Lösung von 1 g Wasserblau, 1 g Orceïn, 5 g Eisessig und 20 g Glycerin in 100 g Wasser und 50 g Alkohol. Gebraucht zum Färben der Epithelfasern.
Monatsh. f. prakt. Derm. 1903. 1.

**Unna-Golodetz'** Hautreagenzien.
Nilrot: Man löst 0,25 g Nilblausulfat in 10 g Alkohol, gibt 1 Tropfen 1/2 Norm. alkohol. Kalilauge und 30 g Paraffinum liquidum zu und erhitzt auf dem Dampfbad, bis der Alkohol verflüchtigt ist. Das rot gefärbte Reagens wird bei Berührung mit sauer reagierenden Stoffen blau.

Chrysophangelb: Man löst 1 g Nitrochrysophansäure in 100 g Xylol und gibt 100 g Paraffinum liquidum zu. Mit Essigsäure angesäuert dient es zum Nachweis des Reduktionsvermögens der Haut, da es durch reduzierende Mittel von Gelb in Rot übergeführt wird.

Rongalitweiß: Man löst 1 g Methylenblau in Wasser, gibt 2 g Rongalit (Natriumsalz der Sulfoxylsäure gebunden an Formaldehyd) zu und erhitzt zum Sieden. Die entfärbte, schwach gelbe Lösung wird filtriert. Durch oxydationsfähiges Hautsekret wird das Reagens blau gefärbt.
Monatsh. prakt. Dermatol. 1910. 50. 451.
Merck's Bericht 1910. 389.
Kreibisch, Berl. klin. Woch. 1913. 546.
Schneider, Ztschr. f. wiss. Mikrosk. 1914. 31. 56. 478.

**Unna-Golodetz'** Reagens auf Keratine
ist Millon's Reagens. Näheres siehe: Monatsh. f. prakt. Dermatol. 1908. 595.

**Unna-Golodetz'** Reaktion auf Schwefel
(Sulfhydrylreaktion) beruht auf der Reduktionswirkung von Eiweißstoffen, derzufolge in Wasser aufgeschwemmter Schwefel in Schwefelwasserstoff übergeführt wird. Dieser ist am Geruch kenntlich und kann mittels Bleipapier nachgewiesen werden. So bildet z. B. Cystein mit in Wasser aufgeschwemmtem Schwefel $H_2S$.
Monatsh. f. prakt. Dermatol. 52. 511.

**Unna-Pappenheim's Reagens zum Färben mikroskop. Präparate (Methylgrün-Pyronin)**
ist Pappenheim's Reagens.

**Unna-Tänzer's** Reagens zum Färben mikroskop. Präparate.
1. a) Eine Lösung von 1 g Orceïn in 200 g Alkohol und 50 g Wasser.

b) Eine Lösung von 1 g konzentr. Salzsäure in 200 g Alkohol und 50 g Wasser. In Ztschr. f. wiss. Mikroskop. 1895. 240 empfiehlt Unna eine Lösung von 1 g Orceïn und 1 g Salzsäure in 100 g Alkohol.

2. Eine Lösung von 1 g Fuchsin in 100 ccm 50 %igem Alkohol und 20 ccm Salpetersäure (25 %).

Vergl. Hermann's Reagens.
Monatsh. f. prakt. Derm. 1891. 394.
Behrens' Tabellen 1892. 110.
Eberth-Friedländer, Mikroskop. Techn. 1894. 230.
Enzyklop. d. mikroskop. Techn. 1903. 193.

**Unverdorben-Franchimont's** Reagens zum mikroskop. Nachweis von Harzen und Terpenen in Pflanzenteilen

ist eine konzentr., wässerige Lösung von Kupferacetat, womit sich genannte Stoffe grün färben.

Tschirch, Ber. d. Deutsch. botan. Ges. 1901. 25.
Enzyklop. d. mikroskop. Techn. 1903. 1040.

**Unverhau's** Reaktion auf Strophanthin.

1. Erwärmt man Strophanthin mit konzentr. Salpetersäure, so entsteht eine rote bis violettrote Lösung, die plötzlich in Hellgelb übergeht.
2. Strophanthin färbt sich mit Nitroprussidnatriumlösung und Natronlauge rot.
3. Löst man Strophanthin in konzentr., phenolhaltiger Salzsäure, so erhält man beim Erwärmen eine violette, später grüne Lösung.

**Unverhau's** Reaktion auf Helleboreïn.

Helleboreïn löst sich in einer Mischung von Alkohol und Schwefelsäure mit blaßroter Färbung, in konzentr. Schwefelsäure anfangs mit gelbbrauner, dann dunkelbrauner Färbung.

Vergl. Dragendorff, Ermittel. v. Giften 1888. 308.
Kippenberger, Nachw. v. Gift. 1897. 82.

**Upson's** Reagens zum Färben mikroskop. Präparate.

1. Eine Lösung von 1 g Chlorgold in 100 ccm Wasser und 2 g Salzsäure.
2. Zu einer Mischung von 5 ccm schwefliger Säure und 10 Tropfen 3 %iger Jodtinktur gibt man 1 Tropfen Eisenchloridlösung.

Neurolog. Zentralbl. 1888. 319.
Mercier, Ztschr. f. wiss. Mikroskop. 1891. 474.
Enzyklop. d. mikroskop. Techn. 1903. 458.
Eberth-Friedländer, Mikroskop. Techn. 1894. 244.

**Upson's** Reagens zum Härten mikroskop. Präparate

ist eine 1—2,5 %ige, wässerige Lösung von Kaliumdichromat.

**Upson's** Carmin-Reagenzien für mikroskop. Zwecke.

1. Man kocht 1 g Carmin und 5 g Alaun 20 Minuten lang mit 100 ccm Wasser, läßt erkalten, filtriert und gibt auf je 10 ccm des Filtrates 20—40 Tropfen Eisessig und 2—6 Tropfen Phosphormolybdänsäurelösung zu.
2. Obiges Reagens mit Zinksulfat gesättigt.
3. 6 Teile Carminsäure löst man in 1 Raumteil Alkohol und 4 Raumteilen Wasser.

Neurol. Zentralbl. 1888. 319.

**Urano's** Reaktion auf Kreatin

beruht auf der Bildung von Benzoylkreatinin vom Schmelzpunkt 187°, wenn Kreatin mit Benzoesäureanhydrid bei 120° behandelt wird. Dieselbe Verbindung liefert auch Kreatinin bei ähnlicher Behandlung. Näheres siehe: Beitr. z. chem. Physiol. 9. 183.

Bemerkt sei hierzu, daß Kreatin und Kreatinin beim Erhitzen mit Phthalsäureanhydrid bei 140° Phthalyldikreatin vom Schmelzp. 212° liefern. Während also bei der obigen Reaktion immer ein Kreatininderivat entsteht, bildet sich im letzteren Falle immer ein Kreatinderivat.

**Ure's** Reaktion auf Methylalkohol.

Man versetzt die zu prüfende Flüssigkeit mit gepulvertem Ätzkali. Bei Anwesenheit von Methylalkohol tritt innerhalb einer halben Stunde Braunfärbung auf.

Ztschr. f. analyt. Chem. 3. 504.

**Ury's** Reaktionen auf Eiweiß in Faeces

sind die üblichen Reaktionen des Eiweißnachweises im Harn, wie Kochprobe und Reaktionen mit Ferrocyankalium und Salpetersäure. Näheres siehe: Arch. f. Verdauungskr. 9. 219. — Schlößmann, Ztschr. f. klin. Med. 60. 272. — Chem. Zentralbl. 1907. I. 138.

**Ussow's** Injektions-Reagens für mikroskop. Zwecke

ist eine Lösung von 0,25 g Methylenblau in 100 ccm 0,5 %iger Kochsalzlösung.

Ztschr. f. wiss. Mikroskop. 1901. 320.

**Utz'** Reagens auf Blut

ist eine alkalische, durch Reduktion mit Zinkstaub entfärbte Lösung von Phenolphthaleïn, die nach Zusatz von Wasserstoffsuperoxyd durch Blut rosenrot gefärbt wird.

Merck's Bericht 1903. 151.
Chem. Ztg. 1903. 1151.
Südd. Apoth. Ztg. 1903. 839.
Weitbrecht, Pharm. Zentrh. 1911. 580.
Kober, Münchener med. Woch. 1911. 1834.
Sartory, Pharm. Ztg. 1911. 922.

**Utz'** Reagens auf Cottonöl

ist eine Lösung von 1 g Schwefel in 100 g Pentachloräthan. Die Ausführung der Reaktion vergleiche Halphen's Reaktion auf Cottonöl.

Chem. Rev. Fett- u. Harz-Ind. 1913. 291.
Pharm. Zentrh. 1914. 533.

**Utz'** Reagens zur Balsamuntersuchung
ist Zinnchlorürlösung (Bettendorf's Reagens).
Chem. Revue über d. Fett- und Harz-Ind. 1907. 185.
Pharm. Zentrh. 1907. 769, 1913. 410.

**Utz'** Reaktion auf Formaldehyd in Milch.
Erwärmt man gleiche Teile Milch und konzentr. Salzsäure (D. = 1,19) und einige Körnchen Vanillin, so entsteht eine schöne Violettfärbung. Bei Anwesenheit von Formaldehyd tritt dagegen eine gelbe Färbung ein.
Chem. Ztg. 1905. 669.

**Utz'** Reagens auf gekochte und ungekochte Milch
ist eine Lösung von 1 g Ursol D (p-Phenylendiamin) in 300 ccm Alkohol. — 2 ccm Milch mischt man mit 0,5 ccm Wasserstoffsuperoxyd (3 ccm 30 %iges $H_2O_2$ und 97 ccm Wasser) und schüttelt mit einigen Tropfen Reagens. Ungekochte Milch färbt sich sofort blau, gekochte Milch färbt sich nicht.
Chem. Ztg. 26. 1121.
Chem. Zentralbl. 1903. I. 59.
Pharm. Zentrh. 1903. 264.
An Stelle von Wasserstoffsuperoxyd schlägt der Autor später Ammonpersulfat oder Kaliumperkarbonat vor.
Chem. Ztg. 27. 300.
Chem. Zentralbl. 1903. I. 1046.
Vergl. Storch's Reag.
Wirthle, Chem. Ztg. 1903. 432.

**Utz'** Reaktion auf Mineralsäuren im Essig.
Man invertiert eine Lösung von 4 g Rohrzucker in 10 ccm Essig, schüttelt 3 mal mit Äther aus, läßt die ätherische Lösung nach dem Filtrieren verdunsten, trocknet den Rückstand auf dem Dampfbad und gibt einige Tropfen Resorcinsalzsäure (1 : 100) zu. Bei Gegenwart von Mineralsäuren tritt rosa bis rote Färbung auf.
Österr. Chem. Ztg. 1908. 326.
Chem. Zentralbl. 1909. I. 405.

**Valenta's** Reagens zur quantitativen Ermittelung von Holzschliff in Papier
ist eine Lösung von Anilinsulfat 1 : 10 oder Phloroglucinsalzsäure. Näheres siehe: Chem. Ztg. 1904. 502; Pharm. Zentrh. 1904. 746.

**Valenta's** Reagens auf Teeröle
ist Dimethylsulfat, das nur Benzolkohlenwasserstoffe, nicht aber aliphatische Kohlenwasserstoffe in der Kälte lösen soll. Näheres siehe: Chem. Ztg. 1906. 266. — Ztschr. f. angew. Chem. 1907. 1002. — Chem. Zentralbl. 1906. I. 1912. — Graefe, ebenda 1907. I. 1813. — Reeve-Lewis, Journ. Ind. Engin. Chem. 1913. 5. 293.

**Valenta's** Reagens zur Prüfung der Fette
ist Eisessig, in dem sich Fette und fette Öle je nach ihrer Abstammung bei verschiedener Temperatur klar lösen. Näheres sowie tabellarische Zusammenstellung siehe: Ztschr. f. analyt. Chem. 24. 295. — Dingler's Journ. 252. 296.

**Valentiner's** Reaktion auf Galle im Harn.
Man schüttelt 50 ccm Harn mit 5 ccm Chloroform. Bei Anwesenheit von Galle färbt sich letzteres gelb.
Ztschr. f. analyt. Chem. 5. 264.
Cunisset, Journ. de Pharm. 3. 50.

**Valser's** Reagens auf Alkaloide
ist eine gesättigte, wässerige Lösung von Quecksilberjodid (Quecksilberjodür?) in 10 %iger Jodkaliumlösung.
Vergl. Mayer's Reagens.
Répert. de Chim. pure et appl. 1862. 460.
Ztschr. f. analyt. Chem. 2. 79.
Arch. der Pharm. 1864. 254.
Chem. Zentralbl. 1864. 1103.

**Vamvakas'** Reaktion auf Gelatine (in Stärkesirup).
10 %ige Gelatinelösung gibt mit Neßler's Reagens beim Kochen sofort einen glänzenden, in verdünnterer Lösung mehr matten, bleigrauen Niederschlag, auch wenn man dem Reagens etwas Weinsäure zusetzt.
Annal. chim. analyt. appl. 12. 58. 139.
Chem. Zentralbl. 1907. I. 1158. 1706.
Apoth. Ztg. 1907. 293.
Pharm. Journ. 1907. 807.
Südd. Apoth. Ztg. 1908. 714.

**Vamvakas'** Reagens auf Gummiarten
ist Neßler's Reagens. Näheres siehe: Annal. Chim. analyt. appl. 12. 12. — Chem. Zentralbl. 1907. I. 676.

**Vamvakas'** Reagens auf Saponin
ist Neßler's Reagens (auf Ammon.). Kocht man eine wässerige Saponinlösung und gibt nach dem Abkühlen etwas Reagens zu, so entsteht ein gelber bis orangegelber Niederschlag, der sich nach einigen Stunden grüngrau und dann grau färbt. Die nicht abgekühlte Lösung liefert sofort einen grauen Niederschlag. Salpetersäure oder konzentr. Weinsäurelösung verhindert eine Fällung.
Annal. Chim. analyt. appl. 1906. 161.
Chem. Zentralbl. 1906. II. 167.
Rosenthaler, Pharm. Zentrh. 1906. 581; Chem. Zentralbl. 1906. II. 717.
Südd. Apoth. Ztg. 1907. 306.
Ztschr. f. angew. Chem. 1907. 796.
Apoth. Ztg. 1907. 384.
Lübeck, Pharm. Ztg. 1908, 682.
Behre, Ztschr. Unters. Nahr.-Genußm. 1911. 22. 498.
Pharm. Zentrh. 1912. 1045.

**Vanderkleed's** Reaktion auf Gurjun in Copaivabalsam
ist eine Modifikation von Dodge Olcott's Reaktion.
Vergl. Pharm. Zentrh. 1907. 425.
Americ. Journ. of Pharm. 80. 11.

Südd. Apoth. Ztg. 1908. 454.
Chem. Zentralbl. 1908. I. 1097.
Vergl. Turner's Reaktion.

**Vanino**'s Reagens auf colloidale Metallösungen ist Baryumsulfat, das colloidale Lösungen von Gold, Silber etc. fällt und entfärbt, nicht aber gelöste Farbstoffe, wie Anilinfarben etc. Es dient also zum Nachweise, ob die Färbung einer Lösung von gelösten oder fein suspendierten Stoffen herkommt.
Chem. Repert. 1902. 66.
Berl. Ber. 1902. 662.
Chem. Zentralbl. 1902. I. 736.

**Vanino-Seemann**'s Reaktion auf Gold beruht auf der Reduktion von Goldlösungen durch Wasserstoffsuperoxyd und Natronlauge, wobei das Metall quantitativ abgeschieden wird.
Berl. Ber. 1899. 1968.

**Vanlair**'s Reagens zum Fixiren mikroskop. Präparate.
a) Man löst 0,2 g Osmiumsäure und 0,7 g Chromsäure in 180 ccm Wasser und 10 ccm Eisessig.
b) Man löst 0,5 g Osmiumsäure und 0,5 g Kaliumdichromat in 200 ccm Wasser und gibt 20 g 2%ige Eosinlösung zu.
Arch. d. Biol. 1885. 130.
Bull. Acad. royale de Méd. Belg. 1891. 626.
Ztschr. f. wiss. Mikroskop. 1892. 99.

**Vasmer**'s Reagens auf Veratrin ist rauchende Schwefelsäure, die mit Veratrin eine amethystfarbige bis dunkelrote Färbung gibt.
Arch. der Pharm. 2. 74.
Chem. Zentralbl. 1835. 636.

**Vassale**'s Reagens zum Färben mikroskop. Präparate.
a) Eine heiß bereitete Lösung von 1 g Hämatoxylin in 100 ccm Wasser.
b) Eine gesättigte, wässerige Lösung von neutralem Kupferacetat.
c) Eine Lösung von 2,5 g Ferricyankalium und 2 g Borax in 300 ccm Wasser.
Ztschr. f. wiss. Mikroskop. 1890. 518.
Eberth-Friedländer, Mikroskop. Techn. 1894. 260.

**Vassale**'s Reagens zum Fixieren mikroskop. Präparate ist eine Lösung von 5 g Aldehyd und 3—4 g Kaliumdichromat in 100 ccm Wasser. Gebraucht für die Golgi-Methode.
Rivist. sperim. Freniatria et di Medicina 1895.
Monit. Zoolog. Ital. 1895. 82.
Enzyklop. d. mikroskop. Techn. 1903. 147. 488.
Ztschr. f. wiss. Mikroskop. 1896. 494.

**Vassallo**'s Reagens auf Metalle.
Man erhitzt 50 g Campecheholz mit 100 g Alkohol 3 Stunden lang am Rückflußkühler, filtriert, taucht Filtrierpapierstreifen in dieses Extrakt und trocknet sie. Zinn- und Bismutsalzlösungen geben unter bestimmten Voraussetzungen mit dem Papier eine Violettfärbung. Näheres siehe: Gazz. Chim. Ital. 1911. 41. II. 204. — Chem. Zentralbl. 1912. I. 443.

**Vaubel**'s Reaktion auf Nitrite in Wasser.
Versetzt man das zu prüfende Wasser mit etwas Anilinchlorhydrat, so entsteht je nach der vorhandenen Menge von Nitriten sofort oder nach einiger Zeit eine Gelbfärbung oder Trübung (Diazoaminobenzol). Empfindlichkeitsgrenze = 0,00035 :100.
Chem. Ztg. 1911. 1238.

**Vaudin-Winogradow**'s Reaktion auf bakterielle Verunreinigung der Milch.
In einer verschließbaren Flasche mischt man 100 ccm Milch mit 5 Tropfen Indigokarminlösung (1 : 1000), füllt mit Milch vollkommen an, verschließt mit dem Glasstöpsel und läßt bei zerstreutem Tageslicht stehen. Bei Anwesenheit anaerober Bakterien verschwindet die blaue Färbung allmählich. Die Zeit, die hierzu nötig ist, gibt einen Anhaltspunkt für die gute Beschaffenheit der Milch. Bei einwandfreiem Melk- und Aufbewahrungsverfahren hält sich die Färbung bis zu 48 Stunden. Näheres siehe: Pharm. Journ. 1908. 903. — Chem. Ztg. 1908. Rep. 565.

**Vecchi** siehe Bindo de Vecchi.

**Velardi**'s Reagens auf Aldehyde (in ätherischen Ölen) ist Benzolsulfohydroxamsäure. Erhitzt man einige Tropfen des ätherischen Öles mit einer Spur des Reagenzes und alkoholischer Kalilauge, kühlt ab, verdünnt mit Wasser, fügt etwas Äther und nach dem Neutralisieren mit Salzsäure etwas Eisenchlorid zu, so tritt eine rote bis gelbe Färbung auf.
Gazz. chim. ital. 34. II. 66.
Chem. Zentralbl. 75. II. 733.
Ztschr. f. analyt. Chem. 1907. 185.

**v. d. Velden**'s Reagens auf Salzsäure im Magensaft ist eine Lösung von Methylviolett, Fuchsin oder Tropäolin 00.
Deutsches Arch. f. klin. Med. 23. 31.

**Venable**'s Reaktion auf Eisen.
Eine durch konzentr. Salzsäure blau gefärbte Cobaltnitratlösung wird durch Spuren von Eisenoxydsalzen grün gefärbt. Eisenoxydulsalze geben diese Reaktion nicht.
Journ. of anal. Chem. 1. 312.
Chem. Ztg. 1887. Rep. 202.

**Ventre**'s Reagens auf Zucker.
a) Eine Mischung gleicher Teile Nitrobenzol und Alkohol.
b) Eine gesättigte, wässerige Lösung von Ammoniummolybdat.

10 ccm der Zuckerlösung kocht man 3 Minuten lang mit 5 Tropfen des Reagenzes a und 20 Tropfen des Reagenzes b und 12 Tropfen konzentr. Schwefelsäure. Hierbei entsteht eine an Intensität dem Zuckergehalt entsprechende

Blaufärbung. (Gebraucht zu kolorimetr. Zwekken.)
Zentralbl. f. d. Zuckerindustrie 1902. 998.
Ztschr. f. analyt. Chem. 1906. 352.
Ztschr. f. angew. Chem. 1905. 1272.
Bull. de l'assoc. chim. 1902. 1475.

**Veratti**'s Reagens zum Fixieren mikroskop. Präparate
ist eine Mischung von 2 ccm Kaliumdichromatlösung (5 %), 2 ccm Kalium-Platinchloridlösung (0,1 %) und 1—2 ccm Osmiumsäurelösung (1%).
Suchanow, Neurol. Zentralbl. 1902. 777.
Ztschr. f. wiss. Mikroskop. 1903. 86.

**Verda**'s Reagenzien auf Safran und Safranverfälschungen.
1. Eine Lösung von Phosphormolybdänsäure, bereitet durch Lösung von 25 g Natriumphosphomolybdat in 90 ccm Wasser und 20 ccm konz. Salpetersäure. Es färbt Safran intensiv grün.
2. Eine Lösung von Sulfophosphomolybdänsäure, bereitet durch Mischen von 40 ccm einer 10 %igen Natriumphosphomolybdatlösung mit 60 ccm konz. Schwefelsäure. Färbt Safran blau.
Chem. Ztg. 1914. 325.

**Verhassel**'s Reaktion auf α- und β-Naphthol.
1. Chlorkalklösung färbt die wässerige Lösung von α-Naphthol violett, von β-Naphthol grüngelb.
2. Ferrocyankalium färbt die wässerige Lösung von α-Naphthol violett, von β-Naphthol lichtgelb.
3. Ferricyankalium färbt die wässerige Lösung von α-Naphthol braun, von β-Naphthol grüngelb.
4. Ammoniak färbt die wässerige Lösung von α-Naphthol nicht, jene von β-Naphthol grünlich.
5. Eisenchlorid färbt die alkoholische Lösung von α-Naphthol violett (Niederschlag), von β-Naphthol grünlich (Niederschlag).
Ztschr. d. öst. Apoth. Ver. 44. 335.
Ztschr. f. analyt. Chem. 31. 461.

**Verhoeff**'s Reagens zum Färben mikroskop. Präparate.
a) Lösung von 1 g Hämatoxylin in 20 g absolut. Alkohol mit einem Zusatz von 8 g wässeriger 10 %iger Eisenchloridlösung und 8 g Lugol's Reagens. — b) 2 %ige Eisenchloridlösung. — c) Lösung von 0,2 g Eosin (wasserlösl.) in 100 ccm Alkohol (80 %).
Journ. Americ. Med. Assoc. 1908. Nr. 11.
Deutsche med. Woch. 1908. 705.
Merck's Bericht 1908. 233.

**Vernon**'s Reagens auf Glukose.
4,158 g kryst. Kupfersulfat, 40,8 g Seignettesalz, 40,8 g Kaliumhydroxyd, 600 ccm Ammoniakflüssigkeit (D = 0,88) und Wasser bis zu 1 Liter. Gebraucht wie Fehling's Reagens. 1 ccm entspricht 0,0005 g Glukose.
Journ. of Physiology 1902. 28. 156.

**Verven**'s Reagens auf Alkaloide
ist eine Lösung von 5 g Cadmiumjodid und 10 g Jodkalium in 100 ccm Wasser. Gibt man 5 ccm mit Schwefelsäure angesäuerte Alkaloidlösung zu 1 ccm Reagens, so entsteht eine Trübung oder Fällung. Empfindlichkeitsgrenze für Aconitin = 1 : 13 700, Atropin = 1 : 1600, Brucin = 1 : 14 600, Chinin = 1 : 32 300, Cinchonin = 1 : 18 400, Cocaïnhydrochlorid = 1 : 16 900, Strychnin = 1 : 19 200, Veratrin = 1 : 5400.
Annal. de Pharm. 13. 145.
Chem. Ztg. 1897. Rep. 116.

**di Vetere**'s Reaktion auf Rizinusöl im Olivenöl.
Schüttelt man Olivenöl mit konzentr. Salzsäure, so bilden sich bei Anwesenheit von Rizinusöl beim Stehen drei Schichten.
Merck's Report 1900. 342.

**Viallanes**' Reagens zum Färben mikroskop. Präparate.
1. a) 1 %ige, wässerige Lösung von Osmiumsäure; b) 25 %ige Ameisensäure; c) Goldchloridlösung 1 : 5000.
Annal. des Scienc. Nat. 1883. 42.
Histolog. et Dév. des Insect. 1883. 42.
Bastian, Lee-Mayer's Grundz. d. mikroskop. Techn. 1898. 218.
Boccardi, Journ. Roy. Microsc. Soc. 1888. 155.
Bernheim, Arch. f. Anat. u. Physiol. 1892. Suppl. 29.
Vergl. Cohnheim's Reagens.
2. a) Eine 1 %ige, wässerige Lösung von Kupfersulfat; b) eine Lösung von 0,25 g Hämatoxylin in 25 ccm Alkohol und 75 ccm Wasser. Gebraucht zum Färben des Zentralnervensystems.
Annal. des Scienc. Nat. 1892. 356.

**Vibert**'s Reagens zur Konservierung von Blutkörperchen
ist eine Lösung von 5 g Quecksilberchlorid und 20 g Natriumchlorid in 1000 ccm Wasser.
Hager's Handb. d. pharm. Praxis 1902. II. 817.

**Vicario**'s Reaktion auf Abrastol
beruht auf der Bildung einer grünen Fluoreszenz bei der Einwirkung von sirupöser Phosphorsäure und Formaldehyd auf Abrastol.
Stazioni speriment. agrarie 1904. 234.
Giornale di Pharm. di Chim. 1906. 482; 1908. 58.
Vitali, Chem. Zentralbl. 1908. I. 1779.

**Vignal**'s Reagens zum Fixieren mikroskop. Präparate
ist eine Lösung von 1 g Osmiumsäure in 100 ccm Wasser und 100 ccm Alkohol (90 %).
Arch. de Physiol. Paris 1884. 181.
Ranvier, Leçons d'Anat. génér. etc. 76.
Enzyklop. d. mikroskop Techn. 1903. 1058.

**Vignon**'s Reaktion auf Phosphor in Schwefelphosphor.

Leitet man Wasserstoff über Schwefelphosphor, so tritt bei Anwesenheit von weißem Phosphor Phosphoreszenz des Wasserstoffs ein. Letzterer verbrennt mit grüner Flamme.

Compt. rend. 1905. 1449.

**Villaret**'s Reaktionen auf Ex- und Transsudate.

1. Überschichtet man 4 ccm Salzsäure mit 4 ccm der zu prüfenden Flüssigkeit, so bewirkt ein Exsudat sehr bald die violette Färbung der Salzsäure. Die Reaktion beruht auf der Anwesenheit von Globulinen und Pigmentstoffen der roten Blutkörperchen im Exsudat.
2. Man versetzt 0,1 %ige, wässerige Collargollösung mit steigenden Mengen (2—20 Tropfen) des Untersuchungsobjektes und läßt 12—14 Stunden lang bei Zimmertemperatur stehen. Tritt im ersten und zweiten Röhrchen eine Fällung ein, so liegt ein Transsudat vor. Bleiben alle Röhrchen klar, so handelt es sich um ein Exsudat.

Journ. physiol. pathol. gén. 1913. **15.** 617.
Zentralbl. ges. innere Med. 1913. **6.** 628.

**Villavecchia-Fabri**'s Reagens auf Sesamöl

ist konzentr. Salzsäure (D. = 1,19), die etwas Furfurol enthält. Man schüttelt gleiche Teile Öl und Reagens. Bei Anwesenheit von Sesamöl tritt Rotfärbung ein. (Vergl. Baudouin's Reaktion.)

Répert. d. Pharm. 1899. 437.
van Eck, Apoth. Ztg. 1907. 962.
Fleig, Chem. Zentralbl. 1908. II. 1699.
Imbert, Ztschr. f. analyt. Chem. 1913. 721.
Bull. de pharm. de Sud-Est 1909. 401.

**Ville**'s Reaktion auf Cholsäure

ist eine Modifikation von Mylius' Reaktion, die in einem Zusatz von Natriumchlorid besteht. Man benützt zur Ausführung der Reaktion eine Jodlösung, die man durch Verdünnen von 0,5 ccm Norm.-Jodlösung mit 200 ccm 30 %iger Kochsalzlösung erhält. Versetzt man 2 ccm einer 0,5 %igen, alkoholischen Cholsäurelösung mit 20 ccm dieser Jodlösung, so entsteht sofort eine Abscheidung der bekannten blauen Krystalle. Vergl. Mylius' Reaktion.

Bull. Soc. Chim. France 1913. **13.** 866.
Merck's Bericht **1913.** 69.

**Ville-Derrien**'s Reagens auf Fluor

(Blutreagenz) ist eine Lösung von defibriniertem, zu Methämoglobin reduziertem Blut und Kaliumoxalat. Näheres siehe: Ztschr. f. analyt. Chem. 1908. 190.

**Villedieu**'s Reaktion auf Nitrate in Bromiden.

Die Lösung des Salzes wird mit überschüssigem Bleiessig gefällt, das Blei mit Natriumsulfat entfernt und das Filtrat mit konzentr. Schwefelsäure versetzt. Man verwendet 1 ccm Filtrat und 1 ccm Schwefelsäure. 1 Tropfen hiervon bringt man auf einem Uhrglas zu einer Anreibung von Ferrosulfat und Schwefelsäure. Nitrate bewirken eine rosaviolette Färbung.

Journ. de Pharm. et de Chim. 1909. II. 66.

**Villiers-Fayolle**'s Reagens zur Unterscheidung von Aldehyd und Aceton

ist mit schwefliger Säure entfärbte Fuchsinlösung. Aldehyde färben das Reagens rot, reines Aceton aber nicht.

Compt. rend. **119. 75.**
Bull. Soc. Chim. France 1894. **11.** 691.

**Villiers-Fayolle**'s Reagens auf Chlor

ist eine Mischung von 20 ccm gesättigter, wässeriger Lösung von o-Toluidin, 100 ccm gesättigter, wässeriger Anilinlösung und 30 ccm Essigsäure. Das Reagens wird durch freies Chlor blau gefärbt.

Compt. rend. **118.** 1413.

**Vinassa**'s Reagens zum Färben pflanzlicher mikroskop. Präparate

Siehe Ztschr. f. wiss. Mikroskop. 1891. 34—50.

**Vincent**'s Reaktion auf α- und β-Naphthol.

α-Naphthol gibt mit Jodsäure einen gelblichen, flockigen Niederschlag, der sich sehr bald violett färbt; β-Naphthol gibt mit Jodsäure einen Niederschlag, der allmählich rot wird; nach einiger Zeit ist die Lösung rötlich und der Niederschlag rotbraun.

Merck's Report 1902. 59.

**Vintschgau**'s Reaktion auf Eiweiß

ist identisch mit Humbert's Reaktion (Biuretreaktion).

Vergl. Nickel, Die Farbenreakt. d. Kohlenstoff-Verb. 1890. 98.

**Violette**'s Reagens auf Glukose.

a) Eine Lösung von 34,64 g Kupfersulfat in 500 ccm Wasser;
b) eine Lösung von 200 g Seignettesalz und 130 g Natriumhydroxyd in 500 ccm Wasser. Zum Gebrauch werden gleiche Volumina von a und b gemischt.

Chem. Ztg. 1900. 710.
Pharm. Zentrh. 1900. 572.
Merck's Index 1902. 263.

**Violette**'s Reaktion auf Anilinfarbstoffe (Anilinblau) in Mehl.

In eine flache Porzellanschale legt man ein Stück Filtrierpapier und übergießt es mit einer dünnen Schicht Wasser, etwa 1 mm hoch. Das zu untersuchende Mehl stäubt man mittels eines Siebes über das Wasser und zwar in gleichmäßiger, dünner Schicht. Bei Gegenwart von Anilinblau zeigen sich schwarze Pünktchen, die sich rasch vergrößern und blaue Flecke bilden.

Violette, Bull. Soc. Chim. France 1896. 15. 486.
Rupp, Ztschr. f. Unters. Nahr.-Genußm. 1906. **12.** 141.
Spaeth, Pharm. Zentrh. 1913. **54.** 240.

**Virgili's** Reagens auf Chlorsäure
ist eine Lösung von 5 g Anilinchlorhydrat in 100 ccm Salzsäure (1,12). Es wird durch Chlorate blau gefärbt.
Annal. Chim. analyt. appl. **14.** 85, 170, 289.
Ztschr. f. angew. Chem. **22.** 1898.
Ztschr. f. analyt. Chem. **49.** 390.
Chem. Zentralbl. 1909. I. 1503, II. 473, 1695.

**Virgili's** Reagens auf oxydierende Agenzien
ist Urin, der infolge seines Gehaltes an ungefärbten Chromogenen durch Farbenerscheinungen Oxydationsmittel anzeigt. Mischt man 1 g bezw. 1 ccm der zu prüfenden Substanz mit 1 ccm Harn und 5 ccm Salzsäure (1,12), so erhält man bei Anwesenheit von oxydierenden Stoffen eine mehr oder weniger intensive Rotfärbung.
Annal. Chim. analyt. appl. **14.** 129.
Chem. Zentralbl. 1909. I. 1671.

**Visser's** Reaktion auf Ammoniak.
(Indophenolreaktion.) Versetzt man eine Lösung von Chlorammonium mit Chlorkalk, dann mit Phenol und zuletzt mit Natronlauge, so färbt sich die Mischung blau.
Pharm. Weekblad **48.** 1000.
Chem. Zentralbl. 1911. II. 991.

**Vitali's** Reaktionen auf Abrastol
siehe: Boll. Chim. Farm. **47.** 291. — Chem. Zentralbl. 1908. II. 103.

**Vitali's** Reagens auf Alkaloide
ist eine Lösung von 1 g Arrhenal (Natriummonomethylarseniat) in 100 g Wasser. Das Reagens gibt mit einer Reihe von wässerigen Alkaloidlösungen Niederschläge, die eine charakteristische Krystallform zeigen, so z. B. mit Strychninsulfat (noch 1 : 10 000) schöne Nadeln. Näheres siehe: Bollet. Chim. Farm. 1905. 229. — Ztschr. d. öst. Apoth. Ver. 1905. 501.

**Vitali's** Reaktion auf Amylalkohol
beruht auf charakteristischen Farbenerscheinungen beim Mischen von konzentr. Schwefelsäure mit verschiedenen Volumen Amylalkohol. Näheres siehe: Pharm. Zentrh. 1883. 574. — L'Orosi, VI, 10, 328.

**Vitali's** Reaktion auf Alkohol.
Die zu prüfende Flüssigkeit versetzt man mit Schwefelkohlenstoff, Ätzkali, Ammoniummolybdat und überschüssiger, verdünnter Schwefelsäure. Bei Anwesenheit von Äthylalkohol entsteht eine Rotfärbung (auf der Bildung von Molybdänxanthogenat beruhend).
Bollet. Chim. Farm. **38.** 377.
Ztschr. f. analyt. Chem. **39.** 604.

**Vitali's** Reaktion auf Atropin.
Übergießt man Atropin mit Kaliumchloratlösung, so entstehen blaugrüne Streifen und man erhält schließlich eine hellgrüne Lösung.
Ztschr. f. analyt. Chem. **21.** 581.

**Vitali's** Reaktion auf Atropin und Daturin.
Dampft man etwas Atropin oder Daturin mit etwas rauchender Salpetersäure zur Trockene ein, so entsteht auf Zusatz von alkoholischer Kalilauge eine violette Färbung, die bald in Rot übergeht.
Arch. der Pharm. **15.** 307.
Ztschr. f. analyt. Chem. **20.** 563.
Beckmann, Arch. der Pharm. 1886. 481.
Giotto und Spica, Pharm. Zentrh. 1891. **26.**
Menegazzi, Ztschr. d. öst. Apoth. Ver. **48.** **373.**
Vitali, Répert. de Pharm. **50.** 544; Ztschr. d. öst. Apoth. Ver. **49.** 247; Ztschr. f. analyt. Chem. **38.** 134.

**Vitali's** Reaktion zur Unterscheidung von Atropin und Strychnin.
Dampft man Strychnin mit rauchender Salpetersäure auf dem Dampfbade zur Trockene und gibt nach dem Erkalten 4 %ige, alkoholische Kalilauge zu, so entsteht (wie beim Atropin) eine violette Färbung, welche aber schnell verschwindet und in Rot übergeht. (Unterschied von Atropin.)
Menegazzi, Berl. Ber. **27.** Ref. 275.

**Vitali's** Reaktion auf Blut neben Eiter
ist eine Modifikation von Almén's Reaktion. Bei Anwesenheit von Eiter tritt schon auf Zusatz von Guajaktinktur eine Blaufärbung auf, Blut gibt dieselbe erst mit Terpentinöl.
Siehe Almén's Reaktion.
Gazz. chim. ital. **10.** 213.
L'Orosi **10.** **325.**
Bollet. Chim. Farm. **41.**

**Vitali's** Reaktion auf Chloroform.
1. Die zu prüfende Flüssigkeit wird mit Zink und Schwefelsäure versetzt und das aus einer dünnen Spitze entweichende Wasserstoffgas angezündet. Hält man in diese Flamme einen Kupferdraht, so färbt sie sich bei Anwesenheit von Chloroform grünblau.
2. Leitet man Chloroformdämpfe in eine Lösung von Thymol und Ätzkali, so entsteht eine violette Färbung.

Näheres siehe: Ztschr. f. analyt. Chem. **21.** 616; **43.** 121. — Berl. Ber. **15.** 541. — Gazz. Chim. ital. **11.** 489. — Chem. Ztg. 1902. 828.

**Vitali's** Reaktion auf Chlorsäure.
Chlorate oder Chlorsäure geben mit konzentr. Schwefelsäure und Anilinsulfat eine intensiv blaue Färbung.
Bollet. Chim. Farm. 38. 201.

**Vitali's** Reaktion auf Cocaïn.
Erhitzt man etwas Cocaïn mit Schwefelsäure (D. = 1,84) bis zur Entwickelung von Schwefelsäuredämpfen und gibt ein Körnchen jodsaures Kalium zu, so färbt sich die Mischung grün, später blau bis rotviolett.
Pharm. Ztg. **36.** 72.
Ztschr. f. analyt. Chem. **30.** 265.
Pharm. Zentrh. 1891. 362.

**Vitali's** Reaktion auf Formaldehyd
beruht auf einer weißlichen, milchigen Trübung, die eine nicht zu konzentr. Lösung von

Phenylhydrazin in Formaldehyd enthaltenden Flüssigkeiten hervorbringt. Näheres siehe Jahresbericht d. Pharm. 1898. 299. — Bollet. Chim. Farm. 1898. 321.

**Vitali's** Reaktion I auf Gallenfarbstoffe beruht auf der Abscheidung der Gallenfarbstoffe durch frisch gefälltes Bleisulfid oder Aluminiumhydroxyd. Den Bleiniederschlag behandelt man mit Alkohol, der sich bei Anwesenheit von Gallenfarbstoff grün färbt; der Aluminiumniederschlag ist gelb bis grün gefärbt und kann außerdem noch zu Gmelin's Reaktion verwendet werden.

Ztschr. f. analyt. Chem. **31.** 725.
Jahresbericht f. Tierchem. 1894. 676.

**Vitali's** Reaktion II auf Gallenfarbstoffe.

Die zu prüfende Flüssigkeit versetzt man mit Schwefelsäure und Kaliumnitrit. Es tritt Grünfärbung ein, welche rasch in Gelb, dann in Rot und Blau übergeht.

Jahresbericht f. Tierchem. 1873. 149.
Jolles, Ztschr. f. analyt. Chem. **29.** 402.
Vitali, ebenda **31.** 725.

**Vitali's** Reaktion auf Gallensäuren.

Die zu prüfende Flüssigkeit wird mit verdünnter Schwefelsäure vorsichtig eingedampft, bis die Färbung über Violettrot in Gelb übergegangen ist. Man gibt allmählich Wasser zu, wodurch bei Anwesenheit von Gallensäuren eine gelbgrüne Färbung und dann ein blaugrüner Niederschlag entsteht. Den Niederschlag löst man unter Zugabe von wenig Zukker in Alkohol und verdunstet diese Lösung in einem Porzellanschälchen. Nach dem Verdunsten des Alkohols wird der Rückstand rotviolett und beim Stehen an der Luft blau.

Berl. Ber. **14.** 547.
Ztschr. f. analyt. Chem. **20.** 480; **31.** 725.
Deubner, Ztschr. f. analyt. Chem. **25.** 458.
Vitali, Jahresbericht f. Tierchem. 1892. 539 und 1894. 676.

**Vitali's** Reaktion auf Guajakol und Kreosot.

Mischt man einen Tropfen einer Formollösung (1 : 1000) und einen Tropfen wässeriger Guajakollösung mit 1 ccm konzentr. Schwefelsäure, so entsteht eine klare, violette Flüssigkeit; bei Anwesenheit von Kreosot trübt sich die Flüssigkeit unter Abscheidung carminroter Flocken. Verwendet man als Reagens statt Formol Acetaldehyd, so gibt Kreosot eine carmoisinrote Färbung.

Ztschr. d. öst. Apoth. Ver. **52.** 795.

**Vitali's** Reaktion auf Harnsäure.

Modifikation von Ganassini's Reaktion. Näheres siehe: Boll. Chim. Farm. 1911. **50.** 799. — Chem. Zentralbl. 1912. I. 1252.

**Vitali's** Reaktion auf Jodoform.

Schmilzt man Jodoform mit etwas Kaliumhydroxyd und Thymol, so erhält man eine violett gefärbte Masse, die sich in Alkohol mit violetter Farbe löst. Schwefelsäure verwandelt letztere in Scharlachrot.

Jahresbericht f. Tierchem. 1883. 72.
Gazz. Chim. ital. 1881. 489.

**Vitali's** Reaktion auf Morphin und Codeïn.

Erwärmt man Morphin mit konzentr. Schwefelsäure und Natriumarseniat, so entsteht eine zuerst blauviolette, dann hellgrüne Färbung, welche mit Wasser rosenrot und blau, durch Ammoniak grün wird.

Erwärmt man Morphin mit Schwefelsäure und Natriumsulfid, so färbt sich die Mischung fleischrot, violett und dann dunkelgrün. Gibt man nach Zusatz von Natriumsulfid etwas Kaliumchlorat in Schwefelsäure zu, so färbt sich die Mischung zuerst grün, dann violett und im Überschuß von Kaliumchlorat gelb. Codeïn gibt ähnliche Farbenreaktionen.

Ztschr. f. analyt. Chem. **21.** 581.

**Vitali's** Reaktion auf Mangan.

Versetzt man die Lösung eines Mangansalzes in verdünnter Schwefelsäure mit Kaliumbromat, so färbt sie sich rotviolett.

Bollet. Chim. Farm. **37.** 545.
Chem. Zentralbl. 1898. II. 942.
Ztschr. f. analyt. Chem. 1904. 418.

**Vitali's** Reaktion auf Phenol.

Eine Lösung von Kaliumchlorat in konzentr. Schwefelsäure wird durch Spuren Phenol grün, dann blau gefärbt.

Chem. Zentralbl. (4.) **3.** II. 91.
Ztschr. f. analyt. Chem. **31.** 89.

**Vitali's** Reagens auf Saccharin ist eine Lösung von Mercuronitrat, die mit Saccharinlösungen einen weißen Niederschlag gibt.

Boll. Chim. Farm. **38.** 297.
Tagliarini, ebenda 46. 645.
Chem. Zentralbl. 1907. II. 1456.

**Vitali's** Reagens auf Salicylsäure ist eine wässerige Lösung von Kupfersulfat, die bis zur Farblosigkeit verdünnt ist. — Versetzt man eine Salicylsäurelösung mit 1 Tropfen des Reagenzes und verdampft zur Trockene, so erhält man einen grünen Rückstand.

Boll. Chim. Farm. **45.** 701.
Chem. Zentralbl. 1906. II. 1782.

**Vitali's** Reaktion auf Sulfonal.

Beim Erwärmen von 1 Teil Sulfonal mit 3 Teilen Kaliumhydroxyd entsteht ein lauchartiger Geruch und allmählich eine gelbe bis rötliche, nach dem Erkalten scharlachrote Färbung. Auf Zusatz von Wasser entsteht eine trübe, blaue Lösung, die sich auf Zusatz von Salzsäure unter Abscheidung von Schwefel und Entwickelung von schwefliger Säure vorübergehend violett färbt. Nach dem Eindampfen zur Trockene, Lösen in Wasser, Filtrieren und Zugeben von Chlorbaryum entsteht ein Niederschlag von Baryumsulfat.

Erhitzt man Sulfonal und Kaliumhydroxyd bis zum Schmelzen des Reagenzglases, in dem die Reaktion vorgenommen wird, so erhält man eine blaue Schmelze.

Pharm. Zentrh. 1903. 6.
Bollet. Chim. Farm. 1900. 461.
Chem. Zentralbl. **71.** II. 646.
Ztschr. f. analyt. Chem. **41** 74.

**Vitali's** Thalleiochinreaktion.

Verreibt man 0,01 g Chininsalz mit etwa derselben Menge Kaliumchlorat und 1 Tropfen konzentr. Schwefelsäure und gibt überschüssige Ammoniakflüssigkeit zu, so erhält man eine grüne Lösung.

Ztschr. f. analyt. Chem. **26.** 740.
Mylius, Pharm. Zentrh. 1886. 292.

**Vitali's** Reaktion auf Urochloralsäure im Harn

beruht auf der Reduzierbarkeit des bei der Spaltung der Urochloralsäure entstehenden Trichloräthylalkohols zu Äthylalkohol, der dann mit Vitali's Reaktion auf Alkohol identifiziert werden kann. Näheres siehe: Bollet. Chim. Farm **38.** 377. — Ztschr. f. analyt. Chem. **39.** 604. — Chem. Zentralbl. 1899. II. 147.

**Vitali's** Reaktion auf Hydrastin.

1. Wird wenig Hydrastin mit Schwefelsäure angerührt und ein Kryställchen Kaliumnitrat zugegeben, so tritt eine gelbbraune Färbung auf, die auf tropfenweisen Zusatz von Zinnchloridlösung in Rotviolett übergeht.
2. Wenig Hydrastin erhitzt man mit 4 bis 6 Tropfen Salpetersäure zum Sieden, dampft dann bei gelinder Wärme zur Trockene und versetzt den gelblichen Rückstand mit alkoholischer Kalilösung. Hierbei entsteht eine dunkelgrüne, nach dem Eindampfen grünlichbraune Färbung. Dieser Rückstand färbt sich nach dem Erkalten mit konzentr. Schwefelsäure intensiv violett. Empfindlichkeitsgrenze = 0,1 mg Hydrastin.

Répert. de Pharm. **3.** 60.

**Vitali-Stroppa's** Reaktionen auf Coniin.

1. Man löst 1 g Kaliumpermanganat in 200 ccm konzentr. Schwefelsäure. — Vermischt man einige Tropfen dieses Reagenzes mit wenig Coniin, so geht die grüne Farbe des Reagenzes in Violett über.
2. Trichloressigsäure ruft in Coniinlösungen eine Trübung hervor, die sich im Überschuß der Säure löst. Bei vorsichtigem Verdampfen dieser Lösung hinterbleiben mikroskopisch kleine Nadelbüschelchen.

L'Orosi **23.** 73.
Chem. Ztg. 1900. Rep. 170.
Pharm. Zentrh. 1900. 429.
Bollet. Chim. Farm. 1900. 221.

**Vogel's** Reaktion auf Alkohol im Chloroform.

Behandelt man Chloroform mit etwas trokkenem Ätzkali und gießt das Chloroform ab, so hat sich bei Anwesenheit von Alkohol etwas Kali gelöst. In diesem Falle wird auf Zusatz von Pyrogallol eine Gelb- bis Braunfärbung eintreten oder befeuchtetes, rotes Lackmuspapier wird mit dem Chloroform gebläut werden.

Répert. de Pharm. **18.** 305.
Ztschr. f. analyt. Chem. **8.** 473.
Vergl. auch Blachez' Reaktion.

**Vogel's** Reaktion auf Chenopodiumsamen im Mehl

beruht auf einer gelben Färbung, die Mehl bei Anwesenheit von Chenopodiumsamen gibt, wenn man es mit einer Mischung von 70 %igem Alkohol und verdünnter Salzsäure schüttelt.

Ztschr. f. analyt. Chem. **20.** 579.

**Vogel's** Reaktion auf Chinin.

(Rufiochinreaktion.) Gibt man zu einer Chininlösung Chlorwasser und einen Überschuß von konzentr. Ferrocyankaliumlösung, so entsteht eine rote Färbung, die am Lichte nach einigen Stunden in Grün übergeht. Diese Reaktion gelingt noch in einer Chininlösung 1 : 2500. Wenn die Reaktionsflüssigkeit sauer ist, muß etwas Ammoniak zugesetzt werden.

Liebig's Annal. **73.** 221; **86.** 122.
Chem. Zentralbl. 1850. 591.
Kerner, Archiv. f. Physiolog. **2.** 200 od. Ztschr. f. analyt. Chem. **9.** 135.
Flückiger, Neues Jahrbuch d. Pharm. **136.** od. Ztschr. f. analyt. Chem. **11.** 317.
Vogel, Ztschr. f. analyt. Chem. **23.** 78.

1883 machte Vogel neuere Mitteilungen über obige Reaktion. Hiernach hat man der Chininlösung zuerst Chlor- oder Bromwasser, dann Ferrocyankalium und zuletzt Borax oder Natriumphosphat zuzufügen.

Sitz.-Ber. d. math. phys. Klasse der Akad. d. Wiss. München 1883. 69.
Vergl. auch Kletzinsky's Reaktion.

**Vogel's** Reaktion auf Cobalt.

Eine Lösung, die Cobaltsalze enthält, färbt sich auf Zusatz von konzentr. Rhodanammonlösung blau. Schüttelt man mit Amylalkohol, so geht die blaue Farbe in denselben über. Letzterer Umstand ist geeignet, geringe Mengen Cobalt in anderen Salzen nachzuweisen.

Treadwell, Chem. Ztg. 1901, Rep. 20. — Pharm. Zentrh. 1901. 181.

**Vogel's** Reaktion auf Glukose.

Alkalische Lösungen von Glukose entfärben beim Kochen Lackmustinktur.

Ztschr. f. analyt. Chem. **1.** 378.
Vergl. Mulder's u. Neumann-Wender's Reaktion.

**Vogel's** Reaktion auf verdorbenes Mehl

beruht darauf, daß die Stärkekörner guten Mehles durch eine Lösung von Anilinviolett wenig oder gar nicht tingiert werden, während die Stärkekörner verdorbenen Mehles unter dem Mikroskope fast alle gefärbt erscheinen.

Ztschr. f. analyt. Chem. **19.** 110.
Pharm. Ztg. 1914. 431.

**Vogel**'s Reaktion auf Narceïn.

Narceïn, in einem Uhrglase mit Chlorwasser übergossen, gibt auf Zusatz von Ammoniak eine blutrote Färbung.

Berl. Ber. **7**. 906.
Chem. Zentralbl. 1874. 555.
Nach Neubauer gibt auch Tannin diese Reaktion. Ztschr. f. analyt. Chem. **13**. 323.

**Vogel**'s Reaktion auf Salpetersäure im Trinkwasser.

10—15 ccm Trinkwasser verdampft man nach Zugabe von etwas echtem Blattgold und einiger ccm Salzsäure auf einige ccm ein. In Anwesenheit von Salpetersäure (Nitraten) färbt sich die Lösung gelblich und wird auf Zusatz von Zinnchlorürlösung mehr oder weniger rot gefärbt. (Bei Anwesenheit von Salpetersäure geht etwas Gold in Lösung.)

Neues Repert. f. Pharm. **24**. 666.
Ztschr. f. analyt. Chem. **15**. 478.
Chem. Zentralbl. 1876. 167.

**Vogel**'s Reaktion auf Zucker im Glycerin

ist identisch mit Hager's Reaktion.

Neues Repert. f. Pharm. **18**. 24.

**Vogel-Reischauer**'s Reaktion auf Eiweißstoffe

ist eine Biuretreaktion (siehe Brücke's Reaktion).

Buchner's neues Repert. **8**. 529.
Chem. Zentralbl. 1860. 301.

**Vogtherr**'s Reagens als Ersatz für Schwefelwasserstoff

ist eine 10—12 %ige Lösung von Ammoniumdithiokarbonat.

Berl. Ber. 1898. 228.
Merck's Ber. 1898. 29.

**Vohl**'s Reaktionen auf Anilinfarben (auf Stoffen)

beruhen auf Farbenveränderung unter der Einwirkung von konzentr. oder verdünnter Salzsäure.

Tabellarische Zusammenstellung siehe Dingler's Polytechn. Journ. **173**. 211.
Chem. Zentralbl. 1864. 1101.

**Vohl**'s Reaktion auf Naphthalin.

Behandelt man Naphthalin mit konzentr. Salpetersäure, mischt mit Wasser, wäscht den Rückstand mit 20 %igem Alkohol und verdampft ihn dann mit wenig Kalilauge und Schwefelkalium zur Trockene, so erhält man einen Rückstand, der sich in Alkohol mit rotvioletter Farbe löst.

Polytechn. Notizbl. 1867. 336.
Ztschr. f. analyt. Chem. **7**. 117.

**Voisenet**'s Reaktion auf Acrolein.

Lösungen von Acrolein 1 : 500 bis 2000 geben mit dem Nitritreagens des Autors nach Zusatz von Eiweißlösung eine grüne bis grünlichblaue Färbung.

Compt. rend. **150**. 1614, **151**. 518.
Journ. de Pharm. et de Chim. 1910. II. 214.
Répert. de Pharm. 1910. 495.
Pharm. Post 1912. 807.

**Voisenet**'s Reaktion auf Eiweiß

ist die umgekehrte Reaktion des Autors auf Formaldehyd; siehe diese!

**Voisenet**'s Reagens auf Formaldehyd.

Auf 1 Liter Salzsäure (D. = 1,18) gibt man $^1/_2$ ccm (starke Nitritsäure) oder $^1/_4$ ccm (schwache Nitritsäure) einer 3,6 %igen Kaliumnitritlösung zu. 2—3 ccm Eiweißlösung versetzt man mit einem Tropfen der zu prüfenden Flüssigkeit und dann mit dem dreifachen Volumen starker Nitritsäure. Bei Gegenwart von Formaldehyd entsteht sofort Rosafärbung, die nach 5 Minuten in Violett übergeht.

Bull. Soc. Chim. Paris 1905. **(33.)** 1198.
Pharm. Ztg. 1906. **118**.
Ztschr. d. öst. Apoth. Ver. 1906. 95.
Chem. Zentralbl. 1906. I. 90, 1910. I. 1993.
Südd. Apoth. Ztg. 1906. 186.
Compt. rend. **150**. 40. 879.

**Voisenet**'s Reaktion auf Methylalkohol (in Äthylalkohol)

gründet sich auf des Autors Reaktion auf Formaldehyd. Näheres siehe: Bull. Soc. Chim. Paris (3) **33**. 1198. — Chem. Zentralbl. 1906. II, 1284. — Giorn. Farm. Chim. 1906. 494. — Journ. de Pharm. et de Chim. 1912. I. 240. — Merck's Bericht 1912. 110.

**Voisenet**'s Reaktion auf Methylalkohol in Tinkturen

beruht auf dem Nachweis des bei der Oxydation des Methylalkohols durch Chromsäure entstandenen Methylals. 4 ccm des Destillates werden mit 1 ccm einer wässerigen Eiweißlösung (5 : 1) und 15 ccm einer Lösung von 0,00036 g Kaliumnitrit in 200 ccm konz. Salzsäure in ein Wasserbad von 50° gestellt. Bei Anwesenheit von Methylal entsteht eine violette Färbung. Näheres siehe: Journ. de Pharm. et de Chim. 1912, 240. — Zentralbl. d. ges. Arzneimittelkunde 1912. 106.

**Volcy-Boucher**'s Reaktion auf α- und β-Naphthol.

Man löst 0,5 g Naphthol in möglichst wenig Alkohol und gibt 2 ccm Kupfersulfatlösung (10 %) und 4 ccm frisch bereitete Kaliumcyanidlösung (10 %) zu. α-Naphthol verursacht einen violettroten, β-Naphthol einen gelben Niederschlag.

Annal. Chim. analyt. appl. **13**. 335.
Répert. de Pharm. 1908. 289.
Apoth. Ztg. 1908. 522.

**Volcy-Boucher u. Girard**'s Reaktion auf Resorcin (oder Kupfer).

Resorcinlösungen geben auf Zusatz von Kupfersulfat und Kaliumcyanid unter 1 % eine grüne Fluoreszenz, über 1 % außerdem noch eine rote Färbung. Zur Ausführung der Reaktion versetzt man die zu prüfende Lösung mit einigen Tropfen $^1/_{10}$ Norm. Kupfersulfat und ebensoviel $^1/_{10}$ Norm. Cyankalium und verdünnt diese Mischung bis zur gelbroten Färbung. Die Fluoreszenz ist im auffallenden Licht zu beobachten.

Annal. Chim. analyt. appl. **15.** 13.
Répert. de Pharm. 1909. 433.
Merck's Bericht 1909. 322.
Ztschr. f. angew. Chem. 1910. 1286.
Südd. Apoth. Ztg. 1910. 462.
Vergl. auch Girard's Reaktion.

**Volhard**'s Kaseinlösung zur Trypsinbestimmung.

100 g feinkörniges Kasein werden in einem 2 Liter-Meßkolben in 1,5 Liter Chloroformwasser eingeweicht, mit 80 ccm Norm. Natronlauge versetzt und auf dem Dampfbade unter häufigem Umschütteln erwärmt, bis alles Kasein gelöst ist. Man erhitzt noch rasch auf 85—90 °, um eventuell vorhandene Keime und Fermente zu zerstören. Nach dem Erkalten wird mit Wasser auf 2 Liter ergänzt und etwas Toluol zugesetzt. Ausführung der Probe siehe: Münchener med. Woch. 1907. 404.

**Volhard**'s Reaktion auf Mangan.

Erhitzt man eine manganhaltige Substanz mit Salpetersäure und Bleisuperoxyd, so entsteht eine purpurrote Färbung von Übermangansäure.
Vergl. Hafner-Krist, Ztschr. österr. Apoth. Ver. 1907. 388.

**Völker**'s Reagens zum Färben mikroskopischer Präparate

ist eine Modifikation von van Gieson's Reagens. Es besteht aus 2 Lösungen:
a) 0,1 %ige, wässerige Lösung von Pikrinsäure und
b) 0,1 %ige, wässerige Lösung von Säurefuchsin.
Ztschr. f. wiss. Mikroskop. 1913. **30.** 185.

**Völker-Joseph**'s Reaktion zur Nierenfunktionsprüfung

beruht auf der Durchlässigkeit der Nieren gegenüber Indigokarmin nach subkutaner Injektion. Je weniger Farbstoff von den Nieren abgeschieden wird, desto größer die Funktionsstörung. Näheres siehe: Völker, Diagnose der chirurgischen Nierenerkrank. etc. Wiesbaden 1906 (Bergmann). — Rauscher, Deutsche med. Woch. 1904. Ver. Beil. 48. — Suter, Korresp. Bl. Schw. Ärzte 1907. No. **15**, Folia urologica 1907, No. 5.

**Volland**'s Reaktion auf Lebertran.

Echter Dorschlebertran wird auf Zusatz von konzentr. Schwefelsäure **zuerst violett**, dann braunrot und zuletzt schwarz gefärbt.
Arch. der Pharm. **61.** 146.
Chem. Zentralbl. 1850. 368.

**Vondrasek**'s Reaktion auf Chinin.

(Eine Thalleiochinreaktion.) Versetzt man Chinin mit etwas Kaliumbromat, Wasser und verdünnter Salzsäure und schüttelt um, bis Chlorgeruch auftritt, so ruft überschüssiges Ammoniak eine grüne Färbung hervor.
Merck's Bericht 1908. 253.
Apoth. Ztg. 1908. 557.

**Vorisek**'s Reaktion auf Methylalkohol in Äthylalkohol.

1 ccm des zu prüfenden Äthylalkohols wird mit 1 ccm 0,8 %iger Chromsäurelösung und 5 ccm Wasser in geeigneter Weise destilliert. Das Destillat mischt man mit 1 Tropfen 0,4 %iger Eisenchloridlösung und 2 Tropfen Eiereiweißlösung (1 : 50) und unterschichtet mit Schwefelsäure. Methylalkohol (bezw. Formaldehyd) bewirkt einen violetten Ring. Empfindlichkeitsgrenze = 0,1 % Methylalkohol.
Journ. Soc. Chem. Ind. 1909. **28.** 823.
Répert. de Pharm. 1910. 315.

**Vorländer**'s Reagens auf Aldehyde

ist Dimethylhydroresorcin. Dasselbe liefert mit Aldehyden schwer lösliche Kondensationsprodukte, deren Schmelzpunkte für den betreffenden Aldehyd charakteristisch sind. So liefert z. B. Formaldehyd in wässeriger Lösung mit einer wässerigen Lösung von Dimethylhydroresorcin das bei 187—188° schmelzende Methylen-bis-Dimethylhydroresorcin. Näheres siehe Erdmann, Ztschr. f. angew. Chem. **1901.** 938 u. Pharm. Zentrh. 1901. 723. — Vorländer, Liebig's Annal. **309.** 348. — Berl. Ber. **30.** 1801. — Strauß, Dissert., Halle a. S. 1899.

**Vortmann**'s Reaktion auf Blausäure. (Nitroprussidreaktion.)

Die zu prüfende Flüssigkeit versetzt man mit einigen Tropfen Kaliumnitritlösung, 2 bis 4 Tropfen Eisenchloridlösung und so viel verdünnter Schwefelsäure, daß die gelbbraune Farbe eben in eine hellgelbe übergegangen ist. Hierauf erhitzt man die Lösung bis zum Kochen, kühlt ab, fällt das überschüssige Eisen durch etwas Ammoniak, filtriert und gibt zum Filtrate 1—2 Tropfen stark verdünntes, farbloses Schwefelammon. War Blausäure vorhanden, so färbt sich die Lösung violett, dann blau, grün und zuletzt gelb. Bei sehr geringen Mengen tritt nur eine bläuliche Färbung ein. Empfindlichkeitsgrenze = 1 : 3 125 000.
Ber. d. Wiener Akad. 1887. 508.
Monatsh. f. Chem. **7.** 416.
Ztschr. f. analyt. Chem. **26.** 642.
Giffen, Chem. Zentralbl. 1910. II. 1327.

**Vortmann**'s Reaktion auf Phenol.

Erwärmt man Phenol mit Jod und Natronlauge auf 50—60 ° C., so entsteht ein dunkelroter Niederschlag. Näheres siehe: Berl. Ber. **22.** 2313 und Ztschr. f. physiol. Chem. **17.** 122.

**Vosges-Proskauer**'s Reaktion (Diacetylreaktion der Proteine)

beruht auf der Oxydation des im Kulturmedium von den Bakterien aus Zucker gebildeten Acetylmethylcarbinols zu Diacetyl, das bei Gegenwart von Alkali mit Proteinen einen violettroten, grün fluoreszierenden Körper liefert.
Ztschr. f. Hygiene **28.** 20.
Harden, Proceed. Royal Soc. B. **77.** 424.
Harden-Norris, Journ. of Physiol. **42.** 332.
Chem. Zentralbl. 1911. II. 392.

Zunz, Arch. internat. de physiol. 1912. **12.** 395.
Zentralbl. f. ges. innere Med. 1913. 4. 563.

**Vosseler**'s Reagens für mikroskop. Zwecke ist eine Mischung gleicher Volumina Alkohol und venetianischen Terpentins. Gebraucht als Einbettungsmittel.

Ztschr. f. wiss. Mikroskop. 1889. 292.
Eberth - Friedländer, Mikroskop. Techn. 1894. 134.
Ztschr. f. angew. Mikroskop. 1904. 8.

**Votoček**'s Reagens auf Sulfite neben Thiosulfaten.

Man mischt eine Lösung von 0,075 g Fuchsin in 300 ccm Wasser mit einer Lösung von 0,025 g Malachitgrün in 100 ccm Wasser. Auf 2—3 ccm der zu prüfenden Flüssigkeit gibt man einige Tropfen Reagens. Sulfite bewirken sofortige Entfärbung, nicht aber Thiosulfate oder Thionate.

Berl. Ber. **40.** 414.
Chem. Zentralbl. 1907. I. 843.
Chem. Ztg. 1907. Rep. 157.
Merck's Report 1907. 141.

**Votoček**'s Reagens auf Holzschliff in Papier.

Zur Ligninreaktion kann man nach Angabe Votoček's ein wässeriges Extrakt von Imperial-Tee benützen, indem man 1 g Tee mit 25 ccm Wasser 5 Minuten lang kocht, das erhaltene Extrakt filtriert und mit dem gleichen Volumen konzentr. Salzsäure versetzt. Dieses Reagens färbt holzhaltiges Papier violett.

Chem Ztg. 1913. 897.

**Vournasos**' Reagens auf Milchsäure im Magensaft.

Man löst 1 g Jod und 0,5 g Jodkalium in 50 ccm Wasser, filtriert und gibt 5 g Methylamin zu. — Den zu prüfenden Magensaft macht man mit Natronlauge alkalisch, erhitzt zum Sieden und gibt 1—2 ccm Reagens zu. Anwesende Milchsäure wird durch das Reagens in Jodoform und das Isonitril übergeführt.

Ztschr. f. angew. Chem. **15.** 172.
Croner u. Cronheim, Berl. klin. Woch. 1905. 1080.

**Vournasos**' Reagens auf Aceton im Harn ist das vorhergenannte Reagens, das auf Aceton in gleicher Weise wie auf Milchsäure reagiert. Empfindlichkeitsgrenze = 1: 100 000.

Bull. Soc. Chim. Paris 1904. 137.
Chem. Ztg. 1904. Rep. 78.
Ztschr. f. angew. Mikroskop. 1904. 239.
Chem. Zentralbl. 1904. I. 761.

**Vournasos**' Reaktion auf Arsen und Phosphor beruht auf der Bildung von Arsen- bezw. Phosphorwasserstoff bei der trockenen Erhitzung von Arsen oder Phosphor mit Natriumformiat. Näheres siehe: Berl. Ber. 1910. **43.** 2264. — Compt. rend. **150.** 464. — Chem. Zentralbl. 1910. I. 1415, II. 1122.

**Vreven**'s Reaktion auf Chinidin.

In schwefelsaurer Lösung liefert Chinidin beim Schütteln mit Marmé's Reagens einen Niederschlag, der, unter dem Mikroskope betrachtet, aus feinen, zu Büscheln vereinigten Krystallen besteht. Nach einiger Zeit entstehen breite Krystalle, deren Form von denen des Chinins, Cinchonins und Cinchonidins verschieden ist.

Chem. Ztg. 1897. Rep. 255.
Annal. de Pharm. 1897. 466.

**Vreven**'s Reaktion auf Fette.

Bei der Einwirkung von Schwefelsäure und Rohrzucker auf Fette und Öle entsteht eine Gelb- bis Braunfärbung, die in 10 Minuten in Rosa und dann in ein beständiges Lila übergeht. Bei festen Fetten muß man erwärmen.

Annal. de Pharm. 1896. 9.
Pharm. Zentrh. 1896. 212.

**Vreven**'s Reaktion zur Unterscheidung von Kreosot und Guajakol.

1 Tropfen der zu prüfenden Flüssigkeit schüttelt man in einem Reagenzglase mit 3 Tropfen Äther, 2 Tropfen konzentr. Salpetersäure, 2 Tropfen Salzsäure und läßt den Äther freiwillig verdunsten. Guajakol gibt hierbei gut ausgebildete, nadelförmige Krystalle, Kreosot nur ölige Tropfen.

Ztschr. d. öst. Apoth. Ver. **50.** 711.
Ztschr. f. analyt. Chem. **37.** 132.

**Vreven**'s Reaktion auf Lebertran.

Man mischt 5 ccm Lebertran mit 5 ccm Äther und dann mit 5 ccm Alkohol (92 bis 98 %). Nach dem Absetzen gießt man die obere Schicht in ein Schälchen und gibt rauchende Salpetersäure zu. Es entsteht eine vorübergehende himmelblaue Färbung. (Vorsicht!)

Annal. de Pharm. 1906. 97.
Pharm. Ztg. 1906. 403.
Nouv. Remèd. 1906. 425.
Pharm. Zentrh. 1907. 453.

**Vreven**'s Reaktion auf Taxin.

Verdunstet man 1 Tropfen der ätherischen Taxinlösung auf einem Uhrglase und gibt zum Rückstand Salpetersäure, so entsteht eine blaßblaue Färbung, die auf Zusatz von rauchender Salzsäure in Rosenrot übergeht. Besser tritt die Reaktion hervor, wenn man die ätherische Taxinlösung über einem Tiegel verdampfen läßt, der Salpetersäure enthält. Taxin färbt sich grünblau. In Salzsäuredämpfen geht die Färbung in Rosa über.

Annales de pharm. 1896, No. 4.
Jahresber. d. Pharm. 1896. 507.

**Vriens**' Reagens zur Nitratbestimmung.

a) Eine Lösung von Ferroammonsulfat, 25 g im Liter enthaltend, mit einem Zusatz von etwas Schwefelsäure.
b) Eine Lösung von Natriumnitrat, 5 g im Liter enthaltend.

c) Eine 0,1 %ige Ferricyankaliumlösung.
d) Konzentr. Schwefelsäure.
Näheres siehe: Ztschr. f. analyt. Chem. 1907. 416.

**de Vrij's** Reagens I auf Alkaloide

ist Phosphormolybdänsäure; siehe Sonnenschein's Reagens II auf Alkaloide.

**de Vrij's** Reagens II auf Alkaloide

ist eine wässerige Lösung von Quecksilberjodid-Jodkalium.

Vergl. Mayer's u. Valser's Reagens.
Ztschr. f. analyt. Chem. 2. 80.

**de Vrij's** Reagens auf Chinin.

2 Teile Chinoidinsulfat werden in 8 Teilen Wasser gelöst, das 5 % Schwefelsäure enthält. Hierzu gibt man nach und nach eine Lösung von 1 Teil Jod und 2 Teilen Jodkalium in 100 Teilen Wasser. Dadurch entsteht ein orangegelber Niederschlag, der beim Erwärmen harzartig zusammenbäckt. Man gießt ab, wäscht mit warmem Wasser und trocknet im Wasserbade. Einen Teil des Rückstandes löst man in 6 Teilen warmem Alkohol (90 bis 92 %). Nach dem Abkühlen wird filtriert und das Filtrat zur Trockene eingedampft. Man löst in 5 Teilen kaltem Alkohol und filtriert. Über die Anwendung dieses Reagenzes siehe Pharm. Journ. and Trans. 1875. 461.

Arch. der Pharm. (3) **10.** 72.
Chem. Zentralbl. 1877. 318.

**de Vrij's** Reaktion I auf Nebenalkaloide im Chininsulfat.

(Bisulfatprobe.) Eine tarierte Mischung von 5 g Chininsulfat und 12 ccm Normal-Schwefelsäure wird auf dem Dampfbade bis zur Bildung von kleinen Krystallen eingedampft, bis zum Erkalten gerührt, mit Wasser auf das ursprüngliche Gewicht gebracht und durch Glaswolle filtriert. Es wird mit Wasser nachgewaschen, bis das Filtrat 12 ccm beträgt. Das Filtrat versetzt man mit 12 ccm Äther und Natronlauge im geringen Überschuß, schüttelt und läßt 12 Stunden stehen. Die ausgeschiedenen Krystalle von Cinchonin und Cinchonidin sammelt man auf einem kleinen Filter, wäscht mit wenig Wasser, löst in Alkohol und verdampft letzteren in einer tarierten Schale. Der Rückstand gibt die vorhandene Menge von Cinchonidin an.

Vergl. Schäfer's Tetrasulfatprobe pag. 317, oder Arch. der Pharm. **224.** 844 u. Ztschr. f. analyt. Chem. **26.** 655.
Pharm. Zentrh. **27.** 552.
Ztschr. f. analyt. Chem. **26.** 654.
Chem. Zentralbl. (3) **16.** 968.
Repert d. analyt. Chem. **6.** 564.
Lenz, Ztschr. f. analyt. Chem. **27.** 594.

**de Vrij's** Reaktion II auf Nebenalkaloide im Chininsulfat.

(Chromatprobe.) Zu einer mit siedendem Wasser bereiteten Lösung von Chininsulfat 1:45 gibt man 2,5 g neutrales Kaliumchromat und kühlt auf 15° C. ab. Nach einer Stunde filtriert man und gibt zum Filtrate so viel Natronlauge, bis es Phenolphthaleïnpapier rötet. Anwesenheit von Cinchonidin oder anderen Nebenalkaloiden ergibt sich aus einer hierbei entstandenen Trübung (resp. Niederschlag).

Ztschr. f. analyt. Chem. **26.** 659; **27.** 575.
Chem. Ztg. 1887. Rep. 112.
Journ. de Pharm. et de Chim. (5). **15.** 360.

**Vulpian's** Reaktion auf Adrenalin (Nebennierensubstanz).

Die wirksame Substanz der Nebenniere gibt in wässeriger Lösung mit Jod eine rosarote Färbung. Vergl. Comessatti's und Fränkel-Aller's Reaktion.

Compt. rend. 1865. 663.
Ewins, Journ. of Physiol. 1910, No. 4.

**Vulpian's** Reagens zum Fixieren mikroskop. Präparate

ist 2,8 %ige Eisenchloridlösung.

Siehe Platner's Reagens.
Behrens' Tabellen 1892. 56.

**Vulpius'** Reaktion auf Acetanilid.

0,05 g Antifebrin kocht man mit 1 ccm Kalilauge und hält dann an einem Glasstabe einen Tropfen Chlorkalklösung darüber. Letzterer färbt sich gelb und bei weiterem Kochen violett.

Apoth. Ztg. 1887. 153.
Pharm. Zentrh. 1887. 249.

**Vulpius'** Reaktion auf Eucaïn im Cocaïn.

In einem graduierten Glaszylinder gibt man zu einer Lösung von 0,1 g Cocaïnhydrochlorid in 50 ccm Wasser 2 Tropfen Ammoniak und mischt durch Umschwenken. Bei Anwesenheit von 2 % Eucaïn entsteht sofort eine milchige Trübung, welche auf Zusatz von 10 ccm Wasser wieder verschwindet. Je mehr Eucaïn vorhanden, desto mehr Wasser ist zur Lösung der entstandenen Trübung nötig.

Ztschr. f. analyt. Chem. **38.** 197.
Pharm. Zentrh. 1896. 295.
Eigel, Apoth. Ztg. 1903. 603.

**Vulpius'** Reaktion auf Morphin.

Erwärmt man Morphin (mindestens 1/4 mg) mit 6 Tropfen konzentr. Schwefelsäure und 0,03—0,05 g Natriumphosphat bis zur Entwickelung weißer Dämpfe, so färbt sich die Mischung violett, nach raschem Abkühlen veilchenblau. Auf Zusatz von Wasser färbt sich die Mischung lebhaft rot und nach Zusatz von 3—5 g Wasser schmutziggrün. Damit geschütteltes Chloroform färbt sich blau.

Arch. der Pharm **225.** 256.
Ztschr. f. analyt. Chem. **30.** 250.
Chem. Ztg. 1887. Rep. 96.

**Vulpius'** Reaktion auf Paralbumin.

100 g der zu prüfenden Flüssigkeit filtriert man, mischt mit 600 ccm Wasser und läßt einige Stunden lang einen Strom von Kohlensäure hindurchstreichen. Bei Anwesenheit von Paralbumin (oder Globulin) entsteht eine Trübung und dann eine flockige Ausscheidung.

Näheres siehe: Arch. der Pharm. (3) **15. 307.** — Chem. Zentralbl. (3) **10.** 760. — Ztschr. f. analyt. Chem. **19. 381.**

**Vulpius'** Reaktion auf Säure im Äther.

Man schüttelt 20 ccm Äther mit 10 ccm Wasser und 2 Tropfen Phenolphthaleïnlösung und gibt dann 1/100 Normal-Kalilauge zu bis zur beginnenden Rotfärbung des Wassers. Aus der verbrauchten Menge läßt sich die etwa vorhandene Säure berechnen. Selbstverständlich müssen auch 10 ccm Wasser ohne Äther auf ihren Verbrauch von 1/100 Lauge geprüft und dieser in Rechnung gebracht werden.

Pharm. Ztschr. f. Rußland 1894. 38.

**Vulpius'** Reaktion auf Sulfonal.

Erhitzt man etwas Sulfonal mit Cyankalium, so entwickelt sich ein Geruch nach Mercaptan.

Apoth. Ztg. 1888. 247.
Ztschr. f. analyt. Chem. **27.** 665.

**Vulpius'** Thalleiochinreaktion.

Nach dem Autor kann man bei Ausführung der bekannten Reaktion statt Chlorwasser auch Salzsäure und Kaliumchlorat verwenden.

Pharm. Zentrh. 1886. 280.
Chem. Ztg. 1886. Rep. 145.
Ztschr. f. analyt. Chem. **26.** 739.
Vergl. Vitali's Thalleiochinreaktion.

**Vulpius'** Reaktion auf Weinsäure in Citronensäure.

2 ccm einer Lösung von 1 g Kaliumacetat in 20 g Spiritus (90 %) versetzt man mit 1 ccm Citronensäurelösung (1 : 2 Wasser). Ist die Citronensäure rein, so entsteht (anfangs ein Niederschlag, dann aber) eine klare Lösung; ein Weinsäuregehalt von 2 % verursacht sofort, ein solcher von 1 % nach kräftigem Schütteln die Bildung von krystallinischem Weinstein.

Pharm. Ztg. **28.** 822.
Ztschr. f. analyt. Chem. **23.** 437.
Deutsches Arzneibuch II. 10.

**Vulpius'** Reaktion auf Wollfett (Lanolin).

Schichtet man eine Lösung von 0,02—0,03 g Lanolin in Chloroform über konzentr. Schwefelsäure, so entsteht an der Berührungsstelle eine feurig braunrote Schicht, die in 24 Stunden ihre höchste Intensität erreicht hat.

Arch. der Pharm. **224.** 298.
Ztschr. f. analyt. Chem. **28.** 256.

**Waage's** Reagens auf Bombay-Macis

ist Kaliumchromatlösung. Versetzt man den alkoholischen Auszug der Macis mit wenig Reagens, so färbt sich derselbe bei Anwesenheit von Bombay-Macis mehr oder weniger blutrot. Bei reiner Banda-Macis tritt kaum eine Veränderung der Farbe ein. Wenn man den Auszug reiner Banda-Macis zum Vergleiche heranzieht, soll sich noch 1 % Bombay-Macis nachweisen lassen.

Pharm. Zentrh. 1892. 373 und 1896. 874.

Eine mikroskopische Prüfung unter Zuhilfenahme von Kaliumdichromat beschreibt Waage in der Pharm. Zentrh. 1895. 131.

Schindler, Ztschr. f. öffentl. Chem. 1902. 152.

**Wacker's** Reagens auf Aldehyde, Alkohole und Kohlehydrate

ist p-Phenylhydrazinsulfosäure (oder auch andere Hydrazine), die mit genannten Stoffen bei Luftzutritt und Einwirkung überschüssiger Natronlauge Rotfärbung erzeugen. Näheres siehe: Berl. Ber. **41.** 266.

**Wacker's** Reaktion auf Blut im Harn

ist eine Modifikation der van Deen'schen Reaktion, die auf dem Filter vorgenommen wird, durch das der zu prüfende Harn vorher filtriert worden ist. Sie soll sich durch große Empfindlichkeit auszeichnen.

Münchener med. Woch. 1911. 197.
Merck's Bericht 1911. 421.
Pharm. Zentrh. 1911. 224.

**Waegner's** Reagens auf Kohlenoxyd etc.

(Ammoniakalische Kupferchlorürlösung für Absorptionsgasanalyse.) Man löst 5 g Kupferchlorid ($CuCl_2 + 2H_2O$) in 25 ccm Wasser und 10 g Salzsäure (D. = 1,19), erhitzt diese Lösung bis zum Sieden und gibt nach Entfernung der Flamme und unter Umschwenken Natriumhypophosphit in kleinen Mengen zu, bis die Mischung farblos geworden ist. Nach schnellem Abkühlen gibt man konzentr. Ammoniakflüssigkeit im Überschuß zu und bringt die Lösung mit Ammoniakflüssigkeit (D. = 0,96) auf das gewünschte Volumen. (Sofort in den Absorptionsapparat abzufüllen!)

Öst. Chem. Ztg. 1903. 410.
Chem. Zentralbl. 1903. II. 963.
Ztschr. f. analyt. Chem. 1905. 118.

**Waegner's** Reagens für analyt. Zwecke

ist eine Lösung von Acetylen in Aceton. Das Reagens fällt neutrale Silbersalze und Kupferoxydulsalze. Näheres siehe: Öst. Chem. Ztg. 1903. 313. — Chem. Zentralbl. 1903. II. 597.

**Wagenaar's** Reaktion auf Fette in Wachs, Cetaceum etc.

beruht auf der Verseifung der Fette und dem Nachweis des hierbei gebildeten Glycerins in folgender Weise: 3 g der zu prüfenden Substanz kocht man mit 5 ccm alkoholischer Kalilauge, säuert an, filtriert, macht das Filtrat alkalisch, gibt einige Tropfen Kupfersulfatlösung zu, kocht auf und filtriert. Bei Gegenwart von Glycerin ist das Filtrat kupferhaltig (blau gefärbt).

Pharm. Weekblad **48.** 479.
Chem. Zentralbl. 1911. I. 1765.

**Wagenaar's** Reaktion auf Mangan.

Versetzt man eine neutrale oder schwach saure Lösung von Mangansalzen mit Kalium-

chromatlösung, so bilden sich mikroskopisch kleine, dunkelbraune, rosettenförmig gruppierte Krystalle.
Pharm. Weekbl. 1912. 49. 14.

**Wagner**'s Reagens auf Alkaloide
ist eine Lösung von 12,7 g Jod und 20 g Jodkalium in 1 Liter Wasser. Das Reagens gibt mit Alkaloiden braune Niederschläge. Es kann auch zur quantitativen Bestimmung auf jodometrischem Wege verwendet werden.
Arch. der Pharm. 1863. 260.
Hager, Pharm. Prax. Erg.-Bd. 1883. 65.
Vergl. Rodionow's Reaktion.

**Wagner**'s Reaktion auf Blut
(Objektträgerbenzidinmethode) beruht auf dem Einwirkenlassen von Untersuchungsmaterial (Faeces) auf Reagens (Benzidin-Eisessig - Wasserstoffsuperoxyd) auf einem Objektträger. Man streicht etwas von den Faečes auf einen sauberen Objektträger und gießt darüber das Reagens. Bei Gegenwart von Blut entsteht sofort Blaufärbung.
Zentralbl. f. Chirurg. 1914. 1182.
Zengerle, Med. Klinik 1914. 1795.
Merck's Bericht 1914. 381.

**Wagner**'s Reaktion auf Eosin (und Methyleosin).
Betupft man einen mit Eosin gefärbten Stoff mit Collodium, so entsteht sofort ein weißer Fleck. Eosinlösung in Collodium gegeben, wird sofort entfärbt.
Dingler's Journ. **220**. 182.
Deutsche Industrie-Ztg. 1876. 4.

**Wagner**'s Reaktion auf Nitrobenzol in Benzaldehyd.
Schüttelt man das Präparat mit Natriumbisulfitlösung, so löst sich Benzaldehyd, während Nitrobenzol ungelöst bleibt.
Chem. Zentralbl. 1867. 495.

**Wagner**'s Reagenzien auf Phosphorsäure.
1. Ammoncitratlösung: Dieses Reagens, das zur Bestimmung der citratlöslichen Phosphorsäure (in Thomasphosphatmehl) gebraucht wird, ist eine wässerige Lösung von Ammoniak und Citronensäure, im Liter genau 27,93 g $NH_3$ und 150 g Citronensäure enthaltend.
2. Molybdänlösung: 1 Liter einer wässerigen Lösung, enthaltend 150 g Ammonmolybdat und 400 g Ammonnitrat gießt man in 1 Liter Salpetersäure (D. = 1,19), läßt die Mischung 24 Stunden bei 35° C. stehen und filtriert.
3. Magnesiamixtur: Man löst 110 g Magnesiumchlorid und 140 g Chlorammon in 700 ccm 8 %igem Ammoniak und 1300 ccm Wasser. Diese Lösung filtriert man nach mehrtägigem Stehen.

Chem. Ztg. 1895. 1420.
Ztschr. f. analyt. Chem. **25**. 273.
Koenig, Landwirtsch. Stoffe 1906. 963.
Jörgensen, Ztschr. f. analyt. Chem. 1907. 370.
Heike, Chem. Zentralbl. 1909. II. 1943.

**Wagner**'s Reagens auf Salpetersäure
ist eine Lösung von 10 g Phenol in 40 g konzentr. Schwefelsäure und 20 g Wasser. Die zu prüfende Substanz erwärmt man mit diesem Reagens und gießt die Mischung in ein Becherglas voll Wasser. Neutralisiert man mit Ammoniak, so entsteht eine grüne Färbung. Verwendet man an Stelle von Phenol Thymol oder Resorcin, so erhält man eine gelbe bezw. violette Farbenerscheinung.
Pharm. Ztg. 1907. 116.
Vergl. Sprengel's Reagens.

**Wagner's** Reaktion auf salpetrige Säure.
Die zu prüfende Substanz erhitzt man mit Phenol kurze Zeit, gibt 1 ccm konzentr. Schwefelsäure zu und gießt die Mischung in Wasser. Nach dem Neutralisieren mit Ammoniak entsteht eine intensive blaue Färbung, wenn salpetrige Säure vorhanden war.
Pharm. Ztg. 1907. 117.
Chem. Zentralbl. 1907. I. 666.

**Wagner's** Reaktion auf Wolle und Seide
beruht auf dem Nachweis von Schwefel durch Nitroprussidnatrium. Schwefel ist in Wolle, aber nicht in Seide enthalten. Näheres siehe: Ztschr. f. analyt. Chem. **6**. 23. — Polytechn. Zentralbl. 1867. 939. — Chem. Zentralbl. 1868. 95.

**Wagner-Fresenius**' Reagens ist Wagner's Reagens auf Alkaloide.

**Wagner-Stutzer**'s Reagens siehe Wagner's Reagens (Molybdänsäure) auf Phosphorsäure.

**Wahl**'s Reagens zum Färben von Gonokokken
ist eine Mischung von 20 ccm konzentr., alkoholischer Auraminlösung, 15 ccm Alkohol (95 %), 20 ccm konzentr., alkoholischer Thioninlösung, 30 ccm konzentr., wässeriger Methylgrünlösung und 60 ccm Wasser.
Zentralbl. f. Bakt. und Parasitenk. 1903. 239.
Ztschr. f. wiss. Mikroskop. 1902. 518.
Bernstein, Gazeta lekarska 1903. Nr. 15.

**Wahl-Meyer**'s Reaktion auf Cyclohexylidentetramethyldiamidodiphenylmethan.
Die Lösung des Präparates in verdünnter Essigsäure wird durch Bleisuperoxyd blau gefärbt. Dieselbe Färbung erhält man, wenn man die alkoholische Lösung des Präparates mit Chloranil versetzt.
Bull. Soc. Chim. France 1910. I. 28.

**Walbum**'s Reaktion auf Colophonium in Copaivabalsam.
In einem Reagenzglase werden 2 g Balsam mit 5,5 ccm absolutem Alkohol gemischt und diese Mischung zum Vergleich benutzt. In einem anderen Reagenzglase werden 4 ccm 1 %ige Ammoniakflüssigkeit und 1 ccm Aceton gemischt und eine Lösung von 2 g Balsam in 6 g Äther zugegeben, durchgeschüttelt und stehen gelassen, bis die untere, wasserhaltige Schicht ganz hell geworden ist. Diese darf bei dem Vergleich nicht dunkler erscheinen

als die alkoholische Vergleichslösung. Dunkelfärbung zeigt Colophonium an. Empfindlichkeitsgrenze = 0,5 %.
Chem. Zentralbl. 1907. II. 273.
Pharm. Zentrh. 1907. 443.
Chem. Ztg. 1907. Rep. 300.

**Walbum**'s Reagens auf Eiweiß im Harn
ist Trichloressigsäure. Vergl. Claudius' Reagens.
Berl. klin. Woch. 1913. 678.

**Walbum**'s Indikator.
500 g feingeschnittener Rotkohl werden mit 500 g 96 %igem Alkohol 48 Stunden lang mazeriert und die abgegossene Flüssigkeit filtriert. Auf 10 ccm der zu titrierenden Flüssigkeit gibt man 5—10 Tropfen Indikatorflüssigkeit. Näheres siehe: Ztschr. f. physiol. Chem. 1913. **48**. 291.

**Walbum**'s Reaktion auf gewöhnlichen Terpentin in venetianischem Terpentin.
10 g venetianischen Terpentin löst man in 30 g Äther und stellt die Lösung in ein Wasserbad von 20,5 °. Nach 10 Minuten werden 8 ccm doppelt Norm. Ammoniak zugefügt. Die hierbei entstandene klare Mischung soll nach höchstens 11 Minuten zu einer Gallerte erstarren. Mehr als 10 % gewöhnlicher Terpentin bedingen ein viel späteres Erstarren.
Pharm. Zentrh. 1908. 911.

**Waldeyer**'s Reagens zum Färben mikroskop. Präparate
ist identisch mit Hermann's Reagens.
Stricker's Handb. 1872. 958.
Vergl. auch Ztschr. f. wiss. Mikroskop. 1884. 93. 98.

**Waldeyer**'s Reagens zum Entkalken mikroskop. Präparate.
1. Man löst 0,01 g Palladiumchlorid in 1000 ccm 1 %iger Salzsäure.
2. Man löst 0,5 g Chromsäure in 100 ccm Wasser mit einem Zusatz von 2 ccm Salpetersäure.

Näheres siehe: Haug, Ztschr. f. wiss. Mikroskop. 1891. **4**. — Lee et Henneguy, Traité 1896. 320. — Stricker's Handb. 1872. — Behrens' Tabellen 1892. 85. — Thiersch, Enzyklop. d. mikroskop. Techn. 1903. 650. — Eberth-Friedländer, Mikroskop. Techn. 1894. **59**. — Ztschr. f. wiss. Mikroskop. 1891. **4**.

**Waldmann**'s Reagens zur Sporenfärbung
ist eine Mischung von 1 ccm Methylenblaulösung (0,2 %) mit 9 ccm Wasser und 0,2 bis 0,3 ccm Kalilauge (0,5 %).
Berl. tierärztl. Woch. 1911. 258.
Merck's Bericht 1911. 358.

**Waldschmidt**'s Reagens zur Pepsinbestimmung
ist Spritblaufibrin. Fibrin wird in einer Lösung von 0,5 g Spritblau in 1000 ccm Glycerin gefärbt. Gebr. wie Grützner's Carminfibrin. Näheres siehe: Arch. f. d. ges. Physiol. **143**. 189.

**la Wall**'s Reaktion auf Chinin
ist eine modifizierte Thalleiochinrektion unter Verwendung von Bromwasser, das durch Lösen von 0,5 g Kaliumbromat in 10 ccm Bromwasserstoffsäure (10 %) und Auffüllen dieser Lösung auf 100 ccm mit Wasser bereitet wird. 100 ccm der zu prüfenden Lösung versetzt man mit 10 Tropfen Reagens und gibt nach dem Mischen 10 Tropfen konzentr. Ammoniakflüssigkeit zu. Die Reaktion dient zur kolorimetrischen Untersuchung. Näheres siehe: Americ. Journ. of Pharm. 1912. **84**. 484.

**Wallach**'s Reaktion auf Sesquiterpen (Cadinen) in ätherischen Ölen.
Versetzt man die Lösung von Sesquiterpen in viel Eisessig mit konzentr. Schwefelsäure, so färbt sich die Mischung grün und dann indigoblau.
Wallach, Liebig's Annal. **225**. **227**. **230**. **238**. **252**. **271**. etc.
Schmidt, Pharm. Chem. 1896. II. 1901.

**Wallart**'s Reagens zum Färben mikroskop. Präparate.
a) 2 g Carmin werden in 10 ccm Wasser und 8 Tropfen reiner Salzsäure unter Kochen gelöst, 40 ccm absoluter Alkohol zugesetzt und umgerührt; warm filtriert und mit Alkohol auf 50 ccm ergänzt.
b) Gesättigte Lösung von Sudan III oder Fettponceau in 80—90 %igem Alkohol.
c) 1 g Ferrocyankalium in 20 ccm Wasser gelöst.

Man mischt 2 ccm von der Lösung a mit 2 ccm der Lösung b, gibt 2—3 Tropfen Salzsäure und zuletzt 2 ccm der Lösung c zu.
Münchener med. Woch. 1906. 2203.

**Waller**'s Reagens zur Blausäurebestimmung
ist eine Mischung gleicher Teile 0,002 %iger Blausäurelösung und 0,05 %iger (0,5 Natriumkarbonat enthaltender) wässeriger Pikrinsäurelösung, die 24 Stunden lang im Brutofen auf 40 ° erhitzt wird. Die so erhaltene rotgefärbte Lösung dient als Standardlösung, mit der andere in gleicher Weise behandelte Blausäurelösungen kolorimetrisch verglichen werden.
Proceed. royal Soc. London 1910. B. **82**. 574.

**Wallin**'s Karzinomprobe
beruht auf der Bestimmung der Ölsäure, die durch Spaltung des Tumorfettes entstehen soll, mittels 1/400 Normal-Jodlösung. 100 ccm Mageninhalt werden zur Bestimmung der Jodzahl verwendet. Werden hierbei mehr als 9,5 ccm Jodlösung verbraucht, so spricht das für Magenkarzinom. Näheres siehe: Finska Läkaresällsk. Handl. 1912. Dezember. — Deutsche Med. Ztg. 1913. 270.

**Walter**'s Reagens auf Blut.
a) Lösung von 1 Tablette à 0,1 g Benzidin in 10 ccm Eisessig. b) Wasserstoffsuperoxyd 3 % oder Tabletten à 0,1 g Natriumperborat.

Näheres siehe: Merck's Bericht **1909. 147** und 1910. 127. — Deutsche med. Woch. 1909. 130 und 1910. 309.

**Walter**'s Reagens zum Färben von Diphtheriebazillen.

Mischung von 4 Teilen 1 %iger Methylenblaulösung, 1 Teil polychromem Methylenblau, 5 Teilen 0,05 %iger Lösung von Bromeosin extra A. G. und 2,5 % Borax. — 500 Teile 0,01 %ige Lösung von Tropäolin 00 (in 0,25 %iger Essigsäure) und 500 Teile 1 %ige Lösung von Bismarckbraun in absolut. Alkohol.

Zentralbl. f. Bakteriol. Abt. 1. Orig. Bd. 64 136.

Ztschr. f. wiss. Mikroskop. 1912. **29.** 262.

**Wangerin**'s Reaktion auf Apomorphin.

Eine Lösung von 0,3 g Uranacetat und 0,3 g Natriumacetat in 100 ccm Wasser erzeugt in Lösungen von Apomorphin einen braunen Niederschlag, der, von Säuren gelöst und entfärbt, durch Alkalien wieder zum Vorschein gebracht wird. Morphin gibt mit dem Reagens eine hyazinthrote bis orangegelbe Färbung.

Chem. Zentralbl. 1902. II. 660.

Pharm. Ztg. **47.** 588.

Pharm. Zentrh. 1902. 469.

Feinberg, Ztschr. f. physiol. Chem. 1913. **84.** 373.

**Wangerin**'s Reagens auf Narceïn

ist Resorcin-Schwefelsäure. 0,02 g Resorcin verreibt man mit 10 Tropfen Schwefelsäure, gibt eine Spur Narceïn zu und erwärmt auf dem Wasserbade. Es tritt eine carmoisinbis kirschrote Färbung ein. Verwendet man an Stelle von Resorcin Tannin, so erhält man eine grüne Mischung, die bei weiterem Erhitzen blaugrün, blau und dann schmutziggrün gefärbt wird. Narcotin und Hydrastin geben mit Tannin-Schwefelsäure eine ähnliche Reaktion.

Pharm. Ztg. 1902. 916.

Chem. Zentralbl. 1903. I. 58.

Ztschr. f. analyt. Chem. 1904. 443.

**Wangerin's** Reaktion auf Narcotin

ist eine Modifikation von Schneider's Reaktion mit Zucker und Schwefelsäure oder Furfurol und Schwefelsäure.

Erhitzt man 0,01 g Narcotin mit 20 Tropfen konzentr. Schwefelsäure und 1—2 Tropfen 1 %iger Rohrzuckerlösung 1 Minute lang auf dem Dampfbade, so geht die anfangs grünlichgelbe Lösung durch Gelb, Braungelb, Braun und Braunviolett in Blauviolett über.

Verwendet man an Stelle von Zuckerlösung 1 %ige, wässerige Furfurollösung, so färbt sich die Mischung gelb, braungelb, braun, oliv und zuletzt dunkelbraun. Beim Stehen geht die Farbe in einen grünen Ton über.

Pharm. Ztg. 1903. 668.

Chem. Zentralbl. 1903. II. 772.

Pharm. Zentrh. 1903. 855.

**Warden**'s Reaktion auf Embeliasäure.

Eine alkoholische Lösung von Embeliasäure wird durch Eisenchlorid dunkelrotbraun, durch Ferrosulfat braun, durch Chlorzink violett (gefällt), durch Phosphormolybdänsäure hellgrün und durch Silbernitrat rotbraun gefärbt.

Pharm. Journ. Transact. **18.** 601; **19.** 305.

Merck's Bericht 1890. 16.

**Warnecke's** Reaktionen auf verholzte Zellmembranen

beruhen auf Farbenerscheinungen. Es bewirkt Jodlösung = Gelbfärbung, Indollösung und Schwefelsäure = rotviolette Färbung, Orcin und konzentr. Salzsäure = blauviolette Färbung, Resorcin und Salzsäure = tiefblaue Färbung, Pyrogallol und Salzsäure = blaugrüne—blaue Färbung, Phloroglucin und Salzsäure = violettrote Färbung. Näheres siehe: Pharm. Ztg. **1888. 573** oder Chem. Ztg. 1888. Rep. **268.**

**Warren** siehe **Bruce Warren.**

**Warren's** Reagens auf Chinaalkaloide

ist eine frisch bereitete, gesättigte alkoholische Lösung von α-Naphthol. Versetzt man die wässerige Lösung von Chinaalkaloiden mit einigen Tropfen Reagens und einigen Tropfen konzentr. Schwefelsäure, so entsteht eine gelbe Färbung oder Fällung.

Americ. Journ. of Pharm. 1913. **85.** 502.

Pharm. Zentrh. 1915. 155.

**Warren**'s Reaktion auf Papaverin (und Sanguinarin).

Versetzt man Papaverin mit Kaliumferricyanid und Formaldehyd-Schwefelsäure (Marquis' Reagens), so färbt sich die Mischung zunächst blau und dann über Violett und Grün schmutzigbraungelb. Aehnliche Reaktionen verursachen Oxydationsmittel wie Ceroxyd, Kaliumpermanganat und Phosphormolybdänsäure in Gegenwart von Formaldehydschwefelsäure. Auch Sanguinarin gibt dieselbe Reaktion wie Papaverin.

Journ. Americ. Chem. Soc. 1915. **37.** 2402.

Chem. Zentralbl. 1916. I. 236.

**Wartha**'s Reaktion auf schweflige Säure im Wein beruht auf einer in Salpetersäure löslichen Trübung des Weindestillates mit Silbernitrat. Näheres siehe: Berl. Ber. **13.** 660; **16.** 200. — Haas, Berl. Ber. **15.** 154. — Liebermann, ebenda **15.** 439. — Kiticsán, ebenda **16. 1179.**

**Wasicky's** Reagens auf Alkaloide

ist eine Lösung von 2 g p-Dimethylamidobenzaldehyd in 6 g konzentr. Schwefelsäure, der 0,4 g Wasser zugesetzt sind. Übergießt man etwas Atropin mit einem Tropfen Reagens und erwärmt, bis vom Alkaloid eine Rotfärbung auszugehen beginnt, so erhält man eine immer intensiver werdende kirschrote bis violettrote Färbung, die tagelang bestehen bleibt. Charakteristisch für Atropin ist der violette Stich der Rotfärbung. Morphin und Codein liefern ohne Erwärmen sofort eine gelbrote Färbung. Beim Erhitzen zeigt Chinin eine rotbräunliche, Narcotin und Papaverin eine orange, Physostigmin eine laubgrüne, Veratrin eine tiefgrüne Färbung. Näheres siehe: Ztschr. f. analyt. Chem. 1915. 394.

**Wassermann**'s Reaktion auf Syphilis
siehe: Deutsche med. Woch. 1906. 745.
Berl. klin. Woch. 1907. No. 50 u. 51.
Merck's Bericht 1908. 334.
Meier, Berl. klin. Woch. 1907. No. 51.
Stern, ebenda 1908. No. 32.
Michaelis-Lesser, ebenda 1908. No. 6.

**Wassilieff**'s Reagens auf Eiweiß
ist Amidoazobenzolsulfosäure. Gibt mit Eiweißlösungen Niederschläge.
Gérard, Traité des urines. Paris (Vigot-frères) 1903. 167.

**Watson**'s Reaktion auf Acetanilid.
Schmilzt man Acetanilid mit Borsäure über freier Flamme, so erhält man eine gelbe Schmelze, die einen charakteristischen Geruch (nach Honigklee oder Erdbeeren) aufweist. Nach Befeuchten mit Wasser tritt der Geruch deutlicher hervor.
Americ. Journ. of Pharm. 1911. 83. 269.
Pharm. Zentrh. 1912. 15.
Chem. Zentralbl. 1911. II. 640.

**Watson**'s Reaktion auf Chinaalkaloide.
Lösungen von Chinin und anderen Chinaalkaloiden geben mit einer gesättigten, alkoholischen Lösung von α-Naphthol, der einige Tropfen konzentr. Schwefelsäure zugesetzt wurden, einen gelben Niederschlag. Andere Alkaloide geben diese Reaktion nicht.
Americ. Journ. Pharm. 1913. Nr. 11.
Pharm. Ztg. 1913. 1011.

**Watson**'s Indikator
ist neutralisierter Heidelbeersaft. Mit Säuren rot, mit Alkalien olivgrün.
Americ. Journ. Pharm. 1913. 85. 246.
Merck's Bericht 1913. 288.

**Wattkin**'s Reaktion auf Schleimbildner in Mehl
siehe: Chem. Ztg. 1911. 1321.
Pharm. Zentrh. 1913. 182.

**Wauter**'s Reaktion auf Saccharin.
Erhitzt man reines Saccharin mit etwas Phloroglucin und Schwefelsäure, so entsteht eine violette Färbung.
Wie der Autor später zugibt, ist diese Reaktion nicht dem Saccharin, sondern einer Verunreinigung des Phloroglucins (dem Diresorcin) eigentümlich.
Chem. Ztg. 1903. 204. 1227.
Vergl. auch Monit. scientif. 10. 146.
Chem. Zentralbl. 1906. I. 576.

**Wayne**'s Reagens auf Glukose.
Zu einer Lösung von 10 g Kupfersulfat in 50 ccm Wasser und 50 g Glycerin gibt man 325 ccm Kalilauge (D. = 1,14) und füllt mit Wasser zum Liter auf. Gebraucht wie Fehling's Reagens.
Merck's Index 1902. 264.

**Wayne**'s Reaktion auf Rizinusöl im Copaivabalsam.
Da Rizinusöl in Petroleumbenzin unlöslich, Copaivabalsam aber vollständig löslich ist, so erkennt man einen Gehalt von Rizinusöl im Balsam an dieser Eigenschaft. Man schüttelt den Balsam mit der dreifachen Menge Benzin. Bei Anwesenheit von Rizinusöl ist die Mischung milchig getrübt und beim Stehen trennt sie sich in zwei Schichten.
Americ. Journ. of Pharm. (4) 3. 326.
Ztschr. f. analyt. Chem. 13. 347.

**Weaver**'s Reaktion auf Wasser
beruht auf der Bildung von Acetylen aus Calciumkarbid durch Spuren von Wasser; bei Gegenwart eines Acetylen lösenden Körpers wird das Acetylen von diesem aufgenommen und kann in eine ammoniakalische Lösung von Cuprochlorid gegossen oder abdestilliert werden, in der es eine rote Färbung bzw. einen Niederschlag von Cuprokarbid erzeugt.
Journ. Americ. Chem. Soc. 1914. 36. 2462.
Chem. Zentralbl. 1915. I. 854.

**Weber**'s Reaktion auf Indikan im Harn.
30 ccm Harn, 30 ccm konzentr. Salzsäure und 1—2 Tropfen verdünnte Salpetersäure erhitzt man bis zum Kochen. Schüttelt man das erhaltene Reaktionsgemisch mit Äther aus, so färbt sich letzterer bei Vorhandensein von Indikan rosenrot—carminrot—violett.
Arch. der Pharm. 213. 340.
Ztschr. f. analyt. Chem. 18. 634.
Vergl. Hammarsten's Reaktion.

**Weber**'s Reaktion auf Blut im Harn
ist eine Modifikation von Almén's Reaktion. Die Reaktion mit Guajaktinktur und Terpentinöl wird mit der ätherischen Ausschüttelung des mit Essigsäure versetzten Harnes vorgenommen.
Siehe Almén's Reaktion.
Berl. klin. Woch. 1893. 441.
Münchener med. Woch. 1903. 2145.
Schumm, ebenda 1907. 1580.
Dreyer, Münchener med. Woch. 1909. 1384.
Linz, ebenda 1909. 1742.

**Weber**'s Reaktion auf gekochte und ungekochte Milch.
Schüttelt man 2 ccm Milch in einem Reagenzglase mit einem Tropfen Wasserstoffsuperoxyd (3 %) und 5 Tropfen Kreosot, so wird die Mischung, wenn die Milch ungekocht war, in 1—2 Minuten mattbraunrot, dann hellorange und nach 10—20 Minuten rotorange.
Wiener med. Presse 1903. 1795.

**Weber-Tollens**' Reaktion auf Formaldehyd.
Beim Erwärmen von Formaldehyd oder dessen Derivaten (Methylenderivate) mit konzentrierter Salzsäure und Phloroglucin scheiden sich erst weißliche, dann rotgelbe, flockige Niederschläge ab.

Liebig's Annal. **299**. 316.
Berl. Ber. **30**. 2510.
Clowes, ebenda **32**. 2841.

**Wedell**'s Reagens auf Säuren, Blei und andere Metalle

ist ein alkoholischer Auszug von Campecheholz 1 : 100. Näheres siehe: Pharm. Zentrh. 1884. 517. — Pharm. Journ. 1884. 717. — Chem. Zentralbl. 1884. 895.

**Wedl**'s Reagens zum Konservieren mikroskop. Präparate

ist eine wässerige Lösung von Lävulose mit dem Brechungsindex 1,5.
Behrens' Tabellen 1892. 65.
Enzyklop. d. mikroskop. Techn. 1903. 704.

**Wedl**'s Reagens zum Färben mikroskop. Präparate

ist eine Lösung von Orseille in einer Mischung von 20 ccm Alkohol, 40 ccm Wasser und 5 ccm Essigsäure (60 %).
Arch. f. pathol. Anat. 1878. 148.
Fol's Lehrb. 1884. 192.

**Weehuizen**'s Reaktion auf Cyanwasserstoff.

Die zu prüfende Flüssigkeit versetzt man mit einigen Tropfen einer alkalischen Phenolphthalinlösung und gibt etwas Kupfersulfatlösung (1 : 200) zu. Bei Gegenwart von Blausäure entsteht eine rote Färbung. Empfindlichkeitsgrenze = 1 : 500 000.
Pharm. Weekblad 1905. Nr. 12.
Apoth. Ztg. 1905. 270.
Pharm. Ztg. 1905. 282.
Journ. de Pharm et de Chim. 1905. I. 32.
Chem. Ztg. 1905. Rep. 103.
Ztschr. f. angew. Chem. 1905. 746.
Pharm. Zentrh. 1905. 256.
Vergl. Merck's Bericht 1903. 151.
Thiery, Apoth. Ztg. 1907. 92.

**Weehuizen**'s Reaktion auf Pyramidon.

Pyramidon gibt mit Jodjodkalium — oder Brombromkalium charakteristische Krystalle. Näheres siehe: Journ. de Pharm. et de Chim. 1907. 297. — Nouv. Remèd. 1907. 201.

**Wefers-Bettink**'s Reaktionen auf Anilin.

Anilinwasser gibt noch in einer Verdünnung 1 : 69 000 mit Bromwasser einen fleischfarbigen Niederschlag. — Calciumhypochlorit erzeugt eine violette, bald schmutzigrot werdende Färbung. — Hält man einen mit Salzsäure imprägnierten Fichtenspan über siedende Anilinlösung, so färbt sich dieser gelb.
Pharm. Weekblad 1912. 757.
Zentralbl. d. ges. Arzneimittelkunde 1912. 333.

**Wefers-Bettink**'s Reaktion auf Sulfonal.

Erhitzt man Sulfonal mit Eisenpulver, so entsteht ein knoblauchartiger Geruch. Dieselbe Reaktion erhält man nach Kippenberger mit Magnesiumpulver.
Chem. Ztg. **13**. Rep. 289.
Kippenberger, Ztschr. f. analyt. Chem. **41**. 73.

**Wefers-Bettink**'s Reaktion auf Mannit

siehe Bettink's Reaktion.

**Wefers-Bettink** und **Dissel**'s Reagens auf Ptomaïne

ist eine Lösung von 2 g Eisenchlorid in 2 ccm 1 %iger Salzsäure und 98 ccm Wasser, der 0,5 g Chromsäure zugegeben werden. — Man löst cirka 1 mg des Ptomaïns in 1 Tropfen 1 %iger Salzsäure und gibt 1 Tropfen Reagens zu. Auf Zusatz von Ferricyankalium entsteht eine blaue Färbung (Berlinerblau). Außer Morphin sollen nur Ptomaïne diese Reaktion geben.
Nederl. Tijdschr. v. Pharm. Févr. 1884.
Berl. Ber. **17**. Ref. 379.

**Weichardt**'s Epiphaninreaktion

siehe: Berl. klin. Woch. 1908. No. 20. — Chem. Ztg. 1908. No. 20. — Zentralbl. f. Bakt. **42**. 148. Ref. — Med. Klinik 1909. No. 12. — Münchener med. Woch. 1910. 1981 und 1911. 1662. — Deutsche med. Woch. 1911. 154. — Südd. Apoth. Ztg. 1911. **20**. — Korff-Petersen, Ztschr. f. Hygiene u. Inf. 1912. **72**. 343. — Münchener med. Woch. 1912. 2461. — Reich, Ztschr. f. Immunitätsforschung 1913. **18**. I. 480.

**Weichardt-Müller**'s Immunitätsreaktion.

Zur Ausführung der Reaktion sind folgende Reagenzien nötig: a) Blutlösung, d. h. 2 kleine Tropfen Blut aus der Fingerbeere in 10 ccm Wasser; b) 1 g gereinigtes Guajakharz in 10 ccm Alkohol (96 %); c) Perhydrol, mit 9 Teilen Wasser verdünnt. Die nähere Beschreibung und wissenschaftliche Begründung der Reaktion siehe: Kreuter, Bruns Beitr. z. klin. Chirurg. **76**. No. 3. — Therap. d. Gegenw. 1912. 372.

**Weidel**'s Reaktion auf Sarkin (Hypoxanthin).

Erwärmt man kleine Mengen Sarkin mit Chlorwasser und einer Spur Salpetersäure, verdampft vorsichtig im Wasserbade zur Trockene und setzt den Rückstand Ammoniakdämpfen aus, so färbt er sich dunkelrosenrot.
Liebig's Annal. **158**. 365.
Ztschr. f. analyt. Chem. **11**. 96.
Salomon, Berl. Ber. **16**. 198; **18**. 3408.
Kossel, Ztschr. f. physiol. Chem. **6**. 426.
Scherer, Liebig's Annal. **112**. 267.
Fischer, ebenda **215**. 310.
Nickel, Die Farbenreaktionen der Kohlenstoff-Verbind. 1890. 91.

**Weidel**'s Pyrimidin-Reaktion

siehe: Weidel's Reaktion auf Sarkin.

**Weidel**'s Reaktion auf Xanthin

siehe dessen Reaktion auf Sarkin.

**Weidenreich**'s Injektionsmasse für mikroskop. Zwecke

siehe: Arch. f. mikroskop. Anat. 1901. 247.
Ztschr. f. wiss. Mikroskop. 1901. 344.

**Weigel**'s Reaktion auf Guajakharz in Scammonium- oder Jalappenharz.

Zu einer kalt bereiteten Lösung von Gummi arabicum gibt man eine alkoholische Lösung des zu prüfenden Harzes. Blaufärbung zeigt Guajakharz an.
Pharm. Zentrh. 1910. 721.

**Weigert's** Anilinölxylol
ist eine Mischung von 2 Teilen Anilin und 1 Teil Xylol. Gebraucht als Differenzierungsflüssigkeit in der mikroskop. Färbungstechnik.
Laurent, Zentralbl. f. allg. Pathol. 1900. 86.
Kromayer, Arch. f. mikroskop. Anat. 1892. 141.
Ehrmann, Ztschr. f. wiss. Mikroskop. 1892. 356.
Enzyklop. d. mikroskop. Techn. 1903. 40. 192.

**Weigert's** Boraxblutlaugensalzlösung
ist eine Lösung von 2 g Borax und 2,5 g. Ferricyankalium in 100 ccm Wasser. Gebraucht als Differenzierungsflüssigkeit bei der Schnittfärbung mit Hämatoxylinlösung.
Fortschr. d. Mediz. 2. 190; 3. 236.
Deutsche med. Woch. 1891. 1184.

**Weigert's** Carbolxylol
ist eine Lösung von 1 g Phenol in 3 g Xylol. Gebraucht zum Aufhellen mikroskop. Präparate.
Ztschr. f. wiss. Mikroskop. 1886. 480.
Lee et Henneguy, Traité 1896. 228.
Eberth - Friedländer, Mikroskop. Techn. 1894. 130.
Ciechanowski, Anat. Anzg. 1902. 426.

**Weigert's** Reagenzien zu mikroskop. Färbungen.
1. (Pikrocarmin.) Eine konzentr. Lösung von Pikrinsäure (100 ccm) versetzt man mit einer Lösung von Carmin in Ammoniak (1 + 2). Diese Lösung wird nach 24 Stunden mit etwas Essigsäure (bis zur beginnenden Trübung) und nach 48 Stunden mit etwas Ammoniak versetzt.
Virchow's Archiv 84. 275. 315.
Köppen, Ztschr. f. wiss. Mikroskop. 1890. 25.
Behrens' Tabellen 1892. 117.
2. (Orseille.) Eine dunkelrote Lösung von Orseille in einer Mischung von 10 g Essigsäure, 40 g Alkohol und 80 ccm Wasser.
Eberth - Friedländer, Mikroskop. Techn. 1894. 222.
3. (Bismarckbraun.) Eine Lösung von Bismarckbraun in Wasser oder stark verdünntem Alkohol, der evtl. etwas Essigsäure oder Osmiumsäure zugesetzt wird.
Pal, Ztschr. f. wiss. Mikrosk. 1890. 68.
Arch. f. mikroskop. Anat. 1878. 258.
Behrens' Tabellen 1892. 108.

**Weigert's** Reagenzien zur Bakterienfärbung.
1. Eine 2 %ige Lösung von Fuchsin (Rubin S.) in 15 %igem Alkohol. An Stelle von Fuchsin kann auch Methylenblau oder Viktoriablau B verwendet werden.
Ztschr. f. wiss. Mikroskop. 1884. 290.
Merck's Index 1902. 261.
Vergl. auch Zentralbl. f. allg. Pathol. 1898. 289 oder
Ztschr. f. wiss. Mikroskop. 1899. 81.
2. Eine Lösung von 20 g Gentianaviolett in 100 ccm Alkohol und 5 ccm Ammoniak.
3. Eine Mischung von 10 ccm konzentr. alkohol. Methylviolettlösung mit 100 ccm Alkohol und 100 ccm Anilinwasser.
Fortschr. d. Mediz. 1887. 228.
Ztschr. f. wiss. Mikroskop. 1884. 123; 1887. 512.
Behrens' Tabellen 1892. 110. 122.
Eberth - Friedländer, Mikroskop. Techn. 1894. 188.

**Weigert's** Fibrinfärbemittel.
Heiße, gesättigte Lösung von Methylviolett in 70—80 %igem Alkohol läßt man abkühlen, gießt klar ab und versetzt mit 5 % einer wässerigen Oxalsäurelösung (5 %).
Grundzüge d. mikrosk. Techn. f. Zoologen von Lee u. Mayer. 1898. (Berlin. Friedländer.)
Enzyklop. d. mikroskop. Techn. 1903. 373. (Urban-Schwarzenberg.)

**Weigert's** Hämatoxylinlösung zum Färben mikroskop. Präparate.
1. Man löst 1 g Hämatoxylin in 10 ccm Alkohol und mischt mit einer Lösung von 0,012 g Lithiumkarbonat in 90 ccm Wasser.
2. a) Eine Lösung von 0,08 g Lithiumkarbonat in 100 ccm Wasser; b) eine Lösung von 1 g Hämatoxylin in 10 ccm Alkohol. Zum Gebrauch mischt man 1 Raumteil b mit 9 Raumteilen a.
Fortschr. d. Mediz. 1884. 113. 190; 1885. 136.
Deutsche med. Woch. 1891. 1184.
Flesch, Ztschr. f. wiss. Mikroskop. 1884. 564.
Pal, Wiener med. Jahrb. 1886.
Kaiser, Neurol. Zentralbl. 1893. 363.
Vasale, Ztschr. f. wiss. Mikroskop. 1890. 518.
Behrens' Tabellen 1892. 105. 106.
Eberth - Friedländer, Mikroskop. Techn. 1894. 259.
3. a) Eine Lösung von 1 g Hämatoxylin in 100 ccm Alkohol; b) eine Mischung von 4 ccm Liquor ferri sesquichlorati (Ph. G. V.) mit 1 ccm Salzsäure (D. = 1,124) und 95 ccm Wasser. Man mischt gleiche Teile a und b und färbt dann mit van Gieson's Reagens (Pikrinsäure-Fuchsin) weiter.
Ztschr. f. wiss. Mikroskop. 1904. 1.
Chem. Zentralbl. 1904. II. 846.
Marcus, Neurol. Zentralbl. 1895. 4.

**Weigert's** Resorcin-Fuchsin-Eisenchlorid-Lösung für mikroskop. Zwecke.
Eine Lösung von 2 g Fuchsin und 4 g Resorcin in 200 ccm Wasser erhitzt man in einer Porzellanschale zum Sieden, gibt 25 ccm Liquor ferri sesquichlorati (Ph. G. V.) zu und erhält das Ganze unter Umrühren noch zirka

5 Minuten im Sieden. Den hierbei entstandenen Niederschlag sammelt man auf einem Filter und kocht ihn dann mit 200 ccm Alkohol (94 %). Nach dem Erkalten wird filtriert und dem Filtrat 4 ccm Salzsäure und so viel Alkohol zugegeben, daß die Lösung 200 ccm beträgt. Gebraucht zum Färben elastischer Fasern.
Zentralbl. f. allg. Pathol. 1898. 289.
Ztschr. f. wiss. Mikroskop. 1899. 82.
Minervini, ebenda 1901. 161.

**Weil's** Reaktion auf Cobalt und Nickel.

Versetzt man Cobaltlösungen mit Kaliumchromatlösung (10 %), so entsteht (eventuell erst beim Erhitzen) ein braunroter, an der Glaswand festhaftender Niederschlag (basisch. Cobaltchromat). Nickelsalze bilden einen schokoladebraunen Niederschlag, der nur in der Siedehitze entsteht. Empfindlichkeitsgrenze für Cobalt = 0,000032 g und für Nickel = 0,000028 g.
Bull. Soc. Chim. France 1911. 9. 20.
Merck's Bericht. 1911. 327.
Apoth. Ztg. 1911. 157.
Chem. Zentralbl. 1911. I. 756.

**Weil's** Reagens für mikroskop. Zwecke.

Zur Glashärte eingedampften Canadabalsam pulvert man und übergießt ihn mit viel Chloroform. Die erhaltene Lösung filtriert man und dampft bei gelinder Wärme zur Sirupkonsistenz ein. Gebraucht als Einbettungsmittel.
Merck's Index 1902. 266.
Journ. Roy. Microsc. Soc. 1888. 1042.
Ztschr. f. wiss. Mikroskop. 1888. 200.

**Weil-Kafka's** Reaktion (Hämolysinreaktion)

im Liquor cerebrospinalis vergl.: Mertens, Deutsche Ztschr. f. Nervenheilk. 1913. 169. — Zentralbl. f. ges. innere Med. 1912. 2. 50. 1914. 8. 408. — Kafka, Ztschr. f. d. ges. Neurol. 1912. 9. 132. — Salus, Wiener klin. Woch. 1915. 1193.

**Weingärtner's** Reagens (Tanninreaktiv).

Man löst 10 g Tannin und 10 g Natriumacetat in 100 ccm Wasser. Das Reagens dient zur Unterscheidung von basischen und sauren Teerfarbstoffen, da es mit letzteren Niederschläge gibt.
Merck's Index 1902. 264.
Chem. Ztg. 11. 135.
Ztschr. f. analyt. Chem. 27. 233.

**Weinstein's** Karzinomreaktion (Tryptophanreaktion)

siehe: Klin. therap. Woch. 1910. 1235.

**Weiß'** Reaktion auf Gallenfarbstoffe.

Man verdünnt den zu prüfenden Harn mit der 2- bis 10 fachen Menge Wasser und teilt die Mischung in zwei Teile. Dem einen Teil fügt man auf 5 ccm verwendeten Harn etwa 3 Tropfen 0,1 %ige Kaliumpermanganatlösung zu. Ist Gallenfarbstoff vorhanden, so nimmt die Mischung eine blassere Färbung an, was an der Vergleichsflüssigkeit konstatiert werden kann.
Wiener klin. Woch. 1916. 457.

**Weiß'** Reaktion auf Schwefelkohlenstoff in Benzol.

Durch einstündiges Erhitzen des Benzols mit gleichen Teilen alkoholischer Kalilauge auf 60° (am Rückflußkühler) wird etwa vorhandener Schwefelkohlenstoff in Kaliumxanthogenat übergeführt und dieses mit Brom in alkalischer Lösung oxydiert. Das entstandene Kaliumsulfat wird mit Baryumchlorid identifiziert.
Chem. Ztg. 1909. Rep. 489.
Journ. Ind. Eng. Chem. 1909. 604.

**Weisz'** Urochromogenprobe.

Der zu prüfende Harn wird mit der doppelten Menge Wasser verdünnt und die Mischung zu gleichen Teilen in zwei Reagenzgläser gegeben. In das eine Glas gibt man 3 Tropfen Kaliumpermanganatlösung (0,1 %). Enthält der Harn Urochromogen, so ist er stärker gelb gefärbt als die Kontrollprobe.
Med. Klinik 1910. 1661.
Merck's Bericht 1910. 251.
Vitry, Münchener med. Woch. 1913. 1904; Revue internat. de méd. 1913. 126.
Mladenoff, Semaine méd. 1913. 124.
Nicola, Zentralbl. ges. Chirurg. 1914. 4. 66.
Keim-Vigot, Presse méd. 1914. 153; Med. Klinik 1914. 518.
Pignacca, Gazz. d. ospedali 1914, No. 34; Deutsche med. Woch. 1914. 817.
Rebattu - Escalon, Rev. intern. méd. chir. 1914. 215.
Svestka, Wiener klin. Woch. 1915. 1054.
Halbey, Med. Klinik 1915. 833.
Pulay, Münchener med. Woch. 1915. 1009.
Hage, Deutsche med. Woch. 1915. 1328.

**Weiß-Landecker's** Reaktionen auf Tantalsäure und Niobsäure

siehe: Ztschr. f. anorgan. Chem. 64. 65.
Chem. Zentralbl. 1909. II. 1973.

**Wellcome's** Reaktion auf Emetin

ist identisch mit Power's Reaktion. Vergl. Power, Journ. de Pharm. et de Chim. 1878. II. 482.

**Wellcome's** Reagens auf Morphin

ist eine wässerige Lösung von Chlorkalk (1 : 8). Morphin gibt mit Chlorkalklösung eine rote Färbung.
Merck's Report 1902. 166.
Americ. Journ. Pharm. 1874. 305.
Chem. Zentralbl. 1875. 263.
Vergl. Peroni's Reaktion auf Emetin.

**Weller's** Reaktion auf Chinin

beruht auf einer Rotfärbung konzentr. Lösung von Chininhydrochlorid in Wasser durch Bromwasser. Näheres siehe: Pharm. Zentrh. 1886. 270.

**Weller's** Reaktion auf Titan

ist identisch mit Jackson's Reaktion.
Vergl. auch Classen, Berl. Ber. 1888. 370.
Walton, Journ. Americ. Chem. Soc. 1907. 481.
Chem. Ztg. 1907. Rep. 329.

**Welmans'** Reagens zur Bestimmung der Jodzahl.

Man löst 30 g Jod und 30 g Quecksilberchlorid in 500 g Eisessig und so viel Essigäther, daß das Volumen der Lösung 1 Liter beträgt.

Pharm. Zentrh. 1900. 265.
Vergl. v. Hübl's Reagens.

**Welmans'** Reagens auf Pflanzenöle

ist eine 5 %ige, mit Salpetersäure versetzte, wässerige Lösung von Natriumphosphomolybdat. Man löst 1 ccm des zu prüfenden Fettes (z. B. Schweinefett) in 5 ccm Chloroform und schüttelt diese Lösung etwa 1 Minute lang mit 2 ccm Reagens. Enthält das Fett vegetabilische Öle, so färbt sich die Mischung grün, auf Zusatz von Ammoniak blau. Cocosöl, gebleichte und ranzige Öle geben diese Reaktion nicht.

Welmans, Ztschr. f. öff. Chem. 4. 852; 6. 127. 143.
Kohlmann, Ztschr. f. öff. Chem. 4. 105. 813; 5. 104.
Soltsien, Ztschr. f. öff. Chem. 5. 229; 6. 187.
Geuther, Ztschr. f. öff. Chem. 6. 328. (Siehe auch Geuther's Reagens.)
Seiler-Verda, Pharm. Ztg. 1903. 192.
Emmett-Grindley, Journ. Americ. Chem. Soc. 27. 263.
Kühn-Halfpaap, Ztschr. f. Unters. Nahr.-Genußm. 1906. 449.
Apoth. Ztg. 1906. 918.

**Welmans'** Reaktion auf Santonin.

0,1 g Santonin übergießt man mit 2 ccm konzentr. Schwefelsäure, 2 ccm Alkohol und gibt sofort einen Tropfen Eisenchlorid zu. Es entsteht eine blutrote, alsbald beständig rotviolett werdende Färbung.

Pharm. Ztg. 1898. 908.
Chem. Zentralbl. 1899. I. 381.

**Welsch u. Lecha-Marzo**'s Reagens auf Blut

siehe: Lecha-Marzo's Reagens auf Blut.

**Weltmann**'s Reaktion auf Cholesterin.

Die zu prüfende Flüssigkeit wird mit Schwefelsäure und Chloroform geschüttelt. Bei Gegenwart von Cholesterin nimmt das Chloroform nach einiger Zeit eine rötliche bis rote Färbung an.

Berl. klin. Woch. 1913. 469.
Klin. therap. Woch. 1913. 313.

**Weltmann's** Reagens zur Vitalfärbung der Spirochaeta Obermeieri

ist eine konzentr. alkoholische Lösung von Methylenblau oder Fuchsin - Methylenblau. Mit ihr wird ein Objektträger bestrichen und getrocknet. Gibt man auf die Trockenschicht einen Tropfen des zu untersuchenden Blutes und deckt mit einem Deckglase, so erscheinen die Spirochaeten sofort deutlich blau gefärbt, wobei sie ihre Beweglichkeit noch eine Zeitlang beibehalten.

Wiener klin. Woch. 1915. 1257.

**Weltzien**'s Reaktion auf Wasserstoffsuperoxyd.

Eine Lösung von Eisenchlorid und Ferricyankalium wird durch Wasserstoffsuperoxyd blau gefärbt.

Merck's Report 1902. 166.

**Welwart**'s Diazoreaktion des Harns

ist eine Modifikation von Friedenwald-Ehrlich's Reaktion, die darin besteht, daß man nach Mischung des Harns mit den Reagenzien (Natriumnitrit und p-Amidoacetophenon) das Ammoniak in das unter einem Winkel von etwa 40° gehaltene Reagenzglas an der Wand zufließen läßt. Die positive Reaktion kennzeichnet sich an einem durch das Ammoniak hervorgebrachten kirschroten Längsstreifen.

Münchener med. Woch. 1914. 480.

**Welwart**'s Reaktion auf Karzinom.

Führt man mit dem Harn eines an Magenkarzinom leidenden Kranken die Legal'sche Reaktion aus (Zusatz von Nitroprussidnatrium und Essigsäure), so erhält man eine tief dunkelblaue Färbung. Näheres siehe: Münchener med. Woch. 1916. 311.

**Welzel**'s Reaktion auf Kohlenoxyd im Blute.

1. 10 ccm Blut versetzt man mit 15 ccm 20%iger Ferrocyankaliumlösung und 2 ccm einer Mischung aus 1 Volumen Eisessig und 2 Volumen Wasser. Das beim Umschwenken entstehende Gerinnsel ist bei normalem Blut schwarzbraun, bei Kohlenoxydblut intensiv hellrot.
2. Versetzt man sehr verdünntes Blut mit 5 Tropfen 40 %iger, alkoholischer Phenylhydrazinlösung, so wird die Mischung dunkelrot, in auffallendem Lichte schwarz, während Kohlenoxydblut seine hellrote Farbe beibehält.
3. Mit der 4-fachen Menge Wasser verdünntes Blut versetzt man mit etwa der 3-fachen Menge 1 %iger Tanninlösung. Kohlenoxydblut gibt einen hellcarmoisinroten Niederschlag, der seine Färbung monatelang behält, normales Blut gibt zunächst auch einen roten Niederschlag, der aber nach 1—2 Stunden braun und nach 24 Stunden grau wird.

Ztschr. f. analyt. Chem. 29. 244.

**Wemince**'s Reaktion zur Unterscheidung von trocknenden und nicht trocknenden Ölen

ist eine modifizierte Elaidinreaktion, die darin besteht, daß man in eine Aufschüttelung von Öl und Wasser Dämpfe von Stickstoffoxyd leitet, wie sie bei der Einwirkung von Salpetersäure auf Eisenfeile entstehen. Die trocknenden Öle bleiben hierbei flüssig, die nicht trocknenden Öle erstarren.

**Wende**'s Reaktion auf Chlorbenzoesäure in Benzoesäure.

Man erhitzt eine Mischung von 0,1 g Benzoesäure und 0,5 g gelbem Quecksilberoxyd vorsichtig in einem Reagenzglase und läßt sie verglimmen. Alsdann löst man den Rück-

stand unter Erwärmen in 10 ccm verd. Salpetersäure, filtriert und gibt Silbernitratlösung zu. Zur besseren Beurteilung dieser Probe ist ein blinder Versuch mit 0,5 g Quecksilberoxyd auszuführen.
Apoth. Ztg. 1914. **157.**
Chem. Zentralbl. 1914. I. 1302.

**Wender's** Reaktion auf Dulcin (Phenetolcarbamid).
Dampft man eine Spur Dulcin mit einigen Tropfen rauchender Salpetersäure auf dem Wasserbade zur Trockene und versetzt den Rückstand mit 2 Tropfen flüssigen Phenols und 2 Tropfen konzentr. Schwefelsäure, so wird derselbe blutrot gefärbt.
Pharm. Post **26.** 269.
Chem. Ztg. **17.** Rep. 170.
Ztschr. f. analyt. Chem. **33.** 469.

**Wender's** Reaktion auf Glukose
siehe Neumann-Wender's Reaktion.

**Wendler's** Neusal-Flüssigkeit bezw. Neusal-Verfahren zur Ermittelung des Fettgehaltes der Milch siehe: Wendler, Milch-Ztg. 1910. **39.** 230. — Sobbe, Milchwirtsch. Zentralbl. 1910. 6. 407, 563. — Grimmer, ebenda 1910. **6.** 409. — Beger, ebenda 1910. **6.** 410. — Golding, The Analyst. 1911. **36.** 203.

**Wendt's** Reagenzien für mikroskop. Zwecke.
1. a) Eine Mischung von 1 ccm Ammoniak mit 10 ccm Alkohol (75 %); b) eine Mischung von 1 ccm Salzsäure und 12 ccm Alkohol (75 %).
2. a) Eine 5 %ige Lösung von Ammoniumwolframat oder Ammoniummolybdat; b) 2 %-ige Lösung von Ferriammonsulfat.
3. Eine gesättigte, alkoholische Lösung von Hämatoxylin mischt man mit Wasser bis zur braungelben Färbung.
Ztschr. f. wiss. Mikroskop. 1901. 293.

**Wenzell's** Reagens auf Alkaloide
siehe Wenzell's Reagens auf Strychnin.
Dragendorff, Ermittel. v. Giften 1888. 132.

**Wenzell's** Reaktion auf Strychnin.
Eine Lösung von 1 Teil Kaliumpermanganat in 2000 Teilen Schwefelsäure gibt mit Strychnin eine violette Färbung. Man gibt einige Tropfen des Reagenzes auf die zu prüfende Substanz und läßt das Reagens abfließen, das bei Anwesenheit von Strychnin violett gefärbt ist. Das Reagens ist wegen seiner gelbgrünen Farbe einer wässerigen Permanganatlösung vozuziehen.
Americ. Journ. of Pharm. 1870. 385.
Ztschr. f. analyt. Chem. **10.** 226.
Guérin, Chem. Ztg. 1903. Rep. 158.
Journ. de Pharm. et de Chim. (6) **17.** 553.
Chem. Zentralbl. 1903. II. 262.
Kebler, Americ. Journ. Pharm. **75.** 331.

**Weppen's** Reaktion auf Morphin
ist identisch mit Schneider's Reaktion auf Alkaloide.
Arch. der Pharm. **205.** 112.
Ztschr. f. analyt. Chem. 13. 455.

**Weppen's** Reaktion auf Veratrin oder Cevadin.
Versetzt man Veratrin oder Cevadin mit der 2—4 fachen Menge Rohrzucker, gibt einige Tropfen konzentr. Schwefelsäure zu und verreibt das Gemisch innig, so färbt es sich anfangs nur gelb, später aber wird es dunkelgrün und färbt sich dann schön blau.
(Vergl. Schneider's u. Robin's Reakt.)
Arch. der Pharm. **205.** 112.
Chem. Zentralbl. **1874.** 603.
Ztschr. f. analyt. Chem. **13.** 454.
Laves, Pharm. Zentrh. 1892. 427.
Burnett, Arch. der Pharm. 1888. 612.

**Werber's** Reaktion auf Nitroglycerin.
Nitroglycerin färbt sich mit Schwefelsäure und Anilin blutrot, ebenso mit Brucin und Schwefelsäure. Die rote Anilinfärbung geht beim Verdünnen mit Wasser in Grün über.
Näheres siehe Ztschr. f. analyt. Chem. **7.** **158.**
Schmidt's Jahrb. d. g. Mediz. 1867.

**Wermel's** Reagenzien zum Färben mikroskop. Präparate
sind Lösungen von Eosin, Gentianaviolett oder Methylenblau in formaldehydhaltigem Wasser (mit oder ohne Alkohol). Diese Reagenzien fixieren und färben zu gleicher Zeit. Gebraucht zum Färben von Mikroorganismen und Blutpräparaten. Näheres siehe: Ztschr. f. wiss. Mikroskop. 1899. 50. — Medicinskoe Oboshrenie 1897. 829.

**Werner's** Reaktionen auf Cobalt und Nickel.
Cobaltsalze werden durch Ferrocyankaliumlösung grün gefärbt bezw. gefällt (Cobaltiferrocyanid).
Nickelsalze werden durch Ferrocyankaliumlösung mit apfelgrüner Farbe gefällt (Nickelferrocyanid). Bei sehr verdünnten Lösungen ist die Fällung bläulichgrün.
Pharm. Ztg. 1910. 211.

**Werner's** Reaktion auf Zink.
Das bei der Analyse erhaltene Zinksulfid wird in Salzsäure gelöst, mit Kaliumferrocyanid gefällt und mit Bromwasser behandelt. Es entsteht sofort ein tief gelbes Oxydationsprodukt.
Ztschr. f. analyt. Chem. 1912. 481.

**Werther's** Reaktion auf Vanadinsäure
beruht auf der Rotfärbung einer angesäuerten Vanadatlösung mit Wasserstoffsuperoxyd. Empfindlichkeitsgrenze = 1 : 84 000.
Journ. f. prakt. Chem. **83.** 195.
Ztschr. f. analyt. Chem. **1.** 72.

**Weselsky's** Reagens auf fette Öle
ist konzentr. Salpetersäure, die mit salpetriger Säure gesättigt ist. Das Reagens dient zur Anstellung der Elaïdinprobe.

**Weselsky's** Reaktion auf Phloroglucin.
Gibt man zu einer Phloroglucinlösung Anilinnitrat oder Toluidinnitrat und Kaliumnitrat, so färbt sich die Lösung über Gelb und

Orange zinnoberrot. Empfindlichkeitsgrenze = 1 : 200 000. (Diese Farbenreaktionen geben auch die Naphthole, Phenole etc.)
Berl. Ber. **8.** 967; **9.** 216; **12.** 226.
Chem. Zentralbl. 1875. 613; 1876. 216.
Cazeneuve und Hugounenq, Ztschr. f. analyt. Chem. **31.** 212.
Nickel, Ztschr. f. analyt. Chem. **28.** 248.
Weinzierl, Österr. botan. Ztschr. 1876. 285.
Procter, Chem. News **39.** 245.

**Wesenberg**'s Reaktion auf Heroin.
Mit Salpetersäure gibt Heroin eine Gelbfärbung, beim Erwärmen Rotfärbung; mit Bromalhydrat tritt eine gelbgrüne, später violette Färbung, mit Furfurolschwefelsäure eine rote, beim Erwärmen in Violett übergehende Färbung auf.
Pharm. Ztg. 1898. 858.
Pharm. Zentrh. 1898. 908.
Ztschr. f. analyt. Chem. **40.** 750.
Zernik, Apoth. Ztg. 1903. 159 oder Ber. d. pharm. Ges. 1903. 65.

**Westberg**'s Reaktionen auf Schwefelkohlenstoff.
Erwärmt man $CS_2$ mit der fünffachen Menge Ammoniak, so bleibt ein Rückstand, der sich mit Eisenchlorid rot färbt (Rhodan). — Läßt man $CS_2$ mit alkoholischer Kalilauge bei gewöhnlicher Temperatur im Exsikkator verdunsten, so bleibt ein Rückstand (Kaliumxanthogenat), der sich mit Molybdänschwefelsäure rot färbt. — Mischt man $CS_2$ mit alkoholischer Bleiacetatlösung, so färbt sich die Mischung unter Bildung von Bleisulfid schwarz.
Dissert. Dorpat 1891.

**Wester**'s Reaktion auf Aceton in Äther.
3 ccm Äther versetzt man mit 1 ccm einer 5 %igen, wässerigen Hydroxylaminchlorhydratlösung und mit etwa 4 ccm Natriumhypochloritlösung. Bei Gegenwart von Aceton färbt sich der Äther blau bis blaugrün. Empfindlichkeitsgrenze = 0,028 % Aceton.
Pharm. Weekblad 1907. 620.
Apoth. Ztg. **1907. 471.**
Pharm. Journ. **1907.** 315.
Südd. Apoth. Ztg. 1907. 604.

**Weston**'s Reaktion auf Cholesterin
beruht auf der bekannten Rotfärbung von Cholesterin in Chloroform durch Schwefelsäure. Dient zum kolorimetrischen Nachweis des Cholesterins im Blutserum. Näheres siehe: Journ. of Med. Res. 1912. **26.** 531. — Zentralbl. f. ges. innere Med. 1912. **3.** 234.

**Weyl**'s Reaktion auf Kreatinin (und Kreatin).
Eine verdünnte wässerige Lösung von Kreatinin wird auf Zusatz von stark verdünnter Nitroprussidnatriumlösung auf tropfenweise Zugabe von Natriumkarbonat vorübergehend schön rubinrot, dann gelb gefärbt.
Berl. Ber. **11.** 2175.
Arch. der Pharm. (3) **19.** 131.
Ztschr. f. analyt. Chem. **21.** 575.
Salkowski, Ztschr. f. physiol. Chem. **4.** 133 oder Berl. Ber. **13.** 822.
Légal, Breslauer ärztl. Ztschr. 1883. III. u. IV.
le Noble, Ztschr. f. analyt. Chem. **24.** 148.
Guareschi, Berl. Ber. 1888. Ref. 373.
Colasanti, Jahresber. f. Tierchem. 1888. 132.
Arnold, Ztschr. f. physiol. Chem. (1906.) **49.** 397.
Nickel, Die Farbenreaktion d. Kohlenstoff-Verb. 1890. 87.
Vergl. Kramm's Reaktion auf Kreatinin.

**Weyl**'s Reaktion auf Luteïn
beruht auf der Löslichkeit desselben in Äther mit gelber Farbe, welche Färbung auf Zusatz von wässeriger, salpetriger Säure verschwindet.
Ztschr. f. analyt. Chem. **40.** 501.

**Weyl**'s Reaktionen auf Salpetersäure im Harn.
200 ccm frischen Harn destilliert man nach Zusatz von 40 ccm Salz- oder Schwefelsäure und fängt das Destillat in verdünnter Natronlauge auf. Salpetersäure bezw. salpetrige Säure erkennt man im Destillat durch folgende Reaktionen: m-Phenylendiamin bewirkt Gelbfärbung (Triamidoazobenzol). — Mit Schwefelsäure angesäuerte, wässerige Pyrogallollösung wird gebräunt. — Das Destillat mit Schwefelsäure und Sulfanilsäure und dann mit α-Naphthylamin versetzt färbt sich rot.
Virchow's Archiv 1884. **96.** 467.

**Weyl-Anrep**'s Reaktion auf Kohlenoxyd im Blute
beruht darauf, daß sich Sauerstoff-Hämoglobin durch Kaliumpermanganat schneller in Methämoglobin überführen läßt als Kohlenstoff-Hämoglobin. Man verwendet eine 0,025 %ige, wässerige Lösung von Kaliumpermanganat. Von diesem Reagens gibt man einige Tropfen in verdünntes Blut. Bei Anwesenheit von Kohlenoxyd bleibt das Blut innerhalb 20 Minuten rot und klar und das charakteristische Spektrum des Methämoglobins tritt nicht auf. Näheres siehe: du Bois-Reymond's Arch. f. Physiol. 1880. 227. — Berl. Ber. **13.** 1294. — Ztschr. f. analyt. Chem. **20.** 154.

**Wharton**'s Reaktion auf Mineralsäuren im Essig.
30 g Essig dampft man nach Zugabe von etwas Zucker zum dicken Sirup ein, läßt bis Handwärme erkalten und rührt dann einige Centigramm Kaliumchlorat ein. Enthält das Extrakt mehr als 1 % Schwefelsäure, so entzündet sich die Masse; geringere Mengen sowie anwesende Salzsäure sind am Chlorgeruche zu erkennen.
Merck's Report 1902. 167.
Americ. Journ. of Pharm. **54.** 100.
Arch. der Pharm. **220.** 469.
Ztschr. f. analyt. Chem. **23.** 90.

**Wharton**'s Reaktion auf Strychnin.
Eine Lösung von Strychnin in gleichen Teilen Wasser und konzentr. Schwefelsäure, im Dampfbade erhitzt, wird auf Zusatz einer Lö-

sung von Brom (1 Tropfen in 2 ccm Chloroform) oder durch Bromdampf carminrot gefärbt.
Chem. Ztg. 1902. Rep. 41.
Pharm. Zentrh. 1902. 236.
Ztschr. f. analyt. Chem. **43.** 199.

**Wheeler's** Reagens auf Holzstoff (Lignin)
ist eine Modifikation von Bergés Reagens. Man löst 2 g p-Nitranilin (oder o-Nitranilin) in 100 ccm Salzsäure (D. = 1,06). Das Reagens färbt Holzstoff nach einiger Zeit rot.
Berl. Ber. 1907 (**40.**) 1888.
Pharm. Journ. 1907. 779.
Chem. Zentralbl. 1907. II. 186.
Ztschr. f. analyt. Chem. 1908. 174.

**Wheeler-Johnson's** Reaktionen auf Uracil, Cytosin und Isocytosin.
Versetzt man die Lösungen von Uracil und Cytosin mit Bromwasser bis zur Gelbfärbung, entfernt das überschüssige Brom durch Durchleiten von Luft und gibt Barytwasesr zu, so entsteht eine purpurrote bis violette Färbung bezw. Niederschlag. Isocytosin gibt eine blaue Färbung. Näheres siehe: Journ. biol. Chem. 1907. **3.** 183. — Chem. Zentralbl. 1907. II. 1087.

**Wheeler-Tollens'** Reaktion auf Pentosen (Pentaglukosen).
Beim Erwärmen von konzentr. Salzsäure (D. = 1,09) mit Phloroglucin liefern Xylose und Arabinose (und alle Stoffe, welche unter diesen Umständen genannte Körper entstehen lassen) eine kirschrote Färbung. Die Reaktion wurde zuerst von Ihl für Arabin festgestellt.
Chem. Ztg. **12.** 1006. 1624.
Berl. Ber. **22.** 1046; **29.** 1202.
Liebig's Annal. **254.** 304.
Ihl, Chem. Ztg. 1887. 19.
Allen-Tollens, Liebig's Annal. **260.** 304.

**Whitby's** Reaktion auf Silber
in sehr verdünnten Lösungen beruht auf einer durch Natronlauge und organische Stoffe (Dextrin, Stärke, Gummi arab., Rohrzucker, Glycerin etc.) verursachten Braunfärbung, die noch bei einer Konzentration von 1 Teil Silber in 25 Millionen Teilen Wasser zu erkennen ist. Näheres siehe: Ztschr. f. anorg. Chem. **67.** 62. — Journ. Soc. Chem. Ind. 1909. **28.** 749. — Chem. Zentralbl. 1910. II. 720.

**White's** Reaktion auf freien Kalk in Portlandzement.
Zur Ausführung der Reaktion benützt man eine Mischung von 5 g Phenol und 5 g Nitrobenzol. Hiervon gibt man zu 0,003 g des zu prüfenden Zementes auf einem Objektträger 1 Tropfen und außerdem noch 2 Tropfen Wasser, verreibt etwas mit dem Deckglas und betrachtet mit einem Polarisationsmikroskop bei gekreuzten Nicols. Ist Calciumoxyd vorhanden, so zeigen sich charakteristische Krystalle von Calciumphenolat.
Journ. Ind. Eng. Chem. **1.** 5.
Chem. Zentralbl. 1909. I. 791.

**Wickersheimer's** Reagens zum Konservieren von anatomischen Präparaten
ist eine Lösung von 12 g Kaliumnitrat, 25 g Chlornatrium, 60 g Kaliumkarbonat, 100 g Kalialaun und 10 g Arsenigsäureanhydrid in 3 Liter Wasser. Nach dem Abkühlen und Filtrieren setzt man auf 1 Liter Flüssigkeit 400 ccm Glycerin und 100 ccm Methylalkohol zu.
Chem. Zentralbl. 1880. 47.
Merck's Index 1902. 271.
Melnikow, Glage und Pick, Pharm. Zentrh. 1902. 514.

**Wickersheimer's** Reagens zum Konservieren von frischem Fleisch
ist eine Lösung von 36 g Kaliumkarbonat, 15 g Kochsalz und 60 g Alaun in 3 Liter Wasser. Zu der erwärmten Mischung gibt man eine Lösung von 9 g Salicylsäure in 45 g Methylalkohol und 250 g Glycerin.
Chem. Zentralbl. 1881. 272.

**Widal's** Reaktion auf Typhus
siehe Gruber-Widal.

**Wiechowski's** Reaktion auf Alantoin.
Versetzt man Alantoinlösung mit etwas Pepton und schichtet über konz. Schwefelsäure, so entsteht ein violetter Ring.
Biochem. Ztschr. 1910. **25.** 431.

**Wiedemann's** Reaktion auf Harnstoff
ist die Biuretreaktion.
Poggendorff's Annal. 1848. 67.
Vergl. Brücke's Reaktion auf Eiweiß.

**Wiederhold's** Reaktion auf echten Cognac.
Versetzt man echten Cognac mit Eisenchloridlösung, so entsteht eine tiefschwarze Färbung. Fasson-Cognac gibt diese Reaktion nicht (?).
Neue Gewerbeblätter f. Kurhessen 1864. 318.
Dingler's Journ. 1864. 398.

**Wiederhold's** Reaktion auf echten Rum.
Man mischt 10 ccm Rum mit 3 ccm konz. engl. Schwefelsäure. Echter Rum behält nach dem Erkalten sein Aroma selbst noch nach 24 Stunden, künstlicher Rum (Fasson-Rum) verliert sein Aroma.
Neue Gewerbeblätter f. Kurhessen 1863. 265.
Dingler's Journ. (2) **171.** 159.
Polytechn. Zentralbl. 1864. 204.
Chem. Zentralbl. 1864. 944.

**Wiener-Torday's** Reagens auf Syphilis und Karzinom.
a) Eine Lösung von 0,1 g Goldkaliumcyanid in 20 ccm Wasser;
b) Ehrlich's Aldehydreagens, d. h. eine Lösung von 20 g p-Dimethylamidobenzaldehyd in 100 + 400 ccm Salzsäure und 500 ccm Wasser.

Die Reaktion wird mit dem reinen inaktivierten Serum des Kranken ausgeführt. Zu 0,2 ccm Serum gibt man 1,8 ccm

Goldkaliumcyanidlösung und 2 ccm Aldehydreagens. Die klare Lösung wird trüb. Fügt man jetzt 2 ccm konz. Essigsäure zu, so hellt sich die Mischung auf, wenn Syphilis oder Karzinom vorliegt, sie bleibt hingegen trüb, wenn das Serum von einem Gesunden stammt.

Deutsche med. Woch. 1914. 429.

**Wiener-Torday**'s Reaktion auf Syphilis und Karzinom. (Goldkalium - Cyanaldehydreaktion).

0,2 ccm des vorher inaktivierten Patientenserums versetzt man mit 1,8 ccm einer 0,5%igen, wässerigen Lösung von Aurokaliumcyanid und dann mit 2 ccm (Ehrlich's Reagens) einer Lösung von 2 g p-Dimethylamidobenzaldehyd in 10 ccm Salzsäure und 90 ccm Wasser. Die Mischung trübt sich. Wird die Trübung durch 2 ccm konzentr. Essigsäure aufgehoben, so ist die Reaktion positiv. bleibt sie bestehen, so ist sie negativ.

Deutsche med. Woch. 1914. 429.
Merck's Bericht 1914. 388.

**Wiesner**'s Reaktion auf Diastase.

Erhitzt man Diastase mit einer alkoholischen Lösung von Orcin und mit konzentr. Salzsäure zum Sieden, so entsteht eine bläulich-violette Färbung und eine tiefblaue Fällung, die in Alkohol mit violetter, später blauer Farbe löslich ist.

Berl. Ber. 1885. Ref. 639.
Monatsh. f. Chem. 6. 592.
Neumann-Wender, Apoth. Ztg. 1903. 471.
Guignard, Journ. de Botan. 1894. 67.
Vergl. Udranszky's Reaktion mit Furfurol.

**Wiesner**'s Reagens auf Holzsubstanz.

Holzschliff enthaltendes Papier wird durch Betupfen mit einer 0,5 %igen, alkoholischen Lösung von Phloroglucin und darauffolgendes Befeuchten mit konzentr. Salzsäure rot gefärbt. An Stelle von Phloroglucin kann auch Anilinsulfat verwendet werden.

Karsten, Botan. Untersuch. 1866. 120.
Ztschr. f. analyt. Chem. 4. 249; 17. 511.
Dingler's Journ. 227. 397.
Herzberg, Ztschr. f. analyt. Chem. 30. 383.
Seliwanoff, Chem. Zentralbl. 1889. 549.
Czapek, Ztschr. f. physiol. Chem. 27. 141 oder Ztschr. f. analyt. Chem. 38. 715.
Croß, Bevan, Briggs, Ztschr. f. Unters. Nahr.-Genuß-M. 1908. 350.

Unter Phloroglucinol versteht man eine Lösung von 2 g Phloroglucin in 25 ccm Alkohol und 5 ccm Salzsäure, die als Reagens auf Holzstoff Verwendung findet.

Merck's Bericht 1901. 156.
Winckel, Apoth. Ztg. 1905. 209.
Herzburg, Chem. Zentralbl. 1905. II. 359.

**Wijs**' Reagens zur Bestimmung der Jodzahl.

Man löst 13 g Jod in 1 Liter 95 %iger Essigsäure und leitet so lange salzsäurefreies Chlorgas ein, bis sich der Titer der Lösung verdoppelt hat. Diese Chlorjodlösung verändert ihren Titer nur wenig.

Siehe Berl. Ber. 1898. 750.

Nach Dubovitz enthält das Reagens im Liter 7,8 g Jodtrichlorid und 8,5 g Jod, kann also auch durch Lösen dieser beiden Stoffe hergestellt werden. In der Literatur ist zuweilen irrtümlicher Weise ein falsches Zahlenverhältnis (9,4 g Jodtrichlorid und 7,2 g Jod) angegeben.

Dubovitz, Chem. Ztg. 1914. 1111.
Vergl. auch Lewkowitsch, Chem. Technol. u. Anal. der Öle, Fette und Wachse 1905. — Benedikt-Ulzer, Anal. d. Fette u. Wachsarten 1908. — Ubbelohde, Handb. d. Chemie u. Technol. d. Öle u. Fette 1910. — Marcusson, Laboratoriumsbuch f. d. Industr. d. Öle u. Fette 1911. — Holde, Unters. d. Kohlenwasserstofföle u. Fette 1913. — Niegemann-Kayser, Chem. Ztg. 1915. 491. — Fahrion, ebenda 1915. 744.

**Wildenstein**'s Reagens auf Chromsäure

ist eine Abkochung von Blauholz. Näheres siehe: Ztschr. f. analyt. Chem. 1. 328; 2. 9. Empfindlichkeitsgrenze = 1 : 500 000 000.

Chem. Zentralbl. 1863. 223; 1863. 830.
Vogel, Ztschr. f. analyt. Chem. 2. 390.

**Wilkie**'s Reaktion auf Phenole.

Läßt man eine Lösung von Phenol oder Salicylsäure nach Zusatz von Natriumkarbonat und Jodlösung einige Minuten stehen und säuert dann mit Schwefelsäure an, so fällt unlösliches Trijodphenol aus.

Journ. Soc. Chem. Ind. 30. 402.
Chem. Zentralbl. 1911. I. 1656.

**Wilkinson-Peters**' Reaktion auf gekochte und ungekochte Milch

beruht auf der Blaufärbung ungekochter Milch auf Zusatz von Benzidin und Wasserstoffsuperoxyd.

Ztschr. Unters. Nahr.-Gen.-Mittel 16. 172, 515.
Chem. Zentralbl. 1908. II. 987.
Merck's Bericht 1908. 153.

**Will**'s Reaktion auf freie Säure in Aluminiumsulfat.

1. 10 ccm einer 5—10 %igen Lösung von Aluminiumsulfat in Wasser versetzt man mit 1 Tropfen Liquor ferri acetici und 5 ccm Jodzinkstärkelösung, erhitzt bis zum Sieden und stellt in kaltes Wasser. Bei Anwesenheit freier Säure entsteht Jodstärke.
2. Eine 10 %ige Lösung von Aluminiumsulfat wird durch einige Tropfen Methylorange (1 : 100) nelkenrot, durch Congorot blau gefärbt, wenn freie Säure vorhanden ist.

Apoth. Ztg. 1888. 858.

**Willebrand**'s Reagens für mikroskop. Zwecke (zum Färben von Blutpräparaten).

Man mischt 50 ccm gesättigte, wässerige Methylenblaulösung mit 50 ccm einer Lösung

von Eosin in 70 %igem Alkohol (0,5 : 100). Zu dieser Mischung gibt man tropfenweise 20 bis 30 Tropfen 1 %iger Essigsäure. Die Erythrozyten färben sich mit diesem Reagens rot, die Kerne dunkelblau, die neutrophilen Granula violett, die acidophilen rein rot und die Mastzellengranula intensiv blau.
Deutsche med. Woch. 1901. 57.
Pharm. Zentrh. 1901. 257.
Vergl. auch Ztschr. f. wiss. Mikroskop. 1901. 69. 198.
Becker, ebenda 1901. 199.

**Willen's** Reaktion auf Aceton im Harn
beruht auf der reduzierenden Eigenschaft des Acetons gegenüber Kaliumpermanganat. Die Reaktion ist im Destillate des Harns vorzunehmen.
Pharm. Zentrh. 1897. 44.
Schweizer Woch. f. Chem. u. Pharm. 1896. 434.

**Williamson's** Reaktion auf diabetisches Blut.
Man löst 1 g Methylenblau in 6000 ccm Wasser. — 1 g Blut und 2 ccm Wasser erhitzt man mit 50 ccm Reagens und 2 ccm Kalilauge (6 %) 3—4 Minuten im siedenden Wasserbade. Diabetisches Blut bewirkt Entfärbung der Mischung, normales Blut nicht.
Merck's Bericht 1898. 94.
Müller, Münchener med. Woch. 1899. 820.
Baduel-Castellain, Settimana Medica 1898. Nr. 10.
Goldschneider, Deutsche Med. Ztg. 1898. 305.

**Willstätter-Escher's** Reaktionen auf Lycopin und Carotin
siehe: Ztschr. f. physiol. Chem. **64.** 47. — Chem. Zentralbl. 1910. I. 745.

**Willstätter-Wirth's** Reaktionen auf Thioformamid
siehe: Berl. Ber. 1909. **42.** 1908.

**Wilson's** Reaktion auf salpetrige Säure in Schwefelsäure
beruht auf einer intensiven Gelbfärbung der Schwefelsäure durch wässerige Resorcinlösung bei Anwesenheit von salpetriger Säure.

**Wilson's** Reagens zur Härtebestimmung des Wassers
ist eine Lösung von Seife in Alkohol (56 Volum %). Bei Verwendung von 100 ccm Wasser zeigt jeder verbrauchte ccm Reagens $^1/_2$ Härtegrad an. Näheres siehe: Liebig's Annal. **119.** 318 oder Ztschr. f. analyt. Chem. **1.** 106. — Schneider, Wittstein's Viertelj.-Schr. **14.** 258. — Wood, Jahresber. d. Technol. v. Wagner 1869. 573. — Kubel, Wasserunters. Braunschweig 1866. — Fleck, Dingler's Journ. **185.** 226.

**Winckel's** Reaktionen auf belichtete Öle und Fette
beruhen auf der Rotfärbung derselben mit Phloroglucin-Salzsäure. Näheres siehe: Ztschr. f. angew. Mikroskop. 1904. 266.

**Winckler's** Reagens auf Strychnin
ist Quecksilberchloridlösung, die in Strychninlösung einen krystallinischen Niederschlag erzeugt.
Chem. Zentralbl. 1836. 31.
Artus, ebenda 1836. 684.

**Winckler's** Reagens auf Alkaloide
ist identisch mit Mayer's Reagens (siehe dieses).
Rep. d. Pharm. **35.** 57.

**Windaus'** Reagens auf Cholesterin.
Eine alkoholische Lösung von Digitonin fällt alkoholische Lösungen von Cholesterin fast quantitativ als eine komplexe Verbindung, bestehend aus 1 Molekül Digitonin und 1 Molekül Cholesterin.
Ztschr. f. physiol. Chem. 1910. **(65).** 110.
Pharm. Zentrh. 1910. 752.
Merck's Bericht 1910. 173, 1911. 77, 1913. 215.
Berl. Ber. 1909. 238.
Mathes-Dahle, Arch. d. Pharm. 1911. 432.
Klostermann, Ztschr. Unters. Nahr. Gen. Mitt. 1913. 433.
Markussohn, Chem. Ztg. 1913. 1001.
Fritsche, Ztschr. Unters. Nahr. Gen. Mitt. 1913. 644.
Kühn - Wewerinke, Ztschr. Unters. Nahr. Gen. Mitt. 1914. **28.** 369.
Salomon, Ber. d. deutsch. Pharm. Ges. 1914. 189.
Berg-Angerhausen, Chem. Ztg. 1914. 978.
Eine weitere Reaktion auf Cholesterin ist folgende: Man löst Cholesterin in möglichst wenig Äther und gibt eine Lösung von Brom in Eisessig zu, bis eine deutliche gelbbraune Färbung entstanden ist. Es entsteht sofort eine kristallinische Abscheidung von Cholesterindibromid, das bei 123—124° schmilzt.
Chem. Ztg. 1906. 1011.

**Windisch's** Reagens auf Aldehyd im Spiritus
ist eine wässerige Lösung von Metaphenylendiaminchlorhydrat. Über das frisch bereitete Reagens schichtet man den zu prüfenden Spiritus. Enthält er Aldehyd, so entsteht ein gelber Ring, der durch Alkali zerstört und durch Säuren regeneriert wird. Empfindlichkeitsgrenze = 1 : 200 000.
Ztschr. f. Spiritusindustrie 1886. 519.
Chem. Ztg. **11.** Rep. 24.
Ztschr. f. analyt. Chem. **27.** 514.

**Windisch's** Reaktion auf Milchsäure.
Geringe Mengen von Milchsäure lassen sich durch Destillation mit Schwefelsäure und Kaliumdichromat an der Färbung von vorgelegtem Neßler's Reagens erkennen. Empfindlichkeitsgrenze = 0,005 %. Näheres siehe: Chem. Ztg. 1887. Rep. 112.

**Winkler's** Reaktion auf Narceïn
ist identisch mit Dragendorff's Reaktion.

**Winkler's** Reagens auf Arsen
ist eine Modifikation von Bettendorf's Reagens. 100 g Stannochlorid (durchsichtige

Krystalle) löst man in 36—38%iger Salzsäure zum Liter. Sollte die Lösung im Laufe eines Tages eine bräunliche Färbung annehmen, so läßt man sie so lange stehen, bis sie farblos geworden ist. Die aus Spuren von Arsen bestehende Färbung kann auch rascher beseitigt werden, wenn man die Lösung mit 1 g Glaspulver schüttelt und dann absetzen läßt. Das zu prüfende Objekt wird in Salzsäure gelöst und 2 ccm davon mit 10 ccm Reagens bis zum Sieden erhitzt. Bräunung zeigt Arsen an. Empfindlichkeitsgrenze = 0,001 g $As_2O_3$ im Liter.

Ztschr. f. angew. Chem. 1913. I. 143.
Apoth. Ztg. 1913. 198.

**Winkler**'s Reaktion auf Kalium
ist eine Modifikation der bekannten Reaktion mittels Weinsäurelösung. Da diese zuweilen übersättigte Lösungen von Kaliumbitartrat liefert und infolgedessen der charakteristische Niederschlag von Weinstein nicht entsteht, verwendet man Weinsäure in Pulverform, welche den Niederschlag sofort veranlaßt. Näheres siehe: Ztschr. f. angew. Chem. 1913. 208. — Merck's Bericht 1913. 74. — Reckleben, Ztschr. f. angew. Chem. 1913. 26. 375.

**Winkler**'s Reaktion auf Kupfer in Wasser.
Man gibt zu zwei klaren Proben des zu untersuchenden Wassers (von je 100 ccm) je 10 Tropfen, bei sehr hartem Wasser 20—30 Tropfen 10%ige Seignettesalzlösung und 2 Tropfen 10%iges Ammoniak. Nach 1—2 Minuten gibt man zur einen Probe 4—5 Tropfen 1%ige Ferrocyankaliumlösung und zur anderen 1 Tropfen 10%ige Kaliumcyanidlösung. Schließlich wird nach weiteren 1—2 Minuten zur einen Probe 1 Tropfen Kaliumcyanidlösung und zur anderen 4—5 Tropfen Ferrocyankaliumlösung zugefügt. Ist Kupfer zugegen, so färbt sich die eine Probe beim Hinzufügen der Kaliumcyanidlösung sofort grünlichgelb, die andere Probe bleibt ungefärbt und dient zum Farbenvergleich. Empfindlichkeitsgrenze = 0,1 — 0,3 mg Cu im Liter Wasser.

Ztschr. f. angew. Chem. 1914. 544.

**Winkler**'s Reaktion auf freie Salzsäure im Magensaft.
Freie Salzsäure gibt sich an einer blauvioletten, rasch tintenartig dunkel werdenden Zone zu erkennen, wenn man den Magensaft nach Zusatz von etwas Dextrose mit einer Lösung von 5 g α-Naphthol in 100 g Alkohol oder 10 g α-Naphthol in 100 g Chloroform vorsichtig erhitzt.

Chem. Ztg. 1897. Rep. 257.
Zentralbl. f. ges. Med. 1897. 1009.
Merck's Bericht 1897. 98.

**Winkler**'s Reagens auf Arsen-, Antimon- und Phosphorwasserstoff
(Absorptionsmittel in der Gasanalyse) ist eine wässerige Silbernitratlösung, in der durch genannte Gase ein dunkler Niederschlag hervorgerufen wird.

Ztschr. f. analyt. Chem. 16. 220.
Techn. Gasanalyse, 2. Aufl.

**Winkler**'s Reagens zur Härtebestimmung des Wassers.

a) Man löst 6 g Kaliumhydroxyd und 100 g Seignettesalz in 250 ccm Wasser, fügt 100 ccm 10%iges Ammoniak hinzu und verdünnt das Ganze mit Wasser auf 500 ccm.
b) 15 g Ölsäure löst man in 600 ccm Alkohol (90—95%) und 400 ccm Wasser und gibt 4 g Kaliumhydroxyd zu. Diese Lösung wird auf Baryumchloridlösung (4,363:1000) eingestellt.

Näheres siehe: Ztschr. f. analyt. Chem. 1901. 88. — Chem. Zentralbl. 1901. I. 855; 1903 I. 894. — Ztschr. f. angew. Chem. 16. 200. — Grittner, Ztschr. f. angew. Chem. 15. 847.

**Winkler**'s Reagens auf Kohlenoxyd
(Absorptionsmittel für Kohlenoxyd in der Gasanalyse). Man löst 250 g Chlorammon in 750 ccm Wasser und gibt 200 g Kupferchlorür zu. Zum Gebrauche wird Ammoniakflüssigkeit zugesetzt.

Techn. Gasanalyse, 2. Aufl. 77.

Auch eine gesättigte Lösung von Kupferchlorür in Salzsäure (D. = 1,11) ist vom Autor vorgeschlagen worden. Der Nachweis absorbierten Kohlenoxydes geschieht mit einer Lösung von Natrium-Palladiumchlorür, welches in der Kupferlösung bei Anwesenheit von Kohlenoxyd einen schwarzen, wolkigen Niederschlag erzeugt. Näheres siehe: Ztschr. f. analyt. Chem. 12. 197; 16. 221; 28. 269.

**Winkler**'s Kupferchlorürlösung
ist eine Lösung von Kupferchlorür in Natriumthiosulfatlösung. Gebraucht für Vorlesungs- und analytische Versuche.

Journ. f. prakt. Chem. 1863. 428.
Chem. Zentralbl. 1863. 752.

**Winkler**'s Reagens auf Sauerstoff.
50 g Pyrogallol löst man in 1 Liter Kalilauge (D. = 1,2). Das Reagens absorbiert begierig Sauerstoff aus Gasgemischen. Es findet in der Gasanalyse Verwendung.

Ztschr. f. analyt. Chem. 12. 191; 16. 221.
Techn. Gasanalyse, 2. Aufl.

**Winkler**'s Reagens auf Stickoxydgas
(Absorptionsmittel in der Gasanalyse) ist eine konzentr. wässerige Lösung von Ferrochlorid oder Ferrosulfat, die durch Stickoxydgas braun bis schwarz gefärbt wird.

Ztschr. f. analyt. Chem. 16. 222.
Techn. Gasanalyse, 2. Aufl.

**Winkler**'s Reagens zum Färben mikroskop. Präparate.
(Oxydasen-Nachweis in Leukozyten und Gonokokkenfärbung im Eiter.)

a) 1%ige, schwach alkalische (1% Natriumkarbonat) Lösung von α-Naphthol,
b) 1%ige Lösung von Dimethyl-p-Phenylendiamin (Base).
c) 1%ige, wässerige Lösung von m-Phenylendiamin,

d) 10 %ige Lösung von Natriumnitrit,
e) 2 %ige wässerige Lösung von Pyronin.

Näheres siehe: Folia haematologica 1907. 323, 1908. 17. — Ztschr. f. wiss. Mikroskop. **24.** 457. — Schultze, Münchener med. Woch. 1909. 167; 1910. 2171. — Kreibisch, Wiener klin. Woch. 1910. 1443. — Haticgan, ebenda 1913. 537. — Loele, Münchener med. Woch. 1910. 1394. — Marchesini, Clinica med. ital. 1910. No. 12. — Klopfer, Ztschr. f. exper. Path. u. Therap. 1912. **11.** 467. — Rabe, ebenda 1913. **13.** 371. — Szécsi, Deutsche med. Woch. 1913. 2558. — Merck's Ber. 1913. 443. — Dunn, Quart. Journ. Med. 1913. **6.** 293. — Raubitschek, Ztschr. f. exper. Path. 1913. **12.** 572.

**Winkler-Schultze's** Oxydasereaktion.

Zum Nachweis von Oxydasen in Leukozyten hat Schultze auf Grund der Winklerschen Reaktion folgende Reagenzien vorgeschlagen:

a) Filtrierte Mischung gleicher Teile von einer 1 %igen, mit Natronlauge versetzten, heiß bereiteten α-Naphthollösung und von 1 %iger, wässeriger Dimethyl-p-Phenylendiaminlösung. Färbt Leukozytengranula blau.

b) Filtrierte Mischung gleicher Teile einer 2 %igen, wässerigen Microcidinlösung und einer 1 %igen, wässerigen Dimethyl-p-Phenylendiaminchlorhydratlösung. Färbt Leukozytengranula grün und nach dem Einlegen in Brunnenwasser allmählich dunkelblau.

c) Filtrierte Mischung von 1 %iger, alkalischer α-Naphthollösung und 1 %iger, wässeriger p-Nitrosodimethylanilinlösung (gleiche Teile). Färbt die Granula braunschwarz.

Die Reaktion dient zur Differentialdiagnose der myeloischen (und lymphatischen) Leukämie.

Münchener med. Woch. 1909. 167 u. 1910. 2171.

Ziegler's Beiträge 1909. 45.

Vergl. Winklers Reagens zum Färben mikroskop. Präparate (Nachweis von Oxydasen in Leukozyten) u. Merck's Wissenschaftl. Abhandlgn. Nr. 12.

**Winteler's** Reaktion auf Perchlorsäure im Chilisalpeter.

10 g Salpeter werden im zugeschmolzenen Rohre mit 10 ccm rauchender Salpetersäure und etwas Silbernitrat zirka 5 Stunden auf 230° C. erhitzt. Vorhandene Perchlorsäure wird hierbei zu Salzsäure reduziert und findet sich dann quantitativ an Silber gebunden in der Reaktionsmasse.

Chem. Ztg. **21.** 75.

**Winter-Blyth's** Reaktion auf Alaun in Brot oder Mehl

siehe: Analyst 8. 16. — Berl. Ber. 1882. **15**, 1349. — Spaeth, Pharm. Zentrh. 1913. 268.

**Winternitz'** Diagnostikum

ist Monojodbehensäureäthylester. Es dient zur Diagnostizierung der Pankreasinsuffizienz. Der Patient erhält 5 ccm des Präparates per os während der Mahlzeit. Läßt sich innerhalb von 24 Stunden im Harn kein Jod nachweisen, so kann mit Sicherheit auf eine Insuffizienz des Pankreas geschlossen werden.

Syring, Leipzig 1913. Verlag von E. Lehmann.

Münchener med. Woch. 1913. 775.

Merck's Bericht 1913. 443.

**Winternitz'** Reaktionen auf Eiweiß

beruhen auf der Verwendung des Ferrocyanwasserstoff - Eiweißniederschlages (vergl. Bödecker's und Hilger's Reaktion auf Eiweiß) zu den Farbenreaktionen nach Fröhde, Adamkiewicz, Liebermann, Schulze und Millon. Näheres siehe: Ztschr. f. physiol. Chem. **16.** 439.

**Wintgens'** Reaktion auf Hefeextrakte im Fleischextrakt

siehe Arch. der Pharm. (1904) **242.** 538.

**Winton's** Reagens auf Phosphorsäure.

a) Eine Lösung von 1000 g Molybdänsäure in 4160 ccm einer Mischung von 1 Teil Ammoniak (D. = 0,9) und 2 Teilen Wasser;

b) eine Lösung von 5300 g Ammonnitrat in 3090 ccm Wasser und 6250 g Salpetersäure (D. = 1,4).

Man gibt a langsam zu b unter beständigem Umrühren, läßt einige Tage an einem warmen Orte stehen und gießt dann die klare Flüssigkeit ab.

Journ. Americ. Chem. Soc. 1896. 445.

**Winzheimer's** Reaktionen auf Astrolin (Antipyrinmethyläthylglykolat) siehe: Apoth. Ztg. 1909. 610. — Pharm. Ztg. 1909. 660. — Pharm. Zentrh. 1909. 702. — Chem. Zentralbl. 1909. II. 1370.

**Wirsing's** Reaktion auf Urobilin im Harn

ist eine Modifikation von Nencki-Sieber's Reaktion, welche in Verwendung von Chloroform an Stelle des Amylalkohols besteht.

Verhandl. d. phys. med. Ges. Würzburg (2) **26.**

**Wirth's** Reaktion auf Cerosalze.

Die zu prüfende, neutrale Cerolösung versetzt man mit 5 ccm einer 10 %igen Ammontartratlösung und 5 ccm verdünnter Ammoniaklösung und kocht. Bei Anwesenheit von Cerosalzen färbt sich die Mischung (unter Oxydation der Cerosalze) gelb bis gelbbraun. 0,1—0,5 %ige Cerolösungen geben die Reaktion schon bei gewöhnlicher Temperatur. — Versetzt man die Cerotartratmischung mit Wasserstoffsuperoxyd, so fällt bei genügender Konzentration Cerperoxyd (von brauner Farbe) aus, außerdem färbt sich die Mischung braun und zwar noch bei 0,0002 % $CeO_2$.

Chem. Ztg. 1913. 774.

**Wirthle**'s Reaktion auf Methylalkohol und Äthylalkohol
beruht auf der Überführung der Alkohole in die Jodide, deren Trennung durch fraktionierte Destillation und der Bestimmung der Verseifungszahl des Methyljodids. Methyljodid vom Siedep. 41—42° hat die Vers. Zahl 394,3, während Äthyljodid die Vers. Zahl 358,9 hat.
Ztschr. Unters. Nahr.-Gen. Mittel 1912. **23.** 345.

**Wislicenus**' Reagens zur Bestimmung der Gerbstoffe
ist eine unter der Einwirkung von Wasser und Quecksilber auf Aluminium entstandene Tonerde, die wie Hautpulver zur quantitativen Bestimmung von Gerbstoffen verwendet wird.
Merck's Bericht 1904. 20.
Berl. Ber. 1895. 1323. 1983.
Ztschr. f. angew. Chem. 1904. 801.
Ztschr. f. analyt. Chem. 1905. 96.

**Wislicenus-Kaufmann**'s Reaktion auf Quecksilber und Aluminium.
Kommt metallisches Aluminium mit Quecksilbersalzlösungen in Berührung, so wächst auf dem Aluminium eine grauweiße Schicht von Tonerde. Näheres siehe: Berl. Ber. 1895. 1323, 1983. — Zeitschr. f. angew. Chem. 1904. 801. — Merck's Bericht 1904. 20. — Reichard, Pharm. Zentrh. 1907. 103, 1910. 443. — Hurt, ebenda 1910. 677. Nicolardot, Chem. Zentralbl. 1912. I. 2071.

**Withers-Ray**'s Reagens auf Salpetersäure
ist eine Lösung von 0,7 g Diphenylamin in 60 ccm konz. Schwefelsäure und 28,8 ccm Wasser, der nach dem Abkühlen 11,3 ccm Salzsäure (1,19) zugesetzt werden. Zu 1 ccm der auf Salpeter- bezw. salpetrige Säure zu prüfenden Flüssigkeit gibt man 1 Tropfen Reagens, schichtet diese Mischung über konzentr. Schwefelsäure und erwärmt im Wasserbad auf 40°. Auf diese Art sollen sich noch Salpetersäure im Verhältnis 1 : 44 Millionen und salpetrige Säure 1 : 32 Millionen an einem violettblauen Ring erkennen lassen.
Journ. Americ. Chem. Soc. 1911. **33.** 708.
Merck's Bericht **1911.** 255.

**Wittich**'s Reagens zum Isolieren frischer Muskeln
ist eine Lösung von 0,06 g Kaliumchlorat in 200 ccm Wasser und 1 ccm Salpetersäure.
Königsberg. med. Jahrb. 1861.
E b e r t h - F r i e d l ä n d e r, Mikroskop. Techn. 1894. 45.

**Witting's** Reaktion zur Unterscheidung von Morphin und Narcotin.
Versetzt man Morphin mit der 6fachen Menge verd. Salzsäure, so erstarrt die Mischung bei gewöhnlicher Temperatur zu einer krystallinischen Masse von Morphinhydrochlorid. Narcotin liefert unter denselben Bedingungen eine Flüssigkeit, aus der sich erst nach einiger Zeit eine geringe Abscheidung bildet.
Witting's Toxikologie Bd. II. 96.
Chem. Zentralbl. 1830. 471.

**Wittmack**'s Reaktion zur Unterscheidung von Weizen- und Roggenmehl
beruht auf der Eigenschaft der Roggenstärkekörner, in Wasser schon bei 62,5° C. zu quellen, während Weizenstärke unverändert bleibt. Näheres siehe: Pharm. Zentrh. 1886. 173. — Ztschr. f. analyt. Chem. **24.** 3.

**Wittstein**'s Reaktion auf Pyridin in Ammoniak.
Den zu prüfenden Salmiakgeist gibt man tropfenweise in Salpetersäure. Pyridin (organische Basen) bewirken eine rosenrote Färbung, die bei fortschreitender Neutralisation der Säure verschwindet.
L u n g e, Chem. Techn. Unters.-Method. 1905. Bd. II. 692.
Dingler's Polytechn. Journ. **213.** 512.

**Witz**' Reagens auf freie Mineralsäuren im Essig oder Magensaft
ist eine Lösung von 1 cg Methylviolett in 100 ccm Wasser. Den zu prüfenden Essig versetzt man mit einigen Tropfen Reagens. Bei Anwesenheit von 0,2 % Schwefelsäure oder Salzsäure färbt sich die Mischung blau, bei 0,5 % blaugrün und bei 1 % grün.
Pharm. Zentrh. 1875. 94.
Ztschr. f. analyt. Chem. **15.** 108.
Ztschr. f. physiol. Chem. **1.** 189.
H i l g e r, Arch. der Pharm. **5.** 193.
B a l z e r - W i t z, Apoth. Ztg. 1903. 305.
G a n a s s i n i, ebenda.
Vergl. Kost's Reaktion.
S c h u m a c h e r - K o p p, Chem. Ztg. 1903. 1176.

**Wobbe**'s Reagens auf Aldehyd im Äther
ist eine Modifikation von Schmidt's Reagens. Man löst 8 g Silbernitrat in 20 g Wasser, gibt 30 g Ammoniakflüssigkeit (D. = 0,923) und dann 10 g Natronlauge (30%) zu. Schüttelt man 20 ccm Äther mit 5 ccm Reagens, so entsteht bei Anwesenheit von Aldehyd eine schwarze Abscheidung. Empfindlichkeitsgrenze = 0,0005 %.
Apoth Ztg. 1903. 488.

**Wobbe's** Reagenzien auf Äthylperoxyd und Wasserstoffsuperoxyd im Äther.

1. Eine Lösung von 2 g Cerioxyd in 5 g Salzsäure (D. = 1,19) wird zur Trockene verdampft, die erhaltenen Krystalle aus Wasser umkrystallisiert und in 50 ccm Wasser gelöst. — Schüttelt man 20 ccm Äther mit 5 ccm Reagens, so entsteht bei Gegenwart von Äthylperoxyd etc. eine orangebraune, bei Abwesenheit desselben eine weiße Ausscheidung. Empfindlichkeitsgrenze = 0,0025 % $H_2O_2$.
2. Man schmilzt 0,3 g Titandioxyd mit 6 g Kaliumpyrosulfat und löst die erkaltete, zerkleinerte Schmelze in 10 %iger Schwefelsäure zu 100 ccm. Schüttelt man 20 ccm

Äther mit 5 ccm Reagens, so färbt sich letzteres bei Gegenwart von Wasserstoffsuperoxyd etc. orangegelb. Empfindlichkeitsgrenze = 0,0001 % $H_2O_2$.

3. Man mischt gleiche Teile 50 %iger Jodkaliumlösung und 1 %iger Phenolphthaleïnlösung. — Schüttelt man 20 ccm Äther mit 5 ccm Reagens, so färbt sich letzteres bei Anwesenheit von Wasserstoffsuperoxyd rot. Empfindlichkeitsgrenze = 0,00125 Volum. %.

Apoth. Ztg. 1903. 489.

**Wohack's** Reaktion auf Teerfarbstoffe im Wein.

1. Man zieht 20—50 ccm Wein mit etwas Amylalkohol aus und verdampft den Amylalkohol nach Einlegen eines Wollfadens auf dem Dampfbade. Eine noch so schwache rote Färbung, die beim Betupfen mit Ammoniak nicht schmutzig braungrün wird, zeigt Teerfarbstoff an.
2. Man schüttelt den Wein mit gelbem Quecksilberoxyd, filtriert und säuert mit Salzsäure an, filtriert und verdampft das Filtrat nach Einlegen eines Wollfadens, bis sich der Farbstoff auf dem Faden niedergeschlagen hat.

Ztschr. landw. Vers. Wesen Österreich **16. 890.**
Chem. Zentralbl. 1914. I. 1976.

**Wohlgemuth's** Reaktion auf Diastase (zur Prüfung der Nierenfunktion)

beruht auf der Behandlung des Harns mit Stärkelösung bei 40° und der hierauf folgenden Prüfung auf verbrauchte bezw. noch vorhandene Stärke mittels $^1/_{50}$ Norm. Jodlösung.

Berl. klin. Woch. 1910. 1444.
Wiener klin. Woch. 1910. 2117.

**Wöhler's** Reaktion auf Platin.

Versetzt man Platinsalzlösungen mit Zinnchlorürlösung, so entsteht eine rote Färbung, welche beim Schütteln mit Äther oder Essigäther in diesen übergeht. — Beim Verdünnen mit Wasser scheidet die rote Lösung einen schokoladebraunen Niederschlag ab. — Beim Erwärmen färbt sich die rote Lösung dunkelrot bis schwarz.

Chem. Ztg. 1907. 938.
Langstein, ebenda 1914. 802.

**Wöhlk's** Reaktion auf Verunreinigung des Hexamethylentetramins.

Enthält das Präparat Ammoniumsalze, Amide oder Paraformaldehyd, so wird seine wässerige Lösung durch Neßler's Reagens gelbbraun bis braun gefärbt oder es entsteht eine Abscheidung von metallischem Quecksilber.

Ztschr. f. analyt. Chem. 1905. 765.
Pharm. Zentrh. 1906. 217.
Ztschr. d. öst. Apoth. Ver. 1906. 160.

**Wöhlk's** Reaktion auf Milchzucker.

Erwärmt man Milchzucker im siedenden Wasserbade mit Salmiakgeist (10 %) (und wenig Kalilauge), so entsteht eine krapprote Färbung. Maltose gibt dieselbe Reaktion, nicht aber Glukose, Fruktose, Rohrzucker etc.

Ztschr. f. analyt. Chem. 1904. 670.
Merck's Bericht 1904. 124.
Malfatti, Zentralbl. f. Harnkrankheiten **16. 68.**

**Wöhlk's** Reaktion auf Pyridin in Ammonsalzen.

Reibt man das trockene Ammonsalz in einem Porzellanmörser mit der doppelten Menge Borax zusammen, so tritt bei Gegenwart von Pyridin ein empyreumatischer Geruch auf. Salmiakgeist führt man erst in Ammoniumchlorid über und dampft zur Trockene ein.

Ber. d. deutsch. pharm. Ges. **22.** 285.

**Wolesky's** Reagens auf Holzschliff im Papier.

1 g Diphenylamin löst man in 50 ccm Alkohol und gibt 5—6 ccm konzentr. Salzsäure zu. Geleimtes und ungeleimtes Papier, das Holzschliff enthält, wird durch Betupfen mit diesem Reagens orangerot gefärbt, besonders deutlich nach dem Trocknen. Das Reagens soll besser sein als Wiesner's Reagens (Ztschr. f. analyt. Chem. **17.** 511).

Pharm. Zentrh. **35.** 641.
Ztschr. f. analyt. Chem. **36.** 343.

**Wolfbauer's** Reaktion auf Cottonöl

ist eine Elaïdinprobe mit Salpetersäure und Quecksilber.

Vergl. de la Souchères Reaktion u. a.

**Wolff's** Reaktion auf Methylalkohol im Äthylalkohol

beruht auf der Überführung des vorhandenen Methylalkohols in Formaldehyd durch Chromsäure und dem Nachweis des letzteren mittels Trillat's Reaktion 1. (Siehe diese.)

Chem. Ztg. **23.** Rep. 256.
Ztschr. f. analyt. Chem. **40.** 668.

**Wolff's** Reaktion auf Benzidin und Tolidin.

Löst man eine geringe Menge genannter Stoffe in Eisessig, verdünnt mit Wasser und gibt Bleisuperoxyd zu, so entsteht eine schöne blaue Färbung, die beim Erhitzen wieder verschwindet. Auch Bromwasser ruft in der essigsauren Lösung der Basen eine blaue Färbung oder Fällung hervor.

Chem. Ztg. **23.** Rep. 313.
Ztschr. f. analyt. Chem. **39.** 582.

**Wolff's** Reaktion auf Blut im Harn.

30 ccm Harn erwärmt man mit 3 ccm einer 3 %igen Zinkacetatlösung $^1/_4$ Stunde lang. Der in Ammoniakflüssigkeit gelöste Niederschlag zeigt bei spektroskopischer Prüfung die charakteristischen Streifen.

Ztschr. f. analyt. Chem. **38.** 132.
Chem. Zentralbl. 1888. 299.

**Wolff's** Reagens auf Glukose

ist eine Lösung von 34,65 g Kupfersulfat zu 1 Liter Wasser und eine Lösung von 173 g Seignettesalz und 450 g Natronlauge zu 1 Liter Wasser. Je 2 ccm dieser Lösungen entsprechen 0,01 g Glukose.

Grube, Münchener med. Woch. 1907. 1079.
Ztschr. d. öst. Apoth. Ver. 1907. 412.

**Wolff**'s Reaktion auf Benzol und Benzin in Amylacetat u. Amylalkohol
beruht auf der Trübung, welche beim Mischen benzol- bezw. benzinhaltigen Amylacetats mit Schwefelsäure (1,8) entsteht.
Farbenzeitung 16. 2056.
Hämmelmann, ebenda 18. 2594.
Wolff-Rosumoff, ebenda 18. 2641.
Chem. Zentralbl. 1913. II. 1335.

**Wolff**'s Reaktion auf Naphthole.
Erwärmt man eine Lösung von α- oder β-Naphthol in alkoholischer Kalilauge mit etwas Chloroform auf zirka 50° C., so entsteht eine dunkelblaue Lösung. Säuren bewirken Rotfärbung, Alkalien wieder Blaufärbung.
Pharm. Ztg. 40. 44.
Chem. Ztg. 19. Rep. 14.

**Wolff**'s Reaktion auf Weinsäure.
Erhitzt man eine Lösung von Resorcin in konzentr. Schwefelsäure bis zur Dampfbildung, so rufen sehr geringe Mengen von Weinsäure eine intensive Rotfärbung hervor.
Chem. Ztg. 23. Rep. 313.
Ztschr. f. analyt. Chem. 39. 582.
Vergl. Mohler's Reaktion.

**Wolff-Eisner**'s Ophthalmoreaktion
(Konjunktivalreaktion) beruht auf dem Zusammentreten der im Organismus der Tuberkulösen vorhandenen Antistoffe mit dem eingeführten Tuberkulin und der infolgedessen in Erscheinung tretenden, örtlichen Entzündung (der Bindehaut) nach dem Einträufeln von Tuberkulinlösung ins Auge. Näheres siehe: Merck's Bericht 1907. 238.

**Wolff-Junghans**' Reagens auf Eiweiß im Magensaft.
Man löst 0,3 g Phosphorwolframsäure in Wasser, gibt 1 g Salzsäure und 20 g Alkohol zu und bringt die Mischung mit Wasser auf 200 g. Mit diesem Reagens werden Schichtproben angestellt. Näheres siehe: Berl. klin. Woch. 1911. 978. — Pharm. Zentrh. 1911. 900. — Pharm. Prax. 1912. 224.

**Wolkow-Baumann**'s Reaktion auf Hydrochinon.
Versetzt man Hydrochinonlösung mit Millon's Reagens, so entsteht in der Kälte ein amorpher, gelber, in der Wärme ein ziegelroter Niederschlag.
Ztschr. f. physiol. Chem. 15. 251.

**Wollschläger**'s Reaktion auf Sublimat in Kalomel.
Kalomel wird durch Cyanwasserstoff (Bittermandelwasser) unter teilweiser Reduktion zu Quecksilber grau gefärbt. Ist Sublimat zugegen, so bleibt das Gemisch weiß. Näheres siehe: Pharm. Ztg. 1912. 544, 788, 825.

**Wolowski**'s Reaktion auf Indikan im Harn
ist eine Modifikation von Jaffé's Reaktion. Näheres siehe: Deutsche med. Woch. 1901. 23.

**Wolowsky**'s Reaktion auf Typhus.
Der Harn von Typhuskranken wird, besonders während der Fieberperiode, durch konz. Salzsäure blau gefärbt (Indikanreaktion).
Kemper, Russkij Wratsch. 1908. No. 46.
Deutsche Med. Ztg. 1909. 485.
Wiener klin. Woch. 1911. 992.

**Wolter**'s Reaktion auf Eiweiß im Harn.
Dem völlig klaren Harn setzt man 11 Tropfen verdünnte Essigsäure zu, mischt mit 1/3 Volumen gesättigter Kochsalzlösung und kocht. Spuren Eiweiß lassen sich an einer deutlichen Trübung erkennen.
Pharm. Ztg. 1915. 634.
Pharm. Zentrh. 1916. 13.
Droste, ebenda 1915. 739.

**Wolter**'s Reaktion zur Unterscheidung von Galalith und Schildpatt.
Man kocht ein Schnitzelchen des zu prüfenden Präparates mit einigen ccm rauchender Salpetersäure. Galalith scheidet ein schweres, gelbes, krystallinisches Pulver ab, das weder in Wasser noch Alkohol, Äther oder Chloroform löslich ist. Reines Schildpatt löst sich in der Salpetersäure fast vollkommen auf und hinterläßt nur feine, durchsichtige, kaum wahrnehmbare Hüllen.
Chem. Ztg. 1909. 11.

**Wolter**'s Reaktion auf Phosphorsesquisulfid.
Versetzt man eine Lösung von Phosphorsesquisulfid in Schwefelkohlenstoff mit einer Lösung von Jod in Schwefelkohlenstoff, bis keine Entfärbung der Jodlösung mehr eintritt, so bildet sich eine Abscheidung von Dijodphosphorsesquisulfid in Form seideglänzender rhombischer Blättchen, eventuell erst beim Abkühlen auf 0°.
Ztschr. f. analyt. Chem. 49. 456.
Pharm. Zentrh. 1910. 1089.

**Woltering**'s Reagens auf Alkaloide
ist eine 2 %ige, wässerige Furfurollösung. In 0,5 ccm Reagens löst man eine Spur des zu untersuchenden Stoffes und schichtet diese Lösung vorsichtig über kalte, konz. Schwefelsäure. Bei Anwesenheit von Alkaloiden bildet sich an der Berührungsfläche ein gefärbter Ring.
Morphin gibt einen rosafarbenen bis violetten Ring.
Codeïn einen kirschroten bis violetten Ring (auf Zusatz von Wasser blau).
Veratrin gibt einen roten Ring und darüber noch einen blaugrünen Kreis.
Chinin färbt braun mit gelbem Ring am Rande.
Cinchonin liefert eine braune Färbung, auf kirschrotem Ringe ruhend.
Pharm. Ztschr. für Rußland 31. 526.
Ztschr. f. analyt. Chem. 36. 410.

**Wolter**'s Reagens zum Färben mikroskop. Präparate
ist identisch mit Kultschitzky's Hämatoxylinlösung.

Ztschr. f. wiss. Mikroskop. 1891. 466.
Behrens' Tabellen 1892. 103.
Eberth - Friedländer, Mikroskop. Techn. 1894. 232. 247.

**Wolters'** Reagens zum Fixiren mikroskop. Präparate

ist eine Lösung von 2 g Vanadiumchlorid und 2 g Aluminiumacetat in 100 ccm Wasser.
Ztschr. f. wiss. Mikroskop. 1891. 471; 1899. 205.
Heidenhain, Anat. Hefte 1. Abt. 1895. 302.

**Woodmann-Burwell's** Reaktion auf Ameisensäure

beruht auf der Überführung der Ameisensäure in Calciumformiat, das mit Calciumacetat der trockenen Destillation unterworfen wird. Das Destillat wird mit Fuchsin-Schwefliger Säure geprüft. Näheres siehe: Pharm. Ztg. 1908. 380. — Chem. Ztg. 1908. 409.

**Wood's** Indikator für Acidimetrie

erhält man, wenn man 23 g des Kondensationsproduktes aus diazotiertem p-Nitranilin und 2, 5, 7-Amidonaphtholdisulfosäure mit 5,5 g Benzaldehyd, 100 g Salzsäure (28 %) und 900 g Wasser 1/4 Stunde lang kocht. Der Indikator wird mit Säuren farblos, mit Alkalien orangegelb.
Journ. Soc. Chem. Ind. 1905. 1284.
Chem. Zentralbl. 1906. I. 593.
Chem. Ztg. 1905. 1294.
Merck's Bericht 1907. 153.

**Worm-Müller's** Reagens auf Glukose.

a) 25 g Kupfersulfat werden mit Wasser zum Liter gelöst;
b) 100 g Seignettesalz, 40 g Ätznatron (oder 56 g Ätzkali) werden mit Wasser zum Liter gelöst.

5 ccm filtrierten, eiweißfreien Harn erhitzt man in einem Reagenzglase zum Sieden. Ebenso erhitzt man eine Mischung von 1—1,5 ccm der Lösung a mit 2,5 ccm der Lösung b. Das Sieden wird bei beiden Lösungen gleichzeitig unterbrochen und 20—25 Sekunden später werden sie gemischt. Die Abscheidung von Kupferoxydul erfolgt entweder sofort oder innerhalb 10 Minuten. Empfindlichkeitsgrenze = 1 : 5—10 000.
Pflüger's Archiv f. d. ges. Physiol. **27.** 22. 127.
Ztschr. f. analyt. Chem. **21.** 611.
Chem. Zentralbl. 1878. 250; 1880. 616. 713; 1881. 11.
Hammarsten, Physiol. Chem. 1899. 510 und Ztschr. f. physiol. Chem. 1906 (**50.**) 36.
Pflüger, Arch. f. d. ges. Physiol. **105.** 121.
Ztschr. f. analyt. Chem. 1905. 136.

**Wormsley's** Reaktion auf Gelseminin.

Behandelt man Gelseminin (Alkaloid) mit konzentr. Schwefelsäure, so entsteht eine rote Färbung, die bei gelindem Erwärmen in Purpurrot übergeht. Mit Salpetersäure liefert das Alkaloid eine grünlichgelbe, mit Salzsäure eine gelbe Färbung.
Americ. Journ. of Pharm. 1870. **42.** 1.

**Wormsley's** Reaktionen auf Gelseminsäure.

Gelseminsäure liefert mit Bleiacetat eine gelbe, mit Quecksilberchlorid eine weiße, mit Silbernitrat eine gelbbraune, mit Goldchlorid eine dunkelgrüne, mit Kupferchlorid eine braunrote und mit Eisenchlorid eine braune Fällung. Salpetersäure löst Gelseminsäure mit gelber bis gelbrötlicher Färbung, die auf Zusatz von Ammoniak in Blutrot übergeht.
Americ. Journ. of Pharm. 1870. **42.** 1.

**Wörner's** Reagens auf Kalium.

Man löst 1 g Phosphorwolframsäure in 10 ccm Wasser. Das Reagens gibt mit neutralen und sauren Kalisalzen einen weißen Niederschlag.
Ber. d. deutsch. pharm. Ges. 1900. 4.
Pharm. Zentrh. 1900. 216.
Meyer, Chem. Ztg. 1907. 158.
Chem. Zentralbl. 1907. I. 909.

**Wortmann's** Reagens für mikroskop. Zwecke

ist Formaldehyd (siehe Blum's u. Holfert's Reagens).
Chem. Ztg. **18.** 1598.
Ztschr. f. analyt. Chem. **36.** 511.

**Woßkressenski's** Reagens auf Typhus exanthematicus.

Eine Lösung von 1 g Jod und 3 g Kaliumjodid in 100 ccm Wasser versetzt man mit soviel arabischem Gummi, bis sie die Konsistenz des Canadabalsams erreicht hat. 1 Tropfen davon gibt man auf einen Objektträger und legt einen Tropfen Blut darauf. Alsdann legt man das Deckglas darauf. Liegt Typhus exanth. vor, so färbt sich das Protoplasma der Leukozyten entweder diffus oder körnig dunkelbraunrot. Typhus abdominalis soll diese Reaktion nicht geben.
Praktitscheski Wratsch 1906, No. 44.
Revue d. russ. med. Ztschr. 1907. 24.
Merck's Bericht 1907. 165.

**Wotczal's** Reaktion auf Solanin.

Versetzt man Solanin mit Vanadinschwefelsäure, so entsteht eine rote Färbung.
Pharm. Ztg. 1890. 605.

**Wright's** Reaktion auf Aconitin.

Man verreibt 1 mg Aconitin mit einigen Tropfen wässeriger Zuckerlösung in einem Porzellanschälchen und läßt einen Tropfen konzentr. Schwefelsäure zufließen. An der Berührungsstelle entsteht eine rosa Zone, die sich alsbald in schmutzig Violett und Braun verfärbt.
Merck's Report 1902. 203.
Chem. News **34.** 222; **35.** 249.
Journ. Chem. Soc. **31.** I. 143.

**Wright's** Reagens zum Färben mikroskop. Präparate

ist eine Modifikation von Romanowsky's Reagens.
Journal of Medical Research. 1902. **7.** Nr. 1.
Vergl. **Leishman's Reagens.**

**Wunder-Thüringer**'s Reagens auf Palladium
ist eine Lösung von α-Nitroso-β-Naphthol in Essigsäure (vergl. Knorre's Reagens auf Cobalt). Eine mit Salzsäure angesäuerte Lösung von Palladiumchlorid gibt mit dem Reagens beim Kochen einen kermesroten, voluminösen Niederschlag von der Zusammensetzung $C_{10}H_6O\ (NO)_2Pd$.
Ztschr. f. analyt. Chem. 1913. **52.** 737.

**Wurster**'s Reagens auf Eiweiß.
Der Autor modifiziert die Reaktion nach Adamkiewicz und nach Liebermann (vergl. diese) dahin, daß er statt Schwefelsäure oder Salzsäure eine Mischung beider, am besten eine 10—20 % Schwefelsäure enthaltende Salzsäure vorschlägt. — Erwärmt man Eiweißlösung mit etwas Chinon, so färbt sich die Mischung rot, später braun. (Vergl. Wurster's Reaktion auf Tyrosin.)
Zentralbl. f. Physiol. 1887. 193.
Ztschr. f. analyt. Chem. **27.** 261.
Raciborsky, Anz. d. Acad. d. Wiss. Krakau 1906. 553.

**Wurster**'s Reagens auf Holzschliff im Papier.
1. Di-Papier ist mit Dimethyl-p-Phenylendiamin getränktes Filtrierpapier. Genannte Base erzeugt mit der Holzsubstanz bei Wasserbefeuchtung einen carmoisinroten Fleck. Das Reagens ist unter der Bezeichnung: „Rotes Reagens in Papierform" im Handel.
2. Als Kontrolle des obigen Reagenzes dient eine Anilinsalzlösung, das sogen. „Gelbe Reagens in Papierform" (auch in Lösung zu haben).

Näheres siehe: Pharm. Zentrh. 1900. 456. — Berl. Ber. 1887. 808.

**Wurster**'s Reaktion auf Leucin.
Versetzt man eine wässerige Lösung von Leucin mit Natriumkarbonatlösung und einer Spur Chinon, so färbt sich die Mischung violett. Außer Leucin geben diese Reaktion auch andere Amidosäuren und Eiweiß.
Zentralbl. f. Physiol. 1888. 590.

**Wurster**'s Reagens auf Ozon und Wasserstoffsuperoxyd.
Mit Dimethyl- oder Tetramethyl-p-Phenylendiamin getränktes Papier (Tetrapapier) wird durch Ozon oder Wasserstoffsuperoxyd blau gefärbt.
Berl. Ber. **19.** 3195; **21.** 921.
Pharm. Zentrh. 1888; 367; 1903. 705.
Chem. Ztg. 1887. Rep. 22; 1903. 651.
B o k o r n y, Berl. Ber. **21.** 1100.

**Wurster**'s Reaktion auf salpetrige Säure
ist eine Modifikation von Griess' Reagens I.

**Wurster**'s Reaktion auf Tyrosin.
Löst man etwas Tyrosin in heißem Wasser und gibt eine Spur Chinon zu, so entsteht eine rubinrote Färbung, die auf Zusatz von Sodalösung in Blauviolett übergeht.
Zentralbl. f. Physiol. 1887. 194 u. 1888. 590.
Chem. Ztg. 1887. Rep. 187.

**Wurtz**' Reaktion
ist eine für die Synthese von Kohlenwasserstoffen wichtige Reaktion.
Siehe Lehrbücher der Chemie.

**Wurtz**' Reagens zum Färben mikroskop. Präparate
ist eine Mischung von 10 ccm Formaldehyd (40 %) und 90 ccm konzentr. wässeriger Eosinlösung.
Ztschr. f. wiss. Mikroskop. 1899. 365.

**Wyhe**'s Pikrocarmin.
Man kocht 10 g Carmin mit 10 ccm Ammoniakflüssigkeit (10 %) und 20 ccm Wasserstoffsuperoxyd (3 %). 25 ccm dieser Lösung mischt man mit 100 ccm Alkohol und filtriert nach 1/2 stündigem Stehenlassen. Der auf dem Filter verbleibende Rückstand wird mit 100 ccm Alkohol gewaschen und dann getrocknet. 1 g dieses Ammoniakcarmins löst man in 200 ccm einer 1 %igen Ammoniumpikratlösung. Zur Konservierung setzt man 1 % Chloralhydrat zu.
Ztschr. f. wiss. Mikroskop. 1900. 200.

**Wyss**' Reagens auf Amylalkohol.
a) Lösung von 4,5 g α-Naphthol in 100 ccm 50 %igem Alkohol. — b) Lösung von 4,5 g p-Phenylendiamin in 100 ccm absolutem Alkohol. — c) Lösung von 4,5 g Natriumkarbonat in 100 ccm Wasser. Versetzt man 2 ccm Amylalkohol mit je 4 Tropfen der Lösungen a, b und c, so tritt eine dunkelblau-violette Farbe auf.
Ztschr. f. physiol. Chem. 1910. **64.** 479.
Ztschr. f. analyt. Chem. 1911. 306.

**Yamagiwa**'s Reagenzien zur Neurogliafärbung.
a) Eine gesättigte, alkoholische Lösung von Eosin;
b) eine konzentr., wässerige Lösung von Anilinblau.

Virchow's Archiv 1900. 358.

**Yamamoto**'s Reagens zur Färbung von Tuberkel- und Leprabazillen.
a) Eine wässerige Lösung (5 %) von Silbernitrat;
b) eine Lösung von 2 g Pyrogallol und 1 g Tannin in 100 ccm Wasser.

Zentralbl. f. Bakteriol. **47.** No. 5.
Deutsche med. Woch. 1908. 1953.
Merck's Bericht 1908. 138.

**Yanagisawa-Saito**'s Reaktion auf β-Naphthol
beruht auf der Bildung eines Farbstoffes unter der Einwirkung folgender Mischung. Man löst 0,5 g p-Nitroanilin in 1 ccm Salzsäure und 5 ccm Wasser und gibt eine eisgekühlte Lösung von 0,3 g Natriumnitrit in 45 ccm Wasser zu. Diese Mischung erzeugt mit β-Naphthol eine intensive scharlachrote Färbung (bezw. Niederschlag). Empfindlichkeitsgrenze = 1 : 100 000. (Daß das Reagens nicht

für β-Naphthol charakteristisch sein kann, ist selbstverständlich.)
Journ. Pharm. Soc. Japan 1913. Nov.
Pharm. Ztg. 1913. 1011.

**Yéfimow** siehe Jefimow.

**Young's** Reaktion auf Gallussäure in Tannin.
Cyankalium gibt mit Gallussäurelösungen eine carmoisinrote Färbung; mit Tanninlösung tritt keine Farbenreaktion ein.
Ztschr. f. analyt. Chem. **23**. 227.
Berl. Ber. **16**. 2691.
Chem. News **48**. 31.
Napier Spence, Journ. of Society of Chemic. Industry **9**. 1114.
Guyard, Ztschr. f. analyt. Chem. **24**. 274 u. **31**. 87.
Stahl, ebenda **32**. 476.
Griggi, Bollet. Chim. Farm. 1899. 6.

**Young's** Reagens zur Nervenfärbung
ist eine Mischung gleicher Teile frischen Eiereiweißes, physiologischer Kochsalzlösung, wässeriger Chlorammonlösung (0,25 %) und wässeriger Methylenblaulösung (1 %).
Journ. experiment. Med. 1891. 1.
Ztschr. f. wiss. Mikroskop. 1898. 253.

**Yvon's** Reagens auf Alkohol in Chloroform
ist eine Lösung von 1 g Kaliumpermanganat und 10 g Kaliumhydroxyd in 250 g Wasser. Alkoholhaltiges Chloroform färbt das Reagens grün.
Enzyklop. d. gesamt. Pharm. 1891. X. 478.
Arch. der Pharm. (3) **20**. 373.
Chem. Zentralbl. 1882. 463.

**Yvon's** Reaktion auf Gallenstoffe im Harn.
Methylviolett (Pariser Violett) gibt mit normalem Harn einen blauen Niederschlag, mit gallehaltigem Harn aber einen roten Niederschlag und eine dichroitische Lösung. Der Niederschlag löst sich zum Teil in Alkohol mit granatroter Farbe, zum Teil in Chloroform mit carminroter Farbe.
Journ. de Pharm. et de Chim. (4) **23**. 40.
Arch. der Pharm. (3) **10**. 77.
Chem. Zentralbl. 1877. 334.
Vergl. Paul's Reaktion.

**Yvon's** Reaktion auf echten Weinfarbstoff.
30 ccm Wein schüttelt man mit 1—2 g Tierkohle, filtriert durch Asbest, wäscht die Kohle mit Wasser und übergießt dann mit Alkohol. Bei Anwesenheit von Fuchsin läuft der letztere rot gefärbt ab, während die natürlichen Farbstoffe der Kohle durch Alkohol nicht entzogen werden.
Arch. der Pharm. 1877. 272.
Chem. Zentralbl. 1877. 448.

**Yvon's** Reagens auf Wasser im Alkohol
ist Calciumcarbid, das bei Anwesenheit von Spuren Wasser Acetylen entwickelt.
Compt. rend. 1897. II. 1181.

**Yvon's** Reagenzien auf α- und β-Naphthol.
Zu 10 ccm wässeriger, gesättigter Naphthollösung gibt man

1. 2 ccm Alkohol, 2 ccm Salpetersäure und 10 Tropfen Quecksilbernitrat.
2. 2 ccm Alkohol, 3 Tropfen konzentr. Kaliumnitratlösung, 10 Tropfen Schwefelsäure.

Die mit diesen Reagenzien entstehenden Farbenreaktionen siehe tabellarische Zusammenstellung in
Journ. de Pharm. et de Chim. **21**. 377.
Pharm. Ztschr. f. Rußland **29**. 222.
Ztschr. f. analyt. Chem. **30**. 488.
Richardson, Chem. News **65**. 18 oder Ztschr. f. analyt. Chem. **31**. 330.

# Z

**Zacharias'** Reagens auf Eiweiß
ist Ferrocyankalium und Eisenchlorid. Es dient zum Färben der Proteïnstoffe bei mikroskop. Untersuchungen.
Ztschr. f. wiss. Mikroskop. 1894. 407.
Botan. Ztg. 1883. 211.
Strasburger, Botan. Prakt. 1902. 651.

**Zacharias'** Reagens zum Fixieren mikroskop. Präparate.
Man mischt 16 ccm Alkohol mit 4 ccm Eisessig und 3 Tropfen 1 %iger Osmiumsäurelösung. (Eventuell mit einem geringen Zusatz von Glycerin oder Chloroform.)
Arch. f. mikroskop. Anat. 1887.
Anat. Anzg. 1888. 24.

**Zacharias'** Reagens zum Färben mikroskop. Präparate.
Man kocht 1 g Carmin mit 200 ccm 3 %iger Essigsäure etwa 20 Minuten lang und filtriert nach dem Erkalten.
Zoolog. Anz. 1894. 62.
Enzyklop. d. mikroskop. Techn. 1903. 645.
Ztschr. f. wiss. Mikroskop. 1894. 344.

**Zacharias'** Methylgrünlösung
ist eine Lösung von Methylgrün in einer Mischung von 1 g Eisessig, 10 g Natriumsulfat und 100 g Wasser.
Ber. d. deutsch. botan. Ges. 1898. 185.

**Zacharias'** Pikrinschwefelsäure
ist kaltgesättigte, wässerige Pikrinsäurelösung mit einem Zusatz von 0,85 % Eisessig und 0,3 % konzentr. Schwefelsäure.
Ber. d. deutsch. botan. Ges. 1902. 298.

**Zaleski's** Reaktion auf Kohlenoxyd im Blute.
Eine gesättigte Lösung von Kupfersulfat verdünnt man mit der dreifachen Menge Wasser. 3 Tropfen dieser Lösung gibt man zu 4 ccm Blut, das mit gleichen Teilen Wasser gemischt wurde, und schüttelt um. Gewöhnliches Blut gibt nach einigen Minuten einen schokoladebraunen, kohlenoxydhaltiges Blut einen ziegelroten, flockigen Niederschlag.
Ztschr. f. physiol. Chem. **9**. 225.
Ztschr. f. analyt. Chem. **24**. 482.

**Zambelli's** Reagens siehe Frankland.

**Zanfrognini**'s Reagens auf Adrenalin.

Eine Lösung von 3 g Kaliumpermanganat wird unter Kühlhaltung tropfenweise mit 8 ccm Milchsäure versetzt. 10 ccm Adrenalinlösung versetzt man mit 1 Tropfen Reagens und 1 Tropfen Wasserstoffsuperoxyd, die hierbei entwickelte Rotfärbung wird mit einer ebenso behandelten Adrenalinlösung von bekanntem Gehalt kolorimetrisch verglichen.

Deutsche med. Woch. 1909. 1752.
Zentralbl. f. innere Med. 1910. 196.

**Zecchini**'s Reaktion auf Cottonöl im Olivenöl.

4 ccm Öl und 10 ccm Salpetersäure (D. = 1,4) werden geschüttelt. Olivenöl färbt sich nicht dunkler, enthält es Cottonöl, so färbt es sich braun.

Pharm. Ztschr. f. Rußland **21**. 412.
Ztschr. f. analyt. Chem. **22**. 289.

**Zeisel**'s Reaktion

beruht auf der Umsetzung von Phenoläthern in Phenol und Halogenkohlenwasserstoffe durch Einwirkung von Salzsäure, Jodwasserstoffsäure, Aluminiumchlorid etc. (Auch zur quantitativen Bestimmung des Methoxyls der Phenoläther gebraucht.)

Siehe Lehrbücher der Chemie, ferner Berl. Ber. **22** Ref. 710 oder Monatsh. f. Chem. **6**. 986 u. **7**. 406.

**Zeisel**'s Reaktion auf Colchicin.

Eine Mischung von 2 mg Colchicin, 5 ccm Wasser, 10 Tropfen konzentr. Salzsäure und 5 Tropfen Eisenchloridlösung wird beim Kochen allmählich olivengrün bis schwarzgrün. Beim Schütteln mit Chloroform färbt sich letzteres rubinrot.

Pharm. Zentrh. 1888. 444.
Monatshefte f. Chem. 1886. **7**. 557.
Arch. experim. Path. u. Pharm. **63**. 357.
Chem. Zentralbl. 1910. II. 1838.

**Zeisel-Fanto**'s Reaktion auf Glycerin

beruht auf der Überführung des Glycerins in Isopropyljodid mittels Jodwasserstoff und der Umsetzung des Produktes mit Silbernitratlösung, wobei Jodsilber gebildet wird. Dieses wird zur Berechnung des Glycerins verwendet. Näheres siehe: Monatsh. f. Chem. 1885. 989. — Tangl-Weiser, Arch. f. d. ges. Phys. **115**, 152. — Herrmann, Beitr. z. klin. Chirurg. **5**. 442.

**Zeller**'s Reagens auf Melanin im Harn.

Versetzt man melaninhaltigen Harn mit Bromwasser, so entsteht eine braune bis schwarze Färbung (Niederschlag).

Arch. f. klin. Chirurg. **29**. 245.
Bolze, Prager Vierteljahres-Schrift 1860. 140.

**Zellner**'s Reagens auf Alkalien

ist Fluoresceïnpapier, das durch Spuren von Alkalien eine intensiv grüne Färbung annimmt. Empfindlichkeitsgrenze für Alkalien = 1 : 3 Million, für Ammoniak = 1 : 5 Million.

Pharm. Zentrh. 1901. 521 u. 1902. 297.
Merck's Index 1902. 272 u. 273.
Merck's Bericht 1901. 161.

**Zenger**'s Reaktion auf Arsen

beruht auf der Bildung von Magnesiumammoniumarseniat. Das Untersuchungsobjekt wird mit Salzsäure oder Kochsalz und Schwefelsäure (Schneider-Fyfe) destilliert, im Destillate das Arsen als Trisulfid gefällt, mit Salpetersäure oxydiert und mit Magnesiamixtur gefällt.

Ztschr. f. analyt. Chem. **1**. 394.
Ztschr. f. Chem. u. Pharm. 1862. 38.
Schneider, Jahrb. d. Chem. 1851. 630.
Fyfe, Journ. f. prakt. Chem. **55**. 103.

**Zenghelis**' Reagens auf Wasserstoff und Zinn

ist eine Lösung von 1 g Molybdänsäure in verdünnter Natronlauge, die mit Salzsäure angesäuert und mit Wasser auf 200 ccm gebracht wird. Leitet man Wasserstoffgas durch das erwärmte Reagens, so färbt es sich blau.

Ztschr. f. analyt. Chem. 1910. 729.
Apoth. Ztg. **1911**. **87**.
Répert. de Pharm. 1911. 318.

Auf derselben Reduktionserscheinung des Molybdänsalzes beruht des Autors Reaktion auf Zinn (Stannosalze), welches genanntes Reagens ebenfalls blau färbt.

Ztschr. f. physik. chem. Untersuch. **24**. 137.
Pharm. Zentrh. 1913. 510.

**Zenker**'s Reagens zum Fixieren mikroskop. Präparate

ist eine Lösung von 5 g Quecksilberchlorid, 2,5 g Kaliumdichromat und 1 g Natriumsulfat in 100 ccm 5 %iger Essigsäure.

Münchener med. Woch. 1894. 532.
Mercier, Ztschr. f. wiss. Mikroskop. 1894. 471.
Wasielewski, ebenda 1899. 332.
Withney, ebenda 1901. 476.
Helly, ebenda 1903. 413.
Retterer, ebenda 1903. 332.

**Zernik's Reaktion** auf Eumydrin.

Erwärmt man 0,01 g Eumydrin mit 5 Tropfen rauchender Salpetersäure bis letztere verdampft ist und gibt zum Rückstand etwas alkoholische Kalilauge, so tritt Violettfärbung auf. — Nach dem Erwärmen von 0,01 g Eumydrin mit 1,5 ccm konzentr. Schwefelsäure bis zur beginnenden Dunkelfärbung bewirkt ein Zusatz von 2 ccm Wasser eine violette Färbung und das Auftreten eines aromatischen Geruchs.

Apoth. Ztg. 1905. 332.
Chem. Zentralbl. 1905. I. 1728.

**Zernik**'s Reaktion auf Euporphin.

Die wässerige Lösung des Euporphins reduziert ammoniakalische Silbernitratlösung. Sie wird durch Chlorwasser blutrot gefärbt. — Versetzt man eine Lösung von 0,01 g Euporphin in 2 ccm Wasser mit 2 ccm einer gesättigten Natriumnitratlösung, so entsteht eine weiße Trübung. 5 Tropfen Essigsäure färben alsdann vorübergehend blutrot, worauf sich ein orangegelber Niederschlag ausscheidet, der sich im Überschuß genannter Säure löst.

Apoth. Ztg. **1904**. 720.

**Zernik's** Reaktion auf Heroin.

Gibt man zu einer Spur Heroin einige Tropfen Salpetersäure (D. = 1,4), so löst es sich mit gelber Farbe; bei gelindem Erwärmen tritt eine grünblaue Färbung auf, die von der Mitte der Flüssigkeit nach dem Rande fortschreitet und nach einiger Zeit wieder in Gelb übergeht.

Ber. d. pharm. Ges. 1903. 67.
Apoth. Ztg. 1903. 159.
Pharm. Ztg. 1903. 184.
Chem. Ztg. 1903. Rep. 73.

**Zernik's** Reaktion auf Hetralin.

Die wässerige Lösung des Hetralins (1 : 20) wird durch Bleiessig weiß gefällt. — Beim Erwärmen von 0,1 g Hetralin mit 3 ccm Natronlauge und 3 Tropfen Chloroform erhält man eine rote Flüssigkeit. — Kocht man Hetralinlösung (1 : 20) mit verdünnter Schwefelsäure, so tritt der Geruch von Formaldehyd auf; setzt man dann überschüssige Natronlauge zu und erwärmt, so entwickelt sich Ammoniak und die Lösung färbt sich rot.

Apoth. Ztg. 1905. 301.

**Zernik's** Reaktion auf Isopral.

Erwärmt man Isopral vorsichtig mit Natronlauge, so tritt Gasentwicklung auf, die Mischung färbt sich gelb, wird trübe und zeigt einen eigentümlichen aromatischen Geruch. Zuletzt scheidet sich eine braune Harzmasse ab. — Erhitzt man 0,1 g Isopral mit einer Lösung von 0,02 g $\beta$-Naphthol in 2 ccm konzentrierter Schwefelsäure, so färbt sich die Mischung gelbbraun und nimmt eine grüne Fluoreszenz an.

Apoth. Ztg. 1905. 301.

**Zernik's** Reaktion auf Proponal.

1 g Proponal löst man in 3 ccm 1 %iger Natronlauge und gibt eine Mischung von 1 ccm 5 %iger Quecksilberchloridlösung mit 5 Tropfen offizin. Natronlauge zu. Das gebildete Quecksilberoxyd löst sich nicht vollständig auf (Unterschied von Veronal), beim Erhitzen verschwindet aber dessen gelbe Farbe und es scheidet sich **sofort** ein anfangs flockiger, später pulveriger weißer Niederschlag ab, der bei starker Vergrößerung solide, anscheinend reguläre Krystalle darstellt.

Apoth. Ztg. 1906. 525.
Pharm. Ztg. 1906. 613.
Merck's Prüf.-Vorschr. f. d. pharm. Spezial-Präp. 1906. 41.

**Zernik's** Reaktion auf Stovain.

Werden 0,05 g Stovain mit 1 ccm einer Mischung aus gleichen Teilen Salzsäure und Salpetersäure auf dem Wasserbade vorsichtig eingedampft, so hinterbleibt ein farbloser, stechend riechender Sirup. Auf Zusatz von 1 ccm alkoholischer Kalilauge tritt beim abermaligen vorsichtigen Eindampfen ein an Fruchtäther erinnernder Geruch auf.

Apoth. Ztg. 1905. 174.
Chem. Ztg. 1905. Rep. 88.

**Zernik's** Reaktionen des Theolaktins (Theobrominnatrium-Natriumlaktat) siehe: Apoth. Ztg. 1907. 532.

**Zernik's** Reaktion auf Termiol (Natriumphenylpropiolat)
siehe Apoth. Ztg. 1905. 382.
Chem. Zentralbl. 1905. I. 1728.

**Zettnow's** Eosin-Methylenblaulösung.

30 ccm einer 1 %igen Methylenblaulösung werden mit 3—4 ccm einer 5 %igen Sodalösung versetzt. Zu 2 ccm dieser Lösung gibt man tropfenweise 1 ccm einer 1 %igen Eosinlösung und nimmt diese Mischung sofort in Verwendung. — Näheres siehe: Deutsche med. Woch. 1900. 377. — Zentralbl. f. Bakt. 1900. 803. — Ztschr. f. wiss. Mikroskop. 1900. 246.

**Zettnow's** Reagenzien für mikroskop. Zwecke.

Eisenoxydbeize: Zu einer kochenden Lösung von 20 g Gerbsäure in 300 ccm Wasser gibt man mit Wasser angerührtes Eisenoxyd (am besten frisch gefällt) in geringem Überschuß.

Tonerdebeize: Zu einer auf 55—60° erhitzten Lösung von 10 g Gerbsäure in 200 ccm Wasser gibt man so lange Aluminiumacetatlösung, bis etwas gerbsaure Tonerde nicht mehr in Lösung geht.

Antimonbeize: Zu einer Lösung von 25 g Gerbsäure in 500 ccm Wasser gibt man bei 40° eine Lösung von 1 g Brechweinstein in 20 ccm Wasser, bis ein bleibender Niederschlag eintritt.

Ztschr. f. Hygiene 1899. 95.

**Zettnow's** Reaktionen auf Wolframsäure

beruhen auf der Einwirkung von Ferrocyankalium, Zinnchlorür oder Zink auf mit Schwefelsäure angesäuerte Wolframlösungen.

Ferrocyankalium = grünlichgelbe bis dunkelorangegelbe Färbung, Zinnchlorür = weißer Niederschlag, Zink = Blaufärbung. Näheres siehe: Ztschr. f. analyt. Chem. 6. 232. — Poggendorff's Annal. 80. 16.

**Zeynek's** Reaktion auf Gallenfarbstoffe.

Enthält eine Flüssigkeit Gallenfarbstoffe, so entsteht auf Zusatz von Zinkchlorid und überschüssigem Ammoniak eine grüne Lösung, welche ein charakteristisches Absorptionsspektrum in Rot aufweist.

Wiener klin. Woch. 21. 568.

**Ziehen's** Reagens zum Färben mikroskop. Präparate

ist eine Modifikation von Golgi's Reagens, eine Lösung von 0,5 g Goldchlorid und 0,5 g Quecksilberchlorid in 100 ccm Wasser.

Ztschr. f. wiss. Mikroskop. 1891. 385.
Neurol. Zentralbl. 1891. 65.
Enzyklop. d. mikroskop. Techn. 1903. 459.
Eberth - Friedländer, Mikroskop. Techn. 1894. 253.

**Ziehl's** Reagens siehe **Ziehl-Neelsen's** Reagens.

**Ziehl-Neelsen**'s Reagens für mikroskop. Zwecke ist eine Lösung von 1 g Fuchsin und 5 g Phenol in 100 g 10 %igem Alkohol. Gebraucht zur Färbung von Sporen.

Merck's Index 1902. 269.
Pharm. Zentrh. 1891. 188.
Schenck, Ztschr. f. wiss. Mikroskop. 1890. 39.
Rossi, Arch. per le scienze mediche 1900. 297.
Strasburger, Kl. Botan. Prakt. 1893 220.
Behrens' Tabellen 1892. 122.
Eberth - Friedländer, Mikroskop. Techn. 1894. 178. 184.

**Zimmermann**'s Reagenzien zum Färben mikroskop. Präparate.

1. Eine konzentr., wässerige Lösung von Jodgrün. Gebraucht zum Färben von Chromatophoren.
2. Eine Lösung von 0,2 g Fuchsin S in 100 ccm Wasser. Gebraucht zum Färben der Leukoplasten etc. von Pflanzen.
3. Fuchsinlösung und Pikrinsäurelösung, siehe Altmann's Reagens.
4. Eine alkoholische Lösung von Fuchsin, der bis zur Gelbfärbung Ammoniak zugesetzt ist.
   Ztschr. f. wiss. Mikroskop. 1890. 1—8.
5. Eine Mischung gleicher Teile Chinolinblau (Cyanin) in Alkohol (50 %) und Glycerin. Gebraucht zum Färben verholzter und verkorkter Membranen.
   Ebenda 1892. 66.
   Vergl. des Autors Beitr. z. Morphol. u. Physiol. d. Pflanzenzelle, Tübingen 1893.
   Behrens' Tabellen 1892. 111. 112.
   Enzyklop. d. mikroskop. Techn. 1903. 123.

**Zimmermann**'s Reagenzien zum mikroskop. Nachweis von Kork und Cuticula.

1. Eine 1—2 %ige, wässerige Lösung von Osmiumsäure;
2. eine Lösung von Alkannin in 50 %igem Alkohol;
3. eine Mischung von gleichen Teilen Glycerin und konzentr. Lösung von Cyanin in 50 %igem Alkohol.

Näheres siehe: Ztschr. f. wiss. Mikroskop. 1892. 58—69. — Zimmermann, Botan. Mikrotechnik 1892. 149.

**Zincke**'s Reaktion ist eine für die Synthese wichtige Reaktion: Bildung von Diphenylmethan etc. unter Einwirkung von Zinkstaub auf Mischungen von Benzylchlorid und aromatischen Kohlenwasserstoffen.

Siehe Lehrbücher der Chemie, ferner Berl. Ber. **5.** 809 oder Liebig's Annal. **159.** 374.

**Zinin**'s Reaktion ist eine für die Synthese wichtige Reaktion, bei welcher unter Einwirkung von Schwefelammon Nitroprodukte in Amidoverbindungen verwandelt werden. (Vergl. Caro's Reagens.)

Siehe Lehrbücher der Chemie.

**Zipper**'s Reaktion auf Phenol und Salicylsäure

Phenol und Salicylsäure geben mit Eisenchlorid eine violette Färbung. Diese Lösung versetzt man mit einem gleichen Volumen Terpentinöl und dem doppelten Volumen Formaldehyd (40 %). Nach dem Umschütteln und Absetzen der Mischung ist die Salicylsäure unverändert, die Phenollösung dagegen grünlich gefärbt.

Südd. Apoth. Ztg. 1907. 378.
Pharm. Praxis 1907. 221.

**Zivkovic**'s Reaktion auf Phenoxypropandiol (Glycerinmonophenyläther).

Löst man einige Krystalle des Präparates in einigen Tropfen konzentr. Schwefelsäure, so erhält man eine schwach rot gefärbte Lösung, die auf Zusatz von Natriumnitritlösung grün wird. Verdünnt man mit Wasser und übersättigt mit Kalilauge, so erhält man eine schwach rotgelbe Lösung.

Monatsh. f. Chem. 1908. **29.** 952.

**Zoeppritz**' Reaktion auf Blut ist eine Modifikation von Weber's Reaktion. Die Faeces werden mit Eisessig extrahiert, dieses Extrakt mit Äther behandelt, der Äther über eine geringe Menge feinst gepulvertes Guajakharz gegossen und die so erhaltene Mischung auf Filtrierpapier gegeben, das vorher mit Terpentinöl befeuchtet worden ist. Blaufärbung zeigt Blut an.

Münchener med. Woch. 1912. 180.
Emmert, ebenda 1916. 348.
Vergl. Schaer's Reaktion.

**Zollikofer**'s Reagens zum Färben mikroskop. Präparate.

a) Eine Lösung von 0,05 g Eosin in 100 ccm Wasser und 1 g Formaldehyd (40 %); b) eine Lösung von 0,05 g Methylenblau in 100 ccm Wasser und 1 g Formaldehyd. Gebraucht zur Leukozytenfärbung.

Ztschr. f. wiss. Mikroskop. 1900. 316.

**Zopf**'s Reaktion auf Calycin.

Schüttelt man eine Lösung von Calycin in Chloroform mit Natronlauge, so färbt sich letztere rot.

Ztschr. f. wiss. Mikroskop. 1894. 495.

**Zotier**'s Reaktion zur Unterscheidung von Acetanilid und Methylacetanilid.

0,05 g kocht man 2 Minuten lang mit 10 Tropfen Salzsäure, läßt erkalten und gibt 5 Tropfen Salzsäure und 1 Tropfen einer 1 %igen Natriumnitritlösung zu. Nach 10 Minuten wird die Mischung mit 1 ccm Phenol und soviel Schwefelsäure versetzt, daß ein homogenes Gemisch, und dann mit Natronlauge (1,33), bis eine klare Lösung entstanden ist. Blaufärbung zeigt Methylacetanilid (Exalgin), Gelbfärbung Acetanilid an.

Union pharm. **51.** 255.
Pharm. Journ. **85.** 391.
Journ. Soc. Chem. Ind. **29.** 1177.
Ztschr f. analyt. Chem. 1913. 697.

**Zouchlos'** Reagens auf Eiweiß.

1. Eine Mischung von 1 Teil Essigsäure mit 6 Teilen 1 %iger Quecksilberchloridlösung. Empfindlichkeitsgrenze = 0,14 : 1000.
2. Eine Mischung von 20 ccm Essigsäure und 100 ccm 10 %iger Rhodankaliumlösung. Empfindlichkeitsgrenze = 0,07 zu 1000.

Beide Reagenzien geben mit eiweißhaltigem Harn eine Trübung oder einen Niederschlag.

Wiener allg. med. Ztg. 1890. 2.
Internat. Pharm. General-Anz. 1890. 151.
Ztschr. f. analyt. Chem. **29.** 380.
Schick, Ztschr. f. analyt. Chem. **30.** 108.
Ollendorff, ebenda **33.** 120.

**Zsigmondy's** Reagens auf Colloide
ist eine rote, colloidale Goldlösung, deren Farbenveränderung in Blau—Schwarzviolett bei Gegenwart von Kochsalzlösung die Anwesenheit wirksamen Colloides anzeigt. Näheres siehe: Liebig's Annal. **301.** 29—54 u. Ztschr. f. analyt. Chem. **40.** 697 u. 711; **42.** 676.

**Zulkowsky's** Reagens auf Jod.
(Stärkelösung.) 60 g Stärke rührt man in 1 Kilo Glycerin ein und erhitzt unter Umrühren bei allmählich steigender Temperatur auf 190 ° C., bis die Masse in Wasser klar löslich ist. Die wässerige Lösung wird durch Jod prachtvoll blau gefärbt.

Berl. Ber. **13.** 1395.
Ztschr. f. analyt. Chem. **21.** 578.

**Zülzer's** Reaktion auf Eiweiß
siehe Rosenbach's Reagens.

**Zülzer's** Reagens auf Glukose im Harn
ist identisch mit Becquerel's und Trommer's Reagens.

**Zunz'** Reaktionen auf Proteosen und Peptone
(keine Spezialreaktionen) vergl. Arch. internat. de physiol. 1912. **12.** 395 und Zentralbl. f. ges. innere Med. 1913. **4.** 563.

**Zwaardemaker's** Reagens zum Färben mikroskop. Präparate
ist eine Mischung von gleichen Teilen konz. alkoholischer Safraninlösung und Anilinwasser.

Ztschr. f. wiss. Mikroskop. 1887. 212.

# Inhaltsverzeichnis.

## I.

## Chemische Reagenzien und Reaktionen.

Hantzsch, Ihl, Istrati, Jaworowski, Jean, Lewin, Leys, Liebig, Michael, Mohler, Nägeli, Neßler, Nickel, Penzoldt-Fischer, Prud'homme, Riegler, Schiff, Schmidt, Simon, Sobolewa, Tolman, Velardi, Villiers-Fayolle, Vorländer, Wakker.

**Aldehyde** im Äther: Adrian, Blaser, Schönheimer, Wobbe.

**Aldehyde** im Alkohol: Barbet, Istrati, Windisch.

**Aldehyd-Zucker:** Berg.

**Aldosen:** Fischer.

**Aldosen** und **Ketosen:** Betti, Denigès, Fischer-Jennings.

**Alizarolprobe:** Morres.

**Alizarinrot:** Piñerúa.

**Alkalien** (Ätzalkalien): Artus, Bachmeyer, Böttger, Brunner, Büchner, Crouzel, Dobbin, Engel-Ville, Grießmayer, Hof, Müller, Schoorl, Schweissinger, Zellner.

**Alkalien im Blut:** Bernhardt.

**Alkalien, freie — in Seifen:** Stein, Stoß.

**Alkalische Erden:** Brunner.

**Alkalität** des Wassers: Cavalli.

**Alkaloide:** Aloy, André, Arnold, Arnold-Vitali, Artus, Beckurts, Bertrand, Bloxam, Böhm, Bolland, Bonnsdorff, Bouchardat, Boullay, Brissemoret, Bronciner, Brunner-Strzyzowski, Buckingham, Carpené, Cossa, Czumpelitz, Delffs, Delffs-Schwarzenbach, Dittmar, Dragendorff, Ellram, Erdmann, Flükkiger, Formánek, Fraude, Fröhde, Fröhde-Buckingham, Fron, Gmelin, Godeffroy, Godeffroy-Laubenheimer, Grandeau, Grove, Grutterink, Guy, Hager, Hamlin, Hartley, Heikel, Helwig, Henry, Herder, Hilger, Jaworowski, Jensen, Johannson, Jorissen, Kemp, Kippenberger, Klein, Knorr, Kundrát, Langley, Langley-Köhler, Lecha-Marzo, Lenz, Lepage, Levy, Lindo, Linke, Lloyd, Loof, Lothian, Luchini, Mandelin, Mangini, Marmé, Masin, Matthes-Rammstedt, Mayer, Mecke, Melzer, Neumann-Wender, Orlow-Horst, Palm, Pelouze, Pesçi, Pfister, Planta, Putt, Reichard, Riegler, Robin, Rosenthaler, Russow, Schaer, Scheibler, Schlagdenhauffen, Schneider, Schultze, Schwarzenbach, Schwarzenbach-Delffs, Selmi, Siemssen, Silva, Skey, Smith, Sonnenschein, Stas-Otto, Tanret, Thresh, Trotarelli, Tunmann, Valser, Vitali, Vreven, Vrij, Wagner, Wagner-Fresenius, Wasicky, Wenzell, Winkler, Woltering.

**Alkohol:** Anstie, Berthelot, Davy, Jacquemart, Klar, Klöcker, Kossa, Lieben, Merck, Salzer, Serullas, Stoecklin, Thresh, Toninelli, Tscheppe, Vitali.

**Alkohol** im Äther: Azzarello, Brugnatelli, Claus, Lassar-Cohn, Frederking, Mosnier, Stefanelli.

**Alkohol** in ätherischen Ölen, Äthern, Essenzen und Balsamen: Azzarello, Barbier, Bernouilly, Borsarelli, Böttger, Carles, Dragendorff, Drechsler, Fleischmann, Gawalowsky, Grassini, Hager, Meßner, Puscher.

**Alkohol** im Chloroform: Azzarello, Béhal-François, Blachez, Hager, Hardy, Koninck, Otto, Regnault, Rusconi, Vogel, Yvon.

**Alkohole:** Gavard, Neuberg, Rosenthaler, Takahashi.

**Alkohole, einwertige:** Béla v. Bittó.

**Alkohole, mehrwertige:** Baumann, Jehn, Udranszky.

**Alkohole, sekundäre:** Chancel.

**Alkohole, tertiäre:** Denigès, Hell.

**Alkohole:** primäre, sekundäre, tertiäre: (Unterscheidung): Meyer-Locher, Sabatier-Senderens.

**Allergieprobe:** Pirquet.

**Allylalkohol:** Denigès.

**Aloë:** Apéry, Bornträger, Cripps-Dymond, Dietrich, Hirschsohn, Histed, Klunge, Kremel, Léger, Meyer, Schonleben, Schoutelen, Stöder, Tschirch-Hoffbauer.

**Aloëtinktur:** Hérissey.

**Aloin:** Dietrich, Formánek.

**Aloinose:** Léger.

**Aloin-Blutreaktion:** Schaer.

**Aluminium:** Atack, Luckow, Rathgen, Reichard, Thenard, Wislicenus.

**Alypin:** Lemaire.

**Ameisensäure:** Bonnes, Comanducci, Guyot, Rupp, Serullas, Smith, Woodmann.

**Amidobenzoesäuren:** Oechsner de Coninck.

**Amidosäuren** im Harn: Abderhalden-Bergell, Levene-Beatty, Neuberg-Manasse.

**Amido-Gruppe:** Seiler-Verda.

**Amine, aromatische:** Ehrlich-Herter, Lauth, Lemoult.

**Amine, primäre:** Hofmann, Schlömann.

**Aminokörper:** Agulhon.

**Aminosäuren:** Chodat, Lippich, Ruhemann.

**Ammoniacum** (Gummi): Picard, Plugge.

**Ammoniak:** Bachmeyer, Bohlig, Carney, Cockcroft, Curtman, François, Graves, Guyot, Hager, Jaworowski, Lex, Manget-Marion, Neßler, Riegler, Thomas, Tretzel, Trillat-Turchet, Visser.

**Ammoniak** in Methylamin: François.

**Ammonsalze:** Bohlig, Eimbrodt, Hager, Neßler.

**Amygdalin:** Deacon, Formánek.

**Amylalkohol** (im Alkohol): Bornträger, Tsalapatani, Vitali, Wyss.

**Anaesthesin:** Merk.

**Anhydrogitalin:** Kraft.

**Anilide:** Denigès, Tafel.

**Anilin:** Beissenhirtz, Duflos, Duples, Fritzsche, Hofmann, Jacquemin, Letheby, Ludwig, Mène, Peset, Rosenstiehl, Runge, Wefers-Bettink.

**Anilinblau** in Mehl: Spaeth, Violette.

**Anilinfarben** in Butter: Cornelison.

**Anilinfarbstoffe:** Borghesio, Grandmougin, Malvezin, Spaeth, Violette, Vohl, Wohack.

**Anilinprobe** (Kakaoöl): Hager.

**Anthesterin:** Likiernik.

**Anthracen:** Lippmann-Pollak.

**Anthrachinon:** Schützenberger.

**Anthragallol:** Piñerúa.

**Anthranilsäure:** Pawlewski.

**Antiarin:** Kiliani.

**Antifebrin:** siehe Acetanilid.

**Antilysinreaktion:** Hohmuth, Neisser-Wechsberg.

**Antimon:** Fresenius, Hager, Himmelmann, Petersen.

**Antimonwasserstoffgas:** Winkler.

**Antipyrin:** Beringer, Bourcet, Cohn, Flückiger, Itallie, Primot, Knorr, Lindo, Sperling, Steensma, Strobel.

**Antipyrin** in Pyramidon: Bourcet, Patein.

**Antituman:** Riedel.

**Antitrypsinreaktion:** Brieger.

**Apiol:** Lutz-Oudin.

**Apoatropin in Scopolamin:** Kessel.

**Antodyne:** Gardey, Zivkovic.

**Apiol:** Jorissen.

**Apocodeïn:** Flückiger.

**Apomorphin:** Becker, Beckurts, Johannson, Köhler, Linke, Manseau, Marmé, Mecke, Orlow-Horst, Schmidt, Wangerin.

**Apomorphin im Morphin:** Bedson, Feinberg, Helch.

**Aporeïn:** Pavesi.

**Aprikosenöl im Mandelöl:** Nicklès.

**Arabin:** Ihl, Thomson.

**Arabinose:** Neumann.

**Arachisöl:** siehe Erdnußöl.

**Aragonit und Kalkspat:** Meigen, Thugutt.

**Arbutin:** Dahnon, Lemaire, Reichard, Tunmann.

**Arekolin:** Reichard.

**Aromatische Anhydride:** Bardach.

**Arsacetin:** Labat.

**Arsen:** Bell, Berzelius, Bettendorf, Bloxam, Bougault, Cadet, Carlson, Claubry, Covelli, Davy, Denigès, Ducommun, Duflos-Hirsch, Engel-Bernard, Ferraro, Flückiger, Fresenius-Babo, Freser, Gatehouse, Gautier, Gotthelf, Gutzeit, Hager, Himmelmann, Imendörffer, Johnson, de Jong, Lochmann, Loof, Marsh, Mayençon-Bergeret, Osann, Reichardt, Reinisch, Rieckher, Scheele, Schlickum, Seybel-Wikander, Sjollema, Strzyzowski, Thiele, Vournasos, Winkler, Zenger.

**Arsenwasserstoffgas:** Winkler.

**Arsenige Säure:** Covelli, Hume.

**Arsensäure:** Maderna.

**Asa foetida, Ammoniacum, Galbanum:** Lechler-Becker, Gehe.

**Asaprolreagenz:** Riegler's Reagenz auf Eiweiß.

**Asparagin:** Buckingham, Moulin.

**Aspidospermin:** Czerniewski, Fraude, Hesse.

**Aspirin:** Repiton.

**Astrolin:** Winzheimer.

**Atophanharn:** Skorczewski.

**Atoxyl:** Blumenthal, Covelli, Croner, Fiori, Labat, Monferrino.

**Atractylsäure:** Angelico.

**Atractylis-Glykosid:** Angelico.

**Atropin:** Beckurts, Brunner, Buckingham, Flükkiger, Gerrard, Gulielmo, Hager, Herbst, Johannson, Nowak-Kratschmer, Pfeiffer-Herbst, Pohl, Reichard, Reuß, Schoorl, Schweißinger, Sonnenschein, Vitali.

**Atropin—Strychnin:** Vitali.

**Auramin** in Speiseölen: Frehse.

**Azafranin:** Liebermann.

**Bagdad-Reagens:** Erdmann.

**Baryum:** Benedict.

**Basen, organische:** Charitschkoff.

**Baumwolle und Leinen:** Böttger, Elsner.

**Baumwolle in Wolle:** Jandrier.

**Baumwolle — Seide — Wolle — Leinen — vegetabilische Faserstoffe:** Böttger, Elsner, Grothe, Jacquemin, Jandrier, Lassaigne, Liebermann, Peltier, Schloßberger, Schweitzer, Wagner.

**Baumwolle,** merzerisierte: Hübner, Lange.

**Baumwollsamenöl:** siehe Cottonöl.

**Belladonnaextrakt** (Unterschied von Bilsenkrautextrakt): Stöder.

**Benzaldehyd:** Schenk-Burmeister.

**Benzidin:** Julius, Wolff.

**Benzin—Benzol:** Brandberg, Dieterich, Dragendorff, Gawalowski, Hager, Klein, Wolff.

**Benzin in Terpentinöl:** Herzfeld, Mennechet.

**Benzoësäure:** Denigès, Fleury, Hager, Halphen, Jonescu, Jorissen, Marchadier, Mohler, Schacht, Schmatolla, Scoville.

**Benzoylradical:** Denigès.

**Benzoylsuperoxyd:** Golodetz.

**Berberin:** Bauer, Beckurts, Czumpelitz, Dyson-Gordin, Perrins, Hirschhausen, Jorissen, Klunge, Reichard, Richter.

**Bernstein:** Klein.

**Bernsteinsäure:** Neuberg.

**Bienenwachs:** Buchner, Hager, Schmidt.

**Bierfarbstoffe:** Schuster.

**Bikarbonate:** Perkin.

**Bilirubin:** siehe Gallenfarbstoffe.

**Bisabol-Myrrha:** Tucholka.

**Bisulfatprobe:** de Vrij's Reaktion auf Chinin.

**Bittermandelöl:** Bourgoin.

**Bittermandelwasser:** Daclin, Garibaldi, Myttenaere.

**Biuretreaktion:** Brücke, Gorup-Besanez, Rose.

**Blauholzextrakt im Wein:** Lapeyrère.

**Blausäure:** Almén, Berl-Delpy, Benedict, Barnebey, Bourquelot-Bougault, Braun, Buignet, Chapman, Denigès, Doebner, Fröhde, Ganassini, Giffen, Guignard, Hlasiwetz, Husemann, Ittner, Lassaigne, Lea, Liebig, Lockemann, Moir, Pertusi, Preyer, Schönbein, Schönbein-Pagenstecher, Thiéry, Vortmann, Waller, Weehuizen.

**Blei:** Bollenbach, Grünwald, Tatlock.

**Blei** (im Harn): Abram, Brenstein, Trillat, Wedell.

**Blei** im **Trinkwasser:** Blyth, Iwanow, Moffat.

**Blei** im **Zinn:** Bobierre, Fordos.

**Bleichung von Mehl:** Buchwald-Treml.

**Blut:** Abeles, Adler, Albarran, Almen, Ascarelli, Assanelli, Baecchi, Bang, Baraldi, Bardach, Bardach-Silberstein, Boas, Bordas, Brücke, Bufalini, Bürker, Citron, Deen, Deleard, Doebner, Dominicis, Donogany, Einhorn, Falk, Fetzer, Filomusi, Fleig, Florence, Fürth, Ganassini, Ganter, Gehrmann, Greeff, Grigoriew, Groat, Hayem, Heller, Heller-Teichmann, Helwig, Holland, Hühnerfeld, Inouye, Jager, Károly, Klimon, Knack, Kossa, Ladendorf, Larass, Lavdowsky, Lecha-Marzo, Lechini, Leers, Lochte, Macweeney, Messerschmidt, Mialhe, Müller, Ravenna, Reich, Riegler, Riva, Rodillon, Rossel, Ruttan, Schaer, Schlesinger-Holst, Schmelck, Schönbein, Schumm, Selmi, Shrewsbury, Slowzow, Sonnenschein, Spehl, Struve, Strzyzowski, Symon, Teichmann, Telmon, Triboulet, Utz, Wackers, Wagner, Walter, Weber, Wolff, Zoeppritz.

**Blut** neben **Eiter:** Vitali.

**Blutflecke:** Bufalini, Gantter, Gigli, Helwig, Mialhe, Schmelck, Schönbein.

**Blutzucker:** Kowarsky.

**Bodensäure:** Loew.

**Bombay-Macis** in Muskatblütenpulver: Böhm, Busse, Frühling, Hefelmann, Muter-Hackmann, Pritchard, Schindler, Stoepel, Waage.

**Borax:** Reichard, Turner.

**Borsäure:** Alcock, Cassal-Gorraus, Castellana, Pieszczek, Robin, Rosenbladt.

**Brechweinstein:** Claus.

**Brenzkatechin** siehe Pyrokatechin.

**Brenztraubensäure:** Piñerúa.

**Brom:** Baubigny, Denigès, Pozzi-Escot, Hager, Guareschi, Jolles, Kastle, Salkowski.

**Bromoform:** Dresgrez, Dupouy.

**Bromsäure** (Bromate): Foges.

**Brucin:** Arnold, Buckingham, Cotton, Dragendorff, Erdmann, Flückiger, Formánek, Fraude, Fröhde, Hager, Johannson, Luchini, Pander, Pelletier, Reichard, Smith, Sonnenschein.

**Buchenteer:** Unterscheidung von Birken-, Tannen-, Wachholderteer: Hirschsohn.

**Butter** (Butterprobe): Bach, Ballard, Bischoff, Drouot, Filsinger, Hager, Hehner, Horsley, Husson, Jahr, Reichard, Schönvogel.

**Butylchloralhydrat:** Gabutti.

**Cadmium:** Denigès, Lemaire.

**Caesium:** Ball, Godeffroy, Huysse, Stolba.

**Calcit u. Dolomit:** Cornu, Thugutt.

**Calcium:** Benedict, Sonstadt.

**Calomel:** Baroni.

**Calotropin:** Lewin.

**Calycanthin:** Gordin.

**Calycin:** Zopf.

**Cannabinon:** Czerkis.

**Cannabisextrakt:** Glücksmann.

**Cantharidin:** Eboli.

**Caramel:** Ronnet.

**Carbaminsäure:** Abel-Drechsel.

**Carbazol und Pyrrol:** Denigès, Hooker.

**Carbodioxydprobe** (Kohlendioxydprobe): Kubli's Reaktion auf Chinin.

**Carbonylderivate:** Toschi.

**Carminprobe:** Strauss.

**Carotin:** Tswett, Willstätter.

**Cascaraextrakt:** Kröber.

**Caulophyllin:** Gilbard.

**Cellulose:** Batka, Behrens, Groß-Bevan, Cutolo, Kleps, Knop, Mangin, Péligot, Procter-Hirst, Schultze.

**Cephaëlin:** siehe Emetin.

**Ceresin** im Bienenwachs: Buchner.

**Ceresin** im Paraffin: Gräfe.

**Ceriumoxyduloxyd:** Plugge, Wirth.

**Cevadin:** Trapp, Weppen.

**Ceylon-Zimtöl:** Billon.

**Champignon:** Löwy.

**Chelerythrin:** Orlow-Horst.

**Chelidonin:** Battandier, Bronciner, Kügelgen, Orlow-Horst.

**Chenopodiumsamen** im Mehl: Vogel.

**Chinaalkaloide** (Differenzierung): Denigès, Hesse, Lyons, Meßner, Reichard, Warren, Watson.

**Chinarinde:** Grahe.

**Chinasäure:** Guyot.

**Chinidin:** Brandes, Buckingham, Fröhde, Hirschsohn, Johannson, Lenz, Meßner, Vreven.

**Chinin:** Abensour, André, Battandier, Beckurts, Blaise, Brandes, Buckingham, Candussio, Christensen, Czumpelitz, Denigès, Eiloart, Flückiger, Fröhde, Herapath, Hesse, Hirschsohn, Hoper-André, Hyde, Jaworowsky, Johannson, Jörgensen, Kerner, Kletzinski, Lenz, Madsen, Manson, Meßner, Polacci, Sonnenschein, Tsalapatani, Vitali, Vogel, Vondrasek, Vrij, Vulpius, la Wall, Weller, Woltering.

**Chinin-Cinchonin-Cinchonidin:** Beckurts, Bukkingham, Calvert, Hirschsohn, Lenz, Meßner, Palm, Reichard, Schäfer.

**Chinoidin:** Reichard.

**Chinolin:** Donath.

**Chlor:** Ellms-Hauser, Genlis, Hager, Phelps, Villier-Fayolle.

**Chlor in Benzaldehyd:** Herzog, Heyl, Rupp.

**Chlor in Benzoesäure:** Raikow, Rupp, Wende.

**Chlor in Chloroform:** Budde.

**Chlor in Jod:** Bouge.

**Chlor in Kampfer:** Richter.

**Chlor** in **Salzsäure:** Kupferschläger, Roy.

**Chloral:** Covelli, Crismer, Dresgrez, Jona, Schwarz.

**Chloralhydrat:** Gabutti, Hirschfeld, Hirschsohn, Jaworowski, Meyer-Haffter, Ogston.

**Chloralreagens:** Hehn, Hirschsohn.

**Chlorate:** siehe Chlorsäure.

**Chloreton:** Denigès.

**Chloride:** Hoogoliet.

**Chloroform:** Baudrimont, Crismer, Desgrez, Dupouy, Hager, Hofmann, Lustgarten, Maréchal, Regnault, Schmiedeberg, Schwarz, Soubeiran, Vitali.

**Chlorogeninsäure:** Charaux, Gorter.

**Chloromorphid:** Boehringer, Frerichs.

**Chlorophyll:** Richaud-Bidot.

**Chlorsäure:** Böttger, Denigès, Foges, Lafitte, Piñerúa, Virgili, Vitali.

**Chlorstickstoff:** Keppeler.

**Cholecyaninreaktion:** Stockvis.

**Cholerabakterien:** Bujwid, Cahen.

**Cholerareaktion:** Bujwid.

**Cholerarotreaktion:** Bujwid (Reaktion auf Cholerabakterien). Siehe auch Indol.

**Cholesterin:** Burchard, Denigès, Dorée-Gardner, Forster-Riechelmann, Golodetz, Hager, Hesse, Hirschsohn, Jäger, Kreis, Liebermann, Lifschütz, Mayer, Moleschott, Neuberg, Obermüller, Salkowski, Schiff, Tanret, Tschugajeff, Udranszky, Weltmann, Weston, Windaus.

**Cholestolreaktion:** Baudisch, Liebermann.

**Cholin:** Allen, Hunt-Taveau, Kauffmann-Vorländer, Kinoshita, Mott-Haliburton, Rosenheim, Staněk.

**Cholin-Neurin:** Brieger, Hofmann-Höbold.

**Cholsäure:** Hammarsten, Mylius.

**Cholin-Neurin:** Brieger.

**Cholsäure:** Ville.

**Chromate:** siehe Chromsäure.

**Chromatpulver:** de Vrij's Reaktion auf Chinin.

**Chromoxyd:** Jankowitsch.

**Chromsalze:** Alcock, Seyda.

**Chromsäure:** Barreswil, Cazeneuve, Donath, Eck, Karlslake, Koenig, Meyerfeld, Schiff, Storer, Wildenstein.

**Chrysen:** Lippmann-Pollak.

**Chrysophansäure:** Leger, Liebermann, Piñerúa.

**Chrysaminsäure:Reaktion:** Kremel.

**Chrysazolin:** Piñerúa.

**Cichorienfarbstoff:** Popescu.

**Cicutin:** Torrese.

**Cinchonamin:** Beckurts.

**Cinchonidin** im Chinin: Hesse, Kruysse.

**Cinchonin:** Beckurts, Bill, Buckingham, Johannson, Lenz, Meßner, Seligsohn, Woltering.

**Cinnamylcocain:** Liebermann.

**Citarin:** Goldmann.

**Cineol** in ätherischen Ölen: Hirschsohn.

**Citronenöl:** Heppe.

**Citronensäure:** Barbet, Broeksmit, Chapman-Smith, Denigès, Devarda, Häußler, Lucchini, Mean, Merk, Monnier, Neßler, Piñerúa, Rosenthaler, Sabanin-Laskowsky, Stahre.

**Cobalt:** Atack, Bacovesco, Braun, Chapin, Charitschkoff, Danziger, Donath, Fischer, Guérin, Jaworowski, Knorre, Piñerúa, Pozzi-Escot, Reichard, Rusting, Schönn, Skey, Tattersall, Tyro, Vogel, Weil, Werner.

**Cocaïn:** Aurelj, Beckurts, Biel, Calmels, Denigès, Einhorn, Flückiger, Giesel, Göldner, Greittherr, Guareschi, Hankin, Johannson, Kuborne, Lenz, Lossen, Mezger, Patein, Paul, Reichard, Saporetti, Schärges, Schell, Scherbatschew, Seiter-Enger, Siemssen, Silva, Sonnenschein, Vitali.

**Cocaïn-Eucaïn:** Eigel.

**Cocosfett:** Bellier.

**Codeïn:** Anderson, Baby, Beckurts, Buckingham, Calmberg, Fröhde, Gabutti, Hager, Hesse, Johannson, Kobert, Lafon, Linke, Lucchini, Manseau, Marmé, Mecke, Orlow-Horst, Raby, Reichard, Smith, Tattersall, Taylor, Vitali, Woltering.

**Codeïn-Dionin:** Rodionow.

**Coffeïn:** Archetti, Armani, Buckingham, Delffs, Rochleder, Schwarzenbach, Stenhouse.

**Cognac:** Wiederhold.

**Colaextrakt:** Glücksmann.

**Colchiceïn** im Colchicin: Kremel.

**Colchicin:** Authenrieth, Barillot, Beckurts, Dannenberg, Flückiger, Fröhde, Hager, Hertel, Johannson, Kippenberger, Kremel, Kubel, Reichard, Struve, Zeisel.

**Colloidale Metallösungen:** Vanino.

**Colloide:** Zsigmondy.

**Colocynthin:** Fröhde.

**Colophonium** in Naphthalin: Hodurek.

**Colophonium** im Tolubalsam, Copaivabalsam und Guajakharz: Förster, Gorris, Hirschsohn, Perrot, Sans, Walbum.

**Coloquinthenextrakt:** Glücksmann.

**Columbin:** Tunmann.

**Condurangin:** Dragendorff, Firbas.

**Conhydrin:** Dilling.

**Coniceïn:** Dilling.

**Coniferenholz:** Linde.

**Coniferin:** Molisch, Tiemann.

**Coniin:** Arnold, Dilling, Fröhde, Gabutti, Guareschi, Johannson, Liebermann, Melzer, Reichard, Vitali-Stroppa.

**Coniin-Nicotin:** Guareschi, Heut, Melzer, Selmi.

**Conjunktivalreaktion:** Wolff-Eisner.

**Convallarin, Convallamarin:** Reichard.

**Copaivabalsam:** Enell, Flückiger, Gehe, Hager Hirschsohn, Itallie-Nieuwland, Quincke.

**Cornutin:** Kazay.

**Corydalin:** Orlow-Horst.

**Cotoin:** Formánek.

**Cottonöl** (in Olivenöl, Schweinefett etc.): Bechi, Bechi-Hehner, Bradford, Cavalli, Conroy, Deiß, Gantter, Garnier, Gastaldi, Halphen, Hauchecorne, Hirschsohn, Labiche, Millian, Perkin, Soltsien, Souchère, Tortelli-Ruggeri, Utz, Wolfbauer, Zecchini.

**Crotonöl-Reaktion** (Tuberkulose): Campani.

**Cubebenextrakt:** Glücksmann.

**Cubebin:** Czumpelitz, Jorissen.

**Cumarin** in Vanillin: Hess-Prescot.

**Cupraloinreaktion:** Klunge.

**Cuprein:** Denigès.

**Cupri** neben **Cuprosalzen:** Carletti.

**Curarin:** Dragendorff, Flückiger.

**Curcuma** in Drogenpulvern: Arzberger, Anselmier, Bell, Griggi, Howie, Maisch.

**Cutitanato-Reaktion:** de Dominicis.

**Cyanidiertes Eisenchlorid:** Hager.

**Cyanursäure:** Hofmann.

**Cyanwasserstoff:** siehe Blausäure.

**Cyclohexylidentetramethyldiamidodiphenylmethan:** Wahl-Meyer.

**Cysteïn:** Andreasch, Arnold, Heffter, Suter.

**Cystin:** Abderhalden, Baumann, Causse, Goldmann-Baumann, Liebig, Mauthner, Müller, Neuberg-Manasse, Partheil, Patten, Riza, Udranszky-Baumann.

**Cytisin:** v. d. Moer, Rauwerda.

**Cytosin:** Wheeler.

**Dammarharz:** Stewart.

**Daturin:** Vitali.

**Delphinin:** Czumpelitz, Jorissen, Sonnenschein, Tattersall.

**Denaturierter Spiritus:** Denigès.

**Dextrin:** Lipp, Rivat, Roussin.

**Diabetesprobe:** Kühn, Strzyzowski.

**Diacetylreaktion:** Harden-Norris.

**Diamidophenol:** Cerbeland.

**Diamine:** Baumann, Hinzberg.

**Diastase:** Lintner, Neumann-Wender, Wiesner, Wohlgemuth.

**Diazoreaktion** (des Harns): Brunner, Clemens, Ehrlich, Friedenwald-Ehrlich, Heflebower, Welwart.

**Diazoreagens:** Riegler's Reagens auf Harnsäure.

**Didym:** Couquet, Pozzi-Escot.

**Gelsemin:** Sayre, Schwarz.

**Gelseminin:** Robins, Sayre, Wormsley.

**Gelseminsäure:** Wormsley.

**Gelsemoidin:** Sayre.

**Gerbsäure:** Baemes, Böttinger, Büchner, David, Gardiner, Grießmayer, Lutz, Menger, Nasse, Procter, Ruoss, Sanio, Seyda, Vogel, Wislicenus.

**Gerbstoffe** (im Wein): Carpené, Cavazza, Denigès, Eitner-Meerkatz, Gautier, Hartwich, Kelhofer, Lutz, Nierenstein, Philip, Procter, Styasni.

**Gespinstfasern:** siehe Baumwolle — Seide — Wolle etc.

**Gitalin:** Kraft.

**Glaucin:** Battandier.

**Globuline:** Pohl.

**Glukose** (im Harn): Agostini, Allen, Allihn, Almén, Arndt, Baeyer, Bang, Barfoed, Barreswil, Becquerel, Behrendt, Benedict, Bertrand, Bilinski, Biltz, Bizzari, Böttger, Bonnans, Bottu, Bouchardat, Braun, Brücke, Buchner, Campani, Capezzuoli, Carpené, Carrez, Causse, Chavassieu, Clausnitzer, Christophor, Crismer, Criswell, Degener, Drechsel, Dudley, Dumontpallier, Duyk, Eiger, Einhorn, Esprit, Fehling, Fenton, Fillinger, Fischer, Focke, Francqui, Fröhlich, Frommherz, Gaud, Gause, Gawalowski, Gentele, Gerhardt, Gerard, Glaßmann, Goff, Gräger, Griggi, Grocco, Grünewald, Guignet, Hager, Hager-Gawalowski, Haines, Hasselbach, Haußmann, Hehner, Heinrich, Heller, Herzfeld, Hinkel, Hoppe-Seyler, Horsley, Huizinga, Ihl, de Jager, Jaksch, Jaworowski, Johnson, Kahl, Kellas-Wethered, Kendall, Kletzinsky, Knapp, Kowarski, Krause, Krüger, Kumagawa, Lagrange, Lamanna, Lehmann, Lidforß, Linde-Molisch, Lindo, Longworth, Löwe, Löwenthal, Luff, Luther-Udranszky, Lutons, Maridet, Marson, Matthieu-Plessy, Maumené, Mayezima, Merck, Monnier, Moore-Heller, Moore-Pelouze, Moritz, Mohlisch, Mulder, Neitzel, Neumann, Neumann-Wender, Nylander, Oliver, Ost, Otto, Pavy, Pellet, Penzoldt, Peska, Pflüger, Pflüger-Allihn, Piffard, Pinoff, Pollacci, Pollitis, Preuß, Purdy, Quirini, Rank, Reidisch, Reinbold, Riegler, Roberts, Rosenbach, Rosenthaler, Rossel, Rubner, Ruini, Rusting, Sachsse, Sachsse-Heinrich, Sahli, Salkowski, Salm, Schiff, Schmid, Schmidt, Schmiedeberg, Schreiber, Schwarz, Seegen, Senft, Shieb, Sjollema, Soldaïni, Sonnenberg, Sonnerat, Soxhlet, Städeler-Krause, Sydney-Cole, Thiéry, Tollens, Trommer, Udranszky, Ventre, Vernon, Violette, Vogel, Wayne, Wender, Wolff, Worm-Müller, Zülzer.

**Glukose im Blute:** Bonnans, Bremer, Herzfeld, Reicher-Stein, Williamson.

**Glukose-Lävulose:** Stahel.

**Glukosen:** Sjollema.

**Glycerin:** Barbsche, Deiß, Denigès, Hager, Kohn, Linde, Luchsinger, Nicloux, Reichel, Ritsert, Rubner, Senier-Lowe, Zeisel-Fanto.

**Glycyltryptophanreaktion:** Neubauer - Fischer, Pollak-Lenk.

**Glykogen:** Brückner, Goldstein, Kato, Simon.

**Glykokoll** (Amidoessigsäure): Chelle, Denigès, Engel, Horsford.

**Glykolsäure:** Denigès.

**Glykoside:** Brunner, Formánek, Jorissen, Kundrát, Luchini, Molisch, Schlagdenhauffen.

**Glykotannoide:** Kunz-Krause.

**Glykuronsäure:** Goldschmiedt, Grünewald, Neumann, Tollens.

**Glyoxylsäure:** Adler, Böttinger, Duppa-Perkin, Eppinger, Schloss, Simon-Chavanne.

**Gold** (in Tonbädern): Armani, Braun, Carney, Carnot, Dauvé, Donau, Malatesta, Pozzi-Escot, Saul, Siemssen, Stähler, Vanino.

**Gonorrhoe:** Sakaguchi.

**Granatwurzelextrakt:** Glücksmann, Kremel.

**Gruppenfällungs-Reagenzien:** Orlowski, Schiff, Vogtherr.

**Guajak-Blutreaktion:** Almén, Brücke, Deen, Falk, Hühnerfeld, Ladendorf, Weber.

**Guajakharz:** Hager, Hirschsohn, Weigel.

**Guajakol:** Guérin, Jaworowski, Torti.

**Guanidin:** Ackermann, Prelinger.

**Guanin:** Burian, Capranika, Giacomo.

**Gummi:** Payet, Reiche, Roussin, Vamvakas.

**Gummi, indischer:** Scoville.

**Gurjun** in ätherischen Ölen: Hirschsohn.

**Gurjun** in Copaivabalsam: Dodge-Olcott, Enell, Flückiger, Hirschsohn, Turner, Vanderkleed.

**Halogene** in organischen Verbindungen: Beilstein, Raikow.

**Hamamelisextrakt:** Glücksmann.

**Hämatoporphyrin:** Garrod.

**Hämoglobin:** Kobert, Lidow, Stooke.

**Hämolysinreaktion:** Kafka, Weil.

**Harnsäure:** Arthaud-Butte, Aufrecht, Babo, Bretet, Brugsch, Cervello, Denigès, Dietrich, Dimmock, Folin-Denis, Folin-Macallum, Fokker, Ganassini, Garrod, Gigli, Huppert, Jaksch, Kowarsky, Ludwig, Luedy, Malerba, Maschke, Offer, Pflüger-Bleibtreu, Riegler, Rosenberg, Roethlisberger, Schiff, Schöndorff, Stadthagen, Vitali.

**Harnstoff:** Blarez, Bloxam, Brücke, Clarens, Davy, Fenton, Fosse, Goldschmidt, Hahn, Hüfner, Job-Clarens, Kristeller, Leturc, Liebig, Long, Marshall, May, Moreigne, Musculus,

Oechsner de Coninck, Pflüger-Bleibtreu, Riegler, Schiff, Schröder, Squibb, Takeuchi, Wiedemann.

**Härtebestimmung** des Wassers: Blacher, Boutron-Boudet, Clark, Gawalowski, Wilson.

**Harze:** Ellram, Hicks, Unverdorben-Franchimont.

**Harz** im Wachs: Donath, Schmidt.

**Harz** und **Harzöl in Ölen**: Cornette, Demski-Morawski, Halphen, Holde, Itallie, Storch-Morawski.

**Harzessenz:** Grimaldi.

**Harzsäuren** im Harn: Alexander.

**Hautreagenzien:** Unna-Golodetz.

**Hefeextrakt** in **Fleischextrakt:** Searl, Wintgen.

**Helleborein:** Unverhau.

**Helminthiasis:** Jefimow.

**Hemibilirubin:** Fischer.

**Henna:** Cerbeland.

**Herapathitreagens:** Christensen, Madsen.

**Hermophenyl:** Barral.

**Herniariaextrakt:** Kollo.

**Hernia-Heroin:** Goldmann, Kobert, Mindes, Wesenberg, Zernik.

**Hetralin:** Zernik.

**Hexamethylentetramin**: Denigès, Grosz, Labat, Rosenthaler, Rouillard, Schmiz, Surre.

**Hexosen:** Fenton.

**Hippursäure:** Dehn, Denigès, Lücke, Phipson.

**Histidin**: Fränkel, Hedin, Herzog, Knoop, Kossel, Pauly.

**Histon** im Harn: Jolles.

**Holzgeist:** siehe Methylalkohol.

**Holzstoff** (in Papier): Behrend, Bergé, Combes, Czapek, Dahlmann, Grafe, Grandmougin, Hegler, Höhnel, Ihl, Kaiser, Kielmeyer, Mattirolo, Molisch, Niggl, Piutti, Renker, Runge, Schapringer, Schneider, Seeliger, Valenta, Votoček, Wheeler, Wiesner, Wolesky, Wurster.

**Holzteer:** Tonegutti.

**Homoeriodictyol:** Power-Tutin.

**Homogentisinsäure:** Denigès, Garrod, Huppert, Meyer-Schumm, Mörner.

**Honig:** Jägerschmid, Ley, Marpmann.

**Hordenin:** Denigès, Labat.

**Hühnereiweiß:** Reichard.

**Hydrastin:** Hirschhausen, Lyons, Vitali.

**Hydrastisextrakt:** Glücksmann.

**Hydrastinin:** Jorissen.

**Hydrochinon:** Lemaire, Maldiney, Wolkow.

**Hydrostrychninreagens:** Denigès.

**Hydroxylamin:** Angeli, Ball, Simon.

**Hydroxylgruppe:** Bacovesco, Guérin, Rosenthaler, Tschugajeff.

**Hyoscyamin:** Beckurts, Gerrard.

**Hyperglykämie:** Bang, Roth.

**Hypoquebrachin:** Hesse.

**Hyposulfite:** Arnold-Mentzel, Gutmann, de Koninck, Lea, Musset, Presch, Reynold, Salkowski.

**Hypoxanthin:** Burian, Kossel, Weidel.

**Imperatorin:** Bronciner.

**Imperialin:** Fragner.

**Indamin-Reaktion:** Kreis, Erdmann.

**Inden:** Denigès.

**Indigo** u. **Methylenblau:** Golla.

**Indikan** (im Harn): Amann, Baeyer, Barberio, Bélières, Beyerink, Bouma, Carter, Ehrlich, Graziani, Gürber, Hammarsten, Heller, Holland, Imabuchi, Jolles, Jaffé, Klett, Landolfi, Lavalle, Lelli, Loubiou, Mac Munn, Maillard, Monfet, Nicolas, Obermayer, Pfleiderer, Porcher-Hervieux, Pozzi-Escot, Primavera, Rhein, Riegler, Rossi, Salkowski, Stanford, Stange, Stockvis, Strzyzowski, Weber, Wolowski.

**Indikatoren** für Alkalimetri, Acidimetrie etc.: Artus, Authenrieth, Barnebey, Barthe, Bernhardt, Brandt, Campanella, Citron, Degener, Duyk, Eckerlin, Engel-Ville, Ehrlich, Fenton, Ferencz, Forbes, Fuld, Gawalowski, Goppelsröder, Hewitt, Hottinger, Kaufmann-Vonderwahl, Kirschnik, Knowles, Lachaux, Langbeck, Luckow, Mellet, Meßner, Milbauer-Staněk, Miller, Niece, Ossendowsky, Pozzi-Escot, Prätorius, Reichard, Robin, Runyan, Rupp-Loose, Rupp-Seegers, Sacher, Scheitz, Snapper, Schönbein, Sörensen, Thomson, Tröger-Hille, Walbum, Watson.

**Indirubin** im Harn: Rosenbach.

**Indium:** Huysse.

**Indigurit-Reagens:** Funck.

**Indol:** Angeli, Antonoff, Baeyer, Baudisch, Blumenthal, Buard, Böhme, Dané, Denigès, Gorter, Herder-Foster, Hopkins, Kitasato-Salkowski, Konto, Légal, Morelli, Moewes, Nencki, Nonotte, Pickering, Salkowski, Steensma, Tobey.

**Indolessigsäure:** Herter, Salkowski.

**Indolreaktion:** Niggl.

**Indopheninreaktion:** Meyer's Reaktion auf Thiophen.

**Indophenolreaktion:** Dragendorff u. Jacquemin's Reaktion auf Phenol, Huppert.

**Indoxylschwefelsäure** im Harn: siehe Indikan.

**Inosit:** Denigès, Gallois, Perrin, Salkowski, Scherer, Seidel.

**Invertzucker** (im Honig): Hartmann, Litterscheid.

**Ionidin:** Brindejonc.

**Iridol:** Nickel.

**Isatinsalzsäure:** Bouma.

**Isatinschwefelsäure:** Denigès.

**Isocholesterin:** Schulze.

**Isocytosin:** Wheeler.

**Isoeugenol:** siehe Eugenol.

**Isonitrilreaktion:** Hofmann (Chloroform — primäre Amine).

**Isopral:** Zernik.

**Isopurpursäurereaktion:** Lea, Rymsza.

**Jalappenharz:** Deér.

**Jod** im Blut: Karfunkel.

**Jod** in Bromsalzen: Cesaris.

**Jod** in Pflanzenteilen: Golenkin.

**Jod** im Salpeter: Stein.

**Jod im Speichel:** Lewin.

**Jod** (im Harn): Alfraise, Ehrmann, Harnack, Holmgren, Jolles, Kastle, Lesser, Merk, Pfau, Reichardt, Riegler, Sandlund, Schumacher, Tessier, Zulkowsky.

**Jodölreagens:** Landau.

**Jodoform:** Dupouy, Greshoff, Lustgarten, Melckebeke, Stubenrauch, Vitali.

**Jodsäure** (in Salpetersäure): Loof, Pollacci.

**Jodzahl-Bestimmung:** Hanus, Hübl, Hübl-Waller, Welmans, Wijs.

**Juniperus Sabina:** Hämäläinen, Mameli.

**Jute:** Cross-Bevan.

**Kairin:** Cohn, Schweissinger.

**Kakaoöl:** Björklund, Filsinger, Hager.

**Kakodylate — Methylarsinate:** Bougault, Schulz.

**Kalium:** Bühlmann, Bowser, Burgess, Campani, Carnot, Curtman, Erdmann, Heintz, Huysse, de Koninck, Mac Callum, Meyer, Pauly, Piccinini, Plunkett, Salkowski, Schlicht, Schlösing, Stolba, Teeter, Winkler, Wörner.

**Kaliumdichromat** in Milch: Grewing.

**Kalk** im Harn: Rodillon.

**Kalk in Zement:** White.

**Kaliumbromat** in Bromid: Nicola.

**Kaliumchlorat:** Schultz.

**Kampfer** (natürlicher): Lenz.

**Kampfer** (künstlicher): Bailey, Baselli, Bohrisch, Dumont.

**Kampfersäure:** Kunz-Krause.

**Karamel:** Jägerschmid, Lichthardt, Marsh, Schenk.

**Kartoffelstärke:** Blunck.

**Karzinomprobe:** Davis, Dungern, Elsberg, Graf-Röhmer, Salomon, Torday-Wiener, Wallin, Weinstein, Welwart.

**Keratine:** Unna-Golodetz.

**Kermesbeerfarbstoff** im Wein: Heise, Hilger-Mai.

**Kernprobe:** Fuchs-Lintz, Schmidt.

**Ketone:** Béla v. Bittó, Böeseken, Bruylants, Fischer, Gayon, Gayon-Mohler, Gillet-Hains, Jaworowski, Rosenthaler, Thiele.

**Ketohexosen:** Fenton.

**Kienöl** in Terpentinöl: Herzfeld, Leuchter, Piest.

**Kienöl,** russisches: Pikos.

**Kieselfluorwasserstoff:** Gawalowski.

**Kieselsäure:** Barfoed, Herrmann.

**Kirschbranntwein:** Desaga.

**Kirschlorbeerwasser:** Myttenaere.

**Kohlehydrate:** Adler, Baumann, Carletti, Fleig, Ihl, Molisch, Neitzel, Otori, Schiff, Udranszky.

**Kohlendioxydprobe:** Kubli's Reaktion auf Chinin.

**Kohlenoxyd** (in Luft und Blut): Berthelot, Böttger, Brunck, Dejust, Dominicis, Eulenberg, Fodor, Gruber, Habermann, Hoppe-Seyler, Horoszkiewicz, Ipsen, Katayama, Kunkel, Kunkel-Welzel, Landois, Mermet, Michel, Preyer, Rubner, Salkowski, Schulz, Waegner, Welzel, Weyl-Anrep, Winkler, Zaleski.

**Kohlensäure** (im Trinkwasser): Bitter, Heidenhain, Pettenkofer.

**Kohlenstoffverbindungen:** Nickel.

**Kohlenwasserstoffe, aromatische:** Hilpert-Wolf, Lippmann-Pollak.

**Kohlenwasserstoffe der Acetylenreihe:** Béhal.

**Kokosfett** in Schweinefett: Hoton.

**Kompressions-Reaktion:** Geigel.

**Konjunktivalreaktion:** Wolff-Eisner.

**Kopal:** Klein.

**Kornrade** im Mehl: Medicus-Kober, Petermann, Uffelmann.

**Kramatomethode** auf Arsen: Hager.

**Kreatin:** Erlenmeyer, Kossel, Urano.

**Kreatinin:** Bittó, Folin, Hofmeister, Jaffé, Kerner, Kolisch, Kramm, Maschke, Mayerhofer, Neubauer, Pflüger-Bleibtreu, Salkowski, Thudichum, Weyl.

**Kreosot-Guajakol:** Vitali, Vreven.

**Kreosot-Phenol:** siehe Phenol-Kreosot.

**Kresol,** ortho- oder para-: Denigès, Goedike, Jaksch, Udranszky.

**Kresol-Phenol:** Arnold-Mentzel, Arnold-Werner.

**Krötengift:** Bufalini.

**Kryogenin:** Barral, Courand, Denigès, Patein, Pégurier, Primot.

**Kryofin** im Harn: Schreiber.

**Kunsthonig:** Browne, Fiehe, Soltsien.

**Kunstseide:** Maschner.

**Kupfer:** Aliamet, Bach, Baudisch, Bourquelot-Bougault, Bradley, Cailletet, Cazeneuve, Charitschkoff, Cresti, Denigès, Ebert, Endemann-Prochazka, Hager, Hatschett, Jannasch-Biedermann, Jaworowski, Kahn, Knecht, Knorre, Lyle, Meerburg-Filipps, Menyhért, Pozzi-Escot, Rhead, Sabatier, Schenk, Schönbein, Springer, Uhlenhuth, Volcy-Boucher.

**Kupfer** in Ölen: Cailletet.

**Kupferlösung (alkalische)** zum Glukosenachweis: Barreswil, Bonnans, Buchner, Criswell, Degener, Fehling, Frommherz, Gaud, Gerrard, Gräger, Guignet, Haines, Haußmann, Hehner, Horsley, Lagrange, Lidforß, Löwe, Luff, Moritz, Ost, Otto, Pavy, Pellet, Peska, Pollitis, Purdy, Rossel, Schmiedeberg, Schreiber, Soldaïni, Sonnerat, Soxhlet, Staedeler-Krause, Trommer, Violette, Wayne, Worm-Müller.

**Kupferoxydsalze:** Harrison-Kelly, Ling-Rendle, Thoms.

**Kutireaktion:** Liguières, Pirquet.

**Kynurensäure:** Baumann, Hofmeister, Jaffé, Kretschky.

**Lackmusmolke:** Petruschky, Seitz.

**Laudanosin:** Kauder.

**Lävulose:** Borchardt, Grünewald, Herzfeld-Niedschlag, Jolles, Neuberg, Pieraerts, Pinoff, Pinoff-Gude, Seliwanoff, Sieben, Tollens.

**Leberfunktionsprüfung:** Ghedini, Rowntree, Sandro.

**Lebertran:** Ciupercesco, Hager-Salkowski, Kreis, Liebermann-Vogt, Meyer, Milrath, Ranvez, Tortelli, Volland, Vreven.

**Lecithin:** Casanova, Orlow, Raspail.

**Leim:** Salkowski, Schmidt.

**Leinen:** siehe Baumwolle.

**Leinöl:** Halphen.

**Leucin:** Hofmeister, Lippich, Scherer, Wurster.

**Leukämie:** Brandenburg-Meyer.

**Lipochromreaktion:** Hager-Salkowski's Reaktion auf Lebertran, Liebermann.

**Lignin:** siehe Holzstoff.

**Lignocellulose:** Cross-Bevan.

**Lignosulfosaurer Kalk:** Klason.

**Lithium:** Benedict, Hager.

**Luteïn:** Weyl.

**Lycopin:** Willstätter.

**Lysidin:** Ladenburg.

**Magengeschwüre:** Einhorn.

**Magenkrebs:** Neubauer-Fischer.

**Magenmotilität:** Boas.

**Magnesium:** Denigès, Frank, Grimbert, Schaffgotsch, Schlagdenhauffen.

**Maisstärke** im Weizenmehl: Baumann.

**Malonsäure:** Kleemann.

**Maltose** in Glukose: Grimbert.

**Malvenblütenfarbstoff:** Straub.

**Mandelöl:** Bieber.

**Mangan:** Betts, Crum, Denigès, Duyk, Hoppe-Seyler, Klein, de Koninck, Marshall, Pichard, Reddrop, Sacher, Tillmans-Mildner, Trillat, Vitali, Volhard, Wagenaar.

**Mannit:** Guignet, (Wefers-)Bettink.

**Margarine** in Butter: Drouot.

**Martiusgelb** (in Teigwaren): Schäffer.

**Maté oder Tee:** Lylle.

**Meconin:** Buckingham.

**Meerzwiebelextrakt:** Glücksmann.

**Mehl,** gebleichtes: Fleurent, Shaw.

**Mehrwertige Alkohole:** siehe Alkohole.

**Meiostagminreaktion:** Ascoli.

**Melanin** (im Harn): Adler, Eiselt, Jaksch, Zeller.

**Melanogen** (im Harn): Jaksch.

**Meningitis:** Danielopolu, Jacobsthal.

**Menschen-** oder **Tierblut:** Filomusi.

**Menthol:** Duriese.

**Mercaptane:** Denigès, Nencki.

**Metalloxyde:** Tichborne.

**Metallsalze:** Bacovesco, Cazeneuve, Großmann-Schück, Pozzi-Escot, Vassallo.

**Metazinnsäure:** Bayerlein.

**Methan:** Hauser-Herzfeld.

**Methylalkohol** im Äther: Langbeck.

**Methylalkohol** (in Äthylalkohol): Aufrecht, Aweng, Berthelot, Cazeneuve-Cotton, Chorezki, Denigès, Engelhardt, Fendler, Güth, Habermann - Östreicher, Haigh, Hellriegel, Hinkel, Isono, Joung, Kahn, Klein, Manzoff,

Miller, Mulliken-Scudder, Nakai, Pieszczek, Prescott, Raikow, Reichardt, Reynolds, Riche-Bardy, Rupp, Sadtler, Sailer, Sanglé, Schirmer, Scudder-Riggs, Trillat, Tuck, Ure, Voisenet, Vorisek, Wirthle, Wolf.

**Methylamin** in Ammoniak: Tsalapatani.

**Methylamine:** Henry.

**Methylarsinate:** Bougault.

**Methylenblau** u. **Indigo:** Golla.

**Methylenblau-Methylengrün:** Grandmougin.

**Methylfurfurol:** Fenton.

**Methylgelatine:** Skraup.

**Methylimidgruppe:** Kunz-Krause.

**Methyllaktat:** Takahashi.

**Methylpentosen:** Rosenthaler.

**Milch** (ob gekocht oder ungekocht): Arnold-Mentzel, Arnold-Weber, Bernstein, Bruère, Carcano, Dupouy, Gaucher, Rochaix, du Roi-Köhler, Rothenfußer, Rubner, Saul, Schacht, Schäffer, Schardinger, Schern, Soxhlet, Storch, Tillmans, Utz, Weber, Wilkinson.

**Milchleukozytenprobe:** Trommsdorff.

**Milchsäure** (im Magensaft): Boas, Bourcet, Croner-Cronheim, Denigès, Fletscher, Herzog, Kelling, Kühl, Palm, Pelouze, Reichard, Ripper, Strauß, Thomas, Uffelmann, Vournasos, Windisch.

**Milchzucker** (im Harn): Bauer, Labat.

**Milchzucker** (in Milch): Graaf, Langstein, Malfatti, Riegler, Wöhlk.

**Mineralgemische,** zur Trennung von —: Beyerink, Brauns, Bréon, Clerici, Duboin, Klein, Muthmann, Penfield, Retgers, Rohrbach, Thoulet.

**Mineralien:** Gaubert.

**Mineralöl** in fetten Ölen: Holde, Jablokoff, Schulz.

**Mineralöl** in Harzöl: Finkener.

**Mineralsäuren** und **Pflanzensäuren** (freie): Adler, Ashby, Bachmeyer, Carletti, Egger, Föhring, Hager, Huber, Jorissen, Kieffer, Mohr, Nickel.

**Mineralsäuren** im **Essig:** Carletti, Föhring, Ganassini, Griggi, Hager, Payen, Strohl, Utz, Wharton.

**Mineralsäuren in Gasen:** Lindner.

**Molybdän:** Bettel, Braun, Ellram, Kafka, Lecocq, Melikow, Pozzi-Escot, Schönn, Spiegel-Maaß, Treadwell, Truchot.

**Molybdänschwefelsäure:** Denigès.

**Monomethylamin:** Henry.

**Morin** (Morinsäure): Goppelsroeder.

**Morphin:** Almén, Aloy, Barillot-Chastaing, Bekkurts, Bruylants, Candussio, Denigès, Donath, Erdmann, Fleury, Flückiger, Fröhde, Gabutti, Grimaux, Grove, Horsley, Hoshida, Husemann, Jorissen, Kalbrunner, Kauzmann, Kieffer, Kippenberger, Kobert, Lamal, Lefort, Lindo, Linke, Lister-Armitage, Lloyd, Loof, Luchini, Manseau, Manson, Marmé, Mecke, Mohr, Nadler, Oliver, Orlow-Horst, Otto, Pellagri, Picard, Radulescu, Reichard, Richard, Robinet, Schaer, Schneider, Serullas, Siebold, Smith, Straub, Struve, Tattersall, Vitali, Vulpius, Wellcome, Weppen, Woltering.

**Morphin** im Chinin: Hesse, Jassoy.

**Morphin-Narcotin:** Witting.

**Morphin-Papaverin:** Hofmann-Schroff.

**Morphin-Heroin:** Manseau.

**Mucin** im Harn: Alexander, Lecorché, Mayer.

**Murexidreaktion:** Burkhard, Jaksch, de la Source, Weidel.

**Mutterkorn** im Roggenmehl etc.: Böttger, Fernau, Hoffmann, Laneau.

**Myrrhe:** Bonastre, Hirschsohn, Tschirch.

**Napellin:** siehe Nepalin.

**Naphthalin** (im Harn): Edlefsen, Lippmann-Pollak, Penzoldt, Reuter, Thomann, Schoorl, Schwarz, Vohl.

**Naphthensäure:** Charitschkoff.

**Naphthochinon:** Boswell, Edlefsen.

**Naphthol** (α- und β-): Arzberger, Aymonier, Dané, Denigès, Flückiger, Jorissen, Kunz-Krause, Léger, Lustgarten, Piñerúa, Reuter, Richardson, Verhassel, Vincent, Volcy-Boucher, Wolff, Yanagisawa, Yvon.

**Naphtholkampfer:** Thiery.

**Naphtholreagens:** Riegler.

**Naphtholschwefelsäure:** Jandrier, Edlefsen.

α- **u.** **β-Naphthylamin:** Renz.

**Narceïn:** Arnold, Battandier, Beckurts, Czumpelitz, Dragendorff, Fröhde, Jorissen, Manseau, Orlow-Horst, Pelletier, Plugge, Reichardt, Smith, Stein, Vogel, Wangerin, Winkler.

**Narcotin:** Beckurts, Cuerbe, Dragendorff-Husemann, Formánek, Fröhde, Gerhardt, Hager, Laurent, Manseau, Mecke, Orlow-Horst, Reichard, Smith, Wangerin.

**Nataloïn** (Natal-Aloïn): Histed, Léger, Meyer.

**Natrium:** Ball, Bougault, Fenton, Fremy, Hager, Lenz-Schoorl, Piccinini, Streng.

**Natriumbikarbonat** in Natriumkarbonat: Haslam.

**Natriumchlorid** in Chlorzinn: Heermann.

**Natriumhydroxyd** in Natriumkarbonat: Schoorl.

**Natriumkarbonat** im Bikarbonat: Biltz, Kremel, Kubli, Leys.

**Natriumkarbonat** in Milch: Ferrari-Lelli.

**Naturhonig:** Carl, Lund, Soltsien.

**Nebenalkaloide in Chininsalzen:** Duncan, Gadd, Hesse, Kerner, Kubli, Liebig, Schäfer, Schlikkum, Vrij.

**Nebenalkaloide** im Cocaïn: Mac Lagan, Schäffer, Squibb.

**Nelkenöl** im Zimtöl: Pool.

**Neosalvarsan:** Abelin.

**Nepalin** (Napellin): Mandelin.

**Nephrorosein:** Arnold.

**Neradol:** Appelius-Schmidt.

**Neurodin:** Schuster.

**Neusal-Verfahren:** Wendler.

**Nevraltein:** Monferrino.

**Nickel:** Atack, Bach, Bianchi, Braun, Großmann-Schück, Papasogli, Piñerúa, Pozzi-Escot, Reichard, Tschugajeff, Weil, Werner.

**Nicotin:** Arnold, Fröhde, Guareschi, Kletzinsky, Melzer, Palm, Reichard, Roussin, Schindelmeiser, Selmi, Torrese.

**Nierenfunktion:** Geraghty, Suter, Ullmann-Strauß, Völker-Joseph.

**Niobium:** Melikow.

**Niobsäure:** Weiß-Landecker.

**Nitrate:** siehe Salpetersäure:

**Nitrite:** siehe salpetrige Säure.

**Nitrobenzol** (im Bittermandelöl): Béchamp, Bourgoin, Brunner, Dragendorff, Hager, Jacquemin, Morpurgo, Wagner.

**Nitroglycerin:** Binz.

**Nitronaphthalin in Ölen:** Schulz.

**Nitrophenol,** Mono- und Di- in Pikrinsäure: Allen.

**Nitrosoreaktion:** Liebermann.

**Nitrososchwefeleisenverbindungen:** Rosenberg.

**Nitrotoluol** in **Nitrobenzol:** Raikow.

**Nitroverbindungen:** Konowaloff.

**Nopinsäure:** Fernandez.

**Novocain:** Lemaire.

**Nukleinsäure:** Steudel.

**Nukleoalbumin:** Freund.

**Nußöl:** Bellier.

**Öle, ätherische:** siehe Ätherische Öle.

**Öle, belichtete:** Kreis, Winkel.

**Öle, fette:** Allen, Barbot, Behrens, Bellier, Bishop-Kreis, Boudard, Boudet, Bruce-Warren, Brullé, Cailletet, Calvert, Crace-Calvert, Glässner, Heydenreich, Jacobsen, Jean, Kreis, Lidow, Livache, Massie, Maumené, Milliau, Poutet, Roth, Wemince, Weselsky.

**Öle, fette,** in Copaivabalsam und ätherischen Ölen: Hirschsohn, Schramm.

**Öle, fette,** in Vaselin und Mineralöl: Crouzel, Lux, Royère.

**Öle, schwefelhaltige,** in Olivenöl: Schneider.

**Öle, trocknende:** Livache.

**Oleinsäure:** Lifschütz.

**Olivenöl:** Brullé, Heydenreich, Lailler, Merz.

**Olivenkerne** im Pfefferpulver: Pabst.

**Oliventrester** in Brechnußpulver: Juillet,

**Oliventrester** in Pfefferpulver: Carola.

**Ölsäure:** Ludwig-Haupt, Manea.

**Öltrester:** Bondil.

**Ononin:** Bronciner.

**Ophthalmoreaktion:** Wolff-Eisner.

**Opin:** Robertson.

**Opiumalkaloide:** Denigès, Manseau, Rosenthaler-Türk.

**Opiumextrakt:** Glücksmann.

**Orcein:** Ronceray.

**Orexinprobe:** Günther.

**Organische Stoffe** im Wasser: siehe Wasser.

**Organpeptide:** Arnold.

**Orlean:** Lolke-Dokkum.

**Orseille im Wein:** Cotton.

**Orthodiketone:** Bamberger.

**Osmiumsäure:** Piñerúa.

**Ouabain:** Lewin.

**Oxalatprobe:** Schäfer's Reaktion auf Chinin.

**Oxalsäure** (im Harn): Fernandez, Gunn, Reoch, Rosenthaler, Sacher, Salkowski.

**Oxyacanthin:** Hirschhausen.

**Oxyberberin:** Perkin, Pictet-Gams.

**Oxybuttersäure** im Harn: Black, Külz, Minkowski, Shaffer.

**Oxycellulosen:** Jandrier.

**Oxychinone:** Brissemoret.

**Oxycholesterin:** Golodetz.

**Oxydasen:** Battelli, Czyhlarz, Kastle-Sheed, Meyer, Röhmann-Spitzer, Scheunert, Schmitt, Schultze.

**Oxydasereaktion:** Winkler.

**Oxydierende Stoffe:** Denigès, Virgili.

**Oxydimorphin:** Grimbert, Hoshida, Marmé.

**Oxyhämoglobin** im Blut: Stooke.

**Oxykörper, aromatische:** Stahl.

**Oxymethylanthrachinon:** Tschirch-Edner.

**Oxysäuren:** Blendermann.

**Ozon:** Arnold-Mentzel, Böttger, Chlopin, Engler-Wild, Erlwein, Houzeau, Huizinga, Manchot, Schönbein, Wurster.

**Ozon — salpetrige Säure — Wasserstoffsuperoxyd:** Erlwein-Weyl, Schönbein.

**Palladium:** Pozzi-Escot, Schmidt, Wunder-Thüringer.

**Palmöl:** Crampton-Simons.

**Pankreasfunktionsprüfung:** Ehrmann, Winternitz.

**Papaverin:** Anderson, Beckurts, Erdmann, Fröhde, Johannson, Manseau, Merck, Orlow-Horst, Pictet-Kramers, Reichard, Tattersall, Warren.

**Papier-Untersuchung:** Behrend, Herzberg, Höhnel, Hughes, Ihl, Kaiser, Molisch, Schapringer, Strachan, Wiesner, Wolesky, Wurster.

**Papuamacis:** Griebel.

**Paracotoin:** Formánek.

**Paraffin** in Bienenwachs und Fetten: Buchner, Dunlop, Hager, Landolt, Mossler, Shrewsbury, Thompson.

**Paraffin in Cetaceum:** Branderhorst.

**Paralbumin:** Vulpius.

**Paralyse:** Bauer, Butenko, Jacobsthal, Jäger-Goldstein, Lange, Maruyama.

**Paraphenylendiamin:** siehe Phenylendiamin.

**Pental:** Denigès.

**Pentosen:** Adler, Alfthan, Allen-Tollens, Bial, Blumenthal, Grünewald, Jolles, Pieraerts, Reinitzer, Rosenthaler, Salkowski, Tollens, Wheeler-Tollens.

**Pepsinprobe:** Cowie, Fuld, Groß, Grützner, Hammerschlag, Jacoby, Kohlenberger, Liebmann, Mette, Palier, Solms, Waldschmidt.

**Peptolytische Fermente:** Abderhalden.

**Pepton** (im Harn): Bogomoloff-Wasilieff, Devoto, Gorup-Besanez, Hofmeister, Klein, Posner, Riegler, Salkowski, Zunz.

**Perborsäure:** Lenz-Richter.

**Perchlorate:** siehe Perchlorsäure.

**Perchlorsäure:** Bruekeleveen, Rabuteau.

**Perchlorsäure** in Kaliumchlorat: Klobbie.

**Perchlorsäure** im Chilisalpeter: Bruekeleveen, Erck, Gooch-Kreider, Klobbie, Sjollema, Winteler.

**Perkarbonate:** Riesenfeld.

**Peronin:** Kobert, Mindes.

**Peroxydase:** Fischel, Grimmer, Scheunert.

**Peroxyde** im Äther: Dietze, Jorissen.

**Persalze:** Lenz-Richter, Piñerúa.

**Persulfate:** Rothenfußer.

**Persulfatreaktion:** Caro.

**Perubalsam:** Dieterich, Enz, Gawalowski.

**Petroleum:** Arragon, Frey, Molinari.

**Pfefferminzöl:** Arzberger, Dragendorff, Ihl, Roucher, Schack, Umney.

**Pfefferverfälschung:** Grimaldi, Pabst.

**Pferdefleisch:** Bräutigam-Edelmann, Mauz, Niebel.

**Pfirsichkernöl** im Mandelöl: Kreis-Chwolles, Lewkowitsch.

**Pflanzen- und Tieröle:** Schönvogel, Welmans.

**Pflanzen- und Tierfasern:** Molisch.

**Pflanzenfarbstoffe** in Rotwein: Jacob. (Siehe auch Weinfarbstoffe!)

**Pflanzenfette:** Bömer, Geuther, Serger.

**Phagozytosereagens:** Stuber.

**Phenacetin:** Alcook-Wilkins, Authenrieth, Barral, Goldmann, Hirschsohn, Lüttke, Repiton, Ritsert, Strobel.

**Phenanthren:** Lippmann-Pollak.

**Phenanthrenchinon:** Laubenheimer, Reichard.

**Phenetidin** in Phenacetin: Goldmann, Reuter.

**Phenol (Phenole):** Allen, Almén, Aloy-Laprade, Aloy-Rabaud, Amann, Arnold-Werner, Baeyer, Barbet, Baeyer, Berthelot, Bourquelot, Camilla, Candussio, Cotton, Davy, Dehn, Denigès, Desesquelles, Eijkman, Endemann, Eykmann, Flückiger, Folin-Denis, Fresenius, Goedike, Guareschi, Gutzkow, Hager, Hartwich, Hauser, Hesse, Hoffmann, Hoppe-Seyler, Ihl, Jacobsen, Jacquemin, Kahn, Lambert, Landolt, Levy, Lex, Liebermann, Lintner, Manseau, Mascarelli, Messinger-Vortmann, Millon, Nencki-Sieber, Orloso, Penzoldt-Fischer, Piñerúa, Plugge, Polacci, Pougnet, Raupenstrauch, Rice, Riegler, Salkowski, Tommasi, Udránszky, Vitali, Vortmann, Wilkie.

**Phenol-Kresole:** Arnold-Mentzel, Arnold-Werner.

**Phenol-Kreosot:** Allen, Clark, Frisch, Gorup-Besanez, Morson, Read, Rust.

**Phenol** in Salicylsäure: Carletti.

**Phenol** und **Resorcin,** Unterscheidung von **Salicylsäure:** Itallie, Zipper.

**Phenolphthalein** im Harn: Grübler.

**Phenolschwefelsäure:** Edlefsen.

**Phenolsulfosäuren:** Obermiller.

**Phenoxypropandiol:** Gardey, Zirkovic.

**Phenylalanin:** Mayeda.

**Phenylglycin:** Oechsner de Coninck.

**Phenylendiamin,** para- oder meta-: Cerbeland, Cuniasse, Erdmann, Kreis.

**Phenylhydrazide:** Bülow.

**Phenylhydrazin:** Simon.

**Phenylpropriolsäure:** Bulling, Zernik.

**Phlorhizin:** Nickel.

**Phloroglucin:** Herzig, Zeisel, Lindt, Weselsky.

**Phloroglucinol** (Reagens): siehe Wiesner's Reagens auf Holzstoff.

**Phosgen** im Chloroform: Pouchet, Ramsey, Scholvien.

**Phosphor:** Binda, Dusart, Hager, Mauricheau, Mitscherlich, Scheerer, Straub, Vournasos.

**Phosphor in Schwefelphosphor:** Vignon.

**Phosphorige Säure:** Pagel.

**Phosphorsäure:** Arragon, Denigès, Fairbanks, Leconte, Lipowitz, Lorenz, Märcker, Medinger, Meillère, Muller, Neubauer-Lücker, Riegler, Wagner, Winton.

**Phosphorsäuren, ortho-, meta-, pyro-:** Arnold-Werner.

**Phosphorsesquisulfid:** Wolter.

**Phosphorwasserstoffgas:** Winkler.

**Phthalsäure:** Boswell.

**Phthalonsäure:** Boswell.

**Physcion:** Senft.

**Physostigmin:** Beckurts, Eber, Eissler, Formánek, Pander, Reichard, Saul, Silva, Sonnenschein.

**Phytosterin:** Bömer, Forster - Riechelmann, Kreis, Liebermann, Salkowski.

**Picen:** Lippmann-Pollak.

**Pikraminsäurereaktion:** Rymsza.

**Pikrinsäure:** Allen, Braun, Busch-Blume, Cahours, Christel, Fleck, Gerhardt, Girard, Isnard, Kühl, Lea, Roussin, Rymsza, Stenhouse, Swoboda.

**Pikrinsäure-Dinitrokresol:** Rymsza.

**Pikrinsäure im Jodoform:** Biel.

**Pikrotoxin:** Becker, Bonnewyn, Duflos, Johannson, Köhler, Langley, Minovici, Oglialoro, Otto, Palm, Reichard.

**Pilocarpin:** Barral, Beckurts, Helch, Johannson, Lenz, Reichard.

**Pinolin:** Grimaldi.

**Piperazin** im Harn: Thoms.

**Piperin:** Beckurts, Hager, Reichard.

**Platin:** Donau, Malatesta, Wöhler.

**Pneumonie:** Holt.

**Podophyllotoxin:** Kürsten.

**Polkapapier:** Schott.

**Porphyroxin:** Robertson.

**Propepton:** Axenfeld.

**Proponal:** Zernik.

**Proteïnsubstanzen:** Acree, Herzig-Meyer, Lidow, Michailow, Osborne - Harris, Ritthausen, Stutzer. Vergleiche auch Eiweiß.

**Protokatechusäure:** Hesse, Hlasiwetz.

**Psychoreaktion:** Much-Holzmann.

**Ptomaïne:** Brouardel-Boutmy, Trotarelli, Wefers-Bettink und Dissel.

**Purinbasen:** Camerer-Arnstein, Morel-Chavassieu.

**Purpurinalizarin:** Piñerúa.

**Pyramidon** (im Harn): Barral, Janvillier, Jolles, Moulin, Panzer, Pévenasse, Rodillon, Sperling, Weehuizen.

**Pyrazolinbasen:** Knorr.

**Pyrazolonreaktion:** Rothenburg.

**Pyren:** Lippmann-Pollak.

**Pyridin** im Ammoniak (Salmiakgeist): Kinzel, Kunze-Krause, Ost, Pfeiffer, Schweissinger, Wittstein, Wöhlk.

**Pyridinbasen:** Anderson, Hofmann, Ost.

**Pyrogallol:** Carletti, Cerbeland, Glücksmann, Kliebahn, Matthieu-Plessy, Nasse, Stahl.

**Pyrokatechin** im Harn: Böttinger, Brieger, Ebstein-Müller.

**Pyrrol:** siehe Carbazol.

**Pyrrolreaktion:** Neuberg.

**Pyrophosphorsäure:** Knorre.

**Pyrouvinsäure:** Simon.

**Quebrachamin:** Hesse.

**Quebrachin:** Hesse.

**Quebrachoextrakt:** Firbas.

**Quecksilber:** Klein.

**Quecksilber** (im Harn): Almén, Bardach, Blumenthal, Brugnatelli, Buschi, Cazeneuve, Fürbringer, Gautier, Gmelin, Höhnel, Jolles, Lecco, Lombardo, Ludwig, Merget, Moore, Moulin, Müller, Oddo, Perelstein, Salkowski, Smithson, Teubner, Wislicenus.

**Quecksilberchlorid in Kalomel:** Wollschläger.

**Quecksilberchlorür:** Baroni-Borlinetto.

**Quecksilbercyanid:** Buschi.

**Quecksilberdämpfe:** Gaglio.

**Quecksilberjodid:** Orlow.

**Quecksilberoxycyanid:** Meßner, Pieverling, Richard.

**Quecksilberoxydsalze:** Siemssen.

**Quecksilbersuccinimid:** Rupp-Nöll.

**Raffinose:** Neuberg-Marx.

**Ratanhiaextrakt:** Glücksmann.

**Reduzierende Gase:** Brown.

**Reduzierende Stoffe:** Löwenthal, Pollacci, Reichardt.

**Resorcin:** Bodde, Bornträger, Boucher, Carrobio, Edlefsen, Girard, Guareschi, Gutzkow, Guyot, Reuter, Silbermann, Torti, Volcy-Boucher.

**Resorcinschwefelsäure:** Wangerin.

**Rhabarber — Rhapontik:** Tschirch.

**Rhinanthin:** Mirande, Phipson.

**Rhinoreaktion:** Lafite.

**Rhodanverbindungen** und **Senföle:** Colasanti.

**Rhodanwasserstoff:** Colasanti, Ellram, Ganassini, Külz, Pollacci, Solera.

**Rhodeïnreaktion:** Jacquemin's Reaktion auf Anilin.

**Rhodium:** Piñerúa.

**Rhus vernix:** Stevens-Warren.

**Rinds-Stearin** im Schweinefett: Belfield.

**Rizinusöl:** Finkener, Leonardi, Vetere.

**Rizinusöl in ätherischen Ölen,** Copaivabalsam, Perubalsam etc.: Draper, Flückiger, Maupy, Schwabe, Wayne.

**Rohrzucker** (u. **Traubenzucker):** Matthieu-Plessy, Nicklés, Papasogli, Reich, Reichardt, Runge, Schmidt, Seliwanoff, Sjollema.

**Rohrzucker** im Milchzucker: Cayaux, Conrady, Lorin.

**Rosacyaninreaktion:** Griggi.

**Rosolsäure:** Piñerúa.

**Rotzkrankheit:** Roux-Nocard.

**Roussin'sche Salze:** Rosenberg.

**Rubidium:** Ball, Erdmann, Huysse.

**Rübenzucker:** Ihl.

**Rüböl:** Palas.

**Rufigallussäure:** Kliebahn.

**Rufiochinreaktion:** Vogel.

**Rum:** Wiederhold.

**Runkelrübenspiritus:** Artus, Cabasse.

**Ruthenium:** Orlow.

**Saccharin:** Börnstein, Camilla-Pertusi, Genth, Herzfeld-Reischauer, Kastle, Kayser, Leys, Lindo, Mahler, Reischauer, Remsen, Riegler, Schmitt, Tortelli, Vitali, Wauter.

**Saccharose:** Beythien, Cotton, Gawalowski, Hirschberg, Jolles, Leffmann, Pozzi-Escot, Reichard, Rothenfußer, Schmidt.

**Sadebaumöl:** Jaworowski.

**Sadebaumölvergiftung:** Hämäläinen.

**Safran:** Verda.

**Safrol** und **Isosafrol:** Chapman.

**Salicin:** Buckingham, Czumpelitz, Formánek, Jorissen.

**Salicylsäure:** Almén, Barral, Denigès, Griggi, Itallie, Jorissen-Klett, McCrae, Merl, Millon, Reichard, Ridenour, Riegler, Ruhemann, Schulz, Spicea, Torti, Vitali.

**Salicylsäure,** synthetische oder natürliche: Cone, Pancoast.

**Salicylsäure** im Salol: Griggi.

**Salicylsäure** in Milch: Bochichio.

**Salicylsulfonsäure:** Barral.

**Salol:** Griggi.

**Salophen:** Beringer, Repiton.

**Salpetersäure:** Arnaud-Padé, Austen-Chamberlain, Bailey, Barth, Binder, Böttger, Boussingault, Braun, Bringhetti, Busch, Caron, Caron-Raquet, Cimmino, Cuerbe, Curtman, Davy, Denigès, Desbassin, Fritzmann, Grandval-Lajoux, Grimmaux, Hager, Hofmann, Horsley, Howard, Ince, Iwanow, de Jong, Kämmerer, Kersting, Klein, Kopp, Liebermann, Lindo, Longi, Loof, Lunge-Lwoff, Martin, Möslinger, Piñerúa, Pisani, Pozzi-Escot, Raikow, Reichardt, Richemont, Rosa, Rosenfeld, Rothenfußer, Schmidt, Schmidt-Lumpp, Schulze, Spiegel, Sprengel, Stein, Tassinari-Piazza, Tillmans, Tingle, Villedieu, Vogel, Vriens, Wagner, Weyl, Withers.

**Salpetersäure** neben **Salpetriger Säure:** Meisenheim-Heim, Picini.

**Salpetrige Säure:** Adler, Adrian, Blunt, Braun, Böttger, Bujwid, Curtman, Dané, Denigès, Desfourniaux, Ducco, Erdmann, Erlwein, Frankland, Fresenius, Griess, Griess-Ilosvay, Hager, Ilosvay, Inada, Iwanow, Jolles, Jorissen, Kämmerer, Leclère, Lombard, Lunge, Lunge-Lwoff, Meldola, Meyerfeld, Miller, Pichard, Piñerúa, Plugge, Raikow, Riegler, Rochaix, Rosenfeld, Schäffer, Schönbein, Schuyten, Spiegel, Tillmans, Trommsdorff, Tschirikow, Vaubel, Wagner, Wilson, Wurster, Primot.

**Salpetrige Säure** in **Salpetersäure:** Schönbein.

**Salvarsan:** Abelin, Denigès-Labat, Gaebel.

**Salzsäure, freie** (im **Magensaft):** Boas, Cipollino, Cohn-Mering, Contejean, Danilewski, Ewald, Günzburg, Hößlin, Jaksch, Kastle, Kost, Köster, Leo, Mola-Vitali, Mollière, Mörner, Sjöquist, Rabuteau, Schuchardt, Simon, Steensma, Szabó, Töpfer, Velden, Winkler, Witz.
Vergleiche auch: Säuren, freie, im Magensaft.

**Salzsäure, freie,** im **Eisenchlorid:** Reale.

**Sanguinarin:** Kügelgen, Orlow-Horst, Warren.

**Sandelöl:** Conrady.

**Santonin:** Banfi, Chiozza, Crouzel, Czumpelitz, Hager, Jaworowski, Jorissen, Lindo, Neuhaus, Pain, Reichard, Schermer, Smith, Thäter, Welmans.

**Saponin:** Kobert, Rühle, Reichard, Sagel, Vamvakas.

**Sapotoxin und Sapogenin:** Brandl-Mayr.

**Sarkin:** siehe Hypoxanthin.

**Sassafrasöl** im Copaivabalsam: Hager.

**Sauerstoff** (in Wasser, Luft, Gasen): Anderson, Binder-Weinland, Cazeneuve, Christomanos, Eschbaum, Franzen, Löw, Ružička, Winkler.

**Säuren und Alkalien:** siehe Indikatoren.

**Säuren** im Äther: Vulpius.

**Säure, freie,** im Aluminiumsulfat: Erlenmeyer-Lewinstein, Luckow, Stein, Will.

**Säuren, freie:** Repiton.

**Säuren, freie,** im **Magensaft:** Baumann, Boas, Cohn-Mering, Contejean, Ewald, Fenton, Geogehan, Günzburg, Hößlin, Jager, Jaksch, Kastle, Köster, Laborde, Leo, Palm, Rabuteau, Reoch, Riegler, Schuchardt, Smith, Sochanski, Steensma, Strauß, Uffelmann, Velden, Vournasos, Winkler, Witz.

**Säuren** (freie) im **Harn:** Joulie.

**Säuren** (freie) in fetten **Ölen:** Rümpler.

**Säuren** (freie) in **Papier:** Herzberg.

**Säuren, organische:** Fenton-Barr, Piñerúa,

**Scharlach:** Umber.

**Scheintod:** Icard.

**Schleim** (oder Eiweiß): Grimbert-Dufau.

**Schleim** (in Faeces): Hecht.

**Schwangerschafts - Diagnose:** Abderhalden-Schmidt, Engelhorn-Wintz, Rosenthal-Scholz.

**Schwefel:** siehe Schwefelalkalien.

**Schwefel** in organ. Verbindungen: Playfair, Raikow, Unna.

**Schwefel in Gas:** Dickert.

**Schwefelalkalien:** Bailey, Béchamp, Brunner, Caraves Gil, Hager, Schott.

**Schwefelammonium** (im Harn): Gazzetti-Sarti.

**Schwefelharnstoff:** Sato.

**Schwefelige Säure** (im Wein etc.): Bödeker, Dowzard, Reinsch, Wartha.

**Schwefelkohlenstoff** (im Benzol): Denigès, Hofmann, Kurowski, Liebermann - Seyewetz, Weiß, Westberg.

**Schwefelkohlenstoff** (im Benzol): Denigès, Hofrowski, Liebermann-Seyewetz, Weiß, Westberg.

**Schwefelkohlenstoff in Ölen:** Cusson, Milliau.

**Schwefelsäure:** Raschig.

**Schwefel, Selen, Tellur** in Kupfer: Heyn.

**Schwefelsäure** (neben **organischen Säuren** in Wein, Essig etc.): Bachmeyer, Mohr, Neßler.

**Schwefelverbindungen** im Äther: Koninck.

**Schwefelwasserstoff:** Caro, Curtman, Ganassini, Itallie, Král, Lauth, Müller-Boneko, Scheele, Schott.

**Scopolamin:** Reichard.

**Seide:** Höhnel, Lecomte, Persoz, Truchot. Vergl. auch Baumwolle.

**Seide — Wolle:** Lassaigne, Peltier, Wagner.

**Seide, künstliche:** Matos.

**Seife** in Schmierölen: Jean.

**Seifenlösung:** Boudet, Boutron-Boudet, Clark, Gawalowski, Pagnoul, Wilson.

**Sekundäre Alkohole:** siehe Alkohole.

**Selen** im Harn: Klein.

**Selenige Säure:** Denigès, Meyer-Janek.

**Selensäure:** Denigès.

**Serumalbumin:** Freund.

**Serumpapier** zum Nachweis von Typhus: Gruber-Widal.

**Sesamöl:** Ambühl, Basoletto, Baudouin, Bellier, Bishop, Bosch, Breinl, Bremer, Camoin, Carlinfanti, Cavalli, Ciupercesco, Fleig, Flückiger-Behrens, Gassend, Guarnieri, Kreis, Lalande, Lewin, Millian, Soltsien, Souchère, Tambon, Tocher, Tortelli-Ruggeri, Villavecchia-Fabri.

**Sesazoreaktion:** Kreis.

**Sesquiterpen:** Wallach.

**Silber:** Armani, Donau, Malatesta, Whitby.

**Silber** im **Blei:** Blunt, Johnstone.

**Silbernitrat:** Ditte.

**Silberperoxyd:** Mulder.

**Skatol:** Blumenthal, Ciamician-Magnanini, Fischer, Pickering, Raciborski, Sasaki, Steensma, Udranszky.

**Skatolrot:** Rößler.

**Solanidin:** Jorissen-Grosjean, Moneta.

**Solanin:** Bach, Bauer, Braut, Cazeneuve-Breteau, Clarus, Hager, Hellwig, Wotczal.

**Spartein:** Grandval-Valser, Jorissen, Marqué, Reichard.

**Spermaflüssigkeit:** Baecchi, Barberio, Bokarius, Cevidalli, Dominicis, Florence, Larass, Lecha-Marzo, Peset.

**Staphylolysinreaktion:** Hohmuth.

**Stärke:** Russow.

**Stearinsäure** im Wachs: Fehling.

**Steinkohlenteer — Holzteer:** Tonegutti.

**Stickoxydgas:** Winkler.

**Stickstoff** in organischen Stoffen: Castellana, Donath, Faraday, Hüfner, Jodlbauer, Knop, Lassaigne.

**Stickstoffwasserstoff:** Dennis-Browne.

**Stilben:** Lippmann-Pollak.

**Stovain:** Lemaire, Zernik.

**Strontium:** Benedict.

**Strophanthidin:** Haycock.

**g-Strophanthin:** Thoms.

**Strophanthin:** Gordon-Sharp, Helbing, Reichard, Unverhau.

**Strophanthinsäure:** Sieburg.

**Strophantustinktur:** Dulière.

**Strychnin:** Allen, Artus, Beckurts, Bloxam, Bukkingham, Czumpelitz, Davy, Denigès, Flückiger, Fraude, Guérin, Hagen, Johannson, Jorissen, Kremel, Malaquin, Mandelin, Marchand, Otto, Pelletier, Pozzi-Escot, Schaer, Selmi, Sonnenschein, Tafel, Wharton, Wenzell, Winckler.

**Strychnosextrakt:** Glücksmann.

**Strychnos- und Strophanthustinktur:** Schweissinger.

**Sublimat** im Kalomel: Bonnewyn, Piron-Delin.

**Sucramin:** Blarez-Tourbou.

**Sulfat-Molybdän-Reagens:** Lorenz.

**Sulfhydrate:** Claësson.

**Sulfhydrylreaktion:** Unna-Golodetz.

**Sulfit** neben Thiosulfat: Votoček.

**Sulfitcellulose:** Appelius-Schmidt.

**Sulfokarbonate:** Mermet.

**Sulfomonopersäure:** Caro.

**Sulfonal:** Ritsert, Schwarz, Vitali, Vulpius, Wefers-Bettink.

**Suprarenin:** Krauß.

**Syphilisreaktion:** Baeslack, Brendel, Brieger, Campana, Dungern, Eicke, Fischer-Klausner, Gordon, Hecht, Hirschfeld-Klinger, Joltrain, Karvonen, Klausner, Hermann-Perutz, Landau, Lange, Loeper, Nicolas, Noguchi, Porges, Schürmann, Seiffert, Ternuchi, Tschernogubow, Wassermann, Wiener-Torday.

**Tabes:** Bauer, Jacobsthal.

**Tannin:** siehe Gerbsäure.

**Tanninreaktif:** Weingärtner.

**Tanninschwefelsäure:** Wangerin.

**Tannoform:** Lemaire.

**Tannoide:** Brissemoret.

**Tantalsäure:** Weiß-Landecker.

**Taxikatin:** Lefebvre.

**Taxin:** Lucas, Marmé, Vreven.

**Teerfarben** in Teigwaren: Riechelmann.

**Teerfarbstoffe** im Wein: Arata, Belar, Bernède, Blarez, Carobbio, Cazeneuve, Conti, Cottini, Debrun, Flückiger, Girard, Husson, Matthieu-Morfaux, Romei, Weingärtner.

**Teerige Stoffe** im Ammoniak: Bernbeck, Donath, Kupferschläger, Ost.

**Teeröle:** Valenta.

**Tellurige Säure:** Stolba

**Tellursaure:** Denigès.

**Terpentin in Elemi:** Stoepel.

**Terpentin:** Walbum.

**Terpentinöl** in ätherischen Ölen: Chace, Hager, Heppe.

**Terpentinöl:** Grimaldi, Reichard.

**Terpineol:** Reichard.

**Terpinhydrat:** Isnard, Reichard.

**Tertiäre Alkohole:** siehe Alkohole.

**Tetrachlorkohlenstoff:** Radcliffe.

**Tetranitromethan:** Hodgkinson.

**Tetrapapier:** Wurster's Reagenz auf Ozon.

**Tetrasulfatprobe:** Schäfer's Reaktion auf Cinchonidin.

**Thalleiochinreaktion:** Blaise, Brandes, Flückiger, Vitali, Vulpius.

**Thallin:** Edlefsen, Skraup.

**Thallisalze** in Thallosalzen: Marino, Renz.

**Thallium:** Orlow.

**Thallosalze:** Ephraim.

**Thebain:** Beckurts, Cuerbe, Czumpelitz, Erdmann, Fröhde, Jorissen, Reichard, Smith, Sonnenschein.

**Theobromin:** Gérard.

**Theolaktin:** Zernik.

**Thermiol:** Zernik.

**Thermopräzipitinreaktion:** Ascoli-Valenti.

**Thioformamid:** Willstätter.

**Thio-p-tolyl-$\beta$-Naphthylamin:** Ackermann.

**Thiophen** im Benzol: Claissen, Denigès, Kreis, Liebermann, Meyer.

**Thiosulfat** im Natriumbikarbonat: Musset.

**Thiosulfat** neben Sulfit: Arnold-Mentzel, Casolari, Gutmann, Pechmann, Pozzi-Escot, Presch, Salkowski.
Vergl. auch Hyposulfite.

**Thiotolen:** Laubenheimer.

**Thorium:** Koß, Meyer, Smith-James.

**Thujon:** Duparc, Enz, Légal.

**Wasserstoffsuperoxyd** im Äther: Berthelot, Wobbe.

**Wasserstoffsuperoxyd** in Milch: Arnold-Mentzel, Feder.

**Weinfarbstoffe:** Arata, Böttger, Cottini-Fantogini, Cotton, Dietzsch, Facen, Faure, Flückiger, Herz, Hilger-Mai, Jacob, Jean-Frabot, Lapeyrère, Malvezin, Neßler, Pagnoul, Paul, Philipps, Pradine, Stein, Sulzer, Yvon.

**Weinöl im Äther:** Adrian.

**Weinsäure:** Braun, Brönsted, Casselmann, Denigès, Fenton, Ganassini, Kling-Florentin, Mohler, Piñerúa, Rosenthaler, Source, Sullivan, Tagliarini, Wolff.

**Weinsäure** in Citronensäure: Cailletet, Crismer, Pusch, Salzer, Spindler, Tocher, Vulpius.

**Weinsäure** und **Citronensäure:** Barbet, Chapman-Smith, Tocher.

**Weinsäure** in Essig: Ganassini.

**Weizen-** und **Roggenmehl:** Wittmack.

**Wintergreenöl:** Power.

**Wismut:** Bollenbach, Kobell, Léger, Reichard, Schneider, Stone, Thresh.

**Wismutlösungen (alkalische)** zum Glukosenachweis: Almén, Böttger, Dudley, Nylander.

**Wolframsäure:** Kafka, Mallet, Pozzi-Escot, Zettnow.

**Wolle:** siehe Baumwolle.

**Wollfett:** Vulpius.

**Wurmsamenöl:** Kremers.

**Wurst:** Eber.

**Xanthin:** Brücke, Burian, Camilla-Pertusi, Hoppe-Seyler, Kerner, Kossel, Krüger-Schmid, Rudisch, Strecker, Strohmeyer, Weidel.

**Xanthoproteïnreaktion:** Mulder's Reaktion auf Eiweiß.

**Xylose:** Neumann.

**Yohimbin:** Meillère, Miranda, Reichard.

**Yttrium:** Couquet, Pozzi-Escot.

**Zimtaldehyd:** Hanus.

**Zimtsäure** (in Benzoësäure): Böttcher, Jorissen, Phipson, Scoville, Schenk-Burmeister.

**Zink:** Bertrand, Bradley, Campo-Cerdan, Carobbio, Denigès, Guérin, Neumann, Piñerúa, Rinnmann, Roman-Delluc, Schirm, Werner.

**Zinn:** Denigès, Reichard, Rogers, Schmatolla.

**Zinnchlorür:** Fagès, Longstaff, Terreil.

**Zinnober:** Bolley.

**Zirkon:** Biltz.

**Zucker:** siehe Kohlehydrate, Galaktose, Glukose, Lävulose, Milchzucker, Rohrzucker und Rübenzucker.

**Zucker in Abwässern:** Carrasco.

**Zucker** im Glycerin: Böttger, Hager, Kral.

**Zucker** in Pflanzenteilen: Senft.

**Zuckercouleur:** Dietzsch, Straub.

**Zuckerarten:** Neumann.

**Zuckerkalk** (in Milch): Rothenfußer.

## II.

# Reagenzien für Mikroskopie.

**Aceton:** Held, Michaelis.

**Aceton-Alkohol:** Nicolle.

**Acidophiles Gemisch:** Ehrlich.

**Äther-Alkohol:** Nikiforoff.

**Äthylenglykol:** Unna.

**Alaun-Borax-Carmin:** Haug.

**Alaun-Carmin:** Arcangeli, Czokor, Grenacher, Grieb, Groot, Haug, Henneguy, Mayer, Partsch, Partsch-Grenacher, Rabl, Rawitz, Tangl, Upson.

**Alaun-Hämatoxylin:** Böhmer, Bütschli, Cuccati, Delafield, Ehrlich, Frey, Friedländer, Gage, Grenacher, Hamilton, Hansen, Harris, Haug, Mayer, Mercier, Negro, Prudden, Sanfelice, Unna.

**Aldehyd-Reagens:** Besta, Vassale.

**Alkannin-Reagens:** Guignard, Samter, Tompa, Zimmermann.

**Alizarin-Reagens:** Benczur, Fischel, Herxheimer, Rawitz.

**Alizarinsulfosaures Natrium:** Benda.

**Aluminiumacetat:** Wolters.

**Ameisensäure-Alkohol:** Regnauld-Retterer.

**Ameisensäure-Amylalkohol:** Pritchard.

**Ammoniak-Carmin:** Beale, Betz, Frey, Gerlach, Hartig, Haug, Hoyer, Kollmann, Malassez.

**Ammoniak-Franceïn:** Léon.

**Ammoniummolybdat - Reagenzien:** Altmann, Bethe, Krause, Leontowitsch, Pighini, Ramon y Cajal.

**Anilin:** Falck.

**Ammoniumvanadat-Reagens:** Heidenhain.

**Anilinblau-Reagenzien:** Bartel, Brandeis, Bühler, Cohnheim, Fauré, Frey, Garbini, Mallory, Ranvier, Schott, Yamagiwa.

**Anilinschwarzbraun:** Kühne.

**Anilinschwarz-Reagens:** Sankey.

**Anilin-Xylol:** Beneke, Weigert.

**Apomorphin:** Feinberg.

**Argentamin:** Katò.

**Asphalt:** Budge.

**Aufhellungs-Reagenzien:** Abbe, Andriezen, Barff, Behrens, Falck, Gage, Hanstein, Heurck, Jensen, Jörgensen, Lenz, Marsson, Moleschott, Oppermann, Pfitzner, Stephenson, Suchanek, Weigert.

**Auramin-Anilinöl:** Kühne.

**Auramin-Reagens:** Wahl.

**Azofuchsin:** Rawitz.

**Azorubin-Reagens:** Brandeis.

**Azurblau-Eosin-Reagens:** Michaelis.

**Bakterien-Färbungsflüssigkeiten:** Amann, Babes, Bowhill, Czaplewski, Davalos, Ehrlich, Ermengem, Fischer, Fränkel, Friedländer, Gabbet, Gautrelet, Gibbes, Gram, Günther, Herz, Jacobson, Koch, Koch-Ehrlich, Kühne, Letulle, Löffler, Neisser, Pfitzner, Pick, Reed, Ribbert, Schäffer, Unna, Weigert.

**Benzincolophonium:** Nissl, Rehm.

**Beobachtungsmittel:** siehe Aufhellungs-Reagenzien.

**Bismarckbraun-Reagenzien:** Birch-Hirschfeld, Brand, Galesescu, Kaiser, List, Weigert. Vergl. auch Vesuvin-Reagenzien.

**Blauschwarz B:** Heidenhain.

**Bleiacetat:** Kotlarewski.

**Bleiformiat:** Corning.

**Bleu Borrel:** Laveran.

**Bleu carbonaté:** Billet.

**Bleu de Lyon:** Baumgarten, Burckhardt.

**Blut:** Bufalini, Filomusi, Hayem, Heller-Teichmann, Lavdowsky, Marx, Selmi, Struve, Strzyzowski, Teichmann.

**Borax-Carmin:** Bayerl, Bourne, Gibbes, Grenacher, Haug, Mayer, Nikiforoff, Seiler, Thiersch.

**Borax-Franceïn:** Léon.

**Borsäure-Alaun-Carmin:** Arcangeli.

**Borsäure-Carmin:** Arcangeli.

**Brasalaun:** Lee-Mayer.

**Brasilin:** Hickson, Lee-Mayer.

**Brillantgrün:** Hecht, Kowallik.

**Bromeosin:** Walter.

**α-Bromnaphthalin:** Abbe.

**Bromwasserstoff:** Neumann.

**Campechenholztinktur:** Breglia.

**Capsicumextrakt:** Okajima.

**Carbolfuchsin:** Kühne, Proca-Vasilescu, Ziehl-Neelsen.

**Carbolgentianaviolett:** Oppenheim-Sachs, Proca-Vasilescu.

**Carbolmethylenblau:** Kühne, Schütz.

**Carbolschwarzbraun:** Kühne.

**Carboltoluidinblau:** Harris.

**Carbolxylol:** Weigert.

**Carboxylol:** siehe Carbolxylol.

**Carmalaun:** siehe Alaun-Carmin.

**Carminblau:** Janssens.

**Carminleim:** Hoyer.

**Carminlösungen:** Arcangeli, Beale, Best, Brass, Cuccati, Czokor, Dreysel-Oppler, Frey, Frey-Schneider, Friedländer, Gedölst, Gerlach, Gibbes, Gierke, Grenacher, Grieb, Hamann, Hartig, Henneguy, Hoyer, Kollmann, Kühne, Kultschitzky, Lang, Légal, Mayer, Merkel, Minot, Nikiforoff, Orth, Rabl, Schmaus, Schneider, Seiler, Squire, Stöhr, Tangl, Thiersch, Thomé, Upson, Wallart, Weigert, Zacharias.

**Carmin-Salzsäure:** Grenacher, Kühne, Mayer, Wallart.

**Carminsäure-Reagenzien:** Mayer, Rabl, Rawitz, Upson.

**Cedernöl-Reagens:** Gasis.

**Celloidinlösung:** Apáthy, Jordan, Pokrowski, Rollett, Stepanow.

**Cellulose:** Behrens, Klebs, Mangin, Schultze.

**Cellulosefärbungs-Reagenzien:** Behrens, Mangin.

**Chinablau:** Eisenberg.

**Chinablau-Malachitgrün-Agar:** Bitter.

**Chinolin:** Amann.

**Chinolinblau-Reagenzien:** Certes, Golenkin, Ranvier, Zimmermann.

**Chinolinwasser:** Burchardt.

**Chloralcarmin:** Mayer.

**Chloralchlorphenol:** Amann.

**Chloralgelatine:** Guignard.

**Chlorallactochlorphenol:** Amann.

**Chlorallactophenol:** Amann.

**Chloralphenol:** Amann.

**Chlorhydrinblau-Reagens:** Kühne.

**Chloroformcolophonium:** Rehm.

**Chlorophyll-Reagenzien:** Boas, Correns.

**Chlorphenol:** Amann.

**Chlorzinkjodlösung:** Radlkofer.

**Cholerabazillen:** Koch, Kühne.

**Cholera-Nährboden:** Aronson, Esch, Lange.

**Chromalaundioxyhämateïn:** Hansen.

**Chrom-Ameisensäure:** Rabl.

**Chrom-Essigsäure:** Bernard, Bianco, Demarbaix, Ehler, Flesch, Strasburger.

**Chrom-Osmiumsäure:** Altmann, Bianco, Burckhardt, Golgi, Haug, Ramón y Cajal.

**Chrom - Osmium - Essigsäure:** Bunger, Carnoy, Flemming, Flesch, Fol, Merk.

**Chromsäurealkohol:** Bianco, Klein, Pritchard, Stowell.

**Chromsäure - Reagenzien:** Acquisto, Altmann, Bayerl, Bianco, Braus, Bunger, Carnoy, Demarbaix, Ehler, Flemming, Flesch, Fol, Hannover, Haug, Klein, Kollmann, Lavdowsky, Marina, Marsh, Merkel, Perényi, Pritchard, Rabl, Stowell, Strasburger, Thiersch, Waldeyer.

**Chrom-Salpetersäure:** Kollmann, Marsh, Perényi, Waldeyer.

**Chrom-Salzsäure:** Bayerl.

**Colophonium:** Ehrenbaum.

**Collargol:** Nitsche.

**Chromsäure-Sublimat:** Bianco, Hertwig, Podwyssozki.

**Chrysoidin-Reagenzien:** Kowallik, Ljubinsky, Martinotti, Neisser.

**Chrysophangelb:** Unna.

**Cochenille-Reagenzien:** Mayer, Rawitz.

**Cobaltcochenille:** Rawitz.

**Cochenilletinktur:** Mayer.

**Colloxylin:** Krysinski.

**Congorot-Bieragar:** Sobel.

**Congorot-Reagenzien:** Alt, Fischer, Rehm.

**Corallin-Reagens:** Strasburger.

**Corrosionsmittel:** Noll, Strasburger.

**Corceïn:** Griesbach.

**Cuticula-Nachweis:** Zimmermann.

**Cyanin:** Golenkin.

**Cyanosin:** Eisenberg.

**Dahliaviolett-Reagenzien:** Crouch, Ehrlich, Huguenin, Pommer, Reed, Ribbert, Schiefferdecker, Unna.

**Diaminblau-Reagens:** Curtis.

**Differenzierungsflüssigkeit:** Beneke, Gothard, Unna, Weigert.

**Dimethylamidoazobenzol:** Lagerheim.

**Dimethylparaphenylendiamin-Reagenzien:** Dietrich, Winkler.

**Dinitrosoresorcin:***) Beer, Platner, Pfeiffer-Wellheim.

**Dioxyhämatein:** Hansen.

**Doppelfärbungs-Reagenzien:** Aronsohn, Cole, Ehrlich-Biondi, Friedländer, List, Rabl.

**Drittelalkohol:** Ranvier.

**Echtgelb:** Griesbach.

**Echtgrün** = Dinitrosoresorcin.

**Einbettungs-Reagenzien** (Einschlußmittel): Abbe, Apáthy, Balint, Behrens, Bindo, Born, Bresgen, Calberla, Ehrenbaum, Farrant, Flemming, Gudden, Hantsch, Hertwig, Hoyer, Jäger, Jordan, Kadyi, Klebs, Kleinenberg, Koch, Krysinski, Lathman, Meates, Merkel-Schiefferdecker, Pfitzer, Pokrowski, Pölzam, Salkind, Schürhoff, Schultze, Seaman, Smith, Spee, Stepanow, Strasser, Stricker, Vosseler, Weil.

**Eisen:** Quincke.

**Eisencarmalaun:** Groot.

**Eisenchlorid-Reagenzien:** Herxheimer, Möller.

**Entkalkungs-Reagenzien:** Bayerl, Busch, Ebner, Fol, Gage, Haug, Marsh, Mayer, Müller, Partsch, Squire, Thiersch, Thoma, Waldeyer.

**Entkieselungs-Reagenzien:** Mayer, Strasburger.

**Eosin-Reagenzien:** Berestneff, Calberla, Chenzinsky-Plehn, Cole, Craandijk, Dominicis, Dominicis, Dreschfeld, Dunger, Ehrlich, Elzholz, Everard, Fischer, Gasis, Giemsa, Hickson, Hollande, Jenner, Kalb, Klein, Laveran, Leishman, Lenzmann, List, Manaham, Mann, Marino, May-Grünwald, Michaelis, Pianese, Plehn, Prince, Pröscher, Rawitz, Renaut, Romanowsky, Rosin, Sabrazès, Schiefferdecker, Skelton, Teichmüller, Unna, Vanlair, Verhoeff, Wermsel, Willebrand, Wright, Wurtz, Yamagiwa, Zettnow.

**Essigsäurealkohol:** Carnoy, Gehuchten.

---

*) In der mikroskop. Literatur hat sich die falsche Bezeichnung Dinitro-Resorcin für das Dinitrosoresorcin eingebürgert. Da das Dinitroresorcin für färbetechnische Zwecke nicht brauchbar, im Handel aber leicht erhältlich ist, so sind Verwechselungen nicht ausgeschlossen. Vergl. Merck's Index 1910, 96.

**Färbungs-Reagenzien:** Alférow, Allerhand, Alt, Amann, Amato, Ambronn, Apáthi, Arcangeli, Arnstein, Aronsohn, Babes, Baecchi, Bartel, Baumgarten, Bayerl, Beale, Beer, Benda, Benczur, Beneden, Bergh, Bergonzini, Berkley, Bernheim, Best, Bethe, Betz, Bie, Billet, Biondi-Heidenhain, Bitter, Bizzozero, Blanc, Boas, Böhmer, Bonney, Boule, Bourne, Bowhill, Branca, Brand, Brandeis, Brass, Breglia, Bruckner, Bühler, Burri, Bütschli, Buoma, Burchardt, Burckhardt, Busch, Calberla, Carazzi, Castaigne, Cerrito, Certes, Chenzinski-Plehn, Cole, Corning, Craandijk, Crouch, Cuccati, Curtis, Czaplewski, Czokor, Davalos, Davidsohn, Dekhuyzen, Delafield, Dietrich, Dogiel, Dominicis, Dominicis, Dreschfeld, Dreysel-Oppler, Dunger, Ebner, Edens, Ehrlich, Ehrlich-Biondi, Ehrlich-Weigert, Eisen, Eisenberg, Erlicki, Ermengem, Everard-Demoor-Massart, Fañanás, Fauré, Feeser, Fischel, Fischer, Flechsig, Flemming, Foà, Fränkel, Freud, Frey, Frey-Schneider, Friedländer, Gabbett, Gage, Galesescu, Garbini, Gasis, Gautrelet, Gedölst, Gerber, Gerlach, Ghoreyeb, Gibbes, Giemsa, Gieson, Gins, Golgi, Gradle, Gram, Graser, Grenacher, Grieb, Griesbach, de Groot, Günther, Guignard, Hamann, Hamilton, Hansen, Hanstein, Harris, Hartig, Haug, Hecht, Hegler, Heidenhain, Held, Henneguy, Hermann, Herxheimer, Herz, Herzog, Hickson, Himmel, Hof, Hollande, Homberger, Honorowski, Hoyer, Huguenin, Huisman, Huntoon, Israel, Jacobson, Jansen, Jenner, Jensen, Joesten, Joseph, Kalb, Kappers, Kató, Klausner, Klein, Kleinenberg, Klemensiewicz, Koch, Koch-Ehrlich, Kodis, Köppen, Kolossow, Kossinski, Kowallik, Kozowsky, Kühne, Kultschitzky, Kupffer, Lang, Lanz, Laveran, Lavdowsky, Lee-Mayer, Légal, Leishman, Lenzmann, Lenhossek, Letulle, Levaditi, List, Ljubinsky, Löffler, Lugol, Lundvall, Lustgarten, Lutz, Mac Neal, Mallory, Manaham, Manchot, Mann, Marino, Marschalkó, Marschner, Martinotti, Más y Magro, Mattirolo, May, Mayer, May-Grünwald, Mercier, Merk, Merkel, Meyer, Mibelli, Michaelis, Minassian, Minervini, Monticelli, Morel, Negro, Neisser, Nicolle, Nikiforoff, Nissl, Nocht, Noguchi, Norris-Shakespeare, Ohlmacher, Okajima, Oppel, Oppenheim-Sachs, Orth, Pal, Paladino, Paneth, Pappenheim, Partsch, Peter, Pfeiffer-Wellheim, Pfitzner, Pianese, Platner, Plaut, Plehn, Poljakoff, Pommer, Prince, Proca, Prudden, Rabl, Ramón y Cajal, Ranvier, Raskin, Rawitz, Reed, Regaud, Rehm, Reitmann, Renaut, Reuter, Romanowsky, Romanowsky-Reuter, Rosen, Rosin, Röthig, Rudolph, Sabrazès, Sahli, Salkind, Sanfelice, Sankey, Sargent, Schäfer, Scheffer, Schiefferdecker, Schmaus, Schneider, Schott, Schueninoff, Schüffner, Schweiger-Seidel, Seiler, Shmamine, Skelton, Smith, Sommerfeld, Soudakewitsch, Spaink, Spuler, Squire, Stirling, Strasburger, Ströbe, Stropeni, Stutzer, Szüts, Tangl, Tartuferi, Teichmüller, Thiersch, Tison, Tompa, Tower, Trenkmann, Triepel, Tswett, Unna, Upson, Vassale, Verhoeff, Viallanes, Vinassa, Völker, Wahl, Waldeyer, Waldmann, Wallart, Walter, Wedl, Weigert, Weltmann, Wermsel, Willebrand, Winkler, Wolters, Wright, Wurtz, Wyhe, Yamagiwa, Yamamoto, Young, Zacharias, Zettnow, Ziehen, Ziehl-Neelsen, Zimmermann, Zwardemaker.

**Ferrodioxyhämateïn:** Hansen.

**Ferrohämateïn:** Hansen.

**Ferrotannatbeize:** Löffler.

**Fettponceau:** Michaelis.

**Fixierungs- (Härtungs-) Reagenzien:** Altmann Andriezen, Arrigo, Barret, Benda, Beneden Bethe, Bignami, Blum, Bouin, Borrel, Boveri Bunger, Carnoy, Castaigne, Chamberlain Champy, Ciaccio, Colombo, Demarbaix, Dogiel Ehler, Eisen, Ermengem, Fish, Flemming, Flesch Foà, Fol, Fränkel, Frenzel, Frey-Schneider Friedländer, Gage, Gehuchten, Gilson, Golgi Graf, Guignard, Hannover, Heidenhain, Held Helly, Holmgren, Hermann, Kaiser, Kaiserling, Kayser, Keiser, Klein, Kleinenberg-Mayer Klingmüller, Kollmann, Kolmer, Kolossow Krause, Lavdowsky, Lehnhossék, Leontowitsch, Marcano, Marina, Mason, Mayer Mayer-Retzius, Mann, Martinotti, Merk, Merkel, Meyer, Michailow, Mingazini, Morel, Nelis Niessing, Nikiforoff, Noguchi, Orth, Pacaut, Perényi, Pfeiffer-Wellheim, Pighini, Platner, Podwyssozki, Pritchard, Rabl, Ramón y Cajal, Rath, Rawitz, Reimann-Unna, Retterer, Salkind, Sauer, Schultze, Schwarz, Spuler, Stowell, Szüts, Tellyesniczky, Tschassownikow, Vanlair, Vassale, Veratti, Vignal, Vulpian, Wolters, Zacharias, Zenker.
Vergl. auch Härtungs-Reagenzien.

**Fluoresceïn-Alkohol:** Kühne.

**Fluoresceïn-Nelkenöl:** Kühne.

**Fluoresceïn-Reagens:** Czaplewski.

**Flußsäure:** Mayer, Strasburger.

**Formaldehyd-Reagenzien:** Benario, Blum, Boveri, Braus, Fish, Gage, Graf, Heidenreich, Helly, Holfert, Kolmer, Lavdowsky, Marcano, Marina, Morel, Nelis, Orth, Parker, Pfeiffer-Wellheim, Retterer, Sommerfeld.

**Formhämatoxylin:** Hegler.

**Formolalkohol:** Benario, Fish, Gulland, Nikiforoff, Parker, Reuter.

**Formolfuchsin:** Rawitz.

**Formolglycerin:** Szüts.

**Franceïn:** Léon.

**Fuchsin-Reagenzien:** Amann, Aronson, Baumgarten, Davalos, Ehrlich, Fischer, Fränkel, Frey, Friedländer, Gibbes, Hanstein, Hermann, Herzog, Jacobson, Koch, Kühne, Löffler, Manchot, Merkel, Ohlmacher, Schäffer, Shmamine, Smith, Unna-Tänzer, Weigert, Ziehl-Neelsen, Zimmermann.

**Fuchsin S-Reagenzien:** Altmann, Aronsohn, Bergonzini, Biondi-Heidenhain, Castaigne, Ehrlich, Ehrlich-Biondi, Gieson, Honorowki, Kowallik, Kupffer, Prince, Strasburger, Zimmermann.

**Gallein-Reagenzien:** Aronson, Pfeiffer-Wellheim.

**Gaultheriaöl:** Guéguen.

**Gelbglycerin:** Plaut.

**Gentianaviolett-Reagenzien:** Birch-Hirschfeld, Bizzozero, Ehrlich, Ehrlich-Weigert, Flemming, Fränkel, Friedländer, Galesescu, Gram, Günther, Klausner, Koch, Köppen, Löffler, Más y Magro, Oppenheim - Sachs, Stirling, Weigert, Wermsel.

**Glycerinäther:** Unna.

**Glycerin-Alkohol:** Calberla.

**Glycerin-Gelatine:** Brand, Fol, Geoffroy, Gerlach, Jacobs, Klebs, Robin, Squire.

**Glychämalaun:** Mayer, Rawitz.

**Glykogenreaktion:** Barfurth, Ehrlich, Gabritschewsky.

**Gold-Kaliumcyanid:** Leontowitsch.

**Goldlösungen:** Arnold, Bastian, Bernheim, Cohnheim, Freud, Gerlach, Golgi, Joseph, Kolossow, Miura, Obregia, Ranvier, Tompa, Upson, Viallanes, Ziehen.

**Gonokokkenfärbungs-Reagenzien:** Guth, Herz, Homberger, Klein, Lanz, Schütz, Wahl.

**Hämacalcium:** Mayer.

**Hämalaun:** Apáthy, de Groot, Hansen, Harris, Mayer.

**Hämammon:** Mayer.

**Hämateïn-Ammoniak:** Mayer.

**Hämateïn-Reagenzien:** Apáthy, Hansen, Martinotti, Mayer, Rawitz.

**Hämatoxylin-Reagenzien:** Apáthy, Benda, Berkley, Böhmer, Bütschli, Carazzi, Castaigne, Cuccati, Delafield, Ehrlich, Everard-Demoor-Massart, Feeser, Foà, Frey, Friedländer, Gage, Grenacher, Hamilton, Hansen, Haug, Hegler, Heidenhain, Henneguy, Herxheimer, Honorowski, Joesten, Kleinenberg, Kodis, Kozowsky, Krüger, Kultschitzky, Lundvall, Mallory, Mayer, Mercier, Morel, Negro, Pal, Rabl, Renaut, Sanfelice, Sargent, Schueninoff, Spaink, Squire, Szüts, Unna, Vassale, Verhoeff, Viallanes, Weigert, Wendt, Wolters.

**Harngelatine:** Güterbock.

**Härtungs-Reagenzien:** Anderson, Anglade, Bensley, Besta, Blum, Bunger, Burckhardt, Carnoy, Cerrito, Eimer, Erlicki, Fol, Gaule, Gieson, Goette, Heidenhain, Hertwig, Holfert, Johnson, Lang, Marchi-Algeri, Müller, Ohlmacher, Parker-Floyd, Perényi, Petrunskewitsch, Ranvier, Remak, Souza, Strasburger, Upson, Wortmann.
Vergl. auch Fixierungs-Reagenzien.

**Heidelbeersaft-Reagens:** Lavdowsky.

**Hexamethylviolett-Reagens:** Kühne.

**Holunderbeerensaft:** Kappers.

**Holzessigfarben** (Holzessig-Carmin, -Hämatoxylin etc.): Burchardt.

**Hydrochinon-Reagens:** Ramón y Cajal.

**Hydroxylamin:** Unna.

**Imprägnierungs-Reagenzien:** Bastian, Cohnheim, Dekhuyzen, Gerlach, Golgi, Hoyer, Kolossow, Leber, Miura, Müller, Obregia, Oppel, Ramón y Cajal, Ranvier.

**Indigocarmin-Reagenzien:** Bayerl, Kossinski, Merkel, Ramón y Cajal.

**Indigosulfosäure-Reagenzien:** Chrzonszewski, Seiler.

**Indikan** in Pflanzenzellen: Beyerink.

**Indulin-Reagens:** Calberla, Lagerheim.

**Injizierungs-Reagenzien:** Beale, Beale-Frey, Budge, Chrzonszewski, Cohnheim, Fol, Gerlach, Kollmann, Možejko, Ranvier, Robin, Taguchi, Thiersch, Weidenreich.

**Iridiumchlorid-Reagens:** Eisen.

**Isatinsalzsäure:** Beyerink.

**Jodalkohol:** Rawitz.

**Jodeosin:** Hof.

**Jodgrün-Reagenzien:** Griesbach, Letulle, Rosen, Zimmermann.

**Jodgummilösung:** Ehrlich.

**Jodhämatoxylin:** Feeser, Sanfelice.

**Jodlösung:** Barfurth, Bianco, Ehrlich, Gabritschewsky, Gins, Lugol, Mason, Nägeli, Ranvier-Frey, Strasburger.

**Jodserum:** Schultze.

**Konservierungs-Flüssigkeiten:** Acquisto, Barff, Bianco, Blum, Calberla, Codet, Dippel, Farrant, Flemming, Frost, Gage, Glage, Godbay, Harting, Hayem, Heidenreich, Holfert, Hoyer, Jores, Kaiser, Kaiserling, Keutmann, Klotz, Kotlarewski, Langerhans, Lavdowsky, Löwy, Magnus, Martinotti, Melnikow, Meyer, Nastioukow, Noll, Pacini, Petit, Pick, Rath, Ripart, Rosenthal, Squire, Vibert, Wedl, Wickersheimer, Wortmann.

**Kork-Nachweis:** Lagerheim, Zimmermann.

**Kreosot-Reagens:** Nastioukow.

**Kresylechtviolett-Reagens:** Davidsohn, Gerber, Homberger.

**Krystallviolett:** Bie, Rudolph, Shmamine.

**Kupfer-Quecksilber-Formaldehyd-Reagens:** Nelis.

**Lackmoid-Reagens:** Kultschitzky.

**Lackmus-Bieragar:** Sobel.

**Lävulose-Reagens:** Wedl.

**Laktochloral:** Amann.

**Laktochlorphenol:** Amann.

**Lichtgrün-Reagens:** Peter.

**Lithioncarmin:** Haug, Orth.

**Magdalarot-Reagenzien:** Flemming, Hermann, Kultschitzky.

**Magenta-Reagenzien:** Gibbes, Nissl.

**Magnesiacarmin:** Mayer.

**Malachitgrün-Chlorzink:** Löffler.

**Malachitgrün-Reagens:** Beneden, Bitter, Löffler, Padlewsky.

**Malaria-Färbungsreagenzien:** Plehn.

**Mangandioxyhämateïn:** Hansen.

**Manganhämateïn:** Hansen.

**Mazerations-Reagenzien:** Bela-Haller, Bernard, Boll, Calberla, Haller, Kuskow, Landois, Löwy, Möbius, Moleschott, Ranvier, Rausch, Rawitz, Rindfleisch, Schiefferdecker, Schultze, Solbrig, Stirling.

**Methylal:** Parker.

**Methylblau:** Mann.

**Methylenazur-Reagenzien:** Giemsa, Huisman, Michaelis.

**Methylenblau-Anilinöl:** Kühne.

**Methylenblau-Reagenzien:** Arnstein, Baumgarten, Berestneff, Billet, Chenzinsky-Plehn, Craandijk, Czaplewski, Dogiel, Ehrlich, Fränkel, Gabbet, Gibbes, Giemsa, Gradle, Herzog, Hollande, Jacobson, Jenner, Klein, Koch, Kühne, Kultschitzky, Kupffer, Leishman, Lenzmann, Löffler, Manahan, Marino, Martinotti, May-Grünwald, Michaelis, Neisser, Nissl, Pappenheim, Pianese, Plehn, Raskin, Romanowsky, Rosin, Sabrazès, Sahli, Schüffner, Skelton, Sommerfeld, Teichmüller, Unna, Waldmann, Walter, Weigert, Weltmann, Wermsel, Willebrand, Wright, Young, Zettnow, Zollikofer.

**Methylenviolett-Reagens:** Mac Neal.

**Methylgrün-Anilinöl:** Kühne.

**Methylgrün-Reagenzien:** Aronsohn, Bergonzini, Biondi-Heidenhain, Calberla, Cole, Crouch, Ehrlich, Ehrlich-Biondi, Erlicki, Guth, List, Lutz, Oppel, Pappenheim, Saathoff, Strasburger, Unna, Wahl, Zacharias.

**Methylmixtur:** Schiefferdecker.

**Methylsalicylat:** Guéguen.

**Methylviolett-Reagenzien:** Bizzozero, Bonney, Edens, Graser, Hanstein, Jensen, Koch, Kühne, Marschner, Schiefferdecker, Weigert.

**Milchsäure-Reagens:** Gins, Haug.

**α-Monobromnaphthalin:** Abbe.

**Muchämateïn:** Mayer.

**Mucicarmin:** Mayer.

**Myrtillus-Reagens:** Lavdowsky.

**Nährböden:** Barsiekow, Calmette, Conradi, Dieudonné, Drigalski-Bierast, Harrison, Kraus, Mac Conkey, Sobel.

**Naphthol, α-Reagens:** Dietrich, Winkler.

**Naphtholschwarz-Reagens:** Curtis.

**Naphthylaminbraun-Reagens:** Kaiser.

**Natriumsalicylat-Reagens:** Lenz.

**Natriumtaurocholat:** Mac Conkey.

**Natronalbuminatlösung:** Calberla.

**Neutralrot-Reagenzien:** Ehrlich, Hecht, Herz, Himmel, Jensen.

**Nigrosin-Reagenzien:** Fischer, Johnson, Martinotti, Pfitzner, Platner, Schiefferdecker, Spaink.

**Nilblausulfat:** Unna.

**Nilrot:** Unna.

**Nitrocochenille:** Rawitz.

**Nitrohämateïn:** Rawitz.

**Nitrochrysophansäure:** Unna.

**Orange G-Reagenzien:** Aronsohn, Bartel, Biondi-Heidenhain, Bonney, Dominicis, Ehrlich, Ehrlich-Biondi, Flemming, Hollande, Strasburger.

**Orange III- (= Goldorange) Reagens:** Bergon-

**Orange III- (= Goldorange) Reagenz:** Bergonzini.

**Orceïn-Reagenzien:** Bowhill, Israel, May, Merk, Stutzer, Triepel, Unna, Unna-Tänzer.

**Orleanextrakt-Reagens:** Sonntag.

**Orseille-Reagenzien:** Wedl, Weigert.

**Osmiobichromlösung:** Golgi.

**Osmium-Chrom-Essigsäure:** Anglade.

**Osmium-Chromsäure:** Barret.

**Osmium-Essig-Gerbsäure:** Ermengem.

**Osmium-Essig-Plantinchlorid:** Niessing.

**Osmium-Essigsäure:** Hertwig, Spuler, Zacharias.

**Osmiumsäure-Reagenzien:** Altmann, Andriezen, Anglade, Barret, Berkley, Bianco, Borrel, Bunger, Busch, Carnoy, Colombo, Ermengem, Flemming, Flesch, Fol, Fränkel, Ghoreyeb, Golgi, Haug, Hermann, Hertwig, Kayser, Kolossow, Mann, Merk, Niessing, Oppel, Ramón y Cajal, Rath, Regaud, Rindfleisch, Schultze, Spuler, Vanlair, Veratti, Vignal, Zacharias, Zimmermann.

**Osmium-Salpetersäure:** Kolossow.

**Oxalsaurer Carmin:** Thiersch.

**Palladiumchlorür-Reagenzien:** Fränkel, Leontowitsch, Paladino, Schultze, Waldeyer.

**Pankreatin-Pepsin-Glycerin:** Strasburger.

**Panoptisches Triacidgemisch:** Pappenheim.

**Paracarmin:** Mayer.

**Patentblau:** siehe Carminblau.

**m-Phenylendiamin:** Winkler.

**Phloroglucin-Reagens:** Haug.

**Phosphorlösung:** Seaman, Stephenson.

**Phosphormolybdänsäure-Reagens:** Berkley, Hollande, Mallory, Sargent.

**Phosphorwolframsäure-Reagens:** Reitmann, Mallory, Rawitz, Schueninoff.

**Photoxylin:** Krysinski.

**Pikrinalkohol:** Strasburger.

**Pikrinessigsäure:** Boveri.

**Pikrinsäure-Reagenzien:** Altmann, Arnstein, Boveri, Dogiel, Dreysel-Oppler, Gage, Graf, Haug, Heidenhain, Honorowski, Kultschitzky, Mann, Mayer, Rabl, Ramón y Cajal, Rath, Regaud, Röthig, Strasburger.

**Pikrinsalpetersäure:** Mayer.

**Pikrinschwefelsäure:** Kleinenberg, Mayer, Zacharias.

**Pikroblauschwarz:** Heidenhain.

**Pikro-Bleu:** Curtis.

**Pikrocarmin:** Bizzozero, Dreysel-Oppler, Fränkel, Friedländer, Gedölst, de Groot, Lang, Légal, Mayer, Poljakoff, Ranvier, Squire, Weigert, Wyhe.

**Pikroformol:** Bouin.

**Pikrofranceïn:** Léon.

**Pikronigrosin:** Martinotti.

**Pikro-Ponceau:** Curtis.

**Platinchlorid-Reagenzien:** Borrel, Hermann, Leontowitsch, Merkel, Niessing, Rabl, Ramón y Cajal, Rath, Retterer, Veratti.

**Ponceau:** Curtis.

**Propylenglykol:** Unna.

**Purpurin-Glycerin:** Grenacher.

**Pyoktanin-Reagens:** Ljubinsky.

**Pyridin:** Souza.

**Pyridinxylol:** Andriezen.

**Pyrogallol-Alkohol:** Arrigo.

**Pyrogallol-Reagenzien:** Arrigo, Levaditi, Minassian, Ramón y Cajal, Yamamoto.

**Pyronin:** Bonney, Winkler.

**Pyronin-Methylgrün-Reagens:** Guth, Pappenheim, Saathoff, Unna.

**Quecksilberchlorid-Reagenzien:** siehe Sublimat-Reagenzien.

**Quecksilberjodid-Reagenzien:** Amann, Behrens, Stephenson.

**Reinblau-Reagenzien:** Dennemark, Schmaus, Ströbe.

**Resoblau-Reagens:** Tswett.

**Resorcin:** Tswett, Joesten, Unna, Weigert.

**Rhodamin:** Rosen.

**Rhodankalilösung:** Stirling.

**Rizinusöl:** Born.

**Rongalitweiß:** Unna.

**Rosanilinviolett:** Hanstein.

**Rubin S-Reagenzien:** Bühler, Kultschitzky, Letulle, Weigert.

**Rutheniumsesquichlorid-Reagens:** Bernard, Eisen, Mangin.

**Säure-Alizarinblau:** Rawitz.

**Säure-Alizaringrün:** Rawitz.

**Säurefuchsin:** siehe Fuchsin-S.

**Säuregemisch:** Pal.

**Säureviolett:** Peter.

**Säureviolett-Anilinöl:** Kühne.

**Safflortinktur:** Tompa.

**Safranin-Anilinöl:** Kühne.

**Safranin-Reagenzien:** Babes, Blanc, Bühler, Buoma, Curtis, Flemming, Foà, Garbini, Günther, Hermann, Kossinski, Mibelli, Pfitzner, Rabl, Scheffer, Spaink, Ströbe, Unna, Zwaardemaker.

**Salicylaldehyd:** Krasser.

**Salicylsäure-Reagens:** Rausch.

**Salpetersäure-Alkohol:** Sauer.

**Salzsäure-Carmin:** Kühne, Mayer.

**Sappanholzextraktlösung** (fälschlich Japanholz): Bachmeyer, Branca, Flechsig.

**Scharlach R.:** Lagerheim.

**Schwefellösung:** Seaman.

**Sechstel-Alkohol:** Solbrig.

**Seifenlösung:** Unna.

**Serum:** Locke, Malassez, Pictet, Ringer, Tornier.

**Silberlösungen:** Alférow, Bergh, Berkley, Boule, Dekhuyzen, Fañanás, Fischel, Golgi, Hoyer, Joseph, Kolossow, Levaditi, Martinotti, Minassian, Müller, Noguchi, Oppel, Ramón y Cajal, Ranvier, Recklinghausen, Regaud, Schlemmer, Yamamoto.

**Solidgrün** = Dinitrosoresorcin.

**Speichel,** künstlicher: Calberla.

**Styron:** Unna.

**Sublamin-Reagens:** Klingmüller.

**Sublimat-Reagenzien:** Acquisto, Bensley, Bianco, Bignami, Boveri, Chamberlain, Colombo, Foà, Frenzel, Gage, Gasis, Gaule, Gilson, Godbay, Golgi, Harting, Hayem, Heidenhain, Held, Kaiser, Keiser, Kultschitzky, Lang, Lavdowsky, Lehnhossék, Mann, Mingazini, Nelis, Ohlmacher, Pacini, Pacaut, Petrunskewitsch, Rabl, Rath, Zenker, Ziehen.

**Sudan-Reagens:** Buscalioni, Saathoff, Wallart.

**Sulfoxylsäure** (Na): Unna.

**Tannin-Reagens:** Cerrito.

**Terpentin-Alkohol:** Vosseler.

**Tetrajodfluoresceïn:** Hof.

**Thallin-Reagens:** Burchardt.

**Thionin-Reagenzien:** Eisen, Hoyer, Lanz, Leszcinski, Marchoux, Marschalkó, Nicolle, Wahl.

**Toluidinblau:** Dominicis, Harris, Lenhossék, Mann, Martinotti, Prince, Pröscher, Salkind.

**Transparentseife:** Flemming, Pfitzer.

**Triacidlösung:** Aronsohn, Biondi-Heidenhain, Ehrlich, Ehrlich-Biondi, Kalb, Krause, Pappenheim, Rosin, Trambusti.

**Trichloressigsäure:** Heidenhain, Holmgren, Partsch.

**Trichlormilchsäure:** Holmgren.

**Trioxyhämateïn:** Hansen.

**Tropäolin 00:** Walter.

**Tuberkelbazillen:** Gram, Koch, Letulle, Löffler, Neelsen, Peltrisot, Sehlen.

**Tusche:** Burri.

**Typhusbazillen:** Kühne.

**Urancarmin:** Gierke, Schmaus.

**Uranylacetat:** Herxheimer.

**Urannitrat:** Fañanás, Ramón y Cajal.

**Vanadiumchlorid-Reagens:** Wolters.

**Vanadiumhämatoxylin:** Heidenhain.

**Verdauungsflüssigkeit:** Behring, Stutzer.

**Vesuvin-Reagenzien:** Bühler, Koch-Ehrlich, Ljubinsky, Neisser.
Vergl. auch Bismarckbraun-Reagenzien.

**Viertelalkohol:** Rawitz.

**Viktoriablau-Reagenzien:** Kühne, Lustgarten, Weigert.

**Wachs:** Ehrenbaum, Gudden, Stricker.

**Wallrat:** Born.

**Wasserblau:** Unna.

**Wismutsubjodid** (Bismutum oxyjodatum): Meyer.

**Zinkchlorid-Reagenzien:** Fish, Juel, Reimann-Unna.

**Zinksulfatcarmin:** Upson.

**Zuckerlösung:** Tunmann.

# Präparaten-Register.

In diesem Register sind alle die Stoffe verzeichnet, die als Bestandteile der in diesem Buche angegebenen Reagenzien aufgeführt worden sind. Man kann sich also mit Hilfe desselben orientieren, wozu ein Präparat in der analytischen Technik verwendet wird. Nicht aufgenommen sind anorganische Säuren und Alkalien, die bei ihrer ausgedehnten Verwendungsweise als Hilfsreagenzien weniger Interesse beanspruchen dürften. Man findet also z. B. unter Alloxan, daß dieses Präparat zum Nachweis von Eisenoxydul, Eiweiß und Lecithin dient. Zugleich sind dort die Autorennamen angegeben, bei denen (im Text des Buches) das Nähere aufgesucht werden kann; unter Antimonchlorid findet man, daß dieses Salz von Godeffroy, Schultze und Smith zum Nachweis von Alkaloiden vorgeschlagen wurde. Es ist also aus dem Präparaten-Register gleichzeitig ersichtlich, ob ein und dasselbe Präparat von verschiedenen Autoren als Reagens auf denselben Körper vorgeschlagen worden ist.

**Ameisensäure:**

Cazeneuve-Défournel . . Salpetersäure
Simmons . . . . äther. Öle

**p-Amidoacetophenon:**

Arnold . . . . . Acetessigsäure
Brunner . . . . Diazoreaktion (Harn)
Friedenwald-Ehrlich . . . Diazoreaktion (Harn)
Lipliawsky . . . Acetessigsäure

**Amidoazobenzolsulfosäure:**

Wassilieff . . . Eiweiß

**p-Amidobenzolazodimethylanilin:**

Meldola . . . . Salpetrige Säure

**Amidobenzyl-β-Naphthol:**

Betti . . . . . . Aldosen

**Amidocapronsäure:**

Lyle . . . . . . Kupfer

**p-Amidodimethylanilin:**

Caro . . . . . . Schwefelwasserstoff
Korn . . . . . . Fäulnisfähigkeit der Abwässer

**Amidoessigsäure:**

Pieraerts . . . Lävulose

**Amidol = Diamidophenol.**

**Amido-β-Naphtholsulfosäure (Natr.):**

Piñerúa . . . . Kalium

**Amidonaphtholdisulfosäure:**

Erdmann . . . . Nitrite

**Amidophenol:**

Manget-Marion Formaldehyd

**p-Amido-o-Sulfobenzoesäure:**

Kastle . . . . . Normalsäure

**Amine, aliphatische:**

Rimini . . . . Aceton

**Ammoniumchlorid:**

Dimmock . . . Harnsäure

**Ammoniumcitrat:**

Muller . . . . . Phosphorsäure
Wagner . . . . Phosphorsäure

**Ammoniumdithiokarbonat:**

Vogtherr . . . . $H_2S$-Ersatz

**Ammonium-Magnesiumphosphat:**

Erlenmeyer . . freie Säure in $Al_2(SO_4)_3$

**Ammoniummolybdat:**

Beythien . . . . Saccharose
Böttger . . . . Zucker
Buckingham . . Alkaloide
Casanova . . . Lecithin
Corzo . . . . . Eiweiß
Cotton . . . . . Saccharose
Crismer . . . . Weinsäure
Denigès . . . . Arsen
" . . . . Wasserstoffsuperoxyd
Fröhde-Buckingham Alkaloide
Ganassini . . . $H_2S$
" . . . Mineralsäuren
Gardiner . . . . Gerbsäure
Gigli . . . . . . Harnsäure
Hager . . . . . Mineralsäuren, Zucker
Isnard . . . . . Terpinhydrat
Jaworowski . . Eiweiß
Longstaff . . . Zinnchlorür
Loof . . . . . . Alkaloide
Lorenz . . . . . Phosphorsäure
Maderna . . . . Arsensäure
Marmé . . . . . Alkaloide
Medinger . . . Phosphorsäure
Meillière . . . . Reagens
Muller . . . . . Phosphorsäure
Neubauer . . . Phosphorsäure
Pinoff . . . . . . Lävulose
Pozzi-Escot . . Nickel
Pozzi-Escot . . Thiosulfate
Purgetti . . . . Reagens
Rogers . . . . . Zinn
Rothenfußer . . Formaldehyd
Schmidt . . . . Leim
Ventre . . . . . Glukose
Vitali . . . . . . Alkohol
Wagner . . . . Phosphorsäure

**Ammoniumnitrat:**

Loviton . . . . Metalle
Neubauer . . . Phosphorsäure

**Ammoniumoxalat:**

Abram . . . . . Blei
Strohl . . . . . Mineralsäuren

**Ammoniumpersulfat:**

Barral . . . . . Salicylsäure u. Salicylsulfosäure
Bollenbach . . Blei, Wismut
Engelhardt . . Methylalkohol
Klett . . . . . . Indikan
Léger . . . . . Natalaloe
Marshall . . . . Mangan
Orlow-Horst . Alkaloide
Pozzi-Escot . . Cobalt
Slawik . . . . . Vanadium
Strzyzowsky . Eiweiß

**Ammoniumphosphomolybdat:**

Schlicht . . . . Kalium

**Ammoniumrhodanid:**

Azzarello . . . Alkohol
Dietze . . . . . Peroxyde
Ling-Rendle . Kupfersulfat
Mayer . . . . . Eisen

**Ammoniumselenit:**

Lafon . . . . . . Codein
da Silva . . . . Alkaloide

**Ammonium strychnomolybdänicum:**

Denigès . . . . Phosphorsäure

**Ammoniumsulfat:**

Lorenz . . . . . Phosphorsäure
Neubauer . . . . Phosphorsäure

**l-Ammoniumtartrat:**

Kling-Florentin Weinsäure

**Ammoniumtellurat:**

Bronciner . . . Alkaloide

**Ammoniumthioacetat:**

Danziger . . . Cobalt
Freser . . . . . Arsen
Schiff . . . . . Schwermetalle

**Ammoniumthiosulfat:**

Orlowski . . . . Gruppen-Reagens

**Ammoniumuranat (Uran. oxydat.):**

Bronciner . . . Alkaloide

**Ammonium-Uranylacetat:**

Lenz-Schoorl . Natrium

**Ammoniumvanadat:**

Bellier . . . . . Sesamöl
Cavazza . . . . Gerbstoffe
Ellram . . . . . Rhodan
Gawalowski . Saccharose
Johannson . . Alkaloide
Kundrat . . . . "
Lemaire . . . . Gallussäure
Mandelin . . . Alkaloide
Richard . . . . Morphin
Tocher . . . . . Sesamöl

**Amygdalin:**

Schmidt . . . . Blutzersetzung

**Amylalkohol:**

Arnold . . . . . Nephrorosein
Kaiser . . . . . Holzstoff
Marsh . . . . . Karamel
Rössler . . . . Skatolrot

**Amylnitrit:**

Gutzkow . . . Phenole
Kremers . . . . Wurmsamenöl

**Anethol:**

Czapek . . . . Holzstoff

**Anilin:**

Adler . . . . . Pentosen
Bornträger . . Amylalkohol
Böttger . . . . Chlorsäure
Braun . . . . . Salpeter-S.
Browne . . . . Kunsthonig
Carletti . . . . Mineralsäuren
Caro . . . . . . Persulfat
Cipollina . . . . Salzsäure
Croner . . . . . Milchsäure
Czapek . . . . . Lignin
Denigès . . . . Salpetrige S.
Frey . . . . . . Petroleum
Grewing . . . . Chromsäure
Hofmann . . . Chloroform
" . . . Salpeter-S.
Jablokoff . . . Mineralöle
Jacquemin . . . Phenol
Jorissen . . . . Fuselöl
Kreis . . . . . Phenylendiamin
Laborde . . . . Freie Säuren
Longi . . . . . Salpeter-S.
Ludwig . . . . Ölsäure
Polacci . . . . . Phenol
Pool . . . . . . Nelkenöl
Schapringer . . Holzstoff
Schmidt . . . . Salpeter-S.
Scholvien . . . Phosgen.
Trillat . . . . . Formaldehyd
Valenta . . . . Holzstoff
Villiers-Fayolle Chlor
Vitali . . . . . Chlorsäure
Weselsky . . . Phloroglucin

**Anilinacetat:**

Hewitt . . . . . Furfurol

**Anilinchlorhydrat:**

Vaubel . . . . . Nitrite
Virgili . . . . . Chlorsäure

**Anilinoxalat:**

Duppa-Perkin . Glyoxylsäure

**Anilinsulfat:**

Pozzi-Escot . . Chlorsäure

**Anisaldehyd:**

Minovici . . . . Pikrotoxin
Takahashi . . . Fuselöl
" . . . Methyllaktat

**Anisol:**

Czapek . . . . Holzstoff

**Anthracen:**

Kielmeyer . . . Holzstoff

**Anthrachinon:**

Claus . . . . . . Wasser

**Antiformin:**

Rhein . . . . . . Indikan

**Antimonchlorid:**

Godeffroy . . . Alkaloide und Caesium
Hilpert . . . . . aromat. Kohlenwasserstoffe
Schultze . . . . Alkaloide und Caesium
Smith . . . . . . Alkaloide und Caesium

**Antimonchlorür:**

Bougault . . . . Natrium
Covelli . . . . . Chloral

**Antimontrioxyd:**

Ephraim . . . . Thallosalze

**Antipyrin:**

Borde . . . . . Jodzahlbestimmung
Curtman . . . . Salpetrige S.
Denigès . . . . $HNO_2$, $HNO_3$
Schuyten . . . $HNO_2$
Ganassini . . . Mineralsäuren

**Antispasmin:**

Garibaldi . . . Bittermandelwasser

**Arbutin:**

Reichard . . . Salpetersäure

**Arrhenal**
**(Natr.-mono-methylarseniat):**

Vitali . . . . . . Alkaloide

**Arsenik:**

Bayerlein . . . Metazinnsäure

**Asaprol:**

Riegler . . . . . Alkaloide
" . . . . . Eiweiß

**Aseptol:**

siehe: Phenolsulfosäure

**Aspirin:**

Ferrari Lelli . . Natriumbikarbonat

**Atractylisglykosid:**

Angelico . . . . Formaldehyd

**Azobenzolchlorid:**

Nierenstein . . Gerbstoffe

**Azolitmin:**

Scheitz . . . . . Indikator
Seitz . . . . . . Lackmusmolke

**Azophorrot:**

Feri . . . . . . . Diazoreaktion

**Azurblau:**

Torday . . . . . Gallenfarbstoffe

**Azurphthalein:**

Prätorius . . . . Indikator

**Baryumhydroxyd:**

Carpené . . . . Glukose
Ramsay . . . . Phosgen
Rusconi . . . . Eiweiß
Salomon . . . . Karzinom

**Baryumhypophosphit:**

Covelli . . . . . Arsen

**Baryumsulfat:**

Vanino . . . . . colloidale Metalle

**Baryumsuperoxyd:**

Riegler . . . . . Indikan
" . . . . . Jod

**Benzalchlorid:**

Lippmann-Pollak . . . aromat. Kohlenwasserstoffe

**Benzaldehyd:**

Erlenmeyer . . Kreatin
Melzer . . . . . Alkaloide
Komarowsky . Fuselöl
Takahashi . . . "

**Benzamid:**

Denigès . . . . Glykokoll

**Benzidin:**

Adler . . . . . Blut
Arnold-Mentzel Ozon
Ascarelli . . . . Blut
Assanelli . . . . "
Bordas . . . . . "
Budde . . . . . Chlor, Phosgen
Citron . . . . . Blut
Denigès . . . . oxydierende Stoffe
Einhorn . . . . Blut
Gigli . . . . . . Blutflecke
Greeff . . . . . Blut
Groat . . . . . . "
Knack . . . . . "
Lloyd . . . . . Tribromphenolbromid
Macweeney . . Blut
Malatesta . . . Gold, Platin
Messerschmidt Blut
Pertusi . . . . . Blausäure
Primot . . . . . $HNO_2$
Raschig . . . . Schwefelsäure
Rothenfußer . . Wasserstoffsuperoxyd
Schlesinger . . Blut
Schneider . . . Holzstoff
Wilkinson . . . Milch
Wagner . . . . Blut
Walter . . . . . "

**Benzochinon:**

Raciborski . . . Proteine

**Benzoesäureanhydrid:**

Urano . . . . . Kreatin

**Benzolsulfochlorid:**

Ackermann . . Guanidin

**Benzolsulfohydroxamsäure:**

Velardi . . . . . Aldehyde

**p-Benzolsulfonsäureazo-α-naphthol:**

Sörensen . . . Indikator

**Benzoylchlorid:**

Baumann . . . . mehrwertige Alkohole
Berthelot . . . Alkohol
Dorée . . . . . . Cholesterin
Goldmann . . . Cystin
Ladenburg . . Lysidin
Udranszky-Baumann Cystin

**Benzoylhydroperoxyd:**

Prileschajew . ungesättigte, organ. Verb.

**Benzoylsuperoxyd:**

Golodetz . . . . Formaldehyd
Lifschütz . . . . Cholesterin

**Berberin:**

Reichard . . . . Salpetersäure

**Bernsteinsäure:**

Amann . . . . . Eiweiß

**Bleiacetat:**

Buchner . . . . Tannin-Gallussäure
Christel . . . . Pikrinsäure
Deiß . . . . . . Cottonöl
Glücksmann . . Granatextrakt
Guyard . . . . . Tannin-Gerbsäure
Krüger . . . . . Adenin
Labiche . . . . Cottonöl
Lassaigne . . . Faserstoffe
Lipp . . . . . . Dextrin
Moritz . . . . . Glukose
Palm . . . . . . Eiweiß, Pikrotoxin
Rothenfußer . Saccharose
Rubner . . . . Glukose

**Bleiammoniumjodid:**

Berthelot . . . Äthylperoxyd, $H_2O_2$
Mosnier . . . . Wasser und Alkohol

**Bleichlorid:**

Blunt . . . . . . Silber
Bréon . . . . . . Mineralien
Palm . . . . . . Alkaloide
Schulze . . . . Karbonate

**Bleiessig:**

Bradford . . . . Cottonöl
Campani . . . . Glukose
Cotton . . . . . Orseille
Hefelmann . . . Bombay-Macis
Jacob . . . . . . Weinfarbstoff
Palm . . . . . . Eiweiß
Rothenfußer . . Wasserstoffsuperoxyd
Rubner . . . . . Kohlenoxydblut
Schmidt . . . . Rohr- und Traubenzucker
Schönbein . . . $H_2O_2$

**Bleioxyd:**

Liebig . . . . . Cystin
Lipp . . . . . . Dextrin

**Bleipulver:**

Livache . . . . Öle

**Bleisuperoxyd:**

Blum . . . . . . Eiweiß
Briand . . . . . Abrastol
Casali . . . . . Gallensäuren
Duples . . . . . Anilin
Feinberg . . . . Apomorphin
Fleury . . . . . Morphin
Hagen . . . . . Strychnin
Hesse . . . . . . Quebrachin
Hoppe-Seyler . Mangan
Laborde . . . . freie Säuren
Lauth . . . . . . Amine
Marchand . . . Strychnin
Pichard . . . . Mangan
Polacci . . . . . Chinin
Volhard . . . . Mangan
Wahl-Meyer . Cyclohexylidentetramethyldiamidodiphenylmethan
Wolff . . . . . . Benzidin

**Bleitetrachlorid:**

Selmi . . . . . . Alkaloide

**Bleiweißpapier:**

Schott . . . . . Schwefelwasserstoff

**Blut, defibriniertes:**

Bruylants . . . Aldehyde, Ketone

**Borax:**

Dieterich . . . Japanwachs im Talg
Hager . . . . . Glycerin
Jehn . . . . . . Alkohole
Maisch . . . . . Curcuma
Schonleben . . Aloe
Schönvogel . . Öle, Butter
Schoutelen . . Aloe
Scoville . . . . Gummi
Senier-Lowe . Glycerin
Wöhlk . . . . . Pyridin

**Bordeauxrot:**

Brugsch-Retzlaff . Urobilin

**Borsäure:**

Arzberger . . . Curcuma
Watson . . . . Acetanilid

**Borwolframsäure:**

Klein . . . . . . Pepton

**Brechweinstein:**

Herz . . . . . . Weinfarbstoffe

**Brenzkatechin:**

Binder-Weinland . Sauerstoff
Czapek . . . . . Holzstoff
Piccard . . . . . Titan

**Brenztraubensäure:**

Piñerúa . . . . Naphthol

**Brom** (-wasser):

Abensour . . . Chinin
Auld . . . . . . Aceton
Barral . . . . . Pyramidon
Battandier . . . Chinin
Baumann . . . Kynurensäure
Binz . . . . . . Digitalin
Blarez . . . . . Harnstoff
Bloxam . . . . . Alkaloide
Capranika . . . Gallenfarbstoffe
Cotton . . . . . Phenol
Denigès . . . . Allylalkohol
" . . . . Methylalkohol
" . . . . Harnsäure, Hippursäure
Dragendorff . . Digitalin, äther. Öle
Eiloart . . . . . Chinin
Erdmann-Winternitz . Tryptophanreaktion
Flückiger . . . Chinin, Phenol
" . . . Weinfarbstoffe
Förster . . . . . Colophonium
Grandeau . . . Alkaloide
Halphen . . . . Leinöl
Hicks . . . . . . Harze
Hirschsohn . . Acetanilid
Hüfner . . . . . Stickstoff
Jaworowski . . Cobalt
Knoop . . . . . Histidin
Knop . . . . . . Harnstoff
Küster . . . . . Phenol
Landolt . . . . Phenol
Léger . . . . . . α-Naphthol
Legler . . . . . Formaldehyd
Mascarelli . . Phenol
Mayer . . . . . Eisen
Moreigne . . . Harnstoff
Mörk . . . . . . Vanillin
Pander . . . . . Emetin
Plugge . . . . . Ammoniacum
Rupp . . . . . . Ameisensäure
Salkowski . . . Leim
Saporetti . . . . Eucain
Sechler . . . . Asa foetida
Seidell . . . . . Acetanilid
Stahre . . . . . Citronensäure
Stiepel . . . . . Thermoprobe
Tortelli-Jaffé . Lebertran
Weller . . . . . Chinin
Werner . . . . Zink
Wharton . . . . Strychnin
Wheeler . . . . Uracil, Cytosin
Zeller . . . . . . Melanin

**Brombenzhydrazid:**

Kahl . . . . . . Glukose
Kendall . . . . Glukose etc.

**Brombromkalium:**

Dietrich . . . . Aloe
Koninck . . . . Reagens

**Bromoform:**

Beyerink . . . . Mineralgemische

**o-Bromphenetidin:**

Piutti . . . . . . Lignin

**Bromwasserstoff:**

Crampton . . . Palmöl

**Brucin:**

Cazeneuve . . . Salpetersäure
Denigès . . . . Zinn
Kersting . . . . Salpetersäure
Lindo . . . . . Glukose
Lunge-Lwoff . $HNO_3$
Pichard . . . . $HNO_2$
Reichardt . . . $HNO_3$

**Buttersäure:**

Noguchi . . . . Syphilis

**iso-Buttersäureanhydrid:**

Jäger . . . . . . Cholesterin

**Cadmiumacetat:**

Heyn-Bauer . . Schwefel, Selen, Tellur.
Reinhardt . . . Reagens

**Cadmiumborowolframat:**

Klein . . . . . . Mineralgemische

**Cadmiumjodid:**

Böttger . . . . Salpetrige S.
Hofmann-Schroff . . . Morphin, Papaverin
Lepage . . . . . Alkaloide
Marmé . . . . . "
Vreven . . . . . "

**Cadmiumnitrat:**

Kopenhague . . Cadmiumpapier
Browning . . . Ferricyanide

**Caesiumchlorid:**

Herrmann . . . Kieselsäure
Huysse . . . . . Indium
Meerburg . . . Kupfer

**Calciumcarbid:**

Crouzel . . . . Santonin
Weaver . . . . Wasser
Yvon . . . . . . "

**Calciumchlorid:**

Böttinger . . . Brenzkatechin
Borsarelli . . . Alkohol
Carles . . . . . "
Eulenberg . . . Kohlenoxydblut
Leach . . . . . Äpfelsäure
Meßner . . . . Alkohol
Munk . . . . . . Gallenfarbstoffe
Otto . . . . . . Alkohol
Salkowski . . . Oxalsäure
Stein . . . . . . Fuselöl

**Calciumfluorid:**

Turner . . . . . Borax

**Calciumhydroxyd:**

de Jager . . . . Glukose

**Calciumhypophosphit:**

Covelli . . . . . Arsen

**Calciumsalicylat:**

Oechsner . . . Äpfelsäure

**Calciumsulfat:**

Bornträger . . Resorcin
Delffs . . . . . Fumarsäure
Leys . . . . . . $Na_2CO_3$ in $NaHCO_3$

**Campecheholz-Papier:**

Vassallo . . . . Metalle

**Campechenholz-Tinktur:**

Bell . . . . . . Alaun

**Capoköl:**

Milliau . . . . . Schwefelkohlenstoff

**Carbazol:**

Czapek . . . . . Holzstoff
Fleig . . . . . . Kohlehydrate
Gabutti . . . . Formaldehyd
Mattirolo . . . Holzstoff

**Carminfibrin:**

Grützner . . . . Pepsin

**Carminogen:**

Adler . . . . . . Indikator

**Carminsäure:**

Bogomolow . . Eiweiß
Luckow . . . . Aluminium

**Carvacrolphthalein:**

Ehrlich . . . . . Indikator

**Casein:**

Rothenfußer . Formaldehyd
Groß . . . . . . Pepsin, Trypsin
Rosenthal-Scholz Schwangerschaft

**Caseinnatrium:**

Jolles . . . . . . Gallensäuren

**Cerioxyd:**

Wobbe . . . . . Äthylperoxyd

**Cerisulfat:**

Jaworowski . . Santonin
Orloso . . . . . Phenole

**Ceriumoxyduloxyd:**

Sonnenschein . Alkaloide

**Chinasäure:**

Guyot . . . . . Resorcin

**Chinhydron:**

Stoecklin . . . Alkohol

**Chinidin:**

Mola-Vitali . . Salzsäure

**Chinin** (HCl):

Baroni . . . . . Calomel
Batka . . . . . Cellulose
Hesse . . . . . Phenol
Horoskiewicz . Kohlenoxydblut
Kubli . . . . . . $Na_2CO_3$ in $NaHCO_3$
Rabuteau . . . Salzsäure

**Chinon:**

Liebig . . . . . Dioxybenzole
Wurster . . . . Tyrosin

**Chinoidinsulfat:**

de Vrij . . . . . Chinin

**Chinosol:**

Bornträger . . . Eisenoxydul

**Chlor** (-wasser):

Beringer . . . . Antipyrin
Brandes . . . . Chinin
Erdmann-Winternitz . Tryptophanreaktion
Fränkel . . . . Histidin
Hirschhausen . Berberin
Husemann . . . Morphin
Jaksch . . . . . Harnsäure
Jorissen . . . . Apiol
Kletzinsky . . . Chinin
Klunge . . . . . Berberin
Manson . . . . Morphin
Pelletier . . . . Brucin
" . . . . Strychnin
Ritsert . . . . . Acetanilid
Rochleder . . . Coffein
Schwarzenbach "
Vogel . . . . . Chinin
" . . . . . Gerbsäure
" . . . . . Narcein

**Chloral:**

Brunner-Strzyzowsky . . . Alkaloide
Dragendorff . . Digitalin
Hehn . . . . . . äther. Öle
Gabutti . . . . Morphin

**Chloralhydrat:**

Curtman . . . . $NH_3$ und $H_2S$
Hirschsohn . . Myrrhe
Reuter . . . . . Naphthalin, Naphthol etc.
" . . . . Phenetidin
Schaer . . . . . Reagens

**Chloranil:**

Tsalapatani . . Amylalkohol
Wahl-Meyer . Reagens

**Chlorjodlösung:**

Dittmar . . . . Alkaloide
Wijs . . . . . . Jodzahlbestimmung

**Chlorkalklösung:**

Behringer . . . Antipyrin, Salophen
Fiori . . . . . . Atoxyl
Gerhardt . . . . Pikrinsäure
Glücksmann . . Hydrastisextrakt
Hamlin . . . . . Alkaloide
Hoppe-Seyler . Xanthin
Hyde . . . . . . Chinin
Jaffé . . . . . . Indikan
Jolles . . . . . Eiweiß
" . . . . Jod
Krehbiel . . . . Gallenfarbstoffe
Lex . . . . . . . Ammoniak
Oechsner de Coninck . . . Harnstoff
Power . . . . . Emetin
Runge . . . . . Anilin
Salzer . . . . . Acetanilid
Schweissinger Kairin
Squibb . . . . . Harnstoff
Verhassel . . . Naphthol
Vulpius . . . . Acetanilid
Wellcome . . . Morphin

**Chloroform:**

Kossa . . . . . Blut
Inouye . . . . . "

**Chloromercurat-p-diazobenzolsulfosaur. Na.**

Causse . . . . . Cystin

**Chlorophyll, wässerig:**

Boas . . . . . . Magenmotilität

**Chlorophyll, alkoholisch:**

Boas . . . . . . Fett

**Chlorsäure:**

Capranika . . . Gallenfarbstoffe

**Chlorsilber:**

Rudisch . . . . Xanthin

**Chlorschwefel:**

Bruce Warren . Öle

**Cholesterin:**

Browning . . . Syphilis
Hermann . . . . "

**Cholsäure:**

Egger . . . . . . Mineralsäuren

**Chromotropsäure:**

siehe: 1,8-Dioxynaphthalin-3,6-disulfosäure.

**Chromsäure:**

Brunner . . . . Atropin
Clarus . . . . . Solanin
Couquet . . . . Erbium, Didym etc.
Creuse . . . . . Salicin
Eiselt . . . . . . Melanin
Fulmer . . . . . Acetanilid
Guérin . . . . . Guajakol
Höhnel . . . . . Seide
Jacquemin . . . "
Kletzinsky . . . Nicotin
Lailler . . . . . Olivenöl
Lifschütz . . . . Oleinsäure
Mandel . . . . . Eiweiß
Marqué . . . . Spartein
Mezger . . . . . Cocain
Pozzi-Escot . . Brom
Ritsert . . . . . Acetanilid
Rosenbach . . Eiweiß
Salzer . . . . . Weinsäure
Schäffer . . . . Cocain
Schönbein . . . Wasserstoffsuperoxyd
Thomas . . . . Milchsäure
Wefers Bettink Ptomaine

**Chromnitrat:**

Malatesta . . . Silber

**Chromsulfat:**

Malatesta . . . Silber

**Cinchonamin(chlorhydrat):**

Arnaud-Padé . $HNO_3$
Howard-Chick $HNO_3$

**Cinchonin:**

Cohn-Mering . Salzsäure
Léger . . . . . . Wismut

**Cinchoninsulfat:**

Appelius . . . . Sulfitcellulose

**Citronensäure:**

Grimbert-Dufau Schleim (Eiweiß)
Lecorché . . . . Mucin
Luff . . . . . . . Glukose
Mann . . . . . . Wasser
Märcker . . . . Phosphorsäure
Mayer . . . . . Eiweiß
Patein . . . . . "
Riegler . . . . . "
Skey . . . . . . Cobalt
Spehl . . . . . . Gallenfarbstoffe

**Cobaltacetat:**

Bowser . . . . . Kalium

**Cobaltchlorür:**

Grassini . . . . Alkohol
Leuchter . . . . Wasserstoffsuperoxyd
Papasogli . . . Rohrzucker
Stahl . . . . . . Feuchtigkeit

**Cobaltihexaminchlorid:**

Braun . . . . . . Weinsäure

**Cobaltkarbonat:**

Contejean . . . Salzsäure

**Cobaltnitrat:**

Azzarello . . . Alkohol
Benedict . . . . Acetate
Canter-White . Reagens
Erdmann . . . . Kalium
Lea . . . . . . . . Blausäure
Meigen . . . . Aragonit
Papasogli . . . Rohrzucker
Reichard . . . Veratrin
Rinmann . . . . Zink
Schmatolla . . $H_2O_2$
Thenard . . . . Aluminium
Tocher . . . . . Wein-Citronensäure
Venable . . . . Eisen

**Cobaltsulfat:**

Pickering . . . Eiweiß
Piñerúa . . . . Cobalt, Nickel, Zink

**Cocain:**

Baroni . . . . . Calomel

**Cochenilletinktur:**

Blyth . . . . . . Blei
Borghesio . . . Alaun
Crolas-Ducker . Uran
Kastner . . . . Eisenoxydul
Luckow . . . . Aluminium
" . . . Indikator

**Codein:**

Denigès . . . . Allylalkohol
" . . . . Milchsäure und Glykolsäure
Pollacci . . . . Formaldehyd
Surre . . . . . . Hexamethylentetramin

**Collargol:**

Breccia . . . . Exsudate
Corsaletti . . . Muskelreaktion
Villaret . . . . Transsudat

**Collodium:**

Allen . . . . . . Phenol-Kreosot

**Congorot:**

Myttenaere . . Bittermandelwasser
Thugutt . . . . Aragonit

**Corallin:**

Lachaux . . . . Indikator

**Cuorin:**

Ternuchi . . . . Syphilis

**Cupferron:**

Baudisch . . . . Kupfer, Eisen

**Curcumin:**

Cassal-Gorraus Borsäure

**Cyanin:**

Schönbein . . . Indikator
Golenkin . . . Jod

**Cymol-Indolindolignon:**

Jolles . . . . . . Indikan

**p-Diaethyl-p-phenylendiamin:**

Arnold-Mentzel Milch

**1, 2-Diamidoanthrachinon-3-sulfosäure:**

Uhlenhuth . . . Kupfer

**p-Diamidodiphenylamin:**

Arnold-Mentzel Milch

**Diamidophenol:**

Lindet . . . . . Formaldehyd
Manget-Marion Ammoniak
" Formaldehyd
Nicolas . . . . . "

**Dianisidin:**

Primot . . . . . $NHO_2$

**p-Diazobenzolsulfosäure:**

Amann . . . . . Phenol
Burian . . . . . Xanthinbasen
Griess . . . . . Fäkalien
Hunter . . . . . Urokaninsäure
Itallie . . . . . . $H_2S$
Pauly . . . . . . Histidin
Penzoldt . . . . Glukose
Penzoldt-Fischer . . . Aldehyde
Penzoldt-Fischer . . . Phenol
Petri . . . . . . Eiweiß

**Diazofuchsin:**

Prud'homme . Aldehyde

**p-Diazonitranilin:**

Appelius . . . . Neradol
Riegler . . . . . Albumosen

**1.5-Dibrompentan:**

Braun . . . . . Amine

**Dichlorbenzolsulfonamid:**

Kastle . . . . . Brom, Jod.

**p-Dichlorhexachlorbenzol:**

Barral . . . . . Dischwefelsäure

**Dicyandiamidin:**

Großmann . . . Nickel

**Digitonin (cryst.):**

Windaus . . . . Cholesterin

**p-Dihydrazindiphenyl:**

Neuberg . . . . Formaldehyd

**Dimethylamidoazobenzol:**

Töpfer . . . . . Milchsäure

**p-Dimethylamidoazobenzol-o-karbonsäure:**

Rupp-Loose . . Indikator

**p-Dimethylamidobenzaldehyd:**

Böhme . . . . . Indikan
Bufalini . . . . Krötengift
Charnas . . . . Urobilinogen
Dané . . . . . . Colibakterien
Ehrlich . . . . . Indikan
Ehrlich-Koziczkowsky "
Haenen . . . . Typhus-Coli
Herter . . . . . Indolessigsäure
Pawlewski . . . Anthranilsäure
Raciborski . . . Indol-Skatol
Rohde . . . . . Eiweiß
Steensma . . . Eiweiß, Indol, Skatol
Steensma . . . Antipyrin
Torday-Wiener Karzinom
Umber . . . . . Scharlach
Wasicky . . . . Alkaloide

**Dimethylanilin:**

Aufrecht . . . . Methylalkohol
Fenton . . . . . Methylfurfurol
Ilosvay . . . . . $H_2O_2$
Miller . . . . . salpetrige Säure
Rusconi . . . . Alkohol
Trillat . . . . . Formaldehyd
" . . . . . Blei-Mangan

**Dimethylbraun:**

Pozzi-Escot . . Indikator

**Dimethyldiamidotoluphenazin:**

Rochaix . . . . Nitrite

**α-Dimethylglyoxim:**

Bianchi . . . . . Nickel
Slawik . . . . . Ferrosalze
Tschugajeff . . Nickel

**Dimethylhydroresorcin:**

Erdmann . . . . Aldehyde

**p-Dimethylphenylendiamin:**

Jolles . . . . . Brom
Juillet . . . . . Oliventrestern
Malerba . . . . Aceton
" . . . . Harnsäure
Marino . . . . . Thallisalze
Pabst . . . . . Olivenkerne
Schultze . . . . Oxydasen
Wurster . . . . Holzschliff
" . . . . Ozon, $H_2O_2$

**Dimethylsulfat:**

Valenta . . . . Teeröle

**Dinitroanthrachrysondisulfosäure:**

Rosenthaler . . Hexamethylentetramin

**Di- (9, 10-monoxyphenanthryl-) amin:**

Schmidt-Lumpp Salpetersäure

**m-Dinitrobenzol:**

Béla v. Bittó . Aldehyde, Ketone, Kreatinin
Chavassieu . . Glukose
Morel-Chavassieu Purinbasen

**Dinitrobenzoesäure:**

Grutterink . . . Alkaloide

**2,5-Dinitrohydrochinon:**

Forbes . . . . . Indikator

**Dinitrosodimethyldiamidodiphenylmethan:**

v. Braun . . . . Aldehyde

**Dinitrotoluol:**

Toninelli . . . . Alkohol

**Dioxybenzoesäure:**

Grutterink . . . Alkaloide

**o-Dioxydibenzalaceton:**

Ferencz . . . . Indikator

**1,8-Dioxynaphthalin-3,6-disulfosäure:**

Koenig . . . . . Chromsäure
Hofmann . . . Titansäure

**Dioxyweinsäure:**

Fenton . . . . . Natrium

**Diphenylamin:**

Bell . . . . . . . Curcuma
Caron . . . . . Salpetersäure
Cimino . . . . . "
Grafe . . . . . . Formaldehyd
Herzfeld . . . . Lävulose
Hofmann . . . . Salpetersäure
Jolles . . . . . . Lävulose
de Jong . . . . Salpetersäure
Kopp . . . . . . Salpetersäure
Möslinger . . . "
Mulder . . . . . Silberperoxyd
Piñerúa . . . . Chlorsäure, $HNO_2$, $HNO_3$
Raikow . . . . . $HNO_2$
Richmond-Boseley . . . Formaldehyd
Rothenfußer . . Saccharose
le Roy . . . . . Chlor
Shaw . . . . . . gebleichte Mehle
Spiegel . . . . . Salpetersäure
Tillmans . . . . $HNO_3$, $HNO_2$
Truchot . . . . Seide
Withers-Ray . $HNO_3$
Wolesky . . . . Holzschliff

**Diphenylcarbazid**
(= Dyphenilcarbohydrazid):

Barnebey . . . Indikator
Brandt . . . . . Indikator
Cazeneuve . . Metallsalze
Lecocq . . . . . Molybdän

Moulin . . . . . Quecksilberchlorid
Oddo . . . . . . Quecksilber
Peroni . . . . . Emetin

**Diphenyl-endanilo-dihydrotriazol:**

Busch Salpetersäure

**Dipheneylglyoxim:**

Atack . . . . . Nickel

**Diphenylhydrazin:**

Graaf . . . . . . Milchzucker
Stahel . . . . . Glukose

**Diphenylmethandimethyldihydrazin:**

Braun . . . . . Aldehyde

**Diphenylsemikarbazid:**

Toschi-Angiolani Reagens

**Dracorubinharz:**

Dieterich . . . Benzin-Benzol

**Eau de Javelle:**

Job-Clarens . . Harnstoff
Thomas . . . . Ammoniak

**Edestin:**

Fuld . . . . . . Pepsin

**Eichenrindengerbsäure:**

Henry . . . . . Alkaloide

**Emulsin:**

Neuberg-Marx Raffinose

**Eosin:**

Ganassini . . . Blut
Mandach . . . . Gallenfarbstoffe

**Eosin-Methylenblau:**

Bremer . . . . . Glukose

**Epichlorhydrin:**

Melzer . . . . . Nicotin

**Essigsäureanhydrid:**

Burchardt . . . Cholesterin
Chapman . . . Eugenol
Denigès . . . . Cholesterin
Herzig-Zeisel . Diresorcin
Itallie . . . . . . Copaivabalsam
Kleemann . . . Malonsäure
Liebermann . . Phytosterin
Piest . . . . . . Kienöl
Schultze Isocholesterin
Storch-Morawski . . Harz in Öl

**Ferriacetat:**

Béchamp . . . . Nitrobenzol
Ewald . . . . . Salzsäure
Mohr . . . . . . freie Säuren
Palm . . . . . . Eiweiß

**Ferrichlorid:**

Adler . . . . . . Melanin
Allen u. Scott Smith . Emetin
Andreasch . . . Cysteïn
Apéry . . . . . Aloe
Authenrieth . . Colchicin
Barbsche . . . . Glycerin
Barral . . . . . Salicylsulfonsäure
Bartley . . . . . Galle
Berg . . . . . . Reagens
Bial . . . . . . . Pentose
Biehringer . . . Toluidine
Black . . . . . . Oxybuttersäure
Boas . . . . . . Milchsäure
Bourcet . . . . „
Brieger . . . . . Pyrokatechin
Brown . . . . . reduzier. Gase
Caro . . . . . . Schwefelwasserstoff
Carpené . . . . Abrastol
Charaux . . . . Chlorogeninsäure
Claesson . . . . Sulfhydrate
Claus . . . . . . Brechweinstein
Cohn . . . . . . Kairin, Antipyrin
Denigès-Labat Salvarsan
Dennis . . . . . Stickstoffwasserstoff
Dragendorff . . ätherische Öle
Ebstein-Müller Pyrokatechin
Engel . . . . . . Glykokoll
Erdmann . . . . p-Phenylendiamin
Eury . . . . . . Formaldehyd
Flückiger . . . Antipyrin
„ . . . Naphthole
Frisch . . . . . Phenol, Kreosot
Gerhardt . . . . Acetessigsäure
Godeffroy . . . Alkaloide
Gorter . . . . . Chlorogeninsäure
Graziani . . . . Indikan
Griggi . . . . . Salicylsäure
Hager . . . . . . cyanidiertes Eisenchlorid
Haslam . . . . . Eiweiß
Helbing . . . . . Strophanthin
Hertel . . . . . . Colchicin
Hesse . . . . . . Hypoquebrachin
„ . . . . . . Protokatechusäure
Hirschsohn . . ätherische Öle
Itallie . . . . . . Salicylsäure etc.
Ittner . . . . . . Blausäure
de Jager . . . . freie Säuren
Jaksch . . . . . Melanin
Jastrowitz . . . Acetessigsäure
Jorissen . . . . Veronal
Jorissen - Grosjean . . . . . Solanidin
Kahn . . . . . . Vanillin
Keller . . . . . . Digitaliskörper
Kelling . . . . . Milchsäure
Kieffer . . . . . Morphin
Knorr . . . . . . Antipyrin
Kollo . . . . . . Herniaria
Kraft . . . . . . Acetessigsäure
Kreis . . . . . . Phenylendiamin
Kremel . . . . . Colchiceïn
Kühl . . . . . . Milchsäure
Kwilecki . . . . Eiweiß
Lafon . . . . . . Digitalin
Lauth . . . . . . Schwefelwasserstoff
Lavalle . . . . . Indikan
Leys . . . . . . Saccharin
Lindet . . . . . Formaldehyd
Lindo . . . . . . Alkaloide
„ . . . . . Santonin
Löwenthal . . . Glukose
Lowin . . . . . Emetin etc.
Lüttke . . . . . Phenacetin
Mayer . . . . . Acetessigsäure
„ . . . . . Cholesterin
Mindes . . . . . Reagens
v. d. Moer . . . Cytisin
Mörner . . . . . Acetessigsäure
Obermayer . . Gallenfarbstoffe
„ . . Indikan
Obermiller . . . Phenolsulfosäuren
Otto . . . . . . Morphin
Philipp . . . . . Weinfarbstoffe
Robinet . . . . Morphin
Röhmann . . . Albumosen
Roussin . . . . Dextrin, Gummi
Salkowsky . . . Indolessigsäure
Schaer . . . . . Morphin
Schmidt . . . . Apomorphin
Schönbein . . . Wasserstoffsuperoxyd
Schweissinger Kairin
Storch . . . . . Essigsäure
Vorisek . . . . Methylalkohol
Warden . . . . Embeliasäure

**Ferricyankalium:**

Abelin . . . . . Neosalvarsan
Archetti . . . . Coffein
Brouardel-Boutmy . . . Ptomaine
Brown . . . . . reduz. Gase
Candussio . . . Phenol
Croß-Bevan . . Lignocellulose
Davy . . . . . . Strychnin
Feinberg . . . . Apomorphin
Fischer . . . . . Tuberkulose
Flückiger . . . Reagens
Gause . . . . . Glukose
Gentele . . . . „
Grimbert . . . . Oxydimorphin
Hager . . . . . cyanidiertes Eisenchlorid
Kieffer . . . . . Morphin
Kletzinsky . . . Chinin
Löwenthal . . . reduz. Stoffe
Otto . . . . . . Morphin
Schönbein . . . $H_2O_2$ u. $HNO_3$
Schryver . . . . Formaldehyd
Scriba . . . . . Wasser
Skey . . . . . . Cobalt

Stahl . . . . . . Pyrogallol
Tyro . . . . . . Cobalt
Verhassel . . . Naphthol
Vogel . . . . . . Chinin
Warren . . . . Papaverin

**Ferrigallat:**

Büchner . . . . Alkalien

**Ferri-Isopyrotritartrat:**

Simon . . . . . Indikator

**Ferrisulfat:**

Bertrand . . . . Glukose
Gautier . . . . Arsen
Kiliani . . . . . Digitalisstoffe
Ruoss . . . . . Gerbsäure

**Ferroammonsulfat:**

Austen-Chamberlain . . . . Salpetersäure
Binder-Weinland . . Sauerstoff
Dietze . . . . . Peroxyde
Lea . . . . . . . Blausäure
Ling-Rendle . . Kupfersulfat
Rosa . . . . . . Salpetersäure
Scriba . . . . . Wasser

**Ferrochlorid:**

Fenton . . . . . Weinsäure
Schulze . . . . Salpetersäure

**Ferrocyankalium:**

Bill . . . . . . . Cinchonin
Blunt . . . . . . salpetrige Säure
Bödecker . . . Eiweiß
Carrez . . . . . Harnklärung
Causse . . . . . Glukose
Davy . . . . . . Salpetersäure
Flückiger . . . Reagens
Hager . . . . . Mineralsäuren
Hatschett . . . Kupfer
Hilger . . . . . Eiweiß
Huber . . . . . Mineralsäuren
Menyhért . . . Reagenspapier
Meßner . . . . Hg-oxycyanid
Reichard . . . . Aconitin
Roger-Levy . . Tuberkulose
Sato . . . . . . Schwefelwasserstoff
Schäffer . . . . Nitrite
Soltsien . . . . Naturhonig
Verhassel . . . Naphthol
Werner . . . . Zink
" . . . . Cobalt, Nickel.

**Ferrophosphat:**

Gunn . . . . . . Oxalsäure

**Ferrosulfat:**

Fenton . . . . . Weinsäure
Fleury . . . . . Benzoesäure
Flückiger . . . Gallussäure
Gautier . . . . Arsen
Gaze . . . . . . Äthylnitrit
Günther . . . . Äthylperoxyd

Hurtley . . . . Acetessigsäure
Ittner . . . . . . Blausäure
Jorissen . . . . Morphin
" . . . . Veronal
Klein . . . . . . Reagens
Lea . . . . . . . Blausäure
Lockemann . . Cyan
Marson . . . . . Glukose
Mörk . . . . . . Vanillin
Richemont . . . Salpetersäure
Schmatolla . . Benzoesäure
Schönbein . . . $H_2O_2$
Stein . . . . . . Salpetersäure
Stooke . . . . . Oxyhämoglobinblut
Villedieu . . . . Nitrate
Warden . . . . Embeliasäure

**Ferrum oxydat, dialysat.**

Reicher-Stein . Glukose

**Fluorbornatrium:**

Stolba . . . . . Kalium

**Fluorcalcium:**

Turner . . . . . Borax

**Fluorescein:**

Baubigny . . . Brom
Fleig . . . . . . Blut
Zellner . . . . . Alkalien

**Fluoresceinnatrium:**

Crouzel . . . . Alkalien
Icard . . . . . . Scheintod

**Formaldehyd:**

Acree . . . . . Proteide
Angelico . . . . Atractylisgift
Armani . . . . . Gold, Silber
Arzberger . . . Pfefferminzöl
Bach . . . . . . Kupfer
Barral . . . . . Abrastol, Hermophenyl
Barth . . . . . . Salpetersäure
Dané . . . . . . α-Naphtol
Denigès . . . . Benzoyl
" . . . . Chinaalkaloide
Endemann . . . Phenole
Feder . . . . . Wasserstoffsuperoxyd
Fritzmann . . . Salpetersäure
Gardey . . . . . Phenoxypropandiol
Gluzinsky . . . Gallenfarbstoffe
Goldschmidt . Harnstoff
Golodetz . . . . Cholesterin
" . . . . Benzoylsuperoxyd
Henry . . . . . Methylamine
Hoshida . . . . Oxydimorphin
de Jager . . . . Blut
de Jager . . . . Harnreaktion
Jolles . . . . . . Eiweiß
Keller . . . . . . Emetin
Kobert . . . . . Morphin
Konto . . . . . . Indol
Kühn . . . . . . Diabetes

Linke . . . . . . Alkaloide
Marquis . . . . Reagens
McCrae . . . . Salicylsäure
Mörner . . . . . Acetessigsäure
Patein . . . . . Antipyrin
" . . . . Kryogenin
Polacci . . . . . Eiweiß
Pougnet . . . . Phenole
Schardinger . . Milch
Schindelmeiser Nicotin
Silbermann . . Resorcin
Sommer . . . . Formolit
Strzyzowski . . Glukose
Tocher . . . . . Sesamöl
Trillat . . . . . Blei-Mangan
Umney . . . . . Pfefferminzöl
Vicario . . . . . Abrastol
Vitali . . . . . Guajakol, Kreosot
Warren . . . . . Papaverin
Zipper . . . . . Salicylsäure

**Formaldehyd-schweflige Säure:**

Malvezin . . . . Anilinfarbstoffe

**Formaldoxim:**

Reichard . . . . Morphin

**Formaldoximchlorhydrat:**

Bach . . . . . . Kupfer, Nickel
Griggi . . . . . Glukose

**Fuchsin:**

Baudouin . . . Gallenfarbstoffe
Blaser . . . . . Aldehyd
Böttger . . . . Leinen — Baumwolle
Chautard . . . . Aceton
Claudius . . . . Eiweiß
Ferraro . . . . . Fette
Gayon . . . . . Aldehyde, Ketone
Griggi . . . . . Mineralsäuren
Hirschsohn . . äther. Öle
Jorissen . . . . Salpetersäure
Liebermann . . Gespinstfasern
Mennechet . . Benzin
Palas . . . . . . Rüböl
Prud'homme . . Aldehyd
Puscher . . . . Alkohol
Royere . . . . . Öle
Seidell . . . . . Reagens
Tolman . . . . . Aldehyd
Velden . . . . . Salzsäure
Votoček . . . . Sulfite

**Fuchsin-schweflige Säure:**

Blaser . . . . . Aldehyd
Chautard . . . Aceton
Denigès . . . . Formaldehyd
" . . . . Methylalkohol
Dietze . . . . . Aldehyd
Fincke . . . . . Formaldehyd
Gayon . . . . . Aldehyde, Ketone
Grosse-Bohle . Formaldehyd
Guareschi . . . Brom
Hirschsohn . . äther. Öle

**Gurjunbalsam:**

- Jorissen .... Mineralsäuren

**Hämateïn:**

- Moffat ..... Blei

**Hämatin:**

- Gaucher .... Milch

**Hämatoxylin:**

- Mac Callum .. Eisensalze
- Bradley .... Kupfer

**Harnstoff:**

- Ihl ........ Holzstoff
- Lippich ..... Leucin

**Heidelbeersaft:**

- Watson ..... Indikator

**Helianthin:**

- Pozzi-Escot .. Cobalt, Nickel

**Heroin:**

- Baroni ..... Calomel

**Hexamethylentetramin:**

- Labat ...... Hordenin
- Manseau .... Opiumalkaloide

**Hordeninsulfat:**

- Labat ..... Hexamethylentetramin

**Hydrastinin:**

- Baroni ..... Calomel

**Hydrazinsulfat:**

- Dominicis ... Blut
- Janasch-Biedermann Kupfer
- Puppe ..... Blut
- Riegler ..... „

**Hydrocörulignon:**

- Moir ...... Blausäure

**Hydroxylamin:**

- Bach ...... Kupfer
- Bang ...... Glukose
- Blumenthal-Neuberg ... Aceton
- Bourdier .... Verbenalin
- Fröhner .... Aceton
- Ilosvay ..... Acetylen
- Kippenberger . Colchicin
- Springer .... Kupfer
- Stock ..... Aceton
- Wester ..... „

**Indigo:**

- Boussingault . Salpetersäure
- Knecht ..... Titan
- Schönbein ... $HNO_3$, $HNO_2$, Ozon

**Indigocarmin:**

- Bernhardt ... Indikator
- Kirschnick ... Indikator
- Mulder ..... Glukose
- Suter ...... Nierenfunktion
- Vaudin ..... Milchprobe
- Völker-Joseph Nierenfunktion

**Indol:**

- Bujwid ..... salpetrige Säure
- Czapek ..... Lignin
- Dané ...... salpetrige Säure
- Eppinger .... Glyoxylsäure
- Fleig ...... Kohlehydrate
- Inada ...... salpetrige Säure
- Niggl ...... Lignin
- Schloß ..... Glyoxylsäure
- Warnecke ... verholzte Zellmembranen

**Iridium-(Kalium-)chlorid:**

- Iwanow .... Salpetersäure

**Isatin:**

- Denigès .... Mercaptane
- Meyer ..... Thiophen
- Bouma ..... Indikan

**Isoamylnitrit:**

- Claissen .... Thiophen

**Isobutylalkohol** (-aldehyd):

- Grafe ...... Holzsubstanz

**Jod** (Jodtinktur):

- Borde ..... Reagens
- Euler ...... Alkaloide, Salze etc.
- Hager ..... Benzin-Benzol
- Hübner ..... merzeris. Baumwolle
- Obermayer .. Gallenfarbstoffe
- Oguro ..... Eiweiß
- Ondrejowich . Acetessigsäure
- Pakuscher ... Gallenfarbstoffe
- Schlagdenhauffen ... Magnesium
- Vulpian .... Adrenalin
- Wilkie ..... Phenole
- Wolter ..... Phosphorsesquisulfid
- Wosskressenski Typhus

**Jodcyan:**

- Kastle ..... Säuren

**Jodgalläpfeltinktur:**

- Schweißinger . Alkalien

**Jodjodammoniumlösung:**

- Gunning .... Aceton

**Jodjodkaliumlösung:**

- Arzberger ... Naphthole
- Baecchi .... Sperma
- Bardach .... Aceton
- „ .... Eiweiß
- Candussio ... Eucain
- Cauquil .... Gallenfarbstoffe
- Cohen ..... Eiweiß
- Croner ..... Milchsäure
- Denigès .... Trimethylamin
- Dyson-Perrins . Berberin
- Florence .... Spermaflüssigkeit
- Flückiger ... Reagens
- Goldmann ... p-Phenetidin
- Goldstein ... Glykogen
- Grodzki .... Acetal
- Guérin ..... Cobalt
- Hilger ..... Alkaloide
- Hilger-Mai .. Kermesbeerfarbstoff
- Hirschhausen . Berberin
- Hübner ..... merzeris. Baumwolle
- Itallie ..... Thymol
- Jorissen .... α-Naphthol
- Kippenberger . Morphin
- Klein-Walker . Karzinom
- Klunge ..... Aloe
- Kraszenski ... Gärungsessig
- Labat-Denigès Hexamethylentetramin
- Lecha-Marzo . Blut
- Lieben ..... Aceton
- Liebermann .. Coniin
- Lindemann .. Acetessigsäure
- Lugol ...... Eiweiß
- Mangin ..... Cellulose
- Mylius ..... Cholsäure
- Obermayer .. Gallenfarbstoffe
- Reinhardt ... Reagens
- Russow .... Stärke
- Sand ...... Kohlenoxydblut
- Schmidt .... Gärungsessig
- Seeliger .... Holzstoff
- Sternberg ... Aceton
- Wagner .... Alkaloide
- Weehuizen .. Pyramidon

**Jodjodwasserstoff:**

- Christensen .. Chinin
- Jörgensen ... „
- Mangin ..... Cellulose
- Selmi ...... Alkaloide

**Jodmethyl:**

- Hofmann .... Pyridin

**Jodmethylen:**

- Retgers .... Reagens

**Jodmonobromid:**

- Hanus ..... Jodzahlbestimmung

**Jodoform:**

- Beyerink ... Mineralgemische

**Jodol:**

- Hirschsohn .. Cineol

**Jodsäure:**

- Capranika ... Gallenfarbstoffe
- Fränkel .... Adrenalin
- Guérin ..... Guajakol
- Jassoy ..... Morphin
- Krauß ..... Adrenalin
- Lefort ..... Morphin
- Peroni ..... Emetin
- Riegler ..... Acetessigsäure
- Selmi ..... Strychnin
- Serullas .... Morphin
- Solera ..... Rhodan
- Vincent .... Naphthole

**Jodwasser-Jodtinktur:**

Dragendorff . . Narcein
Dumontpallier . Glukose
Duriese . . . . Menthol
Flückiger . . . Reagens
Jolles . . . . . . Pyramidon
Kathrein . . . . Gallenfarbstoffe
Manseau . . . . Phenol
Marechal . . . . Gallenfarbstoffe
Rosin . . . . . . "
Schweißinger . Alkalien

**Kaliumacetat:**

Barbier . . . . . Alkohol
Bernouilly . . . "
Vulpius . . . . Weinsäure

**Kaliumäthylsulfat:**

Castellana . . . Borsäure

**Kaliumarseniat:**

Procter . . . . . Gerbsäure
Rosenthaler-Türk . . . . . Opiumalkaloide

**Kaliumarsenit:**

Billon . . . . . Ceylon-Zimtöl

**Kaliumbijodat:**

Fränkel . . . . Adrenalin

**Kaliumbisulfat:**

Arata . . . . . . Weinfarbstoffe
Luchsinger . . . Glycerin
Pisani . . . . . Salpetersäure
Turner . . . . . Borax

**Kaliumbitartrat:**

Frommherz . . Glukose

**Kaliumbleijodid:**

Biltz . . . . . . Wasser
Huxley Brooks "

**Kaliumbromat:**

Vitali . . . . . . Mangan
Vondrasek . . . Chinin

**Kaliumbromid:**

Clarens . . . . Harnstoff
Denigès . . . . Kupfer
Harnack . . . . Erythrophlein

**Kaliumchlorat:**

Betts . . . . . . Mangan
Bloxam . . . . . Alkaloide
" . . . . Strychnin
Burkhard . . . Purinbasen
Czerniewski . . Aspidospermin
Donath . . . . . Morphin
Fränkel . . . . Histidin
Jaffé . . . . . . Kynurensäure
Kühne . . . . . Tyrosin
Rice . . . . . . Phenol
Strzyzowski . . Indikan
Tommasi . . . . Phenol
Vitali . . . . . . Atropin
" . . . . . . Cocain
" . . . . . . Phenol

**Kaliumchromat:**

Eboli . . . . . . Alkaloide
Horsley . . . . Glukose
Schlickum . . . Chinin
Snelling . . . . Emetin
de Vrij . . . . . Chinin
Wagenaar . . . Mangan
Waage . . . . . Bombay-Macis
Weil . . . . . . Cobalt, Nickel

**Kaliumcyanid:**

Braun . . . . . Cobalt
Dietrich . . . . Aloe
Formánek . . . Alkaloide, Glykoside
Gerrard . . . . Glukose
Girard . . . . . Resorcin
Griggi . . . . . Gallussäure
Gutmann . . . . Thiosulfate
Höhnel . . . . . Quecksilber
Kühl . . . . . . Pikrinsäure
Mayezima . . . Glukose
Preyer . . . . . Kohlenoxyd
Schermer . . . Santonin
Schönbein . . . Kupfer
Tattersall . . . Cobalt
Vulpius . . . . . Sulfonal
Young . . . . . Gallussäure

**Kaliumdichromat:**

Agulhon . . . . Aminokörper
" . . . . Alkohole, Aldehyde, Oxysäuren
André . . . . . Alkaloide
Anstie . . . . . Alkohol
Aymonier . . . $\alpha$-Naphthol
Bach . . . . . . $H_2O_2$
Beißenhirtz . . Anilin
Cailletet . . . . Weinsäure
Cohn . . . . . . Kairin, Antipyrin
Dragendorff . . Brucin, Curarin
Drechsler . . . Alkohol
Duflos . . . . . Pikrotoxin
Eiselt . . . . . Melanin
Fleischmann . . Alkohol
Flückiger . . . Curarin
" . . . Strychnin
Fritzsche . . . . Anilin
Gawalowski . . Alkohol
Gies . . . . . . Eiweiß
Hamlin . . . . . Alkaloide
Helch . . . . . . Apomorphin
" . . . . Pilocarpin
Herbst . . . . . Atropin
Ilosvay . . . . . $H_2O_2$
Julius . . . . . Benzidin
Köhler . . . . . Pikrotoxin
Léger . . . . . . Natalaloe
Luchini . . . . . Alkaloide
Miller . . . . . . Methylalkohol
Otto . . . . . . Morphin
" . . . . . . Strychnin
Papasogli . . . Äpfelsäure
Pégurier . . . . Kryogenin
Perkin . . . . . Cottonöl

Reich . . . . . . Rohrzucker
Robin . . . . . . Gelseminin
Sanio . . . . . . Gerbsäuren
Sayre . . . . . . Gelsemium-alkaloide
Schärges . . . . Cocain
Schwarz . . . . Gelsemin
Schweißinger . Kairin
Tafel . . . . . . Anilide
Tocher . . . . . Äpfelsäure

**Kaliumgoldjodid:**

Selmi . . . . . . Alkaloide

**Kaliumhypochlorit:**

siehe: Eau de Javelle unter Labarraque's Reagens.

**Kaliumjodat:**

Benedict . . . . Baryum, Strontium
Meyer . . . . . Thorium
Mohr . . . . . . Morphin

**Kaliumjodid:**

Bouchardat . . Eiweiß
Brücke . . . . . Glukose
" . . . . Proteinstoffe
Carobbio . . . Fuchsin
Crismer . . . . Aldehyde
Czyhlarz . . . . Oxydasen
Denigès . . . . Blausäure
Dobbin . . . . . Alkalien
Donath . . . . . Chromsäure
Dragendorff . . Alkaloide
Eigel . . . . . . Cocain-Eucain
Field . . . . . . organ. Stoffe
Fron . . . . . . Alkaloide
Gouver . . . . Eiweiß
Grünwald . . . Blei
Harrison . . . . Cuprisalze
Heikel . . . . . Alkaloide
Heinrich . . . . Glukose
Helwich . . . . Blut
Hübner . . . . . merzeris. Baumwolle
Jaworowski . . Glukose
Johannson . . . Colchicin
Kafka . . . . . Molybdän
Klein . . . . . . Quecksilber
" . . . . . Benzin
Léger . . . . . . Wismut
Loew . . . . . . saure Böden
Mangini . . . . Alkaloide
Marmé . . . . . "
Mayer . . . . . "
Mohr . . . . . . freie Säuren
Moore . . . . . Quecksilber
Morikawa . . . Eiweiß
Mörner . . . . . Acetessigsäure
Neßler . . . . . Ammon
Piñerúa . . . . Osmiumsäure
Planta . . . . . Alkaloide
Sachsse . . . . Glukose
Schultze . . . . Cellulose
Seybel-Wikander . . Arsen
Strachan . . . Alaun

Tanret ..... Alkaloide
Thoulet .... Mineralgemische
Thresh ..... Wismut
Trillat ..... Ammoniak

**Kaliumnitrit:**

Arnold-Werner Phenole
Baeyer ..... Indol
Buschi ..... Quecksilbercyanid
Fischer ..... Cobalt
Itallie ..... Salicylsäure
Liebermann .. Äthylsulfid
" .. Thiophen
Lipliawsky .. Acetessigsäure
Nickel ..... Phlorhidizin
Nonotte .... Indol
Voisenet .... Formaldehyd
" ... Methylalkohol

**Kaliumpalmitat:**

Blacher .... Reagens zur Härtebestimmung des Wassers

**Kaliumpentasulfid:**

Palm ...... Chinin, Cinchonin

**Kaliumperchlorat:**

Grove ..... Morphin
Siebold ..... "

**Kaliumperjodat:**

Tillmans .... Mangan

**Kaliumpermanganat:**

Baeyer ..... Eosin, Glukose, Phenol
Beckurts .... Alkaloide
Bertrand ... Glukose
Boveri ..... diagnost. Reagens
Bruekeleveen . Perchlorat
Camilla .... Xanthinbasen
Cazeneuve-Cotton .... Holzgeist, Gärungsessig
Chapman-Smith .... Weinsäure
Crouzel .... tierische Fette
Denigès .... Citronensäure
Donath ..... Stickstoff
" ..... Teersubstanz in $NH_3$
Dunstan ... Aconitin
Gallois ..... Erythrophlein
Giesel ..... Cocain
Guyot ..... Ameisensäure
Habermann-Östreicher . Methylalkohol
Hager ..... Colchicin
Hankin ..... Cocain
Heflebower .. Urochrom
Hunter ..... Urokaninsäure
Joung ..... Methylalkohol
Kessel ..... Apoatropin
Klobbie .... Perchlorsäure
Koninck .... Alkohol
Liebermann .. Cinamylcocain
Mermet .... Kohlenoxyd
Müller ..... NaOH in $Na_2CO_3$
Peroni ..... Emetin
Schacht .... Siambenzoesäure
Schönbein ... $H_2O_2$
Stahre ..... Citronensäure
Vitali ...... Coniin
Weiß ...... Gallenfarbstoffe
" ...... Urochromogen
Willen ..... Aceton
Yvon ...... Alkohol
Zanfrognini .. Adrenalin

**Kaliumpersulfat:**

Ewins ..... Adrenalin
Merk ...... Jod

**Kaliumplatincyanür:**

Delffs ..... Alkaloide
Schwarzenbach "

**Kaliumplatinjodid:**

Selmi ...... Alkaloide
" ...... Nicctin, Coniin

**Kaliumpyroantimoniat:**

Fremy ..... Natrium

**Kaliumquecksilberjodid:**

Bailey ..... Salpetersäure
Delffs ..... Coffein
Frerichs .... Chloromorphid

**Kaliumrhodanid:**

Artus ...... Alkaloide (Strychnin)
Bang ...... Glukose
Braun ..... Molybdänsäure
Ewald ..... Salzsäure
Fillinger ..... Glukose
Ganassini ... $H_2S$ und Mineralsäuren
Ghedini .... Leberfunktion
Gmelin ..... Alkaloide
Grassini ..... Alkohol
Henry ..... Alkaloide
Jaworowski .. Chloralhydrat
Mohr ...... freie Säuren
Reidisch .... Glukose
Rusting ..... Cobalt
Skey ...... Alkaloide
Tagliarini ... Weinsäure
Zouchlos .... Eiweiß

**Kaliumruthenat:**

Bronciner ... Alkaloide

**Kaliumsilikat:**

Thomson ... Arabin

**Kaliumstannosulfat:**

Longi ...... Salpetersäure

**Kaliumsulfat:**

Luebert .... Formaldehyd

**Kaliumsulfokarbonat:**

Braun ..... Nickel

**Kaliumtartrat:**

Sonnerat .... Glukose

**Kaliumtellurit:**

Gosio ...... pathogene Keime

**Kaliumzinkrhodanid:**

Skey ...... Alkaloide

**Kampfer:**

Neitzel .... Zucker

**Kasein:**

Groß ...... Pepsin
Lindet ..... Formaldehyd
Volhard .... Trypsin

**Kieselfluorwasserstoff:**

Stolba ..... Alkalinitrate in Silbernitrat

**Kieselwolframsäure:**

Godeffroy ... Alkaloide
Jensen ..... "

**Kohlenstoffdichlorid:**

Nicklès .... Glukose, Rohrzucker

**Krappwurzeltinktur:**

Elsner ..... Leinen, Baumwolle

**Kreosot:**

Weber ..... Milch

**Kresol:**

Chodat ..... Albumosen
Czapek .... Holzstoff
Denigès .... Milchsäure, Glykolsäure

**Krystallviolett**

Causse ..... verseuchte Wasser

**Kupfer:**

Sabatier .... Alkohole

**Kupferacetat:**

Barfoed .... Glukose
Campani .... "
Cusson ..... Schwefelkohlenstoff
Degener .... Glukose
Goris ...... Colophonium
Hinkel ..... Glukose
Hirschsohn .. Colophonium
Lapeyrère ... Blauholz

Lidforss . . . . Glukose
Mauthner . . . Cystin
Palm . . . . . . Eiweiß
Perrot-Goris . Colophonium
Pertusi . . . . . Blausäure
Sjollema . . . . Zucker, Glukose
Unverdorben . Harze, Terpene

**Kupfer (-blech):**

Höhnel . . . . . Quecksilber
Reinsch . . . . Arsen

**Kupfer (-draht):**

Bardasch . . . Quecksilber
Brugnatelli . . "

**Kupferbutyrat:**

Heppe . . . . . Terpentinöl

**Kupferchlorid:**

Liesegang . . . Gelatine
Waegner . . . . Reagens f. Gasanalyse

**Kupferchlorür:**

Winkler . . . . Reagens

**Kupfercitrat:**

Luff . . . . . . . Glukose

**Kupferhydroxyd:**

Pieraerts . . . Lävulose
Stutzer . . . . . Proteine, Stickstoffverb.

**Kupferkarbonat:**

Soldaïni . . . . Glukose

**Kupfernitrat:**

Christomanos . Sauerstoff

**Kupferoxyd:**

Beilstein . . . . Halogene

**Kupferoxydhydrat:**

Pieraerts . . . . Lävulose

**Kupfersulfat:**

Adrian . . . . . Wasser
Arnold . . . . . Eiweißstoffe
Arthaud-Butte Harnsäure
Bang . . . . . . Glukose
Battandier . . . Chinin
Bellier . . . . . Cocosfett
Benedict . . . . Glukose
Bertrand . . . . "
Bloxam . . . . Harnstoff
Bogomoloff . . Urobilin
Bonnans . . . . Glukose
Böttger . . . . Weinfarbstoffe
Brücke . . . . . Eiweiß
Buchner . . . . Glukose
Buignet . . . . Blausäure
Carrez . . . . . Glukose
Christel . . . . Pikrinsäure
Cockroft . . . . Ammoniak
Colasanti . . . Rhodan
Criswell . . . . Glukose
Denigès . . . . . Cuprein
" . . . . . Morphin
Denigès-Labat Salvarsan
Ehrmann . . . . Pankreasfunktion
Eiger . . . . . . Glukose
Fehling . . . . . "
Fillinger . . . . "
Frommherz . . "
Gaud . . . . . . "
Gautier . . . . Eiweiß
Girard . . . . . Resorcin
Gnezda . . . . Eiweiß
Gorup-Besanez Pepton
Gräger . . . . . Glukose
Guignet . . . . "
Hager . . . . . "
Haussmann . . "
Hausmann . . . Urobilin
Herzog . . . . . Histidin
Hirschsohn . . Aloe, Chinin
Horsley . . . . Glukose
Ilosvay . . . . . Acetylen
Jaworowski . . Alkaloide
" . . Chinin
Kendall . . . . Glukose
Kieffer . . . . . Mineralsäuren
Klein . . . . . . Benzin
Klunge . . . . . Aloe
Kowarsky . . . Blutzucker
Krüger-Schmid Xanthin
Krull . . . . . . Adrenalin
Kumagawa . . Glukose
Lassaigne . . . Blausäure
Lea . . . . . . . Pikrinsäure
Lehmann . . . Glukose
Lindo . . . . . Morphin
Löwe . . . . . . Glukose
Lutz . . . . . . Gerbstoffe
Maridet . . . . Glukose
Mayezina . . . "
Monnier . . . . "
Moritz . . . . . "
Ost . . . . . . . "
Otto . . . . . . "
Palier . . . . . Pepsin
Pellet . . . . . Glukose
Peska . . . . . "
Pieraerts . . . Lävulose
Pollitis . . . . . Glukose
Posner . . . . . Pepton
Preyer . . . . . Blausäure
Purdy . . . . . Glukose
Rosenberg . . . Gallenfarbstoff
Rosenthaler . . Glukose
Rossel . . . . . "
Sahli . . . . . . "
Salkowski . . . "
" . . . Indikan
Salm . . . . . . Glukose
Schmiedeberg "
Schönbein-Pagenstecher Blausäure
Schreiber . . . Glukose
Schulz . . . . . Salicylsäure
Searl . . . . . . Hefeextrakte
Shieb . . . . . . Glukose
Sjollema . . . . Zucker, Glukose
Sonnerat . . . Glukose
Soxhlet . . . . "
Sternberg . . . Aceton
Straub . . . . . Phosphor
Suter . . . . . . Cysteïn
Thiery . . . . . Blausäure
Trommer . . . Glukose
Violette . . . . "
Vitali . . . . . . Salicylsäure
Volcy-Boucher Naphthole
Wagenaar . . . Fette
Weehuizen . . Blausäure
Wolff . . . . . . Glukose

**Kupfertartrat:**

Lagrange . . . Glukose

**Lackmoid:**

Meßner . . . . Indikator

**Lackmosol:**

Hottinger . . . Indikator

**Lecithin:**

Browning . . . Syphilis

**Lepidin:**

Ihl . . . . . . . . ätherische Öle und Holzstoff

**Leuko-Krystallviolett:**

Adler . . . . . Blut

**Leuko-Malachitgrün:**

Adler . . . . . Blut
Fetzer . . . . . "
Fürth . . . . . "

**Lithiumkarbonat:**

Graves . . . . . Ammoniak

**Luteol:**

Authenrieth . . Indikator

**Lysidin:**

Candussio . . . Chinin, Morphin

**Magnesium:**

Castellana . . . Stickstoff
Tortelli . . . . . Saccharin

**Magnesiumchlorid:**

Ludwig . . . . . Harnsäure

**Magnesiumperhydrol:**

Günther . . . . Bilirubin
Sahli . . . . . . "

**Malachitgrün:**

Köster . . . . . Salzsäure
Lachaux . . . . Indikator
Votoček . . . . Sulfite

**Malonsäureester:**

Fenton . . . . . Hexosen

**Manganalbuminat:**

Rivat . . . . . . Blut

**Manganchlorür:**

Blum . . . . . . Eiweiß
Englert-Wild . Ozon
Gooch-Kreider Perchlorat

**Mangankarbonat:**

Guérin . . . . . Strychnin

**Manganosulfat:**

Arnold-Mentzel Ozon
Scoville . . . . Zimtsäure

**Mangansuperoxyd:**

Allen . . . . . . Strychnin
Facen . . . . . Weinfarbstoffe
Flückiger . . . Apocodein
Hager . . . . . Brucin
Léger . . . . . . Nataloin
Letheby . . . . Anilin
Selmi . . . . . . Alkaloide

**Mannit:**

Eijkman . . . . Gärungsprobe
Purdy . . . . . Glukose

**Mastix:**

Emanuel . . . . Cerebrospinalflüssigkeit
Jacobsthal . . . Meningitis

**Maulbeerensaft:**

Campanella . . Indikator

**Mekonsäure:**

Grutterink . . . Alkaloide

**Mellithsäure:**

Grutterink . . . Alkaloide

**Mennige:**

Ganassini . . . Weinsäure
Tagliarini . . . „

**Messing** (-blech):

Hager . . . . . Arsen

**Messing** (-draht):

Almèn . . . . . Quecksilber

**Messing** (-wolle):

Fürbringer . . . Quecksilber

**Metachromat:**

Blunck . . . . . Kartoffelstärke

**Metanilgelb:**

Linder . . . . . Mineralsäuren

**Metaphosphorsäure:**

Berzelius . . . . Eiweiß
Blum . . . . . . „
Bruylants . . „
Griggi . . . . . . „
Herzfeld . . . . Glukose
Hindenlang . . Eiweiß
Jean . . . . . . Seife in Schmieröl
Schlömann . . . prim. Amine

**Methylalkohol:**

Alcock . . . . . Borsäure
Sasaki . . . . . Skatol

**Methylamidokresol:**

Kimpfling . . . Formaldehyd

**o-Methylamidophenolsulfat:**

Saul . . . . . . Milch

**Methylamin:**

Vournasos . . . Milchsäure
Reichard . . . . Nickel

**γ-Methyldicyandioxyhydropyridin:**

Piccinini . . . . Kalium, Natrium

**Methylenacetochlorhydrin:**

Grimaux . . . . Morphin

**Methylenazur:**

Torday . . . . . Gallenfarbstoffe

**Methylenblau:**

Barthel . . . . . Milch
Fröhlich . . . . Glukose
Fuchs-Lintz . . Karzinom
Goff . . . . . . Glukose
Herzfeld . . . . „
Ihl . . . . . . . „
Neumann-Wender . . . „
Oefele . . . . . Harnreaktion
Ondrejowich . Acetessigsäure
Russo . . . . . Tuberkulose
Schardinger . . Milch
Swoboda . . . . Pikrinsäure
Spitta-Weidert Methylenblau
Sturdy Sinnat . Indikator
Williamson . . diabetisches Blut

**Methylenjodid:**

Brauns . . . . . Reagens
Retgers . . . . „

**Methylfuril:**

Fenton . . . . . Harnstoff
„ . . . . . Indikator (Säuren)

**Methylfurfurol:**

Neuberg-Rauchwerger Cholesterin

**Methylglyoxal:**

Denigès . . . . Reagens
„ . . . . Opiumalkaloide
„ . . . . Salicylsäure

**Methylorange:**

Kirschnik . . . Indikator
Pozzi-Escot . . Metalle

**Methylparaamidometakresol:**

Thevenon . . . Formaldehyd

**Methylparaamidophenol:**

Thevenon . . . Formaldehyd

**Methylphenylhydrazin:**

Neuberg . . . . Lävulose

**Methylrot:**

Rupp-Loose . . Indikator

**Methylsulfat:**

Sans . . . . . . Colophonium

**Methylviolett:**

Béla v. Bittó . einwert. Alkohole
Kost . . . . . . Salzsäure
Mollière . . . . „
Neermann . . . Gallenfarbstoffe
Paul . . . . . . . „
Pellisier . . . . Galle
Stefanelli . . . Alkohol
Velden . . . . Salzsäure
Witz . . . . . . Mineralsäuren
Yvon . . . . . . Galle

**Microcidin:**

Schultze . . . . Oxydasen

**Milchsäure:**

Carrez . . . . . Glukose
Carletti . . . . Pyrogallol
Itallie . . . . . Phenol, Salicylsäure
Jaworowski . . Sadebaumöl
Symon . . . . . Blut

**Molybdänsäure:**

Bacovesco . . . Hydroxyl-Verbindungen
Davy . . . . . . Phenol und Alkohol
Fairbank . . . . Phosphorsäure
Fröhde . . . . . Eiweiß
Hesse . . . . . Quebrachamin u. Quebrachin
Mann . . . . . . Wasser
Merck . . . . . Alkohol
Stahl . . . . . . aromat. Oxykörper
Winton . . . . Phosphorsäure
Zenghelis . . . Wasserstoff

**Monojodbehensäureester:**

Winternitz . . Diagnostikum

**Morphin:**

Gaubert . . . . Mineralien
Kentmann . . . Formaldehyd

**Morphinhydrochlorid:**

Hinkel . . . . . Methylalkohol

**Morphinsulfat:**

Bonnet . . . . . Formaldehyd
Lacroix . . . . Titan

**β-Naphthalinsulfochlorid:**

Abderhalden . Amidosäuren
Bergell . . . . . Fleischeiweiß

**β-Naphthalinsulfosäure:**

Grutterink . . . Alkaloide
Landgraf . . . . Eiweiß
Riegler . . . . . „

**Naphthensäure:**

Charitschkoff . Eisenoxydul, Kupfer, Cobalt, Wasserstoffsuperoxyd, organische Basen

**Naphthionsäure:**

Kreis . . . . . . Sesamöl
Riegler . . . . . salpetr. Säure

**β-Naphthochinon:**

Edlefsen . . . . Resorcin, Thallin

**β-Naphthochinonmonosulfosaures Natrium:**

Herter-Foster . Indol

**Naphthochinonsulfosäure:**

Ehrlich-Herter aromat. Amidokörper

**α-Naphthol:**

Blumenthal . . Atoxyl
Carletti . . . . Kohlehydrate
Carrasco . . . . Zucker
Clemens . . . . Diazoreaktion
Colasanti . . . Rhodan
Czapek . . . . Holzstoff
Dané . . . . . . Formaldehyd
Denigès . . . . Aldehyde
Gaubert . . . . Mineralien
Goldschmidt . Glykuronsäure
Jandrier . . . . Wolle
Ihl . . . . . . . Rübenzucker
Molisch . . . . Eiweiß
„ . . . . Zucker
Neumann-Wender . . . Diastase
Piñerúa . . . . Brenztraubensäure
Reicher-Stein . Glukose
Reinbold . . . . Glukose
Röhmann . . . Oxydasen
Schreiber . . . Kryofin
Udranszky . . Glukose
Warren . . . . Chinaalkaloide
Watson . . . . „
Winkler . . . . Salzsäure
Wyß . . . . . . Amylalkohol

**β-Naphthol:**

Denigès . . . . Allylalkohol u. Aldehyde
Hager . . . . . $HNO_3$, $HNO_2$
Litterscheid . . Invertzucker
Piñerúa . . . . Äpfel, Citronen-, Weinsäure
„ . . . . Chlorsäure, $HNO_2$ $HNO_3$
„ . . . . Brenztraubensäure
Riegler . . . . salpetrige Säure

**β-Naphtholdisulfosäure:**

Riegler . . . . . Eiweiß

**β-Naphtholnatrium:**

Schultze . . . . Oxydasen

**α-Naphtholphthalein:**

Sörensen-Palitzsch . . Indikator

**Naphthoresorcin:**

Kreis . . . . . belichtete Öle
Tollens . . . . . Glykuronsäure

**α-Naphthylamin:**

Covelli . . . . . Atoxyl
Czapek . . . . . Holzstoff
Eck . . . . . . . Chromsäure
Gaebel . . . . . Salvarsan
Griess . . . . . salpetrige Säure
Griess-Ilosvay . „ „
Ilosvay . . . . . „ „
Liebermann . . Salpetersäure
Lunge . . . . . salpetrige Säure
Marino . . . . . Thallisalze
Renz . . . . . . „
Tschirikow . . salpetrige Säure
Weyl . . . . . . „ „

**Naphthylaminsulfosäure (Naphthionsäure):**

Riegler . . . . . salpetrige Säure

**α-Naphthylisocyanat:**

Neuberg . . . . aliphat. Alkohole
Neuberg . . . . Aminosäuren
Neuberg-Manasse Cystin

**β-Naphthylthiohydantoinsäure:**

Pozzi-Escot . . Cobalt

**Narcotin:**

Couerbe . . . . Salpetersäure

**Natrium:**

Dragendorff . . Alkohol
„ . . Nitrobenzol
Hardy . . . . . Wasser, Alkohol etc.
Kunz-Krause . α- u. β-Naphthol
Lassaigne . . . Stickstoff

**Natriumacetat:**

Baemes . . . . Tannin
Fischer . . . . . Glukose
Flückiger . . . Gallussäure
Hager . . . . . Glukose
Jaksch . . . . . „
Kolisch . . . . Kreatinin

**Natriumalizarinsulfonat:**

Reichardt . . . Methylalkohol

**Natriumamalgam:**

Baeyer . . . . . Eosin
Claus . . . . . . Wasser in Alkohol
Ritsert . . . . . Sulfonal
Tafel . . . . . . Strychnin

**Natriumarseniat:**

Donath . . . . Morphin
Reichard . . . . Aconitin
Tattersall . . . Morphin
„ . . . . Papaverin, Codein
Vitali . . . . . Morphin, Codein

**Natriumbenzidinsulfonat:**

Fischel . . . . . Peroxydase

**Natriumbijodat:**

Bayer . . . . . Adrenalin

**Natriumbisulfat:**

Bornträger . . Resorcin
Gassend . . . . Sesamöl

**Natriumbisulfit:**

Comanducci . . Ameisensäure
Gayon . . . . . Aldehyde
Krüger-Schmid Xanthin
Mohler . . . . . „
Palas . . . . . . Rüböl
Wagner . . . . Nitrobenzol

**Natriumbitartrat:**

Plunket . . . . Kalium

**Natriumchondroitinsulfat:**

Pons . . . . . . Eiweiß

**Natriumcitrat:**

Benedict . . . . Glukose
Dufau . . . . . Eiweiß
Rosenthaler . . Glukose

**Natriumcobaltnitrit:**

Billmann . . . . Kalium
Koninck . . . . „

**Natriumfluorid:**

Filomusi-Guelfi Blut
Lecha-Marzo . "

**Natriumformiat:**

Vournasos . . . Arsen, Phosphor

**Natriumglykocholat:**

Hermann-Perutz . . . . Syphilis
Loeper . . . . . "
Porges . . . . . "

**Natriumgoldhyposulfit:**

Selmi . . . . . . Alkaloide

**Natriumhydrosulfit:**

Bollenbach . . Reagens
Grandmougin . Anilinfarben
Franzen . . . . Sauerstoff
Michel . . . . . Kohlenoxydblut
Schützenberger Anthrachinon
Stoll . . . . . . Blut

**Natriumhypobromit:**

Davy . . . . . . Harnstoff
Dehn . . . . . . Hippursäure
Dehn-Scott . . Phenole, Alkaloide
Denigès . . . . Anilide
" . . . . Mangan
Jacquemin . . . Phenol
Moreigne . . . Harnstoff

**Natriumhypochlorit:**

Bodde . . . . . Resorcin
Cipollina . . . Salzsäure
Dietrich . . . . Harnsäure
Duyk . . . . . . Mangan
Engel . . . . . Glykokoll
Erdmann . . . . p-Phenylendiamin
Hammarsten-Rolbert . . . Thymol
Jacquemin . . Anilin
Kreis . . . . . . Phenylendiamin
Labarraque . . Reagens
Lex . . . . . . Phenol
Ludwig . . . . Anilin
Picard . . . . . Ammoniacum
Polacci . . . . Phenol
Rabi . . . . . . Codein
Rodillon . . . . Pyramidon
Trillat . . . . . Ammoniak

**Natriumhypojodit:**

Schlagden-hauffen . . . Magnesium

**Natriumhypophosphit:**

Engel-Bernard Arsen
Loof . . . . . . "
" . . . . . Jodsäure
Thiele . . . . . Arsen
Waegner . . . . Reagens

**Natriumindigosulfonat:**

Kirschnik . . . Indikator

**Natriumjodat:**

Jaworowski . . Glukose

**Natriummolybdat:**

Dragendorff . . äther. Öle
Fröhde . . . . . Alkaloide
Hoshida . . . . Oxydimorphin
Serger . . . . . Pflanzenöle

**Natriumnitrat:**

Fleischl . . . . Gallenfarbstoffe

**Natriumnitrit:**

Abelin . . . . . Salvarsan
Arnold . . . . Acetessigsäure
" . . . . Nephrorosein
Arnold-Vitali . Alkaloide
Baeyer . . . . . Indoxyl
Barberio . . . . Indikan
Barral . . . . . Salicylsäure
Becker . . . . . Apomorphin
Blumenthal . . Atoxyl
Bornträger . . . Resorcin
Bourcet . . . . Antipyrin
Bowser . . . . . Kalium
Brugsch . . . . Bilirubin
Brunner . . . . Diazoreaktion
Clemens . . . . "
Covelli . . . . . Abrastol
Denigès . . . . Gallenfarbstoffe
Ehrlich . . . . . Diazoreaktion
Erdmann . . . . Kalium
Friedenwald-Ehrlich . . . Diazoreaktion
Gaebel . . . . . Salvarsan
Giacomo . . . . Guanin
Goldmann . . . Citarin
Heflebower . . Diazoreaktion
Hurtley . . . . Acetessigsäure
Lidow . . . . . Elaidinprobe
Liebermann . . Phenole
Lintner . . . . . Reagens
Masset . . . . . Gallenfarbstoffe
Nasse . . . . . Eiweiß
Nickel . . . . . Iridol
Radulescu . . . Morphin
Raphael . . . . Gallenfarbstoffe
Richardson . . Naphthole
Riegler . . . . . Diazoreagens
Sandlund . . . Jod
Scheel . . . . . Gallenfarbstoffe
Schreiber . . . Kryofin
Tobey . . . . . Indol
Turner . . . . . Gurjun
Zirkovic . . . . Phenoxypropandiol

**Natriumperborat:**

Bardach . . . . Blut
Bruère . . . . . Milch
Walter . . . . . Blut

**Natriumperchlorat:**

Denigès . . . . Cocain

**Natriumperoxyd:**

Alcock . . . . . Chromsalze
Peroni . . . . . Emetin
Piñerúa . . . . organ. Verbindungen

**Natriumpersulfat:**

Amann . . . . . Indikan
Barral . . . . . Pyramidon, Abrastol
Miranda . . . . Yohimbin
Pancrazio . . . Adrenalin

**Natriumphosphat:**

Benedict . . . Lithium
Brenstein . . . Blei
Meßner . . . . Chinaalkaloide
Riegler . . . . Harnsäure
Schultze . . . . Alkaloide

**Natriumphosphomolybdat:**

Geuther . . . . Pflanzenfette
Podwyssoxki . Emetin
Schlicht . . . . Kalium

**Natriumphosphowolframat:**

Cervello . . . . Harnsäure
Meyer . . . . . Kalium
Richaud . . . . Ferrosalze

**Natriumpyrophosphat:**

Jaworowski . . Cobalt

**Natriumrhodanid:**

Schönn . . . . . Cobalt

**Natriumsalicylat:**

Caron . . . . . Salpetersäure
Haußmann . . . Glukose
de Jager . . . . freie Säuren
Loof . . . . . . Salpetersäure
Schreiber . . . Glukose

**Natriumselenit:**

Klein . . . . . . Alkaloide
Klein . . . . . . Essigsäureanhydrid
Lafon . . . . . . Codein

**Natriumsubphosphat:**

Koß . . . . . . . Thorium

**Natriumsulfosalicylat:**

Fischer . . . . . Eiweiß

**Natriumsulfid:**

Breckler . . . . Zuckerbestimmung
Cotton . . . . . Brucin
Klut . . . . . . Eisen
Krüger-Schmid Xanthin
Vitali . . . . . . Morphin

**Natriumtaurocholat:**

Danielopolu . . Meningitis

**Natriumthiosulfat:**

Arthaud-Butte Harnsäure
Campani . . . . Kalium
Feder . . . . . . Formaldehyd
Fröhde . . . . . Blausäure
Huysse . . . . . Kalium etc.
Jaworowski . . Chinin
" . . Chloralhydrat
Orlowski . . . . Reagens
Pauly . . . . . Kalium
Rusting . . . . Cobalt
Stein . . . . . . freie Säure in Alaun

**Natriumvanadat:**

Jaworowski . . Alkaloide
" . . Glukose
Lemaire . . . . Gallussäure

**Natriumwismutat:**

Reddrop . . . . Mangan

**Natriumwolframat:**

Baemes . . . . Tannin
Folin-Denis . . Harnsäure, Phenole, Tyrosin
Folin-Macallum Harnsäure
Gooch-Kuzirian Karbonate, Nitrate
Huizinga . . . . Glukose
Maschke . . . . Harnsäure
Scheibler . . . Alkaloide
Selmi . . . . . . Blut
Sonstadt . . . . Calcium

**Natronkalk:**

Faraday . . . . Stickstoff

**Neutralrot:**

Cavalli . . . . . Alkalität d. $H_2O$
Moro . . . . . . Frauenmilch
Quagliariello . Harnreaktion
Rochaix . . . . Nitrite
Snapper . . . . Indikator

**Nickelchlorür:**

Mermet . . . . Sulfokarbonate

**Nickelsulfat:**

Duyk . . . . . . Glukose
Fittipaldi . . . Albumosen
Gnezda . . . . "

**Nilblau:**

Bauer . . . . . Frauenmilch
Heidenhain . . Kohlensäure

**Ninhydrin** = Triketohydrindenhydrat.

**Ninhydrin:**

Abderhalden . Eiweißstoffe
Ruhemann . . . Peptide

**Niobschwefelsäure:**

Bronciner . . . Alkaloide

**o-Nitranilin:**

Wheeler . . . . Holzstoff

**p-Nitranilin:**

Bergé . . . . . . Holzstoff
Riegler . . . . . Albumosen
" . . . . . Ammoniak
" . . . . . Gallenfarbstoffe
" . . . . . Harnsäure
" . . . . . Saccharin
" . . . . . Salicylsäure
Tschirch-Edner Oxymethylanthrachinon
Wheeler . . . . Holzstoff
Yanagisawa . . Naphthol

**Nitrazol:**

Camilla . . . . Phenole

**o-Nitrobenzaldehyd:**

Luedy . . . . . Harnstoff
Penzoldt . . . . Aceton

**p-Nitrobenzaldehyd:**

Steensma . . . Eiweiß, Indol, Skatol

**m-Nitrobenzoesäure:**

Grutterink . . . Alkaloide

**p-Nitrobenzoesäure:**

Grutterink . . Alkaloide

**m-Nitrobenzoesäurehydrazid:**

Hanus . . . . . Vanillin

**Nitrobenzol:**

Brunner . . . . Schwefel
Jaworowski . . Glukose
Rauwerda . . . Cytisin
Ventre . . . . . Glukose
White . . . . . . Kalk

**Nitrobenzolazo-α-naphthol:**

Hewitt . . . . . Indikator

**Nitrobenzolazoresorcin:**

Frank . . . . . . Magnesium

**Nitrochinetol:**

Grimaux . . . . Nitrate

**Nitrodiazobenzolsulfat:**

Feri . . . . . . . Diazoreaktion

**Nitromethan:**

Baudisch . . . . Indol

**Nitron:**

Busch . . . . . Salpetersäure
Busch-Blume . Pikrinsäure

**o-Nitrophenol:**

Jaworowski . . Glukose
Teeter . . . . . Kalium

**p-Nitrophenol:**

Langbeck . . . Indikator

**Nitrophenolphthalein:**

Rupp-Seegers . Indikator

**p-Nitrophenylhydrazin:**

Behrens . . . . Acroleïn
Dakin . . . . . aliphat. Aldehyde
Möller . . . . . Aceton

**p-Nitrophenylhydrazon:**

Blumenthal-Neuberg Aceton

**o-Nitrophenylpropiolsäure:**

Baeyer . . . . . Glukose
Bottu . . . . . . "
Brunner-Strzyzowski Alkaloide
Gerhardt . . . Glukose
Hoppe-Seyler . "
Quirini . . . . . "
Ruini . . . . . . "

**p-Nitrophenylpropiolsäure:**

Grutterink . . . Alkaloide

**Nitroprussidkalium:**

Mya . . . . . . Eiweiß

**Nitroprussidkupfer:**

Heppe . . . . . Terpentin, Citronenöl

**Nitroprussidnatrium:**

Antonoff . . . . Indol
Angeli . . . . . Hydroxylamin
Arnold . . . . . Cysteinreaktion
" . . . . . Eiweißstoffe
" . . . . . Fleischkost
Arnold-Mentzel . . . Formaldehyd
Bailey . . . . . Schwefel
Béchamp . . . . "
Béla v. Bittó . Aldehyde
Bödeker . . . . $SO_2$
Bohrisch . . . . Aceton
Bradley . . . . Zink und Inosit
Brunner . . . . Alkalien
Casolari . . . . Thiosulfat
Denigès . . . . Acetessigsäure
" . . . . Pyrrol
Dupare . . . . . Thujon
Fagès . . . . . . Zinnoxydul
Gabutti . . . . Coniin
Haigh . . . . . Methylalkohol
Herzog . . . . . Milchsäure
Heyl . . . . . . Adehyd
Imbert . . . . . Aceton
Jaksch . . . . . p-Kresol
Jona . . . . . . Chloral
Kràl . . . . . . . $H_2S$
Kruysse . . . . Cinchonidin

Lange . . . . . Aceton, Indol
Légal . . . . . . "
" . . . . . Thujon
Lewin . . . . . Aldehyde
Mahler . . . . . Saccharin
Müller . . . . . Cystin
le Noble . . . . Aceton
Rimini . . . . . Aceton, Formaldehyd
Rosenbach . . . Glukose
Rothera . . . . Aceton
Rusconi . . . . Alkohol
Salkowski . . . Kreatinin
Scheele . . . . $H_2S$
Simon . . . . . Acetaldehyd
" . . . . . Hydroxylamin
" . . . . . Phenylhydrazin
" . . . . . Pyrouvinsäure
Unverhau . . . Strophanthin
Weyl . . . . . . Kreatinin

**Nitroso-β-Naphthol:**

Atack . . . . . Cobalt
Chapin . . . . . "
Jolles . . . . . Eisen
Knorre . . . . . Metalle
Reichard . . . . Borax
Schmidt . . . . Palladium
Welwart . . . . Karzinom
Wunder . . . . Palladium

**Nitrosophenylhydroxylammonium:**

Baudisch . . . . Kupfer, Eisen

**o-Nitrosulfobenzoesäure (Na):**

Kastle . . . . . Normalsäure

**Nitrosulfobenzolazo-α-naphthol:**

Hewitt . . . . . Indikator

**p-Nitrotoluolsulfosäure:**

Kastle . . . . . Normalsäure

**Ölsäure:**

Lidow . . . . . Wasserunters.
Manea . . . . . Faserstoffe
Winkler . . . . Wasserunters.

**Opiansäure:**

Grutterink . . . Alkaloide

**Orcin:**

Allen-Tollens . Pentosen
Bial . . . . . . "
Blumenthal . . "
Czapek . . . . . Holzstoff
Grünewald . . Pentosen
Ihl . . . . . . . Rübenzucker
Léger . . . . . Aloinose
Neumann . . . Zuckerarten
" . . . Arabinose
Reiche . . . . . Gummi
Salkowski . . . Pentosen
Tollens . . . . "
Wiesner . . . . Diastase

**Orexintannat:**

Günther . . . . Orexinprobe

**Osmiumsäure:**

Gürber . . . . . Indikan
Mulon . . . . . Adrenalin

**Oxalsäure:**

Angeli . . . . . Indol
Bach . . . . . . Wasserstoffsuperoxyd
Barillot . . . . Colchicin
Barillot-Chastaing . . Morphin
Böttger . . . . Mutterkorn
Brücke . . . . . Harnstoff
Cassal . . . . . Borsäure
Ganassini . . . Schwefelwasserstoff
Hellriegel . . . Methylalkohol
Lorin . . . . . . Rohrzucker
Piccard . . . . Titan

**o-Oxybenzaldehyd:**

siehe Salicylaldehyd!

**p-Oxybenzaldehyd:**

Breinl . . . . . Sesamöl
Komarowsky . Fuselöl
Nencki-Sieber . Phenol

**Palladiumchlorür:**

Böttger . . . . . Kohlenoxyd
Fodor . . . . . "
Gaglio . . . . . Quecksilberdämpfe
Greittherr . . . Cocain

**Palladiumnitrat:**

Trotarelli . . . Ptomaine

**Paraffinöl:**

Meßner . . . . . Wasser

**Paraformaldehyd:**

Lewin . . . . . Tyrosin

**Paraldehyd:**

Brunner-Strzyzowski Alkaloide
Carobbio . . . . Fuchsin

**Patentblau VN:**

Milbauer-Stančk . . . . Indikator

**Pentachloräthan:**

Utz . . . . . . . Cottonöl

**Pepton:**

Bardach . . . . Aceton
Richmond-Boseley . . . Formaldehyd
Salkowsky . . . "
Wiechowski . . Alantoin

**Perezol:**

Duyk . . . . . . Indikator

**Perhydrol:**

Dickert . . . . . Schwefel
Melikow . . . . Molybdänsäure
Migault . . . . Oxydierungsmittel
Salomon . . . . Karzinom
Schaer . . . . . Alkaloide
Stoecklin . . . Alkohol

**Petroläther:**

Enz . . . . . . . Perubalsam

**Phenacetolin:**

Degener . . . . Indikator

**Phenanthrenchinon:**

Hinsberg . . . . Diamine
Laubenheimer Thiotolen

**Phenol:**

Bernéde . . . . Teerfarben
Colquhoun . . Eiweiß
Czapek . . . . . Lignin
Deiß . . . . . . Glycerin
Denigès . . . . salpetrige Säure
Dragendorff Condurangin
Engel . . . . . Glykokoll
Fenton . . . . . organ. Säuren
Förster . . . . Colophonium
Frankland . . . salpetrige Säure
Fuchs . . . . . . Eiweiß
Grandval-Lajoux . . . Salpetersäure
Hager . . . . . Chinoidin
Halphen . . . . Harzöl
Hehner . . . . Formaldehyd
Hesse . . . . . Chinin
Hicks . . . . . . Harze
Höhnel . . . . . Holzstoff
Jacquemin . . Anilin
Jandrier . . . . Oxycellulose
Jaworowski . . Kupfer
Jodlbauer . . . Stickstoff
Kastle . . . . . Saccharin und Vanillin
Lindo . . . . . Elaterin
Ludwig . . . . Anilin
Lustgarten . . Jodoform
Méhu . . . . . . Eiweiß
Meymott-Tidy "
Milard . . . . . "
Morpurgo . . . Dulcin
" . . . Nitrobenzol
Obermayer . . Eiweiß
Pandy . . . . . "
Plugge . . . . . salpetrige Säure
Reale . . . . . . HCl in $FeCl_3$
Reichl . . . . . Glycerin
Schenk-Burmeister Benzaldehyd
Schreiber . . . Kryofin
Schürmann . . Syphilis
Spiro . . . . . . Wasserstoffsuperoxyd

Sprengel . . . . Salpetersäure
Thomas . . . . Ammoniak
Tiemann . . . . Coniferin
Unverhau . . . Strophanthin
Visser . . . . . Ammoniak
Wagner . . . . Salpetersäure
" . . . . salpetrige Säure
White . . . . . Kalk

**Phenolkalium:**

Romei . . . . . Wasser

**Phenolphthalein:**

Albarran . . . Blut
Bitter . . . . . Kohlensäure
Boas . . . . . . Blut
Carletti . . . . Cuprisalze
Flatow . . . . . Urobilinogen
Ravenna . . . . Blut
Tichborne . . . Metalloxyde
Utz . . . . . . . Blut
Weehuizen . . Blausäure

**Phenolphthalin:**

Boas . . . . . . Blut
Deleard . . . . "
Kastle-Sheed . Oxydasen
Meyer . . . . "
Rivat . . . . . . Blut
Slowzow . . . . "
Thiery . . . . . Blausäure
Weehuizen . . "

**Phenolsulfonphthalein:**

Geraghty . . . Nierenfunktion

**o-Phenolsulfosäure:**

Barral . . . . . Eiweiß
Boureau . . . . "
Ince . . . . . . Salpeter-S.
Riegler . . . . . Eiweiß

**Phenolthiohydantoinsäure:**

Pozzi-Escot . . Cobalt

**Phenoltetrachlorphthalein:**

Rowntree . . . Leberfunktion

**Phenylcyanat:**

Patten . . . . . Cystin

**m-Phenylendiamin:**

Béla v. Bittó Aldehyde, Ketone
Czapek . . . . Lignin
Cazeneuve . . Sauerstoff
Denigès . . . . Wasserstoffsuperoxyd
Erlwein-Weyl . Ozon
Grieß . . . . . salpetrige Säure
Siemssen . . . Gold
Tolman . . . . Aldehyd
Weyl . . . . . . salpetrige Säure
Windisch . . . Aldehyd

**p-Phenylendiamin:**

Boas . . . . . . Blut
Bondil . . . . . Öltrester
Covelli . . . . . Abrastol
Lauth . . . . . $H_2S$
Marpmann . . . Honig
Röhmann . . . Oxydasen
Rothenfußer . Milch
Saul . . . . . . Gold
Schäffer . . . . "
Schall . . . . . ultraviolette Strahlen
Storch . . . . . Milch
Tillmans . . . . "
Wyß . . . . . . Amylalkohol

**Phenylhydrazin:**

Abelin . . . . . Neosalvarsan
Arnold-Mentzel . . . Formaldehyd
Böeseken . . . Aldehyde, Ketone
Böttinger . . . Tannin
Bourdier . . . . Verbenalin
Denigès . . . . Aldosen-Ketosen
Fischer . . . . . Aldehyde, Ketone, Glukose
Holländer . . . Fuselöl
Isono . . . . . . Methylalkohol
Jaksch . . . . . Glukose
Jean . . . . . . Aldehyde
Kiliani . . . . . Digitoxonsäure
Labat . . . . . . Laktose
Lamanna . . . Glukose
Liebermann-Seyewetz . . Schwefelkohlenstoff
Liebig . . . . . Dioxybenzole
Longworth . . Glukose
Luedy . . . . . Harnstoff
Pilhashy . . . . Formaldehyd
Pozzi-Escot . . Gold
Radcliffe . . . . Tetrachlorkohlenstoff
Rank . . . . . . Glukose
Riegler . . . . Formaldehyd
" . . . . Glukose
" . . . . Milchzucker
Rimini . . . . . Formaldehyd
Schryver . . . "
Schwarz . . . Glukose
Spiegel-Maaß . Molybdän
Vitali . . . . . . Formaldehyd

**p-Phenylhydrazinsulfosäure:**

Fenton . . . . . Ketohexosen
Hewitt . . . . . Aldehyde
Wacker . . . . Aldehyde, Alkohole, Kohlehydrate

**Phlorhizin:**

Steensma . . . Salzsäure

**Phloroglucin:**

Barbet . . . . . Aldehyde, Acrolein

Czapek . . . . Holzstoff
Fenton . . . . . organ. Säuren
Friese . . . . . Formaldehyd
Günzburg . . . Salzsäure
Haigh . . . . . . Methylalkohol
Jaworowski . . Chloralhydrat
Judd . . . . . . Formaldehyd
Kobert . . . . . äther. Öle
Kreis . . . . . . belichtete Öle
Kreis-Chwolles Pfirsichkernöl
Lewkowitsch . "
Nickel . . . . . Mineralsäuren
Nierenstein . . Formaldehyd
Prescott . . . . Methylalkohol
Raikow . . . . Chlor in Benzoesäure
Raikow . . . . Schwefel
Salkowski . . . Pentosen
Sechler . . . . Asa foetida
Steensma . . . Salzsäure
Valenta . . . . Holzstoff
Warnecke . . . verholzte Zellmembr.
Weber-Tollens Formaldehyd
Wheeler-Tollens . . . Pentosen
Wiesner . . . . Holzstoff

**Phosphor:**

Brugnatelli . . Alkohol
Keppeler . . . Chlorstickstoff

**Phosphorantimonsäure:**

Schultze . . . . Alkaloide

**Phosphorige Säure:**

Schulz . . . . . Kakodylsäure

**Phosphormolybdänsäure:**

Armani . . . . Coffein
Courand . . . . Kryogenin
Jungmann . . . Alkaloide
Kerner . . . . . Kreatinin
" . . . . . Xanthin
Lecha-Marzo . Sperma
Riegler . . . . . Harnsäure
Seiler-Verda . Amidogruppe
Sonnenschein . Alkaloide
Struve . . . . . Morphin
Trapp . . . . . Digitalin, Aconitin
Verda . . . . . Safran

**Phosphoroxychlorid:**

Fenton . . . . . Harnstoff

**Phosphorpentachlorid:**

Lemoult . . . . Amine

**Phosphorsäure:**

Arnold . . . . . Alkaloide
Cailletet . . . . Öle
Drechsel . . . . Gallensäuren
Flückiger . . . Digitalin
Goodman . . . Eiweiß
Hassalt . . . . . Aconitin
Herbst . . . . . "

**Quecksilberchlorid:**

Abel . . . . . . Äthylsulfid
Amann . . . . . Eiweiß
Auld . . . . . . Aldehyd
Aweng . . . . . Methylalkohol
Biltz . . . . . . $Na_2CO_3$ in $NaHCO_3$
Bohlig . . . . . Ammoniak
Borde . . . . . Jodzahlbestimmung
Bouchardat . . Eiweiß
Comessatti . . Adrenalin
Crismer . . . . Aldehyde
Dobbin . . . . . Alkalien
Edelmann . . . Urobilin
Eigel . . . . . . Cocain, Eucain
Eimbrodt . . . Ammon
Ewins . . . . . Adrenalin
Feder . . . . . . Formaldehyd
Flückiger . . . Arsen
" . . . . Reagens
Freund . . . . . Nukleoalbumin
Fürbringer . . . Eiweiß
Gerrard . . . . Atropin, Hyoscyamin
Gordon . . . . . Syphilis
Graves . . . . . Ammoniak
Grosz . . . . . Hexamethylentetramin
Hantzsch . . . . Aldehyd
Heikel . . . . . Alkaloide
Hübl . . . . . . Jodzahlbestimmung
Jacquemin . . . Urethan
Jaworowski . . Ammon
Johannson . . . Colchicin
Johnson . . . . Glukose
Jolles . . . . . Eiweiß
Keppeler . . . Acetylen
Kinzel . . . . . Pyridin in $NH_3$
Kolisch . . . . . Kreatinin
Larass . . . . . Sperma
Lochmann . . . Arsen
Mayer . . . . . Alkaloide
" . . . . . Eiweiß
Morelli . . . . . Exsudate
Mühlmann . . . Adrenalin
Nickel . . . . . Iridol
Pagel . . . . . . phosphorige Säure
Planta . . . . . Alkaloide
Polacci . . . . . Eiweiß
Reichard . . . . "
Rosenthaler . . Hexamethylentetramin
Ruggeri . . . . Dulcin
Schlagdenhauffen . . . Alkaloide, Glykoside
Schmidt . . . . Urobilin
Schweißinger . Pyridin
Spiegler . . . . Eiweiß
Stein . . . . . . Alkali in Seifen
Strohmeyer . . Xanthin
Tanret . . . . . Alkaloide
Triboulet . . . Urobilin
Winckler . . . Strychnin
Zouchlos . . . . Eiweiß

**Quecksilberchlorür:**

Flückiger . . . Cocain
Jaworowski . . Glukose
Lenz . . . . . . Pilocarpin
Musset . . . . . Natriumthiosulfat
Pfau . . . . . . Jod
Polacci . . . . . Rhodan
Schell . . . . . Cocain
Stoß . . . . . . freies Alkali

**Quecksilbercyanid:**

Eiloart . . . . . Chinin
Flückiger . . . Reagens
Gouver . . . . . Eiweiß
Knapp . . . . . Glukose
Nencki . . . . . Merkaptan
Trapani . . . . Bilirubin

**Quecksilberjodid:**

Böhm . . . . . . Alkaloide
Brücke . . . . . Proteinstoffe
Brückner . . . Glykogen
Duboin . . . . . Reagens
Flückiger . . . "
François . . . . Ammoniak
Heinrich . . . . Glukose
Neßler . . . . . Ammon
Sachsse . . . . Glukose
Thoulet . . . . Mineralgemische
Tuck . . . . . . Methyl-Alkohol
Valser . . . . . Alkaloide

**Quecksilbercyanidjodkalium:**

Geogehan . . . freie Säuren

**Quecksilberkaliumjodid:**

Bailey . . . . . Salpetersäure

**Quecksilber-Baryum(Calc.)-jodid:**

Herder . . . . . Alkaloide

**Quecksilberoxychlorid:**

Bertsch . . . . . Vinylalkohol

**Quecksilberoxyd:**

Cazeneuve . . Weinfarbstoffe
Denigès . . . . Aceton
" . . . . Äthylenkohlenwasserstoff
" . . . . Citronensäure
" . . . . Pental
" . . . . salpetrige Säure
" . . . . Thiophen
" . . . . Urobilin
Hager . . . . . Glukose
Jorissen . . . . Dulcin
Lemaire . . . . Veronal
Leys . . . . . . Aldehyde
Liebig . . . . . Harnstoff
Oppenheimer . Aceton
Patein . . . . . Milch
Reynold . . . . Aceton
Riza . . . . . . Cystin
Serullas . . . . Essig-Ameisensäure

**Quecksilberoxydnitrat:**

Battandier . . . Glaucin
Benedict . . . . Cyanide
Cella . . . . . . Acetanilid
Denigès . . . . Schwefelkohlenstoff
Devarda . . . . Citronensäure
Gallois . . . . . Inosit
Hoffmann . . . Tyrosin
Jacquemart . . Alkohol
Leffmann . . . Abrastol
Lintner . . . . Reagens
Long . . . . . . Harnstoff
Lylle . . . . . . Tee, Maté
Millon . . . . . Eiweiß
" . . . . . Salicylsäure
Patein . . . . . Milch
Patein-Dufau . Klären des Harns
Pintus . . . . . Abrastol
Riegler . . . . . Harnstoff
Yvon . . . . . . Naphthole

**Quecksilberoxydulnitrat:**

Bellost . . . . . Reagens
Benedict . . . . Cyanide
Denigès . . . . Arsen
" . . . . Selen- u. Tellursäure
Flückiger . . . Brucin
Hager . . . . . Ammoniak
Hofmeister . . Leucin
Kafka . . . . . Molybdän, Wolfram
Kerner . . . . . Chinin
Plugge . . . . . Phenol
" . . . . . salpetrige Säure
Vitali . . . . . . Saccharin

**Quecksilbersuccinimid:**

Alpers . . . . . Eiweiß

**Quecksilbersulfat:**

Girard . . . . . Weinfarbstoffe
Pégurier . . . . Veronal
Riza . . . . . . Cystin

**Quillajasäure:**

Paschorukow . Eiweiß

**Radieschensaft:**

Sacher . . . . . Indikator
Niece . . . . . . "

**Rhamnose:**

Fritsch . . . . . Aceton
Jolles . . . . . Gallensäuren

**Resorcin:**

Abelin . . . . . Salvarsan
Adler . . . . . salpetrige Säure
Bellier . . . . . Sesamöl

Boas . . . . . . Salzsäure
Borchardt . . . Lävulose
Börnstein . . . Saccharin
Campo-Cerdan Zink
Carobbio . . . „
Carrez . . . . . Eiweiß
Cavalli . . . . . Cottonöl
Conrady . . . . Rohrzucker
Crismer . . . . Chloroform
Czapek . . . . Lignin
Denigès . . . . Allylalkohol
„ . . . . Chlorsäure
„ . . . . salpetrige Säure
„ . . . . Weinsäure
Fenton . . . . . organ. Säuren
Fiehe . . . . . . Kunsthonig
Fischer-Jennings . . Aldosen
Göldner . . . . Cocain
Guyot . . . . . Chinasäure
Grünewald . . Lävulose
Hartmann . . . Invertzucker
Jägerschmid . Karamel
Jandrier . . . . Wolle
Jaworowsky . Chloralhydrat
Ihl . . . . . . . Rübenzucker
Lebbin . . . . . Formaldehyd
Lindo . . . . . Salpetersäure
Lustgarten . . . Jodoform
Michaël-Ryder Aldehyde
Mohler . . . . . Weinsäure
Monti . . . . . Aconitin
Moulin . . . . . Asparagin
Piñerúa . . . . Salpetersäure
Schoorl . . . . Naphthalin
Schwarz . . . . Chloral, Chloroform
Seliwanoff . . . Lävulose
„ . . . Rohrzucker
Tocher . . . . . Sesamöl
Tollens . . . . Lävulose
Utz . . . . . . . Mineralsäuren
Wangerin . . . Narcein
Warnecke . . . verholzte Zellmembranen
Wilson . . . . . salpetrige Säure
Wolf . . . . . . Weinsäure

**Resorcinphthalein:**

Ravenna . . . . Blut

**Ricin:**

Jacoby . . . . . Pepsin und Trypsin
Solms . . . . . Pepsin

**Ricinusöl:**

Covelli . . . . . Chloral

**Rosanilin:**

Jacobsen . . . . Fettsäuren in Ölen

**Rosolsäure:**

Lachaux . . . Indikator
Pettenkofer . . freie Kohlensäure

**Rotkohlfarbstoff:**

Eckerlin . . . . Indikator
Kastle . . . . . Salzsäure
Walbum . . . . Indikator

**Rubidiumchlorid:**

Bruekeleveen . Perchlorsäure

**Rutheniumoxychlorid-Ammoniak:**

Beltzer . . . . Faserstoffe

**Rutheniumsesquichlorid:**

Lea . . . . . . . unterschweflige Säure

**Safranin:**

Crismer . . . . Glukose
Christopher-Crofton . . . „
Hasselbach . . „
Kellas-Wethered . . „

**Salicin:**

Bringhetti . . . Salpetersäure

**Salicylaldehyd:**

Fabinyi . . . . Aceton
Komarowsky . Fuselöl
Frommer . . . . Aceton
Takahashi . . . Fuselöl

**Salicylsäure:**

Denigès . . . . Aceton
Desfourniaux . $HNO_2$
Jorissen . . . . Titan
Kühl . . . . . . Milchsäure
Puckner . . . . Formaldehyd
Sailer . . . . . Methylalkohol
Tingle . . . . . Nitrate

**Salicylsulfosäure:**

Boureau . . . . Eiweiß
Koch . . . . . . „
Mayer . . . . . „
Roch . . . . . . „

**Sappanholzextrakt:**

Bachmeyer . . Schwefelsäure

**Schwefel:**

Garnier . . . . Cottonöl
Jorissen . . . . Spartein
Milliau . . . . . Schwefelkohlenstoff
Utz . . . . . . . Cottonöl

**Schwefelammon:**

Almén . . . . . Blausäure
Ball . . . . . . . Hydroxylamin
Donogány . . . Blut
Ganassini . . . Mineralsäuren
Girard . . . . . Pikrinsäure
Isnard . . . . . Pikrinsäure
Jacquemin . . . Anilin
Katayama . . . Kohlenoxydblut
Ogston . . . . . Chloralhydrat

Tattersall . . . Cobalt
Todenhaupt . . Formaldehyd

**Schwefelkohlenstoff:**

Garnier . . . . Cottonöl
Gräfe . . . . . . Ceresin
Halphen . . . . Cottonöl
Hell . . . . . . . tertiäre Alkohole
Pohl . . . . . . Atropin
Soltsien . . . . Cottonöl

**Schweflige Säure:**

Herzfeld . . . . Kienöl
L'Hôte . . . . . Reagens

**Sebacinsäure:**

Smith-James . Thorium

**Seidenpeptonlösung:**

Abderhalden . Fermente

**Seignettesalz:**

Arthaud-Butte Harnsäure
Bonnans . . . . Glukose
Buchner . . . . „
Fehling . . . . . „
Gräger . . . . . „
Grigoriew . . . Blut
Maridet . . . . Glukose
Nylander . . . . „
Otto . . . . . . Gukose, Pikrotoxin
Peska . . . . . . „
Pollitis . . . . . „
Salm . . . . . . „
Soxhlet . . . . „
Violette . . . .
Winkler . . . . Wasserunters.

**Selenige Säure:**

Braut . . . . . . Solanin
Mecke . . . . . Alkaloide
Peroni . . . . . Emetin
Schlagdenhauffen . . . Alkaloide

**Selensäure:**

Klein . . . . . . Methylalkohol

**Semikarbazid:**

Thiele . . . . . Aldehyde-Ketone

**Semioxamacid:**

Hanus . . . . . Zimtaldehyd

**Sesamöl:**

Leffmann . . . Saccharose

**Silber:**

Manchot . . . . Ozon

**Silberchlorid:**

Smith . . . . . freie Säuren

**Silberchromat:**

Hoogoliet . . . Chloride

**Silbernitrat:**

Baselli . . . . . künstlicher Kampfer
Bechi . . . . . . Cottonöl
Bechi-Hehner . „
Béhal . . . . . . Acetylenkohlenwasserstoff
Berthelot . . . Kohlenoxyd
Boehringer . . Chloromorphid
Bolley . . . . . Zinnober
Böttger . . . . $H_2O_2$
Brullé . . . . . Öle
Bulling . . . . . Phenylpropiolsäure
Camerer . . . . Purinbasen
Casselmann . . Weinsäure
Dejust . . . . . Kohlenoxyd
Denigès . . . . Blausäure
Gatehouse . . . Arsen
Gérard . . . . . Theobromin
Greshoff . . . . Jodoform
Gutzeit . . . . Arsen
Habermann . . Kohlenoxyd
Hager . . . . . Arsen
Hedin . . . . . Histidin
Horsley . . . . Morphin
Hume . . . . . arsenige Säure
Hunter . . . . . Urokaninsäure
Jaworowski . . Guajakol
Jefimow . . . . Tuberkulose
Kretschky . . . Kynurensäure
Krüger-Wulff Adenin
Langbeck . . . Methylalkohol
Lewin . . . . . Jod
Lidow . . . . . Proteinsubstanzen
Ludwig . . . . . Harnsäure
Merget . . . . . Quecksilberdämpfe
Mermet . . . . Kohlenoxyd
Perrin . . . . . Inosit
Pévenasse . . . Pyramidon
Primavera . . . Indikan
Rieckher . . . . Arsen
Ritsert . . . . . Glycerin
Roethlisberger Harnsäure
Rothenfußer . . Formaldehyd
Ruggeri . . . . Dulcin
Schiff . . . . . Harnsäure
Schneider . . . schwefelhaltige Öle
Sobbe . . . . . Wasserstoffsuperoxyd
Thomson . . . . Formaldehyd
Tollens . . . . . Glukose
Tugendreich . . Frauenmilch

**Silbernitrit:**

Lespinasse . . . Gallenfarbstoff
Meyer-Locher prim. sec. tert. Alkohole

**Silber-Thalliumnitrat:**

Penfield . . . . Mineralien

**Siliciumwolframsäure:**

Bertrand . . . . Alkaloide
Janvillier . . . Antipyrin

**Skatol:**

Czapek . . . . . Holzstoff
Eppinger . . . . Glyoxylsäure
Schloß . . . . . „

**Sojabohnenextrakt:**

Takeuchi . . . Harnstoff
(vergl. auch Urease)

**Sozojodolsäure:**

Guérin . . . . . Eiweiß

**Spritblaufibrin:**

Waldschmidt . Pepsin

**Stannoborat:**

Campbell . . . Eisenbestimmung

**Stannonitrat:**

Ditte . . . . . . Silbernitrat

**Stärkelösungen:**

Alfraise . . . . Jod
Battelli . . . . Oxydasen
Böttger . . . . . salpetrige Säure
Cesaris . . . . . Jod
Genlis . . . . . Chlor
Harrison-Kelly Kupfer
Zulkowsky . . Jod

**Stearinsäure:**

Kahn . . . . . . Eisen u. Kupfer

**Stovain:**

Garibaldi . . . Bittermandelwasser

**Strontiumacetat:**

Seidel . . . . . Inosit

**Strychnin:**

Denigès . . . . Brom, Nitrite
Foges . . . . . Chlorsäure
Hämäläinen . . Sadebaumöl
Medinger . . . Phosphorsäure
Plugge . . . . . Ceriumoxyd

**Sulfanilsäure:**

Bayer . . . . . Adrenalin
Clemens . . . . Gallenfarbstoffe
Ducco . . . . . Nitrite
Ehrlich . . . . . Diazoreagens
Erdmann . . . . Nitrite
Frankland . . . salpetrige Säure
Giacomo . . . . Guanin
Griess . . . . . salpetrige Säure
Griess-Ilosvay „ „
Heflebower . . Diazoreaktion
Ilosvay . . . . . salpetrige Säure
Krokiewicz . . Gallenfarbstoffe
Liebermann . . Salpetersäure
Lombard . . . . salpetrige Säure
Lunge . . . . . „ „
Raphael . . . . Gallenfarbstoffe
Richardson . . β-Naphthol
Tschirikow . . salpetrige Säure

**Sulfo-β-naphtholazo-m-oxybenzoesäure:**

Mellet . . . . . Indikator

**Sulfosalicylsäure:**

siehe Salicylsulfosäure.

**Tannin:**

Almén . . . . . Eiweiß
Bachmeyer . . Alkalien
Battandier . . . Chelidonin
Brieger . . . . Neurin
Christensen . . Eiweiß
Claudius . . . . „
Dawzard . . . . Eisen
Dietrich . . . . Aloe
Dominicis . . . Kohlenoxydblut
Faure . . . . . Weinfarbstoffe
Hager . . . . . Alkohol
„ . . . . . Trinkwasser
Kippenberger . Alkaloide
Kost . . . . . . Salzsäure
Kraft . . . . . . Gitalin
Kunkel . . . . . Kohlenoxyd
Lichthardt . . . Karamel
Lund . . . . . . Naturhonig
Pelouze . . . . Alkaloide
Rees . . . . . Albumine
Schuster . . . . Bierfarbstoff
Struve . . . . . Blut
Tognetti . . . . Eiweiß
Weingärtner . Tanninreagens

**Tellur:**

Klein . . . . . . Salpetersäure

**Tellursäure:**

Bauer . . . . . . Solanin

**Tetrachlorchinon:**

Tsalapatani . . Amylalkohol, Methylamin

**Tetrachlorkohlenstoff:**

Crampton . . . Palmöl
Förster . . . . Colophonium
Halphen . . . . Harzöl

**Tetrachlortetrabromphenolphthalein:**

Rupp-Seegers . Indikator

**Tetraformaltrisazin:**

Hofmann-Storm . . . . Reagens

**Tetramethyl-p-Phenylendiamin:**

Eschbaum . . . Sauerstoff
Wurster . . . . Ozon, $H_2O_2$
Neumann-Wender . . . Diastase

**Tetramethyl-p, p-diamidodiphenylmethan:**

Arnold-Mentzel Ozon
Carney . . . . . Gold, Ammoniak
Tillmans . . . . Mangan

**Tetranitromethan:**

Ostro-mißlensky . . Aethylenverbindungen

**Thallin:**

Czapek . . . . . Lignin
Hegler . . . . . „
Kreis . . . . . . Thiophen

**Thallichlorid:**

Renz . . . . . . Naphthylamin

**Thalliumformiat:**

Clerici . . . . . Reagens z. Trennung v. Mineralgemischen

**Thalliumkarbonat:**

Kurowski . . . Schwefelkohlenstoff

**Thalliummalonat:**

Clerici . . . . . Reagens

**Thalliumoxydul:**

Huizinga . . . . Ozon
Schönbein . . . „

**Thioessigsäure:**

Schiff . . . . . . Reagens

**Thiophen:**

Fletscher . . . Milchsäure
Grimaldi . . . . Pfeffer

**Thiosinamin:**

Lemaire . . . . Cadmium, Uran

**Thoriumnitrat:**

Browning . . . Ferro-Ferricyanide

**Thymol:**

Czapek . . . . . Holzstoff
Denigès . . . . Allylalkohol
Dupouy . . . . Chloroform, Bromoform, Jodoform
Jolles . . . . . Indikan
Lenher . . . . . Titan
Linde-Molisch . Glukose
Molisch . . . . Coniferin
Saul . . . . . . Tannin
Vitali . . . . . . Jodoform

**Titandioxyd:**

Hauser . . . . . Phenole
Richard . . . . Morphin
Richardson . . Wasserstoffsuperoxyd
Schönn . . . . . Wasserstoffsuperoxyd
Wobbe . . . . . Wasserstoffsuperoxyd

**Titanoxydulsulfat:**

Knecht . . . . . Kupfer

**Titantrichlorid:**

Knecht . . . . Ferrisalze, Azo-, Nitro-, Nitrosoverbindungen, $H_2O_2$, Persulfate, Indigo etc.
Monnier . . . . Zitronensäure
Rhead . . . . . Cupri- u. Ferrisalze
Stähler . . . . . Gold

**o-Toluidin:**

Ellms . . . . . . Chlor
Phelps . . . . . „
Primot . . . . . $HNO_3$
Ruttan . . . . . Blut
Villiers-Fayolle Chlor

**p-Toluidin:**

Czapek . . . . Lignin
Longi . . . . . . Salpetersäure
Weselsky . . . Phloroglucin

**Toluol:**

Chester B. Curtis . . . Wasser

**Toluylenrot:** siehe **Neutralrot.**

**Traubensäure:**

Kling . . . . . . Calciumsalze

**Triaethylphosphin:**

Hofmann . . . . Schwefelkohlenstoff
Radcliffe . . . . Tetrachlorkohlenstoff

**Tributyrin:**

Davidsohn . . . Frauenmilch

**Trichloracetal:**

Hirschsohn . . Myrrhe

**Trichloressigsäure:**

Bogomoloff . . Pepton
Claudius . . . . Eiweiß
Golodetz . . . Cholesterin
Hirschsohn . . Cholesterin und Urson
Raabe . . . . . Eiweiß
Tsalapatani . . Chinin
Vitali-Stroppa Coniin
Walbum . . . . Eiweiß

**Trichophytin:**

Miescher . . . . Reaktion
Plato . . . . . . „

**Triformoxim:**

Lewin . . . . . Eiweiß

**Trikaliumnitrophenoldisulfonat:**

Chamot . . . . Salpetersäure

**Trikaliumphosphat:**

Liesegang . . . Gelatine

**Triketohydrindenhydrat:**

Abderhalden . Eiweiß

**Trimethylamin:**

Simon . . . . . Aldehyd
„ . . . . . Phenylhydrazin

**Trimethylphenylammoniumkarbonat:**

Schirm . . . . . Reagens

**Trimethylphenylammoniumjodid:**

Schirm . . . . . Reagens

**Trinatriumcitrat:**

Seitz . . . . . . Lackmusmolke

**Trinitrobenzoesäure:**

Grutterink . . Alkaloide

**Trioximinomethylen:**

Lewin . . . . . Eiweiß

**Trioxybenzoesäure:**

Grutterink . . Alkaloide

**Tropäolin 00:**

Miller . . . . . Indikator

**Trypsin:**

Rosenthal-Scholz . . . . Schwangerschaft

**Typhin:**

Gay-Force . . . Typhus

**Tyrosinase:**

Chodat . . . . . Albumosen
Harlay . . . . . „

**Überchlorsäure:**

Fraude . . . . . Alkaloide
Hesse . . . . . . Quebrachamin
Hofmann . . . . organ. Basen
Schlösing . . . Kalium

**Urannitrat (-acetat):**

Aloy(-Laprade) $H_2O_2$ (u. Phenole)
Aloy . . . . . . Morphin und Alkaloide
Bilinski . . . . Glukose
Jorissen . . . . Zimtsäure
Kowalewski . . Eiweiß
Lamal . . . . . Morphin
Lea . . . . . . . Blausäure
Leconte . . . . Phosphorsäure
Meßner . . . . Hg-oxycyanid
Oszacki . . . . Eiweiß
Wangerin . . . Apomorphin

**Urease:**

Marshall . . . . Harnstoff
Hahn-Saphra . „
Kristeller . . . „
Slyke . . . . . . „

**Urin:**

Virgili . . . . . oxydierende Agenzien

**Urobilin:**

Guérin . . . . . Zink
Roman-Delluc „

**Ursol:**

Chlopin . . . . Ozon
Neumann-Wender . . . Diastase
Utz . . . . . . . Milch

**Vanadinsäure:**

Jorissen . . . . Peroxyde
Matignon . . . Vinylalkohol

**Vanadinschwefelsäure:**

Hirschhausen . Hydrastin
Jorissen . . . . Äthylperoxyd
Kügelgen . . . Sanguinarin
Mentzel . . . . Wasserstoffsuperoxyd
Wotczal . . . . Solanin

**Vanillin:**

Bohrisch . . . . Kampfer
Breinl . . . . . Sesamöl
Buard . . . . . Indol
Cerdeiras . . . ätherische Öle
Denigès . . . . Indol
Ellram . . . . . Alkaloide
Friese . . . . . Formaldehyd
Grafe . . . . . . Holzsubstanz
Hartwich . . . . Phenole
Inouye . . . . . Gallensäuren
Ito . . . . . . . „
Jolles . . . . . Pentose
Lindt . . . . . . Phloroglucin
Mawzoff . . . . Methylalkohol
Primot . . . . . Antipyrin
Raikow . . . . Chlor in Benzoesäure
„ . . . . Schwefel
Ronceray . . . Orcin
Rosenthaler . . Ketone (äther. Öle)
Steensma . . . Eiweiß, Indol, Skatol
„ . . . Salzsäure
Takahashi . . . Alkohole
Utz . . . . . . Formaldehyd

**Violettschwarz:**

Heidenhain . . Eiweiß

**Walkertonerde:**

Lloyd . . . . . . Reagens

**Wasserstoffsuperoxyd** (Perhydrol):

Albarran . . . Blut
Aloy . . . . . . Uran
Arnold-Mentzel . . . Kresol, Phenol
Assanelli . . . . Blut
Baeyer-Villiger Aceton
Barreswil . . . . Chromsäure
Bettel . . . . . Molybdän
Black . . . . . . Oxybuttersäure
Bordas . . . . . Blut
Bosch . . . . . Sesamöl
Collo . . . . . . Aceton
Crismer . . . . Weinsäure
Denigès . . . . Benzoesäure
„ . . . . Chromate
„ . . . . Cuprein
„ . . . . Kryogenin
„ . . . . Morphin
Dupouy . . . . Milch
Fairley . . . . . Uran
Fischel . . . . . Peroxydase
Gantter . . . . Blut
Grimbert . . . Gallenfarbstoffe
Helch . . . . . Pilocarpin
Hirschsohn . . Aloe, Chinin
Holmgren . . . Jod
Itallie . . . . . Blut
Jackson . . . . Titan
Jannasch . . . Reagens
Jonescu . . . . Benzoesäure
Klein . . . . . Mangan
Kollo . . . . . . Aceton
Kreis . . . . . . Sesamöl
Landolfi . . . . Indikan
Leys . . . . . . Saccharin
Lintner . . . . Diastase
Loubiou . . . . Indikan
Marpmann . . . Honig
Maslow . . . . Gallenfarbstoffe
Melikow . . . . Niob
Mindes . . . . . Reagens
Noorgard . . . Eiter
Paul . . . . . . künstliche Farbstoffe
Payet . . . . . arab. Gummi
Porcher . . . . Indikan
Pozzi-Escot . . Cobalt
Ridenour . . . Salicylsäure
Rochaix . . . . Milch
Rodillon . . . . Pikrinsäure
du Roi-Köhler Milch
Saul . . . . . . „
Schaer . . . . . Blut
Schäffer . . . . Milch
Scheunert . . . Oxydasen
Schmelck . . . Blut
Schönbein . . . Blausäure
Slawik . . . . . Vanadium
Storch . . . . . Milch
Vanino . . . . . Gold
Werther . . . . Vanadinsäure

**l-Weinsäure:**

Brönsted . . . Weinsäure
Kling-Florentin „

**Weinsäure:**

Carletti . . . . Abrastol
„ . . . . Pyrogallol
Corzo . . . . . Eiweiß
Horsley . . . . Glukose
Kunz-Krause . Pyridin
Löwenthal . . . Glukose
Polacci . . . . . Eiweiß
Salkowski . . . Kalium
Schneider . . . Wismut
Skey . . . . . . Cobalt
Spiegler . . . . Eiweiß
Staedeler-Krause . . . Glukose
Stooke . . . . . Oxyhämoglobin, Blut
Winkler . . . . Kalium

**Wismutcitrat:**

Tresh . . . . . . Alkaloide

**Wismuthydroxyd:**

Reichard . . . . Indikator

**Wismutjodid:**

Mangini . . . . Alkaloide
Partheil . . . . Cystin
Thoms . . . . . Piperazin

**Wismutnitrat:**

Ball . . . . . . Cäsium, Natrium, Rubidium
Bruhn . . . . . Adenin

**Wismutoxyd:**

Francqui . . . . Glukose

**Wismutsubnitrat:**

Almén . . . . . Glukose
Behrendt . . . „
Böttger . . . . „
Brücke . . . . . „
Campani . . . . Kalium
Carnot . . . . . „
Cohen . . . . . Eiweiß
Dragendorff . . Alkaloide
Dudley . . . . . Glukose
Flückiger . . . Morphin
Fron . . . . . . Alkaloide
Huysse . . . . . Kalium etc.
Kraut . . . . . . Alkaloide
Nylander . . . Glukose
Pauly . . . . . Kalium

**Wismuttrichlorid:**

Pozzi-Escot . . Strychnin

**Wolframsäure:**

Maschke . . . Harnsäure

**Xanthydrol:**

Fosse . . . . . . Harnstoff

**Xylidin:**

Czapek . . . . Holzstoff
Musculus-Mering . . . Urochloralsäure
Schiff . . . . . . Glukose

**Zimtaldehyd:**

Denigès . . . . Indol

**Zinkacetat:**

Abeles . . . . . Eiweiß
Carpené . . . . Gerbstoffe
Carrez . . . . . Harnklärung
Florence . . . . Urobilin
Knorre . . . . . Phosphorsäure
Morel-Monod . Urobilin
Roman-Delluc „
Schlesinger . . „
Wolff . . . . . . Blut

**Zinkammoniumphosphat:**

Neumann . . . Eisen

**Zink** (-blech).

Fresenius . . . Antimon
Kossel . . . . . Adenin
Malaquin . . . Strychnin
Papasogli . . . Nickel
Rodillon . . . . Pikrinsäure
Stein . . . . . . freie Säuren

**Zinkchlorid:**

Behrens . . . . Cellulose
Bréon . . . . . Mineralien
Carobbio . . . . Resorcin
Edelmann . . . Urobilin
Groß-Bevan . . Cellulose
Czumpelitz . . Alkaloide
Genlis . . . . . Chlor
Hübner . . . . . merzeris. Baumwolle
Jorissen . . . . Alkaloide
Lange . . . . . Baumwolle
Maumené . . . Glukose
Nencki-Sieber Urobilin
Neubauer . . . Kreatinin
Olivièro . . . . „
Persoz . . . . . Seide
Schultze . . . . Cellulose
Stockvis . . . . Gallenfarbstoffe
Strobel . . . . . Antifebrin etc.
Tschugajeff . . Cholesterin
Warden . . . . Embeliasäure

**Zinkjodid:**

Genlis . . . . . Chlor
Stein . . . . . . Narcein

**Zinkoxyd:**

Bacovesco . . . Metallsalze
Debrun . . . . . Weinfarbstoffe
Denigès . . . . Gerbstoffe
Persoz . . . . . Seide

**Zinkstaub:**

Grübler . . . . Phenolphthalein
Ludwig . . . . . Quecksilber . .
Pozzi-Escot . . Salpetersäure
Rupp . . . . . . Quecksilber-succinimid
Tafel . . . . . . Strychnin
Tassinari . . . . Salpetersäure

**Zinksulfat:**

Bömer . . . . . Albumosen
Bödeker . . . . $SO_2$
Ganassini . . . Harnsäure
Reicher-Stein . Glukose

**Zinksulfid:**

Föhring . . . . Mineralsäuren
Ganassini . . . Weinsäure

**Zinn:**

Ferraro . . . . Arsen
Grimaldi . . . . Pinolin
Stein . . . . . . Jod in $HNO_3$

**Zinnborat:** siehe Stannoborat.

**Zinnchlorid:**

Bizzari . . . . . Glukose
Casali . . . . . Gallensäuren
Stolba . . . . . Caesium
Vitali . . . . . Hydrastin

**Zinnchlorür:**

Bettendorf . . Arsen
Christel . . . . Pikrinsäure
Danziger . . . Cobalt
Donau . . . . . Gold
Enz . . . . . . . Veilchenblau
Godeffroy . . . Alkaloide
Hager . . . . . Ammon, Lithium, Natrium
Heintz . . . . . schwefl. Säure
Hirschsohn . . Gurjun
Immendörffer . Arsen
Jacquemin . . Nitrobenzol
Jolles . . . . . Quecksilber
de Jong . . . . Arsen
Lombardo . . . Quecksilber
Maumené . . . Glukose
Pleijel . . . . . Indikator
Reichard . . . . Morphin
Roussin . . . . Pikrinsäure
Schlickum . . Arsen
Schneider . . . Wismut
Straub . . . . . Zuckercouleur
Straub . . . . . Malvenblütenfarbstoff
Utz . . . . . . . Balsamuntersuchung
Wöhler . . . . . Platin
Zettnow . . . . Wolframsäure

**Zucker** (Saccharose):

Ambühl . . . . Sesamöl
Baudouin . . . „
Bischoff . . . . Gallensäuren
Boas . . . . . . Salzsäure im Magensaft
Camoin . . . . Sesamöl
Dragendorff . . Gallensäuren
„ . . Thymol
Gassend . . . . Sesamöl
Joulie . . . . . Zuckerkalklösung, Säurebestimmung
Külz . . . . . . Gallensäuren
Lewin . . . . . Sesamöl
Mohr . . . . . . Schwefelsäure
Pettenkofer . . Gallensäuren
Robin . . . . . Alkaloide
Schneider . . . „
Schultze . . . . Eiweiß
Spiegler . . . . „
Straßburg . . . Gallensäuren
Vreven . . . . . Fette
Wangerin . . . Narcotin
Weppen . . . . Veratrin
Wright . . . . . Aconitin

# Nachträge.

**Boit's** Reagens zum Färben von Tuberkelbazillen.

a) Färbung in Carbolfuchsin. — b) Entfärbung in 15 %iger Salpetersäure. — c) Gegenfärbung in gesättigter, alkoholischer Tropäolinlösung. (Das Tropäolin ist in der Mitteilung nicht näher spezifiziert.)

Münchener med. Woch. 1916. 852.

**Camilla's** Reagens zum Nachweis von Gewürzen wie Zimt, Nelken, Macis, Ingwer, Muskatnuß usw.

ist p-Diazonitrobenzollösung, zu deren Bereitung zwei Lösungen nötig sind, nämlich 0,1 %ige Kaliumnitritlösung und 0,125 %ige p-Nitroanlinlösung, die in 100 ccm 15 ccm ½ Norm. Salzsäure enthält. Zum Gebrauch werden gleiche Teile gemischt. Das Reagens bildet mit phenol- und aminhaltigen ätherischen Ölen intensive Farben. Näheres siehe: Giorn. Farm. Chim. 1915. **64.** 241.

**Castets'** Reaktion auf Pikrinsäure.

5—10 ccm der wässerigen Pikrinsäurelösung versetzt man mit 1 Tropfen gesättigtem Bromwasser, erhitzt zum Sieden, läßt abkühlen und schüttelt das gebildete 2-Brom—4,6-dinitrophenol mit Äther aus. Die erhaltene ätherische Lösung teilt man in zwei Teile. Den einen Teil dampft man in einer Porzellanschale zur Trockene und behandelt den Rückstand mit Ammoniakdämpfen. Er nimmt eine rote Färbung an. Den anderen Teil tropft man auf Filtrierpapier (2×4 ccm) und trocknet es auf dem Dampfbade in einer Schale. Es wird durch Ammoniak karminrot gefärbt. Trocknet man es nach dem Betropfen mit 1—2 %iger Kaliumcyanidlösung, so bildet sich um den feuchten Fleck eine rote Zone.

Journ. de pharm. et de chim. 1916. I. 46.

**Cramer's** Reagens auf Glukose im Harn.

Man löst 0,4 g rotes Quecksilberoxyd und 6 g Kaliumjodid in 100 ccm Wasser und gibt so viel Alkali zu, daß 10 ccm davon zur Neutralisation 2 ccm Normal-Säure brauchen. Kocht man 3 ccm Reagens mit 0,3 ccm Harn, so schwärzt sich die Mischung bei Gegenwart von Glukose.

Biochem. Journ. 1915. **9.** 156.
Pharm. Journ. 1915. I. 829.
Schweiz. Apoth. Ztg. 1916. 341.
Chem. Zentralbl. 1916. I. 1276.

**Denigès'** Reaktion auf Isosulfocynate.

Als Reagens dient eine Lösung von 5 g Quecksilberoxyd in 20 ccm Schwefelsäure und Wasser zu 100 ccm. Man schüttelt die zu prüfende Flüssigkeit mit dem doppelten Volumen Reagens, filtriert und kocht. Bei Gegenwart von Isosulfocyaniden entsteht ein Niederschlag von charakteristisch geformten Krystallen. Empfindlichkeitsgrenze 1:4000. (der Niederschlag besteht aus Dithioquecksilbersulfat = $Hg_3S_2SO_4$).

Pharm. Weekbl. 1916. 349.
Apoth. Ztg. 1916. 183.

**Engfeldt's** Reaktion auf Teerstoffe im Ammoniak.

Man versetzt 10 ccm der zu prüfenden Ammoniakfl. mit verdünnter Schwefelsäure in geringem Überschuß und einigen g Calciumkarbonat. Bei Gegenwart von Teer ist der charakteristische Teergeruch wahrzunehmen. — Versetzt man 10 ccm Ammoniakfl. mit 2 ccm Natronlauge und 5 ccm Jodlösung und erwärmt im Wasserbade bis die dunkle Färbung verschwunden ist, so entsteht bei Anwesenheit von Aceton ein gelber Niederschlag oder eine gelbe Opaleszenz.

Svensk Farm. Tidskr. 1916. 237. 253.

**Gaglio's** Reagens auf Kohlenoxydblut

ist Fodor's Paladiumchlorürlösung. Vergl. Arch. experim. Pathol. 1887. **22.** 245.

**Gintl's** Reaktion auf Urson.

Versetzt man eine Lösung von Urson in Essigsäureanhydrid mit konzentr. Schwefelsäure, so entsteht eine schöne rote Färbung, die rasch in Violett und dann über Blau in Grün übergeht. Setzt man nach der Zugabe von Schwefelsäure sofort einen Tropfen Wasser zu, so geht die rote Färbung sofort in Grün über.

Monatsh. f. Chem. 1893. **14.** 255.

**Johannson's** Reaktion auf Elaterin.

Elaterin färbt Fröhde's Reagens grün, dann braun, Vanadinschwefelsäure blau, dann grün, dann rötlichbraun, Selenschwefelsäure rotbraun.

Dissert. Dorpat 1884.
Pharm. Ztschr. f. Rußland 1884. **23.** 763.
Jahresber. d. Pharm. 1884. 1162.

**Jungmann**'s Reaktion auf Arbutin.

Als Reagens benützt man eine Lösung von 1 g Natriumphosphomolybdat in 10 ccm Salzsäure und 20 ccm Wasser. Löst man einige cg Arbutin in 1,5 ccm Wasser und gibt 5—8 Tropfen Reagens zu, so rufen 5—8 Tropfen Ammoniakfl. eine saphirblaue Färbung hervor.

Journ. de pharm. et de chim. 1910. I. 66.
Vergl. Jungmanns Reaktion auf Alkaloide.

**Klostermann-Scholta**'s Reaktion auf Saccharin.

Kocht man Saccharin einige Minuten mit 10 %iger Salzsäure und dampft die Lösung zur Trockene ein, so bildet sich o-Sulfobenzoesäure. Man löst den Rückstand in etwas Phenol und tropft die Lösung in einem Porzellantiegel auf Phosphorpentoxyd, wobei sich Sulfophenolphthalein bildet. Blaurote Färbung nach Zusatz von Alkali beweist die Gegenwart von Saccharin. Ist Vanillin vorhanden, das die Reaktion stören würde, so muß dieses nach dem Eindampfen mit Salzsäure durch Extraktion mit einer Mischung gleicher Teile Äther und Chloroform entfernt werden. Der Nachweis des Vanillins geschieht am einfachsten durch die Phloroglucinreaktion, indem man etwas vom Abdampfrückstand mit Schwefelsäure und Phloroglucin behandelt. Vanillin erzeugt Rotfärbung. (Vergl. Lindt's Reaktion auf Phloroglucin.)

Ztschr. Unters. Nahr. Gen. Mittel 1916. **31**. 67.

**Knack**'s Reagenzien für die Blutprobe

sind Benzidinacetat und Perhydrit. Der sedimentierte Urin wird abgegossen und ein Reagenzglas voll der sedimentierten Partien gekocht und filtriert. Bevor der letzte Urinrest das Filter passiert hat, wird eine kleine Messerspitze Perhydrit auf das Filter gestreut, dann die gleiche Menge Benzidinacetat zugesetzt und umgeschüttelt. Bei größeren Blutbeimengungen sieht man auf dem Filter eine deutliche blaugrüne Färbung bezw. blaugrüne Flecke oder Punkte. Der Urin muß schwach sauer sein oder mit Zitronensäure versetzt werden.

Münchener med. Woch. 1916. 708.

**Köhler**'s Reaktion auf Elaterin.

Dampft man Elaterin mit Salzsäure zur Trockene, wäscht den Rückstand mit Wasser aus und versetzt ihn mit konzentr. Schwefelsäure, so erhält man eine amaranthrote Mischung, die beim Verdünnen mit Wasser einen braunen Körper ausscheidet.

Buchner's Repert. 1869. **18**. 596.
Ztschr. ges. Naturwiss. **34**. 76.
Virchow's Archiv 1870, **50**. 273, 375.

**Laurentz**' Reaktion auf Arbutin.

Arbutin liefert mit Schwefelsäure und Eisenchlorid eine blaue Färbung. Vergl. Schiff's Reaktion.

Dissertation Dorpat 1886.
Americ. Journ. of Pharm. 1887. **58**. Nr. 9.

**le Mithouard**'s Reagens auf Pikraminsäure (Pikrinsäure) im Harn

ist eine Lösung von 2 g Ferrosulfat und 10 g Weinsäure in 100 cmm Wasser. Das Verfahren ist kurz folgendes. Man schüttelt den Harn nach Fällung mit Bleiacetatlösung und Entfernung des in Lösung gegangenen Bleis mittels Schwefelsäure mit Chloroform aus, gibt Wasser und Ammoniak zu und läßt in geeigneter Weise das Reagens zufließen. An der Berührungsstelle von Reagens und ammoniakalischer Pikraminsäurelösung entsteht ein blutroter Ring. Näheres siehe Grimbert, Journ. de pharm. et de chim. 1916. I. 177.

**Norzi**'s Reaktion auf Mehl, das zu verderben beginnt.

Die Reaktion beruht auf der Bildung von Aminosäuren im verderbenden Mehle, die mittels 1 %iger Ninhydrinlösung nachgewiesen werden. Man dialysiert 0,5 g Mehl 10—12 Stunden lang in sterilem Wasser und versetzt 5 ccm des Dialysates mit 5 Tropfen Ninhydrinlösung. Kocht man 2—3 Minuten lang, so erhält man je nach dem Grade der Zersetzung des Mehles eine mehr oder weniger starke Violettfärbung.

Giorn. Farm. Chim. 1915. **64**. 533.

**Pazienti**'s Reaktion auf Formaldehyd bezw. Methylalkohol in Äthylalkohol

ist identisch mit Schryver's Reaktion auf Formaldehyd.

Bollett. Chim. Farm. 1915. **54**. 738.

**Rigaud**'s Reaktion auf Quercitrin und Quercetin.

Die wässerige oder alkoholische Lösung von Quercitrin und Quercetin wird auf Zusatz von Eisenchloridlösung dunkelgrün gefärbt. Empfindlichkeitsgrenze = 1 : 5000.

Liebig's Annalen 1854. **287**. 295.

**Rodillon**'s Reaktion auf Pikrinsäure.

Die zu untersuchende Lösung (einige ccm) versetzt man mit ¼ ihres Volumens Salzsäure (25%) und einigen Stückchen metallischen Zinks, gießt nach kurzer Einwirkung in ein anderes Reagenzglas ab und fügt 10 Tropfen Wasserstoffsuperoxyd zu. Überschichtet man mit 2 ccm Ammoniakfl., so tritt bei Gegenwart von Pikrinsäure an der Berührungsstelle der beiden Schichten ein charakteristischer blauvioletter Ring in der ammoniakalischen und ein rosavioletter Ring in der sauren Schicht auf. Beim Mischen der beiden Schichten erhält man eine blauviolette Färbung.

Journ. de pharm. et de chim. 1915. II. 177.
Chem. Zentralbl. 1916. I. 1090.
Grélot, Journ. de pharm. et de chim. 1915. II. 209.

**Rosenberg**'s Reaktion auf Gallenfarbstoffe im Harn.

Versetzt man 10 ccm Harn mit 10 ccm 20 %iger Kalilauge und 2—3 Tropfen 10 %iger Kupfersulfatlösung, so entsteht bei Gegenwart von Gallenfarbstoff eine olivgrüne Färbung.

Münchener med. Woch. 1916. 887.

**Sacher's** Indikator

ist eine neutrale Seifenlösung, welche in sauren Lösungen eine Trübung verursacht, die durch Alkali wieder aufgehoben wird. Näheres siehe Seifenfabrikant 1916, No. 17; Pharm. Ztg. 1916. 312.

**Sand's** Reagens auf Kohlenoxyd im Blut

ist eine Lösung von 1 g Jod und 2 g Kaliumjodid in 300 g Wasser, welche Oxyhämoglobin in Methämoglobin überführt, während Kohlenoxydhämoglobin nicht verändert wird. Zur Ausführung der Probe ist normales Blut zur Kontrolle erforderlich. Man verdünnt das normale und das kohlenoxydhaltige Blut auf etwa 3 % und gibt zum normalen Blut soviel Reagens (10—15 Tropfen), bis es braun geworden ist. Ebensoviel Reagens gibt man zu der kohlenoxydhaltigen Blutlösung. Sie nimmt eine rötliche Färbung an, die beim Vergleichen mit der Kontrollprobe namentlich nach dem Filtrieren deutlich zu erkennen ist. Auch im Spektralapparat zeigen beide Proben charakteristische Absorptionsspektra. Näheres siehe Jahresbericht f. Tierchemie 1914. **44**, 113. — Ztschr. f. analyt. Chem. 1916. 317.

**Schiff's** Reaktion auf Arbutin.

Versetzt man Arbutinlösung mit verdünnter Eisenchloridlösung, so färbt sich die Mischung sofort blau.

Liebig's Annalen 1870, **154**. 246.

**Schmidt's** Reaktion auf Blutzersetzung (Cholera usw.).

Krankhaftes Blut entwickelt mit Amygdalin sofort den Geruch nach Blausäure bezw. Benzaldehyd, während gesundes Blut hierzu viel länger, und zwar bis zu mehreren Tagen braucht. Schmidt nimmt an, daß krankhaftes Blut Emulsin enthält.

Schmidt, Charakteristik der epidem. Cholera usw. Leizig u. Mitau 1850.

Reil, Materia medica 1857. 35.

**Serena's** Reaktion auf Alkaloide und Glykoside.

Man befeuchtet das Präparat mit Schwefelsäure und gibt nach eingetretener Farbenerscheinung sehr wenig verdünnte Eisenchloridlösung zu (eventuell unter Erwärmung). Im folgenden bedeutet die Farbenangabe vor dem — die Reaktion mit Schwefelsäure allein und die nach dem — die Reaktion nach Zusatz von Ferrichlorid: Santonin = kanariengelb — violett; Codein = violettrot — himmelblau; Anilin = unverändert — violettrot; Solanin = orangerot, gelb — violett; Solanidin = wie Solanin; Cholesterin = orangerot — violett; Sabadillin = orangegelb — weinrot; Colocynthin = orangerot — blutrot; Papaverin = blutrot — farblos und dann trüb violett; Elaterin = gelbrot — grasgrün; Narcein = kaffeebraun — bläulichgrün; Opianin = farblos — grün, dann tiefblau; Eserin = orangegelb — rotbraun; Digitalin = rotbraun — violettrotbraun; Smilacin = orangegelb — braunrot, violett; Apomorphin = farblos — grünblau, hellviolett.

l'Orosi 1883. **7**. 273.

**Seuchineno's** Reagens auf Lebertran

ist Gambir-Katechu (Terra japonica). Schüttelt man damit Lebertran, so nimmt er eine bläulichgrüne Färbung an.

Pharm. Journ. 1915. II. 139.

Schweiz. Apoth. Ztg. 1916. 341.

**Sonnenschein's** Reaktion auf Äsculin.

Wird Äsculin mit einer geringen Menge Salpetersäure geschüttelt, so resultiert eine gelbe Lösung, welche auf Zusatz von Ammoniak eine tiefblutrote Färbung annimmt. Empfindlichkeitsgrenze = 0,02 mg Äsculin.

Berl. Ber. 1876. **9**. 1183.

Goris, Compt. rend. 1903. **136**. 902.

**Taverne's** Reaktion auf Mangan.

Schmilzt man in einem Reagenzglase etwas Kaliumchlorat und gibt zweiwertiges Mangan zu, so tritt die bekannte Violettfärbung auf. Versetzt man Kaliumpermanganatlösung mit wenig Kaliumjodid und verdünnter Natronlauge, so erhält man eine grüne Mischung.

Chem. Weekblad 1916. **13**. 269.

Chem. Zentralbl. 1916. I. 1269.

**Wachholz-Sieradzki's** Reaktion auf Kohlenoxydblut

ist eine modifizierte Tanninreaktion (vergl. Kunkel's Reaktion).

Vierteljahr. Schr. f. gerichtl. Med. 1899, **18**, No. 2; 1902, **23**. No. 2; 1906. **31**. Suppl.; 1907, **33**. Suppl. — Ärztl. Sachverst. Ztg. 1907. No. 7.

Rossi, Giorn. di med. legal. 1901. 8. No. 5—6.

Grünzweig, Ztschr. f. Med. Beamte 1905. No. **14**.

Reetz, Dissert. Berlin 1906.